数字信号处理 (MATLAB版)

Digital Signal Processing using MATLAB

〔美〕 维纳·K. 英格尔
约翰·G. 普罗克斯 著

刘树棠 陈志刚 译

(第4版)

Vinay K. Ingle • John G. Proakis

西安交通大学出版社
XI'AN JIAOTONG UNIVERSITY PRESS

国家一级出版社
全国百佳图书出版单位

Vinay K. Ingle   John G. Proakis

Digital Signal Processing using MATLAB，Fourth Edition

Copyright © 2017，2012 Cengage Learning

图书在版编目(CIP)数据

数字信号处理：MATLAB 版：第 4 版 /(美)维纳·K. 英格尔(Vinay K. Ingle)，(美)约翰·G. 普罗克斯(John G. Proakis)著；刘树棠，陈志刚译. —4 版. —西安：西安交通大学出版社，2021.4

书名原文：Digital Signal Processing using MATLAB，4th

ISBN 978 - 7 - 5605 - 9938 - 0

Ⅰ.①数⋯　Ⅱ.①维⋯　②约⋯　③刘⋯　④陈⋯　Ⅲ.①数字信号处理
Ⅳ.①TN911.72

中国版本图书馆 CIP 数据核字(2020)第 139406 号

书　　名	数字信号处理(MATLAB版)(第 4 版)	
著　　者	(美)维纳·K. 英格尔　(美)约翰·G. 普罗克斯	
译　　者	刘树棠　陈志刚	
责任编辑	鲍　媛	
责任校对	李　颖	
出版发行	西安交通大学出版社	
	(西安市兴庆南路 1 号　邮政编码 710048)	
网　　址	http://www.xjtupress.com	
电　　话	(029)82668357　82667874(发行部)	
	(029)826683154(总编办)	
传　　真	(029)82668280	
印　　刷	西安明瑞印务有限公司	
开　　本	787mm×1 092mm　1/16　印张 45　字数 1116 千字	
版次印次	2021 年 4 月第 1 版　　2021 年 4 月第 1 次印刷　　印数 0001～2000	
书　　号	ISBN 978 - 7 - 5605 - 9938 - 0	
定　　价	136.00 元	

读者购书、书店添货如发现印装质量问题，请与本社发行中心联系、调换。
订购热线：(029)82665248　(029)82665249
投稿热线：(029)82665397
读者信箱：banquan1809@126.com

第 4 版译者的话

如该书前三版译者所言,《数字信号处理(MATLAB 版)》是一本好书,现在又推出了第 4 版,说明了该书仍享有它独特的市场地位。

考虑到当前以统计分析和处理为基础的高级数字信号处理技术应用日益广泛和深入,该书第 4 版在经典数字信号处理技术基础上进一步拓展了统计数字信号处理的基础内容,为读者了解和学习高阶现代数字信号处理内容提供衔接。与第 3 版相比,第 4 版主要变化如下:

1. 新增第 13 章回顾了随机变量和随机过程的基本概念,为统计信号处理内容作必要知识铺垫;

2. 新增第 14—15 章分别讨论了现代数字信号处理的两个重要基础分支:最优线性预测和自适应滤波,内容上涵盖了经典维纳滤波、最小均方算法和递归最小二乘算法及其应用,这部分内容将为高阶数字信号处理技术的学习提供理论基础;

3. 鉴于最优线性预测滤波器设计中广泛采用格型/梯型滤波器结构,该书第 4 版将格型/梯型滤波器部分的内容从第 6 章调整到新增第 14 章最优线性预测滤波器内容部分,以增强全书内容的整体逻辑性。

特别需要指出的是,第 4 版中新增统计信号处理基础内容依旧保留该书前三版中例程丰富、概念演绎直观和问题阐释简明的独特风格,便于读者使用,因而该书非常适合作为本科生层面和研究生层面经典数字信号处理和现代数字信号处理基础内容学习的教材或主要参考书。

该书第 4 版相关的翻译工作都由陈志刚博士独立完成,其中包括前三版已有内容更新和新增内容的翻译、译稿整理,以及出版过程中的诸多事宜,没有他的细致工作,将不会有该书第 4 版的顺利付梓,译者对此深表谢忱。西安交通大学出版社责任编辑鲍媛老师始终与我们密切配合,给了我们这本书很多无价的帮助,译者对此也表示由衷感谢。

译文不妥之处,敬请批评指正。

刘树棠

2020.12.9

于西安交通大学

第 3 版译者的话

该书第 2 版自 2007 年问世后，历经 5 年又推出了第 3 版，说明该书仍具备较强的生命力，在广大读者心目中仍享有它的独特地位，尽管这方面的书在美国已有多本，有的还是经历了 30 多年的经典著作。该书从第 1 版到第 2 版在内容上有较大的补充，使它既保留了自己的特色，又在内容上跟上了时代。经过 5 年的使用，作者或许接到来自读者和采用该书的教师们各种反馈意见，再加上作者本人的实践和考虑，对第 2 版新增加内容的处理上做了较大的变动，这主要体现在数字滤波器设计中有限字长效应问题的处理。第 3 版将该部分剖分为两段来处理，把有限精度数值效应直接跟在滤波器实现结构后讨论，而把舍入噪声单立一章。有限字长效应是一个非线性问题，讨论它要事先作一些铺垫，而这些铺垫和紧接其后的讨论方法又与全书的中心内容相差甚远，从而显得枯燥、冗长。怎样处理好这部分内容始终是个绕不开的难题，而且又是一个见仁见智的问题。无论怎样处理，该书作者在这部分内容讨论中所提供材料的丰富性和结论的直观性上仍有独到之处。鉴于该书展现出的特点，大多是通过 MATLAB 工具来完成的，在第 1 章中对 MATLAB 作了较大篇幅的介绍，以便为尚未系统接触过这方面内容的读者提供方便。除此以外，在其余各章内容和习题中也有不少修改和补充。但从全书覆盖的主要内容来看没有多大变化，大概今后也都不会有多大变化。目前所见同类书中，这些内容基本上已经定型了，关键是一本书要写出它本身的特色和独到之处，这就够了。有关本书的基本情况和介绍，译者曾在第 1 版和第 2 版"译者的话"中均有提及，这些也一并在第 3 版中译本中附上，以示连贯，不再赘述。

该书第 3 版中所涉及的补充和修改部分的翻译、译稿整理以及出版过程中的诸多事宜都是由陈志刚博士独立完成的。陈志刚博士现在是我校信息与通信工程系的一名青年教师，教学和科研工作都异常繁忙，全靠节假日出色地完成了这项工作，笔者对此表示深深地谢意。西安交通大学出版社鲍媛编辑为该书的及时出版作出了很大贡献，也一并谢谢了。

刘树棠

2013.4.24

于西安交通大学

第 2 版译者的话

本书第 1 版自 2001 年(中译本于 2002 年)出版以来受到了广大读者的好评,中译本就曾三次印刷。经过 5 年多后,作者又经过修订推出了第 2 版。与第 1 版相比,第 2 版主要有以下三方面的变化:

1. 新增加了两章,即第 9 章和第 10 章,分别讨论有限字长效应和采样率转换方面的论题。有限字长效应是很常规的内容,一般数字信号处理方面的书都有涵盖,但在本科生阶段大都不主张讲授而多半放在研究生课程中去学习。第 10 章有关采样率转换方面的论题则是从本世纪初开始陆续被不少作者引进到这门课中来的。这是由于多采样率数字信号处理在实际中的应用愈来愈多的缘故。这部分内容为多采样率数字信号处理打下坚实的基础。这两章写得都比较详尽,条理非常清晰,又加上辅以 MATLAB 工具,犹如锦上添花,为全书增添不少色彩,同时也拓宽了本书的适用范围。

2. 原书的第 1 章至第 8 章仍保留各章基本框架不变,但内容都有所增加,特别是 MATLAB 脚本和程序部分有不少勘正、更新和增添。第 2 版的第 11 和第 12 章与第 1 版的第 9 和第 10 章内容基本上保持原样。

3. 习题部分有较大变化和增加。

译者在翻译第 2 版的过程中,又将第 1 版的全部内容细读了一遍。一方面订正了一些错误和译文中的不妥之处,另一方面更体会出该书的独到之处(第 1 版中译本"译者的话"曾提到),的确是一本写得非常好的书,将问题、基本概念讲得非常有条理,简洁而明了。适合于各专业本科生和低年级研究生作为"数字信号处理"课的教材或主要参考书使用。

第 2 版中译本在排版方面有一点要特别说明。由于技术层面上的原因,这次的全部 MATLAB 脚本和程序都是人工录入而不是电子扫描的。这样就增加了出错的机率。当然,我们已在校对方面做了特别的努力(包括勘正了原文程序中的少数错误),如读者发现仍有疑问请查阅原著,并告知我社,不胜感激。

本书第 2 版中译本的出版过程中,西安交通大学出版社编辑鲍媛同志做了大量细致而有成效的工作,其中很多都不属于她分内的工作,译者对此表示由衷感谢。

刘树棠

2007.11.23

于西安交通大学

译者的话

  有关"数字信号处理"内容的书国内已有一些(包括国外教材的中译本),本书是基于以 MATLAB 为分析工具的背景下写的。这方面所具备的特点在"中译本出版者的话"中均已提到。除此之外,译者认为还应提及它的某些独到方面。首先,本书取材精练,内容组织简明,充分体现作者以最基本的问题为主的思想,在本科的层面上这些内容比较合适。其次,本书无论在基本问题的阐明,还是在具体设计问题中,都避开了过多繁杂的数学过程,非常突出问题的实质和来龙去脉,以及内含的基本概念。因此,非常适合于非电子信息类出身而又从事数字信号处理工作的各类人员参考。这当然主要是得益于 MATLAB 工具,使得各种概念的演绎、设计方案和参数的变更都变得易如反掌。最后,本书所开发并提供的大量用于分析和设计的 MATLAB 函数、脚本和程序是一笔非常珍贵的资源,可供广大教师、学生和各类工程人员采纳。

  译者在本书的翻译过程中发现,原书成就可能比较仓促,文中疏漏、笔误甚至错误之处不少,译者都尽力作了更正。但是,特别要提及的是,近来已有读者来函反映了前面已出版的该套丛书中所提供的 MATLAB 脚本和程序中的一些问题。应该说明的是,为了确保原书中这些脚本和程序的原样,一律采用扫描方式排版。因此,如果原脚本或程序仍有这样或那样的问题,我要诚恳而抱歉地表示:译者对此既无精力,也无能力一一堪正它们。希望读者在使用时倍加小心,并请求给予谅解。如确实发现有问题,欢迎告诉我们。

  再次感谢白居宪、赵丽萍二位编审的出色工作,他们为这套丛书的出版劳力劳心,功不可没。永远感谢夫人的支持和关心。谢谢!

  译文不妥之处,敬请批评指正。

刘树棠

2002.3.16

于西安交通大学

前　言

　　从 20 世纪 80 年代初开始,我们就目睹了一场在计算机技术上的革命和在面向用户应用方面的激增。今天,这场革命仍然以价廉的个人计算机系统为主角在继续着,而这些个人计算机系统已经能够与昂贵的工作站性能相匹敌。这一专门技术应该对教育过程施加影响,特别是在能够导致增强学习的有效教学方法方面更是如此。在数字信号处理(DSP)方面的这本参考书就属于朝此目的而作出的一份小小贡献。

　　过去几年里,信号处理方面的教学方法已经从单一的"课堂授课"方式向一种更为完整的"课堂—实验室"环境转变,一些实际的、亲自经历的题目采用 DSP 硬件进行教学。然而,对于更有效地对 DSP 进行教学,课堂讲授这一部分也必须广泛使用基于计算机手段的讲解、举例和做练习。近几年来,由 The MathWorks, Inc. 开发的 MATLAB 软件在信号处理范畴内的数值计算和对于算法建立方面的一种选择平台已经确立了它自己事实上的标准。利用这一开发成果虽有多种理由,但其中一个最为重要的理由是,在实际上所有的计算平台上,MATLAB 都是可资利用的。在这本书里,我们将 MATLAB 与 DSP 中的传统论题结合在一起,以使得能够应用 MATLAB 来阐明一些难点并解题,从而获得更多的领悟。在 DSP 中,很多习题或设计算法都要求大量的计算,正是这样,MATLAB 提供了一种方便的工具使得很多方案都能很容易地试一试。这样一种方式可以增进学习过程。

本书意图

　　本书主要是用作大学本科生高年级或研究生一年级的 DSP 课程的一本难点解答配套读物。尽管学生(或用户)可能已经熟悉 MATLAB 的基本知识,我们还是在第一章中对 MAT-LAB 相关知识进行了简要介绍。此外,由于在 DSP 方面有许多优秀的教科书可以利用,所以本书也不是作为一本 DSP 教科书来写的。我们想要做的就是提供足够深度的由 MATLAB 函数和例题所支持的材料,以使得所展现的是连贯的、合乎逻辑的、并享受到其中乐趣的内容。

　　因此,本书也可用作任何有志于 DSP 工作的人的自学指导书。

第 4 版新增内容

· 新增的第 13 章回顾了随机变量和包括带通过程在内的随机过程的知识点。大量 MAT-
　LAB 实例的采用使得这些知识点更易于理解。

· 新增的第 14 章讨论了线性预测和最优(或维纳)滤波器,本章内容将为研究生阶段的学习做好预备。

- 新增的第 15 章介绍了自适应滤波器的理论和应用。这一章涵盖了易于理解的 LMS 和 RLS 算法,这些算法获得了大量实际应用,包括系统辨识、回声和噪声抵消,以及自适应阵列。所有算法和应用均采用 MATLAB 程序进行阐明和分析。
- 为了使讲述更有逻辑,将格型/梯型滤波器部分的内容从第 6 章调整到第 14 章。
- 所有的 MATLAB 函数和脚本均经过测试和更新,所以它们可以在 MATLAB - 2014b 版及后续版本上运行。类似地,所有的 MATLAB 绘图均采用高级图形单元重新生成。
- 为了指令外观整齐和减少不必要的 MATLAB 结果显示,我们对已有的 MATLAB 脚本绘图指令进行了许多精简整理。所有的脚本和函数的完整版本都可以从本书的配套网站获取。

本书组成

本书前 10 章讨论的内容覆盖了一般 DSP 课程中的传统材料,接下来的两章是重点放在基于 MATLAB 作业性质的 DSP 应用给出的。最后三章介绍 DSP 的高级内容,主要用于研究生阶段的学习。下面是各章目录及其内容简介:

第 1 章 绪论:本章向读者介绍有关信号处理学科,并展示包括声乐信号处理、回音产生、回音消除以及数字混响在内的若干数字信号处理应用,同时也对 MATLAB 作点简单介绍。

第 2 章 离散时间信号与系统:本章对离散时间信号与系统在时域的特性给予简单复习,并适当利用 MATLAB 函数给出演示。

第 3 章 离散时间傅里叶分析:本章讨论离散时间信号与系统在频域的表示。采样和模拟信号重建也要给出。

第 4 章 z 变换:本章给出信号与系统在复频域内的描述,引进 MATLAB 来分析 z 变换和计算 z 反变换。利用 z 变换和 MATLAB 的差分方程的解都要给出。

第 5 章 离散傅里叶变换:本章专门讨论傅里叶变换的计算和它的高效实现。用离散时间傅里叶级数来引入离散傅里叶变换,并用 MATLAB 来演示它的几个性质。有关快速卷积和快速傅里叶变换的专题都要做详细讨论。

第 6 章 离散时间滤波器实现:本章讨论数字滤波器实现的几种结构,为这些结构的确定和实现,要建立几个有用的 MATLAB 函数。格型和梯型滤波器也将介绍并作讨论。除考虑不同的滤波器结构之外,针对由于 IIR 和 FIR 滤波器实现中采用有限精度算法而引入的量化误差效应也将进行探讨。

第 7 章 FIR 滤波器设计:这一章和下一章要介绍数字滤波器设计方面的几个重要专题。FIR 滤波器的三种重要设计技术,即窗口法设计、频率采样法设计和等波纹滤波器设计都要作讨论。利用 MATLAB 给出几个设计例子。

第 8 章 IIR 滤波器设计:本章包括 IIR 滤波器设计的各种技术。从介绍如数字谐振器、陷波滤波器、梳妆滤波器、全通滤波器和数字正弦振荡器等几种基本滤波器开始,再简要介绍三类应用广泛的模拟滤波器特性,然后介绍滤波器变换:将这些原型模拟滤波器转换为不同的数字频率选择性数字滤波器,最后用 MATLAB 给出几个 IIR 滤波器设计例子。

第 9 章 采样率转换:本章论及在数字信号处理中有关采样率转换的重要论题,其中包括按整倍数因子的抽取和内插,按有理因子的采样率转换,以及用于采样率转换的各种滤波器结构。

第 10 章 数字滤波器的舍入效应:本章集中讨论有限精度算法对于信号处理滤波方面的影响。采用统计方法表征模数转换引入的量化噪声,同时对有限精度乘法和加法的量化效应进行统计建模。并将这些滤波器输出的误差结果表示为相关误差(也称为有限周期)和不相关误差(也称为舍入噪声)。

第 11 章 关于自适应滤波的应用:这一章是关于利用 MATLAB 做大作业的两章之一,包括自适应 FIR 滤波器理论和实现方面的介绍,并结合在系统辨识、干扰抑制、窄带频率增强和自适应均衡等方面的课题作业。

第 12 章 关于通信系统的应用:这一章集中在处理波形表示和编码,以及数字通信系统中的几个课题作业,其中包括脉冲编码调制(PCM)、差分 PCM(DPCM)和自适应 DPCM(ADPCM)、增量调制(DM)和自适应 DM(ADM)、线性预测编码(LPC)、双音多频(DTMF)信号的产生和检测等介绍,以及信号检测在二进制通信系统和扩频通信系统中应用的介绍。

第 13 章 随机过程:本章中,我们简要回顾了建模波形变化的随机信号的解析概念,并介绍了几种用来计算针对随机信号的线性滤波器响应的可行技术。我们从定义概率函数和统计平均量开始着手,并进一步讨论随机变量对。这些概念以二阶统计量的形式推广到随机信号,然后深入探讨了平稳和遍历过程,以及相关函数和功率谱。我们采用该理论在时域和频域处理通过 LTI 系统的随机信号。最后,我们介绍了若干典型随机过程,包括高斯、马尔可夫、白噪声和过滤的噪声过程。

第 14 章 线性预测和最优线性滤波器:本章中,我们从统计角度讨论了最优滤波器设计问题。滤波器限定为线性的,优化准则以均方误差最小化为基础。我们讨论了线性预测的最优滤波器设计,其在语音信号处理、图像处理和通信系统的噪声抑制等问题中获得了大量应用。该设计技术需要利用特殊对称性来求解一组线性方程组。我们介绍了两类算法:Levinson-Durbin 算法和 Schur 算法,它们能够利用对称性质,通过计算高效的步骤求解方程组。本章最后一节讨论了一类重要的最优滤波器,称作维纳滤波器,该滤波器在涉及到受加性噪声干扰的信号的估计问题中应用广泛。

第 15 章 自适应滤波器:本章的焦点是自适应滤波器,这类滤波器具有可调节的系数,它在由于统计特性未知或改变而使得滤波器系数不能提前设计好的场景中获得了大量应用。我们从若干个实际场景开始,这些场景中自适应滤波器成功地用于估计被噪声和其他干扰污染的信号。自适应滤波器内含有能根据信号统计特性变化而自适应调节滤波器系数的算法。我们介绍两类基本算法：基于梯度优化来求解系数的最小均方(LMS)算法和递归最小二乘(RLS)算法。

关于在线资源

这本书是我们几年来基于 MATLAB 为大学本科生进行 DSP 课程教学的产物。本书中所讨论的大部分 MATLAB 函数都是在这门课中开发出的，这些函数都收集在本书的 DSPUM_v4 工具箱中，从本书的配套网站都能在线获取。本书的许多例子还包含有很多 MATLAB 的脚本，书中的 MATLAB 图形也由脚本生成。为了学生和教师方便，所有这些脚本均能从本书的配套网站获取。学生应该研究这些脚本以对 MATLAB 程序有更深的体会。对于这些程序和脚本的任何评论、更正或给予更紧凑的编码都表示欢迎和感谢。有关题解的脚本文件不久也将会在本书的配套网站完成以供采用本书的教师使用。如果想访问本书配套网站和获取其他课程资料，请访问网址 www.cengage.com/login。登录之后，在顶部的搜索框中输入与要查找的书名标题对应的 ISBN 号进行搜索，就可进入本书的配套网站，在该网站中所有的资源都可以找到。

有关 MATLAB 及其相关出版物的更多信息可从下面的公司得到：

The MathWorks，Inc.

Natick，MA 01760

Phone：(508)647-7000　　Fax：(508)647-7001

E-mail：info @ mathworks.com

http://www.mathworks.com

致谢

我们十分感谢在 Northeastern University 主修大学本科 DSP 课的很多学生们，他们为我们提供了一个论坛以检测我们应用 MATLAB 的教学思想，并坚持在持续不断地突出 MATLAB 的使用上，本书中很多高效的 MATLAB 函数就是由这些学生们开发的。我们也非常感谢本书第 1 版的评阅者们，他们的建设性评注才使得一个较好的内容推出来。他们是：Abeer A. H. Alwan，University of California，Los Angeles；Steven Chin，Catholic University；Prof. Huaichen of Xidian University，P. R. China(中国，西安电子科技大学陈怀琛教授——译者注)，以及 Joel Trussel，North Carolina State University。对于本书的第 2 版，下面各位评阅人给出了额外的鼓励、许多提炼和有价值的建议，他们是：Jyotsna Bapat，Fairleigh Dickinson University；David Clark，California state Polytechnic University；Artyom Grigoryan，University of Texas，San Antonio；Tao Li，University of Florida；以及 Zixiang Xiong，Texas A & M University。下面各位评阅人在使用本书第 2 版的基础上，提出了若干建议、调整和修改意见，才有了本书第 3 版的问世，他们是：Kalyan Mondal，Faifleigh Dickinson University；Artyom M. Grigoryan，University of Texas，San Antonio；A. David Salvia，Pennsylvania State University；Matthew Valenti，West Virginia University；以及 Christopher J. James，University of Southampton，UK。最后，正是在 Wasfy B. Mikhael，University of Central Florida；Hongbin Li，Stevens Institute of Technology；Robert Paz，New Mexico State University；以及 Ramakrishnan Sundaram，Gannon University 等人富有建设性的反馈和评注的激励下第 4 版才得以出版。衷心感谢所有这些人。

我们也想借此机会对 Cengage Learning 的几位工作人员表示感谢，没有他们就不会有本书的付梓。感谢负责 Cengage 全球工程出版项目的产品总监 Timothy Anderson 给予第 4 版的鼓励。媒体助理 Ashley Kaupert 负责本书修改部分的事宜并协助第 4 版的筹备和出版。没有他们一贯的推动，本项目不可能在限定的时间内完成。高级内容项目经理 Jennifer Risden 负责本书制作全程。感谢他们每一个人的专业帮助。最后，忠心感谢为本书辛勤编辑的 Richard Camp，以及为第 4 版问世给予帮助的每一位 Cengage Learning 的员工。

维纳·K. 英格尔(Vinay K. Ingle)
约翰·G. 普罗克斯(John G. Proakis)
马萨诸塞州，波士顿(Boston，Massachusetts)

作者简介

Vinay K. Ingle 现任东北大学电气与计算机工程系副教授。他于 1981 年在伦斯勒理工学院(Rensselaer Polytechnic Institute)获得电气与计算机工程博士学位。他拥有广泛的研究经历,教授的课程包括:信号和图像处理、随机过程、估值理论等。他与其他作者合著了 *DSP Laboratory Using the ADSP - 2181 Microprocessor* (Prentice - Hall,1991),*Discrete Systems Laboratory* (Brooks - Cole,2000),以及 *Statistical and Adaptive Signal processing* (Artech House,2005)。

John G. Proakis 现任加利福尼亚大学圣迭戈分校兼职教授和东北大学荣誉教授。1969—1998 年任职于东北大学,履历如下:1969—1976 年获电气工程副教授,1976—1998 年获电气工程教授,1982—1984 年任工程研究生院主任和工学院副院长,1984—1997 年任电气与计算机工程系的主任。1969 年以前,他曾在 GTE 实验室和 MIT 林肯实验室工作过。Proakis 博士分别于辛辛那提大学获电气工程学士学位,麻省理工学院获电气工程硕士学位,哈佛大学获工程博士学位。他的专业广泛,包括数字通信和数字信号处理,特别是自适应过滤、自适应通信系统、自适应均衡技术、经由衰落多径信道传播的通信、雷达探测、信号参数估值、通信系统建模和仿真、最优化技术和统计分析。其学术方面的研究领域有:数字通信和数字信号处理,讲授研究生和本科生的课程有通信、电路分析、控制系统、概率论、随机过程、离散系统和数字信号处理等。他与其他作者合著了 *Digital Communications* (2008,第 5 版),*Introduction to Digital Signal Processing* (2007,第 4 版),*Digital Signal Processing Laboratory* (1991),*Advanced Digital Signal Processing* (1992),*Digital Processing of Speech Signals* (2000),*Communication Systems Engineering* (2002,第 2 版),*Digital Signal Processing Using MATLAB V.*4 (2010,第 3 版),*Contemporary Communication Systems Using MATLAB* (2004,第 2 版),*Algorithms for Statistical Signal Processing* (2002),以及 *Fundamentals of Communication Systems* (2005)。

目　录

绪论

1

过去几十年,数字信号处理(DSP)领域在理论上和技术上都已发展到很重要的地位。在工业中其成功的主要原因是由于价廉物美的软件和硬件的开发和应用。现在,在各种各样的场合新技术和应用都做好了准备要利用 DSP 算法,这一定会导致对具有 DSP 方面背景的电气和计算机工程师的更大需求。因此,有必要使 DSP 成为任何电气工程课程系统中一个完整而重要的组成部分。

30 多年前,有关 DSP 方面导论性的课程主要都是在研究生层次上给出的,并且增添了在大型(或小型)计算机上进行有关滤波器设计、谱估计以及相关课目的计算机练习。然而,在过去 30 多年中由于个人计算机和软件方面的巨大进展,有必要对本科生也引进 DSP 课程。由于 DSP 的应用主要的是一些算法,这些算法既可以在一块 DSP 处理器[36]上实现,也能以软件形式实现,因此就需要有相当的编程工作量。现在使用像 MATLAB 这种交互式的软件就有可能把主要精力放在学习新的和难的概念上,而不放在算法的编程上。很多有趣的实际例子也可以讨论,有用的问题也能够探讨。

以这种想法为出发点,就将这本书写成一本配套的书(与像参考文献[71]和[79]这样的传统教科书配套使用),在这里 MATLAB 在讨论问题和概念中是一个完整的组成部分。把 MATLAB 选为主要的编程工具是由于在全世界许多大学的计算平台上都可以得到它。再者,一种价廉的 MATLAB 学生版本也已经用过几年了;对于教学所用,已经将学生版本列入最便宜的软件中去了。我们已经将 MATLAB 当作含有几个工具(就像带有几个按键的超级计算器一类的东西)的计算和编程工具箱来对待,这样就能够用它来研究和解决问题,并借此增强学习过程。

为了将大学本科生引入到一个 DSP 的激动人心而又富于实际的境地,我们将这本书写成一种比较初等的水平。要强调的是这不是一本传统意义上的教科书,而是一本配套的书;在这里更多注意力是放在利用 MATLAB 的问题解决和取得亲自经历的经验上。同样,它也不是一本在 MATLAB 方向的辅导书。我们都假定学生已经熟悉 MATLAB,并正在修某一门 DSP 的课,这样本书就为利用数字技术处理实际信号(模拟信号)提供必要的基本分析工具。在本书中讨论的绝大多数是离散时间信号与系统,并且在时域和频域都给予分析。称之为滤波器和频谱分析仪的处理结构的分析和设计是 DSP 最为重要的方面之一,在本书中做详细讨论。本书还要讨论有关有限字长效应和采样率转换两个重要专题。在现代信号处理中像统计和自适应信号处理这类比较高深的论题(一般都属于研究生的课程内容)本书虽不予讨论,但是希望从本书中获取的经历会让学生们以比较容易和更易理解的态度去应付那些高深的论题。

本章将对 DSP 和 MATLAB 做简要概述。

1.1 数字信号处理概述

在当今社会,我们被各种形式的各类信号所包围。其中一些是自然的,但大多数信号是人为的。某些信号是必需的(语言),某些是让人愉悦的(音乐),而同时在某一特定环境下,很多又是不想要的或者是多余的。在工程范畴内,信号是信息的载体,既可以是有用的,也可能是不想要的。因此,从一个错综复杂的信息混合中提取或增强有用信息是信号处理的一种最为简单的形式。更一般地说,信号处理是为提取、增强、存储和传输有用信息而设计的一种运算。有用的和不需要的信息之间的区分往往是主观的,也是客观的。因此,信号处理与应用场合密切相关。

1.1.1 信号是如何被处理的?

在实际中所遇见的信号大多为模拟信号。这些在时间和幅度上都连续变化的信号利用含有有源和无源电路元件的电网络进行处理。这种途径称为模拟信号处理(ASP),例如无线电和电视接收机就属于这一类。

模拟信号:$x_a(t)$ ⟶ 模拟信号处理器 ⟶ $y_a(t)$:模拟信号

它们也能够利用含有加法器、乘法器和逻辑元件的数字硬件或专用微处理器进行处理。然而需要将模拟信号转换成适合于数字硬件的某种形式,这种形式的信号称为数字信号。这种信号在时间的特定时刻取有限个数值中的一个,所以能用二进制数(或比特)来表示。这种数字信号的处理称为 DSP,用方框图的形式表示为

下面讨论各方框部分的意义:

PrF:这是一个前置滤波器或抗混叠滤波器,它用于控制模拟信号以防止混叠。

ADC:这是一个模拟-数字转换器,用来从模拟信号产生一串二进制数值流。

DSP:这是 DSP 的核心部分,可以代表一台通用计算机,或一种专用处理器,或数字硬件,等等。

DAC:这是 ADC 的逆操作,称为数字-模拟转换器,它从一串二进制数的序列中产生一种阶梯形波形,这是朝着产生一个模拟信号的第一步。

PoF:这是一个后置滤波器,用于将阶梯波形平滑为所期望的模拟信号。

从以上两种信号处理的途径(模拟和数字)明显可见 DSP 的途径更为复杂,它比 ASP“较简单的面孔”包含有更多的部分。因此,或许要问:为什么还要数字式地处理信号?答案在于由 DSP 所给出的许多优点。

1.1.2　DSP 优于 ASP

ASP 的一个主要缺陷是在完成复杂信号处理应用中的有限能力上,这可以将它演绎为在处理中的非柔性(无灵活性)和在系统设计中的复杂性。所有这些都会导致产品昂贵。另一方面,利用 DSP 途径,有可能把一台廉价的个人计算机转换为一台功能强大的信号处理器。DSP 的一些重要优点可归结如下:

(1) 采用 DSP 途径的系统可以用运行在一台通用计算机上的软件来完成,因此 DSP 相对来说便于建立和测试,并且软件可以方便携带。

(2) DSP 运算是唯一建立在加法和乘法基础之上的,因此有极为稳定的处理能力,例如稳定性与温度无关。

(3) DSP 运算很容易实时进行修改,往往用简单改变的程序,或通过改变寄存器中的内容就可实现。

(4) DSP 由于 VLSI 技术而具有较低的成本,因为这项技术会降低存储器、各种门、微处理器等等的成本。

DSP 的主要不足是被 DSP 硬件限制的有限运算速度,尤其是在很高频率时更为突出。但由于上述优点,现在在很多技术和应用中,如家用电子、通信、无线电话和医用成像中,DSP 仍是第一选择。

1.1.3　两种重要的 DSP 分类

大多数 DSP 都能分成要么是信号分析任务一类,要么是信号过滤任务一类,如下所示。

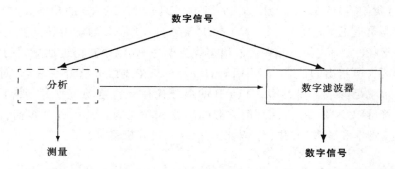

信号分析　这项任务处理的是信号性质的测量,一般来说是一种频域运算。它的一些应用方面是:

- 谱(频率和/或相位)分析
- 语音识别
- 说话人确认
- 目标检测

信号过滤　这项任务是由"信号进-信号出"的状况来表征的,而完成这种任务的系统一般就称为滤波器。通常(但不总)是一种时域运算。它的一些应用方面是:

- 除去不需要的背景噪声
- 消除干扰
- 频带划分
- 信号频谱成形

在有些应用中(如声音合成),首先对某一信号进行分析以研究它的特性,然后在数字过滤中用来产生某一合成声音。

1.2 MATLAB 简介

MATLAB 是一种交互式和基于矩阵的体系,它主要用于科学和工程数值计算及可视化功能。它的长处在于能很容易地求解复数数值问题,并且所需要的时间仅占像用 Fortran 或 C 语言编程所需时间的很小一部分。利用它相对简单的编程能力,可以很容易地用 MATLAB 扩展创建出新的命令和函数。从这一点来看,它的功能也是很强大的。

在许多计算环境中都可得到 MATLAB,如运行在全部 Windows 下的 PC 机,运行在 OS-X 下的 Apple MACs、UNIX/Linux 工作站及若干并行机。由于多年来附加了众多可使用的工具箱(在某一特定论题中一些专用函数的集合),基本的 MATLAB 程序得到进一步的增强。本书中的信息一般都适用于全部这些环境。除了基本的 MATLAB 功能外,本书还需要信号处理工具箱(SP 工具箱)。本书的最初工作是运行在 DOS 环境下用专业的 MATLAB 3.5 版本完成的,本书所描述的 MATLAB 脚本和函数都是稍后被扩展到与现在的 MATLAB 版本兼容。此外,我们将通过网址www.cengagebrain.com 来提供持续更新的服务,以努力做到与将来的 MATLAB 版本保持兼容。

在本节中,我们将对 MATLAB 做一个简单回顾。MATLAB 的功能及其所及用这一节讨论的几个专题是远远无法概括的。对于初次接触 MATLAB 的学生和读者也应该主动去查询包括参考文献[29]、[35]和[76]在内的诸多优秀参考书,以便获得更加翔实的辅导分析。将全部这些参考资料所给出的信息与 MATLAB 的 help 在线服务结合在一起,对于学生来说,采用这本书通常就足够了。熟悉 MATLAB 的最佳途径是直接动手打开 MATLAB 进程,并试用不同的算符、函数和指令,直到理解它们的用途和功能为止。更进一步而言,可以编写简单的 MATLAB 脚本和函数,并执行一串相应指令完成分析目标。

1.2.1 MATLAB 入门

用户通过 MATLAB 图形用户接口(GUI)的指令窗与 MATLAB 进行交互,在指令窗中用户键入 MATLAB 指令,MATLAB 立即执行该指令,并将运行结果显示在窗口中。MATLAB 指令窗中的字符">> "是等待用户输入要执行指令的提示符。比如,

```
>> command;
```

表示已经在 MATLAB 提示符后输入"command"指令。如果在指令的后面放置一个分号";",

那么指令的执行结果不会在窗口中显示。多个指令可以放置在同一行,但需要用分号";"分开。注释用百分号"%"标记,每一行中标记符"%"右边的内容将被 MATLAB 忽略。注释使得读者更加容易理解代码。通过下面的指令段,集成帮助手册可以为每一个指令提供帮助。

```
>> help command;
```

该指令段将给出对应指令的输入接口、输出接口、用法以及功能信息。完整的指令功能分类列表可以通过在提示符后输入指令"help"获得。

MATLAB 有三种基本单元:数、变量和算符。此外,标点符号(","、""、";"和":"等)在 MAT-LAB 中有着特殊意义。

数 MATLAB 是一种高精度数值计算引擎,与其他语言相比,它能够更加简单地处理各种类型的数,包括整型数、实数和复数。比如,实数 1.23 能够简单地表示为 1.23,而实数 4.56×10^7 则被写成 4.56e7。虚数 $\sqrt{-1}$ 可以表示为 1i 或 1j,但在本书中我们采用 1j 来表示。因此,一个实部为 5 虚部为 3 的复数可以表示为 5 + 1j * 3。MATLAB 还预先指定了若干常数:π 表示为 pi,∞ 表示为 inf,无意义数表示为 NaN(比如 0/0)。这些预先指定的常数非常重要,为了避免混淆,用户不要重新定义这些常数。

变量 MATLAB(MATrix LABoratory)中基本变量为矩阵或数组。因此,MATLAB 对这些变量进行运算实际是对其所有元素进行运算,这正是 MATLAB 能够成为功能强大而高效引擎的原因所在。目前,MATLAB 支持多位数组,下面的讨论中我们仅涉及二维数组。

1. **矩阵**:矩阵即是按行和列纵横排列的二维数组,矩阵中数据元素可以是实数或复数。

2. **数组**:数组可以看成是另一类矩阵,但是数组运算与矩阵运算大不相同。在具体 MAT-LAB 应用中注意这种差异尤为重要。

下面介绍四类矩阵(或数组):

- **标量**:它是一个 1×1 矩阵或简单数值,可以表示为如下所示的小写斜体变量符号:

$$a = a_{11}$$

- **列向量**:它是一个 $N \times 1$ 矩阵或一组垂直排列的数值,可以表示为如下所示的小写斜体向量符号:

$$\boldsymbol{x} = [x_{i1}]_{i=1,\cdots,N} = \begin{bmatrix} x_{11} \\ x_{21} \\ \vdots \\ x_{N1} \end{bmatrix}$$

在线性代数中一个典型向量可记为这种列向量。

- **行向量**:它是一个 $1 \times M$ 矩阵或一组水平排列的数值,可以表示为如下所示的小写斜体向量符号:

$$\boldsymbol{y} = [y_{1j}]_{j=1,\cdots,M} = [y_{11} \ y_{12} \cdots y_{1M}]$$

一般来说,一个一维离散时间信号通常表示为一个行向量的数组。

- **一般矩阵**:它是 $N \times M$ 矩阵的一般形式,可以表示为如下所示的大写黑体矩阵符号:

$$\mathbf{A} = \left[a_{ij}\right]_{i=1,\cdots,N;\,j=1,\cdots,M} = \begin{bmatrix} a_{11} & a_{12} & \cdots & a_{1M} \\ a_{21} & a_{22} & \cdots & a_{2M} \\ \vdots & \vdots & & \vdots \\ a_{N1} & a_{N2} & \cdots & a_{NM} \end{bmatrix}$$

一般来说,上述排列形式用于表示二维离散时间信号或图像信号。

除运算不同外,MATLAB 并没有严格区分数组和矩阵。下列赋值运算表示已标明的 MATLAB 矩阵类型。

a = [3]是一个标量;

x = [1,2,3]是一个行向量;

y = [1;2;3]是一个列向量;

A = [1,2,3;4,5,6]是一个矩阵。

MATLAB 提供了很多用于生成特殊矩阵的有用函数,其中包括生成全零矩阵的函数 zeros(M,N),生成全"1"矩阵的函数 ones(M,N),以及生成 $N \times N$ 单位矩阵的函数 eye(N),等等。读者可以借助 MATLAB 帮助手册获得完整的函数列表。

算符 MATLAB 提供了多种算术和逻辑算符,部分算符如下所示。读者可以借助 MATLAB 帮助手册获得完整的算符列表。

=	赋值	==	等于
+	加	—	减或负
*	乘	.*	数组乘
^	幂	.^	数组幂
/	除	./	数组除
<>	关系算符	&	逻辑与
		逻辑或	~	逻辑非
'	转置	.'	数组转置

下面我们将详细解释这些算符。

1.2.2 矩阵运算

常用且重要的矩阵运算如下:

- **矩阵加减**:用于数组加减的直接运算,需要注意的是,相加减的两个矩阵大小必须完全相同。
- **矩阵共轭**:该运算针对矩阵中所有元素的虚数部分取其相反数,仅对复数矩阵有意义。在分析中表示为 $\mathbf{A}^*$ 而在 MATLAB 中表示为 conj(A)。
- **矩阵转置**:该运算将矩阵的行(列)转变成列(行)。令 $\mathbf{X}$ 表示一个 $N \times M$ 矩阵,则

$$\mathbf{X}' = \left[x_{ji}\right]; \ j = 1,\cdots,M, i = 1,\cdots,N$$

就是一个 $M \times N$ 矩阵。在 MATLAB 中,该运算还有一个特点:如果矩阵为实数矩阵,则上式中的运算实现通常的转置,但如果矩阵为复数矩阵,则上式中的运算将实现矩阵的共轭转置。为了只实现矩阵的转置,我们可以采用数组转置运算,即 A.'将实现一般的矩阵转置。

- **矩阵与标量相乘**：该运算将矩阵中的每个元素都乘以一个常数标量，即

$$ab \Rightarrow a * b (标量)$$
$$a\boldsymbol{x} \Rightarrow a * x (向量或数组)$$
$$a\boldsymbol{X} \Rightarrow a * X (矩阵)$$

该运算同样适用于数组与标量相乘。

- **向量与向量相乘**：该运算中要注意相乘的矩阵大小，以免出现无效的运算结果。该运算既可产生一个数值，也可为一个矩阵。令 $\boldsymbol{x}$ 和 $\boldsymbol{y}$ 分别为一个 $N \times 1$ 和 $1 \times M$ 向量，则

$$x * y \Rightarrow \boldsymbol{xy} = \begin{bmatrix} x_1 \\ \vdots \\ x_N \end{bmatrix} \begin{bmatrix} y_1 \cdots y_M \end{bmatrix} = \begin{bmatrix} x_1 y_1 & \cdots & x_1 y_M \\ \vdots & & \vdots \\ x_N y_1 & \cdots & x_N y_N \end{bmatrix}$$

运算结果为一个矩阵。如果 $M = N$，则

$$y * x = \boldsymbol{yx} = \begin{bmatrix} y_1 \cdots y_M \end{bmatrix} \begin{bmatrix} x_1 \\ \vdots \\ x_M \end{bmatrix} = x_1 y_1 + \cdots + x_M y_M$$

- **矩阵与向量相乘**：如果矩阵和向量兼容（即矩阵列数等于向量行数），那么矩阵与向量相乘运算结果为一个列向量：

$$y = A * x \Rightarrow \boldsymbol{y} = \boldsymbol{Ax} = \begin{bmatrix} a_{11} & \cdots & a_{1M} \\ \vdots & & \vdots \\ a_{N1} & \cdots & a_{NM} \end{bmatrix} \begin{bmatrix} x_1 \\ \vdots \\ x_M \end{bmatrix} = \begin{bmatrix} y_1 \\ \vdots \\ y_N \end{bmatrix}$$

- **矩阵与矩阵相乘**：只有两个矩阵大小兼容，它们之间的矩阵与矩阵相乘才为有效运算。乘积也是一个矩阵，其行数等于第一个矩阵的行数，列数等于第二个矩阵的列数。注意：该运算中矩阵的顺序很重要。

数组运算　该运算将矩阵看成数组，其算术算符以"点"（.）为前缀，即".＊"".／"".^"，又称为点运算。

- **数组相乘**：该运算将两数组中的元素一一对应相乘。为确保数组相乘运算有效，两个数组必须同型。两数组大小相同，则有

$$x. * y \rightarrow 1D 数组$$
$$X. * Y \rightarrow 2D 数组$$

- **数组指数运算**：该运算结果为以某一标量（实数或复数）为底，以数组元素为指数的幂的向量，即

$$a.\hat{}x \equiv \begin{bmatrix} a^{x_1} \\ a^{x_2} \\ \vdots \\ a^{x_N} \end{bmatrix}$$

是一个 $N \times 1$ 数组，而

$$a.\hat{}X \equiv \begin{bmatrix} a^{x_{11}} & a^{x_{12}} & \cdots & a^{x_{1M}} \\ a^{x_{21}} & a^{x_{22}} & \cdots & a^{x_{2M}} \\ \vdots & \vdots & & \vdots \\ a^{x_{N1}} & a^{x_{N2}} & \cdots & a^{x_{NM}} \end{bmatrix}$$

是一个 $N \times M$ 数组。

- **数组转置**:如前所述,该运算 A.´ 实现实数或复数数组 A 的转置。

编序运算 MATLAB 利用算符:提供了有用且功能很强的数组编序运算。该算符可用于产生数值序列以及访问矩阵中特定的行/列元素。利用程序指令 x = [a:b:c],我们可以产生以 b 为公差由 a 到 c 的等差数列。如果 b 为正数(负数),我们可以得到递增(减)数列 x。

程序指令 x(a:b:c) 将访问向量 x 中以 a 为起始序号,序号间隔为 b,c 为结束序号的元素。使用整数编号向量元素时要特别小心,以免违反前述编序规则。同样,算符:还可以用来从一个矩阵中提取某一子矩阵,比如,B = A(2:4,3:6) 将从矩阵 A 中提取出从第 2 行和第 3 列开始的 3×4 矩阵。

算符:还可以用于由行向量或矩阵生成列向量。当算符:用于等号符(=)的右边时,程序指令 x = A(:) 将生成一个由矩阵 A 的列序贯连接的长列向量。类似地,指令 x = A(:,3) 将生成一个由矩阵 A 第 3 列构成的向量。然而,当算符:用于等号符(=)左边时,指令 A(:) = x 将使用向量 x 中的元素重构规定大小的矩阵 A。

流程控制 MATLAB 提供了多种便于我们在程序中实现流程控制的指令。其中应用最广泛的结构是 if-elseif-else 结构。有了这些指令,我们能够根据某些条件执行不同的代码块。该结构的形式如下:

```
if condition1
    command1
elseif condition2
    command2
else
    command3
end
```

上述程序在 condition1 满足时执行 command1 中的语句;或在 condition2 满足时执行 command2 中的语句,否则,最后执行 command3 中的指令。

另外一种常用的流程控制结构是 for..end 循环。该结构是一种简单的迭代循环:计算机重复执行特定任务,且重复次数给定。for..end 循环结构具体形式如下:

```
for index = values
    program statements
            :
end
```

将迭代次数变量作为数组元素序号,for..end 循环语句可以方便地处理数组中的数据,但无论何时用户仍应该尽量采用基于 MATLAB 数组的运算,这样做可以获得更为简洁而高效的程序代码。然而在有些情况下,for..end 循环语句不可避免。下面举例说明 for..end 循环语句:

例题 1.1 考虑下面的正弦函数求和运算。

$$x(t) = \sin(2\pi t) + \frac{1}{3}\sin(6\pi t) + \frac{1}{5}\sin(10\pi t) = \sum_{k=1,3,5} \frac{1}{k}\sin(2\pi kt), 0 \leqslant t \leqslant 1$$

利用 MATLAB,我们想要产生 $x(t)$ 在时间点 $0:0.01:1$ 的取值。我们给出下面三种实现方法:

方法 1:这里我们考虑采用 C 或 Fortran 程序语言中的典型方法,即利用以 t 和 k 为迭代次数变量的两个 for..end 循环。虽然这种方法能够奏效,却是 MATLAB 中效率最低的一种方法。

```
>> t = 0 : 0.01 : 1; N = length(t); xt = zeros(1,N);
>> for n = 1 : N
>>    temp = 0;
>>    for k = 1 : 3 : 5
>>      temp = temp + (1/k) * sin(2 * pi * k * t(n));
>>    end
>>    xt(n) = temp;
>> end
```

方法 2:本方法中,我们在每一迭代步骤中利用时间向量 t = 0 : 0.01 : 1 以向量形式计算各正弦分量,进一步利用一个 for..end 循环对所有的正弦分量求和。

```
>> t = 0 : 0.01 : 1; xt = zeros(1, length(t));
>> for k = 1 : 3 : 5
>>      xt = xt + (1/k) * sin(2 * pi * k * t);
>> end
```

显然,该方法使用比第一种方法具有更少的代码行,是一种更好的实现方法。

方法 3: 本方法中我们采用矩阵－向量乘运算,使用该运算 MATLAB 更加高效。作为示例,下面只考虑四个时间点 $[t_1, t_2, t_3, t_4]$ 的取值,对应取值计算如下:

$$x(t_1) = \sin(2\pi t_1) + \frac{1}{3}\sin(2\pi 3 t_1) + \frac{1}{5}\sin(2\pi 5 t_1)$$

$$x(t_2) = \sin(2\pi t_2) + \frac{1}{3}\sin(2\pi 3 t_3) + \frac{1}{5}\sin(2\pi 5 t_2)$$

$$x(t_3) = \sin(2\pi t_3) + \frac{1}{3}\sin(2\pi 3 t_3) + \frac{1}{5}\sin(2\pi 5 t_3)$$

$$x(t_4) = \sin(2\pi t_4) + \frac{1}{3}\sin(2\pi 3 t_4) + \frac{1}{5}\sin(2\pi 5 t_4)$$

上述四个表达式可以用矩阵的形式表示为

$$\begin{bmatrix} x(t_1) \\ x(t_2) \\ x(t_3) \\ x(t_4) \end{bmatrix} = \begin{bmatrix} \sin(2\pi t_1) & \sin(2\pi 3 t_1) & \sin(2\pi 5 t_1) \\ \sin(2\pi t_2) & \sin(2\pi 3 t_2) & \sin(2\pi 5 t_2) \\ \sin(2\pi t_3) & \sin(2\pi 3 t_3) & \sin(2\pi 5 t_3) \\ \sin(2\pi t_4) & \sin(2\pi 3 t_4) & \sin(2\pi 5 t_4) \end{bmatrix} \begin{bmatrix} 1 \\ \frac{1}{3} \\ \frac{1}{5} \end{bmatrix}$$

$$= \sin\left(2\pi \begin{bmatrix} t_1 \\ t_2 \\ t_3 \\ t_4 \end{bmatrix} [1\ 3\ 5] \right) \begin{bmatrix} 1 \\ \frac{1}{3} \\ \frac{1}{5} \end{bmatrix}$$

或者采用其转置形式

$$\begin{bmatrix} x(t_1) & x(t_2) & x(t_3) & x(t_4) \end{bmatrix} = \begin{bmatrix} 1 & \dfrac{1}{3} & \dfrac{1}{5} \end{bmatrix} \sin\left(2\pi \begin{bmatrix} 1 \\ 3 \\ 5 \end{bmatrix} \begin{bmatrix} t_1 & t_2 & t_3 & t_4 \end{bmatrix}\right)$$

于是,对应的 MATLAB 代码为

```
>> t = 0 : 0.01 : 1; k = 1 : 3 : 5
>> xt = (1./k) * sin(2 * pi * k' * t);
```

值得一提的是,上述代码中仅使用数组除(1./k)产生行向量,以及矩阵乘实现剩余的运算。在 MATLAB 中,该方法具有最紧凑的代码和最高的运行效率,特别是正弦分量数较大的情况。

1.2.3 脚本和函数

当我们需要执行少量行代码时,MATLAB 可以方便地采用非交互指令模式。但当我们需要写若干行代码且反复地运行该代码时,或者需要在好几个程序中以不同变量值作为输入调用该代码时,这种非交互指令模式仍然效率不高。为此,MATLAB 提供了两种结构:

脚本 第一种结构通过所谓的"块模式运算"来执行任务。MATLAB 采用一个名为 m 文件(扩展名为.m)的脚本文件来实现脚本模式,该脚本文件只是一个包含该文件每一行指令的文本文件,等同于将其中每行指令在提示符后逐一输入。脚本文件由 MATLAB 自带的编辑器创建,该编辑器具有上下文敏感的颜色提示和缩进功能,以利于减少语法错误和提高文件可读性。通过在指令提示符后输入文件名即可执行脚本,且脚本文件必须位于路径(path)环境下的当前文件夹中。比如例题 1.1 中的正弦函数,常用的函数形式如下:

$$x(t) = \sum_{k=1}^{K} c_k \sin(2\pi k t) \tag{1.1}$$

如果我们想获取对应不同系数 c_k 和 / 或数值 K 的函数取值,我们应该创建一个脚本文件。我们可以写出如下的脚本文件来实现例题 1.1 中的第三种方法。

```
% Script file to implement (1.1)
t = 0 : 0.01 : 1; k = 1 : 3 : 5;ck = 1./k;
xt = ck * sin(2 * pi * k' * t);
```

这样我们就可以获取函数的不同值。

函数 第二种结构以子程序的方式创建一组代码。这些子程序也称作函数,我们可以采用函数扩展 MATLAB 的功能。事实上,MATLAB 的主要部分由若干种函数文件和被称为工具箱的特殊工具集合组成。函数也是 m 文件(扩展名.m)。函数与脚本文件的主要区别在于:函数文件中的第一个可执行代码行是以关键字 function 作为开头,紧跟着一个输入-输出变量声明。比如例题 1.1 中的任意个正弦分量求和函数 $x(t)$ 的计算,在这里我们采用名为 sinsum.m 的函数文件来实现。

```
function xt = sinsum(t,ck)
% Computation sum of sinusoidal terms of the form in (1.1)
% x = sinsum(t,ck)
%
K = length(ck); k = 1:K
ck = ck(:)'; t = t(:)';
xt = ck * sin(2 * pi * k' * t);
```

其中向量 t 和 ck 在调用 sinsum 函数之前就应该被赋值。注意:ck(:)'和 t(:)'使用编序和转置运算,强制转换为行向量。此外,为便于用户理解函数的功能和用法,必须给用户提供足够的函数相关信息,function 声明后的注释行即可用作 help sinsum 指令对应输出的函数解释。

1.2.4 绘图

对于信号与数据分析而言,数据的图形绘制是 MATLAB 最强大的功能之一。MATLAB 可以绘制从简单的二维(2D)图形到具备全彩色功能的复杂高维图形的多种类型图形。下面我们只具体介绍二维图形绘制,这里二维图形指的是在二维坐标系中以一个向量为变量另一个向量为因变量而绘制的图形。基本的绘图指令是 plot(t,x),该指令实现一个独立图形窗口中以 t 为变量、x 为因变量的图形绘制,其中数组 t 和 x 应该具有同样的长度和方向。作为可选项,plot 函数中可以添加某些额外的格式关键字,如指令 xlabel 和 ylabel 用于在图形坐标轴添加文本,指令 title 可以用来在图形顶端添加标题。绘制数据图形过程中,我们应该养成给图形添加坐标轴文本信息和顶端标题信息的习惯。几乎图形所有的参数(如样式、尺寸、颜色等)都可以通过合适的嵌入程序指令或直接通过图形用户接口(GUI)编程加以修改。

下面一组指令将创建一系列样本点,求出正弦函数在这些样点上的值,然后绘制带有坐标轴标注信息和标题信息的简单正弦波形图形。

```
>> t = 0 : 0.01 : 2; % sample points from 0 to 2 in steps of 0.01
>> x = sin(2 * pi * t); % Evaluate sin(2 pi t)
>> plot(t,xt,'b'); % Create plot with blue line
>> xlabel('t in sec'); ylabel('x(t)'); % Label axis
>> title('Plot of sin(2\pi t)'); % Title plot
```

所得结果如图 1.1 所示。

为绘制离散数值(或离散时间信号),我们会采用能够将数据值绘制成条杆线图的 stem 指令。条杆线图中的每一条线为连接到横坐标轴的直线,且顶端有一个小圆点,该小圆点可以使空心的(对应缺省状态)也可以是实心的(采用选项'filled')。借助图形句柄(Handle Graphics,MATLAB 图形源代码的扩展操作),我们能够改变圆点的大小。下面一组指令利用该结构实现离散时间正弦函数信号的图形显示。

```
>> n = 0 : 1 : 40 ; % sample index from 0 to 40
>> xn = sin(0.1 * pi * n) ; % Evaluate sin(0.1 pi n)
>> stem(n,xn,'b','filled','markersize',4) ; % Stem-plot
>> xlabel('n') ; ylabel('x(n)') ; % Label axis
>> title('Stem Plot of sin(0.1\pi n)') ; % Title plot
```

显示结果如图 1.2 所示。

MATLAB 具有将多个图形在一个图形窗口中显示的功能。利用 hold on 指令,多个图形可以绘制在同一个坐标平面上。指令 hold off 则停止同时图形绘制功能。下列指令段(对应图 1.3)将图形 1.1 和 1.2 显示在一个图上,即显示在后续章节还会详细讨论的采样操作。

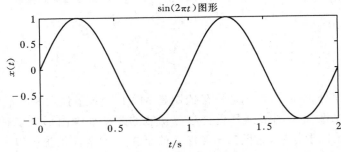

图 1.1   函数 $\sin(2\pi t)$ 图形

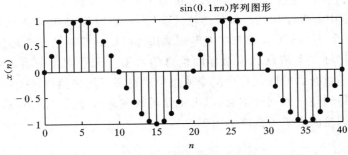

图 1.2 $\sin(0.1\pi n)$ 序列图形

```
>> plot(t,xt,'b') ; hold on ; % Create plot with blue line
>> Hs = stem(n * 0.05,xn,'b','filled') ; % Stem-plot with handle Hs
>> set(Hs,'markersize',4) ; hold off ; % Change circle size
```

除此之外,还有一种采用 subplot 指令的绘图方式,该方式将多个图形分别显示在按照 subplot 指令参数排列好的多个“栅格”子图中。下列指令段(对应图 1.4)将图 1.1 和图 1.2 作为两个单列的图用两行显示出来。

```
...
>> subplot(2,1,1) ; % Two rows, one column, first plot
>> plot(t,xt,'b') ; % Create plot with blue line
```

```
...
>> subplot(2,1,2); % Two rows, one column, second plot
>> Hs = stem(n,xn,'b','filled','maker size'4); % Stem-plot
...
```

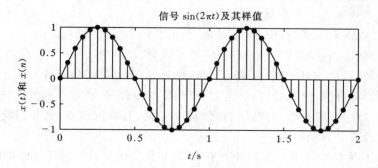

图 1.3   函数 $x(t)$ 和序列 $x(n)$ 的图形

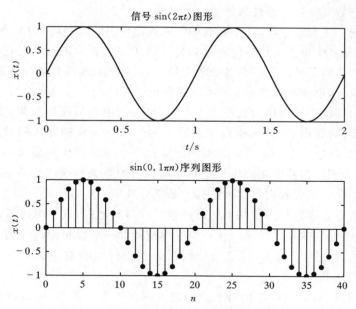

图 1.4   函数 $x(t)$ 和序列 $x(n)$ 分成两行的图形

    MATLAB 所提供的绘图环境本身十分复杂且功能丰富,再配合图形句柄结构的使用,其环境将更加复杂和功能更加丰富。因此,强烈建议读者进一步针对图形绘制的详细用法查阅 MATLAB 手册。上述许多绘图指令将会在本书中反复使用。

    上述回顾中,我们针对 MATLAB 繁多的功能和用法进行了大致浏览。通过借助 MAT-LAB 的集成帮助系统、详细的帮助浏览器和辅助参考书,相信读者能够在较快时间内掌握足够的 MATLAB 使用技巧。

1.3 数字信号处理应用

数字信号处理技术经过最近几十年的发展已经相当成熟,目前已经成为多种应用和产品的核心技术。这些应用和产品包括:

- 语音/音频(语音识别/合成、数字音频、均衡等)
- 图像/视频(增强、储存和传输编码、机器人视觉、动画等)
- 军事/空间(雷达信号处理、保密通信、导弹制导、声纳信号处理等)
- 生物医学/保健医疗(扫描仪、心电图分析、X 射线分析、脑电图的大脑映射器等)
- 消费电子(蜂窝/移动电话、数字电视、数字相机、互联网语音/音乐/视频、互动娱乐系统等)以及更多其他应用

这些应用和产品要求许多互连的复杂步骤,比如真实信息以接近实时的速度进行采集、处理、传输、分析、音频/显示等。数字信号处理技术能够将这些步骤集成到一个设备,而这样的设备具有新颖、高质量且价格不贵的特性(比如苹果公司的 iPhone 手机)。针对声乐的典型应用成为了当前研究数字信号处理技术的动力。

声乐信号处理 在音乐业界,几乎所有的音乐产品(歌曲、专辑等)的生产过程都基本分为两个阶段。首先,在声学惰性工作室中将单独的乐器或演唱者的声音信号记录在多音轨录音设备的某一音轨上。然后针对储存在各音轨上信号,语音工程师采用数字处理加入特效,进一步合并成立体声录音,也就是最终储存在 CD 或声乐文件中的信号。

音频效果是由各种不同的信号处理技术人工合成,其中包括回声效果、混响效果(音乐会大厅效果)、凸缘效果(即由于 DJ 拇指放在卷轴边的凸缘上导致的音乐播放速度减慢)、合唱效果(即当多个音乐以较小的幅度和延迟差别演奏同一个乐器产生的效果)和移相效果(又名相位偏移,由于多个相位偏移的声波信号之间互动产生的效果),这些效果现在都可以通过数字信号处理技术产生。下面我们具体讨论其中的部分效果。

回声产生 所有音频效果中最基本的就是信号的时间延迟,或者叫回声,它是产生其他更复杂效果如混响、凸缘等的基本单元。在一个听觉空间如一个房间,到达我们耳朵的声波信号包括由声源而来的直达声音信号,以及由墙面反射而来同时具有不同的延迟和衰减的声音信号。

回声即延迟信号,因而可以由信号本身经过延迟来产生。比如,由离散信号 $y[n]$ 表示的直达信号和单一的经 D 个采样间隔延迟的回声信号之间的合并,可以采用下面的等式(差分方程)形式表示:

$$x[n] = y[n] + \alpha y[n-D], \quad |\alpha| < 1 \tag{1.2}$$

其中 $x[n]$ 表示输出信号,α 表示直达信号的衰减系数。MATLAB 采用 filter 函数实现差分方程。MATLAB 中存有亨德尔的《哈利路亚合唱曲》中的短片断,该片段为通过 8192 样值/秒采样得到的 9 秒时长的数字音乐。读者可以在指令窗口中执行下面的指令段体验(1.2)式中的声音回声效果,其中回声信号被延迟了 $D=4096$ 采样间隔,相当于 0.5 秒的延迟。

```
load handel; % The signal is in y and sampling freq in Fs
sound(y,Fs); pause(10); % Play the original sound
alpha = 0.9; D = 4196; % Echo parameters
b = [1,zeros(1,D),alpha]; % Filter parameters
x = filter(b,1,y); % Generate sound plus its echo
sound(x,Fs); % Play sound with echo
```

读者应该可以听到明显的经过半秒延迟的合唱曲回声。

回声去除   通过上述仿真,读者可以亲身体会到回声信号对于听觉来说是一种不良干扰。而数字信号处理技术又能够用来有效地减少(几乎消除)回声,这样的回声消除系统可以用下面的差分方程表示:

$$w[n] + \alpha w[n-D] = x[n] \tag{1.3}$$

其中 $x[n]$ 表示参杂了回声的声音信号,$w[n]$ 表示去除了回声信号的输出声音信号。再次强调,该系统在软件或硬件中实现非常简单。现在我们可以针对信号 $x[n]$ 尝试采用下面的 MATLAB 脚本程序。

```
w = filter(1,b,x);
sound(w, Fs)
```

经过上述信号处理,此时回声信号几乎听不到。

数字混响   多个空间上接近的回声信号叠加到一起产生混响,该混响效果可以采用下面更复杂的差分方程的数字处理方式实现。

$$x[n] = \sum_{k=0}^{N-1} \alpha^k y[n-kD] \tag{1.4}$$

上式能够产生空间上相隔 D 个采样且幅度上随采样间隔呈指数衰减的多个回声信号的叠加。另外一种自然的声音信号混响可以采用下面的差分方程实现:

$$x[n] = \alpha y[n] + y[n-D] + \alpha x[n-D], \quad |\alpha| < 1 \tag{1.5}$$

上述方程能够仿真更密集的回声信号叠加。

这里介绍的简单应用只是数字信号处理技术的几个应用示例而已。采用本书中学到的技术、概念和 MATLAB 函数,读者应该能够亲自仿真实现这些或者其他有趣的声乐效果。

1.4 本书概述

本书大致分为四个部分。第一部分讨论 DSP 的信号分析方面。第 2 章从离散时间信号与系统的基本描述着手,第 3 章在频域分析这些信号与系统。频域描述的一般化称为 z 变换,在第 4 章介绍。第 5 章用离散傅里叶变换和快速傅里叶变换的形式讨论计算傅里叶变换的实用算法。

本书的第二部分由第 6 章到第 8 章组成,专门讨论 DSP 的信号过滤方面。第 6 章描述数字滤波器的各种实现和结构,并介绍数值的有限精度表示、滤波器系数量化以及量化对滤波性能的影响。第 7 章给出设计一种称为有限脉冲响应(或 FIR)数字滤波器的设计方法和算法，而第 8 章则是对另一种称为无限脉冲响应(或 IIR)数字滤波器的类似处理。在这两章仅讨论比较简单但实际上有用的一些滤波器设计方法，更多较深的方法将不包括。

本书的第三部分由第 9 章到第 12 章构成，它给出了在 DSP 中若干重要论题和应用方面。第 9 章专门研究采样率转换方面的论题，并应用第 7 章中的滤波器理论设计实际采样率转换器。第 10 章进一步介绍信号量化中的数值有限精度处理方法和有限精度运算在滤波器性能上的效应。后面两章以课程作业的形式给出某些实际应用，而这些作业利用前 10 章所学到的内容是能够完成的。第 11 章介绍自适应滤波的概念，并讨论在系统辨识、干扰抑制、自适应线谱增晰等方面的几个简单作业。第 12 章对数字通信系统作简单介绍，并略述在诸如 PCM、DPCM 和 LPC 等方面的一些作业。

最后，第 13 章至第 15 章构成了本书最后一部分，这部分内容可用作本科生高级课程或研究生课程。第 13 章中，我们将信号看作随机实体，也称作随机过程(或信号)，并基于随机变量概念给出其概率和统计描述。我们还讨论了若干有代表性的随机过程。第 14 章中，我们推导了用于处理随机信号的最优滤波器理论。为此，我们讨论了线性预测滤波器和用于估计受加性噪声污染的信号的维纳滤波器。第 15 章中，我们介绍了自适应滤波器，该随机系统可应用于先验统计特性未知的场景。我们还介绍了 LMS 和 RLS 两种基本且重要的自适应算法。

在全部各章中，核心主题就是大量使用并充分阐明 MATLAB 这一有效的讲授与学习工具。要详细描述已有的用于 DSP 的 MATLAB 函数，并在很多例子中说明它们的正确使用。另外，开发出了许多新的 MATLAB 函数以对很多算法的工作机理给出深入的了解。我们相信，这种"手把手"式的办法定能让学生解除对 DSP 的畏惧心理，并将提供一个丰富的学习经历。

离散时间信号与系统 2

从离散时间下信号与系统的概念着手,接着介绍几个重要的信号类型及其运算。由于线性与时不变系统最容易分析和实现,所以大多只讨论这类系统。卷积和差分方程表示将给予特别的关注,这是因为在数字信号处理和 MATLAB 中它们的重要性所致。本章重点放在利用 MATLAB 的信号与系统的表示和实现上。

2.1 离散时间信号

广义地讲,信号可分为模拟信号和离散信号。一个模拟信号用 $x_a(t)$ 表示,其中变量 t 可代表任何物理量,但是都假定它代表时间,以秒计。一个离散信号用 $x(n)$ 表示,其中变量 n 是整数值并在时间上代表一些离散时刻,因此它也称作离散时间信号。它是一个数值的序列,并用下面符号之一来表示:

$$x(n) = \{x(n)\} = \{\cdots, x(-1), x(0), x(1), \cdots\}$$

这里朝上箭头指出在 $n=0$ 的样本。

在 MATLAB 中可用一个适当值的行向量来表示一个有限长序列。然而,这样一个向量并没有任何有关样本位置 n 的信息。因此,$x(n)$ 的准确表示要求有两个向量:一个对 x,另一个对 n。例如,一个序列 $x(n) = \{2, 1, -1, 0, 1, 4, 3, 7\}$ 在 MATLAB 中能表示为

```
>> n = [-3, -2, -1, 0, 1, 2, 3, 4];  x = [2, 1, -1, 0, 1, 4, 3, 7]
```

一般来说,当样本的位置信息不要求时,或者当这个信息是无关紧要时(例如,当序列在 $n=0$ 开始时),只用 x 向量表示。由于有限的存储空间限制,一任意无限长序列不能用 MATLAB 表示。

2.1.1 序列的类型

为了分析的目的,在数字信号处理中应用几个基本序列。它们的定义及其 MATLAB 表示给出如下。

1. 单位样本序列

$$\delta(n) = \begin{cases} 1, & n = 0 \\ 0, & n \neq 0 \end{cases} = \{\cdots, 0, 0, 1, 0, 0, \cdots\}$$

在 MATLAB 中,函数 zeros(1,N)产生一个 N 个零的行向量,利用它可以实现在一个有限区

间上的 $\delta(n)$。然而,逻辑关系式 n == 0 是实现 $\delta(n)$ 的一种绝妙方式。例如,要实现在区间 $n_1 \leqslant n_0 \leqslant n_2$ 上

$$\delta(n - n_0) = \begin{cases} 1, & n = n_0 \\ 0, & n \neq n_0 \end{cases}$$

将用下面 MATLAB 函数:

```
function [x,n] = impseq(n0,nl,n2)
% Generates x(n) = delta(n - n0); nl <= n <= n2
% ------------------------------------------
% [x,n] = impseq(n0,nl,n2)
%
n = [nl:n2]; x = [(n - n0) == 0];
```

2. 单位阶跃序列

$$u(n) = \begin{cases} 1, & n \geqslant 0 \\ 0, & n < 0 \end{cases} = \left\{ \cdots, 0, 0, \underset{\uparrow}{1}, 1, 1, \cdots \right\}$$

在 MATLAB 中,函数 ones(1,N) 产生一个 N 个 1 的行向量。利用它可以产生在一个有限区间上的 $u(n)$。一种很好的途径还是利用逻辑关系式 n >= 0。为了实现在区间 $n_1 \leqslant n_0 \leqslant n_2$ 上

$$u(n - n_0) = \begin{cases} 1, & n \geqslant n_0 \\ 0, & n < n_0 \end{cases}$$

将用下面 MATLAB 函数:

```
function [x,n] = stepseq(n0,nl,n2)
% Generates x(n) = u(n - n0); nl <= n <= n2
% ------------------------------------------
% [x,n] = stepseq(n0,nl,n2)
%
n = [nl:n2]; x = [(n - n0) >= 0];
```

3. 实值指数序列

$$x(n) = a^n, \forall n; a \in R$$

在 MATLAB 中,要求用算符 ".^" 实现一实指数序列。例如,为了产生 $x(n) = (0.9)^n, 0 \leqslant n \leqslant 10$,需要下面 MATLAB 脚本:

```
>> n = [0:10]; x = (0.9).^n;
```

4. 复值指数序列

$$x(n) = e^{(\sigma + j\omega_0)n}, \ \forall n$$

其中 σ 产生某一衰减(若 <0)或增长(若 >0),ω_0 是频率(弧度 rad)。可用 MATLAB 函数 exp 产生指数序列。例如,为了产生 $x(n) = \exp[(2+j3)n], 0 \leqslant n \leqslant 10$,需要下面 MATLAB 脚本:

```
>> n = [0:10]; x = exp((2 + 3j) * n);
```

5. 正弦序列

$$x(n) = A\cos(\omega_0 n + \theta), \quad \forall n$$

其中 A 是幅度,而 θ 是相位(弧度 rad)。可用 MATLAB 函数 $\cos$(或 $\sin$)产生正弦序列。例如,为了产生 $x(n) = 3\cos(0.1\pi n + \pi/3) + 2\sin(0.5\pi n)$, $0 \leqslant n \leqslant 10$,需要下面 MATLAB 脚本:

```
>> n = [0:10]; x = 3 * cos(0.1 * pi * n + pi/3) + 2 * sin(0.5 * pi * n);
```

6. 随机序列

很多实际序列无法像上面那样能用数学表达式描述。这些序列称为随机序列,并且是用有关概率密度函数的参数来表征的。在 MATLAB 中,有两种类型的(伪)随机序列可以利用:rand(1,N) 产生一个长度为 N,其值在 $[0,1]$ 之间均匀分布的随机序列;randn(1,N) 产生一个长度为 N、均值为 0、方差为 1 的高斯型随机序列。利用上述函数的变换可以产生其他随机序列。

7. 周期序列

如果有序列 $x(n) = x(n+N)$, $\forall n$,则序列 $x(n)$ 是周期的。满足上面关系的最小整数 N 称为基波周期。现用 $\tilde{x}(n)$ 表示一周期序列。为了从一个周期的 $\{x(n), 0 \leqslant n \leqslant N-1\}$ 产生 $\tilde{x}(n)$ 的 P 个周期,可将 $x(n)$ 重复 P 次:

```
>> xtilde = [x,x,...,x];
```

但是一种好的办法是利用 MATLAB 功能很强的编序能力。首先产生包含 $x(n)$ 值的 P 行矩阵,然后利用结构(:)能将 P 行连成一个长的行向量。然而这种结构仅对列起作用,所以必须要用矩阵转置算符才能对行提供相同的效果。

```
>> xtilde = x' * ones(1,P);    % P columns of x; x is a row vector
>> xtilde = xtilde(:);         % long column vector
>> xtilde = xtilde';           % long row vector
```

要注意,最后两行可以合并为一种紧凑的编码,这就如同例题 2.1 所指出的。

2.1.2 序列运算

现在简要叙述一下基本序列运算及其 MATLAB 的等效表示。

1. 信号相加

这是一个样本对样本的相加。给出为

$$\{x_1(n)\} + \{x_2(n)\} = \{x_1(n) + x_2(n)\}$$

在 MATLAB 中由算术算符"$+$"来实现。但是 $x_1(n)$ 和 $x_2(n)$ 的长度必须相同。如果序列长度不相等,或者即使长度相等的序列而样本位置不同,也不能直接用算符 $+$。首先必须对 $x_1(n)$ 和 $x_2(n)$ 扩大或延长以使它们具有相同位置的向量 n(从而也有相同的长度)。这就要求细心注意 MATLAB 的编序运算。尤其是"与"的逻辑运算"&",像"$<=$"和"$==$"的关系运算和函数 find 都要求 $x_1(n)$ 和 $x_2(n)$ 长度相等。下面这个函数 sigadd 说明这些运算。

```
function [y,n] = sigadd(x1,n1,x2,n2)
% implements y(n) = x1(n) + x2(n)
% ------------------------------
% [y,n] = sigadd (x1,n1,x2,n2)
%  y = sum sequence over n, which includes n1 and n2
% x1 = first sequence over n1
% x2 = second sequence over n2 (n2 can be different from n1)
%
n = min(min(n1),min(n2)):max(max(n1),max(n2));        % duration of y(n)
y1 = zeros(1,1ength(n)); y2 = y1;                      % initialization
y1(find((n >= min(n1))&(n <= max(n1)) == 1)) = x1;     % x1 with duration of y
y2(find((n >= min(n2))&(n <= max(n2)) == 1)) = x2;     % x2 with duration of y
y = y1 + y2;                                           % sequence addition
```

它的应用如例题 2.2 所说明。

2. 信号相乘

这是一个样本对样本的相乘(或称"点"乘),给出为

$$\{x_1(n)\} \cdot \{x_2(n)\} = \{x_1(n)x_2(n)\}$$

在 MATLAB 中,用算符". ＊"实现。对 + 算符所加的限制同样对算符 .＊ 适用。因此,已经开发出 sigmult 函数,它与函数 sigadd 是类似的。

```
function [y,n] = sigmult (x1,n1,x2,n2)
% implements y(n) = x1(n) ＊ x2 (n)
% ------------------------------
% [y,n] = sigmult (x1,n1,x2,n2)
%  y = product sequence over n, which includes n1 and n2
% x1 = first sequence over n1
% x2 = second sequence over n2 (n2 can be different from n1)
%
n = min(min(n1),min(n2)):max(max(n1),max(n2));         % Duration of y(n)
y1 = zeros(1,1ength(n)); y2 = y1;                       %
y1(find((n >= min(n1))&(n <= max(n1)) == 1)) = x1;      % x1 with duration of y
y2(find((n >= min(n2))&(n <= max(n2)) == 1)) = x2;      % x2 with duration of y
y = y1 .＊ y2;                                           % sequence multiplication
```

它的应用也在例题 2.2 中给出。

3. 加权(或乘以常数)

在这种运算中,每个样本均乘以标量 α。

$$\alpha\{x(n)\} = \{\alpha x(n)\}$$

在 MATLAB 中,算术算符" ＊ "用来实现这种加权运算。

4. 移位

在这种运算中,$x(n)$ 的每个样本都移位一个量 k 得到一个移位的序列 $y(n)$。

$$y(n) = \{x(n-k)\}$$

如果令 $m = n - k$，那么 $n = m + k$，上面运算给出为

$$y(m+k) = \{x(m)\}$$

所以这个运算在向量 x 上没有影响，但是向量 n 对每个元素要添加 k 的变化。这如函数 sig-shift 所指出的。

```
function [y,n] = sigshift (x,m,k)
% implements y(n) = x(n-k)
% ----------------------------
% [y,n] = sigshift(x,m,k)
%
n = m+k; y = x;
```

其应用在例题 2.2 中给出。

5. 反转

在这种运算中，$x(n)$ 的每个样本都以 $n = 0$ 为中心翻转得到一个反转序列 $y(n)$。

$$y(n) = \{x(-n)\}$$

在 MATLAB 中，这个运算对样本值用函数 fliplr(x) 实现，对样本位置通过函数 $-$ fliplr(n) 实现，这如下面 sigfold 函数所指出的。

```
function [y,n] = sigfold(x,n)
% implements y(n) = x(-n)
% ----------------------------
% [y,n] = sigfold(x,n)
%
y = fliplr(x); n = -fliplr(n);
```

6. 样本累加

这种运算是有别于信号相加运算的，它是将 n_1 和 n_2 之间的全部样本值加起来。

$$\sum_{n=n_1}^{n_2} x(n) = x(n_1) + \cdots + x(n_2)$$

它由 sum(x(n1:n2)) 函数实现。

7. 样本乘积

这种运算也是不同于信号相乘运算的，它是将 n_1 和 n_2 之间的全部样本值连乘起来。

$$\prod_{n_1}^{n_2} x(n) = x(n_1) \times \cdots \times x(n_2)$$

它由 prod(x(n1:n2)) 函数实现。

8. 信号能量

一个序列 $x(n)$ 的能量给出为

$$\mathcal{E}_x = \sum_{-\infty}^{\infty} x(n)x^*(n) = \sum_{-\infty}^{\infty} |x(n)|^2$$

式中上角标 * 代表复数共轭运算①。在 MATLAB 中,有限长序列 $x(n)$ 的能量能用下面两种方法计算:

```
>> Ex = sum(x .* conj(x)); % one approach
>> Ex = sum(abs(x) .^ 2); % another approach
```

9. 信号功率

基波周期为 N 的周期序列 $\tilde{x}(n)$ 的平均功率给出为

$$\mathcal{P}_x = \frac{1}{N} \sum_0^{N-1} | \tilde{x}(n) |^2$$

例题 2.1 在给出的区间上产生并画出下面序列:

   a. $x(n) = 2\delta(n+2) - \delta(n-4)$, $-5 \leqslant n \leqslant 5$

   b. $x(n) = n[u(n) - u(n-10)] + 10e^{-0.3(n-10)}[u(n-10) - u(n-20)]$, $0 \leqslant n \leqslant 20$

   c. $x(n) = \cos(0.04\pi n) + 0.2w(n)$, $0 \leqslant n \leqslant 50$, 其中 $w(n)$ 为均值为 0,方差为 1 的高斯随机序列。

   d. $\tilde{x}(n) = \{\cdots, 5,4,3,2,1,\underset{\uparrow}{5},4,3,2,1,5,4,3,2,1,\cdots\}$; $-10 \leqslant n \leqslant 9$

题解

   a. $x(n) = 2\delta(n+2) - \delta(n-4)$, $-5 \leqslant n \leqslant 5$

```
>> n = [-5:5];
>> x = 2 * impseq(-2,-5,5) - impseq(4,-5,5);
>> stem(n,x); title('Sequence in Problem 2.1a')
>> xlabel('n'); ylabel('x(n)');
```

该序列的图如图 2.1 所示。

   b. $x(n) = n[u(n) - u(n-10)] + 10e^{-0.3(n-10)}[u(n-10) - u(n-20)]$, $0 \leqslant n \leqslant 20$

```
>> n = [0:20]; x1 = n .* (stepseq(0,0,20) - stepseq(10,0,20));
>> x2 = 10 * exp(-0.3 * (n-10)) .* (stepseq(10,0,20) - stepseq(20,0,20));
>> x = x1 + x2;
>> subplot(2,2,3); stem(n,x); title('Sequence in Problem 2.1b')
>> xlabel('n'); ylabel('x(n)');
```

该序列的图如图 2.1 所示。

   c. $x(n) = \cos(0.04\pi n) + 0.2w(n)$, $0 \leqslant n \leqslant 50$

```
>> n = [0:50]; x = cos(0.04 * pi * n) + 0.2 * randn(size(n));
>> subplot(2,2,2); stem(n,x); title('Sequence in Problem 2.1c')
>> xlabel('n'); ylabel('x(n)');
```

① 在数字信号处理中,符号 * 表示许多运算。由它的字型(罗马体或计算机体)和位置(正常或上角标)来区分每种运算。

该序列的图如图 2.1 所示。

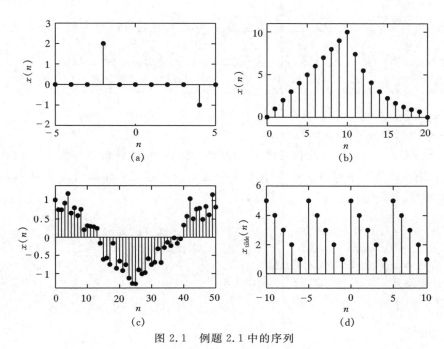

图 2.1 例题 2.1 中的序列

　　d. $\widetilde{x}(n) = \{\cdots, 5, 4, 3, 2, 1, \underset{\uparrow}{5}, 4, 3, 2, 1, 5, 4, 3, 2, 1, \cdots\}; -10 \leqslant n \leqslant 9$

注意,在给定的区间上 $\widetilde{x}(n)$ 有 4 个周期。

```
>> n = [-10:9]; x = [5,4,3,2,1];
>> xtilde = x' * ones(1,4); xtilde = (xtilde(:))';
>> subplot(2,2,4); stem(n,xtilde); title('Sequence in Problem 2.1d')
>> xlabel('n'); ylabel('xtilde(n)');
```

该序列的图如图 2.1 所示。　　　　　　　　　　　　　　　　　　　　　　　　　■

例题 2.2　令 $x(n) = \{1, 2, \underset{\uparrow}{3}, 4, 5, 6, 7, 6, 5, 4, 3, 2, 1\}$,确定并画出下面序列。

　　a. $x_1(n) = 2x(n-5) - 3x(n+4)$

　　b. $x_2(n) = x(3-n) + x(n)x(n-2)$

题解

　　序列 $x(n)$ 在 $-2 \leqslant n \leqslant 10$ 内为非零,所以由

```
>> n = -2:10; x = [1:7,6:-1:1];
```

产生 $x(n)$。

　　a. $x_1(n) = 2x(n-5) - 3x(n+4)$

第一部分是将 $x(n)$ 移位 5 再乘以 2 得到,第二部分是将 $x(n)$ 移位 -4 再乘以 -3 而得到。移

位和相加都能容易用 sigshift 函数和 sigadd 函数完成。

```
>> [x11,n11] = sigshift(x,n,5); [x12,n12] = sigshift(x,n,- 4);
>> [x1,n1] = sigadd(2 * x11,n11,- 3 * x12,n12);
>> subplot(2,1,1); stem(n1,x1); title('Sequence in Example 2.2a')
>> xlabel('n'); ylabel('xl(n)');
```

$x_1(n)$ 的图如图 2.2 所示。

　　b. $x_2(n) = x(3-n) + x(n)x(n-2)$

第 1 项可写成 $x(-(n-3))$，因此首先将 $x(n)$ 反转，然后再将反转结果移位 3。第 2 项是 $x(n)$ 和 $x(n-2)$ 相乘，这两个序列长度一样，但样本位置不同。这些运算都很容易用 sigfold 函数和 sigmult 函数来完成。

```
>> [x21,n21] = sigfold(x,n); [x21,n21] = sigshift(x21,n21,3);
>> [x22,n22] = sigshift(x,n,2); [x22,n22] = sigmult(x,n,x22,n22);
>> [x2,n2] = sigadd(x21,n21,x22,n22);
>> subplot(2,1,2); stem(n2,x2); title('Sequence in Example 2.2b')
>> xlabel('n'); ylabel('x2(n)');
```

$x_2(n)$ 的图如图 2.2 所示。

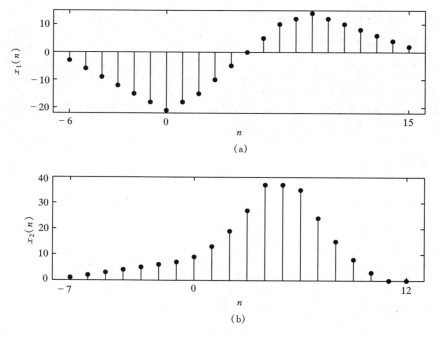

(a)

(b)

图 2.2　例题 2.2 中的序列

　　例题 2.2 表明由本节创建的 4 个 sig * 函数为序列运算提供了一种方便的途径。

例题 2.3 产生如下复值序列：

$$x(n) = \mathrm{e}^{(-0.1+\mathrm{j}0.3)n}, \ -10 \leqslant n \leqslant 10$$

并分别在 4 张图上画出它的幅度、相位、实部和虚部。

题解

MATLAB 脚本：

```
>> n = [-10:1:10]; alpha = -0.1+0.3j;
>> x = exp(alpha * n);
>> subplot(2,2,1); stem(n,real(x));title('Real Part');xlabel('n')
>> subplot(2,2,2); stem(n, imag(x)); title('Imaginary Part'); xlabel('n')
>> subplot(2,2,3); stem(n,abs(x));title('Magnitude Part');xlabel('n')
>> subplot(2,2,4); stem(n,(180/pi) * angle(x));title('Phase Part');xlabel('n')
```

这些序列的图如图 2.3 所示。

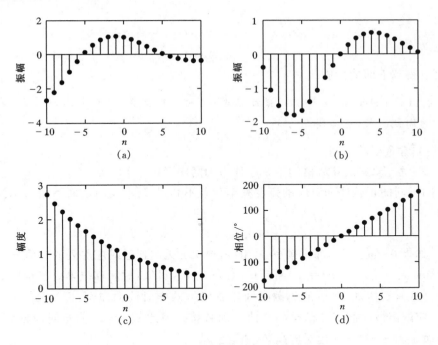

图 2.3 例题 2.3 中的序列
（a）实部；（b）虚部；（c）幅度；（d）相位

2.1.3 离散时间正弦信号

上一节中，我们介绍了作为基本信号的离散时间正弦序列 $x(n) = A\cos(\omega_0 n + \theta_0)$。该信号是傅里叶变换的基信号，同时又是稳态分析的基信号，因此对于信号理论和系统理论非常重要。它与连续时间正弦信号 $x_a(t)=A\cos(\Omega_0 t+\theta_0)$ 可以方便地建立联系:通过对连续信号进行采样(见第3章),即在均匀间隔时间点 $t=nT_s$ 的连续时间信号值赋给离散时间信号 $x(n)$。其中参数 T_s 称为采样间隔,$\Omega_0=\omega_0/T_s$ 称为模拟频率,以弧度/秒为单位。

由于 n 是离散变量而 t 是连续变量,这会给离散时间和连续时间正弦信号之间引入一些重要差别。

时间周期性 按照我们对周期性的定义,只有满足下面条件的正弦信号才是周期的

$$x(n+N)=A\cos(\omega_0 n+\omega_0 N+\theta_0)=A\cos(\omega_0 n+\theta_0)=x(n) \tag{2.1}$$

当且仅当 $\omega_0 N=2k\pi$ 时上式才会成立,其中 k 为整数。于是,可以得到下面的重要结论(见习题 P2.5):

> 序列 $x(n)=A\cos(\omega_0 n+\theta_0)$ 当且仅当 $f_0 \triangleq \omega_0/2\pi=k/N$,即 f_0 为有理数。如果 k 和 N 为一对素数,则 N 是 $x(n)$ 的基波周期,k 表示对应的连续时间正弦信号的整数倍的周期 kT_s。

频率周期性 按照离散时间正弦信号的定义,由于 $(kn)2\pi$ 为 2π 的整数倍,我们可以容易地得到下式:

$$A\cos[(\omega_0+k2\pi)n+\theta_0]=A\cos(\omega_0 n+kn2\pi+\theta_0)$$
$$=A\cos(\omega_0 n+\theta_0)$$

因此,我们可以得到下面的性质:

> 序列 $x(n)=A\cos(\omega_0 n+\theta_0)$ 是弧度频率 ω_0 的周期函数,且基本周期为 2π,也是频率 f_0 的周期函数,基本周期为 1。

该性质有许多非常重要的内涵:

1. 弧度频率相差 2π 的整数倍的正弦序列为相同序列;
2. 所有的不同的正弦序列对应的弧度频率相差不超过 2π。我们定义下面的基波频率范围

$$-\pi<\omega\leqslant\pi \text{ 或 } 0\leqslant\omega<2\pi \tag{2.2}$$

因此,如果 $0\leqslant\omega_0<2\pi$,那么频率 ω_0 和 $\omega_0+m2\pi$ 无法通过对应序列的样值分辨;
3. 由 $A\cos[\omega_0(n+n_0)+\theta]=A\cos[\omega_0 n+(\omega_0 n_0+\theta)]$ 可知,时间移位等效于相位变化;
4. 当 ω_0 由 $(0,\pi)$ 增加,对应的离散时间正弦信号的样值波动加剧,而当 ω_0 由 $(\pi,2\pi)$ 增加,对应的离散时间正弦信号的样值波动减缓。因此 $\omega_0=k2\pi$ 附近对应低频(缓慢波动),而 $\omega_0=\pi+k2\pi$ 附近对应高频(快速波动)。

2.1.4 若干有用结果

在离散时间信号理论中有几个重要结果,现在讨论在数字信号处理中是有用的部分。

单位样本合成 任何任意序列 $x(n)$ 都能由延迟和加权的单位样本序列之和来合成出,如

$$x(n)=\sum_{k=-\infty}^{\infty}x(k)\delta(n-k) \tag{2.3}$$

下一节将要用到这个结果。

奇偶合成　一实值序列 $x_e(n)$ 若

$$x_e(-n) = x_e(n)$$

则称为偶序列(对称)。类似地,一实值序列 $x_o(n)$ 若

$$x_o(-n) = -x_o(n)$$

则称为奇序列(反对称)。那么,任何实值序列 $x(n)$ 都能分解为它的偶部分量和奇部分量

$$x(n) = x_e(n) + x_o(n) \tag{2.4}$$

其中偶部和奇部分量分别为

$$x_e(n) = \frac{1}{2}[x(n) + x(-n)] \text{ 和 } x_o(n) = \frac{1}{2}[x(n) - x(-n)] \tag{2.5}$$

在研究傅里叶变换性质中要利用这一分解关系。因此,建立一个简单的 MATLAB 函数用于将一给定序列分解为它的偶部分量和奇部分量就是一个好的练习。利用到目前为止讨论过的 MATLAB 运算,可以得到下面 evenodd 函数。

```
function [xe, xo, m] = evenodd(x,n)
% Real signal decomposition into even and odd parts
% -----------------------------------------------
% [xe, xo, m] = evenodd(x,n)
%
if any(imag(x) ~ = 0)
      error('x is not a real sequence')
end
m = - fliplr(n);
m1 = min( [m,n] ); m2 = max( [m,n] ); m = m1:m2;
nm = n(1) - m(1); n1 = 1:length(n);
x1 = zeros (1, length (m)); x1(n1 + nm) = x; x = x1;
xe = 0.5 * (x + fliplr(x)); xo = 0.5 * (x - fliplr(x));
```

序列及其位置分别装入 x 和 n 数组。首先确认是否已知序列是实序列并在 m 数组中确定偶部和奇部分量的位置,然后特别留心 MATLAB 的编序运算并用它实现(2.5)式。所得分量存入 xe 和 xo 数组中。

例题 2.4　令 $x(n) = u(n) - u(n-10)$,将 $x(n)$ 分解为偶部和奇部分量。

题解

这个序列 $x(n)$ 在 $0 \leqslant n \leqslant 9$ 内为非零,称它为矩形脉冲。现用 MATLAB 确定并画出它的偶部和奇部。

```
>> n = [0:10]; x = stepseq(0,0,10) - stepseq(10,0,10);
>> [xe,xo,m] = evenodd(x,n) ;
>> subplot(2,2,1); stem(n,x); title( 'Rectangular pulse')
>> xlabel('n'); ylabel('x(n)'); axis([ -10,10,0,1.2])
```

```
>> subplot(2,2,2); stem(m,xe); title('Even Part')
>> xlabel('n'); ylabel('xe(n)'); axis([-10,10,0,1.2])
>> subplot(2,2,4); stem(m,xo); title('Odd Part')
>> xlabel('n'); ylabel('xo(n)'); axis([-10,10,-0.6,0.6])
```

示于图 2.4 中的图清楚说明这个分解。

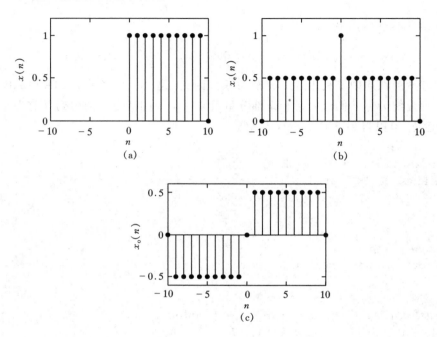

图 2.4 例题 2.4 的奇偶分解
(a) 矩形脉冲;(b) 偶部;(c) 奇部

关于复值序列的类似分解在习题 P2.5 中研讨。

几何级数 形式为 $\{\alpha^n, n \geqslant 0\}$ 的单边指数序列,其中 α 是任意常数,称之为几何级数。在数字信号处理中,这一级数和的收敛和表达式在许多场合下都要用到。这个级数对于 $|\alpha| < 1$ 收敛,这些分量的和收敛到

$$\sum_{n=0}^{\infty} \alpha^n \rightarrow \frac{1}{1-\alpha}, \ |\alpha| < 1 \tag{2.6}$$

对于这个级数的任意有限项的和也需要一种表达式,它由下式给出:

$$\sum_{n=0}^{N-1} \alpha^n = \frac{1-\alpha^N}{1-\alpha}, \ \forall \alpha \tag{2.7}$$

这两个结果在整个这本书中都会用到。

序列的相关 相关是一种运算,在数字信号处理中有很多应用。相关是对两个序列相似程度的一种度量。已知两个有限能量的实值序列 $x(n)$ 和 $y(n)$,$x(n)$ 和 $y(n)$ 的互相关是一个序列 $r_{xy}(l)$,定义为

$$r_{xy}(l) = \sum_{n=-\infty}^{\infty} x(n)y(n-l) \qquad (2.8)$$

这里 l 称为位移或滞后参数。当 $y(n)=x(n)$ 时,(2.8)式的特殊情况称为自相关,它定义为

$$r_{xx}(l) = \sum_{n=-\infty}^{\infty} x(n)x(n-l) \qquad (2.9)$$

它给出了在这个序列的不同符合位置的自相似性的一种度量。计算自相关和互相关的 MAT-LAB 函数本章稍后给予讨论。

2.2 离散系统

数学上一个离散时间系统(简称离散系统)描述为一种运算符 $T[\cdot]$,它接受一个序列 $x(n)$(称为激励)并将它变换为另一个序列 $y(n)$(称为响应),即

$$y(n) = T[x(n)]$$

在 DSP 中说是该系统将一个输入信号处理为一个输出信号。广义地将离散系统划分为线性和非线性系统,本书大多数情况都是讨论线性系统。

2.2.1 线性系统

当且仅当 $L[\cdot]$ 满足叠加原理,即

$$L[a_1 x_1(n) + a_2 x_2(n)] = a_1 L[x_1(n)] + a_2 L[x_2(n)], \quad \forall a_1, a_2, x_1(n), x_2(n) \quad (2.10)$$

一个离散系统 $T[\cdot]$ 才是一个线性运算符 $L[\cdot]$。利用(2.3)式和(2.10)式,一个线性系统对任意输入 $x(n)$ 的输出 $y(n)$ 给出为

$$y(n) = L[x(n)] = L\Big[\sum_{n=-\infty}^{\infty} x(k)\delta(n-k)\Big] = \sum_{n=-\infty}^{\infty} x(k)L[\delta(n-k)]$$

响应 $L[\delta(n-k)]$ 能够理解为一个线性系统由于在时刻 k 的一个单位样本(一个熟知的序列)产生在时刻 n 的响应,称之为脉冲响应并记为 $h(n,k)$。那么输出由叠加和给出

$$y(n) = \sum_{n=-\infty}^{\infty} x(k)h(n,k) \qquad (2.11)$$

(2.11)式的计算需要时变脉冲响应 $h(n,k)$,在实际中这是很不方便的。因此在 DSP 中广泛应用时不变系统。

例题 2.5 判断下列系统是否为线性系统:

1. $y(n) = T[x(n)] = 3x^2(n)$
2. $y(n) = 2x(n-2) + 5$
3. $y(n) = x(n+1) + x(1-n)$

题解

令 $y_1(n) = T[x_1(n)]$ 和 $y_2(n) = T[x_2(n)]$,现判断系统对线性组合输入信号 $a_1 x_1(n) +$

$\alpha_2 x_2(n)$ 的响应是否等于输入信号分别为 $\alpha_1 x_1(n)$ 和 $\alpha_2 x_2(n)$ 时对应响应的线性组合,其中 α_1 和 α_2 为任意常数。

1. $y(n) = T[x(n)] = 3x^2(n)$:鉴于

$$T[\alpha_1 x_1(n) + \alpha_2 x_2(n)] = 3[\alpha_1 x_1(n) + \alpha_2 x_2(n)]^2$$
$$= 3\alpha_1^2 x_1^2(n) + 3\alpha_2^2 x_2^2(n) + 6\alpha_1 \alpha_2 x_1(n) x_2(n)$$

不等于

$$\alpha_1 y_1(n) + \alpha_2 y_2(n) = 3\alpha_1^2 x_1^2(n) + 3\alpha_2^2 x_2^2(n)$$

因此,该系统为非线性。

2. $y(n) = 2x(n-2) + 5$:鉴于

$$T[\alpha_1 x_1(n) + \alpha_2 x_2(n)] = 2[\alpha_1 x_1(n-2) + \alpha_2 x_2(n-2)] + 5$$
$$= \alpha_1 y_1(n) + \alpha_2 y_2(n) - 5$$

该系统虽然输入-输出满足直线函数关系,但明显为非线性。

3. $y(n) = x(n+1) + x(1-n)$ 鉴于

$$T[\alpha_1 x_1(n) + \alpha_2 x_2(n)] = \alpha_1 x_1(n+1) + \alpha_2 x_2(n+1) + \alpha_1 x_1(1-n) + \alpha_2 x_2(1-n)$$
$$= \alpha_1[x_1(n+1) + x_1(1-n)] + \alpha_2[x_2(n+1) + x_2(1-n)]$$
$$= \alpha_1 y_1(n) + \alpha_2 y_2(n)$$

因此该系统为线性。 ■

线性时不变(LTI)系统 一个线性系统其一对输入输出 $x(n)$ 和 $y(n)$ 对于在时间上的任一时移 n 是不变的话,就称为线性时不变系统。也即,

$$y(n) = L[x(n)] \Rightarrow L[x(n-k)] = y(n-k) \tag{2.12}$$

对于一个 LTI 系统而言,$L[\cdot]$ 和移位算符是可逆的(可交换的),如下所示。

$$x(n) \rightarrow \boxed{L[\cdot]} \rightarrow y(n) \rightarrow \boxed{\text{移位 } k} \rightarrow y(n-k)$$
$$x(n) \rightarrow \boxed{\text{移位 } k} \rightarrow x(n-k) \rightarrow \boxed{L[\cdot]} \rightarrow y(n-k)$$

例题 2.6 判断下列系统是否为线性时不变系统:

1. $y(n) = L[x(n)] = 10\sin(0.1\pi n)x(n)$
2. $y(n) = L[x(n)] = x(n+1) - x(1-n)$
3. $y(n) = L[x(n)] = \dfrac{1}{4}x(n) + \dfrac{1}{2}x(n-1) + \dfrac{1}{4}x(n-2)$

题解

首先计算系统对应移位输入序列的输出响应 $y_k(n) \triangleq L[x(n-k)]$,该响应可以通过对计算线性变换等式右边中每个输入序列宗量减去 k 后计算得到。为判断系统的时不变性,可以将该响应与输出移位序列 $y(n-k)$ 进行对比,其中输出移位序列可以通过在线性变换等式右边项中用 $(n-k)$ 代替 n 获得。

1. $y(n) = L[x(n)] = 10\sin(0.1\pi n)x(n)$:该系统对应移位输入序列的输出响应为

$$y_k(n) = L[x(n-k)] = 10\sin(0.1\pi n)x(n-k)$$

而该系统输出移位序列为

$$y(n-k)=10\sin[0.1\pi(n-k)]x(n-k)\neq y_k(n)$$

因此,该系统不是时不变系统。

2. $y(n)=L[x(n)]=x(n+1)-x(1-n)$:该系统对应移位输入序列的输出响应为

$$y_k(n)=L[x(n-k)]=x(n-k+1)-x(1-n-k)$$

而该系统输出移位序列为

$$y(n-k)=x(n-k)-x(1-(n-k))=x(n-k+1)-x(1-n+k)\neq y_k(n)$$

因此,该系统不是时不变系统。

3. $y(n)=L[x(n)]=\dfrac{1}{4}x(n)+\dfrac{1}{2}x(n-1)+\dfrac{1}{4}x(n-2)$:该系统对应移位输入序列的输出响应为

$$y_k(n)=L[x(n-k)]=\frac{1}{4}x(n-k)+\frac{1}{2}x(n-k-1)+\frac{1}{4}x(n-k-2)$$

而该系统输出移位序列为

$$y(n-k)=\frac{1}{4}x(n-k)+\frac{1}{2}x(n-k-1)+\frac{1}{4}x(n-k-2)=y_k(n)$$

因此,该系统是时不变系统。∎

现在用算符 $LTI[\cdot]$ 表示 LTI 系统。设 $x(n)$ 和 $y(n)$ 是某 LTI 系统的一对输入输出,时变函数 $h(n,k)$ 就变成时不变函数 $h(n-k)$,并且由(2.11)式的输出给出为

$$y(n)=LTI[x(n)]=\sum_{k=-\infty}^{\infty}x(k)h(n-k) \qquad (2.13)$$

一个 LTI 系统的脉冲响应由 $h(n)$ 给出。(2.13)式的数学运算称为线性卷积和并表示为

$$y(n)\triangleq x(n)*h(n) \qquad (2.14)$$

因此,一个 LTI 系统在时域是完全由脉冲响应 $h(n)$ 来表征的,如下所示:

$$x(n)\rightarrow\boxed{h(n)}\rightarrow y(n)=x(n)*h(n)$$

有关卷积的几个性质在习题 P2.14 中研究。

稳定性 在线性系统理论中这是一个很重要的概念。考虑稳定性问题的主要理由是为了避免构造一些有害的系统,或者避免在系统运行中毁坏或饱和。如果每一个有界输入都产生一个有界输出,即

$$|x(n)|<\infty\Rightarrow|y(n)|<\infty,\ \forall x,y$$

就说这个系统是有界输入有界输出(BIBO)稳定的。当且仅当系统的脉冲响应是绝对可加的,即

$$\text{BIBO 稳定}\Leftrightarrow\sum_{-\infty}^{\infty}|h(n)|<\infty \qquad (2.15)$$

一个 LTI 系统就是 BIBO 稳定的。

因果性 为了确信系统能够被实际实现,这一重要概念是必需的。如果在 n_0 时刻的输出仅决定直到 n_0(含 n_0)以前的输入,就说系统是因果的;也就是说,输出与将来的输入值无关。当且仅当脉冲响应

$$h(n)=0,\ n<0 \qquad (2.16)$$

一个 LTI 系统才是因果的。这样的序列也称为因果序列。在信号处理中,除非特别提到,否

则总是假设系统是因果的。

2.3 卷积

现在介绍描述一个 LTI 系统响应的卷积运算(2.14)式。在 DSP 中,这是一个重要的运算,并且从整个这本书会看到它有很多其他方面的应用。卷积可以用许多不同办法来求值。如果序列是数学函数(有限长或无限长),那么就能对全部 n 解析地计算(2.14)式求得 $y(n)$ 的函数形式。

例题 2.7 设例题 2.4 的矩形脉冲 $x(n)=u(n)-u(n-10)$ 是脉冲响应为

$$h(n) = (0.9)^n u(n)$$

的 LTI 系统的输入,求输出 $y(n)$ 。

题解

输入 $x(n)$ 和脉冲响应如图 2.5 所示。

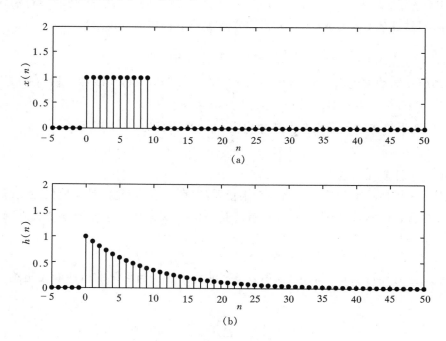

图 2.5 例题 2.7 中的输入序列和脉冲响应

(a) 输入序列;(b) 脉冲响应

由(2.14)式有

$$y(n) = \sum_{k=0}^{9} (1)(0.9)^{(n-k)} u(n-k) = (0.9)^n \sum_{k=0}^{9} (0.9)^{-k} u(n-k) \qquad (2.17)$$

除去 $u(n-k)$ 这一项取了与 n 和 k 有关的不同值外,(2.17)式的和式几乎是一个几何级数。对于 $u(n-k)$ 有三种不同情况可以求出。

　　情况 i　$n<0$:那么 $u(n-k)=0,0\leqslant k\leqslant 9$。因此,由(2.17)式可得

$$y(n) = 0 \tag{2.18}$$

在这种情况下,$x(n)$ 和 $h(n)$ 的非零值不重叠。

　　情况 ii　$0\leqslant n<9$:那么 $u(n-k)=1,0\leqslant k\leqslant n$。因此,由(2.17)式可得

$$y(n) = (0.9)^n \sum_{k=0}^{n} (0.9)^{-k} = (0.9)^n \sum_{k=0}^{n} [(0.9)^{-1}]^k \tag{2.19}$$

$$= (0.9)^n \frac{1-(0.9)^{-(n+1)}}{1-(0.9)^{-1}} = 10[1-(0.9)^{n+1}], 0\leqslant n < 9$$

在这种情况下,脉冲响应 $h(n)$ 部分与输入 $x(n)$ 重叠。

　　情况 iii　$n\geqslant 9$:那么 $u(n-k)=1,0\leqslant k\leqslant 9$。因此,由(2.17)式可得

$$y(n) = (0.9)^n \sum_{k=0}^{9} (0.9)^{-k} \tag{2.20}$$

$$= (0.9)^n \frac{1-(0.9)^{-10}}{1-(0.9)^{-1}} = 10(0.9)^{n-9}[1-(0.9)^{10}], n\geqslant 9$$

在最后这种情况下,$h(n)$ 与 $x(n)$ 完全重叠。

　　由(2.18),(2.19)和(2.20)式给出的全部响应如图 2.6 所示,它反映出输入脉冲的失真。

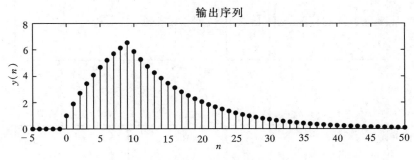

图 2.6　例题 2.7 中的输出序列

　　上面例子也能用图解法卷积完成,在这里(2.14)式是用图形表示给出的。在这个方法中,$h(n-k)$ 理解为 $h(k)$ 的一种反转和移位的形式,输出 $y(n)$ 是作为在 $x(k)$ 和 $h(n-k)$ 重叠之下的样本和求出的。现用一个例子来说明它。

例题 2.8　已知下面两个序列:

$$x(n) = [3,11,7,0,-1,4,2], -3\leqslant n\leqslant 3;$$

$$h(n) = [2,3,0,-5,2,1], -1\leqslant n\leqslant 4$$

求卷积 $y(n)=x(n)*h(n)$。

题解

在图 2.7 中给出 4 张图。左上图是 $x(k)$ 和 $h(k)$,属于原序列。右上图是 $x(k)$ 和 $h(-k)$,$h(k)$ 的反转形式。左下图是 $x(k)$ 和 $h(-1-k)$,$h(k)$ 的反转并移位 -1。那么

$$\sum_k x(k)h(-1-k) = 3\times(-5) + 11\times 0 + 7\times 3 + 0\times 2 = 6 = y(-1)$$

右下图是 $x(k)$ 和 $h(2-k)$,$h(k)$ 的反转再移位 2,这给出

$$\sum_k x(k)h(2-k) = 11\times 1 + 7\times 2 + 0\times(-5) + (-1)\times 0 + 4\times 3 + 2\times 2$$

$$= 41 = y(2)$$

这样就求得 $y(n)$ 的两个值。对于其余剩下来的 $y(n)$ 值可用类似图解方法计算出。值得注意的是,$y(n)$ 的起始点(第 1 个非零样本)是由 $n=-3+(-1)=-4$ 给出的,而最后一点(最后一个非零样本)是由 $n=3+4=7$ 给出的。全部输出给出如下:

$$y(n) = \{6, 31, 47, 6, -51, -5, 41, 18, -22, -3, 8, 2\}$$

十分鼓励学生去验证上面结果。注意所得序列是一个比 $x(n)$ 和 $h(n)$ 都更长的序列。

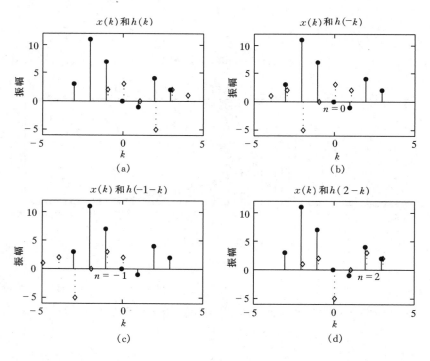

图 2.7 例题 2.8 中的图解法卷积[实线为 $x(\cdot)$,虚线为 $h(\cdot)$]

2.3.1 MATLAB 实现

如果任意序列是无限长的,那么就不能直接用 MATLAB 来计算卷积。MATLAB 确实

提供了一个安装在内部的函数 conv 用于计算两个有限长序列之间的卷积。conv 函数假定这两个序列都在 $n=0$ 开始并利用

```
>> y = conv(x,h);
```

例如,要做例题 2.7 的卷积,就能用

```
>> x = [3, 11, 7, 0, -1, 4, 2]; h = [2, 3, 0, -5, 2, 1];
>> y = conv(x,h)
y =
  6   31   47   6   -51   -5   41   18   -22   -3   8   2
```

得到正确的 $y(n)$ 值。然而,如果这些序列都有任意位置的话,conv 函数既不提供也不接受任何定时信息。必须要的是 $y(n)$ 的一个起始点和一个结束点。已知有限长序列 $x(n)$ 和 $h(n)$,很容易能定下这些点。令

$$\{x(n); n_{xb} \leqslant n \leqslant n_{xe}\} \ \text{和} \ \{h(n); n_{hb} \leqslant n \leqslant n_{he}\}$$

是两个有限长序列,那么根据例题 2.8 得到 $y(n)$ 的起始点和结束点分别是

$$n_{yb} = n_{xb} + n_{hb} \ \text{和} \ n_{ye} = n_{xe} + n_{he}$$

conv 函数的简单扩展称为 conv_m,它能完成任意位置序列的卷积,这个函数已经设计成,如下所给出。

```
function [y,ny] = conv_m(x,nx,h,nh)
% Modified convolution routine for signal processing
% ------------------------------------------------
% [y,ny] = conv_m(x,nx,h,nh)
% [y,ny] = convolution result
% [x,nx] = first signal
% [h,nh] = second signal
%
nyb = nx(1) + nh(1); nye = nx(length(x)) + nh(length(h));
ny = [nyb:nye]; y = conv(x,h);
```

例题 2.9 利用 conv_m 函数完成例题 2.8 的卷积。

题解

MATLAB 脚本:

```
>> x = [3, 11, 7, 0, -1, 4, 2]; nx = [-3:3];
>> h = [2, 3, 0, -5, 2, 1]; nh = [-1:4];
>> [y,ny] = conv_m(x,nx,h,nh)
y =
  6   31   47   6   -51   -5   41   18   -22   -3   8   2
```

```
ny =
 -4  -3  -2  -1  0  1  2  3  4  5  6  7
```

因此,
$$y(n) = \{6,31,47,6,-51,-5,41,18,-22,-3,8,2\}$$
结果与例题 2.8 相同。 ■

在 MATLAB 中还能采用另一种办法来做卷积,这种方法是采用一种矩阵-向量乘法的途径,将在习题 P2.17 中研究。

2.3.2 再论序列相关

如果将(2.14)式的卷积运算与按(2.8)式所定义的两个序列互相关运算作一比较,就会发现两者非常相像。互相关 $r_{yx}(l)$ 可以写成如下形式:
$$r_{yx}(l) = y(l) * x(-l)$$
而自相关 $r_{xx}(l)$ 则可写为
$$r_{xx}(l) = x(l) * x(-l)$$
因此,如果这两个序列都是有限长的话,那么这些相关都能用 conv_m 函数计算出。

例题 2.10 这个例题要说明相关序列的一种应用。设
$$x(n) = [3,11,7,0,-1,4,2]$$
是原序列,设 $y(n)$ 是原 $x(n)$ 受到噪声污损并移位了的序列
$$y(n) = x(n-2) + w(n)$$
这里 $w(n)$ 是均值为 0,方差为 1 的高斯随机序列。计算 $y(n)$ 和 $x(n)$ 之间的互相关。

题解

根据 $y(n)$ 的组成,$y(n)$ 是与 $x(n-2)$ "相似"的,所以在 $l=2$ 时它们的互相关应该呈现很强的相似性。为了利用 MATLAB 将这个检测出,现利用两个不同的噪声序列计算互相关。

```
% Noise sequence 1
>> x = [3, 11, 7, 0, -1, 4, 2]; nx = [-3:3];  % Given signal x(n)
>> [y,ny] = sigshift(x,nx,2);                  % Obtain x(n-2)
>> w = randn(1,1ength(y)); nw = ny;            % Generate w(n)
>> [y,ny] = sigadd(y,ny,w,nw);                 % Obtain y(n) = x(n-2) + w(n)
>> [x,nx] = sigfold(x,nx);                     % Obtain x(-n)
>> [rxy,nrxy] = conv_m(y,ny,x,nx);             % Cross_correlation
>> subplot(1,1,1), subplot(2,1,1) ;stem(nrxy,rxy)
>> axis([-5,10,-50,250]) ;xlabel('Lag Variable 1')
>> ylabel ('rxy') ;title('Cross_correlation: Noise Sequence 1')
%
% Noise sequence 2
```

```
>> x = [3, 11, 7, 0, -1, 4, 2]; nx = [-3:3];   % Given signal x(n)
>> [y,ny] = sigshift(x,nx,2);                   % Obtain x(n-2)
>> w = randn(1,1ength(y)); nw = ny;             % Generate w(n)
>> [y,ny] = sigadd(y,ny,w,nw);                  % Obtain y(n) = x(n-2) + w(n)
>> [x,nx] = sigfold(x,nx);                      % Obtain x(-n)
>> [rxy,nrxy] = conv_m(y,ny,x,nx);              % Cross_correlation
>> subplot (2,1,2); stem(nrxy,rxy)
>> axis ( [-5,10,-50,250]); xlabel (' Lag Variable l')
>> ylabel('rxy') ;title('Cross_correlation: Noise sequence 2')
```

从图 2.8 可见,互相关的峰值确实在 $l=2$,这就意味着 $y(n)$ 与移位 2 的 $x(n)$ 相似。这种方法能用于像雷达信号处理中识别与锁定目标上。

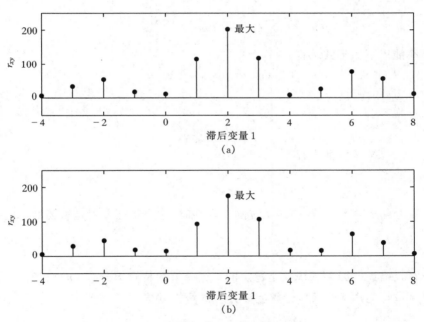

图 2.8 两个不同噪声实现的互相关序列
(a) 噪声序列 1;(b) 噪声序列 2

　　应该注意,在 MATLAB 的信号处理工具箱中也提供了一个称为 xcorr 的函数用来计算序列相关。它计算向量 x 和 y 之间互相关的最简单形式为

```
>> xcorr (x,y)
```

而计算向量 x 的自相关为

```
>> xcorr (x)
```

它产生的结果与恰当应用 conv_m 函数所得是一样的。然而,xcorr 函数却不能像 conv_m 函

数所做的那样能提供定时(或延迟)信息,这样就必须用其他的方法来得到定时信息。因此,我们将主要应用 conv_m 函数。

2.4 差分方程

一 LTI 系统能用如下形式的线性常系数差分方程描述:

$$\sum_{k=0}^{N} a_k y(n-k) = \sum_{m=0}^{M} b_m x(n-m), \quad \forall \, n \tag{2.21}$$

如果 $a_N \neq 0$,那么这个差分方程就是 N 阶的。在已知输入值和前面已计算出的输出值下,这个方程描述了计算当前输出的一种递归方法。在实际中这个方程在时间上是从 $n = -\infty$ 到 $n = \infty$ 朝前计算的。因此,这个方程的另一种形式是

$$y(n) = \sum_{m=0}^{M} b_m x(n-m) - \sum_{k=1}^{N} a_k y(n-k) \tag{2.22}$$

这个方程的解能以下面形式求得:

$$y(n) = y_H(n) + y_P(n)$$

解的齐次部分 $y_H(n)$ 给出为

$$y_H(n) = \sum_{k=1}^{N} c_k z_k^n$$

式中,$z_k, k = 1, \cdots, N$ 是特征方程

$$\sum_{0}^{N} a_k z^{N-k} = 0$$

的 N 个根(称为自然频率)。在确定系统的稳定性时,这个特征方程是重要的。如果这些根 z_k 满足条件

$$|z_k| < 1, k = 1, \cdots, N \tag{2.23}$$

那么由(2.22)式描述的因果系统就是稳定的。这个解的特解部分 $y_P(n)$ 由(2.21)式的右边所决定。在第 4 章将应用 z 变换讨论解差分方程的解析方法。

2.4.1 MATLAB 实现

已知输入和差分方程系数,可利用 filter 对差分方程进行数值求解。利用这个程序的最简单形式是

```
y = filter(b,a,x)
```

其中

```
b = [b0, b1, ..., bM]; a = [a0, a1, ..., aN];
```

是由(2.21)式给出的方程的系数矩阵,x 是输入序列矩阵。输出 y 与输入 x 有相同的长度。

必须要确保系数 a0 不是零。

为了计算并画出脉冲响应,MATLAB 提供函数 impz。当利用

```
h = impz(b,a,n);
```

就计算出分子系数为 b 和分母系数为 a 的这个滤波器在序号为 n 处的脉冲响应样本。当什么输出宗量都未给出时,这个 impz 函数利用 stem 函数画出在当前图形窗口内的响应。现用下面例子说明这些函数的应用。

例题 2.11 已知下面差分方程:

$$y(n)-y(n-1)+0.9y(n-2)=x(n); \quad \forall n$$

a. 计算并画出在 $n=-20,\cdots,100$ 的脉冲响应 $h(n)$。

b. 计算并画出在 $n=-20,\cdots,100$ 的单位阶跃响应 $s(n)$。

c. 由 $h(n)$ 表征的这个系统是稳定的吗?

题解

由已知差分方程,其系统矩阵是

```
b = [1]; a=[1, -1, 0.9];
```

a. MATLAB 脚本:

```
>> b = [1]; a = [1, -1, 0.9]; n = [-20:120];
>> impz(b,a,n);
>> subplot(2,1,1); stem(n,h);
>> title('Impulse Response'); xlabel('n'); ylabel('h(n)')
```

这个脉冲响应的图如图 2.9 所示。

b. MATLAB 脚本:

```
>> x = stepseq(0, -20,120); s = filter(b,a,x);
>> subplot (2,1,2); stem(n,s)
>> title('Step Response'); xlabel('n'); ylabel('s(n)')
```

单位阶跃响应的图如图 2.9 所示。

c. 为了确定这个系统的稳定性,必须对全部 n 求出 $h(n)$。虽然至今尚未给出一种方法来求解差分方程,但是可以利用脉冲响应的图观察到 $h(n)$ 实际上在 $n>120$ 就为零了,所以由 MATLAB 利用

```
>> sum(abs(h) )
ans = 14.8785
```

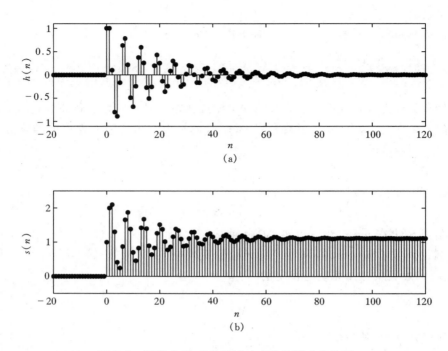

图 2.9 例题 2.11 中的脉冲响应和阶跃响应的图
(a)脉冲响应;(b)阶跃响应

可以求出和式 $\sum |h(n)|$。这意味着系统是稳定的。另一种途径是利用 MATLAB 的 roots 函数,再用(2.23)式的稳定性条件。

```
>> z = roots(a); magz = abs (z)
magz = 0.9487
       0.9487
```

因为每个根的幅度都小于 1,所以系统是稳定的。

　　在前面一节已经注意到,如果在卷积中有一个或两个序列具有无限长的话,那么就不能用 conv 函数。如果序列之一是无限长,有可能用 MATLAB 求卷积的数值解。这就是用 filter 函数完成的,现用下例给出。

例题 2.12 现考虑例题 2.7 给出的卷积。输入序列为有限长

$$x(n) = u(n) - u(n-10)$$

而脉冲响应是无限长的

$$h(n) = (0.9)^n u(n)$$

求卷积 $y(n) = x(n) * h(n)$。

题解

如果这个由脉冲响应 $h(n)$ 给出的 LTI 系统能用一个差分方程来描述,那么 $y(n)$ 就能从 filter 函数求得。根据 $h(n)$ 的表达式

$$(0.9)h(n-1) = (0.9)(0.9)^{n-1}u(n-1) = (0.9)^n u(n-1)$$

或者

$$h(n) - (0.9)h(n-1) = (0.9)^n u(n) - (0.9)^n u(n-1)$$
$$= (0.9)^n [u(n) - u(n-1)] = (0.9)^n \delta(n)$$
$$= \delta(n)$$

最后一步是根据 $\delta(n)$ 仅在 $n=0$ 为非零得出的。根据定义,$h(n)$ 就是当输入是 $\delta(n)$ 时一个 LTI 系统的输出。所以用 $x(n)$ 代替 $\delta(n)$,$y(n)$ 代替 $h(n)$,这个差分方程是

$$y(n) - 0.9y(n-1) = x(n)$$

现在能用 MATLAB 的 filter 函数直接计算卷积。

```
>> b = [1]; a = [1, -0.9];
>> n = -5:50; x = stepseq(0, -5,50) - stepseq(10, -5,50);
>> y = filter(b,a,x);
>> subplot(2,1,2); stem(n,y); title('Output Sequence')
>> xlabel('n'); ylabel('y(n)'); axis([-5,50,-0.5,8])
```

这个输出的图如图 2.10 所示,它与图 2.6 是完全一样的。

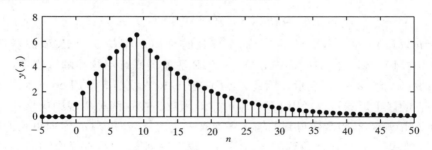

图 2.10 例题 2.12 中的输出序列

在例题 2.12 中,脉冲响应是一个单边指数序列,这时能够确定一个差分方程表示。这意思是,不是在所有无限长脉冲响应下都能转换为差分方程的。然而,上面的分析能扩展到单边指数序列的线性组合,这会得到更高阶的差分方程。在第 4 章,将讨论从一种表示转换到另一种表示的论题。

2.4.2 零输入和零输出的响应

在数字信号处理中,差分方程在时间上一般是从 $n=0$ 开始朝前求解的,因此在确定 $n \geqslant 0$ 的输出中,$x(n)$ 和 $y(n)$ 的初始条件是必要的。那么由下式给出的差分方程:

$$y(n) = \sum_{m=0}^{M} b_m x(n-m) - \sum_{k=1}^{N} a_k y(n-k); n \geqslant 0 \qquad (2.24)$$

受到的初始条件是

$$\{y(n); -N \leqslant n \leqslant -1\} \qquad 和 \qquad \{x(n); -M \leqslant n \leqslant -1\}$$

(2.24)式的解能以下形式求得:

$$y(n) = y_{ZI}(n) + y_{ZS}(n)$$

式中,$y_{ZI}(n)$ 称为零输入解,它是单独由初始条件产生的一个解(假定它们存在);而零状态解 $y_{ZS}(n)$ 则是单独由输入 $x(n)$ 产生的一个解(或者假设初始条件为零的解)。在 MATLAB 中,另一种 filter 函数形式在已知初始条件下能用来解差分方程,第 4 章再说明这种类型的应用。

2.4.3 数字滤波器

滤波器是一个很普遍的术语,指的是为某一特别频率选择或频率鉴别任务而专门设计的一个线性时不变系统。因此,离散时间 LTI 系统也都称为数字滤波器。存在有两种类型的数字滤波器。

FIR 滤波器 如果一个 LTI 系统的单位脉冲响应是有限长的,那么该系统就称为有限脉冲响应(或 FIR)滤波器。因此,对于一个 FIR 滤波器来说,当 $n < n_1$ 和 $n > n_2$ 时,$h(n) = 0$。差分方程(2.21)式的下面部分描述了一个因果 FIR 滤波器。

$$y(n) = \sum_{m=0}^{M} b_m x(n-m) \qquad (2.25)$$

再者 $h(0) = b_0, h(1) = b_1, \cdots, h(M) = b_M$,而全部其他的 $h(n)$ 都是 0。FIR 滤波器也称为非递归或滑动平均(MA)滤波器。在 MATLAB 中,FIR 滤波器既可用脉冲响应值 $\{h(n)\}$,也可用差分方程系数 $\{b_m\}$ 和 $\{a_0 = 1\}$ 表示。因此,为了实现 FIR 滤波器既能用 conv(x,h) 函数(及其曾讨论过的它的修正形式),或者用 filter(b,1,x) 函数。在这两种实现中应该注意在输出中有一种差别。由 conv(x,h) 函数得到的输出序列有一个比 $x(n)$ 和 $h(n)$ 序列更长的序列;而另一方面,由 filter(b,1,x) 函数得到的输出序列与输入序列 $x(n)$ 具有完全相同的长度。在实用(特别是处理信号)中,更鼓励用 filter 函数。

IIR 滤波器 如果一个 LTI 系统的脉冲响应具有无限长,那么该系统就称为无限脉冲响应(或 IIR)滤波器。差分方程(2.21)式的下面部分:

$$\sum_{k=0}^{N} a_k y(n-k) = x(n) \qquad (2.26)$$

描述了一个递归滤波器,其中输出 $y(n)$ 递归地从它以前计算出的值计算出,因此也称为自递归(AR)滤波器。这种滤波器的脉冲响应具有无限长,所以它代表一种 IIR 滤波器。一般方程(2.21)式也描述一种 IIR 滤波器。它有两个部分:一个 AR 部分和一个 MA 部分。这样一种 IIR 滤波器称为自递归滑动平均滤波器,或 ARMA 滤波器。在 MATLAB 中,IIR 滤波器是用差分方程系数 $\{b_m\}$ 和 $\{a_k\}$ 描述的,并用 filter(b,a,x) 函数实现。

2.5　习题

P2.1　利用在本章讨论的基本 MATLAB 信号函数和基本 MATLAB 信号运算产生下列序列,并用 stem 函数画出信号样本。

1. $x_1(n) = 3\delta(n+2) + 2\delta(n) - \delta(n-3) + 5\delta(n-7), -5 \leqslant n \leqslant 15$

2. $x_2(n) = \sum_{k=-5}^{5} e^{-|k|} \delta(n-2k), -10 \leqslant n \leqslant 10$

3. $x_3(n) = 10u(n) - 5u(n-5) - 10u(n-10) + 5u(n-15)$

4. $x_4(n) = e^{0.1n} [u(n+20) - u(n-10)]$

5. $x_5(n) = 5[\cos(0.49\pi n) + \cos(0.51\pi n)], -200 \leqslant n \leqslant 200$, 对波形形状作出评述。

6. $x_6(n) = 2\sin(0.01\pi n)\cos(0.5\pi n), -200 \leqslant n \leqslant 200$, 对波形形状作出评述。

7. $x_7(n) = e^{-0.05n}\sin(0.1\pi n + \pi/3), 0 \leqslant n \leqslant 100$, 对波形形状作出评述。

8. $x_8(n) = e^{0.01n}\sin(0.1\pi n), 0 \leqslant n \leqslant 100$, 对波形形状作出评述。

P2.2　利用 hist 函数产生下面随机序列,并求得 100 点的直方图,用 bar 函数画出每个直方图。

1. $x_1(n)$ 是一个随机序列,它的样本在区间 $[0,2]$ 内是独立的并均匀分布。产生 100000 个样本。

2. $x_2(n)$ 是一个高斯随机序列,它的样本是独立的,均值为 10,方差也为 10。产生 10000 个样本。

3. $x_3(n) = x_1(n) + x_1(n-1)$,其中 $x_1(n)$ 是本题第 1 部分给出的随机序列。讨论这个直方图的形状并对形状作说明。

4. $x_4(n) = \sum_{k=1}^{4} y_k(n)$,这里每个随机序列 $y_k(n)$ 都是互相独立的,且在 $[-0.5, 0.5]$ 区间内样本都是均匀分布的。讨论这个直方图的形状。

P2.3　产生下列周期序列,并利用 stem 函数在指定的周期上画出它们的样本。

1. $\tilde{x}_1(n) = \{\cdots, -2, -1, \underset{\uparrow}{0}, 1, 2, \cdots\}_{\text{周期的}}$,画 5 个周期。

2. $\tilde{x}_2(n) = e^{0.1n}[u(n) - u(n-20)]_{\text{周期的}}$,画 3 个周期。

3. $\tilde{x}_3(n) = \sin(0.1\pi n)[u(n) - u(n-10)]_{\text{周期的}}$,画 4 个周期。

4. $\tilde{x}_4(n) = \{\cdots, 1, 2, \underset{\uparrow}{3}, \cdots\}_{\text{周期的}} + \{\cdots, 1, 2, \underset{\uparrow}{3}, 4, \cdots\}_{\text{周期的}}, 0 \leqslant n \leqslant 24$。$\tilde{x}_4(n)$ 的周期是什么?

P2.4　设 $x(n) = \{2, 4, -3, \underset{\uparrow}{-1}, -5, 4, 7\}$,产生并画出下列序列的样本(用 stem 函数)。

1. $x_1(n) = 2x(n-3) + 3x(n+4) - x(n)$

2. $x_2(n) = 4x(4+n) + 5x(n+5) + 2x(n)$

3. $x_3(n) = x(n+3)x(n-2) + x(1-n)x(n+1)$

4. $x_4(n) = 2e^{0.5n}x(n) + \cos(0.1\pi n)x(n+2), -10 \leqslant n \leqslant 10$

P2.5　复指数序列 $e^{j\omega_0 n}$ 或正弦序列 $\cos(\omega_0 n)$,如果归一化频率 $f_0 \overset{\Delta}{=} \frac{\omega_0}{2\pi}$ 是一个有理数,即 $f_0 =$

K/N，K 和 N 都是整数，则是周期的。

1. 证明上面结论。

2. 产生并画出 $\cos(j0.1\pi n)$，$-100 \leqslant n \leqslant 100$。利用 stem 函数画出它的实部和虚部。这个序列是周期的吗？若是，基波周期是什么？根据审视这张图，有关上面的整数 K 和 N 你能给出什么样的说明？

3. 产生并画出 $\cos(0.1n)$，$-20 \leqslant n \leqslant 20$。这个序列是周期的吗？从这张图你能得出什么结论？如果必要，检查在 MATLAB 中序列的值以得出你的答案。

P2.6 利用 evenodd 函数将下列各序列分解为它们的偶部和奇部分量，利用 stem 函数画出这些分量。

1. $x_1(n) = \{0,1,2,3,4,5,6,7,8,9\}$
   $\uparrow$

2. $x_2(n) = e^{0.1n}[u(n+5) - u(n-10)]$

3. $x_3(n) = \cos(0.2\pi n + \pi/4)$，$-20 \leqslant n \leqslant 20$

4. $x_4(n) = e^{-0.05n}\sin(0.1\pi n + \pi/3)$，$0 \leqslant n \leqslant 100$

P2.7 一复值序列 $x_e(n)$，若有

$$x_e(n) = x_e^*(-n)$$

则称为共轭对称的。同样，若一复值序列 $x_o(n)$ 有

$$x_o(n) = -x_o^*(-n)$$

则称为是共轭反对称的。那么，任何任意复值序列 $x(n)$ 都能分解为

$$x(n) = x_e(n) + x_o(n)$$

其中 $x_e(n)$ 和 $x_o(n)$ 分别给出为

$$x_e(n) = \frac{1}{2}[x(n) + x^*(-n)] \text{ 和 } x_o(n) = \frac{1}{2}[x(n) - x^*(-n)] \quad (2.27)$$

1. 将在正文中讨论过的 evenodd 函数进行修改，使之可以接受任意序列并按(2.27)式将它分解为它的对称和反对称分量。

2. 将下面序列

$$x(n) = 10e^{[-0.1+j0.2\pi]n}, 0 \leqslant n \leqslant 10$$

分解为它的共轭对称和共轭反对称分量，画出它们的实部和虚部以验证这个分解（利用 subplot 函数）。

P2.8 信号扩展（或抽取，或减采样）运算定义为

$$y(n) = x(nM)$$

这里序列 $x(n)$ 是被减采样一个整因子 M。例如，若

$$x(n) = \{\cdots, -2, 4, 3, -6, 5, -1, 8, \cdots\}$$
$$\uparrow$$

那么减采样因子 2 的序列为

$$y(n) = \{\cdots, -2, 3, 5, 8, \cdots\}$$
$$\uparrow$$

1. 建立一 MATLAB 函数 dnsample，它有形式为

```
function [y,m] = dnsample(x,n,M)
% Downsample sequence x(n) by a factor M to obtain y(m)
```

用于实现上述运算。细心关注在时间轴上的原点 $n=0$,利用 MATLAB 的编序机理。

2. 产生 $x(n)=\sin(0.125\pi n)$,$-50\leq n\leq 50$,以 4 对 $x(n)$ 抽取得到 $y(n)$。利用 subplot 画出 $x(n)$ 和 $y(n)$,并对结果作出评述。

3. 用 $x(n)=\sin(0.5\pi n)$,$-50\leq n\leq 50$ 重做步骤 2。定性讨论信号在减采样后的效果。

P2.9 对下面序列利用 conv_m 函数

$$x(n)=(0.9)^n,\ 0\leq n\leq 20;\quad y(n)=(0.8)^{-n},\ -20\leq n\leq 0$$

求自相关序列 $r_{xx}(l)$ 和互相关序列 $r_{xy}(l)$。你观察到什么?

P2.10 在某一音乐厅内,由于墙壁和天花板的反射而产生原声音信号 $x(n)$ 的回声。被听众感受到的声音信号 $y(n)$ 是 $x(n)$ 及其回声的复合信号。设

$$y(n)=x(n)+\alpha x(n-k)$$

式中 k 是以样本计的延迟量,α 是它的相对强度。现在想要利用相关分析估计这个延迟。

1. 用解析法通过自相关 $r_{xx}(l)$ 确定自相关 $r_{yy}(l)$。

2. 设 $x(n)=\cos(0.2\pi n)+0.5\cos(0.6\pi n)$,$\alpha=0.1$ 和 $k=50$,产生 $y(n)$ 的 200 个样本并求出它的自相关。根据对 $r_{yy}(l)$ 的观察,你能得到 α 和 k 吗?

P2.11 考虑下列离散时间系统:

$$T_1[x(n)]=x(n)u(n)$$
$$T_2[x(n)]=x(n)+nx(n+1)$$
$$T_3[x(n)]=x(n)+\frac{1}{2}x(n-2)-\frac{1}{3}x(n-3)x(2n)$$
$$T_4[x(n)]=\sum_{k=-\infty}^{n+5}2x(k)$$
$$T_5[x(n)]=x(2n)$$
$$T_6[x(n)]=\text{round}[x(n)]$$

其中 round[·] 表示舍入到最近的整数。

1. 利用(2.10)式解析地确定上述系统是否是线性的。

2. 设 $x_1(n)$ 是在 $0\leq n\leq 100$ 区间内,在 $[0,1]$ 之间均匀分布的随机序列,设 $x_2(n)$ 是在 $0\leq n\leq 100$ 区间内均值为 0,方差为 10 的高斯随机序列。利用这些序列验证上述系统的线性;在(2.10)式中的 a_1 和 a_2 可选任何值。你应该应用上述序列的几种实现以得出你的答案。

P2.12 考虑在习题 P2.11 中给出的离散时间系统:

1. 利用(2.12)式解析地确定上述系统是否是时不变的。

2. 设 $x(n)$ 是在 $0\leq n\leq 100$ 区间内均值为 0,方差为 10 的高斯随机序列。利用这个序列验证上述系统的时不变性,在(2.12)式中的样本移位 k 可选任意值。你应该应用上述序列的几种实现以得出你的答案。

P2.13 对于由习题 2.11 中给出的系统,用解析方法确定它们的稳定性和因果性。

P2.14 由(2.14)式定义的线性卷积具有几个性质:

$$x_1(n) * x_2(n) = x_2(n) * x_1(n) \qquad :交换律$$
$$[x_1(n) * x_2(n)] * x_3(n) = x_1(n) * [x_2(n) * x_3(n)] \qquad :结合律$$
$$x_1(n) * [x_2(n) + x_3(n)] = x_1(n) * x_2(n) + x_1(n) * x_3(n) \qquad :分配律$$
$$x(n) * \delta(n - n_0) = x(n - n_0) \qquad :恒等性$$

(2.28)

1. 用解析方法证明这些性质。

2. 利用下面三个序列验证上面性质：

$x_1(n) = \cos(\pi n/4)[u(n+5) - u(n-25)]$

$x_2(n) = (0.9)^{-n}[u(n) - u(n-20)]$

$x_3(n) = \text{round}[5w(n)], -10 \leqslant n \leqslant 10,$ 其中 $w(n)$ 在 $[-1,1]$ 内均匀分布

利用 conv_m 函数。

P2.15 用解析法求下列序列的卷积 $y(n) = x(n) * h(n)$，并利用 conv_m 函数验证你的结果。

1. $x(n) = \{2, -4, 5, \underset{\uparrow}{3}, -1, -2, 6\}, h(n) = \{1, \underset{\uparrow}{-1}, 1, -1, 1\}$

2. $x(n) = \{1, 1, \underset{\uparrow}{0}, 1, 1\}, h(n) = \{1, -2, -3, \underset{\uparrow}{4}\}$

3. $x(n) = (1/4)^{-n}[u(n+1) - u(n-4)], h(n) = u(n) - u(n-5)$

4. $x(n) = n/4[u(n) - u(n-6)], h(n) = 2[u(n+2) - u(n-3)]$

P2.16 设 $x(n) = (0.8)^n u(n), h(n) = (-0.9)^n u(n)$ 和 $y(n) = h(n) * x(n)$。对下面部分采用三列一行的子图。

1. 用解析法求 $y(n)$，用 stem 函数画出 $y(n)$ 的前 51 个样本。

2. 将 $x(n)$ 和 $h(n)$ 截断到 26 个样本，利用 conv 函数计算 $y(n)$，用 stem 函数画出 $y(n)$，并与第 1 部分的结果作比较。

3. 利用 filter 函数求出 $x(n) * h(n)$ 的前 51 个样本，用 stem 函数画出 $y(n)$，并与第 1,2 部分的结果作比较。

P2.17 当序列 $x(n)$ 和 $h(n)$ 分别具有长度为 N_x 和 N_h 时，它们的线性卷积(2.13)式也能利用矩阵向量乘法给予实现。如果将 $y(n)$ 和 $x(n)$ 的元素分别排成列向量 x 和 y，那么由(2.13)式可得

$$y = Hx$$

其中在 $h(n-k), n = 0, \cdots, N_h - 1$ 中的线性移位是安排在矩阵 H 中的各行上。这种矩阵有一种很有意思的结构并称之为 Toeplitz 矩阵。为了研究这个矩阵，考虑序列

$$x(n) = \{\underset{\uparrow}{1}, 2, 3, 4, 5\} 和 h(n) = \{\underset{\uparrow}{6}, 7, 8, 9\}$$

1. 求线性卷积 $y(n) = h(n) * x(n)$。

2. 将 $x(n)$ 表示成 5×1 的列向量 x，$y(n)$ 表示成 8×1 的列向量 y，现在求 8×5 的矩阵 H，使之有 $y = Hx$。

3. 表示出矩阵 H 的特性。从这个特性你能给出有关 Toeplitz 矩阵的定义吗？这个定义如何与时不变性的定义作比较？

4. 关于矩阵 H 的第一列和第一行你能说些什么？

P2.18 在已知第一行和第一列下，MATLAB 提供一个称之为 toeplitz 的函数用于产生 Toeplitz矩阵。

1. 利用这个函数和习题 P2.17 中第 4 部分的答案建立另外一个 MATLAB 函数用于

实现线性卷积。这个函数的格式应该是

```
function [y,H] = conv_tp (h, x)
% Linear Convolution using Toeplitz Matrix
% ------------------------------------
% [y,H] = conv_tp(h,x)
% y = output sequence in column vector form
% H = Toeplitz matrix corresponding to sequence h so that y = Hx
% h = Impulse response sequence in column vector form
% x = input sequence in column vector form
```

2. 对习题 P2.17 给出的序列验证你的函数。

P2.19 一个线性和时不变系统由下面差分方程描述：
$$y(n) - 0.5y(n-1) + 0.25y(n-2) = x(n) + 2x(n-1) + x(n-3)$$

1. 利用 filter 函数计算并画出在 $0 \leqslant n \leqslant 100$ 内系统的脉冲响应。

2. 从上面的脉冲响应确定稳定性。

3. 如果这个系统的输入是 $x(n) = [5 + 3\cos(0.2\pi n) + 4\sin(0.6\pi n)]u(n)$，利用 filter 函数求在 $0 \leqslant n \leqslant 200$ 内的响应 $y(n)$。

P2.20 一"简单"数字微分器给出为
$$y(n) = x(n) - x(n-1)$$

它计算输入序列的后向一阶差分。对下面序列实施这个微分器并画出结果。试对这个简单微分器的适用性给予评注。

1. $x(n) = 5[u(n) - u(n-20)]$：矩形脉冲

2. $x(n) = n[u(n) - u(n-10)] + (20-n)[u(n-10) - u(n-20)]$：三角脉冲

3. $x(n) = \sin\left(\dfrac{\pi n}{25}\right)[u(n) - u(n-100)]$：正弦脉冲

离散时间傅里叶分析

3

已经知道一个线性时不变系统是如何用它对单位样本序列的响应来表示的。这个称为单位脉冲响应 $h(n)$ 的响应能够利用如下所示的线性卷积计算系统对任何任意输入 $x(n)$ 的响应：

$$x(n) \longrightarrow \boxed{h(n)} \longrightarrow y(n) = h(n) * x(n)$$

这种卷积表示是基于这样一点，即任何信号都能表示为加权和移位的单位样本的线性组合。同样，也能够将任何任意离散信号表示为在第 2 章所介绍的各基本信号的线性组合。每一种基本信号集合都提供了一种新的信号表示；每一种表示都有某些优点和某些缺点，这取决于考虑中的系统类型。然而，当系统是线性和时不变时仅有一种表示显出是最有用的，它就是以复指数信号集合 $\{e^{j\omega n}\}$ 为基信号的，称之为离散时间傅里叶变换。

3.1 离散时间傅里叶变换(DTFT)

如果 $x(n)$ 是绝对可加的，即 $\sum_{-\infty}^{\infty} |x(n)| < \infty$，那么它的离散时间傅里叶变换给出为

$$X(e^{j\omega}) \triangleq \mathcal{F}[x(n)] = \sum_{n=-\infty}^{\infty} x(n)e^{-j\omega n} \tag{3.1}$$

$X(e^{j\omega})$ 的逆离散时间傅里叶变换(IDTFT)给出为

$$x(n) \triangleq \mathcal{F}^{-1}[X(e^{j\omega})] = \frac{1}{2\pi}\int_{-\pi}^{\pi} x(e^{j\omega})e^{j\omega n} \, d\omega \tag{3.2}$$

运算符 $\mathcal{F}[\cdot]$ 将一个离散信号 $x(n)$ 变换为实变量 ω 的复值连续函数 $X(e^{j\omega})$，ω 称为数字频率，以每样本 rad(弧度)计(弧度/样本)。

例题 3.1 求 $x(n) = (0.5)^n u(n)$ 的离散时间傅里叶变换。

题解

序列 $x(n)$ 是绝对可加的，因此它的离散时间傅里叶变换存在

$$X(e^{j\omega}) = \sum_{-\infty}^{\infty} x(n)e^{-j\omega n} = \sum_{0}^{\infty} (0.5)^n e^{-j\omega n}$$

$$= \sum_{0}^{\infty} (0.5e^{-j\omega})^n = \frac{1}{1 - 0.5e^{-j\omega}} = \frac{e^{j\omega}}{e^{j\omega} - 0.5}$$

例题 3.2　求下面有限长序列的离散时间傅里叶变换:

$$x(n) = \{1, \underset{\uparrow}{2}, 3, 4, 5\}$$

题解

利用定义(3.1)式

$$X(e^{j\omega}) = \sum_{-\infty}^{\infty} x(n)e^{-j\omega n} = e^{j\omega} + 2 + 3e^{-j\omega} + 4e^{-j2\omega} + 5e^{-j3\omega}$$

■

由于 $X(e^{j\omega})$ 是复值函数,为了用图形描述 $X(e^{j\omega})$,不得不单独对 ω 画出它的幅度和相位(或者实部和虚部)。现在 ω 是在 $-\infty$ 和 ∞ 之间变化的实变量,这意味着用 MATLAB 仅能画出 $X(e^{j\omega})$ 函数的一部分。利用离散时间傅里叶变换的两个重要性质,对实值序列就能将这个域减到$[0,\pi]$区间。下一节将讨论$X(e^{j\omega})$的其余有用性质。

3.1.1　两个重要性质

将不加证明的陈述下面两个性质。

1. 周期性

离散时间傅里叶变换 $X(e^{j\omega})$ 是 ω 的周期函数,周期为 2π。

$$X(e^{j\omega}) = X(e^{j[\omega+2\pi]})$$

含义:　为了分析目的仅需要 $X(e^{j\omega})$ 的一个周期(即 $\omega \in [0,2\pi]$,或$[-\pi,\pi]$等),而不需要整个域$-\infty < \omega < \infty$。

2. 对称性

对于实值 $x(n)$,$X(e^{j\omega})$ 是共轭对称的,即

$$X(e^{-j\omega}) = X^*(e^{j\omega})$$

或者

$$\text{Re}[X(e^{-j\omega})] = \text{Re}[X(e^{j\omega})] \qquad \text{(偶对称)}$$
$$\text{Im}[X(e^{-j\omega})] = -\text{Im}[X(e^{j\omega})] \qquad \text{(奇对称)}$$
$$|X(e^{-j\omega})| = |X(e^{j\omega})| \qquad \text{(偶对称)}$$
$$\angle X(e^{-j\omega}) = -\angle X(e^{j\omega}) \qquad \text{(奇对称)}$$

含义:　为了画出 $X(e^{j\omega})$,现在仅需要考虑 $X(e^{j\omega})$ 的一半周期。一般情况下,实际上这个周期都选 $\omega \in [0,\pi]$。

3.1.2　MATLAB 实现

如果 $x(n)$ 为无限长,那么就不能用 MATLAB 直接从 $x(n)$ 计算 $X(e^{j\omega})$。然而能用它对表达式 $X(e^{j\omega})$ 在$[0,\pi]$频率点上求值,然后画出它的幅度和相位(或者实部和虚部)。

例题 3.3　对例题 3.1 中的 $X(e^{j\omega})$ 在$[0,\pi]$之间的 501 个等分点上求值,并画出它的幅度、相

位、实部和虚部。

题解

MATLAB 脚本：

```
>> w = [0:1:500] * pi/500; % [0, pi] axis divided into 501 points.
>> X = exp(j * w) ./ (exp(j * w) - 0.5 * ones(1,501));
>> magX = abs(X); angX = angle(X); realX = real(X); imagX = imag(X);
>> subplot(2,2,1); plot(w/pi,magX); grid
>> title('Magnitude Part') ;ylabel('Magnitude')
>> subplot(2,2,3); plot(w/pi,angX); grid
>> xlabel('frequency in pi units'); title('Angle Part'); ylabel('Radians')
>> subplot(2,2,2); plot(w/pi,realX); grid
>> title('Real Part'); ylabel('Real')
>> subplot(2,2,4); plot(w/pi,imagX); grid
>> xlabel ('frequency in pi units') ;title('Imaginary Part') ;ylabel ('Imaginary')
```

所得图如图 3.1 所示。值得注意的是在画图之前已将 w 数组按 pi 分割,以使得频率轴是以 π 为单位的,从而比较容易读出。我们竭力主张这样做。

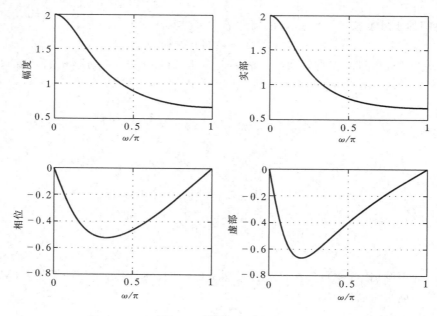

图 3.1 例题 3.3 中的图

如果 $x(n)$ 为有限长,那么就能用 MATLAB 在任意频率 ω 对 $X(e^{j\omega})$ 进行数值计算,这一途径是为了直接实现(3.1)式。另外,如果只在$[0,\pi]$之间的等分点上对 $X(e^{j\omega})$ 求值,那么就能将(3.1)式的实现作为**矩阵向量**乘法运算进行。为了明白这点,假设序列 $x(n)$ 在 $n_1 \leqslant n \leqslant n_N$ 之间有 N 个样本(也就是不必要一定在$[0,N-1]$之间),而想要在

$$\omega_k \overset{\triangle}{=} \frac{\pi}{M}k, \ k = 0, 1, \cdots, M$$

点上对 $X(e^{j\omega})$ 求值,这里是在 $[0,\pi]$ 之间的 $(M+1)$ 个等分频率上。那么(3.1)式能写成

$$X(e^{j\omega_k}) = \sum_{l=1}^{N} e^{-j(\pi/M)kn_l} x(n_l), \ k = 0, 1, \cdots, M$$

当 $\{x(n_l)\}$ 和 $\{X(e^{j\omega_k})\}$ 是分别安排成列向量 $\underset{\sim}{x}$ 和 $\underset{\sim}{X}$ 时,就有

$$\underset{\sim}{X} = W\underset{\sim}{x} \qquad\qquad (3.3)$$

式中 W 是一 $(M+1) \times N$ 的矩阵,给出为

$$W \overset{\triangle}{=} \{e^{-j(\pi/M)kn_l}; \ n_1 \leqslant n_l \leqslant n_N, \ k = 0, 1, \cdots, M\}$$

另外,如果分别将 $\{k\}$ 和 $\{n_l\}$ 安排成行向量 k 和 n,那么

$$W = \left[\exp\left(-j\frac{\pi}{M}k^{\mathrm{T}}n\right)\right]$$

在 MATLAB 中是将序列和序号表示成行向量的,因此取(3.3)式的转置得到

$$X^{\mathrm{T}} = x^{\mathrm{T}}\left[\exp\left(-j\frac{\pi}{M}n^{\mathrm{T}}k\right)\right] \qquad\qquad (3.4)$$

注意 $n^{\mathrm{T}}k$ 是一 $N \times (M+1)$ 的矩阵。现在(3.4)式就能用 MATLAB 实现如下。

```
>> k = [0:M]; n = [n1:n2];
>> X = x * (exp(-j*pi/M)).^(n'*k);
```

例题 3.4　对例题 3.2 中序列 $x(n)$ 的离散时间傅里叶变换,在 $[0,\pi]$ 之间的 501 个等分频率上进行数值求值。

题解

　　MATLAB 脚本:

```
>> n = -1:3; x = 1:5; k = 0:500; w = (pi/500)*k;
>> X = x * (exp(-j*pi/500)).^(n'*k);
>> magX = abs(X); angX = angle(X);
>> realX = real(X); imagX = imag(X);
>> subplot(2,2,1); plot(k/500,magX);grid
>> title('Magnitude Part')
>> subplot(2,2,3); plot(k/500,angX/pi) ;grid
>> xlabel('frequency in pi units'); title('Angle Part')
>> subplot(2,2,2); plot(k/500,realX) ;grid
>> title('Real Part')
>> subplot(2,2,4); plot\(k/500,imagX) ;grid
>> xlabel('frequency in \pi units'); title('Imaginary Part')
```

频域中的图如图 3.2 所示。要注意,相位图是作为在 $-\pi$ 和 π 之间的不连续函数画出的,这是由于在 MATLAB 中,angle 函数计算的是主值相位。

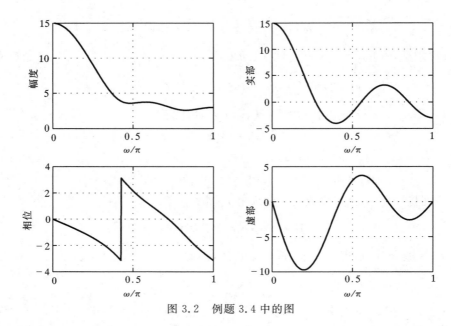

图 3.2 例题 3.4 中的图

为了例题 3.4 的过程便于实现,可以将它编成一个 MATLAB 函数,比如说 dtft 函数,这就是习题 P3.1 要讨论的。这个数值计算是基于定义(3.1)式。数值计算一个有限长序列的离散时间傅里叶变换不是最好的办法。在第 5 章将详细讨论一种称为离散傅里叶变换(DFT)的可计算变换,以及称为快速傅里叶变换(FFT)的高效计算。对有限长序列还存在基于 z 变换利用 MATLAB 函数 freqz 的另一种方法将在第 4 章讨论。这一章将继续使用到目前为止所讨论过的方法用于计算和研究之目的。

在下面两个例题中要利用复值和实值序列研究周期性质和对称性质。

例题 3.5 设 $x(n) = (0.9\exp(\mathrm{j}\pi/3))^n$, $0 \leqslant n \leqslant 10$,求 $X(\mathrm{e}^{\mathrm{j}\omega})$ 并研究它的周期性。

题解

由于 $x(n)$ 是复值序列,$X(\mathrm{e}^{\mathrm{j}\omega})$ 仅满足周期性质,因此它是唯一地定义在一个 2π 周期之上的。然而,我们匀将在 $[-2\pi, 2\pi]$ 之间的两个周期内的 401 个频率上求出并画出它以观察它的周期性。

```
>> n = 0:10; x = (0.9 * exp(j * pi/3)). ^n;
>> k = -200:200; w = (pi/100) * k;
>> X = x * (exp(-j * pi/100)) .^ (n' * k);
>> magX = abs(X); angX = angle(X);
>> subplot(2,1,1); plot(w/pi,magX);grid
>> ylabel('|X|')
>> title('Magnitude Part')
>> subplot(2,1,2); plot(w/pi,angX/pi) ;grid
>> xlabel ('frequency in units of pi'); ylabel ('radians/pi')
>> titlei('Angle Part')
```

从图 3.3 可见,$X(\mathrm{e}^{\mathrm{j}\omega})$ 是周期的,但不是共轭对称的。

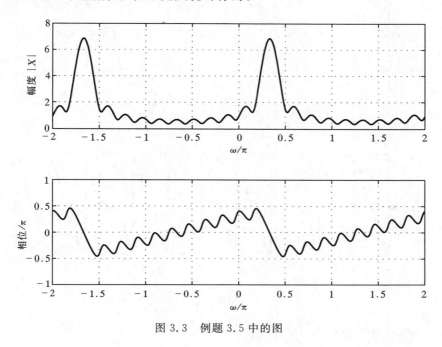

图 3.3　例题 3.5 中的图

例题 3.6　设 $x(n)=(0.9)^n$,$-5\leqslant n\leqslant 5$,研究它的离散时间傅里叶变换的共轭对称性质。

题解

还是在两个周期内计算并画出 $X(\mathrm{e}^{\mathrm{j}\omega})$ 来研究它的对称性质。

MATLAB 脚本:

```
>> n = -5:5; x = (-0.9) .^n;
>> k = -200:200; w = (pi/100) * k;  X = x * (exp(-j * pi/100)) .^(n' * k);
>> magX = abs(X); angX = angle(X);
>> subplot(2,1,1); plot(w/pi,magX);grid;  axis([-2,2,0,15])
>> ylabel('|X|')
>> title('Magnitude Part')
>> subplot(2,1,2); plot(w/pi,angX/pi); grid;  axis([-2,2,-1,1])
>> xlabel('frequency in units of pi'); ylabel('radians/\pi')
>> title('Angle Part')
```

从下面图 3.4 可见,$X(\mathrm{e}^{\mathrm{j}\omega})$ 不仅是 ω 的周期函数,而且也是共轭对称的。因此,对于实值序列只需从 0 到 π 画出它们傅里叶变换的幅度和相位就够了。

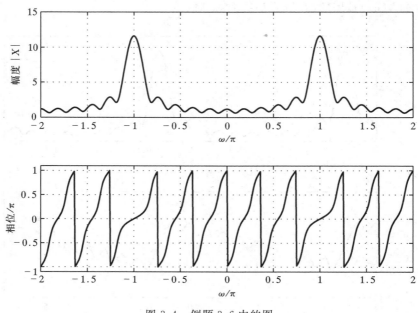

图 3.4 例题 3.6 中的图

3.1.3 一些常用 DTFT 变换对

第 2 章中讨论过的基本序列的离散时间傅里叶变换非常有用,其中一些序列的离散时间傅里叶变换能够容易地采用(3.1)式和(3.2)式实现。表 3.1 中给出了这部分序列以及一些其它序列的 DTFT 变换对。值得说明的是,即使某些序列如单位阶跃序列 $u(n)$ 不是绝对可积的,如果傅里叶变换中认可冲激函数,那么它们的离散时间傅里叶变换在这种限制意义上也是存在的。这样的序列具有有限的功率,即 $\sum_n |x(n)|^2 < \infty$。根据该变换对表以及傅里叶变换性质(将在 3.2 节中讨论),可以得到更多序列的离散时间傅里叶变换。

表 3.1 一些常用的 DTFT 变换对

信号类型	序列 $x(n)$	DTFT $X(e^{j\omega})$, $-\pi \leqslant \omega \leqslant \pi$
单位冲激	$\delta(n)$	1
常数序列	1	$2\pi\delta(\omega)$
单位阶跃	$u(n)$	$\dfrac{1}{1-e^{-j\omega}} + \pi\delta(\omega)$
因果指数	$\alpha^n u(n)$	$\dfrac{1}{1-\alpha e^{-j\omega}}$
复指数	$e^{j\omega_0 n}$	$2\pi\delta(\omega-\omega_0)$
余弦	$\cos(\omega_0 n)$	$\pi[\delta(\omega-\omega_0) + \delta(\omega+\omega_0)]$
正弦	$\sin(\omega_0 n)$	$j\pi[\delta(\omega+\omega_0) - \delta(\omega-\omega_0)]$
双指数	$\alpha^{|n|}$	$\dfrac{1-\alpha^2}{1-2\alpha\cos(\omega)+\alpha^2}$

注:由于 $X(e^{j\omega})$ 是以 2π 为周期的周期函数,因而表中只给出了主周期 $-\pi \leqslant \omega \leqslant \pi$ 区间的表达式。

3.2　**DTFT 性质**

在上面一节中讨论了两个重要性质,当时是为了画图的目的而需要它们。现在讨论其余几个有用性质,这些性质均是给出来而不作证明。设 $X(e^{j\omega})$ 是 $x(n)$ 的离散时间傅里叶变换。

1. 线性

离散时间傅里叶变换是一个线性变换,即对任何 $\alpha, \beta, x_1(n)$ 和 $x_2(n)$ 有

$$\mathcal{F}\left[\alpha x_1(n) + \beta x_2(n)\right] = \alpha \mathcal{F}\left[x_1(n)\right] + \beta \mathcal{F}\left[x_2(n)\right] \tag{3.5}$$

2. 时移

在时域的移位相应于相移

$$\mathcal{F}\left[x(n-k)\right] = X(e^{j\omega})e^{-j\omega k} \tag{3.6}$$

3. 频移

乘以复指数相应于频域中的移位

$$\mathcal{F}\left[x(n)e^{j\omega_0 n}\right] = X(e^{j(\omega-\omega_0)}) \tag{3.7}$$

4. 共轭

在时域中的共轭相应于频域中的反转和共轭

$$\mathcal{F}\left[x^*(n)\right] = X^*(e^{-j\omega}) \tag{3.8}$$

5. 反转

在时域中的反转相应于频域中的反转

$$\mathcal{F}\left[x(-n)\right] = X(e^{-j\omega}) \tag{3.9}$$

6. 实序列对称性

已经研究过实序列的共轭对称性,正如在第 2 章所讨论的,这些实序列可以分解为它们的偶部和奇部。

$$x(n) = x_e(n) + x_o(n)$$

那么

$$\mathcal{F}\left[x_e(n)\right] = \text{Re}[X(e^{j\omega})]$$
$$\mathcal{F}\left[x_o(n)\right] = j\text{Im}[X(e^{j\omega})] \tag{3.10}$$

含义:　如果序列 $x(n)$ 是实的且为偶序列,那么 $X(e^{j\omega})$ 也是实的且为偶函数。因此仅需在 $[0,\pi]$ 上的一张图就能完全表示。

有关复值序列的类似性质在习题 P3.7 中研究。

7. 卷积

这是一个最有用的性质之一,它使得在频域进行系统分析非常方便。

$$\mathcal{F}\left[x_1(n) * x_2(n)\right] = \mathcal{F}\left[x_1(n)\right]\mathcal{F}\left[x_2(n)\right] = X_1(e^{j\omega})X_2(e^{j\omega}) \tag{3.11}$$

8. 相乘

这是卷积性质的对偶性质。

$$\mathcal{F}\left[x_1(n)\cdot x_2(n)\right]=\mathcal{F}\left[x_1(n)\right]\circledast\mathcal{F}\left[x_2(n)\right]\triangleq\frac{1}{2\pi}\int_{-\pi}^{\pi}X_1(e^{j\theta})X_2(e^{j(\omega-\theta)})d\theta \quad (3.12)$$

上面像卷积一样的运算称为周期卷积,并用⊛表示,在第 5 章再讨论(以它的离散形式)。

9. 能量

序列 $x(n)$ 的能量可写成

$$\mathcal{E}_x=\sum_{-\infty}^{\infty}|x(n)|^2=\frac{1}{2\pi}\int_{-\pi}^{\pi}|X(e^{j\omega})|^2 d\omega \quad (3.13)$$

$$=\int_{0}^{\pi}\frac{|X(e^{j\omega})|^2}{\pi}d\omega \text{ (实序列应用偶对称)}$$

这也称为帕斯瓦尔定理。根据(3.13)式,$x(n)$ 的能量密度谱定义为

$$\Phi_x(\omega)\triangleq\frac{|X(e^{j\omega})|^2}{\pi} \quad (3.14)$$

那么,在 $[\omega_1,\omega_2]$ 频带内 $x(n)$ 的能量给出为

$$\int_{\omega_1}^{\omega_2}\Phi_x(\omega)d\omega,\ 0\leqslant\omega_1<\omega_2\leqslant\pi$$

在下面几个例子中将用有限长序列来验证其中的几个性质。在每种情况下仍采用数值过程计算离散时间傅里叶变换。尽管这并没有解析地证明每一性质的正确性,但是在实践中却提供了一种实验验证的方法。

例题 3.7 这个例子将用实值有限长序列验证线性性质(3.5)式。设 $x_1(n)$ 和 $x_2(n)$ 是两个在 $0\leqslant n\leqslant 10$ 内、$[0,1]$ 之间均匀分布的随机序列,然后可以应用数值离散时间傅里叶变换过程如下。

```
>> x1 = rand(1,11); x2 = rand(1,11); n = 0:10;
>> alpha = 2; beta = 3; k = 0:500; w = (pi/500)*k;
>> X1 = x1 * (exp(-j*pi/500)).^(n'*k);   % DTFT of x1
>> X2 = x2 * (exp(-j*pi/500)).^(n'*k);   % DTFT of x2
>> x = alpha*x1 + beta*x2;               % Linear combination of x1 & x2
>> X = x * (exp(-j*pi/500)).^(n'*k);     % DTFT of x
>> % verification
>> X_check = alpha*X1 + beta*X2;         % Linear Combination of X1 & X2
>> error = max(abs(X-X_check))           % Difference
error =
  7.1054e-015
```

因为在两个傅里叶变换数组之间的最大绝对误差小于 10^{-14},所以在 MATLAB 的有限数值精度内这两个数组是一样的。

例题 3.8   设 $x(n)$ 是在 $0 \leqslant n \leqslant 10$ 内，$[0,1]$ 之间均匀分布的随机序列，并令 $y(n) = x(n-2)$，然后能验证样本移位性质(3.6)式的过程如下。

```
>> x = rand(1,11); n = 0:10;
>> k = 0:500; w = (pi/500)*k;
>> X = x * (exp(-j*pi/500)).^(n'*k);   % DTFT of x
>> % signal shifted by two samples
>> y = x; m = n+2;
>> Y = y * (exp(-j*pi/500)).^(m'*k);   % DTFT of y
>> % verification
>> Y_check = (exp(-j*2).^w).*X;        % multiplication by exp(-j2w)
>> error = max(abs(Y-Y_check))         % Difference
error =
  1.2204e-015
```

例题 3.9   为了验证频移性质(3.7)式，将采用图解方法。设
$$x(n) = \cos(\pi n/2), \; 0 \leqslant n \leqslant 100 \; 和 \; y(n) = e^{j\pi n/4} x(n)$$
然后利用 MATLAB。

```
>> n = 0:100; x = cos(pi*n/2);
>> k = -100:100; w = (pi/100)*k;   % frequency between -pi and +pi
>> X = x * (exp(-j*pi/100)).^(n'*k); % DTFT of x
>> y = exp(j*pi*n/4).*x;              % signal multiplied by exp(j*pi*n/4)
>> Y = y * (exp(-j*pi/100)).^(n'*k); % DTFT of y
% Graphical verification
>> subplot(2,2,1); plot(w/pi,abs(X)); grid; axis([-1,1,0,60])
>> title('Magnitude of X'); ylabel('|X|')
>> subplot(2,2,2); plot(w/pi,angle(X)/pi); grid; axis([-1,1,-1,1])
>> title('Angle of X'); ylabel('radiands/pi')
>> subplot(2,2,3); plot(w/pi,abs(Y)); grid; axis([-1,1,0,60])
>> xlabel('frequency in pi units'); ylabel('|Y|')
>> title('Magnitude of Y')
>> subplot(2,2,4); plot(w/pi,angle(Y)/pi); grid; axis([-1,1,-1,1])
>> xlabel ('frequency in \pi units'); ylabel ('radians/\pi')
>> title('Angle of Y')
```

由图 3.5 可见，$X(e^{j\omega})$ 在幅度和相位上确实有 $\pi/4$ 的频移。

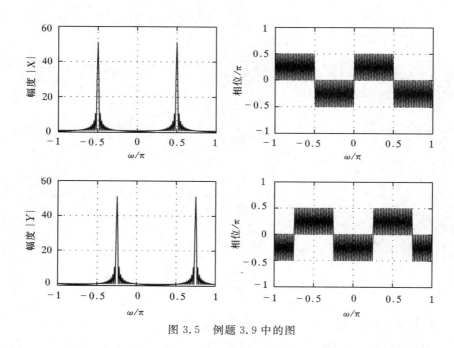

图 3.5　例题 3.9 中的图

例题 3.10　为了验证共轭性质(3.8)式,设 $x(n)$ 是在 $-5 \leqslant n \leqslant 10$ 内的一个复值随机序列,其实部和虚部在 $[0,1]$ 之间均匀分布,MATLAB 验证如下。

```
>> n = -5:10; x = rand(1,length(n)) + j * rand(1,length(n));
>> k = -100:100; w = (pi/100) * k;      % Frequency between -pi and +pi
>> X = x * (exp(-j * pi/100)).^(n' * k); % DTFT of x
% Conjugation property
>> y = conj(x);                          % Signal conjugation
>> Y = y * (exp(-j * pi/100)).^(n' * k); % DTFT of y
% Verification
>> Y_check = conj(fliplr(X));            % conj(X(-w))
>> error = max(abs(Y - Y_check))         % Difference
error =
     0
```

例题 3.11　为了验证反转性质(3.9)式,设 $x(n)$ 是在 $-5 \leqslant n \leqslant 10$ 内、$[0,1]$ 之间均匀分布的随机序列,MATLAB 验证如下。

```
>> n = -5:10; x = rand(1,1ength(n));
>> k = -100:100; w = (pi/100) * k;      % Frequency between -pi and +pi
>> X = x * (exp(-j * pi/100)).^(n' * k); % DTFT of x
% Folding property
>> y = fliplr(x); m = -fliplr(n);        % Signal folding
>> Y = y * (exp(-j * pi/100)).^(m' * k); % DTFT of y
% Verification
```

```
>> Y_check = fliplr(X);                    % X( - w)
>> error = max(abs(Y - Y_check))           % Difference
error =
    0
```

■

例题 3.12　　这个例题要验证实信号的对称性质(3.10)式。设

$$x(n) = \sin(\pi n/2), -5 \leqslant n \leqslant 10$$

然后利用在第 2 章建立的 evenodd 函数,可以计算出 $x(n)$ 的偶部和奇部,然后求出它们的离散时间傅里叶变换。将给出数值验证,以及图形验证。

```
>> n = - 5:10; x = sin(pi * n/2);
>> k = - 100:100; w = (pi/100) * k;        % Frequency between - pi and + pi
>> X = x * (exp( - j * pi/100)).^(n' * k); % DTFT of x
% Signal decomposition
>> [xe,xo,m] = evenodd(x,n);               % Even and odd parts
>> XE = xe * (exp( - j * pi/100)).^(m * k); % DTFT of xe
>> XO = xo * (exp( - j * pi/100)).^(m * k); % DTFT of xo
% Verification
>> XR = real(X);                           % Real part of X
>> error1 = max(abs(XE - XR))              % Difference
error 1 =
  1.8974e - 019
>> XI = imag(X);                           % Imag part of X
>> error2 = max(abs(XO - j * XI))          % Difference
error 2 =
  1.8033e - 019
% Graphical verification
>> subplot(2,2,1); plot(w/pi,XR); grid; axis([ - 1,1, - 2,2])
>> title('Real part of X'); ylabel('Re(X)');
>> subplot(2,2,2); plot(w/pi,XI); grid; axis([ - 1,1, - 10,10])
>> title('Imaginary part of X'); ylabel('Im(X)');
>> subplot(2,2,3); plot(w/pi,real(XE)); grid; axis([ - 1,1, - 2,2])
>> xlabel ('Frequency in \pi Units'); ylabel ('XE');
>> title('Transform of Even Part')
>> subplot(2,2,4); plot(w/pi,imag(XO)); grid; axis([ - 1,1, - 10,10])
>> xlabel ('frequency in \pi Units' ); ylabel ('XO');
>> title('Transform of Odd Part')
```

从图 3.6 可见,$X(e^{j\omega})$ 的实部(或 $X(e^{j\omega})$ 的虚部)是等于 $X_e(n)$ (或 $x_o(n)$)的离散时间傅里叶变换的。

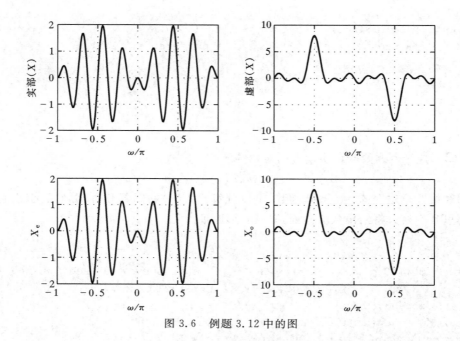

图3.6 例题3.12中的图

3.3 LTI 系统的频域表示

正如先前已经说过的,对 LTI 系统来说,傅里叶变换表示是最有用的信号表示。这是由于下述原因。

3.3.1 对复指数 $e^{j\omega_0 n}$ 的响应

设 $x(n) = e^{j\omega_0 n}$ 是由脉冲响应 $h(n)$ 表示的某 LTI 系统的输入

$$e^{j\omega_0 n} \longrightarrow \boxed{h(n)} \longrightarrow h(n) * e^{j\omega_0 n}$$

那么

$$
\begin{aligned}
y(n) = h(n) * e^{j\omega_0 n} &= \sum_{-\infty}^{\infty} h(k) e^{j\omega_0 (n-k)} \\
&= \left[\sum_{-\infty}^{\infty} h(k) e^{-j\omega_0 k} \right] e^{j\omega_0 n} \\
&= \left[\mathcal{F}[h(n)] \big|_{\omega = \omega_0} \right] e^{j\omega_0 n}
\end{aligned}
\tag{3.15}
$$

定义1 频率响应

脉冲响应的离散时间傅里叶变换称为一个 LTI 系统的频率响应(或传递函数),并以下式表示:

$$H(e^{j\omega}) \triangleq \sum_{-\infty}^{\infty} h(n) e^{-j\omega n} \tag{3.16}$$

那么由(3.15)式,这个系统就能表示为

$$x(n) = \mathrm{e}^{\mathrm{j}\omega_0 n} \longrightarrow \boxed{H(\mathrm{e}^{\mathrm{j}\omega})} \longrightarrow y(n) = H(\mathrm{e}^{\mathrm{j}\omega_0}) \times \mathrm{e}^{\mathrm{j}\omega_0 n} \qquad (3.17)$$

因此,输出序列是输入指数序列被在频率 ω_0 的系统频率响应所修正。这就证明了将 $H(\mathrm{e}^{\mathrm{j}\omega})$ 的定义作为频率响应是合理的,因为它就是复指数所乘的因子以求得输出 $y(n)$。利用 LTI 系统的线性,可将这一结果推广到复指数的线性组合中去,即

$$\sum_k A_k \mathrm{e}^{\mathrm{j}\omega_k n} \longrightarrow \boxed{h(n)} \longrightarrow \sum_k A_k H(\mathrm{e}^{\mathrm{j}\omega_k}) \mathrm{e}^{\mathrm{j}\omega_k n}$$

一般来说,频率响应 $H(\mathrm{e}^{\mathrm{j}\omega})$ 是 ω 的复函数,$H(\mathrm{e}^{\mathrm{j}\omega})$ 的幅度 $|H(\mathrm{e}^{\mathrm{j}\omega})|$ 称为幅度(或增益)响应函数,而相位 $\angle H(\mathrm{e}^{\mathrm{j}\omega})$(下面将知道)称为相位响应函数。

3.3.2 对正弦序列的响应

设 $x(n) = A\cos(\omega_0 n + \theta_0)$ 是某 LTI 系统 $h(n)$ 的输入,那么由(3.17)式可以证明响应 $y(n)$ 是相同频率 ω_0 的另一个正弦,其幅度被 $|H(\mathrm{e}^{\mathrm{j}\omega_0})|$ 所倍增,而相位则相移 $\angle H(\mathrm{e}^{\mathrm{j}\omega_0})$,即

$$y(n) = A \mid H(\mathrm{e}^{\mathrm{j}\omega_0}) \mid \cos(\omega_0 n + \theta_0 + \angle H(\mathrm{e}^{\mathrm{j}\omega_0})) \qquad (3.18)$$

这个响应称为稳态响应并用 $y_{ss}(n)$ 表示。它能推广到多个正弦序列的线性组合为

$$\sum_k A_k \cos(\omega_k n + \theta_k) \longrightarrow \boxed{H(\mathrm{e}^{\mathrm{j}\omega})} \longrightarrow \sum_k A_k \mid H(\mathrm{e}^{\mathrm{j}\omega_k}) \mid \cos(\omega_k n + \theta_k + \angle H(\mathrm{e}^{\mathrm{j}\omega_k}))$$

3.3.3 对任意序列的响应

最后,能把(3.17)式推广到任意绝对可加序列。设 $X(\mathrm{e}^{\mathrm{j}\omega}) = \mathcal{F}[x(n)]$ 和 $Y(\mathrm{e}^{\mathrm{j}\omega}) = \mathcal{F}[y(n)]$,那么利用卷积性质(3.11)式,有

$$Y(\mathrm{e}^{\mathrm{j}\omega}) = H(\mathrm{e}^{\mathrm{j}\omega}) X(\mathrm{e}^{\mathrm{j}\omega}) \qquad (3.19)$$

因此,一个 LTI 系统能在频域表示成

$$X(\mathrm{e}^{\mathrm{j}\omega}) \longrightarrow \boxed{H(\mathrm{e}^{\mathrm{j}\omega})} \longrightarrow Y(\mathrm{e}^{\mathrm{j}\omega}) = H(\mathrm{e}^{\mathrm{j}\omega}) X(\mathrm{e}^{\mathrm{j}\omega})$$

然后输出 $y(n)$ 利用逆离散时间傅里叶变换(3.2)式从 $Y(\mathrm{e}^{\mathrm{j}\omega})$ 中计算出。这就需要一种积分运算,而这种运算在 MATLAB 中不是一种方便的运算。正如在第 4 章将会看到的,存在另一种办法是利用 z 变换和部分分式展开法计算对任意输入的输出。这一章将主要集中在计算稳态响应上。

例题 3.13 求由 $h(n) = (0.9)^n u(n)$ 所表征的系统频率响应 $H(\mathrm{e}^{\mathrm{j}\omega})$,画出幅度和相位响应

题解

利用(3.16)式

$$H(\mathrm{e}^{\mathrm{j}\omega}) = \sum_{-\infty}^{\infty} h(n) \mathrm{e}^{-\mathrm{j}\omega n} = \sum_0^{\infty} (0.9)^n \mathrm{e}^{-\mathrm{j}\omega n}$$

$$= \sum_0^{\infty} (0.9 \mathrm{e}^{-\mathrm{j}\omega})^n = \frac{1}{1 - 0.9 \mathrm{e}^{-\mathrm{j}\omega}}$$

所以

$$| H(e^{j\omega}) | = \sqrt{\frac{1}{(1 - 0.9\cos\omega)^2 + (0.9\sin\omega)^2}} = \frac{1}{\sqrt{1.81 - 1.8\cos\omega}}$$

$$\angle H(e^{j\omega}) = -\arctan\left[\frac{0.9\sin\omega}{1 - 0.9\cos\omega}\right]$$

为了画出这两个响应,既可以直接实现$|H(e^{j\omega})|$和$\angle H(e^{j\omega})$函数,或者实现频率响应$H(e^{j\omega})$,然后计算出它的幅度和相位。从实际角度(如(3.18)式所示)出发,后一种途径更为有用。

```
>> w = [0:1:500] * pi/500, % [0, pi] axis divided into 501 points.
>> H = exp(j * w) ./ (exp(j * w) - 0.9 * ones(1,501));
>> magH = abs(H); angH = angle(H);
>> subplot(2,1,1); plot(w/pi,magH); grid;
>> title('Magnitude Response'); ylabel('|H|');
>> subplot(2,1,2); plot(w/pi,angH/pi); grid
>> xlabel('Frequency in \pi Units'); ylabel('Phase in \pi Radians');
>> title( 'Phase Response');
```

图如图 3.7 所示。

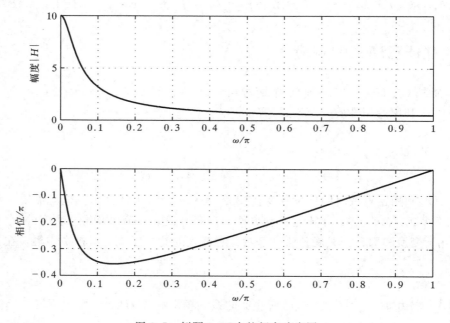

图 3.7 例题 3.13 中的频率响应图

例题 3.14 设例题 3.13 中系统的输入是 $0.1u(n)$,求稳态响应 $y_{ss}(n)$。

题解

因为输入不是绝对可加的,所以离散时间傅里叶变换在计算完全响应上不是特别有用,然而能用它来计算稳态响应。在稳态(即 $n \to \infty$),输入是一常数序列(或者 $\omega_0 = \theta_0 = 0$ 的正弦)。然后输出是

$$y_{ss}(n) = 0.1 \times H(e^{j0}) = 0.1 \times 10 = 1$$

其中系统在 $\omega = 0$ 的增益(也称 DC 增益)是 $H(e^{j0}) = 10$,从图 3.7 可以得到。

3.3.4 从差分方程求频率响应函数

当一 LTI 系统是用下列差分方程表示时

$$y(n) + \sum_{l=1}^{N} a_l y(n-l) = \sum_{m=0}^{M} b_m x(n-m) \tag{3.20}$$

那么为了从(3.16)式求它的频率响应,就需要脉冲响应 $h(n)$。然而,利用(3.17)式能容易求得 $H(e^{j\omega})$。已经知道,当 $x(n) = e^{j\omega n}$ 时,$y(n)$ 一定是 $H(e^{j\omega})e^{j\omega n}$,将其代入(3.20)式,有

$$H(e^{j\omega})e^{j\omega n} + \sum_{l=1}^{N} a_l H(e^{j\omega})e^{j\omega(n-l)} = \sum_{m=0}^{M} b_m e^{j\omega(n-m)}$$

或者,消去公共因式 $e^{j\omega n}$ 项并重新整理后,得

$$H(e^{j\omega}) = \frac{\sum_{m=0}^{M} b_m e^{-j\omega m}}{1 + \sum_{l=1}^{N} a_l e^{-j\omega l}} \tag{3.21}$$

已知差分方程参数,这个方程能很容易用 MATLAB 实现。

例题 3.15 一 LTI 系统由下面差分方程表征:
$$y(n) = 0.8y(n-1) + x(n)$$

a. 求 $H(e^{j\omega})$。

b. 对输入 $x(n) = \cos(0.05\pi n)u(n)$ 计算并画出稳态响应 $y_{ss}(n)$。

题解

将差分方程重新写成 $y(n) - 0.8y(n-1) = x(n)$

a. 利用(3.21)式求得

$$H(e^{j\omega}) = \frac{1}{1 - 0.8e^{-j\omega}} \tag{3.22}$$

b. 在稳态下,输入是 $x(n) = \cos(0.05\pi n)$,其频率为 $\omega_0 = 0.05\pi$ 和 $\theta_0 = 0°$,系统的频率响应是

$$H(e^{j0.05\pi}) = \frac{1}{1 - 0.8e^{-j0.05\pi}} = 4.0928e^{-j0.5377}$$

因此,
$$y_{ss}(n) = 4.0928\cos(0.05\pi n - 0.5377) = 4.0928\cos[0.05\pi(n-3.42)]$$

这就是说,在输出端该正弦被放大 4.0928 倍,移位了 3.42 个样本。这可以用 MATLAB 来验证。

```
>> subplot (1,1,1)
>> b = 1; a = [1, - 0.8];
>> n = [0:100] ;x = cos(0.05 * pi * n);
>> y = filter(b,a,x);
>> subplot(2,1,1); stem(n,x);
>> ylabel('x(n)'); title('Input sequence')
>> subplot(2,1,2); stem(n,y);
>> xlabel('n'); ylabel('y(n)'); title('Output Sequence')
```

从图 3.8 可以注意到,$y_{ss}(n)$ 的振幅大约为 4。为了确定输出正弦的移位,可以比较输入和输出的过零点,从图 3.8 中所指出的,这个移位大约为 3.4 个样本。

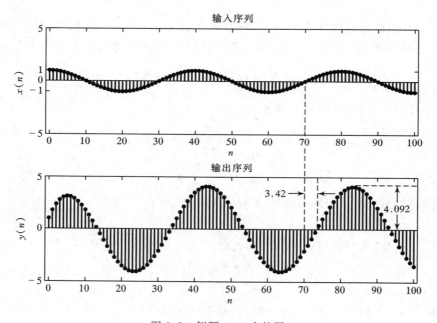

图 3.8 例题 3.15 中的图

在例题 3.15 中,系统是用一阶差分方程表征的,这时正如在例题 3.13 中所做的那样用 MATLAB 实现(3.22)式也是相当直接的。实际中,差分方程具有很高的阶,因此就需要一种很紧凑的过程来实现一般表达式(3.21)式。这可以利用一种简单的矩阵向量乘法来完成。如果在 $[0,\pi]$ 的 $k=0,1,\cdots,K$ 个等分频率上求 $H(e^{j\omega})$,那么

$$H(e^{j\omega_k}) = \frac{\sum_{m=0}^{M} b_m e^{-j\omega_k m}}{1 + \sum_{l=1}^{N} a_l e^{-j\omega_k l}}, \quad k = 0,1,\cdots,K \tag{3.23}$$

若令 $\{b_m\}$,$\{a_l\}$(设 $a_0=1$),$\{m=0,\cdots,M\}$,$\{l=0,\cdots,N\}$ 和 $\{\omega_k\}$ 是数组(或行向量),那么 (3.23)式的分子和分母分别变成

$$\underline{b}\exp(-\mathrm{j}\underline{m}^{\mathrm{T}}\underline{\omega})\,;\ \underline{a}\exp(-\mathrm{j}\underline{l}^{\mathrm{T}}\underline{\omega})$$

现在,在(3.23)式中的数组 $H(e^{j\omega_k})$ 能够用 ./运算计算出。这一过程能用 MATLAB 函数实现,以确定在已知 $\{b_m\}$ 和 $\{a_l\}$ 数组后的频率响应函数。现在用例题 3.16 给予说明,并在习题 P3.16 中作进一步研究。

例题 3.16 一个三阶低通滤波器由下面差分方程描述:
$$y(n) = 0.0181x(n) + 0.0543x(n-1) + 0.0543x(n-2) +$$
$$0.0181x(n-3) + 1.76y(n-1) - 1.1829y(n-2) + 0.2781y(n-3)$$
画出这个滤波器的幅度和相位响应,并验证它是一个低通滤波器。

题解

现在用 MATLAB 实现上述过程,然后画出这个滤波器的响应。

```
>> b = [0.0181, 0.0543, 0.0543, 0.0181];     % Filter coefficient array b
>> a = [1.0000, -1.7600, 1.1829, -0.2781];   % Filter coefficient array a
>> m = 0:length(b)-1; l = 0:length(a)-1;     % Index arrays m and l
>> K = 500; k = 0:1:K;                        % Index array k for frequencies
>> w = pi*k/K;                                % [0, pi] axis divided into 501 points.
>> hum = b * exp(-j*m'*w);                    % Numerator calculations
>> den = a * exp(-j*l'*w);                    % Denominator calculations
>> H = num ./ den;                            % Frequency response
>> magH = abs(H); angH = angle(H);            % Mag and phase responses
>> subplot(2,1,1); plot(w/pi,magH); grid; axis([0,1,0,1])
>> ylabel('|H|');
>> title('Magnitude Response');
>> subplot(2,1,2); plot(w/pi,angH/pi); grid
>> xlabel('frequency in \pi units'); ylabel('Phase in \pi Radians');
>> title('Phase Response');
```

从图 3.9 可见,该滤波器确实是一个低通滤波器。

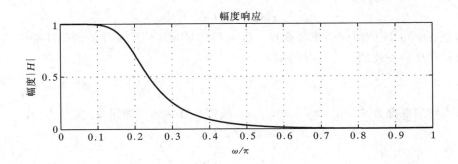

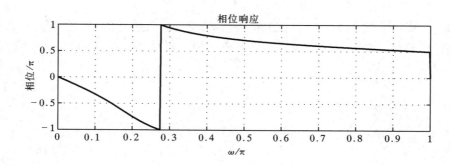

图 3.9 例题 3.16 中的图

3.4 采样和模拟信号重建

在很多应用中(例如数字通信),要利用采样和量化运算把实际模拟信号转换为离散信号(合起来称为模拟-数字转换,或 ADC)。这些离散信号用数字信号处理器进行处理,并利用重建(或恢复)运算将这些处理过的信号转换为模拟信号(称为数字-模拟转换,或 DAC)。利用傅里叶分析可以从频域的观点描述采样运算,分析它的效果,然后再转到重建运算。同时也假设量化电平数足够大,以致在离散信号上的量化效应可以不予考虑。在第 10 章将要研究量化效应。

3.4.1 采样

设 $x_a(t)$ 是一模拟(绝对可积)信号。它的连续时间傅里叶变换(CTFT)给出为

$$X_a(j\Omega) \triangleq \int_{-\infty}^{\infty} x_a(t) e^{-j\Omega t} dt \qquad (3.24)$$

式中 Ω 是模拟频率,以弧度/秒(rad/s)计。逆连续时间傅里叶变换给出为

$$x_a(t) = \frac{1}{2\pi} \int_{-\infty}^{\infty} X_a(j\Omega) e^{j\Omega t} d\Omega \qquad (3.25)$$

现在以相距 T_s 秒的采样间隔对 $x_a(t)$ 采样,得到离散时间信号 $x(n)$:

$$x(n) \triangleq x_a(nT_s)$$

令 $X(e^{j\omega})$ 是 $x(n)$ 的离散时间傅里叶变换。那么能够证明[79],$X(e^{j\omega})$ 是傅里叶变换 $X_a(j\Omega)$ 的幅度加权和频率归一化的一个可计算的和

$$X(e^{j\omega}) = \frac{1}{T_s} \sum_{l=-\infty}^{\infty} X_a \left[j\left(\frac{\omega}{T_s} - \frac{2\pi}{T_s} l \right) \right] \qquad (3.26)$$

上述关系式称为混叠公式(aliasing formula)。模拟和数字频率通过 T_s 关联为

$$\omega = \Omega T_s \qquad (3.27)$$

而采样频率 F_s 给出为

$$F_s \triangleq \frac{1}{T_s}, \text{样本 /s} \qquad (3.28)$$

(3.26)式的图解说明如图 3.10 所示。由图可见,一般来说,如果有重叠存在,由于较高频率混叠到较低的频率中去,离散信号是对应模拟信号一个混叠的复本。然而,如果 $X_a(j\Omega)$ 的无限个"复本"不互相重叠而形成 $X(e^{j\omega})$,那么就有可能从 $X(e^{j\omega})$ 中恢复出傅里叶变换 $X_a(j\Omega)$(或者等效为从它的样本 $x(n)$ 恢复出模拟信号 $x_a(t)$)。带限模拟信号就属于此。

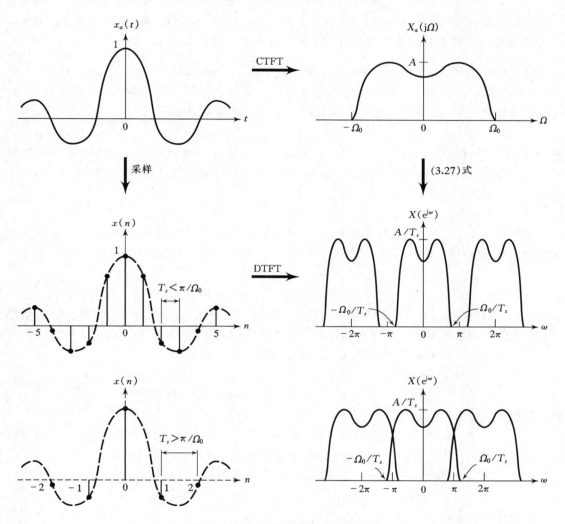

图 3.10　在时域和频域的采样运算

定义 2　带限信号

　　如果有某一个有限频率(弧率)Ω_0 存在,而使 $|\Omega| > \Omega_0$ 的 $X_a(j\Omega)$ 是零,该信号就是带限的。频率 $F_0 = \Omega_0/2\pi$ 称为信号带宽,以 Hz 计。

　　参照图 3.10,若 $\pi > \Omega_0 T_s$,或等效为 $F_s/2 > F_0$,那么

$$X(e^{j\omega}) = \frac{1}{T_s} X\left(j\frac{\omega}{T_s}\right); \quad -\frac{\pi}{T_s} < \frac{\omega}{T_s} \leqslant \frac{\pi}{T_s} \tag{3.29}$$

这就导致对于带限信号的采样定理。

定理 3　采样定理

如果采样频率 $F_s=1/T_s$ 大于 $x_a(t)$ 带宽 F_0 的两倍

$$F_s > 2F_0$$

那么带宽为 F_0 的带限信号 $x_a(t)$ 就能从它的样本 $x(n)=x_a(nT_s)$ 恢复；否则会在 $x(n)$ 中产生混叠。对于模拟带限信号的 $2F_0$ 的采样率称为奈奎斯特率。

应该提及注意的是，$x(n)$ 代表的最高模拟频率是 $F_s/2$Hz(或 $\omega=\pi$)。这与在本章第 1 节所陈述的离散时间傅里叶变换性质 2 的内涵是一致的。在介绍采样的 MATLAB 实现之前，我们先来看看下面例题中的正弦信号采样以及对应的傅里叶变换。

例题 3.17　对模拟信号 $x_a(t)=4+2\cos(150\pi t+\pi/3)+4\sin(350\pi t)$ 以 $F_s=200$ 样本/s 进行采样，得到对应的离散时间信号 $x(n)$。试求 $x(n)$ 及其对应的离散时间傅里叶变换 $X(\mathrm{e}^{\mathrm{j}\omega})$。

题解

题中给定了 $x_a(t)$ 的最高频率为 $F_0=175$Hz。由于采样频率 $F_s=200$，小于 $2F_0$，因而采样后的信号 $x(n)$ 将会发生混叠。采样间隔 $T_s=1/F_s=0.005$s。于是可以得到

$$x(n)=x_a(nT_s)=x_a(0.005n)$$
$$=4+2\cos(0.75\pi n+\pi/3)+4\sin(1.75\pi n) \tag{3.30}$$

注意，(3.30)式中的第三项代表的数字频率 1.75π 在主频率区间 $-\pi\leqslant\omega\leqslant\pi$ 范围之外，表示混叠已经发生。由第 2 章中的数字正弦序列周期性质可知，数字正弦序列的周期为 2π。于是可以求得频率 1.75π 对应的混叠频率，由(3.30)式得到

$$x(n)=4+2\cos(0.75\pi n+\pi/3)+4\sin(1.75\pi n-2\pi)$$
$$=4+2\cos(0.75\pi n+\pi/3)-4\sin(0.25\pi n) \tag{3.31}$$

利用欧拉等式，$x(n)$ 可以表示为

$$x(n)=4+\mathrm{e}^{\mathrm{j}\pi/3}\mathrm{e}^{\mathrm{j}0.75\pi n}+\mathrm{e}^{-\mathrm{j}\pi/3}\mathrm{e}^{-\mathrm{j}0.75\pi n}+2\mathrm{j}\mathrm{e}^{\mathrm{j}0.25\pi n}-2\mathrm{j}\mathrm{e}^{\mathrm{j}0.25\pi n} \tag{3.32}$$

由表 3.1 和离散时间傅里叶变换性质，$x(n)$ 的离散时间傅里叶变换可以表示为

$$X(\mathrm{e}^{\mathrm{j}\omega})=8\pi\delta(\omega)+2\pi\mathrm{e}^{\mathrm{j}\pi/3}\delta(\omega-0.75\pi)+2\pi\mathrm{e}^{-\mathrm{j}\pi/3}\delta(\omega+0.75\pi)+$$
$$\mathrm{j}4\pi\delta(\omega-0.25\pi)-\mathrm{j}4\pi\delta(\omega+0.25\pi),\ -\pi\leqslant\omega\leqslant\pi \tag{3.33}$$

离散时间傅里叶变换 $X(\mathrm{e}^{\mathrm{j}\omega})$ 如图 3.15 所示。■

3.4.2　MATLAB 实现

除非应用符号工具箱(Symbolic toolbox)，严格来说利用 MATLAB 是不可能用来分析模拟信号的。然而，如果有足够小的时间增量在足够细的栅格上对 $x_a(t)$ 采样而产生一种平滑的图，并有足够大的时间来展现所有的模式，那么就能对模拟信号作近似分析。令 Δt 是栅格间隔而有 $\Delta t\ll T_s$，那么

$$x_G(m)\triangleq x_a(m\Delta t) \tag{3.34}$$

就能用作一个数组对一个模拟信号进行仿真。不应该将采样间隔 T_s 与栅格间隔 Δt 混淆，Δt 是严格用来在 MATLAB 中表示一个模拟信号的。相类似，由于(3.34)式傅里叶变换关系，(3.24)式也应该是近似的，如下所示：

$$X_a(j\Omega) \approx \sum_m x_G(m)e^{-j\Omega m\Delta t}\Delta t = \Delta t\sum_m x_G(m)e^{-j\Omega m\Delta t} \tag{3.35}$$

现在，如果 $x_a(t)$[因此 $x_G(m)$]为有限长，那么(3.35)式就类似于离散时间傅里叶变换关系(3.3)式，从而能以一种类似于分析采样现象的方式用 MATLAB 实现。

例题 3.18　设 $x_a(t)=e^{-1000|t|}$，求出并画出它的傅里叶变换。

题解

由(3.24)式

$$X_a(j\Omega) = \int_{-\infty}^{\infty} x_a(t)e^{-j\Omega t}\,dt = \int_{-\infty}^{0} e^{1000t}e^{-j\Omega t}\,dt + \int_{0}^{\infty} e^{-1000t}e^{-j\Omega t}\,dt$$
$$= \frac{0.002}{1+\left(\frac{\Omega}{1000}\right)^2} \tag{3.36}$$

因为 $x_a(t)$ 是一个实且偶的信号，所以是一个实函数。为了对 $X_a(j\Omega)$ 作数值计算，必须首先用一个有限长的栅格序列 $x_G(m)$ 近似 $x_a(t)$。利用近似式 $e^{-5}\approx0$，可以注意到 $x_a(t)$ 可以近似为在 $-0.005{\leqslant}t{\leqslant}0.005$（或等效为在[-5,5]毫秒内）上的有限长信号。同样，根据(3.36)式，$X_a(j\Omega)\approx0,\Omega{\geqslant}2\pi(2000)$，所以选

$$\Delta t = 5\times10^{-5} \ll \frac{1}{2\times2000} = 25\times10^{-5}$$

就能得出 $x_G(m)$，然后用 MATLAB 实现(3.35)式。

```
% Analog Signal
>> Dt = 0.00005; t = - 0.005:Dt:0.005; xa = exp( - 1000 * abs(t));
% Continuous-time Fourier Transform
>> Wmax = 2 * pi * 2000; K = 500; k = 0:1:K; W = k * Wmax/K;
>> Xa = xa * exp( - j * t' * W) * Dt; Xa = real(Xa);
>> W = [ - fliplr(W), W(2:501)]; % Omega from - Wmax to Wmax
>> Xa = [fliplr(Xa), Xa(2:501)]; % Xa over - Wmax to Wmax interval
>> subplot (2,1,1) ;plot (t * 1000,xa);
>> xlabel('t in msec.'); ylabel('Amplitude')
>> title('Analog Signal')
>> subplot (2,1,2) ;plot (W/(2 * pi * 1000) ,Xa * 1000);
>> xlabel ('Frequency in KHz'); ylabel ('Amplitude/1000')
>> title('Continuous-Time Fourier Transform')
```

图 3.11 展示出 $x_a(t)$ 和 $X_a(j\Omega)$ 的图。要注意，为了减少计算工作量，我们是在$[0,4000\pi]$rad/s（或等效为$[0,2]$kHz）上计算 $X_a(j\Omega)$ 的，然后为了画图将它在$[-4000\pi,0]$上重复复制。$X_a(j\Omega)$ 所展现的图与(3.36)式是一致的。

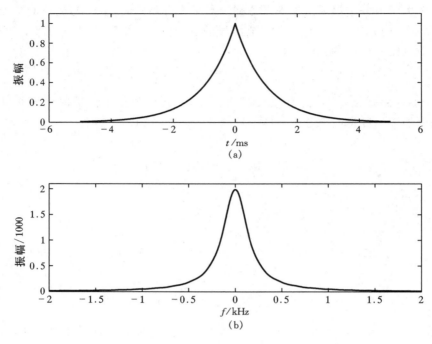

图 3.11 例题 3.18 中的图

(a) 模拟信号；(b) 连续时间傅里叶变换

例题 3.19 为了研究在频域数量上的采样效果，现对例题 3.18 中的 $x_a(t)$ 用两种不同的采样频率采样。

a. 在 $F_s = 5000$ 样本/s 对 $x_a(t)$ 采样得到 $x_1(n)$，求出并画出 $X_1(e^{j\omega})$。

b. 在 $F_s = 1000$ 样本/s 对 $x_a(t)$ 采样得到 $x_2(n)$，求出并画出 $X_2(e^{j\omega})$。

题解

a. 因为 $x_a(t)$ 的带宽是 2kHz，奈奎斯特率就是 4000 样本/s，它小于给出的 F_s，因此混叠（几乎）不存在。

```
% Analog Signal
>> Dt = 0.00005; t = -0.005:Dt:0.005; xa = exp(-1000 * abs(t));
% Discrete-time Signal
>> Ts = 0.0002; n = -25:1:25; x = exp(-1000 * abs(n * Ts));
% Discrete-time Fourier transform
>> K = 500; k = 0:1:K; w = pi * k/K;
>> X = x * exp(-j * n' * w); X = real(X);
>> w = [-fliplr(w), w(2:K+1)]; X = [fliplr(X), X(2:K+1)];
>> subplot(2,1,1);plot(t * 1000,xa);
>> xlabel('t in msec.'); ylabel('Amplitude')
>> title('Discrete Signal'); hold on
>> stem(n * Ts * 1000,x); gtext('Ts = 0.2 msec'); hold off
```

```
>> subplot(2,1,2) ;plot(w/pi,X);
>> xlabel('Frequency in \pi units'); ylabel('Amplitude')
>> title('Discrete-time Fourier Transform')
```

在图 3.12 的上图中,已将离散信号 $x_1(n)$ 叠加在 $x_a(t)$ 的图上,以突出采样过程。$X_1(e^{j\omega})$ 的图展示出它是 $X_a(j\Omega)$ 的一个归一化(被 $F_s=5000$ 归一化)的复本。很显然,没有任何混叠。

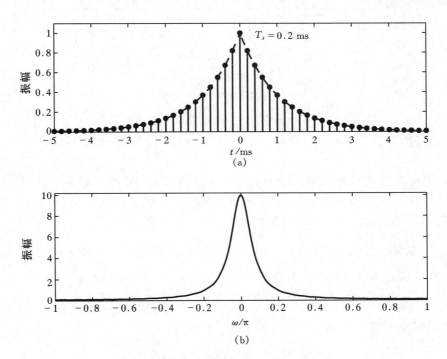

图 3.12　例题 3.19a 中的图

(a) 离散信号;(b) 离散时间傅里叶变换

　　b. 这里 $F_s=1000<4000$,所以一定会存在有相当大的混叠量。从图 3.13 很明显看出,$X_2(e^{j\omega})$ 的形状不同于 $X_a(j\Omega)$ 的形状,这就是由于附加上了 $X_a(j\Omega)$ 的重叠部分的结果。 ■

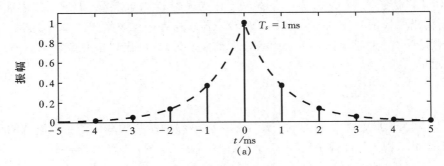

图 3.13　例题 3.19b 中的图

(a) 离散信号

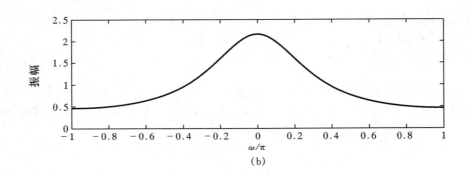

图 3.13 例题 3.19b 中的图

（b）离散时间傅里叶变换

3.4.3 重建

从采样定理和上面的例子清楚地知道,如果是以超过它的奈奎斯特率对带限 $x_a(t)$ 采样,那么就能从其样本 $x(n)$ 重建 $x_a(t)$。这个重建过程可以看作是一个两步过程:

（1）首先将样本转换为一个加权的冲激串。

$$\sum_{n=-\infty}^{\infty} x(n)\delta(t-nT_s) = \cdots + x(-1)\delta(n+T_s) + x(0)\delta(t) + x(1)\delta(n-T_s) + \cdots$$

（2）然后将该冲激串经由一个带宽限制到 $[-F_s/2, F_s/2]$ 的理想模拟低通滤波器过滤。

$$x(n) \longrightarrow \boxed{冲激串转换} \longrightarrow \boxed{理想低通滤波器} \longrightarrow x_a(t)$$

这个两步过程在数学上能用一个内插公式[79]来描述为

$$x_a(t) = \sum_{n=-\infty}^{\infty} x(n)\mathrm{sinc}[F_s(t-nT_s)] \tag{3.37}$$

式中 $\mathrm{sinc}(x) = \dfrac{\sin \pi x}{\pi x}$ 是一种内插函数。上面重建公式(3.37)式的物理解释在图 3.14 中给出。由图可见,这个理想内插实际上是不可行的,因为整个系统是非因果的,是不可实现的。

例题 3.20 以例题 3.17 中的采样信号 $x(n)$ 作为理想 D/A 转换器(即理想的内插器)的输入信号,得到输出模拟信号 $y_a(t)$。理想 D/A 转换器工作在采样频率 $F_s = 200$ 样本/s,重建信号为 $y_a(t)$,判断采样/重建操作是否会引入任何混叠。另外,画出傅里叶变换 $X_a(\mathrm{j}\Omega)$、$X(\mathrm{e}^{\mathrm{j}\omega})$ 和 $Y_a(\mathrm{j}\Omega)$ 的图形。

题解

利用(3.31)式求 $y_a(t)$。但是,由于正弦序列 $x(n)$ 的所有频率位于主频率区间 $-\pi \leqslant \omega \leqslant \pi$ 范围内,于是可以用 tF_s 代替 n 代入(3.31)式求得 $y_a(t)$。由(3.31)式得到

$$y_a(t) = x(n)\,|_{n=tF_s} = x(n)\,|_{n=200t}$$

$$= 4 + 2\cos(0.75\pi 200t + \pi/3) - 4\sin(0.25\pi 200t)$$

$$= 4 + 2\cos(150\pi t + \pi/3) - 4\sin(50\pi t) \tag{3.38}$$

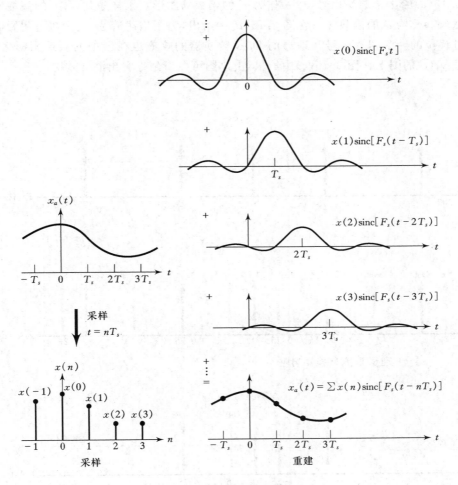

图 3.14   从样本重建带限信号

正如我们的判断，$x_a(t)$ 中的 $175\,\mathrm{Hz}$ 频率成分混叠到 $y_a(t)$ 中的 $25\,\mathrm{Hz}$ 频率成分中。

由 $x_a(t)$ 采用欧拉等式和离散时间傅里叶变换性质，连续时间傅里叶变换 $X_a(\mathrm{j}\Omega)$ 可以表示为

$$X_a(\mathrm{j}\Omega) = 8\pi\delta(\Omega) + 2\pi\mathrm{e}^{\mathrm{j}\pi/3}\delta(\Omega - 150\pi) + 2\pi\mathrm{e}^{-\mathrm{j}\pi/3}\delta(\Omega + 150\pi) +$$
$$\mathrm{j}4\pi\delta(\Omega - 350\pi) - \mathrm{j}4\pi\delta(\Omega + 350\pi) \tag{3.39}$$

为直观地表示，利用 $\Omega = 2\pi F$，画出连续时间傅里叶变换信号 $X_a(\mathrm{j}\Omega)$ 作为周期频率函数的图形。于是利用等式 $\delta(\Omega) = \delta(2\pi F) = \dfrac{1}{2\pi}\delta(F)$，由 (3.39) 式可以得到 $X_a(\mathrm{j}2\pi F)$ 的表达式：

$$X_a(\mathrm{j}2\pi F) = 4\delta(F) + \mathrm{e}^{\mathrm{j}\pi/3}\delta(F - 75) + \mathrm{e}^{-\mathrm{j}\pi/3}\delta(F + 75) +$$
$$2\mathrm{j}\delta(F - 175) - 2\mathrm{j}\delta(F + 175) \tag{3.40}$$

同样地，连续时间傅里叶变换 $Y_a(\mathrm{j}2\pi F)$ 可以表示为

$$Y_a(\mathrm{j}2\pi F) = 4\delta(F) + \mathrm{e}^{\mathrm{j}\pi/3}\delta(F - 75) + \mathrm{e}^{-\mathrm{j}\pi/3}\delta(F + 75) +$$
$$2\mathrm{j}\delta(F - 25) - 2\mathrm{j}\delta(F + 25) \tag{3.41}$$

图 3.15(a)给出了原始信号 $x_a(t)$ 作为 F 的函数的图形。采样序列 $x(n)$ 的离散时间傅里叶变换 $X(e^{j\omega})$ 作为 ω 的函数图形在图 3.15(b)中给出,为了描述清楚,图中灰色阴影区域还给出了经过移位的冲激副本信号。理想的 D/A 转换器的响应也在图中的灰色阴影区域给出。重建信号 $y_a(t)$ 的图形在图 3.15(c)中给出,由该图可以清楚地看出混叠效应。 ■

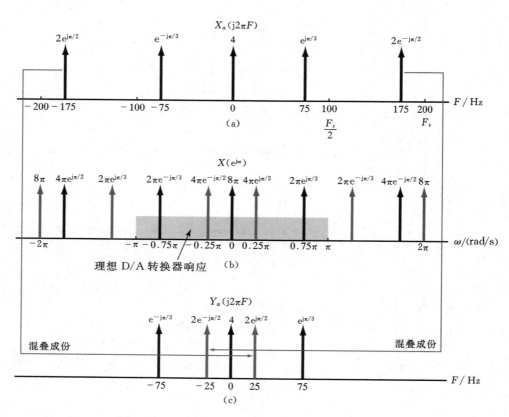

图 3.15 正弦信号 $x_a(t)$、$x(n)$ 和 $y_a(t)$ 的傅里叶变换

实际 D/A 转换器 在实际中需要一个不同于(3.37)式的方法。两步过程仍然是可行的,只是现在用一个实际的模拟低通滤波器取代这个理想低通滤波器。(3.37)式的另一种解释是:它是一个无穷阶的内插,而要用一个有限阶(事实上是低阶)的内插来取代它。有几个途径来做这件事。

• 零阶保持(ZOH)内插:在这种内插中,一给定样本值在样本间隔内一直保持到下一个样本被接收时为止

$$\hat{x}_a(t) = x(n), \quad nT_s \leqslant n < (n+1)T_s$$

这可以将冲激串通过如下形式:

$$h_0(t) = \begin{cases} 1, & 0 \leqslant t \leqslant T_s \\ 0, & \text{其余 } t \end{cases}$$

的内插滤波器过滤而得到。这个 $h_0(t)$ 是一个矩形脉冲。所获得的信号是一个分段常数(阶梯)的波形,对于要求准确的波形重建就需要另加一个适当设计的模拟后置滤波器。

$$x(n) \longrightarrow \boxed{\text{ZOH}} \longrightarrow \hat{x}_a(t) \longrightarrow \boxed{\text{后置滤波器}} \longrightarrow x_a(t)$$

• 一阶保持(FOH)内插:在这种情况下,相邻样本用直线相连。这能够将冲激串通过下面滤波器过滤而得到:

$$h_1(t) = \begin{cases} 1 + \dfrac{t}{T_s}, & 0 \leqslant t \leqslant T_s \\[2mm] 1 - \dfrac{t}{T_s}, & T_s \leqslant t \leqslant 2T_s \\[2mm] 0, & \text{其余 } t \end{cases}$$

对于准确重建还是需要一个适当设计的模拟后置滤波器。这些内插能够扩展到更高阶的情况。在 MATLAB 中,使用的一种特别有用的内插是下面这一种。

• 三次样条内插:这种办法利用样条内插器得到一个更加平滑但不一定是更加准确的在样本之间对模拟信号的估计。因此,这种内插不要求具有一个模拟后置滤波器。这种更为平滑的重建是通过利用一组分段连续的称为三次样条的三阶多项式得到的,给出为

$$x_a(t) = \alpha_0(n) + \alpha_1(n)(t - nT_s) + \alpha_2(n)(t - nT_s)^2 +$$
$$\alpha_3(n)(t - nT_s)^3, \ nT_s \leqslant n < (n+1)T_s \tag{3.42}$$

其中 $\{\alpha_i(n), 0 \leqslant i \leqslant 3\}$ 是多项式系数,它们由在样本值上通过应用最小二乘分析确定的[10]。(严格地说,这不是一种因果运算,但是在 MATLAB 中却是一种很方便的运算)

3.4.4 MATLAB 实现

对于样本之间的内插,MATLAB 提供了几种办法。产生 $(\sin\pi x)/\pi x$ 函数的 sinc(x) 函数在已知有限个样本数之下可用于实现(3.37)式。如果 $\{x(n), n_1 \leqslant n \leqslant n_2\}$ 已知,并且如果想要在一个很细的栅格(栅格间隔 Δt)上内插 $x_a(t)$,那么由(3.37)式有

$$x_a(m\Delta t) \approx \sum_{n=n_1}^{n_2} x(n)\mathrm{sinc}[F_s(m\Delta t - nT_s)], t_1 \leqslant m\Delta t \leqslant t_2 \tag{3.43}$$

这就能作为一个矩阵向量乘法运算实现,如下所示。

```
>> n = n1:n2; t = t1:t2; Fs = 1/Ts; nTs = n * Ts; % Ts is the sampling interval
>> xa = x * sinc(Fs * (ones(length(n), 1) * t - nTs' * ones(1,length(t))));
```

应该注意到,由于已经假设是一有限样本数,所以得到准确的模拟 $x_a(t)$ 是不可能的。现在,在下面两个例子中说明 sinc 函数的应用,并且也要研究在时域的混叠问题。

例题 3.21 由例题 3.19a 中的样本 $x_1(n)$ 重建 $x_a(t)$,并对结果作讨论。

题解

注意,$x_1(n)$ 是以 $T_s = 1/F_s = 0.0002\mathrm{s}$ 对 $x_a(t)$ 采样得到的。现在 $-0.005 \leqslant t \leqslant 0.005$ 内用栅格间隔 $0.00005\mathrm{s}$,这就在 $-25 \leqslant n \leqslant 25$ 内给出 $x(n)$。

```
% Discrete-time Signal x1(n)
>> Ts = 0.0002; n = -25:1:25; nTs = n*Ts; x = exp(-1000*abs(nTs));
% Analog Signal reconstruction
>> Dt = 0.00005; t = -0.005:Dt:0.005;
>> xa = x * sinc(Fs * (ones(length(n),1) * t - nTs' * ones(1,1ength(t))));
% Check
>> error = max(abs(xa - exp(-1000*abs(t))))
error =
    0.0363
```

重建的和真正的模拟信号之间的最大误差是 0.0363，这是由于 $x_a(t)$ 不是严格带限产生的（况且还是一个有限的样本数）。从图 3.16 可以看到，重建是很成功的。

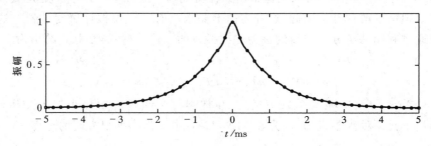

图 3.16 例题 3.21 中用 sinc 函数重建信号 $x_1(n)$

例题 3.22 由例题 3.17b 中的样本 $x_2(n)$ 重建 $x_a(t)$，并对结果作讨论。

题解

在这种情况下，$x_2(n)$ 是以 $T_s = 1/T_s = 0.001$s 对 $x_a(t)$ 采样得到的。再次在 $-0.005 \leqslant t \leqslant 0.005$ 内使用栅格间隔 0.00005s，这就在 $-5 \leqslant n \leqslant 5$ 内给出 $x(n)$。

```
% Discrete-time Signal x2(n)
>> Ts = 0.001; n = -5:1:5; nTs = n*Ts; x = exp(-1000*abs(nTs));
% Analog Signal reconstruction
>> Dt = 0.00005; t = -0.005:Dt:0.005;
>> xa = x * sinc(Fs * (ones(length(n),1) * t - nTs' * ones(1,length(t))));
% Check
>> error = max(abs(xa - exp(-1000*abs(t))))
error =
    0.1852
```

重建的和真正的模拟信号之间的最大误差是 0.1852，这是很显著的了，并且这个误差不能唯一归因于 $x_a(t)$ 的非带限所致。从图 3.17 可见，在内插范围内的许多地方重建信号都不同于真正的信号。这就是混叠在时域的形象化说明。

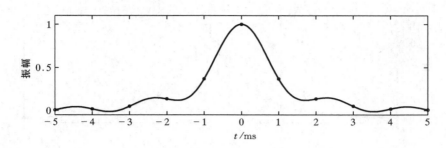

图 3.17 例题 3.22 中用 sinc 函数重建信号 $x_2(n)$

用于信号重建的第二种 MATLAB 方法是一种画图的方法。在给定样本时, stairs 函数画出模拟信号的阶梯(ZOH)波形, 而 plot 函数则给出样本之间的线性内插(FOH)。

例题 3.23 利用 ZOH 和 FOH 内插画出例题 3.19 中样本 $x_1(n)$ 的重建信号, 并对结果作讨论。

题解

注意, 在这个重建中不必计算 $x_a(t)$, 而只是利用它的样本画出它。

```
% Discrete-time Signal xl(n) : Ts = 0.0002
>> Ts = 0.0002; n = -25:1:25; nTs = n * Ts; x = exp(-1000 * abs(nTs));
% Plots
>> subplot(2,1,1); stairs(nTs * 1000,x);
>> xlabel('t in msec'); ylabel('Amplitude')
>> title('Reconstructed signal from x_l (n) using ZOH'); hold on
>> stem(n * Ts * 1000,x); hold off
%
% Discrete-time signal x1(n) : Ts = 0.001
>> Ts = 0.001; n = -5:1:5; nTs = n * Ts; x = exp(-1000 * abs(nTs));
% Plots
>> subplot(2,1,2); stairs(nTs * 1000,x);
>> xlabel('t in msec'); ylabel('Amplitude')
>> title('Reconstructed Signal from x_1(n) using ZOH'); hold on
>> stem(n * Ts * 1000,x); hold off
```

所得图如图 3.18 所示, 由图可见 ZOH 重建是一种较为粗糙的重建, 必须对模拟信号作进一步处理。FOH 重建看起来是一种好的重建, 但是仔细观察在 $t=0$ 附近显露出信号的峰值不是正确的重现。一般若采样频率比奈奎斯特率高得多, 那么 FOH 内插会给出一个可以接受的重建。

在 MATLAB 中第三种重建的方法涉及三次样条函数的应用。spline 函数实现样本点之间的内插, 它利用 xa = spline (nTs,x,t) 其中 x 和 nTs 分别为包含在 nT_s 时刻和样本 $x(n)$ 的数组, 以及含有细密栅格的 t 数组, 其上是所需的 $x_a(t)$ 值。再次提及注意的是, 要得到真正的模拟 $x_a(t)$ 是不可能的。

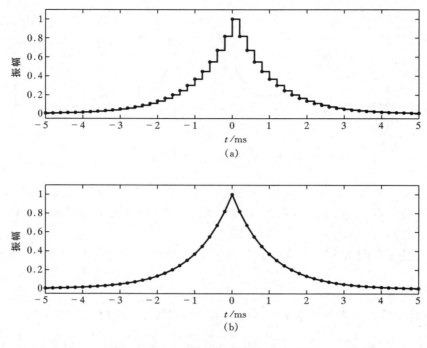

图 3.18 例题 3.23 中的信号重建
(a) 用零阶保持重建信号 $x_1(n)$; (b) 用一阶保持重建信号 $x_1(n)$

例题 3.24 利用 spline 函数从例题 3.19 的样本 $x_1(n)$ 和 $x_2(n)$ 重建 $x_a(t)$,并对结果作讨论。

题解

这个例题与例题 3.21 和 3.22 是类似的,所以采样参数与前面相同。

```
% a) Discrete-time Signal x1(n):Ts = 0.0002
>> Ts = 0.0002; n = −25:1:25; nTs = n * Ts; x = exp( −1000 * abs(nTs));
% Analog signal reconstruction
>> Dt = 0.00005; t = −0.005:Dt:0.005; xa = spline(nTs,x,t);
% Check
>> error = max(abs(xa − exp( −1000 * abs(t))))
error = 0.0317
```

重建的和真正的模拟信号之间的最大误差是 0.0317,这是由于非理想内插以及 $x_a(t)$ 非带限造成的。将这个误差与 sinc(即理想)内插的结果作比较可见这个误差是比较小。由于时限(或者说由于有限个样本数)的原因,一般来说理想内插会更差一些。从图 3.19 的上图可见,看上去这个重建是很好的。

```
% Discrete-time Signal x2(n): Ts = 0.001
>> Ts = 0.001; n = -5:1:5; nTs = n*Ts; x = exp(-1000*abs(nTs));
% Analog signal reconstruction
>> Dt = 0.00005; t = -0.005:Dt:0.005; xa = spline(nTs,x,t);
% Check
>> error = max(abs(xa - exp(-1000*abs(t))))
error = 0.1679
```

在这个情况下最大误差是 0.1679,这是很显著的;而且这不能完全归因于非理想内插或 $x_a(t)$ 的非带限所致。从图 3.19 的下图可见,在内插范围内重建信号在许多地方都不同于真正的信号。

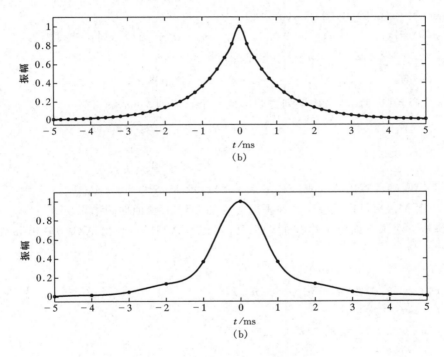

图 3.19 例题 3.24 中的重建信号

(a) 利用三次样条函数重建信号 $x_1(n)$;(b) 利用三次样条函数的重建信号 $x_2(n)$

从上述例子来看,很清楚,从实际目的来说,spline 内插给出最好的结果。

3.5 习题

P3.1 利用本章讨论的矩阵-向量乘法,写一个 MATLAB 函数用于计算有限长序列 DTFT。这个函数的格式应该是

```
function [X] = dtft(x,n,w)
% Computes discrete-time Fourier Transform
%   [X] = dtft(x,n,w)
%    X = DTFT values computed at w frequencies
%    x = finite duration sequence over n
%    n = sample position vector
%    w = frequency location vector
```

利用这个函数计算下面各有限长序列在 $-\pi \leqslant \omega \leqslant \pi$ 内的 DTFT $X(e^{j\omega})$，并画出 $X(e^{j\omega})$ 的幅度和相位。

1. $x(n) = (0.6)^{|n|}[u(n+10)-u(n-11)]$，讨论相位图。

2. $x(n) = n(0.9)^n[u(n)-u(n-21)]$

3. $x(n) = [\cos(0.5\pi n)+j\sin(0.5\pi n)][u(n)-u(n-51)]$，讨论幅度图。

4. $x(n) = \{4,3,2,1,1,2,3,4\}$，讨论相位图。

5. $x(n) = \{4,3,2,1,-1,-2,-3,-4\}$，讨论相位图。

P3.2 设 $x_1(n) = \{1,2,2,1\}$，用下列方式形成一个新序列 $x_2(n)$：

$$x_2(n) = \begin{cases} x_1(n), & 0 \leqslant n \leqslant 3 \\ x_1(n-4), & 4 \leqslant n \leqslant 7 \\ 0, & \text{其余 } n \end{cases} \tag{3.44}$$

1. 不用明确计算出 $X_1(e^{j\omega})$，利用 $X_1(e^{j\omega})$ 表示 $X_2(e^{j\omega})$。

2. 利用 MATLAB 通过计算并画出各自的 DTFT 验证你的结果。

P3.3 用解析方法求下面每个序列的 DTFT，利用 MATLAB 画出 $X(e^{j\omega})$ 在 $0 \leqslant \omega \leqslant \pi$ 内的幅度和相位。

1. $x(n) = 2(0.5)^3 u(n+2)$

2. $x(n) = (0.6)^{|n|}[u(n+10)-u(n-11)]$

3. $x(n) = n(0.9)^n u(n+3)$

4. $x(n) = (n+3)(0.8)^{n-1} u(n-2)$

5. $x(n) = 4(-0.7)^n \cos(0.25\pi n) u(n)$

P3.4 下面各有限长序列称为窗函数，它们在 DSP 中十分有用。

矩形窗：$\mathcal{R}_M(n) = \begin{cases} 1, & 0 \leqslant n < M \\ 0, & \text{其余 } n \end{cases}$

海宁窗：$\mathcal{C}_M(n) = 0.5\left[1-\cos\dfrac{2\pi n}{M-1}\right]\mathcal{R}_M(n)$

三角形窗：$\mathcal{T}_M(n) = \left[1-\dfrac{|M-1-2n|}{M+1}\right]\mathcal{R}_M(n)$

哈明窗：$\mathcal{H}_M(n) = \left[0.54-0.46\cos\dfrac{2\pi n}{M-1}\right]\mathcal{R}_M(n)$

对每一种窗求 $M=10,25,50,101$ 时的 DTFT。将变换值加权以使最大值等于 1。画出在 $-\pi \leqslant \omega \leqslant \pi$ 内的归一化的 DTFT 幅度，研究这些图并作为 M 的函数讨论它们的特性行为。

P3.5 利用(3.1)式的 DTFT 定义,求对应于下列 DTFT 的序列:

1. $X(e^{j\omega}) = 3 + 2\cos(\omega) + 4\cos(2\omega)$

2. $X(e^{j\omega}) = [1 - 6\cos(3\omega) + 8\cos(5\omega)]e^{-j3\omega}$

3. $X(e^{j\omega}) = 2 + j4\sin(2\omega) - 5\cos(4\omega)$

4. $X(e^{j\omega}) = [1 + 2\cos(\omega) + 3\cos(2\omega)]\cos(\omega/2)e^{-j5\omega/2}$

5. $X(e^{j\omega}) = j[3 + 2\cos(\omega) + 4\cos(2\omega)]\sin(\omega)e^{-j3\omega}$

P3.6 利用(3.2)式的逆 DTFT 定义,求对应于下列 DTFT 的序列:

1. $X(e^{j\omega}) = \begin{cases} 1, & 0 \leqslant |\omega| \leqslant \pi/3 \\ 0, & \pi/3 < |\omega| \leqslant \pi \end{cases}$

2. $X(e^{j\omega}) = \begin{cases} 0, & 0 \leqslant |\omega| \leqslant 3\pi/4 \\ 1, & 3\pi/4 < |\omega| \leqslant \pi \end{cases}$

3. $X(e^{j\omega}) = \begin{cases} 2, & 0 \leqslant |\omega| \leqslant \pi/8 \\ 1, & \pi/8 < |\omega| \leqslant 3\pi/4 \\ 0, & 3\pi/4 < |\omega| \leqslant \pi \end{cases}$

4. $X(e^{j\omega}) = \begin{cases} 0, & -\pi \leqslant \omega < \pi/4 \\ 1, & \pi/4 \leqslant \omega \leqslant 3\pi/4 \\ 0, & 3\pi/4 < \omega \leqslant \pi \end{cases}$

5. $X(e^{j\omega}) = \omega e^{j(\pi/2 - 10\omega)}$

记住:以上变换对 ω 是周期的,周期为 2π,因此以上给出的仅为主值周期 $-\pi \leqslant \omega \leqslant \pi$ 内的函数。

P3.7 如同在第 2 章曾讨论的,一个复值序列 $x(n)$ 能分解为一个共轭对称部分 $x_e(n)$ 和一个共轭反对称部分 $x_o(n)$,证明

$$\mathcal{F}[x_e(n)] = X_R(e^{j\omega}) \quad \text{和} \quad \mathcal{F}[x_o(n)] = jX_I(e^{j\omega})$$

其中 $X_R(e^{j\omega})$ 和 $X_I(e^{j\omega})$ 分别为 DTFT $X(e^{j\omega})$ 的实部和虚部。利用在第 2 章建立的 MATLAB 函数对序列

$$x(n) = 2(0.9)^{-n}[\cos(0.1\pi n) + j\sin(0.9\pi n)][u(n) - u(n - 10)]$$

验证其性质。

P3.8 一复值 DTFT $X(e^{j\omega})$ 也能将它分解为它的共轭对称部分 $X_e(e^{j\omega})$ 和共轭反对称部分 $X_o(e^{j\omega})$;即

$$X(e^{j\omega}) = X_e(e^{j\omega}) + X_o(e^{j\omega})$$

其中

$$X_e(e^{j\omega}) = \frac{1}{2}[X(e^{j\omega}) + X^*(e^{-j\omega})] \text{ 和 } X_o(e^{j\omega}) = \frac{1}{2}[X(e^{j\omega}) - X^*(e^{-j\omega})]$$

证明

$$\mathcal{F}^{-1}[X_e(e^{j\omega})] = x_R(n) \quad \text{和} \quad \mathcal{F}^{-1}[X_o(e^{j\omega})] = jx_I(n)$$

式中 $x_R(n)$ 和 $x_I(n)$ 分别为 $x(n)$ 的实部和虚部。利用在第 2 章建立的 MATLAB 函数对序列

$$x(n) = e^{j0.1\pi n}[u(n) - u(n - 20)]$$

验证其性质。

P3.9 利用 DTFT 的频移性质证明一个正弦脉冲

$$x(n) = (\cos\omega_0 n)\, \mathcal{R}_M(n)$$

的 $X(e^{j\omega})$ 的实部由下式给出：

$$X_R(e^{j\omega}) = \frac{1}{2}\cos\left[\frac{(\omega-\omega_0)(M-1)}{2}\right]\left[\frac{\sin\{(\omega-\omega_0)M/2\}}{\sin\{(\omega-\omega_0)/2\}}\right]$$

$$+ \frac{1}{2}\cos\left[\frac{(\omega+\omega_0)(M-1)}{2}\right]\left[\frac{\sin[\omega-(2\pi-\omega_0)]M/2}{\sin[\omega-(2\pi-\omega_0)]/2}\right]$$

式中 $\mathcal{R}_M(n)$ 是习题 P3.4 中给出的矩形脉冲。对 $\omega_0=\pi/2$ 和 $M=5,15,25,100$ 计算并画出 $X_R(e^{j\omega})$（画图区间用 $[-\pi,\pi]$）。对结果作讨论。

P3.10 设 $x(n)=\mathcal{T}_{10}(n)$ 是在习题 P3.4 中给出的三角形脉冲，利用 DTFT 性质求出并画出下列序列的 DTFT。

1. $x(n)=\mathcal{T}_{10}(-n)$

2. $x(n)=\mathcal{T}_{10}(n)-\mathcal{T}_{10}(n-10)$

3. $x(n)=\mathcal{T}_{10}(n)*\mathcal{T}_{10}(-n)$

4. $x(n)=\mathcal{T}_{10}(n)e^{j\pi n}$

5. $x(n)=\cos(0.1\pi n)\mathcal{T}_{10}(n)$

P3.11 对下列用脉冲响应描述的每一线性时不变系统，求频率响应 $H(e^{j\omega})$，并在 $[-\pi,\pi]$ 区间内画出幅度响应 $|H(e^{j\omega})|$ 和相位响应 $\angle H(e^{j\omega})$。

1. $h(n)=(0.9)^{|n|}$

2. $h(n)=\text{sinc}(0.2n)[u(n+20)-u(n-20)]$，其中 $\text{sinc}(0)=1$

3. $h(n)=\text{sinc}(0.2n)[u(n)-u(n-40)]$

4. $h(n)=[(0.5)^n+(0.4)^n]u(n)$

5. $h(n)=(0.5)^{|n|}\cos(0.1\pi n)$

P3.12 设 $x(n)=A\cos(\omega_0 n+\theta_0)$ 是一个由脉冲响应 $h(n)$ 描述的 LTI 系统的输入序列，证明输出序列 $y(n)$ 是

$$y(n) = A|H(e^{j\omega_0})|\cos[\omega_0 n+\theta_0+\angle H(e^{j\omega_0})]$$

P3.13 设 $x(n)=3\cos(0.5\pi n+60°)+2\sin(0.3\pi n)$ 是在习题 P3.11 中描述的各系统的输入，求每种情况下的输出 $y(n)$。

P3.14 一理想低通滤波器在频域描述为

$$H_d(e^{j\omega}) = \begin{cases} 1e^{-j\alpha\omega}, & |\omega|\leqslant\omega_c \\ 0, & \omega_c<|\omega|\leqslant\pi \end{cases}$$

式中 ω_c 称为截止频率，α 称为相位延迟。

1. 利用 IDTFT 关系 (3.2) 式求理想脉冲响应 $h_d(n)$。

2. 对 $N=41,\alpha=20$ 和 $\omega_c=0.5\pi$，确定并画出截断脉冲响应

$$h(n) = \begin{cases} h_d(n), & 0\leqslant n\leqslant N-1 \\ 0, & \text{其余 } n \end{cases}$$

3. 求出并画出频率响应函数 $H(e^{j\omega})$，并将它与理想低通滤波器响应 $H_d(e^{j\omega})$ 比较。对你的观察作出讨论。

P3.15 一理想高通滤波器在频域描述为

$$H_d(e^{j\omega}) = \begin{cases} 1 \, e^{-j\alpha\omega}, & \omega_c < |\omega| \leqslant \pi \\ 0, & |\omega| \leqslant \omega_c \end{cases}$$

式中 ω_c 称为截止频率，α 称为相位延迟。

1. 利用 IDTFT 关系(3.2)式求理想脉冲响应 $h_d(n)$。

2. 对 $N=31$，$\alpha=15$，和 $\omega_c=0.5\pi$，确定并画出截断脉冲响应

$$h(n) = \begin{cases} h_d(n), & 0 \leqslant n \leqslant N-1 \\ 0, & \text{其余 } n \end{cases}$$

3. 求出并画出频率响应 $H(e^{j\omega})$，并将它与理想高通滤波器响应 $H_d(e^{j\omega})$ 比较。对你的观察作出讨论。

P3.16 对由下面差分方程描述的线性时不变系统：

$$y(n) = \sum_{m=0}^{M} b_m x(n-m) - \sum_{l=1}^{N} a_l y(n-l)$$

其频率响应函数给出为

$$H(e^{j\omega}) = \frac{\displaystyle\sum_{m=0}^{M} b_m e^{-j\omega m}}{1 + \displaystyle\sum_{l=1}^{N} a_l e^{-j\omega l}}$$

写一 MATLAB 函数 freqresp 用于实现上述关系。这个函数的格式应是

```
function [H] = freqresp(b,a,w)
% Frequency response function from difference equation
% [H] = freqresp (b, a, w)
% H = frequency response array evaluated at w frequencies
% b = numerator coefficient array
% a = denominator coefficient array (a(1) = 1)
% w = frequency location array
```

P3.17 对下列各系统求 $H(e^{j\omega})$，并画出它的幅度和相位。

1. $y(n) = \dfrac{1}{5} \displaystyle\sum_{m=0}^{4} x(n-m)$

2. $y(n) = x(n) - x(n-2) - 0.95 y(n-1) - 0.9025 y(n-2)$

3. $y(n) = x(n) - x(n-1) + x(n-2) + 0.95 y(n-1) - 0.9025 y(n-2)$

4. $y(n) = x(n) - 1.7678 x(n-1) + 1.5625 x(n-2) + 1.1314 y(n-1) - 0.64 y(n-2)$

5. $y(n) = x(n) - \displaystyle\sum_{l=1}^{5} (0.5)^l y(n-l)$

P3.18 一线性时不变系统由下面差分方程描述：

$$y(n) = \sum_{m=0}^{3} x(n-2m) - \sum_{l=1}^{3} (0.81)^l y(n-2l)$$

求该系统对下列输入的稳态响应：

1. $x(n) = 5 + 10(-1)^n$

2. $x(n) = 1 + \cos(0.5\pi n + \pi/2)$

3. $x(n)=2\sin(\pi n/4)+3\cos(3\pi n/4)$

4. $x(n)=\sum_{k=0}^{5}(k+1)\cos(\pi kn/4)$

5. $x(n)=\cos(\pi n)$

在每种情况下产生 $x(n),0\leqslant n\leqslant 200$,并将它通过 filter 函数处理后得出 $y(n)$。在每种情况下将所得 $y(n)$ 与其对应的稳态响应作比较。

P3.19 采用下列采样间隔对模拟信号 $x_a(t)=\sin(1000\pi t)$ 采样,在每种情况下画出所得离散时间信号的频谱。

1. $T_s=0.1\text{ms}$

2. $T_s=1\text{ms}$

3. $T_s=0.01\text{s}$

P3.20 现有下面模拟滤波器,它利用一离散滤波器实现

$$x_a(t)\longrightarrow \boxed{\text{A/D}} \xrightarrow{x(n)} \boxed{h(n)} \xrightarrow{y(n)} \boxed{\text{D/A}} \longrightarrow y_a(t)$$

在 A/D 和 D/A 中的采样率都是 8000 样本/s,脉冲响应是 $h(n)=(-0.9)^n u(n)$。

1. 如果 $x_a(t)=10\cos(10000\pi t)$,在 $x(n)$ 中的数字频率是多少?

2. 如果 $x_a(t)=10\cos(10000\pi t)$,求稳态输出 $y_a(t)$。

3. 如果 $x_a(t)=5\sin(8000\pi t)$,求稳态输出 $y_a(t)$。

4. 求另两个模拟信号 $x_a(t)$,具有不同的模拟频率,它们所得到的稳态输出 $y_a(t)$ 与当 $x_a(t)=10\cos(10000\pi t)$ 时的稳态输出相同。

5. 为了防止混叠,在 $x_a(t)$ 通过 A/D 转换器之前,要求有一个前置滤波器预先处理 $x_a(t)$。应该用什么类型的滤波器,以及对给出的结构可以工作的最大截止频率应该是多少?

P3.21 考虑一模拟信号 $x_a(t)=\sin(20\pi t),0\leqslant t\leqslant 1$,在 $T_s=0.01,0.05$ 和 0.1s 间隔对它采样得到 $x(n)$。

1. 对每一 T_s 画出 $x(n)$。

2. 采用 sinc 函数内插(用 $\Delta t=0.001$)从样本 $x(n)$ 重建模拟信号 $y_a(t)$,并从你的图中求出在 $y_a(t)$ 中的频率(不管末端效果)。

3. 采用三次样条内插从样本 $x(n)$ 重建模拟信号 $y_a(t)$,并从你的图中求出在 $y_a(t)$ 中的频率(不管末端效果)。

4. 讨论你的结果。

P3.22 考虑模拟信号 $x_a(t)=\cos(20\pi t+\theta),0\leqslant t\leqslant 1$,在 $T_s=0.05\text{s}$ 间隔对它采样得到 $x(n)$。令 $\theta=0,\pi/6,\pi/4,\pi/3,\pi/2$。对每个 θ 取值,完成如下处理练习:

1. 利用 plot(n,x,'o') 函数画出 $x_a(t)$ 并将 $x(n)$ 也叠画在 $x_a(t)$ 上。

2. 采用 sinc 内插(用 $\Delta t=0.001$)从样本 $x(n)$ 重建模拟信号 $y_a(t)$,并将 $x(n)$ 放在它上面。

3. 采用三次样条内插从样本 $x(n)$ 重建模拟信号 $y_a(t)$,并将 $x(n)$ 放在它上面。

4. 你应该观察到,在每种情况下所得重建都有正确的频率但有不同的幅度。试对此作解释。对 $x_a(t)$ 的相位在信号采样和重建中的作用给予讨论。

z 变换

4

第 3 章研究了利用复指数序列表示离散信号的离散时间傅里叶变换方法。由于在频域可用频率响应的函数 $H(e^{j\omega})$ 描述系统,所以这种表示法明显地对 LTI 系统有很多优点。利用 $H(e^{j\omega})$,大大便利于正弦稳态响应的计算;再者,将变换 $X(e^{j\omega})$ 乘以频率响应 $H(e^{j\omega})$ 能很容易地在频域计算出对任何任意绝对可加序列 $x(n)$ 的响应。然而,傅里叶变换方法存在两个缺点。首先,在实际中有许多有用的信号,如 $u(n)$ 和 $nu(n)$,它们的离散时间傅里叶变换都不存在。第二,一个系统由于初始条件或者由于变化输入所引起的暂态响应不能利用离散时间傅里叶变换方法计算出。

因此,针对上述两个问题,现在考虑离散时间傅里叶变换的一种推广,这种推广称为 z 变换。z 变换的双边形式提供了另一种域,在这个域中,很大一类序列和系统都能分析;而它的单边形式则能用于在初始条件或变化输入下求得系统响应。

4.1 双边 z 变换

一个序列 $x(n)$ 的 z 变换由下式给出:

$$X(z) \triangleq \mathcal{Z}\left[x(n)\right] = \sum_{n=-\infty}^{\infty} x(n)z^{-n} \tag{4.1}$$

其中 z 是复变量。对于 $X(z)$ 存在的 z 值的集合称为收敛域(ROC),并由下式给出:

$$R_{x-} < |z| < R_{x+} \tag{4.2}$$

这里 R_{x-} 和 R_{x+} 为某个正数。

一复函数 $X(z)$ 的 z 反变换给出为

$$x(n) \triangleq \mathcal{Z}^{-1}\left[X(z)\right] = \frac{1}{2\pi j} \oint_C X(z)z^{n-1}\mathrm{d}z \tag{4.3}$$

其中 C 是位于 ROC 内,环绕原点的某一逆时针方向闭合围线。

注释:

(1) 复变量 z 称为复频率给出为 $z = |z|e^{j\omega}$,这里 $|z|$ 是幅度,ω 是实频率。

(2) 因为在(4.2)式 ROC 是用幅度 $|z|$ 定义的,所以 ROC 的形状是某个圆环,如图 4.1 所示。要注意,R_{x-} 可以等于零和/或 R_{x+} 也可能是 ∞。

(3) 若 $R_{x+} < R_{x-}$,那么 ROC 是一个零空间,z 变换不存在。

(4) 函数 $|z| = 1$(或 $z = e^{j\omega}$)是在 z 平面内半径为 1 的圆称为单位圆。如果 ROC 包括单位圆,那么就能在单位圆上对 $X(z)$ 求值

$$X(z)\mid_{z=e^{j\omega}} = X(e^{j\omega}) = \sum_{n=-\infty}^{\infty} x(n)e^{-j\omega n} = \mathcal{F}[x(n)]$$

因此,离散时间傅里叶变换 $X(e^{j\omega})$ 可以认为是 z 变换 $X(z)$ 的一种特例。

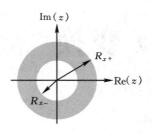

图 4.1 一般形式的收敛域

例题 4.1 设 $x_1(n) = a^n u(n), 0 < |a| < \infty$(这个序列称为正时间序列),那么

$$X_1(z) = \sum_0^{\infty} a^n z^{-n} = \sum_0^{\infty}\left(\frac{a}{z}\right)^n = \frac{1}{1-az^{-1}}; \left|\frac{a}{z}\right| < 1$$

$$= \frac{z}{z-a}, |z| > |a| \Rightarrow \text{ROC}_1: \underbrace{|a|}_{R_{x-}} < |z| < \underbrace{\infty}_{R_{x+}}$$

注意:在这个例子中,$X_1(z)$ 是一个有理函数;即

$$X_1(z) \triangleq \frac{B(z)}{A(z)} = \frac{z}{z-a}$$

式中 $B(z) = z$ 是分子多项式,$A(z) = z - a$ 是分母多项式。$B(z)$ 的根称为 $X(z)$ 的零点,而 $A(z)$ 的根称为 $X(z)$ 的极点。在本例中,$X_1(z)$ 有一个零点在原点 $z=0$ 和一个极点在 $z=a$。所以 $X_1(z)$ 也能用在 z 平面的零极点图表示,图中零点用"○"表示,极点用"×"表示,如图 4.2 所示。 ■

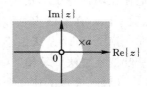

图 4.2 例题 4.1 的 ROC

例题 4.2 设 $x_2(n) = -b^n u(-n-1), 0 < |b| < \infty$(这个序列称为负时间序列),那么

$$X_2(z) = -\sum_{-\infty}^{-1} b^n z^{-n} = -\sum_{-\infty}^{-1}\left(\frac{b}{z}\right)^n = -\sum_1^{\infty}\left(\frac{z}{b}\right)^n = 1 - \sum_0^{\infty}\left(\frac{z}{b}\right)^n$$

$$= 1 - \frac{1}{1-z/b} = \frac{z}{z-b},$$

$$\text{ROC}_2: \underbrace{0}_{R_{x-}} < |z| < \underbrace{|b|}_{R_{x+}}$$

对这个 $X_2(z)$ 的 ROC_2 和零极点图如图 4.3 所示。

注意: 如果 $b = a$,那么 $X_2(z) = X_1(z)$,除去它们有各自的 ROC 外,也即 $\text{ROC}_1 \neq \text{ROC}_2$。这意味着,ROC 是一个鉴别特征,以保证 z 变换的唯一性,因此在系统分析中,收敛域起着很重要的作用。 ■

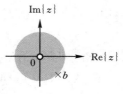

图 4.3 例题 4.2 的 ROC

例题 4.3 设 $x_3(n) = x_1(n) + x_2(n) = a^n u(n) - b^n u(-n-1)$(这个序列称为双边序列),那么利用上面两个例子的结果有

$$X_3(z) = \sum_{n=0}^{\infty} a^n z^{-n} - \sum_{-\infty}^{-1} b^n z^{-n}$$

$$= \left\{\frac{z}{z-a}, \text{ROC}_1: |z| > |a|\right\} + \left\{\frac{z}{z-b}, \text{ROC}_2: |z| < |b|\right\}$$

$$= \frac{z}{z-a} + \frac{z}{z-b}; \text{ROC}_3 : \text{ROC}_1 \bigcap \text{ROC}_2$$

如果 $|b| < |a|$，ROC_3 就是空的，$X_3(z)$ 不存在；若 $|a| < |b|$，那么 ROC_3 是 $|a| < |z| < |b|$，$X_3(z)$ 在这个区域内存在，如图 4.4 所示。

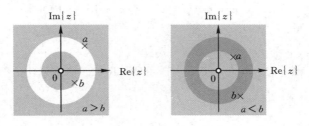

图 4.4　例题 4.3 的 ROC

4.1.1　ROC 性质

在上面三个例子中根据对 ROC 观察，可以陈述下面几个性质。

(1) 因为收敛条件是由幅度 $|z|$ 决定，因此 ROC 总是被某个圆所界定。

(2) 在例题 4.1 中的序列 $x_1(n) = a^n u(n)$ 是右边序列的一种特例，定义为 $x(n)$，它是在某个 $n < n_0$ 时为零的序列。由例题 4.1 可知，对于右边序列，其 ROC 总是位于半径为 R_{x-} 的圆外。如果 $n_0 \geqslant 0$，那么这个右边序列也称因果序列。

(3) 在例题 4.2 中的序列 $x_2(n) = -b^n u(-n-1)$ 是左边序列的一种特例，定义为 $x(n)$，它是在某个 $n > n_0$ 时为零的序列。如果 $n_0 \leqslant 0$，所得序列称为反因果序列。由例题 4.2 可知，对于左边序列，其 ROC 总是位于半径为 R_{x+} 的圆内。

(4) 在例题 4.3 中的序列 $x_3(n)$ 是一个双边序列，对双边序列若存在 ROC，那么它总是一个位于 $R_{x-} < |z| < R_{x+}$ 的圆环。

(5) 对于 $n < n_1$ 和 $n > n_2$ 这个序列为零称之为有限长序列。有限长序列的 ROC 是整个 z 平面。若 $n_1 < 0$，那么 $z = \infty$ 不在 ROC 内；若 $n_2 > 0$，那么 $z = 0$ 不在 ROC 内。

(6) ROC 内不能包含极点，因为 $X(z)$ 在收敛域内一致收敛。

(7) 至少有一个极点是位于一个有理 $X(z)$ 的 ROC 的边界上。

(8) ROC 是一个连通的区域；也就是说，ROC 不会分成几片。

在数字信号处理中都假定信号是因果的，因为几乎每个数字数据都是实时获得的，因此仅关注的 ROC 是上面第二项所给出的那种。

4.2　z 变换的重要性质

z 变换性质是离散时间傅里叶变换性质（第 3 章已研究）的推广，现不加证明地陈述下面几个 z 变换的重要性质。

1. 线性

$$\mathcal{Z}\left[a_1 x_1(n) + a_2 x_2(n)\right] = a_1 X_1(z) + a_2 X_2(z); \text{ROC:ROC}_{x_1} \bigcap \text{ROC}_{x_2} \quad (4.4)$$

2. 样本移位

$$\mathcal{Z}\left[x(n - n_0)\right] = z^{-n_0} X(z); \text{ROC:ROC}_x \quad (4.5)$$

3. 频移

$$\mathcal{Z}\left[a^n x(n)\right] = X\left(\frac{z}{a}\right); \text{ROC:ROC}_x \text{ 倍乘以 } |a| \quad (4.6)$$

4. 反转

$$\mathcal{Z}\left[x(-n)\right] = X(1/z); \text{ROC:ROC}_x \text{ 的颠倒} \quad (4.7)$$

5. 复共轭

$$\mathcal{Z}\left[x^*(n)\right] = X^*(z^*); \text{ROC:ROC}_x \quad (4.8)$$

6. z 域微分

$$\mathcal{Z}\left[nx(n)\right] = -z \frac{dX(z)}{dz}; \text{ROC:ROC}_x \quad (4.9)$$

这个性质也称为"乘以斜坡函数"性质。

7. 相乘

$$\mathcal{Z}\left[x_1(n)x_2(n)\right] = \frac{1}{2\pi j} \oint_C X_1(\nu) X_2(z/\nu) \nu^{-1} d\nu; \quad (4.10)$$

$$\text{ROC:ROC}_{x_1} \bigcap \text{ROC}_{x_2} \text{ 的颠倒}$$

式中 C 是位于公共 ROC 内的、包围原点的一条闭合围线。

8. 卷积

$$\mathcal{Z}\left[x_1(n) * x_2(n)\right] = X_1(z)X_2(z); \text{ROC:ROC}_{x_1} \bigcap \text{ROC}_{x_2} \quad (4.11)$$

最后一个性质将时域卷积运算变换为两个函数之间的相乘。在许多情况下,这是一个很有用的性质。首先,如果 $X_1(z)$ 和 $X_2(z)$ 是两个多项式,那么它们的乘积就能在 MATLAB 中用 conv 函数实现。

例题 4.4 设 $X_1(z) = 2 + 3z^{-1} + 4z^{-2}$ 和 $X_2(z) = 3 + 4z^{-1} + 5z^{-2} + 6z^{-3}$,求 $X_3(z) = X_1(z)X_2(z)$。

题解

从 z 变换定义可见有

$$x_1(n) = \{2, 3, 4\} \text{ 和 } x_2(n) = \{3, 4, 5, 6\}$$

那么,上面两个序列的卷积将给出所要求的多项式乘积的系数。

```
>> x1 = [2,3,4]; x2 = [3,4,5,6]; x3 = conv(x1,x2)
x3 =      6      17      34      43      38      24
```

所以
$$X_3(z) = 6 + 17z^{-1} + 34z^{-2} + 43z^{-3} + 38z^{-4} + 24z^{-5}$$

利用在第 2 章建立的 conv_m,也能够将对应于因果序列的这两个 z 域多项式相乘。

例题 4.5 设 $X_1(z) = z + 2 + 3z^{-1}$ 和 $X_2(z) = 2z^2 + 4z + 3 + 5z^{-1}$,求 $X_3(z) = X_1(z)X_2(z)$

题解

依 z 变换定义可注意到有
$$x_1(n) = \{1, \underset{\uparrow}{2}, 3\} \text{ 和 } x_2(n) = \{2, 4, \underset{\uparrow}{3}, 5\}$$

利用 MATLAB,

```
>> x1 = [1,2,3]; n1 = [-1:1]; x2 = [2,4,3,5]; n2 = [-2:1];
>> [x3,n3] = conv_m(x1,n1,x2,n2)
x3 =
      2       8      17      23      19      15
n3 =
     -3      -2      -1       0       1       2
```

得出
$$X_3(z) = 2z^3 + 8z^2 + 17z + 23 + 19z^{-1} + 15z^{-2}$$

顺便提及,在一个多项式被另一个多项式除时,要求一种称为解卷积的逆运算[79,第 6 章]。在 MATLAB 中,函数 [p,r] = deconv(b,a) 计算用 a 除以 b 的结果,用一多项式部分 p 和一余因式 r 给出。例如,在例题 4.4 中以多项式 $X_1(z)$ 除多项式 $X_3(z)$ 可得,MATLAB 脚本如下。

```
>> x3 = [6,17,34,43,38,24]; x1 = [2,3,4]; [x2,r] = deconv(x3,x1)
x2 =
      3       4       5       6
r =
      0       0       0       0       0       0
```

这样就得到如所期望的多项式 $X_2(z)$ 的系数。为了得到样本的序号,将不得不对 deconv 函数进行修改,就像在 conv_m 函数中曾做过的一样,这个将在习题 P4.10 中讨论。这种运算在从一个假有理函数求得一个真有理部分中是有用的。

卷积性质的第二个重要应用是在系统输出计算方面,这在稍后一节中将会看到。这种解释在利用 MATLAB 确认一个因果序列的 z 变换表达式 $X(z)$ 中是特别有用的。值得注意的是 MATLAB 是一种数值处理器(除非用符号工具箱),它不能直接用于 z 变换计算。现在要对这一点作详细论述。设 $x(n)$ 是某一序列,其有理变换是
$$X(z) = \frac{B(z)}{A(z)}$$

式中 $B(z)$ 和 $A(z)$ 是以 z^{-1} 的多项式。如果用 $B(z)$ 和 $A(z)$ 的系数作为在 filter 程序中 b 和 a 数组,并用单位脉冲序列 $\delta(n)$ 激励这个滤波器,那么从(4.11)式并利用 $\mathcal{Z}[\delta(n)]=1$,这个滤波器的输出一定是 $x(n)$(这就是计算 z 反变换的数值方法,下一节将讨论它的解析方法)。可以将这个输出与已知 $x(n)$ 比较以确认 $X(z)$ 确实是 $x(n)$ 的变换。现用例题 4.6 来说明这一点。一种等效的途径是用在第 2 章讨论的 impz 函数。

4.2.1 常用 z 变换对

利用 z 变换定义及其性质,可求出常用序列的 z 变换。其中一些列于表4.1中。

表 4.1 常用 z 变换对

序列	变换	ROC
$\delta(n)$	1	$\forall z$
$u(n)$	$\dfrac{1}{1-z^{-1}}$	$|z|>1$
$-u(-n-1)$	$\dfrac{1}{1-z^{-1}}$	$|z|<1$
$a^n u(n)$	$\dfrac{1}{1-az^{-1}}$	$|z|>|a|$
$-b^n u(-n-1)$	$\dfrac{1}{1-bz^{-1}}$	$|z|<|b|$
$[a^n \sin\omega_0 n]u(n)$	$\dfrac{(a\sin\omega_0)z^{-1}}{1-(2a\cos\omega_0)z^{-1}+a^2 z^{-2}}$	$|z|>|a|$
$[a^n \cos\omega_0 n]u(n)$	$\dfrac{1-(a\cos\omega_0)z^{-1}}{1-(2a\cos\omega_0)z^{-1}+a^2 z^{-2}}$	$|z|>|a|$
$na^n u(n)$	$\dfrac{az^{-1}}{(1-az^{-1})^2}$	$|z|>|a|$
$-nb^n u(-n-1)$	$\dfrac{bz^{-1}}{(1-bz^{-1})^2}$	$|z|<|b|$

例题 4.6 利用 z 变换性质和 z 变换表,求

$$x(n) = (n-2)(0.5)^{(n-2)}\cos\left[\frac{\pi}{3}(n-2)\right]u(n-2)$$

的 z 变换。

题解

应用样本移位性质

$$X(z) = \mathcal{Z}\left[x(n)\right] = z^{-2}\,\mathcal{Z}\left[n(0.5)^n\cos\left(\frac{\pi n}{3}\right)u(n)\right]$$

ROC 没有改变。应用乘以斜坡函数性质,

$$X(z) = z^{-2} \left\{ -z \frac{\mathrm{d}\, \mathscr{Z}\left[(0.5)^n \cos(\frac{\pi}{3}n) u(n) \right]}{\mathrm{d}z} \right\}$$

ROC 也没有变化。现在从表 4.1,$(0.5)^n \cos(\frac{\pi}{3}n) u(n)$ 的 z 变换是

$$\mathscr{Z}\left[(0.5)^n \cos\left(\frac{\pi n}{3}\right) u(n) \right] = \frac{1 - (0.5\cos\frac{\pi}{3}) z^{-1}}{1 - 2(0.5\cos\frac{\pi}{3}) z^{-1} + 0.25 z^{-2}} ; \ |z| > 0.5$$

$$= \frac{1 - 0.25 z^{-1}}{1 - 0.5 z^{-1} + 0.25 z^{-2}} ; \ |z| > 0.5$$

所以

$$X(z) = -z^{-1} \frac{\mathrm{d}}{\mathrm{d}z} \left\{ \frac{1 - 0.25 z^{-1}}{1 - 0.5 z^{-1} + 0.25 z^{-2}} \right\}, \qquad |z| > 0.5$$

$$= -z^{-1} \left\{ \frac{-0.25 z^{-2} + 0.5 z^{-3} - 0.0625 z^{-4}}{1 - z^{-1} + 0.75 z^{-2} - 0.25 z^{-3} + 0.0625 z^{-4}} \right\}, \qquad |z| > 0.5$$

$$= \frac{0.25 z^{-3} - 0.5 z^{-4} + 0.0625 z^{-5}}{1 - z^{-1} + 0.75 z^{-2} - 0.25 z^{-3} + 0.0625 z^{-4}}, \qquad |z| > 0.5$$

MATLAB 确认:为了校核上面 $X(z)$ 确是一个正确的表达式,现按前面讨论的对应于 $X(z)$ 计算序列 $x(n)$ 的前 8 个样本。

```
>> b = [0,0,0,0.25, -0.5,0.0625]; a = [1, -1,0.75, -0.25,0.0625];
>> [delta, n] = impseq(0,0,7)
delta =
    1    0    0    0    0    0    0    0
n =
    0    1    2    3    4    5    6    7
>> x = filter(b,a,delta) % check sequence
x =
  Columns 1 through 4
                   0                 0                 0   0.25000000000000
  Columns 5 through 8
  -0.25000000000000  -0.37500000000000   -0.12500000000000   0.07812500000000
>> x = [(n-2). * (1/2).^(n-2). * cos (pi * (n-2)/3)] . * stepseq(2,0,7) %
   original sequence
x =
  Columns 1 through 4
                   0                 0                 0   0.25000000000000
  Columns 5 through 8
  -0.25000000000000  -0.37500000000000   -0.12500000000000   0.07812500000000
```

这种方法能用于验证 z 变换计算。　　■

4.3 z 反变换

从(4.3)式的定义,z 反变换计算要求对一个复变函数的围线积分求值;一般来说,这是一个很复杂的过程。最实用的方法是利用部分分式展开法,这一方法使用 z 变换表 4.1(或在许多教科书中的类似表格)。然而,z 变换必须是一个有理函数。一般在数字信号处理中这一要求都能满足。

主要思想: 当 $X(z)$ 是 z^{-1} 的有理函数时,就能利用部分分式展开将它表示成若干简单因式之和,对应于这些因式的单个序列能用 z 变换表写出。

这一 z 反变换过程可归纳为如下步骤:

1. 考虑下面的有理函数

$$X(z) = \frac{b_0 + b_1 z^{-1} + \cdots + b_M z^{-M}}{1 + a_1 z^{-1} + \cdots + a_n z^{-N}}, \ R_{x-} < |z| < R_{x+} \tag{4.12}$$

2. 将(4.12)式表示成

$$X(z) = \underbrace{\frac{\tilde{b}_0 + \tilde{b}_1 z^{-1} + \cdots + \tilde{b}_{N-1} z^{-(N-1)}}{1 + a_1 z^{-1} + \cdots + a_n z^{-N}}}_{\text{真有理部分}} + \underbrace{\sum_{k=0}^{M-N} C_k z^{-k}}_{\text{如果} M \geqslant N \text{的多项式部分}}$$

式中右边第一项是真有理多项式部分,第 2 项是多项式(有限长)部分。如果 $M \geqslant N$,这可以利用 deconv 函数做多项式除法而得到。

3. 在 $X(z)$ 的真有理部分施行部分分式展开,得到

$$X(z) = \sum_{k=1}^{N} \frac{R_k}{1 - p_k z^{-1}} + \underbrace{\sum_{k=0}^{M-N} C_k z^{-k}}_{M \geqslant N} \tag{4.13}$$

式中 p_k 是 $X(z)$ 的第 k 个极点,R_k 是在极点 p_k 上的留数。假设这些极点都是单阶极点,其留数给出为

$$R_k = \frac{\tilde{b}_0 + \tilde{b}_1 z^{-1} + \cdots + \tilde{b}_{N-1} z^{-(N-1)}}{1 + a_1 z^{-1} + \cdots + a_N z^{-N}} (1 - p_k z^{-1}) \Big|_{z = p_k}$$

对于重阶极点,(4.13)式的展开式有一个更一般的形式。如果某一极点 p_k 有重阶 r,那么它的展开式给出为

$$\sum_{l=1}^{r} \frac{R_{k,l} z^{-(l-1)}}{(1 - p_k z^{-1})^l} = \frac{R_{k,1}}{1 - p_k z^{-1}} + \frac{R_{k,2} z^{-1}}{(1 - p_k z^{-1})^2} + \cdots + \frac{R_{k,r} z^{-(r-1)}}{(1 - p_k z^{-1})^r} \tag{4.14}$$

其中留数 $R_{k,l}$ 要利用更为一般的公式求出,在参考文献[79]中可以得到。

4. 假设在(4.13)式中为单阶极点,将 $X(z)$ 写成

$$X(z) = \sum_{k=1}^{N} R_k \mathcal{Z}^{-1} \left[\frac{1}{1 - p_k z^{-1}} \right] + \underbrace{\sum_{k=0}^{M-N} C_k \delta(n-k)}_{M \geqslant N}$$

5. 最后,利用表 4.1 的关系计算 $x(n)$

$$\mathcal{Z}^{-1} \left[\frac{z}{z - p_k} \right] = \begin{cases} p_k^n u(n) & |z_k| \leqslant R_{x-} \\ -p_k^n u(-n-1) & |z_k| \geqslant R_{x+} \end{cases} \tag{4.15}$$

对于重阶极点可用类似的步骤。

例题 4.7　求 $X(z)=\dfrac{z}{3z^2-4z+1}$ 的 z 反变换。

题解

将 $X(z)$ 写为

$$X(z)=\frac{z}{3\left(z^2-\dfrac{4}{3}z+\dfrac{1}{3}\right)}=\frac{\dfrac{1}{3}z^{-1}}{1-\dfrac{4}{3}z^{-1}+\dfrac{1}{3}z^{-2}}$$

$$=\frac{\dfrac{1}{3}z^{-1}}{(1-z^{-1})\left(1-\dfrac{1}{3}z^{-1}\right)}=\frac{\dfrac{1}{2}}{1-z^{-1}}-\frac{\dfrac{1}{2}}{1-\dfrac{1}{3}z^{-1}}$$

或者

$$X(z)=\frac{1}{2}\left(\frac{1}{1-z^{-1}}\right)-\frac{1}{2}\left(\frac{1}{1-\dfrac{1}{3}z^{-1}}\right)$$

现在 $X(z)$ 有两个极点 $z_1=1$ 和 $z_2=\dfrac{1}{3}$。因为 ROC 没有给出，就可能有三种 ROC，如图 4.5 所示。

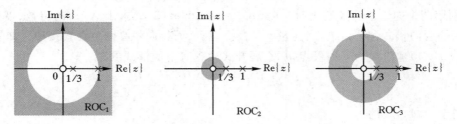

图 4.5　例题 4.7 中的 ROC

a. $\mathrm{ROC}_1:1<|z|<\infty$。这里两个极点均位于 ROC_1 的里面；也就是 $|z_1|\leqslant R_{x-}=1$ 和 $|z_2|\leqslant1$。因此，由(4.15)式

$$x_1(n)=\frac{1}{2}u(n)-\frac{1}{2}\left(\frac{1}{3}\right)^n u(n)$$

这是一个右边序列。

b. $\mathrm{ROC}_2:0<|z|<\dfrac{1}{3}$。这里两个极点均位于 ROC_2 的外面；也就是 $|z_1|\geqslant R_{x+}=\dfrac{1}{3}$ 和 $|z_2|\geqslant\dfrac{1}{3}$。因此，由(4.15)式

$$x_2(n)=\frac{1}{2}\{-u(-n-1)\}-\frac{1}{2}\left\{-\left(\frac{1}{3}\right)^n u(-n-1)\right\}$$

$$=\frac{1}{2}\left(\frac{1}{3}\right)^n u(-n-1)-\frac{1}{2}u(-n-1)$$

这是一个左边序列。

c. ROC_3：$\frac{1}{3}<|z|<1$。这里极点 z_1 位于 ROC_3 的外面，也即 $|z_1|\geqslant R_{x+}=1$；而极点 z_2 位于收敛域的里面，即 $|z_2|\leqslant\frac{1}{3}$。因此，由（4.15）式

$$x_3(n)=-\frac{1}{2}u(-n-1)-\frac{1}{2}\left(\frac{1}{3}\right)^n u(n)$$

这是一个双边序列。

■

4.3.1 MATLAB 实现

一个 MATLAB 函数 residuez 可用来计算一个 z^{-1} 有理多项式的留数部分和直接（或多项式）项。令

$$X(z)=\frac{b_0+b_1z^{-1}+\cdots+b_Mz^{-M}}{a_0+a_1z^{-1}+\cdots+a_Nz^{-N}}=\frac{B(z)}{A(z)}$$

$$=\sum_{k=1}^{N}\frac{R_k}{1-p_kz^{-1}}+\underbrace{\sum_{k=0}^{M-N}C_kz^{-k}}_{M\geqslant N}$$

是一有理函数，其中分子和分母多项式均以 z^{-1} 的升幂排列。那么，在两个多项式 $B(z)$ 和 $A(z)$ 分别用两个向量 b 和 a 给出时，[R,p,C] = residuez(b,a)求出 $X(z)$ 的留数、极点和直接项。得到的列向量 R 含有留数，列向量 p 是极点位置，而行向量 C 则包含直接项。如果 p(k) = $\cdots$ = p(k+r-1)是阶次为 r 的极点，那么展开式中含有下面形式的项：

$$\frac{R_k}{1-p_kz^{-1}}+\frac{R_{k+1}}{(1-p_kz^{-1})^2}+\cdots+\frac{R_{k+r-1}}{(1-p_kz^{-1})^r} \tag{4.16}$$

这是不同于（4.14）式的。

相类似，具有三个输入宗量和两个输出宗量的[b,a] = residuez(R,p,C)将部分分式展开式转换回到具有在行向量 b 和 a 中系数的多项式。

例题 4.8 为了校核留数计算，考虑下面有理函数：

$$X(z)=\frac{z}{3z^2-4z+1}$$

这就是例题 4.7 中给出的有理函数。

题解

首先将 $X(z)$ 重新整理为以 z^{-1} 升幂的函数

$$X(z)=\frac{z^{-1}}{3-4z^{-1}+z^{-2}}=\frac{0+z^{-1}}{3-4z^{-1}+z^{-2}}$$

现在利用 MATLAB，

```
>> b = [0,1]; a = [3, -4,1]; [R,p,C] = residuez(b,a)
R =
    0.5000
  - 0.5000
p =
    1.0000
    0.3333
c =
    []
```

得出

$$X(z) = \frac{\frac{1}{2}}{1 - z^{-1}} - \frac{\frac{1}{2}}{1 - \frac{1}{3}z^{-1}}$$

与前相同。同样,为了将它转换回有理多项式形式,

```
>> [b,a] = residuez(R,p,C)
b =
    0.0000
    0.3333
a =
    1.0000
  - 1.3333
    0.3333
```

使之有

$$X(z) = \frac{0 + \frac{1}{3}z^{-1}}{1 - \frac{4}{3}z^{-1} + \frac{1}{3}z^{-2}} = \frac{z^{-1}}{3 - 4z^{-1} + z^{-2}} = \frac{z}{3z^2 - 4z + 1}$$

与前相同。　■

例题 4.9 求

$$X(z) = \frac{1}{(1 - 0.9z^{-1})^2(1 + 0.9z^{-1})}, \ |z| > 0.9$$

的 z 反变换。

题解

利用 MATLAB 可求出分母多项式以及留数,

```
>> b = 1; a = poly([0.9,0.9, - 0.9])
a =
    1.0000     - 0.9000     - 0.8100     0.7290
>> [R,p,C] = residuez(b,a)
R =
    0.2500
    0.5000
    0.2500
p =
    0.9000
    0.9000
   - 0.9000
c =
    []
```

注意到分母多项式是用 MATLAB 的多项式函数 poly 计算出的,该函数计算出由多项式的根给出的多项式系数。本可用 conv 函数,但为此目的用 poly 函数更为方便。根据留数的计算和利用在(4.16)式给出的留数的阶,有

$$X(z) = \frac{0.25}{1 - 0.9z^{-1}} + \frac{0.5}{(1 - 0.9z^{-1})^2} + \frac{0.25}{1 + 0.9z^{-1}}, \qquad |z| > 0.9$$

$$= \frac{0.25}{1 - 0.9z^{-1}} + \frac{0.5}{0.9} z \frac{(0.9z^{-1})}{(1 - 0.9z^{-1})^2} + \frac{0.25}{1 + 0.9z^{-1}}, \qquad |z| > 0.9$$

因此,由表 4.1 并利用 z 变换的时移性质,

$$x(n) = 0.25(0.9)^n u(n) + \frac{5}{9}(n+1)(0.9)^{n+1} u(n+1) + 0.25(-0.9)^n u(n)$$

进一步化简后为

$$x(n) = 0.75(0.9)^n u(n) + 0.5n(0.9)^n u(n) + 0.25(-0.9)^n u(n)$$

MATLAB 验证:

```
>> [delta,n] = impseq(0,0,7); x = filter(b,a,delta) % check sequence
x =
  Columns 1 through 4
  1.00000000000000   0.90000000000000   1.62000000000000   1.45800000000000
  Columns 5 through 8
  1.96830000000000   1.77147000000000   2.12576400000000   1.91318760000000
>> x = (0.75) * (0.9).^n + (0.5) * n. * (0.9).^n + (0.25) * ( - 0.9).^n % answer se-
quence
x =
  Columns 1 through 4
  1.00000000000000   0.90000000000000   1.62000000000000   1.45800000000000
  Columns 5 through 8
  1.96830000000000   1.77147000000000   2.12576400000000   1.91318760000000
```

例题 4.10 求

$$X(z) = \frac{1 + 0.4\sqrt{2}z^{-1}}{1 - 0.8\sqrt{2}z^{-1} + 0.64z^{-2}}$$

的 z 反变换,使得所得序列是因果的并且不包括任何复数。

题解

必须求得 $X(z)$ 的极点(极坐标形式)用于确定因果序列的 ROC。

```
>> b = [1,0.4 * sqrt(2)]; a = [1, -0.8 * sqrt(2),0.64];
>> [R,p,C] = residuez(b,a)
R =
    0.5000 - 1.0000i
    0.5000 + 1.0000i
p =
    0.5657 + 0.5657i
    0.5657 - 0.5657i
C =
    []
>> Mp = (abs (p))'        % Pole magnitudes
Mp =
    0.8000    0.8000
>> Ap = (angle(p))'/pi    % Pole angles in pi units
Ap =
    0.2500    -0.2500
```

从上面计算得出

$$X(z) = \frac{0.5+j}{1 - 0.8e^{-j\frac{\pi}{4}}z^{-1}} + \frac{0.5-j}{1 - 0.8e^{j\frac{\pi}{4}}z^{-1}}, \ |z| > 0.8$$

由表 4.1 有

$$x(n) = (0.5+j)(0.8)^n e^{-j\frac{\pi}{4}n}u(n) + (0.5-j)(0.8)^n e^{j\frac{\pi}{4}n}u(n)$$
$$= (0.8)^n[0.5\{e^{-j\frac{\pi}{4}n} + e^{j\frac{\pi}{4}n}\} + j\{e^{-j\frac{\pi}{4}n} + e^{j\frac{\pi}{4}n}\}]u(n)$$
$$= (0.8)^n\left[\cos\left(\frac{\pi n}{4}\right) + 2\sin\left(\frac{\pi n}{4}\right)\right]u(n)$$

MATLAB 验证:

```
>> [delta, n] = impseq(0,0,6);
>> x = filter(b,a,delta) % check sequence
x =
  Columns 1 through 4
    1.00000000000000    1.69705627484771    1.28000000000000    0.36203867196751
```

```
    Columns 5 through 8
    - 0.40960000000000   - 0.69511425017762   - 0.52428800000000   - 0.14829104003789
>> x = ((0.8).^n) .* (cos(pi * n/4) + 2 * sin(pi * n/4))
x =
    Columns 1 through 4
     1.00000000000000   1.69705627484771   1.28000000000000   0.36203867196751
    Colnmns 5 through 8
    - 0.40960000000000   - 0.69511425017762   - 0.52428800000000   - 0.14829104003789
```

■

4.4 z 域的系统表示

与频率响应函数 $H(e^{j\omega})$ 相类似,也能定义 z 域函数 $H(z)$ 称为<u>系统函数</u>。然而,不像 $H(e^{j\omega})$ 那样,$H(z)$ 对那些可能不是 BIBO 稳定的系统也存在。

定义 1 系统函数

系统函数 $H(z)$ 给出为

$$H(z) \triangleq \mathcal{Z}[h(n)] = \sum_{-\infty}^{\infty} h(n)z^{-n}; \quad R_{h-} < |z| < R_{h+} \tag{4.17}$$

利用 z 变换的卷积性质(4.11)式,输出变换 $Y(z)$ 给出为

$$Y(z) = H(z)X(z); \quad \text{ROC}_y = \text{ROC}_h \bigcap \text{ROC}_x \tag{4.18}$$

只要 ROC_x 与 ROC_h 有重合。因此,一线性时不变系统在 z 域能表示为

$$X(z) \longrightarrow \boxed{H(z)} \longrightarrow Y(z) = H(z)X(z)$$

4.4.1 从差分方程表示求系统函数

当一 LTI 系统是用差分方程

$$y(n) + \sum_{k=1}^{N} a_k y(n-k) = \sum_{l=0}^{M} b_l x(n-l) \tag{4.19}$$

表示时,系统函数 $H(z)$ 很容易计算出。在该差分方程两边取 z 变换,并利用 z 变换性质

$$Y(z) + \sum_{k=1}^{N} a_k z^{-k} Y(z) = \sum_{l=0}^{M} b_l z^{-l} X(z)$$

或者

$$H(z) \triangleq \frac{Y(z)}{X(z)} = \frac{\sum_{l=0}^{M} b_l z^{-l}}{1 + \sum_{k=1}^{N} a_k z^{-k}} = \frac{B(z)}{A(z)} \tag{4.20}$$

$$= \frac{b_0 z^{-M}\left(z^M + \cdots + \dfrac{b_M}{b_0}\right)}{z^{-N}(z^N + \cdots + a_N)}$$

经因式化后得

$$H(z) = b_0 z^{N-M} \frac{\displaystyle\prod_{l=1}^{N}(z - z_l)}{\displaystyle\prod_{k=1}^{N}(z - p_k)} \tag{4.21}$$

式中 z_l 是系统的零点，p_k 是系统极点。因此，$H(z)$（或一 LTI 系统）也能在 z 域用零极点图表示。这一点在设计简单滤波器中依靠适当布放零点和极点位置时是很有用的。

　　为了确定有理 $H(z)$ 的零点和极点，可以对分子和分母多项式应用 MATLAB 函数 roots（它的逆函数 poly 是从它的根确定多项式系统，如同在上节讨论过的）。也可能用 MATLAB 画出这些根，作为零极点图的一种可视化展现。函数 zplane(b,a) 在已知分子行向量 b 和分母行向量 a 下画出极点和零点。和前面一样，"●"代表零点，"×"代表极点。图中含有作为参考的单位圆。相类似地，zplane(z,p) 画出以列向量 z 的零点和以列向量 p 的极点。在适当应用这一函数时要非常小心输入宗量的形式。

4.4.2　传递函数表示

　　如果 $H(z)$ 的 ROC 包括单位圆（$z = e^{j\omega}$），那么就能在单位圆上对 $H(z)$ 求值，得到频率响应函数或传递函数 $H(e^{j\omega})$。由（4.21）式

$$H(e^{j\omega}) = b_0 e^{j(N-M)\omega} \frac{\displaystyle\prod_{1}^{M}(e^{j\omega} - z_l)}{\displaystyle\prod_{1}^{N}(e^{j\omega} - p_k)} \tag{4.22}$$

因式 $(e^{j\omega} - z_l)$ 能解释为在复数 z 平面从零点 z_l 到单位圆上 $z = e^{j\omega}$ 点的一个向量，而因式 $(e^{j\omega} - p_k)$ 能解释为从极点 p_k 到单位圆上 $z = e^{j\omega}$ 点的一个向量，这如图 4.6 所示。

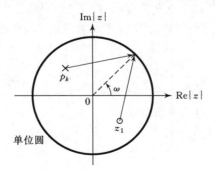

图 4.6　极点和零点向量

所以，幅度响应函数

$$|H(e^{j\omega})| = |b_0| \frac{|e^{j\omega} - z_1| \cdots |e^{j\omega} - z_M|}{|e^{j\omega} - p_1| \cdots |e^{j\omega} - p_N|} \tag{4.23}$$

能理解为从零点到单位圆的各向量长度的乘积除以从极点到单位圆的各向量长度的乘积再乘以 $|b_0|$。同样,相位响应函数

$$\angle H(e^{j\omega}) = \underbrace{[0\ \text{或}\ \pi]}_{\text{常数项}} + \underbrace{[(N-M)\omega]}_{\text{线性项}} + \underbrace{\sum_1^M \angle[(e^{j\omega}-z_k) - \sum_1^N \angle(e^{j\omega}-p_k)]}_{\text{非线性项}} \quad (4.24)$$

能理解为一个常数因子,一个线性相位因子和一个非线性相位因子("零点向量"的相角之和减去"极点向量"相角之和)之和。

4.4.3　MATLAB 实现

在第 3 章通过直接实现它们的函数形式用 MATLAB 画出了幅度和相位响应。利用上面给出的解释,MATLAB 还提供了另一个称为 freqz 函数实现这种计算。以它的最简单形式可调用这个函数

```
[H,w] = freqz(b,a,N)
```

在已知以向量 b 和 a 给出的分子和分母多项式的系数情况下,它得到 N 点的频率向量 w 和 N 点的该系统复频率响应向量 H。频率响应在单位圆的上半圆的 N 个等分点上求值。应该注意,向量 b 和 a 是与在应用 filter 函数中相同的向量,或者从差分方程表示(4.19)式中导出的。第二种形式

```
[H,w] = freqz(b,a,N,'whole')
```

是用环绕整个单位圆的 N 个点计算的。还有另一种形式

```
H = freqz(b,a,w)
```

它得到在向量 w 中特设的频率上的频率响应,一般都在 0 和 π 之间。应该提及的是,freqz 函数也能用于一个有限长因果序列 $x(n)$ 的 DTFT 的数值计算,在这种途径中 b = x 和 a = 1。

例题 4.11　已知一因果系统

$$y(n) = 0.9y(n-1) + x(n)$$

　　a. 求 $H(z)$ 并大致画出它的零极点图。

　　b. 画出 $|H(e^{j\omega})|$ 和 $\angle H(e^{j\omega})$。

　　c. 求脉冲响应 $h(n)$。

题解

可将差分方程写为

$$y(n) - 0.9y(n-1) = x(n)$$

　　a. 由(4.21)式,又因为系统是因果的

$$H(z) = \frac{1}{1 - 0.9z^{-1}}; \ |z| > 0.9$$

有一个极点在 0.9 和一个零点在原点。现用 MATLAB 说明 zplane 函数的应用。

```
>> b = [1, 0]; a = [1, -0.9]; zplane(b,a)
```

要注意的是给出的是 b = [1,0] 而不是 b = 1,因为 zplane 函数假定标量都是零点或极点。所得零极点图如图 4.7 所示。

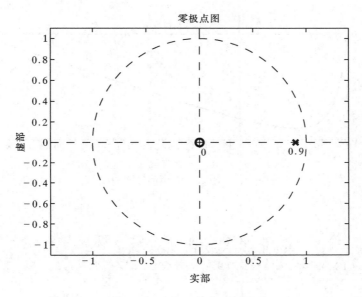

图 4.7 例题 4.11a 中的零极点图

    b. 利用(4.23)和(4.24)式能求出 $H(e^{j\omega})$ 的幅度和相位。再次用 MATLAB 说明 freqz 函数的应用。利用它的第一种形式,在单位圆的上半圆上取 100 个等分点

```
>> [H,w] = freqz(b,a,100); magH = abs(H); phaH = angle(H);
>> subplot (2,1,1) ;plot(w/pi,magH) ;grid
>> title('Magnitude Response'); ylabel('Magnitude');
>> subplot (2,1,2) ;plot (w/pi ,phaH/pi) ;grid
>> xlabel('frequency in \pi units'); ylabel('Phase in \pi units');
>> title('Phase Response')
```

频率响应如图 4.8 所示。如果仔细研究这张图将会发现,这张图是在 $0 \leqslant \omega \leqslant 0.99\pi$ 之间计算出来的,并没有到 $\omega = \pi$ 这一点。这是由于在 MATLAB 中单位圆的下半圆是从 $\omega = \pi$ 开始的。为了解决这个问题,将用 freqz 函数的第二种形式如下:

```
>> [H,w] = freqz(b,a,200,'whole');
>> magH = abs(H(1:101)); phaH = angle(H(1:101));
```

现在数组 H 中的第 101 个元素对应于 $\omega = \pi$。利用 freqz 函数的第三种形式也能得到类似的

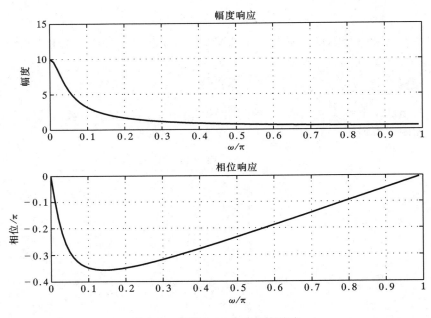

图 4.8 例题 4.11 中的频率响应

结果。

```
>> w = [0:1:100] * pi/100; H = freqz(b,a,w);
>> magH = abs (H); phaH = angle (H);
```

以后根据方便将利用三种形式中的任何一种。另外还注意到,图中的 w 和 phaH 数组已被 pi 除过,所以图中坐标是以 π 为单位的,比较容易读出。以后都竭力推荐这样做。

  c. 由表 4.1 中 z 变换有

$$h(n) = \mathcal{Z}^{-1}\left[\frac{1}{1-0.9z^{-1}}, \ |z|>0.9\right] = (0.9)^n u(n)$$

例题 4.12 已知

$$H(z) = \frac{z+1}{z^2-0.9z+0.81}$$

是一个因果系统,求

  a. 它的传递函数表示。

  b. 它的差分方程表示。

  c. 它的脉冲响应表示。

题解

  系统函数的极点在 $z=0.9\angle\pm\pi/3$,所以上面因果系统的 ROC 是 $|z|>0.9$。因此,单位圆在 ROC 内,离散时间傅里叶变换 $H(e^{j\omega})$ 存在。

a. 在 $H(z)$ 代入 $z = e^{j\omega}$

$$H(e^{j\omega}) = \frac{e^{j\omega} + 1}{e^{j2\omega} - 0.9e^{j\omega} + 0.81} = \frac{e^{j\omega} + 1}{(e^{j\omega} - 0.9e^{j\pi/3})(e^{j\omega} - 0.9e^{-j\pi/3})}$$

b. 利用 $H(z) = Y(z)/X(z)$

$$\frac{Y(z)}{X(z)} = \frac{z+1}{z^2 - 0.9z + 0.81}\left(\frac{z^{-2}}{z^{-2}}\right) = \frac{z^{-1} + z^{-2}}{1 - 0.9z^{-1} + 0.81z^{-2}}$$

交叉相乘，

$$Y(z) - 0.9z^{-1}Y(z) + 0.81z^{-2}Y(z) = z^{-1}X(z) + z^{-2}X(z)$$

取 z 反变换

$$y(n) - 0.9y(n-1) + 0.81y(n-2) = x(n-1) + x(n-2)$$

或者

$$y(n) = 0.9y(n-1) - 0.81y(n-2) + x(n-1) + x(n-2)$$

c. 利用 MATLAB

```
>> b = [0,1,1]; a = [1,-0.9,0.81]; [R,p,C] = residuez(b,a)
R =
  -0.6173 + 0.9979i
  -0.6173 - 0.9979i
p =
   0.4500 - 0.7794i
   0.4500 + 0.7794i
C =
   1.2346
>> Mp = abs(p)'
Mp =
   0.9000    0.9000
>> Ap = (angle (p))'/pi
Ap =
  -0.3333    0.3333
```

有

$$H(z) = 1.2346 + \frac{-0.6173 + j0.9979}{1 - 0.9e^{-j\pi/3}z^{-1}} + \frac{-0.6173 - j0.9979}{1 - 0.9e^{j\pi/3}z^{-1}}, \ |z| > 0.9$$

因此由表 4.1

$$\begin{aligned} h(n) &= 1.2346\delta(n) + [(-0.6173 + j0.9979)(0.9)^n e^{-j\pi n/3} + \\ &\quad (-0.6173 - j0.9979)(0.9)^n e^{j\pi n/3}]u(n) \\ &= 1.2346\delta(n) + (0.9)^n[-1.2346\cos(\pi n/3) + 1.9958\sin(\pi n/3)]u(n) \\ &= (0.9)^n[-1.2346\cos(\pi n/3) + 1.9958\sin(\pi n/3)]u(n-1) \end{aligned}$$

最后一步是根据 $h(0) = 0$ 得出的。

4.4.4 系统各种表示之间的关系

在这一章和前两章已经建立了几种系统表示。图 4.9 是用图的形式描述了这些表示之间的关系。

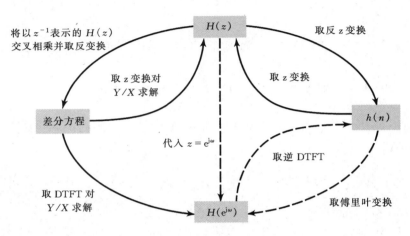

图 4.9 系统表示之间的关系

4.4.5 稳定性和因果性

对于 LTI 系统,BIBO 稳定性等效于 $\sum\limits_{-\infty}^{\infty}|h(k)|<\infty$。从离散时间傅里叶变换存在来看,稳定性意味着 $H(e^{j\omega})$ 存在,这又进一步意味着单位圆 $|z|=1$ 必定在 $H(z)$ 的 ROC 内。这个结果称为 z 域稳定性定理。因此,图 4.9 中的虚线途径当且仅当系统是稳定时才存在。

> **定理 2 z 域 LTI 稳定性**
> 当且仅当单位圆是在 $H(z)$ 的 ROC 内,一个 LTI 系统就是稳定的。

对于 LTI 的因果性要求 $h(n)=0,n<0$(即为一个右边序列),这就意味着 $H(z)$ 的 ROC 必须在半径为 R_{h-} 的某个圆外面。这不是一个充分条件,因为任何右边序列都有一个类似的 ROC。然而,当系统是稳定时,那么它的因果性就容易确认。

> **定理 3 z 域因果 LTI 稳定性**
> 当且仅当系统函数 $H(z)$ 的全部极点位于单位圆内时,一因果 LTI 系统是稳定的。

例题 4.13 一因果 LTI 系统由下面差分方程描述:
$$y(n)=0.81y(n-2)+x(n)-x(n-2)$$
求

a. 系统函数 $H(z)$。

b. 单位脉冲响应 $h(n)$。

c. 单位阶跃响应 $v(n)$，也即对单位阶跃 $u(n)$的响应。

d. 频率响应函数 $H(\mathrm{e}^{\mathrm{j}\omega})$，并在 $0\leqslant\omega\leqslant\pi$上画出它的幅度和相位。

题解

因为系统是因果的，所以 ROC 一定是位于半径等于最大极点幅度的一个圆的外面。

a. 在差分方程两边取 z 变换，然后对 $Y(z)/X(z)$求解，或者利用(4.20)式，可得

$$H(z) = \frac{1-z^{-2}}{1-0.81z^{-2}} = \frac{1-z^{-2}}{(1+0.9z^{-1})(1-0.9z^{-1})}, \quad |z|>0.9$$

b. 利用 MATLAB 作部分分式展开

```
>> b = [1,0,-1]; a = [1,0,-0.81]; [R,p,C] = residuez(b, a);
R =
  -0.1173
  -0.1173
p =
  -0.9000
   0.9000
C =
   1.2346
```

而有

$$H(z) = 1.2346 - 0.1173\frac{1}{1+0.9z^{-1}} - 0.1173\frac{1}{1-0.9z^{-1}}, \quad |z|>0.9$$

或者由表 4.1

$$h(n) = 1.2346\delta(n) - 0.1173\{1+(-1)^n\}(0.9)^n u(n)$$

c. 由表 4.1，$\mathcal{Z}[u(n)]=U(z)=\dfrac{1}{1-z^{-1}}$，$|z|>1$，因此

$$V(z) = H(z)U(z)$$
$$= \left[\frac{(1+z^{-1})(1-z^{-1})}{(1+0.9z^{-1})(1-0.9z^{-1})}\right]\left[\frac{1}{1-z^{-1}}\right], \quad |z|>0.9 \cap |z|>1$$
$$= \frac{1+z^{-1}}{(1+0.9z^{-1})(1-0.9z^{-1})}, \quad |z|>0.9$$

或者

$$V(z) = 1.0556\frac{1}{1-0.9z^{-1}} - 0.0556\frac{1}{1+0.9z^{-1}}, \quad |z|>0.9$$

最后

$$v(n) = [1.0556(0.9)^n - 0.0556(-0.9)^n]u(n)$$

应该注意的是，在 $V(z)$计算中在 $z=1$ 有一零极点抵销。这有两个含义。首先，$V(z)$的 ROC 仍然是$\{|z|>0.9\}$，而不是$\{|z|>0.9\cap|z|>1=|z|>1\}$；其次，阶跃响应 $v(n)$不包括任何稳态项 $u(n)$。

d. 在 $H(z)$ 中代入 $z = e^{j\omega}$

$$H(e^{j\omega}) = \frac{1 - e^{-j2\omega}}{1 - 0.81e^{-j2\omega}}$$

现用 MATLAB 计算并画出响应:

```
>> w = [0:1:500] * pi/500; H = freqz(b,a,w);
>> magH = abs(H); phaH = angle(H);
>> subplot(2,1,1); plot(w/pi,magH); grid
>> title('Magnitude Response'); ylabel('Magnitude')
>> subplot(2,1,2); plot(w/pi,phaH/pi); grid
>> xlabel ('frequency in \pi units'); ylabel ('Phase in \pi units')
>> title('Phase Response')
```

频率响应图如图 4.10 所示。

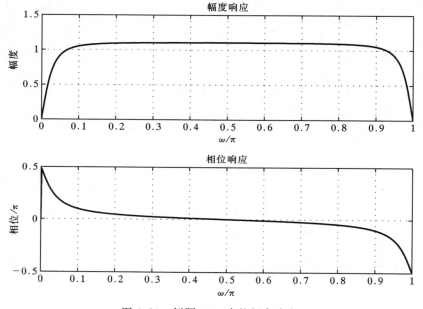

图 4.10   例题 4.13 中的频率响应

4.5   差分方程的解

第 2 章曾提到过线性常系数差分方程解的两种形式。一种形式涉及求特解和齐次解,而另一种形式则涉及求零输入(初始状态)解和零状态解。应用 z 变换现在要给出一种求得这些形式的方法。另外,也要讨论<u>暂态</u>和<u>稳态</u>响应。在数字信号处理中,一般来说差分方程是以正 n 方向向前推进的,因此这些解都是对 $n \geqslant 0$ 求出的。为此定义一种<u>单边 z 变换</u>。

定义 4　单边 z 变换

一个序列 $x(n)$ 的单边 z 变换定义为

$$\mathcal{Z}^+[x(n)] \triangleq \mathcal{Z}[x(n)u(n)] \triangleq X^+[z] = \sum_{n=0}^{\infty} x(n)z^{-n} \tag{4.25}$$

那么样本移位性质给出为

$$\mathcal{Z}^+[x(n-k)] = \mathcal{Z}[x(n-k)u(n)]$$

$$= \sum_{n=0}^{\infty} x(n-k)z^{-n} = \sum_{m=-k}^{\infty} x(m)z^{-(m+k)}$$

$$= \sum_{m=-k}^{-1} x(m)z^{-(m+k)} + \left[\sum_{m=0}^{\infty} x(m)z^{-m}\right]z^{-k}$$

或者

$$\mathcal{Z}^+[x(n-k)] = x(-1)z^{1-k} + x(-2)z^{2-k} + \cdots + x(-k) + z^{-k}X^+(z) \tag{4.26}$$

这个结果现在能用来求解具有初始条件或变化输入的差分方程。想要解的差分方程是

$$y(n) + \sum_{k=1}^{N} a_k y(n-k) = \sum_{m=0}^{M} b_m x(n-m), \ n \geqslant 0$$

这些初始条件是

$$\{y(i), i=-1,\cdots,-N\} \ \text{和} \ \{x(i), i=-1,\cdots,-M\}$$

现在用一个例子来说明这种解法。

例题 4.14　解

$$y(n) - \frac{3}{2}y(n-1) + \frac{1}{2}y(n-2) = x(n), \ n \geqslant 0$$

式中

$$x(n) = \left(\frac{1}{4}\right)^n u(n)$$

初始条件为 $y(-1)=4$ 和 $y(-2)=10$。

题解

将差分方程两边取单边 z 变换得

$$Y^+(z) - \frac{3}{2}[y(-1) + z^{-1}Y^+(z)] + \frac{1}{2}[y(-2) + z^{-1}y(-1) + z^{-2}Y^+(z)]$$

$$= \frac{1}{1 - \frac{1}{4}z^{-1}}$$

代入初始条件并重新整理后

$$Y^+(z)\left[1 - \frac{3}{2}z^{-1} + \frac{1}{2}z^{-2}\right] = \frac{1}{1 - \frac{1}{4}z^{-1}} + (1 - 2z^{-1})$$

或者

$$Y^+(z) = \frac{\dfrac{1}{1 - \dfrac{1}{4}z^{-1}}}{1 - \dfrac{3}{2}z^{-1} + \dfrac{1}{2}z^{-2}} + \frac{1 - 2z^{-1}}{1 - \dfrac{3}{2}z^{-1} + \dfrac{1}{2}z^{-2}} \qquad (4.27)$$

最后

$$Y^+(z) = \frac{2 - \dfrac{9}{4}z^{-1} + \dfrac{1}{2}z^{-2}}{\left(1 - \dfrac{1}{2}z^{-1}\right)\left(1 - z^{-1}\right)\left(1 - \dfrac{1}{4}z^{-1}\right)}$$

利用部分分式展开得到

$$Y^+(z) = \frac{1}{1 - \dfrac{1}{2}z^{-1}} + \frac{\dfrac{2}{3}}{1 - z^{-1}} + \frac{\dfrac{1}{3}}{1 - \dfrac{1}{4}z^{-1}} \qquad (4.28)$$

经反变换后其解为

$$y(n) = \left[\left(\frac{1}{2}\right)^n + \frac{2}{3} + \frac{1}{3}\left(\frac{1}{4}\right)^n\right]u(n) \qquad (4.29)$$

■

解的形式 以上的解是这个差分方程的完全响应。它能表示成几种形式。

- 齐次解和特解部分：

$$y(n) = \underbrace{\left[\left(\frac{1}{2}\right)^n + \frac{2}{3}\right]u(n)}_{\text{齐次部分}} + \underbrace{\frac{1}{3}\left(\frac{1}{4}\right)^n u(n)}_{\text{特解部分}}$$

齐次部分是由系统极点产生的,特解部分是由输入极点产生的。

- 暂态和稳态响应：

$$y(n) = \underbrace{\left[\frac{1}{3}\left(\frac{1}{4}\right)^n + \left(\frac{1}{2}\right)^n\right]u(n)}_{\text{暂态响应}} + \underbrace{\frac{2}{3}u(n)}_{\text{稳态响应}}$$

暂态响应是由位于单位圆内的极点决定的,而稳态响应是由单位圆上的极点决定的。注意,当极点是在单位圆外时,响应称之为无界响应。

- 零输入(或初始状态)和零状态响应：

在(4.27)式中,$Y^+(z)$有两部分。第一部分能看作

$$Y_{ZS}(z) = H(z)X(z)$$

而第二部分作为

$$Y_{ZI}(z) = H(z)X_{IC}(z)$$

其中 $X_{IC}(z)$ 能认为是一个等效的初始状态输入,它产生由初始条件产生的相同输出 Y_{ZI}。在这个例子中 $x_{IC}(n)$ 是

$$x_{IC}(n) = \{1, -2\}$$
$$\qquad \uparrow$$

现在对(4.27)式中的每一部分作 z 反变换,将完全响应写成

$$y(n) = \underbrace{\left[\frac{1}{3}\left(\frac{1}{4}\right)^n - 2\left(\frac{1}{2}\right)^n + \frac{8}{3}\right]u(n)}_{\text{零状态响应}} + \underbrace{\left[3\left(\frac{1}{2}\right)^n - 2\right]u(n)}_{\text{零输入响应}}$$

从这个例子很明显,一般来说完全解的每一部分都是一个不同的函数,并突出了系统分析的不同方面。

4.5.1　MATLAB 实现

在第 2 章当已知差分方程系数和输入时已经用过 filter 函数解差分方程。当初始条件已知时,这一函数也能用来求完全响应。在这种形式下,用下列形式调用 filter 函数:

```
y = filter(b,a,x,xic)
```

这里 xic 是等效初始状态输入数组。为了求例题 4.14 的完全响应,可用

```
>> n = [0:7]; x = (1/4).^n; xic = [1,-2];
>> format long; y1 = filter(b,a,x,xic)
y1 =
  Columns 1 through 4
  2.00000000000000   1.25000000000000   0.93750000000000   0.79687500000000
  Columns 5 through 8
  0.73046875000000   0.69824218750000   0.68237304687500   0.67449951171875
>> y2 = (1/3)*(1/4).^n+(1/2).^n+(2/3)*ones(1,8)  % MATLAB Check
y2 =
  Columns 1 through 4
  2.00000000000000   1.25000000000000   0.93750000000000   0.79687500000000
  Columns 5 through 8
  0.73046875000000   0.69824218750000   0.68237304687500   0.67449951171875
```

这与(4.29)式给出的响应是一致的。在例题 4.14 中是用解析方法计算 $x_{IC}(n)$ 的,然而在实际中特别是对高阶差分方程来说,用解析法确定 $x_{IC}(n)$ 是很繁冗的。MATLAB 提供一种称为 filtic 的函数,不过它仅在 Signal Processing toolbox 中可以得到。它由下面方式调用:

```
xic = filtic(b,a,Y,X)
```

其中 b 和 a 是滤波器系数数组,Y 和 X 是分别从 $y(n)$ 和 $x(n)$ 的初始条件来的初始状态数组,其形式为

$$Y=[y(-1),y(-2),\cdots,y(-N)]$$
$$X=[x(-1),x(-2),\cdots,x(-M)]$$

如果 $x(n)=0,n\leqslant-1$,那么不需要在 filtic 函数中给出 X。在例题 4.14 中本就能用

```
>> Y = [4, 10]; xic = filtic(b,a,Y)
xic =
    1    -2
```

确定 $x_{IC}(n)$。

例题 4.15 解差分方程

$$y(n) = \frac{1}{3}\big[x(n) + x(n-1) + x(n-2)\big] +$$
$$0.95y(n-1) - 0.9025y(n-2), \ n \geqslant 0$$

其中
$$x(n) = \cos(\pi n/3)u(n)$$

和
$$y(-1) = -2, \ y(-2) = -3; \ x(-1) = 1, \ x(-2) = 1$$

先用解析法求解,再用 MATLAB 求解。

题解

将差分方程取单边 z 变换

$$Y^+(z) = \frac{1}{3}\big[X^+(z) + x(-1) + z^{-1}X^+(z) + x(-2) + z^{-1}x(-1) +$$
$$z^{-2}X^+(z)\big] + 0.95\big[y(-1) + z^{-1}Y^+(z)\big] -$$
$$0.9025\big[y(-2) + z^{-1}y(-1) + z^{-2}Y^+(z)\big]$$

代入初始条件,得出

$$Y^+(z) = \frac{\frac{1}{3} + \frac{1}{3}z^{-1} + \frac{1}{3}z^{-2}}{1 - 0.95z^{-1} + 0.9025z^{-2}}X^+(z) + \frac{1.4742 + 2.1383z^{-1}}{1 - 0.95z^{-1} + 0.9025z^{-2}}$$

显然,$x_{\text{IC}}(n) = [1.4742, 2.1383]$。现在代入 $X^+(z) = \frac{1 - 0.5z^{-1}}{1 - z^{-1} + z^{-2}}$ 并作简化,会得到作为有理函数的 $Y^+(z)$。对此用 MATLAB 完成部分分式展开。

```
>> b = [1,1,1]/3; a = [1,-0.95,0.9025];
>> Y = [-2,-3]; X = [1,1]; xic = filtic(b,a,Y,X)
xic =
    1.4742    2.1383
>> bxplus = [1,-0.5]; axplus = [1,-1,1]; % X(z) transform coeff.
>> ayplus = conv(a,axplus) % Denominator of Yplus(z)
ayplus =
    1.0000    -1.9500    2.8525    -1.8525    0.9025
>> byplus = conv(b,bxplus) + conv(xic,axplus) % Numerator of Yplus(z)
byplus =
    1.8075    0.8308    -0.4975    1.9717
>> [R,p,C] = residuez(byplus,ayplus)
R =
    0.0584 + 3.9468i  0.0584 - 3.9468i  0.8453 + 2.0311i  0.8453 - 2.0311i
p =
    0.5000 - 0.8660i  0.5000 + 0.8660i  0.4750 + 0.8227i  0.4750 - 0.8227i
C =
    []
>> Mp = abs(p), Ap = angle(p)/pi % Polar form
Mp =
    1.0000    1.0000    0.9500    0.9500
```

```
Ap =
  - 0.3333      0.3333      0.3333      - 0.3333
```

因此，

$$Y^+(z) = \frac{1.8075 + 0.8308z^{-1} - 0.4975z^{-2} + 1.9717z^{-3}}{1 - 1.95z^{-1} + 2.8525z^{-2} - 1.8525z^{-3} + 0.9025z^{-4}}$$

$$= \frac{0.0584 + j3.9468}{1 - e^{-j\pi/3}z^{-1}} + \frac{0.0584 - j3.9468}{1 - e^{j\pi/3}z^{-1}} +$$

$$\frac{0.8453 + j2.0311}{1 - 0.95e^{j\pi/3}z^{-1}} + \frac{0.8453 - j2.0311}{1 - 0.95e^{-j\pi/3}z^{-1}}$$

现在，由表 4.1 得

$$y(n) = (0.0584 + j3.9468)e^{-j\pi n/3} + (0.0584 - j3.9468)e^{j\pi n/3} +$$

$$(0.8453 + j2.031)(0.95)^n e^{j\pi n/3} + (0.8453 - j2.031)(0.95)^n e^{-j\pi n/3}$$

$$= 0.1169\cos(\pi n/3) + 7.8937\sin(\pi n/3) +$$

$$(0.95)^n[1.6906\cos(\pi n/3) - 4.0623\sin(\pi n/3)], \quad n \geqslant 0$$

$y(n)$ 中的前两项对应于稳态响应，同时也是特解响应；而最后两项是暂态响应（和齐次响应）项。

　　为了用 MATLAB 求解这个例子，需要用到 filtic 函数（已经用过来确定 $x_{IC}(n)$ 序列）。这种解一定是一种数值解。现在来求 $y(n)$ 的前 8 个样本。

```
>> n = [0:7]; x = cos(pi * n/3); y = filter(b,a,x,xic)
y =
  Columns 1 through 4
    1.80750000000000    4.35545833333333    2.83975000000000   - 1.56637197916667
  Columns 5 through 8
   - 4.71759442187500  - 3.40139732291667    1.35963484230469    5.02808085078841
% Matlab Verification
>> A = real(2 * R(1)); B = imag(2 * R(1)); C = real(2 * R(3)); D = imag(2 * R(4));
>> y = A * cos(pi * n/3) + B * sin(pi * n/3) + ((0.95).^n). * (C,cos(pi,n/3) + D * sin
    (pi * n/3))
y =
  Columns i through 4
    1.80750000000048    4.35545833333359    2.83974999999978   - 1.5663Z197916714
  Columns 5 through 8
   - 4.71759442187528  - 3.40139732291648    1.35963484230515    5.02808085078871
```

4.6　习题

P4.1　用定义(4.1)式求下列序列的 z 变换，指出每个序列的收敛域，并用 MATLAB 验证

z 变换。

1. $x(n) = \{3, 2, 1, -2, -3\}$

2. $x(n) = (0.8)^n u(n-2)$，利用 MATLAB 验证 z 变换表达式。

3. $x(n) = [(0.5)^n + (-0.8)^n] u(n)$，利用 MATLAB 验证 z 变换表达式。

4. $x(n) = 2^n \cos(0.4\pi n) u(-n)$

5. $x(n) = (n+1)(3)^n u(n)$，利用 MATLAB 验证 z 变换表达式。

P4. 2 考虑序列 $x(n) = (0.9)^n \cos(\pi n/4) u(n)$，令

$$y(n) = \begin{cases} x(n/2), & n = 0, \pm 2, \pm 4, \cdots; \\ 0, & \text{其余 } n \end{cases}$$

1. 证明 $y(n)$ 的 z 变换 $Y(z)$ 能用 $x(n)$ 的 z 变换 $X(z)$ 表示为 $Y(z) = X(z^2)$。

2. 求出 $Y(z)$。

3. 利用 MATLAB 验证序列 $y(n)$ 有 z 变换 $Y(z)$。

P4. 3 利用 z 变换表和 z 变换性质求下列序列 z 变换。将 $X(z)$ 表示成 z^{-1} 的有理函数，用 MATLAB 验证结果。指出每种情况的收敛域并给出零极点图。

1. $x(n) = 2\delta(n-2) + 3u(n-3)$

2. $x(n) = 3(0.75)^n \cos(0.3\pi n) u(n) + 4(0.75)^n \sin(0.3\pi n) u(n)$

3. $x(n) = n\sin(\frac{\pi n}{3}) u(n) + (0.9)^n u(n-2)$

4. $x(n) = n^2 (2/3)^{n-2} u(n-1)$

5. $x(n) = (n-3)(\frac{1}{4})^{n-2} \cos\{\frac{\pi}{2}(n-1)\} u(n)$

P4. 4 设 $x(n)$ 为一复值序列，其实部为 $x_R(n)$，虚部为 $x_I(n)$。

1. 证明下面 z 变换关系：

$$X_R(z) \triangleq \mathcal{Z}[x_R(n)] = \frac{X(z) + X^*(z^*)}{2}$$

$$X_I(z) \triangleq \mathcal{Z}[x_I(n)] = \frac{X(z) - X^*(z^*)}{2}$$

2. 对 $x(n) = [e^{(-1+j0.2\pi)n}] u(n)$ 验证上面关系式。

P4. 5 $x(n)$ 的 z 变换是 $X(z) = 1/(1+0.5z^{-1})$，$|z| > 0.5$。求下列序列的 z 变换，并指出收敛域。

1. $x_1(n) = x(3-n) + x(n-3)$

2. $x_2(n) = (1+n+n^2) x(n)$

3. $x_3(n) = (\frac{1}{2})^n x(n-2)$

4. $x_4(n) = x(n+2) * x(n-2)$

5. $x_5(n) = \cos(\pi n/2) x^*(n)$

P4. 6 如果 $X(z) = \dfrac{1+z^{-1}}{1+\dfrac{5}{6}z^{-1}+\dfrac{1}{6}z^{-2}}$；$|z| > \dfrac{1}{2}$，重做习题 P4.5。

P4. 7 $X(z)$ 的 z 反变换是 $x(n) = (\frac{1}{2})^n u(n)$，利用 z 变换性质求下列每种情况的序列。

1. $X_1(z) = \dfrac{z-1}{z} X(z)$

2. $X_2(z) = z X(z^{-1})$

3. $X_3(z) = 2X(3z) + 3X(z/3)$

4. $X_4(z) = X(z) X(z^{-1})$

5. $X_5(z) = z^2 \dfrac{\mathrm{d}X(z)}{\mathrm{d}z}$

P4.8　如果 $x_1(n), x_2(n)$ 和 $x_3(n)$ 由 $x_3(n) = x_1(n) * x_2(n)$ 关联，那么

$$\sum_{n=-\infty}^{\infty} x_3(n) = \left(\sum_{n=-\infty}^{\infty} x_1(n) \right) \left(\sum_{n=-\infty}^{\infty} x_2(n) \right)$$

1. 用代入在左边的卷积定义证明上面结果。

2. 利用卷积性质证明上面结果。

3. 通过选取任意两个随机序列 $x_1(n)$ 和 $x_2(n)$，用 MATLAB 验证上面结果。

P4.9　用 MATLAB 求下面多项式运算的结果。

1. $X_1(z) = (1 - 2z^{-1} + 3z^{-2} - 4z^{-3})(4 + 3z^{-1} - 2z^{-2} + z^{-3})$

2. $X_2(z) = (z^2 - 2z + 3 + 2z^{-1} + z^{-2})(z^3 - z^{-3})$

3. $X_3(z) = (1 + z^{-1} + z^{-2})^3$

4. $X_4(z) = X_1(z) X_2(z) + X_3(z)$

5. $X_5(z) = (z^{-1} - 3z^{-3} + 2z^{-5} + 5z^{-7} - z^{-9})(z + 3z^2 + 2z^3 + 4z^4)$

P4.10　在分开两个因果序列时 deconv 函数是有用的。写一个 MATLAB 函数deconv_m用于划分两非因果序列(类似于 conv 函数)。这个函数的格式应该是

```
function [p,np,r,nr] = deconv_m(b,nb,a,na)
% Modified deconvolution routine for noncausal sequences
% function [p,np,r,nr] = deconv_m(b,nb,a,na)
%
%   p = polynomial part of support np1 <= n <= np2
%  np = [np1, np2]
%   r = remainder part of support nr1 <= n <= nr2
%  nr = [nr1, hr2]
%   b = numerator polynomial of support nb1 <= n <= nb2
%  nb = [nb1, nb2]
%   a = denominator polynomial of support na1 <= n <= na2
%  na = [na1, na2]
%
```

对下面运算校核上面函数：

$$\frac{z^2 + z + 1 + z^{-1} + z^{-2} + z^{-3}}{z + 2 + z^{-1}} = (z - 1 + 2z^{-1} - 2z^{-2}) + \frac{3z^{-2} + 3z^{-3}}{z + 2 + z^{-1}}$$

P4.11　用部分分式展开法求下面 z 反变换：

1. $X_1(z) = (1 - z^{-1} - 4z^{-2} + 4z^{-3}) / (1 - \dfrac{11}{4}z^{-1} + \dfrac{13}{8}z^{-2} - \dfrac{1}{4}z^{-3})$，序列是右边序列。

2. $X_2(z) = (1 + z^{-1} - 4z^{-2} + 4z^{-3})/(1 - \frac{11}{4}z^{-1} + \frac{13}{8}z^{-2} - \frac{1}{4}z^{-3})$，序列是绝对可加的。

3. $X_3(z) = (z^3 - 3z^2 + 4z + 1)/(z^3 - 4z^2 + z - 0.16)$，序列是左边序列。

4. $X_4(z) = z/(z^3 + 2z^2 + 1.25z + 0.25), |z| > 1$

5. $X_5(z) = z/(z^2 - 0.25)^2, |z| < 0.5$

P4.12 考虑下面给出的序列

$$x(n) = A_c(r)^n \cos(\pi v_0 n) u(n) + A_s(r)^n \sin(\pi v_0 n) u(n) \tag{4.30}$$

这个序列的 z 变换是一个二阶(真)有理函数，它含有一对复数共轭极点。这个习题的目的是要建立一个 MATLAB 函数，它能用于求得这样一个有理函数的 z 反变换以使得这个反变换不包含任何复数。

1. 证明：由(4.30)式给出的 $x(n)$ 的 z 变换为

$$X(z) = \frac{b_0 + b_1 z^{-1}}{1 + a_1 z^{-1} + a_2 z^{-2}}; \quad |z| > |r| \tag{4.31}$$

式中

$$b_0 = A_c; \quad b_1 = r[A_s \sin(\pi n_0) - A_c \cos(\pi v_0)];$$
$$a_1 = -2r\cos(\pi v_a); \quad a_2 = r^2 \tag{4.32}$$

2. 利用(4.32)式，通过有理函数参数 b_0, b_1, a_1 和 a_2 确定信号参数 A_c, A_s, r 和 v。

3. 利用上面第 2 部分的结果设计一个 MATLAB 函数 invCCPP，它利用有理函数的参数计算信号参数。这个函数的格式应该是

```
function[As,Ac,r,v0] = invCCPP(b0,b1,a1,a2)
```

P4.13 假设 $X(z)$ 给出如下：

$$X(z) = \frac{2 + 3z^{-1}}{1 - z^{-1} + 0.81z^{-2}}, |z| > 0.9$$

1. 利用在习题 P4.12 中的 MATLAB 函数 invCCPP，求不含任何复数的 $x(n)$ 形式。

2. 用 MATLAB 求 $x(n)$ 的前 20 个样本，并与上述答案作比较。

P4.14 一因果序列的 z 变换给出为

$$X(z) = \frac{-2 + 5.65z^{-1} - 2.88z^{-2}}{1 - 0.1z^{-1} + 0.09z^{-2} + 0.648z^{-3}} \tag{4.33}$$

它含有一对共轭复数极点和一个实数极点。

1. 利用 residuez 函数将(4.33)式表示为

$$X(z) = \frac{(\quad) + (\quad)z^{-1}}{1 + (\quad)z^{-1} + (\quad)z^{-2}} + \frac{(\quad)}{1 + (\quad)z^{-1}} \tag{4.34}$$

注意：必须在两个方向上使用 residuez 函数。

2. 现在利用函数 invCCPP 和这个实数极点因式的反变换，从(4.34)式的 $X(z)$ 求这个因果序列 $x(n)$ 以使它不含有任何复数。

P4.15 对以下由脉冲响应描述的线性时不变系统，求(i)系统函数表示，(ii)差分方程表示，(iii)零极点图，和(iv)若输入是 $x(n) = (\frac{1}{4})^n u(n)$ 的输出 $y(n)$。

1. $h(n)=5(\frac{1}{4})^{n}u(n)$

2. $h(n)=n(\frac{1}{3})^{n}u(n)+(-\frac{1}{4})^{n}u(n)$

3. $h(n)=3(0.9)^{n}\cos(\pi n/4+\pi/3)u(n+1)$

4. $h(n)=\dfrac{(0.5)^{n}\sin[(n+1)\pi/3]}{\sin(\pi/3)}u(n)$

5. $h(n)=[2-\sin(\pi n)]u(n)$

P4.16 考虑下面图示系统

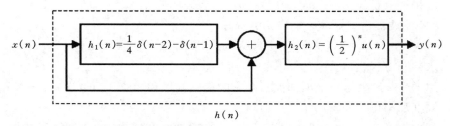

1. 利用 z 变换途径证明整个系统的脉冲响应 $h(n)$ 给出为

$$h(n)=\delta(n)-\frac{1}{2}\delta(n-1)$$

2. 求整个系统关联输出 $y(n)$ 和输入 $x(n)$ 的差分方程表示。

3. 这个系统是因果的吗？BIBO(有界输入有界输出)稳定吗？明确说明理由以确信所得结论。

4. 求整个系统的频率响应 $H(e^{j\omega})$。

5. 利用 MATLAB 给出这个频率响应在 $0\leqslant\omega\leqslant\pi$ 内的图。

P4.17 对以下由系统函数描述的线性时不变系统,求(ⅰ)脉冲响应表示,(ⅱ)差分方程表示,(ⅲ)零极点图,和(ⅳ)若输入是 $x(n)=3\cos(\pi n/3)u(n)$ 的输出 $y(n)$。

1. $H(z)=(z+1)/(z-0.5)$,因果系统。

2. $H(z)=(1+z^{-1}+z^{-2})/(1+0.5z^{-1}-0.25z^{-2})$,稳定系统。

3. $H(z)=(z^{2}-1)/(z-3)^{2}$,反因果系统。

4. $H(z)=\dfrac{z}{z-0.25}+\dfrac{1-0.5z^{-1}}{1+2z^{-1}}$,稳定系统。

5. $H(z)=(1+z^{-1}+z^{-2})^{2}$,稳定系统。

P4.18 对以下由差分方程描述的线性时不变系统,求(ⅰ)脉冲响应表示,(ⅱ)系统函数表示,(ⅲ)零极点图,和(ⅳ)若输入是 $x(n)=2(0.9)^{n}u(n)$ 的输出 $y(n)$。

1. $y(n)=[x(n)+2x(n-1)+x(n-3)]/4$

2. $y(n)=x(n)+0.5x(n-1)-0.5y(n-1)+0.25y(n-2)$

3. $y(n)=2x(n)+0.9y(n-1)$

4. $y(n)=-0.45x(n)-0.4x(n-1)+x(n-2)+0.4y(n-1)+0.45y(n-2)$

5. $y(n)=\sum_{m=0}^{4}(0.8)^{m}x(n-m)-\sum_{l=1}^{4}(0.9)^{l}y(n-l)$

P4.19 在习题 P4.18 中的输出序列 $y(n)$ 是总的响应,将该题中每个系统的输出 $y(n)$ 分开为

（ⅰ）齐次解部分,（ⅱ）特解部分,（ⅲ）暂态响应,和（ⅳ）稳态响应。

P4.20 一稳定系统有下面零极点位置:

$$\text{零点:} \pm 1, \pm j1 \qquad \text{极点:} \pm 0.9, \pm j0.9$$

同时还知道频率响应函数 $H(e^{j\omega})$ 在 $\omega = \pi/4$ 的值等于 1;即

$$H(e^{j\pi/4}) = 1$$

1. 求系统函数 $H(z)$ 并指出它的收敛域。

2. 求差分方程表示。

3. 如果输入是 $x(n) = \cos(\pi n/4)u(n)$,求稳态响应 $y_{ss}(n)$。

4. 如果输入是 $x(n) = \cos(\pi n/4)u(n)$,求暂态响应 $y_{tr}(n)$。

P4.21 一数字滤波器由下面频率响应函数描述

$$H(e^{j\omega}) = [1 + 2\cos(\omega) + 3\cos(2\omega)]\cos(\omega/2)e^{-j5\omega/2}$$

1. 求差分方程表示。

2. 用 freqz 函数画出上面滤波器频率响应的幅度和相位。留意在 $\omega = \pi/2$ 和 $\omega = \pi$ 的幅度和相位。

3. 产生信号 $x(n) = \sin(\pi n/2) + 5\cos(\pi n)$ 的 200 个样本,并通过该滤波器处理得到 $y(n)$,试将输出 $y(n)$ 的稳态部分与 $x(n)$ 作比较。这两个正弦的幅度和相位是如何受该滤波器影响的?

P4.22 对下面滤波器

$$H(e^{j\omega}) = \frac{1 + e^{-j4\omega}}{1 - 0.8145e^{-j4\omega}}$$

重做习题 P4.21。

P4.23 利用单边 z 变换途径,对 $y(n)$ 解出下面差分方程:

$$y(n) = 0.81y(n-2) + x(n) + x(n-1), n \geq 0; y(-1) = 2, y(-2) = 2$$

$$x(n) = (0.7)^n u(n+1)$$

用 MATLAB 产生 $y(n)$ 的前 20 个样本,并将它与所得答案作比较。

P4.24 对 $y(n), n \geq 0$ 解差分方程

$$y(n) - 0.4y(n-1) - 0.45y(n-2) = 0.45x(n) + 0.4x(n-1) - x(n-2)$$

输入为 $x(n) = 2 + (\frac{1}{2})^n u(n)$,初始条件为 $y(-1) = 0, y(-2) = 3; x(-1) = x(-2) = 2$。将求出的解 $y(n)$ 分解为（ⅰ）暂态响应,（ⅱ）稳态响应,（ⅲ）零输入响应,和（ⅳ）零状态响应。

P4.25 一稳定线性时不变系统由下面系统函数描述:

$$H(z) = \frac{4z^2 - 2\sqrt{2}z + 1}{z^2 - 2\sqrt{2} + 4}$$

1. 求这个系统的差分方程。

2. 画出 $H(z)$ 的零点和极点,并指出收敛域(ROC)。

3. 求这个系统的单位脉冲响应 $h(n)$。

4. 这个系统是稳定的吗? 若回答"是",陈述为什么是;若答案为"否",找一个满足该系统函数的因果单位脉冲响应。

P4.26　求系统

$$y(n) = 0.9801y(n-2) + x(n) + 2x(n-1) + x(n-2), n \geqslant 0;$$
$$y(-1) = 0, y(-2) = 1$$

对输入

$$x(n) = 5(-1)^n u(n)$$

的零输入、零状态和稳态响应。

离散傅里叶变换

5

第 3 和第 4 章研究了离散(时间)信号的变换域表示。离散时间傅里叶变换给出了绝对可加序列的频域(ω)表示,z 变换对任意序列则给出了广义频域(z)表示。这些变换有两个共同的特点。首先,变换都是对无限长序列定义的;第二,也是最重要的一点,它们都是连续变量(ω 或 z)的函数。从数值计算(或从 MATLAB)的观点来看,这两个特点都是挺麻烦的,因为这就不得不在不可计算的无限频率点上求无限和。为了使用 MATLAB,必须要将序列截断(或截尾),然后在有限的很多点上求表达式。这就是在前两章很多例子中已经做过的那样。这种求值明显地对真正准确的计算来说是近似的。总之,离散时间傅里叶变换和 z 变换都不是数值可计算的变换。

因此,现在要将注意力转到数值上可计算的变换上来。通过在频域(或者 z 变换在单位圆上)对离散时间傅里叶变换采样就可获得这点。首先,通过分析周期序列来建立这种变换。根据傅里叶分析知道,一个周期函数(序列)总是可以用成谐波关系的复指数的线性组合来表示(这就是采样的形式),这就给出了离散傅里叶级数(或 DFS)表示。因为采样是在频域,所以要研究采样在时域的效果,以及在 z 域的重建问题。然后将 DFS 推广到有限长序列,这就导致一种新的变换称为离散傅里叶变换(或 DFT)。DFT 避开了上面提到的两个难题,而且是一种特别适合计算机实现的数值可计算的变换。要详细研究它的性质和在系统分析中的应用。DFT 的数值计算对长序列来说也是费时惊人的,因此为高效计算 DFT 已经建立了几种算法,这些统称为快速傅里叶变换(或 FFT)算法,将详细研究其中的两种算法。

5.1 离散傅里叶级数

第 2 章用 $\tilde{x}(n)$ 定义为周期序列,它满足条件

$$\tilde{x}(n) = \tilde{x}(n+kN), \ \forall \, n,k \tag{5.1}$$

式中 N 是序列的基波周期。由傅里叶分析知道,周期函数能用复指数的线性组合来合成,这些复指数的频率都是基波频率(现在为 $2\pi/N$)的倍数(或谐波)。从离散时间傅里叶变换的频域周期性可以得出存在有限个谐波,这些频率是 $\{\frac{2\pi}{N}k, k=0,1,\cdots,N-1\}$。因此,一个周期序列 $\tilde{x}(n)$ 可以表示为

$$\tilde{x}(n) = \frac{1}{N}\sum_{k=0}^{N-1}\tilde{X}(k)e^{j\frac{2\pi}{N}kn}, \ n=0,\pm 1,\cdots \tag{5.2}$$

式中 $\{\tilde{X}(k), k=0,\pm 1,\cdots\}$ 称为离散傅里叶级数系数,它们由下式给出:

$$\widetilde{X}(k) = \sum_{n=0}^{N-1} \widetilde{x}(n) e^{-j\frac{2\pi}{N}nk} , \ k = 0, \pm 1, \cdots \tag{5.3}$$

值得注意的是 $\widetilde{X}(k)$ 本身就是一个(复数值)周期序列,基波周期等于 N,也即

$$\widetilde{X}(k+N) = \widetilde{X}(k) \tag{5.4}$$

(5.3)式和(5.2)式这一对方程合在一起称为周期序列的离散傅里叶级数表示。将 $W_N \triangleq e^{-j\frac{2\pi}{N}}$ 用来表示复指数项,可将(5.3)式和(5.2)式表示为

$$\widetilde{X}(k) \triangleq DFS[\widetilde{x}(n)] = \sum_{n=0}^{N-1} \widetilde{x}(n) W_N^{nk} \quad :分析式或 DFS 方程$$

$$\widetilde{x}(n) \triangleq IDFS[\widetilde{X}(k)] = \frac{1}{N}\sum_{k=0}^{N-1} \widetilde{X}(k) W_N^{-nk} \quad :综合式或逆 DFS 方程 \tag{5.5}$$

例题 5.1　求下面给出的周期序列的 DFS 表示

$$\widetilde{x}(n) = \{\cdots,0,1,2,3,0,1,2,3,0,1,2,3,\cdots\}$$

题解

上面序列的基波周期是 $N=4$,所以 $W_4 = e^{-j\frac{2\pi}{4}} = -j$,现在

$$\widetilde{X}(k) = \sum_{n=0}^{3} \widetilde{x}(n) W_4^{nk} , \ k = 0, \pm 1, \pm 2, \cdots$$

所以

$$\widetilde{X}(0) = \sum_{0}^{3} \widetilde{x}(n) W_4^{0 \cdot n} = \sum_{0}^{3} \widetilde{x}(n) = \widetilde{x}(0) + \widetilde{x}(1) + \widetilde{x}(2) + \widetilde{x}(3) = 6$$

同理,

$$\widetilde{X}(1) = \sum_{0}^{3} \widetilde{x}(n) W_4^{n} = \sum_{0}^{3} \widetilde{x}(n)(-j)^n = (-2+2j)$$

$$\widetilde{X}(2) = \sum_{0}^{3} \widetilde{x}(n) W_4^{2n} = \sum_{0}^{3} \widetilde{x}(n)(-j)^{2n} = -2$$

$$\widetilde{X}(3) = \sum_{0}^{3} \widetilde{x}(n) W_4^{3n} = \sum_{0}^{3} \widetilde{x}(n)(-j)^{3n} = (-2-2j)$$

5.1.1　MATLAB 实现

仔细观察一下(5.5)式就看出,DFS 是一个数值上可以计算的表示。它可用许多方法给予实现。为了计算每一样本 $\widetilde{X}(k)$,能够作为一个 for ... end 循环的和式来实现;为了计算所有的 DFS 系数就需要另一个 for ... end 循环,这就会得到一种嵌套两个 for ... end 循环的实现。在 MATLAB 中,这显然是效率很低的。MATLAB 的一种高效实现是对(5.5)式中的每一关系采用矩阵向量乘法,在实现离散时间傅里叶变换的数值近似中早先已用过这一办法。令 $\widetilde{x}$ 和 $\widetilde{X}$ 分别表示对应于序列 $\widetilde{x}(n)$ 和 $\widetilde{X}(k)$ 主周期的列向量,那么(5.5)式给出为

$$\widetilde{X} = W_N \widetilde{x}$$

$$\widetilde{x} = \frac{1}{N} W_N^* \widetilde{X} \tag{5.6}$$

其中矩阵 W_N 由下式给出：

$$W_N \overset{\Delta}{=} [W_N^{kn}{}_{0\leqslant k,\, n\leqslant N-1}] = \begin{matrix} k \downarrow \end{matrix} \begin{bmatrix} & & n \to & \\ 1 & 1 & \cdots & 1 \\ 1 & W_N^1 & \cdots & W_N^{(N-1)} \\ \vdots & \vdots & & \vdots \\ 1 & W_N^{(N-1)} & \cdots & W_N^{(N-1)^2} \end{bmatrix} \tag{5.7}$$

矩阵 W_N 是一个方阵，称为 DFS 矩阵。下面的 MATLAB 函数 dfs 实现上面的过程。

```
function [Xk] = dfs(xn,N)
% Computes Discrete Fourier Series Coefficients
% ------------------------------------------
% [Xk] = dfs(xn,N)
% Xk = DFS coeff. array over 0 <= k <= N-1
% xn = One period of periodic signal over 0 <= n <= N-1
% N = Fundamental period of xn
%
n = [0:1:N-1];              % Row vector for n
k = [0:1:N-1];              % Row vecor for k
WN = exp(-j*2*pi/N);        % Wn factor
nk = n'*k;                  % Creates a N by N matrix of nk values
WNnk = WN .^ nk;            % DFS matrix
Xk = xn * WNnk;             % Row vector for DFS coefficients
```

在例题 5.1 中的 DFS 可用 MATLAB 计算如下：

```
>> xn = [0,1,2,3]; N = 4; xk = dfs(xn,N)
Xk =
   6.0000      -2.0000 + 2.0000i  -2.0000 - 0.0000i  -2.0000 - 2.0000i
```

下面的 idfs 函数实现综合方程。

```
function [xn] = idfs(Xk,N)
% Computes Inverse Discrete Fourier Series
% ------------------------------------------
% [xn] = idfs(Xk,N)
% xn = One period of periodic signal over 0 <= n <= N-1
% Xk = DFS coeff. array over 0 <= k <= N-1
% N = Fundamental period of Xk
%
n = [0:1:N-1];              % row vector for n
k = [0:1:N-1];              % row vecor for k
WN = exp(-j*2*pi/N);        % Wn factor
```

```
nk = n' * k;                % creates a N by N matrix of nk values
WNnk = WN .^ ( - nk);       % IDFS matrix
xn = (Xk * WNnk)/N;         % row vector for IDFS values
```

注意： 上面的函数在 MATLAB 中是实现(5.5)式的高效途径,但它们不是在计算上高效的, 特别是对大的 N 来说。在本章稍后将讨论这个问题。

例题 5.2 一周期"方波"序列由下式给出:

$$\widetilde{x}(n) = \begin{cases} 1, & mN \leqslant n \leqslant mN+L-1 \\ 0, & mN+L \leqslant n \leqslant (m+1)N-1 \end{cases}; \ m = 0, \pm 1, \pm 2, \cdots$$

式中 N 是基波周期,而 L/N 是占空比。

a. 用 L 和 N 求 $|\widetilde{X}(k)|$ 的表达式。

b. 对 $L=5, N=20; L=5, N=40; L=5, N=60; L=7, N=60$ 画出幅度 $|\widetilde{X}(k)|$。

c. 讨论所得结果。

题解

对于 $L=5$ 和 $N=20$ 的这个序列图如图 5.1 所示

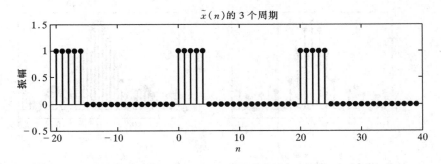

图 5.1 周期方波序列

a. 应用分析方程(5.3)式

$$\widetilde{X}(k) = \sum_{n=0}^{N-1} \widetilde{x}(n) e^{-j\frac{2\pi}{N}nk} = \sum_{n=0}^{L-1} e^{-j\frac{2\pi}{N}nk} = \sum_{n=0}^{L-1} (e^{-j\frac{2\pi}{N}k})^n$$

$$= \begin{cases} L, & k = 0, \pm N, \pm 2N, \cdots \\ \dfrac{1-e^{-j2\pi Lk/N}}{1-e^{-j2\pi k/N}}, & \text{其余 } k \end{cases}$$

最后一步由有限项几何级数和的公式(2.7)式得出。最后表达式可简化为

$$\frac{1-e^{-j2\pi Lk/N}}{1-e^{-j2\pi k/N}} = \frac{e^{-j\pi Lk/N}}{e^{-j\pi k/N}} \frac{e^{j\pi Lk/N} - e^{-j\pi Lk/N}}{e^{j\pi k/N} - e^{-j\pi k/N}}$$

$$= e^{-j\pi(L-1)k/N} \frac{\sin(\pi kL/N)}{\sin(\pi k/N)}$$

或者 $\widetilde{X}(k)$ 的幅度为

$$| \widetilde{X}(k) | = \begin{cases} L, & k = 0, \pm N, \pm 2N, \cdots \\ \left| \dfrac{\sin(\pi kL/N)}{\sin(\pi k/N)} \right|, & \text{其余 } k \end{cases}$$

b. 对 $L=5$ 和 $N=20$ 的 MATLAB 脚本给出如下。

```
>> L = 5; N = 20; k = [−N/2:N/2];              % Sq wave parameters
>> xn = [ones (1, L), zeros(1,N−L)];            % Sq wave x(n)
>> Xk = dfs(xn,N);                              % DFS
>> magXk = abs([Xk(N/2+1:N) Xk(1:N/2+1)]);      % DFS magnitude
>> subplot(2,2,1); stem(k,magXk); axis([−N/2,N/2,−0.5,5.5])
>> xlabel('k'); ylabel('Amplitude')
>> title('DFS of SQ. wave: L = 5, N = 20')
```

上述情况及所有其他情况下的图如图 5.2 所示。注意，$\widetilde{X}(k)$ 是周期的，这些图都是从 $-N/2$ 到 $N/2$ 展示出来的。

c. 从图 5.2 中可以得出几点有益的结论。方波 DFS 系统的包络看起来像"sinc"函数，在 $k=0$ 的幅度是等于 L，而函数的零点是在 N/L 的整倍数点，而 N/L 就是占空比的倒数。在本章稍后将研究这些函数。

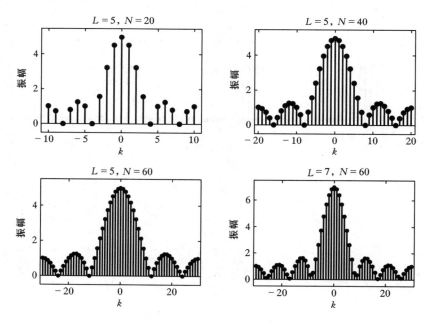

图 5.2 对于各种 L 和 N 下，周期方波的 DFS 图

5.1.2 与 z 变换的关系

设 $x(n)$ 为一有限长序列，长度为 N，即

$$x(n) = \begin{cases} 非零, & 0 \leqslant n \leqslant N-1 \\ 0, & 其余\, n \end{cases} \tag{5.8}$$

那么,能求它的 z 变换为

$$X(z) = \sum_{n=0}^{N-1} x(n) z^{-n} \tag{5.9}$$

现在以周期 N,周期重复 $x(n)$ 构造一个周期序列 $\widetilde{x}(n)$;也即

$$x(n) = \begin{cases} \widetilde{x}(n), & 0 \leqslant n \leqslant N-1 \\ 0, & 其余\, n \end{cases} \tag{5.10}$$

$\widetilde{x}(n)$ 的 DFS 给出为

$$\widetilde{X}(k) = \sum_{n=0}^{N-1} \widetilde{x}(n) \mathrm{e}^{-\mathrm{j}\frac{2\pi}{N}nk} = \sum_{n=0}^{N-1} x(n) \left[\mathrm{e}^{\mathrm{j}\frac{2\pi}{N}k} \right]^{-n} \tag{5.11}$$

将它与(5.9)式比较后有

$$\widetilde{X}(k) = X(z) \mid_{z=\mathrm{e}^{\mathrm{j}\frac{2\pi}{N}k}} \tag{5.12}$$

这就是说,DFS $\widetilde{X}(k)$ 代表了 z 变换 $X(z)$ 在单位圆上 N 个等间隔样本。

5.1.3 与 DTFT 的关系

因为(5.8)式的 $x(n)$ 是有限长的,长度为 N,所以也是绝对可加的。因此,它的 DTFT 存在,并给出为

$$X(\mathrm{e}^{\mathrm{j}\omega}) = \sum_{n=0}^{N-1} x(n) \mathrm{e}^{-\mathrm{j}\omega n} = \sum_{n=0}^{N-1} \widetilde{x}(n) \mathrm{e}^{-\mathrm{j}\omega n} \tag{5.13}$$

将(5.13)式与(5.11)式比较后有

$$\widetilde{X}(k) = X(\mathrm{e}^{\mathrm{j}\omega}) \mid_{\omega=\frac{2\pi}{N}k} \tag{5.14}$$

令

$$\omega_1 \triangleq \frac{2\pi}{N} \ 和 \ \omega_k \triangleq \frac{2\pi}{N} k = k\omega_1$$

那么,DFS $\widetilde{X}(k) = X(\mathrm{e}^{\mathrm{j}\omega_k}) = X(\mathrm{e}^{\mathrm{j}k\omega_1})$,这意味着 DFS 可以通过以 $\omega_1 = \frac{2\pi}{N}$ 间隔对 DTFT 均匀采样而得到。由(5.12)式和(5.14)式可见,DFS 表示给出了一种在频域的采样机理,而这个在原理上是类似于时域采样的。间隔 $\omega_1 = \frac{2\pi}{N}$ 是在频域的采样间隔,也称为频率分辨率。因为它告诉我们频率样本(或测量)有多密。

例题 5.3 令 $x(n) = \{0, 1, 2, 3\}$

a. 计算它的离散时间傅里叶变换 $X(\mathrm{e}^{\mathrm{j}\omega})$。

b. 在 $k\omega_1 = \frac{2\pi}{4}k, k=0,1,2,3$ 对 $X(\mathrm{e}^{\mathrm{j}\omega})$ 采样,并证明它等于在例题 5.1 中的 $\widetilde{X}(k)$。

题解

序列 $x(n)$ 不是周期的,但是有限长的。

a. 离散时间傅里叶变换给出为

$$X(e^{j\omega}) = \sum_{n=-\infty}^{\infty} x(n)e^{-j\omega n} = e^{-j\omega} + 2e^{-j2\omega} + 3e^{-j3\omega}$$

b. 在 $k\omega_1 = \dfrac{2\pi}{4}k, k = 0, 1, 2, 3,$ 采样得到

$$X(e^{j0}) = 1 + 2 + 3 = 6 = \widetilde{X}(0)$$

$$X(e^{j2\pi/4}) = e^{-j2\pi/4} + 2e^{-j4\pi/4} + 3e^{-j6\pi/4} = -2 + 2j = \widetilde{X}(1)$$

$$X(e^{j4\pi/4}) = e^{-j4\pi/4} + 2e^{-j8\pi/4} + 3e^{-j12\pi/4} = -2 = \widetilde{X}(2)$$

$$X(e^{j6\pi/4}) = e^{-j6\pi/4} + 2e^{-j12\pi/4} + 3e^{-j18\pi/4} = -2 - 2j = \widetilde{X}(3)$$

与例题 5.1 结果一样。 ∎

5.2 在 z 域采样和重建

设 $x(n)$ 是一任意绝对可加序列,可以是无限长。它的 z 变换给出为

$$X(z) = \sum_{m=-\infty}^{\infty} x(m)z^{-m}$$

假定 $X(z)$ 的 ROC 包括单位圆。现在单位圆上以相距角度 $\omega_1 = 2\pi/N$ 的等分点对 $X(z)$ 采样,并称它为一个 DFS 序列为

$$\widetilde{X}(k) \triangleq X(z)\mid_{z=e^{j\frac{2\pi}{N}k}}, \ k = 0, \pm 1, \pm 2, \cdots \qquad (5.15)$$

$$= \sum_{m=-\infty}^{\infty} x(m)e^{-j\frac{2\pi}{N}km} = \sum_{m=-\infty}^{\infty} x(m)W_N^{km}$$

它是周期的,周期为 N。最后计算 $\widetilde{X}(k)$ 的 IDFS

$$\widetilde{x}(n) = \text{IDFS}[\widetilde{X}(k)]$$

它也是周期的,周期为 N。很显然,任意序列 $x(n)$ 和这个周期序列 $\widetilde{x}(n)$ 之间一定存在有某种关系。这是一个很重要的论题。为了数值上计算反 DTFT 或反 z 变换,必须沿单位圆处理有限个 $X(z)$ 的样本数。因此,我们必须要知道这样的频域采样在时域序列上的效果。这一关系很容易求得。

$$\widetilde{x}(n) = \frac{1}{N}\sum_{k=0}^{N-1} \widetilde{X}(k)W_N^{-kn} \qquad (\text{由}(5.2))$$

$$= \frac{1}{N}\sum_{k=0}^{N-1}\Big\{\sum_{m=-\infty}^{\infty} x(m)W_N^{km}\Big\}W_N^{-kn} \qquad (\text{由}(5.15))$$

或者,

$$\widetilde{x}(n) = \sum_{m=-\infty}^{\infty} x(m)\underbrace{\frac{1}{N}\sum_{0}^{N-1}W_N^{-k(n-m)}}_{=\begin{cases}1, & n-m=rN \\ 0, & \text{其余} n\end{cases}} = \sum_{m=-\infty}^{\infty} x(m)\sum_{r=-\infty}^{\infty}\delta(n-m-rN)$$

$$= \sum_{r=-\infty}^{\infty}\sum_{m=-\infty}^{\infty} x(m)\delta(n-m-rN)$$

或者

$$\tilde{x}(n) = \sum_{r=-\infty}^{\infty} x(n-rN) = \cdots + x(n+N) + x(n) + x(n-N) + \cdots \qquad (5.16)$$

这表示当在单位圆上对 $X(z)$ 采样时在时域得到一个周期序列。这个序列是原序列 $x(n)$ 和它的无穷多个移位 $\pm N$ 整倍数的复本的线性组合。我们将在例题 5.5 中给予说明。从 (5.16) 式可见，如果 $x(n)=0, n<0$ 和 $n \geqslant N$，那么在时域就不存在重合或混叠。因此应该有可能从 $\tilde{x}(n)$ 中识别出或恢复出 $x(n)$，即

$$x(n) = \tilde{x}(n), \ 0 \leqslant n \leqslant (N-1)$$

或者

$$x(n) = \tilde{x}(n) \, \mathcal{R}_N(n) = \begin{cases} \tilde{x}(n), & 0 \leqslant n \leqslant N-1 \\ 0, & \text{其余 } n \end{cases}$$

其中 $\mathcal{R}_N(n)$ 称为长度为 N 的矩形窗。从而有下面定理。

定理 1　频率采样

　　如果 $x(n)$ 是时限（也即有限长）到 $[0, N-1]$，那么 $X(z)$ 在单位圆上的 N 个样本就能对全部 z 确定 $X(z)$。

例题 5.4　设 $x_1(n) = \{6, 5, 4, 3, 2, 1\}$，它的 DTFT $X_1(\text{e}^{\text{j}\omega})$ 在

$$\omega_k = \frac{2\pi k}{4}, \ k = 0, \pm 1, \pm 2, \pm 3, \cdots$$

被采样以得到一个 DFS 序列 $\tilde{X}_2(k)$。求 $\tilde{X}_2(k)$ 的逆 DFS 序列 $\tilde{x}_2(n)$。

题解

　　不用计算 DTFT、DFS 或反（逆）DFS，利用混叠公式 (5.16) 式就能求出 $\tilde{x}_2(n)$

$$\tilde{x}_2(n) = \sum_{r=-\infty}^{\infty} x_1(n-4r)$$

由此，$x(4)$ 是混叠到 $x(0)$，而 $x(5)$ 是混叠到 $x(1)$ 中去了，所以

$$\tilde{x}_2(n) = \{\cdots, 8, 6, 4, 3, 8, 6, 4, 3, 8, 6, 4, 3, \cdots\}$$

例题 5.5　设 $x(n) = (0.7)^n u(n)$，用 $N = 5, 10, 20$ 和 50 对它在单位圆上的 z 变换采样，并研究它在时域的效果。

题解

　　由表 4.1，$x(n)$ 的 z 变换是

$$X(z) = \frac{1}{1 - 0.7z^{-1}} = \frac{z}{z - 0.7}, \ |z| > 0.7$$

现在用 MATLAB 实现采样运算

$$\tilde{X}(k) = X(z) \big|_{z=\text{e}^{\text{j}2\pi k/N}}, \ k = 0, \pm 1, \pm 2, \cdots$$

和逆 DFS 计算以确定相应的时域序列。对 $N=5$ 的 MATLAB 脚本给出如下。

```
>> N = 5; k = 0:1:N-1;                    % Sample index
>> wk = 2 * pi * k/N; zk = exp(j * wk);   % Samples of z
>> Xk = (zk) ./(zk - 0.7);                % DFS as samples of X(z)
>> xn = real(idfs(Xk,N));                 % IDFS
>> xtilde = xn' * ones(1,8); xtilde = (xtilde(:))';  % Periodic sequence
>> subplot(2,2,1); stem(0:39,xtilde);axis([0,40, - 0.1,1.5])
>> ylabel('Amplitude'); title('N = 5')
```

图 5.3 清楚说明了在时域的混叠效果,特别是 $N=5$ 和 $N=10$ 时尤为明显。对于大的 N 值,$x(n)$ 的尾端非常小,未能形成事实上可见的混叠量。在做变换之前如何有效地截断一个无限长序列,这样的信息是有用的。

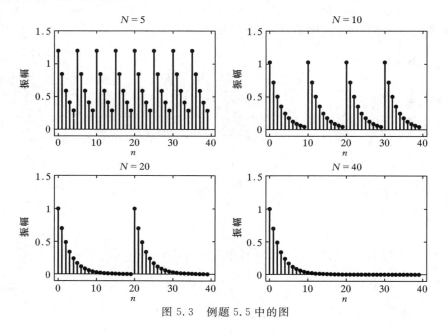

图 5.3 例题 5.5 中的图

5.2.1 z 变换重建公式

设 $x(n)$ 是时限到 $[0, N-1]$,那么根据定理 1 应该有可能利用样本 $\widetilde{X}(k)$ 恢复 z 变换 $X(z)$。这就给出为

$$X(z) = \mathcal{Z}[x(n)] = \mathcal{Z}[\widetilde{x}(n)\,\mathcal{R}_N(n)] = \mathcal{Z}[\text{IDFS}\{\underbrace{\widetilde{X}(k)}_{X(z)\text{的样本}}\}\,\mathcal{R}_N(n)]$$

上述途径产生 z 域重建公式为

$$X(z) = \sum_0^{N-1} x(n)z^{-n} = \sum_0^{N-1} \widetilde{x}(n)z^{-n} = \sum_0^{N-1}\left\{\frac{1}{N}\sum_0^{N-1}\widetilde{X}(k)W_N^{-kn}\right\}z^{-n}$$

$$= \frac{1}{N}\sum_{k=0}^{N-1}\widetilde{X}(k)\left\{\sum_0^{N-1}W_N^{-kn}z^{-n}\right\} = \frac{1}{N}\sum_{k=0}^{N-1}\widetilde{X}(k)\left\{\sum_0^{N-1}(W_N^{-k}z^{-1})^n\right\}$$

$$= \frac{1}{N} \sum_{k=0}^{N-1} \widetilde{X}(k) \left\{ \frac{1 - W_N^{-kN} z^{-N}}{1 - W_N^{-k} z^{-1}} \right\}$$

因为 $W_N^{-kN} = 1$，有

$$X(z) = \frac{1 - z^{-N}}{N} \sum_{k=0}^{N-1} \frac{\widetilde{X}(k)}{1 - W_N^{-k} z^{-1}} \tag{5.17}$$

5.2.2　DTFT 内插公式

(5.17)式的重建公式对离散时间傅里叶变换可具体化到在单位圆 $z = e^{j\omega}$ 上对它求值，那么

$$X(e^{j\omega}) = \frac{1 - e^{-j\omega N}}{N} \sum_{k=0}^{N-1} \frac{\widetilde{X}(k)}{1 - e^{j2\pi k/N} e^{-j\omega}} = \sum_{k=0}^{N-1} \widetilde{X}(k) \frac{1 - e^{-j\omega N}}{N\{1 - e^{j2\pi k/N} e^{-j\omega}\}}$$

考虑

$$\frac{1 - e^{-j\omega N}}{N\{1 - e^{j2\pi k/N} e^{-j\omega}\}} = \frac{1 - e^{-j(\omega - \frac{2\pi k}{N})N}}{N\{1 - e^{-j(\omega - \frac{2\pi k}{N})}\}}$$

$$= \frac{e^{-j\frac{N}{2}(\omega - \frac{2\pi k}{N})}}{e^{-\frac{1}{2}j(\omega - \frac{2\pi k}{N})}} \left\{ \frac{\sin\left[\left(\omega - \frac{2\pi k}{N}\right)\frac{N}{2}\right]}{N\sin\left[\left(\omega - \frac{2\pi k}{N}\right)\frac{1}{2}\right]} \right\}$$

令

$$\Phi(\omega) \triangleq \frac{\sin\left(\frac{\omega N}{2}\right)}{N\sin\left(\frac{\omega}{2}\right)} e^{-j\omega\left(\frac{N-1}{2}\right)}: \text{一种内插函数} \tag{5.18}$$

那么

$$X(e^{j\omega}) = \sum_{k=0}^{N-1} \widetilde{X}(k) \Phi\left(\omega - \frac{2\pi k}{N}\right) \tag{5.19}$$

这就是从样本 $\widetilde{X}(k)$ 重建 $X(e^{j\omega})$ 的 DTFT 内插公式。因为 $\Phi(0) = 1$，就有 $X(e^{j2\pi k/N}) = \widetilde{X}(k)$，这表示在采样点上内插是准确的。回想一下对模拟信号的时域内插公式(3.33)式

$$x_a(t) = \sum_{n=-\infty}^{\infty} x(n) \text{sinc}[F_s(t - nT_s)] \tag{5.20}$$

这个 DTFT 内插公式(5.19)式看起来和它是很类似的。

然而，这里有一些不同。首先，时域重建公式(5.20)式重建的是任意非周期模拟信号，而频域公式(5.19)式则给出的是一个周期波形。其次，在(5.19)式用的是 $\frac{\sin(Nx)}{N\sin x}$ 内插函数，而不是我们更为熟悉的 $\frac{\sin x}{x}$ (sinc) 函数。因此，$\Phi(\omega)$ 函数有时又称为周期 sinc 函数，它本身是周期的，也称为 Dirichlet 函数。这就是在例题 5.2 中所看到的函数。

5.2.3　MATLAB 实现

当试图在实际上实现(5.19)式的内插公式时，遇到了在实现(5.20)式时所碰到的同一问

题。必须要产生若干内插多项式(5.18)式,并实施它们的线性组合以从计算出的样本 $\tilde{X}(k)$ 得到离散时间傅里叶变换 $X(e^{j\omega})$。再者,在 MATLAB 中还必须在 $0 \leqslant \omega \leqslant 2\pi$ 内一个更加细密的栅格上求(5.19)式。这显然不是一个高效的方法。另一种方法是用三次样条内插函数,如同在对(5.19)式所做的有效近似一样,这就是在第 3 章为实现(5.20)式所做的。然而,还有另一种更为高效的方法是基于 DFT,这将在下一节研究。

5.3 离散傅里叶变换

离散傅里叶级数提供了一种数值计算离散时间傅里叶变换的机理,同时也提醒我们在时域混叠的潜在问题。数学上所说的就是离散时间傅里叶变换的采样就会产生一个周期序列 $\tilde{x}(n)$。但是,实际上大多数信号都不是周期的,很可能它们是有限长的。对这类信号如何建立一个数值上可计算的傅里叶变换?理论上,可以考虑定义一个周期信号,它的主值区间就是这个有限长信号,然后对这个周期信号应用 DFS。实际上可以定义一个新的变换称为**离散傅里叶变换(DFT)**,它就是这个 DFS 的主值周期。这个 DFT 就是任意有限长序列的最终数值可计算的傅里叶变换。

首先定义一个有限长序列 $x(n)$,它在 $0 \leqslant n \leqslant N-1$ 上有 N 个样本,作为一个 N 点序列。令 $\tilde{x}(n)$ 是用这个 N 点序列 $x(n)$ 创建的一个周期为 N 的周期信号,也即由(5.19)式

$$\tilde{x}(n) = \sum_{r=-\infty}^{\infty} x(n-rN)$$

这是一个稍微有点繁琐的表示。利用在宗量上作模 N(modulo-N)运算可以简化为

$$\tilde{x}(n) = x(n \bmod N) \tag{5.21}$$

说明这种运算的一种简单方法如下:如果宗量 n 是在 0 和 $N-1$ 之间,那就是它自己;否则,从 n 开始加或减 N 的倍数,直到结果是在 0 和 $N-1$ 之间为止。特别要注意,(5.21)式仅当 $x(n)$ 的长度是 N 或小于 N 时才成立。另外,用下面方便的符号来代表 modulo-N 运算

$$x((n))_N \triangleq x(n \bmod N) \tag{5.22}$$

那么 $x(n)$ 和 $\tilde{x}(n)$ 之间紧凑关系是

$$\begin{aligned} \tilde{x}(n) &= x((n))_N && \text{(周期延拓)} \\ x(n) &= \tilde{x}(n)\,\mathcal{R}_N(n) && \text{(时窗运算)} \end{aligned} \tag{5.23}$$

MATLAB 中的 rem(n,N) 函数用于求出 n 被 N 除所剩余因子。这个函数可用于实现当 $n \geqslant 0$ 时的 modulo-N 运算。当 $n<0$ 时,需要修正这个结果以得到正确的值。这就如下在 m = mod(n,N) 函数中所指出的。

```
function m = mod(n,N)
% Computes m = (n mod N) index
% --------------------------
% m = mod(n,N); m = rem(n,N); m = m+N; m = rem(m,N);
```

在这个函数中 n 可以是任何整数数组,数组 m 包含了对应的 modulo-N 值。

从频率采样定理可以得出,N 点序列 $x(n)$ 的离散时间傅里叶变换 $X(e^{j\omega})$ 的 N 个等分样

本能够唯一重建 $X(e^{j\omega})$。沿单位圆的这 N 个样本称为离散傅里叶变换系数。令 $\widetilde{X}(k)=$ DFS $\widetilde{x}(n)$，它是一个周期序列（因此也是无限长序列），那么它的主值区间就是离散傅里叶变换，而它是有限长的。这些概念清楚表明在下面定义中。一个 N 点序列的离散傅里叶变换给出为

$$X(k) \triangleq \text{DFT}[x(n)] = \begin{cases} \widetilde{X}(k), & 0 \leqslant k \leqslant N-1 \\ 0, & \text{其余 } k \end{cases} = \widetilde{X}(k)\,\mathcal{R}_N(k)$$

或者

$$X(k) = \sum_{n=0}^{N-1} x(n) W_N^{nk}, \ 0 \leqslant k \leqslant N-1 \tag{5.24}$$

注意，DFT $X(k)$ 也是一个 N 点序列，这就是说，它不是定义在 $0 \leqslant k \leqslant N-1$ 的外面。由 (5.23) 式 $\widetilde{X}(k)=X((k))_N$，这就是说，在 $0 \leqslant k \leqslant N-1$ 区间之外面仅是 DFS $\widetilde{X}(k)$ 被定义。当然，它是 $X(k)$ 的周期延拓。最后，$X(k)=\widetilde{X}(k)\mathcal{R}_N(k)$ 意味着 DFT $X(k)$ 是 $\widetilde{X}(k)$ 的主值区间。

一个 N 点的 DFT $X(k)$ 的逆离散傅里叶变换给出为

$$x(n) \triangleq \text{IDFT}[X(k)] = \widetilde{x}(n)\,\mathcal{R}_N(n)$$

或者

$$x(n) = \frac{1}{N}\sum_{k=0}^{N-1} X(k) W_N^{-kn}, \ 0 \leqslant n \leqslant N-1 \tag{5.25}$$

$x(n)$ 还是不能定义在 $0 \leqslant n \leqslant N-1$ 区间的外面，$x(n)$ 在这个范围以外的延拓就是 $\widetilde{x}(n)$。

5.3.1 MATLAB 实现

从这一节前面部分的讨论很清楚，当 $0 \leqslant n \leqslant N-1$ 时，DFS 实际上等效于 DFT。因此，DFT 的实现能够以类似的方式完成。如果将 $x(n)$ 和 $X(k)$ 分别安排为列向量 $\boldsymbol{x}$ 和 $\boldsymbol{X}$，那么由 (5.24) 式和 (5.25) 式就有

$$\boldsymbol{X} = \boldsymbol{W}_N \boldsymbol{x}$$
$$\boldsymbol{x} = \frac{1}{N}\boldsymbol{W}_N^* \boldsymbol{X} \tag{5.26}$$

其中 $\boldsymbol{W}_N$ 是由 (5.7) 式定义的矩阵，现在称它为 DFT 矩阵。所以先前的 dfs 和 idfs MATLAB 函数就能重新命名为 dft 和 idft 函数并用于实现离散傅里叶变换计算。

```
function [Xk] = dft(xn,N)
% Computes Discrete Fourier Transform
% ---------------------------------------------
% [Xk] = dft (xn,N)
% Xk = DFT coeff. array over 0 <= k <= N-1
% xn = N-point finite-duration sequence
% N = Length of DFT
%
n = [0:1:N-1];                % Row vector for n
k = [0:1:N-1];                % Row vecor for k
WN = exp(-j*2*pi/N);          % Wn factor
```

```
nk = n' * k;                    % Creates a N by N matrix of nk values
WNnk = WN .^ nk;                % DFT matrix
Xk = xn * WNnk;                 % Row vector for DFT coefficients

function [xn] = idft(Xk,N)
% Computes Inverse Discrete Transform
% ----------------------------------------------
% [xn] = idft (Xk,N)
% xn = N - point sequence over 0 <= n <= N - 1
% Xk = DFT coeff. array over 0 <= k <= N - 1
% N = length of DFT
%
n = [0:1:N - 1];                % Row vector for n
k = [0:1:N - 1];                % Row vecor for k
WN = exp( - j * 2 * pi/N);      % Wn factor
nk = n' * k;                    % Creates a N by N matrix of nk values
WNnk = WN .^ ( - nk);           % IDFT matrix
xn = (Xk * WNnk)/N;             % Row vector for IDFT values
```

例题 5.6　设 $x(n)$ 是 4 点序列为

$$x(n) = \begin{cases} 1, \ 0 \leqslant n \leqslant 3 \\ 0, \ \text{其余 } n \end{cases}$$

　　a. 计算离散时间傅里叶变换 $X(e^{j\omega})$，并画出它的幅度和相位。

　　b. 计算 $x(n)$ 的 4 点 DFT。

题解

　　a. 离散时间傅里叶变换为

$$X(e^{j\omega}) = \sum_{0}^{3} x(n)e^{-j\omega n} = 1 + e^{-j\omega} + e^{-j2\omega} + e^{-j3\omega}$$

$$= \frac{1 - e^{-j4\omega}}{1 - e^{-j\omega}} = \frac{\sin(2\omega)}{\sin(\omega/2)} e^{-j3\omega/2}$$

所以
$$|X(e^{j\omega})| = \left| \frac{\sin(2\omega)}{\sin(\omega/2)} \right|$$

$$\angle X(e^{j\omega}) = \begin{cases} -\dfrac{3\omega}{2}, & \text{当} \dfrac{\sin(2\omega)}{\sin(\omega/2)} > 0 \\ -\dfrac{3\omega}{2} \pm \pi, & \text{当} \dfrac{\sin(2\omega)}{\sin(\omega/2)} < 0 \end{cases}$$

图见图 5.4。

　　b. 用 $X_4(k)$ 表示它的 4 点 DFT，那么

$$X_4(k) = \sum_{n=0}^{3} x(n)W_4^{nk}; \ k = 0,1,2,3; \ W_4 = e^{-j2\pi/4} = -j$$

这些计算与例题 5.1 是类似的。也能够用 MATLAB 计算这个 DFT。

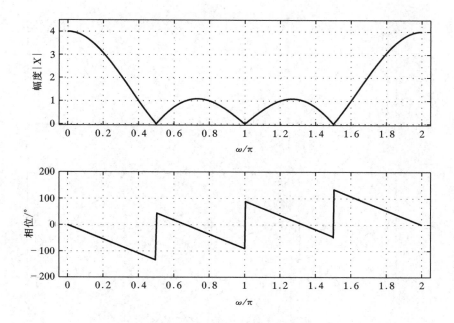

图 5.4　例题 5.6 中的 DTFT 图

```
>> x = [1,1,1,1]; N = 4; X = dft (x,N);
>> magX = abs (X), phaX = angle (X) * 180/pi
magX =
    4.0000      0.0000      0.0000      0.0000
phaX =
         0   - 134.9810   - 90.0000   - 44.9979
```

所以

$$X_4(k) = \{4,0,0,0\}$$

要注意,当幅度采样是零时,相应的相位并不是零。这是由于用 MATLAB 计算相位部分所用的特定算法所致。一般来说,这些相角是不予理会的。图 5.5 示出 DFT 的图,图中也用虚线示出 $X(e^{j\omega})$ 的图以供比较。从图 5.5 中可见,X_4 正确给出了 $X(e^{j\omega})$ 的 4 个样本值,但仅有一个是非零样本。这一点觉得奇怪吗?通过观察一下这个 4 点的 $x(n)$,它全部是 1,必定得出它的周期延拓是

$$\widetilde{x}(n) = 1, \ \forall n$$

这就是一个常数(或直流 DC)信号。这就是由 DFT $X_4(k)$ 所预期的在 $k=0$(或 $\omega=0$)有一个非零样本,而在其他频率没有值的缘故。

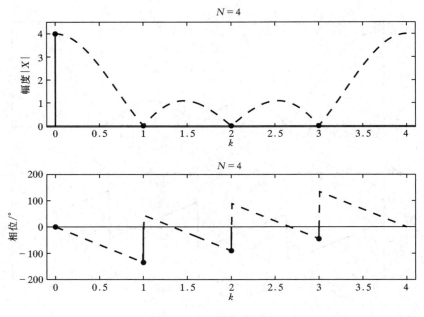

图 5.5 例题 5.6 中 DFT 的图

例题 5.7 如何得到 DTFT $X(e^{j\omega})$ 的其他样本?

题解

很明显应该增加采样的密度,也就是说应增大 N。设想现用两倍的点数,或 $N=8$ 而不是 $N=4$。这可以通过将 $x(n)$ 补上 $N=4$ 个零值而构成一个 8 点的序列来完成

$$x(n) = \{1,1,1,1,0,0,0,0\}$$

这是一种非常重要的运算称为补零运算。在实际中为了得到信号更密的谱,这一运算是必需的,稍后将会看到。令 $X_8(k)$ 是一个 8 点的 DFT,那么

$$X_8(k) = \sum_{n=0}^{7} x(n)W_8^{nk}; \ k = 0,1,\cdots,7; \ W_8 = e^{-j\pi/4}$$

这时,频率分辨率是 $\omega_1 = 2\pi/8 = \pi/4$。

```
>> x = [1,1,1,1, zeros(1,4)]; N = 8; X = dft(x,N);
>> magX = abs(X), phaX = angle (X) * 180/pi
magX =
    4.0000    2.6131    0.0000    1.0824    0.0000    1.0824    0.0000    2.6131
phaX =
        0  - 67.5000  - 134.9810  - 22.5000  - 90.0000    22.5000  - 44.9979   67.5000
```

所以

$$X_8(k) = \{4, 2.6131e^{-j67.5°}, 0, 1.0824e^{-j22.5°}, 0, 1.0824e^{j22.5°}, 0, 2.6131e^{j67.5°}\}$$

这如图 5.6 所示。继续下去,若将 $x(n)$ 补 12 个零值而作为一个 16 点序列

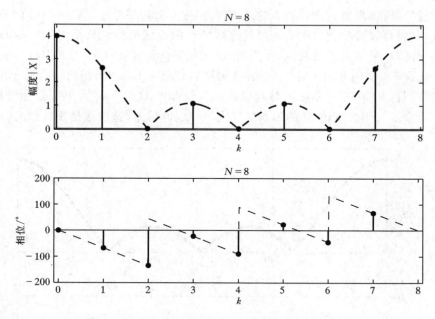

图 5.6　例题 5.7 中 N＝8 的 DFT 图

$$x(n) = \{\overset{\uparrow}{1}, 1, 1, 1, 0, 0, 0, 0, 0, 0, 0, 0, 0, 0, 0\}$$

那么频率分辨率是 $\omega_1 = 2\pi/16 = \pi/8$ 和 $W_{16} = \mathrm{e}^{-\mathrm{j}\pi/8}$。因此得到一个更为密集的谱,谱样本相距 $\pi/8$。$X_{16}(k)$ 如图 5.7 所示。

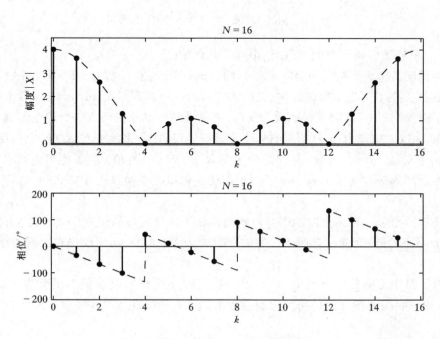

图 5.7　例题 5.7 中 N＝16 的 DFT 图

必须澄清的是,如果通过选择较大的 N 值得到更多的频率样本,那么得到的 DFT 样值彼此非常接近,此时可以得到类似图 5.4 中的连续样点的频域样值。只是图中显示的条杆图将会非常密集。此时,采用点图或者 plot 指令(即采用第 3 章中讨论过的 FOH)绘制样点值是一种更好的显示样点值的方式。图 5.8 给出了通过对时域补 120 个零得到的 128 点 DFT$x_{128}(k)$ 的幅度和相位图。其中 DFT 幅度图与对应的虚线绘制的 DTFT 幅度图重叠,而相位图之间在不连续点处由于有限长度值 N 的影响展现出了一定的偏差,这应该是预计到的。

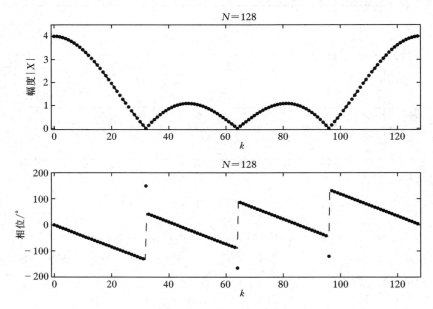

图 5.8   例题 5.7 中 $N=128$ 的 DFT 线形图

注释: 根据最后两个例题,可以作出如下几点结论。

(1) 补零就是将更多的零值补在原序列的后面,所得更长一些的 DFT 对原序列的离散时间傅里叶变换提供了更为密集的样本。在 MATLAB 中,补零是用 zeros 函数实现的。

(2) 在例题 5.6 中,需要准确画出 $x(n)$ 的离散时间傅里叶变换 $X(e^{j\omega})$ 的全部就是 $X_4(k)$,这个 4 点的 DFT。这是由于 $x(n)$ 只有 4 个非零样本,所以本来就能在 $X_4(k)$ 上应用内插公式(5.19)式来求得 $X(e^{j\omega})$。然而,在实际中采用填充 $X(e^{j\omega})$ 的值,而不是用内插公式来得到 $X_8(k)$ 和 $X_{16}(k)$ 等等却更为容易一些。在采用快速傅里叶变换算法计算 DFT 之后,这种方法就更加有效。

(3) 补零给出了一种高密度的谱并对画图提供了一种更好的展现形式。但是它并没有给出一个高分辨率的谱,因为没有任何新的信息附加到这个信号上,而仅是在数据中添加了额外的零值。

(4) 为了得到更高分辨率的谱,就必须要从实验或观察中获取更多的数据(见下面例题 5.8),也存在一些高级的方法是利用附加的边缘信息或非线性技术来获得。

例题 5.8   为了说明高密度谱和高分辨率谱之间的不同,现考虑序列

$$x(n) = \cos(0.48\pi n) + \cos(0.52\pi n)$$

想要基于有限个样本数来确定它的频谱。

    a. 求出并画出 $x(n), 0 \leqslant n \leqslant 10$ 的离散时间傅里叶变换。

    b. 求出并画出 $x(n), 0 \leqslant n \leqslant 100$ 的离散时间傅里叶变换。

题解

    能够用解析方法求出每种情况下的离散时间傅里叶变换,但是研究这些题 MATLAB 是一个好的工具。

    a. 首先确定 $x(n)$ 的 10 点 DFT,得到它的离散时间傅里叶变换的一个估计。

```
>> n = [0:1:99]; x = cos(0.48 * pi * n) + cos(0.52 * pi * n);
>> n1 = [0:1:9] ;y1 = x(1:1:10);
>> subplot(2,1,1) ;stem(n1,y1);title('signal x(n) ,0 <= n <= 9');xlabel('n')
>> Y1 = dft(y1,10); magY1 = abs(Y1(1:1:6));
>> k1 = 0:1:5 ;w1 = 2 * pi/10 * k1;
>> subplot(2,1,2);plot(w1/pi,magY1);title('Samples of DTFT Magnitude');
>> xlabel(' Frequency in \pi Units')
```

在图 5.9 中指出,由于样本数太少而无法作出任何结论。因此,补上 90 个零值以得到一个更密的谱。正如例题 5.7 中所说明的,这个频谱图采用 plot 指令绘制。

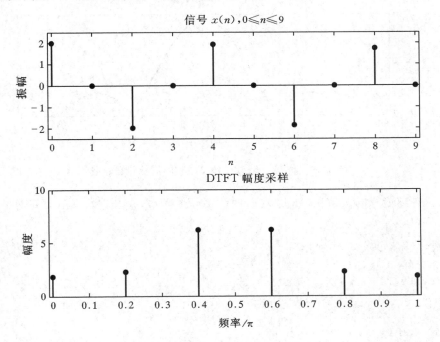

图 5.9 例题 5.8a 中 $N=10$ 时的信号和它的谱

```
>> n2 = [0:1:99]; y2 = [x(1:1:10) zeros(1,90)];
>> subplot(2,1,1);stem(n2,y2);title('signal x(n),0 <= n <= 9 + 90 zeros');
>> xlabel ('n')
>> Y2 = dft(y2,100); magY2 = abs(Y2(1:1:51));
>> k2 = 0:1:50; w2 = 2 * pi/100 * k2;
>> subplot(2,1,2); plot(w2/pi,magY2); title('DTFT Magnitude');
>> xlabel(' frequency in pi units')
```

现在图 5.10 表示出,该序列有一个主要频率在 $\omega = 0.5\pi$,但这一点并不被原序列所支持,因为原序列有两个频率。补零只是提供了图 5.9 的频谱一个更为平滑的样子。

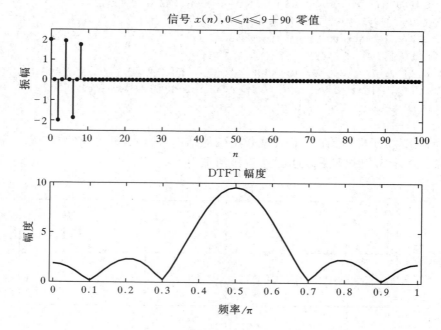

图 5.10 例题 5.8a 中 $N=100$ 时的信号和它的谱

    b. 为了得到更好的谱信息,现取 $x(n)$ 的前 100 个样本,并求它的离散时间傅里叶变换。

```
>> subplot(2,1,1); stem(n,x);
>> title('signal x(n), 0 <= n <= 99'); xlabel('n')
>> X = dft(x,100); magX = abs(X(1:1:51));
>> k = 0:1:50; w = 2 * pi/100 * k;
>> subplot(2,1,2); plot(w/pi,magX); title('DTFT Magnitude');
>> xlabel ('Frequency in \pi Units')
```

现在由图 5.11 所示的离散时间傅里叶变换明确指出两个频率,互相是很靠近的。这才是 $x(n)$ 的高分辨率的谱。值得注意的是,对这个 100 点序列再补更多的零值也只是产生比图 5.11 的谱更加平滑一些,但不会显露出任何新的信息。鼓励同学们去验证它。

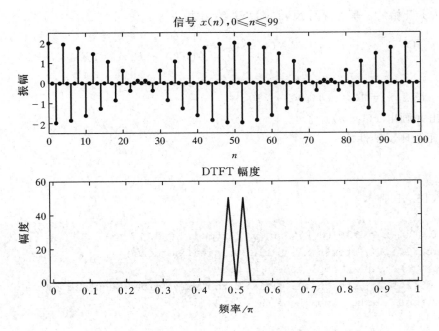

图 5.11　例题 5.8b 中 $N=100$ 时的信号和它的谱

5.4　离散傅里叶变换的性质

由于数学上 DFS 是正确的表示,所以 DFT 的性质是从 DFS 的性质中导出的。现讨论几个有用的性质,只是给出来而不加证明。这些性质作必要的变化也能用于 DFS。令 $X(k)$ 是序列 $x(n)$ 的 N 点的 DFT。除非另作说明,在这些性质中都用 N 点的 DFT。

1. 线性

DFT 是一种线性变换,

$$\text{DFT}[ax_1(n)+bx_2(n)]=a\text{DFT}[x_1(n)]+b\text{DFT}[x_2(n)] \tag{5.27}$$

注意:　如果 $x_1(n)$ 和 $x_2(n)$ 有不同的长度,也即它们分别为 N_1 点和 N_2 点序列,那么选取 $N_3=\max(N_1,N_2)$,并作 N_3 点的 DFT 来处理。

2. 循环反转

如果将一个 N 点的序列反转,那么其结果 $x(-n)$ 就不会是一个 N 点序列,这将不可能计算它的 DFT。因此对宗量 $(-n)$ 应用 modulo-N 运算,并定义反转为

$$x((-n))_N=\begin{cases}x(0), & n=0\\ x(N-n), & 1\leqslant n\leqslant N-1\end{cases} \tag{5.28}$$

这称为循环反转。为了将它形象化,想象将序列 $x(n)$ 以逆时针方向放在一个圆上,并使 $n=0$ 和 $n=N$ 重合,那么 $x((-n))_N$ 就能看作是以顺时针方向将 $x(n)$ 放在圆上,所以也称为圆周反转。在 MATLAB 中可用 x = x(mod(- n,N) + 1)实现循环反转。要注意的是,在 MATLAB

中宗量是从 1 开始的。那么循环反转的 DFT 给出为

$$\text{DFT}[x((-n))_N] = X((-k))_N = \begin{cases} X(0), & k = 0 \\ X(N-k), & 1 \leqslant k \leqslant N-1 \end{cases} \tag{5.29}$$

例题 5.9　设 $x(n) = 10(0.8)^n, 0 \leqslant n \leqslant 10$。

　　a. 求出并画出 $x((-n))_{11}$。

　　b. 验证循环反转性质。

题解

　　a. MATLAB 脚本：

```
>> n = 0:100; x = 10 * (0.8) .^ n; y = x(mod( -n,11) + 1);
>> subplot(2,1,1); stem(n,x); title('Original sequence')
>> xlabel('n'); ylabel('Amplitude');
>> subplot(2,1,2); stem(n,y); title('Circularly Folded Sequence x(( -n))_{11}')
>> xlabel('n'); ylabel('Amplitude');
```

图 5.12 示出循环反转的效果。

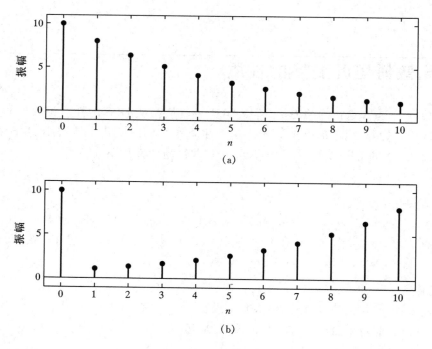

(a)

(b)

图 5.12　例题 5.9a 中的循环反转

（a）原序列；（b）循环反转序列 $x((-n))$

　　b. MATLAB 脚本：

```
>> X = dft(x,11); Y = dft(y,11);
>> subplot(2,2,1); stem(n , real (X) );
>> title('Real{DFT[x(n)]}'); xlabel('k');
>> subplot(2,2,2); stem(n,imag(X));
>> title('Imag{DFT[x(n)]}'); xlabel('k');
>> subplot(2,2,3); stem(n , real (Y) );
>> title('Real{DFT[x((−n))11]}'); xlabel('k');
>> subplot(2,2,4); stem(n,imag(Y));
>> title('Imag{DFT[x((−n))11]}'); xlabel('k');
```

图 5.13 验证了这个性质。

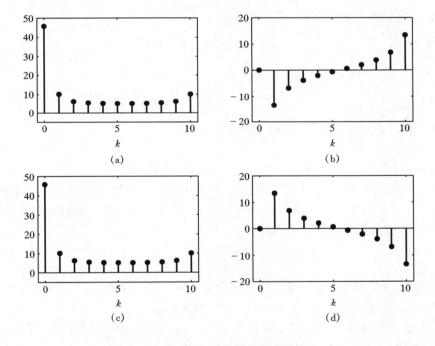

图 5.13　例题 5.9b 中的循环反转性质

(a) $X(k)$实部；(b) $X(k)$虚部；(c) $X((-k))_N$ 实部；(d) $X((-k))_N$ 虚部

3. 共轭

和上面的性质类似，必须在频域引入循环反转

$$\text{DFT}[x^*(n)] = X^*((-k))_N \tag{5.30}$$

4. 实序列的对称性质

令 $x(n)$ 是一个实值 N 点序列，那么，$x(n)=x^*(n)$，利用上面性质有

$$X(k) = X^*((-k))_N \tag{5.31}$$

这个对称性称为<u>循环（或圆周）共轭对称性</u>。它意味着

$$\mathrm{Re}[X(k)] = \mathrm{Re}[X((-k))_N] \Rightarrow 循环偶序列$$

$$\mathrm{Im}[X(k)] = -\mathrm{Im}[X((N-k))_N] \Rightarrow 循环奇序列$$

$$|X(k)| = |X((-k))_N| \Rightarrow 循环偶序列$$

$$\angle X(k) = -\angle X((-k))_N \Rightarrow 循环奇序列 \tag{5.32}$$

注释：

（1）观察在例题 5.6 和 5.7 中各种 DFT 的幅度和相位,它们都的确满足上面的循环(圆周)对称性。这些对称性是不同于通常的偶和奇对称的。为了将它形象化一点,可以设想将 DFT 样本安排在一个圆上并使 $k=0$ 和 $k=N$ 重合,那么这些样本对 $k=0$ 将是对称的,这正说明"循环(圆周)对称"这个名称的合理性。

（2）对 DFS 系数相应的对称性称为周期共轭对称。

（3）因为这些 DFT 具有对称性,所以计算 $X(k)$ 仅需对

$$k = 0,1,\cdots,\frac{N}{2}; \quad N 为偶$$

或者对

$$k = 0,1,\cdots,\frac{N-1}{2}; \quad N 为奇$$

这就会得到在计算量以及存储量上有 50% 的节省。

（4）由 (5.30) 式

$$X(0) = X^*((-0))_N = X^*(0)$$

这意味着,DFT 系数在 $k=0$ 一定是实数。但是,$k=0$ 就是频率 $\omega_k = k\omega_1 = 0$,这就是 DC(直流)频率,所以 DC 系数对一个实值序列 $x(n)$ 来说一定是一个实数。另外,若 N 是偶数,那么 $N/2$ 也是一个整数,由 (5.32) 式

$$X\left(\frac{N}{2}\right) = X^*\left(\left(-\frac{N}{2}\right)\right)_N = X^*\left(\frac{N}{2}\right)$$

这意味着甚至 $k=N/2$ 分量也是一个实数。因为 $k=N/2$ 意味着频率 $\omega_{N/2} = (N/2)(2\pi/N) = \pi$,这就是数字奈奎斯特频率,所以这个分量称为奈奎斯特分量。

实值信号也能分解为它们的偶分量和奇分量 $x_e(n)$ 和 $x_o(n)$,如同在第 2 章所讨论的。然而,这些分量不是 N 点序列,因此不能做它们 N 点的 DFT。因此,利用上面讨论的循环反转定义一组新的分量,这些称为循环偶分量和循环奇分量,分别定义为

$$x_{ec}(n) \triangleq \frac{1}{2}[x(n) + x((-n))_N] = \begin{cases} x(0); & n=0 \\ \frac{1}{2}[x(n) + x(N-n)], & 1 \leqslant n \leqslant N-1 \end{cases}$$

$$x_{oc}(n) \triangleq \frac{1}{2}[x(n) - x((-n))_N] = \begin{cases} 0, & n=0 \\ \frac{1}{2}[x(n) - x(N-n)], & 1 \leqslant n \leqslant N-1 \end{cases} \tag{5.33}$$

那么

$$\mathrm{DFT}[x_{ec}(n)] = \mathrm{Re}[X(k)] = \mathrm{Re}[X((-k))_N]$$

$$\mathrm{DFT}[x_{oc}(n)] = \mathrm{Im}[X(k)] = \mathrm{Im}[X((-k))_N] \tag{5.34}$$

内含：如果 $x(n)$ 是一个实值且为循环偶序列,那么它的 DFT 也是实的且为循环偶序列。所以对于完全表示来说,仅需要前 $0 \leqslant n \leqslant N/2$ 个系数。

　　利用(5.33)式,很容易建立一种函数把一个 N 点的序列分解为它的循环偶和循环奇分量。下面的 circevod 函数利用先前给出的 mod 函数实现 modulo-N 运算。

```
% function [xec, xoc] = circevod(x)
% signal decomposition into circular-even and circular - odd parts
% ------------------------------------------------
% [xec, xoc] = circevod(x)
%
if any(imag(x) ~ = 0)
    error('x is not a real sequence')
end
N = length(x); n = 0: (N-1);
xec = 0.5 * (x + x(mod(-n,N)+1)); xoc = 0.5 * (x - x(mod(-n,N)+1));
```

例题 5.10　设 $x(n)=10(0.8)^n$,$0 \leqslant n \leqslant 10$,与例题 5.9 中相同。

　　a. 将 $x(n)$ 分解并画出 $x_{ec}(n)$ 和 $x_{oc}(n)$ 分量。

　　b. 验证(5.34)式的性质。

题解

　　a. MATLAB 脚本:

```
>> n = 0:10; x = 10 * (0.8) .^n;
>> [xec,xoc] = circevod(x);
>> subplot(2,1,1); stem(n,xec); title('Circular-Even Component')
>> xlabel('n'); ylabel('Amplitude'); axis([-0.5,10.5,-1,11])
>> subplot(2,1,2); stem(n,xoc); title('Circular-Odd Component')
>> xlabel('n'); ylabel('Amplitude'); axis([-0.5,10.5,-4,4])
```

图 5.14 示出 $x(n)$ 的循环对称分量。

　　b. MATLAB 脚本:

```
>> X = dft(x,11); Xec = dft(xec,11); Xoc = dft(xoc,11);
>> subplot(2,2,1); stem (n, real(X)); axis([-0.5,10.5,-5,50])
>> title('Real{DFT[x(n)]}'); xlabel('k');
>> subplot(2,2,2); stem(n,imag(X)); axis([-0.5,10.5,-20,20])
>> title('Imag{DFT[x(n)]}'); xlabel('k');
>> subplot(2,2,3); stem(n,real(Xec)); axis([-0.5,10.5,-5,50])
>> title('DFT[xec(n)]'); xlabel('k');
>> subplot(2,2,4); stem(n,imag(Xoc)); axis([-0.5,10.5,-20,20])
>> title('DFT[xoc(n)]'); xlabel('k');
```

从图 5.15 中可见,$x_{ec}(n)$ 的 DFT 与 $X(k)$ 的实部是相同的,$x_{oc}(n)$ 的 DFT 与 $X(k)$ 的虚部是相同的。

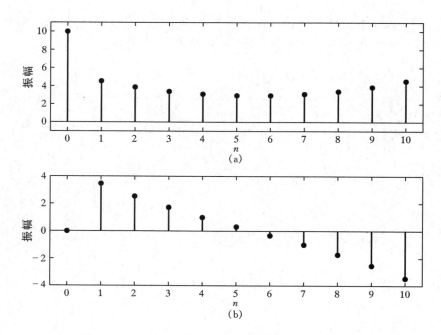

图 5.14　例题 5.10a 中序列 $x(n)$ 的循环偶和循环奇分量
（a）循环偶分量；（b）循环奇分量

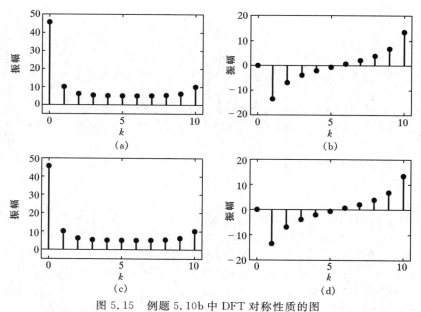

图 5.15　例题 5.10b 中 DFT 对称性质的图
（a）DFT$[x(n)]$实部；（b）DFT$[x(n)]$虚部；（c）DFT$[x_{ec}(n)]$；（d）DFT$[x_{oc}(n)]$

有关复值序列的类似性质在习题 P5.18 中讨论。

5. 序列的循环移位

如果一个 N 点序列在任一方向上移位，那么其结果都不再是位于 $0 \leqslant n \leqslant N-1$ 之间。因

此,首先要将 $x(n)$ 转换到它的周期延拓 $\tilde{x}(n)$,然后再移 m 个样本,得到

$$\tilde{x}(n-m) = x((n-m))_N \tag{5.35}$$

这称为 $\tilde{x}(n)$ 的周期移位。然后再将周期移位转换为 N 点序列。所得序列

$$\tilde{x}(n-m)\,\mathcal{R}_N(n) = x((n-m))_N\,\mathcal{R}_N(n) \tag{5.36}$$

称为 $x(n)$ 的循环移位。再次为了让它形象化一些,可以设想将序列 $x(n)$ 放在一个圆上,现在将这个圆旋转 k 个样本,并从 $0 \leqslant n \leqslant N-1$ 内展开这个序列。它的 DFT 给出为

$$\mathrm{DFT}[x((n-m))_N\,\mathcal{R}_N(n)] = W_N^{km}X(k) \tag{5.37}$$

例题 5.11　设 $x(n)=10(0.8)^n, 0 \leqslant n \leqslant 10$ 是一个 11 点序列。

a. 概略画出 $x((n+4))_{11}R_{11}(n)$,也就是向左循环移位 4 个样本。

b. 概略画出 $x((n-3))_{15}R_{15}(n)$,也就是向右循环移位 3 个样本,这里 $x(n)$ 假定是一个 15 点序列。

题解

将一步一步地用图解方法说明这个循环移位运算。这个方法表明 $x(n)$ 的周期延拓 $\tilde{x}(n) = x((n))_N$,跟着在 $\tilde{x}(n)$ 中的线性移位得到 $\tilde{x}(n-m)=x((n-m))_N$,最后截断以得到循环移位。

a. 图 5.16 中展示了 4 个序列。左上图是 $x(n)$,左下图是 $\tilde{x}(n)$,右上图是 $\tilde{x}(n+4)$,最后右下图是 $x((n+4))_{11}R_{11}(n)$。仔细地可注意到,当样本在一个方向从 $[0, N-1]$ 窗口移出时,它们就会从另一个方向重新出现在这个窗口中。这就是循环移位的真正意义,并且它是不同于线性移位的。

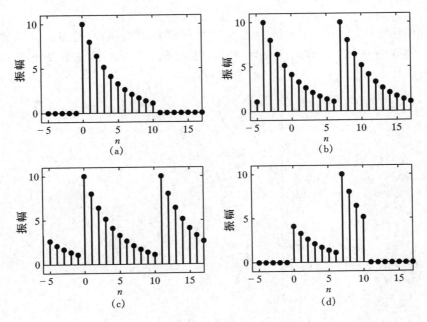

图 5.16　循环移位的图解说明,$N=11$

(a) 原序列;(b) 周期移位;(c) 周期延拓;(d) 循环移位

b. 这时 $x(n)$ 补上 4 个零值当作 15 点的序列对待,现在的循环移位是不同于 $N=11$ 时的情况,这如图 5.17 所示。事实上,这个循环移位 $x((n-3))_{15}$ 像是一个线性移位 $x(n-3)$。

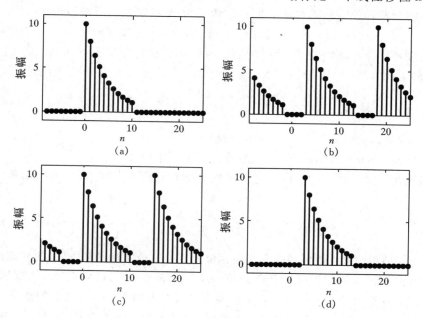

图 5.17　循环移位的图解说明, $N=15$
(a) 原序列;(b) 周期移位;(c) 周期延拓;(d) 循环移位

为了实现循环移位,并不一定要像例题 5.11 那样经过周期移位,它可以用两种方法直接实现。在第 1 种方法中,在时域对宗量 $(n-m)$ 运用 modulo-N 运算,这就如下面的 cirshftt 函数所表明的。

```
function y = cirshftt(x,m,N)
% Circular shift of m samples wrt size N in sequence x: (time domain)
% -------------------------------------------------------------
% [y] = cirshftt(x,m,N)
% y = output sequence containing the circular shift
% x = input sequence of length <= N
% m = sample shift
% N = size of circular buffer
% Method: y(n) = x((n-m) mod N)
% Check for length of x
if length(x) > N
    error('N must be >= the length of x')
end
x = [x zeros(1,N-length(x))];
n = [0:1:N-1]; n = mod(n-m,N); y = x(n+1);
```

在第 2 种方法中,在频域应用性质(5.37)式,这将在习题 P5.20 中讨论。

例题 5.12　已知一个 11 点序列 $x(n) = 10(0.8)^n$,$0 \leqslant n \leqslant 10$,求出并画出 $x((n-6))_{15}$。

题解

MATLAB 脚本:

```
>> n = 0:10; x = 10 * (0.8) .^ n; y = cirshftt(x,6,15);
>> n = 0:14; x = [x, zeros(1,4)];
>> subplot(2,1,1); stem(n,x); title('Original sequence x(n)')
>> xlabel('n'); ylabel('Amplitude');
>> subplot(2,1,2); stem(n,y);
>> title('Circularly Shifted Sequence x((n - 6))_{15}')
>> xlabel('n'); ylabel('Amplitude');
```

结果如图 5.18 所示。

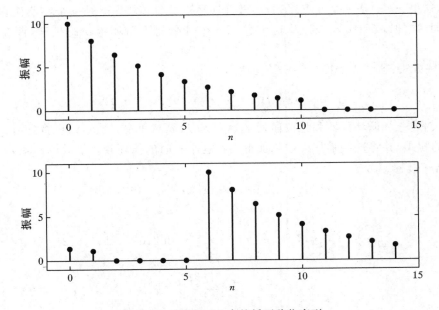

图 5.18　例题 5.12 中的循环移位序列

(a) 原序列 $x(n)$;(b) 循环移位序列 $x((n-6))_{15}$

6. 频域循环移位

这个性质是与上面性质对偶的,给出为

$$\text{DFT}[W_N^{-ln}x(n)] = X((k-l))_N R_N(k) \tag{5.38}$$

7. 循环卷积

两个 N 点序列之间的线性卷积会得出一个更长的序列,不得不再一次要将区间限制在

$0 \leqslant n \leqslant N-1$。因此代替线性移位的是应该考虑循环移位。包含循环移位的卷积运算称为循环卷积,给出为

$$x_1(n) \text{Ⓝ} x_2(n) = \sum_{m=0}^{N-1} x_1(m) x_2((n-m))_N, 0 \leqslant n \leqslant N-1 \qquad (5.39)$$

值得注意的是,循环卷积也是一个 N 点序列。它有一个类似于线性卷积的结构,差别在于求和极限和 N 点的循环移位上。因此,它与 N 有关,也称为 N 点循环卷积,从而用这个符号 Ⓝ 是合适的。循环卷积的 DFT 性质是

$$\text{DFT}[x_1(n) \text{Ⓝ} x_2(n)] = X_1(k) X_2(k) \qquad (5.40)$$

这个性质的另一种解释是,当两个 N 点的 DFT 在频域相乘时,在时域就得到循环卷积(不是通常的线性卷积)。

例题 5.13   令 $x_1(n) = \{1,2,2\}$ 和 $x_2(n) = \{1,2,3,4\}$,试计算 4 点的循环卷积 $x_1(n) \text{④} x_2(n)$。

题解

注意,这里 $x_1(n)$ 是一个 3 点序列,在做循环卷积之前必须先要补一个零值使它成为 4 点序列。将同时在时域和频域来计算这个卷积。在时域利用循环卷积的机理,而在频域则用 DFT。

• 时域方法:这个 4 点循环卷积给出为

$$x_1(n) \text{④} x_2(n) = \sum_{m=0}^{3} x_1(m) x_2((n-m))_4$$

据此,必须创建一个循环反转和移位序列 $x_2((n-m))_N$(对每个 n 值),然后将它与 $x_1(m)$ 作样本对样本的相乘,并将这些乘积样本相加得出在这个 n 时的循环卷积值,再对 $0 \leqslant n \leqslant 3$ 内的每一 n 重复这一过程。考虑

$$x_1(m) = \{1,2,2,0\} \text{ 和 } x_2(m) = \{1,2,3,4\}$$

当 $n=0$

$$\sum_{m=0}^{3} x_1(m) \cdot x_2((0-m))_4 = \sum_{m=0}^{3} [\{1,2,2,0\} \cdot \{1,4,3,2\}]$$

$$= \sum_{m=0}^{3} \{1,8,6,0\} = 15$$

当 $n=1$

$$\sum_{m=0}^{3} x_1(m) \cdot x_2((1-m))_4 = \sum_{m=0}^{3} [\{1,2,2,0\} \cdot \{2,1,4,3\}]$$

$$= \sum_{m=0}^{3} \{2,2,8,0\} = 12$$

当 $n=2$

$$\sum_{m=0}^{3} x_1(m) \cdot x_2((2-m))_4 = \sum_{m=0}^{3} [\{1,2,2,0\} \cdot \{3,2,1,4\}]$$

$$= \sum_{m=0}^{3} \{3,4,2,0\} = 9$$

当 $n=3$

$$\sum_{m=0}^{3} x_1(m) \cdot x_2((3-m))_4 = \sum_{m=0}^{3} \left[\{1,2,2,0\} \cdot \{4,3,2,1\} \right]$$

$$= \sum_{m=0}^{3} \{4,6,4,0\} = 14$$

所以

$$x_1(n) \textcircled{4} x_2(n) = \{15,12,9,14\}$$

• 频域方法：　在这种方法中,首先要计算出 $x_1(n)$ 和 $x_2(n)$ 的 4 点 DFT,将它们作样本对样本的相乘,然后取所得结果的逆 DFT,求得这个循环卷积。

$x_1(n)$ 的 DFT

$$x_1(n) = \{1,2,2,0\} \Rightarrow X_1(k) = \{5,-1-j2,1,-1+j2\}$$

$x_2(n)$ 的 DFT

$$x_2(n) = \{1,2,3,4\} \Rightarrow X_2(k) = \{10,-2+j2,-2,-2-j2\}$$

现在

$$X_1(k)X_2(k) = \{50,6+j2,-2,6-j2\}$$

最后作了 IDFT 之后得到

$$x_1(n) \textcircled{4} x_2(n) = \{15,12,9,14\}$$

与前面结果相同。

　　与循环移位的实现相类似,也有几种不同的方式实现循环卷积。最简单的就是利用 cir-shftt 函数和需要两个嵌套的 for ... end 循环照字面实现(5.39)式,这显然是效率不高的。另一种办法是对位于 $[0,N-1]$ 内的每个 n 产生一个 $x((n-m))_N$ 序列,并作为一个矩阵的行,然后将(5.39)式作为一个矩阵向量乘法来实现,就像在 dft 函数中所做的那样。这需要一个 for ... end 循环。下面的 circonvt 函数吸收了这些步骤。

```
function y = circonvt(x1,x2,N)
% N-point circular convolution between x1 and x2：(time-domain)
% --------------------------------------------------------------
% [y] = circonvt (x1,x2,N)
% y = output sequence containing the circular convolution
% x1 = input sequence of length N1 <= N
% x2 = input sequence of length N2 <= N
% N = size of circular buffer
% Method：y(n) = sum (x1(m) * x2((n-m) mod N))
% Check for length of x1
if length(x1) > N
        error('N must be <= the length of x1')
end
% Check for length of x2
if length(x2) > N
        error('N must be <= the length of x2')
end
```

```
x1 = [x1 zeros(1,N - length(x1))];
x2 = [x2 zeros(1,N - length(x2))];
m = [0:1:N - 1]; x2 = x2 (mod ( - m, N) + 1); H = zeros(N,N);
for n = 1:1:N
H(n, :) = cirshftt (x2,n - 1,N);
end
y = x1 * conj(H');
```

习题 P5.24 和 P5.25 要研究一种方法用于消除在 circonvt 函数中的 for...end 循环。第 3 种途径就是利用 dft 函数实现频域运算(5.40)式,这将在习题 P5.26 中讨论。

例题 5.14 用 MATLAB 完成例题 5.13 中的循环卷积。

题解

序列是 $x_1(n) = \{1,2,2\}$ 和 $x_2(n) = \{1,2,3,4\}$。

```
>> x1 = [1,2,2]; x2 = [1,2,3,4]; y = circonvt(x1, x2, 4)
y =
    15    12    9    14
```

所以

$$x_1(n) ④ x_2(n) = \{15,12,9,14\}$$

与前相同。 ■

例题 5.15 在这个例题中要研究 N 对循环卷积的影响,很明显,$N \geqslant 4$。否则,对 $x_2(n)$ 就有时域混叠。现用例题 5.13 中相同的两个序列。

   a. 计算 $x_1(n) ⑤ x_2(n)$。
   b. 计算 $x_1(n) ⑥ x_2(n)$。
   c. 对这些结果作讨论。

题解

这些序列是 $x_1(n) = \{1,2,2\}$ 和 $x_2(n) = \{1,2,3,4\}$。即使这些序列与在例题 5.14 中的序列是相同的,也应该估计到对不同的 N 会有不同的结果。在线性卷积中就不是这样,在已知两个序列后它就是唯一的。

   a. 5 点的循环卷积:

```
>> x1 = [1,2,2]; x2 = [1,2,3,4]; y = circonvt(x1, x2, 5)
y =
    9    4    9    14    14
```

所以

$$x_1(n) \text{⑤} x_2(n) = \{9, 4, 9, 14, 14\}$$

b. 6 点的循环卷积：

```
>> x1 = [1,2,2]; x2 = [1,2,3,4]; y = circonvt(x1,x2,6)
y =
    1    4    9    14    14    8
```

所以

$$x_1(n) \text{⑥} x_2(n) = \{1, 4, 9, 14, 14, 8\}$$

c. 从这个例题和前面的例题的 4 点、5 点和 6 点循环卷积中细心观察指出某些独特的特点。很清楚,一个 N 点的循环卷积还是一个 N 点序列,然而在这些卷积中某些样本有相同的值,而其他的值能作为在其他卷积中样本的和来得到。例如,5 点循环卷积中的第一个样本就是 6 点循环卷积中第一个和最后一个样本的和。$x_1(n)$ 和 $x_2(n)$ 之间的线性卷积给出为

$$x_1(n) * x_2(n) = \{1, 4, 9, 14, 14, 8\}$$

它就等效于 6 点的循环卷积。这些问题以及其他有关问题将在下一节讨论。 ∎

8. 相乘

这是与循环卷积性质对偶的,给出为

$$\text{DFT}[x_1(n)x_2(n)] = \frac{1}{N}X_1(k) \text{Ⓝ} X_2(k) \tag{5.41}$$

其中循环卷积在频域进行。由于 $X_1(k)$ 和 $X_2(k)$ 也是 N 点的序列,因此为循环卷积所建立的 MATLAB 函数也能用在这里。

9. 帕斯瓦尔关系

这个关系可在频域计算能量

$$E_x = \sum_{n=0}^{N-1} |x(n)|^2 = \frac{1}{N}\sum_{k=0}^{N-1} |X(k)|^2 \tag{5.42}$$

$\dfrac{|X(k)|^2}{N}$ 称为有限长序列的能(量)谱;同样,$\left|\dfrac{\widetilde{X}(k)}{N}\right|^2$ 称为周期序列的功率谱。

5.5 利用 DFT 的线性卷积

在线性系统中最重要的运算之一是线性卷积。事实上,FIR 滤波器在实际中一般都是用这种线性卷积实现的。另一方面,DFT 又是在频域实现线性系统运算的一条实际途径。稍后还会看到,通过计算这还是一种高效的运算。然而,其中存在一个问题:DFT 运算所得到的是一个循环卷积(我们不想要的东西),而不是我们想要的线性卷积。现在要看看如何应用 DFT 来实现线性卷积(或等效为如何让循环卷积做成与线性卷积一样)。在例题 5.15 中曾间接提到过这一问题。

令 $x_1(n)$ 是 N_1 点序列,$x_2(n)$ 是 N_2 点序列。定义 $x_3(n)$ 为 $x_1(n)$ 和 $x_2(n)$ 的线性卷积,即

$$x_3(n) = x_1(n) * x_2(n) \tag{5.43}$$

$$= \sum_{k=-\infty}^{\infty} x_1(k)x_2(n-k) = \sum_{0}^{N_1-1} x_1(k)x_2(n-k)$$

那么 $x_3(n)$ 是一个 (N_1+N_2-1) 点序列。如果选取 $N=\max(N_1,N_2)$，并计算 N 点的循环卷积 $x_1(n)\,\textcircled{N}\,x_2(n)$，那么就得到 N 点序列，它显然不同于 $x_3(n)$。这样的观点也提供了一个线索，为什么不选 $N=N_1+N_2-1$，并做 (N_1+N_2-1) 点的循环卷积呢？这样至少这两个卷积都有相同的样本数。

因此，令 $N=N_1+N_2-1$ 并将 $x_1(n)$ 和 $x_2(n)$ 都当作 N 点序列对待。定义这个 N 点的循环卷积为 $x_4(n)$

$$x_4(n) = x_1(n)\,\textcircled{N}\,x_2(n) \tag{5.44}$$

$$= \left[\sum_{m=0}^{N-1} x_1(m)x_2((n-m))_N\right]\mathcal{R}_N(n)$$

$$= \left[\sum_{m=0}^{N-1} x_1(m) \sum_{r=-\infty}^{\infty} x_2(n-m-rN)\right]\mathcal{R}_N(n)$$

$$= \left[\sum_{r=-\infty}^{\infty} \underbrace{\sum_{m=0}^{N_1-1} x_1(m)x_2(n-m-rN)}_{x_3(n-rN)}\right]\mathcal{R}_N(n)$$

$$= \left[\sum_{r=-\infty}^{\infty} x_3(n-rN)\right]\mathcal{R}_N(n) \qquad \text{(利用(5.43)式)}$$

这个分析表明，一般来说循环卷积是线性卷积混叠的结果，在例题 5.15 中已经看到了这一点。现在，因为 $x_3(n)$ 是一个 $N=N_1+N_2-1$ 序列，而有

$$x_4(n) = x_3(n); \quad 0 \leqslant n \leqslant (N-1)$$

这就意味着在时域不存在混叠。

结论： 如果将 $x_1(n)$ 和 $x_2(n)$ 通过补上适当个数的零值而成为 $N=(N_1+N_2-1)$ 点序列，那么循环卷积就与线性卷积一致。

例题 5.16 设 $x_1(n)$ 和 $x_2(n)$ 是如下给出的两个 4 点序列：

$$x_1(n) = \{1,2,2,1\}, \quad x_2(n) = \{1,-1,-1,1\}$$

a. 求它们的线性卷积 $x_3(n)$。

b. 计算循环卷积 $x_4(n)$ 使它等于 $x_3(n)$。

题解

现用 MATLAB 做这道题。

a. MATLAB 脚本：

```
>> x1 = [1,2,2,1]; x2 = [1,-1,-1,1]; x3 = cony(x1,x2)
x3 =      1      1     -1     -2     -1      1    1
```

所以，线性卷积 $x_3(n)$ 是一个 7 点序列为

$$x_3(n) = \{1,1,-1,-2,-1,1,1\}$$

b. 必须用 $N \geqslant 7$，现选 $N = 7$，有

```
>> x4 = circonvt(x1,x2,7)
x4 =      1      1     -1     -2     -1      1      1
```

所以

$$x_4 = \{1,1,-1,-2,-1,1,1\} = x_3(n)$$

5.5.1 误差分析

为了用 DFT 作线性卷积，必须适当选取 N。然而，在实际中又可能不能这样做，特别是当 N 很大时会存在存储空间方面的限制。那么当 N 选为比要求的值小时来做循环卷积就一定会引入误差。现在想要来计算这个误差，这点在实际中是很有用的。显然，必须有 $N \geqslant \max(N_1, N_2)$，因此令

$$\max(N_1, N_2) \leqslant N \leqslant (N_1 + N_2 - 1)$$

那么根据前面的分析(5.44)式

$$x_4(n) = \Big[\sum_{r=-\infty}^{\infty} x_3(n-rN) \Big] \mathcal{R}_N(n)$$

令误差 $e(n)$ 为

$$e(n) \triangleq x_4(n) - x_3(n) = \Big[\sum_{r \neq 0} x_3(n-rN) \Big] \mathcal{R}_N(n)$$

因为 $N \geqslant \max(N_1, N_2)$，仅有对应于 $r = \pm 1$ 的两项保留在上面的和式中，所以

$$e(n) = \big[x_3(n-N) + x_3(n+N) \big] \mathcal{R}_N(n)$$

一般来说，$x_1(n)$ 和 $x_2(n)$ 都是因果序列，那么 $x_3(n)$ 也是因果的，这就意味着

$$x_3(n-N) = 0, \ 0 \leqslant n \leqslant N-1$$

因此，

$$e(n) = x_3(n+N), \ 0 \leqslant n \leqslant N-1 \tag{5.45}$$

这就是一种简单但很重要的关系。这意味着，当 $\max(N_1, N_2) \leqslant N < (N_1 + N_2 - 1)$ 时，在 n 的误差值与线性卷积在 N 个样本以外的值是一样的。现在，线性卷积在 $(N_1 + N_2 - 1)$ 个样本以后一定是零，这表示循环卷积的前几个样本是在误差中，而剩下的都是正确的线性卷积值。

例题 5.17 考虑前面例子的序列 $x_1(n)$ 和 $x_2(n)$，求 $N = 6,5$ 和 4 的循环卷积，并在每种情况下验证误差关系。

题解

很清楚，线性卷积 $x_3(n)$ 仍然是一样的

$$x_3(n) = \{1,1,-1,-2,-1,1,1\}$$

当 $N = 6$ 时，求得 6 点序列

$$x_4(n) = x_1(n) \ⓖ\ x_2(n) = \{2,1,-1,-2,-1,1\}$$

因此,

$$e(n) = \{2,1,-1,-2,-1,1\} - \{1,1,-1,-2,-1,1\}, \ 0 \leqslant n \leqslant 5$$
$$= \{1,0,0,0,0,0\} = x_3(n+6)$$

与所估计的相同。当 $N=5$ 时,得到一个 5 点序列

$$x_4(n) = x_1(n) ⑤ x_2(n) = \{2,2,-1,-2,-1\}$$

和

$$e(n) = \{2,2,-1,-2,-1\} - \{1,1,-1,-2,-1\}, \ 0 \leqslant n \leqslant 4$$
$$= \{1,1,0,0,0\} = x_3(n+5)$$

最后,当 $N=4$ 时,得到一个 4 点序列

$$x_4(n) = x_1(n) ④ x_2(n) = \{0,2,0,-2\}$$

和

$$e(n) = \{0,2,0,-2\} - \{1,1,-1,-2\}, \ 0 \leqslant n \leqslant 3$$
$$= \{-1,1,1,0\} = x_3(n+4)$$

最后 $N=4$ 的情况还给出下面有用的结论。

结论: 当选取 $N=\max(N_1,N_2)$ 做循环卷积时,那么前 $(M-1)$ 个样本在误差中(也就是有别于线性卷积),这里 $M=\min(N_1,N_2)$。这个结果在以批处理形式实现长卷积中是很有用的。 ■

5.5.2 块卷积

当要想过滤一个输入序列,而这个序列是一直连续被接收时(如来自拾音器的语音信号),从实际观点来看可以将这个序列当成是一个无限长序列。如果想要作为一个 FIR 滤波器来实现这一过滤运算,而其中又是利用 DFT 来计算线性卷积时,那么就会面对一些实际问题。这就不得不要计算一个大的 DFT,而一般来说这又是不切实际的。再者,直到全部输入样本被处理完才有可能获得输出样本,这就会带来不可接受的大的延迟。因此,必须将这个无限长的输入序列分割成比较小的部分(或块),利用 DFT 处理每一段,最后从每段输出中再组装成输出序列。这一过程称为块卷积(或批处理)运算。

假设序列 $x(n)$ 分割为每段为 N 点的序列,而滤波器的单位脉冲响应是 M 点序列,且 $M<N$。那么根据上面观察到的结论,输入块和脉冲响应之间的 N 点循环卷积将产生一块输出序列,其中前 $(M-1)$ 个样本不是正确的输出值。如果只是将 $x(n)$ 分割成不重合的各段,那么所得到的输出序列将有一些不正确样本的区间。为了校正这个问题,可以将 $x(n)$ 分成每一段与前面一段有真正 $(M-1)$ 个样本的重叠,保留最后 $(N-M+1)$ 个输出样本,并最后将这些输出串接成一个序列。为了校正在第一个输出块中的前 $(M-1)$ 个样本,将在第一个输入块中的前 $(M-1)$ 个样本均置为零。这一过程称为块卷积的重叠保留法。很明显,当 $N \gg M$ 时,这个方法更为有效。将用一个简单例子来说明它。

例题 5.18 设 $x(n)=(n+1), \ 0 \leqslant n \leqslant 9$ 和 $h(n) = \{1,0,-1\}$,利用 $N=6$ 用重叠保留法计算 $y(n)=x(n)*h(n)$。

题解

因为 $M=3$，必须每一段与前面一段重叠 $M-1=2$ 个样本。现在 $x(n)$ 是一个 10 点序列，在最初需要补 $(M-1)=2$ 个零值。因为 $N=6$，需要分成 3 段，这些段是

$$x_1(n)=\{0,0,1,2,3,4\}$$
$$x_2(n)=\{3,4,5,6,7,8\}$$
$$x_3(n)=\{7,8,9,10,0,0\}$$

注意，不得不在 $x_3(n)$ 中补了两个零值，因为 $x(n)$ 在 $n=9$ 已经用完了。现在计算每一段与 $h(n)$ 的 6 点循环卷积如下：

$$y_1=x_1(n)\,⑥\,h(n)=\{-3,-4,1,2,2,2\}$$
$$y_2=x_2(n)\,⑥\,h(n)=\{-4,-4,2,2,2,2\}$$
$$y_3=x_3(n)\,⑥\,h(n)=\{7,8,2,2,-9,-10\}$$

注意，前两个样本是要摒弃的，组合成输出 $y(n)$ 为

$$y(n)=\{1,2,2,2,2,2,2,2,2,2,-9,-10\}$$

而线性卷积是

$$x(n)*h(n)=\{1,2,2,2,2,2,2,2,2,2,-9,-10\}$$

与重叠保留法所得一致。　■

5.5.3　MATLAB 实现

利用上面这个例子作为引导，对一个很长的输入序列 $x(n)$ 建立一个 MATLAB 函数实现重叠保留法。这个函数中的关键一步是要对这个分段有一个合适的编号。已知 $x(n),n\geq0$，作为开始批处理，必须置前 $(M-1)$ 个样本为零。令这个增扩的序列是

$$\hat{x}(n)\triangleq\{\underbrace{0,0,\cdots,0}_{(M-1)\text{个零}},x(n)\},\ n\geq0$$

并令 $L=N-M+1$，那么第 k 块（段）$x_k(n)$，$0\leq n\leq N-1$ 就是给出为

$$x_k(n)=\hat{x}(m);\ kL\leq m\leq kL+N-1,\ k\geq0,\ 0\leq n\leq N-1$$

总的块（段）数给出为

$$K=\left\lfloor\frac{N_x+M-2}{L}\right\rfloor+1$$

其中 N_x 是 $x(n)$ 的长度，$\lfloor\cdot\rfloor$ 是截断运算。现在每一块都能用前面建立的 circonvt 函数与 $h(n)$ 做循环卷积，得到

$$y_k(n)=x_k(n)\,Ⓝ\,h(n)$$

最后，从每个 $y_k(n)$ 中丢弃前 $(M-1)$ 个样本，并将余下的样本串接在一起得到线性卷积 $y(n)$。这一过程体现在下面的 ovrlpsav 函数中。

```
function [y] = ovrlpsav(x,h,N)
% Overlap-Save method of block convolution
```

```
% ------------------------------------
% [y] = ovrlpsav(x,h,N)
% y = output sequence
% x = input sequence
% h = impulse response
% N = block length
%
Lenx = length(x); M = length(h); M1 = M-1; L = N-M1;
h = [h zeros(1,N-M)];
%
x = [zeros(1,M1), x, zeros(1,N-1)];    % Preappend (M-1) zeros
K = floor((Lenx+M1-1)/(L));            % # of blocks
Y = zeros(K+1, N);
% Convolution with succesive blocks
for k = 0:K
  xk = x(k*L+1:k*L+N);
  Y(k+1,:) = circonvt(xk,h,N);
end
Y = Y(:,M:N)';                         % Discard the first (M-1) samples
y = (Y(:))';                           % Assemble output
```

应该注意的是,这里所建立的 ovrlpsav 函数不是最有效的途径,到讨论快速傅里叶变换的时候再回到这一论题中来。

例题 5.19 为了验证 ovrlpsav 运算,现考虑例题 5.18 给出的序列。

题解

MATLAB 脚本:

```
>> n = 0:9; x = n+1; h = [1,0,-1]; N = 6; y = ovrlpsav(x,h,N)
y =
    1    2    2    2    2    2    2    2    2    2    -9    -10
```

这是一个正确的线性卷积。   ■

还有一种方法称为块卷积的<u>重叠相加法</u>。在这一方法中,输入序列被分割成互不重合的各段,再与脉冲响应做卷积,所得输出块与后续段重叠并相加以形成总的输出。这个将在习题 P5.32 中讨论。

5.6 快速傅里叶变换

早先所引入的 DFT(5.24)式仅是在时域和频域都是离散的一种变换,并且是对有限长序列定义的。虽然它是一种可计算变换,但是直接实现(5.24)式是很麻烦的,尤其当序列长度 N 很大时更是如此。1965 年,Cooley 和 Tukey[1] 提出了一种办法能大大降低涉及在 DFT 中的计算量,这导致了 DFT 在应用领域的激增,其中包括数字信号处理领域。另外,它还带动了其他高效算法的进展。所有这些高效算法合起来统称为快速傅里叶变换(FFT)算法。

考虑一 N 点序列 $x(n)$,它的 N 点的 DFT 由(5.24)式给出,现重新写出为

$$X(k) = \sum_{n=0}^{N-1} x(n)W_N^{nk}, \ 0 \leqslant k \leqslant N-1 \tag{5.46}$$

式中 $W_N = e^{-j2\pi/N}$。为了求得 $X(k)$ 的一个样本,需要 N 次复数乘法和 $(N-1)$ 次复数加法。因此,为了求得完整的一组 DFT 系数需要 N^2 次复数乘法和 $N(N-1) \simeq N^2$ 次复数加法。同时还必须存储 N^2 个复数系数 $\{W_N^{nk}\}$(或者内部产生极大的开销)。十分清楚的是,一个 N 点序列的 DFT 计算量与 N^2 有关,用符号记为

$$C_N = o(N^2)$$

对于大的 N,$o(N^2)$ 在实践中是不能接受的。一般来说,对一次加法的处理时间要远少于一次乘法的处理时间,所以当前将主要集中在复数乘法的次数上,而每次复数乘法本身又需要 4 次实数乘法和 2 次实数相加。

5.6.1　高效计算的目标

在一种高效设计的算法中,计算量应该是每数据样本为常数,因此总的计算量应该与 N 成线性关系。

利用因子 $\{W_N^{nk}\}$ 的周期性

$$W_N^{kn} = W_N^{k(n+N)} = W_N^{(k+N)n}$$

和对称性

$$W_N^{kn+N/2} = -W_N^{kn}$$

可以将大部分计算(那些反复计算的部分)消除掉,从而能降低与 N 的二次依赖关系。

仅考虑 W_N^{nk} 周期性的一种算法是 Goertzel 算法。这一算法仍然需要 $C_N = o(N^2)$ 的乘法次数,但是它有某些优点。这个算法在第 12 章讨论。首先用一个例子作为开始用于说明在降低计算量上对称性和周期性的长处,然后描述和分析两种具体的 FFT 算法,它们都要求 $C_N = o(N\log N)$ 次运算。它们是按时间抽取(DIT-FFT)和按频率抽取(DIF-FFT)算法。

例题 5.20　现讨论一个 4 点 DFT 的计算,并为此建立一种高效算法。

$$X(k) = \sum_{n=0}^{3} x(n)W_4^{nk}, \ 0 \leqslant k \leqslant 3; \ W_4 = e^{-j2\pi/4} = -j$$

题解

上面计算能以矩阵形式完成

$$\begin{bmatrix} X(0) \\ X(1) \\ X(2) \\ X(3) \end{bmatrix} = \begin{bmatrix} W_4^0 & W_4^0 & W_4^0 & W_4^0 \\ W_4^0 & W_4^1 & W_4^2 & W_4^3 \\ W_4^0 & W_4^2 & W_4^4 & W_4^6 \\ W_4^0 & W_4^3 & W_4^6 & W_4^9 \end{bmatrix} \begin{bmatrix} x(0) \\ x(1) \\ x(2) \\ x(3) \end{bmatrix}$$

这需要 16 次复数乘法。

高效方法： 利用周期性，

$$W_4^0 = W_4^4 = 1; \ W_4^1 = W_4^9 = -j$$
$$W_4^2 = W_4^6 = -1; \ W_4^3 = j$$

将它代入上面矩阵中去,得出

$$\begin{bmatrix} X(0) \\ X(1) \\ X(2) \\ X(3) \end{bmatrix} = \begin{bmatrix} 1 & 1 & 1 & 1 \\ 1 & -j & -1 & j \\ 1 & -1 & 1 & -1 \\ 1 & j & -1 & -j \end{bmatrix} \begin{bmatrix} x(0) \\ x(1) \\ x(2) \\ x(3) \end{bmatrix}$$

利用对称性得到

$$X(0) = x(0) + x(1) + x(2) + x(3) = \underbrace{[x(0) + x(2)]}_{g_1} + \underbrace{[x(1) + x(3)]}_{g_2}$$

$$X(1) = x(0) - jx(1) - x(2) + jx(3) = \underbrace{[x(0) - x(2)]}_{h_1} - j\underbrace{[x(1) - x(3)]}_{h_2}$$

$$X(2) = x(0) - x(1) + x(2) - x(3) = \underbrace{[x(0) + x(2)]}_{g_1} - \underbrace{[x(1) + x(3)]}_{g_2}$$

$$X(3) = x(0) + jx(1) - x(2) - jx(3) = \underbrace{[x(0) - x(2)]}_{h_1} + j\underbrace{[x(1) - x(3)]}_{h_2}$$

因此,一种高效算法是

$$
\begin{array}{ll}
\text{第一步} & \text{第二步} \\
g_1 = x(0) + x(2) & X(0) = g_1 + g_2 \\
g_2 = x(1) + x(3) & X(1) = h_1 - jh_2 \\
h_1 = x(0) - x(2) & X(2) = g_1 - g_2 \\
h_2 = x(1) - x(3) & X(3) = h_1 + jh_2
\end{array}
\tag{5.47}
$$

这仅要求 2 次复数乘法。即使对这个简单例子来说,已是一个相当大的减少了。这一算法的信号流图结构如图 5.19 所给出。

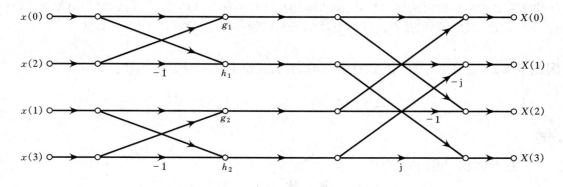

图 5.19　例题 5.20 的信号流图

一种解释： 这种高效算法(5.47)式可从不同的角度来说明。首先,一个 4 点序列 $x(n)$ 被分成两个 2 点序列,它们被排成列向量如下所给出:

$$\left[\begin{bmatrix} x(0) \\ x(2) \end{bmatrix}, \begin{bmatrix} x(1) \\ x(3) \end{bmatrix}\right] = \begin{bmatrix} x(0) & x(1) \\ x(2) & x(3) \end{bmatrix}$$

其次,做每列较小的 2 点 DFT

$$\boldsymbol{W}_2 \begin{bmatrix} x(0) & x(1) \\ x(2) & x(3) \end{bmatrix} = \begin{bmatrix} 1 & 1 \\ 1 & -1 \end{bmatrix} \begin{bmatrix} x(0) & x(1) \\ x(2) & x(3) \end{bmatrix} = \begin{bmatrix} x(0)+x(2) & x(1)+x(3) \\ x(0)-x(2) & x(1)-x(3) \end{bmatrix} = \begin{bmatrix} g_1 & g_2 \\ h_1 & h_2 \end{bmatrix}$$

然后将所得矩阵的每个元素乘以 $\{W_4^{pq}\}$,其中 p 是行指数,q 是列指数;也即做下列点乘:

$$\begin{bmatrix} 1 & 1 \\ 1 & -\mathrm{j} \end{bmatrix} \boldsymbol{\cdot} \ast \begin{bmatrix} g_1 & g_2 \\ h_1 & h_2 \end{bmatrix} = \begin{bmatrix} g_1 & g_2 \\ h_1 & -\mathrm{j}h_2 \end{bmatrix}$$

最后,两个更小的 2 点 DFT 被取作行向量

$$\begin{bmatrix} g_1 & g_2 \\ h_1 & -\mathrm{j}h_2 \end{bmatrix} \boldsymbol{W}_2 = \begin{bmatrix} g_1 & g_2 \\ h_1 & -\mathrm{j}h_2 \end{bmatrix} \begin{bmatrix} 1 & 1 \\ 1 & -1 \end{bmatrix} = \begin{bmatrix} g_1+g_2 & g_1-g_2 \\ h_1-\mathrm{j}h_2 & h_1+\mathrm{j}h_2 \end{bmatrix} = \begin{bmatrix} X(0) & X(2) \\ X(1) & X(3) \end{bmatrix}$$

虽然这种解释似乎比高效算法有更多的乘法次数,但是它正提出了基于较小的 DFT 计算一个较大 DFT 的一种整体思路。∎

5.6.2 划分和组合方法

为了降低 DFT 计算中的与 N 的二次依赖关系,必须选取某个复合数 $N=LM$,因为

$$L^2 + M^2 \ll N^2,\text{ 对大的 } N$$

现在将序列划分为 M 个长度为 L 的较小序列,做 M 个较小的 L 点 DFT,然后利用 M 个较小的 L 点 DFT 组合成一个较大的 DFT。这就是划分和组合方法的本质所在。令 $N=LM$,那么在(5.46)式中的编号 n 和 k 能写为

$$n = l + Lm, \quad 0 \leqslant l \leqslant L-1, \quad 0 \leqslant m \leqslant M-1$$
$$k = q + Mp, \quad 0 \leqslant p \leqslant L-1, \quad 0 \leqslant q \leqslant M-1 \tag{5.48}$$

并将序列 $x(n)$ 和 $X(k)$ 分别写成数组 $x(l,m)$ 和 $X(p,q)$,那么(5.46)式可写成

$$X(p,q) = \sum_{l=0}^{L-1} \sum_{m=0}^{M-1} x(l,m) W_N^{(l+Lm)(q+Mp)}$$

$$= \sum_{l=0}^{L-1} \left\{ W_N^{lq} \left[\sum_{m=0}^{M-1} x(l,m) W_N^{Lmq} \right] \right\} W_N^{Mlp} \tag{5.49}$$

$$= \sum_{l=0}^{L-1} \left\{ W_N^{lq} \underbrace{\left[\sum_{m=0}^{M-1} x(l,m) W_M^{mq} \right]}_{M\text{-点 DFT}} \right\} W_L^{lp}$$

$$\underbrace{\phantom{= \sum_{l=0}^{L-1} \left\{ W_N^{lq} \left[\sum_{m=0}^{M-1} x(l,m) W_M^{mq} \right] \right\} W_L^{lp}}}_{L\text{-点 DFT}}$$

这样,(5.49)式能以下列三步实现:

(1) 首先对 $l=0,\cdots,L-1$ 各列中的每一行,计算 M 点的 DFT 数组:

$$F(l,q) \triangleq \sum_{m=0}^{M-1} x(l,m) W_M^{mq}, \quad 0 \leqslant q \leqslant M-1 \tag{5.50}$$

(2) 其次将 $F(l,q)$ 进行修正以得到另一个数组:

$$G(l,q) = W_N^{lq} F(l,q), \quad \begin{matrix} 0 \leqslant l \leqslant L-1 \\ 0 \leqslant q \leqslant M-1 \end{matrix} \tag{5.51}$$

因子 W_N^{lq} 称为**旋转因子**。

（3）最后，对 $q=0,\cdots,M-1$，各行中的每一行计算 L 点的 DFT：

$$X(p,q) = \sum_{l=0}^{L-1} G(l,q) W_L^{lq}, \; 0 \leqslant p \leqslant L-1 \tag{5.52}$$

这种方法总的复数乘法次数现在给出为

$$C_N = LM^2 + N + ML^2 < o(N^2) \tag{5.53}$$

我们在下面的例题中说明这种方法。

例题 5.21 对 $N=15$ 建立划分和组合 FFT 算法。

题解

令 $L=3$ 且 $M=5$。那么，由（5.48）式，可以得到

$$n = l + 3M, \; 0 \leqslant l \leqslant 2, \; 0 \leqslant m \leqslant 4$$
$$k = q + 5p, \; 0 \leqslant p \leqslant 2, \; 0 \leqslant q \leqslant 4 \tag{5.54}$$

于是（5.49）式变为

$$X(p,q) = \sum_{l=0}^{2} \left\{ W_{15}^{lq} \left[\sum_{m=0}^{4} x(l,m) W_5^{mq} \right] \right\} W_3^{lp} \tag{5.55}$$

为了方便使用（5.55）式，我们采用列式排序将序列 $x(n)$ 排列成数组 $\{x(l,m)\}$ 形式

$$\begin{array}{ccccc} x(0) & x(3) & x(6) & x(9) & x(12) \\ x(1) & x(4) & x(7) & x(10) & x(13) \\ x(2) & x(5) & x(8) & x(11) & x(14) \end{array} \tag{5.56}$$

第一步，首先对每一行序列计算 5 点 DFT $F(l,q)$，并将它们排成同样的数组形式。

$$\begin{array}{ccccc} F(0,0) & F(0,1) & F(0,2) & F(0,3) & F(0,4) \\ F(1,0) & F(1,1) & F(1,2) & F(1,3) & F(1,4) \\ F(2,0) & F(2,1) & F(2,2) & F(2,3) & F(2,4) \end{array} \tag{5.57}$$

该步骤共需要 $3 \times 5^2 = 75$ 次复数运算。第二步，采用旋转因子 W_{15}^{lq} 对 $F(l,q)$ 进行修正得到数组 $G(l,q)$

$$\begin{array}{ccccc} G(0,0) & G(0,1) & G(0,2) & G(0,3) & G(0,4) \\ G(1,0) & G(1,1) & G(1,2) & G(1,3) & G(1,4) \\ G(2,0) & G(2,1) & G(2,2) & G(2,3) & G(2,4) \end{array} \tag{5.58}$$

该步骤共需要 15 次复数运算。最后一步中，对每一列进行 3 点 DFT $X(p,q)$ 得到

$$\begin{array}{ccccc} X(0,0) & X(0,1) & X(0,2) & X(0,3) & X(0,4) \\ X(1,0) & X(1,1) & X(1,2) & X(1,3) & X(1,4) \\ X(2,0) & X(2,1) & X(2,2) & X(2,3) & X(2,4) \end{array} \tag{5.59}$$

该步骤共需要 $5 \times 3^2 = 45$ 次复数运算。由（5.54）式和（5.59）式中的数组是 $X(k)$ 的如下式所示的重新排列：

$$\begin{array}{ccccc} X(0) & X(1) & X(2) & X(3) & X(4) \\ X(5) & X(6) & X(7) & X(8) & X(9) \\ X(10) & X(11) & X(12) & X(13) & X(14) \end{array} \tag{5.60}$$

最后,按行式排序"展开"这个数组,可以得到所求的 15 点 DFT $X(k)$。这个划分和组合 FFT 算法总计需要 135 次复数运算,而直接进行 15 点 DFT 运算则需要 225 次复数运算。因此,该划分和组合 FFT 算法明显地更加高效。   ∎

如果 M 或 L 是复合数的话,这一过程还能进一步重复下去。很明显,当 N 为一个高的复合数,也即 $N=R^v$ 时,就会得到最高效的算法;这样的算法称为基-R FFT 算法。当 $N=R_1^{r_1} R_2^{r_2}\cdots$ 时,这样的分解称为混合基 FFT 算法。一种最普遍和最容易编程的算法就是基-2 FFT 算法。

5.6.3 基-2FFT 算法

令 $N=2^v$,那么选 $M=2$ 和 $L=N/2$ 并按(5.48)式将 $x(n)$ 分为两个 $N/2$ 点序列为

$$g_1(n) = x(2n) \atop g_2(n) = x(2n+1), \quad 0 \leqslant n \leqslant \frac{N}{2}-1$$

序列 $g_1(n)$ 包括 $x(n)$ 的偶数号样本,而 $g_2(n)$ 则包括 $x(n)$ 的奇数号样本。设 $G_1(k)$ 和 $G_2(k)$ 分别为 $g_1(n)$ 和 $g_2(n)$ 的 $N/2$ 点的 DFT,那么(5.49)式简化为

$$X(k) = G_1(k) + W_N^k G_2(k), \quad 0 \leqslant k \leqslant N-1 \tag{5.61}$$

这个式子称为合并公式,它将两个 $N/2$ 点的 DFT 合并为一个 N 点的 DFT。复数乘法总的次数减到

$$C_N = \frac{N^2}{2} + N = o(N^2/2)$$

这一过程可以一直重复下去。在每一步都对序列进行抽取,并且较小的 DFT 都被合并。当经过 v 步以后具有 N 个一点的序列,也就是一点的 DFT 时抽取终止。这个所形成的过程就称为按时间抽取的 FFT(DIT-FFT)算法,对于这个算法总的复数乘法次数是

$$C_N = Nv = N\log_2 N$$

很明显,如果 N 很大,C_N 与 N 是近似线性关系,这就是高效算法的目标。利用额外的对称性,C_N 能减到 $\frac{N}{2}\log_2 N$。在 $N=8$ 时,这个算法的信号流图如图5.20所示。

在另一种方法中选 $L=2,M=N/2$,并按照(5.49)式中的步骤做下去。值得注意的是在这种方法中最初的 DFT 是 2 点的 DFT,它不含任何复数乘法。由(5.50)式

$$F(0,m) = x(0,m) + x(1,m)W_2^0$$
$$= x(n) + x(n+N/2), \quad 0 \leqslant n \leqslant N/2$$
$$F(1,m) = x(0,m) + x(1,m)W_2^1$$
$$= x(n) - x(n+N/2), \quad 0 \leqslant n \leqslant N/2$$

和(5.51)式

$$G(0,m) = F(0,m)W_N^0$$
$$= x(n) + x(n+N/2), \quad 0 \leqslant n \leqslant N/2$$
$$G(1,m) = F(1,m)W_N^m$$
$$= [x(n) - x(n+N/2)]W_N^n, \quad 0 \leqslant n \leqslant N/2$$

$$\tag{5.62}$$

设 $G(0,m)=d_1(n)$ 和 $G(1,m)=d_2(n)$,$0 \leqslant n \leqslant N/2-1$(因为它们能被当作是时域序列来对

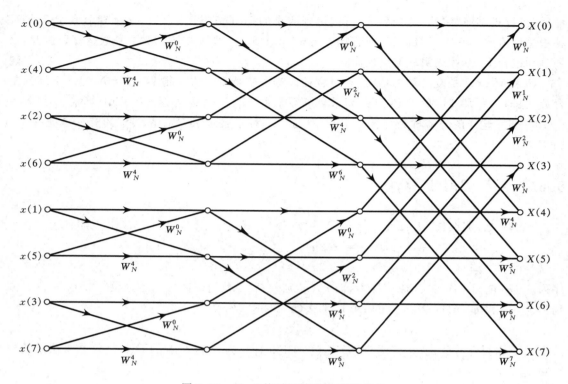

图 5.20 $N=8$ 按时间抽取的 FFT 结构

待),那么由(5.52)式有

$$X(0,q) = X(2q) = D_1(q)$$
$$X(1,q) = X(2q+1) = D_2(q)$$
(5.63)

这意味着以抽取的方式将 DFT 值 $X(k)$ 计算出来。因此,这种方法称为按频率抽取的 FFT (DIF-FFT)算法,它的信号流图是 DIT-FFT 结构的转置结构,它的计算复杂性也是等于 $\frac{N}{2}\log_2 N$。

5.6.4   MATLAB 实现

MATLAB 提供了一个称为 fft 的函数用于计算一个向量 x 的 DFT。调用 X = fft(x,N)就计算出 N 点的 DFT。如果向量 x 的长度小于 N,那么就将 x 补零。如果宗量 N 略去,那么 DFT 的长度就是 x 的长度。如果 x 是一个矩阵,那么 fft(x,N)计算 x 中每一列的 N 点的 DFT。

这个 fft 是用机器语言写成的,而不是用 MATLAB 命令(也就是不是作为一个 .m 文件来用的),因此执行起来非常快,并且它是作为一种混合基算法写成的。如果 N 是 2 的某个幂,那么就能使用一个高速的基-2FFT 算法。如果 N 不是 2 的某个幂,那么就将 N 分解为若干素因子并用一个较慢的混合基 FFT 算法。最后,如果 N 就是某个素数,那么 fft 函数就蜕化为原始的 DFT 算法。

应用 ifft 函数计算逆 DFT,它与 fft 具有相同的特性。

例题 5.22　这个例题要研究对于 $1 \leqslant N \leqslant 2048$ 内 fft 的执行时间。这将揭示在各种不同 N 值下的划分和组合策略。对于这个例题有一点要说明。本例题所得结果仅对 MATLAB V.5 及其更早一些的版本是成立的。从第 6 个版本起,MATLAB 采用了一种新的称为 LAPACK 数值计算核。它是以存储标准和高速缓冲存储器的利用优化的,而不是对单独浮点运算优化的。因此对于 V.6 及其以后的版本所得结果不能用这个例题来说明。同时,这里给出的执行时间都是针对某一专用计算机的,因此在不同的计算机上可以有不同的结果。

题解

为了确定执行时间,MATLAB 提供了两个函数。clock 函数给出瞬间时针的读数,而 etime(t1,t2) 函数则计算两个时刻点 t1 和 t2 之间的时间量。为了确定执行时间,要产生长度从 1 到 2048 的随机向量,计算它们的 FFT,并将计算时间保存在一个数组中。最后画出执行时间对 N 的图。

MATLAB 脚本:

```
>> Nmax = 2048;
>> fft_time = zeros (1,Nmax);
>> for n = 1:1:Nmax
>>   x = rand (1,n);
>>   t = clock; fft (x); fft_time(n) = etime(clock,t);
>> end
>> n = [1:1:Nmax];plot(n,fft_time, '.')
>> xlabel('N');ylabel('Time in Sec.') title('FFT Execution Times')
```

执行时间的图如图 5.21 所示。这幅图是非常能说明问题的。在图中的这些点虽没有展

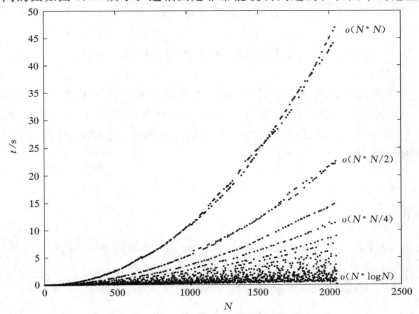

图 5.21　对于 $1 \leqslant N \leqslant 2048$,FFT 的执行时间

现出一种清晰的函数关系,但是却分成了各种趋势。最上面的这组描述的是一种 $o(N^2)$ 的与 N 的依赖关系。这表明这些值一定是 1 和 2048 之间的素数,对此 FFT 算法对 DFT 算法失效。相仿,还存在其他的一些组别是对应于 $o(N^2/2)$,$o(N^2/3)$,$o(N^2/4)$ 等等,对这些依赖关系其 N 都有较少的可分解性。最后这一组显示出(几乎线性的)$o(N\log N)$ 的依赖关系,这就是对应于 $N=2^\nu$,$0 \leqslant \nu \leqslant 11$。对于这些 N 值,用了基-2 FFT 算法。对全部其他的值,用的都是某一混合基 FFT 算法。这表明,当 N 是一个很高的复合数时,划分和组合办法是非常有效的。例如,$N=2048$ 时执行时间是 0.16s,$N=2047$ 时执行时间是 2.48s,而 $N=2039$ 时执行时间则为 46.96s。 ■

在本章前面已经建立的 MATLAB 函数中,都可用 fft 函数替换掉 dft 函数给予修正。由上面这个例子可知,必须仔细选用一个很高的复合数 N。一种好的经验是选 $N=2^\nu$,除非某一特殊情况要求例外。

5.6.5 快速卷积

在 MATLAB 中 conv 函数是用 filter 函数(用 C 语言写的)实现的,对于较小的 $N(<50)$ 值是非常高效的。对于大的 N 值,有可能能用 FFT 算法提高卷积的速度。这种方法应用循环卷积实现线性卷积,并应用 FFT 实现循环卷积。所得算法称为<u>快速卷积</u>算法。另外,如果选 $N=2^\nu$ 并实现基-2FFT,那么这种算法就称为<u>高速卷积</u>。令 $x_1(n)$ 是一 N_1 点序列,$x_2(n)$ 为一 N_2 点序列,那么高速卷积的 N 是选成

$$N = 2^{\lceil \log_2(N_1+N_2-1) \rceil} \tag{5.64}$$

其中 $\lceil x \rceil$ 是取比 x 大的最小整数(也称升限函数)。现在,线性卷积 $x_1(n) * x_2(n)$ 能用两个 N 点的 FFT,一个 N 点的 IFFT 和一个 N 点的点乘来实现。

$$x_1(n) * x_2(n) = \text{IFFT}[\text{FFT}[x_1(n)]\text{FFT}[x_2(n)]] \tag{5.65}$$

对于大的 N 值,(5.65)式比时域卷积快,这可从下面例子看出。

例题 5.23 为了说明高速卷积的有效性,现在来比较两种方法的执行时间。令 $x_1(n)$ 是一个 L 点在[0,1]之间均匀分布的随机数,$x_2(n)$ 是一个 L 点均值为 0、方差为 1 的高斯随机序列。将对 $1 \leqslant L \leqslant 150$ 求平均执行时间,其中平均是在随机序列的 100 次实现上计算出来的。(请参阅在例题 5.22 中给出的说明)。

题解

MATLAB 脚本:

```
conv_time = zeros (1,150); fft_time = zeros (1,150);
%
for L = 1:150
   tc = 0; tf = 0;
  N = 2 * L-1; nu = ceil(log10(NI)/log10(2)); N = 2^nu;
```

```
  for I = 1:100
     h = randn(1,L); x = rand(1,L);
    t0 = clock; y1 = conv(h,x); t1 = etime(clock,t0); tc = tc + t1;
    t0 = clock; y2 = ifft(fft(h,N). * fft(x,N)); t2 = etime(clock,t0);
    tf = tf + t2;
  end
%
  conv_time(L) = tc/100;
  fft_time(L) = tf/100;
end
%
n = 1:150; subplot(1,1,1);
plot(n(25:150),conv_time(25:150),n(25:150),fft_time (25:150))
```

图 5.22 示出在 $25 \leqslant L \leqslant 150$ 内的线性卷积和高速卷积的执行时间。应该注意到,这些时间是与执行 MATLAB 脚本所用的计算平台有关的,而图 5.21 所示结果是在主频为 33MHz 的 486 计算机上得到的。该图表明,对于较低的 L 值,线性卷积是比较快的。两条曲线的交点出现在 $L=50$,超过该点线性卷积所需时间指数增长,而高速卷积的时间基本上线性增长。要注意,由于 $N=2^v$ 高速卷积时间在 L 的某一范围上是不变的。

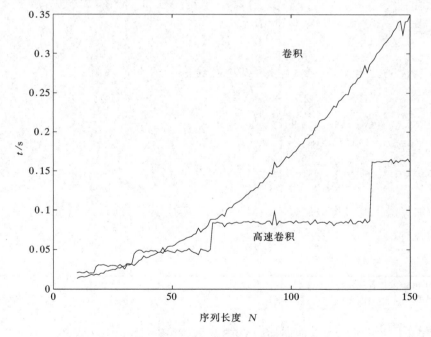

图 5.22 线性卷积与高速卷积时间的比较

5.6.6 高速块卷积

先前曾讨论过一种块卷积算法称为重叠保留法(以及它的配对重叠相加法),这是用在一个很长的序列与一个相对较短序列的卷积上。在那一节所建立的 MATLAB 函数 ovrlpsav 是用 DFT 实现线性卷积。现在能用基-2FFT 算法替换 DFT 得到一种高速重叠保留算法。为了进一步降低计算量,这个较短(固定)序列的 FFT 仅需计算一次。下面的 hsolpsav 函数给出这个算法。

```
function [y] = hsolpsav(x,h,N)
% High-speed Overlap-Save method of block convolutions using FFT
% -------------------------------------------------------------
% [y] = hsolpsav(x,h,N)
% y = output sequence
% x = input sequence
% h = impulse response
% N = block length (must be a power of two)
%
N = 2^(ceil(log10(N)/log10(2)));
Lenx = length(x); M = length(h);
M1 = M-1; L = N-M1; h = fft(h,N);
%
x = [zeros(1,M1), x, zeros(1,N-1)];
K = floor((Lenx+M1-1)/(L)); % # of blocks
Y = zeros(K+1,N);
for k = 0:K
xk = fft(x(k*L+1:k*L+N));
Y(k+1,:) = real(ifft(xk.*h));
end
Y = Y(:,M:N)'; y = (Y(:))';
```

对于重叠相加算法也能做类似的修正。MATLAB 还提供了 fftfilt 函数用于实现重叠相加算法。

5.7 习题

P5.1 应用 DFS 定义求下面周期序列的 DFS 系数,并用 MATLAB 验证。
1. $\tilde{x}_1(n)=\{4,1,-1,1\}, N=4$
2. $\tilde{x}_2(n)=\{2,0,0,0,-1,0,0,0\}, N=8$
3. $\tilde{x}_3(n)=\{1,0,-1,-1,0\}, N=5$
4. $\tilde{x}_4(n)=\{0,0,2j,0,2j,0\}, N=6$
5. $\tilde{x}_5(n)=\{3,2,1\}, N=3$

P5.2 已知下面周期 DFS 系数，求周期序列。首先用 IDFS 定义，然后用 MATLAB 验证。

1. $\widetilde{X}_1(k)=\{4,3j,-3j\}$，$N=3$
2. $\widetilde{X}_2(k)=\{j,2j,3j,4j\}$，$N=4$
3. $\widetilde{X}_3(k)=\{1,2+3j,4,2-3j\}$，$N=4$
4. $\widetilde{X}_4(k)=\{0,0,2,0\}$，$N=5$
5. $\widetilde{X}_5(k)=\{3,0,0,0,-3,0,0,0\}$，$N=8$

P5.3 设 $\widetilde{x}_1(n)$ 是基波周期 $N=40$ 的周期信号，其中一个周期为

$$\widetilde{x}_1(n)=\begin{cases}5\sin(0.1\pi n), & 0\leqslant n\leqslant 19\\ 0, & 20\leqslant n\leqslant 39\end{cases}$$

和 $\widetilde{x}_2(n)$ 是基波周期 $N=80$ 的周期信号，其中一个周期为

$$\widetilde{x}_2(n)=\begin{cases}5\sin(0.1\pi n), & 0\leqslant n\leqslant 19\\ 0, & 20\leqslant n\leqslant 79\end{cases}$$

这两个序列在周期上有差别，但是却有相等的非零样本值。

1. 求 $\widetilde{x}_1(n)$ 的 DFS $\widetilde{X}_1(k)$，并对 k 画出它的幅度和相位样本(用 stem 函数)。
2. 求 $\widetilde{x}_2(n)$ 的 DFS $\widetilde{X}_2(k)$，并对 k 画出它的幅度和相位样本。
3. 上面两个 DFS 之间有什么不同。

P5.4 考虑在习题 P5.3 给出的周期序列 $\widetilde{x}_1(n)$。令 $\widetilde{x}_2(n)$ 是基波周期 $N=40$ 的周期序列，它的一个周期由下式给出：

$$\widetilde{x}_2(n)=\begin{cases}\widetilde{x}_1(n), & 0\leqslant n\leqslant 19\\ -\widetilde{x}_1(n-20), & 20\leqslant n\leqslant 39\end{cases}$$

1. 通过 $\widetilde{X}_1(k)$ 用解析法求 DFS $\widetilde{X}_2(k)$。
2. 计算 $\widetilde{x}_2(n)$ 的 DFS $\widetilde{X}_2(k)$，并对 k 画出它的幅度和相位。
3. 利用 $\widetilde{X}_1(k)$ 和 $\widetilde{X}_2(k)$ 的图验证第(1)部分的结果。

P5.5 考虑在习题 P5.3 中给出的周期序列 $\widetilde{x}_1(n)$。令 $\widetilde{x}_3(n)$ 是周期为 80 的序列，它由两个周期的 $\widetilde{x}_1(n)$ 串接在一起而得到，即

$$\widetilde{x}_3(n)=[\widetilde{x}_1(n),\widetilde{x}_1(n)]_{周期的}$$

很明显，$\widetilde{x}_3(n)$ 是不同于习题 P5.3 中的 $\widetilde{x}_2(n)$ 的，即便两者都是周期的，且周期都为 80。

1. 求 $\widetilde{x}_3(n)$ 的 DFS $\widetilde{X}_3(k)$，并对 k 画出它的幅度和相位样本。
2. 将周期加倍在 DFS 上有什么影响？
3. 将上面结果一般化到 M 倍周期，特别是证明：如果

$$\widetilde{x}_M(n)=[\underbrace{\widetilde{x}_1(n),\cdots,\widetilde{x}_1(n)}_{M次}]_{周期的}$$

那么

$$\widetilde{X}_M(Mk)=M\widetilde{X}_1(k),\ k=0,1,\cdots,N-1$$
$$\widetilde{X}_M(k)=0,\quad k\neq 0,M,\cdots,MN$$

P5.6 设 $X(e^{j\omega})$ 是下面有限长序列

$$x(n)=\begin{cases}n+1, & 0\leqslant n\leqslant 49;\\ 100-n, & 50\leqslant n\leqslant 99;\\ 0, & 其余 n\end{cases}$$

的 DFFT

1. 令

$$y_1(n) = \overset{10点}{\text{IDFS}}\left[X(e^{j0}), X(e^{j2\pi/10}), X(e^{j4\pi/10}), \cdots, X(e^{j18\pi/10})\right]$$

利用频域采样定理求 $y_1(n)$，并用 MATLAB 验证结果。

2. 令

$$y_2(n) = \overset{200点}{\text{IDFS}}\left[X(e^{j0}), X(e^{j2\pi/200}), X(e^{j4\pi/200}), \cdots, X(e^{j398\pi/200})\right]$$

利用频域采样定理求 $y_2(n)$，并用 MATLAB 验证结果。

3. 讨论上面(1)和(2)的结果。

P5.7 令 $\tilde{x}(n)$ 是一个周期序列，周期为 N。令

$$\tilde{y}(n) \triangleq \tilde{x}(-n) = \tilde{x}(N-n)$$

也就是说，$\tilde{y}(n)$ 是 $\tilde{x}(n)$ 是周期反转。令 $\tilde{X}(k)$ 和 $\tilde{Y}(k)$ 分别是各自的 DFS 序列。

1. 证明：

$$\tilde{Y}(k) = \tilde{X}(-k) = \tilde{X}(N-k)$$

也就是说，$\tilde{Y}(k)$ 也是 $\tilde{X}(k)$ 的周期反转。

2. 令 $\tilde{x}(n) = \{2, 4, 6, 1, 3, 5\}_{周期的}$，周期为 $N=6$

(a) 对 $0 \leqslant n \leqslant 5$ 画出 $\tilde{y}(n)$。

(b) 计算 $\tilde{X}(k)$，$0 \leqslant k \leqslant 5$。

(c) 计算 $\tilde{Y}(k)$，$0 \leqslant k \leqslant 5$。

(d) 验证上面第(1)部分的关系。

P5.8 考虑下面给出的有限长序列：

$$x(n) = \begin{cases} \text{sinc}^2\{(n-50)/2\}, & 0 \leqslant n \leqslant 100; \\ 0, & \text{其余 } n \end{cases}$$

1. 求 $x(n)$ 的 DFT $X(k)$，用 stem 函数画出它的幅度和相位。

2. 利用 MATLAB 画出 $x(n)$ 的 DTFT $X(e^{j\omega})$ 的幅度和相位。

3. 验证上面的 DFT 是 $X(e^{j\omega})$ 的采样。利用 hold 函数将上面两幅图组合在一幅图上可能有益。

4. 有可能从这个 DFT $X(k)$ 重建这个 DTFT $X(e^{j\omega})$ 吗？如果可能，给出必要的重建内插公式；如果不可能，请陈述为什么这个重建不能完成。

P5.9 设一有限长序列给出为

$$x(n) = \begin{cases} 2e^{-0.9|n|}, & -5 \leqslant n \leqslant 5 \\ 0, & \text{其余 } n \end{cases}$$

利用 DFT 作为一种计算手段画出上面序列的 DTFT $X(e^{j\omega})$。选取 DFT 的长度 N 使得这个图看起来像是一张平滑的图。

P5.10 利用 DFT 作为一种计算工具画出下面序列 DTFT 的幅度。关于 N 的长度上作一个有根据的猜测以使得你的图是有意义的。

1. $x(n) = (0.6)^{|n|}[u(n+10) - u(n-11)]$

2. $x(n) = n(0.9)^n[u(n) - u(n-21)]$

3. $x(n) = [\cos(0.5\pi n) + j\sin(0.5\pi n)][u(n) - u(n-51)]$

4. $x(n) = \{1, 2, 3, \underset{\uparrow}{4}, 3, 2, 1\}$

5. $x(n) = \{-1, -2, -3, \underset{\uparrow}{0}, 3, 2, 1\}$

P5.11 设 $H(e^{j\omega})$ 是一个实的因果离散时间 LTI 系统的频率响应

1. 如果

$$\mathrm{Re}\{H(e^{j\omega})\} = \sum_{k=0}^{5} (0.9)^k \cos(k\omega)$$

用解析法求脉冲响应 $h(n)$，利用 IDFT 作为一种计算工具验证结果。审慎地选取长度 N。

2. 如果

$$\mathrm{Im}\{H(e^{j\omega})\} = \sum_{l=0}^{5} 2l\sin(l\omega) \text{ 和 } \int_{-\pi}^{\pi} H(e^{j\omega}) d\omega = 0$$

用解析法求脉冲响应 $h(n)$，并用 IDFT 作为一种计算工具验证结果。再次提醒要审慎地选取长度 N。

P5.12 令 $X(k)$ 代表一个 N 点序列 $x(n)$ 的 N 点 DFT，这个 DFT $X(k)$ 本身也是一个 N 点序列

1. 如果计算 $X(k)$ 的 DFT 得到另一个 N 点序列 $x_1(n)$，证明

$$x_1(n) = Nx((-n))_N, \quad 0 \leqslant n \leqslant N-1$$

2. 利用上面性质，设计一个 MATLAB 函数实现 N 点循环反转运算 $x_2(n) = x_1((-n))_N$。这个函数的格式应该是

```
x2 = circfold(x1,N)
% Circular folding using DFT
% x2 = circfold(x1,N)
% x2 = circularly folded output sequence
% x1 = input sequence of length <= N
%  N = circular buffer length
```

3. 求下面序列的循环反转：

$$x_1(n) = \{1, 3, 5, 7, 9, -7, -5, -3, -1\}$$

P5.13 设 $X(k)$ 是一个 N 点序列 $x(n)$ 的 N 点 DFT，N 为一偶整数。

1. 若对全部 n 有 $x(n) = x(n+N/2)$，那么证明对奇数 k 有 $X(k) = 0$（也即对偶数 k 为非零）。用 $x(n) = \{1, 2, -3, 4, 5, 1, 2, -3, 4, 5\}$ 验证这个结论。

2. 若对全部 n 有 $x(n) = -x(n+N/2)$，那么证明对偶数 k 有 $X(k) = 0$（也即对奇数 k 为非零）。用 $x(n) = \{1, 2, -3, 4, 5, -1, -2, 3, -4, -5\}$ 验证这个结论。

P5.14 设 $X(k)$ 是一 N 点序列 $x(n)$ 的 N 点 DFT，$N = 4\nu$，这里 ν 是个整数。

1. 若对全部 n 有 $x(n) = x(n+\nu)$，那么证明对 $k = 4l, 0 \leqslant l \leqslant \nu-1$，有 $X(k)$ 为非零值。用 $x(n) = \{1, 2, 3, 1, 2, 3, 1, 2, 3, 1, 2, 3\}$ 验证这个结论。

2. 若对全部 n 有 $x(n) = -x(n+\nu)$，那么证明对 $k = 4l+2, 0 \leqslant l \leqslant \nu-1$，有 $X(k)$ 为非零值。用 $x(n) = \{1, 2, 3, -1, -2, -3, 1, 2, 3, -1, -2, -3\}$ 验证这个结论。

P5.15 设 $X(k)$ 是一 N 点序列 $x(n)$ 的 N 点 DFT，$N = 2\mu\nu$，这里 μ 和 ν 都是整数。

1. 若对全部 n 有 $x(n)=x(n+\nu)$，那么证明对 $k=\mu(2l)$，$0\leqslant l\leqslant\nu-1$，有 $X(k)$ 为非零值。用 $x(n)=\{1,-2,3,1,-2,3,1,-2,3,1,-2,3,1,-2,3,1,-2,3\}$ 验证这个结论。

2. 若对全部 n 有 $x(n)=-x(n+\nu)$，那么证明对 $k=\mu(2l+1)$，$0\leqslant l\leqslant\nu-1$，有 $X(k)$ 为非零值。用 $x(n)=\{1,-2,3,-1,2,-3,1,-2,3,-1,2,-3,1,-2,3,-1,2,-3\}$ 验证这个结论。

P5.16 设 $X(k)$ 和 $Y(k)$ 是两个 10 点序列 $x(n)$ 和 $y(n)$ 的 10 点 DFT，若
$$X(k)=\mathrm{e}^{\mathrm{j}0.2\pi k}, \quad 0\leqslant k\leqslant 9$$
不用经过计算 DFT 求下列每种情况下的 $Y(k)$。

1. $y(n)=x((n-5))_{10}$
2. $y(n)=x((n+4))_{10}$
3. $y(n)=x((3-n))_{10}$
4. $y(n)=x(n)\mathrm{e}^{\mathrm{j}3\pi n/5}$
5. $y(n)=x(n)⑩x((-n))_{10}$

利用 MATLAB 验证你的结果。

P5.17 一个实值序列 $x(n)$ 的 10 点 DFT 的前 6 个值给出为
$$\{10,-2+\mathrm{j}3,3+\mathrm{j}4,2-\mathrm{j}3,4+\mathrm{j}5,12\}$$
利用 DFT 性质求下列每种情况下的 DFT。

1. $x_1(n)=x((2-n))_{10}$
2. $x_2(n)=x((n+5))_{10}$
3. $x_3(n)=x(n)x((-n))_{10}$
4. $x_4(n)=x(4)⑩x((-n))_{10}$
5. $x_5(n)=x(n)\mathrm{e}^{-\mathrm{j}4\pi n/5}$

P5.18 利用下面公式
$$x_{\mathrm{ccs}}(n)\triangleq\frac{1}{2}[x(n)+x^*((-n))_N]$$
$$x_{\mathrm{cca}}(n)\triangleq\frac{1}{2}[x(n)-x^*((-n))_N]$$
将复值 N 点序列分解为 N 点的循环偶和循环奇序列。
如果 $X_{\mathrm{R}}(k)$ 和 $X_{\mathrm{I}}(k)$ 是 $x(n)$ 的 N 点 DFT 的实部和虚部，那么
$$\mathrm{DFT}[x_{\mathrm{ccs}}(n)]=X_{\mathrm{R}}(k)$$
$$\mathrm{DFT}[x_{\mathrm{cca}}(n)]=\mathrm{j}X_{\mathrm{I}}(k)$$

1. 用解析法证明上面性质。
2. 将在本章已建立的 circevod 函数进行修正，以使它能用于复值序列。
3. 令 $X(k)=[3\cos(0.2\pi k)+\mathrm{j}4\sin(0.1\pi k)][u(k)-u(k-20)]$ 是一个 20 点的 DFT，利用 circevod 函数验证上面对称性质。

P5.19 如果 $X(k)$ 是一 N 点复值序列的 DFT
$$x(n)=x_{\mathrm{R}}(n)+\mathrm{j}x_{\mathrm{I}}(n)$$
式中 $x_{\mathrm{R}}(n)$ 和 $x_{\mathrm{I}}(n)$ 分别为 $x(n)$ 的实部和虚部，那么

$$\mathrm{DFT}[x_{\mathrm{R}}(n)] = X_{\mathrm{ccs}}(k)$$

$$\mathrm{DFT}[jx_{\mathrm{I}}(n)] = X_{\mathrm{cca}}(k)$$

式中 $X_{\mathrm{ccs}}(k)$ 和 $X_{\mathrm{cca}}(k)$ 分别是按习题 5.18 定义的 $X(k)$ 的循环偶分量和循环奇分量。

1. 用解析法证明上面性质。

2. 这个性质能用来利用一个 N 点 DFT 运算计算两个实值 N 点序列的 DFT。具体地说，令 $x_1(n)$ 和 $x_2(n)$ 是两个 N 点序列，那么就能构成一个复值序列

$$x(n) = x_1(n) + jx_2(n)$$

并利用上面的性质。以下面格式建立一个 MATLAB 函数实现这一方法。

```
function [X1,X2] = real2dft(x1,x2,N)
% DFTs of two real sequences
% [X1,X2] = real2dft(x1,x2,N)
% X1 = n-point DFT of x1
% X2 = n-point DFT of x2
% x1 = sequence of length <= N
% x2 = sequence of length <= N
%  N = length of DFT
```

3. 计算下面两个序列的 DFT

$$x(n) = \cos(0.1\pi n),\ x(n) = \sin(0.2\pi n);\ 0 \leqslant n \leqslant 39$$

P5.20 利用频域途径，建立一个 MATLAB 函数求已知一 N_1 点序列 $x(n)$ 的循环移位 $x((n-m))_N$，这里 $N_1 \leqslant N$。这个函数应该具有下面格式。

```
function y = cirshftf(x,m,N)
% Circular shift of m samples wrt size N in sequence x: (freq domain)
% ----------------------------------------------------
% y = cirshftf (x,m,N)
%     y : output sequence containing the circular shift
%     x : input sequence of length <= N
%     m : sample shift
%     N : size of circular buffer
% Method: y(n) = idft(dft(x(n)) * WN^(mk))
%
% If m is a scalar then y is a sequence (row vector)
% If m is a vector then y is a matrix, each row is a circular shift
% in x corresponding to entries in vecor m
% M and x should not be matrices
```

对下面序列验证这个函数

$$x(n) = \{5,4,3,2,1,0,0,1,2,3,4\},\ 0 \leqslant n \leqslant 10$$

用(a)$m=-5, N=12$ 和(b)$m=8, N=15$。

P5.21 利用 DFT 的分析和综合方程证明：

$$\varepsilon_x \triangleq \sum_{n=0}^{N-1} |x(n)|^2 = \frac{1}{N} \sum_{k=0}^{N-1} |X(k)|^2$$

这就是普遍称做 DFT 的帕斯瓦尔关系。利用 MATLAB 对在习题P5.20的序列验证这个关系。

P5.22 一实值序列 $x(n)$ 的 512 点 DFT $X(k)$ 有下面 DFT 值：

$$X(0) = 20 + j\alpha; \quad X(5) = 20 + j30; \quad X(k_1) = -10 + j15;$$
$$X(152) = 17 + j23; \quad X(k_2) = 20 - j30; \quad X(k_3) = 17 - j23;$$
$$X(480) = 10 - j15; \quad X(256) = 30 + j\beta$$

而所有其余的值都是零。

1. 求实值系数 α 和 β。

2. 求整数 k_1, k_2 和 k_3。

3. 求信号 $x(n)$ 的能量。

4. 将这个序列 $x(n)$ 表示成一个闭式表达式。

P5.23 设 $x(n)$ 是一有限长序列给出为

$$x(n) = \{\cdots, 0, 0, 0, \underset{\uparrow}{1}, 2, -3, 4, -5, 0, \cdots\}$$

求出并画出序列 $x((-8-n))_7 \mathcal{R}_7(n)$，其中

$$\mathcal{R}_7(n) = \begin{cases} 1, & 0 \leqslant n \leqslant 6 \\ 0, & \text{其余 } n \end{cases}$$

P5.24 在本章建立的 circonvt 函数是作为一种矩阵向量乘法实现循环卷积的。对应于循环移位 $\{x((n-m))_N; 0 \leqslant n \leqslant N-1\}$ 的矩阵有一种有趣的结构。这个矩阵称为循环矩阵，它是在第 2 章介绍的 Toeplitz 矩阵的一种特殊情况。

1. 考虑在例题 5.13 中给出的序列。将 $x_1(n)$ 表示成一个列向量 $\boldsymbol{x}_1$ 和 $x_2((n-m))_N$ 表示成矩阵 $\boldsymbol{X}_2$，其行相应于 $n=0,1,2,3$。试表示这个矩阵 $\boldsymbol{X}_2$ 的特性。它能完全由矩阵的第一行(或列)来描述吗？

2. 作为 $\boldsymbol{X}_2 \boldsymbol{x}_1$ 求循环卷积，并验证计算结果。

P5.25 已知一 N 点序列 $x(n)$，建立一个 MATLAB 函数用于构造一个循环矩阵 $\boldsymbol{C}$。利用 toeplitz 函数实现矩阵 $\boldsymbol{C}$。这个子程序函数应该有下面格式。

```
function [C] = circulnt(x,N)
% Circulant Matrix from an N-point sequence
% [C] = circulnt(x,N)
% C = circulant matrix of size NxN
% x = sequence of length <= N
% N = size of circulant matrix
```

利用这个函数修正在本章讨论过的循环卷积函数 circonvt，使得消除掉 for ... end 循环。用习题 P5.24 中的序列验证这个函数。

P5.26 利用频域途径建立一 MATLAB 函数实现两个序列之间的循环卷积运算。这个函数的格式应该是

```
function x3 = circonvf(x1,x2,N)
% Circular convolution in the frequency domain
% x3 = circonvf(x1,x2,N)
% x3 = convolution result of length N
% x1 = sequence of length <= N
% x2 = sequence of length <= N
%  N = length of circular buffer
```

利用你的函数,完成循环卷积$\{4,3,2,1\}④\{1,2,3,4\}$。

P5.27 已知下面 4 个序列:

$$x_1(n) = \{\underset{\uparrow}{1},3,2,-1\};\quad x_2(n) = \{\underset{\uparrow}{2},1,0,-1\};$$

$$x_3(n) = x_1(n) * x_2(n);\quad x_4(n) = x_1(n)⑤x_2(n)$$

1. 求出并画出 $x_3(n)$。

2. 单独利用 $x_3(n)$,求出并画出 $x_4(n)$。不要直接计算出 $x_4(n)$。

P5.28 对下列序列计算 N 点的循环卷积,画出它们的样本。

1. $x_1(n) = \sin(\pi n/3)\mathcal{R}_6(n)$,$x_2(n) = \cos(\pi n/4)\mathcal{R}_8(n)$;$N=10$

2. $x_1(n) = \cos(2\pi n/N)\mathcal{R}_N(n)$,$x_2(n) = \sin(2\pi n/N)\mathcal{R}_N(n)$;$N=32$

3. $x_1(n) = (0.8)^n\mathcal{R}_N(n)$,$x_2(n) = (-0.8)^n\mathcal{R}_N(n)$;$N=20$

4. $x_1(n) = n\mathcal{R}_N(n)$,$x_2(n) = (N-n)\mathcal{R}_N(n)$;$N=10$

5. $x_1(n) = (0.8)^n\mathcal{R}_{20}(n)$,$x_2(n) = u(n)-u(n-40)$;$N=50$

P5.29 设 $x_1(n)$ 和 $x_2(n)$ 是两个 N 点序列

1. 若 $y(n) = x_1(n) Ⓝ x_2(n)$,证明

$$\sum_{n=0}^{N-1} y(n) = \left(\sum_{n=0}^{N-1} x_1(n)\right)\left(\sum_{n=0}^{N-1} x_2(n)\right)$$

2. 用下面序列验证上面结果

$$x_1(n) = \{9,4,-1,4,-4,-1,8,3\}$$

$$x_2 = \{-5,6,2,-7,-5,2,2,-2\}$$

P5.30 设 $X(k)$ 是一个 3 点序列 $x(n) = \{\underset{\uparrow}{5},-4,3\}$ 的 8 点 DFT,再设 $Y(k)$ 是另一序列 $y(n)$ 的 8 点 DFT。当 $Y(k) = W_8^{5k}X(-k)_8$ 时,求 $y(n)$。

P5.31 对下列序列计算(i)N 点循环卷积 $x_3(n) = x_1(n) Ⓝ x_2(n)$。(ii)线性卷积 $x_4(n) = x_1(n) * x_2(n)$ 和(iii)误差序列 $e(n) = x_3(n) - x_4(n)$。

1. $x_1(n) = \{1,1,1,1\}$,$x_2(n) = \cos(\pi n/4)\mathcal{R}_6(n)$;$N=8$

2. $x_1(n) = \cos(2\pi n/N)\mathcal{R}_{16}(n)$,$x_2(n) = \sin(2\pi n/N)\mathcal{R}_{16}(n)$;$N=32$

3. $x_1(n) = (0.8)^n\mathcal{R}_{10}(n)$,$x_2(n) = (-0.8)^n\mathcal{R}_{10}(n)$;$N=15$

4. $x_1(n) = n\mathcal{R}_{10}(n)$,$x_2(n) = (N-n)\mathcal{R}_{10}(n)$;$N=10$

5. $x_1(n) = \{1,-1,1,-1\}$,$x_2(n) = \{1,0,-1,0\}$;$N=5$

对每种情况验证 $e(n) = x_4(n+N)$。

P5.32 块卷积的重叠相加法是重叠保留法的另一种替代方法。设 $x(n)$ 是一个很长的序列,长度为 ML,其 $M,L \gg 1$。现将 $x(n)$ 分割为 M 段 $\{x_m(n), m=1,\cdots,M\}$,每段长为 L。

$$x_m(n) = \begin{cases} x(n), & mL \leqslant n \leqslant (m+1)L-1 \\ 0, & \text{其余 } n \end{cases} \quad \text{使有 } x(n) = \sum_{m=0}^{M-1} x_m(n)$$

设 $h(n)$ 是 L 点的脉冲响应,那么

$$y(n) = x(n) * h(n) = \sum_{m=0}^{M-1} x_m(n) * h(n) = \sum_{m=0}^{M-1} y_m(n); \quad y_m(n) \triangleq x_m(n) * h(n)$$

显然,$y_m(n)$ 是 $(2L-1)$ 点序列。在这个方法中必须要保留中间卷积结果,然后在相加之前恰当地重叠这些结果以形成最后结果 $y(n)$。为了对这个运算应用 DFT,必须要选 $N \geqslant (2L-1)$。

1. 利用循环卷积运算建立一个 MATLAB 函数实现重叠相加法。这个函数的格式应该是

```
function [y] = ovrlpadd(x,h,N)
% Overlap-Add method of block convolution
% [y] = ovrlpadd(x,h,N)
%
% y = output sequence
% x = input sequence
% h = impulse response
% N = block length >= 2 * length(h) - 1
```

2. 在上面函数中结合基- 2FFT 实现求得一个高速重叠相加块卷积程序。记住选 $N=2^\nu$。

3. 对下面两个序列验证你的函数:

$$x(n) = \cos(\pi n/500) \mathcal{R}_{4000}(n), \; h(n) = \{1,-1,1,-1\}$$

P5.33 已知序列 $x_1(n)$ 和 $x_2(n)$ 如下:

$$x_1(n) = \{2,1,1,2\}, \; x_2(n) = \{1,-1,-1,1\}$$

1. 计算循环卷积 $x_1(n) \, \textcircled{N} \, x_2(n)$,$N=4,7$ 和 8。

2. 计算线性卷积 $x_1(n) * x_2(n)$。

3. 利用计算结果,确定所需要的最小 N 值使得在 N 点区间内有相同的线性和循环卷积。

4. 不用做实际的卷积,说明为何你本来就能得到 P5.33 中的结果。

P5.34 设

$$x(n) = \begin{cases} A\cos(2\pi ln/N), & 0 \leqslant n \leqslant N-1 \\ 0, & \text{其余 } n \end{cases} = A\cos(2\pi ln/N) \, \mathcal{R}_N(n)$$

式中 l 是一个整数。注意,$x(n)$ 在 N 个样本内包含了这个余弦的 l 个完整周期。这是一个不含任何泄漏的加窗余弦序列。

1. 证明:这个 DFT $X(k)$ 是一个实序列,并给出为

$$X(k) = \frac{AN}{2}\delta(k-l) + \frac{AN}{2}\delta(k-N+l); \; 0 \leqslant k \leqslant (N-1), 0 < l < N$$

2. 证明:如果 $l=0$,那么这个 DFT $X(k)$ 由下式给出

$$X(k) = AN\delta(k); \; 0 \leqslant k \leqslant (N-1)$$

3. 明确解释如果 $l<0$ 或 $l>N$,上述结果应如何修正。

4. 通过利用下面序列验证(1),(2)和(3)中的结果。利用 stem 函数画出 DFT 序列的实部。

(a) $x_1(n)=3\cos(0.04\pi n)\mathcal{R}_{200}(n)$

(b) $x_2(n)=5\,\mathcal{R}_{50}(n)$

(c) $x_3(n)=[1+2\cos(0.5\pi n)+\cos(\pi n)]\mathcal{R}_{100}(n)$

(d) $x_4(n)=\cos(25\pi n/16)\mathcal{R}_{64}(n)$

(e) $x_5(n)=[4\cos(0.1\pi n)-3\cos(1.9\pi n)]\mathcal{R}_N(n)$

P5.35 设 $x(n)=A\sin(\omega_0 n)\mathcal{R}_N(n)$,其中 ω_0 是某个实数。

1. 利用 DFT 性质,证明 $X(k)$ 的实部和虚部给出为

$$X(k)=X_R(k)+jX_I(k)$$

$$X_R(k)=(A/2)\cos\left[\frac{\pi(N-1)}{N}(k-f_0N)\right]\frac{\sin[\pi(k-f_0N)]}{\sin[\pi(k-f_0N)/N]}+$$

$$(A/2)\cos\left[\frac{\pi(N-1)}{N}(k+f_0N)\right]\frac{\sin[\pi(k-N+f_0N)]}{\sin[\pi(k-N+f_0N)/N]}$$

$$X_I(k)=-(A/2)\sin\left[\frac{\pi(N-1)}{N}(k-f_0N)\right]\frac{\sin[\pi(k-f_0N)]}{\sin[\pi(k-f_0N)/N]}-$$

$$(A/2)\sin\left[\frac{\pi(N-1)}{N}(k+f_0N)\right]\frac{\sin[\pi(k-N+f_0N)]}{\sin[\pi(k-N+f_0N)/N]}$$

2. 上面结果说明,余弦信号波形的原始频率泄漏到其他频率上,形成时间受限信号序列的谐波成分,因而该结果称作余弦的泄漏性质。这是对带宽受限的周期余弦信号采用非整数周期采样的自然现象。利用 $x(n)$ 的周期延拓 $\tilde{x}(n)$ 和习题 P5.34.1 的结果来解释这个现象。

3. 用 $x(n)=\sin(5\pi n/99)\mathcal{R}_{200}(n)$ 验证泄漏性质。利用 stem 函数画出 $X(k)$ 的实部和虚部。

P5.36 设

$$x(n)=\begin{cases}A\sin(2\pi ln/N),&0\leqslant n\leqslant N-1\\0,&\text{其余 }n\end{cases}=A\sin(2\pi ln/N)\,\mathcal{R}_N(n)$$

式中 l 是一个整数。注意,$x(n)$ 在 N 个样本内包含了这个正弦的 l 个完整周期。这是一个不含任何泄漏的加窗正弦序列。

1. 证明:这个 DFT $X(k)$ 是一个纯虚数序列,并给出为

$$X(k)=\frac{AN}{2j}\delta(k-l)-\frac{AN}{2j}\delta(k-N+l);$$

$$0\leqslant k\leqslant(N-1),\ 0<l<N$$

2. 证明:如果 $l=0$,那么这个 DFT $X(k)$ 由下式给出:

$$X(k)=0;\ 0\leqslant k\leqslant(N-1)$$

3. 明确解释如果 $l<0$ 或 $l>N$,上述结果应如何修正。

4. 通过利用下面序列验证(1),(2)和(3)中的结果。利用 stem 函数画出 DFT 序列的虚部。

(a) $x_1(n)=3\sin(0.04\pi n)\mathcal{R}_{200}(n)$

(b) $x_2(n)=5\sin10\pi n\,\mathcal{R}_{50}(n)$

(c) $x_3(n) = [2\sin(0.5\pi n) + \sin(\pi n)]\mathcal{R}_{100}(n)$

(d) $x_4(n) = \sin(25\pi n/16)\mathcal{R}_{64}(n)$

(e) $x_5(n) = [4\sin(0.1\pi n) - 3\sin(1.9\pi n)]\mathcal{R}_N(n)$

P5.37 设 $x(n) = A\sin(\omega_0 n)\mathcal{R}_N(n)$，其中 ω_0 是某个实数。

1. 利用 DFT 性质，证明 $X(k)$ 的实部和虚部给出为

$$X(k) = X_R(k) + jX_I(k)$$

$$X_R(k) = (A/2)\sin\left[\frac{\pi(N-1)}{N}(k - f_0 N)\right]\frac{\sin[\pi(k - f_0 N)]}{\sin[\pi(k - f_0 N)/N]} +$$

$$(A/2)\sin\left[\frac{\pi(N-1)}{N}(k + f_0 N)\right]\frac{\sin[\pi(k - N + f_0 N)]}{\sin[\pi(k - N + f_0 N)/N]}$$

$$X_I(k) = -(A/2)\cos\left[\frac{\pi(N-1)}{N}(k - f_0 N)\right]\frac{\sin[\pi(k - f_0 N)]}{\sin[\pi(k - f_0 N)/N]} -$$

$$(A/2)\cos\left[\frac{\pi(N-1)}{N}(k + f_0 N)\right]\frac{\sin[\pi(k - N + f_0 N)]}{\sin[\pi(k - N + f_0 N)/N]}$$

2. 上面结果隐含着，该余弦波形的原频率 ω_0 已经<u>泄漏</u>到其他频率上了，这些就形成了该时限序列的谐波，并因此称为余弦的泄漏性质。这是由于带限周期余弦在非整数周期上采样所带来的必然结果。利用 $x(n)$ 的周期延拓 $\tilde{x}(n)$ 和习题 P5.36.1 中的结果来解释这个结果。

3. 用 $x(n) = \sin(5\pi n/99)\mathcal{R}_{100}(n)$ 验证泄漏性质。利用 stem 函数画出 $X(k)$ 的实部和虚部。

P5.38 一模拟信号 $x_a(t) = 2\sin(4\pi t) + 5\cos(8\pi t)$ 在 $t = 0.01n, n = 0, 1, \cdots, N-1$ 被采样，得到一 N 点序列 $x(n)$。用 N 点 DFT 得到 $x_a(t)$ 幅度谱的估值。

1. 从下面的 N 值选出一个，它给出了 $x_a(t)$ 频谱的准确估值，画出 DFT 谱 $X(k)$ 的实部和虚部。

   (a) $N = 40$，(b) $N = 50$，(c) $N = 60$

2. 从下面的 N 值选出一个，它给出了 $x_a(t)$ 频谱的最小泄漏量，画出 DFT 谱 $X(k)$ 的实部和虚部。

   (a) $N = 90$，(b) $N = 95$，(c) $N = 99$

P5.39 利用 (5.49) 式，求出并画出对 $N = 8$ 点，基-2 按频率抽取的 FFT 算法信号流图，利用这个信号流图，求下面序列的 DFT：

$$x(n) = \cos(\pi n/2), \ 0 \leqslant n \leqslant 7$$

P5.40 利用 (5.49) 式，求出并画出对 $N = 16$ 点，基-4 按时间抽取的 FFT 算法信号流图，利用这个流图，求下面序列的 DFT：

$$x(n) = \cos(\pi n/2), \ 0 \leqslant n \leqslant 15$$

P5.41 令 $x(n)$ 是在 $[-1, 1]$ 之间的一个均匀分布的随机数，$0 \leqslant n \leqslant 10^6$。设

$$h(n) = \sin(0.4\pi n), \ 0 \leqslant n \leqslant 100$$

1. 利用 conv 函数求输出序列 $y(n) = x(n) * h(n)$。

2. 考虑块卷积的重叠保留法与 FFT 算法一起实现高速块卷积，利用这一途径，用 1024, 2048 和 4096 的 FFT 点数求 $y(n)$。

3. 用卷积结果和它们的执行时间比较上面三种情况。

离散时间滤波器实现

6

在前面各章研究了离散系统理论(既在时域又在频域),现在要将这一理论用于数字信号处理。为了处理信号,必须要设计和实现称之为滤波器(在某些领域或称频谱分析仪)的各种系统。滤波器设计论题会受到诸如滤波器类型(即 IIR 或者 FIR),或它的实现形式(结构)等这样一些因素的影响。所以在讨论设计问题之前,首先关注一下在实际中这些滤波器是如何实现的。由于不同的滤波器结构会制约住不同的设计策略,所以这是一个重要的并值得关注的问题。

在 DSP 中设计和应用的 IIR 滤波器能够用有理系统函数建模,或等效为用差分方程来表征。这样的滤波器称为自递归滑动平均(ARMA),或者更普遍地就称为递归滤波器。虽然 ARMA 滤波器包含了属于 FIR 滤波器的滑动平均滤波器部分,但是还是与 IIR 滤波器分开,在设计和实现方面单独处理 FIR 滤波器。

除了描述不同的滤波器结构之外,我们还开始考虑在实现中由于采用有限精度算法而引入的量化效应。数字硬件包括使用有限精度算法的处理单元。当滤波器采用硬件或软件实现时,滤波器系数和滤波运算同样都会受到这些有限精度运算效应的影响。在本章中,我们将专门针对系数量化对滤波器频率响应特性上的影响进行分析。在第 10 章中,我们将进一步考虑数字滤波实现中的舍入误差效应。

一开始简单介绍用于描述滤波器结构的基本构造单元。余下的各节分别讨论 IIR、FIR 和格型滤波器结构,并提供 MATLAB 函数实现这些结构。接下来将简单地介绍数值表示以及由此引入的误差特性,并基于该特性进一步分析系数量化效应。

6.1 基本单元

因为研究的滤波器都是 LTI 系统的,所以需要三种基本单元用于描述数字滤波器结构,这些单元如图 6.1 所示。

1. 加法器:这个单元有两个输入和一个输出,如图 6.1(a)所示。注意,三个或更多个信号相加可用后续的两个输入的加法器实现。

2. 乘法器(增益):这是一个单输入单输出的单元,如图 6.1(b)所示。注意不明确标出增益就理解为乘以 1。

3. 延迟单元(移位器或存储器):这个单元将信号通过后延迟一个样本,如图 6.1(c)所示。它用一个移位寄存器实现。

利用这些基本单元,现在能够描述 IIR 和 FIR 滤波器的各种结构。在这些结构的建立过

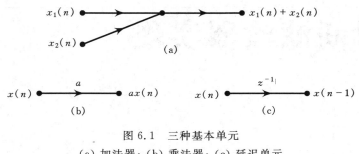

图 6.1 三种基本单元

(a) 加法器；(b) 乘法器；(c) 延迟单元

程中需要对多项式作运算，这时 MATLAB 是一个方便的工具。

6.2 IIR 滤波器结构

一个 IIR 滤波器的系统函数给出为

$$H(z) = \frac{B(z)}{A(z)} = \frac{\displaystyle\sum_{n=0}^{M} b_n z^{-n}}{\displaystyle\sum_{n=0}^{N} a_n z^{-n}} = \frac{b_0 + b_1 z^{-1} + \cdots + b_M z^{-M}}{1 + a_1 z^{-1} + \cdots + a_N z^{-N}}; \quad a_0 = 1 \tag{6.1}$$

其中 b_n 和 a_n 是滤波器系数。不失一般性已假定 $a_0 = 1$。如果 $a_N \neq 0$，N 就是这个 IIR 滤波器的阶。一个 IIR 滤波器的差分方程表示是

$$y(n) = \sum_{m=0}^{M} b_m x(n-m) - \sum_{m=1}^{N} a_m y(n-m) \tag{6.2}$$

有三种结构用于实现一个 IIR 滤波器。

1. 直接型：在这种型式中，按给出的差分方程(6.2)式直接予以实现。这类滤波器有两个部分，即滑动平均部分和递归部分(或等效为分子部分和分母部分)。因此，这种实现导致两种型式：直接 I 型和直接 II 型结构。

2. 级联型：在这种型式中，将(6.1)式的系统函数 $H(z)$ 因式分解为较低的二阶节，称为双二阶，然后将系统函数表示成这些双二阶的乘积，而每个双二阶用一种直接型实现，整个系统函数用双二阶的级联实现。

3. 并联型：这和级联型是类似的，但是因式分解之后用部分分式展开将 $H(z)$ 表示成较低的二阶节之和。每个二阶节还是用某一直接型实现，整个系统函数作为二阶节的并联网络实现。

这一节将对这些型式作简要讨论。一般来说，IIR 滤波器是用系统函数的有理函数形式(或直接型结构)描述的，所以将给出 MATLAB 函数用于将直接型结构转换为级联型和并联型结构。

6.2.1 直接型

如同这个名字所想到的，差分方程(6.2)式利用延迟、加法器和乘法器按给出形式予以实

现。为了便于说明问题,设 $M=N=4$,那么差分方程是

$$y(n) = b_0 x(n) + b_1 x(n-1) + b_2 x(n-2) + b_3 x(n-3) +$$
$$b_4 x(n-4) - a_1 y(n-1) - a_2 y(n-2) - a_3 y(n-3) - a_4 y(n-4)$$

它能以图 6.2 所示给予实现。这个方框图称为直接 I 型结构。

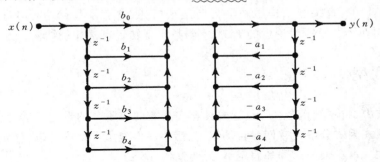

图 6.2　直接 I 型结构

　　直接 I 型结构分别实现 $H(z)$ 有理函数的每一部分,然后在它们之间用级联连接起来。分子部分是一种抽头延迟线结构紧跟着分母部分,而后者则是一种反馈抽头延迟线结构。这样在这种结构中就存在有两个单独的延迟线,因此需要 8 个延迟单元。现在通过交换这两个部分在级联中的连接次序可以减少延迟单元数目或除掉一组延迟线。这时两组延迟线通过一单位增益支路互相靠拢在一起,因此可以移去一组延迟线,导致一种正准型结构称为直接 II 型如图 6.3 所示。应该值得注意的是,从输入到输出的观点来看,两种直接型是等效的,然而其内部它们有不同的信号。

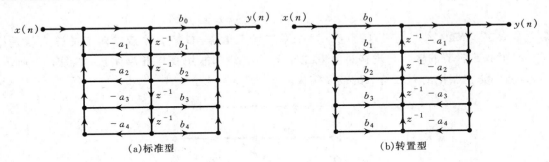

图 6.3　直接 II 型结构

6.2.2　转置结构

　　利用一种称为转置的过程可以得到一种对直接型等效的结构。在这种运算中要完成三步:

　　1. 将全部路径箭头方向颠倒过来。

　　2. 将全部支路节点用加法器替换,将全部加法器节点替换为支路节点。

　　3. 将输入和输出节点交换。

　　所得结构称为转置直接型结构。转置直接 II 型结构如图 6.3(b)所示。习题 P6.3 解释这

种等效结构。

6.2.3　MATLAB 实现

在 MATLAB 中,直接型结构用两个行向量来描述:含有系数 $\{b_n\}$ 的向量 b 和含有系数 $\{a_n\}$ 的向量 a,用在第 2 章所讨论过的 filter 函数实现转置直接 II 型结构。

6.2.4　级联型

在这种型式中,将系统函数 $H(z)$ 写成具有实系数的二阶节的乘积。这可以这样来做:将分子和分母多项式因式分解为它们各自的根,然后将一对复数共轭根,或者任意两个实数根组合成二阶多项式。本章余下部分都假定 N 为偶整数,那么

$$H(z) = \frac{b_0 + b_1 z^{-1} + \cdots + b_N z^{-N}}{1 + a_1 z^{-1} + \cdots + a_N z^{-N}} \tag{6.3}$$

$$= b_0 \frac{1 + \dfrac{b_1}{b_0} z^{-1} + \cdots + \dfrac{b_N}{b_0} z^{-N}}{1 + a_1 z^{-1} + \cdots + a_N z^{-N}} = b_0 \prod_{k=1}^{K} \frac{1 + B_{k,1} z^{-1} + B_{k,2} z^{-2}}{1 + A_{k,1} z^{-1} + A_{k,2} z^{-2}}$$

式中 K 是等于 $\dfrac{N}{2}$; $B_{k,1}$, $B_{k,2}$, $A_{k,1}$ 和 $A_{k,2}$ 都是代表实数的二阶节系数。这些二阶节是

$$H_k(z) = \frac{Y_{k+1}(z)}{Y_k(z)} = \frac{1 + B_{k,1} z^{-1} + B_{k,2} z^{-2}}{1 + A_{k,1} z^{-1} + A_{k,2} z^{-2}}; \quad k = 1, \cdots, K$$

称为第 k 个双二阶节,且有

$$Y_1(z) = b_0 X(z); \quad Y_{K+1}(z) = Y(z)$$

第 k 个双二阶节的输入是来自第 $(k-1)$ 个双二阶节的输出,第 k 个双二阶节的输出就是第 $(k+1)$ 个双二阶节的输入。现在每个双二阶节 $H_k(z)$ 都能用直接 II 型实现,如图 6.4 所示。那么,整个滤波器作为双二阶节的级联实现。

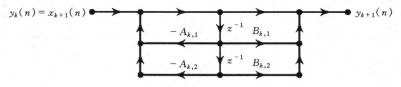

图 6.4　双二阶节结构

作为一个例子,考虑 $N=4$。图 6.5 示出这个 4 阶 IIR 滤波器的级联型结构。

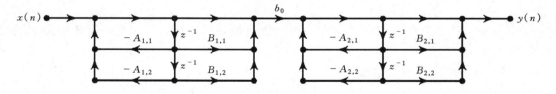

图 6.5　$N=4$ 的级联型结构

6.2.5 MATLAB 实现

已知直接型滤波器系数$\{b_n\}$和$\{a_n\}$,必须求得系数b_0、$\{B_{k,i}\}$和$\{A_{k,i}\}$。这可以通过以下给出的函数 dir2cas 来完成。

```
function [b0,B,A] = dir2cas(b,a);
% DIRECT form to CASCADE form conversion (cplxpair version)
% ---------------------------------------------------------
% [b0,B,A] = dir2cas(b,a)
% b0 = gain coefficient
% B = K by 3 matrix of real coefficients containing bk's
% A = K by 3 matrix of real coefficients containing ak's
% b = numerator polynomial coefficients of DIRECT form
% a = denominator polynomial coefficients of DIRECT form

% Compute gain coefficient b0
b0 = b(1); b = b/b0; a0 = a(1); a = a/a0; b0 = b0/a0;
%
M = length (b); N = length (a);
if N > M
b = [b zeros (1,N-M)];
elseif M > N
a = [a zeros(1,M-N)]; N = M;
else
NM = 0;
end
%
K = floor(N/2); B = zeros(K,3); A = zeros(K,3);
if K * 2 == N;
b = [b 0]; a = [a 0];
end
%
broots = cplxpair(roots(b)); aroots = cplxpair(roots(a));
for i = 1:2:2 * K
Brow = broots(i:1:i + 1,:); Brow = real(poly(Brow));
B(fix((i + l)/2),:) = Brow;
Arow = aroots(i:1:i + 1,:); Arow = real(poly(Arow));
A(fix((i + 1)/2), :) = Arow;
end
```

上面函数将向量 b 和 a 转换为 $K \times 3$ 的 B 和 A 矩阵。一开始要计算 b_0,它就等于 b_0/a_0(假设 $a_0 \neq 1$)。然后通过对较短的向量补零的办法,使 b 和 a 向量为等长度。这就保证了每个双二阶都有一个非零的分子和分母。接下来计算 $B(z)$ 和 $A(z)$ 多项式的根。利用 cplxpair 函数,这些根以复数共轭对排序。现在,利用 poly 函数,将每一对根又转换回到一个二阶的分子或分母多项式。SP 工具箱函数 tf2sos(传递函数到二阶节)也能实行类似的运算。

利用一个 casfiltr 函数实现级联型式,这如下所给出的。

```
function y = casfiltr(b0,B,A,x);
% CASCADE form realization of IIR and FIR filters
% ------------------------------------------------------
%   y = casfiltr(b0,B,A,x);
%   y = output sequence
%   b0 = gain coefficient of CASCADE form
%   B = K by 3 matrix of real coefficients containing bk's
%   A = K by 3 matrix of real coefficients containing ak's
%   x = input sequence
%
[K,L] = size(B);
N = length (x); w = zeros(K + 1,N); w(1,:) = x;
for i = 1:1:K
        w(i + 1,:) = filter(B(i,:),A(i,:),w(i,:));
end
y = b0 * w(K + 1,:);
```

该函数利用存储在 B 和 A 矩阵中每个双二阶系数,在一个循环内使用 filter 函数。将输入信号乘以 b0,并将每个滤波运算的输出用作下一个滤波运算的输入。最后滤波运算的输出就是整个输出。

下面的 MATLAB 函数 cas2dir 将级联型转换为直接型。这是一种简单的运算,它涉及几个二阶多项式的相乘。为此,MATLAB 函数 conv 在一个循环中用了 K 次。SP 工具箱函数 sosztf 也能实行类似的运算。

```
function [b,a] = cas2dir(b0,B,A);
% CASCADE-to-DIRECT form conversion
% --------------------------------
% [b,a] = cas2dir(b0,B,A)
%   b = numerator polynomial coefficients of DIRECT form
%   a = denominator polynomial coefficients of DIRECT form
%   b0 = gain coefficient
%   B = K by 3 matrix of real coefficients containing bk's
%   A = K by 3 matrix of real coefficients containing ak's
%
[K,L] = size(B);
b = [1]; a = [1];
for i = 1:1:K
b = conv(b,B(i,:)); a = conv(a,A(i,:));
end
b = b * b0;
```

例题 6.1 由下列差分方程描述的滤波器:

$$16y(n) + 12y(n-1) + 2y(n-2) - 4y(n-3) - y(n-4)$$
$$= x(n) - 3x(n-1) + 11x(n-2) - 27x(n-3) + 18x(n-4)$$

求它的级联型结构。

题解

MATLAB 脚本:

```
>> b = [1  -3 11  -27 18]; a = [16 12 2  -4  -1];
>> [b0,B,A] = dir2cas (b,a)
 b0 = 0.0625
  B =
      1.0000     - 0.0000      9.0000
      1.0000     - 3.0000      2.0000
  A =
      1.0000      1.0000      0.5000
      1.0000     - 0.2500     - 0.1250
```

所得结构如图 6.6 所示。为了检验这个级联结构是正确的,现用两种形式计算前 8 点的脉冲响应。

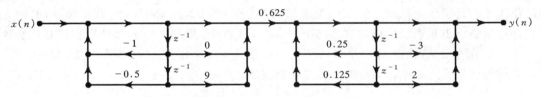

图 6.6   例题 6.1 的级联结构

```
>> delta = impseq(0,0,7);
delta =
     1    0    0    0    0    0    0    0
>> format long
>> hcas = casfiltr(b0,B,A,delta)
hcas =
  Columns 1 through 4
   0.06250000000000   - 0.23437500000000   0.85546875000000   - 2.28417968750000
  Columns 5 through 8
   2.67651367187500   - 1.52264404296875   0.28984069824219   0.49931716918945
>> hdir = filter (b, a, delta)
hdir =
  Columns 1 through 4
   0.06250000000000   - 0.23437500000000   0.85546875000000   - 2.28417968750000
  Columns 5 through 8
   2.67651367187500   - 1.52264404296875   0.28984069824219   0.49931716918945
```

6.2.6 并联型

在这种型式中,利用部分分式展开将系统函数 $H(z)$ 写成二阶节之和:

$$H(z) = \frac{B(z)}{A(z)} = \frac{b_0 + b_1 z^{-1} + \cdots + b_M z^{-M}}{1 + a_1 z^{-1} + \cdots + a_N z^{-N}} \tag{6.4}$$

$$= \frac{\hat{b}_0 + \hat{b}_1 z^{-1} + \cdots + \hat{b}_{N-1} z^{1-N}}{1 + a_1 z^{-1} + \cdots + a_N z^{-N}} + \underbrace{\sum_0^{M-N} C_k z^{-k}}_{\text{仅当} M \geqslant N}$$

$$= \sum_{k=1}^{K} \frac{B_{k,0} + B_{k,1} z^{-1}}{1 + A_{k,1} z^{-1} + A_{k,2} z^{-2}} + \underbrace{\sum_0^{M-N} C_k z^{-k}}_{\text{仅当} M \geqslant N}$$

其中 K 是等于 $\frac{N}{2}$;$B_{k,0}$, $B_{k,1}$, $A_{k,1}$ 和 $A_{k,2}$ 是代表实数的二阶节系数。这个二阶节

$$H_k(z) = \frac{Y_{k+1}(z)}{Y_k(z)} = \frac{B_{k,0} + B_{k,1} z^{-1}}{1 + A_{k,1} z^{-1} + A_{k,2} z^{-2}}; \ k = 1, \cdots, K$$

是第 k 个真有理双二阶节,且有

$$Y_k(z) = H_k(z) X(z), \ Y(z) = \sum Y_k(z), \ M < N$$

滤波器的输入是用作全部双二阶节以及多项式节(若 $M \geqslant N$,这就是一个 FIR 部分)的输入。来自这些节的输出相加以形成滤波器输出。现在,每个双二阶节 $H_k(z)$ 都能用直接 II 型实现。由于各个子节的相加,就得出一种并联结构以实现 $H(z)$。作为一个例子,考虑 $M = N = 4$。图 6.7 示出这个 4 阶 IIR 滤波器的一种并联型实现。

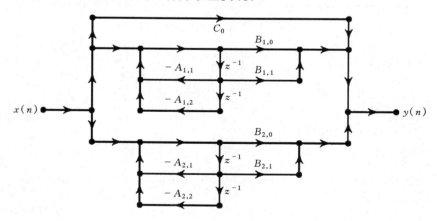

图 6.7 $N=4$ 时并联型结构

6.2.7 MATLAB 实现

下面给出的函数 dir2par 将直接型系数 $\{b_n\}$ 和 $\{a_n\}$ 转换为并联型系数 $\{B_{k,i}\}$ 和 $\{A_{k,i}\}$

```
function [C,B,A] = dir2par(b,a);
% DIRECT form to PARALLEL form conversion
% -----------------------------------
% [C,B,A] = dir2par(b,a)
% C = Polynomial part when length(b) >= length(a)
% B = K by 2 matrix of real coefficients containing bk's
% A = K by 3 matrix of real coefficients containing ak's
% b = numerator polynomial coefficients of DIRECT form
% a = denominator polynomial coefficients of DIRECT form
%
M = length(b); N = length(a);

[r1,p1,C] = residuez(b,a);
p = cplxpair (p1, 10000000 * eps); I = cplxcomp(p1,p); r = r1(I);

K = floor(N/2); B = zeros(K,2); A = zeros(K,3);
if K * 2 == N; % N even, order of A(z) odd, one factor is first order
for i = 1:2:N - 2
Brow = r(i:1:i + 1,:); Arow = p(i:1:i + 1,:);
[Brow,Arow] = residuez(Brow,Arow, []);
B(fix((i + 1)/2),:) = real(Brow);
A(fix((i + 1)/2),:) = real(arow);
end
[Brow,Arow] = residuez(r(N - 1) ,p(N - 1), []);
B(K,:) = [real(Brow) 0]; A(K,:) = [real(Arow) 0];
else
for i = 1:2:N - 1
Brow = r(i:1:i + 1,:); Arow = p(i:1:i + 1,:);
[Brow,Arow] = residuez(Brow,Arow, []);
B(fix((i + 1)/2),:) = real(Brow); A(fix((i + 1)/2),:) = real(Arow);
end
end
```

dir2par 函数首先利用 residuez 函数计算 z 域的部分分式展开。需要将极点-留数对安排成复数共轭的极点-留数对,再紧跟着实数极点-留数对。为此,可用 MATLAB 中的 cplxpair 函数,它将一个复数数组整理成复数共轭对。然而,两次连续的调用这个函数(一次对极点数组,一次对留数数组)不保证极点和留数互为对应。因此,建立了一个新的函数 cplxcomp,它将两个弄混了的复数数组进行比较,并产生一个数组的编号,然后用这个编号去重新安排另一个数组。

```
function I = cplxcomp(p1,p2)
% I = cplxcomp(p1,p2)
% Compares two complex pairs which contain the same scalar elements
% but (possibly) at differrent indices. This routine should be
% used after CPLXPAIR routine for rearranging pole vector and its
```

```
% corresponding residue vector.
%       p2 = cplxpair (p1)
%
I = [];
for j = 1:1:length (p2)
    for i = 1:1:length(p1)
if (abs(p1(i) - p2(j)) < 0.0001)
    I = [I,i];
        end
    end
end
I = I';
```

将这些极点-留数对集中起来之后,通过使用 residuez 函数以相反的过程,dir2par 函数再计算出双二阶的分子和分母多项式。

然后在函数 parfiltr 中利用这些并联型系数以实现并联型。利用存储在 B 和 A 矩阵中的每个双二阶系数,parfiltr 函数在一个循环中使用 filter 函数。输入首先经过 FIR 部分 C 被过滤并存入 w 矩阵中的第一行。然后将全部双二阶滤波器的输出对同一输入计算出来并存入 w 矩阵的相继各行中。最后将 w 矩阵的列相加得到输出。

```
function y = parfiltr(C,B,A,x);
% PARALLEL form realization of IIR filters
% ------------------------------------------------------
% [y] = parfiltr(C,B,A,x);
% y = output sequence
% C = polynomial (FIR) part when M >= N
% B = K by 2 matrix of real coefficients containing bk's
% A = K by 3 matrix of real coefficients containing ak's
% x = input sequence
%
[K,L] = size(B); N = length(x); w = zeros(K + 1,N);
w(1,:) = filter(C,1,x);
for i = 1:1:K
        w(i + 1,:) = filter(B(i,:),A(i,:),x);
end
y = sum (w);
```

为了从并联型得到直接型,可用 par2dir 函数。它计算出每个真有理双二阶的极点和留数,并将这些极点和留数组合成系统的极点和留数。以相反的次序再一次调用 residuez 函数计算出分子和分母多项式。

```
function [b,a] = par2dir(C,B,A);
% PARALLEL to DIRECT form conversion
% ------------------------------------------------------
```

```
% [b, a] = par2dir (C, B, A)
% b = numerator polynomial coefficients of DIRECT form
% a = denominator polynomial coefficients of DIRECT form
% C = Polynomial part of PARALLEL form
% B = K by 2 matrix of real coefficients containing bk's
% A = K by 3 matrix of real coefficients containing ak's
%
[K,L] = size(A); R = []; P = [];

for i = 1:1:K
[r,p,k] = residuez (B (i,:) ,A(i,:) ); R = [R;r]; P = [P;p];
end
[b,a] = residuez(R,P,C); b = b(:)'; a = a(:)';
```

例题 6.2 考虑在例题 6.1 中给出的滤波器

$$16y(n) + 12y(n-1) + 2y(n-2) - 4y(n-3) - y(n-4)$$
$$= x(n) - 3x(n-1) + 11x(n-2) - 27x(n-3) + 18x(n-4)$$

求它的并联型实现。

题解

MATLAB 脚本：

```
>> b = [1  -3  11  -27  18]; a = [16  12  2  -4  -1];
>> [C,B,A] = dir2par (b,a)
C =
  -18
B =
  10.0500      -3.9500
  28.1125     -13.3625
A =
  1.0000       1.0000      0.5000
  1.0000      -0.2500     -0.1250
```

所得结构如图 6.8 所示。为了校核所得到的并联结构,现用两种形式计算脉冲响应的前 8 个样本。

```
>> format long; delta = impseq(0,0,7); hpar = parfiltr (C,B,A,delta)
hpar =
  Columns 1 through 4
    0.06250000000000   -0.23437500000000   0.85546875000000   -2.28417968750000
  Columns 5 through 8
    2.67651367187500   -1.52264404296875   0.28984069824219   0.49931716918945
```

```
>> hdir = filter(b,a,delta)
hdir =
  Columns 1 through 4
   0.06250000000000   -0.23437500000000   0.85546875000000   -2.28417968750000
  Columns 5 through 8
   2.67651367187500   -1.52264404296875   0.28984069824219   0.49931716918945
```

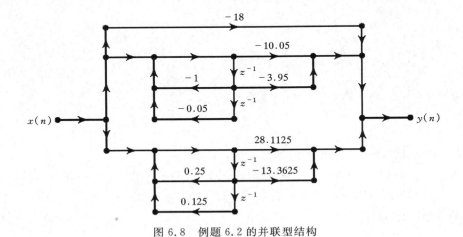

图 6.8　例题 6.2 的并联型结构

例题 6.3　如果某一结构中包含了全部型式的组合,那么总的直接型、级联型或并联型会是怎样? 现考虑图 6.9 的方框图。

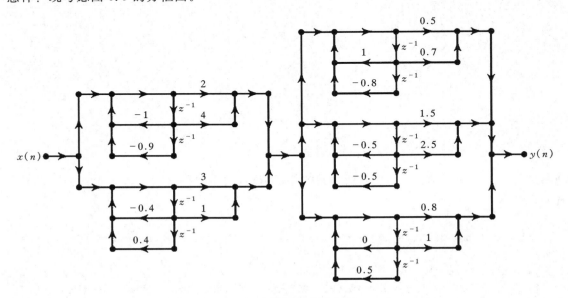

图 6.9　例题 6.3 的方框图

题解

这个结构包含两个并联节的级联。第一个并联节又含有两个双二阶,而第二个则含有三个双二阶。必须利用 par2dir 函数将每个并联节转换为一种直接型,给出两个直接型的级联。通过卷积相应的分子和分母多项式就能计算出总的直接型结构。总的级联型和并联型现在能够从这个直接型导出。

```
>> C0 = 0; B1 = [2 4;3 1]; A1 = [1 1 0.9; 1 0.4 -0.4];
>> B2 = [0.5 0.7; 1.5 2.5; 0.8 1]; A2 = [1 -1 0.8; 1 0.5 0.5; 1 0 -0.5];
>> [b1, a1] = par2dir(C0, B1, A1)
b1 =
    5.0000    8.8000    4.5000    -0.7000
a1 =
    1.0000    1.4000    0.9000    -0.0400    -0.3600
>> [b2,a2] = par2dir(C0,B2,A2)
b2 =
    2.8000    2.5500    -1.5600    2.0950    0.5700    -0.7750
a2 =
    1.0000    -0.5000    0.3000    0.1500    0.0000    0.0500    -0.2000
>> b = conv(b1,b2)  % Overall direct form numerator
b =
  Columns 1 through 7
   14.0000   37.3900   27.2400    6.2620   12.4810   11.6605   -5.7215
  Columns 8 through 9
   -3.8865    0.5425
>> a = conv(a1,a2)  % Overall direct form denominator
a =
  Columns 1 through 7
    1.0000    0.9000    0.5000    0.0800    0.1400    0.3530   -0.2440
  Columns 8 through 11
   -0.2890   -0.1820   -0.0100    0.0720
>> [b0,Bc,Ac] = dir2cas(b,a)  % Overall cascade form
b0 =
   14.0000
Bc =
    1.0000    1.8836    1.1328
    1.0000    -0.6915    0.6719
    1.0000    2.0776    0.8666
    1.0000         0         0
    1.0000    -0.5990    0.0588
Ac =
    1.0000    1.0000    0.9000
    1.0000    0.5000    0.5000
    1.0000    -1.0000    0.8000
    1.0000    1.5704    0.6105
```

```
        1.0000    - 1.1704      0.3276
>> [C0,Bp,Ap] = dir2par(b,a)  % Overall parallel form
Co = []
Bp =
  - 20.4201      - 1.6000
    24.1602        5.1448
     2.4570        3.3774
   - 0.8101      - 0.2382
     8.6129      - 4.0439
Ap =
    1.0000        1.0000      0.9000
    1.0000        0.5000      0.5000
    1.0000      - 1.0000      0.8000
    1.0000        1.5704      0.6105
    1.0000      - 1.1704      0.3276
```

通过利用本章所建立的 MATLAB 函数,这个例子说明可以探索并构造出范围更广的多种多样的结构。　∎

6.3　FIR 滤波器结构

一有限长脉冲响应滤波器有如下形式的系统函数:

$$H(z) = b_0 + b_1 z^{-1} + \cdots + b_{M-1} z^{1-M} = \sum_{n=0}^{M-1} b_n z^{-n} \tag{6.5}$$

因此,脉冲响应 $h(n)$ 是

$$h(n) = \begin{cases} b_n, & 0 \leqslant n \leqslant M-1 \\ 0, & \text{其余 } n \end{cases} \tag{6.6}$$

以及差分方程表示是

$$y(n) = b_0 x(n) + b_1 x(n-1) + \cdots + b_{M-1} x(n-M+1) \tag{6.7}$$

这是一个有限点的线性卷积。

这个滤波器的阶是 $M-1$,而滤波器的长度(等于系数的个数)是 M。FIR 滤波器结构总是稳定的,并且与 IIR 结构比较它们是相对简单的。另外,FIR 滤波器可以设计成具有线性相位响应,这在某些应用中是很希望有的。

将考虑下面 4 种结构:

1. 直接型:在这种型式中,直接按给出形式实现差分方程(6.7)式。

2. 级联型:在这种型式中,(6.5)式的系统函数 $H(z)$ 分解为二阶因式,然后各二阶因式以级联连接方式实现。

3. 线性相位型:当一个 FIR 滤波器具有线性相位响应时,其脉冲响应呈现某种对称条件。在这种型式中,将利用这些对称关系把相乘次数大约减少一半。

4. 频率采样型:这种结构是基于脉冲响应 $h(n)$ 的 DFT 并导致一种并联结构。它也适合

于基于频率响应 $H(e^{j\omega})$ 采样的设计方法。

将与几个例子一起简要讨论以上 4 种型式。在前一节所建立的 MATLAB 函数 dir2cas 对这里的级联型也是适用的。

6.3.1　直接型

因为不存在反馈路径,差分方程(6.7)式可以作为抽头延迟线实现。令 $M=5$(也即一个 4 阶的 FIR 滤波器),那么
$$y(n) = b_0 x(n) + b_1 x(n-1) + b_2 x(n-2) + b_3 x(n-3) + b_4 x(n-4)$$
直接型结构如图 6.10 所给出。注意,由于分母等于 1,所以仅有一种直接型结构。

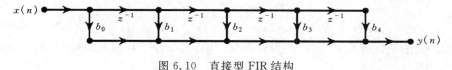

图 6.10　直接型 FIR 结构

6.3.2　MATLAB 实现

在 MATLAB 中,直接型 FIR 结构是用含有系数 $\{b_n\}$ 的行向量 b 描述的。用 filter 函数实现这个结构,其中向量 a 被置于标量 1,如在第 2 章曾讨论过的。

6.3.3　级联型

这种型式与 IIR 滤波器中的级联型是类似的。将系统函数 $H(z)$ 转换为具有实系数的二阶节的积,然后这些二阶节均用直接型实现,整个滤波器作为二阶节的级联。由(6.5)式

$$H(z) = b_0 + b_1 z^{-1} + \cdots + b_{M-1} z^{-M+1} \tag{6.8}$$

$$= b_0 \left(1 + \frac{b_1}{b_0} z^{-1} + \cdots + \frac{b_{M-1}}{b_0} z^{-M+1} \right)$$

$$= b_0 \prod_{k=1}^{K} (1 + B_{k,1} z^{-1} + B_{k,2} z^{-2})$$

式中 K 是等于 $\left\lfloor \dfrac{M}{2} \right\rfloor$,$B_{k,1}$ 和 $B_{k,2}$ 是代表实数的各二阶节系数。对于 $M=7$,其级联型实现如图 6.11 所示。

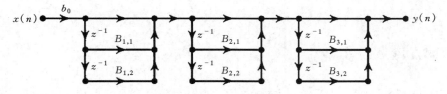

图 6.11　级联型 FIR 结构

6.3.4 MATLAB 实现

尽管有可能为 FIR 级联型建立一个新的 MATLAB 函数,但是还是用 dir2cas 函数,而将分母向量 a 置于 1。相仿,也能用 cas2dir 函数从级联型得到直接型实现。

6.3.5 线性相位型

对于频率选择性滤波器(如低通滤波器)一般都希望有一个其相位响应是频率的线性函数,也就是说,想要

$$\angle H(\mathrm{e}^{\mathrm{j}\omega}) = \beta - \alpha\omega, \quad -\pi < \omega \leqslant \pi \tag{6.9}$$

式中 $\beta = 0$ 或 $\pm\pi/2$,α 是某个常数。对于一个具有在 $[0, M-1]$ 区间上的脉冲响应的因果 FIR 滤波器来说,线性相位(6.9)式就会在脉冲响应 $h(n)$ 上施加下列对称条件(见习题 P6.15)。

$$h(n) = h(M-1-n); \quad \beta = 0, \alpha = \frac{M-1}{2}, \quad 0 \leqslant n \leqslant M-1 \tag{6.10}$$

$$h(n) = -h(M-1-n); \quad \beta = \pm\pi/2, \alpha = \frac{M-1}{2}, \quad 0 \leqslant n \leqslant M-1 \tag{6.11}$$

满足(6.10)式的脉冲响应称为对称脉冲响应,而满足(6.11)式的则称为反对称脉冲响应。这些对称条件现在都能在一种称为线性相位型的结构中得到利用。

现考虑具有对称脉冲响应(6.10)式的由(6.7)式给出的差分方程,有

$$y(n) = b_0 x(n) + b_1 x(n-1) + \cdots + b_1 x(n-M+2) + b_0 x(n-M+1)$$
$$= b_0[x(n) + x(n-M+1)] + b_1[x(n-1) + x(n-M+2)] + \cdots$$

上面差分方程的方框图实现对于奇数和偶数 M 都如图 6.12 所示。

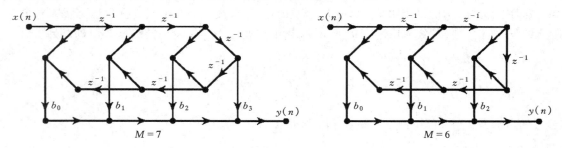

图 6.12 线性相位型 FIR 结构(对称脉冲响应)

很清楚,这种结构比直接型要少 50% 的乘法。对于反对称脉冲响应也能导得一种类似的结构。

6.3.6 MATLAB 实现

线性相位型结构本质上是一种直接型结构,只不过为节省乘法而以不同的方式画出来而已,所以在 MATLAB 实现中,线性相位结构是等效于直接型的。

例题 6.4 一 FIR 滤波器由下面系统函数给出：

$$H(z) = 1 + 16\frac{1}{16}z^{-4} + z^{-8}$$

求出并画出直接型、线性相位型和级联型结构。

题解

a. 直接型：这个差分方程为

$$y(n) = x(n) + 16.0625x(n-4) + x(n-8)$$

直接型结构如图 6.13(a)所示。

b. 线性相位型：差分方程可以写成如下形式：

$$y(n) = [x(n) + x(n-8)] + 16.0625x(n-4)$$

所得实现结构如图 6.13(b)所示。

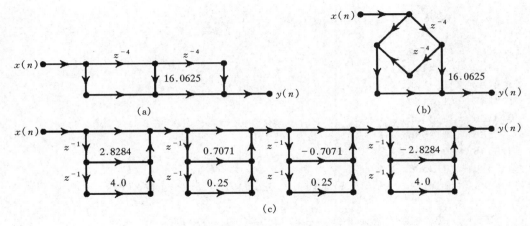

图 6.13 例题 6.4 中的 FIR 滤波器结构

(a) 直接型；(b) 线性相位型；(c) 级联型

c. 级联型：利用下面 MATLAB 脚本。

```
>> b = [1,0,0,0,16 + 1/16,0,0,0,1]; [b0,B,A] = dir2cas(b,1)
b0 = 1
B =
    1.0000    2.8284    4.0000
    1.0000    0.7071    0.2500
    1.0000   - 0.7071    0.2500
    1.0000   - 2.8284    4.0000
A =
    1    0    0
    1    0    0
    1    0    0
    1    0    0
```

级联型结构如图 6.13(c)所示。

例题 6.5 如果在例题 6.4 中的滤波器想要一个含有实系数的线性相位部分的级联型结构，这会是怎样的结构？

题解

现在关心的是级联节，它们具有对称的且为实数的系数。根据线性相位 FIR 滤波器的性质（见第 7 章），如果这样一个滤波器在 $z = r \angle \theta$ 有一个任意零点，那么就一定有三个其他的零点在 $(1/r) \angle \theta, r \angle - \theta$ 和 $(1/r) \angle - \theta$ 以保证有实数的滤波器系数。现在就能利用这个性质。首先，求这个已知的 8 次多项式的零点位置，然后将满足上述性质的 4 个零点组成一组得到一个（4 阶）线性相位节。一共有两个这样的节，将它们以级联方式相连。

```
>> b = [1,0,0,0,16 + 1/16,0,0,0,1]; broots = roots (b)
broots =
   -1.4142 + 1.4142i
   -1.4142 - 1.4142i
    1.4142 + 1.4142i
    1.4142 - 1.4142i
   -0.3536 + 0.3536i
   -0.3536 - 0.3536i
    0.3536 + 0.3536i
    0.3536 - 0.3536i
>> B1 = real (poly([broots(1),broots(2),broots (5),broots (6)]))
B1 =
    1.0000    3.5355    6.2500    3.5355    1.0000
>> B2 = real (poly([broots (3) ,broots (4),broots (7),broots (8)]))
B2 =
    1.0000   -3.5355    6.2500   -3.5355    1.0000
```

这种结构如图 6.14 所示。

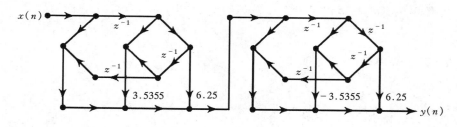

图 6.14 FIR 线性相位单元的级联

6.3.7 频率采样型

在这种型式中,根据一个 FIR 滤波器的系统函数 $H(z)$ 可以从它在单位圆上的样本得到重建这一事实,而从第 5 章的讨论中可以想到,这些样本事实上就是 M 点脉冲响应 $h(n)$ 的 M 点 DFT 值 $\{H(k),0{\leqslant}k{\leqslant}M-1\}$,因此有

$$H(z) = \mathcal{Z}[h(n)] = \mathcal{Z}[\mathrm{IDFT}\{H(k)\}]$$

利用这一步,可得[见第 5 章中(5.17)式]

$$H(z) = \left(\frac{1-z^{-M}}{M}\right) \sum_{k=0}^{M-1} \frac{H(k)}{1-W_M^{-k}z^{-1}} \tag{6.12}$$

这表明,在这种结构中用的是 DFT $H(k)$,而不是脉冲响应 $h(n)$(或者差分方程)。同时还很有意思地注意到,由于(6.12)式既包含有极点,也含有零点,所以由(6.12)式描述的 FIR 滤波器有一个类似于 IIR 滤波器的递归形式。因为在 W_M^k 的极点被

$$1-z^{-M} = 0$$

的根所抵消,所以所得滤波器还是一个 FIR 滤波器。由(6.12)式导致的一种并联结构如图 6.15($M=4$)所示。

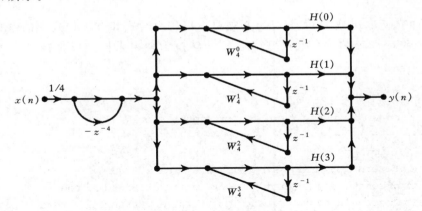

图 6.15　$M=4$ 的频率采样型结构

图 6.15 的结构有一个问题,它需要一种复数的算术实现。由于 FIR 滤波器几乎总是一个实值的滤波器,所以有可能得到另一种实现,其中仅需用实数算术运算。这种实现可依据 DFT 和 W_M^k 因子的对称性质导得。这样,(6.12)式可表示成(见习题 P6.18)

$$H(z) = \frac{1-z^{-M}}{M} \left\{ \sum_{k=1}^{L} 2 \mid H(k) \mid H_k(z) + \frac{H(0)}{1-z^{-1}} + \frac{H(M/2)}{1+z^{-1}} \right\} \tag{6.13}$$

式中若 M 为奇,$L=\dfrac{M-1}{2}$;若 M 为偶,$L=\dfrac{M}{2}-1$,以及 $\{H_k(z),k=1,\cdots,L\}$ 是由下式给出的二阶节

$$H_k(z) = \frac{\cos[\angle H(k)] - z^{-1}\cos\left[\angle H(k) - \dfrac{2\pi k}{M}\right]}{1 - 2z^{-1}\cos\left(\dfrac{2\pi k}{M}\right) + z^{-2}} \tag{6.14}$$

注意,DFT 样本 $H(0)$ 和 $H(M/2)$ 均为实值,并且若 M 为奇数的话,(6.13)式右边第 3 项将不存在。利用(6.13)式和(6.14)式,图 6.16 展示一种仅含实系数的频率采样结构。

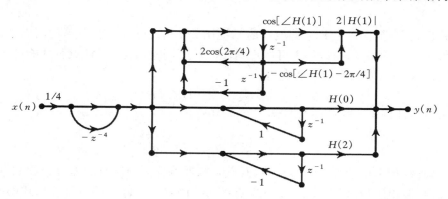

图 6.16 具有实系数 $M=4$ 的频率采样型结构

6.3.8 MATLAB 实现

给定脉冲响应 $h(n)$ 或 DFT $H(k)$,必须要求出(6.13)式和(6.14)式中的系数。下面的MATLAB 函数 dir2fs 将一个直接型($h(n)$值)转换为频率采样型以直接实现(6.13)式和(6.14)式。

```
function [C,B,A] = dir2fs(h)
% Direct form to Frequency Sampling form conversion
% ----------------------------------------------------
% [C,B,A] = dir2fs(h)
% C = Row vector containing gains for parallel sections
% B = Matrix containing numerator coefficients arranged in rows
% A = Matrix containing denominator coefficients arranged in rows
% h = impulse response vector of an FIR filter
%
M = length (h); H = fft(h,M);
magH = abs (H); phaH = angle (H)';
% check even or odd M
if (M == 2 * floor(M/2))
    L = M/2 - 1; % M is even
    A1 = [1, - 1,0;1,1,0];
    C1 = [real(H(1)),real(H(L + 2))];
else
    L = (M-1)/2; % M is odd
    A1 = [1, - 1,0];
    C1 = [real(H(1))];
end
k = [1:L]';
```

```
% Initialize B and A arrays
B = zeros(L,2); A = ones(L,3);
% Compute denominator coefficients
A(1:L,2) = -2*cos(2*pi*k/M); A = [A;A1];
% Compute numerator coefficients
B(1:L,1) = cos(phaH(2:L+1));
B(1:L,2) = -cos(phaH(2:L+1)-(2*pi*k/M));
% Compute gain coefficients
C = [2*magH(2:L+1),C1]';
```

在上面函数中,脉冲响应的值由 h 数组提供。经转换之后,C 数组含有每个并联节的增益值;这里二阶并联节的增益值首先给出,再跟着是 $H(0)$ 和 $H(M/2)$(若 M 为偶数)。B 矩阵包含分子系数,对每个二阶节它是排成长度为 2 的行向量。A 矩阵包含分母系数,对应于在 B 中的系数对每个二阶节它是排成长度为 3 的行向量,再跟着一阶节的系数。

图 6.16 结构的一个实际问题是它在单位圆上有极点,这将使得这个滤波器临界不稳定。如果这个滤波器不被极点中的一个频率所激励,那么输出还是有界的。通过在一个圆 $|z|=r$ 上,这里半径 r 是非常接近于 1 但小于 1(如 $r=0.99$),对 $H(z)$ 采样而能够避开这个问题,这就产生

$$H(z) = \frac{1-r^M z^{-M}}{M} \sum_{k=0}^{M-1} \frac{H(k)}{1-rW_M^{-k}z^{-k}}; \quad H(k) = H(re^{j2\pi k/M}) \tag{6.15}$$

现在,近似 $H(re^{j2\pi k/M}) \approx H(e^{j2\pi k/M})$,$r \approx 1$,就能得到一个仅含实数值的类似于图 6.16 的稳定结构。这将在习题 P6.19 中讨论。

例题 6.6 设 $h(n) = \frac{1}{9}\{1,2,3,2,1\}$,求出并画出频率采样型结构。

题解

MATLAB 脚本:

```
>> h = [1,2,3,2,1]/9; [C,B,A] = dir2fs(h)
C =
    0.5818
    0.0849
    1.0000
B =
   -0.8090    0.8090
    0.3090   -0.3090
A =
    1.0000   -0.6180    1.0000
    1.0000    1.6180    1.0000
    1.0000   -1.0000         0
```

因为 $M=5$ 是奇数,所以仅有一个一阶节。因此,

$$H(z) = \frac{1 - z^{-5}}{5} \left[0.5818 \frac{-0.809 + 0.809 z^{-1}}{1 - 0.618 z^{-1} + z^{-2}} + \right.$$

$$\left. 0.0848 \frac{0.309 - 0.309 z^{-1}}{1 + 1.618 z^{-1} + z^{-2}} + \frac{1}{1 - z^{-1}} \right]$$

所以频率采样型结构如图 6.17 所示。

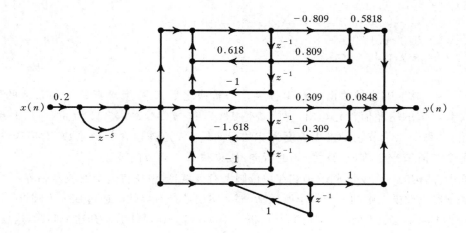

图 6.17　例题 6.6 的频率采样型结构

例题 6.7　一个 32 点的线性相位 FIR 滤波器的频率样本给出如下：

$$|H(k)| = \begin{cases} 1, & k = 0,1,2 \\ 0.5, & k = 3 \\ 0, & k = 4,5,\cdots,15 \end{cases}$$

求它的频率采样型结构，并将它的计算复杂性与线性相位型作比较。

题解

在这个例子中，因为 DFT $H(k)$ 的样本已经给出，就能利用(6.13)式和(6.14)式直接确定结构。然而现在用 dir2fs 函数，为此必须要求出脉冲响应 $h(n)$。利用对称性质和线性相位限制条件，将 DFT $H(k)$ 组合成

$$H(k) = |H(k)| e^{j\angle H(k)}, \quad k = 0,1,\cdots,31$$

$$|H(k)| = |H(32 - k)|, \quad k = 1,2,\cdots,31; \quad H(0) = 1$$

$$\angle H(k) = -\frac{31}{2} \frac{2\pi}{32} k = -\angle H(32 - k), \quad k = 0,1,\cdots,31$$

现在 $H(k)$ 的 IDFT 将产生所期望的脉冲响应。

```
>> M = 32; alpha = (M - 1)/2;
>> magHk = [1,1,1,0.5,zeros(1,25),0.5,1,1];
>> k1 = 0:15; k2 = 16:M - 1;
>> angHk = [-alpha * (2 * pi)/M * k1, alpha * (2 * pi)/M * (M - k2)];
```

```
>> H = magHk. * exp(j * angHk); h = real(ifft(H,M)); [C,B,A] = dir2fs(h)
C =
    2.0000
    2.0000
    1.0000
    0.0000
    0.0000
    0.0000
    0.0000
         0
    0.0000
    0.0000
    0.0000
    0.0000
    0.0000
    0.0000
    0.0000
    1.0000
         0
B =
  - 0.9952     0.9952
    0.9808   - 0.9808
  - 0.9569     0.9569
  - 0.8944     0.3162
    0.9794   - 0.7121
    0.8265     0.2038
  - 0.6754     0.8551
    1.0000     0.0000
    0.6866   - 0.5792
    0.5191     0.9883
  - 0.4430     0.4993
  - 0.8944   - 0.3162
  - 0.2766     0.3039
    0.9343     0.9996
  - 0.9077   - 0.8084
A =
    1.0000   - 1.9616     1.0000
    1.0000   - 1.8478     1.0000
    1.0000   - 1.6629     1.0000
    1.0000   - 1.4142     1.0000
    1.0000   - 1.1111     1.0000
    1.0000   - 0.7654     1.0000
    1.0000   - 0.3902     1.0000
    1.0000     0.0000     1.0000
    1.0000     0.3902     1.0000
```

1.0000	0.7654	1.0000
1.0000	1.1111	1.0000
1.0000	1.4142	1.0000
1.0000	1.6629	1.0000
1.0000	1.8478	1.0000
1.0000	1.9616	1.0000
1.0000	−1.0000	0
1.0000	1.0000	0

注意,仅有 4 个增益系数是非零值,因此这个频率采样型是

$$H(z)=\frac{1-z^{-32}}{32}\left[\begin{array}{l}2\times\dfrac{-0.9952+0.9952z^{-1}}{1-1.9616z^{-1}+z^{-2}}+2\times\dfrac{0.9808-0.9808z^{-1}}{1-1.8478z^{-1}+z^{-2}}+\\ \dfrac{-0.9569+0.9569z^{-1}}{1-1.6629z^{-1}+z^{-2}}+\dfrac{1}{1-z^{-1}}\end{array}\right]$$

为了确定计算复杂性,应该注意到,因为 $H(0)=1$ 这个一阶节不要求乘法,而三个二阶节每个各需要 3 次乘法,总共对每个输出样本是 9 次乘法,加法次数总共为 13 次。实现线性相位结构需要 16 次乘法和 31 次加法(对每个输出样本)。因此,这种 FIR 滤波器的频率采样型结构比线性相位结构更为高效。

■

6.4　有限精度数值效应概述

到目前为止,我们讨论的数字滤波器设计和实现都是考虑滤波器系数和滤波器运算(如加法和乘法)是用无限精度的数来表示的;另一方面,数字硬件包含的处理寄存器都是有限字长(或有限精度)的。无论这些离散时间系统是用硬件或软件实现时,所有的参数以及算术运算都是基于有限精度数值实现的,因而不可避免地会受到数值精度有限的影响。

现考虑一个示于图 6.18(a)的作为直接 Ⅱ 型结构的典型数字滤波器实现。当在它的实现中采用有限精度表示时,存在三种可能的因素影响输出的整个质量。我们不得不

1. 将滤波器系数 $\{a_k,b_k\}$ 量化以求得它们的有限字长表示 $\{\hat{a}_k,\hat{b}_k\}$,
2. 将输入序列 $x(n)$ 量化以求得 $\hat{x}(n)$,以及
3. 考虑全部内部运算,它们都必须转换到与它们紧邻的最近表示。

因此,输出 $y(n)$ 也是一个量化了的值 $\hat{y}(n)$。这就给出了一个新的滤波器实现 $\hat{H}(z)$,如图 6.18(b)所示。我们希望这个新滤波器 $\hat{H}(z)$ 和它的输出 $\hat{y}(n)$ 尽量接近原滤波器 $H(z)$ 和原输出 $y(n)$。

因为量化运算是一个非线性运算,因此考虑以上描述的三种影响的总体分析是非常困难和繁琐的。这一章将分开研究这些效应中的每一种,就如同每次只是一种在起作用一样。这样做会使得分析容易些,而所得结果也更加好解释一些。

我们从在一台计算机内(更准确一点是在中央处理单元(CPU)内)讨论数的表示着手。这会导致信号量化噪声和模拟数字(A/D)转换噪声。然后分析滤波器系数量化在滤波器设计

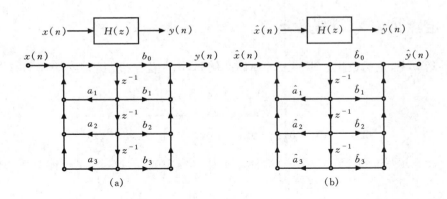

图 6.18 直接 Ⅱ 型数字滤波器实现
(a) 无限精度；(b) 有限精度

和响应上的效果。乘法和加法量化在滤波器输出上的效应(统称为算术舍入误差)作为两个专题来讨论：称为极限环的相关误差和非相关舍入噪声。

6.5 数的表示

在计算机中，数(实数或复数，整数或分数)是用二进制数字(位)表示的，它不是取 0 就是取 1。处理这些数所需要的有限字长运算采用两种不同的方法实现，它取决于实现的方便和精确度，以及在处理中所需的动态范围。定点运算实现容易，但是仅有一个固定的动态范围和精确度(也即很大的数或很小的数)。另一方面，浮点运算有一个宽的动态范围和一个可变的精确度(相对于一个数的大小而言)，但是实现和分析都更加复杂。

因为计算机仅能对一个二进制变量(比如一个 1 或一个 0)进行操作，因此正的数能直接用二进制数表示，问题出现在如何表示负的数。在上面每种运算中有三种不同的格式可以采用：原码格式、反码格式和补码格式。在讨论和分析这些表示中，大部分都将考虑包含多位的二进制数制。然而，这个讨论和分析对任何基数的数制也是成立的，如十六进制、八进制或十进制。

在下面讨论中，将首先从定点带符号的整数运算开始。一个整数 x 的 B 位二进制表示给出为[①]

$$x \equiv b_{B-1}b_{B-2}\cdots b_0 = b_{B-1}\times 2^{B-1} + b_{B-2}\times 2^{B-2} + \cdots + b_0\times 2^0 \tag{6.16}$$

式中每一位 b_i 代表一个 0 或一个 1。这种表示会有助于理解每种带符号格式的优点和缺点并建立简单 MATLAB 函数，然后再将这些概念推广到定点和浮点运算的小数(分数)的实数上去。

---

① 这里字符 b 用于表示一个二进制的位，它也用于表示滤波器系数 $\{b_k\}$。它在文中的用法根据上下文应该清楚。

6.5.1 定点带符号的整数运算

在这种运算中,正的数用二进制表示编码。例如,用 3 位二进制能表示从 0 到 7 为

```
       0     1     2     3     4     5     6     7
     -+-----+-----+-----+-----+-----+-----+-----+-
      000   001   010   011   100   101   110   111
```

于是用 8 位能表示从 0 到 255 的数,10 位能表示从 0 到 1023 的数,16 位就能覆盖 0 到 65535 内的整数。对于负数,采用下面三种格式。

原码格式 在这种格式中,正数的表示和前面一样。不过最左边的一位(也称最高有效位或 MSB)用作符号位(0 是+和 1 是-),而余下来的位数是该数的绝对大小如下给出

这样一来,这种数制对 0 有两种不同的代码,一个是对正的 0,另一个是对负的 0。例如,用 3 位能表示的数是从-3 到 3 为

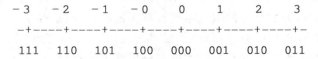

```
     -3    -2    -1    -0    0     1     2     3
    -+-----+-----+-----+-----+-----+-----+-----+-
     111   110   101   100   000   001   010   011
```

于是 8 位覆盖区间为 $[-127, +127]$,而 16 位则覆盖 $[-32,767, +32,767]$。如果在原码格式中采用 B,那么能表示的整数仅从 $-(2^{B-1}-1)$ 到 $+(2^{B-1}-1)$。

这种表示有两个缺点:首先是对 0 有两种表示;其次是利用原码进行算术运算要求对计算相加有一种规则,对计算相减有另一种规则,并且在相减之前还要用一种方法比较两个数的大小以决定它们的相对值。

MATLAB 实现 MATLAB 是一种 64 位浮点计算引擎,给出十进制数的结果。因此,必须要用 MATLAB 仿真定点二进制运算。它提供函数 dec2bin 将一个正十进制整数转换为一个 B 位字符代码表示,它是一种符号(或代码)而不是一个数,所以不能用于计算。相类似,函数 bin2dec 将一个 B 位的二进制字符代码转换为一个十进制整数。例如,dec2bin(3,3) 给出为 011,而 bin2dec('111') 结果为 7。为了得到一种原码格式,符号位必须放在最前面。类似地,转换一个原码格式,首位也必须用于标明是一个正的值或是负的值。在习题 P9.1 中会用到这些函数。

反码格式 在这种格式中,通过在 x 的二进制表示中对每一位求补(也即 0 被 1 代替和 1 被 0 替换)就得到一个整数 x 的"反"(或"补")。假定 x 的 B 位二进制表示是 $b_{B-1}b_{B-2}\cdots b_0$,那么 x 的 B 位反码 $\bar{x}$,给出为

$$\overline{x} \triangleq \overline{b}_{B-1}\overline{b}_{B-2}\cdots\overline{b}_0$$

式中每一位 $\overline{b}_i$ 就是 b_i 位的补。显然有

$$x + \overline{x} \equiv 11\cdots1 = 2^B - 1 \tag{6.17}$$

这种表示法的 MSB 还是代表符号位,因为正整数有 0 的 MSB,所以它的"反"(或负整数)的 MSB 是 1,剩余的位数要么表示数 x(若为正),或者它的 1 的补数(若为负)。因此,利用 (6.17)式,这个反码格式表示[①]给出为

$$x_{(1)} \triangleq \begin{cases} x, & x \geqslant 0 \\ \overline{|x|}, & x < 0 \end{cases} = \begin{cases} x, & x \geqslant 0 \\ 2^B - 1 - |x|, & x < 0 \end{cases} = \begin{cases} x, & x \geqslant 0 \\ 2^B - 1 + x, & x < 0 \end{cases} \tag{6.18}$$

很清楚,如果可用的位数是 B 位,那么仅能表示的整数是从 $(-2^{B-1}+1)$ 到 $(+2^{B-1}-1)$,这类似于原码格式。例如,采用 3 位能表示的数是从 -3 到 3 为

```
  -3   -2   -1   -0    0    1    2    3
 -+----+----+----+----+----+----+----+-
 100  101  110  111  000  001  010  011
```

与原码格式比较,对于负数就有一种不同的各位排列。

这种格式的优点是减法可以通过将补数相加完成;通过直接对一个数的各位求补是很容易求得这个数的补数的。然而,它还存在一些缺陷。对于 0 仍然有两个不同的代码。实现加法稍微有点难以处理,而且溢出处理要求将溢出位加到最低有效位(或 2^0)上。

MATLAB 实现 通过利用内置函数 bitcmp(x,B)可以求得采用 B 位的一个正整数 x 的 1 的补数,这个函数对这个数的各位求补。结果是位于 0 到 2^B-1 之间的一个十进制数。与前相同,可用 dec2bin 求得二进制码。利用(6.18)式可以建立 MATLAB 函数 OnesComplement,它得到反码格式表示。它利用一个数的符号位判断何时要用 1 的补数,并且既能用于标量值也能用于向量值。结果是一个十进制的等效表示。

```
function y = OnesComplement(x,B)
% y = OnesComplement(x,B)
% ----------------------
% Decimal equivalent of
%   Sign-Magnitude format integer to b-bit Ones'-Complement format conversion
%
%    x: integer between - 2^(b-1) <  x  <2^(b-1) (sign-magnitude)
%    y: integer between          0 <= y <= 2^b-1   (1's-complement)

if any((x <=  - 2^(B-1) | (x >= 2^(B-1))))
    error('Numbers must satisfy - 2^(B-1) <x <2^(B-1)')
end
s = sign(x);   % sign of x ( -1 if x<0, 0 if x=0, 1 if x>0)
sb = (s <0); % sign-bit  (0 if x>= 0, 1 if x<0));
y = (1-sb). * x + sb. * bitcmp(abs(x),B);
```

---

① 反码格式指的是正和负的数的表示法,而一个数的 1 的补数则指的是那个数的"反"。

例题 6.8 利用函数 OnesComplement,采用 4 位求从 −7 到 7 的整数的反码格式表示。

题解

MATLAB 脚本:

```
>> x = -7:7
x =
 -7  -6  -5  -4  -3  -2  -1  0  1  2  3  4  5  6  7
>> y = OnesComplement(x,4)
y =
   8   9  10  11  12  13  14  0  1  2  3  4  5  6  7
```

值得注意的是数 15 是丢失了,因为在原数列中没有 −0。

∎

补码格式 在这种格式中,消去了对于数 0 有两个代码的缺陷。正数和通常一样进行编码。一个正整数 x 的 B 位补码 $\tilde{x}$ 给出为

$$\tilde{x} = \tilde{x} + 1 = 2^B - x \quad \text{或} \quad x + \tilde{x} = 2^B \tag{6.19}$$

式中第二个等式是从(6.18)式得出的。这种表示法的 MSB 还是提供符号位。由此,利用(6.19)式补码格式表示[①]给出为

$$x_{(2)} = \begin{cases} x, & x \geqslant 0 \\ |\tilde{x}|, & x < 0 \end{cases} = \begin{cases} x, & x \geqslant 0 \\ 2^B - |x|, & x < 0 \end{cases} = \begin{cases} x, & x \geqslant 0 \\ 2^B + x, & x < 0 \end{cases} \tag{6.20}$$

因此,在 B 位的补码格式中,通过将 2^B 加到它们上面就得到负的数。显然,如果有 B 位可资利用,那么能表示从 (-2^{B-1}) 到 $(+2^{B-1}-1)$ 的 2^B 个整数。例如,用 3 位就能表示从 −4 到 3 为

```
  -4   -3   -2   -1    0    1    2    3
 -+----+----+----+----+----+----+----+-
 100  101  110  111  000  001  010  011
```

通过将负数的代码朝右边移(也即增加),这种格式就直接消除了对 0 具有两个代码的问题,而且给出了在这条线的左边进入了另一个负数。于是 4 位就从 −8 到 +7,8 位就含区间 $[-127, +127]$,以及 16 位就包括了 $[-32768, +32767]$。

MATLAB 实现 利用(6.20)式可以建立 MATLAB 函数 TwosComplement,它得到补码格式表示。可以利用 bitcmp 函数,然后将 1 加到这个结果上求得 2 的补数。然而,我们将用在(6.20)式中的最后一个等式求得 2 的补,因为对小数也能用这个方法。这个函数能用在标量值,也能用于向量值。结果是一个补码表示的十进制等效。与前相同,能用 dec2bin 得到二进制代码。

---

① 同样,补码格式指的是正和负数的表示法,而一个数的 2 的补数指的是那个数的"反"。

```
function y = TwosComplement(x,b)
% y = TwosComplement(x,b)
% ------------------------
% Decimal equivalent of
%  Sign-Magnitude format integer to b-bit Ones'-Complement format conversion
%
%    x: integer between − 2^(b−1) <= x <2^(b−1) (sign-magnitude)
%    y: integer between        0 <= y <= 2^b − 1   (two's-complement)
if any((x < − 2^(b−1) | (x >= 2^(b−1))))
    error('Numbers must satisfy − 2^(b−1) <= x <2^(b−1)')
end
s = sign(x);   % Sign of x (−1 if x<0, 0 if x = 0, 1 if x>0)
sb = (s <0); % Sign-bit  (0 if x>=0, 1 if x <0));
y = (1−sb). * x + sb. * (2^b+x); % or y = (1−sb). * x + sb. * (bitcmp(abs(x),
    b) + 1);
```

例题 6.9 利用函数 TwosComplement 求采用 4 位的从 −8 到 7 整数的补码格式表示。

题解

MATLAB 脚本：

```
>> x = − 8:7
x =
 -8  -7  -6  -5  -4  -3  -2  -1  0  1  2  3  4  5  6  7
>> y = TwosComplement(x,4)
y =
  8  9  10  11  12  13  14  15  0  1  2  3  4  5  6  7
>> y = dec2bin(y,4); disp(sprintf('% s', [y;char(ones(1,16) * 32)]))
1000 1001 1010 1011 1100 1101 1110 1111 0000 0001 0010 0011 0100 0101 0110 0111
```

补码格式有一些有意义的特性和优点，这些在讨论完下一种编码格式即 10 的补码格式后再给出。

10 的补码格式 这是一种对十进制整数的表示法。我们是想通过十进制整数来描述这种表示法以揭示二进制补码格式的特性，这样会使理解更容易一些。按照(6.19)式，一个正整数 x 的 N 个数字的 10 的补数给出为

$$\tilde{x} = 10^N − x \quad 或 \quad x+\tilde{x} = 10^N \tag{6.21}$$

利用(6.21)式，N 个数字 10 的补码格式表示给出为

$$x_{(10^N)} \triangleq \begin{cases} x, & x \geqslant 0 \\ |\tilde{x}|, & x <0 \end{cases} = \begin{cases} x, & x \geqslant 0 \\ 10^N − |x|, & x <0 \end{cases} = \begin{cases} x, & x \geqslant 0 \\ 10^N + x, & x <0 \end{cases} \tag{6.22}$$

据此，在 N 个数字 10 的补码格式(有时称作 10^N 的补码格式)中，通过将 10^N 加到它们上面可以得到负的数。显然，当有 N 个数字可资利用时，就能表示从 $(−\frac{10^{N-1}}{2})$ 到 $(+\frac{10^{N-1}}{2}−1)$

的 10^N 个整数。例如,利用一个数字,就能表示从 -5 到 4 个数为

```
 -5   -4   -3   -2   -1    0    1    2    3    4
 -+----+----+----+----+----+----+----+----+----+
  5    6    7    8    9    0    1    2    3    4
```

例题 6.10 利用 2 个数字的 10 的补,也即 100 的补码格式完成下列运算:

1. $16-32$, 2. $32-16$, 3. $-30-40$, 4. $40+20-30$, 5. $-40-20+30$

题解

1. $16-32$

首先注意到 $16-32=-16$。如果采用通常的减法规则,在这个过程中从右到左产生进位着手,我们不能完成这个运算。为了利用 100 的补码格式,首先注意到在 100 的补码格式中有

$$16_{(100)} = 16, \quad -16_{(100)} = 100-16 = 84, \quad 和 \quad -32_{(100)} = 100-32 = 68$$

所以 $16-32\equiv16+68=84\equiv-16$,和原码格式一样。

2. $32-16$

在这个情况下,100 的补码格式给出为

$$32 + 84 = 116 \equiv 16$$

它就是舍弃这个产生进位数字的原码格式。这是因为符号位是不相同的,因此这种运算不能产生溢出。所以,仅当符号位是相同的情况下才校验溢出。

3. $-30-40$

这时 100 的补码格式给出为

$$(100 - 30) + (100 - 40) = 70 + 60 = 130$$

因为符号位相同,所以产生溢出,这个结果是不正确的。

4. $40+20-30$

这是一个多于一次加法或减法的例子。因为最后结果是正好在这个范围内,所以可以不顾溢出,也即

$$40 + 20 + (100 - 30) = 40 + 20 + 70 = 130 \equiv 30$$

这是一个正确的结果。

5. $-40-20+30$

这时有

$$(100 - 40) + (100 - 20) + 30 = 60 + 80 + 30 = 170 \equiv -30$$

以原码格式,这还是一个正确结果。 ■

MATLAB 实现 利用(6.22)式能建立 MATLAB 函数 `TensComplement`,它得到 10 的补码格式表示。这个函数类似于 `TwosComplement` 函数,在习题 P6.23 中将会研究它的应用。

补码格式的优点 利用例题 6.10 的结果,现在陈述一下补码格式的好处。对于 10 的补码格式,这些长处也成立(当然要经过修正)。

1. 对于一个 B 位的小数(分数)表示,它提供全部 2^{B+1} 个不同的表示。对零只存在一种表示。

2. 这个补与我们的"反"的概念是兼容的:一个数的补的补就是这个数本身。

3. 它将减法和加法运算统一起来(减法本质上就是加法)。

4. 在多于两个数的求和中,只要结果是在这个范围内,中间溢出不影响最后结果(也即,将两个正数相加给出一个正的结果,两个负数相加给出负的结果)。

因此在大多数 A/D 转换器和处理器中,负数都是用补码格式表示的。几乎所有当代的处理器都采用这种格式实现带符号的算术运算,并且提供特别的功能(如溢出标识)来支持它。

余 2^{B-1} 码格式 在描述浮点运算的阶(幂)中用到这种格式,所以这里作简短讨论。在余 2^{B-1} 码带符号的格式(也称一种有偏格式)中,位于 -2^{B-1} 到 $2^{B-1}-1$ 之间的全部正和负的整数给出为

$$x_{(e)} \triangleq 2^{B-1} + x \tag{6.23}$$

例如,采用 3 位能表示的数是从 -4 到 3 为

```
  -4      -3      -2      -1       0       1       2       3
  -+----+----+----+----+----+----+----+-
 000     001     010     011     100     101     110     111
```

可以看到,这种格式非常类似于补码格式,但符号位正好互补。这种格式的运算与补码格式运算也是类似的。在浮点数表示的阶中要用到它。

6.5.2 一般定点运算

利用最后一节有关整数运算的讨论作为引导,现将定点表示法延伸到任意实数(整数和小数)上去。假设某一给定的无限精度实数 x 用某二进制数 $\hat{x}$ 来近似,该二进制数的各位安排如下:

$$\hat{x} = \pm \underbrace{xx\cdots x}_{\substack{\text{"}L\text{"}\\\text{整数位}}} \blacktriangle \underbrace{xx\cdots x}_{\substack{\text{"}B\text{"}\\\text{小数位}}} \tag{6.24}$$

式中符号位 $\pm$ 是对正数为 0,对负数为 1。"x"代表不是"0",就是"1",而"$\blacktriangle$"表示二进制小数点。下面会看到,事实上对实数的这种表示就是原码格式。这个数 $\hat{x}$ 的总字长是等于 $L+B+1$ 位。

例题 6.11 设 $L=4$ 和 $B=5$,这意味着 $\hat{x}$ 是一个 10 位的二进制数,试将 11010.01110 表示成十进制数。

题解

十进制数为
$$\hat{x} = -(1\times2^3 + 0\times2^2 + 1\times2^1 + 0\times2^0 + 0\times2^{-1} + 1\times2^{-2} + 1\times2^{-3} + 1\times2^{-4} + 0\times2^{-5})$$
$$= -10.4375$$

在许多 A/D 转换器和处理器中,将这些实数加权以使得定点表示是在 $(-1,1)$ 范围内。这有一个优点就是两个小数的相乘总还是一个小数,不会有溢出。所以将讨论下面的表示:

$$\hat{x} = A(\pm \blacktriangle \underbrace{xxxxxx\cdots xxx}_{\text{"}B\text{"小数位}}) \tag{6.25}$$

式中 A 是一个正的加权因子。

例题 6.12 重新将例题 6.11 中的数 $\hat{x}=-10.4375$ 仅用小数表示。

题解

选 $A=2^4=16$ 和 $B=9$，那么

$$\hat{x}=-10.4375=16(1{\scriptstyle\blacktriangle}101001110)$$

所以，经恰当地选择 A 和 B，能得到任何仅用小数的表示。

注：加权因子 A 不必要一定是 2 的一个幂。实际上，选取任何实数 A 都能得到某一任意范围。然而，将 A 选为 2 的幂会使硬件实现略为容易些。 ■

正如在前一节所讨论的，取决于负数是如何得到的，对于定点运算共有三种主要格式。在这三种格式中，正数的表示是完全一样的。下面假设仅用小数的表示。

原码格式 正如这个名称所提出的，数的大小由 B 位小数给出，符号由 MSB 给出，因此

$$\hat{x}=\begin{cases}0{\scriptstyle\blacktriangle}x_1x_2\cdots x_B, & x\geqslant 0\\ 1{\scriptstyle\blacktriangle}x_1x_2\cdots x_B, & x<0\end{cases} \tag{6.26}$$

例如，当 $B=2$，$\hat{x}=+1/4$ 用 $\hat{x}=0{\scriptstyle\blacktriangle}01$ 表示，而 $\hat{x}=-1/4$ 用 $\hat{x}=1{\scriptstyle\blacktriangle}01$ 表示。

反码格式 在这种格式中，正数的表示与原码格式一样。当这个数是负的时候，它的大小则由它的各位的补数给出。因此有

$$\hat{x}=\begin{cases}0{\scriptstyle\blacktriangle}x_1x_2\cdots x_B, & x\geqslant 0\\ 1{\scriptstyle\blacktriangle}\bar{x}_1\bar{x}_2\cdots\bar{x}_B, & x<0\end{cases} \tag{6.27}$$

例如，当 $B=2$，$\hat{x}=+1/4$ 用 $\hat{x}=0{\scriptstyle\blacktriangle}01$ 表示，而 $\hat{x}=-1/4$ 则用 $\hat{x}=1{\scriptstyle\blacktriangle}10$ 表示。

补码格式 正数的表示仍然相同，负数的表示则首先通过对大小各位求补，然后在最后一位或最低有效位(LSB)加 1 按模数 2 相加求得；换句话说，从 2 减去这个数的大小形成 2 的补。因此有

$$\hat{x}=\begin{cases}0{\scriptstyle\blacktriangle}x_1x_2\cdots x_B, & x\geqslant 0\\ 2-|x|=1{\scriptstyle\blacktriangle}\bar{x}_1\bar{x}_2\cdots\bar{x}_B\oplus 0{\scriptstyle\blacktriangle}00\cdots 1=1{\scriptstyle\blacktriangle}y_1y_2\cdots y_B, & x<0\end{cases} \tag{6.28}$$

式中 $\oplus$ 代表按模数 2 相加，并且一般来说 y 各位是不同于 $\bar{x}$ 的各位的。例如，当 $B=2$，$\hat{x}=+1/4$ 用 $\hat{x}=0{\scriptstyle\blacktriangle}01$ 表示，而 $\hat{x}=-1/4$ 则表示为 $\hat{x}=1{\scriptstyle\blacktriangle}10\oplus 0{\scriptstyle\blacktriangle}01=1{\scriptstyle\blacktriangle}11$。

例题 6.13 设 $B=3$，那么 $\hat{x}$ 就是一个 4 位的数(符号位再加 3 位)。在三种格式的每一种中，给出 $\hat{x}$ 能取得的全部可能值。

题解

$\hat{x}$ 能取到 $2^4=16$ 种可能的值，如下表所列：

二进制码	原码	反码	补码
0▲111	7/8	7/8	7/8
0▲110	6/8	6/8	6/8
0▲101	5/8	5/8	5/8
0▲100	4/8	4/8	4/8
0▲011	3/8	3/8	3/8
0▲010	2/8	2/8	2/8
0▲001	1/8	1/8	1/8
0▲000	0	0	0
1▲111	−0	−7/8	−1
1▲110	−1/8	−6/8	−7/8
1▲101	−2/8	−5/8	−6/8
1▲100	−3/8	−4/8	−5/8
1▲011	−4/8	−3/8	−4/8
1▲010	−5/8	−2/8	−3/8
1▲001	−6/8	−1/8	−2/8
1▲000	−7/8	−0	−1/8

　　在上面例题中可以看到,这个各位排列与 4 位的整数情况是完全一样的,唯一的不同是在二进制小数点的位置上。因此在前一节所建立的 MATLAB 程序经适当修改后能很容易用在这里。MATLAB 函数 sm2oc 将一个十进制的原码小数转换为它的反码格式,而函数 oc2sm 则完成逆运算;这些函数将在习题 P6.24 中讨论。类似地,MATLAB 函数 sm2tc 和 tc2sm 则分别将一个十进制的原码小数转换为它的补码格式,或相反,它们要在习题 P6.25 中讨论。

6.5.3　浮点运算

　　在很多应用中,所需要的数的范围是非常大的。例如,在物理学中,人们可能同时用到太阳的质量(约 2×10^{30} kg)和电子的质量(约 9×10^{-31} kg)。这两个数覆盖的范围超过 10^{60}。对于定点运算需要 62 位数字(或 62 位数字精度)。然而,据知甚至太阳质量也没有准确到五位数字精度,而且在物理学中几乎不可能做到测量精度到 62 位数字。有人或许想像用 62 位数字精度完成全部计算,然后在打印出最后结果之前扔掉它们当中的 50 到 60 位。这会在 CPU 时间上和存储空间上造成浪费。所以需要的是有一种表示数的数制,其中可能表示数的范围与有效数字的数目无关。

　　十进制数　对于一个十进制数 x 的浮点表示是基于将这个数表示成下面这种科学的记号:

$$x = \pm M \times 10^{\pm E}$$

式中 M 称为尾数,E 是阶。然而,依据十进制小数点的真正位置,同一个数可能有多种表示,例如

$$1234 = 0.1234 \times 10^4 = 1.234 \times 10^3 = 12.34 \times 10^2 = \cdots$$

　　为了固定这个问题,一个浮点数总是用一种唯一表示来存储的,这就是在这个十进制小数点的左边仅有一个非零数字。一个浮点数的这种表示法称为归一化形式。上面这个数的归一

化形式就是 1.234×10^3,因为在十进制小数点的左边仅形成单一的非零数字,这是唯一的表示。对于这种归一化形式的数字安排给出为

$$\hat{x} = \pm \underbrace{\overset{M的符号}{\text{x}} \underbrace{\text{xx}\cdots\text{x}}_{\text{"}N\text{"位}M}} \pm \underbrace{\overset{E的符号}{\text{xx}\cdots\text{x}}}_{\text{"}L\text{"位}E} \tag{6.29}$$

对于负数有和定点表示相同的格式,其中包括十的补码格式。

在阶中所用到的数字个数决定了可表示数的范围,而在尾数中所用的数字位数决定了这些数的精度。例如,如果尾数是用2位数字另加符号位,阶用2位数字另加符号位,那么实数线将覆盖:

在某一给定的表示中进入浮点数的范围能够很大,但仍然是有限的。在上面例子中(即2位数字尾数和2位数字阶),总共仅有 $9 \times 10 \times 10 \times 199 = 179100$ 个正数,以及同样多的负数,再加一个数字零,总共能表示 358201 个数。

二进制数 虽然仅用小数的定点运算在做两个数的乘法时没有任何溢出问题,但是在做两个数的相加时会遭遇溢出问题。另外,定点数的动态范围有限。在强度很大的计算任务中,这两方面都是不可接受的。通过将二进制小数点"▴"浮动而不是固定可以解决这些限制。

对于二进制数表示的浮点各位的安排与十进制数是类似的。然而,实际上有两点例外。阶是用 L 位的余 2^{L-1} 码格式表示,而 B 位的归一化尾数是一个小数,紧接着小数点的位数是1。值得注意的是符号位是位数图中的 MSB。因此,B 位尾数和 L 阶(总共为 $B+L+1$ 字长)的各位安排图(注意将尾数和阶的位置交换了)给出为

$$\hat{x} = \pm \underbrace{\text{xx}\cdots\text{x}}_{\text{"}L\text{"位}E} \blacktriangle \underbrace{\overset{M的符号}{1\text{x}\cdots\text{x}}}_{\text{"}B\text{"位}M} \tag{6.30}$$

式中调节阶 E 使得有一个归一化的尾数,即 $1/2 \leqslant M < 1$,所以在二进制小数点后的第一位总是1。$\hat{x}$ 的十进制等效给出为

$$\hat{x} = \pm M \times 2^E \tag{6.31}$$

对于负数其尾数的表示与定点表示格式是一样的,其中包括补码格式。不过,对于尾数表示大多采用的格式是原码格式。

例题 6.14 用下面安排

$$\hat{x} = \pm \underbrace{\text{xx}\cdots\text{x}}_{8位E} \blacktriangle \underbrace{1\text{x}\cdots\text{x}}_{23位M}$$

考虑一个32位浮点字,确定它的十进制等效

$$01000001111000000000000000000000$$

题解

因为阶是8位,用余 2^7 码或余 128 的格式,那么各位安排就能剖分为

$$\hat{x} = 0 \underbrace{10000011}_{E=131} \blacktriangle \underbrace{11000000000000000000000}_{M=2^{-1}+2^{-2}}$$

符号位是 0,指的是这个数是正的。阶码是 131,这意味着它的十进制值是 $131-128=3$。因此该位数图代表的十进制数是 $\hat{x}=+(2^{-1}+2^{-2})(2^3)=2^2+2^1=6$。 ∎

例题 6.15 设 $\hat{x}=-0.1875$,将 $\hat{x}$ 用(6.30)式给出的格式表示,其中 $B=11,L=4$(总共 16 位),并且尾数采用原码格式。

题解

可以写成

$$\hat{x} = -0.1875 = -0.75 \times 2^{-2}$$

所以阶是 -2,尾数是 0.75,而符号是负的。4 位的阶以余 8 格式表示为 $8-2=6$,或者用二进制码为 0110。尾数表示为 11000000000。因为 $\hat{x}$ 是负的,因此各位排列为

$$\hat{x} \equiv 1011011000000000$$

∎

浮点表示法的优点是它有一个大的动态范围,以及它的分辨率(定义为两个相继可表示电平之间的间隔)正比于数的大小。缺点包括对数 0 没有表示以及算术运算比定点表示法更复杂一些。

IEEE-754 标准 在早期数字计算机的变革中,每个处理器设计都有其本身内部的浮点数表示法。由于浮点运算实现更加复杂,所以其中有一些设计实现的运算不正确。因此在 1985 年 IEEE 发布了一个标准(IEEE 标准 754-1985 或简称 IEEE-754)以容许浮点数据在不同计算机之间交换,并为硬件设计工作者提供一种认为是正确的模型。近年来,几乎全部制造商都使用按这种 IEEE-754 标准表示法设计的、采用浮点运算的主处理器或某种专用协处理器。

IEEE-754 标准对二进制数定义了三种格式:32 位的单精度格式、64 位的双精度格式和 80 位的暂存格式(它在处理器或算术运算协处理器内部使用以使舍入误差最小)。

我们将简要叙述 32 位单精度标准。这个标准与上面讨论浮点表示法有许多类似之处,但也有不同。要记住,这是被 IEEE 倡导的另一种模型。这种模型的形式是

$$\hat{x} = \pm \underset{\text{8位}E}{\underbrace{xx\cdots x}} \blacktriangle \underset{\text{23位}M}{\underbrace{xx\cdots x}} \tag{6.32}$$

(M的符号 ↓)

尾数的值在这个标准中称为有效位数(或有效数字)。这种模型的特点综合如下:

- 若符号位是 0,这个数是正的;若符号位是 1,这个数是负的。
- 阶用 8 位余 127(不是 128)码格式编码,所以未编码的阶是在 -127 到 128 之间。
- 尾数是 23 位二进制数。归一化尾数总是紧跟在二进制小数点后用一位 1 开始,再跟着余下的 23 位尾数。然而,首位 1(在归一化尾数中总是存在)是隐藏的(不是存储的),并且对于计算需要重新恢复。再次要注意到这是与通常的归一化尾数定义不同的。如果表示尾数的全部 23 位都置于 0,这个有效数值是 1(记住:隐含首位是 1);如

果全部 23 位都置于 1,这个有效数几乎是 2(实际上是 $2-2^{-23}$)。全部 IEEE-754 归一化数其有效值在 $1 \leqslant M < 2$ 之间。

- 最小的归一化数是 2^{-126},而最大的归一化数几乎是 2^{128}。所得十进制范围大约在 10^{-38} 到 10^{38},负数也有类似的范围。
- 若 $E=0$ 和 $M=0$,那么这种表示被理解为一个去归一化数(也即隐藏的位是 0),并根据符号位赋予一个 ± 0 值(称为软零)。因此 0 有两种表示。
- 若 $E=255$ 和 $M \neq 0$,那么这种表示被解释为不是一个数(缩写为 NaN)。当这种情况发生时(即 0/0),MATLAB 将变量赋予 NaN。
- 若 $E=255$ 和 $M=0$,那么这种表示被解释为 $\pm \infty$。当这种情况发生时(比如 1/0),MATLAB 将变量赋予 inf。

例题 6.16 考虑在例题 6.17 中给出的位数图,假设采用 IEEE-754 格式,求十进制等效。

题解

符号位是 0,阶码是 131,这意味着阶是 $131-127=4$,这个有效数字是 $1+2^{-1}+2^{-2}=1.75$,所以这个位数图表示

$$\hat{x} = +(1+2^{-1}+2^{-2})(2^4) = 2^4+2^3+2^2 = 28$$

这是一个不同于在例题 6.14 中的数。∎

MATLAB 使用 64 位双精度 IEEE-754 格式表示全部数,并用 80 位暂存格式用于内部计算。所以实际上用 MATLAB 所执行的全部计算都是浮点计算。对某种不同的浮点格式用 MATLAB 进行仿真要复杂得多,而且与原格式比较也没有增添任何细节上的理解,所以和在定点表示中一样不考虑 MATLAB 的浮点运算仿真。

6.6 量化过程与误差特性

从前一节有关数的表示讨论中应该清楚,在给出某一有限长度寄存器的特定结构下(即运算和格式),一个一般的无限精度实数都必须赋给它一个有限字长的可表示的数。实际中通常有两种不同的做法将这个数赋到最接近的数或电平上:截尾处理和舍入处理。这些处理会对数字滤波器和 DSP 运算的一般特性和精度产生影响。

不失一般性的我们假设在定点(小数)运算或在浮点运算的尾数中有 $B+1$ 位(含符号位),那么给出的分辨率 Δ 为

$$\Delta = 2^{-B} \begin{cases} \text{定点运算情况下的绝对值} \\ \text{浮点运算情况下的相对值} \end{cases} \tag{6.33}$$

6.6.1 定点运算

在这种情况下的量化器方框图给出为

$$x \xrightarrow[\text{无限精度}]{} \boxed{\text{量化器}\ \mathcal{Q}[\cdot] \atop B,\Delta} \xrightarrow[\text{有限精度}]{} \mathcal{Q}[x]$$

其中 B 为小数位的个数,而分辨率 Δ 是量化器的参数。将 $\mathcal{Q}[x]$ 记为某一输入数 x 经量化后的有限字长数。令量化误差为

$$e \triangleq \mathcal{Q}[x] - x \tag{6.34}$$

将对截尾处理和舍入处理两种情况分析这个误差。

截尾处理　在这种处理中,将数 x 中超出 B 有效位的部分截去(也即消除掉余下的位数)得到 $\mathcal{Q}_T[x]$。在 MATLAB 中为了得到 B 位的截断,必须首先将这个数 x 向上用 2^B 加权,然后对这个已加权的数应用 fix 函数,最后将这个结果向下加权 2^{-B}。MATLAB 语句 xhat = fix(x*2^B)/2^B 实现这种处理。现在研究全部三种格式表示法的截尾处理。

原码格式　如果这个数是正的,那么截尾之后有 $\mathcal{Q}_T[x] \leqslant x$,因为在 x 中丢失了一些值,所以对截尾处理的量化器误差 e_T 小于或等于 0 即 $e_T \leqslant 0$。然而,因为量化器中总共有 B 位,所以在幅度上的最大误差是

$$|e_T| = 0 \blacktriangle \underbrace{00\cdots0}_{B\text{位}}111\cdots = 2^{-B}(\text{十进制}) \tag{6.35}$$

或者

$$-2^{-B} \leqslant e_T \leqslant 0, \quad x \geqslant 0 \tag{6.36}$$

类似地,若 $x<0$,那么截尾之后 $\mathcal{Q}_T[x] \geqslant x$,因为 $\mathcal{Q}_T[x]$ 的负值较小,或者 $e_T \geqslant 0$。这个误差的最大幅度还是 2^{-B},或者

$$0 \leqslant e_T \leqslant 2^{-B}, \quad x < 0 \tag{6.37}$$

例题 6.17　令 $-1 < x < 1$ 和 $B=2$,利用 MATLAB 验证截尾误差特性。

题解

分辨率是 $\Delta = 2^{-2} = 0.25$,利用下面 MATLAB 脚本能确认由(6.36)式和(6.37)式给出的截尾误差 e_T 的关系。

```
x = [-1+2^(-10):2^(-10):1-2^(-10)];   % Sign-Mag numbers between -1 and 1
B = 2;                                 % Number of bits for Truncation
xhat = fix(x*2^B)/2^B                  % Truncation
plot(x,x,'g',x,xhat,'r','linewidth',1); % Plot
```

所得到的 x 和 $\hat{x}$ 的图如图 6.19 所示。注意到 $\hat{x}$ 的图有一个阶梯形状,并且它满足(6.36)式和(6.37)式。

反码格式　对于 $x \geqslant 0$,和原码有相同的 e_T 特性,即

$$-2^{-B} \leqslant e_T \leqslant 0, \quad x \geqslant 0 \tag{6.38}$$

对于 $x<0$,通过对所有各位(含符号位)求补得到这个数的反码表示。为了计算最大误差,令

$$x = 1 \blacktriangle b_1 b_2 \cdots b_B 000\cdots = -\{\blacktriangle(1-b_1)(1-b_2)\cdots(1-b_B)111\cdots\}$$

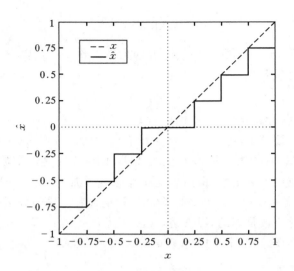

图 6.19 原码格式中的截尾误差特性

截尾之后得到

$$Q_T[x] = 1 \blacktriangle b_1 b_2 \cdots b_B = -\{\blacktriangle(1-b_1)(1-b_2)\cdots(1-b_B)\}$$

显然，x 比 $Q_T[x]$ 更负一些，或 $x \leqslant Q_T[x]$，即 $e_T \geqslant 0$。实际上，最大截尾误差是

$$e_{Tmax} = 0 \blacktriangle 00 \cdots 0111 \cdots = 2^{-B}（十进制）$$

所以

$$0 \leqslant e_T \leqslant 2^{-B}, \quad x < 0 \tag{6.39}$$

例题 6.18 再次设 $-1 < x < 1$ 和 $B=2$，分辨率为 $\Delta = 2^{-2} = 0.25$。利用 MATLAB 脚本确认由 (6.38) 式和 (6.39) 式给出的截尾误 e_T 的关系式。

题解

MATLAB 脚本应用函数 sm2oc 和 oc2sm，它们在习题 P6.24 中研究过。

```
x = [-1+2^(-10):2^(-10):1-2^(-10)];    % Sign-Magnitude numbers between -1 and 1
B = 2;                                   % Select bits for Truncation
y = sm2oc(x,B);                          % Sign-Mag to One's Complement
yhat = fix(y * 2^B)/2^B;                 % Truncation
xhat = oc2sm(yhat,B);                    % Ones'-Complement to Sign-Mag
plot(x,x,'g',x,xhat,'r','linewidth',1);  % Plot
```

所得到的 x 和 $\hat{x}$ 的图如图 6.20 所示。注意到 $\hat{x}$ 的图与图 6.19 是相同的，并且满足 (6.38) 式和 (6.39) 式。 ■

补码格式 再次对 $x \geqslant 0$ 有

$$-2^{-B} \leqslant e_T \leqslant 0, \quad x \geqslant 0 \tag{6.40}$$

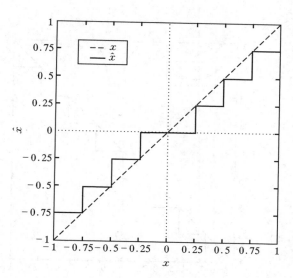

图 6.20　反码格式中的截尾误差特性

对于 $x<0$，它的表示由 $2-|x|$ 给出，式中 $|x|$ 是绝对大小。所以 x 的绝对大小由下式给出：
$$|x| = 2 - x \tag{6.41}$$
其中 $x=1_\blacktriangle b_1 b_2 \cdots b_B b_{B+1} \cdots$。截尾到 B 位后得到 $\mathcal{Q}_T|x| = 1_\blacktriangle b_1 b_2 \cdots b_B$，它的绝对大小是
$$|\mathcal{Q}_T[x]| = 2 - \mathcal{Q}_T[x] \tag{6.42}$$
从 (6.41) 式和 (6.42) 式有
$$|\mathcal{Q}_T[x]| - |x| = x - \mathcal{Q}_T[x] = 1_\blacktriangle b_1 b_2 \cdots b_B b_{B+1} \cdots - 1_\blacktriangle b_1 b_2 \cdots b_B = 0_\blacktriangle 00 \cdots 0 b_{B+1} \cdots \tag{6.43}$$
根据 (6.43) 式，在绝对值上的最大改变是
$$0_\blacktriangle 00 \cdots 0111 \cdots = 2^{-B}（十进制） \tag{6.44}$$
因为这个变化是正的，那么截尾之后 $\mathcal{Q}_T[x]$ 变得更负，这意味着 $\mathcal{Q}_T[x] \leqslant x$，所以
$$-2^{-B} \leqslant e_T \leqslant 0, \quad x < 0 \tag{6.45}$$

例题 6.19　再次考虑 $-1<x<1$ 和 $B=2$，分辨率为 $\Delta = 2^{-2} = 0.25$。利用 MATLAB 确认由 (6.40) 式和 (6.45) 式所给出的截断误差 e_T 的关系式。

题解

　　MATLAB 脚本利用函数 sm2tc 和 tc2sm，它们在习题 P6.25 中研究过。

```
x = [-1+2^(-10):2^(-10):1-2^(-10)];   % Sign-Magnitude numbers between -1 and 1
B = 2;                                 % Select bits for Truncation
y = sm2tc(x);                          % Sign-Mag to Two's Complement
yhat = fix(y*2^B)/2^B;                 % Truncation
xq = tc2sm(yq);                        % Two's-Complement to Sign-Mag
plot(x,x,'g',x,xhat,'r','linewidth',1); % Plot
```

所得到的 x 和 $\hat{x}$ 的图如图 6.21 所示。注意到 $\hat{x}$ 的图也是一种阶梯形状，但是在 x 图的下面

并满足(6.40)式和(6.45)式。

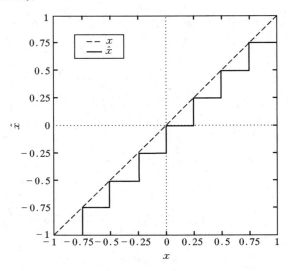

图 6.21   补码格式中的截尾误差特性

将(6.36)式到(6.40)式的结果,以及(6.45)式和图 6.19 到图 6.21 结合在一起能够得出:对于原码和反码格式表示,定点运算的截尾特性是相同的,但与补码格式是不同的。

舍入处理   在这种处理中,将实数 x 舍入到最近的可表示的电平上,将它称作$Q_R[x]$。在 MATLAB 中为了得到一种 B 位的舍入近似,不得不首先将数 x 用 2^B 向上加权,然后在这个已加权过的数上利用 round 函数,最后将这个结果用 2^{-B} 向下加权。因此,MATLAB 语句 xhat = round(x * 2^B)/2^B;实现这个期望的处理。

因为量化阶或分辨率是 $\Delta = 2^{-B}$,所以最大误差的幅值是

$$|e_R|_{max} = \frac{\Delta}{2} = \frac{1}{2}2^{-B} \tag{6.46}$$

这样,由于舍入产生的误差(记为 e_R)对全部三种格式都满足于

$$-\frac{1}{2}2^{-B} \leqslant e_R \leqslant \frac{1}{2}2^{-B} \tag{6.47}$$

例题 6.20   对例题 6.17 到例题 6.19 的信号利用三种格式说明舍入处理及其相应的误差特性。

题解

由于舍入处理所赋的值可能比未量化的值大,这样对补码和反码格式都能产生问题,现将信号限制在区间 $[-1, 1-2^{-B-1}]$ 内。下面的 MATLAB 脚本指出补码格式的舍入,而另一个脚本是类似的,鼓励读者自证。

```
B = 2;                     % Select bits for rounding
x = [-1:2^(-10);1-2^(-B-1)]; % Sign-magnitude numbers between -1 and 1
```

```
y = sm2tc(x);            % Sign-mag to two's Complement
yq = round(y * 2^B)/2^B; % Rounding
xq = tc2sm(yq);          % Two'-complement to sign-mag
```

对于原码、反码和补码格式所得到的结果如图 6.22 所示;这些图都满足(6.47)式。

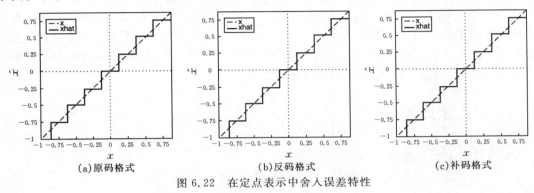

(a)原码格式　　　　　　　(b)反码格式　　　　　　　(c)补码格式

图 6.22　在定点表示中舍入误差特性

　　将由图 6.19 到图 6.22 所给出的截尾和舍入处理的误差特性作一比较,显而易见,对于量化误差而言舍入处理是一种更为优良的处理。这是因为误差对于零是对称的(或者正负等分布),并且更由于在全部三种格式中这个误差都是相同的,所以对于浮点运算大都考虑舍入处理并在下面做进一步分析。

6.6.2　浮点运算

　　在这种运算中,量化器仅影响尾数 M。然而,数 x 是用 $M \times 2^E$(其中 E 是阶)表示的,所以量化器误差是乘性的(或倍增性的),并与 x 的幅值有关。因此,更合适的误差度量是相对误差而不是绝对误差($\mathcal{Q}[x] - x$)。现定义相对误差 ε 为

$$\varepsilon \triangleq \frac{\mathcal{Q}[x] - x}{x} \tag{6.48}$$

那么量化值 $\mathcal{Q}[x]$ 能写为

$$\mathcal{Q}[x] = x + \varepsilon x = x(1 + \varepsilon) \tag{6.49}$$

当 $\mathcal{Q}[x]$ 是由于舍入处理引起时,那么在尾数中的误差位于 $\left[-\frac{1}{2} 2^{-B}, \frac{1}{2} 2^{-B}\right]$ 之间。在这种情况下将相对误差记作 ε_R。根据(6.31)式,绝对误差 $\mathcal{Q}_R[x] - x = \varepsilon_R x$ 在下式之间:

$$\left(-\frac{1}{2} 2^{-B}\right) 2^E \leqslant \varepsilon_R x \leqslant \left(\frac{1}{2} 2^{-B}\right) 2^E \tag{6.50}$$

现在,对某一给定的 E,并且因为尾数是位于 $\frac{1}{2} \leqslant M < 1$ 之间(这不是 IEEE-754 的规范),这个数 x 就位于

$$2^{E-1} \leqslant x < 2^E \tag{6.51}$$

之间。因此根据(6.50)式并利用(6.51)式的最小值,可以得出

$$-2^{-B} \leqslant \varepsilon_R \leqslant 2^{-B} \tag{6.52}$$

这就是相对误差关系。(6.52)式在后续分析中将被用到。

6.7 滤波器系数的量化

现在我们来研究当将滤波器系数量化时,在滤波器响应、零极点位置和稳定性方面的有效字长效应。由于对 FIR 滤波器可以得到比较简单的结果,所以对 IIR 和 FIR 滤波器的这些问题分别进行讨论。我们从 IIR 滤波器的情况入手。

6.7.1 IIR 滤波器

考虑一个一般 IIR 滤波器,其描述为

$$H(z) = \frac{\sum_{k=0}^{M} b_k z^{-k}}{1 + \sum_{k=1}^{N} a_k z^{-k}} \tag{6.53}$$

式中 a_k 和 b_k 是滤波器系数。现在假定这些系数用它们的有限精度的数 $\hat{a}_k$ 和 $\hat{b}_k$ 表示,这样就得到一个新的滤波器系统函数

$$H(z) \rightarrow \hat{H}(z) \triangleq \frac{\sum_{k=0}^{M} \hat{b}_k z^{-k}}{1 + \sum_{k=1}^{N} \hat{a}_k z^{-k}} \tag{6.54}$$

因为这是一个新的滤波器,我们想要知道这个滤波器与原滤波器的 $H(z)$ 是怎样的"不同"。可供比较的有多个方面。例如,可能想要比较它们的幅度响应、相位响应或在零极点位置上的改变等等。要想导得在以上所有方面计算这个变化的一般解析表达式是困难的。这正是用 MATLAB 研究这种变化和在这个滤波器可使用性方面总的影响的独到之处。

6.7.2 对零极点位置上的影响

可以进行合理分析的一个方面是当 a_k 改变到 $\hat{a}_k$ 时滤波器极点的移动。这可以用来检验 IIR 滤波器的稳定性。由于分子系数的变化而引起零点的类似移动也能进行分析。

为了估计这种移动,现考虑(6.53)式中 $H(z)$ 的分母多项式

$$D(z) \triangleq 1 + \sum_{k=1}^{N} a_k z^{-k} = \prod_{l=1}^{N} (1 - p_l z^{-1}) \tag{6.55}$$

式中 $\{p_l\}$ 是 $H(z)$ 的极点。现在我们将 $D(z)$ 看作极点 $\{p_1, \cdots, p_N\}$ 的一个函数 $D(p_1, \cdots, p_N)$,其中每个极点 p_l 又是滤波器系数 $\{a_1, \cdots, a_N\}$ 的一个函数,也即 $p_l = f(a_1, \cdots, a_N)$, $l = 1, \cdots, N$,那么在分母 $D(z)$ 中由于在第 k 个系数 a_k 的变化所产生的变化给出为

$$\left(\frac{\partial D(z)}{\partial a_k} \right) = \left(\frac{\partial D(z)}{\partial p_1} \right) \left(\frac{\partial p_1}{\partial a_k} \right) + \left(\frac{\partial D(z)}{\partial p_2} \right) \left(\frac{\partial p_2}{\partial a_k} \right) + \cdots + \left(\frac{\partial D(z)}{\partial p_N} \right) \left(\frac{\partial p_N}{\partial a_k} \right) \tag{6.56}$$

其中根据(6.55)式

$$\left(\frac{\partial D(z)}{\partial p_i} \right) = \frac{\partial}{\partial p_i} \Big[\prod_{l=1}^{N} (1 - p_l z^{-1}) \Big] = -z^{-1} \prod_{l \neq i} (1 - p_l z^{-1}) \tag{6.57}$$

从(6.57)式注意到,对于 $l \neq i$ 有 $\left(\dfrac{\partial D(z)}{\partial p_i}\right)\Big|_{z=p_l}=0$。所以,由(6.56)式可得

$$\left(\frac{\partial D(z)}{\partial a_k}\right)\Big|_{z=p_l} = \left(\frac{\partial D(z)}{\partial p_l}\right)\Big|_{z=p_l}\left(\frac{\partial p_l}{\partial a_k}\right) \quad 或\left(\frac{\partial p_l}{\partial a_k}\right) = \frac{\left(\dfrac{\partial D(z)}{\partial a_k}\right)\Big|_{z=p_l}}{\left(\dfrac{\partial D(z)}{\partial p_l}\right)\Big|_{z=p_l}} \tag{6.58}$$

现在有

$$\left(\frac{\partial D(z)}{\partial a_k}\right)\Big|_{z=p_l} = \frac{\partial}{\partial a_k}\left(1 + \sum_{i=1}^{N} a_i z^{-i}\right)\Big|_{z=p_l}$$

$$= z^{-k}\Big|_{z=p_l} = p_l^{-k} \tag{6.59}$$

从(6.57),(6.58)和(6.59)式可得

$$\left(\frac{\partial p_l}{\partial a_k}\right) = \frac{p_l^{-k}}{-z^{-1}\prod_{i \neq l}(1 - p_i z^{-1})\big|_{z=p_l}}$$

$$= -\frac{p_l^{N-k}}{\prod_{i \neq l}(p_l - p_i)} \tag{6.60}$$

最后总的扰动误差 Δp_l 为

$$\Delta p_l = \sum_{k=1}^{N} \frac{\partial p_l}{\partial a_k}\Delta a_k \tag{6.61}$$

这个公式度量出对每个系数 $\{a_k\}$ 的变化所引起的第 l 个极点 p_l 的移动,所以称它为灵敏度公式。可以证明,如果这些系数 $\{a_k\}$ 是这样一种情况,对某个 l 和 i,倘若极点 p_l 和 p_i 非常靠近,那么 $(p_l - p_i)$ 就会很小,其结果会造成这个滤波器对滤波器系数的变化非常灵敏。对于在分子中系数 $\{b_k\}$ 的变化产生的零点灵敏度也能得到一个类似的结果。

为了进一步研究这个问题,根据滤波器的各种实现型式,考虑一下图 6.23(a)的 z 平面图,这里极点是密集地聚在一起的。这种情况在宽带频率选择性滤波器(如低通或高通滤波器)中会遇到。现在如果要打算用直接型(无论是Ⅰ型或Ⅱ型)实现这个滤波器,那么这个滤波器就会有全部这些密集在一起的极点,这会使得由于有限字长的关系直接型实现对系数的变化非常灵敏。因此,直接型实现将会遭受到极为严重的系数量化效应。

另一方面,倘若是用级联型或并联型,那么就能用含有比较宽松分隔开极点的二阶节来实现,如图 6.23(b)所示。这样,每个二阶节都一定有低的灵敏度,它的极点位置仅会受到轻微地扰动,结果预期总的系统函数 $H(z)$ 将只会受到些微的扰动。于是,当恰当实现时,级联型或并联型对滤波器系数的变化或误差一定具有低的灵敏度。

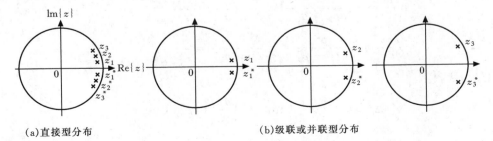

(a)直接型分布　　　　　　　　　　(b)级联或并联型分布

图 6.23　一种数字滤波器紧密聚集极点的 z 平面图

例题 6.21 考虑一个数字谐振器,它是一个二阶 IIR 滤波器给出为

$$H(z) = \frac{1}{1 - (2r\cos\theta)z^{-1} + r^2 z^{-2}} \qquad (6.62)$$

当系数用 3 位原码格式表示时,分析它的极点位置对系数变化的灵敏度。

题解

该滤波器有两个复数共轭极点在

$$p_1 = re^{j\theta} \quad \text{和} \quad p_2 = re^{-j\theta} = p_1^*$$

作为一个谐振器能正常工作,这两个极点必须要贴近单位圆,也即 $r \simeq 1$(但 $r < 1$),那么谐振频率 $\omega_r \simeq \theta$。图 6.24 示出这个滤波器的零极点图及其实现框图。

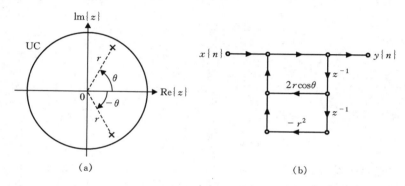

(a) 　　　　　　　　　(b)

图 6.24 例题 6.21 的数字滤波器

(a) 零极点图;(b) 滤波器实现

设 $r = 0.9$ 和 $\theta = \pi/3$,那么由(6.62)式

$$a_1 = -2r\cos\theta = -0.9 \quad \text{和} \quad a_2 = r^2 = 0.81$$

现在将 a_1 和 a_2 各用 3 位原码格式表示,即

$$a_k = \pm \blacktriangle b_1 b_2 b_3 = \pm(b_1 2^{-1} + b_2 2^{-2} + b_3 2^{-3}), \quad k = 1, 2$$

式中 b_j 代表第 j 位,而 $\blacktriangle$ 代表二进制小数点。这样对于最接近的表示必须有

$$\hat{a}_1 = 1 \blacktriangle 111 = -0.875$$

$$\hat{a}_2 = 0 \blacktriangle 110 = +0.75$$

所以 $|\Delta a_1| = 0.025$ 和 $|\Delta a_2| = 0.06$。现考虑灵敏度公式(6.61)式,其中

$$\frac{\partial p_1}{\partial a_1} = -\frac{p_1^{2-1}}{(p_1 - p_1^*)} = \frac{-p_1}{2\text{Im}\{p_1\}} = \frac{-re^{j\theta}}{2r(\sin\theta)} = \frac{e^{j\pi/3}}{\sqrt{3}}$$

$$\frac{\partial p_1}{\partial a_2} = -\frac{p_1^{2-2}}{(p_1 - p_1^*)} = \frac{-1}{2\text{Im}\{p_1\}} = \frac{1}{0.9\sqrt{3}}$$

利用(6.61)式得到

$$|\Delta p_1| \leqslant \left|\frac{\partial p_1}{\partial a_1}\right||\Delta a_1| + \left|\frac{\partial p_1}{\partial a_2}\right||\Delta a_2|$$

$$= \frac{1}{\sqrt{3}}(0.025) + \frac{1}{0.9\sqrt{3}}(0.06) = 0.0529 \qquad (6.63)$$

为了确定已改变后的极点真正位置,要考虑这个已变化的分母

$$\hat{D}(z) = 1 - 0.875z^{-1} + 0.75z^{-2}$$
$$= (1 - 0.866e^{j0.331\pi}z^{-1})(1 - 0.866e^{-j0.331\pi}z^{-1})$$

于是变化后的极点位置是 $\hat{p}_1 = 0.866e^{j0.331\pi} = \hat{p}_2^*$。那么 $|\Delta p_1| = |0.9e^{j\pi/3} - 0.866e^{j0.331\pi}| = 0.0344$,这与(6.63)式是一致的。 ∎

利用 MATLAB 分析 为了研究系数量化对滤波器特性行为的影响,MATLAB 是一种很理想的工具。利用在前面一些节建立的函数,可以求得量化后的系数,然后研究诸如零极点移动、频率响应或单位脉冲响应等方面的问题。我们必须要将全部滤波器系数用相同数量的整数位和小数位表示,所以不是对每个系数单独量化,而是要建立函数 QCoeff 对系数量化。这个函数采用舍入处理对原码格式实现量化。虽然对于截尾处理以及其他的表示格式也能写成类似的函数,但是由于前面已说明过的原因,将只用 QCoeff 函数分析量化效应。

```
function [y,L,B] = QCoeff(x,N)
%  [y,L,B] = QCoeff(x,N)
%      Coefficient Quantization using N = 1 + L + B bit representation
%       with rounding operation
%      y: quantized array (same dim as x)
%      L: number of integer bits
%      B: number of fractional bits
%      x: a scalar, vector, or matrix
%      N: total number of bits

xm = abs(x);
 L = max(max(0,fix(log2(xm(:) + eps) + 1)));  % Integer bits
if (L > N)
    errmsg = ['*** N must be at least ',num2str(L),'***']; error(errmsg);
end
B = N-L;                                % Fractional bits
y = xm./(2^L); y = round(y. * (2^N));   % Rounding to N bits
y = sign(x). * y * (2^(-B));            % L + B + 1 bit representation
```

这个 QCoeff 函数采用 N+1 位(含符号位)表示将每个系数表示在 x 数组内。首先,它确定按幅值最大的系数的整数表示所需要的位数 L,然后对小数部分赋给 N-L 位,所得结果返回到 B 中。因此,全部系数都有相同的 L+B+1 位模式。显然 N≥L。

例题 6.22 考虑例题 6.21 中的数字谐振器,利用 MATLAB 求极点位置的变化。

题解

这个滤波器系数 $a_1 = -0.9$ 和 $a_2 = 0.81$ 利用下面程序量化:

```
>> x = [−0.9,0.81]; [y,L,B] = Qcoeff(x,3)
y = −0.8750    0.7500
L =    0
B =    3
```

这与预期的是一样的。现在利用下面 MATLAB 脚本可以确定在极点位置上的变化：

```
% Unquantized parameters
r = 0.9; theta = pi/3; a1 = −2 * r * cos(theta); a2 = r * r;
p1 = r * exp(j * theta); p2 = p1';
% Quantized parameters: N = 3;
[ahat,L,B] = Qcoeff([a1,a2],3); rhat = sqrt(ahat(2));
thetahat = acos(−ahat(1)/(2 * rhat)); p1hat = rhat * exp(j * thetahat); p2 = p1';
% Changes in pole locations
Dp1 = abs(p1 − p1hat)
Dp1 = 0.0344
```

这与以前所得是相同的。　　　　　　　　　　　　　　　　　　　　　　■

例题 6.23　考虑下列 IIR 滤波器。它共有 10 个极点，分布在半径为 $r = 0.9$、以 $\pm 45°$ 为中心、相隔 $5°$ 的点上。由于极点数多，分母系数有一些值要求 6 位的整数部分。小数部分用 9 位，总共为 16 位表示。现在计算并画出这些新的极点位置：

```
r = 0.9; theta = (pi/180) * [−55:5:−35,35:5:55]';
p = r * exp(j * theta); a = poly(p); b = 1;

% Direct form: quantized coefficients
N = 15; [ahat,L,B] = Qcoeff(a,N);
TITLE = sprintf('%i−bit (1+ %i+ %i) Precision',N+1,L,B);

% Comparison of pole−zero plots
subplot(1,2,1); [HZ,HP,H1] = zplane(1,a);
set(HZ,'color','g','linewidth',1); set(HP,'color','g','linewidth',1);
set(H1,'color','w'); axis([−1.1,1.1,−1.1,1.1]);
title('Infinite Precision','fontsize',10,'fontweight','bold');

subplot(1,2,2); [HZhat,HPhat,H1hat] = zplane(1,ahat);
set(HZhat,'color','r','linewidth',1); set(HPhat,'color','r','linewidth',1);
set(H1hat,'color','w'); title(TITLE,'fontsize',10,'fontweight','bold');
axis([−1.1,1.1,−1.1,1.1]);
```

图 6.25 示出了无限精度和 16 位有限精度滤波器的零极点图。可以十分清楚地看到，这个 16 位字长的所得滤波器是完全不同于原滤波器的，而且是不稳定的。为了研究有限字长效应对级联型结构的影响，我们首先利用 dir2cas 函数将直接型系数转换为级联型系数，将所得到的

这组系数量化,然后再转换回到直接型对零极点作图。现在展示两种不同字长的结果。在第一种情况中,采用相同的 16 位字长。由于级联型系数具有比较小的整数部分,仅需要 1 位整数位,小数位数是 14 位。在第二种情况中,用 9 位作小数位(与直接型相同),总共字长为 11 位。

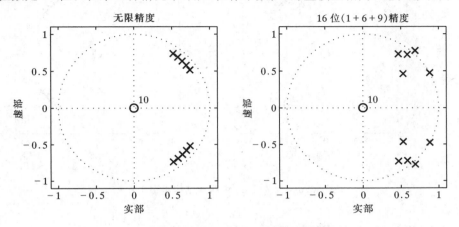

图 6.25 例题 6.23 直接型结构的零极点图

```
% Cascade form: quantized coefficients: same N
[b0,B0,A0] = dir2cas(b,a); [BAhat1,L1,B1] = Qcoeff([B0,A0],N);
TITLE1 = sprintf('%i-bit(1+%i+%i) Precision',N+1,L1,B1);
Bhat1 = BAhat1(:,1:3); Ahat1 = BAhat1(:,4:6);
[bhat1,ahat1] = cas2dir(b0,Bhat1,Ahat1);

subplot(1,2,1); [HZhat1,HPhat1,H1hat1] = zplane(bhat1,ahat1);
set(HZhat1,'color','g','linewidth',1); set(HPhat1,'color','g','linewidth',1);
set(H1hat1,'color','w'); axis([-1.1,1.1,-1.1,1.1]);title(TITLE1,'fontsize',10,'
fontweight','bold');
% Cascade form: quantized coefficients: Same B (N = L1 + B)
N1 = L1 + B; [BAhat2,L2,B2] = Qcoeff([B0,A0],N1);
TITLE2 = sprintf('%i-bit (1+%i+%i) Precision',N1+1,L2,B2);
Bhat2 = BAhat2(:,1:3); Ahat2 = BAhat2(:,4:6);
[bhat2,ahat2] = cas2dir(b0,Bhat2,Ahat2);

subplot(1,2,2); [HZhat2,HPhat2,H1hat2] = zplane(bhat2,ahat2);
set(HZhat2,'color','r','linewidth',1); set(HPhat2,'color','r','linewidth',1);
set(H1hat2,'color','w'); title(TITLE2,'fontsize',10,'fontweight','bold');
axis([-1.1,1.1,-1.1,1.1]);
```

这个结果如图 6.26 所示。可以看到,不仅对 16 位的表示,而且对 11 位表示,所得滤波器基本上与原滤波器无异,而且是稳定的。显然,级联型结构比直接型结构有更优越的有限字长性质。

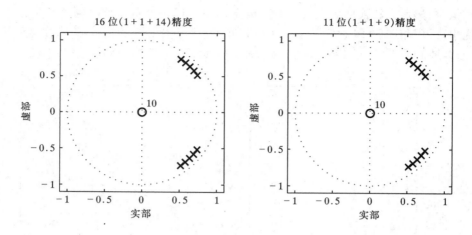

图 6.26 例题 6.23 级联型结构零极点图

6.7.3 对频率响应的影响

(6.38)式 IIR 滤波器的频率响应给出为

$$H(e^{j\omega}) = \frac{\sum_{k=0}^{M} b_k e^{-j\omega k}}{1 + \sum_{k=1}^{N} a_k e^{-j\omega k}} \qquad (6.64)$$

当系数 $\{a_k\}$ 和 $\{b_k\}$ 被量化到 $\{\hat{a}_k\}$ 和 $\{\hat{b}_k\}$ 时,新的频率响应给出为

$$\hat{H}(e^{j\omega}) = \frac{\sum_{k=0}^{M} \hat{b}_k e^{-j\omega k}}{1 + \sum_{k=1}^{N} \hat{a}_k e^{-j\omega k}} \qquad (6.65)$$

可以用和研究极点移动相类似的分析方法求出由于滤波器系数的改变在幅度或相位响应上的最大变化。然而,这样的分析是非常复杂的,而且也不会增添任何新的视野。所以我们还是利用 MATLAB 研究这些影响。下面给出两个例子。

例题 6.24 对例题 6.23 的滤波器计算并画出给定滤波器结构的幅度响应。

题解

　　这个滤波器是一个带通滤波器,具有 10 个密集分布的极点,分别用直接型和级联型实现。对于直接型结构,分别对无限精度和 16 位量化精度计算幅度响应;对于级联型结构,分别用 16 位和 11 位表示。

```
r = 0.9; theta = (pi/180) * [-55:5:-35,35:5:55]';
p = r * exp(j * theta); a = poly(p); b = 1;
w = [0:500] * pi/500; H = freqz(b * 1e-4,a,w);
magH = abs(H); magHdb = 20 * log10(magH);

% Direct form: quantized coefficients
```

```
N = 15; [ahat,L,B] = Qcoeff(a,N);
TITLE = sprintf('%i - bit (1 + %i + %i) Precision (DF)',N + 1,L,B);
Hhat = freqz(b * 1e - 4,ahat,w); magHhat = abs(Hhat);

% Cascade form: quantized coefficients: Same N
[b0,B0,A0] = dir2cas(b,a);
[BAhat1,L1,B1] = Qcoeff([B0,A0],N);
TITLE1 = sprintf('%i - bit(1 + %i + %i) Precision (CF)',N + 1,L1,B1);
Bhat1 = BAhat1(:,1:3); Ahat1 = BAhat1(:,4:6);
[bhat1,ahat1] = cas2dir(b0,Bhat1,Ahat1);
Hhat1 = freqz(b * 1e - 4,ahat1,w); magHhat1 = abs(Hhat1);

% Cascade form: quantized coefficients: Same B (N = L1 + B)
N1 = L1 + B; [BAhat2,L2,B2] = Qcoeff([B0,A0],N1);
TITLE2 = sprintf('%i - bit (1 + %i + %i) Precision (CF)',N1 + 1,L2,B2);
Bhat2 = BAhat2(:,1:3); Ahat2 = BAhat2(:,4:6);
[bhat2,ahat2] = cas2dir(b0,Bhat2,Ahat2);
Hhat2 = freqz(b * 1e - 4,ahat2,w); magHhat2 = abs(Hhat2);

% Comparison of Magnitude Plots
Hf_1 = figure('paperunits','inches','paperposition',[0,0,6,4]);
subplot(2,2,1); plot(w/pi,magH,'g','linewidth',2); axis([0,1,0,0.7]);
% xlabel('Digital Frequency in \pi units','fontsize',10);
ylabel('Magnitude Response','fontsize',10);
title('Infinite Precision (DF)','fontsize',10,'fontweight','bold');
subplot(2,2,2); plot(w/pi,magHhat,'r','linewidth',2); axis([0,1,0,0.7]);
% xlabel('Digital Frequency in \pi units','fontsize',10);
ylabel('Magnitude Response','fontsize',10);
title(TITLE,'fontsize',10,'fontweight','bold');
subplot(2,2,3); plot(w/pi,magHhat1,'r','linewidth',2); axis([0,1,0,0.7]);
xlabel('Digital Frequency in \pi units','fontsize',10);
ylabel('Magnitude Response','fontsize',10);
title(TITLE1,'fontsize',10,'fontweight','bold');
subplot(2,2,4); plot(w/pi,magHhat2,'r','linewidth',2); axis([0,1,0,0.7]);
xlabel('Digital Frequency in \pi units','fontsize',10);
ylabel('Magnitude Response','fontsize',10);
title(TITLE2,'fontsize',10','fontweight','bold');
```

图 6.27 示出这些图。该图的上部分示出的是直接型实现的图,下部分是级联型实现的图。正如所预期的,直接型的幅度图在 16 位表示情况下受到严重的失真,而对级联型即便是 11 位字长情况下的仍能保持原样。

例题 6.25   有一个采用椭圆滤波器设计方法得到的 8 阶带通滤波器,其设计方法和其他的设计方法将在第 8 章中具体介绍。该滤波器设计所用到的 MATLAB 函数将在下面的脚本中给出。其设计采用 64 位浮点运算产生直接型滤波器系数 b_k 和 a_k,64 位浮点运算能够达到 15

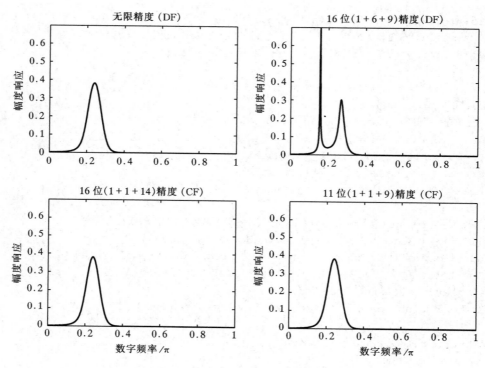

图 6.27 例题 6.24 直接型和级联型结构的幅度响应图

位十进制数的精度,因此可以将滤波器系数看成是未经量化的系数。表 6.1 给出这些滤波器系数。

表 6.1 例题 6.28 中的未经量化的 IIR 滤波器系数

k	b_k	a_k
0	0.021985541264351	1.00000000000000
1	0.000000000000000	-0.00000000000000
2	-0.032498273955222	2.344233276056572
3	0.000000000000000	-0.000000000000000
4	0.046424673058794	2.689868616770005
5	0.000000000000000	0.000000000000000
6	-0.032498273955221	1.584557559015230
7	0.000000000000000	0.000000000000000
8	0.021985541264351	0.413275250482975

将设计好的滤波器系数采用 16 位和 8 位字长量化。对无限精度系数和有限字长系数分别画出该滤波器的对数幅度响应和零极点位置。

题解

不像前面的例子,有些滤波器系数的值(特别是那些自递归部分的值)大于 1,因此对整数部分要求较多位数。由于对这个滤波器的表示是采用同一种位数模式,所以实际上这种分配对全部系数都要这样做。这些以及其他的步骤都在下面的 MATLAB 脚本中给出。

```
% The following 3 lines produce filter coefficients showing in Table 6.1
wp = [0.35,0.65]; ws = [0.25,0.75]; Rp = 1; As = 50;
[N, wn] = ellipord(wp, ws, Rp, As);
[b,a] = ellip(N,Rp,As,wn);
w = [0:500] * pi/500; H = freqz(b,a,w); magH = abs(H);
magHdb = 20 * log10(MagH);

% 16 - bit word-length quantization
N1 = 15; [bahat,L1,B1] = QCoeff[b;a],N1);
TITLE1 = sprintf('% i - bits(1 + % i + % i)',N1 + 1,L1,B1);
bhat1 = bahat(1,:); ahat1 = bahat(2,:);
Hhat1 = freqz(bhat1,ahat1,w); magHhat1 = abs(Hhat1);
magHhat1db = 20 * log10(magHhat1); zhat1 = roots(bhat1);

% 8 - bit word-length quantization
N2 = 7; [bahat,L2,B2] = QCoeff[b;a],N2);
TITLE2 = sprintf('% i - bits(1 + % i + % i)',N2 + 1,L2,B2);
bhat2 = bahat(1,:); ahat2 = bahat(2,:);
Hhat2 = freqz(bhat2,ahat2,w); magHhat2 = abs(Hhat2);
magHhat2db = 20 * log10(magHhat2); zhat2 = roots(bhat2);

% Plots
Hf_1 = figure('paperunits','inches','paperposition',[0,0,6,5]);

% Comparison of Log-Magnitude Responses: 16 bits
subplot(2,2,1); plot(w/pi,magHdb,'g','linewidth',1.5); axis([0,1,-80,5]);
hold on; plot(w/pi,magHhat1db,'r','linewidth',1); hold off;
xlabel('Digital Frequency in \pi units','fontsize',10);
ylabel('Decibels','fontsize',10);
title(['Log-Mag plot: ',TITLE1],'fontsize',10,'fontweight','bold');

% Comparison of Pole-Zero Plots: 16 bits
subplot(2,2,3); [HZ,HP,H1] = zplane([b],[a]); axis([-2,2,-2,2]); hold on;
set(HZ,'color','g','linewidth',1,'markersize',4);
set(HP,'color','g','linewidth',1,'markersize',4);
plot(real(zhat1),imag(zhat1),'r +','linewidth',1);
title(['PZ Plot: ',TITLE1],'fontsize',10,'fontweight','bold');
hold off;
```

```
% Comparison of Log-Magnitude Responses: 8 bits
subplot(2,2,2); plot(w/pi,magHdb,'g','linewidth',1.5); axis([0,1,-80,5]);
hold on; plot(w/pi,magHhat2db,'r','linewidth',1); hold off;
xlabel('Digital Frequency in \pi units','fontsize',10);
ylabel('Decibels','fontsize',10);
title(['Log-Mag plot: ',TITLE2],'fontsize',10,'fontweight','bold');

% Comparison of Pole-Zero Plots: 8 bits
subplot(2,2,4); [HZ,HP,H1] = zplane([b],[a]); axis([-2,2,-2,2]); hold on;
set(HZ,'color','g','linewidth',1,'markersize',4);
set(HP,'color','g','linewidth',1,'markersize',4);
plot(real(zhat2),imag(zhat2),'r +','linewidth',1);
title(['PZ Plot: ',TITLE2],'fontsize',10,'fontweight','hold');
hold off;
```

图 6.28 示出所得滤波器的对数幅度响应和零极点位置,同时还附有原滤波器的这些特性。当用 16 位时,所得滤波器基本上与原滤波器没有什么不同,然而当采用 8 位时,滤波器特性就有严重失真;这个滤波器仍然是稳定的,但不满足设计要求。

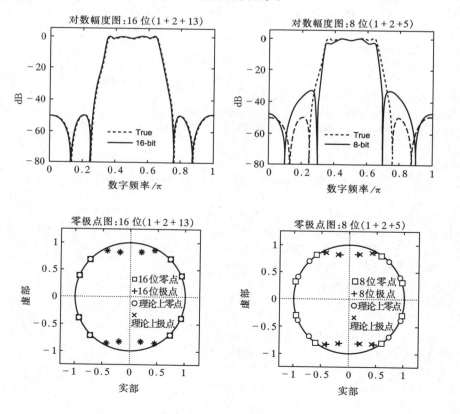

图 6.28 例题 6.25 IIR 滤波器的图

6.7.4　FIR 滤波器

对于 FIR 滤波器也能进行类似的分析。设一个 FIR 滤波器的单位脉冲响应是 $h(n)$，其系统函数则为

$$H(z) = \sum_{n=0}^{M-1} h(n) z^{-1} \tag{6.66}$$

那么，

$$\Delta H(z) = \sum_{n=0}^{M-1} \Delta h(n) z^{-1} \tag{6.67}$$

式中 $\Delta H(z)$ 是由于在单位脉冲响应 $h(n)$ 的变化所引起的改变，所以

$$\Delta H(e^{j\omega}) = \sum_{n=0}^{M-1} \Delta h(n) e^{-j\omega n} \quad \text{或} \quad |\Delta H(e^{j\omega})| \leqslant \sum_{n=0}^{M-1} |\Delta h(n)| \tag{6.68}$$

现在，若每个系数都量化到 B 位小数（也即总寄存器长度是 $B+1$ 位），那么

$$|\Delta h(n)| \leqslant \frac{1}{2} 2^{-B}$$

因此，

$$|\Delta H(e^{j\omega})| \leqslant \frac{1}{2} 2^{-B} M = \frac{M}{2} 2^{-B} \tag{6.69}$$

这样一来，在频率响应上的变化不仅与所采用的位数有关，而且也与这个滤波器的长度 M 有关。对于大的 M 和小的 b，这种差别就能很明显，并能破坏这个滤波器的等起伏特性，这正如在下面这个例子中所看到的。

例题 6.26　考虑一个采用 firpm 函数产生的 30 阶低通 FIR 滤波器，该函数和其他 FIR 滤波器设计函数将会在第 7 章中具体讨论。表 6.2 给出了产生的对称滤波器系数，我们将这些系数看作是未经量化的系数。将设计好的滤波器系数采用 16 位和 8 位字长量化，于是可以求得并比较所得滤波器频率响应和零极点图。这些步骤均示于下面 MATLAB 脚本中。

表 6.2　例题 6.26 中采用的未经量化的 FIR 滤波器系数

k	b_k	k
0	0.000199512328641	30
1	−0.002708453461401	29
2	−0.002400461099957	28
3	0.003546543555809	27
4	0.008266607456720	26
5	0.000012109690648	25
6	−0.015608300819736	24
7	−0.012905580320708	23
8	0.017047710292001	22

续表 6.2

k	b_k	k
9	0.036435951059014	21
10	0.000019292305776	20
11	−0.065652005307521	19
12	−0.057621325403582	18
13	0.090301607282890	17
14	0.300096964940136	16
15	0.400022084144842	15

```
% Filter coefficients given in Table 6.2 are computed using the firpm function
b = firpm(30,[0,0,3,0.5,1],[1,1,0,0]);
w = [0:500]*pi/500; H = freqz(b,1,w); magH = abs(H);
magHdb = 20*log10(magH);
N1 = 15; [bhat1,L1,B1] = Qcoeff(b,N1);
TITLE1 = sprintf('%i-bits (1+ %i+ %i)',N1+1,L1,B1);
Hhat1 = freqz(bhat1,1,w); magHhat1 = abs(Hhat1);
magHhat1db = 20*log10(magHhat1);
zhat1 = roots(bhat1);

N2 = 7; [bhat2,L2,B2] = Qcoeff(b,N2);
TITLE2 = sprintf('%i-bits (1+ %i+ %i)',N2+1,L2,B2);
Hhat2 = freqz(bhat2,1,w); magHhat2 = abs(Hhat2);
magHhat2db = 20*log10(magHhat2);
zhat2 = roots(bhat2);

% Plots
Hf_1 = figure('paperunits','inches','paperposition',[0,0,6,5]);

% Comparison of log-magnitude Responses: 16 bits
subplot(2,2,1); plot(w/pi, magHdb,'g','linewidth',1.5); axis([0,1,-80,5]);
hold on; plot(w/pi,magHhat1db,'r','linewidth',1); hold off;
xlabel('Digital Frequency in \pi units','fontsize',10);
ylabel('Decibels','fontsize',10);
title('Log-Mag plot:',TITLE1],'fontsize',10,'fontweight','bold');

% Comparison of pole-zero plots: 16 bits
subplot(2,2,3); [HZ,HP,H1] = zplane([b],[1]); axis([-2,2,-2,2]); hold on;
set(HZ,'color','g','linewidth',1,'markersize',4);
set(HP,'color','g','linewidth',1,'markersize',4);
plot(real(zhat1),imag(zhat1),'r+','linewidth',1);
title(['PZ Plot:',TITLE1],'fontsize',10,'fontweight','bold');
```

```
hold off;

% Comparison of log-magnitude responses: 8 bits
subplot(2,2,2); plot(w/pi,magHdb,'g','linewidth',1.5); axis([0,1,-80,5]);
hold on; plot(w/pi,magHhat2db,'r','linewidth',1); hold off;
xlabel('Digital Frequency in \pi units','fontsize',10);
ylabel('Decibels','fontsize',10);
title(['Log-Mag plot:',TITLE2],'fontsize',10,'fontweight','bold');

% Comparison of pole-zero plots: 8 bits
subplot(2,2,4); [HZ,HP,H1] = zplane([b],[1]); axis([-2,2,-2,2]); hold on;
set(HZ,'color','g','linewidth',1,'markersize',4);
set(HP,'color','g','linewidth',1,'markersize',4);
plot(real(zhat2),imag(zhat2),'r+','linewidth',1);
title(['PZ Plot:',TITLE2],'fontsize',10,'fontweight','bold');
hold off;
```

将所得滤波器计算出对数幅度响应和零极点位置,并画在图 6.29 中,图中还附有原滤波器的这些特性。由图可见,当采用 16 位时,所得滤波器基本上与原滤波器特性无异。然而,当用 8 位时,滤波器特性受到严重失真,而且不满足设计要求。

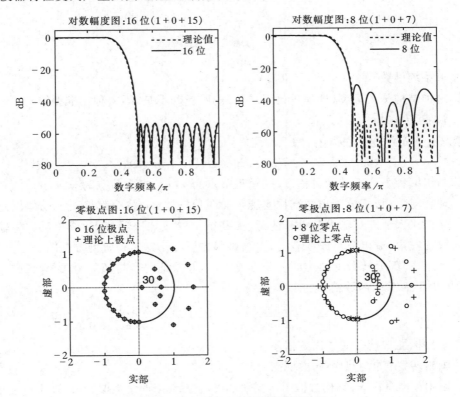

图 6.29　例题 6.26 FIR 滤波器的图

6.8　习题

P6.1　画出下面 LTI 系统的直接 I 型方框图。输入节点为 $x(n)$,输出节点为 $y(n)$。

1. $y(n) = x(n) + 2x(n-1) + 3x(n-2)$

2. $H(z) = \dfrac{1}{1 - 1.7z^{-1} + 1.53z^{-2} - 0.648z^{-3}}$

3. $y(n) = 1.7y(n-1) - 1.36y(n-2) + 0.576y(n-3) + x(n)$

4. $y(n) = 1.6y(n-1) + 0.64y(n-2) + x(n) + 2x(n-1) + x(n-2)$

5. $H(z) = \dfrac{1 - 3z^{-1} + 3z^{-2} + z^{-3}}{1 + 0.2z^{-1} - 0.14z^{-2} + 0.44z^{-3}}$

P6.2　示于图 P6.1 中的两个方框图,对每一结构回答下面问题

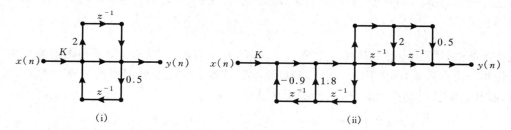

图 P6.1　习题 P6.2 的方框图

1. 求系统函数 $H(z) = Y(z)/X(z)$。

2. 这种结构是正准型(即最少延迟单元)的吗? 若不是,画一种正准型结构。

3. 求使 $H(e^{j0}) = 1$ 的 K 值。

P6.3　考虑由下面差分方程描述的 LTI 系统

$$y(n) = ay(n-1) + bx(n) \qquad (6.70)$$

1. 画出一种上述系统的方框图,其输入节点为 $x(n)$,输出节点为 $y(n)$。

2. 现在对第(1)部分画出的结构实施下面两种操作:(i)将全部箭头方向颠倒过来;(ii)交换输入节点与输出节点。注意:支路节点变成加法器节点,或相反。将输入节点放在左边,输出节点放在右边,重画这张方框图。这是转置型方框图。

3. 求第(2)部分转置型结构的差分方程表示,并验证它是与(6.70)式相同的方程。

P6.4　考虑由下面系统函数给出的 LTI 系统

$$H(z) = \frac{1 - 2.818z^{-1} + 3.97z^{-2} - 2.8180z^{-3} + z^{-4}}{1 - 2.536z^{-1} + 3.215z^{-2} - 2.054z^{-3} + 0.6560z^{-4}} \qquad (6.71)$$

1. 画出标准直接 I 型结构方框图。

2. 画出转置直接 I 型结构方框图。

3. 画出标准直接 II 型结构方框图。仔细观察,它看起来非常类似于第(2)部分的方框图。

4. 画出转置直接 II 型结构方框图。仔细观察,它看起来非常类似于第(1)部分的方框图。

P6.5　考虑在习题 P6.4 中给出的 LTI 系统。

1. 画出含有二阶标准直接Ⅱ型节的级联型结构。

2. 画出含有二阶转置直接Ⅱ型节的级联型结构。

3. 画出含有二阶标准直接Ⅱ型节的并联型结构。

4. 画出含有二阶转置直接Ⅱ型节的并联型结构。

P6.6　一个由下面差分方程描述的因果线性时不变系统

$$y(n) = \sum_{k=0}^{4} \cos(0.1\pi k) x(n-k) + \sum_{k=1}^{5} (0.8)^k \sin(0.1\pi k) y(n-k)$$

求出并画出下列结构的方框图。利用下列结构在每一情况下对输入

$$x(n) = [1 + 2(-1)^n], \quad 0 \leqslant n \leqslant 50$$

计算系统响应。

1. 标准直接Ⅰ型。

2. 转置直接Ⅱ型。

3. 含有二阶标准直接Ⅱ型节的级联型。

4. 含有二阶转置直接Ⅱ型节的并联型。

P6.7　一 IIR 滤波器由下面系统函数描述：

$$H(z) = 2\left(\frac{1 + 0z^{-1} + z^{-2}}{1 - 0.8z^{-1} + 0.64z^{-2}}\right) + \left(\frac{2 - z^{-1}}{1 - 0.75z^{-1}}\right) + \left(\frac{1 + 2z^{-1} + z^{-2}}{1 + 0.81z^{-2}}\right)$$

求出并画出下列结构。

1. 转置直接Ⅰ型。

2. 标准直接Ⅱ型。

3. 包含转置二阶直接Ⅱ型节的级联型。

4. 包含标准二阶直接Ⅱ型节的并联型。

P6.8　一 IIR 滤波器由下面系统函数描述：

$$H(z) = \left(\frac{-14.75 - 12.9z^{-1}}{1 - \dfrac{7}{8}z^{-1} + \dfrac{3}{32}z^{-2}}\right) + \left(\frac{24.5 + 26.82z^{-1}}{1 - z^{-1} + \dfrac{1}{2}z^{-2}}\right)\left(\frac{1 + 2z^{-1} + z^{-2}}{1 + 0.81z^{-2}}\right)$$

求出并画出下列结构。

1. 标准直接Ⅰ型。

2. 标准直接Ⅱ型。

3. 包含转置二阶直接Ⅱ型节的级联型。

4. 包含转置二阶直接Ⅱ型节的并联型。

P6.9　一系统函数为

$$H(z) = \frac{0.05 - 0.01z^{-1} - 0.13z^{-2} + 0.13z^{-4} + 0.01z^{-5} - 0.05z^{-6}}{1 - 0.77z^{-1} + 1.59z^{-2} - 0.88z^{-3} + 1.2z^{-4} - 0.35z^{-5} + 0.31z^{-6}}$$

的线性时不变系统要用图 P6.2 的流图实现。

1. 将图中全部系数填出。

2. 你的答案是唯一的吗？请解释。

P6.10　一系统函数为

$$H(z) = \frac{0.051 + 0.088z^{-1} + 0.06z^{-2} - 0.029z^{-3} - 0.069z^{-4} - 0.046z^{-5}}{1 - 1.34z^{-1} + 1.478z^{-2} - 0.789z^{-3} + 0.232z^{-4}}$$

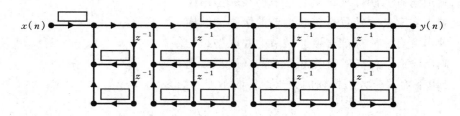

图 P6.2 习题 P6.9 的结构

的线性时不变系统要用图 P6.3 所示的流图实现,请填出图中的全部系数。

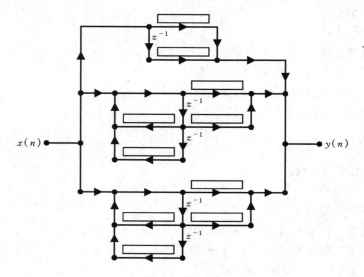

图 P6.3 习题 P6.10 的结构

P6.11 考虑在习题 P6.9 中给出的线性时不变系统

$$H(z) = \frac{0.05 - 0.01z^{-1} - 0.13z^{-2} + 0.13z^{-4} + 0.01z^{-5} - 0.05z^{-6}}{1 - 0.77z^{-1} + 1.59z^{-2} - 0.88z^{-3} + 1.2z^{-4} - 0.35z^{-5} + 0.31z^{-6}}$$

要用图 P6.4 所示流图实现。

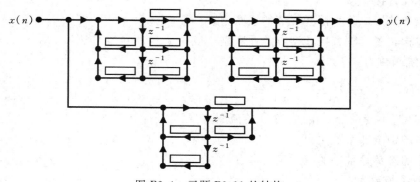

图 P6.4 习题 P6.11 的结构

1. 填出图中全部系数。

2. 你的答案唯一吗？请解释。

P6.12 图 P6.5 所示的滤波器结构包含有级联节的并联连结。

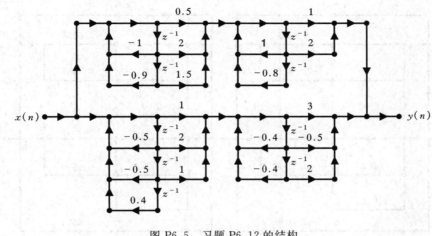

图 P6.5　习题 P6.12 的结构

求出并画出下面全部结构：
1. 直接（标准）型。
2. 直接（转置）型。
3. 含有二阶节的级联型。
4. 含有二阶节的并联型。

P6.13 图 P6.6 所示的滤波器结构中，系统 $H_1(z)$ 和 $H_2(z)$ 是一个大系统 $H(z)$ 的两个子系统。系统函数 $H_1(z)$ 是以并联型给出的

$$H_1(z) = 2 + \frac{0.2 - 0.3z^{-1}}{1 + 0.9z^{-1} + 0.9z^{-2}} + \frac{0.4 + 0.5z^{-1}}{1 - 0.8z^{-1} + 0.8z^{-2}}$$

而系统函数 $H_2(z)$ 是以级联型给出的

$$H_2(z) = \left(\frac{2 + z^{-1} - z^{-2}}{1 + 1.7z^{-1} + 0.72z^{-2}} \right) \left(\frac{3 + 4z^{-1} + 5z^{-2}}{1 - 1.5z^{-1} + 0.56z^{-2}} \right)$$

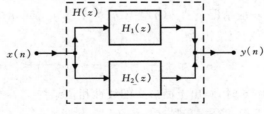

图 P6.6　习题 P6.13 的结构

1. 将 $H(z)$ 表示成有理函数。
2. 画出 $H(z)$ 作为级联型结构的方框图。
3. 画出 $H(z)$ 作为并联型结构的方框图。

P6.14 图 P6.7 所示的数字滤波器结构是两个并联节的级联，并且对应于一个 10 阶的 IIR 数字滤波器系统函数

$$H(z) = \frac{1 - 2.2z^{-2} + 1.6368z^{-4} - 0.48928z^{-6} + 5395456 \times 10^{-8}z^{-8} - 147456 \times 10^{-8}z^{-10}}{1 - 1.65z^{-2} + 0.8778z^{-4} - 0.17281z^{-6} + 1057221 \times 10^{-8}z^{-8} - 893025 \times 10^{-10}z^{-10}}$$

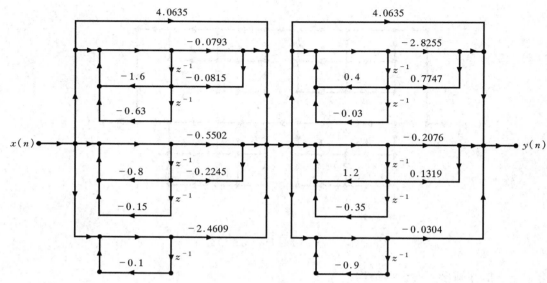

图 P6.7 习题 P6.14 的结构

1. 由于在标注中某一误差,在这个结构中有两个乘法器的系统(舍入到 4 位十进制)为不正确的值,试找出这两个乘法器并求出它们的正确值。

2. 求出并画出含有二阶节的总的级联型结构,并且它包含最少的乘法器数目。

P6.15 正如在这一章所讨论过的,在系统脉冲响应上要求某种对称条件可以获得一个线性相位 FIR 滤波器。

1. 在对称脉冲响应情况下有 $h(n) = h(M-1-n)$,$0 \leqslant n \leqslant M-1$。

证明:所得相位响应对 ω 是线性的,并且给出为

$$\angle H(e^{j\omega}) = -\left(\frac{M-1}{2}\right)\omega, \quad -\pi < \omega \leqslant \pi$$

2. 当 $M=5$ 和 $M=6$ 时,画出上面形式的线性相位结构。

3. 在反对称脉冲响应情况下有 $h(n) = -h(M-1-n)$,$0 \leqslant n \leqslant M-1$。

证明:所得相位响应给出为

$$\angle H(e^{j\omega}) = \pm\frac{\pi}{2} - \left(\frac{M-1}{2}\right)\omega, \quad -\pi < \omega \leqslant \pi$$

4. 当 $M=5$ 和 $M=6$ 时,画出上面形式的线性相位结构。

P6.16 一 FIR 滤波器由下面差分方程描述:

$$y(n) = \sum_{k=0}^{6} e^{-0.9(k-3)} x(n-k)$$

求出并画出下列结构的方框图。

1. 直接型。

2. 线性相位型。

3. 级联型。

4. 频率采样型。

P6.17 一线性时不变系统由下面系统函数给出：
$$H(z) = 2 + 3z^{-1} + 5z^{-2} - 3z^{-3} + 4z^{-5} + 8z^{-7} - 7z^{-8} + 4z^{-9}$$
求出并画出下列结构的方框图。

1. 直接型。

2. 级联型。

3. 频率采样型。

P6.18 利用 DFT 的共轭对称性质
$$H(k) = \begin{cases} H(0), & k = 0 \\ H^*(M-k), & k = 1, \cdots, M-1 \end{cases}$$
和 W_M^{-k} 因子的共轭对称性质,证明对于实系数的 FIR 滤波器,(6.12)式可以写成 (6.13)和(6.14)式的形式。

P6.19 在频率采样结构中为了避开在单位圆上的极点,如同在 6.3 节曾提到的,在 $z_k = re^{j2\pi k/M}$, $k = 0, \cdots, M-1$,这里 $r \approx 1$(但<1)上对 $H(z)$ 采样

1. 利用
$$H(re^{j2\pi k/M}) \approx H(k)$$
证明频率采样结构给出为
$$H(z) = \frac{1-(rz)^{-M}}{M} \left\{ \sum_{k=1}^{L} 2 \mid H(k) \mid H_k(z) + \frac{H(0)}{1-rz^{-1}} + \frac{H(M/2)}{1+rz^{-1}} \right\}$$
式中
$$H_k(z) = \frac{\cos[\angle H(k)] - rz^{-1}\cos[\angle H(k) - \frac{2\pi k}{M}]}{1 - 2rz^{-1}\cos(\frac{2\pi k}{M}) + r^2 z^{-2}}, \quad k = 1, \cdots, L$$
并且 M 为偶数。

2. 将 MATLAB 函数 dir2fs(在 6.3 节建立的)进行修改以实现上面的频率采样型。 这个函数的格式应该是

```
[C,B,A,rM] = dir2fs(h,r)
% Direct form to Frequency Sampling form conversion
% ----------------------------------------------
% [C,B,A,rM] = dir2fs(h,r)
%   C = Row vector containing gains for parallel sections
%   B = Matrix containing numerator coefficients arranged in rows
%   A = Matrix containing denominator coefficients arranged in rows
%   rM = r^M factor needed in the feedforward loop
%   h = impulse response vector of an FIR filter
%   r = radius of the circle over which samples are taken (r <1)
%
```

3. 利用上面函数对例题 6.6 中给出的脉冲响应求频率采样型结构。

P6.20 考虑一个 FIR 滤波器的下面系统函数

$$H(z) = 1 - 4z^{-1} + 6.4z^{-2} - 5.12z^{-3} + 2.048z^{-4} - 0.32768z^{-5}$$

1. 给出下列形式的方框图结构：

   (a) 标准的和转置直接型。

   (b) 5 个一阶节的级联。

   (c) 1 个一阶节和 2 个二阶节的级联。

   (d) 1 个二阶节和 1 个三阶节的级联。

   (e) 具有实系数的频率采样型结构。

2. 一个数字滤波器结构的计算复杂性是以每个输出点所要求的总乘法次数和总的两个输入的加法次数给出的。假设 $x(n)$ 是实值的,而且被 1 乘不计入一次乘法,试比较以上结构的计算复杂性。

P6.21 一个因果数字滤波器由下列零点：

$$z_1 = 0.5e^{j60°}, \; z_2 = 0.5e^{-j60°}, \; z_3 = 2e^{j60°}, \; z_4 = 2e^{-j60°}$$
$$z_5 = 0.25e^{j30°}, \; z_6 = 0.25e^{-j30°}, \; z_7 = 4e^{j30°}, \; z_8 = 4e^{-j30°}$$

和极点：

$$\{p_i\}_{i=1}^{8} = 0$$

描述。

1. 求出这个滤波器的相位响应,并证明它是一个线性相位 FIR 滤波器。

2. 求这个滤波器的脉冲响应。

3. 用直接型画出这个滤波器结构方框图。

4. 用线性相位型画出这个滤波器结构方框图。

P6.22 MATLAB 提供内置函数 dec2bin 和 bin2dec 分别将非负的十进制整数转换为二进制码,或者相反。

1. 建立一个函数 B = sm2bin(D),它将一个原码格式的十进制整数 D 转换为它的二进制表示 B。对下列各数验证你的函数：

   (a) $D=1001$ (b) $D=-63$

   (c) $D=-449$ (d) $D=978$

   (e) $D=-205$

2. 建立一个函数 D = bin2sm(B),它将一个二进制表示 B 转换为它的原码格式十进制整数 D。对下列各种表示验证你的函数：

   (a) $B=1010$ (b) $B=011011011$

   (c) $B=11001$ (d) $B=1010101$

   (e) $B=011011$

P6.23 利用函数 TwosComplement 作为一个模型,建立函数 y = TensComplement(x,N)它将一个原码格式的整数 x 转换为 N 个数字的十的补码整数 y。

1. 利用下列整数验证你的函数：

   (a) $x=1234, N=6$ (b) $x=-603, N=4$

   (c) $x=-843, N=5$ (d) $x=-1978, N=6$

   (e) $x=50, N=3$

2. 利用十的补码格式,完成下面算术运算。在每一情况中,选取一个合适的 N 值以便得到有意义的结果。

(a) $123+456-789$ (b) $648+836-452$

(c) $2001+3756$ (d) $-968+4539$

(e) $888-666+777$

用十进制运算验证你的结果。

P6.24 在本章建立的函数 OnesComplement 将带符号的整数转换为反码格式的十进制表示。在本习题中要建立一个对小数处理的函数。

1. 建立一个 MATLAB 函数 y = sm2oc(x,B),它将原码格式的小数 x 转换为 B 位反码格式十进制等效数 y。对下列各数验证你的函数。在每种情况中,既要考虑正数,也要考虑负数。另外,在每种情况中要选取合适的位数 B。

(a) $x=\pm0.5625$ (b) $x=\pm0.40625$

(c) $x=\pm0.953125$ (d) $x=\pm0.1328125$

(e) $x=\pm0.7314453125$

2. 建立一个 MATLAB 函数 x = oc2sm(y,B),它将 B 位的反码格式十进制等效数 y 转换为原码格式小数 x。对下列各小数的二进制表示验证你的函数:

(a) $y=1_.10110$ (b) $y=0._011001$

(c) $y=1_.00110011$ (d) $y=1_.11101110$

(e) $y=0_.00010001$

P6.25 在本章建立的函数 TwosComplement,它将带符号的整数转换为补码格式十进制表示。在本习题中要建立对小数操作的函数。

1. 建立一个 MATLAB 函数 y = sm2tc(x,B),它将原码格式小数 x 转换为 B 位补码格式十进制等效数 y。对下列各数验证你的函数。在每种情况中,既要考虑正数,也要考虑负数。另外,在每种情况中要选取合适的位数 B。

(a) $x=\pm0.5625$ (b) $x=\pm0.40625$

(c) $x=\pm0.953125$ (d) $x=\pm0.1328125$

(e) $x=\pm0.7314453125$

将你的表示与习题 P6.24.1 的表示作比较。

2. 建立一个 MATLAB 函数 x = tc2sm(y,B),它将 B 位补码格式十进制等效数 y 转换为原码格式小数 x。对下列各小数的二进制表示验证你的函数:

(a) $y=1_.10110$ (b) $y=0._011001$

(c) $y=1_.00110011$ (d) $y=1_.11101110$

(e) $y=0_.00010001$

将你的表示与习题 P6.24.2 的表示作比较。

P6.26 求下列十进制数的 10 位原码、反码和补码表示:

(a) 0.12345 (b) -0.56789

(c) 0.38452386 (d) -0.762349

(e) -0.90625

P6.27 考虑一个 32 位的浮点数表示,它有 6 位阶码和 25 位尾数:

1. 求能表示的最小数值。

2. 求能表示的最大数值。

3. 求这个浮点表示的动态范围,并将它与一个32位的定点带符号的整数表示的动态范围作比较。

P6.28 证明:以32位 IEEE 标准的浮点数的表示范围是从 1.18×10^{-38} 到 3.4×10^{38}。

P6.29 当 $B=4$ 时,试计算并画出原码、反码和补码格式的截尾误差特性。

P6.30 考虑三阶椭圆低通滤波器

$$H(z) = \frac{0.1214(1 - 1.4211z^{-1} + z^{-2})(1 + z^{-1})}{(1 - 1.4928z^{-1} + 0.8612z^{-2})(1 - 0.6183z^{-1})}$$

1. 若这个滤波器用直接型结构实现,求它的极点灵敏度。

2. 若这个滤波器用级联型结构实现,求它的极点灵敏度。

P6.31 考虑由下面差分方程描述的滤波器

$$y(n) = \frac{1}{\sqrt{2}}y(n-1) - x(n) + \sqrt{2}x(n-1) \tag{6.72}$$

1. 证明:这个滤波器是一个全通滤波器(也即 $|H(e^{j\omega})|$ 在 $-\pi \leqslant \omega \leqslant \pi$ 整个频率范围内是一个常数)。利用 subplot(3,1,1)画出 $|H(e^{j\omega})|$ 在归一化频率范围 $0 \leqslant \omega/\pi \leqslant 1$ 内的幅度响应验证你的答案。

2. 将(6.72)式差分方程的系数舍入到3位十进制数,这个滤波器还是全通的吗?利用 subplot(3,1,2)画出所得到的 $|\hat{H}_1(e^{j\omega})|$ 在归一化频率范围 $0 \leqslant \omega/\pi \leqslant 1$ 内的幅度响应验证你的答案。

3. 将(6.72)式差分方程的系数舍入到2位十进制数,这个滤波器还是全通的吗?利用 subplot(3,1,3)画出所得到的 $|\hat{H}_2(e^{j\omega})|$ 在归一化频率范围 $0 \leqslant \omega/\pi \leqslant 1$ 内的幅度响应验证你的答案。

4. 解释幅度 $|\hat{H}_1(e^{j\omega})|$ 为什么"不同于"幅度 $|\hat{H}_2(e^{j\omega})|$。

P6.32 一个 IIR 数字低通滤波器,满足通常波纹为 0.5dB,阻带波纹为 60dB,通带边缘为 $\omega_p = 0.25\pi$,阻带边缘是 $\omega_s = 0.3\pi$。能够采用下面的 MATLAB 脚本实现:

```
wp = 0.25 * pi; ws = 0.3pi; Rp = 0.5; As = 60;
[N,Wn] = ellipord(wp/pi, ws/pi, Rp, As);
[b,a] = ellip(N, Rp, As, Wn);
```

滤波器系数 b_k 和 a_k 分别是数组 b 和 a 中的元素,可以看成是无限精度数。

1. 利用无限精度画出这个设计好的滤波器的对数幅度和相位响应。采用两行一列的子图。

2. 将直接型系数量化到4位十进制数(舍入),画出所得滤波器的对数幅度和相位响应。采用两行一列的子图。

3. 将直接型系数量化到3位十进制数(舍入),画出所得滤波器的对数幅度和相位响应。采用两行一列的子图。

4. 对以上三部分的图作出讨论。

P6.33 考虑上面习题 P6.32 的数字低通滤波器设计。

1. 利用无限精度和级联型实现，画出这个已设计的滤波器对数幅度和相位响应。采用两行一列的子图。

2. 将级联型系数量化到 4 位十进制数（舍入），画出所得滤波器的对数幅度和相位响应。采用两行一列的子图。

3. 将级联型系数量化到 3 位十进制数（舍入），画出所得滤波器的对数幅度和相位响应。采用两行一列的子图。

4. 对以上三部分的图作出讨论，并与习题 P6.32 相对应的图作比较。

P6.34 有一个长度为 32 的线性相位带通滤波器满足阻带 60dB 的衰减要求，下阻带边缘为 $\omega_{s_1} = 0.2\pi$，上阻带边缘为 $\omega_{s_2} = 0.8\pi$。该滤波器可以采用下面的 MATLAB 脚本实现：

```
ws1 = 0.2 * pi; ws2 = 0.8 * pi; As = 60;
M = 32; Df = 0.2115;
fp1 = ws1/pi + Df; fp2 = ws2/pi - Df;
h = firpm(M - 1, [0, ws1/pi, fp1, fp2, ws2/pi, 1], [0, 0, 1, 1, 1, 0, 0]);
```

滤波器系数冲激响应 $h(n)$ 采用数组 h 表示，可以看成是无限精度数。

1. 利用无限精度画出这个已设计好的滤波器对数幅度和幅度响应。采用两行一列的子图。

2. 将直接型系数量化到 4 位十进制数（舍入），画出所得滤波器的对数幅度和相位响应。采用两行一列的子图。

3. 将直接型系数量化到 3 位十进制数（舍入），画出所得滤波器的对数幅度和相位响应。采用两行一列的子图。

4. 对以上三部分图作出讨论。

5. 基于这个习题的结果，确定为了表示 FIR 直接型实现，实际上需要多少有效位（不是十进制）。

P6.35 示于图 P6.8 的这个数字滤波器结构是两个并联节的级联，并对应于一个 10 阶的 IIR 数字滤波器系统函数为

$$H(z) = \frac{1 - 2.2z^{-2} + 1.6368z^{-4} - 0.48928z^{-6} + 5395456 \times 10^{-8} z^{-8} - 147456 \times 10^{-8} z^{-10}}{1 - 1.65z^{-2} + 0.8778z^{-4} - 0.17281z^{-6} + 1057221 \times 10^{-8} z^{-8} - 893025 \times 10^{-10} z^{-10}}$$

1. 由于在标注上的误差，在这个结构中，乘法器系数中的两个（舍入到 4 位十进制数）有不正确的值，试找出这两个乘法器并确定它们的正确值。

2. 单凭直观观察这个系数函数 $H(z)$ 的极点位置，应该明白上面结构对系数量化是灵敏的。按你的看法提出合理依据，建议另一种结构，它对系数量化具有最小灵敏度。

P6.36 有一个带阻数字滤波器满足下列要求：

$$0.95 \leqslant |H(e^{j\omega})| \leqslant 1.05, \qquad 0 \leqslant |\omega| \leqslant 0.25\pi$$
$$0 \leqslant |H(e^{j\omega})| \leqslant 0.01, \quad 0.35\pi \leqslant |\omega| \leqslant 0.65\pi$$
$$0.95 \leqslant |H(e^{j\omega})| \leqslant 1.05, \quad 0.75 \leqslant |\omega| \leqslant \pi$$

能够采用下面的 MATLAB 脚本实现：

```
wp = [0.25, 0.75]; ws = [0.35, 0.65]; delta1 = 0.05; delta2 = 0.01;
[Rp, As] = delta2db(delta1, delta2);
[N, wn] = cheb2ord(wp, ws, Rp, As);
[b,a] = cheby2(N, As, wn, 'stop');
```

滤波器系数 b_k 和 a_k 分别采用数组 b 和 a 表示,可以看成是无限精度数。

1. 利用无限精度给出已设计滤波器的对数幅度响应图和零极点图。

2. 假定为直接型结构和滤波器系数的 12 位表示,给出已设计滤波器的对数幅度响应图和零极点图。利用 Qcoeff 函数。

3. 假定为级联型结构和滤波器系数的 12 位表示,给出已设计滤波器的对数幅度响应图和零极点图。利用 Qcoeff 函数。

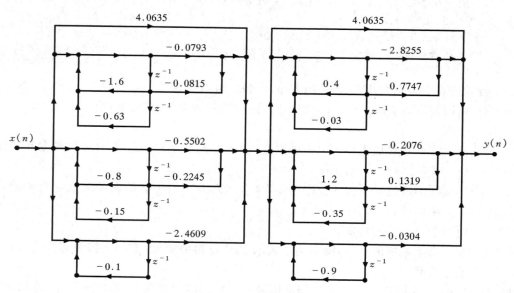

图 P6.8 习题 P6.35 的结构

P6.37 有一低通滤波器满足下列特性要求:

$$通带边缘:0.4\pi, \quad R_p = 0.5\text{dB}$$
$$阻带边缘:0.6\pi, \quad A_s = 50\text{dB}$$

能够采用下面的 MATLAB 脚本实现:

```
wp = 0.4; ws = 0.6; Rp = 0.5; As = 50;
[N, wn] = buttord(wp, ws, Rp, As);
[b,a] = butter(N, wn);
```

滤波器系数 b_k 和 a_k 分别采用数组 b 和 a 表示,可以看成是无限精度数。

1. 利用无限精度给出已设计滤波器的幅度响应图和零极点图。

2. 假定为直接型结构和滤波器系数的 10 位表示,给出已设计滤波器的幅度响应图和零极点图。利用 Qcoeff 函数。

3. 假定为级联型结构和滤波器系数的 10 位表示,给出已设计滤波器的幅度响应图和零极点图。利用 Qcoeff 函数。

P6.38 有一 IIR 高通滤波器满足下列特性要求:

$$阻带边缘:0.4\pi, \quad A_s = 60\text{dB}$$

$$通带边缘:0.6\pi, \quad R_p = 0.5\text{dB}$$

能够采用下面的 MATLAB 脚本实现:

```
wp = 0.6; ws = 0.4; Rp = 0.5; As = 60;
[N, wn] = ellipord(wp, ws, Rp, As);
[b,a] = ellip(N, Rp, As, wn, 'high');
```

滤波器系数 b_k 和 a_k 分别采用数组 b 和 a 表示,可以看成是无限精度数。

1. 利用无限精度给出已设计滤波器的幅度响应和零极点图。
2. 假定为直接型结构和滤波器系数的 10 位表示,给出已设计滤波器的幅度响应图和零极点图。利用 Qcoeff 函数。
3. 假定为并联型结构和滤波器系数的 10 位表示,给出已设计滤波器的幅度响应图和零极点图。利用 Qcoeff 函数。

P6.39 有一个线性相位 FIR 带阻滤波器,其特性要求为

$$
\begin{aligned}
下阻带边缘:0.4\pi \\
上阻带边缘:0.6\pi
\end{aligned} \quad A_s = 50\text{dB}
$$

$$
\begin{aligned}
下通带边缘:0.3\pi \\
上通带边缘:0.7\pi
\end{aligned} \quad R_p = 0.2\text{dB}
$$

能够采用下面的 MATLAB 脚本实现:

```
wp1 = 0.3; ws1 = 0.4; ws2 = 0.6; wp2 = 0.7; Rp = 0.2; As = 50;
[delta1, delta2] = db2delta(Rp, As);
b = firpm(44, [0, wp1, ws1, ws2, wp2, 1], [1, 1, 0, 0, 1, 1],...
    [delta2/delta1, 1, delta2/delta1]);
```

滤波器系数冲激响 $h(n)$ 采用数组 b 表示,可以看成是无限精度数。

P6.40 有一个线性相移 FIR 带通数字滤波器,它满足下列特性要求:

$$0 \leqslant |H(e^{j\omega})| \leqslant 0.01, \qquad 0 \leqslant \omega \leqslant 0.25\pi$$

$$0.95 \leqslant |H(e^{j\omega})| \leqslant 1.05, \quad 0.35\pi \leqslant \omega \leqslant 0.65\pi$$

$$0 \leqslant |H(e^{j\omega})| \leqslant 0.01, \quad 0.75\pi \leqslant \omega \leqslant \pi$$

能够采用下面的 MATLAB 脚本实现:

```
ws1 = 0.25; wp1 = 0,35; wp2 = 0.65; ws2 = 0.75;
deltal = 0.05; delta2 = 0.01;
b = firpm(40, [0, ws1, wp1, wp2, ws2, 1], [0, 0, 1, 1, 0, 0],...
    [1,delta2/delta1, 1]);
```

滤波器系数冲激响应 $h(n)$ 采用数组 b 表示,可以看成是无限精度数。

FIR 滤波器设计

7

现在我们开始要把注意力转到给定技术要求设计系统的逆问题中来。这是一个重要的问题,同时也是一个困难的问题。在数字信号处理中有两类重要的系统。其中第一类是在时域完成信号过滤,因而称为数字滤波器;第二类是给出在频域的信号解释(表示),因而称为频谱分析器(或仪)。在第 5 章曾讨论过利用 DFT 的信号表示。在这一章以及下一章要研究 FIR 和 IIR 滤波器的几种基本设计算法。这些设计方法大多数都属于频率选择型的,也就是说,主要设计多频带的低通、高通、带通和带阻滤波器。在 FIR 滤波器设计中,也将考虑像微分器或希尔伯特变换器这样的系统,尽管这都不属于频率选择性滤波器,不过遵循的是已考虑过的设计技术。基于任意频域要求的更加复杂的滤波器设计所需要的一些工具已超出本书的范围。

首先从有关设计基本思想和设计技术要求的一些基本知识入手,这些对于 FIR 和 IIR 滤波器设计都是适用的。然后在本章余下部分研究 FIR 滤波器的设计算法。第 8 章将对 IIR 滤波器给出一个类似的处置。

7.1 预备知识

一个数字滤波器的设计分三步完成:

* 技术要求:在设计滤波器之前,必须要有某些技术要求。这些技术要求是由用途决定的。

* 近似:一旦技术要求确定之后,就要用已学过的各种概念和数学提供一种滤波器的表述,它接近于所给出的一组技术要求。这一步是属于滤波器设计的范畴。

* 实现:上面一步的结果是一个滤波器的表述,它可能是一个差分方程的形式,或者是某一系统函数 $H(z)$,或者是某一脉冲响应 $h(n)$。依据这个表述要用硬件实现这个滤波器,或者如同在第 6 章所讨论的在一台计算机上通过软件实现。

在这一章和下一章都仅仅详细讨论第二步,也即将技术要求转换为一种滤波器表述。

在很多应用中,如像语音或音频信号处理中,数字滤波器是被用作实现频率选择性功能的。因此,技术要求都是在频域通过这个滤波器的期望幅度和相位响应给出的。一般来说,在通带有一个线性相位是很希望有的。在 FIR 滤波器情况下,正如在第 6 章已经知道的,有可能具有真正的线性相位。在 IIR 滤波器情况下,在通带内具有线性相位是不可能实现的,因此仅考虑幅度上的要求。

幅度要求常用两种方式给出。第一种称为绝对(指标)要求,它对幅度响应函数 $|H(e^{j\omega})|$ 给出一组要求。这些技术要求一般都用在 FIR 滤波器上。IIR 滤波器的指标给出稍有些不

同,这将在第 8 章讨论。第二种称为相对(指标)要求,它以分贝(dB)形式给出如下:

$$\text{dB scale} = -20\log_{10} \frac{\mid H(e^{j\omega}) \mid}{\mid H(e^{j\omega}) \mid_{\max}} \geqslant 0$$

这是在实际中最为通用的一种方式,并且对 FIR 和 IIR 滤波器都适用。为了说明这些技术要求,现用一个低通滤波器设计作为例子。

7.1.1　绝对(指标)要求

一典型的低通滤波器的绝对技术要求如图 7.1(a)所示。

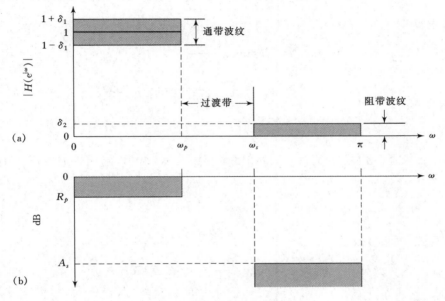

图 7.1　FIR 滤波器的指标要求
(a) 绝对的;(b) 相对的

其中
- 频带 $[0, \omega_p]$ 称为通带,δ_1 是在理想通带响应上可以接受的容度(或波纹)。
- 频带 $[\omega_s, \pi]$ 称为阻带,δ_2 是相应的容度(或波纹)。
- 频带 $[\omega_p, \omega_s]$ 称为过渡带,在这个频带内幅度响应不作要求。

7.1.2　相对(DB)指标要求

一典型的低通滤波器的相对指标要求如图 7.1(b)所示。其中
- R_p 是以 dB 计的通带波纹。
- A_s 是以 dB 计的阻带衰减。

上面给出的两组指标要求的参数显然是有关系的。因为在绝对指标中 $\mid H(e^{j\omega}) \mid_{\max}$ 是等于 $(1+\delta_1)$,所以有

$$R_p = -20\log_{10} \frac{1-\delta_1}{1+\delta_1} > 0(\approx 0) \tag{7.1}$$

和

$$A_s = -20\log_{10}\frac{\delta_2}{1+\delta_1} > 0 (\gg 1) \tag{7.2}$$

例题 7.1 在某一滤波器的技术要求中,通带波纹是 0.25dB 和阻带衰减是 50dB,求 δ_1 和 δ_2。

题解

由(7.1)式得出

$$R_p = 0.25 = -20\log_{10}\frac{1-\delta_1}{1+\delta_1} \Rightarrow \delta_1 = 0.0144$$

由(7.2)式求得

$$A_s = 50 = -20\log_{10}\frac{\delta_2}{1+\delta_1}$$

$$= -20\log_{10}\frac{\delta_2}{1+0.0144} \Rightarrow \delta_2 = 0.0032$$

∎

例题 7.2 已知通带内容度 $\delta_1 = 0.01$,和阻带容度 $\delta_2 = 0.001$,求通带波纹 R_p 和阻带衰减 A_s。

题解

由(7.1)式,通带波纹是

$$R_p = -20\log_{10}\frac{1-\delta_1}{1+\delta_1} = 0.1737\text{dB}$$

和由(7.2)式,阻带衰减是

$$A_s = -20\log_{10}\frac{\delta_2}{1+\delta_1} = 60\text{dB}$$

∎

习题 P7.1 要建立 MATLAB 函数用于将一组特性数据转换为另一组数据。

上面这些技术要求是对低通滤波器给出的,对其他类型的频率选择性滤波器(如高通或带通)也能给出类似的要求。然而,最重要的设计参数是频带容度(或波纹)和频带边缘频率。至于所给出的频带是否是一个通带还是一个阻带,这是一个相当次要的问题。因此,在讨论设计方法时将集中在低通滤波器上。下一章还要讨论如何将一个低通滤波器变换到其他类型的频率选择性滤波器。因此,这使得对低通滤波器研究设计方法更有意义,以便对这些方法能作出比较。然而,也会给出其他类型滤波器的例子。根据这一讨论,我们的设计目标如下所述。

问题陈述 设计一个低通滤波器(也就是求出它的系统函数 $H(z)$,或者它的差分方程),它具有一个通带 $[0, \omega_p]$,通带内容度为 δ_1(或以 dB 计为 R_p),和一个阻带 $[\omega_s, \pi]$,阻带内容度为 δ_2(或以 dB 计为 A_s)。

这一章将集中讨论 FIR 数字滤波器的设计和近似问题。这些滤波器有几个设计和实现方面的优势:

(1) 相位响应可以是真正线性的。

(2) 由于不存在稳定性问题,所以设计相对容易。

(3) 在实现上是高效的。

(4) 在实现中可以用 DFT。

正如第 6 章曾讨论过的,一般来说感兴趣的是线性相位的频率选择性 FIR 滤波器。线性相位响应的优点是:

(1) 设计问题中仅有实数运算而没有复数运算。

(2) 线性相位滤波器没有延时失真,仅有某一固定时延。

(3) 对于长为 M(或 $M-1$ 阶)的滤波器,其运算次数具有 $M/2$ 量级,这如同在线性相位滤波器实现中讨论过的。

本章首先从讨论线性相位 FIR 滤波器的性质入手,这些性质在设计算法中是需要的。然后讨论三种设计方法,即窗口设计法、频率采样设计法和线性相位 FIR 滤波器的最优等波纹设计法。

7.2 线性相位 FIR 滤波器的性质

这一节要讨论线性相位 FIR 滤波器的脉冲和频率响应的形状,以及系统函数零点的位置。设 $h(n),0 \leqslant n \leqslant M-1$,是长度为 M 的脉冲响应,那么系统函数是

$$H(z) = \sum_{n=0}^{M-1} h(n) z^{-n}$$

$$= z^{-(M-1)} \sum_{n=0}^{M-1} h(n) z^{M-1-n}$$

这里在原点 $z=0$ 有 $(M-1)$ 个极点(无关重要的极点)和在 z 平面位于其他某个地方的 $(M-1)$ 个零点。频率响应函数是

$$H(e^{j\omega}) = \sum_{n=0}^{M-1} h(n) e^{-j\omega n}, \quad -\pi < \omega \leqslant \pi$$

现在要讨论在附加线性相位限制之后,$h(n)$ 和 $H(e^{j\omega})$ 形状上的特殊要求,以及在 $(M-1)$ 个零点位置上的特殊要求。

7.2.1 脉冲响应 h(n)

加上线性相位条件

$$\angle H(e^{j\omega}) = -\alpha\omega, \quad -\pi < \omega \leqslant \pi$$

这里 α 是一个恒定相位延迟。那么,由第 6 章知道 $h(n)$ 必须是对称的,也即

$$h(n) = h(M-1-n), \quad 0 \leqslant n \leqslant (M-1) \text{ 和 } \alpha = \frac{M-1}{2} \tag{7.3}$$

因此,$h(n)$ 关于 α 对称,α 是对称中心。存在有两种可能的对称类型:

- M 为奇:这时 $\alpha = (M-1)/2$ 是一个整数,脉冲响应如下图所示。

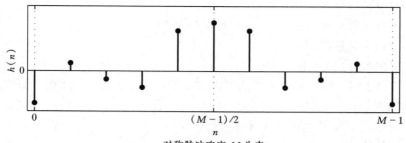

对称脉冲响应 M 为奇

- M 为偶：这时 $\alpha = (M-1)/2$ 不是一个整数，脉冲响应如下图所示。

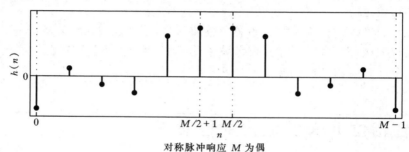

对称脉冲响应 M 为偶

如果要求相位响应 $\angle H(e^{j\omega})$ 满足下面条件

$$\angle H(e^{j\omega}) = \beta - \alpha\omega$$

也可以有第二种类型的"线性相位"FIR 滤波器。这个相位响应是一条不通过原点的直线，这时 α 不是一个恒定的相位延迟，但是

$$\frac{d\angle H(e^{j\omega})}{d\omega} = -\alpha$$

是一个常数，它是群时延。因此 α 称为恒定群时延。在这种情况下，作为一群频率以某一恒定速率被延迟。但是某些频率可能延迟多一些，而另一些则可能延迟少一些。对于这类线性相位可以证明

$$h(n) = -h(M-1-n), \quad 0 \leqslant n \leqslant (M-1); \quad \alpha = \frac{M-1}{2}, \quad \beta = \pm\frac{\pi}{2} \tag{7.4}$$

这意味着脉冲响应 $h(n)$ 是反对称的，对称中心仍然是 $\alpha = (M-1)/2$。同样也有两种可能的类型，一种是当 M 为奇数时，另一种是当 M 为偶数时。

- M 为奇：这时 $\alpha = (M-1)/2$ 是整数，脉冲响应如下图所示。

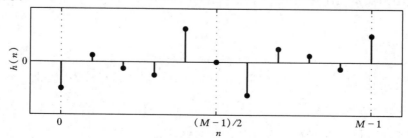

反对称脉冲响应：M 为奇

值得提及的是，在 $\alpha = (M-1)/2$ 的样本 $h(\alpha)$ 必须一定要等于零，即 $h((M-1)/2) = 0$。

- M 为偶:这时 $\alpha = (M-1)/2$ 不是一个整数,脉冲响应如下图所示。

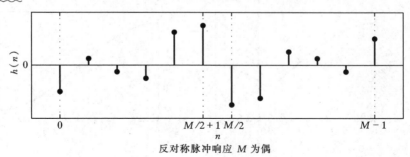

反对称脉冲响应 M 为偶

7.2.2　频率响应 H($e^{j\omega}$)

当在 M 为奇和偶数下结合对称和反对称的情况,就得到四种类型的线性相位 FIR 滤波器。对其中每种类型其频率响应函数都有某种特有的表达式和独特的形状。为了研究这些响应,特将 $H(e^{j\omega})$ 写成

$$H(e^{j\omega}) = H_r(\omega)e^{j(\beta-\alpha\omega)}; \quad \beta = \pm\frac{\pi}{2}, \quad \alpha = \frac{M-1}{2} \tag{7.5}$$

式中 $H_r(\omega)$ 是振幅(amplitude)响应函数,而不是一个幅度(magnitude)(或称幅值,指的是模——译者注)响应函数。这个振幅响应是一个实函数,但不像幅度响应总是正的,振幅响应可以是正的,也可以是负的实数。与幅度响应有关的相位响应是一个不连续性函数,而与振幅响应有关的相位响应则是一个连续线性函数。为了说明这两种类型响应之间的差别,现考虑下面例子。

例题 7.3　设脉冲响应为 $h(n) = \{1,\underset{\uparrow}{1},1\}$,求出并画出频率响应。

题解

频率响应函数是

$$H(e^{j\omega}) = \sum_0^2 h(n)e^{j\omega n} = 1 + 1e^{-j\omega} + e^{-j2\omega} = \{e^{j\omega} + 1 + e^{-j\omega}\}e^{-j\omega}$$

$$= \{1 + 2\cos\omega\}e^{-j\omega}$$

由此,幅度和相位响应是

$$|H(e^{j\omega})| = |1 + 2\cos\omega|, \quad 0 < \omega \leqslant \pi$$

$$\angle H(e^{j\omega}) = \begin{cases} -\omega, & 0 < \omega < 2\pi/3 \\ \pi - \omega, & 2\pi/3 < \omega < \pi \end{cases}$$

因为 $\cos\omega$ 是既可为正,也可以为负。在这种情况下,相位响应是分段线性的。另一方面,振幅及其相应的相位响应是

$$H_r(\omega) = 1 + 2\cos\omega,$$
$$\angle H(e^{j\omega}) = -\omega, \quad -\pi < \omega \leqslant \pi$$

这时相位响应是完全线性的。这些响应示于图 7.2 中。从这个例子应该明白幅度和振幅(或

分段线性和线性相位)响应之间的差别。

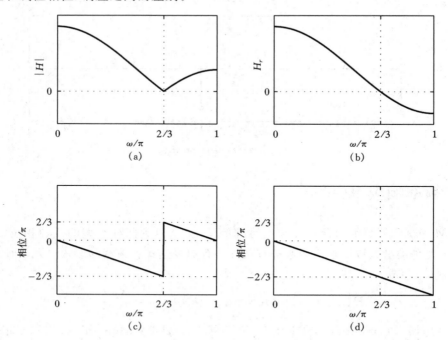

图 7.2 例题 7.3 中的频率响应

（a）幅度响应；（b）振幅响应；（c）分段线性相位响应；（d）线性相位响应

■

Ⅰ类线性相位 FIR 滤波器：对称脉冲响应，M 为奇数。

在这种情况下，$\beta=0$，$\alpha=(M-1)/2$ 是一个整数，和 $h(n)=h(M-1-n)$，$0\leqslant n\leqslant M-1$。那么可以证明（见习题 P7.2）

$$H(\mathrm{e}^{\mathrm{j}\omega})=\Big[\sum_{n=0}^{(M-1)/2}a(n)\cos\omega n\Big]\mathrm{e}^{-\mathrm{j}\omega(M-1)/2} \tag{7.6}$$

式中 $a(n)$ 由 $h(n)$ 求得为

$$\begin{aligned} a(0)&=h\Big(\frac{M-1}{2}\Big)\text{（中间样本）}\\ a(n)&=2h\Big(\frac{M-1}{2}-n\Big),\ 1\leqslant n\leqslant\frac{M-3}{2} \end{aligned} \tag{7.7}$$

将(7.5)式与(7.6)式比较后有

$$H_r(\omega)=\sum_{n=0}^{(M-1)/2}a(n)\cos\omega n \tag{7.8}$$

Ⅱ类线性相位 FIR 滤波器：对称脉冲响应，M 为偶数。

在这种情况下，还是 $\beta=0$，$h(n)=h(M-1-n)$，$0\leqslant n\leqslant M-1$，但 $\alpha=(M-1)/2$ 不是一个整数。那么可以证明（见习题 P7.3）

$$H(\mathrm{e}^{\mathrm{j}\omega})=\Big[\sum_{n=1}^{M/2}b(n)\cos\Big\{\omega\Big(n-\frac{1}{2}\Big)\Big\}\Big]\mathrm{e}^{-\mathrm{j}\omega(M-1)/2} \tag{7.9}$$

式中

$$b(n) = 2h\left(\frac{M}{2} - n\right), \quad n = 1, 2, \cdots, \frac{M}{2} \tag{7.10}$$

因此，

$$H_r(\omega) = \sum_{n=1}^{M/2} b(n)\cos\left\{\omega\left(n - \frac{1}{2}\right)\right\} \tag{7.11}$$

注意： 在 $\omega = \pi$ 得到

$$H_r(\pi) = \sum_{n=1}^{M/2} b(n)\cos\left\{\pi\left(n - \frac{1}{2}\right)\right\} = 0$$

而无论 $b(n)$ 或 $h(n)$ 为多少。所以对于高通或带阻滤波器不能采用这种类型（即对称 $h(n)$，M 为偶）。

　　<u>Ⅲ类线性相位 FIR 滤波器</u>：反对称脉冲响应，M 为奇数。

　　在这种情况下，$\beta = \pi/2$，$\alpha = (M-1)/2$ 是一个整数。$h(n) = -h(M-1-n)$，$0 \leqslant n \leqslant M-1$，和 $h((M-1)/2) = 0$。那么可以证明（见习题 P7.4）

$$H(e^{j\omega}) = \left[\sum_{n=1}^{(M-1)/2} c(n)\sin\omega n\right] e^{j\left[\frac{\pi}{2} - \left(\frac{M-1}{2}\right)\omega\right]} \tag{7.12}$$

式中

$$c(n) = 2h\left(\frac{M-1}{2} - n\right), \quad n = 1, 2, \cdots, \frac{M-1}{2} \tag{7.13}$$

和

$$H_r(\omega) = \sum_{n=1}^{(M-1)/2} c(n)\sin\omega n \tag{7.14}$$

　　注意： $\omega = 0$ 和 $\omega = \pi$ 都有 $H_r(\omega) = 0$ 而无论 $c(n)$ 或 $h(n)$ 是什么。再者 $e^{j\pi/2} = j$，这意味着 $jH_r(\omega)$ 是纯虚数。因此这类滤波器不适合用于设计一个低通滤波器或一个高通滤波器。然而，这种特性行为非常适合于用作近似一个理想的希尔伯特变换器和微分器。一个理想希尔伯特变换器[79]是一个全通滤波器，它在输入信号上作 90°相移。在通信系统中为了调制需要常常会用到它。微分器用于许多模拟和数字系统中提取信号的导数。

　　<u>Ⅳ类线性相位 FIR 滤波器</u>：反对称脉冲响应，M 为偶数。

　　这类情况与Ⅱ类相类似，有（见习题 P7.5）

$$H(e^{j\omega}) = \left[\sum_{n=1}^{M/2} d(n)\sin\left\{\omega\left(n - \frac{1}{2}\right)\right\}\right] e^{j\left[\frac{\pi}{2} - \omega(M-1)/2\right]} \tag{7.15}$$

式中

$$d(n) = 2h\left(\frac{M}{2} - n\right), \quad n = 1, 2, \cdots, \frac{M}{2} \tag{7.16}$$

和

$$H_r(\omega) = \sum_{n=1}^{M/2} d(n)\sin\left\{\omega\left(n - \frac{1}{2}\right)\right\} \tag{7.17}$$

　　注意： 在 $\omega = 0$，$H_r(0) = 0$ 和 $e^{j\pi/2} = j$，因此这一类也是适合于用来设计数字希尔伯特变换器和微分器的。

7.2.3　MATLAB 实现

　　MATLAB 函数 freqz 计算出频率响应，由频率响应可以求出幅度响应，但不能从它确定振幅响应。现在 SP 工具箱提供函数 zerophase 能计算振幅响应。然而,可以很容易地写出简单的子程序对 4 种类型中的每一种计算振幅响应。现提供 4 种函数来完成这项任务。

1. **Hr_ type1**:

```
function [Hr,w,a,L] = Hr_Typel(h);
% Computes Amplitude response Hr(w) of a Type - 1 LP FIR filter
% ----------------------------------------------------------
% [Hr,w,a,L] = Hr_Typel(h)
% Hr = amplitude response
%  w = 500 frequencies between [0 pi] over which Hr is computed
%  a = Type - 1 LP filter coefficients
%  L = order of Hr
%  h = Type - 1 LP filter impulse response
%
M = length (h);  L = (M - 1)/2;
a = [h(L + 1) 2 * h(L: - 1:1) ]; % 1x (L + 1) row vector
n = [0:1:L];                     % (L + 1)x1 column vector
w = [0:1:500]' * pi/500; Hr = cos(w * n) * a';
```

2. **Hr_ type2**:

```
function [Hr,w,b,L] = Hr_Type2(h);
% Computes amplitude response of a Type - 2 LP FIR filter
% ----------------------------------------------------------
% [Hr,w,b,L] = Hr_Type2(h)
% Hr = amplitude response
%  w = frequencies between [0 pi] over which Hr is computed
%  b = type - 2 LP filter coefficients
%  L = Order of Hr
%  h = type - 2 LP impulse response
%
M = length(h);  L = M/2;
b = 2 * [h(L: - 1:1)];  n = [1:1:L]; n = n - 0.5;
w = [0:1:500]' * pi/500; Hr = cos(w * n) * b';
```

3. **Hr_ type3**:

```
function [Hr,w,c,L] = Hr_Type3(h);
% Computes Amplitude response Hr(w) of a Type - 3 LP FIR filter
% ----------------------------------------------------------
% [Hr,w,c,L] = Hr_Type3(h)
% Hr = amplitude response
%  w = frequencies between [0 pi] over which Hr is computed
%  c = type - 3 LP filter coefficients
```

```
%  L = Order of Hr
%  h = type-3 LP impulse response
%
M = length (h);  L = (M-1)/2;
c = [2 * h(L+1:-1:1)];  n = [0:1:L];
w = [0:1:500]' * pi/500; Hr = sin(w * n) * c';
```

4. Hr_type4：

```
function [Hr,w,d,L] = Hr_Type4(h);
% Computes Amplitude response of a Type-4 LP FIR filter
% --------------------------------------------------------------
% [Hr,w,d,L] = Hr_Type4(h)
% Hr = amplitude response
%  w = frequencies between [0 pi] over which Hr is computed
%  d = type-4 LP filter coefficients
%  L = order of d
%  h = type-4 LP impulse response
%
M = length(h);  L = M/2;
d = 2 * [h(L:-1:1)];  n = [1:1:L]; n = n-0.5;
w = [0:1:500]' * pi/500; Hr = sin(w * n) * d';
```

这四种函数可以组合成一个函数称为 ampl-res，这个函数能写成用于确定线性相位滤波器的类型，并实现合适的振幅响应表达式，这个问题将在习题P7.6中研究。有关这些函数的应用在例题 7.4 到例题 7.7 中讨论。

由 SP 工具箱提供的 zerophase 函数在使用上是类似于 freqz 函数的。调用[H_r,W,phi] = zerophase(b,a)将振幅响应返回到 H_r，它是在数组 W 中上半单位圆上的 512 个点求出的值，而连续相位响应则返回到 phi。因此这个函数既能用于 FIR 滤波器，也能用于 IIR 滤波器，也可以获得其他的一些调用。

7.2.4　零点位置

回想一下，一个 FIR 滤波器在原点有$(M-1)$个(无关紧要)极点和$(M-1)$个位于 z 平面某个地方的零点。对线性相位 FIR 滤波器来说，由于在 $h(n)$ 上施加的对称条件，这些零点也具有某些对称性。可以证明(见参考文献[79]和习题P7.7)，如果 $H(z)$ 有一个零点在

$$z = z_1 = re^{j\theta}$$

那么对于线性相位一定有一个零点在

$$z = \frac{1}{z_1} = \frac{1}{r} e^{-j\theta}$$

对于一个实值滤波器也知道，如果 z_1 是复数，那么一定有一个共轭的零点在 $z_1^* = re^{-j\theta}$；这意味着一定还有一个零点在 $1/z_1^* = (1/r)e^{j\theta}$。据此，一般的零点星座图是如下 4 个成一组的

$$re^{j\theta}, \frac{1}{r}e^{j\theta}, re^{-j\theta} \text{ 和 } \frac{1}{r}e^{-j\theta}$$

如图 7.3 所示。显然,若 $r=1$,那么 $1/r=1$,因此这些零点都在单位圆上并成对出现为

$$e^{j\theta} \text{ 和 } e^{-j\theta}$$

如果 $\theta=0$ 或 $\theta=\pi$,那么这些零点位于实轴线上,并成对出现为

$$r \text{ 和 } \frac{1}{r}$$

最后,若 $r=1$ 和 $\theta=0$ 或 $\theta=\pi$,那么这些零点不是在 $z=1$,就是在 $z=-1$。在实现含有线性相位节的级联型中要用到这些对称性。

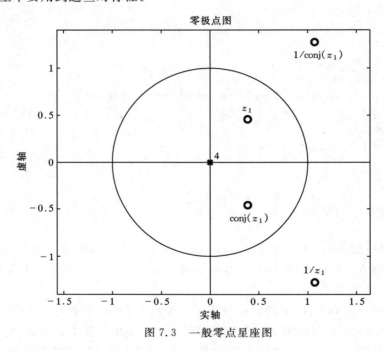

图 7.3 一般零点星座图

在以下的例题中将说明上面给出的线性相位 FIR 滤波器的性质。

例题 7.4 设 $h(n)=\{-4,1,-1,-2,5,6,5,-2,-1,1,-4\}$,求振幅响应 $H_r(\omega)$ 和 $H(z)$ 的零点位置。

题解

因为 $M=11$ 为奇数,又因为 $h(n)$ 是关于 $\alpha=(11-1)/2=5$ 对称,所以这属于 I 类线性相位 FIR 滤波器。由(7.7)式有

$$a(0)=h(\alpha)=h(5)=6, \quad a(1)=2h(5-1)=10, \quad a(2)=2h(5-2)=-4$$
$$a(3)=2h(5-3)=-2, \quad a(4)=2h(5-4)=2, \quad a(5)=2h(5-5)=-8$$

从(7.8)式可得出

$$H_r(\omega)=a(0)+a(1)\cos\omega+a(2)\cos2\omega+a(3)\cos3\omega+a(4)\cos4\omega+a(5)\cos5\omega$$
$$=6+10\cos\omega-4\cos2\omega-2\cos3\omega+2\cos4\omega-8\cos5\omega$$

　　MATLAB 脚本：

```
>> h = [-4,1,-1,-2,5,6,5,-2,-1,1,-4];
>> M = length(h); n = 0:M-1;
>> [Hr,w,a,L] = Hr_Typel(h);
>> a,L
a = 6     10     -4     -2     2     -8
L = 5
>> % plotting commands follow
```

有关特性的图和零点位置如图 7.4 所示。由这些图可见,无论是在 $\omega=0$ 还是在 $\omega=\pi$ 对 $H_r(\omega)$ 都不存在任何限制。有一个 4 个零点成一组的星座和 3 组零点对。

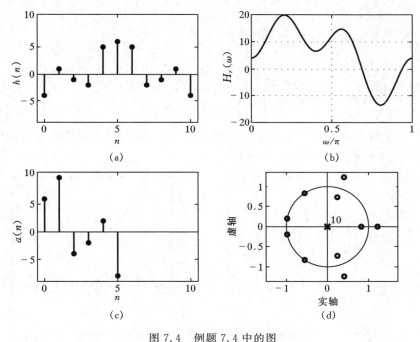

图 7.4　例题 7.4 中的图
(a) 脉冲响应；(b) Ⅰ 类振幅响应；(c) $a(n)$ 系数；(d) 零极点图

例题 7.5　设 $h(n)=\{-4,1,-1,-2,5,6,6,5,-2,-1,1,-4\}$,求振幅响应 $H_r(\omega)$ 和 $H(z)$ 的零点位置。

题解

　　因为 $M=12$ 和 $h(n)$ 是关于 $\alpha=(12-1)/2=5.5$ 对称,所以这是一个 Ⅱ 类线性相位 FIR 滤波器。由(7.10)式有

$$b(1) = 2h\left(\frac{12}{2}-1\right) = 12, \ b(2) = 2h\left(\frac{12}{2}-2\right) = 10, \ b(3) = 2h\left(\frac{12}{2}-3\right) = -4$$

$$b(4) = 2h(\frac{12}{2} - 4) = -2, \ b(5) = 2h(\frac{12}{2} - 5) = 2, \ b(6) = 2h(\frac{12}{2} - 6) = -8$$

因此从(7.11)式得到

$$H_r(\omega) = b(1)\cos[\omega(1 - \frac{1}{2})] + b(2)\cos[\omega(2 - \frac{1}{2})] + b(3)\cos[\omega(3 - \frac{1}{2})] +$$

$$b(4)\cos[\omega(4 - \frac{1}{2})] + b(5)\cos[\omega(5 - \frac{1}{2})] + b(6)\cos[\omega(6 - \frac{1}{2})]$$

$$= 12\cos(\frac{\omega}{2}) + 10\cos(\frac{3\omega}{2}) - 4\cos(\frac{5\omega}{2}) - 2\cos(\frac{7\omega}{2}) + 2\cos(\frac{9\omega}{2}) - 8\cos(\frac{11\omega}{2})$$

MATLAB 脚本：

```
>> h = [-4,1,-1,-2,5,6,6,5,-2,-1,1,-4];
>> M = length(h); n = 0:M-1;[Hr,w,a,L] = Hr_Type2(h);
>> b,L
b = 12     10      -4      -2      2      -8
L = 6
>> % plotting commands follow
```

有关的图和零点位置如图 7.5 所示。由这些图可见，在 $\omega = \pi$，$H_r(\omega)$ 是零。有一个 4 个零点成一组的星座，3 对零点对和一个在 $\omega = \pi$ 的零点。

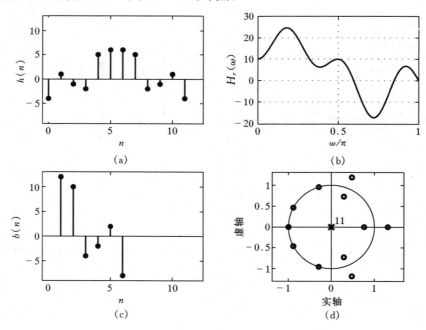

图 7.5　例题 7.5 中的图

(a) 脉冲响应；(b) Ⅱ类振幅响应；(c) $b(n)$ 系数；(d) 零极点图

例题 7.6 设 $h(n) = \{-4, 1, -1, -2, 5, 0, -5, 2, 1, -1, 4\}$,求振幅响应 $H_r(\omega)$ 和 $H(z)$ 的零点位置。

题解

因为 $M = 11$ 为奇数,而 $h(n)$ 是关于 $\alpha = (11-1)/2 = 5$ 反对称,所以这是一个 Ⅲ 类线性相位 FIR 滤波器。由(7.13)式有

$$c(0) = h(\alpha) = h(5) = 0, \quad c(1) = 2h(5-1) = 10, \quad c(2) = 2h(2-2) = -4$$
$$c(3) = 2h(5-3) = -2, \quad c(4) = 2h(5-4) = 2, \quad c(5) = 2h(5-5) = -8$$

从(7.14)式可得

$$H_r(\omega) = c(0) + c(1)\sin\omega + c(2)\sin2\omega + c(3)\sin3\omega + c(4)\sin4\omega + c(5)\sin5\omega$$
$$= 0 + 10\sin\omega - 4\sin2\omega - 2\sin3\omega + 2\sin4\omega - 8\sin5\omega$$

MATLAB 脚本:

```
>> h = [-4,1,-1,-2,5,0,-5,2,1,-1,4];
>> M = length(h); n = 0:M-1; [Hr,w,c,L] = Hr_Type3(h);
>> c,L
a = 0      10     -4      -2      2      -8
L = 5
>> % plotting commands follow
```

有关的图和零点位置如图 7.6 所示。从这些图可见,在 $\omega = 0$ 和 $\omega = \pi$,都有 $H_r(\omega) = 0$。有一个 4 个零点成一组的星座,2 对零点对和在 $\omega = 0$ 和 $\omega = \pi$ 处的零点。

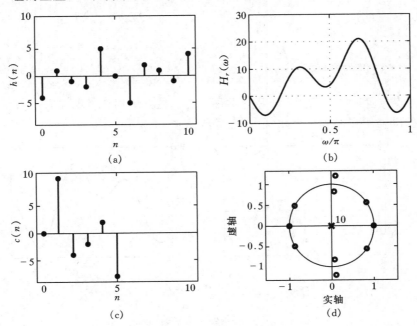

图 7.6 例题 7.6 中的图

(a) 脉冲响应;(b) Ⅲ 类振幅响应;(c) $c(n)$ 系数;(d) 零极点图

例题 7.7 设 $h(n)=\{-4,1,-1,-2,5,6,-6,-5,2,1,-1,4\}$，求振幅响应 $H_r(\omega)$ 和 $H(z)$ 的零点位置。

题解

因为 $M=12$ 和 $h(n)$ 是关于 $\alpha=(12-1)/2=5.5$ 反对称，所以这是一个 Ⅳ 类线性相位 FIR 滤波器。由(7.16)式有

$$d(1)=2h(\frac{12}{2}-1)=12,\ d(2)=2h(\frac{12}{2}-2)=10,\ d(3)=2h(\frac{12}{2}-3)=-4$$

$$d(4)=2h(\frac{12}{2}-4)=-2,\ d(5)=2h(\frac{12}{2}-5)=2,\ d(6)=2h(\frac{12}{2}-6)=-8$$

因此从(7.17)式可得

$$H_r(\omega)=d(1)\sin\left[\omega\left(1-\frac{1}{2}\right)\right]+d(2)\sin\left[\omega\left(2-\frac{1}{2}\right)\right]+d(3)\sin\left[\omega\left(3-\frac{1}{2}\right)\right]+$$

$$d(4)\sin\left[\omega\left(4-\frac{1}{2}\right)\right]+d(5)\sin\left[\omega\left(5-\frac{1}{2}\right)\right]+d(6)\sin\left[\omega\left(6-\frac{1}{2}\right)\right]$$

$$=12\sin\left(\frac{\omega}{2}\right)+10\sin\left(\frac{3\omega}{2}\right)-4\sin\left(\frac{5\omega}{2}\right)-2\sin\left(\frac{7\omega}{2}\right)+2\sin\left(\frac{9\omega}{2}\right)-8\sin\left(\frac{11\omega}{2}\right)$$

MATLAB 脚本：

```
>> h = [-4,1,-1,-2,5,6,-6,-5,2,1,-1,4];
>> M = length(h); n = 0:M-1; [Hr,w,d,L] = Hr_Type4(h);
>> b,L
d = 12    10    -4    -2    2    -8
L = 6
>> % plotting commands follow
```

有关的图和零点位置如图 7.7 所示。由这些图可见，在 $\omega=0$ 时 $H_r(\omega)$ 是零。有一个 4 个零点成一组的星座，3 对零点对和一个在 $\omega=0$ 的零点。

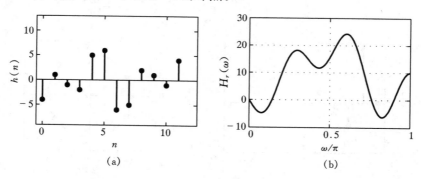

图 7.7 例题 7.7 中的图
(a) 脉冲响应；(b) Ⅳ类振幅响应

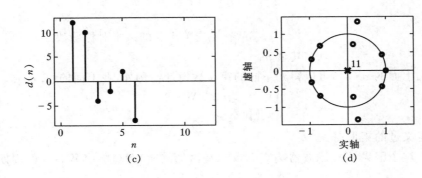

图 7.7 例题 7.7 中的图
(c) $d(n)$ 系数；(d) 零极点图

7.3 窗口设计法

窗口法设计的基本想法是要选取某一种合适的理想频率选择性滤波器(这种滤波器总是有一个非因果,无限长的脉冲响应),然后将它的脉冲响应截断(或加窗)以得到一个线性相位和因果的 FIR 滤波器。因此,这种方法的重点在于选择某种恰当的窗函数和一种合适的理想滤波器。现用 $H_d(e^{j\omega})$ 代表一理想频率选择性滤波器,它在整个通带内有单位幅度增益和线性相位特性,而在阻带内具有零响应。一理想带宽为 $\omega_c < \pi$ 的 LPF 由下式给出为

$$H_d(e^{j\omega}) = \begin{cases} 1e^{-j\alpha\omega}, & |\omega| \leqslant \omega_c \\ 0, & \omega_c < |\omega| \leqslant \pi \end{cases} \qquad (7.18)$$

其中 ω_c 也称为截止频率,α 称为样本延迟(注意,根据 DTFT 性质,$e^{-j\alpha\omega}$ 意味着在正 n 方向的移位或延迟)。这个滤波器的脉冲响应具有无限长,给出为

$$h_d(n) = \mathcal{F}^{-1}[H_d(e^{j\omega})] = \frac{1}{2\pi}\int_{-\pi}^{\pi} H_d(e^{j\omega})e^{j\omega n}\,d\omega \qquad (7.19)$$

$$= \frac{1}{2\pi}\int_{-\omega_c}^{\omega_c} 1e^{-j\alpha\omega}e^{j\omega n}\,d\omega$$

$$= \frac{\sin[\omega_c(n-\alpha)]}{\pi(n-\alpha)}$$

注意,$h_d(n)$ 是关于 α 对称的,这一点对线性相位 FIR 滤波器来说是有用的。

为了从 $h_d(n)$ 得到一个 FIR 滤波器必须在 $h_d(n)$ 两边将它截断。为了得到一个长度为 M 的因果且线性相位 FIR 滤波器 $h(n)$,就必须有

$$h(n) = \begin{cases} h_d(n), & 0 \leqslant n \leqslant M-1 \\ 0, & \text{其余 } n \end{cases} \quad \text{和} \quad \alpha = \frac{M-1}{2} \qquad (7.20)$$

这种运算称为"加窗"。一般来说,$h(n)$ 可当作是由 $h_d(n)$ 和某一窗函数 $w(n)$ 相乘而得到的,即

$$h(n) = h_d(n)w(n) \qquad (7.21)$$

其中

$$w(n) = \begin{cases} \text{在 } 0 \leqslant n \leqslant M-1 \text{ 内关于 } \alpha \text{ 的某个对称函数} \\ 0, \text{其余 } n \end{cases}$$

根据如何定义上面的 $w(n)$，可以得到不同的窗函数设计。例如,在上面的(7.20)式中

$$w(n) = \begin{cases} 1, 0 \leqslant n \leqslant M-1 \\ 0, \text{其余 } n \end{cases} = \mathcal{R}_M(n)$$

这就是早先定义过的矩形窗。

在频域中这个因果 FIR 滤波器响应 $H(e^{j\omega})$ 是由 $H_d(e^{j\omega})$ 和窗响应 $W(e^{j\omega})$ 的周期卷积给出的,即

$$H(e^{j\omega}) = H_d(e^{j\omega}) \circledast W(e^{j\omega}) = \frac{1}{2\pi}\int_{-\pi}^{\pi} W(e^{j\lambda}) H_d(e^{j(\omega-\lambda)}) \mathrm{d}\lambda \tag{7.22}$$

对于一个典型的窗响应,这如图 7.8 的图解表示所示,从这张图可有如下结果:

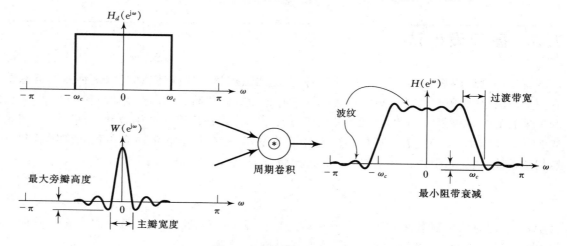

图 7.8　在频域的加窗运算

(1) 由于窗函数 $w(n)$ 有一个有限的长度等于 M,所以它的响应有一个峰值主瓣,其宽度正比于 $1/M$,并有较小高度的多个旁瓣。

(2) 周期卷积(7.22)式产生一个失真了的理想响应 $H_d(e^{j\omega})$ 的特性。

(3) 主瓣产生在 $H(e^{j\omega})$ 中一个过渡频带,主瓣宽度决定了过渡带的宽度。这个宽度正比于 $1/M$。主瓣愈宽,过渡带也愈宽。

(4) 旁瓣产生波纹,在通带和阻带波纹有相同的形状。

窗口法设计的基本思想　对于给定的滤波器技术要求,选择滤波器长度 M 和具有最窄主瓣宽度以及尽可能最小的旁瓣衰减的某个窗函数 $w(n)$。

从上面所观察到的 4 点结论可注意到,通带容度 δ_1 和阻带容度 δ_2 是不能独立给出的。一般仅满足 δ_2 的要求,再得出 $\delta_2 = \delta_1$。现在简要讨论一下各种熟知的窗函数,并利用矩形窗作为例子来研究频域中的各项性能指标。

7.3.1　矩形窗

这是一种最简单的窗函数,从阻带衰减的观点来看也是性能最差的一种。如先前所定义的

$$w(n) = \begin{cases} 1, & 0 \leqslant n \leqslant M-1 \\ 0, & \text{其余 } n \end{cases} \tag{7.23}$$

它的频率响应函数是

$$W(\mathrm{e}^{\mathrm{j}\omega}) = \left[\frac{\sin(\frac{\omega M}{2})}{\sin(\frac{\omega}{2})}\right]\mathrm{e}^{-\mathrm{j}\omega\frac{M-1}{2}} \Rightarrow W_r(\omega) = \frac{\sin(\frac{\omega M}{2})}{\sin(\frac{\omega}{2})}$$

这是窗的振幅响应。由(7.22)式真正的振幅响应 $H_r(\omega)$ 由下式给出:

$$H_r(\omega) \simeq \frac{1}{2\pi}\int_{-\pi}^{\omega+\omega_c} W_r(\lambda)\mathrm{d}\lambda = \frac{1}{2\pi}\int_{-\pi}^{\omega+\omega_c}\frac{\sin(\frac{\omega M}{2})}{\sin(\frac{\omega}{2})}\mathrm{d}\lambda, \ M \gg 1 \tag{7.24}$$

这表明在过渡带和阻带衰减的精确分析中,窗的振幅响应的连续积分(或累加的振幅响应)是必须的。图 7.9 示出矩形窗函数 $w(n)$,它的振幅响应 $W_r(\omega)$,以 dB 计的振幅响应和以 dB 计的累加振幅响应(7.24)式。从图 7.9 的观察可得出几点结论。

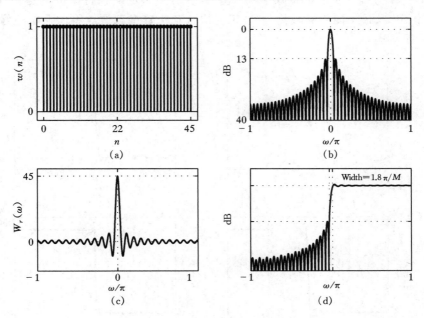

图 7.9　矩形窗 $M=45$

(a) 矩形窗:时域序列;(b) 振幅响应(dB);(c) 振幅响应(dB);(d) 累加振幅响应

(1) 振幅响应 $W_r(\omega)$ 在 $\omega=\omega_1$ 有第 1 个零值,此处

$$\frac{\omega_1 M}{2} = \pi \ \text{即} \ \omega_1 = \frac{2\pi}{M}$$

因此,主瓣宽度是 $2\omega_1=4\pi/M$,从而近似过渡带宽是 $4\pi/M$。

(2) 第一个旁瓣的幅度(也是峰值旁瓣幅度)近似在 $\omega=3\pi/M$ 处,并给出为

$$\left|W_r\left(\omega=\frac{3\pi}{M}\right)\right|=\left|\frac{\sin(\frac{3\pi}{2})}{\sin(\frac{3\pi}{2M})}\right|\simeq\frac{2M}{3\pi},\ M\gg1$$

将这个值与主瓣幅度(等于 M)比较,这个峰值旁瓣幅度是比主瓣幅度(0dB)低

$$\frac{2}{3\pi}=21.22\%\equiv13\text{dB}$$

(3) 累加振幅响应有第一个旁瓣幅度在 21dB,这就形成 21dB 的最小阻带衰减而与窗的宽度 M 无关。

(4) 利用最小阻带衰减,可将过渡带宽准确计算出,这就如在图 7.9 中累加振幅响应所指出的。这个计算出的真正过渡带宽是

$$\omega_s-\omega_p=\frac{1.8\pi}{M}$$

这大约是近似带宽 $4\pi/M$ 的一半。

很清楚,在时域这是一种简单的加窗运算,并且在频域也是一种容易分析的函数。然而,这里存在两个主要问题。首先,21dB 的最小阻带衰减在实际应用中是不够的。其次,矩形加窗是对这个无限长的 $h_d(n)$ 的一种直接截取,它遭受吉布斯现象(Gibbs phenomenon)的影响。如果增加 M,每个旁瓣的宽度都将减小,但是在每个旁瓣下的面积将保持不变。因此,旁瓣的相对幅度保持不变,最小阻带衰减仍为 21dB。这就意味着全部波纹将向通带边缘集束,如图 7.10 所示。

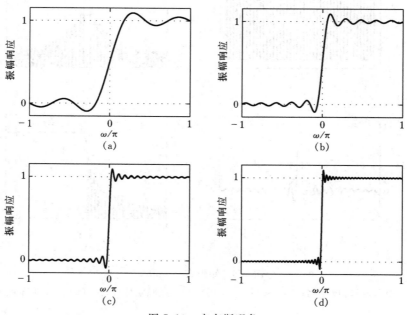

图 7.10 吉布斯现象

(a) $M=7$;(b) $M=21$;(c) $M=51$;(d) $M=101$

由于在很多应用中矩形窗是不实用的,需要考虑其他的窗函数,它们能提供一个固定的衰减量。其中很多都是以首次提出这些窗的那些人命名的。尽管这些窗函数也能以类似于矩形窗的方式给予分析,但是这里仅给出它们的 MATLAB 仿真结果。

7.3.2 巴特利特(BARTLETT)窗

由于 Gibbs 现象是由于矩形窗有一个突然的从 0 到 1(或从 1 到 0)的转移而造成的,所以 Bartlett 提出了一种较为渐进过渡的三角形窗,这个窗函数给出如下:

$$w(n) = \begin{cases} \dfrac{2n}{M-1}, & 0 \leqslant n \leqslant \dfrac{M-1}{2} \\[2mm] 2 - \dfrac{2n}{M-1}, & \dfrac{M-1}{2} \leqslant n \leqslant M-1 \\[2mm] 0, & \text{其余 } n \end{cases} \tag{7.25}$$

窗函数图及其频域响应如图 7.11 所示。

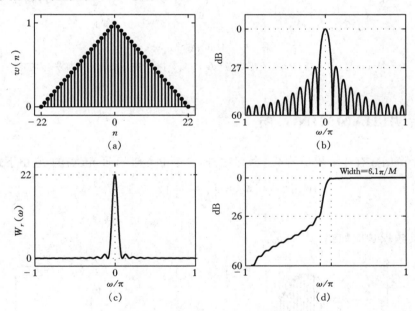

图 7.11 Bartlett 窗 $M=45$

(a) Bartlett(三角形)窗:$M=45$;(b) 振幅响应(dB);(c) 振幅响应;(d) 累加振幅响应

7.3.3 汉宁(HANN)窗

这是一个升余弦的窗函数,给出为

$$w(n) = \begin{cases} 0.5\left[1 - \cos\left(\dfrac{2\pi n}{M-1}\right)\right], & 0 \leqslant n \leqslant M-1 \\[2mm] 0, & \text{其余 } n \end{cases} \tag{7.26}$$

窗函数及其频域响应如图 7.12 所示。

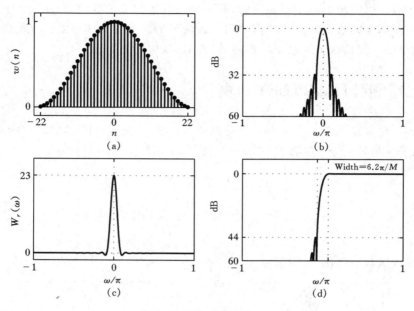

图 7.12 Hann 窗 $M=45$

(a) Hann 窗: $M=45$；(b) 振幅响应(dB)；(c) 振幅响应；(d) 累加振幅响应

7.3.4 哈明(HAMMING)窗

除了这个窗函数有一个较小的不连续量之外,它是很类似于 Hann 窗的,它由下式给出:

$$w(n) = \begin{cases} 0.54 - 0.46\cos\left(\dfrac{2\pi n}{M-1}\right), & 0 \leqslant n \leqslant M-1 \\ 0, & \text{其余 } n \end{cases} \tag{7.27}$$

窗函数图及其频域响应如图 7.13 所示。

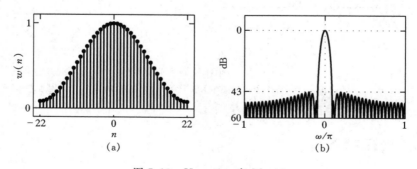

图 7.13 Hamming 窗 $M=45$

(a) Hamming 窗: $M=45$；(b) 振幅响应(dB)

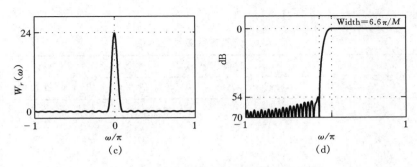

图 7.13　(c) 振幅响应；(d) 累加振幅响应

7.3.5　布莱克曼(BLACKMAN)窗

这个窗函数和前面两个窗函数也是很类似的，只是含有二次谐波项，它给出为

$$w(n) = \begin{cases} 0.42 - 0.5\cos(\dfrac{2\pi n}{M-1}) + 0.08\cos(\dfrac{4\pi n}{M-1}), & 0 \leqslant n \leqslant M-1 \\ 0, & \text{其余 } n \end{cases} \tag{7.28}$$

窗函数图及其频域响应如图 7.14 所示。

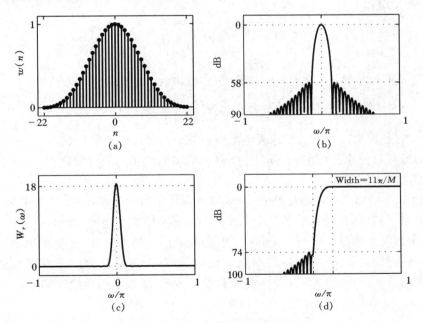

图 7.14　Blackman 窗 $M=45$

(a) Blackman 窗：$M=45$；(b) 振幅响应(dB)；(c) 振幅响应；(d) 累加振幅响应

在表 7.1 中，通过利用过渡带宽(作为 M 的函数)和以 dB 计的最小阻带衰减综合列出各种窗函数的性能，表中既给出了近似的过渡带宽，也给出了准确的值。可以注意到，表中是以过渡带宽和阻带衰减递增为次序列出来的。对于许多应用来说，似乎 Hamming 窗是最佳的

选择。

表 7.1 常用窗函数性能小结

窗函数名	过渡带宽 $\Delta\omega$		最小阻带衰减
	近似值	准确值	
矩形	$\dfrac{4\pi}{M}$	$\dfrac{1.8\pi}{M}$	21dB
Bartlett	$\dfrac{8\pi}{M}$	$\dfrac{6.1\pi}{M}$	25dB
Hann	$\dfrac{8\pi}{M}$	$\dfrac{6.2\pi}{M}$	44dB
Hamming	$\dfrac{8\pi}{M}$	$\dfrac{6.6\pi}{M}$	53dB
Blackman	$\dfrac{12\pi}{M}$	$\dfrac{11\pi}{M}$	74dB

7.3.6 凯泽(KAISER)窗

这是一种可以调整的窗函数,在实际中得到广泛应用。这个窗函数是由 J. F. Kaiser 提出来的,它由下式给出:

$$w(n) = \frac{I_0\left[\beta\sqrt{1-\left(1-\dfrac{2n}{M-1}\right)^2}\right]}{I_0[\beta]}, \quad 0 \leqslant n \leqslant M-1 \tag{7.29}$$

式中 $I_0[\,\cdot\,]$ 是修正的零阶贝塞尔(Bessel)函数,它给出为

$$I_0(x) = 1 + \sum_{k=0}^{\infty}\left[\frac{(x/2)^k}{k!}\right]^2$$

对全部实数 x,它是正的。参数 β 控制最小阻带衰减 A_s,而且对于接近最佳 A_s 可以将它选择成产生不同的过渡带。这种窗函数对同一个 M 值能够给出不同的过渡带宽,而这个正是其他的窗函数所不能的。例如:

(1) 若 $\beta = 5.658$,那么过渡带宽等于 $7.8\pi/M$ 和最小阻带衰减是 60dB,这如图 7.15 所示。

(2) 若 $\beta = 4.538$,那么过渡带宽等于 $5.8\pi/M$ 和最小阻带衰减是 50dB。

因此,这种窗函数的性能是可以与 Hamming 窗相匹敌的。另外,Kaiser 窗提供了可以变化的过渡带宽度。由于涉及贝塞尔(Bessel)函数的复杂性,这种窗函数的设计方程不是那么容易导出的。所幸的是 Kaiser 已经完成了一些经验设计式子,不加证明地给出如下。

已知 ω_p, ω_s, R_p 和 A_s,参数 M 和 β 给出为

$$过渡带带宽 = \Delta\omega = \omega_s - \omega_p \tag{7.30a}$$

$$滤波器长度\; M \sim \frac{A_s - 7.95}{2.285\Delta\omega} + 1 \tag{7.30b}$$

$$参数\; \beta = \begin{cases} 0.1102(A_s - 8.7), & A_s \geqslant 50 \\ 0.5842(A_s - 21)^{0.4} + 0.07886(A_s - 21), & 21 < A_s < 50 \end{cases} \tag{7.30c}$$

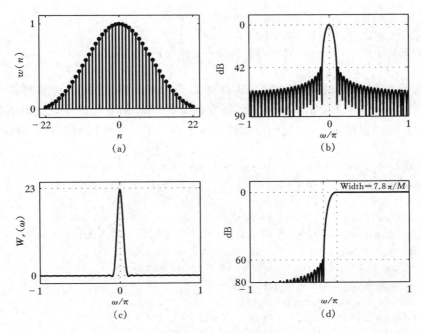

图 7.15 Kaiser 窗 $M=45, \beta=5.658$

（a）Kaiser 窗：$M=45$；（b）振幅响应(dB)；（c）振幅响应；（d）累加振幅响应

7.3.7 MATLAB 实现

MATLAB 提供了几个子程序用于实现本章讨论的这些窗函数,下面对这些子程序作简要介绍。

（1）w = boxcar(M)在数组 w 中产生 M 点的矩形窗函数。

（2）w = triang(M)在数组 w 中产生 M 点的 Bartlett(三角形)窗函数。

（3）w = hann(M)在数组 w 中产生 M 点的 Hann 窗函数。

（4）w = hamming(M)在数组 w 中产生 M 点的 Hamming 窗函数。

（5）w = blackman(M)在数组 w 中产生 M 点的 Blackman 窗函数。

（6）w = kaiser(M,beta)在数组 w 中产生 beta 值的 M 点矩形窗函数。

利用这些子程序就能用 MATLAB 设计基于窗函数法的 FIR 滤波器,当然也要求一个理想低通脉冲响应 $h_d(n)$。因此,有一个单一的子程序创建 $h_d(n)$ 是方便的,该程序如下给出。

```
function hd = ideal_lp(wc,M);
% Ideal lowPass filter computation
% ----------------------------
% [hd] = ideal lp(wc,M)
% hd = ideal impulse response between 0 to M-1
% wc = cutoff frequency in radians
%  M = length of the ideal filter
```

```
%
alpha = (M-1)/2; n = [0:1:(M-1)];
m = n - alpha; fc = wc/pi; hd = fc * sinc(fc * m)
```

为了展现数字滤波器的频域图,MATLAB 提供了 freqz 函数,这就是在前面各章中曾用到的。利用这个函数,已经开发出一种修正的版本称为 freqz_m,它能产生以绝对值的幅度响应以及相对 dB 标尺的幅度响应,相位响应和群时延响应。下一章要用到群时延响应。

```
function [db,mag,pha,grd,w] = freqz_m(b,a);
% Modified version of freqz subroutine
% -------------------------------------------
% [db,mag,pha,grd,w] = freqz_m(b,a);
%   db = Relative magnitude in dB computed over 0 to pi radians
%  mag = absolute magnitude computed over 0 to pi radians
%  pha = Phase response in radians over 0 to pi radians
%  grd = Group delay over 0 to pi radians
%    w = 501 frequency samples between 0 to pi radians
%    b = numerator polynomial of H(z) (for FIR: b = h)
%    a = denominator polynomial of H(z) (for FIR: a = [1])
%
[H,w] = freqz(b,a,1000,'whole'),
    H = (H(1:1:501))'; w = (w(1:1:501))';
  mag = abs(H);
   db = 20 * log10((mag + eps)/max(mag));
  pha = angle (H);
  grd = grpdelay (b, a,w);
```

7.3.8　设计举例

现在利用窗函数技术和 MATLAB 函数给出几个 FIR 滤波器设计的例子。

例题 7.8　设计一个数字 FIR 低通滤波器,其技术指标如下:

$$\omega_p = 0.2\pi, \ R_p = 0.25\text{dB}$$
$$\omega_s = 0.3\pi, \ A_s = 50\text{dB}$$

从表 7.1 中选取一种合适的窗函数。求脉冲响应并提供一张已设计好的滤波器的频率响应图。

题解

用 Hamming 和 Blackman 窗函数都能提供大于 50dB 的阻带衰减。现选用 Hamming 窗函数,它给出比较小的过渡带,因此有较低的阶。尽管在设计中没有用到通带波纹值 $R_p = 0.25\text{dB}$,但是还必须从这个设计中校核真正的波纹值,以证实波纹确实在给出的容度之内。这个设计步骤在下面 MATLAB 脚本中给出。

```
>> wp = 0.2 * pi; ws = 0.3 * pi; tr_width = ws - wp;
>> M = ceil(6.6 * pi/tr_width) + 1
M = 67
>> n = [0:1:M-1];
>> wc = (ws + wp)/2, % Ideal LPF cutoff frequency
>> hd = ideal_lp(wc,M);
>> w_ham = (hamming(M))';
>> h = hd .* w_ham;
>> [db,mag,pha,grd,w] = freqz_m(h, [1]); delta_w = 2 * pi/1000;
>> Rp = -(min(db(1:1:wp/delta_w+1)));   % Actual passband ripple
Rp = 0.0394
>> As = -round (max (db (ws/delta_w+1:1:501))) % Min Stopband attenuation
As = 52
% plotting commands follow
```

注意到,滤波器长度是 $M=67$,真正的阻带衰减是 52dB 以及真正的通带波纹是 0.0394dB。显然,通带波纹满足设计要求。竭力主张要事后确认通带波纹。时域和频域方面的图如图7.16所示。

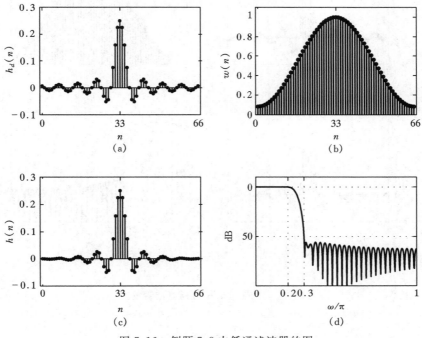

图 7.16　例题 7.8 中低通滤波器的图

(a) 理想脉冲响应；(b) Hamming 窗；(c) 实际脉冲响应；(d) 幅度响应(dB)

例题 7.9　对例题 7.8 给出的设计指标,选择 Kaiser 窗设计这个低通滤波器。

题解

设计步骤用下面 MATLAB 脚本给出。

```
>> wp = 0.2 * pi; ws = 0.3 * pi, As = 50; tr_width = ws − wp;
>> M = ceil((As − 7.95)/(2.285 * tr_width/) + 1) + 1
M = 61
>> n = [0:1:M − 1]; beta = 0.1102 * (As − 8.7)
beta = 4.5513
>> wc = (ws + wp)/2; hd = ideal_lp(wc,M);
>> w_kai = (kaiser(M , beta))'; h = hd . * w_kai;
>> [db,mag,pha,grd,w] = freqz_m(h, [1]); delta_w = 2 * pi/1000;
>> As = −round (max (db (ws/delta_w + 1:1:501))) % Min Stopband Attenuation
As = 52
% plotting commands follow
```

注意，这个 Kaiser 窗的参数是 $M=61$ 和 $\beta=4.5513$，而实际的阻带衰减是 52dB。有关时域和频域图如图 7.17 所示。

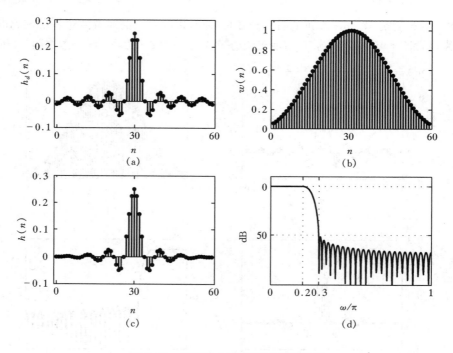

图 7.17 例题 7.9 中低通滤波器的图
（a）理想脉冲响应；（b）Kaiser 窗；（c）实际脉冲响应；（d）幅度响应（dB）

例题 7.10 试设计下面数字带通滤波器：

$$下阻带边缘：\omega_{1s} = 0.2\pi, \ A_s = 60\text{dB}$$
$$下通带边缘：\omega_{1p} = 0.35\pi, \ R_p = 1\text{dB}$$
$$上通带边缘：\omega_{2p} = 0.65\pi, \ R_p = 1\text{dB}$$
$$上阻带边缘：\omega_{2s} = 0.8\pi, \ A_s = 60\text{dB}$$

这些量如图 7.18 所示。

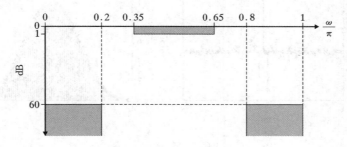

图 7.18 例题 7.10 的带通滤波器技术指标

题解

一共有两个过渡带,即 $\Delta\omega_1 \triangleq \omega_{1p} - \omega_{1s}$ 和 $\Delta\omega_2 \triangleq \omega_{2s} - \omega_{2p}$。在窗口法设计中这两个过渡带宽必须是相同的;也就是说,在 $\Delta\omega_1$ 和 $\Delta\omega_2$ 上不存在独立控制。因此,$\Delta\omega_1 = \Delta\omega_2 = \Delta\omega$。对于这个设计既能用 Kaiser 窗,也可以用 Blackman 窗,现用 Blackman 窗。设计中还是需要理想带通滤波器的脉冲响应 $h_d(n)$。注意到,这个脉冲响应可以由两个理想低通幅度响应得到,只要它们有相同的相位响应即可;这如图 7.19 所示。因此,为了确定一个理想带通滤波器的脉冲响应,MATLAB 子程序 ideal-lp(wc,M) 就足够了。设计步骤用下面 MATLAB 脚本给出。

```
>> ws1 = 0.2 * pi; wp1 = 0.35 * pi; wp2 = 0.65 * pi; ws2 = 0.8 * pi; As = 60;
>> tr_width = min((wp1 - ws1), (ws2 - wp2)); M = ceil(11 * pi/tr_width) + 1
M = 75
>> n = [0:1:M-1]; wc1 = (ws1+wp1)/2; wc2 = (wp2+ws2)/2;
>> hd = ideal_lp(wc2,M) - ideal_lp(wc1,M);
>> w_bla = (blackman(M))'; h = hd . * w_bla;
>> [db,mag,pha,grd,w] = freqz_m(h,[1]); delta_w = 2 * pi/1000;
>> Rp = -min(db(wpl/delta_w + 1:1:wp2/delta_w)) % Actua; Passband Ripple
Rp = 0.0030
>> As = -round(max(db(ws2/delta_w + 1:1:501))) % Min Stopband Attenuation
As = 75
% plotting commands follow
```

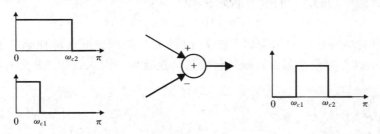

图 7.19 从两个理想低通滤波器获得一理想带通滤波器

注意,Blackman 窗的长度是 $M=61$,实际阻带衰减是 75dB。时域和频域图如图 7.20 所示。

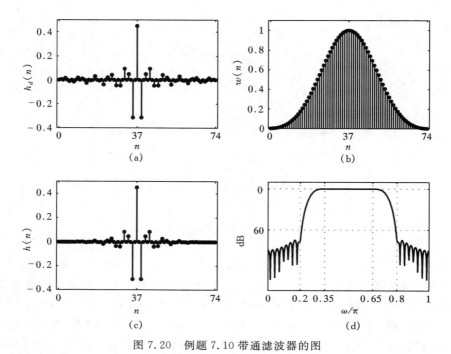

图 7.20 例题 7.10 带通滤波器的图

（a）理想脉冲响应；（b）Blackman 窗：$M=75$；（c）实际脉冲响应；（d）幅度响应（dB）

例题 7.11 一理想带阻滤波器的频率响应给出为

$$H_e(e^{j\omega}) = \begin{cases} 1, & 0 \leqslant |\omega| < \pi/3 \\ 0, & \pi/3 \leqslant |\omega| \leqslant 2\pi/3 \\ 1, & 2\pi/3 < |\omega| \leqslant \pi \end{cases}$$

利用 Kaiser 窗设计一个长度为 45，阻带衰减为 60dB 的带阻滤波器。

题解

注意到在这些设计指标中没有给出过渡带宽，这将由长度 $M=45$ 和 Kaiser 窗的参数 β 来确定。由设计方程（7.30）式，可由 A_s 确定 β，即

$$\beta = 0.1102 \times (A_s - 8.7)$$

这个理想带阻脉冲响应也能够用类似于图 7.19 的方法从理想低通脉冲响应求得。现在能实现用 Kaiser 窗设计并对最小阻带衰减进行校核。这就如下面 MATLAB 脚本所指出的。

```
>> M = 45; As = 60; n = [0:1:M-1];
>> beta = 0.1102 * (As - 8.7)
beta = 5.6533
>> w_kai = (kaiser(M,beta))'; wc1 = pi/3; wc2 = 2*pi/3;
>> hd = ideal_lp(wc1,M) + ideal_lp(pi,M) - ideal_lp(wc2,M);
>> h = hd . * w_kai; [db,mag,pha,grd,w] = freqz_m(h,[1]);
```

参数 β 是等于 5.6533，由图 7.21 的幅度图中可见最小阻带衰减小于 60dB。显然必须增大 β 以提高阻带衰减到 60dB，求出这个要求的值是 $\beta=5.9533$。

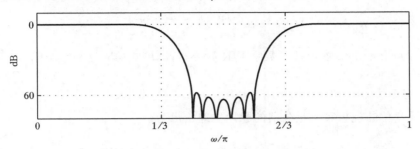

图 7.21 例题 7.11 中 $\beta=5.6533$ 时带阻滤波器的幅度响应(dB)

```
>> M = 45; As = 60; n = [0:1:M-1];
>> beta = 0.1102 * (As - 8.7) + 0.3
beta = 5.9533
>> w_kai = (kaiser(M,beta))'; wc1 = pi/3; wc2 = 2 * pi/3;
>> hd = ideal_lp(wc1,M) + ideal_lp(pi,M) - ideal_lp(wc2,M);
>> h = hd .* w_kai;
>> plotting commands follow
```

这个时域和频域图如图 7.22 所示，其中已设计完成的滤波器满足必要的要求。

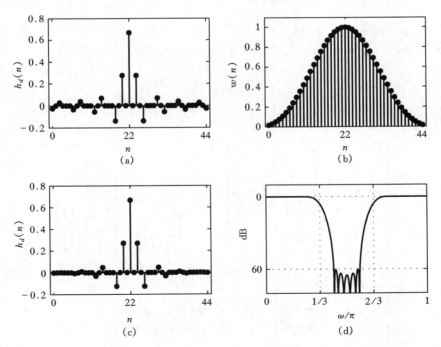

图 7.22 例题 7.11 中 $\beta=5.9533$ 时带阻滤波器的图
(a) 理想脉冲响应；(b) Kaiser 窗；$M=45$；(c) 实际脉冲响应；(d) 幅度响应(dB)

例题 7.12 一理想数字微分器的频率响应给出如下:

$$H_d(e^{j\omega}) = \begin{cases} j\omega, & 0 < \omega \leqslant \pi \\ -j\omega, & -\pi < \omega < 0 \end{cases} \quad (7.31)$$

用长度为 21 的 Hamming 窗设计一数字 FIR 微分器,画出它的时域和频域响应。

题解

具有线性相位的理想数字微分器的脉冲响应给出为

$$h_d(n) = \mathcal{F}[H_d(e^{j\omega})e^{-j\alpha\omega}] = \frac{1}{2\pi}\int_{-\pi}^{\pi} H_d(e^{j\omega})e^{-j\alpha\omega}e^{j\omega n}d\omega$$

$$= \frac{1}{2\pi}\int_{-\pi}^{0}(-j\omega)e^{-j\alpha\omega}e^{j\omega n}d\omega + \frac{1}{2\pi}\int_{0}^{\pi}(j\omega)e^{-j\alpha\omega}e^{j\omega n}d\omega$$

$$= \begin{cases} \dfrac{\cos\pi(n-\alpha)}{(n-\alpha)}, & n \neq \alpha \\ 0, & n = \alpha \end{cases}$$

上述脉冲响应与 Hamming 窗设计所要求的微分器一起能用 MATLAB 实现。注意,如果 M 是偶数,那么 $\alpha=(M-1)/2$ 不是整数,$h_d(n)$ 对全部 n 将为零,因此 M 必须是一个奇数。这就是一种Ⅲ类线性相位 FIR 滤波器。不过,由于对Ⅲ类滤波器 $H_r(\pi)=0$,这一定不是一种全通带的微分器。

```
>> M = 21; alpha = (M-1)/2; n = 0:M-1;
>> hd = (cos(pi * (n - alpha))) ./ (n - alpha); hd(alpha + 1) = 0;
>> w_ham = (hamming (M))'; h = hd . * w_ham; [Hr,w,P,L] = Hr_Type3(h);
   % plotting commands follow
```

所得图见图 7.23。

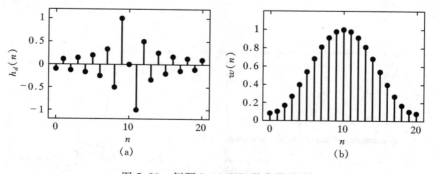

图 7.23 例题 7.12 FIR 微分器设计
(a) 理想脉冲响应;(b) Hamming 窗:$M=21$

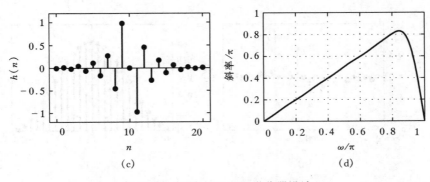

图 7.23 例题 7.12 FIR 微分器设计

(c) 实际脉冲响应；(d) 振幅响应

例题 7.13 利用 Hann 窗设计一个长度为 25 的数字希尔伯特变换器。

题解

一线性相位希尔伯特变换器的理想频率响应给出为

$$H_d(e^{j\omega}) = \begin{cases} -je^{-j\alpha\omega}, & 0 < \omega < \pi \\ +je^{-j\alpha\omega}, & -\pi < \omega < 0 \end{cases} \tag{7.32}$$

经逆变换这个理想脉冲响应是

$$h_d(n) = \begin{cases} \dfrac{2}{\pi} \dfrac{\sin^2 \pi(n-\alpha)/2}{n-\alpha}, & n \neq \alpha \\ 0, & n = \alpha \end{cases}$$

这很容易能用 MATLAB 实现。注意，因为 $M=25$，所设计出的滤波器属于第 III 类。

```
>> M = 25; alpha = (M-1)/2; n = 0:M-1;
>> hd = (2/pi) * ((sin((pi/2) * (n-alpha)).^2)./(n-alpha)); hd(alpha+1) = 0;
>> w_han = (hann(M))'; h = hd .* w_han; [Hr,w,P,L] = Hr_Type3(h);
>> plotting commands follow
```

有关图如图 7.24 所示，其中振幅响应是在 $-\pi \leqslant \omega \leqslant \pi$ 上画出的。

SP 工具箱提供一种称为 fir1 的函数，它利用窗函数法设计通常的低通、高通以及其他多频带 FIR 滤波器。这个函数的语法有几种形式，其中包括：

1. h = fir1(N,wc) 设计一个 N 阶（$N=M-1$）低通 FIR 滤波器，并在向量 h 中得到脉冲响应。根据缺省，这是一个基于 Hamming 窗的线性相位设计，其归一化截止频率在 wc 中，数值在 0 和 1 之间，1 对应于 πrad/样本。若 wc 是一个两个元素的向量，即 wc = [wc1 wc2]，那么 fir1 就得到一个带通滤波器，其通带截止频率为 wc1 和 wc2。若 wc 是一个多元素（多于 2 个）向量，那么 fir1 就得到一个由 wc 给出截止频率的多频带滤波器。

2. h = fir1(N,wc,'ftype') 标定一种滤波器类型，其中 'ftype' 是：

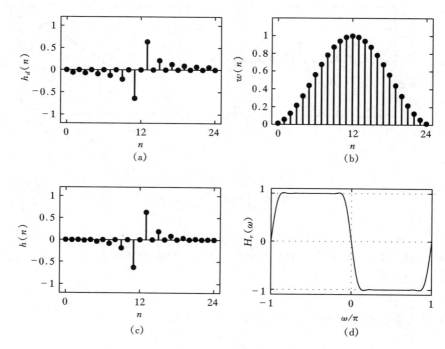

图 7.24 例题 7.13 中的 FIR 希尔伯特变换器设计
（a）理想脉冲响应；（b）Hann 窗：$M=25$；（c）实际脉冲响应；（d）振幅响应

a. 'high'对应高通滤波器,截止频率为 Wc。

b. 'stop'对应带阻滤波器,Wc = [wc1 wc2]给出阻带频率范围。

c. 'DC - 1'让一个多频带滤波器的第 1 个频带是一个通带。

d. 'DC - 0'让一个多频带滤波器的第 1 个频带是一个阻带。

3. h = fir1(N,wc,'ftype',window)或者 h = fir1(N,wc,window)用了长度为 $N+1$ 的向量 window,它从标定的 MATLAB 窗函数之一得到。用的缺省窗函数是 Hamming 窗。

为了利用 Kaiser 窗设计 FIR 滤波器,SP 工具箱提供了函数 kaiserord,它估计出在 fir1 函数中要用到的窗的参数。这个基本语法是

[N,wc,beta,ftype] = kaiserord(f,m,ripple);

这个函数计算出窗的阶 N,截止频率向量 wc,beta 中的参数 β,以及上面讨论过的滤波器类型 ftype。向量 f 是归一化频带边缘频率的向量,m 是在 f 定义的频带内给定期望振幅的向量。f 的长度是两倍于 m 的长度再减 2,也即 f 不包括 0 或 1。向量 ripple 给出在每个频带内的容度(不是以 dB 计)。利用这些估计参数计算出 Kaiser 窗的数组并用于 fir1 函数中。

为了利用窗口法设计具有任意形状幅度响应的 FIR 滤波器,SP 工具箱提供函数 fir2,它也吸收进了频率采样法。这在下一节说明。

7.4 频率采样设计法

在这种设计方法中依据的是系统函数 $H(z)$ 能够从频率响应 $H(\mathrm{e}^{\mathrm{j}\omega})$ 的样本 $H(k)$ 中求得这样一个事实。再者,这种设计方法非常适合于在第 6 章曾讨论过的频率采样型结构。设 $h(n)$ 是一 M 点 FIR 滤波器的脉冲响应,$H(k)$ 是它的 M 点 DFT,而 $H(z)$ 是它的系统函数。那么,从(6.12)式有

$$H(z) = \sum_{n=0}^{M-1} h(n)z^{-n} = \frac{1-z^{-M}}{M}\sum_{k=0}^{M-1}\frac{H(k)}{1-z^{-1}\mathrm{e}^{\mathrm{j}2\pi k/M}} \tag{7.33}$$

和

$$H(\mathrm{e}^{\mathrm{j}\omega}) = \frac{1-\mathrm{e}^{-\mathrm{j}\omega M}}{M}\sum_{k=0}^{M-1}\frac{H(k)}{1-\mathrm{e}^{-\mathrm{j}\omega}\mathrm{e}^{\mathrm{j}2\pi k/M}} \tag{7.34}$$

并有

$$H(k) = H(\mathrm{e}^{\mathrm{j}2\pi k/M}) = \begin{cases} H(0), & k=0 \\ H^*(M-k), & k=1,\cdots,M-1 \end{cases}$$

对于线性相位 FIR 滤波器,有

$$h(n) = \pm h(M-1-n),\ n=0,1,\cdots,M-1$$

式中正号是对应于Ⅰ类和Ⅱ类线性相位滤波器,而负号则是Ⅲ类和Ⅳ类线性相位滤波器。那么 $H(k)$ 给出为

$$H(k) = H_r\left(\frac{2\pi k}{M}\right)\mathrm{e}^{\mathrm{j}\angle H(k)} \tag{7.35}$$

式中

$$H_r\left(\frac{2\pi k}{M}\right) = \begin{cases} H_r(0), & k=0 \\ H_r\left(\frac{2\pi(M-k)}{M}\right), & k=1,\cdots,M-1 \end{cases} \tag{7.36}$$

和

$$\angle H(k) = \begin{cases} -\left(\frac{M-1}{2}\right)\left(\frac{2\pi k}{M}\right), & k=0,\cdots,\left[\frac{M-1}{2}\right] \\ +\left(\frac{M-1}{2}\right)\frac{2\pi}{M}(M-k), & k=\left[\frac{M-1}{2}\right]+1,\cdots,M-1 \end{cases} \quad (\text{Ⅰ和Ⅱ类}) \tag{7.37}$$

或者

$$\angle H(k) = \begin{cases} \left(\pm\frac{\pi}{2}\right)-\left(\frac{M-1}{2}\right)\left(\frac{2\pi k}{M}\right), & k=0,\cdots,\left[\frac{M-1}{2}\right] \\ -\left(\pm\frac{\pi}{2}\right)+\left(\frac{M-1}{2}\right)\frac{2\pi}{M}(M-k), & k=\left[\frac{M-1}{2}\right]+1,\cdots,M-1 \end{cases} \quad (\text{Ⅲ和Ⅳ类})$$

$$\tag{7.38}$$

最后有

$$h(n) = \mathrm{IDFT}[H(k)] \tag{7.39}$$

注意,有几本教科书(如参考文献[71]、[79]和[83])都提供了在已知 $H(k)$ 时计算 $h(n)$ 的确切公式,我们将用 MATLAB 的 ifft 函数从(7.39)式计算 $h(n)$。

基本思想 已知理想低通滤波器 $H_d(e^{j\omega})$,选取滤波器长度 M,然后在 0 和 2π 之间以 M 等分频率对 $H_d(e^{j\omega})$ 采样。实际频率响应 $H(e^{j\omega})$ 是由(7.34)式给出的样本 $H(k)$ 的内插,这如图 7.25 所示。脉冲响应由(7.39)式给出。相类似的步骤也能用于其他的频率选择性滤波器。另外,这种思想还能推广到对任意频域指标的近似。

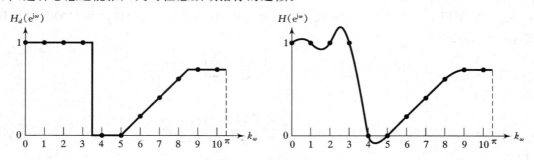

图 7.25 频率采样方法的图解说明

(a) 理想响应和频率样本;(b) 频率样本和近似响应

从图 7.25 的观察可得下面几点:

(1)近似误差(即理想和实际响应)在采样频率点上为零。

(2)在全部其他频率上的近似误差取决于理想响应的形状。也即,理想响应愈陡峭,近似误差愈大。

(3)在靠近通带边缘的误差较大,而在通带内的误差较小。

有两种设计途径,第一种是直接照字面意义利用基本思想而在近似误差上不给出任何限制条件。也就是说,根据设计无论得到误差是多少都予以接受。这种途径称为直接(或初级)设计法。第二种途径是试图通过改变过渡带内样本的值将阻带内的误差减到最小,这就产生一种好得多的设计方法称为最优设计法。

7.4.1 直接设计法

在这一方法中,置 $H(k)=H_d(e^{j2\pi k/M}),k=0,\cdots,M-1$ 并利用(7.35)式到(7.39)式求得脉冲响应 $h(n)$。

例题 7.14 考虑例题 7.8 的低通滤波器技术指标

$$\omega_p = 0.2\pi, \ R_p = 0.25\text{dB}$$

$$\omega_s = 0.3\pi, \ A_s = 50\text{dB}$$

利用频率采样途径设计一 FIR 滤波器。

题解

现选 $M=20$,以使在 ω_p 有一个频率样本,也即在 $k=2$:

$$\omega_p = 0.2\pi = \frac{2\pi}{20} \times 2$$

下一个样本在 ω_s，也即在 $k=3$：

$$\omega_s = 0.3\pi = \frac{2\pi}{20} \times 3$$

这样在通带 $[0 \leqslant \omega \leqslant \omega_p]$ 内有 3 个样本，在阻带 $[\omega_s \leqslant \omega \leqslant \pi]$ 内有 7 个样本。从(7.36)式有

$$H_r(k) = [1,1,1,\underbrace{0,\cdots,0}_{15\text{个零}},1,1]$$

由于 $M=20, \alpha = \dfrac{20-1}{2} = 9.5$，并且这是一个 II 类线性相位滤波器，由(7.37)式有

$$\angle H(k) = \begin{cases} -9.5\dfrac{2\pi}{20}k = -0.95\pi k, & 0 \leqslant k \leqslant 9 \\ +0.95\pi(20-k), & 10 \leqslant k \leqslant 19 \end{cases}$$

现在根据(7.35)式将 $H(k)$ 集合起来，并由(7.39)式确定脉冲响应 $h(n)$。这个 MATLAB 脚本如下：

```
>> M = 20; alpha = (M-1)/2; 1 = 0:M-1; w1 = (2*pi/M)*1;
>> Hrs = [1,1,1,zeros(1,15),1,1]; % Ideal amp res sampled
>> Hdr = [1,1,0,0]; wd1 = [0,0.25,0.25,1]; % Ideal amp res for plotting
>> k1 = 0:floor((M-1)/2); k2 = floor((M-1)/2)+1:M-1;
>> angH = [-alpha*(2*pi)/M*k1, alpha*(2*pi)/M*(M-k2)];
>> H = Hrs.*exp(j*angH); h = real(ifft(H,M));
>> [db,mag,pha,grd,w] = freqz_m(h,1); [Hr,ww,a,L] = Hr_Type2(h);
>> plotting commands follow
```

时域和频域图如图 7.26 所示。由图可见，最小阻带衰减大约是 16dB，这显然是不可接受的。如果增加 M，那么在过滤带内就一定有一些样本，而对这些我们又并不完全知道频率响应。因此，在实际中很少会采用直接设计法。

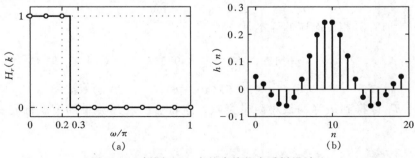

图 7.26　例题 7.14 中的直接频率采样设计法
(a) 频率样本: $M=20$；(b) 脉冲响应

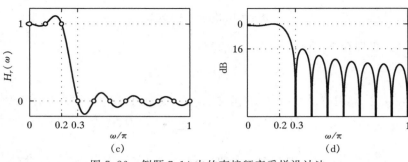

图 7.26 例题 7.14 中的直接频率采样设计法

（c）振幅响应；（d）幅度响应(dB)

7.4.2 最优设计法

为了得到更大的衰减，就必须增大 M，并让过渡带的样本作为自由样本；也就是说，改变它们的值以得到在已给定 M 下的最大衰减及其过渡带宽。这个问题被认为是一个优化问题，可以用线性规划技术来解决。现在用下面这个例子说明过渡带内样本变化对设计造成的效果。

例题 7.15 利用最优设计法设计一个比例题 7.14 更好的低通滤波器。

题解

现选 $M=40$，以使有一个样本在过滤带 $0.2\pi < \omega < 0.3\pi$ 内。因为 $\omega_1 \triangleq 2\pi/40$，过渡带内的样本是在 $k=5$ 和在 $k=40-5=35$。现用 T_1 表示这些样本值，且 $0 < T_1 < 1$，那么已采样的振幅响应是

$$H_r(k) = [1,1,1,1,1,T_1,\underbrace{0,\cdots,0}_{29个零},T_1,1,1,1,1]$$

由于 $\alpha = \dfrac{40-1}{2} = 19.5$，相位响应的样本是

$$\angle H(k) = \begin{cases} -19.5\dfrac{2\pi}{40}k = -0.975\pi k, & 0 \leqslant k \leqslant 19 \\ +0.975\pi(40-k), & 20 \leqslant k \leqslant 39 \end{cases}$$

现在能够变化 T_1 以得到最好的最小阻带衰减。这将会引起过渡带加宽。首先看看当 $T_1 = 0.5$ 时结果如何。

```
% T1 = 0.5
>> M = 40; alpha = (M-1)/2;
>> Hrs = [ones(1,5),0.5,zeros(1,29),0.5,ones(1,4)];
>> k1 = 0:floor((M-1)/2); k2 = floor((M-1)/2)+1:M-1;
>> angH = [-alpha*(2*pi)/M*k1, alpha*(2*pi)/M*(M-k2)];
>> H = Hrs.*exp(j*angH);
>> h = real(ifft(H,M));
```

从图 7.27 可见,这个设计的最小阻带衰减现在是 30dB,这就比直接设计的衰减要好一些,但是仍然不在可以接受的 50dB 的水平上。通过人为地改变 T_1 值可以求得最佳 T_1 值(尽管可以利用更为高效的线性规划技术,但在这种情况都不用),并且找到接近最优解的值是 $T_1 = 0.39$。利用下面 MATLAB 脚本得到所设计的滤波器。

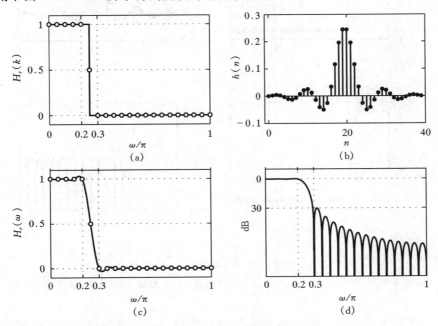

图 7.27   例题 7.15 中的最优频率设计法:$T_1 = 0.5$

(a) 频率样本:$M=40$,$T_1=0.5$;(b) 脉冲响应;(c) 振幅响应;(d) 幅度响应(dB)

```
% T1 = 0.39
>> M = 40; alpha = (M-1)/2;
>> Hrs = [ones(1,5),0.39,zeros(1,29),0.39,ones(1,4)];
>> k1 = 0:floor((M-1)/2); k2 = floor((M-1)/2)+1:M-1;
>> angH = [-alpha*(2*pi)/M*k1, alpha*(2*pi)/M*(M-k2)];
>> H = Hrs.*exp(j*angH); h = real(ifft(H,M));
```

从图 7.28 可见,最优阻带衰减是 43dB。明显地要进一步增加衰减就必须在过渡带内改变更多的样本值。

很清楚,通过变化一个样本就能得到一种好得多的设计,从这点来看这种方法是很优越的。实际上,过渡带宽一般是很小的,就只包括一个或两个样本。因此需要优化的最多也就是两个样本以获得最大的最小阻带衰减。在绝对的意义上这也就是等效于使最大旁瓣幅度最小化,所以这类优化问题也称为最大最小化问题。这个问题是由 Rabiner 及其合作者们解决的[83],并且以过渡值的表格形式所给出的解可以得到,若干精选的表格值可从[79,附录 B]获得。这个问题也能用 MATLAB 来解决,不过要使用优化工具箱(Optimization toolbox)。下一节要考虑这个问题更为通用的版本。现在用下面若干例子说明这些表格的使用。

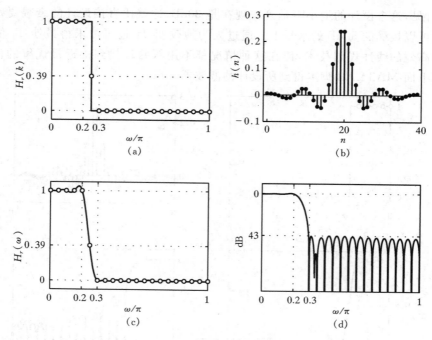

图 7.28 例题 7.15 中的最优频率设计法:$T_1 = 0.39$
(a) 频率样本:$M = 40, T_1 = 0.39$; (b) 脉冲响应; (c) 振幅响应; (d) 幅度响应(dB)

例题 7.16 现在重新考虑例题 7.14 中的低通滤波器设计。用在过渡带内的两个样本来解决它,以求能得到一个更好的阻带衰减。

题解

选 $M = 60$ 使得在过渡带内有两个样本。设这两个过渡带的样本值是 T_1 和 T_2。那么,$H_r(\omega)$ 给出为

$$H(\omega) = [\underbrace{1,\cdots,1}_{7个"1"}, T_1, T_2, \underbrace{0,\cdots,0}_{43个"0"}, T_2, T_1, \underbrace{1,\cdots,1}_{6个"1"}]$$

依据表[79,附录 B],$T_1 = 0.5925$ 和 $T_2 = 0.1099$。利用这两个值,可用 MATLAB 计算 $h(n)$。

```
>> M = 60; alpha = (M-1)/2; 1 = 0:M-1; w1 = (2*pi/M)*1;
>> Hrs = [ones(1,7),0.5925,0.1099,zeros(1,43),0.1099,0.5925,ones(1,6)];
>> Hdr = [1,1,0,0]; wdl = [0,0.2,0.3,1];
>> k1 = 0:floor((M-1)/2); k2 = floor((M-1)/2)+1:M-1;
>> angH = [-alpha*(2*pi)/M*k1, alpha*(2*pi)/M*(M-k2)]
>> H = Hrs.*exp(j*angH); h = real(ifft(H,M));
>> [db,mag,pha,grd,w] = freqz_m(h,1); [Hr,ww,a,L] = Hr_Type2(h);
```

时域和频域的图见图 7.29 所示。最小的阻带衰减现在是 63dB,这就是可以接受的了。

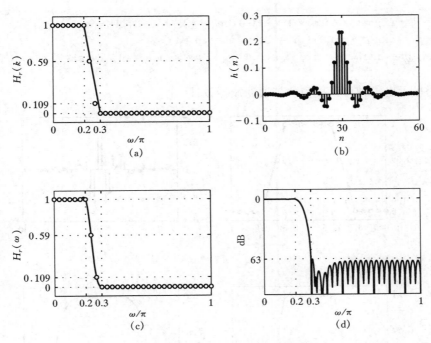

图 7.29 例题 7.16 中的低通滤波器设计的图

（a）低通：$M=60$，$T_1=0.59$，$T_2=0.109$；（b）脉冲响应；（c）振幅响应；（d）幅度响应（dB）

例题 7.17 利用频率采样法设计例题 7.10 中的带通滤波器，设计技术要求是：

$$下阻带边缘：\omega_{1s} = 0.2\pi, \quad A_s = 60dB$$
$$下通带边缘：\omega_{1p} = 0.35\pi, \quad R_p = 1dB$$
$$上通带边缘：\omega_{2p} = 0.65\pi, \quad R_p = 1dB$$
$$上阻带边缘：\omega_{2s} = 0.8\pi, \quad A_s = 60dB$$

题解

选 $M=40$ 以便在过渡带内有两个样本。设在下过渡带的频率样本是 T_1 和 T_2。那么振幅响应的样本是

$$H_r(\omega) = [\underbrace{0,\cdots,0}_{5},T_1,T_2,\underbrace{1,\cdots,1}_{7},T_2,T_1,\underbrace{0,\cdots,0}_{9},T_1,T_2,\underbrace{1,\cdots,1}_{7},T_2,T_1,\underbrace{0,\cdots,0}_{4}]$$

对于 $M=40$ 和在通带的 7 个样本，T_1 和 T_2 的最优值[79，附录 B]是

$$T_1 = 0.109021, \ T_2 = 0.59417456$$

MATLAB 脚本：

```
>> M = 40; alpha = (M−1)/2; 1 = 0:M−1; w1 = (2 * pi/M) * 1;
>> T1 = 0.109021; T2 = 0.59417456;
>> Hrs = [zeros(1,5),T1,T2,ones(1,7),T2,T1,zeros(1,9),
               T1,T2,ones(1,7) ,T2,T1,zeros(1,4)];
>> Hdr = [0,0,1,1,0,0]; wd1 = [0,0.2,0.35,0.65,0.8,1];
>> k1 = 0:floor((M−1)/2); k2 = floor((M−1)/2) + 1:M−1;
```

```
>> angH = [-alpha * (2 * pi)/M * k1, alpha * (2 * pi)/M * (M-k2)];
>> H = Hrs. * exp(j * angH); h = real(ifft(H,M));
>> [db,mag,pha,grd,w] = freqz_m(h,1); [Hr,ww,a,L] = Hr_Type2(h);
```

图 7.30 的图显示出一种可以接受的带通滤波器设计。

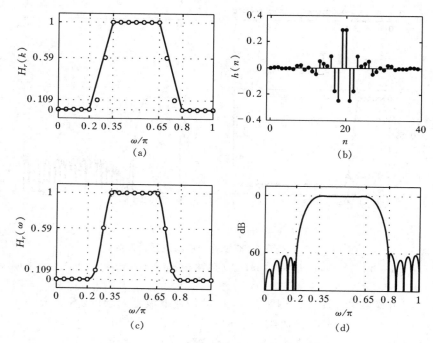

图 7.30 例题 7.17 中带通滤波器设计的图

(a) 带通:$M=40, T_1=0.5941, T_2=0.109$；(b) 脉冲响应；(c) 振幅响应；(d) 幅度响应(dB)

例题 7.18 设计下面高通滤波器：

$$阻带边缘:\omega_s = 0.6\pi \quad A_s = 50\text{dB}$$

$$通带边缘:\omega_p = 0.8\pi \quad R_p = 1\text{dB}$$

题解

回想一下,对于一个高通滤波器,M 必须为奇数(或I类滤波器),因此选 $M=33$ 以便在过渡带内得到两个样本。由于 M 的这一选取,在 ω_s 和 ω_p 不可能有频率样本。振幅响应的样本是

$$H_r(k) = [\underbrace{0,\cdots,0}_{11}, T_1, T_2, \underbrace{1,\cdots,1}_{8}, T_2, T_1, \underbrace{0,\cdots,0}_{10}]$$

而相位样本是

$$\angle H(k) = \begin{cases} -\dfrac{33-1}{2}\dfrac{2\pi}{33}k = -\dfrac{32}{33}\pi k, & 0 \leqslant k \leqslant 16 \\[2mm] +\dfrac{32}{33}\pi(33-k), & 17 \leqslant k \leqslant 32 \end{cases}$$

过渡样本的最优值是 $T_1 = 0.1095$ 和 $T_2 = 0.598$。利用这些值,MATLAB 设计是

```
>> M = 33; alpha = (M-1)/2; 1 = 0:M-1; w1 = (2*pi/M)*1;
>> T1 = 0.1095; T2 = 0.598;
>> Hrs = [zeros(1,11),T1,T2,ones(1,8),T2,T1,zeros(1,10)];
>> Hdr = [0,0,1,1]; wdl = [0,0.6,0.8,1];
>> k1 = 0:floor((M-1)/2); k2 = floor((M-1)/2)+1:M-1;
>> angH = [-alpha*(2*pi)/M*k1, alpha*(2*pi)/M*(M-k2)];
>> H = Hrs.*exp(j*angH);
>> h = real(ifft(H,M));
>> [db,mag,pha,grd,w] = freqz_m(h,1);
>> [Hr,ww,a,L] = Hr_Typel(h);
```

设计的时域和频域如图 7.31 所示。

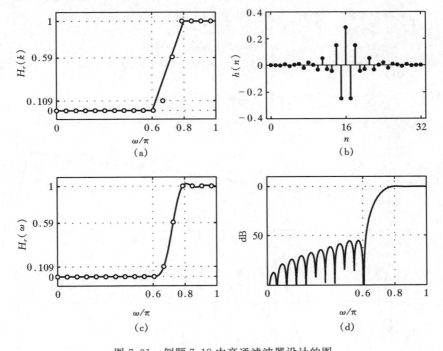

图 7.31   例题 7.18 中高通滤波器设计的图

(a) 高通 $M=33$,$T_1=0.1095$,$T_2=0.598$;(b) 脉冲响应;(c) 振幅响应;(d) 幅度响应(dB)

例题 7.19   根据例题 7.12 给出的这个理想微分器(7.31)式,设计一个 33 点的数字微分器。

题解

由(7.31)式,这个(虚数值的)振幅响应样本给出为

$$jH_r(k) = \begin{cases} +j\dfrac{2\pi}{M}k, & k = 0,\cdots,\left\lfloor\dfrac{M-1}{2}\right\rfloor \\[2ex] -j\dfrac{2\pi}{M}(M-k), & k = \left\lfloor\dfrac{M-1}{2}\right\rfloor+1,\cdots,M-1 \end{cases}$$

对线性相位来说,相位样本是

$$\angle H(k) = \begin{cases} -\dfrac{M-1}{2}\dfrac{2\pi}{M}k = -\dfrac{M-1}{M}\pi k, & k = 0,\cdots,\left\lfloor\dfrac{M-1}{2}\right\rfloor \\[2ex] +\dfrac{M-1}{M}\pi(M-k), & k = \left\lfloor\dfrac{M-1}{2}\right\rfloor+1,\cdots,M-1 \end{cases}$$

因此,

$$H(k) = jH_r(k)e^{j\angle H(k)}, 0 \leqslant k \leqslant M-1 \text{ 和 } h(n) = \text{IDFT}[H(k)]$$

MATLAB 脚本:

```
>> M = 33; alpha = (M-1)/2; Dw = 2 * pi/M; 1 = 0:M-1; w1 = Dw * 1;
>> k1 = 0:floor((M-1)/2); k2 = floor((M-1)/2)+1:M-1;
>> Hrs = [j * Dw * k1, - j * Dw * (M-k2)];
>> angH = [-alpha * Dw * k1, alpha * Dw * (M-k2)];
>> H = Hrs. * exp(j * angH); h = real(ifft(H,M)); [Hr,ww,a,P] = Hr_Type3(h);
```

时域和频域图如图 7.32 所示。可见这不是一个全通带的微分器。

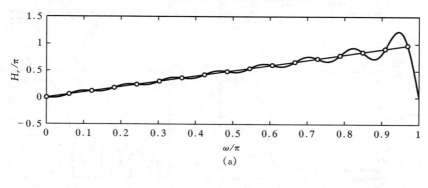

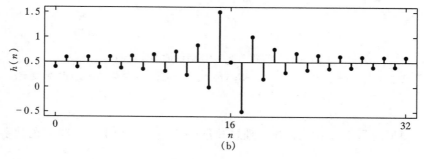

图 7.32 例题 7.19 中微分器设计的图

(a) 微分器,频率采样设计:$M=33$;(b) 脉冲响应

例题 7.20 根据(7.32)式的理想希尔伯特变换器设计一个 51 点的数字希尔伯特变换器。

题解

由(7.32)式,这个(虚数值)振幅响应的样本是

$$jH_r(k) = \begin{cases} -j, & k = 1, \cdots, \left\lfloor \dfrac{M-1}{2} \right\rfloor \\ 0, & k = 1 \\ +j, & k = \left\lfloor \dfrac{M-1}{2} \right\rfloor + 1, \cdots, M-1 \end{cases}$$

因为这是一个Ⅲ类线性相位滤波器,振幅响应在 $\omega = \pi$ 一定是零。因此,为了降低波纹应该在靠近 $\omega = \pi$,位于 0 和 j 之间最优地选取两个样本(在过渡带内)。利用前面的经验,可以选 0.39j 这个值。相位响应的样本可按例题 7.19 方式选取。

```
>> M = 51; alpha = (M-1)/2; Dw = 2 * pi/M; l = 0:M-1; wl = Dw * l;
>> k1 = 0:floor((M-1)/2); k2 = floor((M-1)/2) + 1:M-1;
>> Hrs = [0, -j * ones (1,(M-3)/2), -0.39j,0.39j,j * ones(1,(M-3)/2)]
>> angH = [-alpha * Dw * k1, alpha * Dw * (M-k2)];
>> H = Hrs. * exp(j * angH);
>> h = real(ifft(H,M));
>> [Hr,ww,a,P] = Hr_Type3(h);
```

图 7.33 显示出过渡带样本的效果。

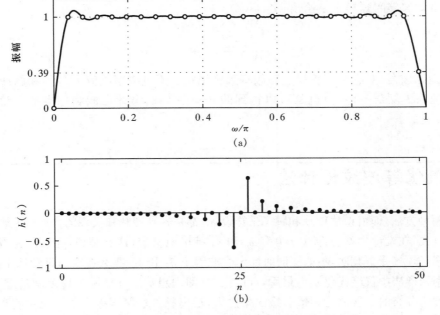

.图 7.33 例题 7.20 中数字希尔伯特变换器设计的图
(a) 希尔伯特变换器,频率采样设计:$M = 51$;(b) 脉冲响应

SP 工具箱提供一种称为 fir2 的函数,它将频率采样法与窗口法结合在一起用于设计任意形状幅度响应的 FIR 滤波器。在利用直接设计法计算出滤波器的脉冲响应之后,然后 fir2 应用一种精选的窗函数将靠近频带边缘频率的波纹最小化。这个函数的语法也有几种形式,其中包括:

1. h = fir(N,f,m) 设计一个 N 阶($N = M-1$)低通 FIR 滤波器,并在向量 h 中得到脉冲响应。滤波器期望的幅度响应由向量 f 和 m 提供,它们必须是相同长度。向量 f 包含从 0 到 1 范围内的归一化频率,其中 1 对应于 πrad/样本。f 的第 1 个值必须是 0,最后的值必须是 1。向量 m 包含在 f 标定值上期望幅度响应的样本。然后将这个期望幅度响应内插到一个密集的、均匀分隔的长为 512 的栅格上。因此,这个语句对应于直接设计法。

2. h = fir2(N,f,m,window) 使用了从给出的 MATLAB 窗函数中的一种,得到长为 N+1 的向量 window。所用的缺省窗函数是 Hamming 窗。

3. h = fir2(N,f,m,npt) 或 h = fir2(N,f,m,npt,window) 给出了 fir2 将频率响应样本内插到栅格上的点数 npt。缺省的 npt 值是 512。

应该提到的是 fir2 并不实现经典的最优频率采样法。通过吸收进窗口设计法,fir2 已经找到一种替代(稍许更聪明)的方法而摒弃最优过渡带值及其相关的图表。通过在整个频带上密集的采样值将内插误差降低(但不是最小),而将阻带衰减增加到一个可以接受的水平。然而,基本的设计还是受到加窗运算的影响,所以频率响应并未通过原先的采样值。这种方法对于设计具有任意形状频率响应的 FIR 滤波器更加合适。

上面讨论的频率采样滤波器的型式称为 A 型滤波器,其中已采样的频率是

$$\omega_k = \frac{2\pi}{M}k, \ 0 \leqslant k \leqslant M-1$$

还有第二组均匀等间隔样本是给出在

$$\omega_k = \frac{2\pi(k+\frac{1}{2})}{M}, \ 0 \leqslant k \leqslant M-1$$

这称为 B 型滤波器,对它也可获得一种频率采样结构。不过频率响应 $H(e^{j\omega})$ 和脉冲响应 $h(n)$ 的表达式稍许更复杂一些,但也是可以得到的[79]。它们的设计也能利用本节讨论的途径用 MATLAB 完成。

7.5 最优等波纹设计法

最后两种方法,即窗口法设计和频率采样设计,都是容易理解和实现的。然而它们都存在某些缺陷。首先,在设计中不能将边缘频率 ω_p 和 ω_s 精确地给定,这就是说,在设计完成之后无论得到何值都必须接受。其次,不能够同时标定纹波因子 δ_1 和 δ_2,要么在窗口设计法上有 $\delta_1 = \delta_2$,要么在频率采样法中仅能优化 δ_2。最后,近似误差(即理想响应和实际响应之间的差)在频带区间上不是均匀分布的。在靠近频带边缘误差愈大,远离频带边缘误差愈小。通过将误差均匀分布就能在满足相同指标下求得一个更低阶的滤波器。所幸的是有一种方法能解决上面三个问题。这种方法理解起来稍许有些困难,并且要求用计算机来完成。

对于线性相位 FIR 滤波器来说,有可能导得一组条件,对这组条件能够证明,在最大近似

误差最小化的意义下这个设计解是最优的(有时就称最大值最小或切比雪夫(Chebyshev)误差)。具有这种性质的滤波器称为等波纹滤波器,因为近似误差在通带和阻带上都是均匀分布的。这会得到更低阶的滤波器。

下面首先构造一种最大值最小的最优 FIR 滤波器设计问题,并讨论在线性相位 FIR 滤波器的振幅响应中能够得到的最大值和最小值(统称极值)的总数。利用这个,然后讨论一般等波纹 FIR 滤波器设计算法,这种算法对其解利用多项式内插。这个算法就是著名的 Parks-McClellan 算法,它在多项式解上吸收了 Remez 交换算法。这个算法作为一个子程序在许多计算平台上都是可以获得的。这一节将要用 MATLAB 来设计等波纹 FIR 滤波器。

7.5.1 最大值最小问题的建立

在本章前面曾指出,线性相位 FIR 滤波器 4 种情况的频率响应都能写成如下形式:

$$H(e^{j\omega}) = e^{j\beta}e^{-j\frac{M-1}{2}\omega}H_r(\omega)$$

其中 β 值和 $H_r(\omega)$ 表达式在表 7.2 中给出。

利用三角函数恒等式,可将上面每个 $H_r(\omega)$ 表达式写成一个 ω 的固定函数(称其为 $Q(\omega)$)与一个余弦和的函数(称其为 $P(\omega)$)的乘积。细节可参阅参考文献[79]和习题 P7.2—P7.5。因此

$$H_r(\omega) = Q(\omega)P(\omega) \tag{7.40}$$

表 7.2 线性相位 FIR 滤波器振幅响应和 β 值

线性相位 FIR 滤波器类型	β	$H_r(e^{j\omega})$
I 类:M 为奇,对称 $h(n)$	0	$\sum\limits_{0}^{(M-1)/2} a(n)\cos\omega n$
II 类:M 为偶,对称 $h(n)$	0	$\sum\limits_{1}^{M/2} b(n)\cos[\omega(n-1/2)]$
III 类:M 为奇,反对称 $h(n)$	$\dfrac{\pi}{2}$	$\sum\limits_{1}^{(M-1)/2} c(n)\sin\omega n$
IV 类:M 为偶,反对称 $h(n)$	$\dfrac{\pi}{2}$	$\sum\limits_{1}^{M/2} d(n)\sin[\omega(n-1/2)]$

式中 $P(\omega)$ 具有形式为

$$P(\omega) = \sum_{n=0}^{L} \alpha(n)\cos\omega n \tag{7.41}$$

而对于 4 种情况的 $Q(\omega), L, P(\omega)$ 由表 7.3 给出。

表 **7.3** 线性相位 **FIR** 滤波器的 $Q(\omega), L$ 和 $P(\omega)$

低通 FIR 滤波器类型	$Q(\omega)$	L	$P(\omega)$
Ⅰ 类	1	$\dfrac{M-1}{2}$	$\displaystyle\sum_0^L a(n)\cos\omega n$
Ⅱ 类	$\cos\dfrac{\omega}{2}$	$\dfrac{M}{2}-1$	$\displaystyle\sum_0^L \widetilde{b}(n)\cos\omega n$
Ⅲ 类	$\sin\omega$	$\dfrac{M-3}{2}$	$\displaystyle\sum_0^L \widetilde{c}(n)\cos\omega n$
Ⅳ 类	$\sin\dfrac{\omega}{2}$	$\dfrac{M}{2}-1$	$\displaystyle\sum_0^L \widetilde{d}(n)\cos\omega n$

这一分析的目的就是为了对于这 4 种情况有一个 $H_r(\omega)$ 的共同形式,这将会对问题的系统描述更为容易。为了将问题归结为切比雪夫近似问题,必须定义期望的振幅响应 $H_{dr}(\omega)$ 和在通带与阻带内定义的加权函数 $W(\omega)$。为使在 δ_1 和 δ_2 上能有独立控制,加权函数是必须的。加权误差定义为

$$E(\omega) \triangleq W(\omega)[H_{dr}(\omega) - H_r(\omega)], \omega \in \mathcal{S} \triangleq [0,\omega_p] \bigcup [\omega_s, \pi] \qquad (7.42)$$

在下面一组图中会让这些概念更为清楚。下图展现出与它的理想响应一起的一个典型的等波纹滤波器响应。

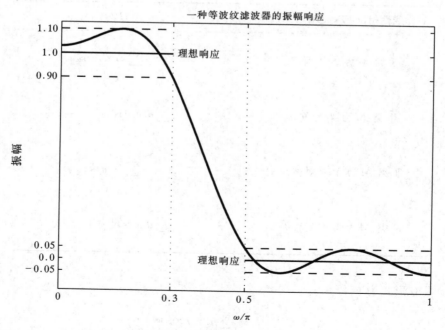

误差 $[H_{dr}(\omega) - H_r(\omega)]$ 响应如下图所示:

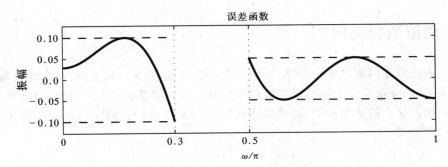

现在,若选取

$$W(\omega) = \begin{cases} \dfrac{\delta_2}{\delta_1}, & \text{在通带} \\ 1, & \text{在阻带} \end{cases} \tag{7.43}$$

那么加权误差响应 $E(\omega)$ 是

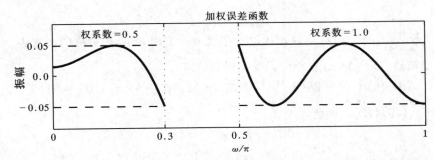

这样在通带和阻带的最大误差都是 δ_2。因此,如果能成功地将最大加权误差最小化到 δ_2,那么也就自动满足了在通带内对 δ_1 的指标要求。将(7.40)式的 $H_r(\omega)$ 代入(7.42)式得到

$$E(\omega) = W(\omega)[H_{dr}(\omega) - Q(\omega)P(\omega)]$$
$$= W(\omega)Q(\omega)\left[\frac{H_{dr}(\omega)}{Q(\omega)} - P(\omega)\right], \ \omega \in \mathcal{S}$$

若定义

$$\hat{W}(\omega) \triangleq W(\omega)Q(\omega) \ \text{和} \ \hat{H}_{dr}(\omega) \triangleq \frac{H_{dr}(\omega)}{Q(\omega)}$$

那么得出

$$E(\omega) = \hat{W}(\omega)[\hat{H}_{dr}(\omega) - P(\omega)], \ \omega \in \mathcal{S} \tag{7.44}$$

这样一来,对全部 4 种情况就有了一个 $E(\omega)$ 的共同形式。

    问题陈述 切比雪夫近似问题现在能定义如下:

    确定这组系数 $\tilde{a}(n)$ 或 $\tilde{b}(n)$ 或 $\tilde{c}(n)$ 或 $\tilde{d}(n)$[或等效为 $a(n)$ 或 $b(n)$ 或 $c(n)$ 或 $d(n)$]以使在通带和阻带内 $E(\omega)$ 的最大绝对值最小,即

$$\min_{}\left[\max_{\omega \in \mathcal{S}} |E(\omega)|\right] \tag{7.45}$$

现在已经成功地给定了准确的 $\omega_p, \omega_s, \delta_1$ 和 δ_2,另外误差在通带和阻带内都能均匀分布了。

7.5.2 极值数目的限制

在给出上述问题的解之前,首先要讨论这么一个问题:对某一给定的 M 点滤波器来说,在误差函数 $E(\omega)$ 内存在多少个局部最大值和最小值? 这一信息被 Parks-McClellan 算法用来得到多项式内插。这个答案是在 $P(\omega)$ 的表达式中。根据(7.41)式,$P(\omega)$ 是 ω 的三角函数。利用三角函数恒等式

$$\cos(2\omega) = 2\cos^2(\omega) - 1$$
$$\cos(3\omega) = 4\cos^3(\omega) - 3\cos(\omega)$$
$$\vdots = \vdots$$

可将 $P(\omega)$ 转换为 $\cos(\omega)$ 的三角多项式,这就能将(7.41)式写作

$$P(\omega) = \sum_{n=0}^{L} \beta(n)\cos^n\omega \tag{7.46}$$

例题 7.21 设 $h(n) = \frac{1}{15}[1,2,3,4,3,2,1]$,那么 $M=7$ 和 $h(n)$ 是对称的。这表示有一个 I 类线性相位滤波器,$L=(M-1)/2=3$。现在根据(7.7)式

$$\alpha(n) = a(n) = 2h(3-n), \quad 1 \leqslant n \leqslant 2; \text{ 和 } \alpha(0) = a(0) = h(3)$$

或者 $\alpha(n) = \frac{1}{15}[4,6,4,2]$。因此,

$$P(\omega) = \sum_0^3 \alpha(n)\cos\omega n = \frac{1}{15}(4 + 6\cos\omega + 4\cos2\omega + 2\cos3\omega)$$

$$= \frac{1}{15}\{4 + 6\cos\omega + 4(2\cos^2\omega - 1) + 2(4\cos^3\omega - 3\cos\omega)\}$$

$$= 0 + 0 + \frac{8}{15}\cos^2\omega + \frac{8}{15}\cos^3\omega = \sum_0^3 \beta(n)\cos^n\omega$$

或者 $\beta(n) = \left[0, 0, \frac{8}{15}, \frac{8}{15}\right]$。

从(7.46)式注意到 $P(\omega)$ 是一个 L 阶的 $\cos(\omega)$ 多项式。因为 $\cos(\omega)$ 在开区间 $0 < \omega < \pi$ 上是一个单调函数,那么以 $\cos(\omega)$ 为宗量的 L 阶多项式 $P(\omega)$ 应该在特性上与以 x 为宗量的 L 阶多项式 $P(x)$ 是一样的。因此,$P(\omega)$ 在开区间 $0 < \omega < \pi$ 上最多(即不多于)只有 $(L-1)$ 个局部极值。例如,

$$\cos^2(\omega) = \frac{1 + \cos2\omega}{2}$$

仅有一个最小值在 $\omega = \pi/2$。然而在闭区间 $0 \leqslant \omega \leqslant \pi$ 上却有 3 个极值(即在 $\omega = 0$ 的最大值,在 $\omega = \pi/2$ 的最小值和在 $\omega = \pi$ 的最大值)。现在如果包括端点 $\omega = 0$ 和 $\omega = \pi$,那么 $P(\omega)$ 在闭区间 $0 \leqslant \omega \leqslant \pi$ 上最多有 $(L+1)$ 个局部极值。最后总是希望滤波器的性能指标准确满足在频带边缘 ω_p 和 ω_s 的要求,那么这些指标在区间 $0 \leqslant \omega \leqslant \pi$ 内能被满足的不会多于 $(L+3)$ 个极值频率。

结论: 误差函数 $E(\omega)$ 在 $\mathcal{S}$ 内至多有 $(L+3)$ 个极值。

例题 7.22　画出例题 7.21 给出的滤波器的振幅响应,并计算在对应误差函数中极值的总数。

题解

脉冲响应是

$$h(n) = \frac{1}{15}[1,2,3,4,3,2,1], \quad M = 7 \text{ 或 } L = 3$$

和由例题 7.21 有 $\alpha(n) = \frac{1}{15}[4,6,4,2]$ 和 $\beta(n) = [0,0,\frac{8}{15},\frac{8}{15}]$。因此,

$$P(\omega) = \frac{8}{15}\cos^2\omega + \frac{8}{15}\cos^3\omega$$

这如图 7.34 所示。很显然,在开区间 $0 < \omega < \pi$ 内 $P(\omega)$ 有 $(L-1) = 2$ 个极值。同时图 7.34 还指出误差函数,它有 $(L+3) = 6$ 个极值。

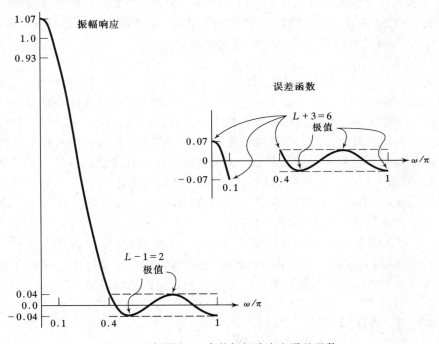

图 7.34　例题 7.22 中的振幅响应和误差函数

现在要将注意力转到问题的陈述和方程(7.45)式上来。在近似理论中这是一个很著名的问题,它的解由下面重要定理给出。

> **定理 1　交错点定理**
>
> 　　设 $\mathcal{S}$ 是闭区间 $[0,\pi]$ 内任意闭合子集,为使 $P(\omega)$ 是在 $\mathcal{S}$ 上对 $H_{dr}(\omega)$ 的唯一最大值最小近似,其必要与充分条件是 $E(\omega)$ 在 $\mathcal{S}$ 内至少呈现出 $(L+2)$ 个"交错点"或极值频率;这就是说,在 $\mathcal{S}$ 内一定存在 $(L+2)$ 个频率 ω_i 使之有
>
> $$E(\omega_i) = -E(\omega_{i-1}) = \pm \max_{S} |E(\omega)| \tag{7.47}$$
>
> $$\triangleq \pm\delta, \forall \omega_0 < \omega_1 < \cdots < \omega_{L+1} \in \mathcal{S}$$

将这个定理与前面的结论结合在一起,表明最优等波纹滤波器在 $\mathcal{S}$ 内它的误差函数不是有 $(L+2)$ 个就是有 $(L+3)$ 个交错点。其中大多数等波纹滤波器有 $(L+2)$ 个交错点。然而,对于某些 ω_p 和 ω_s 的组合能够得到具有 $(L+3)$ 个交错点的滤波器。这些滤波器在它们的响应中有一个额外的波纹,因此称它们为<u>超量波纹滤波器</u>。

7.5.3 Parks-McClellan 算法

交错点定理确保最大最小近似问题的解存在且是唯一的,但是它并没有告诉我们如何求得这个解。我们是既不知道长度 M(或等效 L),也不知道极值频率 ω_i,也不知道参数 $\{\alpha(n)\}$,也不知道最大误差 δ。Parks 和 McClellan[74] 利用 Remez 交换算法提供了一种迭代解。它假定滤波器长度 M(或 L)和比值 δ_2/δ_1 已知,如果按(7.43)式选取加权函数,并且如果正确地选定了阶 M,那么当这个解得到时就有 $\delta=\delta_2$。很明显,δ 和 M 是互为关联的:M 愈大,δ 就愈小。在滤波器的设计数据中,δ_1、δ_2、ω_p 和 ω_s 是已知的,因此 M 必须要先假定知道。所幸地是,由于 Kaiser 的工作,对近似的 M 存在一个简单的公式,给出为

$$\hat{M} = \frac{-20\log_{10}\sqrt{\delta_1\delta_2} - 13}{2.285\Delta\omega} + 1; \; \Delta\omega = \omega_s - \omega_p \tag{7.48}$$

Parks-McClellan 算法从估猜 $(L+2)$ 个极值频率 $\{\omega_i\}$ 开始并估计出在这些频率上的最大误差 δ。然后通过(7.47)式给出的点拟合一个 L 阶多项式(7.46)式。在一个很细的密度上确定局部最大误差,并在这些新的极值上调整极值频率 $\{\omega_i\}$。通过这些新的极值频率又拟合出一个新的 L 阶多项式,这个过程一直重复下去。这一迭代过程一直持续到最优一组频率 $\{\omega_i\}$ 和全局最大误差 δ 被找到为止。这个迭代过程保证收敛,得出多项式 $P(\omega)$。再从(7.46)式确定系数 $\beta(n)$。最后,系数 $a(n)$ 以及脉冲响应 $h(n)$ 都被计算出。这个算法在 MATLAB 中作为 firpm 函数是可以获得的,下面稍后将作介绍。

由于是对 M 的近似,最大误差 δ 可能不等于 δ_2。若是这样,那么必须增大 M(若 $\delta>\delta_2$),或者减小 M(若 $\delta<\delta_2$),并用 firpm 算法再去求出一个新的 δ。重复这个过程直到 $\delta\leqslant\delta_2$ 为止。这样,满足前面讨论的全部三个要求的最优等波纹 FIR 滤波器就确定了。

7.5.4 MATLAB 实现

Parks-McClellan 算法在 MATLAB 中作为一个称为 firpm 的函数是可以得到的,这个函数最通用的句法是

```
[h] = firpm(N,f,m,weights,ftype)
```

这个句法有几个版本:

(1) [h] = firpm(N,f,m) 设计一 N 阶(注意,滤波器长度是 $M=N+1$)FIR 数字滤波器,其频率响应由数组 f 和 m 给定。滤波器系数(或脉冲响应)在长度为 M 的数组 h 中得到。数组 f 包含以 π 为单位的频带边缘频率,也即 $0.0\leqslant f\leqslant 1.0$,这些频率必须是以递增的次序从 0.0 开始,并以 1.0 终结。数组 m 包含有在 f 所给定频率上的期望幅度响应。f 和 m 数组的长度必须相同而且必须是偶数。在每个频带内所用的加权函数都是等于 1,这意味着在每一频带内的

容度(δ_i)是相同的。

(2) [h] = firpm(N,f,m,weights)除了数组 weights 给出了在每个频带内的加权函数外,其余都与上面情况是类似的。

(3) [h] = firpm(N,f,m,ftype)与第一种情况类似,除了当 ftype 是字符串"differentiator"或"hilbert"时,它分别设计数字微分器和数字希尔伯特变换器。对于数字希尔伯特变换器来说,在数组 f 中的最低频率不应该是 0,而最高频率也不应该是 1。对数字微分器来说,m 向量不给出在每个频带内的期望斜率而是期望幅度。

(4) [h] = firpm(N,f,m,weights,ftype)除了数组 weights 给出每个频带的加权函数外,与上面情况类似。

为了估计出滤波器的阶 N,SP 工具箱提供了函数 firpmord。这个函数也能估计在 firpm 函数中用到的其他参数。这个基本语法是

```
[N,f0,m0,weights] = firpmord(f,m,delta);
```

这个函数计算窗的阶 N、在 f0 中的归一化频带边缘频率、m0(原文为 a0,恐有误——译者注)中的振幅响应,以及在 mweights 中的频带加权值。向量 f 是归一化频带边缘频率向量,m 是由 f 定义的频带上给定期望振幅值的向量。f 的长度小于两倍 m 的长度,也即 f 不包括 0 或 1。向量 delta 给定在每个频带内的容度(不是以 dB 计)。估计出的参数现在能用于 firpm 函数。

正如在描述 Parks-McClellan 算法过程中所说明的,为了利用 firpm 函数必须首先利用(7.48)式估猜滤波器的阶。在得到在数组 h 中的滤波器系数之后,必须要校核最小阻带衰减并将它与给定的 A_s 比较,然后增大(或降低)这个滤波器的阶。必须将这一过程重复直到得到所期望的 A_s 为止。现用下面几个 MATLAB 例子来说明这个过程。这些例子也用了波纹转换函数 db2delta,它在习题 P7.1 中建立。

例题 7.23 利用 Parks-McClellan 算法设计在例题 7.8 中给出的低通滤波器。设计参数是
$$\omega_p = 0.2\pi, \quad R_p = 0.25\text{dB}$$
$$\omega_s = 0.3\pi, \quad A_s = 50\text{dB}$$

题解

现给出设计这个滤波器的一个 MATLAB 脚本如下:

```
>> wp = 0.2*pi; ws = 0.3*pi; Rp = 0.25; As = 50;
>>[delta1,delta2] = db2delta(Rp,As);
>> [N,f,m,weights] = firpmord([wp,ws]/pi,[1,0],[delta1,delta2]);
>> h = firpm(N,f,m,weights);
>> [db,mag,pha,grd,w] = freqz_m(h,[1]);
>> delta_w = 2*pi/1000; wsi = ws/delta_w+1; wpi = wp/delta_w;
>> Asd = -max(db(wsi:1:501))
Asd = 47.8404
>> N = N+1
N = 43
>> h = firpm(N,f,m,weights); [db,mag,pha,grd,w] = freqz_m(h,[1]);
```

```
>> Asd = - max(db(wsi:1:501);
Asd = 48.2131
>> N = N+1
N = 44
>> h = firpm(N,f,m,weights); [db,mag,pha,grd,w] = freqz_m(h,[1]);
>> Asd = - max(db(wsi:1:501))
Asd = 48.8689
>> N = N+1
N = 45
>> h = firpm(N,f,m,weights); [db,mag,pha,grd,w] = freqz_m(h,[1]);
>>Asd = - max(db(wsi:1:501))
Asd = 49.8241
>> N = N+1
N = 46
>> h = firpm(N,f,m,weights); [db,mag,pha,grd,w] = freqz_m(h,[1]);
>> Asd = - max(db(wsi:1:501))
Asd = 51.0857
>> M = N+1
M = 47
```

要注意,当计算出的阻带衰减超过给定阻带衰减 A_s 时,上面迭代过程终止,得到最优的 M 值是 47。这个值是明显低于窗口法设计($M=61$ 对 Kaiser 窗)或频率采样法设计($M=60$)所需的滤波器阶。图 7.35 与在通带和阻带的误差函数一起展示出这个已设计完成的滤波器的时域和频域的图。

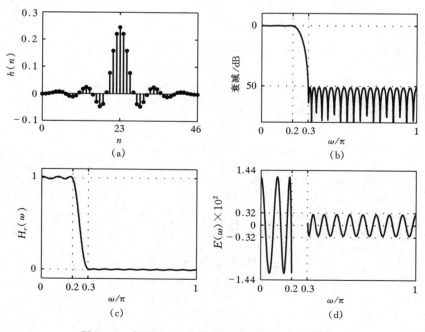

图 7.35 例题 7.23 中等波纹低通 FIR 滤波器的图
(a) 设计脉冲响应;(b) 幅度响应(dB);(c) 振幅响应;(d) 误差响应

例题 7.24　利用 Parks-McClellan 算法设计由例题 7.10 给出的带通滤波器。这些设计参数是：

$$\begin{matrix} \omega_{1s} = 0.2\pi \\ \omega_{1p} = 0.35\pi \end{matrix} ; R_p = 1\text{dB}$$

$$\begin{matrix} \omega_{2p} = 0.65\pi \\ \omega_{2s} = 0.8\pi \end{matrix} ; A_s = 60\text{dB}$$

题解

　　下面 MATLAB 脚本表明如何设计这个滤波器。

```
>> ws1 = 0.2 * pi; wp1 = 0.35 * pi; wp2 = 0.65 * pi; ws2 = 0.8 * pi;
>> Rp = 1.0; As = 60;
>> [delta1,delta2] = db2delta(Rp,As);
>> f = [ws1,wp1,wp2,ws2]/pi; m = [0,1,0]; delta = [delta2,delta1,delta2];
>> [N,f,m,weights] = firpmord(f,m,delta); N
N = 26
>> h = firpm(N,f,m,weights);
>> [db,mag,pha,grd,w] = freqz_m(h,[1]);
>> delta_w = 2 * pi/1000;
>> ws1i = floor(ws1/delta_w) + 1; wp1i = floor(wp1/delta_w) + 1;
>> ws2i = floor(ws2/delta_w) + 1; wp2i = floor(wp2/delta_w) + 1;
>> Asd = - max(db(1:1:ws1i))
Asd = 54.7756
>> N = N + 1;
>> h = firpm(N,f,m,weights);
>> [db,mag,pha,grd,w] = freqz_m(h,[1]);
>> Asd = - max(db(1:1:ws1i))
Asd = 56.5910
>> N = N + 1;
>> h = firpm(N,f,m,weights);
>> [db,mag,pha,grd,w] = freqz_m(h,[1]);
Asd = - max(db(1:1:ws1i)
>> Asd = 61.2843
>> M = N + 1
M = 29
```

求出最优 M 值是 29。已设计完的滤波器的时域和频域图如图 7.36 所示。

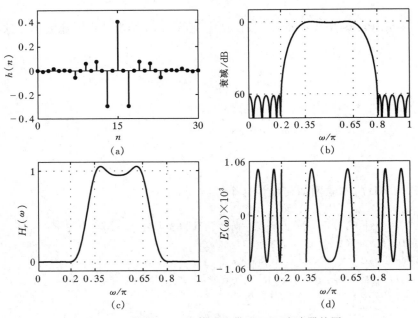

图 7.36 例题 7.24 中等波纹带通 FIR 滤波器的图
(a) 设计脉冲响应；(b) 幅度响应(dB)；(c) 振幅响应；(d) 加权误差

例题 7.25 设计一高通滤波器其设计参数是：

$$\omega_s = 0.6\pi \qquad A_s = 50\text{dB}$$
$$\omega_p = 0.75\pi \qquad R_p = 0.5\text{dB}$$

题解

因为这是一个高通滤波器，必须确保 M 是一个奇数。这个如下面的 MATLAB 脚本所指出。

```
>> ws = 0.6 * pi; wp = 0.75 * pi; Rp = 0.5; As = 50;
>> [delta1,delta2] = db2delta(Rp,As);
>> [N,f,m,weights] = firpmord([ws,wp]/pi,[0,1],[delta2,delta1]);N
N = 26
>> h = firpm(N,f,m,weights);
>> [db,mag,pha,grd,w] = freqz_m(h,[1]);
>> delta_w = 2 * pi/1000; wsi = ws/delta_w; wpi = wp/delta_w;
>> Asd = - max(db(1:1:wsi))
Asd = 49.5918
>> N = N + 2;
>> h = firpm(N,f,m,weights);
>> [db,mag,pha,grd,w] = freqz_m(h,[1]);
>> Asd = - max(db(1:1:wsi)
>> Asd = 50.2253
>> M = N + 1
M = 29
```

可以注意到将 N 增加 2 以维持它的奇数值。求出的最优 M 值是 29。已设计完成的这个滤波器的时域和频域图如图 7.37 所示。

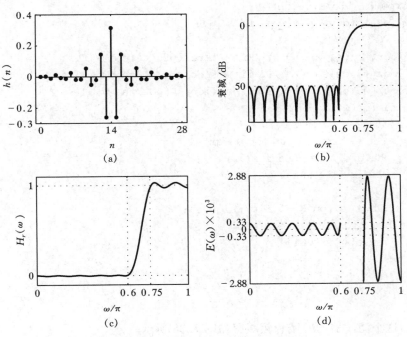

图 7.37 例题 7.25 中等波纹高通 FIR 滤波器的图
(a) 设计脉冲响应；(b) 幅度响应(dB)；(c) 振幅响应；(d) 误差响应

例题 7.26 本例要设计一"阶梯"形滤波器,它有三个频带,各自具有不同的理想响应和不同容度。设计参数是:

频带 1: $0 \leqslant \omega \leqslant 0.3\pi$, 理想增益 = 1, 容度 $\delta_1 = 0.01$

频带 2: $0.4\pi \leqslant \omega \leqslant 0.7\pi$, 理想增益 = 0.5, 容度 $\delta_2 = 0.005$

频带 3: $0.8\pi \leqslant \omega \leqslant \pi$, 理想增益 = 0, 容度 $\delta_3 = 0.001$

题解

下面给出的 MATLAB 脚本描述了这个设计过程。

```
>> w1 = 0; w2 = 0.3 * pi; delta1 = 0.01;
>> w3 = 0.4 * pi; w4 = 0.7 * pi; delta2 = 0.005;
>> w5 = 0.8 * pi; w6 = pi; delta3 = 0.001;
>> weights = [delta3/delta1 delta3/delta2 1];
>> Dw = min((w3 - w2), (w5 - w3));
>> M = ceil(( - 20 * log10((delta1 * delta2 * delta3)^(1/3)) - 13)/(2.285 + Dw) + 1)
>> M = 51
```

```
>> f = [0 w2/pi w3/pi w4/pi w5/pi 1];
>> m = [1 1 0.5 0.5 0 0];
>> h = firpm(M-1,f,m,weights);
>> [db,mag,pha,grd,w] = freqz_m(h,[1]);
>> delta_w = 2*pi/1000;
>> w1i = floor(w1/delta_w)+1; w2i = floor(w2/delta_w)+1;
>> w3i = floor(w3/delta_w)+1; w4i = floor(w4/delta_w)+1;
>> w5i = floor(w5/delta_w)+1; w6i = floor(w6/delta_w)+1;
>> Asd = -max(db(w5i:w6i))
Asd = 62.0745
>> M = M-1; h = firpm(M-1,f,m,weights);
>> [db,mag,pha,grd,w] = freqz_m(h,[1]);
>> Asd = -max(db(w5i:w6i))
Asd = 60.0299
>> M = M-1; h = firpm(M-1,f,m,weights);
>> [db,mag,pha,grd,w] = freqz_m(h,[1]);
>> Asd = -max(db(w5i:w6i))
Asd = 60.6068
>> M
M = 49
```

已设计完成的这个滤波器的时域和频域图如图 7.38 所示。

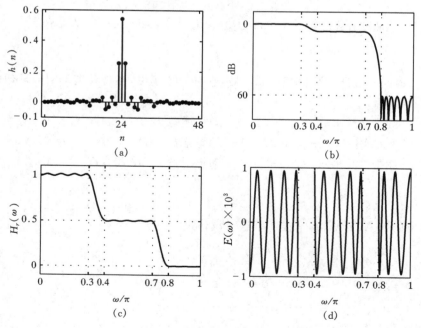

图 7.38 例题 7.26 中等波纹阶梯形 FIR 滤波器的图
(a) 实际脉冲响应; (b) 幅度响应(dB); (c) 振幅响应; (d) 加权误差

例题 7.27　本例题要设计一个数字微分器,它在每一频带内具有不同的斜率。这些设计参数是

$$频带 1:\quad 0 \leqslant \omega \leqslant 0.2\pi,\quad 斜率 = 1\ 样本 / 周期$$
$$频带 2:\quad 0.4\pi \leqslant \omega \leqslant 0.6\pi,\ 斜率 = 2\ 样本 / 周期$$
$$频带 3:\quad 0.8\pi \leqslant \omega \leqslant \pi,\quad 斜率 = 3\ 样本 / 周期$$

题解

在每个频带内需要期望的幅度响应值。这些可以通过用频带边缘频率(单位:周期/样本)乘以斜率(样本/周期)值得到为

$$频带 1:\quad 0 \leqslant f \leqslant 0.1,\ 斜率 = 1\ 样本 / 周期 \Rightarrow 0.0 \leqslant |H| \leqslant 0.1$$
$$频带 2:\quad 0.2 \leqslant f \leqslant 0.3,\ 斜率 = 2\ 样本 / 周期 \Rightarrow 0.4 \leqslant |H| \leqslant 0.6$$
$$频带 3:\quad 0.4 \leqslant f \leqslant 0.5,\ 斜率 = 3\ 样本 / 周期 \Rightarrow 1.2 \leqslant |H| \leqslant 1.5$$

令所有频带内的权系数都相等。这个 MATLAB 脚本是:

```
>> f = [0 0.2 0.4 0.6 0.8 1];          % In w/pi unis
>> m = [0,0.1,0.4,0.6,1.2,1.5];        % Magnitude values
>> h = firpm(25,f,m,'differentiator');
>> [db,mag,pha,grd,w] = freqz_m(h,[1]);
% Plot commands follow
```

时域和频域响应如图 7.39 所示。

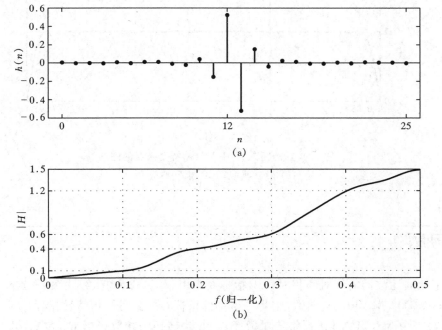

图 7.39　例题 7.27 中微分器的图
(a) 脉冲响应;(b) 幅度响应

例题 7.28 最后,在频带 $0.05\pi \leqslant \omega \leqslant 0.95\pi$ 内设计一个希尔伯特变换器。

题解

因为这是一个宽带希尔伯特变换器,要为该滤波器选取一个奇数长度(即 Ⅲ 类滤波器)。现选 $M=51$。这个 MATLAB 脚本是:

```
>> f = [0.05,0.95]; m = [1 1]; h = firpm(50,f,m,'hilbert');
>> [db,mag,pha,grd,w] = freqz_m(h, [1]);
% Plot commands follow
```

这个希尔伯特变换器的时域和频域图如图 7.40 所示。

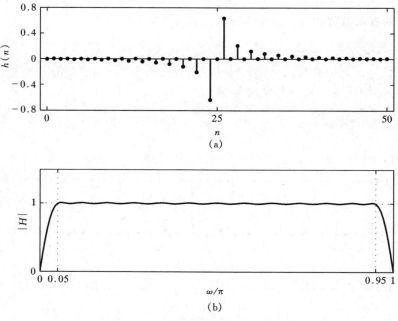

图 7.40 例题 7.28 中希尔伯特变换器的图
(a) 脉冲响应;(b) 幅度响应

7.6 习题

P7.1 一个低通滤波器的绝对和相对(dB)指标要求由(7.1)式和(7.2)式关联,这个习题要建立一个简单 MATLAB 函数,它将一组特性指标转换到另一组特性指标。

1. 写一个 MATLAB 函数将绝对指标 δ_1 和 δ_2 转换为相对指标 R_p 和 A_s(dB)。这个函数的格式应该是

```
function [Rp,As] = delta2db(delta1,delta2)
% Converts absolute specs delta1 and delta2 into dB specs Rp and As
% [Rp,As] = delta2db(delta1,delta2)
```

利用例题 7.2 的数据验证你的函数。

2. 写一个 MATLAB 函数将相对(dB)指标 R_p 和 A_s 转换为绝对指标 δ_1 和 δ_2。这个函数的格式应该是

```
function [delta1,delta2] = db2delta(Rp,As)
% Converts dB specs Rp and As into absolute specs delta1 and delta2
% [delta1,delta2] = db2delta(Rp,As)
```

利用例题 7.1 的数据验证你的函数。

P7.2　Ⅰ类线性相位 FIR 滤波器由下面脉冲响应表征

$$h(n) = h(M-1-n), 0 \leqslant n \leqslant M-1, M \text{ 为奇}$$

证明：它的振幅响应 $H_r(\omega)$ 给出为

$$H_r(\omega) = \sum_{n=0}^{L} a(n)\cos(\omega n), L = \frac{M-1}{2}$$

式中系数 $\{a(n)\}$ 按(7.7)式定义求得。

P7.3　Ⅱ类线性相位 FIR 滤波器由下面脉冲响应表征

$$h(n) = h(M-1-n), 0 \leqslant n \leqslant M-1, M \text{ 为偶}$$

1. 证明：它的振幅响应 $H_r(\omega)$ 给出为

$$H_r(\omega) = \sum_{n=1}^{M/2} b(n)\cos\left\{\omega\left(n-\frac{1}{2}\right)\right\}$$

式中系数 $\{b(n)\}$ 按(7.10)式定义求得。

2. 证明：上面 $H_r(\omega)$ 能进一步表示为

$$H_r(\omega) = \cos\frac{\omega}{2}\sum_{n=0}^{L} \tilde{b}(n)\cos\omega n, L = \frac{M}{2}-1$$

式中系数 $\tilde{b}(n)$ 由下式给出。

$$b(1) = \tilde{b}(0) + \frac{1}{2}\tilde{b}(1),$$

$$b(n) = \frac{1}{2}[\tilde{b}(n-1) + \tilde{b}(n)], 2 \leqslant n \leqslant \frac{M}{2}-1$$

$$b\left(\frac{M}{2}\right) = \frac{1}{2}\tilde{b}\left(\frac{M}{2}-1\right)$$

P7.4　Ⅲ类线性相位 FIR 滤波器由下面脉冲响应表征：

$$h(n) = -h(M-1-n), 0 \leqslant n \leqslant M-1, M \text{ 为奇}$$

1. 证明：它的振幅响应 $H_r(\omega)$ 给出为

$$H_r(\omega) = \sum_{n=1}^{(M-1)/2} c(n)\sin(\omega n)$$

式中系数 $\{c(n)\}$ 按(7.13)式定义求得。

2. 证明:上面 $H_r(\omega)$ 能进一步表示为

$$H_r(\omega) = \sin\omega \sum_{n=0}^{L} \tilde{c}(n)\cos(\omega n), \quad L = \frac{M-3}{2}$$

式中系数 $\tilde{c}(n)$ 由下式给出。

$$c(1) = \tilde{c}(0) - \frac{1}{2}\tilde{c}(1),$$

$$c(n) = \frac{1}{2}[\tilde{c}(n-1) - \tilde{c}(n)], 2 \leqslant n \leqslant \frac{M-3}{2}$$

$$c\left(\frac{M-1}{2}\right) = \frac{1}{2}\tilde{c}\left(\frac{M-3}{2}\right)$$

P7.5 IV 类线性相位 FIR 滤波器由下面脉冲响应表征:

$$h(n) = -h(M-1-n), \quad 0 \leqslant n \leqslant M-1, \quad M \text{ 为偶}$$

1. 证明:它的振幅响应 $H_r(\omega)$ 给出为

$$H_r(\omega) = \sum_{n=1}^{M/2} d(n)\sin\left\{\omega\left(n - \frac{1}{2}\right)\right\}$$

式中系数 $\{d(n)\}$ 按(7.16)式定义求得。

2. 证明:上面 $H_r(\omega)$ 能进一步表示为

$$H_r(\omega) = \sin\frac{\omega}{2} \sum_{n=0}^{L} \tilde{d}(n)\cos(\omega n), \quad L = \frac{M}{2} - 1$$

式中系数 $\tilde{d}(n)$ 由下式给出。

$$d(1) = \tilde{d}(0) - \frac{1}{2}\tilde{d}(1),$$

$$d(n) = \frac{1}{2}[\tilde{d}(n-1) - \tilde{d}(n)], 2 \leqslant n \leqslant \frac{M}{2} - 1$$

$$d\left(\frac{M}{2}\right) = \frac{1}{2}\tilde{d}\left(\frac{M}{2} - 1\right)$$

P7.6 写一个 MATLAB 函数用于计算已知一线性相位脉冲响应 $h(n)$ 的振幅响应 $H_r(\omega)$。这个函数的格式应该是

```
function [Hr,w,P,L] = Ampl_Res(h);
% Computes Amplitude response Hr(w) and its polynomial P of order L,
% given a linear-phase FIR filter impulse response h.
% The type of filter is determined automatically by the subroutine.
%
% [Hr,w,P,L] = Ampl_Res(h)
% Hr = Amplitude Response
% w = frequencies between [0 pi] over which Hr is computed
% P = Polynomial coefficients
% L = Order of P
% h = Linear Phase filter impulse response
```

这个函数首先应该确定线性相位 FIR 滤波器的型式,然后利用本章讨论过的合适的 Hr_Type# 函数。如果给出的 $h(n)$ 是属于线性相位型的话,也应该进行校核。用下面

给出的序列校核你的函数。

$$h_{\rm I}(n)=(0.9)^{|n-5|}\cos[\pi(n-5)/12][u(n)-u(n-11)]$$

$$h_{\rm II}(n)=(0.9)^{|n-4.5|}\cos[\pi(n-4.5)/11][u(n)-u(n-10)]$$

$$h_{\rm III}(n)=(0.9)^{|n-5|}\sin[\pi(n-5)/12][u(n)-u(n-11)]$$

$$h_{\rm IV}(n)=(0.9)^{|n-4.5|}\sin[\pi(n-4.5)/11][u(n)-u(n-10)]$$

$$h(n)=(0.9)^{n}\cos[\pi(n-5)/12][u(n)-u(n-11)]$$

P7.7 证明下面线性相位 FIR 滤波器的性质。

1. 若 $H(z)$ 有 4 个零点在 $z_1=re^{j\theta}$，$z_2=\dfrac{1}{r}e^{-j\theta}$，$z_3=re^{-j\theta}$ 和 $z_4=\dfrac{1}{r}e^{j\theta}$（原文为 $e^{-j\theta}$ 疑有误。——译者注），那么 $H(z)$ 代表一个线性相位 FIR 滤波器。

2. 若 $H(z)$ 有 2 个零点在 $z_1=e^{j\theta}$ 和 $z_2=e^{-j\theta}$，那么 $H(z)$ 代表一个线性相位 FIR 滤波器。

3. 若 $H(z)$ 有 2 个零点在 $z_1=r$ 和 $z_2=\dfrac{1}{r}$，那么 $H(z)$ 代表一个线性相位 FIR 滤波器。

4. 若 $H(z)$ 有 1 个零点在 $z_1=1$ 或者 1 个零点在 $z_1=-1$，那么 $H(z)$ 代表一个线性相位 FIR 滤波器。

5. 对习题 P7.6 中给出的每一序列画出零点位置，确定哪个序列意含着是线性相位 FIR 滤波器。

P7.8 一个陷波滤波器是一个 LTI 系统，它用于消除某一任意频率 $\omega=\omega_0$。理想线性相位陷波滤波器的频率响应给出为

$$H_d(e^{j\omega})=\begin{cases}0, & |\omega|=\omega_0 \\ 1\cdot e^{-j\alpha\omega}, & \text{其余 }\omega\end{cases} \quad (\alpha \text{ 是以样本数计的延时})$$

1. 求这个理想陷波滤波器的理想脉冲响应 $h_d(n)$。

2. 利用 $h_d(n)$，用长为 51 的矩形窗设计一个线性相位 FIR 陷波滤波器用以消除频率 $\omega_0=\pi/2\text{rad}/$样本。画出所得滤波器的振幅响应。

3. 用长为 51 的 Hamming 窗重做上题部分。比较结果。

P7.9 利用 Hann 窗设计法设计一个线性相位带通滤波器，设计参数是

$$\left.\begin{array}{l}\text{下阻带边缘：}0.2\pi \\ \text{上阻带边缘：}0.75\pi\end{array}\right\} \quad A_s=40\text{dB}$$

$$\left.\begin{array}{l}\text{下通带边缘：}0.35\pi \\ \text{上通带边缘：}0.55\pi\end{array}\right\} \quad R_p=0.25\text{dB}$$

画出已设计滤波器的脉冲响应和幅度响应(dB)。勿用 `fir1` 函数。

P7.10 利用 Hamming 窗设计法设计一带阻滤波器，设计参数是

$$\left.\begin{array}{l}\text{下阻带边缘：}0.4\pi \\ \text{上阻带边缘：}0.6\pi\end{array}\right\} \quad A_s=50\text{dB}$$

$$\left.\begin{array}{l}\text{下通带边缘：}0.3\pi \\ \text{上通带边缘：}0.7\pi\end{array}\right\} \quad R_p=0.2\text{dB}$$

画出该滤波器的脉冲响应和幅度响应(dB)。勿用 `fir1` 函数。

P7.11 利用 Hamming 窗设计法设计一带通滤波器，设计参数是

$$\left.\begin{array}{l}\text{下阻带边缘}:0.3\pi\\\text{上阻带边缘}:0.6\pi\end{array}\right\}\quad A_s = 50\text{dB}$$

$$\left.\begin{array}{l}\text{下通带边缘}:0.4\pi\\\text{上通带边缘}:0.5\pi\end{array}\right\}\quad R_p = 0.5\text{dB}$$

画出该滤波器的脉冲响应和幅度响应(dB)。勿用 fir1 函数。

P7.12 采用固定窗函数中的一种设计一个高通滤波器,设计参数是

$$\text{阻带边缘}:0.4\pi,\quad A_s = 50\text{dB}$$

$$\text{通带边缘}:0.6\pi,\quad R_p = 0.004\text{dB}$$

画出通带内已设计滤波器放大了的幅度响应(dB),并验证通带波纹 R_p。勿用 fir1 函数。

P7.13 利用 Kaiser 窗设计一个线性相位 FIR 数字滤波器满足下列特性指标:

$$0.975 \leqslant |H(e^{j\omega})| \leqslant 1.025, \qquad 0 \leqslant \omega \leqslant 0.25\pi$$

$$0 \leqslant |H(e^{j\omega})| \leqslant 0.005, \quad 0.35\pi \leqslant \omega \leqslant 0.65\pi$$

$$0.975 \leqslant |H(e^{j\omega})| \leqslant 1.025, \quad 0.75\pi \leqslant \omega \leqslant \pi$$

求这样一个滤波器的最小长度脉冲响应 $h(n)$,给出一幅含有振幅响应和幅度响应 (dB)子图的图。勿用 fir1 函数。

P7.14 希望用 Kaiser 窗设计一线性相位 FIR 数字滤波器,它满足下列指标:

$$0 \leqslant |H(e^{j\omega})| \leqslant 0.01, \quad 0 \leqslant \omega \leqslant 0.25\pi$$

$$0.95 \leqslant |H(e^{j\omega})| \leqslant 1.05, \quad 0.35\pi \leqslant \omega \leqslant 0.65\pi$$

$$0 \leqslant |H(e^{j\omega})| \leqslant 0.01, \quad 0.75\pi \leqslant \omega \leqslant \pi$$

确定这样一个滤波器的最小长度脉冲响应 $h(n)$。提供含有振幅响应和幅度响应(dB)子图的一张图。勿用 fir1 函数。

P7.15 利用 Kaiser 窗设计例题 7.26 中的阶梯形滤波器,设计参数是

$$\text{频带 1:}\quad 0 \leqslant \omega \leqslant 0.3\pi,\quad \text{理想增益} = 1,\quad \delta_1 = 0.01$$

$$\text{频带 2:}\quad 0.4\pi \leqslant \omega \leqslant 0.7\pi,\text{理想增益} = 0.5, \delta_2 = 0.005$$

$$\text{频带 3:}\quad 0.8\pi \leqslant \omega \leqslant \pi,\quad \text{理想增益} = 0,\quad \delta_3 = 0.001$$

将这个设计的滤波器长度与例题 7.26 作比较。提供一张幅度响应(dB)的图。勿用 fir1 函数。

P7.16 利用一种固定窗设计法设计一个带通滤波器,它有最小长度并满足下列特性要求:

$$\left.\begin{array}{l}\text{下阻带边缘}=0.3\pi\\\text{上阻带边缘}=0.6\pi\end{array}\right\}\quad A_s = 40\text{dB}$$

$$\left.\begin{array}{l}\text{下通带边缘}=0.4\pi\\\text{上通带边缘}=0.5\pi\end{array}\right\}\quad R_p = 0.5\text{dB}$$

提供一幅对数幅度响应(dB)图,并用 stem 画出脉冲响应。

P7.17 利用 fir1 函数重做习题 P7.9。

P7.18 利用 fir1 函数重做习题 P7.10。

P7.19 利用 fir1 函数重做习题 P7.11。

P7.20 利用 fir1 函数重做习题 P7.12。

P7.21 利用 fir1 函数重做习题 P7.13。

P7.22 利用 fir1 函数重做习题 P7.14。

P7.23 考虑一理想低通滤波器,其截止频率 $\omega_c = 0.3\pi$。现在想用一种频率采样设计方法来近似这个滤波器,其中选 40 个样本。

1. 将在 ω_c 的样本选成等于 0.5,用直接设计法计算 $h(n)$。求最小阻带衰减。

2. 现在改变在 ω_c 的样本值,并求这个最优值以得到最大的最小阻带衰减。

3. 在一幅图上画出上面两种设计的幅度响应(dB),并对结果作讨论。

P7.24 利用频率采样法设计习题 P7.10 的带阻滤波器。恰当地选取滤波器的阶以便在过渡带内有两个样本,对这两个样本利用最优值。将结果与利用 fir2 函数所得结果作比较。

P7.25 利用频率采样法设计习题 P7.11 的带通滤波器,恰当选取滤波器的阶次以使在过渡带内有两个样本,对这两个样本采用最优值。将所得结果与用 fir2 函数得到的结果作比较。

P7.26 利用频率采样法设计习题 P7.12 的高通滤波器。恰当地选取滤波器的阶以便在过渡带内有两个样本,对这两个样本利用最优值。将结果与利用 fir2 函数所得结果作比较。

P7.27 考虑由图 P7.1 给出的滤波器特性要求,利用 fir2 函数和一个 Hamming 窗经由频率采样法设计一个线性相位 FIR 滤波器。用滤波器长度进行试探达到设计要求。画出所得滤波器的振幅响应。

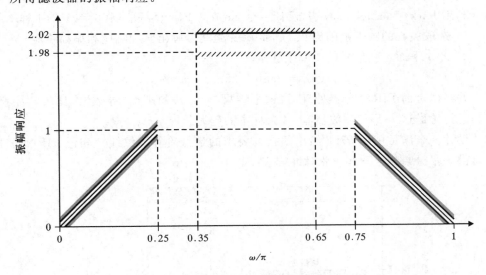

图 P7.1　习题 P7.27 的滤波器特性指标

P7.28 利用频率采样法设计一个带通滤波器,恰当选取滤波器的阶次使之在过渡带内有一个样本,对这个样本采用最优值。设计参数给出如下:

$$\left. \begin{array}{l} \text{下阻带边缘} = 0.3\pi \\ \text{上阻带边缘} = 0.7\pi \end{array} \right\} \quad A_s = 40\text{dB}$$

$$\left. \begin{array}{l} \text{下通带边缘} = 0.4\pi \\ \text{上通带边缘} = 0.6\pi \end{array} \right\} \quad R_p = 0.5\text{dB}$$

提供一幅对数幅度响应(dB)的图,并用 stem 画出脉冲响应。

P7.29 一理想带通滤波器的频率响应给出为

$$H_d(e^{j\omega}) = \begin{cases} 0, & 0 \leqslant |\omega| \leqslant \pi/3 \\ 1, & \pi/3 \leqslant |\omega| \leqslant 2\pi/3 \\ 0, & 2\pi/3 < |\omega| \leqslant \pi \end{cases}$$

1. 根据具有 50dB 的阻带衰减的 Parks-McClellan 算法确定一个 25 节的滤波器系数。所设计的滤波器应有最小可能的过渡带宽度。
2. 利用在习题 P7.6 中建立的函数画出这个滤波器的振幅响应。

P7.30 考虑习题 P7.10 中的带阻滤波器。

1. 利用 Parks-McClellan 算法设计一个线性相位带阻 FIR 滤波器。注意,滤波器的长度必须是奇数。给出已设计成滤波器的脉冲响应和幅度响应(dB)图。
2. 画出这个滤波器的振幅响应,并数出在阻带和通带内总的极值数。将这个数目与总的极值个数的理论估计作验证。
3. 将这个滤波器的阶与习题 P7.10 和 P7.24 的阶作比较。
4. 对下面信号

$$x(n) = 5 - 5\cos\left(\frac{\pi n}{2}\right); \quad 0 \leqslant n \leqslant 300$$

确认该滤波器的功能。

P7.31 利用 Parks-McClellan 算法,设计一个 25 节的 FIR 微分器,其斜率等于 1 样本/周期。

1. 选取关心的频带范围为 0.1π 和 0.9π 之间。画出脉冲响应和振幅响应。
2. 产生下面正弦信号的 100 个样本

$$x(n) = 3\sin(0.25\pi n), \quad n = 0, \cdots, 100$$

并经由上面 FIR 微分器处理,将这个结果与 $x(n)$ 的理论"导数"作比较。注意:不要忘记考虑这个 FIR 滤波器有 12 个样本的延迟。

P7.32 设计一个满足由图 P7.2 给出的指标要求的最低阶等波纹线性相位 FIR 滤波器。提供一张振幅响应图和一张脉冲响应图。

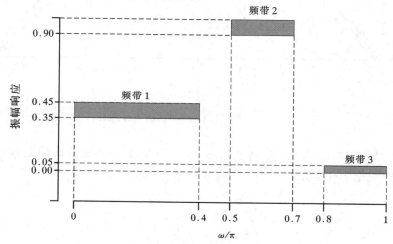

图 P7.2 习题 P7.32 中的滤波器指标

P7.33　一数字信号 $x(n)$ 包含一个频率为 $\pi/2$ 的正弦和一个零均值和单位方差的高斯噪声 $w(n)$，也就是

$$x(n) = 2\cos\frac{\pi n}{2} + w(n)$$

现想要用一个 50 阶的因果和线性相位 FIR 滤波器滤除这个噪声分量。

1. 利用 Parks-McClellan 算法，设计一个带宽不大于 0.02π 和阻带衰减至少为 30dB 的窄带带通滤波器。注意，没有再给出其他的参数，必须对 firpm 函数选取余下的参数以满足这些要求。给出已设计完滤波器的对数幅度(dB)响应。

2. 产生序列 $x(n)$ 的 200 个样本，并经由上述滤波器处理后得到输出 $y(n)$。在一幅图上给出 $100 \leqslant n \leqslant 200$ 的 $x(n)$ 和 $y(n)$ 的子图，并讨论你的结果。

P7.34　利用 Parks-McClellan 算法设计一个最低阶次的线性相位 FIR 滤波器满足由图 P7.1 给出的要求。

1. 提供一张如图 P7.1 所示的具有栅格线和轴标的振幅响应图。

2. 产生下面信号

$$x_1(n) = \cos(0.25\pi n),\ x_2(n) = \cos(0.5\pi n),\ x_3(n) = \cos(0.75\pi n);\ 0 \leqslant n \leqslant 100$$

将这些信号通过上面滤波器得到对应的输出信号 $y_1(n)$，$y_2(n)$ 和 $y_3(n)$。在一张图上给出全部输入和输出信号的条杆图。

P7.35　利用 Parks-McClellan 算法设计一个最低阶次的线性相位 FIR 滤波器满足由图 P7.3 给出的要求，给出一张如图 P7.3 所示的具有栅格线和轴标的振幅响应图。

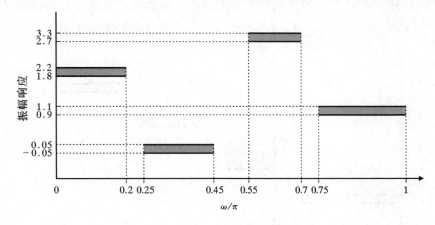

图 P7.3　习题 P7.35 的滤波器特性指标

P7.36　一个 FIR 滤波器的振幅响应特性要求由图 P7.4 给出。

1. 利用窗口设计法和一种固定窗函数设计一个最低阶次的线性相位 FIR 滤波器满足给出的要求。给出一张如图 P7.4 所示的具有栅格线的振幅响应图。

2. 利用窗口设计法和 Kaiser 窗函数设计一个最低阶次的线性相位 FIR 滤波器满足给出的要求。给出一张如图 P7.4 所示的具有栅格线的振幅响应图。

3. 利用频率采样设计法和在过渡带内不多于两个样本设计一个最低阶次的线性相位 FIR 滤波器满足给出的要求。给出一张如图 P7.4 所示的具有栅格线的振幅响应图。

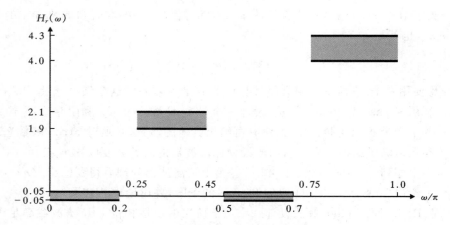

图 P7.4 习题 P7.36 的滤波器特性指标

4. 利用 Parks-McClellan 设计法设计一个最低阶次的线性相位 FIR 滤波器满足给出的要求。给出一张如图 P7.4 所示的具有栅格线的振幅响应图。

5. 通过利用下面三个方面比较上面 4 种设计方法：
   - 滤波器的阶次
   - 精确的通带边缘频率
   - 在每个频带内的精确容度

P7.37 利用 Parks-McClellan 算法设计一个最低阶次的线性相位 FIR 滤波器满足由图 P7.5 给出的要求。给出一张如图 P7.5 所示的具有栅格线的振幅响应图。

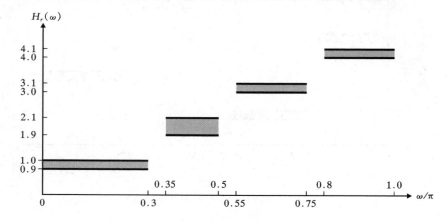

图 P7.5 习题 P7.37 的滤波器特性指标

P7.38 利用 Parks-McClellan 算法设计一个习题 P7.9 的最低阶次线性相位带通滤波器。

1. 在一张图上画出脉冲响应和幅度响应(dB)。

2. 画出振幅响应并数出在通带和阻带内的极值点总数。用总极值数的理论估计验证这个数。

3. 比较这个滤波器和习题 P7.9 滤波器的阶次。

IIR 滤波器设计

8

IIR 滤波器具有无限长脉冲响应,因此能够与模拟滤波器相匹敌;一般来说,所有的模拟滤波器都有无限长脉冲响应。因此,IIR 滤波器设计的基本方法是利用复值映射将大家熟知的模拟滤波器变换为数字滤波器。这一方法的优势在于各种模拟滤波器设计(AFD)表格和映射在文献中普遍都能获得。这个基本方法称为 A/D(模拟–数字)滤波器变换。然而,AFD 表格仅对低通滤波器适用,而同时也想要设计其他频率选择性滤波器(高通、带通、带阻等等)。为此,需要对低通滤波器实行频带变换,这些变换也是复值映射,在各种文献中也能得到。这种 IIR 滤波器设计的基本方法存在两种途径:

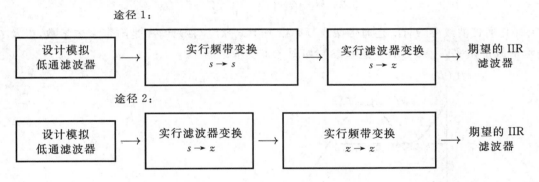

在 MATLAB 中采用第 1 种途径设计 IIR 滤波器。这些 MATLAB 函数的直接使用并没有给出有关任何设计方法的细节。因此,将研究第 2 种途径,因为它涉及数字域的频带变换。这样,在这种 IIR 滤波器设计方法将按下列步骤进行:

(1) 设计模拟低通滤波器。

(2) 研究并实行滤波器变换以得到数字低通滤波器。

(3) 研究并实行频带变换以便从数字低通滤波器得到其他数字滤波器。

这些途径存在的主要问题是在 IIR 滤波器的相位特性上没有一点控制能力,因此 IIR 滤波器设计将仅作为幅度设计对待。能够同时在幅度和相位响应上进行逼近的一些更为复杂的方法需要先进的优化工具,从而不在本书的覆盖范围之内。

首先讨论模拟滤波器的设计指标以及在标定模拟滤波器的技术要求中所用到的幅度平方响应的性质。其次,我们先考虑特定类型的数字滤波器,如谐振滤波器、陷波滤波器和梳状滤波器等,进而深入讨论通用 IIR 滤波器的基本技术。接下来,简要介绍三种广泛采用的模拟滤波器特性,即巴特沃兹(Butterworth)、切比雪夫(Chebyshev)和椭圆(Elliptic)滤波器。然后再研究将这些原型模拟滤波器转换到不同的频率选择性数字滤波器的各种变换。最后,以基于 MATLAB 的几个 IIR 滤波器设计作为本章的结束。

8.1 某些预备知识

这一节要讨论两个基本的问题。第一是要考虑幅度平方响应的技术指标要求,这在模拟(从而在 IIR)滤波器中是更为典型的,而这些技术要求都是在相对线性标尺上给出的。第二是要研究幅度平方响应的性质。

8.1.1 相对线性标尺

设 $H_a(j\Omega)$ 是某个模拟滤波器的频率响应,那么低通滤波器在幅度平方响应上的技术指标给出为

$$\frac{1}{1+\epsilon^2} \leqslant |H_a(j\Omega)|^2 \leqslant 1, \quad |\Omega| \leqslant \Omega_p$$

$$0 \leqslant |H_a(j\Omega)|^2 \leqslant \frac{1}{A^2}, \quad \Omega_s \leqslant |\Omega| \tag{8.1}$$

式中 ϵ 是通带波纹参数,Ω_p 是通带截止频率以 rad/s(弧度/秒)计,A 是阻带衰减参数,以及 Ω_s 是阻带截止频率以 rad/s 计。这些参数如图 8.1 所示。

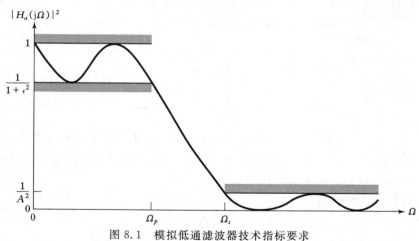

图 8.1 模拟低通滤波器技术指标要求

由图可见,$|H_a(j\Omega)|^2$ 必须满足

$$|H_a(j\Omega_p)|^2 = \frac{1}{1+\epsilon^2}, \quad \Omega = \Omega_p$$

$$|H_a(j\Omega_s)|^2 = \frac{1}{A^2}, \quad \Omega = \Omega_s \tag{8.2}$$

参数 ϵ 和 A 是分别与以 dB 计的参数 R_p 和 A_s 有关的,这些关系是

$$R_p = -10\log_{10}\frac{1}{1+\epsilon^2} \Rightarrow \epsilon = \sqrt{10^{R_p/10}-1} \tag{8.3}$$

和

$$A_s = -10\log_{10}\frac{1}{A_2} \Rightarrow A = 10^{A_s/20} \tag{8.4}$$

波纹 δ_1 和 δ_2 的绝对标尺是通过下式与 ϵ 和 A 有关的:

$$\frac{1-\delta_1}{1+\delta_1} = \sqrt{\frac{1}{1+\epsilon^2}} \Rightarrow \epsilon = \frac{2\sqrt{\delta_1}}{1-\delta_1}$$

和

$$\frac{\delta_2}{1+\delta_1} = \frac{1}{A} \Rightarrow A = \frac{1+\delta_1}{\delta_2}$$

8.1.2 $\left| H_a(j\Omega) \right|^2$ 性质

利用幅度平方响应给出的模拟滤波器要求(8.1)式不包含任何相位信息。现在,为了求 s 域的系统函数 $H_a(s)$,考虑

$$H_a(j\Omega) = H_a(s)\,|_{s=j\Omega}$$

那么有

$$\left| H_a(j\Omega) \right|^2 = H_a(j\Omega)H_a^*(j\Omega) = H_a(j\Omega)H_a(-j\Omega) = H_a(s)H_a(-s)\,|_{s=j\Omega}$$

或者有

$$H_a(s)H_a(-s) = \left| H_a(j\Omega) \right|^2 \bigg|_{\Omega=s/j} \tag{8.5}$$

因此,幅度平方函数的零点和极点相对于 $j\Omega$ 轴是以镜像对称方式分布的。另外,对于实系数的滤波器来说,零极点是共轭成对出现的(或者说对实轴成镜像对称)。一种典型的 $H_a(s)H_a(-s)$ 零极点图如图 8.2 所示。从这张图可以构造出 $H_a(s)$,它就是模拟滤波器的系统函数。总是要将 $H_a(s)$ 表示为一个因果和稳定的滤波器,那么 $H_a(s)$ 的全部极点都必须位于 s 平面的左半平面。因此将 $H_a(s)H_a(-s)$ 的全部左半面的极点赋予 $H_a(s)$。然而,$H_a(s)$ 的零点仍可位于 s 平面的任何地方。除非这些零点全都位于 $j\Omega$ 轴上,否则它们不能唯一地被确定。现在选取位于左半面或位于 $j\Omega$ 轴的 $H_a(s)H_a(-s)$ 零点作为 $H_a(s)$ 的零点。这样所得到的滤波器称为最小相位滤波器。

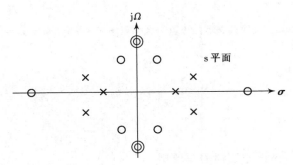

图 8.2　典型 $H_a(s)H_a(-s)$ 零极点图

8.2　某些特定类型滤波器

本节中,我们将讨论几种特定类型的数字滤波器,并介绍它们的频率响应特性。首先介绍数字谐振器的设计和特性。

8.2.1 数字谐振器

数字谐振器是一种特殊的双极点带通滤波器,该滤波器有一对非常靠近单位圆的复共轭极点,如图 8.3 左边子图所示。该滤波器频率幅度响应如图 8.3 右上子图所示。"谐振器"的名称表明该滤波器在极点位置附近有大的幅度响应特性。其极点位置的角度决定了谐振器的谐振频率。这种数字谐振器在包括带通滤波器和语音产生等许多应用中非常有用。

我们设计一个具有某一谐振峰值或谐振频率接近 $\omega = \omega_0$ 的数字谐振器。因此,我们选择极点位置为

$$p_{1,2} = re^{\pm j\omega_0} \tag{8.6}$$

数字谐振器响应

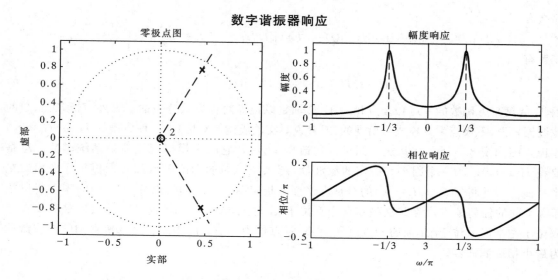

图 8.3 数字谐振器的极点位置和频率响应 $r = 0.9$ 且 $\omega_0 = \pi/3$

响应的系统函数为

$$
\begin{aligned}
H(z) &= \frac{b_0}{(1 - re^{j\omega_0}z^{-1})(1 - re^{-j\omega_0}z^{-1})} \\
&= \frac{b_0}{1 - (2r\cos\omega_0)z^{-1} + r^2 z^{-2}}
\end{aligned}
\tag{8.7}
$$

式中 b_0 表示增益参数。谐振滤波器的频域响应为

$$H(e^{j\omega}) = \frac{b_0}{(1 - re^{-j(\omega - \omega_0)})(1 - re^{-j(\omega + \omega_0)})} \tag{8.8}$$

既然 $|H(e^{j\omega})|$ 在 $\omega = \omega_0$ 位置或附近具有峰值,我们选择合适增益参数 b_0 使得 $|H(e^{j\omega_0})| = 1$。于是,

$$
\begin{aligned}
|H(e^{j\omega_0})| &= \frac{b_0}{|(1 - r)(1 - re^{-j2\omega_0})|} \\
&= \frac{b_0}{(1 - r)\sqrt{1 + r^2 - 2r\cos 2\omega_0}}
\end{aligned}
\tag{8.9}
$$

因而,要求的增益参数为

$$b_0 = (1-r)\sqrt{1+r^2-2r\cos 2\omega_0} \qquad (8.10)$$

频率响应 $|H(e^{j\omega})|$ 的幅度可以表示为

$$|H(e^{j\omega})| = \frac{b_0}{D_1(\omega)D_2(\omega)} \qquad (8.11)$$

式中 $D_1(\omega)$ 和 $D_2(\omega)$ 由下式给出:

$$D_1(\omega) = \sqrt{1+r^2-2r\cos(\omega-\omega_0)} \qquad (8.12a)$$

$$D_2(\omega) = \sqrt{1+r^2-2r\cos(\omega+\omega_0)} \qquad (8.12b)$$

对于给定的 r 值, $D_1(\omega)$ 在 $\omega=\omega_0$ 处取得其最小值 $(1-r)$,且乘积 $D_1(\omega)D_2(\omega)$ 在下式给出的频率处取得最小值。

$$\omega_r = \arccos\left(\frac{(1+r^2)}{2r}\cos\omega_0\right) \qquad (8.13)$$

上式准确地给出滤波器的谐振频率。值得注意的是, r 非常靠近单位圆,谐振频率 $\omega_r \approx \omega_0$,即极点的角度位置。不仅如此,当 r 趋近于单位圆时,由于 $D_1(\omega)$ 在 ω_0 附近剧烈变化而使得谐振峰值变得更加尖锐(更窄)。

该峰值宽度的定量度量为滤波器 3dB 带宽,表示为 $\Delta\omega$ 。对于非常接近单位圆的 r 值,可得到

$$\Delta\omega \approx 2(1-r) \qquad (8.14)$$

图 8.3 给出了 $r=0.9$ 且 $\omega_0=\pi/3$ 数字谐振滤波器的幅度和相位响应。注意,相位响应在谐振频率 $\omega_r \approx \omega_0 = \pi/3$ 附近具有最大的变化速率。

上述的这种谐振器在 $z=0$ 处有两个零点。作为零点位置在原点的替代,零点位置可以选择在 $z=1$ 和 $z=-1$,这种零点方式能够完全消除滤波器在频率 $\omega=0$ 和 $\omega=\pi$ 处的频率响应,而在某些应用中是期望能获得这种响应的。对应这种零点方式的谐振器系统函数为

$$H(z) = \frac{G(1-z^{-1})(1+z^{-1})}{(1-re^{j\omega_0}z^{-1})(1-re^{-j\omega_0}z^{-1})}$$

$$= G\frac{1-z^{-2}}{1-(2r\cos\omega_0)z^{-1}+r^2z^{-2}} \qquad (8.15)$$

其频率响应特性为

$$H(e^{j\omega}) = G\frac{1-e^{-j2\omega}}{[1-re^{-j(\omega_0-\omega)}][1-re^{-j(\omega+\omega_0)}]} \qquad (8.16)$$

式中 G 为增益参数,该参数通过合适选择使得 $|H(e^{j\omega_0})|=1$ 。

零点位置 $z=\pm1$ 的引入同时改变了谐振器的幅度和相位响应。其中,幅度响应表示为

$$|H(e^{j\omega})| = G\frac{N(\omega)}{D_1(\omega)D_2(\omega)} \qquad (8.17)$$

式中 $N(\omega)$ 由下式给出:

$$N(\omega) = \sqrt{2(1-\cos 2\omega)} \qquad (8.18)$$

由于零点位置 $z=\pm1$,该滤波器的谐振频率已经改变,不再是由式(8.13)给出,且滤波器的带宽也已改变。虽然这两个参数的具体值的推导相当繁琐,我们仍然能够容易计算出对应零点在 $z=\pm1$ 和 $z=0$ 处的频率响应,并比较两种情况下的结果。

图 8.4 展示了零点在 $z=\pm1$ 和 $z=0$ 处,极点位置在 $r=0.9$ 且 $\omega_0=\pi/3$ 的滤波器幅度和

相位响应。由图可以看出,相对于零点在 $z=0$ 处的谐振器,零点在 $z=\pm1$ 处谐振器具有稍窄的带宽。此外,两种情况下的谐振频率出现了少许偏移。

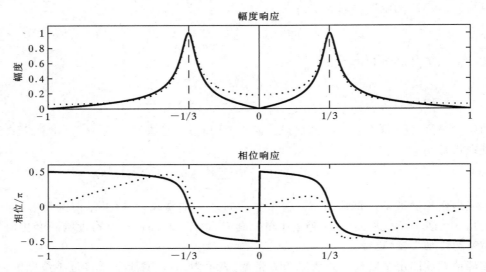

图 8.4 零点位置:$z=\pm1$ 处(实线)和 $z=0$ 处(虚线),极点位置:$r=0.9$ 和 $\omega_0=\pi/3$ 的数字谐振器的幅度和相位响应

8.2.2 陷波器

陷波器是一种具有一个或多个较深的凹陷点,或者在理想情况下就为零的频域响应的滤波器。图 8.5 展示了一个在频率 $\omega=\omega_0$ 处有零点的陷波器的频率响应。陷波器在许多需要消除特定频率分量的应用中非常有用。比如,仪器仪表系统要求消除 60 Hz 工频及其谐波频率。为了给滤波器的频率响应在频率 $\omega=\omega_0$ 处引入零值,先简单地引入一对位于单位圆上角度为 ω_0 的复共轭零点。因而零点选择为

$$z_{1,2} = e^{\pm j\omega_0} \tag{8.19}$$

于是,陷波器的系统函数为

$$\begin{aligned} H(z) &= b_0(1-e^{j\omega_0}z^{-1})(1-e^{-j\omega_0}z^{-1}) \\ &= b_0(1-(2\cos\omega_0)z^{-1}+z^{-2}) \end{aligned} \tag{8.20}$$

式中 b_0 表示增益因子。图 8.6 给出了一个在 $\omega=\pi/4$ 处有零值的陷波器的幅度响应。

陷波器的主要问题在于凹陷具有相对较大的带宽,这意味着在期望的零点频率附近的其他频率成分也会遭遇严重的衰减。为减少零点带宽,我们可以借助于第 7 章中介绍的按照最优纹波方法设计的更加先进、具有更长冲激序列的 FIR 滤波器。另外,我们还可以尝试通过在系统函数中引入极点的办法改善滤波器频率响应。

特别地,假定我们选择极点为

$$p_{1,2} = re^{\pm j\omega_0} \tag{8.21}$$

那么,系统传递函数变为

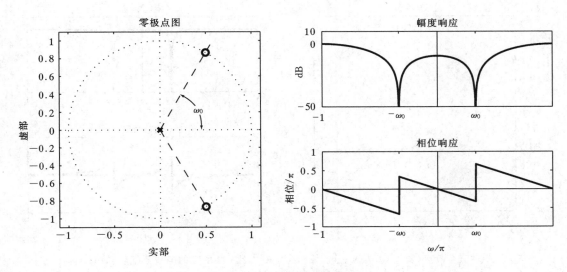

图 8.5 典型陷波器频率响应

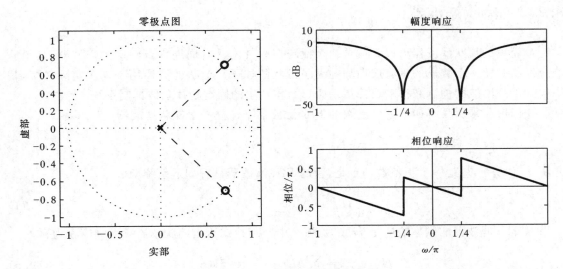

图 8.6 $\omega_0 = \pi/4$ 的陷波器频率响应

$$H(z) = b_0 \frac{1 - (2\cos\omega_0)z^{-1} + z^{-2}}{1 - (2r\cos\omega_0)z^{-1} + r^2 z^{-2}} \tag{8.22}$$

对应 $\omega_0 = \pi/4, r = 0.85$ 陷波滤波器的频率响应幅度 $|H(\mathrm{e}^{\mathrm{j}\omega})|$ 在图 8.7 中给出。该图还给出了对应无极点的滤波器频率响应。由图可以看出,极点的影响在于在零点频率附近引入谐振,从而减少凹陷带宽。除了减少陷波器凹陷带宽之外,零点频率附近引入极点还可以导致滤波器通带具有较小的纹波,这是受极点引入谐振的影响。

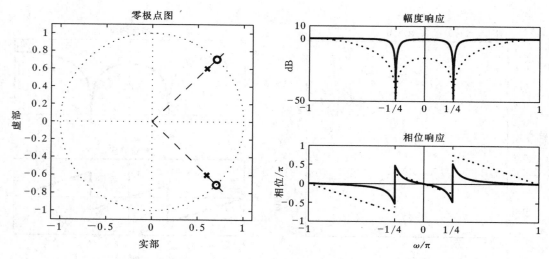

图 8.7　对应有极点(实线)和无极点(虚线),$\omega_0=\pi/4$,且 $r=0.85$ 的陷波器幅度和相位响应

8.2.3　梳状滤波器

最简单的梳状滤波器可以看成是一个横跨在频带内具有周期零点频率的陷波器,其频域响应形状好比一个普通的具有周期均匀间隔齿状的梳子。梳状滤波器用于许多实际系统,其中包括工频谐波的抑制和移动目标指示(MTI)雷达中的固定物体杂波抑制系统。

我们可以采用具有如下系统函数的 FIR 滤波器来建立一个梳状滤波器:

$$H(z)=\sum_{k=0}^{M}h(k)z^{-k} \tag{8.23}$$

并用 z^L 代替 z,L 是一个正整数。于是,新的 FIR 滤波器具有如下系统函数:

$$H_L(z)=\sum_{k=0}^{M}h(k)z^{-kL} \tag{8.24}$$

如果原 FIR 滤波器的频率响应是 $H(e^{j\omega})$,那么由(8.24)式给出的滤波器频率响应就为

$$H_L(e^{j\omega})=\sum_{k=0}^{M}h(k)e^{-jkL\omega}=H(e^{jL\omega}) \tag{8.25}$$

因而,频率响应特性 $H_L(e^{j\omega})$ 是 $H(e^{j\omega})$ 在 $0\leqslant\omega\leqslant2\pi$ 频率范围内的 L 次重复。图 8.8 展示了对应 $L=4$ 的 $H_L(e^{j\omega})$ 和 $H(e^{j\omega})$ 之间的关系。在每一凹陷频点处引入极点正如前面刚介绍的那样可以使得每个凹陷带宽变窄。

8.2.4　全通滤波器

全通滤波器可以表征为在整个频域具有恒定幅度响应的系统传递函数,即

$$|H(e^{j\omega})|=1,0\leqslant\omega\leqslant\pi \tag{8.26}$$

举一个简单的例子,一个对输入信号引入纯延迟的系统就是一个全通滤波器,即

$$H(z)=z^{-k} \tag{8.27}$$

该系统能够让输入信号的所有频率成分以恒定的衰减(与频率无关)通过。它只是对所有的频率成分延迟了 k 个采样间隔。

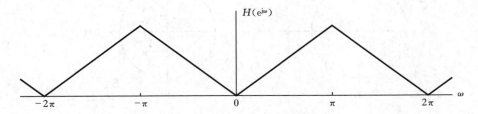

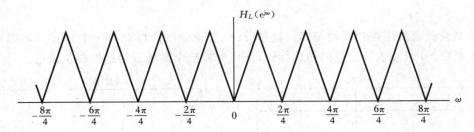

图 8.8 对应 $H(e^{j\omega})$,$L=4$ 得到的 $H_L(e^{j\omega})$ 梳状滤波器频率响应

更一般地,全通滤波器可以表示为一个具有如下的系统函数形式的滤波器:

$$H(z) = \frac{a_N + a_{N-1}z^{-1} + \cdots a_1 z^{-N+1} + z^{-N}}{1 + a_1 z^{-1} + \cdots a_{N-1}z^{-N+1} + a_N z^{-N}} \tag{8.28}$$

上式可以表示为如下的紧凑形式:

$$H(z) = z^{-N}\frac{A(z^{-1})}{A(z)} \tag{8.29}$$

式中

$$A(z) = \sum_{k=0}^{N} a_k z^{-k}, \ a_0 = 1 \tag{8.30}$$

可以看出,对于整个频域都有

$$|H(e^{j\omega})|^2 = H(z)H(z^{-1})\,|_{z=e^{j\omega}} = 1 \tag{8.31}$$

因此,该系统是一个全通滤波器。

由(8.28)式给出的传递函数形式 $H(z)$ 可以看出,如果 z_0 是 $H(z)$ 的极点,那么 $1/z_0$ 是 $H(z)$ 的零点。换句话说,系统的极点和零点互为倒数。图 8.9 展示了对应单极点单零点和 2 个极点 2 个零点的典型零-极点位置图。对应 $a=0.6$,$r=0.9$,$\omega_0=\pi/4$ 的该两个滤波器的幅度和相位特性图在图 8.10 中给出,其中两个滤波器的 $A(z)$ 分别由下式给出:

$$A(z) = 1 + az^{-1} \tag{8.32a}$$

$$A(z) = 1 - (2r\cos\omega_0)z^{-1} + r^2 z^{-2} \tag{8.32b}$$

具有实系数的全通滤波器系统函数的一般形式可以表示为如下因式分解形式:

$$H(z) = \prod_{k=1}^{N_R} \frac{z^{-1} - \alpha_k}{1 - \alpha_k z^{-1}} \prod_{k=1}^{N_C} \frac{(z^{-1} - \beta_k)(z^{-1} - \beta_k^*)}{(1 - \beta_k z^{-1})(1 - \beta_k^* z^{-1})} \tag{8.33}$$

式中 N_R 为实数零-极点个数,N_C 为复共轭零极点对数。对于稳定的因果系统,我们要求

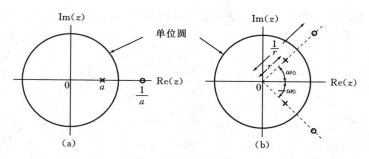

图 8.9 (a)单极点和(b)双极点全通滤波器零极点位置

$|\alpha_k|<1$ 和 $|\beta_k|<1$。

全通滤波器通常用作相位均衡器。通过设计,全通滤波器可以与一个具有不理想相位响应的系统级联,补偿该系统较差的相位特性,从而使得整个系统成为线性相位系统。

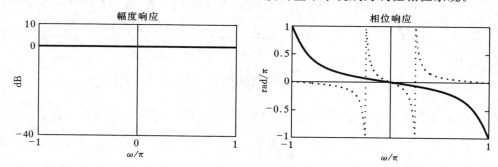

图 8.10 对应 1 个极点(实线)和 2 个极点(虚线)的全通滤波器幅度和相位响应

8.2.5 数字正弦波振荡器

数字正弦波振荡器可以看成是在单位圆上具有一对复共轭极点的谐振器。由前面对谐振滤波器的讨论,具有极点 $re^{\pm j\omega_0}$ 的谐振器的系统函数可以表示为

$$H(z) = \frac{b_0}{1 - (2r\cos\omega_0)z^{-1} + r^2 z^{-2}} \tag{8.34}$$

令 $r=1$ 并将增益参数 b_0 选为

$$b_0 = A\sin\omega_0 \tag{8.35}$$

于是,系统函数变为

$$H(z) = \frac{A\sin\omega_0}{1 - (2\cos\omega_0)z^{-1} + z^{-2}} \tag{8.36}$$

并且相应的系统脉冲响应变为

$$h(n) = A\sin(n+1)\omega_0 u(n) \tag{8.37}$$

因而,当系统受到一个单位脉冲 $\delta(n)=1$ 激发时,系统产生频率为 ω_0 的正弦信号。

由(8.36)式给出的系统函数对应的方框图如图 8.11 所示。该系统的差分方程如下式:

$$y(n) = (2\cos\omega_0)y(n-1) - y(n-2) + \delta(n) \tag{8.38}$$

式中 $b_0 = A\sin\omega_0$。

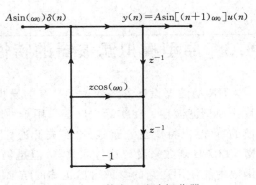

图 8.11　数字正弦波振荡器

值得注意的是,由(8.38)式中的差分方程给出的正弦波振荡器也可以通过设置输入为零,同时初始状态为 $y(-1)=0, y(-2)=A\sin\omega_0$ 得到。给定初始状态为 $y(-1)=0, y(-2)=A\sin\omega_0$ 时,由如下齐次差分方程描述的二阶系统零输入响应与(8.38)式表示的脉冲响应完全相同。

$$y(n) = (2\cos\omega_0)y(n-1) - y(n-2) \tag{8.39}$$

实际上,(8.39)式中的齐次差分方程可以直接利用三角函数恒等式得到

$$\sin\alpha + \sin\beta = 2\sin(\frac{\alpha+\beta}{2})\cos(\frac{\alpha-\beta}{2}) \tag{8.40}$$

式中定义 $\alpha=(n+1)\omega_0, \beta=(n-1)\omega_0$,以及 $y(n)=\sin(n+1)\omega_0$。

实际应用中涉及到相位正交的两个正弦载波信号相互调制,因而产生正弦波信号 $A\sin\omega_0 n$ 和 $A\cos\omega_0 n$ 是有必要的。这些正交的载波信号可以通过称之为耦合型的振荡器产生,这些振荡器也可以借助三角函数公式得到

$$\cos(\alpha+\beta) = \cos\alpha\cos\beta - \sin\alpha\sin\beta \tag{8.41}$$

$$\sin(\alpha+\beta) = \sin\alpha\cos\beta + \cos\alpha\sin\beta \tag{8.42}$$

式中定义 $\alpha=n\omega_0, \beta=\omega_0$,以及 $y_c(n)=\cos(n+1)\omega_0$ 和 $y_s(n)=\sin(n+1)\omega_0$。于是,将这些量代入到上述两个三角函数恒等式中,我们可以得到两个互耦的差分方程。

$$y_c(n) = (\cos\omega_0)y_c(n-1) - (\sin\omega_0)y_s(n-1) \tag{8.43}$$

$$y_s(n) = (\sin\omega_0)y_c(n-1) + (\cos\omega_0)y_s(n-1) \tag{8.44}$$

耦合型的振荡器实现结构如图 8.12 所示。需要说明的是,这是一个不需要任何输入激励,而有两个输出的系统,但是要求设置初始状态为 $y_c(-1)=A\cos\omega_0$ 和 $y_s(-1)=-A\sin\omega_0$,以便自持振荡能够启动。

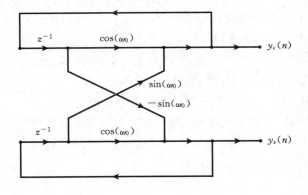

图 8.12　耦合型振荡器实现

8.3 原型模拟滤波器的特性

IIR 滤波器设计方法依赖于已有的模拟滤波器得到数字滤波器,我们将这些模拟滤波器称作原型滤波器。在实际中广泛采用三种原型滤波器。这一节要简要综述这些原型低通滤波器的特性:巴特沃兹低通、切比雪夫低通(Ⅰ型和Ⅱ型)和椭圆低通滤波器。尽管我们还是用 MATLAB 函数来设计这些滤波器,但是仍有必要懂得这些滤波器的特性,以便在 MATLAB 函数中能使用适当的参数得出正确的结果。

8.3.1 巴特沃兹低通滤波器

这个滤波器是用这个性质表征的:它的幅度响应在通带和阻带都是平坦的。一个 N 阶低通滤波器的幅度平方响应给出为

$$\mid H_a(j\Omega) \mid^2 = \frac{1}{1 + \left(\frac{\Omega}{\Omega_c}\right)^{2N}} \tag{8.45}$$

式中 N 是滤波器的阶,Ω_c(rad/s)是截止频率。幅度平方响应的图如下图所示。

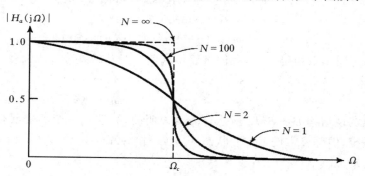

从这张图可看出下面几个性质:

(1) $\Omega = 0$,$\mid H_a(j0)\mid^2 = 1$,对全部 N。

(2) $\Omega = \Omega_c$,$\mid H_a(j\Omega_c)\mid^2 = 1/2$,对全部 N,这意味着在 Ω_c 有 3dB 衰减。

(3) $\mid H_a(j\Omega)\mid^2$ 是 Ω 的单调下降的函数。

(4) $\mid H_a(j\Omega)\mid^2$ 随 $N \to \infty$ 向一个理想低通滤波器趋近。

(5) $\mid H_a(j\Omega)\mid^2$ 在 $\Omega = 0$ 是最大平坦,因为在这里所有阶的导数存在且等于零。

为了确定系统函数 $H_a(s)$,现将(8.45)式写成(8.5)式的形式得到

$$H_a(s)H_a(-s) = \mid H_a(j\Omega)\mid^2 \Big|_{\Omega = s/j} = \frac{1}{1 + \left(\frac{s}{j\Omega_c}\right)^{2N}} = \frac{(j\Omega)^{2N}}{s^{2N} + (j\Omega_c)^{2N}} \tag{8.46}$$

由(8.46)式分母多项式的根(或 $H_a(s)H_a(-s)$ 的极点)给出为

$$p_k = (-1)^{\frac{1}{2N}}(j\Omega) = \Omega_c e^{j\frac{\pi}{2N}(2k+N+1)} , \quad k = 0, 1, \cdots, 2N-1 \tag{8.47}$$

(8.47)式的一种解释是:

（1）$H_a(s)H_a(-s)$ 总共有 $2N$ 个极点，它们均匀分布在半径为 Ω_c 的图上，相隔 π/N 弧度。

（2）对 N 为奇数，极点给出为 $p_k=\Omega_c\mathrm{e}^{jk\pi/N}$，$k=0,1,\cdots,2N-1$。

（3）对 N 为偶数，极点给出为 $p_k=\Omega_c\mathrm{e}^{j(\frac{\pi}{2N}+\frac{k\pi}{N})}$，$k=0,1,\cdots,2N-1$。

（4）极点对 $j\Omega$ 轴是对称分布的。

（5）极点永远不会落在虚轴上，且仅当 N 为奇数时才会落在实轴上。

作为一个例子，三阶和四阶巴特沃兹滤波器的极点分布如图 8.13 所示。

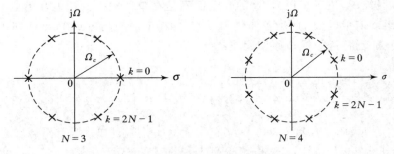

图 8.13　巴特沃兹滤波器的极点图

通过选取在左半面的极点就能给出一个稳定和因果的 $H_a(s)$，并且能将 $H_a(s)$ 写成

$$H_a(s)=\frac{\Omega_c^N}{\prod_{\text{LHP极点}}(s-p_k)} \tag{8.48}$$

例题 8.1　已知 $|H_a(j\Omega)|^2=\dfrac{1}{1+64\Omega^6}$，求该模拟滤波器的系统函数 $H_a(s)$。

题解

由已知幅度平方响应

$$|H_a(j\Omega)|^2=\frac{1}{1+64\Omega^6}=\frac{1}{1+\left(\dfrac{\Omega}{0.5}\right)^{2(3)}}$$

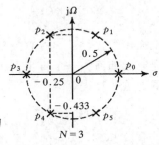

图 8.14　例题 8.1 的极点图

与表达式(8.45)式比较后得到 $N=3$ 和 $\Omega_c=0.5$。$H_a(s)H_a(-s)$ 的极点如图8.14所示。

所以

$$
\begin{aligned}
H_a(s)&=\frac{\Omega_c^3}{(s-p_2)(s-p_3)(s-p_4)}\\
&=\frac{1/8}{(s+0.25-j0.433)(s+0.5)(s+0.25+j0.433)}\\
&=\frac{0.125}{(s+0.5)(s^2+0.5s+0.25)}
\end{aligned}
$$

8.3.2 MATLAB 实现

MATLAB 提供了一个称为 $[z,p,k] = \text{buttap}(N)$ 的函数用于设计一个归一化（即 $\Omega_c = 1$）的 N 阶巴特沃兹模拟原型滤波器，它产生在数组 z 中的零点、数组 p 中的极点和增益值 k。然而，需要的是具有任意 Ω_c 的非归一化的巴特沃兹滤波器。从例题 8.1 可见不存在零点，而非归一化滤波器的极点是位于半径为 Ω_c 的圆上而不是在单位圆上。这意味着必须将这个归一化滤波器的数组 p 倍乘以 Ω_c，而增益 k 倍乘以 Ω_c^N。在下面的函数 U_buttap(N,Omegac) 中，设计这个非归一化的巴特沃兹模拟原型滤波器。

```
function [b,a] = u_buttap(N,Omegac);
% Unnormalized Butterworth analog lowpass filter prototype
% ------------------------------------------------
%   [b,a] = u_buttap(N,Omegac);
%       b = numerator polynomial coefficients of Ha(s)
%       a = denominator polynomial coefficients of Ha(s)
%       N = Order of the Butterworth Filter
% Omegac = Cutoff frequency in radians/sec
%
[z,p,k] = buttap(N);
    p = p * Omegac;
    k = k * Omegac^N;
    B = real(poly(z));
    b0 = k;
    b = k * B;a = real (poly(p));
```

上面函数提供了一种直接型（或分子-分母型）结构，也常常需要一种级联型结构。第 6 章已经研究过如何将一个直接型转换为一种级联型。下面的 sdir2cas 函数描述了适用于模拟滤波器的这一过程。

```
function [C,B,A] = sdir2cas(b,a);
% DIRECT form to CASCADE form conversion in s-plane
% ------------------------------------------------
%[C,B,A] = sdir2cas(b,a)
% C = gain coefficient
% B = K by 3 matrix of real coefficients containing bk's
% A = K by 3 matrix of real coefficients containing ak's
% b = numerator polynomial coefficients of DIRECT form
% a = denominator polynomial coefficients of DIRECT form
%
Na = length(a) - 1; Nb = length(b) - 1;

% compute gain coefficient C
b0 = b(1); b = b/b0; a0 = a(1); a = a/a0; C = b0/a0;
```

```
%
% Denominator second-order sections:
p = cplxpair(roots(a)); K = floor(Na/2);
if K * 2 == Na    % Computation when Na is even
   A = zeros (K,3);
   for n = 1:2:Na
       Arow = p(n:1:n + 1,:); Arow = poly(Arow);
       A(fix((n + 1)/2),:) = real(Arow);
   end
elseif Na == 1    % Computation when Na = 1
       A = [0 real(poly(p))];

else              % Computation when Na is odd and > 1
  A = zeros(K + 1,3);
  for n = 1:2:2 * K
      Arow = p(n:1:n + 1,:); Arow = poly(Arow);
      A(fix((n + 1)/2),:) = real(Arow);
      end
      A(K + 1,:) = [0 real(poly(p(Na)))];
end

% Numerator second-order sections:
z = cplxpair(roots(b)); K = floor(Nb/2);
if Nb == 0              % Computation when Nb = 0
  B = [0 0 poly(z)];

elseif K * 2 == Nb      % Computation when Nb is even
  B = zeros (K,3);
  for n = 1:2:Nb
      Brow = z(n:1:n + 1,:); Brow = poly(Brow);
      B(fix((n + 1)/2),:) = real(Brow);
  end

elseif Nb == 1     % Computation when Nb = 1
      B = [0 real(poly(z))];

else    % Computation when Nb is odd and > 1
  B = zeros(K + 1,3);
  for n = 1:2:2 * K
      Brow = z(n:1:n + 1,:); Brow = poly(Brow);
      B(fix((n + 1)/2),:) = real(Brow);
  end
  B(K + 1,:) = [0 real(poly(z(Nb)))];
end
```

例题 8.2 设计一个 $\Omega_c = 0.5$ 由例题 8.1 给出的三阶巴特沃兹模拟原型滤波器。

题解

MATLAB 脚本：

```
>> N = 3; OmegaC = 0.5; [b,a] = u_buttap(N,OmegaC);
>> [C,B,A] = sdir2cas(b,a)
C = 0.1250
B = 0      0      1
A = 1.0000   0.5000   0.2500
        0    1.0000   0.5000
```

这个级联型的系数与例题 8.1 是相同的。■

8.3.3 设计方程

模拟低通滤波器由参数 Ω_p, R_p, Ω_s 和 A_s 给出，因此在巴特沃兹滤波器情况下设计的实质就是为了求得由这些参数所给出的滤波器阶次 N 和截止频率 Ω_c。我们想要：

(1) 在 $\Omega = \Omega_p$，$-10\log_{10}|H_a(j\Omega)|^2 = R_p$ 或

$$-10\log_{10}\left(\frac{1}{1+\left(\frac{\Omega_p}{\Omega_c}\right)^{2N}}\right) = R_p$$

和

(2) 在 $\Omega = \Omega_s$，$-10\log_{10}|H_a(j\Omega)|^2 = A_s$ 或

$$-10\log_{10}\left(\frac{1}{1+\left(\frac{\Omega_s}{\Omega_c}\right)^{2N}}\right) = A_s$$

对这两个方程解出 N 和 Ω_c，有

$$N = \frac{\log_{10}\left[(10^{R_p/10}-1)/(10^{A_s/10}-1)\right]}{2\log_{10}(\Omega_p/\Omega_s)}$$

一般来说，上面 N 不会是一个整数。因为想要 N 是一个整数，就必须选

$$N = \left\lceil \frac{\log_{10}\left[(10^{R_p/10}-1)/(10^{A_s/10}-1)\right]}{2\log_{10}(\Omega_p/\Omega_s)} \right\rceil \qquad (8.49)$$

这里运算符 $\lceil x \rceil$ 意思是"选比 x 大的最小整数"，例如 $\lceil 4.5 \rceil = 5$。因为实际上选的 N 都比要求的大，因此技术指标上在 Ω_p 或在 Ω_s 上都能满足或超过一些。为了在 Ω_p 精确地满足指标要求，可以

$$\Omega_c = \frac{\Omega_p}{2N\sqrt{(10^{R_p/10}-1)}} \qquad (8.50)$$

或者在 Ω_s 精确地满足指标要求，可以

$$\Omega_c = \frac{\Omega_s}{2N\sqrt{(10^{A_s/10} - 1)}} \qquad (8.51)$$

例题 8.3 设计一个满足下面要求的低通巴特沃兹滤波器:

通带截止频率:$\Omega_p = 0.2\pi$;通带波纹:$R_p = 7\text{dB}$

阻带截止频率:$\Omega_s = 0.3\pi$;阻带波纹:$A_s = 16\text{dB}$

题解

由(8.49)式

$$N = \left\lceil \frac{\log_{10}\left[(10^{0.7} - 1)/(10^{1.6} - 1)\right]}{2\log_{10}(0.2\pi/0.3\pi)} \right\rceil = \lceil 2.79 \rceil = 3$$

为了准确在 Ω_p 满足指标要求,由(8.50)式得

$$\Omega_c = \frac{0.2\pi}{\sqrt[6]{(10^{0.7} - 1)}} = 0.4985$$

为了准确在 Ω_s 满足指标要求,由(8.51)式得

$$\Omega_c = \frac{0.3\pi}{\sqrt[6]{(10^{1.6} - 1)}} = 0.5122$$

现在在上面两个数之间可任选 Ω_c 值。现选 $\Omega_c = 0.5$,这样就必须设计一个 $N = 3$ 和 $\Omega_c = 0.5$ 的巴特沃兹滤波器,这就是在例题 8.1 中完成的。所以

$$H_a(s) = \frac{0.125}{(s + 0.5)(s^2 + 0.5s + 0.25)}$$

■

8.3.4 MATLAB 实现

上面设计过程在 MATLAB 中可以作为一个简单函数来实现。利用 U_buttap 函数,提供了 `afd_butt` 函数用于设计一个给定技术指标的模拟巴特沃兹低通滤波器。这个函数利用(8.50)式。

```
function [b,a] = afd_butt(Wp,Ws,Rp,As);
% Analog lowpass filter design: Butterworth
% -------------------------------------------
% [b,a] = afd_butt(Wp,Ws,Rp,As);
%  b = numerator coefficients of Ha(s)
%  a = denominator coefficients of Ha(s)
% Wp = passband edge frequency in rad/sec; Wp > 0
% Ws = stopband edge frequency in rad/sec; Ws > Wp > 0
% Rp = passband ripple in + dB; (Rp > 0)
% As = stopband attenuation in + dB; (As > 0)
%
if Wp <= 0
        error('Passband edge must be larger than 0')
```

```
end
if Ws <= Wp
        error('Stopband edge must be larger than Passband edge')
end
if (Rp <= 0) | (As < 0)
        error('PB ripple and/or SB attenuation ust be larger than 0')
end

N = ceil((log10((10^(Rp/10)-1)/(10^(As/10)-1)))/(2*log10(Wp/Ws)));
fprintf('\n*** Butterworth Filter Order = %2.0f \n',N)
OmegaC = Wp/((10^(Rp/10)-1)^(1/(2*N)));
[b,a] = u_buttap (N,OmegaC);
```

为了展示模拟滤波器的频域图,我们提供了一个称为 freqs_m 的函数,它是由 MATLAB 提供的函数 freqs 的修正形式。这个函数以绝对和相对的 dB 尺度计算幅度响应以及相位响应。这个函数与早先讨论过的 freqz_m 函数是类似的。它们之间的一个主要不同是,在 freqs_m 函数中响应是一直要计算到最大频率 $\Omega_{\max}$。

```
function [db,mag,pha,w] = freqs_m(b,a,wmax);
% Computation of s-domain frequency response: Modified version
% ---------------------------------------------------------------
% [db,mag,pha,w] = freqs_m(b,a,wmax);
%    db = relative magnitude in db over [0 to wmax]
%   mag = absolute magnitude over [0 to wmax]
%   pha = phase response in radians over [0 to wmax]
%     w = array of 500 frequency samples between [0 to wmax]
%     b = numerator polynomial coefficents of Ha(s)
%     a = denominator polynomial coefficents of Ha(s)
% wmax = maximum frequency in rad/sec over which response is desired
%
w = [0:1:500]*wmax/500; H = freqs(b,a,w);
mag = abs(H); db = 20,log10((mag+eps)/max(mag)); pha = angle (H);
```

这个模拟滤波器的脉冲响应 $h_a(t)$ 是用 MATLAB 的 impulse 函数计算出的。

例题 8.4 利用 MATLAB 设计在例题 8.3 中给出的模拟巴特沃兹低通滤波器。

题解

MATLAB 脚本:

```
>> Wp = 0.2*pi; Ws = 0.3*pi; Rp = 7; As = 16;
>> Ripple = 10^(-Rp/20); Attn = 10^(-As/20);
>> % Analog filter design:
>> [b,a] = afd_butt(Wp,Ws,Rp,As);
```

```
*** Butterworth Filter Order = 3
>> % Calculation of second - order sections:
>> [C,B,A] = sdir2cas(b,a)
C = 0.1238
B = 0      0      1
A = 1.0000   0.4985   0.2485
         0   1.0000   0.4985
>> % Calculation of frequency response:
>> [db,mag,pha,w] = freqs_m(b,a,0.5 * pi);
>> % Calculation of impulse response:
>> [ha,x,t] = impulse (b,a) ;
```

系统函数给出为

$$H_a(s) = \frac{0.1238}{(s^2 + 0.4985s + 0.2485)(s + 0.4985)}$$

这个 $H_a(s)$ 与例题 8.3 的结果稍有不同，这是因为在例题 8.3 中用了 $\Omega_c = 0.5$，而在 afd_butt 函数中 Ω_c 是按满足在 Ω_p 的要求选定的。有关这个滤波器的图如图 8.15 所示。

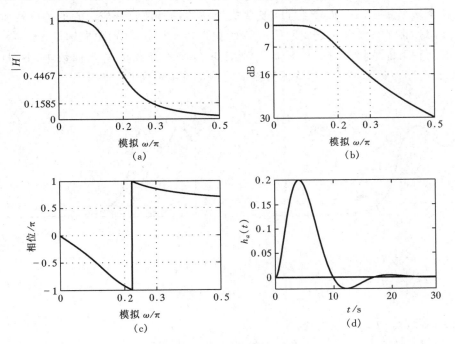

图 8.15　例题 8.4 中的巴特沃兹模拟滤波器

(a) 幅度响应；(b) 幅度(dB)；(c) 相位响应；(d) 脉冲响应

8.3.5 切比雪夫低通滤波器

有两类切比雪夫滤波器,切比雪夫 I 型滤波器在通带具有等波纹响应,而切比雪夫 II 型滤波器在阻带具有等波纹响应。巴特沃兹滤波器在通带和阻带内均具有单调响应。回想一下有关等波纹 FIR 滤波器的讨论,可以知道选择一个具有等波纹的滤波器而不是一种单调特性,可以得到一个更为低阶的滤波器。因此,切比雪夫滤波器对相同的指标要求来说会比用巴特沃兹滤波器具有较低的阶次。

切比雪夫 I 型滤波器的幅度平方响应是

$$|H_a(\mathrm{j}\Omega)|^2 = \frac{1}{1+\epsilon^2 T_N^2\left(\dfrac{\Omega}{\Omega_c}\right)} \tag{8.52}$$

这里 N 是滤波器的阶,ϵ 是通带波纹因子(它与 R_p 有关)以及 $T_N(x)$ 是 N 阶切比雪夫多项式,它为

$$T_N(x) = \begin{cases} \cos(N\arccos(x)), & 0 \leqslant x \leqslant 1 \\ \cosh(\mathrm{arccosh}(x)), & 1 < x < \infty \end{cases} \quad \text{其中 } x = \frac{\Omega}{\Omega_c}$$

正是由于这个多项式 $T_N(x)$ 而产生了切比雪夫滤波器的等波纹响应。它的关键性质是(a)对于 $0<x<1, T_N(x)$ 在 -1 和 1 之间起伏;(b)对于 $1<x<\infty, T_N(x)$ 单调增至 ∞。

存在有两种可能的 $|H_a(\mathrm{j}\Omega)|^2$ 形状,分别对应于 N 为奇数和 N 为偶数,如下图所示。注意,$x = \Omega/\Omega_c$ 是归一化频率。根据这两种响应的图可看出下面几个性质:

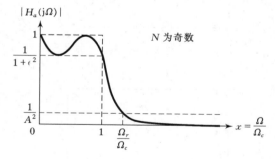 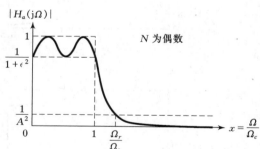

(1) 在 $x=0$(或 $\Omega=0$);$|H_a(\mathrm{j}0)|^2 = 1$, N 为奇数。

$$H_a(\mathrm{j}0)|^2 = \frac{1}{1+\epsilon^2}, \quad N \text{ 为偶数。}$$

(2) 在 $x=1$(或 $\Omega=\Omega_c$);$|H_a(\mathrm{j}1)|^2 = \frac{1}{1+\epsilon^2}$,对所有 N。

(3) 对 $0 \leqslant x \leqslant 1$(或 $0 \leqslant \Omega \leqslant \Omega_c$),$|H_a(\mathrm{j}x)|^2$ 在 1 和 $\frac{1}{1+\epsilon^2}$ 之间起伏。

(4) 对 $x>1$(或 $\Omega>\Omega_c$),$|H_a(\mathrm{j}x)|^2$ 单调下降到 0。

(5) 在 $x=\Omega_r$,$|H_a(\mathrm{j}x)|^2 = \frac{1}{A^2}$。

为了确定一个因果且稳定的 $H_a(s)$,必须要求出 $H_a(s)H_a(-s)$ 的极点,并为 $H_a(s)$ 挑选出左半平面的极点。通过求下式的根可以获得 $H_a(s)H_a(-s)$ 的极点:

$$1 + \epsilon^2 T_N^2 \left(\frac{s}{j\Omega_c} \right)$$

求得这个方程的解如果不困难的话也是很繁琐的。可以证明,如果 $p_k = \sigma_k + j\Omega_k, k = 0, \cdots,$ $N-1$ 是上面多项式(左半平面)的根,那么

$$\sigma_k = (a\Omega_c) \cos \left[\frac{\pi}{2} + \frac{(2k+1)\pi}{2N} \right] \qquad k = 0, \cdots, N-1 \qquad (8.53)$$

$$\Omega_k = (b\Omega_c) \sin \left[\frac{\pi}{2} + \frac{(2k+1)\pi}{2N} \right]$$

式中

$$a = \frac{1}{2} \left(\sqrt[N]{\alpha} - \sqrt[N]{1/\alpha} \right), \ b = \frac{1}{2} \left(\sqrt[N]{\alpha} + \sqrt[N]{1/\alpha} \right), \ \text{和} \ \alpha = \frac{1}{\epsilon} + \sqrt{1 + \frac{1}{\epsilon^2}} \qquad (8.54)$$

这些根都位于主轴为 $b\Omega_c$,副轴为 $a\Omega_c$ 的椭圆上。现在这个系统函数给出为

$$H_a(s) = \frac{K}{\prod_k (s - p_k)} \qquad (8.55)$$

式中 K 是某个归一化因子,选择成

$$H_a(j0) = \begin{cases} 1, & N \text{ 为奇数} \\ \dfrac{1}{\sqrt{1 + \epsilon^2}}, & N \text{ 为偶数} \end{cases} \qquad (8.56)$$

8.3.6 MATLAB 实现

MATLAB 提供了一个称为[z,p,k] = cheb1ap(N,R_p)的函数用于设计一个 N 阶和通带波纹为 R_p 的归一化切比雪夫I型模拟原型滤波器,并得到在数组 z 中的零点,数组 p 中的极点和增益值 k。我们需要一个具有任意 Ω_c 的非归一化的切比雪夫I型滤波器。这可以通过将这个归一化滤波器的数组 p 倍乘以 Ω_c 来完成。和巴特沃兹原型滤波器相类似,这个滤波器没有零点。新的增益 k 利用(8.56)式确定,这可以通过将原来的 k 倍乘以非归一化分母多项式对归一化分母多项式的比在 s=0 的求值来完成。下面的函数称为 U_chb1ap(N, R_p, Omegac),用于设计一个非归一化的切比雪夫 I 型模拟原型滤波器,得到直接型的 $H_a(s)$。

```
function [b,a] = u_chblap(N,Rp,Omegac);
% Unnormalized Chebyshev-1 analog lowpass filter prototype
% --------------------------------------------------------
% [b,a] = u_chblap(N,Rp,Omegac);
%      b = numerator polynomial coefficients
%      a = denominator polynomial coefficients
%      N = order of the Elliptic Filter
%     Rp = passband Ripple in dB; Rp > 0
%Omegac = cutoff frequency in radians/sec
%
[z,p,k] = cheblap(N,Rp); a = real(poly((p)); aNn = a(N+1);
        p = p * Omegac;
```

```
a = real (poly(p)); aNu = a(N + l);
k = k * aNu/aNn;
b0 = k; B = real(poly(z)); b = k * B;
```

8.3.7 设计方程

已知 Ω_p, Ω_s, R_p 和 A_s,要求有三个参数以确定一个切比雪夫 I 型滤波器: ϵ, Ω_c 和 N。根据(8.3)式和(8.4)式,得到

$$\epsilon = \sqrt{10^{0.1R_p} - 1} \text{ 和 } A = 10^{A_s/20}$$

根据上面讨论的性质有

$$\Omega_c = \Omega_p \text{和} \Omega_r = \frac{\Omega_s}{\Omega_p} \tag{8.57}$$

阶 N 给出为

$$g = \sqrt{(A^2 - 1)/\epsilon^2} \tag{8.58}$$

$$N = \left\lceil \frac{\log_{10}\left[g + \sqrt{g^2 - 1}\right]}{\log_{10}\left[\Omega_r + \sqrt{\Omega_r^2 - 1}\right]} \right\rceil \tag{8.59}$$

现在,利用(8.54)式、(8.53)式和(8.55)式就能确定 $H_a(s)$。

例题 8.5 设计一个低通切比雪夫 I 型滤波器以满足下列技术要求:

通带截止频率: $\Omega_p = 0.2\pi$;通带波纹: $R_p = 1\text{dB}$

阻带截止频率: $\Omega_s = 0.3\pi$;阻带波纹: $A_s = 16\text{dB}$

题解

首先计算必要的参数:

$$\epsilon = \sqrt{10^{0.1(1)} - 1} = 0.5088, \quad A = 10^{16/20} = 6.3096$$

$$\Omega_c = \Omega_p = 0.2\pi, \quad \Omega_r = \frac{0.3\pi}{0.2\pi} = 1.5$$

$$g = \sqrt{(A^2 - 1)/\epsilon^2} = 12.2429, \quad N = 4$$

现在能确定 $H_a(s)$,

$$\alpha = \frac{1}{\epsilon} + \sqrt{1 + \frac{1}{\epsilon^2}} = 4.1702$$

$$a = 0.5(\sqrt[N]{\alpha} - \sqrt[N]{1/\alpha}) = 0.3646$$

$$b = 0.5(\sqrt[N]{\alpha} + \sqrt[N]{1/\alpha}) = 1.0644$$

$H_a(s)$ 有 4 个极点:

$$p_{0,3} = (a\Omega_c)\cos\left[\frac{\pi}{2} + \frac{\pi}{8}\right] \pm j(b\Omega_c)\sin\left[\frac{\pi}{2} + \frac{\pi}{8}\right] = -0.0877 \pm j0.6179$$

$$p_{1,2} = (a\Omega_c)\cos\left[\frac{\pi}{2} + \frac{3\pi}{8}\right] \pm j(b\Omega_c)\sin\left[\frac{\pi}{2} + \frac{3\pi}{8}\right] = -0.2117 \pm j0.2559$$

因此,

$$H_a(s) = \frac{K}{\prod\limits_{k=0}^{3}(s-p_k)} = \frac{\overbrace{0.89125 \times 0.1103 \times 0.3895}^{0.03829}}{(s^2+0.1754s+0.3895)(s^2+0.4234s+0.1103)}$$

注意,分子是要使得有

$$H_a(\mathrm{j}0) = \frac{1}{\sqrt{1+\epsilon^2}} = 0.89125$$

8.3.8   MATLAB 实现

已知滤波器的技术要求,利用 U_chb1ap 函数,我们提供了一个称为 afd_chb1 的函数用于设计一个模拟切比雪夫 I 型低通滤波器。这个函数给出如下,并利用在例题 8.5 中所描述的过程。

```
function [b,a] = afd_chbl(Wp,Ws,Rp,As);
% Analog lowpass filter design: Chebyshev-1
% ------------------------------------------
% [b, a] = afd_chbl (Wp, Ws, Rp, As);
%  b = numerator coefficients of Ha(s)
%  a = denominator coefficients of Ha(s)
% Wp = passband edge frequency in rad/sec; Wp > 0
% Ws = stopband edge frequency in rad/sec; Ws > Wp > 0
% Rp = passband ripple in +dB; (Rp > 0)
% As = stopband attenuation in +dB; (As > 0)
%
if Wp <= 0
        error('Passband edge must be larger than 0')
end
if Ws <= Wp
        error('Stopband edge must be larger than Passband edge')
end
if (Rp <= 0) | (As < 0)
        error('PB ripple and/or SB attenuation ust be larger than 0')
end
ep = sqrt(10^(Rp/10) - 1); A = 10^ (As/20);
OmegaC = Wp; OmegaR = Ws/Wp; g = sqrt(A * A - 1)/ep;
N = ceil (logl0(g + sqrt(g * g - 1))/log10(OmegaR + sqrt(OmegaR * OmegaR - 1)));
fprintf ('\n *** Chebyshev-1 Filter Order = %2.0f \n',N)
[b, a] = u_chblap (N,Rp,OmegaC);
```

例题 8.6   利用 MATLAB 设计例题 8.5 中给出的模拟切比雪夫 I 型低通滤波器。

题解

MATLAB 脚本：

```
>> Wp = 0.2 * pi; Ws = 0.3 * pi; Rp = 1; As = 16;
>> Ripple = 10 ^ ( - Rp/20); Attn = 10 ^ ( - As/20);
>> % Analog filter design:
>> [b,a] = afd_chb1(Wp,Ws,Rp,As);
*** Chebyshev-1 Filter Order = 4
>> % Calculation of second-order sections:
>> [C,B,A] = sdir2cas(b,a)
C = 0.0383
B = 0        0        1
A = 1.0000   0.4233   0.1103
    1.0000   0.1753   0.3895
>> % Calculation of frequency response:
>> [db,mag,pha,w] = freqs_m(b,a,0.5 * pi);
>> % Calculation of Impulse response:
>> [ha,x,t] = impulse(b,a);
```

用一个四阶切比雪夫 I 型滤波器可以满足设计要求，它的系统函数是

$$H_a(s) = \frac{0.0383}{(s^2 + 4233s + 0.1103)(s^2 + 0.1753s + 0.3895)}$$

该滤波器的图如图 8.16 所示。

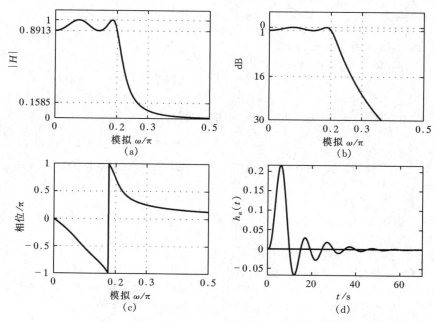

图 8.16 例题 8.6 中的切比雪夫 I 型模拟滤波器
(a) 幅度响应；(b) 幅度(dB)；(c) 相位响应；(d) 脉冲响应

　　通过一种简单的变换可将切比雪夫Ⅱ型滤波器与切比雪夫Ⅰ型滤波器联系起来。它有一个单调的通带和一个等波纹的阻带。这意味着这个滤波器在 s 平面有极点也有零点。因此在通带内群时延特性比切比雪夫Ⅰ型原型滤波器要更好一些（相位响应更为线性）。如果在 (8.52) 式中的这一项 $\varepsilon^2 T_N^2(\Omega/\Omega_c)$ 用它的倒数，也就是用宗量 $x=\Omega/\Omega_c$ 的倒数替换，就得出切比雪夫Ⅱ型幅度平方响应为

$$| H_a(\mathrm{j}\Omega) |^2 = \frac{1}{1+[\varepsilon^2 T_N^2(\Omega_c/\Omega)]^{-1}} \tag{8.60}$$

设计一个切比雪夫Ⅱ型滤波器的一种途径就是首先设计一个对应的切比雪夫Ⅰ型，然后应用上述变换。我们不打算讨论这种滤波器的细节，但是从 MATLAB 中利用一种函数来设计一个切比雪夫Ⅱ型滤波器。

8.3.9　MATLAB 实现

　　MATLAB 提供了一个称为 [z,p,k] = cheb2ap(N,As) 的函数用于设计一个 N 阶和通带波纹为 As 的归一化切比雪夫Ⅱ型模拟原型滤波器，并得到在数组 z 中的零点、数组 p 中的极点和增益值 k。我们需要一个具有任意 Ω_c 的非归一化切比雪夫Ⅱ型滤波器。这可以将归一化滤波器的数组 p 倍乘以 Ω_c 来完成。因为这个滤波器有零点，所以也必须将数组 z 倍乘以 Ω_c。新的增益 k 利用 (8.56) 式确定，这可以通过将原有的 k 倍乘以非归一化的有理函数对归一化的有理函数的比在 $s=0$ 的求值来完成。在下面称为 U_chb2ap(N,As,Omegac) 的函数中，设计一个非归一化的切比雪夫Ⅱ型模拟原型滤波器，并得出直接型的 $H_a(s)$。

```
function [b,a] = u_chb2ap(N,As,Omegac);
% Unnormalized Chebyshev-2 analog lowpass filter prototype
% ------------------------------------------------------------
% [b,a] = u_chb2ap (N, As, Omegac);
%      b = numerator polynomial coefficients
%      a = denominator polynomial coefficients
%      N = order of the Elliptic Filter
%     As = stopband Ripple in dB; As > 0
%Omegac = cutoff frequency in radians/sec
%
[z,p,k] = cheb2ap(N,As);
    a = real(poly(p)); aNn = a(N+1);
    p = p * Omegac; a = real (poly(p)); aNu = a(N+1);
    b = real(poly(z)); M = length(b); bNn = b (M);
    z = z * Omegac; b = real(poly(z)); bNu = b (M);
    k = k * (aNu * bNn)/(aNn * bNu);
    b0 = k; b = k * b;
```

除去 $\Omega_c=\Omega_s$ 外，对于切比雪夫Ⅱ型原型的设计方程与切比雪夫Ⅰ型是类似的，因为波纹是在阻带内。因此，对切比雪夫Ⅱ型的原型滤波器，我们建立一个类似于 afd_chb1 的 MATLAB 函数。

```
function [b,a] = afd_chb2(Wp,Ws,Rp,As);
% Analog lowpass filter design: Chebyshev-2
% ---------------------------------------
% [b,a] = afd_chb2(Wp,Ws,Rp,As);
%  b = numerator coefficients of Ha(s)
%  a = denominator coefficients of Ha(s)
% Wp = passband edge frequency in rad/sec; Wp > 0
% Ws = stopband edge frequency in rad/sec; Ws > Wp > 0
% Rp = passband ripple in +dB; (Rp > 0)
% As = stopband attenuation in +dB; (As > 0)
%
if Wp <= 0
        error('Passband edge must be larger than 0')
end

if Ws <= Wp
        error('Stopband edge must be larger than Passband edge')
end
if (Rp) <= 0) | (As < 0)
        error('PB ripple and/or SB attenuation ust be larger than 0')
end

ep = sqrt(10^(Rp/10) - 1); A = 10^(As/20);
OmegaC = Wp; OmegaR = Ws/Wp; g = sqrt (A * A - 1)/ep;
N = ceil (log10 (g + sqrt (g * g - 1))/log10 (OmegaR + sqrt(OmegaR * OmegaR - 1)))
fprintf ('\n * * * Chebyshev - 2 Filter Order = %2.0f \n',N)
[b,a] = u_chb2ap (N,As,Ws);
```

例题 8.7 设计一个切比雪夫 Ⅱ 型模拟低通滤波器,满足在例题 8.5 中给出的技术要求:

通带截止频率:$\Omega_p = 0.2\pi$;通带波纹:$R_p = 1\text{dB}$

阻带截止频率:$\Omega_s = 0.3\pi$;阻带波纹:$A_s = 16\text{dB}$

题解

MATLAB 脚本:

```
>> Wp = 0.2 * pi; Ws = 0.3 * pi; Rp = 1; As = 16;
>> Ripple = 10 ^ ( - Rp/20); Attn = 10 ^ ( - As/20);
>> % Analog filter design:
>> [b,a] = afd_chb2(Wp,Ws,Rp,As);
*** Chebyshev-2 Filter Order = 4
>> % Calculation of second-order sections:
>> [C,B,A] = sdir2cas(b,a)
C = 0.1585
```

```
B = 1.0000        0     6.0654
    1.0000        0     1.0407
A = 1.0000   1.9521     1.4747
    1.0000   0.3719     0.6784
>> % Calculation of frequency response:
>> [db,mag,pha,w] = freqs_m(b,a,0.5 * pi);
>> % Calculation of Impulse response:
>> [ha,x,t] = impulse(b,a);
```

一个四阶的切比雪夫Ⅱ型滤波器满足设计要求,它的系统函数是

$$H_a(s) = \frac{0.1585(s^2 + 6.0654)(s^2 + 1.0407)}{(s^2 + 1.9521s + 1.4747)(s^2 + 0.3719s + 0.6784)}$$

该滤波器的图如图 8.17 所示。

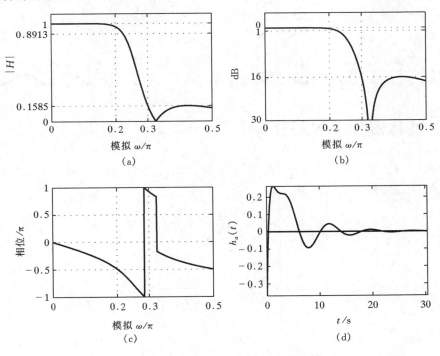

图 8.17 例题 8.7 中切比雪夫Ⅱ型模拟滤波器
(a) 幅度响应;(b) 幅度(dB);(c) 相位响应;(d) 脉冲响应

8.3.10 椭圆低通滤波器

这些滤波器在通带以及阻带都呈现等波纹特性。它们在幅度响应特性上与 FIR 等波纹

滤波器是类似的。因此对于在给定指标要求下能实现最小阶次 N 的意义上(或者换一种说法,在给定阶次 N 下实现最陡峭的过渡带),椭圆滤波器是最优的。有明显的理由表明,这些滤波器分析很难,从而设计都是很困难的。利用简单的手段设计它们是不可能的,常常需要用一些程序或表格来设计它们。

椭圆滤波器的幅度平方响应给出为

$$|H_a(\mathrm{j}\Omega)|^2 = \frac{1}{1+\epsilon^2 U_N^2\left(\dfrac{\Omega}{\Omega_c}\right)} \tag{8.61}$$

这里 N 是阶次,ϵ 是通带波纹(它与 R_p 有关)和 $U_N(\cdot)$ 是 N 阶雅可比(Jacobian)椭圆函数。这个函数的分析,即使非常浅薄一点都超出本书的范围。可以注意到,上述响应(8.61)式和由(8.52)式给出的切比雪夫滤波器响应之间的相似性。对于奇数和偶数 N 的典型响应如下图所示。

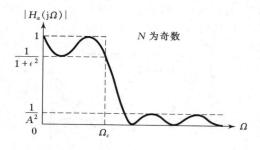
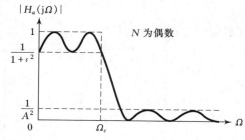

8.3.11 滤波器阶次 N 的计算

尽管(8.61)式的分析是困难的,但是有关阶次的计算公式还是很紧凑,并在许多教科书[71,79,83]中都可以获得,它给出为

$$N = \frac{K(k)K(\sqrt{1-k_1^2})}{K(k_1)K(\sqrt{1-k^2})} \tag{8.62}$$

式中

$$k = \frac{\Omega_p}{\Omega_s}, \quad k_1 = \frac{\epsilon}{\sqrt{A^2-1}}$$

和

$$K(x) = \int_0^{\pi/2} \frac{\mathrm{d}\theta}{\sqrt{1-x^2\sin^2\theta}}$$

是第 1 类完全椭圆积分。MATLAB 提供出函数 ellipke 用于数值计算上面积分,从而可用于计算 N 和设计椭圆滤波器。

8.3.12 MATLAB 实现

MATLAB 提供了一个称为[z,p,k] = ellipap(N,Rp,As)的函数用于设计一个阶次为 N、通带波纹为 Rp 和阻带衰减为 As 的归一化椭圆模拟原型滤波器,并得到在数组 z 中的零点、数组 p 中的极点和增益值 k。我们需要一个具有任意 Ω_c 的非归一化椭圆滤波器。这可以通过将归一化滤波器的数组 p 和 z 倍乘以 Ω_c,并将增益 k 倍乘以非归一化有理函数对归一化有理函数的比在 $s=0$ 的求值来实现。在下面的 U_elipap($N,R_p,As,Omegac$) 函数中,我们设计一个非归一化的椭圆模拟原型滤波器,并得到直接型的 $H_a(s)$。

```
function [b,a] = u_elipap(N,Rp,As,Omegac);
% Unnormalized elliptic analog lowpass filter prototype
% ------------------------------------------------
% [b,a] = u_elipap(N,Rp,As,Omegac);
%     b = numerator polynomial coefficients
%     a = denominator polynomial coefficients
%     N = order of the Elliptic Filter
%    Rp = passband Ripple in dB; Rp > 0
%    As = stopband Attenuation in dB; As > 0
%Omegac = Cutoff frequency in radians/sec
%
[z,p,k] = ellipap(N,Rp,As);
     a = real(poly(p)); aNn = a(N+1);
     p = p * Omegac; a = real(poly(p)); aNu = a(N+1);
     b = real(poly(z)); M = length(b); bNn = b(M);
     z = z * Omegac; b = real(poly(z)); bNu = b(M);
     k = k * (aNu * bNn)/(aNn * bNu);
     b0 = k; b = k * b;
```

利用 U_elipap 函数,我们提供了一个称为 afd_elip 的函数用于设计一个已知设计指标时的模拟椭圆低通滤波器。这个函数给出如下,并利用了由(8.62)式给出的滤波器阶次的计算公式。

```
function [b,a] = afd_elip(Wp,Ws,Rp,As);
% Analog lowpass filter design: Elliptic
% ------------------------------------
% [b,a] = afd_elip(Wp,Ws,Rp,As);
% b = numerator coefficients of Ha(s)
% a = denominator coefficients of Ha(s)
% Wp = passband edge frequency in rad/sec; Wp > 0
% Ws = stopband edge frequency in rad/sec; Ws > Wp > 0
% Rp = passband ripple in +dB; (Rp > 0)
% As = stopband attenuation in +dB; (As > 0)
%
if Wp <= 0
        error('Passband edge must be larger than 0')
end
```

```
if Ws <= Wp
        error('Stopband edge must be larger than Passband edge')
end
if (Rp <= 0) | (As < 0)
        error('PB ripple and/or SB attenuation ust be larger than 0')
end

ep = sqrt(10^(Rp/10) − 1); A = 10^(As/20);
OmegaC = Wp; k = Wp/Ws; k1 = ep/sqrt(A * A − 1);
capk = ellipke([k.^2 1 − k.^2]); % Version 4.0 code
capk1 = ellipke([(k1.^2) 1 − (k1.^2)]); % Version 4.0 code
N = ceil (capk(1) * capk1(2)/(capk(2) * capk1(1)));
fprintf('\n * * * Elliptic Filter Order = % 2.0f \n',N)
[b,a] = u_elipap(N,Rp,As,OmegaC);
```

例题 8.8 设计一个模拟椭圆低通滤波器满足下列例题 8.5 的设计指标：

$$\Omega_p = 0.2\pi, R_p = 1\text{dB}$$
$$\Omega_s = 0.3\pi, A_s = 16\text{dB}$$

题解

MATLAB 脚本：

```
>> Wp = 0.2 * pi; Ws = 0.3 * pi; Rp = 1; As = 16;
>> Ripple = 10 ^ ( − Rp/20); Attn = 10 ^ ( − As/20);
>> % Analog filter design:
>> [b,a] = afd_elip(Wp,Ws,Rp,As);
* * * Elliptic Filter Order = 3
>> % Calculation of second-order sections:
>> [C,B,A] = sdir2cas(b,a)
C = 0.2740
B = 1.0000            0      0.6641
A = 1.0000      0.1696      0.4102
         0      1.0000      0.4435
>> % Calculation of frequency response:
>> [db,mag,pha,w] = freqs_m(b,a,0.5 * pi);
>> % Calculation of impulse response:
>> [ha,x,t] = impulse (b,a) ;
```

一个三阶椭圆滤波器可以满足设计要求,它的系统函数是

$$H_a(s) = \frac{0.274(s^2 + 0.6641)}{(s^2 + 0.1696s + 0.4102)(s + 0.4435)}$$

该滤波器的图如图 8.18 所示。

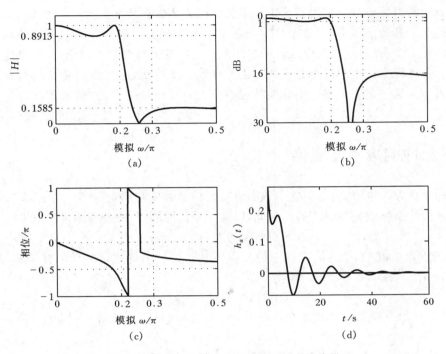

图 8.18   例题 8.8 中的椭圆模拟低通滤波器
(a) 幅度响应；(b) 幅度(dB)；(c) 相位响应；(d) 脉冲响应

8.3.13   原型滤波器的相位响应

椭圆滤波器在幅度平方响应上提供了最优的性能,但是在通带内具有高的非线性相位响应(在许多应用中这是不希望的)。尽管在设计中没有关心相位响应,但是在整个系统中相位仍然是一个重要的问题。在性能方面的另一种极端是巴特沃兹滤波器,它具有最大平坦的幅度响应,并要求有更高的阶次 N(更多的极点)以达到相同的阻带衰减。然而,在通带内它却呈现出相当好的线性相位响应。切比雪夫滤波器具有的相位特性位于上面两种滤波器的两者之间。因此,在实际应用中除了椭圆滤波器外,我们还是要考虑巴特沃兹以及切比雪夫滤波器的。这个选取既决定于滤波器的阶次(它影响处理速度和实现复杂性),也取决于相位特性(它控制着失真大小)。

8.4   模拟-数字滤波器变换

在讨论完模拟滤波器设计的各种方法之后,现在准备将它们变换为数字滤波器。这些变换都是复值映射,并在文献中广泛研究过。这些变换是根据要保留的模拟和数字滤波器的不同方面来导出的。如果从模拟到数字滤波器我们想要保留脉冲响应的形状,那么就得到一种称为脉冲响应不变的变换方法。如果想要将一个微分方程表示转换为相应的差分方程表示,那么就得到一种有限差分近似的方法。很多其他的方法也都是可能的。一种称为阶跃响应不变法保留的是阶跃响应的形式,这个将在习题 P8.24 中研究。另一种类似于脉冲响应不变法的方法是匹配 z 变换法,它与零极点表示相匹配。在本节最后要给予讨论,并在习题 P8.26 中进行研究。在实际中采用的最为普遍的方法是双线性变换法,它保留的是从模拟到数字域的系统函数表示。这一节要详细讨论脉冲响应不变法和双线性变换法,两者都能容易用 MAT-LAB 实现。

8.4.1 脉冲响应不变变换

在这种设计方法中,我们想要这个数字滤波器的脉冲响应看起来与一个频率选择性模拟滤波器的单位冲激响应是"相似"的。为此,以某个采样间隔 T 对 $h_a(t)$ 采样得到 $h(n)$,即

$$h(n) = h_a(nT)$$

参数 T 要选成以使得 $h_a(t)$ 的形状被它的样本"捕获"住。因为这是一种采样运算,所以模拟和数字频率由下式联系:

$$\omega = \Omega T \text{ 或 } e^{j\omega} = e^{j\Omega T}$$

由于 $z = e^{j\omega}$ 是在单位圆上,$s = j\Omega$ 是在虚轴上,所以有下面从 s 平面到 z 平面的变换

$$z = e^{sT} \tag{8.63}$$

系统函数 $H(z)$ 和 $H_a(s)$ 是经由频域混叠公式(3.27)式联系的:

$$H(z) = \frac{1}{T} \sum_{k=-\infty}^{\infty} H_a\left(s - j\frac{2\pi}{T}k\right)$$

在(8.63)式的映射关系下,复平面的变换如图 8.19 所示。从这个图有如下几点结果:

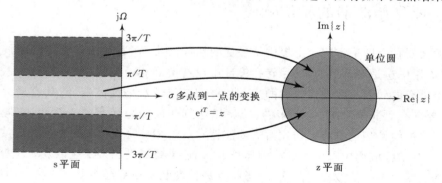

图 8.19 脉冲响应不变法中的复平面映射

(1) 利用 $\sigma = \text{Re}(s)$,注意到:

$$\sigma < 0 \text{ 映射到 } |z| < 1 \text{(单位圆内)}$$
$$\sigma = 0 \text{ 映射到 } |z| = 1 \text{(单位圆上)}$$
$$\sigma > 0 \text{ 映射到 } |z| > 1 \text{(单位圆外)}$$

(2) 宽度为 $2\pi/T$ 的全部半无限带(见图示)都映射到 $|z| < 1$,因此,这个映射不是唯一的而是多点到一点的映射。

(3) 由于 s 平面的整个左半面都映射到单位圆内,所以一个因果而稳定的模拟滤波器映

射为一个因果而稳定的数字滤波器。

(4) 如果 $H_a(\mathrm{j}\Omega) = H_a(\mathrm{j}\omega/T) = 0, |\Omega| \geqslant \pi/T$,那么

$$H(\mathrm{e}^{\mathrm{j}\omega}) = \frac{1}{T}H_a(\mathrm{j}\omega/T), \quad |\omega| \leqslant \pi$$

将不存在混叠。不过,没有一个有限阶的模拟滤波器是真正带限的。在这种设计过程中会产生一些混叠误差,因此,采样间隔 T 在这种设计方法中起着次要的作用。

8.4.2 设计步骤

已知数字低通滤波器的设计要求 ω_p, ω_s, R_p 和 A_s,想要通过首先设计一个等效的模拟滤波器,然后再将它映射为所期望的数字滤波器来确定 $H(z)$。对这个过程所要求的步骤是:

(1) 选取 T 并确定模拟频率

$$\Omega_p = \frac{\omega_p}{T} \text{ 和 } \Omega_s = \frac{\omega_s}{T}$$

(2) 利用设计参数 Ω_p, Ω_s, R_p 和 A_s 设计一个模拟滤波器 $H_a(s)$。这可以利用前节讨论的三种(巴特沃兹、切比雪夫或椭圆滤波器)原型中的任何一种来完成。

(3) 利用部分分式展开,将 $H_a(s)$ 展开为

$$H_a(s) = \sum_{k=1}^{N} \frac{R_k}{s - p_k}$$

(4) 现在将模拟极点 $\{p_k\}$ 变换为数字极点 $\{\mathrm{e}^{p_k T}\}$,得到数字滤波器

$$H(z) = \sum_{k=1}^{N} \frac{R_k}{1 - \mathrm{e}^{p_k T} z^{-1}} \tag{8.64}$$

例题 8.9 用 $T = 0.1$,采用脉冲响应不变法将

$$H_a(s) = \frac{s+1}{s^2 + 5s + 6}$$

变换为一个数字滤波器 $H(z)$。

题解

首先利用部分分式展开将 $H_a(s)$ 展开为

$$H_a(s) = \frac{s+1}{s^2+5s+6} = \frac{2}{s+3} - \frac{1}{s+2}$$

极点在 $p_1 = -3$ 和 $p_2 = -2$。那么,由(8.64)式并用 $T = 0.1$ 得出

$$H(z) = \frac{2}{1 - \mathrm{e}^{-3T}z^{-1}} - \frac{1}{1 - \mathrm{e}^{-2T}z^{-1}} = \frac{1 - 0.8966z^{-1}}{1 - 1.5595z^{-1} + 0.6065z^{-2}}$$

很容易建立一个 MATLAB 函数用于实现这个脉冲响应不变法的映射。已知一个有理函数 $H_a(s)$ 的表述,可用 residue 函数求得它的零极点表述。然后用(8.63)式,将每个模拟极点映射为一个数字极点,最后能用 residuez 函数将 $H(z)$ 转换为有理函数形式。这个过程用 imp_invr 函数给出。

```
function [b,a] = imp_invr(c,d,T)
% Impulse invariance transformation from analog to digital filter
% --------------------------------------------------------------
% [b,a] = imp_invr(c,d,T)
% b = numerator polynomial in z^(-1) of the digital filter
% a = denominator polynomial in z^(-1) of the digital filter
% c = numerator polynomial in s of the analog filter
% d = denominator polynomial in s of the analog filter
% T = sampling (transformation) parameter
%
[R,p,k] = residue(c,d); p = exp(p * T);
[b,a] = residuez(R,p,k); b = real(b'); a = real(a');
```

在 MATLAB 的 SP 工具箱中可以获得一个称为 impinvar 的类似函数。

例题 8.10   我们要说明函数 imp_invr 在例题 8.9 的系统函数上的应用。

题解

   MATLAB 脚本：

```
>> c = [1,1]; d = [1,5,6]; T = 0.1;
>> [b,a] = imp_invr(c,d,T)
b = 1.0000     -0.8966
a = 1.0000     -1.5595      0.6065
```

这个数字滤波器

$$H(z) = \frac{1 - 0.8966z^{-1}}{1 - 1.5595z^{-1} + 0.6065z^{-2}}$$

与预期的一样。图 8.20 中展示出模拟滤波器和所得数字滤波器的脉冲（冲激）响应和幅度响应（对采样间断 $1/T$ 画出的）。由图明显可见频域中的混叠。

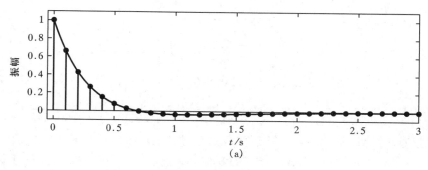

图 8.20   例题 8.10 中的脉冲与频率响应图
(a) 脉冲响应

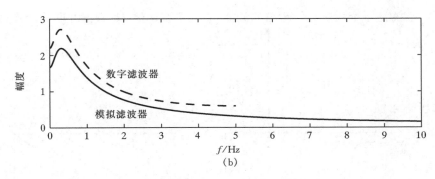

图 8.20　例题 8.10 中的脉冲与频率响应图

（b）幅度响应

下面几个例子对全部三种原型滤波器说明脉冲响应不变法的设计过程。

例题 8.11　利用巴特沃兹原型设计一低通数字滤波器，它满足下面设计要求：

$$\omega_p = 0.2\pi,\ R_p = 1\text{dB}$$

$$\omega_s = 0.3\pi,\ A_s = 15\text{dB}$$

题解

　　用下面 MATLAB 脚本描述这个设计过程：

```
>> % Digital Filter Specifications:
>> wp = 0.2 * pi;                    % Digital Passband freq in rad
>> ws = 0.3 * pi;                    % Digital Stopband freq in rad
>> Rp = 1;                           % Passband ripple in dB
>> As = 15;                          % Stopband attenuation in dB

>> % Analog Prototype Specifications: Inverse mapping for frequencies
>> T = 1;                            % Set T = 1
>> OmegaP = wp / T;                  % Prototype Passband freq
>> OmegaS = ws / T;                  % Prototype Stopband freq

>> % Analog Butterworth Prototype Filter Calculation:
>> [cs,ds] = afd_butt(OmegaP,OmegaS,Rp,As);
*** Butterworth Filter Order = 6
>> % Impulse invariance transformation:
>> [b,a] = imp_invr(cs,ds,T); [C,B,A] = dir2par(b,a)
C = []
B = 1.8557      - 0.6304
    - 2.1428      1.1454
    0.2871      - 0.4466
A = 1.0000      - 0.9973      0.2570
    1.0000      - 1.0691      0.3699
    1.0000      - 1.2972      0.6949
```

这个期望的滤波器是一个六阶巴特沃兹滤波器,它的系统函数 $H(z)$ 以并联型给出为

$$H(z) = \frac{1.8587 - 0.6304z^{-1}}{1 - 0.9973z^{-1} + 0.257z^{-2}} + \frac{-2.1428 + 1.1454z^{-1}}{1 - 1.0691z^{-1} + 0.3699z^{-2}} +$$

$$\frac{0.2871 - 0.4463z^{-1}}{1 - 1.2972z^{-1} + 0.6449z^{-2}}$$

频率响应图如图 8.21 所示。

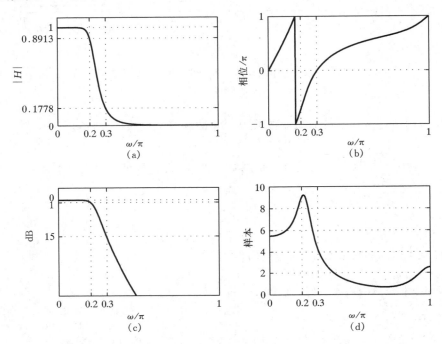

图 8.21　利用脉冲响应不变法设计的数字巴特沃兹低通滤波器

（a）幅度响应；（b）相位响应；（c）幅度(dB)；（d）群时延

例题 8.12　利用切比雪夫 I 型原型设计一个低通数字滤波器满足下面要求:

$$\omega_p = 0.2\pi, R_p = 1\text{dB}$$

$$\omega_s = 0.3\pi, A_s = 15\text{dB}$$

题解

下面 MATLAB 脚本描述了这个设计过程:

```
>> % Digital filter specifications:
>> wp = 0.2 * pi;                    % Digital Passband freq in rad
>> ws = 0.3 * pi;                    % Digital Stopband freq in rad
>> Rp = 1;                           % Passband ripple in dB
>> As = 15;                          % Stopband attenuation in dB

>> % Analog Prototype Specifications: Inverse mapping for frequencies
>> T = 1;                            % Set T = 1
>> OmegaP = wp / T;                  % Prototype Passband freq
```

```
>> OmegaS = ws / T;                      % Prototype Stopband freq
>> % Analog Chebyshev - 1 prototype filter calculation:
>> [cs,ds] = afd_chb1(OmegaP,OmegaS,Rp,As);
*** Chebyshev - 1 Filter Order = 4

>> % Impulse invariance transformation:
>> [b,a] = imp_invr(cs,ds,T); [C,B,A] = dir2par(b,a)
C = []
B = - 0.0833     - 0.0246
      0.0833       0.0239
A =   1.0000     - 1.4934     0.8392
      1.0000     - 1.5658     0.6549
```

这个期望的滤波器是一个 4 阶切比雪夫 I 型滤波器,它的系统函数 $H(z)$ 是

$$H(z) = \frac{-0.0833 - 0.0246z^{-1}}{1 - 1.4934z^{-1} + 0.8392z^{-2}} + \frac{-0.0833 + 0.0239z^{-1}}{1 - 1.5658z^{-1} + 0.6549z^{-2}}$$

频率响应的图如图 8.22 所示。

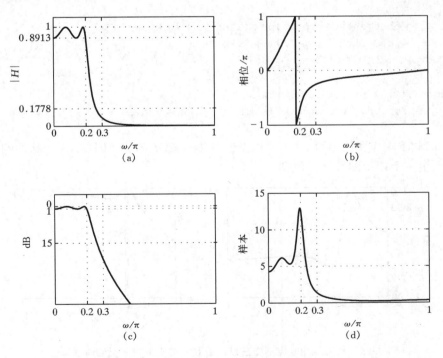

图 8.22 利用脉冲响应不变法设计的数字切比雪夫 I 型低通滤波器

(a) 幅度响应;(b) 相位响应;(c) 幅度(dB);(d) 群时延

例题 8.13 利用切比雪夫 II 型原型设计一个低通数字滤波器满足下面要求:

$$\omega_p = 0.2\pi, R_p = 1\text{dB}$$
$$\omega_s = 0.3\pi, A_s = 15\text{dB}$$

题解

回想一下,切比雪夫 II 型滤波器在阻带是等波纹的,这意味着这种模拟滤波器的频率响应在阻带内很高频率时不到达零值。因此,经过脉冲响应不变法变换后,混叠效应一定很显著,这将损坏滤波器的通带响应。这个 MATLAB 脚本给出为

```
>> % Digital Filter Specifications:
>> wp = 0.2 * pi;                    % Digital Passband freq in rad
>> ws = 0.3 * pi;                    % Digital Stopband freq in rad
>> Rp = 1;                           % Passband ripple in dB
>> As = 15;                          % Stopband attenuation in dB

>> % Analog Prototype Specifications: Inverse mapping for frequencies
>> T = 1;                            % Set T = 1
>> OmegaP = wp / T;                  % Prototype Passband freq
>> OmegaS = ws / T;                  % Prototype Stopband freq

>> % Analog Chebyshev-2 prototype filter calculation:
>> [cs,ds] = afd_chb2(OmegaP,OmegaS,Rp,As);
*** Chebyshev-2 Filter Order = 4

>> % Impulse invariance transformation:
>> [b,a] = imp_invr(cs,ds,T); [C,B,A] = dir2par(b,a);
```

由图 8.23 的频率响应图明显可见,通带以及阻带响应都变坏了。因此,这个脉冲响应不变法设计没有产生一个期望的数字滤波器。

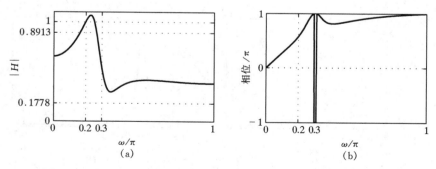

图 8.23 利用脉冲响应不变法设计的数字切比雪夫 II 型低通滤波器
(a) 幅度响应;(b) 相位响应

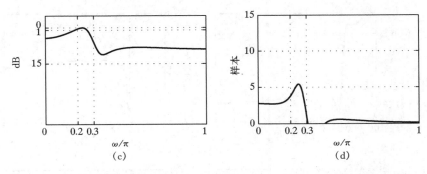

图 8.23 利用脉冲响应不变法设计的数字切比雪夫Ⅱ型低通滤波器
(c) 幅度(dB)；(d) 群时延

例题 8.14 利用一个椭圆原型设计一个低通数字滤波器满足下面要求：

$$\omega_p = 0.2\pi, R_p = 1\text{dB}$$
$$\omega_s = 0.3\pi, A_s = 15\text{dB}$$

题解

椭圆滤波器在通带和阻带内都是等波纹的,所以这种情况是很类似于切比雪夫Ⅱ型滤波器的,不应该期望有一个好的数字滤波器。这个 MATLAB 脚本给出如下:

```
>> % Digital filter specifications:
>> wp = 0.2 * pi;                        % Digital Passband freq in rad
>> ws = 0.3 * pi;                        % Digital Stopband freq in rad
>> Rp = 1;                               % Passband ripple in dB
>> As = 15;                              % Stopband attenuation in dB

>> % Analog Prototype Specifications: Inverse mapping for frequencies
>> T = 1;                                % Set T = 1
>> OmegaP = wp / T;                      % Prototype Passband freq
>> OmegaS = ws / T;                      % Prototype Stopband freq

>> % Analog elliptic prototype filter calculation:
>> [cs,ds] = afd_elip(OmegaP,OmegaS,Rp,As);
*** Elliptic Filter Order = 3
>> % Impulse Invariance transformation:
>> [b,a] = imp_invr(cs,ds,T); [C,B,A] = dir2par(b,a);
```

由图 8.24 的频率响应图明显可见,在这种情况下脉冲响应不变法设计再次失败。

脉冲响应不变映射的优点是它是一个稳定的设计,并且频率 Ω 和 ω 是线性关联的。但是,它的不足是应该想到模拟频率响应的某些混叠结果,以及在某些情况下,这种混叠已是无法承受的了。结果这种设计方法仅当这个模拟滤波器基本上是带限到某一低通或者到带通,

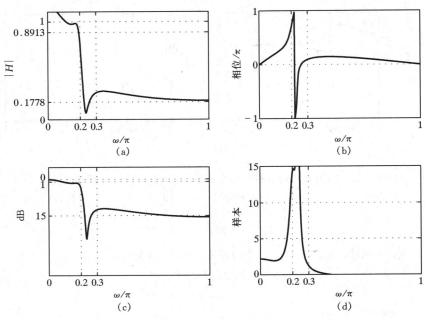

图 8.24　利用脉冲响应不变法设计的数字椭圆低通滤波器
(a) 幅度响应；(b) 相位响应；(c) 幅度(dB)；(d) 群时延

但其中在阻带没有起伏的情况才是有用的。

8.4.3　双线性变换

这种映射是最好的变换方法，它涉及一个众所周知的函数给出为

$$s = \frac{2}{T} \frac{1 - z^{-1}}{1 + z^{-1}} \Rightarrow z = \frac{1 + sT/2}{1 - sT/2} \tag{8.65}$$

这里 T 是一个参数。这个变换的另一个名字是线性分式变换，因为当乘开之后得到

$$\frac{T}{2}sz + \frac{T}{2}s - z + 1 = 0$$

这在每个变量上都是线性的，如果另一个固定的话，或者说在 s 和 z 上是双线性的。在(8.65)式制约下的复平面映射如图 8.25 所示。从该图的观察可得出下面几点：

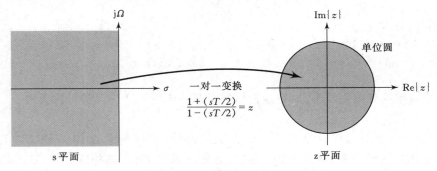

图 8.25　双线性变换中的复平面映射

(1) 在(8.65)式中利用 $s = \sigma + j\Omega$ 得到

$$z = \left(1 + \frac{\sigma T}{2} + j\frac{\Omega T}{2}\right) \Big/ \left(1 - \frac{\sigma T}{2} - j\frac{\Omega T}{2}\right) \tag{8.66}$$

因此，

$$\sigma < 0 \Rightarrow |z| = \left| \frac{1 + \dfrac{\sigma T}{2} + j\dfrac{\Omega T}{2}}{1 - \dfrac{\sigma T}{2} - j\dfrac{\Omega T}{2}} \right| < 1$$

$$\sigma = 0 \Rightarrow |z| = \left| \frac{1 + j\dfrac{\Omega T}{2}}{1 - j\dfrac{\Omega T}{2}} \right| = 1$$

$$\sigma > 0 \Rightarrow |z| = \left| \frac{1 + \dfrac{\sigma T}{2} + j\dfrac{\Omega T}{2}}{1 - \dfrac{\sigma T}{2} - j\dfrac{\Omega T}{2}} \right| > 1$$

(2) 整个左半平面映射到单位圆内，所以这是一个稳定的变换。

(3) 虚轴映射到单位圆是以一种一对一的方式进行的，因此，在频域不存在混叠。

在(8.66)式中代入 $\sigma = 0$，得到(因为幅度为 1)

$$z = \frac{1 + j\dfrac{\Omega T}{2}}{1 - j\dfrac{\Omega T}{2}} = e^{j\omega}$$

作为 Ω 的函数解出 ω 得到

$$\omega = 2\arctan\left(\frac{\Omega T}{2}\right) \quad 或 \quad \Omega = \frac{2}{T}\tan\left(\frac{\omega}{2}\right) \tag{8.67}$$

这表明 Ω 是与 ω 非线性关联的(或畸变)，但是不存在混叠。因此，在(8.67)式中我们说 ω 是被预畸变到 Ω 的。

例题 8.15　利用双线性变换将 $H_a(s) = \dfrac{s+1}{s^2 + 5s + 6}$ 变换为一个数字滤波器。选 $T = 1$。

题解

利用(8.65)式得到

$$H(z) = H_a\left(\left.\frac{2}{T}\frac{1 - z^{-1}}{1 + z^{-1}}\right|_{T=1}\right) = H_a\left(2\frac{1 - z^{-1}}{1 + z^{-1}}\right)$$

$$= \frac{2\dfrac{1 - z^{-1}}{1 + z^{-1}} + 1}{\left(2\dfrac{1 - z^{-1}}{1 + z^{-1}}\right)^2 + 5\left(2\dfrac{1 - z^{-1}}{1 + z^{-1}}\right) + 6}$$

经化简后有

$$H(z) = \frac{3 + 2z^{-1} - z^{-2}}{20 + 4z^{-1}} = \frac{0.15 + 0.1z^{-1} - 0.05z^{-2}}{1 + 0.2z^{-1}}$$

MATLAB 提供了一个称为 bilinear 的函数用于实现这种映射。它的调用类似于 imp‑invr 函数,但是对于不同的输入输出量它也有几种形式。更详细的可参阅 SP 工具箱的手册。它的应用如下面例题所给出。

例题 8.16 利用 bilinear 函数将例题 8.15 中的系统函数 $H_a(s)$ 变换为一个数字滤波器。

题解

MATLAB 脚本:

```
>> c = [1,1]; d = [1,5,6]; T = 1; Fs = 1/T;
>> [b,a] = bilinear(c,d,Fs)
b = 0.1500    0.1000    -0.0500
a = 1.0000    0.2000    0.0000
```

这个滤波器是

$$H(z) = \frac{0.15 + 0.1z^{-1} - 0.05z^{-2}}{1 + 0.2z^{-1}}$$

与前面相同。

8.4.4 设计步骤

已知数字滤波器的设计要求 ω_p, ω_s, R_p 和 A_s,要求确定 $H(z)$。在这个过程中的设计步骤如下:

(1) 选取某一 T。这是任意的,可以选 $T=1$。

(2) 将截止频率 ω_p 和 ω_s 预失真;也即利用(8.67)式计算 Ω_p 和 Ω_s:

$$\Omega_p = \frac{2}{T}\tan\left(\frac{\omega_p}{2}\right), \ \Omega_s = \frac{2}{T}\tan\left(\frac{\omega_s}{2}\right) \tag{8.68}$$

(3) 设计一个模拟滤波器 $H_a(s)$ 满足设计参数 Ω_p, Ω_s, R_p 和 A_s。前面一节已经讨论过如何完成这一步。

(4) 最后,令

$$H(z) = H_a\left(\frac{2}{T}\frac{1-z^{-1}}{1+z^{-1}}\right)$$

并作化简得出作为 z^{-1} 有理函数的 $H(z)$。

下面几个例子用来说明在模拟原型滤波器上这一设计过程。

例题 8.17 设计例题 8.11 的数字巴特沃兹滤波器,设计要求是

$$\omega_p = 0.2\pi, \ R_p = 1\text{dB}$$
$$\omega_s = 0.3\pi, \ A_s = 15\text{dB}$$

题解

MATLAB 脚本：

```
>> % Digital Filter Specifications：
>> wp = 0.2 * pi;                    % Digital Passband freq in rad
>> ws = 0.3 * pi;                    % Digital Stopband freq in rad
>> Rp = 1;                           % Passband ripple in dB
>> As = 15;                          % Stopband attenuation in dB
>> % Analog prototype specifications：inverse mapping for frequencies
>> T = 1; Fs = 1/T;                  % Set T = 1
>> OmegaP = (2/T) * tan(wp/2);       % Prewarp Prototype Passband freq
>> OmegaS = (2/T) * tan(ws/2);       % Prewarp Prototype Stopband freq
>> % Analog butterworth prototype filter calculation：
>> [cs,ds] = afd_butt(OmegaP,OmegaS,Rp,As);
*** Butterworth Filter Order = 6
>> % Bilinear transformation：
>> [b,a] = bilinear(cs,ds,Fs); [C,B,A] = dir2cas(b,a)
C = 5.7969e-004
B = 1.0000    2.0183    1.0186
    1.0000    1.9814    0.9817
    1.0000    2.0004    1.0000
A = 1.0000   -0.9459    0.2342
    1.0000   -1.0541    0.3753
    1.0000   -1.3143    0.7149
```

这个期望的滤波器还是一个 6 阶的滤波器并有 6 个零点。因为 $H_a(s)$ 在 $s=-\infty$ 的 6 阶零点被映射到 $z=-1$，所以这些零点应该是在 $z=-1$。由于 MATLAB 的有限精度这些零点不是正好在 $z=-1$。因此，系统函数应该是

$$H(z) = \frac{0.00057969(1+z^{-1})^6}{(1-0.9459z^{-1}+0.2342z^{-2})(1-1.0541z^{-1}+0.3753z^{-2})(1-1.3143z^{-1}+0.7149z^{-2})}$$

频率响应的图在图 8.26 中给出。将这些图与图 8.21 中的图比较可见，这两种设计是很类似的。

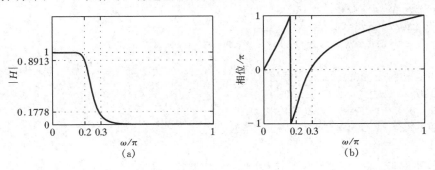

图 8.26 利用双线性变换设计的数字巴特沃兹低通滤波器

(a) 幅度响应；(b) 相位响应

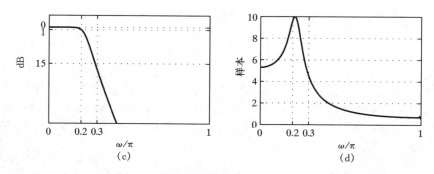

图 8.26 利用双线性变换设计的数字巴特沃兹低通滤波器
(c) 幅度(dB)；(d) 群时延

例题 8.18 设计例题 8.12 的数字切比雪夫 I 型滤波器，设计要求是

$$\omega_p = 0.2\pi, R_p = 1\text{dB}$$
$$\omega_s = 0.3\pi, A_s = 15\text{dB}$$

题解

MATLAB 脚本：

```
>> % Digital filter specifications:
>> wp = 0.2 * pi;                    % Digital Passband freq in rad
>> ws = 0.3 * pi;                    % Digital Stopband freq in rad
>> Rp = 1;                           % Passband ripple in dB
>> As = 15;                          % Stopband attenuation in dB
>> % Analog prototype specifications: Inverse mapping for frequencies
>> T = 1; Fs = 1/T;                  % Set T = 1
>> OmegaP = (2/T) * tan(wp/2);       % Prewarp Prototype Passband freq
>> OmegaS = (2/T) * tan(ws/2);       % Prewarp Prototype Stopband freq
>> % Analog Chebyshev-1 prototype filter calculation:
>> [cs,ds] = afd_chbl(OmegaP,OmegaS,Rp,As);
*** Chebyshev-1 Filter Order = 4
>> % Bilinear transformation:
>> [b,a] = bilinear(cs,ds,Fs); [C,B,A] = dir2cas(b,a)
C = 0.0018
B = 1.0000     2.0000     1.0000
    1.0000     2.0000     1.0000
A = 1.0000    -1.4996     0.8482
    1.0000    -1.5548     0.6493
```

这个期望的滤波器是一个四阶滤波器，并在 $z = -1$ 有 4 个零点。系统函数是

$$H(z) = \frac{0.0018(1 + z^{-1})^4}{(1 - 1.4996z^{-1} + 0.8482z^{-2})(1 - 1.5548z^{-1} + 0.6493z^{-2})}$$

频率响应的图由图 8.27 给出，它与图 8.22 中的图是很类似的。

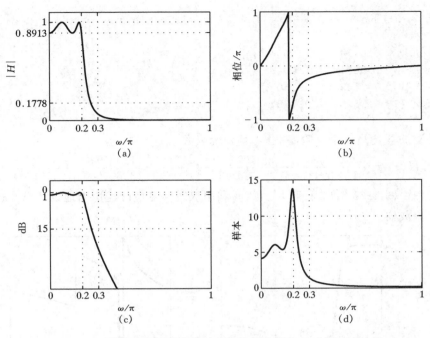

图 8.27　利用双线性变换设计的数字切比雪夫 I 型低通滤波器
(a) 幅度响应；(b) 相位响应；(c) 幅度(dB)；(d) 群时延

例题 8.19　设计例题 8.13 的数字切比雪夫 II 型滤波器，设计要求是

$$\omega_p = 0.2\pi, R_p = 1\text{dB}$$
$$\omega_s = 0.3\pi, A_s = 15\text{dB}$$

题解

　　MATLAB 脚本：

```
>> % Digital filter specifications:
>> wp = 0.2 * pi;                      % Digital Passband freq in rad
>> ws = 0.3 * pi;                      % Digital Stopband freq in rad
>> Rp = 1;                             % Passband ripple in dB
>> As = 15;                            % Stopband attenuation in dB
>> % Analog prototype specifications: Inverse mapping for frequencies
>> T = 1; Fs = 1/T;                    % Set T = 1
>> OmegaP = (2/T) * tan(wp/2);         % Prewarp Prototype Passband freq
>> OmegaS = (2/T) * tan(ws/2);         % Prewarp Prototype Stopband freq
>> % Analog Chebyshev-2 Prototype Filter Calculation:
>> [cs,ds] = afd_chb2(OmegaP,OmegaS,Rp,As);
* * * Chebyshev - 2 Filter Order = 4
>> % Bilinear transformation:
```

```
>>[b,a] = bilinear(cs,ds,Fs);[C,B,A] = dir2cas(b,a)
C = 0.1797
B = 1.0000    0.5574    1.0000
    1.0000   -1.0671    1.0000
A = 1.0000   -0.4183    0.1503
    1.0000   -1.1325    0.7183
```

这个期望的滤波器还是一个 4 阶滤波器,其系统函数是

$$H(z) = \frac{0.1797(1 + 0.5574z^{-1} + z^{-2})(1 - 1.0671z^{-1} + z^{-2})}{(1 - 0.4183z^{-1} + 0.1503z^{-2})(1 - 1.1325z^{-1} + 0.7183z^{-2})}$$

频率响应的图由图 8.28 给出。可以注意到,利用双线性变换已经恰当地设计出了这个切比雪夫 II 型数字滤波器。

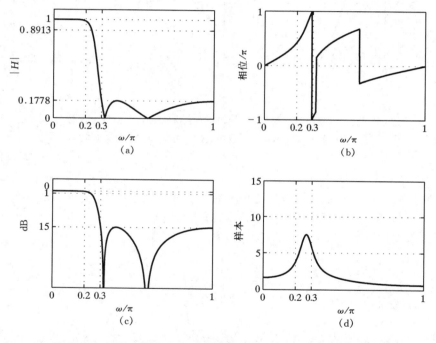

图 8.28　利用双线性变换设计的数字切比雪夫 II 型低通滤波器
(a) 幅度响应;(b) 相位响应;(c) 幅度(dB);(d) 群时延

例题 8.20　设计例题 8.14 的数字椭圆滤波器,设计要求是

$$\omega_p = 0.2\pi, R_p = 1\text{dB}$$

$$\omega_s = 0.3\pi, A_s = 15\text{dB}$$

题解

MATLAB 脚本:

```
>> % Digital filter specifications:
>> wp = 0.2 * pi;                    % Digital Passband freq in rad
>> ws = 0.3 * pi;                    % Digital Stopband freq in rad
>> Rp = 1;                           % Passband ripple in dB
>> As = 15;                          % Stopband attenuation in dB
>> % Analog prototype specifications: Inverse mapping for frequencies
>> T = 1; Fs = 1/T;                  % Set T = 1
>> OmegaP = (2/T) * tan(wp/2);       % Prewarp Prototype Passband freq
>> OmegaS = (2/T) * tan(ws/2);       % Prewarp Prototype Stopband freq
>> % Analog elliptic prototype filter calculation:
>> [cs,ds] = afd_elip(OmegaP,OmegaS,Rp,As);
*** Elliptic Filter Order = 3
>> % Bilinear transformation:
>> [b,a] = bilinear(cs,ds,Fs); [C,B,A] = dir2cas(b,a)
C = 0.1214
B = 1.0000      - 1.4211     1.0000
    1.0000        1.0000          0
A = 1.0000      - 1.4928     0.8612
    1.0000      - 0.6183          0
```

这个期望的滤波器是一个 3 阶滤波器,其系统函数是

$$H(z) = \frac{0.1214(1 - 1.4211z^{-1} + z^{-2})(1 + z^{-1})}{(1 - 1.4928z^{-1} + 0.8612z^{-2})(1 - 0.6183z^{-1})}$$

频率响应的图如图 8.29 所示。可以注意到,利用双线性变换再一次恰当设计出这个椭圆数字

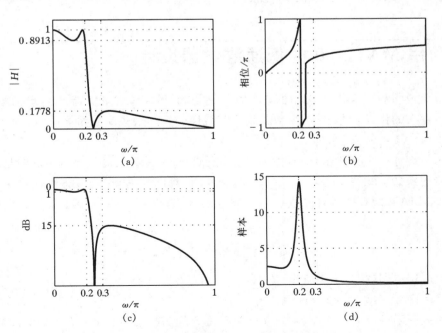

图 8.29 利用双线性变换设计的数字椭圆低通滤波器

(a) 幅度响应;(b) 相位响应;(c) 幅度(dB);(d) 群时延

滤波器。

■

这种映射的优点是(a)它是一种稳定的设计,(b)不存在混叠,(c)对能够变换的滤波器类型没有限制。因此,这个方法在计算机程序中广泛被采用,其中包括 MATLAB,下面将会看到。

8.4.5　匹配 z 变换法

在这种滤波器变换方法中,$H_a(s)$ 的零点和极点直接利用指数函数映射到在 z 平面的零点和极点。已知在 s 平面 $s=a$ 处有一根(零点或极点),将它映射到 z 平面 $z=e^{aT}$ 点,这里 T 是某一采样间隔。这样,具有零点 $\{z_k\}$ 和极点 $\{p_l\}$ 的系统函数 $H_a(s)$ 映射到数字滤波器的系统函数 $H(z)$ 为

$$H_a(s) = \frac{\prod_{k=1}^{M}(s-z_k)}{\prod_{l=1}^{N}(s-p_l)} \rightarrow H(z) = \frac{\prod_{k=1}^{M}(1-e^{z_kT}z^{-1})}{\prod_{l=1}^{N}(1-e^{p_lT}z^{-1})} \tag{8.69}$$

显然,这个 z 变换的系统函数是与 s 域的系统函数"匹配"的。

值得注意的是,这个方法看起来在极点位置的一致性方面是与脉冲响应不变法类似的,从而混叠不可避免。然而,这两个方法在零点位置上是不同的。同时,匹配 z 变换法既不保留脉冲响应特性,也不保留频率响应特性。所以当利用零极点配置设计时是适合的,但是当给定频域特性要求时,一般来说不适宜用这一方法。

8.5　利用 MATLAB 的低通滤波器设计

这一节要说明利用 MATLAB 滤波器设计函数设计数字低通滤波器。由于双线性变换在前面讨论中存在的优点,所以这些函数都采用双线性变换。这些函数如下:

(1) [b,a] = butter(N,wn)

这个函数设计一个 N 阶的低通数字巴特沃兹滤波器,并在长度为 $N+1$ 的向量 b 和 a 中得到滤波器的系数。滤波器的阶由(8.49)式给出,而截止频率 wn 由预畸变公式(8.68)式确定。不过,在 MATLAB 中所有的数字频率都是以 π 为单位给出的。因此,wn 利用下面关系计算出:

$$\omega_n = \frac{2}{\pi}\arctan\left(\frac{\Omega_c T}{2}\right)$$

这个函数的应用在例题 8.21 中给出。

(2) [b,a] = cheby1(N,Rp,wn)

这个函数用于设计通带波纹为 Rp 分贝(dB)的 N 阶低通数字切比雪夫 I 型滤波器,并得到在长度为 $N+1$ 的向量 b 和 a 中的滤波器系数。滤波器的阶由(8.59)式给出,而截止频率 wn 是以 π 为单位的数字通带频率;也即

$$\omega_n = \omega_p/\pi$$

这个函数的应用在例题 8.22 中给出。

(3) [b,a] = cheby2(N,As,wn)

这个函数用于设计阻带衰减为 As dB 的 N 阶低通数字切比雪夫 Ⅱ 型滤波器,并得到在长度为 $N+1$ 的向量 b 和 a 中的滤波器系数。滤波器的阶由(8.59)式给出,而截止频率 wn 则是以 π 为单位的数字阻带频率;也即

$$\omega_n = \omega_s/\pi$$

这个函数的应用在例题 8.23 中给出。

(4) [b,a] = ellip(N,Rp,As,wn)

这个函数用于设计通带波纹为 Rp dB 和阻带衰减为 As dB 的 N 阶低通数字椭圆滤波器,并得到在长度为 $N+1$ 的向量 b 和 a 中的滤波器系数。滤波器的阶由(8.62)式给出,而截止频率 wn 则是以 π 为单位的数字通带频率;也即

$$\omega_n = \omega_p/\pi$$

这个函数的应用在例题 8.24 中给出。

上面所有这些函数也能用于设计其他的频率选择性滤波器,譬如像高通和带通滤波器等,将在下一节讨论这些内容。

也存在另一组滤波器函数,即 buttord、cheb1ord、cheb2ord 和 elliford 函数,这些函数在已知设计指标时能给出滤波器的阶 N 和截止频率 ω_n。这些函数在 Signal Processing tool-box 中可以得到。在下面这些例子中仍利用早先给出的公式确定这些参数。下节还将讨论各种滤波器阶次函数。

下面的例子将重新设计前面例子中相同的低通滤波器,并比较它们的结果。这个低通数字滤波器的设计要求是

$$\omega_p = 0.2\pi, R_p = 1\text{dB}$$
$$\omega_s = 0.3\pi, A_s = 15\text{dB}$$

例题 8.21 数字巴特沃兹低通滤波器设计:

```
>> % Digital filter specifications:
>> wp = 0.2 * pi;                    % Digital Passband freq in rad
>> ws = 0.3 * pi;                    % Digital Stopband freq in rad
>> Rp = 1;                           % Passband ripple in dB
>> As = 15;                          % Stopband attenuation in dB

>> % Analog Prototype Specifications:
>> T = 1;                            % Set T = 1
>> OmegaP = (2/T) * tan(wp/2);       % Prewarp Prototype Passband freq
>> OmegaS = (2/T),tan(ws/2);         % Prewarp Prototype Stopband freq

>> % Analog Prototype Order Calculation:
>> N = ceil ((log10((10^(Rp/10) - 1)/(10^(As/10) - 1)))/(2 * log10(OmegaP/OmegaS)));
```

```
>> fprintf('\n*** Butterworth Filter Order = %2.0f \n',N)
** Butterworth Filter Order = 6
>> OmegaC = OmegaP/((10^(Rp/10)-1)^(1/(2*N))); % Analog BW prototype cutoff
>> wn = 2*atan((OmegaC*T)/2); % Digital BW cutoff freq
>> % Digital Butterworth Filter Design:
>> wn = wn/pi;                              % Digital Butter cutoff in pi units
>> [b,a] = butter (N,wn); [b0,B,A] = dir2cas(b,a)
C = 5.7969e-004
B = 1.0000    2.0297    1.0300
    1.0000    1.9997    1.0000
    1.0000    1.9706    0.9709
A = 1.0000   -0.9459    0.2342
    1.0000   -1.0541    0.3753
    1.0000   -1.3143    0.7149
```

这个系统函数是

$$H(z) = \frac{0.00057969(1+z^{-1})^6}{(1-0.9459z^{-1}+0.2342z^{-2})(1-1.0541z^{-1}+0.3753z^{-2})(1-1.3143z^{-1}+0.7149z^{-2})}$$

它与例题 8.17 的系统函数是相同的,频域图也如图 8.26 所示。 ∎

例题 8.22 数字切比雪夫 I 型低通滤波器设计:

```
>> % Digital filter specifications:
>> wp = 0.2*pi;                    % Digital Passband freq in rad
>> ws = 0.3*pi;                    % Digital Stopband freq in rad
>> Rp = 1;                         % Passband ripple in dB
>> As = 15;                        % Stopband attenuation in dB

>> % Analog prototype specifications:
>> T = 1;                          % Set T = 1
>> OmegaP = (2/T)*tan(wp/2);       % Prewarp Prototype Passband freq
>> OmegaS = (2/T)*tan(ws/2);       % Prewarp Prototype Stopband freq

>> % Analog prototype order calculation:
>> ep = sqrt(10^(Rp/10)-1);        % Passband Ripple Factor
>> A = 10^(As/20);                 % Stopband Attenuation Factor
>> OmegaC = OmegaP;                % Analog Prototype Cutoff freq
>> OmegaR = OmegaS/OmegaP;         % Analog Prototype Transition Ratio
>> g = sqrt(A*A-1)/ep;             % Analog Prototype Intermediate cal.
>> N = ceil (log10(g+sqrt(g*g-1))/log10(OmegaR+sqrt(OmegaR*OmegaR-1)));
>> fprintf ('\n*** Chebyshev-1 Filter Order = %2.0f \n',N)
*** Chebyshev-1 Filter Order = 4
>> % Digital Chebyshev-I Filter Design:
```

```
>> wn = wp/pi; % Digital passband freq in pi units
>> [b,a] = cheby1(N,Rp,wn); [b0,B,A] = dir2cas(b,a)
b0 = 0.0018
B = 1.0000    2.0000    1.0000
    1.0000    2.0000    1.0000
A = 1.0000   -1.4996    0.8482
    1.0000   -1.5548    0.6493
```

这个系统函数是

$$H(z) = \frac{0.0018(1+z^{-1})^4}{(1-1.4996z^{-1}+0.8482z^{-2})(1-1.5548z^{-1}+0.6493z^{-2})}$$

它与例题 8.18 的系统函数是相同的,频域图也如图 8.27 所示。 ∎

例题 8.23　数字切比雪夫 II 型低通滤波器设计:

```
>> % Digital filter specifications:
>> wp = 0.2 * pi;                    % Digital Passband freq in rad
>> ws = 0.3 * pi;                    % Digital Stopband freq in rad
>> Rp = 1;                           % Passband ripple in dB
>> As = 15;                          % Stopband attenuation in dB

>> % Analog prototype specifications:
>> T = 1;                            % Set T = 1
>> OmegaP = (2/T) * tan(wp/2);       % Prewarp Prototype Passband freq
>> OmegaS = (2/T) * tan(ws/2);       % Prewarp Prototype Stopband freq

>> % Analog Prototype Order Calculation:
>> ep = sqrt(10^(Rp/10) - 1);        % Passband Ripple Factor
>> A = 10^(As/20);                   % Stopband Attenuation Factor
>> OmegaC = OmegaP;                  % Analog Prototype Cutoff freq
>> OmegaR = OmegaS/OmegaP;           % Analog Prototype Transition Rat
>> g = sqrt(A * A - 1)/ep;           % Analog Prototype Intermediate c
>> N = ceil(log10(g + sqrt(g * g - 1))/log10(OmegaR + sqrt(OmegaR * OmegaR - 1)));
>> fprintf('\n *** Chebyshev-2 Filter Order = %2.0f \n',N)
*** Chebyshev-2 Filter Order = 4

>> % Digital Chebyshev-II filter design:
>> wn = ws/pi;                       % Digital Stopband freq in pi units
>> [b,a] = cheby2(N,As,wn); [b0,B,A] = dir2cas(b,a)
b0 = 0.1797
B = 1.0000    0.5574    1.0000
    1.0000   -1.0671    1.0000
A = 1.0000   -0.4183    0.1503
    1.0000   -1.1325    0.7183
```

这个系统函数是

$$H(z) = \frac{0.1797(1 + 0.5574z^{-1} + z^{-2})(1 - 1.0671z^{-1} + z^{-2})}{(1 - 0.4183z^{-1} + 0.1503z^{-2})(1 - 1.1325z^{-1} + 0.7183z^{-2})}$$

它与例题 8.19 的系统函数是相同的,频域图也如图 8.28 所示。

例题 8.24 数字椭圆低通滤波器设计:

```
>> % Digital Filter Specifications:
>> wp = 0.2 * pi;                       % Digital Passband freq in rad
>> ws = 0.3 * pi;                       % Digital Stopband freq in rad
>> Rp = 1;                              % Passband ripple in dB
>> As = 15;                             % Stopband attenuation in dB

>> % Analog prototype specifications:
>> T = 1;                               % Set T = 1
>> OmegaP = (2/T) * tan(wp/2);          % Prewarp Prototype Passband freq
>> OmegaS = (2/T) * tan(ws/2);          % Prewarp Prototype Stopband freq

>> % Analog elliptic filter order calculations:
>> ep = sqrt(10^(Rp/10) - 1);           % Passband Ripple Factor
>> A = 10^(As/20);                      % Stopband Attenuation Factor
>> OmegaC = OmegaP;                     % Analog Prototype Cutoff freq
>> k = OmegaP/OmegaS;                   % Analog Prototype Transition Ratio;
>> k1 = ep/sqrt(A * A - 1);             % Analog Prototype Intermediate cal.
>> capk = ellipke([k.^2 1 - k.^2]);
>> capk1 = ellipke([(k1 .^2) 1 - (k1 .^2)]);
>> N = ceil(capk(1) * capkl(2)/(capk(2) * capkl(1)));
>> fprintf ('\n *** Elliptic Filter Order = %2.0f \n',N)
*** Elliptic Filter Order = 3

>> % Digital elliptic filter design:
>> wn = wp/pi;                          % Digital passband freq in pi units
>> [b,a] = ellip(N,Rp,As,wn); [b0,B,A] = dir2cas(b,a)
b0 = 0.1214
B = 1.0000   -1.4211    1.0000
    1.0000    1.0000         0
A = 1.0000   -1.4928    0.8612
    1.0000   -0.6183         0
```

这个系统函数是

$$H(z) = \frac{0.1214(1 - 1.4211z^{-1} + z^{-2})(1 + z^{-1})}{(1 - 1.4928z^{-1} + 0.8612z^{-2})(1 - 0.6183z^{-1})}$$

它与例题 8.20 的系统函数是相同的,频域图也如图 8.29 所示。

8.5.1　三类滤波器比较

例题 8.17—8.20 中,我们基于四种不同的模拟原型滤波器,采用双线性映射方法设计同一个低通滤波器,设计指标要求是 $\omega_p = 0.2\pi, R_p = 1\text{dB}, \omega_s = 0.3\pi,$ 和 $A_s = 15\text{dB}$。现在让我们来比较一下它们的性能。利用阶次 N、ω_p 处测得的实际通带波纹 R_p 和 ω_s 处测得的实际阻带衰减 A_s 作为比较参数的结果如表 8.1 所示。巴特沃兹、切比雪夫 I 型和椭圆滤波器满足滤波器 ω_p 处指标要求而超过 ω_s 处阻带衰减 A_s 指标要求,切比雪夫 II 型滤波器则刚好相反。

表 8.1　四类滤波器比较

原型	阶次 N	实际 R_p	实际 A_s
巴特沃兹	6	1	17.6
切比雪夫 I 型	4	1	23.6
切比雪夫 II 型	4	0.15	15
椭圆	3	1	16

很明显,从满足幅度指标要求且阶数最小而言,椭圆滤波器原型给出了最好设计。然而,如果比较它们的相位响应,那么椭圆设计在通带内非线性相位最为严重,而巴特沃兹滤波器设计具有最小非线性相位响应。

8.6　频带变换

在前面两节我们从它们对应的模拟滤波器设计了数字低通滤波器。毫无疑问,我们还想设计其他类型的频率选择性滤波器,如高通、带通和带阻滤波器。这可以这样来完成:将一个低通滤波器的频率轴(或频带)进行变换,以使得它的特性行为表现成另外的频率选择性滤波器。这些在复变量 z 上的变换是非常类似于双线性变换的,并且设计方程都是代数方程。设计一个一般频率选择性滤波器的步骤是首先设计一个数字原型(固定带宽,如单位带宽)的低通滤波器,然后应用这些代数变换。这一节将要给出隐藏在这些映射后面的基本思想,并通过例子说明它们的机理。MATLAB 提供了一些函数,这些函数含有在 s 平面的频带变换。首先说明 z 平面映射的应用,然后再说明 MATLAB 函数的应用。对于大多数普遍采用的各种频率选择性数字滤波器的典型指标要求如图 8.30 所示。

令 $H_{\text{LP}}(Z)$ 是已知的原型低通数字滤波器和 $H(z)$ 是期望的频率选择性数字滤波器。应该注意,我们在 H_{LP} 和 H 上正在分别使用两个不同的频率变量 Z 和 z。定义一种映射关系

$$Z^{-1} = G(z^{-1})$$

以使得有

$$H(z) = H_{\text{LP}}(Z) \mid_{Z^{-1} = G(z^{-1})}$$

为此,只要在 H_{LP} 中处处用函数 $G(z^{-1})$ 替换 Z^{-1} 即可。已知 $H_{\text{LP}}(Z)$ 是一个稳定和因果的滤波器,也要求 $H(z)$ 是稳定和因果的。这就要求强加下列条件:

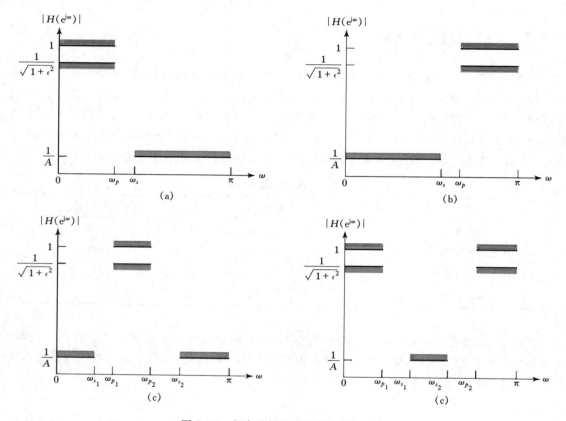

图 8.30   频率选择性滤波器的指标要求
（a）低通；（b）高通；（c）带通；（d）带阻

（1）$G(\cdot)$ 必须是 z^{-1} 的有理函数，以使得 $H(z)$ 是可以实现的。

（2）Z 平面的单位圆必须要映射到 z 平面的单位圆。

（3）对于稳定的滤波器，Z 平面的单位圆内必须映射到 z 平面的单位圆内。

令 ω' 和 ω 分别是 Z 和 z 的频率变量；也就是说，$Z = \mathrm{e}^{\mathrm{j}\omega'}$ 和 $z = \mathrm{e}^{\mathrm{j}\omega}$ 均在它们各自的单位圆上。那么上面条件（2）就意味着

$$|Z^{-1}| = |G(z^{-1})| = |G(\mathrm{e}^{-\mathrm{j}\omega})| = 1$$

和

$$\mathrm{e}^{-\mathrm{j}\omega'} = |G(\mathrm{e}^{-\mathrm{j}\omega})| \, \mathrm{e}^{\mathrm{j}\angle G(\mathrm{e}^{-\mathrm{j}\omega})}$$

或者

$$-\omega' = \angle G(\mathrm{e}^{-\mathrm{j}\omega})$$

满足上面条件的 $G(\cdot)$ 函数的一般形式是一个全通型的有理函数给出为

$$Z^{-1} = G(z^{-1}) = \pm \prod_{k=1}^{n} \frac{z^{-1} - \alpha_k}{1 - \alpha_k z^{-1}}$$

其中为确保稳定性 $|\alpha_k| < 1$ 并满足条件（3）。

现在通过选取合适的阶次 n 和系数 $\{\alpha_k\}$，就能得到各种映射关系，其中最广泛应用的变换在表 8.2 中给出。现在用设计一个高通数字滤波器说明这张表的应用。

表 8.2 数字滤波器频率变换(原型低通滤波器有截止频率 ω'_c)

变换类型	变换	参数
低通	$z^{-1} \rightarrow \dfrac{z^{-1} - \alpha}{1 - \alpha z^{-1}}$	$\omega_c =$ 新滤波器的截止频率 $\alpha = \dfrac{\sin[(\omega'_c - \omega_c)/2]}{\sin[(\omega'_c + \omega_c)/2]}$
高通	$z^{-1} \rightarrow -\dfrac{z^{-1} + \alpha}{1 + \alpha z^{-1}}$	$\omega_c =$ 新滤波器的截止频率 $\alpha = -\dfrac{\cos[(\omega'_c + \omega_c)/2]}{\cos[(\omega'_c - \omega_c)/2]}$
带通	$z^{-1} \rightarrow -\dfrac{z^{-2} - \alpha_1 z^{-1} + \alpha_2}{\alpha_2 z^{-2} - \alpha_1 z^{-1} + 1}$	$\omega_l =$ 下截止频率 $\omega_u =$ 上截止频率 $\alpha_1 = -2\beta K/(K+1)$ $\alpha_2 = (K-1)/(K+1)$ $\beta = \dfrac{\cos[(\omega_u + \omega_l)/2]}{\cos[(\omega_u - \omega_l)/2]}$ $K = \cot \dfrac{\omega_u - \omega_l}{2} \tan \dfrac{\omega'_c}{2}$
带阻	$z^{-1} \rightarrow \dfrac{z^{-2} - \alpha_1 z^{-1} + \alpha_2}{\alpha_2 z^{-2} - \alpha_1 z^{-1} + 1}$	$\omega_l =$ 下截止频率 $\omega_u =$ 上截止频率 $\alpha_1 = -2\beta/(K+1)$ $\alpha_2 = (K-1)/(K+1)$ $\beta = \dfrac{\cos[(\omega_u + \omega_l)/2]}{\cos[(\omega_u - \omega_l)/2]}$ $K = \tan \dfrac{\omega_u - \omega_l}{2} \tan \dfrac{\omega'_c}{2}$

例题 8.25 在例题 8.22 中已经设计出一个切比雪夫I型低通滤波器,它满足下面设计要求:

$$\omega'_p = 0.2\pi, R_p = 1\text{dB}$$

$$\omega'_s = 0.3\pi, A_s = 15\text{dB}$$

并确定出它的系统函数是

$$H_{\text{LP}}(Z) = \frac{0.001836(1 + Z^{-1})^4}{(1 - 1.4996Z^{-1} + 0.8482Z^{-2})(1 - 1.5548Z^{-1} + 0.6493Z^{-2})}$$

现在要设计一个高通滤波器满足上面设计参数,但通带起始在 $\omega_p = 0.6\pi$。

题解

想要把这个已知的低通滤波器变换为一个高通滤波器并使截止频率 $\omega'_p = 0.2\pi$ 映射到截止频率 $\omega_p = 0.6\pi$。根据表 8.2:

$$\alpha = -\frac{\cos[(0.2\pi + 0.6\pi)/2]}{\cos[(0.2\pi - 0.6\pi)/2]} = -0.38197 \tag{8.70}$$

因此,

$$H_{\text{LP}}(z) = H(Z)\Big|_{Z = \frac{z^{-1} - 0.38197}{1 - 0.38197 z^{-1}}} = \frac{0.02426(1 - z^{-1})^4}{(1 + 0.5661z^{-1} + 0.7657z^{-2})(1 + 1.0416z^{-1} + 0.4019z^{-2})}$$

这就是所期望的滤波器。原低通滤波器和这个新的高通滤波器的频率响应图如图 8.31 所示。

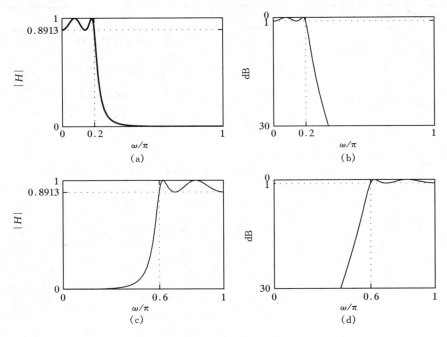

图 8.31 例题 8.25 的幅度响应图
(a) 低通滤波器幅度响应;(b) 低通滤波器幅度(dB);
(c) 高通滤波器幅度响应;(d) 高通滤波器幅度(dB)

从上面这个例子,明显知道为了从原型低通数字滤波器得到一个新的数字滤波器的有理
函数,应该有可能实现根据表 8.2 的有理函数代换。这看起来是一件困难的事情,但是由于这
些都是代数函数,能够为此目的反复利用 conv 函数。下面的 zmapping 函数就说明这一途径。

```
function [bz,az] = zmapping(bZ,aZ,Nz,Dz)
% Frequency band transformation from Z – domain to z – domain
% ---------------------------------------------------
% [bz,az] = zmapping(bZ,aZ,Nz,Dz)
% performs:
%          b(z)     b(Z)|
%          ---- = ----|          N(z)
%          a(z)     a(Z)|@ Z =   ----
%                                 D(z)
%
bNzord = (length(bZ) – 1) * (length(Nz) – 1);
aDzord = (length(aZ) – 1) * (length(Dz) – 1);
bz = zeros (1,bzord + 1);
for k = 0:bzord
    pln = [1];
    for 1 = 0:k – 1
        pln = conv(pln,Nz);
```

```
      end
      pld = [1];
      for 1 = 0:bzord - k - 1
          pld = conv(pld,Dz);
      end
      bz = bz + bZ(k + 1) * conv(pln,pld);
   end
az = zeros (1,aDzord + 1);
for k = 0:azord
   pln = [1];
   for 1 = 0:k - 1
       pln = conv(pln,Nz);
   end
   pld = [1];
   for 1 = 0: azord - k - 1
       pld = conv(pld,Dz);
   end
   az = az + aZ (k + 1) * conv (pln, pld);
end
```

例题 8.26　利用 zmapping 函数完成例题 8.25 中的低通到高通变换。

题解

　　首先利用双线性变换用 MATLAB 设计低通数字滤波器,然后用 zmapping 函数。

```
>> % Digital lowpass filter specifications:
>> wplp = 0.2 * pi;                  % Digital Passband freq in rad
>> wslp = 0.3 * pi;                  % Digital Stopband freq in rad
>> Rp = 1;                           % Passband ripple in dB
>> As = 15;                          % Stopband attenuation in dB

>> % Analog prototype specifications: Inverse mapping for frequencies
>> T = 1; Fs = 1/T;            % Set T = 1
>> OmegaP = (2/T) * tan(wplp/2); % Prewarp Prototype Passband freq
>> Omegas = (2/T) * tan(wslp/2); % Prewarp Prototype Stopband freq

>> % Analog Chebyshev prototype filter calculation:
>> [cs,ds] = afd_chbl(OmegaP,OmegaS,Rp,As);
** Chebyshev - 1 Filter Order = 4
```

```
>> % Bilinear transformation:
>> [blp,alp] = bilinear(cs,ds,Fs);
>> % Digital highpass filter cutoff frequency:
>> wphp = 0.6 * pi;                              % Passband-edge frequency

>> % LP - to - HP frequency - band transformation:
>> alpha = - (cos((wplp + wphp)/2))/(cos((wp1p - wphp)/2))
alpha = - 0.3820

>> Nz = - [alpha,1]; Dz = [1,alpha];
>> [bhp,ahp] = zmapping(blp,alp,Nz,Dz); [C,B,A] = dir2cas(bhp,ahp)
C = 0.0243
B = 1.0000    - 2.0000    1.0000
    1.0000    - 2.0000    1.0000
A = 1.0000      1.0416    0.4019
    1.0000      0.5561    0.7647
```

这个高通滤波器的系统函数是

$$H(z) = \frac{0.0243(1 - z^{-1})^4}{(1 + 0.5661z^{-1} + 0.7647z^{-2})(1 + 1.0416z^{-1} + 0.4019z^{-2})}$$

它与例题 8.25 所得系统函数基本上是一致的。

8.6.1 设计步骤

在例题 8.26 中,利用一个低通原型数字滤波器将它变换为一个高通滤波器以使得某一特定的频带边缘频率被正确映射。在实际中必须首先要设计一个原型低通数字滤波器,它的设计参数应该从如图 8.30 给出的其他频率选择性滤波器的技术指标中求得。现在要指出,这个低通原型滤波器的设计参数可以根据表8.2给出的变换公式中求得。

现用例题 8.25 的高通滤波器作为例子。利用在(8.70)式的参数 $\alpha = -0.38197$ 可将通带边缘频率进行变换。对应于原型低通滤波器的阻带边缘频率 $\omega'_s = 0.3\pi$,这个高通滤波器的阻带边缘频率 ω_s 是什么? 这能够用(8.70)式回答。因为对这个变换来说,α 是固定不变的,所以设置方程

$$\alpha = -\frac{\cos[(0.3\pi + \omega_s)/2]}{\cos[(0.3\pi - \omega_s)/2]} = -0.38197$$

这是一个超越方程,它的解可从某个初始猜测值用迭代方式求出。这可以利用 MATLAB 来完成,其解是

$$\omega_s = 0.4586\pi$$

在实际中现在知道的是期望的高通频率 ω_s 和 ω_p,而要求我们求得原型低通的截止频率 ω'_s 和 ω'_p。我们能够用某一合理的值(如 $\omega'_p = 0.2\pi$)选取通带频率 ω'_p,并利用表 8.2 的公式从 ω_p 确定 α。现在能够从 α 确定 ω'_s 了(对该高通滤波器的例子),和

$$Z = -\frac{z^{-1} + \alpha}{1 + \alpha z^{-1}}$$

式中 $Z = e^{j\omega'_s}$ 和 $z = e^{j\omega_s}$，或者

$$\omega'_s = \angle\left(-\frac{e^{-j\omega_s} + \alpha}{1 + \alpha e^{-j\omega_s}}\right) \tag{8.71}$$

继续用这个高通滤波器的例子，设 $\omega_p = 0.6\pi$ 和 $\omega_s = 0.4586\pi$ 是频带边缘频率。现让我们选 $\omega'_p = 0.2\pi$，那么由(8.70)式 $\alpha = -0.38197$，并由(8.71)式

$$\omega'_s = \angle\left(-\frac{e^{-j0.4586\pi} - 0.38197}{1 - 0.38197e^{-j \cdot 0.38197}}\right) = 0.3\pi$$

这和预期的一致。现在我们能够利用 zmapping 函数来完成由设计一个数字低通滤波器并将它变换到一个高通滤波器的整个设计过程。对于设计一个高通切比雪夫 I 型数字滤波器，上述过程可以吸收到一个称为 cheb1hpf 函数的 MATLAB 函数中，这个函数给出如下。

```
function [b,a] = cheblhpf(wp,ws,Rp,As)
% IIR Highpass filter design using Chebyshev-1 prototype
% function [b,a] = cheblhpf(wp,ws,Rp,As)
% b = Numerator polynomial of the highpass filter
% a = Denominator polynomial of the highpass filter
% wp = Passband frequency in radians
% ws = Stopband frequency in radians
% Rp = Passband ripple in dB
% As = Stopband attenuation in dB
%
% Determine the digital lowpass cutoff frequecies:
wplp = 0.2 * pi;
alpha = - (cos((wplp + wp)/2))/(cos((wplp - wp)/2));
wslp = angle(-(exp(-j*ws) + alpha)/(1 + alpha*exp(-j*ws)));
%
% Compute Analog lowpass Prototype Specifications:
T = 1; Fs = 1/T;
OmegaP = (2/T)*tan(wplp/2);
Omegas = (2/T)*tan(wslp/2);

% Design analog Chebyshev prototype lowpass filter:
[cs,ds] = afd_chbl(OmegaP,OmegaS,Rp,As);

% Perform Bilinear transformation to obtain digital lowpass
[hlp,alp] = bilinear(cs,ds,Fs);

% Transform digital lowpass into highpass filter
Nz = - [alpha,1]; Dz = [1,alpha];
[b,a] = zmapping(blp,alp,Nz,Dz);
```

现用下面例子说明这一过程。

例题 8.27 设计一个高通滤波器满足

$$\omega_p = 0.6\pi, R_p = 1\text{dB}$$
$$\omega_s = 0.4586\pi, A_s = 15\text{dB}$$

利用切比雪夫 I 型原型。

题解

MATLAB 脚本：

```
>> % Digital Highpass Filter Specifications:
>> wp = 0.6 * pi;                    % digital Passband freq in rad
>> ws = 0.4586 * pi;                 % digital Stopband freq in rad
>> Rp = 1;                           % Passband ripple in dB
>> As = 15;                          % Stopband attenuation in dB
>> [b,a] = cheb1hpf(wp,ws,Rp,As); [C,B,A] = dir2cas(b,a)
C = 0.0243
B = 1.0000   - 2.0000    1.0000
    1.0000   - 2.0000    1.0000
A = 1.0000     1.0416    0.4019
    1.0000     0.5561    0.7647
```

这个系统函数是

$$H(z) = \frac{0.0243(1 - z^{-1})^4}{(1 + 0.5661z^{-1} + 0.7647z^{-2})(1 + 1.0416z^{-1} + 0.4019z^{-2})}$$

它与例题 8.26 所得是一致的。

以上高通滤波器的设计过程能够很容易推广到利用表 8.2 的变换函数对其他频率选择性滤波器进行设计,这些设计过程将在习题 P8.34、P8.36、P8.38 和 P8.40 中讨论。现在要对设计任意频率选择性滤波器的 MATLAB 滤波器设计函数作介绍。

8.6.2 MATLAB 实现

在上一节曾讨论过 4 种 MATLAB 函数用于设计数字低通滤波器。这些相同的函数也能用来设计高通、带通和带阻滤波器。在这些函数中的频带变换是在 s 平面内完成的;这就是说它们用的是在本章一开始讨论的第一种途径。为了说明方便,将用函数 butter 作为说明例子。它在输入宗量上能用下面的一些变化。

(1) [b,a] = BUTTER(N,wn,'high')

设计一个 N 阶,以 π 为单位的数字 3dB 截止频率为 wn 的高通滤波器。

(2) [b,a] = BUTTER(N,wn,)

设计一个 2N 阶带通滤波器,wn 是一个含有两个元素的向量 wn = [w1 w2],以 π 为单位的 3dB 通带为 w1 < w < w2。

(3) [b,a] = BUTTER(N,wn,'stop')

设计一个 2N 阶带阻滤波器,wn = [w1 w2]和以 π 为单位的 3dB 阻带为 w1 <w <w2。

为了设计任意频率选择性巴特沃兹滤波器,需要知道阶次 N 和 3dB 截止频率向量 wn。这一章已经讨论过如何确定低通滤波器的这些参数。然而,对带通和带阻滤波器来说这些计算更为复杂。在 SP 工具箱中,MATLAB 提供了一种称为 buttord 的函数用于计算这些参数。已知设计技术指标 ω_p、ω_s、R_p 和 A_s,这个函数确定出必要的参数。它的句法结构是

```
[N,wn] = buttord(wp,ws,Rp,As)
```

参数 wp 和 ws 有某些限定,这取决于滤波器的类型:

(1) 对于低通滤波器 wp < ws,

(2) 对于高通滤波器 wp > ws,

(3) 对于带通滤波器 wp 和 ws 是两个元素的向量,wp = [wp1, wp2]和 ws = [ws1, ws2],使之有 ws1 < wp1 < wp2 < ws2,

(4) 对于带阻滤波器 wp1 < ws1 < ws2 < wp2。

现在与 butter 函数一起利用 buttord 函数就能设计任何巴特沃兹 IIR 滤波器。稍作适当修正,类似的讨论也能适用于 cheby1、cheby2 和 ellip 函数。现通过下面这些例子说明这些函数的应用。

例题 8.28   在这个例子中设计一个切比雪夫I型高通滤波器,其设计参数由例题 8.27 给出。

题解

MATLAB 脚本:

```
>> % Digital filter specifications:     % Type: Chebyshev-I highpass
>> ws = 0.4586 * pi;                    % Dig. stopband edge frequency
>> wp = 0.6 * pi;                       % Dig. passband edge frequency
>> Rp = 1;                              % Passband ripple in dB
>> As = 15;                             % Stopband attenuation in dB

>> % Calculations of Chebyshev-I filter parameters:
>> [N,wn] = cheb1ord(wp/pi,ws/pi,Rp,As);

>> % Digital Chebyshev-I Highpass Filter Design:
>> [b,a] = cheby1(N,Rp,wn,'high');

>> % Cascade form realization:
>> [b0,B,A] = dir2cas(b,a)
b0 = 0.0243
B = 1.0000   -1.9991    0.9991
    1.0000   -2.0009    1.0009
A = 1.0000    1.0416    0.4019
    1.0000    0.5561    0.7647
```

这个级联型系统函数是

$$H(z) = \frac{0.0243(1 - z^{-1})^4}{(1 + 0.5661z^{-1} + 0.7647z^{-2})(1 + 1.0416z^{-1} + 0.4019z^{-2})}$$

它与例题 8.27 所设计的滤波器是一致的,这表明在本章开头所给出的两种途径是完全一样的。频域图如图 8.32 所示。

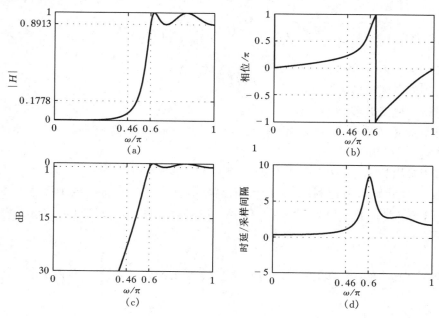

图 8.32　例题 8.28 的数字切比雪夫 I 型高通滤波器
(a) 幅度响应;(b) 相位响应;(c) 幅度(dB);(d) 群时延

■

例题 8.29　在这个例题中将要设计一个椭圆带通滤波器,其设计参数在下面 MATLAB 脚本中给出。

```
>> % Digital filter specifications:      % Type: Elliptic Bandpass
>> ws = [0.3 * pi  0.75 * pi];           % Dig. stopband edge frequency
>> wp = [0.4 * pi  0.6 * pi];            % Dig. passband edge frequency
>> Rp = 1;                                % Passband ripple in dB
>> As = 40;                               % Stopband attenuation in dB

>> % Calculations of elliptic filter parameters:
>> [N,wn] = ellipord(wp/pi,ws/pi,Rp,As);

>> % Digital elliptic bandpass filter design:
>> [b,a] = ellip(N,Rp,As,wn);
>> % Cascade Form Realization:
>> [b0,B,A] = dir2cas(b,a)
```

```
b0 = 0.0197
B = 1.0000    1.5066    1.0000
    1.0000    0.9268    1.0000
    1.0000   -0.9268    1.0000
    1.0000   -1.5066    1.0000
A = 1.0000    0.5963    0.9399
    1.0000    0.2774    0.7929
    1.0000   -0.2774    0.7929
    1.0000   -0.5963    0.9399
```

注意到所设计的滤波器是一个 10 阶的滤波器。频域图如图 8.33 所示。

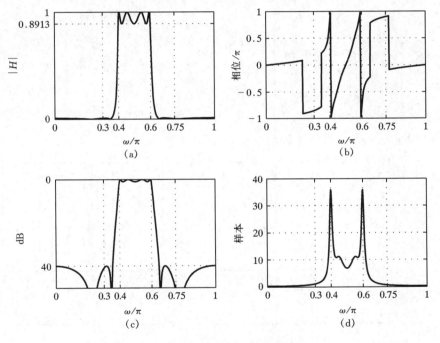

图 8.33 例题 8.29 的数字椭圆带通滤波器
(a) 幅度响应；(b) 相位响应；(c) 幅度(dB)；(d) 群时延

例题 8.30 最后，设计一个切比雪夫 II 型带阻滤波器，它的设计参数由下面 MATLAB 脚本给出。

```
>> % Digital filter specifications:          % Type: Chebyshev – II Bandstop
>> ws = [0.4 * pi   0.7 * pi];               % Dig. stopband edge frequency
>> wp = [0.25 * pi  0.8.pi];                 % Dig. passband edge frequency
>> Rp = 1;                                    % Passband ripple in dB
>> As = 40;                                    % Stopband attenuation in dB
>> % Calculations of Chebyshev – II filter parameters:
```

```
>> [N,wn] = cheb2ord(wp/pi,ws/pi,Rp,As);

>> % Digital Chebyshev - II bandstop filter design:
>> [b,a] = cheby2(N,As,wn,'stop');

>> % Cascade Form Realization:
>> [b0,B,A] = dir2cas(b,a)
b0 = 0.1558
B = 1.0000      1.1456      1.0000
    1.0000      0.8879      1.0000
    1.0000      0.3511      1.0000
    1.0000    - 0.2434      1.0000
1.0000    - 0.5768      1.0000
A = 1.0000      1.3041      0.8031
    1.0000      0.8901      0.4614
    1.0000      0.2132      0.2145
    1.0000    - 0.4713      0.3916
    1.0000    - 0.8936      0.7602
```

这是一个 10 阶的滤波器。频域图如图 8.34 所示。

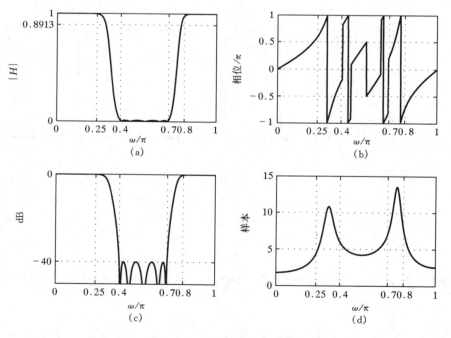

图 8.34 例题 8.30 的数字切比雪夫 II 型带阻滤波器

(a) 幅度响应；(b) 相位响应；(c) 幅度(dB)；(d) 群时延

8.7　习题

P8.1　有一数字谐振器 $\omega_0 = \pi/4$ 且在 $z = 0$ 处具有 2 个零点：

1. 对应 $r = 0.8, 0.9$ 以及 0.99 分别计算并画出频率响应图。

2. 利用幅度响应图求出上面第 1 部分中滤波器的 3dB 带宽和谐振频率 ω_r。

3. 试验证上面第 2 部分中的结果是否与理论结果一致。

P8.2　有一数字谐振器 $\omega_0 = \pi/4$ 且分别在 $z = 1$ 和 $z = -1$ 处具有 2 个零点：

1. 对应 $r = 0.8, 0.9$ 以及 0.99 分别计算并画出频率响应图。

2. 利用幅度响应图求出上面第 1 部分中滤波器的 3dB 带宽和谐振频率 ω_r。

3. 试分别将上面第 2 部分中的结果与(8.48)式和(8.47)式作比较。

P8.3　我们要设计一个数字谐振器,满足以下要求:3dB 带宽为 0.05(弧度),谐振频率为 0.375 周期/样本,分别在 $z = 1$ 和 $z = -1$ 处具有 2 个零点。试用试探法求出这个谐振器的差分方程。

P8.4　有一陷波器在频率 $\omega_0 = \pi/2$ 处有一个零点。

1. 计算并画出该陷波器对应 $r = 0.7, 0.9$ 以及 0.99 的频率响应图。

2. 利用幅度响应图求出上面第 1 部分中滤波器的 3dB 带宽。

3. 如果想要零点频率 $\omega_0 = \pi/2$ 处的 3dB 带宽为 0.04(弧度),试用试探法求出 r 值。

P8.5　如果零点频率为 $\omega_0 = \pi/6$,重做习题 P8.4。

P8.6　具有带宽为 4kHz 的语音信号经过 8kHz 的采样,如果信号被频率为 1kHz 和 2kHz 以及 3kHz 的正弦信号干扰。

1. 利用陷波器模块设计一个 IIR 滤波器,以消除这些正弦干扰信号。

2. 选择滤波器增益使得最大增益为 1,并画出该滤波器的对数幅度响应图。

3. 载入 MATLAB 中的 handel 语音文件,并对该信号加上上述正弦信号以获得受干扰的声音信号,利用你设计的滤波器对该受干扰信号进行过滤,评价处理性能。

P8.7　给定一个 IIR 低通滤波器系统函数为

$$H(z) = K \frac{1 + z^{-1}}{1 - 0.9z^{-1}} \tag{8.72}$$

式中 K 为常数,调整该常数使得最大增益响应为 1。利用 $H_L(z) = H(z^L)$ 得到 L 阶梳状滤波器系统函数 $H_L(z)$。

1. 求(8.72)式中常数 K 值。

2. 利用上面第 1 部分中的 K 值,求解并画出对应 $L = 6$ 的梳状滤波器对数幅度响应图。

3. 描述上面第 2 部分中滤波器的响应形状。

P8.8　给定一个 IIR 高通滤波器系统函数为

$$H(z) = K \frac{1 - z^{-1}}{1 - 0.9z^{-1}} \tag{8.73}$$

式中 K 为常数,调整该常数使得最大增益响应为 1。利用 $H_L(z) = H(z^L)$ 得到 L 阶梳状滤波器系统函数 $H_L(z)$。

1.求(8.73)式中常数 K 值。

2.利用上面第 1 部分中的 K 值,求解并画出对应 $L=6$ 的梳状滤波器对数幅度响应图。

3.描述上面第 2 部分中滤波器响应形状。

P8.9 (由文献[72]改编)第 1 章中讨论过,通过加权和延迟获得信号 $x(n)$ 的回声信号和混响信号,即

$$y(n) = \sum_{k=0}^{\infty} \alpha_k x(n-kD) \qquad (8.74)$$

式中 D 为对应最小延迟的正整数,$\alpha_k > \alpha_{k-1} > 0$。

1. 给定 IIR 梳状滤波器为

$$H(z) = \frac{1}{1 - az^{-D}} \qquad (8.75)$$

求它的单位脉冲响应。说明为什么该滤波器能被用来作混响器。

2. 给定三个全通梳状滤波器级联的系统为

$$H(z) = \frac{z^{D_1} - a_1}{1 - a_1 z^{-D_1}} \times \frac{z^{D_2} - a_2}{1 - a_2 z^{-D_2}} \times \frac{z^{D_3} - a_3}{1 - a_3 z^{-D_3}} \qquad (8.76)$$

该系统能用作实际的数字混响器。计算并画出该对应 $D_1=50, a_1=0.7; D_2=41,$ $a_2=0.665; D_3=32, a_3=0.63175$ 的混响器单位脉冲响应图。

3. 对应 $D_1=53, a_1=0.7; D_2=40, a_2=0.665; D_3=31, a_3=0.63175$ 重做上面第 2 部分。说明两种参数下的混响器响应形状有何不同,哪一种参数下的混响器性能更好?

P8.10 给定一个 1 阶全通滤波器系统函数为

$$H(z) = \frac{a + z^{-1}}{1 + az^{-1}}, \ 0 < a < 1 \qquad (8.77)$$

该系统的相位延迟定义为 $\Phi(\omega) \triangleq -\angle H(e^{j\omega})/\omega$,并以样本数计量。

1.证明(8.77)式给出的系统在低频率处的相位延迟为

$$\Phi(\omega) \approx \frac{1-a}{1+a}, \ a \approx 1 \ 时 \qquad (8.78)$$

2.为验证习题 P8.10,画出对应 $a=0.9, 0.95$ 和 $0.99, -\pi/2 \leqslant \omega \leqslant \pi/2$ 的相位延迟图。

3. 设计一个 1 阶具有相位延迟为 0.01 个样本的全通滤波器系统。画出它的幅度和相位延迟响应。

P8.11 给定一个二阶全通系统函数为

$$H(z) = \frac{a_2 + a_1 z^{-1} + z^{-2}}{1 + a_1 z^{-1} + a_2 z^{-2}} \qquad (8.79)$$

该系统的相位延迟定义为 $\Phi(\omega) \triangleq -\angle H(e^{j\omega})/\omega$,并以样本数计量。可以证明:如果

$$a_1 = 1\left(\frac{2-d}{1+d}\right), a_2 = \frac{(2-d)(1-d)}{(1+d)(2+d)} \qquad (8.80)$$

那么在低频率处的相位延迟 $\Phi(\omega)$ 近似为 d 个样本。试画出对应 $d=0.1, 0.05$ 和 $0.01, -\pi/2 \leqslant \omega \leqslant \pi/2$ 的相位延迟 $\Phi(\omega)$ 图,验证该结论。

P8.12 设计一个模拟巴特沃兹低通滤波器,它在 500rad/s 有 0.25dB 或更小的波纹,在 2000 rad/s 至少有 50dB 的衰减。求以有理函数形式表示的系统函数。画出该滤波器的幅

度响应、对数幅度响应(dB)、相位响应和脉冲响应。

P8.13 设计一模拟巴特沃兹低通滤波器,它在 10kHz 有 0.5dB 或更小的波纹,而在 20kHz 至少有 45dB 的衰减。确定以级联型的系统函数。画出它的幅度响应、以 dB 计的对数幅度响应、群时延和脉冲响应。

P8.14 设计一个低通模拟切比雪夫 I 型滤波器,对于 $|\Omega| \leqslant 10\text{rad/s}$ 可以接受的波纹是 1dB,超过 $|\Omega| = 15\text{rad/s}$ 的衰减为 50dB 或更大。求以有理函数形式表示的系统函数。画出该滤波器的幅度响应、对数幅度响应(dB)、群时延和脉冲响应。

P8.15 设计一低通模拟切比雪夫 I 型滤波器,满足下列特性:
- 0.5dB 的可以接受的通带波纹,
- 通带截止频率为 4kHz,以及
- 超过 20kHz 的阻带衰减为 45dB 或更大。

确定这个以级联型给出的系统函数。画出这个滤波器的幅度响应、以 dB 计的对数幅度响应、相位响应和脉冲响应。

P8.16 一信号 $x_a(t)$ 含有两个频率分量 10kHz 和 15kHz,想要将 15kHz 分量抑制 50dB 衰减,而通过 10kHz 分量小于 0.25dB 衰减。设计一个最少阶次的切比雪夫 II 型模拟滤波器完成这个滤波功能,画出对数幅度响应并对设计予以确认。

P8.17 设计一个模拟切比雪夫 II 型低通滤波器,它在 250Hz 有 0.25dB 或更小的波纹,而 400Hz 至少有 40dB 的衰减。画出这个滤波器的幅度响应、以 dB 计的对数幅度响应、群时延和脉冲响应。

P8.18 一信号 $x_a(t)$ 包含两个频率 10kHz 和 15kHz。要想将 15kHz 的分量抑制 50dB 衰减,而同时以小于 0.25dB 的衰减通过 10kHz 分量。设计一个最低阶次的椭圆滤波器完成这一滤波任务。画出滤波器的幅度响应并验证这个设计。将这个设计与习题 P8.16 的切比雪夫 II 型设计作比较。

P8.19 设计一个模拟椭圆低通滤波器,它在 500rad/s 有 0.25dB 或更小的波纹,在 2000rad/s 至少有 50dB 的衰减。求以有理函数形式表示的系统函数。画出该滤波器的幅度响应、对数幅度响应(dB)、相位响应和脉冲响应。将这个设计与习题 P8.12 的巴特沃兹设计作比较。

P8.20 写一个 MATLAB 函数用于设计模拟低通滤波器。这个函数的格式应该是

```
function [b,a] = afd(type,Fp,Fs,Rp,As)
%
% function [b,a] = afd(type,Fp,Fs,Rp,As)
%    Designs analog lowpass filters
% type = 'butter' or 'cheby1' or 'cheby2' or 'ellip'
%    Fp  = passband cutoff in Hz
%    Fs  = stopband cutoff in Hz
%    Rp  = passband ripple in dB
%    As  = stopband attenuation in dB
```

利用在本章建立的 afd_butt、afd_chb1、afd_chb2 和 afd_elip 函数,对习题 P8.12 到 P8.17 给出的设计要求校核你的函数。

P8.21 在采样率为 8kHz 下想要设计一个切比雪夫 I 型低通原型数字滤波器,它的通带边缘为 3.2kHz,通带波纹为 0.5dB,在 3.8kHz 的最小阻带衰减为 45dB。

1. 用 $T=1s$,采用脉冲响应不变法设计这个数字滤波器。画出以模拟频率(kHz)为函数的幅度和对数幅度响应。

2. 用 $T=1/8000s$ 重做上面部分。

3. 通过它们的频率响应比较上面两种设计,讨论 T 在脉冲响应不变法设计方面的影响。

P8.22 设计一巴特沃兹数字低通滤波器满足下面设计要求:

$$通带边缘:0.4\pi, R_p = 0.5dB$$
$$阻带边缘:0.6\pi, A_s = 50dB$$

用 $T=2$ 采用脉冲响应不变法设计。确定以有理函数形式给出的系统函数并画出以 dB 计的对数幅度响应。画出脉冲响应 $h(n)$ 和该模拟原型滤波器的冲激响应 $h_a(t)$,并比较它们的形状。

P8.23 写一个 MATLAB 函数用于设计基于脉冲响应不变法的数字低通滤波器。这个函数的格式应该是

```
function [b,a] = dlpfd_ii(type,wp,ws,Rp,As,T)
%
% function [b,a] = dlpfd_ii(type,wp,ws,Rp,As,T)
%    Designs digital lowpass filters using impulse invariance
% type = 'butter' or 'cheby1'
%   wp = passband cutoff in Hz
%   ws = stopband cutoff in Hz
%   Rp = passband ripple in dB
%   As = stopband attenuation in dB
%    T = sampling interval
```

利用在习题 P8.20 中建立的 afd 函数,用习题 P8.21 和 P8.22 给出的设计数据校核你的函数。

P8.24 本题要建立一个称为阶跃响应不变的变换方法。在这一方法中,一模拟原型滤波器的阶跃响应在所得到的数字滤波器中被保留。也即,如果 $v(t)$ 是原型滤波器的阶跃响应,$v(n)$ 是数字滤波器的阶跃响应,那么

$$v(n) = v_a(t = nT), \quad T: 采样间隔$$

应该注意到,频域量是由下式关联:

$$V_a(s) \triangleq \mathcal{L}[v_a(t)] = H_a(s)/s$$

和

$$V(z) \triangleq \mathcal{Z}[v(n)] = H(z)\frac{1}{1-z^{-1}}$$

因此,阶跃响应不变变换的步骤如下。已知 $H_a(s)$,

- 将 $H_a(s)$ 除以 s 得到 $V_a(s)$。
- 求留数 $\{R_k\}$ 和 $V_a(s)$ 的极点 $\{p_k\}$。

- 将模拟极点$\{p_k\}$变换为数字极点$\{e^{p_k T}\}$,这里 T 为任意。
- 从留数$\{R_k\}$和极点$\{e^{p_k T}\}$求 $V(z)$。
- 将 $V(z)$ 乘以$(1-z^{-1})$求得 $H(z)$。

利用上述步骤建立一个 MATLAB 函数用于实现阶跃响应不变变换。这个函数的格式应该是

```
function [b,a] = stp_invr(c,d,T)
% Step Invariance Transformation from Analog to Digital Filter
% [b,a] = stp_invr(c,d,T)
% b = Numerator polynomial in z^(-1) of the digital filter
% a = Denominator polynomial in z^(-1) of the digital filter
% c = Numerator polynomial in s of the analog filter
% d = Denominator polynomial in s of the analog filter
% T = Sampling (transformation) parameter
```

P8.25 利用阶跃响应不变法设计习题 P8.22 的低通巴特沃兹数字滤波器,画出以 dB 计的对数幅度响应,并将它与习题 P8.22 的对应响应作比较。画出阶跃响应 $v(n)$ 和模拟原型滤波器的阶跃响应 $v(t)$,并比较它们的形状。

P8.26 本章讨论过一种称为匹配 z 变换的方法。利用(8.69)式写一个 MATLAB 函数 mzt,它将模拟系统函数 $H_a(s)$ 映射为数字系统函数 $H(z)$。这个函数的格式应该是

```
function [b,a] = mzt(c,d,T)
% Matched-Z Transformation from Analog to Digital Filter
% [b,a] = MZT(c,d,T)
% b = Numerator polynomial in z^(-1) of the digital filter
% a = Denominator polynomial in z^(-1) of the digital filter
% c = Numerator polynomial in s of the analog filter
% d = Denominator polynomial in s of the analog filter
% T = Sampling interval (transformation parameter)
```

利用这个函数将

$$H_a(s) = \frac{s+1}{s^2 + 5s + 6}$$

映射为一个数字滤波器 $H(z)$,采样间隔 $T=0.05,01$ 和 0.2s。在每种情况中得出一个类似于图 8.20 的图,并讨论这一方法的好坏。

P8.27 考虑一个模拟巴特沃兹低通滤波器,它在 100Hz 有 1dB 或更小的波纹,而在 150Hz 至少有 30dB 的衰减。利用匹配 z 变换方法将这个滤波器映射为一个数字滤波器,其中 $F_s=1000\mathrm{Hz}$。画出所得滤波器的幅度和相位响应,并求出对所给 dB 特性要求的真正频带边缘频率。讨论这些结果。

P8.28 考虑一个模拟切比雪夫 I 型低通滤波器,它在 500Hz 有 0.5dB 或更小的波纹,而在 700Hz 至少有 40dB 的衰减。利用匹配 z 变换方法将这个滤波器映射为一个数字滤波器,其中 $F_s=2000\mathrm{Hz}$。画出所得滤波器的幅度和相位响应,并求出对所给 dB 特性

要求的真正频带边缘频率。讨论这些结果。

P8.29 考虑一个模拟切比雪夫 II 型低通滤波器,它在 1500Hz 有 0.25dB 或更小的波纹,而在 2000Hz 至少有 80dB 的衰减。利用匹配 z 变换方法将这个滤波器映射为一个数字滤波器,其中 $F_s = 8000$Hz。画出所得滤波器的幅度和相位响应,并求出对所给 dB 特性要求的真正频带边缘频率。讨论这些结果。这是一个满意的设计吗?

P8.30 现考虑习题 P8.22 的低通巴特沃兹滤波器的设计。

1. 利用本章提到的双线性变换法和 bilinear 函数。画出以 dB 计的对数幅度响应。比较这个模拟原型滤波器的单位冲激响应与数字滤波器的脉冲响应。

2. 利用 butter 函数,并将这个设计与上面的设计作比较。

P8.31 考虑习题 P8.21 数字切比雪夫 I 型滤波器的设计。

1. 利用在本章概括出的双线性变换法和 bilinear 函数,画出对数幅度响应(dB),比较这个模拟原型滤波器的单位冲激响应和这个数字滤波器的脉冲响应。

2. 利用 cheby1 函数,并将这个设计与上部分的设计作比较。

P8.32 利用椭圆原型滤波器设计一数字低通滤波器满足下面设计要求:

$$通带边缘:0.3\pi, R_p = 0.25\text{dB}$$
$$阻带边缘:0.4\pi, A_s = 50\text{dB}$$

利用 bilinear 以及 ellip 函数,并比较你的设计结果。

P8.33 设计一数字低通滤波器满足下面设计要求:

$$通带边缘: 0.45\pi, R_p = 0.5\text{dB}$$
$$阻带边缘: 0.5\pi, \quad A_s = 60\text{dB}$$

1. 利用 butter 函数并确定阶次 N 和实际最小阻带衰减(dB)。

2. 利用 cheby1 函数并确定阶次 N 和实际最小阻带衰减(dB)。

3. 利用 cheby2 函数并确定阶次 N 和实际最小阻带衰减(dB)。

4. 利用 ellip 函数并确定阶次 N 和实际最小阻带衰减(dB)。

5. 对于以上设计试比较它们的阶次、实际最小阻带衰减和群时延。

P8.34 利用本章提到的步骤,写一个 MATLAB 函数用于从一个高通数字滤波器的设计数据中求低通原型数字滤波器的频率。这个函数的格式应该是

```
function [wpLP,wsLP,alpha] = hp21pfre(wphp,wshp)
% Band-edge frequency conversion from highpass to lowpass digital filter
% [wpLP,wsLP,a] = hp21pfre(wphp,wshp)
%  wpLP = passband edge for the lowpass prototype
%  wsLP = stopband edge for the lowpass prototype
% alpha = lowpass to highpass transformation parameter
%  wphp = passband edge for the highpass
%  wshp = stopband edge for the highpass
```

利用这个函数,建立一个 MATLAB 函数利用双线性变换设计一个高通数字滤波器。这个函数的格式应该是

```
function [b,a] = dhpfd_bl(type,wp,ws,Rp,As)
% IIR Highpass filter design using bilinear transformation
% [b,a] = dhpfd_bl(type,wp,ws,Rp,As)
% type = 'butter' or 'chebyl' or 'chevy2' or 'ellip'
%    b = Numerator polynomial of the highpass filter
%    a = Denominator polynomial of the highpass filter
%   wp = Passband frequency in radians
%   ws = Stopband frequency in radians (wp < ws)
%   Rp = Passband ripple in dB
%   As = Stopband attenuation in dB
```

利用例题 8.27 的数据验证你的函数。

P8.35　设计一个高通滤波器满足下面要求：

$$阻带边缘：0.4\pi, A_s = 60\mathrm{dB}$$
$$通带边缘：0.6\pi, R_p = 0.5\mathrm{dB}$$

1. 利用习题 P8.34 中的函数 dhpfd_bl 和切比雪夫 I 型滤波器设计这个滤波器，画出这个已设计出滤波器的以 dB 计的对数幅度响应。

2. 对设计用 cheby1 函数并画出以 dB 计的对数幅度响应。对这两种设计作比较。

P8.36　利用表 8.2 给出的函数和对高通滤波器概括出的步骤，写一个 MATLAB 函数用于从一任意低通数字滤波器的设计参数求出低通原型数字滤波器频率。这个函数的格式应该是

```
function [wpLP,wsLP,alpha] = 1p21pfre(wp1p,ws1p)
% Band-edge frequency conversion from lowpass to lowpass digital filter
% [wpLP,wsLP,a] = 1p21pfre(wp1p,ws1p)
%  wpLP = passband edge for the lowpass prototype
%  wsLP = stopband edge for the lowpass prototype
% alpha = low-pass to highpass transformation parameter
%  wp1p = passband edge for the given lowpass
%  ws1p = stopband edge for the given lowpass
```

利用这个函数，建立一个 MATLAB 函数利用双线性变换从一个原型低通数字滤波器设计一个低通滤波器。这个函数的格式应该是

```
function [b,a] = dlpfd_bl(type,wp,ws,Rp,As)
% IIR lowpass filter design using bilinear transformation
% [b,a] = dlpfd_bl (type, wp, ws, Rp, As)
% type = 'butter' or 'chebyl' or 'chevy2' or 'ellip'
%    b = Numerator polynomial of the lowpass filter
%    a = Denominator polynomial of the lowpass filter
%   wp = Passband frequency in radians
%   ws = Stopband frequency in radians
%   Rp = Passband ripple in dB
%   As = Stopband attenuation in dB
```

利用习题 P8.33 的设计验证你的函数。

P8.37 利用 Cheby2 函数设计一个带通滤波器,设计参数是:

$$下阻带边缘:0.3\pi$$
$$上阻带边缘:0.6\pi \qquad A_s = 50\text{dB}$$
$$下通带边缘:0.4\pi$$
$$上通带边缘:0.5\pi \qquad R_p = 0.5\text{dB}$$

画出这个滤波器的脉冲响应和以 dB 计的对数幅度响应。

P8.38 利用表 8.2 给出的函数和对高通滤波器概括出的步骤,写一个 MATLAB 函数用于从一带通数字滤波器的设计参数求出低通原型数字滤波器的各频率。这个函数的格式应该是

```
function [wpLP,wsLP,alpha] = bp2lpfre(wpbp,wsblp)
% Band-edge frequency conversion from bandpass to lowpass digital filter
% [wpLP,wsLP,a] = bp2lpfre(wpbp,wsbp)
%  wpLP = passband edge for the lowpass prototype
%  wsLP = stopband edge for the lowpass prototype
%  alpha = lowpass to highpass transformation parameter
%  wpbp = passband edge frequency array [wp_lower, wp_upper] for the bandpass
%  wsbp = stopband edge frequency array [ws_lower, ws_upper] for the bandpass
```

利用这个函数建立一个 MATLAB 函数用双线性变换从一个原型低通数字滤波器设计一个带通滤波器。这个函数的格式应该是

```
function [b,a] = dbpfd_bl(type,wp,ws,Rp,As)
 % IIR bandpass filter design using bilinear transformation
 % [b,a] = dbpfd_bl(type,wp,ws,Rp,As)
 % type = 'butter' or 'chebyl' or 'chevy2' or 'ellip'
 %    b = Numerator polynomial of the bandpass filter
 %    a = Denominator polynomial of the bandpass filter
 %   wp = Passband frequency array [wp_lower, wp_upper] in radians
 %   ws = Stopband frequency array [wp_lower, wp_upper] in radians
 %   Rp = Passband ripple in dB
 %   As = Stopband attenuation in dB
```

利用习题 P8.37 的设计验证你的函数。

P8.39 希望用切比雪夫 I 型原型滤波器设计一个带阻 IIR 滤波器满足下面设计指标:

$$0.95 \leqslant |H(e^{j\omega})| \leqslant 1.05, 0 \leqslant |\omega| \leqslant 0.25\pi$$
$$0 \leqslant |H(e^{j\omega})| \leqslant 0.01, 0.35\pi \leqslant |\omega| \leqslant 0.65\pi$$
$$0.95 \leqslant |H(e^{j\omega})| \leqslant 1.05, 0.75\pi \leqslant |\omega| \leqslant \pi$$

利用 cheby1 函数并求出这样一个滤波器的系统函数 $H(z)$。提供一幅图,其中包含有以 dB 计的对数幅度响应和脉冲响应。

P8.40 利用表 8.2 给出的函数和对高通滤波器概括出的步骤,写一个 MATLAB 函数用于从

一带阻数字滤波器的设计参数求出低通原型数字滤波器的各频率。这个函数的格式应该是

```
function [wpLP,wsLP,alpha] = bs21pfre (wpbp,wsblp)
% Band-edge frequency conversion from bandstop to lowpass digital filter
% [wpLP,wsLP,a] = bs21pfre (wpbp,wsbp)
%  wpLP = passband edge for the lowpass prototype
%  wsLP = stopband edge for the lowpass prototype
% alpha = lowpass to highpass transformation parameter
%  wpbp = passband edge frequency array [wp_lower, wp_upper] for the bandstop
%  wsbp = stopband edge frequency array [ws_lower, ws_upper] for the bandstop
```

利用这个函数建立一个 MATLAB 函数用双线性变换从一个原型低通数字滤波器设计一个带阻滤波器。这个函数的格式应该是

```
function [b,a] = dbsfd_b1(type,wp,ws,Rp,As)
% IIR bandstop filter design using bilinear transformation
% [b,a] = dbsfd_b1(type,wp,ws,Rp,As)
%  type = 'butter' or 'chebyl' or 'chevy2' or 'ellip'
%     b = Numerator polynomial of the bandstop filter
%     a = Denominator polynomial of the bandstop filter
%    wp = Passband frequency array [wp_lower, wp_upper] in radians
%    ws = Stopband frequency array [wp_lower, wp_upper] in radians
%    Rp = Passband ripple in dB
%    As = Stopband attenuation in dB
```

利用习题 P8.39 的设计验证你的函数。

P8.41 一模拟信号 $x_a(t) = 3\sin(40\pi t) + 3\cos(50\pi t)$ 被下面系统处理：

$$x_a(t) \rightarrow \boxed{A/D} \rightarrow \boxed{H(z)} \rightarrow \boxed{D/A} \rightarrow y_a(t)$$

其中采样频率是 100 样本/s。

1. 设计一个最小阶次的 IIR 滤波器,它通过 20Hz 分量的衰减小于 1dB,而抑制 25Hz 分量的衰减至少有 50dB。该滤波器应该有一个单调的通带和一个等波纹的阻带。求出以有理函数形式的系统函数并画出对数幅度响应。

2. 产生上面信号 $x_a(t)$ 的 500 个样本(采样率为 100 样本/s),并通过这个已设计好的滤波器进行处理得到输出序列。内插这个序列(利用在第 3 章讨论过的任一种内插方法)得出 $y_a(t)$。画出输入和输出信号并对结果作讨论。

P8.42 利用双线性变换法,设计一个 10 阶的椭圆带阻滤波器用于消除带宽为 0.08π 的数字频率 $\omega = 0.44\pi$。选取一个合理的阻带衰减值。画出幅度响应。产生下面序列的 201 个样本

$$x(n) = \sin[0.44\pi n], \ n = 0, \cdots, 200$$

并将它通过这个带阻滤波器进行处理,讨论你得到的结果。

P8.43 设计一个数字高通滤波器 $H(z)$ 用于下面系统中

$$x_a(t) \rightarrow \boxed{\text{A/D}} \rightarrow \boxed{H(z)} \rightarrow \boxed{\text{D/A}} \rightarrow y_a(t)$$

满足下面要求：

- 采样率为 10kHz。
- 阻带边缘为 1.5kHz,衰减为 40dB。
- 通带边缘为 2kHz,波纹为 1dB。
- 等波纹通带和阻带。
- 利用脉冲响应不变法变换。

1. 在 [0,5kHz] 区间内画出整个模拟滤波器的幅度响应。
2. 画出数字低通原型滤波器的幅度响应。
3. 在输入信号上必须施加什么限制才能够使得上面结构真正对信号起到像一个高通滤波器的作用。

P8.44 示于图 P8.1 的滤波器特性能看作是一个带通和一个高通特性的组合。设计一个最低阶次的 IIR 数字滤波器满足这些特性要求,给出一张如图 P8.1 具有栅格线的幅度响应图。从你的设计和图中求出这个滤波器的阶和真正的频带边缘频率。

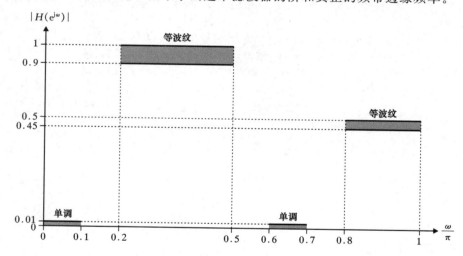

图 P8.1 习题 P8.44 的滤波器特性指标

P8.45 示于图 P8.2 的滤波器特性能看作是一个低通和一个带阻特性的组合。设计一个最低阶次的 IIR 数字滤波器满足这些特性要求,给出一张具有如图 P8.2 所示的栅格线的幅度响应图。从你的设计和图中求出这个滤波器的阶和真正的频带边缘频率。

P8.46 设计一个最低阶次 IIR 数字滤波器满足下列要求：

- 通带为 $[0.35\pi, 0.5\pi]$。
- 阻带为 $[0, 0.3\pi]$ 和 $[0.6\pi, \pi]$。
- 阻带衰减为 40dB。
- 通带波纹为 1dB。
- 等波纹通带和阻带。

求出以有理函数形式的已设计滤波器的系统函数 $H(z)$,给出对数幅度响应(dB)图。从你的设计和图中回答下面问题：

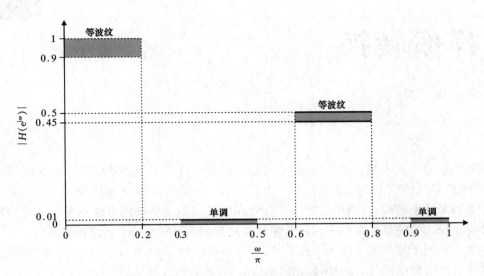

图 P8.2　习题 P8.45 的滤波器特性指标

1. 滤波器的阶是多少?
2. 对于已给出的通带和阻带衰减,从图中可知真正的频带边缘频率是什么?
3. 为什么在特性要求频率和上面求出的真正频率之间会存在差异?

采样率转换

9

在数字信号处理的很多实际应用中,人们会面临着改变一个信号的采样率问题,要么将它增加某个量,要么将它减小某个量。将一个信号从某一给定的采样率转换到另一不同采样率的过程称为采样率转换。这样,在数字信号处理中采用多采样率的系统就称为多采样率数字信号处理系统。这一章要在数字域讨论采样率转换和多采样率信号处理的论题。

作为一个例子考虑示于图 9.1 的系统,其中模拟信号 $x_a(t)$ 用 $F_s=1/T$ 样本/秒的采样率对它采样。所得数字信号 $x(n)$ 用截止频率为 ω_c 的低通滤波器(LPF)过滤。

因此,输出信号 $y(n)$ 的全部能量都在 $0 \leqslant \omega \leqslant \omega_c = 2\pi f_c$ 带内。按照采样定理,这样一个信号可以用 $2f_c/T$ 样本/秒的采样率来表示,而不是已有的 $F_s=1/T$ 采样率。应该注意到 $|f_c| \leqslant 0.5$。然而,如果 $f_c \ll 0.5$,那么 $2f_c/T \ll F_s$。所以,似乎是将采样频率降低到接近 $2f_c/T$ 的某个值,并在这个较低的速率下完成数字信号处理运算会更加有利。

其他方面的应用包括在计算机断层照相中需要一种最佳内插和窄带低通滤波器的高效多级设计等等。

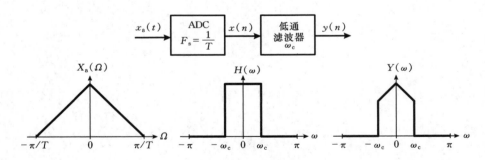

图 9.1   一种典型信号处理系统

9.1   引言

内插概念对大多数人来说都是一个很熟悉的概念,并且起源于数值分析。典型情况是内插是在代表某一数学函数的一个数值的表格上进行的,这样一种表可以是打印在手册中,或者存储在一台计算机的存储装置中。所谓这时的内插往往就是线性(或直线)近似,这样就会形成一种误差,称为内插误差。在数字信号处理中的内插与在数值分析中内插的主要区别在于:我们假设已知的数据是带限于某个频带之内的,而且在这个基础上建立一些最优的方法,而不是一位数值分析家一般所假定的这个数据含有多项式(或者非常接近于如此)的样本,从而建立使所得误差最小的方法。

为了促进在信号处理中内插概念的建立,将给定的离散信号 $x(n)$ 看作是对某一原模拟信号 $x_a(t)$ 采样而产生的是有帮助的。若 $x_a(t)$ 在最小要求采样率下被采样,那么根据采样定理,这个模拟信号能从这些样本 $x(n)$ 得到全部恢复。现在,如果对这个已恢复的模拟信号比如说以 2 倍于原采样率对它采样,就得到将采样率加倍,或者说以零内插误差得到 2 倍因子的内插。具体地说,我们有

$$\text{原始模拟信号}: x(n) = x_a(nT) \tag{9.1}$$

$$\text{恢复的模拟信号}: x_a(t) = \sum_k x_a(kT) \frac{\sin[\pi(t - kT)/T]}{\pi(t - kT)/T} \tag{9.2}$$

$$\text{重采样的模拟信号}: x_a\left(m\frac{T}{2}\right) = \sum_k x_a(kT) \frac{\sin[\pi(m\frac{T}{2} - kT)/T]}{\pi(m\frac{T}{2} - kT)/T}$$

$$= \sum_k x_a(kT) \frac{\sin[\pi(\frac{m}{2} - k)]}{\pi(\frac{m}{2} - k)} \tag{9.3}$$

$$\text{形成高采样率的离散信号}: y(m) \triangleq x_a\left(m\frac{T}{2}\right) \tag{9.4}$$

在上面理想内插的构建中,离散信号被转换到模拟信号,然后在 2 倍采样率下回到离散信号。在后续的各节中要研究如何避开这种迂回的办法,完全在数字域完成采样率转换。

在数字域采样率转换的过程能看作一种线性滤波运算,如图 9.2(a) 所示。输入信号 $x(n)$ 是用采样率 $F_x = 1/T_x$ 表征的,而输出信号 $y(m)$ 是用采样率 $F_y = 1/T_y$ 表征的,其中 T_x 和 T_y 是相应的采样间隔。在我们的处理中,比值 F_y/F_x 限定为有理数

$$\frac{F_y}{F_x} = \frac{I}{D} \tag{9.5}$$

式中 D 和 I 是互质的整数。我们将会证明,这个线性滤波器是用一个时变单位脉冲响应表征的,记为 $h(n,m)$,因此输入 $x(n)$ 和输出 $y(m)$ 是通过时变系统的叠加求和关联的。

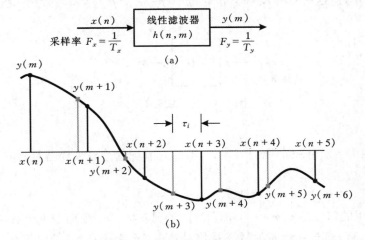

图 9.2 作为一个线性滤波过程的采样率转换

采样率转换也能从同一模拟信号的数字再采样的观点来理解。令 $x_a(t)$ 是在第 1 次采样率 F_x 下采样产生 $x(n)$ 的模拟信号。采样率转换的目的是要直接从 $x(n)$ 得到另一序列 $y(m)$，它等于在第 2 个采样率 F_y 下 $x_a(t)$ 的采样值。正如在图 9.2(b) 所画出的，$y(m)$ 是 $x(n)$ 的一种时移模式，这样一种时移可以利用一个线性滤波器来实现，该滤波器具有平坦的幅度响应和线性相位响应（也即有一个 $e^{-j\omega\tau_i}$ 的频率响应，其中 τ_i 是由该滤波器产生的时延）。如果这两个采样率不相等，那么从样本到样本所要求的时移量将随之变化，如图 9.2(b) 所示。这样，这个采样率转换器能利用一组具有相同平坦幅度响应但产生不同时间延迟的线性滤波器来实现。

在讨论采样率转换的一般情况之前先考虑两种特殊情况。一种情况是采样率减小一个整倍数 D，第二种情况是采样率增加一个整倍数 I。将采样率减小某整倍数因子 D（按 D 倍减采样）的过程称为抽取，将采样率增加一个整倍数因子 I（按 I 倍增采样）的过程称为内插。

9.2 按整数因子 D 抽取

在抽取中要求的基本运算是将高采样率的信号 $x(n)$ 减采样到一个低采样率信号 $y(m)$。我们将在这两个信号之间建立时域和频域的关系用以理解在 $y(m)$ 中的频域混叠，然后研究无误差抽取所需要的条件，以及为实现它要求的系统结构。

9.2.1 减采样器

应该注意到，这个已被减采样了的信号 $y(m)$ 是通过每隔 $x(n)$ 的 D 个样本中选取其中的一个而去掉其余 $(D-1)$ 个样本而得到的。这就是，

$$y(m) = x(n)\Big|_{n=mD} = x(mD); \quad n, m, D \in \{整数\} \tag{9.6}$$

(9.6) 式的方框图表示如图 9.3 所示。这个减采样单元改变了处理的速率，因此从根本上来说它是有别于前面已经使用过的其他方框图单元的。实际上可以证明，含有减采样单元的系统是移（时）变的。不过，这一点并没有禁止通过 $x(n)$ 对 $y(m)$ 作频域分析，这一点稍后将会看到。

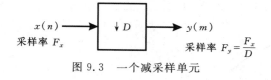

图 9.3 一个减采样单元

例题 9.1 利用 $D=2$ 和 $x(n)=\{1,2,3,4,3,2,1\}$ 验证这个减采样器是时变的。

题解

这个减采样了的信号是 $y(m)=\{1,3,3,1\}$。若现在将 $x(n)$ 延迟一个样本，得到 $x(n-1)=\{0,1,2,3,4,3,2,1\}$，而与它对应的减采样信号是 $y_1(m)=\{0,2,4,2\}$，这是不等于 $y(m-1)$ 的。

MATLAB 实现 MATLAB 提供函数 $[\text{y}] = \text{downsample(x,D)}$,它将输入数组 x 减采样到输出数组 y,从第 1 个样本开始按每隔 D 个样本操作一次。待选的第 3 个参数"phase"标定样本偏移,它必须是在 0 和 (D-1) 之间的某个整数。例如:

```
>> x = [1,2,3,4,3,2,1]; y = downsample(x,2)
y =
   1   3   3   1
```

表明从第 1 个样本开始按倍数 2 减采样。然而,

```
>> x = [1,2,3,4,3,2,1]; y = downsample(x,2,1)
y =
   2   4   2
```

则产生一个完全不同的减采样序列,它是从第 2 个样本起始的(即偏移为 1)。

减采样信号 $y(m)$ 的频域表示 现在利用 z 变换通过 $X(\omega)$ 来表示 $Y(\omega)$。为此,引入一个高采样率的序列 $\bar{x}(n)$,它给出为

$$\bar{x}(n) \triangleq \begin{cases} x(n), & n = 0, \pm D, \pm 2D, \cdots \\ 0, & \text{其他} \end{cases} \tag{9.7}$$

很清楚,将 $x(n)$ 与一个周期为 D 的周期脉冲串 $p(n)$ 相乘可以得到序列 $\bar{x}(n)$,如图 9.4 所说明的。$p(n)$ 的离散傅里叶级数表示是

$$p(n) \triangleq \begin{cases} 1, & n = 0, \pm D, \pm 2D, \cdots \\ 0, & \text{其他} \end{cases} = \frac{1}{D}\sum_{l=0}^{D-1} e^{j\frac{2\pi}{D}ln} \tag{9.8}$$

所以能写成

$$\bar{x}(n) = x(n)p(n) \tag{9.9}$$

和

$$y(m) = \bar{x}(mD) = x(mD)p(mD) = x(mD) \tag{9.10}$$

这就如 (9.6) 式已经给出的。图 9.4 示出从 (9.7) 式到 (9.10) 式所定义的 $x(n)$、$\bar{x}(n)$ 和 $y(m)$ 的一个例子。

现在这个输出序列 $y(m)$ 的 z 变换是

$$Y(z) = \sum_{m=-\infty}^{\infty} y(m)z^{-m} = \sum_{m=-\infty}^{\infty} \bar{x}(mD)z^{-m/D} \tag{9.11}$$

$$Y(z) = \sum_{m=-\infty}^{\infty} \bar{x}(m)z^{-m/D}$$

其中最后一步是依据除在 D 的整倍数外均有 $\bar{x}(m)=0$ 这一事实。在 (9.11) 式中利用 (9.7) 式和 (9.8) 式的关系得出

$$Y(z) = \sum_{m=-\infty}^{\infty} x(m)\left[\frac{1}{D}\sum_{k=0}^{D-1} e^{j2\pi mk/D}\right]z^{-m/D}$$

$$= \frac{1}{D}\sum_{k=0}^{D-1}\sum_{m=-\infty}^{\infty} x(m)(e^{-j2\pi k/D}z^{1/D})^{-m}$$

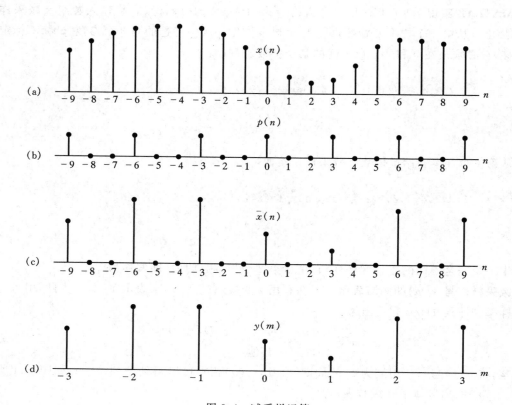

图 9.4 减采样运算

(a) 原始序列 $x(n)$；(b) 周期 $D=3$ 的周期脉冲串；

(c) $x(n)$ 与 $p(n)$ 相乘；(d) 减采样信号 $y(m)$

$$= \frac{1}{D} \sum_{k=0}^{D-1} X(\mathrm{e}^{-\mathrm{j}2\pi k/D} z^{1/D}) \tag{9.12}$$

对于这个减采器（$D \downarrow 1$）得到（9.12）式的 z 变换表示的关键步骤如下：

- 引入高采样率序列 $\bar{x}(n)$，它在保留的 $x(nD)$ 值之间有 $(D-1)$ 个零值。
- 对周期采样序列的脉冲串表示（9.8）式，它将 $x(n)$ 与 $\bar{x}(n)$ 关联起来。

通过 $Y(z)$ 在单位圆上求值可得输出信号 $y(m)$ 的频谱。因为 $y(m)$ 的采样率是 $F_y = 1/T_y$，频率变量 ω_y（以弧度计）是相对于采样率 F_y 的

$$\omega_y = \frac{2\pi F}{F_y} = 2\pi F T_y \tag{9.13}$$

由于这两个采样率是通过下式关联的

$$F_y = \frac{F_x}{D} \tag{9.14}$$

这样，频率变量 ω_y 和

$$\omega_x = \frac{2\pi F}{F_x} 2\pi F T_x \tag{9.15}$$

由下式所关联

$$\omega_y = D\omega_x \tag{9.16}$$

从而如所预期到的,通过减采样过程,频率范围 $0 \leqslant |\omega_x| \leqslant \pi/D$ 被伸展到相应的频率范围 $0 \leqslant |\omega_y| \leqslant \pi$。

我们可以得到,通过(9.12)式在单位圆上求值所求得的频谱 $Y(\omega_y)$ 能表示成[①]

$$Y(\omega_y) = \frac{1}{D} \sum_{k=0}^{D-1} X\left(\frac{\omega_y - 2\pi k}{D}\right) \tag{9.17}$$

这是 $x(n)$ 的频谱 $X(\omega_x)$ 的一种混叠模式。为了避免混叠误差,需要让频谱 $X(\omega_x)$ 小于满频带或者带限(要注意,这个带限是在数字频域中)。实际上必须有

$$X(\omega_x) = 0, \quad \frac{\pi}{D} \leqslant |\omega_x| \leqslant \pi \tag{9.18}$$

那么,

$$Y(\omega_y) = \frac{1}{D} X\left(\frac{\omega_y}{D}\right), \quad |\omega_y| \leqslant \pi \tag{9.19}$$

就没有混叠误差存在。对于 $D=3$ 的一个例子如图 9.5 所示。

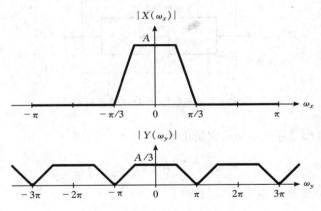

图 9.5   无混叠情况的 $x(n)$ 和 $y(m)$ 频谱

评注:

1. (9.19)式采样定理的解释是:$x(n)$ 是原先在高于所要求的 D 倍采样率下得到的序列;因此,按因子 D 减采样只是将有效采样率减小到为防止混叠所要求的最小值。

2. (9.18)式表示的是在无任何信息丢失的意义上零抽取误差的要求;也就是说,在频域中没有不可逆的混叠误差存在。

3. 宗量 ω_y/D 的出现是由于 ω 以弧度/样本表示的缘故,因此通过高采样率序列 $x(n)$ 来表示 $y(m)$ 的频率就必须要除以 D 以考虑 $y(m)$ 较低的采样率。

4. 注意到在(9.19)式中有一个因子 $1/D$。这个因子是为了使逆傅里叶变换适当算出所需要的,而且与这个已采样模拟信号的频谱是完全一致的。

---

① 这一章对 DTFT 所用符号要做一点变化,将用 $X(\omega)$ 而不用先前所用的 $X(e^{j\omega})$ 符号表示 $x(n)$ 的频谱。虽然这一变化与 z 变换的符号有些不一致,但是从上下文来看意义还是明确的。这种改变是为了表述方便和变量清晰可见。

9.2.2 理想抽取器

一般来说,(9.18)式不会完全满足,这个减采样器($D\downarrow1$)会产生不可逆的混叠误差。为了避免混叠,必须首先要将 $x(n)$ 的带宽减小到 $F_{x,\max}=F_x/2D$,或等效为 $\omega_{x,\max}=\pi/D$,这样就可以按 D 倍减采样而避免混叠。

抽取过程如图 9.6 所说明。将输入序列 $x(n)$ 通过一个低通滤波器,该滤波器的单位脉冲响应为 $h(n)$,频率响应为 $H_D(\omega_x)$,理想情况它满足条件

$$H_D(\omega_x)=\begin{cases}1, & |\omega_x|\leqslant\pi/D\\0, & \text{其他}\end{cases} \tag{9.20}$$

这样,这个滤波器消除了 $X(\omega_x)$ 中位于 $\pi/D<\omega_x<\pi$ 范围内的频谱。自然,这意味着在这个信号的后续处理中仅关注 $x(n)$ 在 $|\omega_x|\leqslant\pi/D$ 范围内的频率分量。

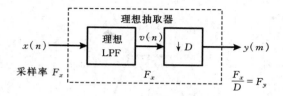

图 9.6 按整数因子 D 的理想抽取

这个滤波器的输出是序列 $v(n)$,它给出为

$$v(n)\triangleq\sum_{k=0}^{\infty}h(k)x(n-k) \tag{9.21}$$

然后按因子 D 将它减采样产生 $y(m)$。这样,

$$y(m)=v(mD)=\sum_{k=0}^{\infty}h(k)x(mD-k) \tag{9.22}$$

尽管对于 $x(n)$ 的滤波运算是线性和时不变的,但是与滤波结合在一起的减采样运算也会产生一个时变的系统。

按照前面给出的分析步骤,通过将 $y(m)$ 的频谱与输入序列 $x(n)$ 的频谱关联起来,可以得到经由滤波器的信号 $v(n)$ 的输出序列 $y(m)$ 的频域特性。利用这些步骤我们能够证明

$$Y(z)=\frac{1}{D}\sum_{k=0}^{D-1}H(e^{-j2\pi k/D}z^{1/D})X(e^{-j2\pi k/D}z^{1/D}) \tag{9.23}$$

或者

$$Y(\omega_y)=\frac{1}{D}\sum_{k=0}^{D-1}H\left(\frac{\omega_y-2\pi k}{D}\right)X\left(\frac{\omega_y-2\pi k}{D}\right) \tag{9.24}$$

利用一个恰当设计的滤波器 $H_D(\omega)$ 将混叠部分消除,其结果是在(9.24)式中除第 1 项外全部消失。所以有

$$Y(\omega_y)=\frac{1}{D}H_D\left(\frac{\omega_y}{D}\right)X\left(\frac{\omega_y}{D}\right)=\frac{1}{D}X\left(\frac{\omega_y}{D}\right) \tag{9.25}$$

其中 $0\leqslant|\omega_y|\leqslant\pi$。序列 $x(n)$、$h(n)$、$v(n)$ 和 $y(m)$ 的频谱,如图 9.7 所说明。

MATLAB 实现 MATLAB 提供函数 y = decimate(x,D),它对在数组 x 中的序列以原始

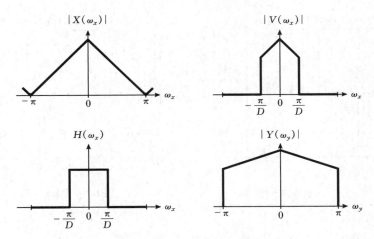

图 9.7 以整数因子 D 对序列 $x(n)$ 抽取中信号的频谱

采样率的 $1/D$ 倍采样率重新采样。所得到的重采样数组 y 要短 D 倍,也即 length(y) = length (x)/D。在 MATLAB 实现中由(9.20)式给出的理想低通滤波器是不可能的,不过可以采用相当准确的近似实现。在这个函数中所用的这个有缺陷的低通滤波器是截止频率为 $0.8\pi/D$ 的 8 阶切比雪夫 I 型低通滤波器。利用附加选项宗量可以改变滤波器的阶次,或者采用标定阶次和截止频率的 FIR 滤波器。

例题 9.2 令 $x(n) = \cos(0.125\pi n)$ 产生一个大的 $x(n)$ 样本数,然后利用 $D = 2, 4$ 和 8 对它抽取,给出抽取结果。

题解

在 decimate 函数中由于这个有缺陷的低通滤波器,我们将对这些信号的中间部分作图,以避免端头效应。下面的 MATLAB 脚本指出这些处理的细节,而由图 9.7 展示这些序列的图。以图 9.8 可见,对于 $D = 2$ 和 $D = 4$ 的抽取序列是正确的,并在较低的采样率下代表了这个原始正弦序列 $x(n)$。然而,对于 $D = 8$ 这个序列几乎都是零,因为在减采样之前这个低通滤波器已经将 $x(n)$ 衰减掉。回想一下,这个低通滤波器的截止频率是设置在 $0.8\pi/D = 0.1\pi$,它将 $x(n)$ 消除。如果对 $x(n)$ 用的是减采样运算而不是抽取,所得序列会是 $y(m) = 1$,这就是一种混叠的信号。因此,这个低通滤波器是必需的。

```
n = 0:2048; k1 = 256; k2 = k1 + 32; m = 0:(k2 - k1);
Hf1 = figure('units','inches','position',[1,1,6,4],...
      'paperunits','inches','paperposition',[0,0,6,4]);

% (a) Original signal
x = cos(0.125 * pi * n); subplot(2,2,1);
Ha = stem(m,x(m + k1 + 1),'g','filled');   axis([-1,33,-1.1,1.1]);
set(Ha,'markersize',2); ylabel('Amplitude');
title('Original Sequence x(n)','fontsize',TF);
```

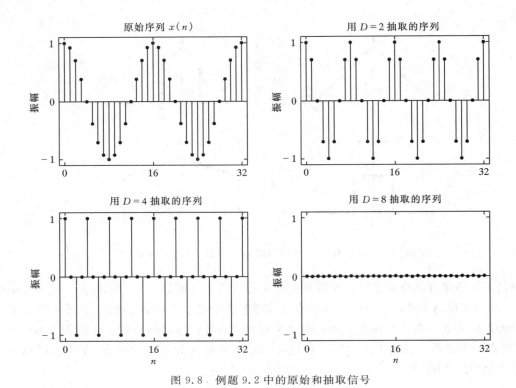

图 9.8 例题 9.2 中的原始和抽取信号

```
set(gca, 'xtick',[0,16,32]); set(gca, 'ytick',[-1,0,1]);

% (b) Decimation by D = 2
D = 2; y = decimate(x,D); subplot(2,2,2);
Hb = stem(m,y(m+k1/D+1), 'c','filled');   axis([-1,33,-1.1,1.1]);
set(Hb, 'markersize',2); ylabel('Amplitude');
title('Decimated by D = 2','fontsize',TF);
set(gca,'xtick',[0,16,32]); set(gca,'ytick',[-1,0,1]);

% (c) Decimation by D = 4
D = 4; y = decimate(x,D); subplot(2,2,3);
Hc = stem(m,y(m+k1/D+1),'r','filled');   axis([-1,33,-1.1,1.1]);
set(Hc,'markersize',2); ylabel('Amplitude');
title('Decimated by D = 4','fontsize',TF);
set(gca,'xtick',[0,16,32]); set(gca,'ytick',[-1,0,1]);
xlabel('n');

% (d) Decimation by D = 8
D = 8; y = decimate(x,D); subplot(2,2,4);
Hd = stem(m,y(m+k1/D+1),'m','filled');   axis([-1,33,-1.1,1.1]);
set(Hd,'markersize',2); ylabel('Amplitude');
title('Decimated by D = 8','fontsize',TF);
```

```
set(gca,'xtick',[0,16,32]; set(gca,'ytick',[-1,0,1]);
xlabel('n');
```

9.3 按整数因子 I 内插

　　通过在信号的相继值之间插入 $I-1$ 个新样本可以完成采样率按整倍数 I 增加,也即 $F_y = IF_x$。内插过程能采用各种不同的方式实现。我们要讨论一种过程,它保留了信号序列 $x(n)$ 的频谱形状。这一过程能用两步完成。第一步,用一种称之为增采样的运算在非零样本之间补若干零值样本产生一个高采样率 F_y 的中间信号;第二步将这个中间信号滤波以便将插入的零值样本"填入",产生已内插的高采样率信号。和前面一样,将首先研究这个增采样信号的时域和频域特性,然后介绍内插系统。

9.3.1 增采样器

　　令 $v(m)$ 记为采样率为 $F_y = IF_x$ 的中间序列,它由 $x(n)$ 的相继值之间添加 $I-1$ 个零值从 $x(n)$ 得到,从而有

$$v(m) = \begin{cases} x(m/I), & m = 0, \pm I, \pm 2I, \cdots \\ 0, & \text{其他} \end{cases} \tag{9.26}$$

它的采样率与 $y(m)$ 的采样率是一样的。这个增采样器的方框图如图 9.9 所示。另外,任何含有这个增采样器的系统都是一个时变系统(习题 P9.1)。

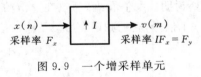

图 9.9　一个增采样单元

例题 9.3　令 $I=2$ 和 $x(n) = \{1,2,3,4\}$,验证这个增采样器是时变的。

题解

　　这个增采样信号是 $v(m) = \{1,0,2,0,3,0,4,0\}$。现在若将 $x(n)$ 延迟一个样本,得到 $x(n-1) = \{0,1,2,3,4\}$,对应的增采样信号则是 $v_1(m) = \{0,0,1,0,2,0,3,0,4,0\} = v(m-2)$,它不是 $v(m-1)$。

　　MATLAB 实现　MATLAB 提供函数 [v] = upsample(x,I),它将输入数组 x 通过在输入样本之间插入 $I-1$ 个零值增采样到输出 y。一个待选的第 3 个参数"phase,"给定样本的偏

移,它必须是在 0 和$(I-1)$之间的一个整数。例如,

```
>> x = [1,2,3,4]; v = upsample(x,3)
v =
    1    0    0    2    0    0    3    0    0    4    0    0
```

被一个 2 的因子增采样起始于第 1 个样本。然而,

```
>> v = upsample(x,3,1)
v =
    0    1    0    0    2    0    0    3    0    0    4    0
>> v = upsample(x,3,2)
v =
    0    0    1    0    0    2    0    0    3    0    0    4
```

则分别起始于第 2 个样本(即偏移 1)和第 3 个样本的增采样产生出两个完全不同的信号。值得注意的是这个增采样信号的长度是原始信号长度的 I 倍。

增采样信号 $y(m)$ 的频域表示　序列 $v(m)$ 有 z 变换为

$$V(z) = \sum_{m=-\infty}^{\infty} v(m)z^{-m} = \sum_{m=-\infty}^{\infty} v(m)z^{-mI} = X(z^I) \tag{9.27}$$

相应的 $v(m)$ 频谱可以通过(9.27)式在单位圆上的求值得到。因此

$$V(\omega_y) = X(\omega_y I) \tag{9.28}$$

式中 ω_y 代表相对于新采样率 F_y 的频率变量(也即 $\omega_y = 2\pi F/F_y$)。现在两个采样率之间的关系是 $F_y = IF_x$,所以频率变量 ω_x 和 ω_y 是按照下式关联的:

$$\omega_y = \frac{\omega_x}{I} \tag{9.29}$$

频谱 $X(\omega_x)$ 和 $V(\omega_y)$ 如图 9.10 所说明。我们看到,通过在 $x(n)$ 的相继值之间添加 $I-1$ 个零值样本得到的采样率增加产生出一个信号,它的频谱 $V(\omega_y)$ 是输入信号频谱 $X(\omega_x)$ 的 I 倍的重复。

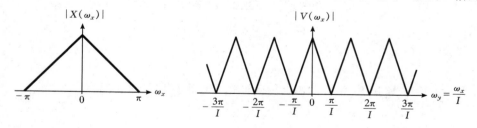

图 9.10　$x(n)$ 和 $v(m)$ 的频谱,其中 $V(\omega_y) = X(\omega_y I)$

9.3.2　理想内插器

因为 $x(n)$ 的频率分量仅在 $0 \leqslant \omega_y \leqslant \pi/I$ 范围内是唯一的,所以在超过 $\omega_y = \pi/I$ 以上 $X(\omega)$ 的镜像部分应该将 $v(m)$ 通过一个低通滤波器将它们滤掉,该滤波器的频率响应 $H_I(\omega_y)$ 理想情况应有如下特性:

$$H_I(\omega_y) = \begin{cases} C, & 0 \leqslant |\omega_y| \leqslant \pi/I \\ 0, & \text{其他} \end{cases} \tag{9.30}$$

式中 C 是为了对输出序列 $y(m)$ 适当地归一化所要求的加权因子。结果,输出频谱是

$$Y(\omega_y) = \begin{cases} CX(\omega_y I), & 0 \leqslant |\omega_y| \leqslant \pi/I \\ 0, & \text{其他} \end{cases} \tag{9.31}$$

加权因子 C 选为对 $m=0, \pm I, \pm 2I, \cdots$,使输出 $y(m) = x(m/I)$。从数字上方便选 $m=0$ 这一点。这样

$$y(0) = \frac{1}{2\pi} \int_{-\pi}^{\pi} Y(\omega_y) \mathrm{d}\omega_y = \frac{C}{2\pi} \int_{-\pi/I}^{\pi/I} X(\omega_y I) \mathrm{d}\omega_y \tag{9.32}$$

由于 $\omega_y = \omega_x/I$,(9.32)式能表示成

$$y(0) = \frac{C}{I} \frac{1}{2\pi} \int_{-\pi}^{\pi/I} X(\omega_x) \mathrm{d}\omega_x = \frac{C}{I} x(0) \tag{9.33}$$

因此,$C=I$ 就是期望的归一化因子。

最后要指出,输出序列 $y(m)$ 能表示为序列 $v(m)$ 与该低通滤波器单位脉冲响应 $h(n)$ 的卷积。于是

$$y(m) = \sum_{k=-\infty}^{\infty} h(m-k) v(k) \tag{9.34}$$

因为除在 I 的整倍数外,$v(k)=0$,其中 $v(kI)=x(k)$,(9.34)式变成

$$y(m) = \sum_{k=-\infty}^{\infty} h(m-kI) x(k) \tag{9.35}$$

这个理想内插器如图 9.11 所示。

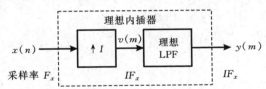

图 9.11 按整数因子 I 的理想内插

MATLAB 实现   MATLAB 提供函数 $[y,h]$ = interp(x,I),它将数组 x 中的信号以 I 倍原采样率重新采样,所得重采样数组 y 是原数组的 I 倍长,也即 length(y) = I * length(x)。由(9.30)式给出的理想低通滤波器用一个对称的滤波器脉冲响应 h 来近似。这个滤波器是内部设计的,它能使原样本通过不受改变,并且在样本之间进行内插,使得内插值和它们的理想值之间的均方误差最小。第 3 个可选参数 L 标定该对称滤波器的长度为 2 * L * I + 1,而第 4 个可选参数 cutoff 标定输入信号以 π 为单位的截止频率。这两个缺省值是 L = 5 和 cutoff = 0.5。因此,若 I = 2,那么对缺省值 L = 5 时这个对称滤波器的长度是 21。

例题 9.4   令 $x(n) = \cos(\pi n)$。产生 $x(n)$ 的样本并用 $I=2,4$ 和 8 进行内插,展示内插结果。

题解

将画出这些信号的中间部分以避免由于在 interp 函数内有缺陷的低通滤波器产生的端头效应。下面 MATLAB 脚本给出这些运算的细节,图 9.12 示出这些序列的图。

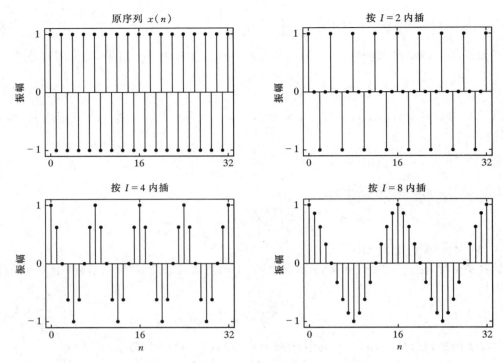

图 9.12　例题 9.4 中原信号与内插信号

```
n = 0:256; k1 = 64; k2 = k1 + 32; m = 0:(k2 - k1);
Hf1 = figure('units','inches','position',[1,1,6,4],...
    'paperunits','inches','paperposition',[0,0,6,4]);

% (a) Original signal
x = cos(pi * n); subplot(2,2,1);
Ha = stem(m,x(m + k1 + 1),'g','filled');  axis([-1,33,-1.1,1.1])
set(Ha,'markersize',2); ylabel('Amplitude');
title('Original Sequence x(n)','fontsize',TF);
set(gca,'xtick',[0,16,32]); set(gca,'ytick',[-1,0,1]);

% (b) Interpolation by I = 2
I = 2; y = interp(x,I); subplot(2,2,2);
Hb = stem(m,y(m + k1 * I + 1),'c','filled');  axis([-1,33,-1.1,1.1]);
set(Hb,'markersize',2); ylabel('Amplitude');
title('Interpolated by I = 2','fontsize',TF);
set(gca,'xtick',[0,16,32]); set(gca,'ytick',[-1,0,1]);

% (c) Interpolation by I = 4
I = 4; y = interp(x,I); subplot(2,2,3);
Hc = stem(m,y(m + k1 * I + 1),'r','filled');  axis([-1,33,-1.1,1.1]);
set(Hc,'markersize',2); ylabel('Amplitude');
```

```
title('Interpolated by I = 4','fontsize',TF);
set(gca,'xtick',[0,16,32]); set(gca,'ytick',[-1,0,1]);
xlabel('n');

% (d) Interpolation by I = 8
I = 8; y = interp(x,I); subplot(2,2,4);
Hd = stem(m,y(m+k1*I+1),'m','filled'); axis([-1,33,-1.1,1.1]);
set(Hd,'markersize',2); ylabel('Amplitude')
title('Interpolated by I = 8','fontsize',TF);
set(gca,'xtick',[0,16,32]); set(gca,'ytick',[-1,0,1]);
xlabel('n');
```

从图9.12可见,对于全部三个 I 值的内插序列都是合适的,并代表了在较高采样率下的原正弦信号 $x(n)$。在 $I=8$ 的情况中,所得序列似乎并不是完全的正弦形状。这就是这个低通滤波器不怎么接近于理想滤波器的原因。 ■

例题 9.5　审查一下在例题 9.4 中用于内插的这个低通滤波器的频率响应。

题解

在 interp 函数中第 2 个可选的宗量提供了单位脉冲响应,根据它能计算出频率响应,如下面 MATLAB 脚本所给出。

```
n = 0:256; x = cos(pi*n); w = [0:100]*pi/100;
Hf1 = figure('units','inches','position',[1,1,6,4],...
    'paperunits','inches','paperposition',[0,0,6,4]);

% (a) Interpolation by I = 2, L = 5;
I = 2; [y,h] = interp(x,I); H = freqz(h,1,w); H = abs(H);
subplot(2,2,1); plot(w/pi,H,'g'); axis([0,1,0,I+0.1]); ylabel('Magnitude');
title('I = 2, L = 5','fontsize',TF);
set(gca,'xtick',[0,0.5,1]); set(gca,'ytick',[0:1:I]);

% (b) Interpolation by I = 4, L = 5;
I = 4; [y,h] = interp(x,I); H = freqz(h,1,w); H = abs(H);
subplot(2,2,2); plot(w/pi,H,'g'); axis([0,1,0,I+0.2]); ylabel('Magnitude');
title('I = 4, L = 5','fontsize',TF);
set(gca,'xtick',[0,0.25,1]); set(gca,'ytick',[0:1:I]);
% (c) Interpolation by I = 8, L = 5;
I = 8; [y,h] = interp(x,I); H = freqz(h,1,w); H = abs(H);
subplot(2,2,3); plot(w/pi,H,'g'); axis([0,1,0,I+0.4]); ylabel('Magnitude');
title('I = 8, L = 5','fontsize',TF); xlabel('\omega/\pi','fontsize',10)
set(gca,'xtick',[0,0.125,1]); set(gca,'ytick',[0:2:I]);

% (d) Interpolation by I = 8, L = 10;
```

```
I = 8; [y,h] = interp(x,I,10); H = freqz(h,1,w); H = abs(H);
subplot(2,2,4); plot(w/pi,H,'g'); axis([0,1,0,I+0.4]); ylabel('Magnitude');
title('I = 8, L = 10','fontsize',TF); xlabel('\omega/\pi','fontsize',10)
set(gca,'xtick',[0,0.125,1]); set(gca,'ytick',[0:2:I]);
```

频率响应如图 9.13 所示。前三个图都是对应于 L = 5,如所预期的,这些滤波器全是低通型的,通带边缘大约近似在频率 π/I 左右,增益为 I。另外也注意到,这些滤波器的过渡带都不是锐截止的,因此对于理想滤波器来说不是好的近似。最后一幅图展示的是对 L = 10 的响应,它指出更为陡峭的过渡带,这是与预期一致的。任何超过 L = 10 的值都会产生一个不稳定的滤波器设计,所以应该避免采用。

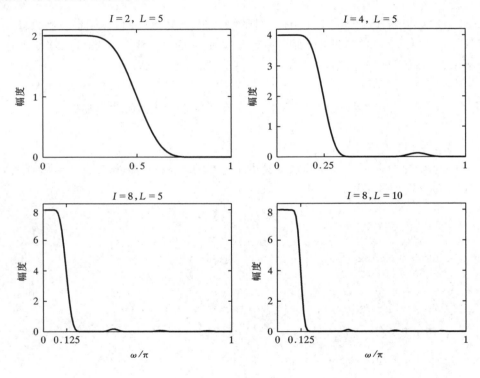

图 9.13　例题 9.5 中的滤波器频率响应

9.4　按有理因子 I/D 的采样率转换

　　讨论了抽取(按因子 D 减采样)和内插(按因子 I 增采样)两种特殊情况之后,现在要考虑采样率按有理因子 I/D 转换的一般情况。原则上可以这样来完成这种采样率转换:首先按因子 I 实行内插,然后对这个内插器的输出按因子 D 抽取。换言之,用一个内插器和一个抽取器级联可以实现按有理因子 I/D 的采样率转换,如图 9.14 所说明。

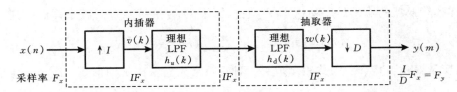

图 9.14　按因子 I/D 采样率转换的内插器和抽取器级联

我们要强调的是,为了保留所期望的 $x(n)$ 的频谱特性,首先实施内插,其次再完成抽取的重要性。另外,由于图 9.14 的级联结构,具有单位脉冲响应为 $\{h_u(k)\}$ 和 $\{h_d(k)\}$ 的这两个滤波器是工作在相同的采样率下,即 IF_x,所以可以组合为单位脉冲响应为 $h(k)$ 的单个低通滤波器,如图 9.15 所示。这个组合滤波器的频率响应 $H(\omega_v)$ 必须包含既有内插又有抽取的滤波运算,所以它应该理想地具有频率响应特性为

$$H(\omega_v) = \begin{cases} I, & 0 \leqslant |\omega_v| \leqslant \min(\pi/D, \pi/I) \\ 0, & \text{其他} \end{cases} \tag{9.36}$$

式中 $\omega_v = 2\pi F/F_v = 2\pi F/IF_x = \omega_x/I$。

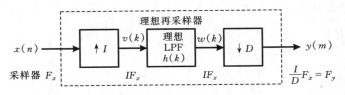

图 9.15　按因子 I/D 采样率转换的方法

(9.36)式的解释　应该注意到,在图 9.15 中的 $V(\omega_v)$ 以及 $W(\omega_v)$ 都是周期为 $2\pi/I$ 的周期性的,从而若

- $D<I$,那么滤波器 $H(\omega_v)$ 允许全周期通过,而不存在净的低通滤波。
- $D>I$,那么滤波器首先必须将 $W(\omega_v)$ 的基波周期截断以避免在 $(D \downarrow 1)$ 抽取阶段伴随着混叠误差。

将这两个观察结果结合在一起,我们就能陈述为:当 $D/I<1$ 时,我们有净的内插和 $H(\omega_v)$ 没有平滑要求,而不是提取 $W(\omega_v)$ 的基波周期。在这一点上,$H(\omega_v)$ 所起的作用就像在理想内插器中的低通滤波器一样。另一方面,若 $D/I>1$,那么就存在净的抽取,所以首先就需要截平到 $W(\omega_v)$ 的基波周期以便将频带降到 $[-\pi/D, \pi/D]$ 内,从而避免随之而来的抽取中的混叠。在这一点上,$H(\omega_v)$ 就是起着在理想抽取器中一个平滑滤波器的作用。当 D 或 I 是等于 1 时,在图 9.15 中一般抽取器/内插器与(9.36)式一起就分别当作特例演变为理想内插器或理想抽取器。

在时域,增采样器的输出是序列

$$v(k) = \begin{cases} x(k/I), & k = 0, \pm I, \pm 2I, \cdots \\ 0, & \text{其他} \end{cases} \tag{9.37}$$

而这个线性时不变滤波器的输出是

$$w(k) = \sum_{l=-\infty}^{\infty} h(k-l)v(l) = \sum_{l=-\infty}^{\infty} h(k-lI)x(l) \tag{9.38}$$

最后,采样率转换器的输出是序列 $\{y(m)\}$,它按因子 D 将序列 $\{w(k)\}$ 减采样而得到。这样

$$y(m) = w(mD) = \sum_{l=-\infty}^{\infty} h(mD - lI)x(l) \tag{9.39}$$

利用变量变化可将(9.39)式表示成另一种更具启发意义的不同形式。令

$$l = \left\lfloor \frac{mD}{I} \right\rfloor - n \tag{9.40}$$

其中符号 $\lfloor r \rfloor$ 记为在 r 中包含的最大整数。利用在变量上的这一变化,(9.39)式变为

$$y(m) = \sum_{n=-\infty}^{\infty} h\left(mD - \left\lfloor \frac{mD}{I} \right\rfloor I + nI\right) x\left(\left\lfloor \frac{mD}{I} \right\rfloor - n\right) \tag{9.41}$$

应该注意到

$$mD - \left\lfloor \frac{mD}{I} \right\rfloor I = (mD)\ \mathrm{modulo}\ I = ((mD))_I$$

结果,(9.41)式能表示为

$$y(m) = \sum_{n=-\infty}^{\infty} h[nI + ((mD))_I]x\left(\left\lfloor \frac{mD}{I} \right\rfloor - n\right) \tag{9.42}$$

对于 $I=3$ 和 $D=2$ 的这些运算如图 9.16 所示。

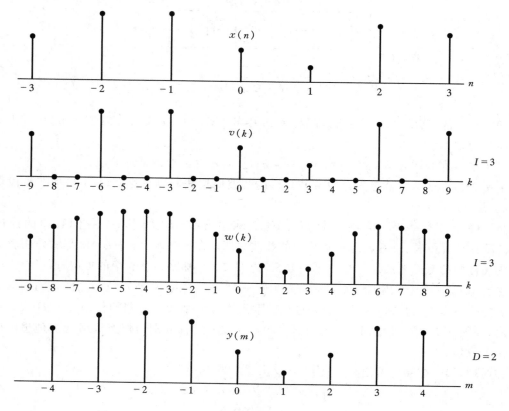

图 9.16   在图 9.15 采样率转换器中对于 $I=3$ 和 $D=3$,信号
$x(n)$、$v(k)$、$w(k)$ 和 $y(m)$ 的举例

从(9.41)式和图 9.16 可以很明显看出,输出 $y(m)$ 是将输入序列 $x(n)$ 通过一个其单位脉

冲响应为

$$g(n,m) = h[nI + ((mD))_I] \quad -\infty < m, n < \infty \tag{9.43}$$

的时变滤波器得到的。式中 $h(k)$ 是工作在采样率 IF_x 下的这个时不变低通滤波器的单位脉冲响应。进一步可以看到,对任何整数 k 有

$$g(n, m+kI) = h[nI + ((mD + kDI))_I] = h[nI + ((mD))_I]$$
$$= g(n, m) \tag{9.44}$$

所以 $g(n, m)$ 对变量 m 是周期的,周期为 I。

在一般重采样器中关于这个低通滤波器的计算复杂性应注意到,每隔 I 个样本仅有一个非零输入,而每隔 D 个样本仅需要输出一个。如果对这个低通滤波器用一种 FIR 实现,就仅需要每隔 D 个样本中计算它的一个输出。然而,如果改用 IIR 实现,由于这种滤波器的递归性质,一般也必须要计算出中间的输出。不过,由于它们的稀疏输入,两类滤波器都会从计算量的节省中获益。

重采样信号 $y(m)$ 的频域表示 将内插和抽取过程的结果组合起来可以得到频域关系。据此,在单位脉冲响应为 $h(k)$ 的这个线性滤波器的输出频谱是

$$V(\omega_v) = H(\omega_v)X(\omega_v I)$$
$$= \begin{cases} IX(\omega_v I), & 0 \leqslant |\omega_v| \leqslant \min(\pi/D, \pi/I) \\ 0, & \text{其他} \end{cases} \tag{9.45}$$

通过按因子 D 对序列 $v(n)$ 抽取得到的输出序列 $y(m)$ 的频谱是

$$Y(\omega_y) = \frac{1}{D} \sum_{k=0}^{D-1} V\left(\frac{\omega_y - 2\pi k}{D}\right) \tag{9.46}$$

式中 $\omega_y = D\omega_v$。按(9.45)式所隐含的,由于这个线性滤波器防止了混叠,所以由(9.46)式给出的输出序列的频谱化简为

$$Y(\omega_y) = \begin{cases} \dfrac{I}{D}X\left(\dfrac{\omega_y}{D}\right), & 0 \leqslant |\omega_y| \leqslant \min\left(\pi, \dfrac{\pi D}{I}\right) \\ 0, & \text{其他} \end{cases} \tag{9.47}$$

MALAB 实现 MATLAB 提供函数 $[y,h] = \text{resample}(x,I,D)$,它将数组 x 中的信号以原采样率 I/D 倍的采样率重新采样,所得重采样数组 y 要长 I/D 倍(或者若这个比值不是一个整数就是最大上限整数),也即 length(y) = ceil(I/D) * length(x)。这个函数通过内部利用凯塞(Kaiser)窗设计的一个 FIR 滤波器 h 对由(9.36)式给出的抗混叠低通滤波器进行近似,同时也对这个滤波器的延迟进行补偿。

resample 采用的这个 FIR 滤波器 h 的长度是正比于第 4 个(可选)参数 L 的,它有缺省参数值为 10。对于 L = 0,resample 完成最近邻值的内插。第 5 个可选参数 beta(缺省参数值为 5)能用来标定 Kaiser 窗的阻带衰减参数 β。利用单位脉冲响应 h 能研究这个滤波器的特性。

例题 9.6 考虑曾在例题 9.2 中讨论过的序列 $x(n) = \cos(0.125\pi n)$,按照 3/2、3/4 和 5/8 改变它的采样率。

题解

以下 MATLAB 给出这些细节。

```
n = 0:2048; k1 = 256; k2 = k1 + 32; m = 0:(k2 - k1);
% (a) Original signal
x = cos(0.125 * pi * n);
% (b) Sample rate conversion by 3/2: I = 3, D = 2
I = 3; D = 2; y = resample(x,I,D);
% (c) Sample rate conversion by 3/4: I = 3, D = 4
I = 3; D = 4; y = resample(x,I,D);
% (d) Sample rate conversion by 5/8: I = 5, D = 8
I = 5; D = 8; y = resample(x,I,D);
% Plotting commands follow
```

图 9.17 给出所得到的图。原信号 $x(n)$ 在余弦波的一个周期内有 16 个样本。因为第 1 个采样率按 3/2 转换是大于 1 的,所以总效果是对 $x(n)$ 内插,所得信号在一个周期内有 $16 \times 3/2 = 24$ 个样本。其余两个采样率转换因子都小于 1,总的效果是对 $x(n)$ 抽取,所得信号在每个周期分别有 $16 \times 3/4 = 12$ 和 $16 \times 5/8 = 10$ 个样本。

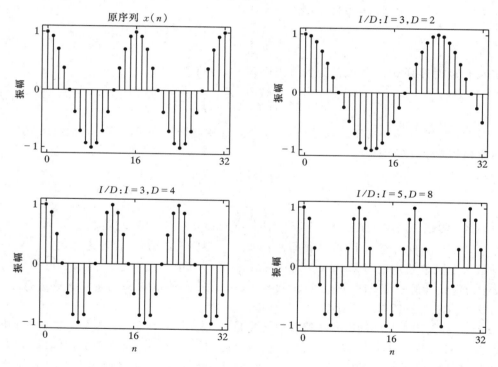

图 9.17 例题 9.6 中的原序列和重采样序列

9.5 采样率转换的 FIR 滤波器设计

在采样率转换器的实际实现中必须要用一个实际有限阶的滤波器取代由(9.20)式、

(9.30)式和(9.36)式表示的理想低通滤波器。可以将这个低通滤波器设计成具有线性相位、给定通常波纹和阻带衰减等要求的特性。任何标准的、众所熟知的 FIR 滤波器设计技术(如窗口法、频率采样法)都能用来完成这个设计。为此目的,我们将考虑线性相位 FIR 滤波器,由于它设计容易,而且它们与一个抽取器级非常适配,这个抽取器级在 D 个输出中仅需要一个[参见前面(9.44)式的有关讨论]。首先讨论整数内插器,再接着讨论整数抽取器,然后讨论有理的重采样器。主要重点是放在这些 FIR 低通滤波器的特性要求上,因为具体设计问题在第 7 章已经讨论过。

9.5.1 FIR 整数内插

用一个 FIR 滤波器替换图 9.11 所给系统中的理想滤波器得到图 9.18 所示的系统。关联傅里叶变换 $V(\omega)$ 和 $X(\omega)$ 的相关方程是(9.28)式,为方便现重复如下:

$$V(\omega) = X(\omega I) \tag{9.48}$$

考虑到频率压缩 I 倍要求的幅度加权因子为 I,在(9.30)式和(9.33)式确定的这个理想低通滤波器是

$$H_I(\omega) = \begin{cases} I, & |\omega| < \pi/I \\ 0, & \text{其他} \end{cases} \tag{9.49}$$

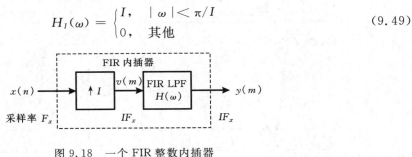

图 9.18 一个 FIR 整数内插器

MATLAB 实现 为了设计一个用于内插(以及稍后的抽取)运算的线性相位 FIR 滤波器,MATLAB 提供函数 h = intfilt(I,L,alpha)。当用在对一个序列每隔 I 个样本之间放置 I-1 个相继零值时,这个函数利用最接近的 2 * L 个非零样本完成理想的带限内插。假定这个信号 $x(n)$ 的带宽是 alpha 倍的 π 弧度/样本,也即 alpha = 1 意味着满信号带宽。滤波器单位脉冲响应数组 h 的长度是 2 * I * L-1。设计成的滤波器是与被 interp 函数所用的滤波器一样的。因此参数 L 应细心选取以免数值上的不稳定性。对于较高的 I 值但不超过 10,它应是一个较小的值。

例题 9.7 利用带限方法设计一个线性相位 FIR 内插滤波器以因子 4 内插一个信号。

题解

对本设计用 L = 5 来考查 intfilt 函数,并研究 alpha 在滤波器设计上的效果。以下的 MATLAB 脚本提供这些细节。

```
I = 4; L = 5;
% (a) Full signal bandwidth: alpha = 1
alpha = 1; h = intfilt(I,L,alpha);
[Hr,w,a,L] = Hr_Type1(h); Hr_min = min(Hr); w_min = find(Hr = = Hr_min);
H = abs(freqz(h,1,w)); Hdb = 20 * log10(H/max(H)); min_attn = Hdb(w_min);
% (b) Partial signal bandwidth: alpha = 0.75
alpha = 0.75; h = intfilt(I,L,alpha);
[Hr,w,a,L] = Hr_Type1(h); Hr_min = max(Hr(end/2:end)); w_min = find(Hr = = Hr_min);
H = abs(freqz(h,1,w)); Hdb = 20 * log10(H/max(H)); min_attn = Hdb(w_min);
% Plotting commands follow
```

图 9.19 示出这些图。对于 alpha = 1 的满带宽情况下,这个滤波器在通带和阻带都有较大的波纹,阻带最小衰减为 22dB。这是由于滤波器的过渡带非常窄的缘故。对于 alpha = 0.75,这个滤波器的特性要求要更为宽松一些,所以它的响应显示出要更好一些,其阻带最小衰减为 40dB。值得一提的是,在其他设计参数上我们没有完全控制,这些问题在这一节都将进一步详细讨论到。

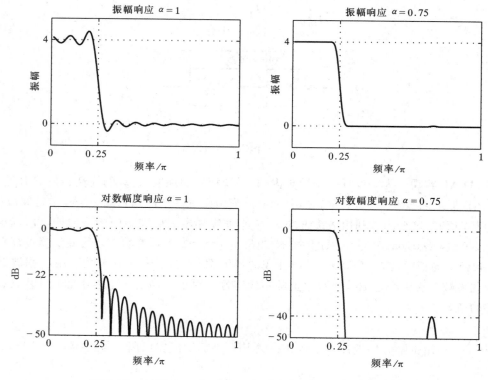

图 9.19   对于 $I=4$ 和 $L=5$,FIR 内插滤波器设计结果的图

在下面的例题中,利用 Parks-McClellen 算法设计一个线性相位等波纹的 FIR 内插滤波器。

例题 9.8 设计一个内插器,它将输入采样率增加 $I=5$ 倍。该滤波器通带波纹为 0.1dB,阻带至少要在 30dB 以上,利用 firpm 算法确定这个 FIR 滤波器的系数。对于频带边缘频率选取合理的值。

题解

通带截止频率应该是 $\omega_p = \pi/I = 0.2\pi$。为了获得一个合理的滤波器长度值,选取过渡带宽为 0.12π,它给出阻带截止频率为 $\omega_s = 0.32\pi$。注意到这个滤波器在通带内的标称增益应等于 $I=5$,这意味着利用分贝值计算出的波纹值要被 5 加权。长度 $M=31$ 的滤波器可以达到上面给出的设计特性要求。细节在下面 MATLAB 脚本中给出。

```
I = 5; Rp = 0.1; As = 30; wp = pi/I; ws = wp + pi * 0.12;
[delta1,delta2] = db2delta(Rp,As); weights = [delta2/delta1,1];
F = [0,wp,ws,pi]/pi; A = [I,I,0,0];
h = firpm(30,F,A,weights); n = [0:length(h) - 1];
[Hr,w,a,L] = Hr_Type1(h); Hr_min = min(Hr); w_min = find(Hr == Hr_min);
H = abs(freqz(h,1,w)); Hdb = 20 * log10(H/max(H)); min_attn = Hdb(w_min);
```

图 9.20 示出这个已设计好的 FIR 滤波器的响应。即使是这个滤波器通过原信号时,如果这个信号是属于 π 弧度满带宽的话,还有可能将一些邻近的频谱能量泄漏出去。所以需要更好的设计特性要求,这些将进一步往下讨论。

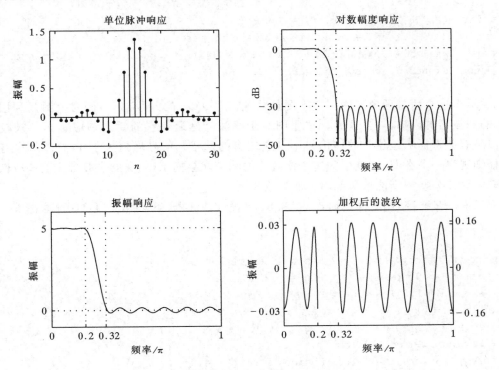

图 9.20 例题 9.8 中 FIR 内插滤波器的响应

MATLAB 实现 为了将 FIR 滤波器用于内插目的(比如在上面例题中所设计的一种),MATLAB 已经提供了一种一般的函数 upfirdn,它能用于内插和抽取,以及重采样的目的。不像在这一章讨论过的其他函数,upfirdn 包括了在运算中用户自定义的 FIR 滤波器(不需要是线性相位的)。当作为 y = upfirdn(x,h,I) 引用时,这个函数将在数组 x 中的输入数据按整数 I 因子增采样,然后用在数组 h 中的单位脉冲响应序列过滤这个已被增采样过的信号数据,产生输出数组 y,从而实现图 9.18 的系统。

例题 9.9 令 $x(n) = \cos(0.5\pi n)$。将输入采样率增加 $I = 5$ 倍,利用在例题 9.8 中设计的滤波器。

题解

以下的 MATLAB 脚本给出了这些步骤。

```
% Given Parameters:
I = 5; Rp = 0.1; As = 30; wp = pi/I; ws = 0.32 * pi;
[delta1,delta2] = db2delta(Rp,As); weights = [delta2/delta1,1];
n = [0:50]; x = cos(0.5 * pi * n);
n1 = n(1:17); x1 = x(17:33); % For plotting purposes
% Input signal plotting commands follow
% Interpolation with Filter Design: Length M = 31
M = 31; F = [0,wp,ws,pi]/pi; A = [I,I,0,0];
h = firpm(M - 1,F,A,weights); y = upfirdn(x,h,I);
delay = (M - 1)/2; % Delay imparted by the filter
m = delay + 1:1:50 * I + delay + 1; y = y(m); m = 1:81; y = y(81:161); % for plotting
% Output signal plotting commands follow
```

图 9.21 示出这个信号的条杆图。左上图是输入信号 $x(n)$ 的一段部分,而右上图是利用长度为 31 的滤波器的内插信号 $y(n)$。这张图对于滤波器延迟和它的暂态响应影响都被校正过了。似乎有些奇怪的是这个内插信号不是它应有的样子。信号峰值大于 1,而形状也有些失真。仔细观察一下在图 9.20 中的这个滤波器的响应就会揭示出,宽的过渡带宽度和较低的阻带衰减都会让某些频谱能量泄漏出去而形成失真。

为了进一步研究,用更大的阶次 51 和 81 来设计滤波器,下面 MATLAB 脚本提供了设计细节。

```
% Interpolation with Filter Design: Length M = 51
M = 51; F = [0,wp,ws,pi]/pi; A = [I,I,0,0];
h = firpm(M - 1,F,A,weights); y = upfirdn(x,h,I);
delay = (M - 1)/2; % Delay imparted by the filter
m = delay + 1:1:50 * I + delay + 1; y = y(m); m = 1:81; y = y(81:161);
% Plotting commands follow
% Interpolation with Filter Design: Length M = 81
M = 81; F = [0,wp,ws,pi]/pi; A = [I,I,0,0];
h = firpm(M - 1,F,A,weights); y = upfirdn(x,h,I);
```

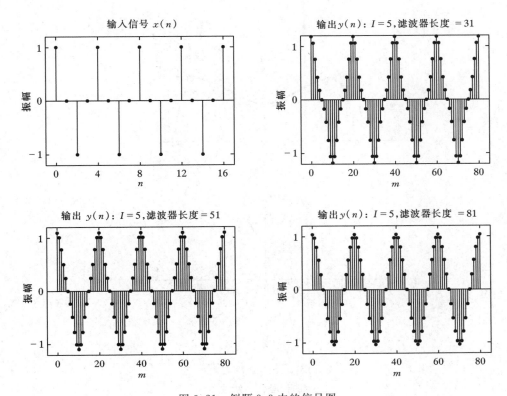

图 9.21 例题 9.9 中的信号图

```
delay = (M-1)/2; % Delay imparted by the filter
m = delay + 1:1:50 * I + delay + 1; y = y(m); m = 1:81; y = y(81:161);
% Plotting commands follow
```

所得到的信号也示于图 9.21 的下部。很显然,对于大的阶次,这个滤波器有更好的低通特性。信号峰值接近 1,而形状也接近于余弦波形。因此,即使在一种简单信号的情况下,一个好的滤波器设计都是很关键的。 ∎

9.5.2 设计特性参数

当用一个有限阶次的 FIR 滤波器 $H(\omega)$ 代替 $H_I(\omega)$ 时,必须容许有一个过渡带,这个滤波器的通带边缘不能直至 π/I。为此,我们定义

- $\omega_{x,p}$ 是想要保留的信号 $x(n)$ 的最高频率。
- $\omega_{x,s}$ 是 $x(n)$ 的全信号带宽,也即在 $x(n)$ 中位于频率 $\omega_{x,s}$ 以上没有任何能量。

这样,我们有 $0<\omega_{x,p}<\omega_{x,s}<\pi$。值得注意的是,按如上定义的参数 $\omega_{x,p}$ 和 $\omega_{x,s}$ 是信号参数,而不是滤波器的参数,它们图示在图 9.22(a) 中。根据 $\omega_{x,p}$ 和 $\omega_{x,s}$,将对滤波器参数进行定义。

由 (9.48) 式,对 $v(m)$ 来说,这些信号参数频率分别变成 $\omega_{x,p}/I$ 和 $\omega_{x,s}/I$,因为频率标尺被压缩了 I 倍,这如图 9.22(b) 所示。现在能设计一个线性相位 FIR 滤波器让直至 $\omega_{x,p}/I$ 的频

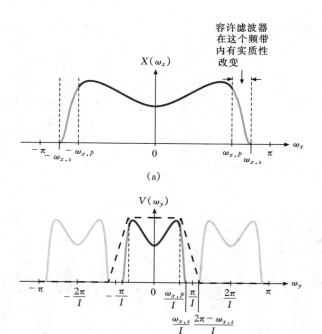

图 9.22 频率参数
(a)信号;(b)滤波器

率通过,而抑制掉从 $(2\pi - \omega_{x,s})/I$ 起始的频率。令

$$\omega_p = \left(\frac{\omega_{x,p}}{I}\right) \quad \text{和} \quad \left(\frac{2\pi - \omega_{x,s}}{I}\right) \tag{9.50}$$

分别是这个低通线性相位 FIR 滤波器的通带和阻带边缘频率。这个滤波器给出为

$$H(\omega) = H_r(\omega)e^{j\theta}(\omega) \tag{9.51}$$

式中 $H_r(\omega)$ 是实值的幅度响应,$\theta(\omega)$ 是未卷绕的相位响应。那么,我们有下列滤波器设计特性参数

$$\frac{1}{I}H_r(\omega) \leqslant 1 \pm \delta_1, \quad |\omega| \in |0, \omega_p|$$

$$\frac{1}{I}H_r(\omega) \leqslant \pm \delta_2, \quad |\omega| \in |\omega_s, \pi| \tag{9.52}$$

式中 ω_p 和 ω_s 由(9.50)式给出,δ_1 和 δ_2 分别是这个低通 FIR 滤波器的通带和阻带波纹参数。

评注:

　　阻带不是起始于 π/I,而是有可能将它移到 $(2\pi - \omega_s)/I$。如果 $\omega_{x,s} \ll \pi$,那么对降低滤波器阶次来说,这点一定是一个重要的考虑因素。然而,在最坏 $\omega_{x,s} = \pi$ 的情况下,阻带也将从 π/I 开始,这就与(9.49)式理想低通滤波器的情况相同。几乎总是有 $\omega_{x,s} < \pi$,然后我们就能将 $\omega_{x,p}$ 选取为尽可能接近我们所要求的 $\omega_{x,s}$。不过,这一定会降低过渡带的大小,这就意味着一个更高的滤波器阶次。

例题 9.10　对于例题 9.9 中的信号,为采样率提高 $I=5$ 倍设计一个更好的 FIR 低通滤波器。

题解

因为 $x(n)=\cos(0.5\pi n)$,所以信号带宽和要保留的频带宽度是相同的,即 $\omega_{x,p}=\omega_{x,s}=0.5\pi$。因此,由(9.50)式 $\omega_p=0.5\pi/5=0.1\pi$ 和 $\omega_s=(2\pi-0.5\pi)/5=0.3\pi$。将用 $R_p=0.01$ 和 $A_s=50$dB 设计这个滤波器。所得到的滤波器阶次是 32,比例题 9.9 中的滤波器高 2 阶,但却有更加优越得多的衰减。详细的过程给出如下:

```
% Given Parameters:
n = [0:50]; wxp = 0.5 * pi; x = cos(wxp * n);
n1 = n(1:9); x1 = x(9:17); % for plotting purposes
I = 5; I = 5; Rp = 0.01; As = 50; wp = wxp/I; ws = (2 * pi - wxp)/I;
[delta1,delta2] = db2delta(Rp,As); weights = [delta2/delta1,1];
[N,Fo,Ao,weights] = firpmord([wp,ws]/pi,[1,0],[delta1,delta2],2);N = N + 2;
% Input signal plotting commands follow
% Interpolation with Filter Design: Length M = 31
h = firpm(N,Fo,I * Ao,weights); y = upfirdn(x,h,I);
delay = (N)/2; % Delay imparted by the filter
m = delay + 1:1:50 * I + delay + 1; y = y(m); m = 0:40; y = y(81:121);
% Output signal plotting commands follow
[Hr,w,a,L] = Hr_Type1(h); Hr_min = min(Hr); w_min = find(Hr = = Hr_min);
H = abs(freqz(h,1,w)); Hdb = 20 * log10(H/max(H)); min_attn = Hdb(w_min);
% Filter design plotting commands follow
```

图 9.23 给出信号的条标图和滤波器设计的图。已设计成的滤波器阻带最小衰减有 53dB,而用滤波器的阶次为 32 所得到的内插是准确的。　■

9.5.3　FIR 整数抽取

考虑在图 9.6 中的这个系统,其中这个理想低通滤波器要用一个 FIR 滤波器 $H(\omega)$ 代替,然后就得出图 9.24 的系统。$Y(\omega_y)$ 和 $X(\omega)$ 之间的关系由(9.24)式给出,现重复如下:

$$Y(\omega_y) = \frac{1}{D}\sum_{k=0}^{D-1}H\left(\omega - \frac{2\pi k}{D}\right)X\left(\omega - \frac{2\pi k}{D}\right), \quad \omega = \frac{\omega_y}{D} \tag{9.53}$$

它只不过是 $H(\omega)X(\omega)$ 混叠项的和。因此,为避免混叠的必要条件是

$$H(\omega)X(\omega) = 0, \quad \frac{\pi}{D} \leqslant |\omega| \leqslant \pi \tag{9.54}$$

那么,

$$Y(\omega_y) = \frac{1}{D}X(\omega)H(\omega) \tag{9.55}$$

与(9.25)式相同,这里理想滤波是按(9.20)式的 $H_D(\omega)$ 来完成的。

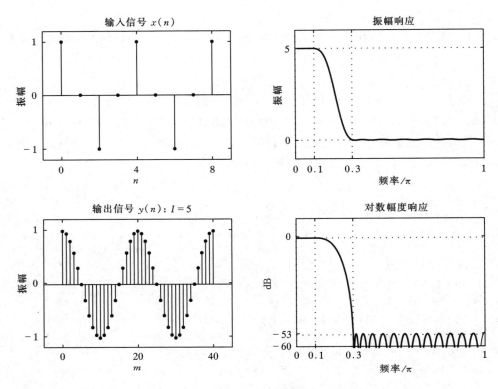

图 9.23 例题 9.10 中的信号图和滤波器设计结果图

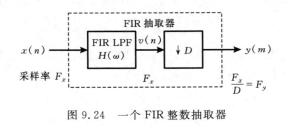

图 9.24 一个 FIR 整数抽取器

例题 9.11 设计一个抽取器,它将输入信号 $x(n)$ 按因子 $D=2$ 减采样。利用 firpm 算法确定该 FIR 滤波器的系数,滤波器通带波纹为 0.1dB,在阻带至少要降到 30dB 以下。选取合理的频带边缘频率。

题解

通带截止频率应是 $\omega_p = \pi/D = 0.5\pi$。为了获得一个合理的滤波器长度,选取过渡带为 0.1π,它给出阻带截止频率为 $\omega_s = 0.6\pi$[①]。长度 $M=37$ 的滤波器达到上面给出的设计特性参数。下面的 MATLAB 脚本给出设计细节。

---

① 原文为 0.3π,疑有误。——译者注

```
% Filter Design
D = 2; Rp = 0.1; As = 30; wp = pi/D; ws = wp + 0.1 * pi;
[delta1,delta2] = db2delta(Rp,As);
[N,F,A,weights] = firpmord([wp,ws]/pi,[1,0],[delta1,delta2],2);
h = firpm(N,F,A,weights); n = [0:length(h) - 1];
[Hr,w,a,L] = Hr_Type1(h); Hr_min = min(Hr); w_min = find(Hr == Hr_min);
H = abs(freqz(h,1,w)); Hdb = 20 * log10(H/max(H)); min_attn = Hdb(w_min);
% Plotting commands follow
```

图 9.25 给出所设计的 FIR 滤波器的响应。这个滤波器将通带 $[0,\pi/2]$ 内的信号频谱无失真的通过。然而,由于过渡带宽度不是太窄,所以在过渡带内的某些信号有可能混叠进有用的带内。另外,30dB 的衰减也有可能让信号频谱的一小部分在减采样之后从阻带进入到通带。因此,对滤波器的特性参数需要一个更好的途径,随后将作进一步讨论。

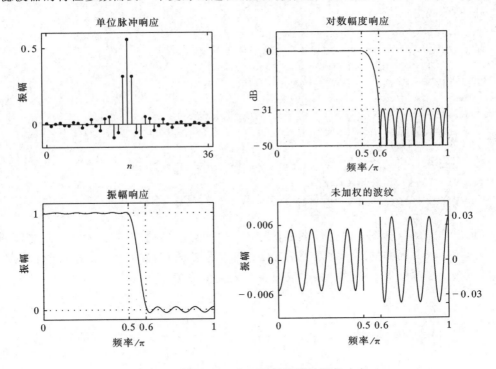

图 9.25　例题 9.11 中 FIR 抽取滤波器的响应

MATLAB 实现　正如以前讨论过的,也能用 upfirdn 函数实现在抽取运算中用户自定义的 FIR 滤波器。当作为 $y = \text{upfirdn}(x,h,1,D)$ 引用时,这个函数将数组 x 内的信号数据用在数组 h 中给出的单位脉冲响应过滤,然后对已过滤的数据按整数因子 D 减采样产生输出数组 y,由此实现图 9.24 中的系统。

例题 9.12　利用在例题 9.11 中设计的滤波器对位于该滤波器通带内的频率的正弦信号 $x_1(n) = \cos(\pi n/8)$ 和 $x_2(n) = \cos(\pi n/2)$ 进行抽取。验证这个 FIR 滤波器的性能和抽取结果。

题解

下面的 MATLAB 脚本提供了细节。

```
% Given Parameters:
D = 2; Rp = 0.1; As = 30; wp = pi/D; ws = wp + 0.1 * pi;
% Filter Design
[delta1,delta2] = db2delta(Rp,As);
[N,F,A,weights] = firpmord([wp,ws]/pi,[1,0],[delta1,delta2],2);
h = firpm(N,F,A,weights); delay = N/2; % Delay imparted by the filter
% Input signal x1(n) = cos(2 * pi * n/16)
n = [0:256]; x = cos(pi * n/8);
n1 = n(1:33); x1 = x(33:65); % for plotting purposes
% Input signal plotting commands follow
% Decimation of x1(n): D = 2
y = upfirdn(x,h,1,D);
m = delay + 1:1:128/D + delay + 1; y = y(m); m = 0:16; y = y(16:32);
% Output signal plotting commands follow
% Input signal x2(n) = cos(8 * pi * n/16)
n = [0:256]; x = cos(8 * pi * n/(16));
n1 = n(1:33); x1 = x(33:65); % for plotting purposes
% Input signal plotting commands follow
% Decimation of x2(n): D = 2
y = upfirdn(x,[h],1,D); % y = downsample(conv(x,h),2);
m = delay + 1:1:128/D + delay + 1; y = y(m); m = 0:16; y = y(16:32);
% Output signal plotting commands follow
```

图 9.26 示出信号的条标图。左边的图是信号 $x_1(n)$ 和对应的抽取信号 $y_1(n)$，而右边的图则是对 $x_2(n)$ 和 $y_2(n)$ 同样的图。在两种情况下似乎抽取都是正确的。如果选择了任何高于 $\pi/2$ 的频率，那么这个滤波器会将这个信号衰减掉或完全消除掉。 ■

9.5.4 设计特性参数

当用一个有限阶次的 FIR 滤波器 $H(\omega)$ 代替这个理想低通滤波器 $H_D(\omega)$ 时，必须容许有一个过渡频带。再次定义

- $\omega_{x,p}$ 是要保留的信号带宽。
- $\omega_{x,s}$ 是在它以上混叠误差被容许的频率。

那么，我们有 $0 < \omega_{x,p} \leqslant \omega_{x,s} \leqslant \pi/D$。如果选 $\omega_{x,s} = \pi/D$，那么抽取器将给出没有任何混叠误差。如果选 $\omega_{x,s} = \omega_{x,p}$，那么超过信号频带的频带内将包含混叠误差。利用这些定义和观察结果，现在就能对所要求的滤波器特性参数给予标定。这个滤波器必须让直至 $\omega_{x,p}$ 的频率通过，而它的阻带必须在 $(2\pi/D - \omega_{x,s})$ 开始并一直延续到 π。那么，在 (9.53) 式中 $k \neq 0$ 的这些项(也就是"混叠")中没有一项能在直至 $\omega_{x,s}$ 的频带内引起可预计得到的失真。令

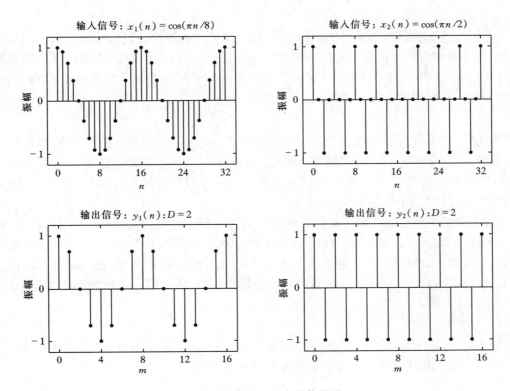

图 9.26　例题 9.12 中的信号图

$$\omega_p = \omega_{x,p} \quad 和 \quad \omega_s = \left(\frac{2\pi}{D} - \omega_{x,s}\right) \tag{9.56}$$

分别是由(9.51)式给出的这个低通线性相位 FIR 滤波器的通带和阻带边缘频率,那么有如下滤波器设计特性参数:

$$
\begin{aligned}
H_r(\omega) &\leqslant 1 \pm \delta_1, \quad |\omega| \in |0, \omega_p| \\
H_r(\omega) &\leqslant \pm \delta_2 \quad , \quad |\omega| \in |\omega_s, \pi|
\end{aligned} \tag{9.57}
$$

式中 ω_p 和 ω_s 按(9.56)式给出,而 δ_1 和 δ_2 分别是这个低通 FIR 滤波器的通带和阻带波纹参数。值得提及的是它与频谱 $X(\omega)$ 如何是无关的。我们只是要求乘积 $X(\omega)H(\omega)$ 在 $\omega = 2\pi/D$ $-\omega_{x,s}$ 开始就非常小,以使在(9.53)式中 $k \neq 0$ 的这些项在频带 $[-\omega_{x,s}, \omega_{x,s}]$ 内不提供显著的贡献,这就是要求它是无混叠的。

δ_1 和 δ_2 的意义　滤波器波纹参数 δ_1 和 δ_2 有下列意义,在给定它们的值时必须给予考虑:

- 通常波纹参数 δ_1 度量了在通带内的起伏,所以控制了在信号带宽 ω_p 内的失真。
- 阻带波纹参数 δ_2 控制了已混叠能量(也称为泄漏)的多少,它进入到直至 $\omega_{x,s}$ 的频带内。

在(9.53)式中由于 $k \neq 0$ 存在有 $(D-1)$ 个贡献。期望这些相加是不相干的(也即峰值在不同的地方出现),以至于总的峰值误差应该大约在 δ_2 范围。实际误差取决于在 $|\omega| > \omega_{x,s}$ 的频带部分 $X(\omega)$ 是如何变化的。显然,滤波器的阻带波纹 δ_2 控制了在信号通带内的混叠误差。因此,δ_1 和 δ_2 两者都对在它的通带内抽取的信号有影响。

评注：

将 FIR 抽取器的滤波器特性参数(9.57)式与 FIR 内插器的滤波器特性参数(9.52)式作一比较，可以看到它们之间有很高的相似度。实际上，一个按因子 D 抽取而设计的滤波器也能用于按因子 $I=D$ 内插的滤波器，这从下面给出的例子可以看出。这意味着函数 intfilt 也能用于设计抽取用的 FIR 滤波器。

例题 9.13 为了设计一个按因子 D 的抽取，需要 $\omega_{x,p}$ 和 $\omega_{x,s}$ 的值(记住，它们都是信号参数)。假设 $\omega_{x,p}=\pi/(2D)$，它满足约束条件 $\omega_{x,p}\leqslant\pi/D$，而且真正是抽取带宽的一半。令 $\omega_{x,s}=\omega_{x,p}$，那么这个 FIR 低通滤波器必须通过直至 $\omega_p=\pi/(2D)$ 的频率，而阻止在 $\omega_s=2\pi/D-\pi/(2D)=3\pi/(2D)$ 以上的频率通过。

现在考虑对应的内插问题。我们要想做的是按因子 I 内插，再次选 $\omega_{x,s}=\omega_{x,p}$，但是现在的这个范围是 $\omega_{x,p}<\pi$。倘若我们真正地取这个频带的一半，就得到 $\omega_{x,p}=\pi/2$。然后按照对于内插的(9.52)式的特性参数，要求这个滤波器通过直至 $\pi/2I$ 的频率，而阻止 $3\pi/2I$ 以上的频率通过。这样，对于 $I=D$ 就有相同的滤波器特性参数，所以同一个滤波器既能用作抽取，也能用作内插问题。

例题 9.14 设计一个对例题 9.12 中的信号 $x_1(n)$ 抽取的 FIR 滤波器，这个滤波器应有一个好的 $A_s=50$dB 的阻带衰减和一个较低的滤波器阶次。

题解

这个信号带宽是 $\omega_{x,p}=\pi/8$，而我们将选 $\omega_{x,s}=\pi/D=\pi/2$，那么 $\omega_p=\pi/8$ 和 $\omega_s=(2\pi/D)-\omega_{x,s}=\pi/2$。利用这些参数，这个最优 FIR 滤波器长度是 13，这远低于在前面例题中具有较高衰减的滤波器阶次 37。

MATLAB 脚本如下：

```
% Given Parameters：
D = 2; Rp = 0.1; As = 50; wxp = pi/8; wxs = pi/D; wp = wxp; ws = (2*pi/D)-wxs;
% Filter Design
[delta1,delta2] = db2delta(Rp,As);
[N,F,A,weights] = firpmord([wp,ws]/pi,[1,0],[delta1,delta2],2); N = ceil(N/2)*2;
h = firpm(N,F,A,weights); delay = N/2; % Delay imparted by the filter
% Input signal x(n) = cos(2*pi*n/16)
n = [0:256]; x = cos(pi*n/8);
n1 = n(1:33); x1 = x(33:65); % for plotting purposes
% Input signal plotting commands follow
% Decimation of x(n): D = 2
y = upfirdn(x,h,1,D);
m = delay+1:1:128/D+delay+1; y1 = y(m); m = 0:16; y1 = y1(14:30);
% Output signal plotting commands follow
% Filter Design Plots
[Hr,w,a,L] = Hr_Type1(h); Hr_min = min(Hr); w_min = find(Hr == Hr_min);
```

```
H = abs(freqz(h,1,w)); Hdb = 20 * log10(H/max(H)); min_attn = Hdb(w_min);
 % Filter design plotting commands follow
```

这个信号的条杆图和滤波器的频率响应如图 9.27 所示。已设计的滤波器实现了 51dB 的衰减,而且已抽取的信号是正确的。

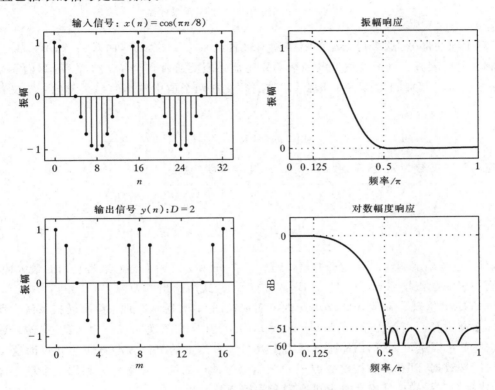

图 9.27　例题 9.14 中的信号图和滤波器设计图

9.5.5　FIR 有理因子的采样率转换

用一个 FIR 滤波器 $H(\omega)$ 替换图 9.15 给出的系统中的理想滤波器,得到图 9.28 所示的系统。在这种情况下将由(9.36)式给出相关理想低通滤波器,为了方便说明现重复如下:

$$H(\omega) = \begin{cases} I, & 0 \leqslant |\omega| \leqslant \min(\pi/D, \pi/I) \\ 0, & \text{其他} \end{cases} \tag{9.58}$$

对信号 $x(n)$ 定义

- $\omega_{x,p}$ 是应该要保留的信号带宽。
- ω_{x,s_1} 是总的信号带宽。
- ω_{x,s_2} 是在重采样之后要求无混叠误差的信号带宽。

那么我们有

$$0 < \omega_{x,p} \leqslant \omega_{x,s_2} \leqslant \frac{I\pi}{D} \qquad \text{和} \qquad \omega_{x,s_1} \leqslant \pi \tag{9.59}$$

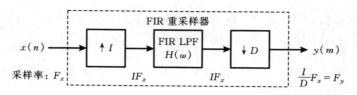

图 9.28 一个 FIR 有理因子重采样器

现在,对于内插部分,这个低通滤波器必须通过直至 $\omega_{x,p}/I$ 的频率,而对在 $(2\pi/I-\omega_{x,s_1}/I)$ 开始的频率进行衰减。这个滤波器的抽取部分还是必须要通过直至 $\omega_{x,p}/I$ 的频率,而衰减掉位于 $(2\pi/D-\omega_{x,s_2}/I)$ 以上的频率。因此,阻带必须在这两个值中较小的一个起始。定义截止频率为

$$\omega_p = \left(\frac{\omega_{x,p}}{I}\right) \quad \text{和} \quad \omega_s = \min\left[\frac{2\pi}{I}-\frac{\omega_{x,s_1}}{I},\frac{2\pi}{D}-\frac{\omega_{x,s_2}}{I}\right] \tag{9.60}$$

和相应的波纹参数为 δ_1 和 δ_2,我们有下面滤波器特性参数:

$$\frac{1}{I}H_r(\omega) \leqslant 1\pm\delta_1, \quad |\omega| \in [0,\omega_p]$$
$$\frac{1}{I}H_r(\omega) \leqslant \pm\delta_2, \quad\quad |\omega| \in [\omega_s,\pi] \tag{9.61}$$

式中,$H_r(\omega)$ 是幅度响应。要注意的是,若置 $\omega_{x,s_1}=\pi$ 和 $\omega_{x,s_2}=I\pi/D$,这是它们的最大值,我们就得到理想的截止频率 $\max[\pi/I,\pi/D]$,如前(9.36)式所给出的一样。

MATLAB 实现 显然,upfirdn 函数可实现在图 9.28 所示有理采样率转换系统中所需的全部必需运算。当作为 y = upfirdn(x,h,I,D) 引用时,它依次完成三种运算:将输入数据数组 x 按整数 I 因子增采样,FIR 滤波器用在数组 h 中给出的单位脉冲响应序列过滤这个已增采样的信号数据,以及最后按整数因子 D 将这个过滤后的结果减采样。利用一个精心设计的滤波器,我们在采样率转换运算上可有完全的控制。

例题 9.15 设计一个采样率转换器,它将采样率增加 2.5 倍。利用 firpm 算法确定这个 FIR 滤波器的系数,该滤波器在通带有 0.1dB 波纹,而阻带衰减至少要在 30dB 以上。

题解

满足这个题的特性参数要求的 FIR 滤波器与在例题 9.8 中所设计的滤波器是完全一样的。它的带宽是 $\pi/5$。 ■

例题 9.16 信号 $x(n)$ 总带宽为 0.9π,对它按因子 4/3 重采样得到 $y(m)$。想要保留的频带到 0.8π,而要求在 0.7π 以内无混叠。利用 Parks-McClellan 算法确定这个 FIR 滤波器的系数,要求该滤波器在通带内有 0.1dB 的波纹,在阻带要有 40dB 的衰减。

题解

总的信号带宽是 $\omega_{x,s_1}=0.9\pi$,要保留的带宽是 $\omega_{x,p}=0.8\pi$,在这个频带以上容许混叠的带

宽是 $\omega_{x,s_2} = 0.7\pi$。从 (9.60) 式并利用 $I=4$ 和 $D=3$，这个 FIR 滤波器的设计参数是 $\omega_p = 0.2\pi$ 和 $\omega_s = 0.275\pi$。利用这些设计参数与通带波纹 0.1dB 和阻带衰减 40dB 一起，这个最优 FIR 滤波器长度是 58。设计图的计算和细节给出如下。

```
% Given Parameters:
I = 4; D = 3; Rp = 0.1; As = 40;
wxp = 0.8 * pi; wxs1 = 0.9 * pi; wxs2 = 0.7 * pi;
% Computed Filter Parameters
wp = wxp/I; ws = min((2 * pi/I - wxs1/I),(2 * pi/D - wxs2/I));
% Filter Design
[delta1,delta2] = db2delta(Rp,As);
[N,F,A,weights] = firpmord([wp,ws]/pi,[1,0],[delta1,delta2],2);
N = ceil(N/2) * 2 + 1; h = firpm(N,F,I * A,weights);
[Hr,w,a,L] = Ampl_res(h); Hr_min = min(Hr); w_min = find(Hr == Hr_min);
H = abs(freqz(h,1,w)); Hdb = 20 * log10(H/max(H)); min_attn = Hdb(w_min);
% Plotting commands follow
```

这个滤波器的响应如图 9.29 所示，该图显示出已设计的滤波器达到 40dB 的衰减。

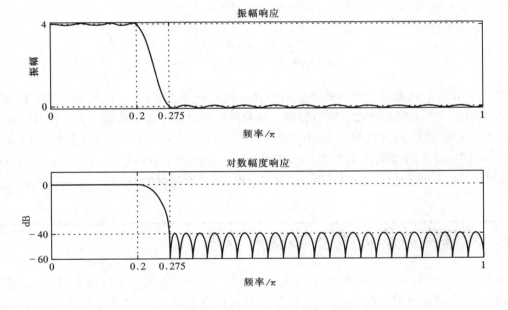

图 9.29　例题 9.16 中的滤波器设计图

9.5.6　具有多阻带的 FIR 滤波器

现在我们讨论当低采样率是大于所要求的两倍时，在 FIR 整数内插器设计中采用多阻带滤波器的问题。先回到图 9.22(b)，它说明了在整数内插器中一个典型的频谱 $V(\omega)$，对于这样的频谱能够采用带宽为 ω_s/I、中心频率位于 $2\pi k/I$ 的 $(k \neq 0)$ 具有多个阻带的低通滤波器。

对于 $I=4$，图 9.30(a)示出这样一种频谱，对应的滤波器特性如图 9.30(b)所示。

很显然，这些滤波器特性参数是不同于(9.52)式所给出的，这里的阻带不再是一个紧邻着的区间。现在，若 $\omega_s<\pi/2$，利用这种多带设计有一个实际的优势，因为它会得到一个较低阶次的滤波器[9]。对于 $\pi\geqslant\omega_s>\pi/2$，单阻带低通滤波器的特性指标(9.52)式是更容易实现一些，而且可行。

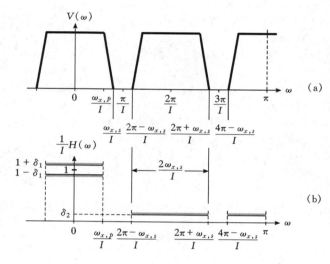

图 9.30 多阻带设计
(a)信号频谱；(b)滤波器特性参数

对于 FIR 整数抽取器也能得到类似的益处。我们还能找到对于在(9.57)式给出的单一阻带设计中用一个多阻带低通滤波器替换。参照前面在讨论整数抽取器中有关信号特性参数时，可以注意到，仅仅是这些频带 $[\pi/D,3\pi/D]$，$[3\pi/D,5\pi/D]$，…等等部分会将混叠引入到 $[-\omega_s+\omega_s]$ 内，因此给出的多阻带是 $[(2\pi/D)-\omega_s,(2\pi/D)+\omega_s]$，$[(4\pi/D)-\omega_s,(4\pi/D)+\omega_s]$，等等，中心位于 $2\pi k/D,k\neq0$。当 $\omega_s<\pi/2M$ 时，还是有实际的好处。

9.6 采样率转换的 FIR 滤波器结构

正如在 9.4 节讨论中所表明的，将采样率按因子 I/D 转换可以这样来实现：首先通过在输入信号 $x(n)$ 的相继值之间插入 $I-1$ 个零值将采样率增加 I 倍，紧跟所得序列的线性过滤消除不需要的 $X(\omega)$ 的镜像，最后将过滤后的信号按因子 D 减采样。这一节要讨论这个线性滤波器的设计与实现。我们从直接型 FIR 滤波器这种最简单的结构入手，并建立它的计算上的高效实现。然后讨论另一种称为多相结构的计算高效结构，它是被用在以 MATLAB 函数 resample 和 upfirdn 实现的。最后，对采样率转换的一般情况讨论时变滤波器结构来结束这一节。

9.6.1　直接型 FIR 滤波器结构

原则上说,这个滤波器的最简单实现是直接型 FIR 结构。它的系统函数是

$$H(z) = \sum_{k=0}^{M-1} h(k) z^{-k} \qquad\qquad (9.62)$$

式中 $h(k)$ 是这个 FIR 滤波器的单位脉冲响应。按照前面所讨论的,在设计完这个滤波器之后,就有了滤波器参数 $h(k)$,这就可以直接按图 9.31 所示的结构实现这个 FIR 滤波器。

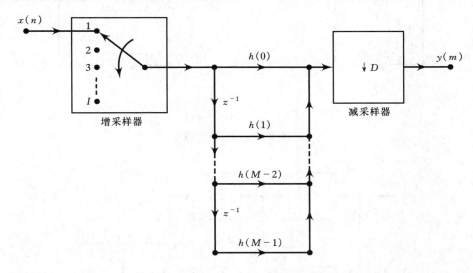

图 9.31　按因子 I/D 采样率转换的 FIR 滤波器直接型实现

虽然在图 9.31 所说明的这种直接型 FIR 滤波器实现是很简单的,但也是很不经济和低效的。低效源自于这样一个事实:增采样过程要在输入信号的相继值之间引入 $I-1$ 个零值,如果 I 比较大,那么在这个 FIR 滤波器中大部分信号成分都是零,导致大部分相乘和相加结果都是零。另外,在滤波器输出端的减采样过程寓意着在滤波器输出上每 D 个输出样本中仅需要 1 个,这样在滤波器输出端每 D 个可能值中仅应该计算出 1 个。

为了建立更高效的滤波器结构,首先从一个抽取器着手,它将采样率降低整数 D 倍。从前面的讨论中已经知道,将输入序列 $x(n)$ 通过一个 FIR 滤波器,然后将这个滤波器的输出按因子 D 减采样就得到了这个抽取器,如图 9.32(a) 所示。在这种结构中,滤波器是在高采样率 F_x 下运行的,而实际上需要的只是每 D 个输出样本中的 1 个。对于这个低效问题逻辑上的解决办法是将减采样运算嵌入到滤波器内,如图 9.32(b) 给出的滤波器实现所说明的。在这个滤波器结构中,全部乘法和加法都是在较低的采样率 F_x/D 下进行的。这样就达到了所期望的高效。利用 $\{(h(k))\}$ 的对称特性还能实现额外的计算量上的减少。图 9.33 说明了抽取器的一种高效实现,其中 FIR 滤波器具有线性相位,所以 $\{h(k)\}$ 是对称的。

接下来讨论一个内插器的高效实现。内插器是通过首先在 $x(n)$ 的样本之间插入 $I-1$ 个零值,然后过滤这个所得到的序列实现的,它的直接型实现如图 9.34 所说明。这种结构的主要问题是滤波器的计算都是在高采样率 IF_x 下完成的。首先利用 FIR 滤波器的转置形式可

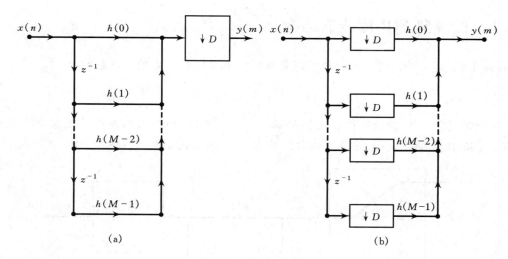

图 9.32 按因子 D 抽取
(a)标准实现;(b)高效实现

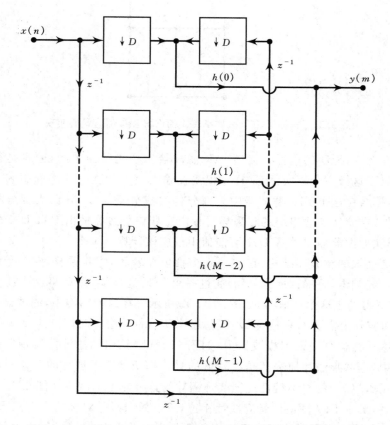

图 9.33 利用在 FIR 滤波器中的对称性,一个抽取器的高效实现

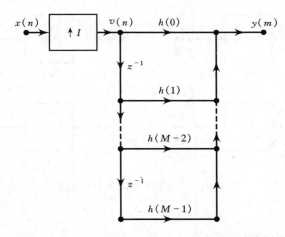

图 9.34　按因子 I 内插中 FIR 滤波器的直接型实现

对这种结构完成所期望的简化,如图 9.35(a)所示,然后将这个增采样器嵌进这个滤波器里面,如图 9.35(b)所示。这样,全部滤波器乘法都是在低的采样率 F_x 下完成的,而增采样过程则在图 9.35(b)所示结构的每一条滤波器支路中引入 $I-1$ 个零点。读者能很容易证明在图 9.35 中这两个滤波器结构是等效的。

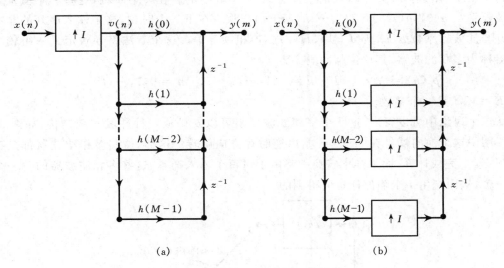

图 9.35　一个内插器的高效实现

　　注意到这一点是很有益的,这就是图 9.35(b)所示的这个内插器结构可以通过将图9.32所示的抽取器转置而得到。我们可以观察到,一个抽取器的转置是一个内插器,反之亦然。这些关系在图 9.36 中被说明,图中(b)是通过转置(a)得到,(d)是由转置(c)得到。因此,一个抽取器是一个内插器的对偶,反之亦然。从这些关系立即可得:存在一个内插器,它的结构是图 9.33 所示抽取器的对偶,这种结构利用了在 $h(n)$ 中的对称性。

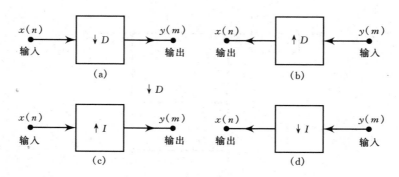

图 9.36 经由转置得到的对偶关系

9.6.2 多相滤波器结构

通过将大的 FIR 滤波器长度 M 分成一组较小的滤波器长度 $K=M/I$(这里 M 选成 I 的倍数)也能实现图 9.35 所示滤波器结构的高效计算。为了说明这一点,考虑在图 9.34 给出的内插器。由于增采样过程是在 $x(n)$ 的相继值之间插入 $I-1$ 个零值,因此在任何一个时刻存储在这个 FIR 滤波器的 M 个输入值中仅有 K 个是非零的。在一个时刻,这些非零值重合并与滤波器系数 $h(0),h(I),H(2I),\cdots,h(M-I)$ 相乘。在下一个时刻,这个输入序列的非零值重合并与滤波器系数 $h(1),h(I+1),H(2I+1)$ 相乘等等。这个看法将导致定义一组较小的滤波器称为多相滤波器,其单位脉冲响应为

$$p_k(n)=h(k+nI);\ k=0,1,\cdots,I-1,\quad n=0,1,\cdots,K-1 \tag{9.63}$$

式中 $K=M/I$ 是一个整数。

从这个讨论中可以得出,这 I 个多相滤波器组可以安排成一种并联实现结构,如图 9.37 所示。图中这个换向器是在 $m=0$ 开始以逆时针方向旋转。这样,这些多相滤波器都是在低采样率 F_x 下完成计算,而采样率转换则是由于对每个输入样本,这些多相滤波器的每一个都输出一个,从而产生 I 个输出样本而得到的。

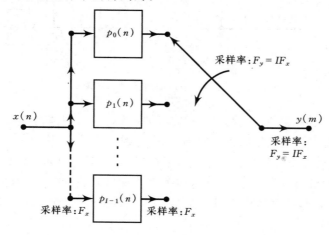

图 9.37 利用多相滤波器的内插

将 $\{h(k)\}$ 分解为单位脉冲响应为 $p_k(n), k=0,1,\cdots,I-1$ 的 I 个子滤波器与前面提到的有关输入信号是被一个单位脉冲响应为

$$g(n,m) = h(nI + (mD)_I) \tag{9.64}$$

的周期性时变线性滤波器所过滤的看法是一致的。在这个内插器的情况下,式中 $D=1$。先前我们就注意到,$g(n,m)$ 是周期性地变化的,周期为 I。结果就是为了产生 I 组输出样本 $y(m)$,$m=0,1,\cdots,I-1$,要用不同的一组系数。

通过注意到 $p_k(n)$ 是从 $h(n)$ 以整数 I 抽取得到的这一点可以获得对这组多相子滤波器特性的另外一种看法。如果原滤波器频率响应 $H(\omega)$ 在 $0 \leqslant |\omega| \leqslant \omega/I$ 范围内是平坦的话,那么每个多相子滤波器在 $0 \leqslant |\omega| \leqslant \pi$ 范围内就具有相对平坦的响应(也就是说,这些多相子滤波器基本上都是全通滤波器,基本只在它们的相位特性方面有区别)。这就解释了为什么在描述这些滤波器时用术语"多相"的原因。

这个多相滤波器也能看作连接到一个公共延迟线上的一组 I 个子滤波器。理想情况下,第 k 个子滤波器相对于第零个子滤波器将产生正向的时移 $(k/I)T_x$,$k=0,1,2,\cdots,I-1$。因此,如果第零个滤波器产生零延迟,那么第 k 个子滤波器的频率响应就是

$$p_k(\omega) = e^{j\omega k/I}$$

通过将输入数据在延迟线中移位 I 个样本且利用同一个子滤波器就能产生一个输入采样间隔整倍数的时移(例如 kT_x)。将这两个方法结合起来,就能产生相对于前一个输出向前移了量为 $(k+i/I)T_x$ 的一个输出。

通过将图 9.37 的内插器结构转置,可以得到基于多相滤波器并联滤波器组的一个抽取器的换向器结构,如图 9.38 所示。这个多相滤波器的单位脉冲响应现在定义为

$$p_k(n) = h(k+nD); \quad k = 0,1,\cdots,D-1, \quad m = 0,1,\cdots,K-1 \tag{9.65}$$

当 M 选为 D 的整倍数时,式中 $K=M/D$ 是整数。这个换向器以逆时针方向从 $m=0$ 的滤波器 $p_0(n)$ 旋转。

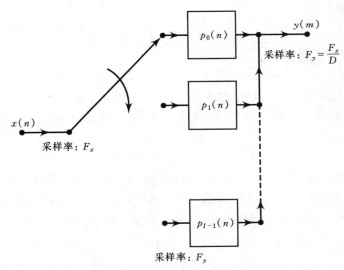

图 9.38　利用多相滤波器的抽取

尽管刚才描述的内插器和抽取器的这两个换向器结构都以逆时针方向旋转,但是也可能

导出一种等效的换向器结构它是顺时针方向旋转的。在这种变通的构造中,这个多相滤波器组的单位脉冲响应分别对内插器和抽取器是定义为

$$p_k(n) = h(nI - k), \quad k = 0, 1, \cdots, I-1 \tag{9.66}$$

和

$$p_k(n) = h(nD - k), \quad k = 0, 1, \cdots, D-1 \tag{9.67}$$

例题 9.17 对于例题 9.11 中设计的抽取滤波器,利用这个 FIR 滤波器系数 $\{h(n)\}$ 确定这个多相滤波器的系数 $\{p_k(n)\}$。

题解

从 $h(n)$ 得到的这个多相滤波器有单位脉冲响应

$$p_k(n) = h(2n + k); \quad k = 0, 1, \quad n = 0, 1, \cdots, 14$$

值得注意的是 $p_0(n) = h(2n)$ 和 $p_1(n) = h(2n+1)$。所以,一个滤波器是由 $h(n)$ 的偶数号的样本组成,而另一个滤波器则由 $h(n)$ 的奇数号样本组成。 ∎

例题 9.18 对于例题 9.8 设计的内插滤波器,利用这个滤波器系数 $\{h(n)\}$ 确定这个多相滤波器的系数 $\{p_k(n)\}$。

题解

从 $h(n)$ 得到的这个多相滤波器有单位脉冲响应

$$p_k(n) = h(5n + k), \quad k = 0, 1, 2, 3, 4$$

因此,每个滤波器长度都为 6。 ∎

9.6.3 时变滤波器结构

在已经讨论完抽取器和内插器的滤波器实现之后,现在来考虑按因子 I/D 采样率转换的一般问题。在采样率按因子 I/D 转换的一般情况下,过滤可以通过由下式描述的时变滤波器单位脉冲响应来完成:

$$g(n, m) = h[nI - ((mD))_I] \tag{9.68}$$

式中,$h(n)$ 是低通 FIR 滤波器的单位脉冲响应,理想情况下,它应有由(9.36)式给出的频率响应。为了方便将这个 FIR 滤波器 $\{h(n)\}$ 的长度选为 I 的倍数(也即 $M = KI$)。结果,对于每个 $m = 0, 1, 2, \cdots, I-1, \{g(n, m)\}$ 的系数中包含 K 个元素。因为 $g(n, m)$ 也是周期的,周期为 I,如同(9.44)式所说明的,这样就得出输出 $y(m)$ 能表示为

$$y(m) = \sum_{n=0}^{K-1} g\left(n, m - \left\lfloor \frac{m}{I} \right\rfloor I\right) x\left(\left\lfloor \frac{mD}{I} \right\rfloor - n\right) \tag{9.69}$$

从概念上说,可以将由(9.69)式给出的计算看作是通过一组 K 个滤波器系数 $g(n, m - \lfloor m/I \rfloor I)$, $n = 0, 1, \cdots, K-1$ 进行的长度为 K 的数据块处理。共有 I 个这样的系数组,对应

于 $y(m)$ 的 I 个输出点中的每一块有一组系数。对于 I 个输出点的每一块,有相应的 $x(n)$ 中 D 个输入点的一块进入到计算中来。

对于计算 (9.69) 式的分块处理算法可以视作按图 9.39 所说明的进行。将 D 个输入样本的一块缓冲并移到长度为 K 的第二个缓冲器中,一次一个样本。从输入缓冲器移到第二个缓冲器是在每次一个样本的速率下发生的,这个量 $\lfloor mD/I \rfloor$ 增加 1。对每个输出样本 $y(l)$,来自第二个缓冲器的样本与相应的滤波器系数组 $g(n,l), n=0,1,\cdots,K-1$ 相乘,将这 K 个乘积累加给出 $y(l), l=0,1,\cdots,I-1$。从而,这个计算产生 I 个输出。然后对一组新的 D 个输入样本重复这一过程。

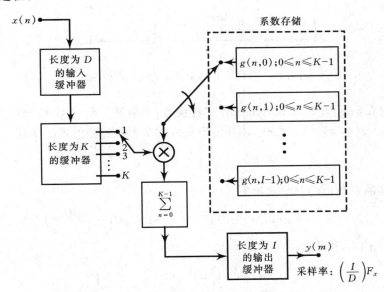

图 9.39　通过分块处理的采样率转换的高效实现

另一种计算由 (9.69) 式给出的采样率转换器输出的方法是利用具有周期性变化的滤波器系数的一种 FIR 滤波器结构。这样一种结构如图 9.40 所说明。输入样本 $x(n)$ 进入一个移位寄存器,这个移位寄存器工作在采样率 F_x 下并且长度是 $K=M/I$,这里 M 是由 (9.36) 式给出的频率响应所表征的这个时变 FIR 滤波器的长度。将这个寄存器的每一级连接到一个采样保持单元,它用于将输入采样率 F_x 耦合到输出采样率 $F_y=(I/D)F_x$ 上。每个采样保持单元输入端的样本要保持到下一个输入样本到达,然后再将它丢弃。在时刻 $mD/I, m=0,1,2,\cdots$ 提取在采样保持单元输出上的样本。当输入和输出采样时刻重合时(也即当 mD/I 为整数时),采样保持单元的输入首先改变,然后输出对新的输入采样。来自 K 个采样保持单元的 K 个输出与周期性的时变系数 $g(n, m-\lfloor m/I \rfloor I), n=0,1,\cdots,K-1$ 相乘,将所得乘积相加产生 $y(m)$。采样保持单元输出的计算在输出采样率 $F_y=(I/D)F_x$ 下重复。

最后,按有理因子 I/D 的采样率转换也能采用具有 I 个子滤波器的多相滤波器来完成。如果假定在延迟线上第 m 个样本 $y(m)$ 是在输入数据 $x(n), x(n-1), \cdots, x(n-K+1)$ 下利用提取第 i_m 个子滤波器的输出计算出的,那么下一个样本 $y(m+1)$ 就是在延迟线中移位 l_{m+1} 个新样本之后从第 i_{m+1} 个子滤波器上取得,其中 $i_{m+1}=(i_m+D)_{\text{mod}I}$,而 l_{m+1} 是 $(i_m+D)/I$ 的整数部分。这个整数 i_{m+1} 应该将它保留以用于决定下一个样本是从哪一个子滤波器上取得的。

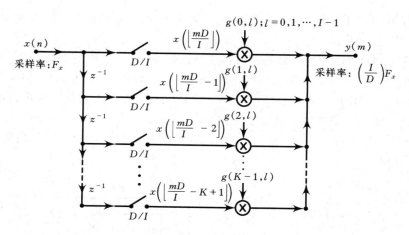

图 9.40 按因子 I/D 采样率转换的高效实现

例题 9.19 对在例题 9.15 中设计的采样率转换器,采用基于图 9.19 给出的结构予以实现,试标定时变系数 $\{g(n,m)\}$ 组。另外,还要给出对应的基于多相滤波器的实现。

题解

这个滤波器的系数由(9.43)式给出

$$y(n,m) = h(nI + (mD)_I) = h\left(nI + mD - \left\lfloor \frac{mD}{I} \right\rfloor I\right)$$

用 $I=5$ 和 $D=2$ 代入,得出

$$g(n,m) = h\left(5n + 2m - 5\left\lfloor \frac{2m}{5} \right\rfloor\right)$$

通过对 $g(n,m)$, $n=0,1,\cdots,5$ 以及 $m=0,1,\cdots,5$ 和 $m=0,1,\cdots,4$ 求值,可得下面时变滤波器系数:

$$
\begin{aligned}
g(0,m) &= \{h(0) \quad h(2) \quad h(4) \quad h(1) \quad h(3)\} \\
g(1,m) &= \{h(5) \quad h(7) \quad h(9) \quad h(6) \quad h(8)\} \\
g(2,m) &= \{h(10) \quad h(12) \quad h(14) \quad h(11) \quad h(13)\} \\
g(3,m) &= \{h(15) \quad h(17) \quad h(19) \quad h(16) \quad h(18)\} \\
g(4,m) &= \{h(20) \quad h(22) \quad h(24) \quad h(21) \quad h(23)\} \\
g(5,m) &= \{h(25) \quad h(27) \quad h(29) \quad h(26) \quad h(28)\}
\end{aligned}
$$

多相滤波器实现要使用 5 个子滤波器,每个长度都是 6。为了对这个多相滤波器的输出按 $D=2$ 抽取只是意味着从多相滤波器上每隔一个输出提取。这样,第 1 个输出 $y(0)$ 取自 $p_0(n)$,第 2 个输出 $y(1)$ 从 $p_2(n)$ 取得,第 3 个输出从 $p_4(n)$ 提取,第 4 个输出从 $p_1(n)$ 提取,第 5 个输出从 $p_3(n)$ 提取等等。

9.7 习题

P9.1 考虑由(9.26)式给出的输入为 $x(n)$ 和输出为 $v(m)$ 的增采样器,试证明这个增采样器是一个线性的但时变的系统。

P9.2 令 $x(n)=0.9^n u(n)$,将该信号加到一个减采样器上,它将采样率减少 2 倍得到信号 $y(m)$。

1. 求出并画出频谱 $X(\omega)$。
2. 求出并画出频谱 $Y(\omega)$。
3. 证明上面第 2 部分的频谱就是 $x(2n)$ 的 DTFT。

P9.3 考虑一个具有下面频谱的信号

$$X(\omega) = \begin{cases} 非零, & |\omega| \leqslant \omega_0 \\ 0, & \omega_0 < |\omega| \leqslant \pi \end{cases}$$

1. 若采样频率 $\omega_s \triangleq 2\pi/D \geqslant 2\omega_0$,证明信号 $x(n)$ 能从它的样本 $x(mD)$ 恢复。
2. 画出 $x(n)$ 的频谱和 $D=4$ 时 $x(mD)$ 的频谱。
3. 证明 $x(n)$ 能从带限内插重建

$$x(n) = \sum_{k=-\infty}^{\infty} x(kD) \text{sinc}[f_c(n-kD)]); \quad \omega_0 < 2\pi f_c < \omega_s - \omega_0, f_c = \frac{1}{D}$$

P9.4 利用函数 downsample 研究对以下序列按 4 倍减采样运算。利用 stem 函数画出原序列和减采样后的序列。利用缺省的零偏移值和等于 2 的偏移值进行实验,讨论它们之间的任何差异。

1. $x_1(n)=\cos(0.15\pi n), 0 \leqslant n \leqslant 100$
2. $x_2(n)=\sin(0.1\pi n)+\sin(0.4\pi n), 0 \leqslant n \leqslant 100$
3. $x_3(n)=1-\cos(0.25\pi n), 0 \leqslant n \leqslant 100$
4. $x_4(n)=0.1n, 0 \leqslant n \leqslant 100$
5. $x_5(n)=\{0,1,2,3,4,5,4,3,2,1\}_{周期的}, 0 \leqslant n \leqslant 100$

P9.5 利用 5 倍减采样器重做习题 P9.4。

P9.6 利用函数 fir2 产生一个长度为 101 的序列 $x(n)$,它的频域采样值是:在 $\omega=0$ 为 0.5,$\omega=0.1\pi$ 为 1,$\omega=0.2\pi$ 为 1,$\omega=0.22\pi$ 为 0 和在 $\omega=\pi$ 为 0。

1. 计算并画出 $x(n)$ 的 DTFT。
2. 将 $x(n)$ 按 2 倍减采样并画出所得序列的 DTFT。
3. 将 $x(n)$ 按 4 倍减采样并画出所得序列的 DTFT。
4. 将 $x(n)$ 按 5 倍减采样并画出所得序列的 DTFT。
5. 对你的结果作出讨论。

P9.7 利用函数 decimate 研究对以下序列按 4 倍抽取运算。利用 stem 函数画出原序列和经抽取后的序列。利用有缺陷的 IIR 和 FIR 滤波器进行试验,讨论它们之间的任何差异。

1. $x_1(n)=\sin(0.15\pi n), 0 \leqslant n \leqslant 100$

2. $x_2(n) = \cos(0.1\pi n) + \cos(0.4\pi n), 0 \le n \le 100$

3. $x_3(n) = 1 - \cos(0.25\pi n), 0 \le n \le 100$

4. $x_4(n) = 0.1n, 0 \le n \le 100$

5. $x_5(n) = \{0,1,2,3,4,5,4,3,2,1\}_{周期的}, 0 \le n \le 100$

P9.8 利用 4 阶 IIR 和 15 阶 FIR 抽取滤波器重做习题 P9.7。讨论任何性能上的差异。

P9.9 利用 5 倍抽取重做习题 P9.7，讨论任何差异。

P9.10 利用 4 阶 IIR 滤波器和 15 阶 FIR 抽取滤波器重做习题 P9.9，讨论任何差异。

P9.11 利用 fir2 函数产生一个长度为 91 的序列 $x(n)$，它的频域采样值是：$\omega = 0$ 是 0，$\omega = 0.1\pi$ 是 0.5，$\omega = 0.2\pi$ 是 1，$\omega = 0.7\pi$ 是 1，$\omega = 0.75\pi$ 是 0.5，$\omega = 0.8\pi$ 是 0 和 $\omega = \pi$ 是 0。

    1. 计算并画出 $x(n)$ 的 DTFT。

    2. 将 $x(n)$ 按 2 倍增采样并画出所得序列的 DTFT。

    3. 将 $x(n)$ 按 4 倍增采样并画出所得序列的 DTFT。

    4. 将 $x(n)$ 按 5 倍增采样并画出所得序列的 DTFT。

    5. 对你的结果作出讨论。

P9.12 利用函数 upsample 研究对以下序列按 4 倍增采样运算。利用 stem 函数画出原序列和增采样后的序列。利用缺省偏移值为零和 2 进行试验。

    1. $x_1(n) = \sin(0.6\pi n), 0 \le n \le 100$

    2. $x_2(n) = \sin(0.8\pi n) + \cos(0.5\pi n), 0 \le n \le 100$

    3. $x_3(n) = 1 + \cos(\pi n), 0 \le n \le 100$

    4. $x_4(n) = 0.2n, 0 \le n \le 100$

    5. $x_5(n) = \{1,1,1,1,0,0,0,0,0,0\}_{周期的}, 0 \le n \le 100$

P9.13 利用 fir2 函数产生一个长度为 101 的序列 $x(n)$，它的频域采样值是：在 $\omega = 0$ 为 0.5，$\omega = 0.1\pi$ 为 1，$\omega = 0.2\pi$ 为 1，$\omega = 0.22\pi$ 为 0 和 $\omega = \pi$ 为 0。

    1. 计算并画出 $x(n)$ 的 DTFT。

    2. 将 $x(n)$ 按 2 倍抽取并画出所得序列的 DTFT。

    3. 将 $x(n)$ 按 3 倍抽取并画出所得序列的 DTFT。

    4. 将 $x(n)$ 按 4 倍抽取并画出所得序列的 DTFT。

    5. 对你的结果作出讨论。

P9.14 利用函数 interp 研究对习题 P9.12 的序列按 4 倍内插运算。利用函数 stem 画出原序列和内插后的序列。利用滤波器长度参数值等于 3 和 5 进行试验。讨论在内插性能上的任何差异。

P9.15 给出在习题 P9.14 内插中使用的低通滤波器的频率响应图。

P9.16 利用 3 倍内插重做习题 P9.14。

P9.17 给出在习题 P9.16 内插中使用的低通滤波器的频率响应图。

P9.18 利用 5 倍内插重做习题 P9.14。

P9.19 给出在习题 P9.18 内插中使用的低通滤波器的频率响应图。

P9.20 利用 fir2 函数产生一个长度为 91 的序列 $x(n)$，它的频域采样值是：$\omega = 0$ 是 0，$\omega = 0.1\pi$ 是 0.5，$\omega = 0.2\pi$ 是 1，$\omega = 0.7\pi$ 是 1，$\omega = 0.75\pi$ 是 0.5，$\omega = 0.8\pi$ 是 0 和 $\omega = \pi$ 是 0。

1. 计算并画出 $x(n)$ 的 DTFT。
2. 将 $x(n)$ 按 2 倍增采样并画出所得序列的 DTFT。
3. 将 $x(n)$ 按 3 倍增采样并画出所得序列的 DTFT。
4. 将 $x(n)$ 按 4 倍增采样并画出所得序列的 DTFT。
5. 对你的结果作出讨论。

P9.21 考虑两个序列 $x_1(n)$ 和 $x_2(n)$，它们有这样的关系：
$$x_1(n) = \max(10 - |n|, 0) \quad \text{和} \quad x_2(n) = \min(|n|, 10)$$
利用具有缺省参数的 resample 函数。

1. 以 3/2 倍的原采样率对序列 $x_1(n)$ 重采样得到序列 $y_1(m)$，并给出这两个序列的 stem 图。
2. 以 3/2 倍的原采样率对序列 $x_2(n)$ 重采样得到序列 $y_2(m)$，并给出这两个序列的 stem 图。
3. 试解释为什么 $y_2(n)$ 的重采样的图在邻近边界处不准确，而这个在 $y_1(n)$ 中并不存在。
4. 画出在这个重采样运算中所用滤波器的频率响应。

P9.22 令 $x(n) = \cos(0.1\pi n) + 0.5\sin(0.2\pi n) + 0.25\cos(0.4\pi n)$，利用具有缺省参数的 resample。

1. 将序列 $x(n)$ 以 4/5 倍原采样率重采样得到 $y_1(m)$，并给出这两个序列的 stem 图。
2. 将序列 $x(n)$ 以 5/4 倍原采样率重采样得到 $y_2(m)$，并给出这两个序列的 stem 图。
3. 将序列 $x(n)$ 以 2/3 倍原采样率重采样得到 $y_3(m)$，并给出这两个序列的 stem 图。
4. 说明这三个序列中的哪些保留了原序列 $x(n)$ 的"形状"。

P9.23 令 $x(n) = \{0,0,0,1,1,1,1,0,0,0\}$ 是一个周期序列，周期为 10。对下列部分利用 resample 函数以 3/5 倍原采样率对序列 $x(n)$ 重采样。考虑输入序列的长度为 80。

1. 利用滤波器长度参数 L 等于零得到 $y_1(m)$，画出序列 $x(n)$ 和 $y_1(m)$ 的 stem 图。
2. 利用滤波器长度参数 L 的缺省值得到 $y_2(m)$，画出序列 $x(n)$ 和 $y_2(m)$ 的 stem 图。
3. 利用滤波器长度参数 L 等于 15 得到 $y_3(m)$，画出序列 $x(n)$ 和 $y_3(m)$ 的 stem 图。

P9.24 利用 fir2 函数产生一个长度为 101 的序列 $x(n)$，它的频域采样值是：$\omega = 0$ 是 $0, \omega = 0.1\pi$ 是 $0.5, \omega = 0.2\pi$ 是 $1, \omega = 0.5\pi$ 是 $1, \omega = 0.55\pi$ 是 $0.5, \omega = 0.6\pi$ 是 0 和 $\omega = \pi$ 是 0。

1. 计算并画出 $x(n)$ 的 DTFT。
2. 以 4/3 倍对 $x(n)$ 重采样，画出所得序列的 DTFT。
3. 以 3/4 倍对 $x(n)$ 重采样，画出所得序列的 DTFT。
4. 以 4/5 倍对 $x(n)$ 重采样，画出所得序列的 DTFT。
5. 对你的结果进行讨论。

P9.25 利用 intfilt 函数要想设计一个线性相位 FIR 滤波器将输入采样率增加 3 倍。

1. 假定将这个信号内插成满带宽，求所要求的 FIR 滤波器的单位脉冲响应，画出它的幅度响应和以 dB 计的对数幅度响应。用长度参数 L 进行试验以获得一个合理的阻带衰减。
2. 假定将这个信号内插成带宽是 $\pi/2$，求所要求的 FIR 滤波器的单位脉冲响应，画出它的幅度响应和以 dB 计的对数幅度响应。还是用长度参数 L 进行试验以获得一个合理的阻带衰减。

P9.26 利用 intfilt 函数想要设计一个线性相位 FIR 滤波器将输入采样率提高 5 倍。

1. 假定将这个信号内插成满带宽,求所要求的 FIR 滤波器的单位脉冲响应,画出它的幅度响应和以 dB 计的对数幅度响应。用长度参数 L 进行试验以获得一个合理的阻带衰减。

2. 假定将这个信号内插成带宽是 $4\pi/5$,求所要求的 FIR 滤波器的单位脉冲响应,画出它的幅度响应和以 dB 计的对数幅度响应。再次用长度参数 L 进行试验以获得一个合理的阻带衰减。

P9.27 利用 Parks-McClellan 算法,设计一个内插器将输入采样率提高 $I=2$ 倍。

1. 这个 FIR 滤波器通带波纹为 0.5dB,阻带衰减为 50dB,求滤波器系数。

2. 给出单位脉冲响应和对数幅度响应的图。

3. 求实现该滤波器的对应多相结构。

4. 令 $x(n)=\cos(4\pi n)$,产生 100 个 $x(n)$ 的样本并将它通过上面设计的滤波器按 $I=2$ 内插得出 $y(m)$。给出这两个序列的 stem 图。

P9.28 利用 Parks-McClellan 算法,设计一个内插器将输入采样率提高 $I=3$ 倍。

1. 这个 FIR 滤波器通带波纹为 0.1dB,阻带衰减为 40dB,求滤波器系数。

2. 给出单位脉冲响应和对数幅度响应的图。

3. 求实现该滤波器的对应多相结构。

4. 令 $x(n)=\cos(0.3\pi n)$,产生 100 个 $x(n)$ 的样本并将它通过上面设计的滤波器按 $I=3$ 内插得出 $y(m)$。给出这两个序列的条杆图。

P9.29 将信号 $x(n)$ 按 3 倍内插,它有带宽为 0.4π,在已内插信号中要想保留的频带直至 0.3π。利用 Parks-McClellan 算法想要设计这样一个内插器。

1. 这个 FIR 滤波器通带波纹为 0.1dB,阻带衰减为 40dB,求滤波器系数。

2. 给出单位脉冲响应和对数幅度响应的图。

3. 令 $x(n)=\cos(0.3\pi n)+0.5\sin(0.4\pi n)$,产生 100 个 $x(n)$ 样本并将它通过上面设计的滤波器按 $I=3$ 内插得出 $y(m)$。给出这两个序列的条杆图。

P9.30 将信号 $x(n)$ 按 4 倍内插,它有带宽为 0.7π,在已内插信号中要想保留的频带直至 0.6π。利用 Parks-McClellan 算法想要设计这样一个内插器。

1. 这个 FIR 滤波器通带波纹为 0.5dB,阻带衰减为 50dB,求滤波器系数。

2. 给出单位脉冲响应和对数幅度响应的图。

3. 令 $x(n)=\sin(0.5\pi n)+\cos(0.7\pi n)$,产生 100 个 $x(n)$ 样本并将它通过上面设计的滤波器按 $I=4$ 内插得出 $y(m)$。给出这两个序列的 stem 图。

P9.31 利用 Parks-McClellan 算法设计一个抽取器,它将输入信号 $x(n)$ 按 $D=5$ 倍减采样。

1. 这个 FIR 滤波器有通带波纹为 0.1dB,阻带衰减为 30dB,求滤波器系数。对频带边缘频率选取合理的值。

2. 给出单位脉冲响应和对数幅度响应的图。

3. 求实现这个滤波器对应的多相结构。

4. 利用 fir2 函数产生长度为 131 的 $x(n)$ 序列,它的频域采样值是:$\omega=0$ 是 1,$\omega=$ 0.1π 是 0,9,$\omega=0.2\pi$ 是 1,$\omega=0.5\pi$ 是 1,$\omega=0.55\pi$ 是 0.5,$\omega=0.6\pi$ 是 0 和 $\omega=\pi$

是 0。利用上面设计的滤波器处理 $x(n)$ 将它按 5 倍抽取得出 $y(m)$。给出这两个序列的频谱图。

P9.32 利用 Parks-McClellan 算法设计一个抽取器,它将输入信号 $x(n)$ 按 $D=3$ 倍减采样。

1. 这个 FIR 滤波器有通带波纹为 0.5dB,阻带衰减为 30dB,求滤波器系数。对频带边缘频率选取合理的值。

2. 给出单位脉冲响应和对数幅度响应的图。

3. 令 $x_1(n)=\sin(0.2\pi n)+0.2\cos(0.5\pi n)$。产生长度为 500 的 $x_1(n)$ 样本并用上面设计的滤波器处理将它按 $D=3$ 抽取得出 $y_1(m)$。给出这两个序列的条杆图。

4. 利用 fir2 函数产生长度为 131 的 $x_2(n)$ 序列,它的频域采样值是:$\omega=0$ 是 1,$\omega=0.15\pi$ 是 0.8,$\omega=0.3\pi$ 是 1,$\omega=0.4\pi$ 是 1,$\omega=0.45\pi$ 是 0.5,$\omega=0.5\pi$ 是 0 和 $\omega=\pi$ 是 0。利用上面设计的滤波器处理 $x_2(n)$ 将它按 3 倍抽取得出 $y_2(m)$。给出这两个序列的频谱图。

P9.33 将信号 $x(n)$ 按 $D=2$ 倍抽取。信号带宽为 0.4π,在已抽取的信号中频率在 0.45π 以上容许有混叠。利用 Parks-McClellan 算法想要设计这样一个抽取器。

1. 这个 FIR 滤波器通带波纹为 0.1dB,阻带衰减为 45dB。

2. 给出单位脉冲响应和对数幅度响应的图。

3. 令 $x_1(n)=\cos(0.4\pi n)+2\sin(0.45\pi n)$。产生 $x_1(n)$ 的 200 个样本并利用上面设计的滤波器进行处理按 $D=2$ 抽取得出 $y_1(m)$。给出这两个序列的条杆图。

4. 利用 fir2 函数产生长度为 151 的 $x_2(n)$ 序列,它的频域采样值是:$\omega=0$ 是 1,$\omega=0.2\pi$ 是 0.9,$\omega=0.4\pi$ 是 1,$\omega=0.45\pi$ 是 0.5,$\omega=0.5\pi$ 是 0 和 $\omega=\pi$ 是 0。利用上面设计的滤波器处理 $x_2(n)$ 以按 2 倍抽取它得出 $y_2(m)$。给出这两个序列的频谱图。

P9.34 将信号 $x(n)$ 按 $D=3$ 倍抽取。信号带宽为 0.25π,在已抽取的信号中频率在 0.3π 以上容许有混叠。利用 Parks-McClellan 算法想要设计这样一个抽取器。

1. 这个 FIR 滤波器通带波纹为 0.1dB,阻带衰减为 40dB。

2. 给出单位脉冲响应和对数幅度响应的图。

3. 令 $x_1(n)=\cos(0.2\pi n)+2\sin(0.3\pi n)$。产生 300 个 $x_1(n)$ 样本,利用上面设计的滤波器处理按 $D=3$ 倍抽取得出 $y_1(m)$。给出这两个序列的 stem 图。

4. 利用 fir2 函数产生长度为 151 的 $x_2(n)$ 序列,它的频域采样值是:$\omega=0$ 是 1,$\omega=0.1\pi$ 是 1,$\omega=0.25\pi$ 是 1,$\omega=0.3\pi$ 是 0.5,$\omega=0.35\pi$ 是 0 和 $\omega=\pi$ 是 0。利用上面设计的滤波器处理 $x_2(n)$ 以按 3 倍抽取它得出 $y_2(m)$。给出这两个序列的频谱图。

P9.35 设计一个采样率转换器,它将采样率按 2/5 倍减小。

1. 利用 Parks-McClellan 算法求这个 FIR 滤波器的系数,该滤波器有通带波纹为 0.1dB,阻带衰减为 30dB。选取合理的频带边缘频率值。

2. 给出单位脉冲响应和对数幅度响应图。

3. 给出这组时变系数 $g(m,n)$ 值和在多相滤波器实现中对应的系数。

4. 令 $x(n)=\sin(0.35\pi n)+2\cos(0.45\pi n)$。产生 500 个 $x(n)$ 的样本,利用上面设计的滤波器处理它以 2/5 重采样得出 $y(m)$。给出这两个序列的 stem 图。

P9.36 设计一个采样率转换器,它将采样率按 7/4 增加。

1. 利用 Parks-McClellan 算法求这个 FIR 滤波器的系数,该滤波器有通带波纹为 0.1dB,阻带衰减为 40dB。选取合理的频带边缘频率值。

2. 给出单位脉冲响应和对数幅度响应的图。

3. 给出这组时变系数 $g(m,n)$ 和在多相滤波器实现中对应的系数。

4. 令 $x(n)=2\sin(0.35\pi n)+\cos(0.95\pi n)$。产生 500 个 $x(n)$ 的样本并利用上面设计的滤波器处理它按 7/4 重采样得出 $y(m)$。给出这两个序列的 stem 图。

P9.37 将信号 $x(n)$ 按 3/2 重采样。信号总带宽为 0.8π,而要保留的频率只到 0.75π,并要求在已重样的信号中 0.6π 以内是无混叠的。

1. 利用 Parks-McClellan 算法求这个 FIR 滤波器的系数,该滤波器具有通带波纹为 0.5dB,阻带衰减为 50dB。

2. 给出单位脉冲响应和对数幅度响应的图。

3. 利用 fir2 函数产生长度为 101 的 $x(n)$ 序列,它的频域采样值是:$\omega=0$ 是 0.7,$\omega=0.3\pi$ 是 1,$\omega=0.7\pi$ 是 1,$\omega=0.75\pi$ 是 0.5,$\omega=0.8\pi$ 是 0 和 $\omega=\pi$ 是 0。利用上面设计的滤波器处理 $x(n)$ 按 3/2 倍抽取它得出 $y(m)$。给出这两个序列的频谱图。

P9.38 将信号 $x(n)$ 按 4/5 重采样。信号总带宽为 0.8π,而要保留的频率只到 0.75π,并要求在已重采样的信号中 0.5π 以内是无混叠的。

1. 利用 Parks-McClellan 算法求这个 FIR 滤波器的系数,该滤波器具有通带波纹为 0.1dB,阻带衰减为 40dB。

2. 给出单位脉冲响应和对数幅度响应的图。

3. 利用 fir2 函数产生长度为 101 的 $x(n)$ 序列,它的频率采样值是:$\omega=0$ 是 0.7,$\omega=0.3\pi$ 是 1,$\omega=0.7\pi$ 是 1,$\omega=0.75\pi$ 是 0.5,$\omega=0.8\pi$ 是 0 和 $\omega=\pi$ 是 0。利用上面设计的滤波器处理 $x(n)$ 以按 4/5 倍抽取它得出 $y(m)$。给出这两个序列的频谱图。

P9.39 将信号 $x(n)$ 按 5/2 重采样。信号总带宽为 0.8π,而要保留的频率只到 0.75π,并要求在已重样的信号中 0.7π 以内是无混叠的。

1. 利用 Parks-McClellan 算法求这个 FIR 滤波器的系数,该滤波器具有通带波纹为 0.5dB,阻带衰减为 50dB。

2. 给出单位脉冲响应和对数幅度响应的图。

3. 利用 fir2 函数产生长度为 101 的 $x(n)$ 序列,它的频域采样值是:$\omega=0$ 是 0.7,$\omega=0.3\pi$ 是 1,$\omega=0.7\pi$ 是 1,$\omega=0.75\pi$ 是 0.5,$\omega=0.8\pi$ 是 0 和 $\omega=\pi$ 是 0。利用上面设计的滤波器处理 $x(n)$ 以按 5/2 倍抽取它得出 $y(m)$。给出这两个序列的频谱图。

P9.40 将信号 $x(n)$ 按 3/8 重采样。信号总带宽为 0.5π,而要保留的频率只到 0.35π,并要求在已重采样信号中 0.3π 以内是无混叠的。

1. 利用 Parks-McClellan 算法求这个 FIR 滤波器的系数,该滤波器具有通带波纹为 0.1dB,阻带衰减为 40dB。

2. 给出单位脉冲响应和对数幅度响应的图。

3. 利用 fir2 函数产生长度为 101 的 $x(n)$ 序列,它的频域采样值是:$\omega=0$ 是 1,$\omega=0.25\pi$ 是 1,$\omega=0.5\pi$ 是 1,$\omega=0.55\pi$ 是 0.5,$\omega=0.6\pi$ 是 0 和 $\omega=\pi$ 是 0。利用上面设计的滤波器处理 $x(n)$ 以按 3/8 倍抽取它得出 $y(m)$。给出这两个序列的频谱图。

数字滤波器的舍入效应

10

为实现基于数字硬件的滤波运算,在前面第 6 章中我们已经讨论过数值有限精度表示问题。特别地,我们专门分析过数值量化过程、量化误差特征,以及滤波器系数量化对于滤波特性参数和响应所产生的影响。本章中,我们将进一步讨论有限精度数值效应对于数字信号处理滤波性能方面的影响。

我们首先采用第 6 章已经得到的数值表示和量化误差特性来讨论模拟-数字(A/D)转换噪声。然后,我们分析乘法和加法量化(统一认为是算术舍入误差)模型。这种舍入误差效应对于滤波器输出的影响分成两个专题讨论:相关误差(称作极限环)和不相关舍入噪声。

10.1 A/D 转换量化噪声分析

从第 6 章中得到的量化器特性可以明显看出,量化值$Q[x]$是在 x 值上进行的一种非线性运算,所以在数字滤波器中有限字长效应的精确分析一般是困难的,而且不得不考虑在实际中行之有效的一些稍欠理想的分析方法。

统计建模方法就是这样一种方法。这个方法将非线性分析问题转化为一种线性模型,并可以用它来检验输出误差特性。在这个方法中假设量化值$Q[x]$是真正值 x 和量化误差 e 的和,而量化误差假定是一个随机变量。当 $x(n)$ 作为一个输入序列加到量化器上时,假定误差 $e(n)$ 是一个随机序列,然后对这个随机序列建立一种统计模型用来分析通过一个数字滤波器后它的影响。

对于分析目的,假定量化器使用定点补码数的格式表示。利用前面给出的结果,也可以将这种分析推广到其他格式。

10.1.1 统计模型

对输入来说,将量化器模块按照信号加噪声的一种运算来建模,也即由(6.46)式

$$Q[x(n)] = x(n) + e(n) \tag{10.1}$$

当描述这个量化误差序列 $e(n)$ 是一个随机序列时,将它称为量化噪声。这就如图 10.1 所示。

模型假设 对于(10.1)式的模型成为从数学上来讲是方便的,从而在实际上是有用的,就必须对所涉及到的序列作出某些合理的统计特性上的假设。正如我们将会看到的,这些假设

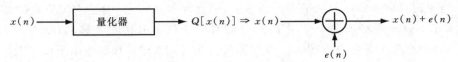

图 10.1 量化器的统计模型

实际上的合理性可以用简单的 MATLAB 例子予以证实。假定这个误差序列 $e(n)$ 有下列特性[1]：

1. 序列 $e(n)$ 是从某一平稳随机过程 $\{e(n)\}$ 得到的一个样本序列。
2. 这个随机过程 $\{e(n)\}$ 是与序列 $x(n)$ 不相关的。
3. 这个过程 $\{e(n)\}$ 是一个独立过程（也即这些样本是互相独立的）。
4. 对每个 n，样本 $e(n)$ 的概率密度函数（pdf）$f_E(e)$ 在宽度为 $\Delta = 2^{-B}$（这是量化器的分辨率）的区间内是均匀分布的。

如果在从时间 n 到 $n+1$，这个序列 $x(n)$ 足够随机地穿越多个量化阶，这些假设事实上就是合理的。

10.1.2 利用 MATLAB 分析

为了研究误差样本的统计特性，就必须要产生一个大数量的这些样本，并利用直方图（或称概率条形图）画出它们的分布。再者，还必须设计这个序列 $x(n)$ 以使它的样本不重复，否则误差样本也会重复，这将会导致一种不准确的分析。通过选取某种精心定义的非周期序列或随机序列可以保证这一点。

将 $x(n)$ 用 B 位舍入处理进行量化。对于截尾处理也能建立一种类似的实现。由于在舍入处理下全部三种误差特性都完全是一样的，所以为了实现容易，选定原码格式。量化之后，所得到的误差样本 $e(n)$ 在 $\left[-\dfrac{\Delta}{2}, \dfrac{\Delta}{2}\right]$ 区间内均匀分布。令 $e_1(n)$ 是由下式给出的归一化误差：

$$e_1(n) \triangleq \frac{e(n)}{\Delta} = e(n)2^B \Rightarrow e_1(n) \in [-1/2, 1/2] \tag{10.2}$$

那么 $e_1(n)$ 在区间 $\left[-\dfrac{1}{2}, +\dfrac{1}{2}\right]$ 内就是均匀的，如图 10.2(a) 所示。这样，直方图区间将均匀跨过全部 B 位的值，这使得计算和作图都更容易。为了作图的目的，这个区间将分成 128 条。

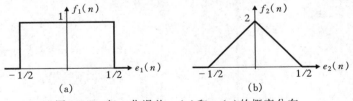

图 10.2 归一化误差 $e_1(n)$ 和 $e_2(n)$ 的概率分布

为了确定样本的独立性，现考虑下面这个序列的直方图：

$$e_2(n) \triangleq \frac{e_1(n) + e_1(n-1)}{2} \tag{10.3}$$

---

[1] 随机变量、随机过程及其相关术语的知识回顾将在第 13 章给出。

这是两个相继归一化误差样本的平均。如果 $e_1(n)$ 在 $[-1/2, 1/2]$ 内是均匀分布的，那么对于样本独立而言，$e_2(n)$ 就必须在 $[-1/2, 1/2]$ 之间有一个三角形状的分布，如图 10.2(b) 所示。再一次对 $e_2(n)$ 产生 128 条直方图。这些步骤都在下面 MATLAB 函数中予以实现。

```
function [H1,H2,Q, estat] = StatModelR(xn,B,N);
% Statistical Model (Rounding) for A/D Quantization error and its Distribution
% ----------------------------------------------------------------
% [H1,H2,Q] = StatModelR(xn,B,N);
%    OUT:H1 = Normalized histogram of e1
%        H2 = Normalized histogram of e2
%         Q = Normalized histogram bins
%      estat = row vector: [[e1avg,e1std,e2avg,e2std]
%        IN:D = decimals to quantize
%           N = number of samples of x(n)
%          xn = samples of the sequence
% Plot variables
  bM = 7; DbM = 2^bM;                       % bin parameter
  M = round((DbM)/2);                       % Half number of bins
bins = [-M+0.5:1:M-0.5];                    % Bin values from -M to M
  Q = bins/(DbM);                           % Normalized bins
% Quantization error analysis
  xq = (round(xn*(2^B)))/(2^B);             % Quantized to B bits
  e1 = xq-xn; clear xn xq;                  % Quantization error
  e2 = 0.5*(e1(1:N-1)+e1(2:N));             % Average of two adj errors
e1avg = mean(e1); e1std = std(e1);          % Mean & std dev of the error e1
e2avg = mean(e2); e2std = std(e2);          % Mean % std dev of the error e2
estat = [e1avg,e1std,e2avg,e2std]);
% Probability distribution of e1
e1 = floor(e1*(2^(B+bM)));                  % Normalized e1(int between -M % M)
e1 = sort([e1,-M-1:1:M]);                   %
H1 = diff(find(diff(e1)))-1; clear e1;      % Error histogram
if length(H1) == DbM+1
    H1(DbM) = H1(DbM)+H1(DbM+1);
    H1 = H1(1:DbM);
  end
H1 = H1/N;                                  % Normalized histogram
% Probability distribution of e2
e2 = floor(e2*(2^(B+bM)));                  % Normalized e2 (int between -M & M)
e2 = sort([e2,-M-1:1:M]);                   %
H2 = diff(find(diff(e2)))-1; clear e2;      % Error histogram
if length(H2) == DbM+1
    H2(DbM) = H2(DbM)+H2(DbM+1);
    H2 = H2(1:DbM);
  end
H2 = H2/N;                                  % Normalized histogram
```

为了确认这个模型假设的效果,下面考虑两个例子。在第一个例子中将一个非周期的正弦序列量化到 B 位,而在第二个例子中将一个随机序列量化到 B 位。在各种不同的 B 值下分析所得量化误差的分布特性和样本独立性。通过这些例子我们希望懂得,为了上述假设成立,误差 e 必须是多小(或等效地说,B 必须是多大)。

例题 10.1 令 $x(n) = \dfrac{1}{3}\{\sin(n/11) + \sin(n/31) + \cos(n/67)\}$。这个序列不是周期的,所以采用无限精度表示它的样本永远不会重复。然而,由于这个序列具有正弦属性,它的连续包络线是周期的,并且这些样本是在这个包络的基波周期上连续分布的。试对 $B=2$ 和 6 位求误差分布。

题解

为了使统计波动最小,样本量必须要大,现选 500000 个样本。下面的 MATLAB 脚本对 $B=2$ 位计算分布。

```
clear; close all;
% Example parameters
B = 2; N = 500000; n = [1:N];
xn = (1/3) * (sin(n/11) + sin(n/31) + cos(n/67)); clear n;
% Quantization error analysis
[H1,H2,Q, estat]] = StatModelR(xn,B,N);      % Compute histograms
H1max = max(H1); H1min = min(H1);   % Max and Min of H1
H2max = max(H2); H2min = min(H2);   % Max and Min of H2
```

得到的直方图如图 10.3 所示。很显然,即使误差样本看起来好似均匀分布的,但样本是独立的。对于 $B=6$ 位的相应的图如图 10.4 所示。从这个图可以看出,对于 $B \geqslant 6$ 位的量化误差序列看来是满足这个模型假设的。

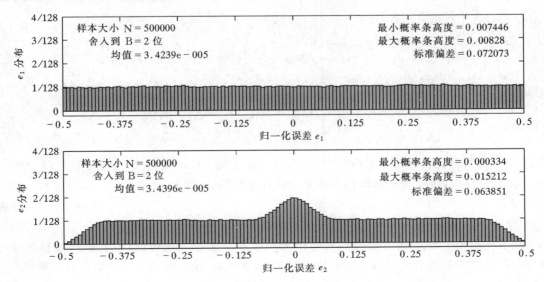

图 10.3　例题 10.1 正弦信号 $B=2$ 位时,A/D 量化误差分布

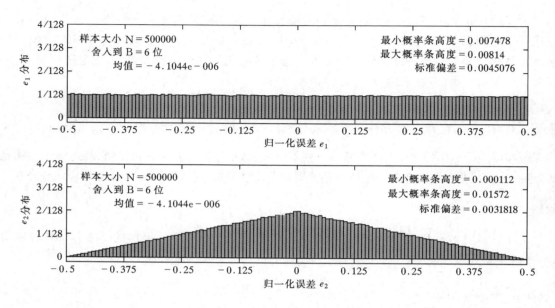

图 10.4 例题 10.1 正弦信号 $B=6$ 位时，量化误差分布

例题 10.2 令 $x(n)$ 是一个独立并等分布的随机序列，它的样本在 $[-1,1]$ 区间内均匀分布。试对 $B=2$ 和 6 位求误差分布。

题解

再次选 500000 个样本以使任何统计上的波动最小。下面的 MATLAB 脚本对 $B=2$ 位计算分布。

```
clear; close all;
% Example parameters
B = 2; N = 500000; xn = (2 * rand(1,N) - 1);
% Quantization error analysis
[H1,H2,Q,estat]] = StatModelR(xn,B,N);   % Compute histograms
H1max = max(H1); H1min = min(H1);    % Max and Min of H1
H2max = max(H2); H2min = min(H2);    % Max and Min of H2
```

图 10.5 示出得到的直方图。对应于 $B=6$ 位的图示于图 10.6。从这两张图可以看到，即使对 $B=2$ 位的情况下，量化误差样本仍是独立的而且是均匀分布的。

由于利用一个 DSP 芯片处理的实际信号一般本质上都是随机的（或者能按随机的来建模），所以从这两个例子可以得出结论：就如同假设所说的，统计模型是一个非常好的模型。

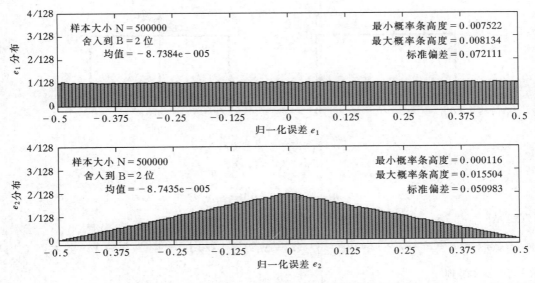

图 10.5　例题 10.2 随机信号 $B=2$ 位时，A/D 量化误差分布

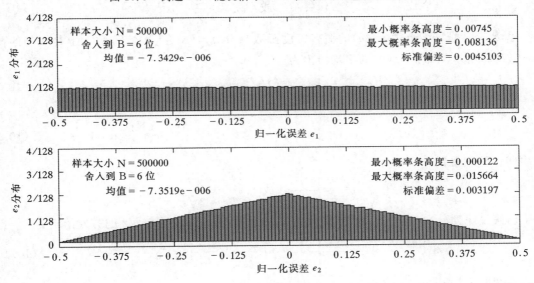

图 10.6　例题 10.2 随机信号 $B=6$ 位时，量化误差分布

10.1.3　A/D量化噪声的统计分析

现在我们来对截尾处理和舍入处理的误差序列 $e(n)$ 建立一种二阶的统计描述。

10.1.4　截尾

根据(6.57)式，$e_T(n)$ 的概率密度函数(pdf) $f_{E_T}(e)$ 在 $[-\Delta,0]$ 上是均匀的，如图 10.7(a)所示。那么，$e_T(n)$ 的平均给出为

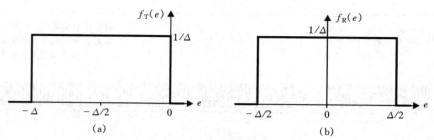

图 10.7 概率密度函数

(a)截尾；(b)舍入

$$m_{e_T} \triangleq E[e_T(n)] = -\Delta/2 \tag{10.4}$$

和方差是

$$\sigma_{e_T}^2 \triangleq E[(e_T(n) - m_{e_T})^2] = \int_{-\Delta}^{0} (e - \Delta/2)^2 f_{E_T}(e) de = \int_{-\Delta/2}^{-\Delta/2} e^2 \left(\frac{1}{\Delta}\right) de = \frac{\Delta^2}{12} \tag{10.5}$$

利用 $\Delta = 2^{-B}$ 得到

$$\sigma_{e_T}^2 = \frac{2^{-2B}}{12} \quad \text{或} \quad \sigma_{e_T} = \frac{2^{-B}}{2\sqrt{3}} \tag{10.6}$$

舍入 根据(6.59)式，$e_R(n)$ 的概率密度函数(pdf) $f_{E_R}(e)$ 在 $[-\Delta/2, \Delta/2]$ 上是均匀的，如图 10.7(b)所示。那么 $e_R(n)$ 的平均给出为

$$m_{e_R} \triangleq [Ee_R] = 0 \tag{10.7}$$

和方差是

$$\sigma_{e_R}^2 \triangleq E[(e_R(n) - m_{e_R})^2] = \int_{-\Delta/2}^{\Delta/2} e^2 f_{E_R}(e) de = \int_{-\Delta/2}^{\Delta/2} e^2 \left(\frac{1}{\Delta}\right) de = \frac{\Delta^2}{12} \tag{10.8}$$

利用(6.45)式得到

$$\sigma_{e_R}^2 = \frac{2^{-2B}}{12} \quad \text{或} \quad \sigma_{e_R} = \frac{2^{-B}}{2\sqrt{3}} \tag{10.9}$$

由于已假设序列 $e_R(n)$ 的样本是互相独立的，所以 $[e_R(n) + e_R(n-1)]/2$ 的方差给出为

$$\text{var}\left[\frac{e_R(n) + e_R(n-1)}{2}\right] = \frac{1}{4}\left(\frac{2^{-2B}}{12} + \frac{2^{-2B}}{12}\right) = \frac{2^{-2B}}{24} = \frac{1}{2}\sigma_{e_R}^2 \tag{10.10}$$

或者标准偏差是 $\sigma_{e_R}/\sqrt{2}$。

根据模型假设和(10.6)式或(10.9)式，误差序列(它是一个独立序列)的协方差给出为

$$E[e(m)e(n)] \triangleq C_e(m-n) \triangleq C_e(l) = \frac{2^{-2B}}{12}\delta(l) \tag{10.11}$$

式中 $l \triangleq m-n$ 称为滞后变量。这样的误差序列也称为白噪声序列。

10.1.5 MATLAB 实现

在 MATLAB 中,分别利用函数 mean 和 std 计算样本均值和标准偏差。StatModelR 函数的最后宗量是一个含有非归一化误差 $e(n)$ 和 $[e(n) + e(n-1)]/2$ 的样本均值和标准方差的向量。从而这些值就能与由统计模型得出的理论上的值作比较。

例题 10.3　在例题 10.1 的图中也指出这个误差 $e(n)$ 和 $[e(n)+e(n-1)]/2$ 的样本均值和标准偏差。对于 $B=2$,这些计算出的值是标示在图 10.3 中。因为 $e(n)$ 在 $[-2^{-3},2^{-3}]$ 区间上是均匀分布的,它的均值是 0,所以 $[e(n)+e(n-1)]/2$ 的均值也是 0。计算出来的值分别是 3.4239×10^{-5} 和 3.4396×10^{-5},这与模型的结果是相当一致的。根据(10.9)式,$e(n)$ 的标准偏差是 0.072169,而从图 10.3 的上图标出的是0.072073,还是与模型的值非常一致的。由(10.10)式,这两个相继样本平均的标准偏差是 0.051031,而从图 10.3 的下图标出的是0.063851,很明显,它与模型结果不一致。所以,对于 $B=2$ 来说,$e(n)$ 的样本不是独立的,这已被图 10.3 的下图所确认。

　　类似地,对于 $B=6$,计算出的统计值示于图 10.4 中。两个均值的计算值都是 -4.1044×10^{-6},它与模型值非常一致。根据(10.9)式,$e(n)$ 的标准偏差是 0.0045105,而在图 10.4 的上图中标出是 0.0045076,再次与模型值相当接近。两个相继样本平均的标准偏差根据(10.10)式是 0.0031894,而在图 10.4 的下图中标出的是 0.00318181,这与模型值非常一致。所以,对 $B=6$ 来说,$e(n)$ 的样本是独立的。这也早已被图 10.4 的下部图所证实。

　　对于例题 10.2 的信号也能完成类似的计算,细节留给读者作为练习。

10.1.6　A/D 量化噪声通过数字滤波器

　　假定用单位脉冲响应 $h(n)$ 或频率响应 $H(e^{j\omega})$ 描述一个数字滤波器。当一个量化了的输入 $Q[x(n)]=x(n)+e(n)$ 加到这个系统上时,在它通过这个滤波器传播后就能确定误差序列在这个滤波器输出中的效果,假定滤波器是用无限精度运算实现的。一般情况,我们关心的是这个有噪输出序列的均值和方差,这些可以利用线性系统理论概念求得。这些结果的详细内容在 13.5 节中给出。

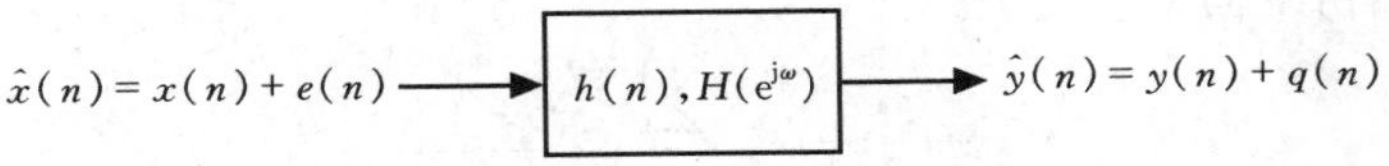

$$\hat{x}(n)=x(n)+e(n)\longrightarrow \boxed{h(n),H(e^{j\omega})}\longrightarrow \hat{y}(n)=y(n)+q(n)$$

图 10.8　噪声通过数字滤波器

　　参照图 10.8,令滤波器输出是 $\hat{y}(n)$。利用 LTI(线性时不变)性质和 $x(n)$ 和 $e(n)$ 之间的统计独立,输出 $\hat{y}(n)$ 可以表示成两个分量的和。设 $y(n)$ 是由 $x(n)$ 产生的(理论)输出,而 $q(n)$ 是对 $e(n)$ 的响应,那么可以证明 $q(n)$ 也是一个随机序列,其均值为

$$m_q\triangleq E[q(n)]=m_e\sum_{-\infty}^{\infty}h(n)=m_eH(e^{j0}) \tag{10.12}$$

式中 $H(e^{j0})$ 是滤波器的直流(DC)增益。对于截尾 $m_{e_T}=-\Delta/2$,这给出

$$m_{qT}=-\frac{\Delta}{2}H(e^{j0}) \tag{10.13}$$

对于舍入 $m_{e_R}=0$,或者

$$m_{qR}=0 \tag{10.14}$$

也能证明出 $q(n)$ 的方差对截尾或舍入都给出为

$$\sigma_q^2 = \sigma_e^2 \sum_{-\infty}^{\infty} |h(n)|^2 = \sigma_e^2 \int_{-\pi}^{\pi} |H(e^{j\omega})|^2 d\omega \tag{10.15}$$

从输入到输出的方差增益(也称为归一化输出方差)是如下比值:

$$\frac{\sigma_q^2}{\sigma_e^2} = \sum_{-\infty}^{\infty} |h(n)|^2 = \int_{-\pi}^{\pi} |H(e^{j\omega})|^2 d\omega \tag{10.16}$$

对于一个实系数和稳定的滤波器,利用代换 $z = e^{j\omega}$,(10.16)式的积分能进一步表示为一个复数围线积分

$$\frac{1}{2\pi}\int_{-\pi}^{\pi} |H(e^{j\omega})|^2 d\omega = \frac{1}{2\pi j}\oint_{UC} H(z)H(z^{-1})z^{-1}dz \tag{10.17}$$

式中 UC 是单位圆并利用留数(或逆 $\mathcal{Z}$ 变换)计算为

$$\frac{1}{2\pi}\int_{-\pi}^{\pi} |H(e^{j\omega})|^2 d\omega = \sum [H(z)H(z^{-1}) \text{ 在 UC 内的留数}] \tag{10.18a}$$

$$= \mathcal{Z}^{-1}[H(z)H(z^{-1})]\Big|_{n=0} \tag{10.18b}$$

10.1.7   MATLAB 实现

对于 A/D 量化噪声计算方差增益利用(10.16)式和(10.18)式能用 MATLAB 完成。对于 FIR 滤波器能利用(10.16)式的时域表达式实现精确的计算。在 IIR 滤波器的情况下,如同下面将会看到的,在特殊的一些情况下仅能利用(10.18)式完成精确的计算(所幸大多数实际滤波器都可行)。近似计算总是利用时域表达式来完成。

设这个 FIR 滤波器由系数 $\{b_k\}_0^{M-1}$ 给出,那么利用(10.16)式中的时域表达式,方差增益给出为

$$\frac{\sigma_q^2}{\sigma_e^2} = \sum_{k=0}^{M-1} |b_k|^2 \tag{10.19}$$

设一个 IIR 滤波器由下面系统函数给出:

$$H(z) = \frac{\sum_{l=0}^{N-1} b_l z^{-l}}{1 + \sum_{k=1}^{N-1} a_k z^{-k}} \tag{10.20}$$

其单位脉冲响应为 $h(n)$。如果假定这个滤波器是实系数、因果和稳定的,并且仅有单阶极点,那么利用部分分式展开能写成

$$H(z) = R_0 + \sum_{k=1}^{N-1} \frac{R_k}{z - p_k} \tag{10.21}$$

式中 R_0 是常数项,R_k 是在极点 p_k 的留数。这个表达式能用 residue 函数计算。值得注意的是极点和相应的留数不是实值的,就是共轭成对出现的。然后利用(10.18a)式能证明(见参考文献[68],也可见习题 P10.3)

$$\frac{\sigma_q^2}{\sigma_e^2} = R_0^2 + \sum_{k=1}^{N-1}\sum_{l=1}^{N-1} \frac{R_k R_l^*}{1 - p_k p_l^*} \tag{10.22}$$

(10.22)式的方差增益表达式对大多数实际滤波器是适用的,因为极少见它们有多重极点。对 IIR 滤波器的方差增益的近似值给出为

$$\frac{\sigma_q^2}{\sigma_e^2} \approx \sum_{k=0}^{K-1} |h(n)|^2, \quad K \gg 1 \tag{10.23}$$

式中将 K 选成在单位脉冲响应的值(幅度值)超过 K 个样本以上几乎是零的值。下面的 MATLAB 函数 VarGain 利用(10.19)式或(10.22)式计算方差增益。

```
function Gv = VarGain(b,a)
% Computation of variance-gain for the output noise process
% of digital filter described by b(z)/a(z)
% Gv = VarGain(b,a)
a0 = a(1); a = a/a0; b = b/a0; M = length(b); N = length(a);
if N == 1                      % FIR Filter
    Gv = sum(b.*b)
    return
else                           % IIR Filter
    [R,p,P] = residue(b,a);
    if length(P) > 1
        error('*** Variance Gain Not computable ***');
    elseif length(P) == 1
        Gv = P*P;
    else
        Gv = 0;
    end
    Rnum = R*R'; pden = 1-p*p';
    H = Rnum./pden; Gv = Gv + real(sum(H(:)));
end
```

应该提及的是,将 A/D 量化噪声方差乘以方差增益才得到真正的输出噪声方差。

例题 10.4　考虑一个极点位于 $p_k = re^{j2\pi k/8}, k = 0, \cdots, 7$ 的 8 阶 IIR 滤波器。如果 r 靠近于 1,那么这个滤波器有 4 个窄带峰值。当 $r=0.9$ 和 $r=0.99$ 时求这个滤波器的方差增益。

题解

下面的 MATLAB 脚本阐明对于 $r=0.9$ 的计算,它用精确的方法以及近似的方法给予实现。

```
% Filter Parameters
N = 8; r = 0.9; b = 1; p1 = r*exp(j*2*pi*[0:N-1]/N); a = real(poly(p1));

% Variance-gain (Exact)
Vg = VarGain(b,a)
Vg =
   1.02896272593178
% Variance-Gain (approximate)
x = [1,zeros(1,10000)]; % Unit sample sequence
h = filter(b,a,x);       % Impulse response
VgCheck = sum(h.*h)
VgCheck =
   1.02896272593178
```

很清楚,对于 $r=0.9$,两种方法给出了相同的方差增益,大约超过 1 的 3%。对于 $r=0.99$,这个计算是:

```
% Filter Parameters
N = 8; r = 0.99; b = 1; p1 = r * exp(j * 2 * pi * [0:N-1]/N); a = real(poly
(p1));
% Variance-gain (Exact)
Vg = VarGain(b,a)
Vg =
    6.73209233071894
```

方差增益大于 673%,这意味着当极点非常接近单位圆时,这个滤波器的输出能是非常有噪的。　■

10.2　IIR 数字滤波器的舍入效应

借助于对量化器处理及其他简单统计模型的深透理解,我们现在就做好了研究在 IIR 和 FIR 数字滤波器中有限字长效应分析的一切准备。我们已经研究了输入信号量化和滤波器系数量化对滤波器特性行为的影响,现在要将注意力转向算术运算量化对滤波器输出响应的影响上(从信号噪声比方面)。对于这个研究既要考虑定点运算,也要考虑浮点运算。首先讨论对 IIR 滤波器的影响,因为由于反馈路径的关系,结果要比在 FIR 滤波器中复杂得多,但也更有意思。有关对 FIR 滤波器的影响将在下一节研究。

我们将把问题限制在量化器的舍入处理上,这是源于它有优越的统计量(无偏或平均值)。根据(6.59)式知道,对于舍入处理,量化器误差 e_R 对全部三种数的表示格式都有相同的特性。因此,对于 MATLAB 仿真来说将讨论原码格式,因为对于算术运算它容易编程和仿真。然而,实际上在硬件实现方面补码格式数的表示是优于其他格式的。

数字滤波器实现要求乘法和加法算术运算。如果两个 B 位小数相乘,结果是一个 $2B$ 位的小数,这就必须要将它量化到 B 位。相类似,如果两个 B 位小数相加,其和可能大于 1,这就会造成溢出,这本身就是一个非线性特性;否则,这个和必须用一种饱和策略给予校正,这也是非线性的。从而,这个滤波器的有限字长实现是一个具有高度非线性的滤波器,因此对于任何有意义的结果都必须仔细分析。

这一节将考虑两种方式来处理由于有限字长表示产生的误差问题。第一种误差形式是由于量化器的非线性带来误差样本间互为相关时可能出现的,这就是称为极限环特性行为,它只存在于 IIR 滤波器中。分析这个问题要用非线性量化器模型而不是量化器的统计模型。在第二种误差形式中假定在量化器中大多非线性效应已经被抑制掉。然后,利用量化器统计模型对 IIR 滤波器建立一个量化噪声模型,在预计有限字长效应中这种模型会更有用。

10.2.1　极限环

数字滤波器是线性系统,但是在实现中将量化器包括进来时,它们就变成非线性系统。对于非线性系统就有可能出现即使在没有任何输入时也会有某个输出序列的情况。极限环就是这样一种特性行为,它产生了一种振荡型的周期输出。这是非常不希望有的。

> **定义 1 极限环**
>
>   一个零输入极限环就是由一个数字滤波器反馈回路中的非线性元件或量化器产生的一个非零周期输出序列。

存在两种类型的极限环。颗粒型(granular)极限环是由在相乘量化中的非线性产生的,它的幅度比较小。溢出型极限环是在相加过程中溢出的一种后果,它可能有较大的幅度。

10.2.2 颗粒型极限环

这种类型的极限环很容易用一次相乘之后跟着一个简单的舍入量化器来解释,现用下面的例子说明。

例题 10.5 考虑一个简单的一阶 IIR 滤波器,它给出为

$$y(n) = \alpha y(n-1) + x(n); \quad y(-1) = 0, \quad n \geqslant 0 \tag{10.24}$$

令 $\alpha = -\dfrac{1}{2}$,这是一个高通滤波器,因为极点靠近 $z = -1$。当 $x(n) = \dfrac{7}{8}\delta(n)$ 时求输出 $y(n)$。假定在乘法器中用 3 位量化器。

题解

用 α 乘了以后必须要将结果量化。假定由于量化的输出是 $\hat{y}(n)$,那么实际可实现的数字滤波器是

$$\hat{y}(n) = \mathcal{Q}\left[-\frac{1}{2}\hat{y}(n-1)\right] + x(n); \quad \hat{y}(-1) = 0, \quad n \geqslant 0 \tag{10.25}$$

假定在(10.24)式中的输入被量化,而且由于相加不产生溢出。令 $B=3$(即 3 位小数位和一位符号位),并令 $x(n) = \dfrac{7}{8}\delta(n)$。现在 $\alpha = -\dfrac{1}{2}$ 在补码格式中被表示为 $1\blacktriangle110$,因此得到的输出序列是:

$$
\begin{aligned}
\hat{y}(0) &= x(0) &&&&= +\frac{7}{8} &&:0\blacktriangle111 \\[2mm]
\hat{y}(1) &= \mathcal{Q}|\alpha\hat{y}(0)] &= \mathcal{Q}\left[-\frac{1}{2}\left(+\frac{7}{8}\right)\right] &= \mathcal{Q}\left[-\frac{7}{16}\right] &= -\frac{1}{2} &&:1\blacktriangle100 \\[2mm]
\hat{y}(2) &= \mathcal{Q}|\alpha\hat{y}(1)] &= \mathcal{Q}\left[-\frac{1}{2}\left(-\frac{1}{2}\right)\right] &= \mathcal{Q}\left[+\frac{1}{4}\right] &= +\frac{1}{4} &&:0\blacktriangle010 \\[2mm]
\hat{y}(3) &= \mathcal{Q}|\alpha\hat{y}(2)] &= \mathcal{Q}\left[-\frac{1}{2}\left(+\frac{1}{4}\right)\right] &= \mathcal{Q}\left[-\frac{1}{8}\right] &= -\frac{1}{8} &&:1\blacktriangle111 \\[2mm]
\hat{y}(4) &= \mathcal{Q}|\alpha\hat{y}(3)] &= \mathcal{Q}\left[-\frac{1}{2}\left(-\frac{1}{8}\right)\right] &= \mathcal{Q}\left[+\frac{1}{16}\right] &= +\frac{1}{8} &&:0\blacktriangle001 \\[2mm]
\hat{y}(5) &= \mathcal{Q}|\alpha\hat{y}(4)] &= \mathcal{Q}\left[-\frac{1}{2}\left(+\frac{1}{8}\right)\right] &= \mathcal{Q}\left[-\frac{1}{16}\right] &= -\frac{1}{8} &&:1\blacktriangle111 \\[2mm]
&\vdots \quad \vdots &\vdots &&\vdots &&
\end{aligned}
\tag{10.26}
$$

从而 $\hat{y}(n) = \pm\dfrac{1}{8}, n \geqslant 5$。所期望的输出 $y(n)$ 是

$$y(n) = \left\{ \frac{7}{8}, -\frac{7}{16}, \frac{7}{32}, -\frac{7}{64}, \frac{7}{128}, \cdots, \to 0 \right\} \tag{10.27}$$

误差序列是

$$e(n) = \hat{y}(n) - y(n) = \left\{ 0, -\frac{1}{16}, \frac{1}{32}, -\frac{1}{64}, \frac{9}{128}, \cdots, \to \pm\frac{1}{8} \right\} \tag{10.28}$$

这个结果指出,误差 $e(n)$ 缓慢地建立到 $\pm\dfrac{1}{8}$,所以这个误差是渐近周期的,周期为 2。

从例题 10.5 很清楚看到,在稳态下这个系统在单位圆上有极点,因此这个非线性系统实际上已变成一个线性系统[37]。实际上这意味着对(10.24)式的系统有

$$\mathcal{Q}[\alpha\hat{y}(n-1)] = \begin{cases} \hat{y}(n-1), & \alpha > 0 \\ -\hat{y}(n-1), & \alpha < 0 \end{cases} \tag{10.29}$$

另外,由于舍入处理,量化误差是被界定到 $\pm\Delta/2$,其中 $\Delta = 2^{-B}$ 是量化阶,或

$$\left| \mathcal{Q}[\alpha\hat{y}(n-1)] - \alpha\hat{y}(n-1) \right| \leqslant \frac{\Delta}{2} \tag{10.30}$$

从(10.29)式和(10.30)式得出

$$\left| \hat{y}(n-1) \right| \leqslant \frac{\Delta}{2(1-|\alpha|)} \tag{10.31}$$

这是这个极限环振荡的幅度范围并称之为死带区域。对于在例题 10.5 的系统 $B=3$ 和 $\alpha = -1/2$,所以这个死带区域是 $\pm1/8$,这与(10.31)式是一致的。如果当输入为零时,输出 $\hat{y}(n-1)$ 被陷入进这个带内,这个滤波器就展现出这种颗粒型极限环振荡。根据(10.29)式,振荡的周期不是 1 就是 2。

利用 MATLAB 分析　在前面的 MATLAB 仿真中,并不担心有关在相乘或相加运算中的量化,这是因为我们着重的是在信号量化或滤波器系数的量化上。我们必须考虑的重要运算是算术运算的溢出特性。假定这个被表示的数是以小数的补码格式,那么实际上要用两种溢出特性:2 的补数溢出,它是一种按模运算的(周期的)函数;另一个是饱和,它是一种限幅函数。这两个特性均示于图 10.9 中。

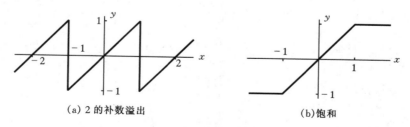

(a) 2 的补数溢出　　　　　　　　(b)饱和

图 10.9　在 Qfix 中所用的溢出特性

为了对这两种效应进行仿真,提供了函数 y = Qfix(x,B,'Qmode','Omode'),这个函数利用 $(B+1)$ 位表示完成一种定点的补码格式量化,以使得得到的数 y 位于 $-1 \leqslant y < 1$ 之间。量化

模式 Qmode 可以是舍入处理,也可以是截尾处理。在 Omode 中提供溢出特性。利用这个函数可以对两种极限环形式进行研究。

```
function [y] = QFix(x,B,Qmode,Omode)
% Fixed-point Arithmetic using (B + 1) - bit Representation
% --------------------------------------------------------------
%    [y] = QFix(x,B,Qmode, Omode)
%        y: Decimal equivalent of quantized x with values in [-1,1)
%        x: a real number array
%        B: Number of fractional bits
% Qmode: Quantizer mode
%         'round': two's-complement rounding characteristics
%         'trunc': Two's complement truncation characteristics
% Omode: Overflow mode
%         'satur': Saturation limiter
%         'twosc': Two's-complement overflow
% Quantization operation
if strcmp(lower(Qmode), 'round');
    y = round(x. * (2^B));
elseif strcmp(lower(Qmode),'trunc');
    y = floor(x. * (2^B));
else
    error('Use Qmode = "round" or "trunc"');
end;
y = y * (2^(-B)); % (B + 1) - bit representation
% Overflow operation
if strcmp(lower(Omode),'satur');
    y = min(y,1 - 2^(-B)); y = max(-1,y); % Saturation
elseif strcmp(lower (Omode),'twosc');
    y = 2 * (mod(y/2 - 0.5,1) - 0.5);           % Overflow
else error ('Use Omode = "satur" or "twosc"');
end;
```

例题 10.6 在这个例题中,要用 Qfix 函数以 $B=3$ 位对由例题 10.5 给出的系统得到的结果进行仿真。另外,还要对在乘法器中的截尾处理以及当系统是一个低通滤波器,系数 $\alpha = 0.5$ 的情况下的极限环行为进行考察。

题解

这个 MATLAB 脚本是:

```
% Highpass filter, rounding operation in multiplier
a = -0.5; yn1 = 0; m = 0:10; y = [yn1, zeros(1,length(m))];
x = 0.875 * impseq(m(1),m(1) - 1,m(end));
for n = m + 2
```

```
      yn1 = y(n-1);
      y(n) = QFix(a * yn1,3,'round','satur') + x(n);
end
% Plotting commands follow
% Lowpass filter, rounding operation in multiplier
a = 0.5; yn1 = 0; m = 0:10; y = [yn1, zeros(1,length(m))];
x = 0.875 * impseq(m(1),m(1)-1,m(end));
for n = m+2
      yn1 = y(n-1);
      y(n) = QFix(a * yn1,3,'round','satur') + x(n);
end
% Plotting commands follow
% Highpass filter, Truncation operation in multiplier
a = -0.5; yn1 = 0; m = 0:10; y = [yn1, zeros(1,length(m))];
x = 0.875 * impseq(m(1),m(1)-1,m(end));
for n = m+2
      yn1 = y(n-1);
      y(n) = QFix(a * yn1,3,'trunc','satur') + x(n);
end
% Plotting commands follow
```

图 10.10 示出得到的结果图。该图中左边的图其输出信号与在例题 10.5 中所得是一致的,而且有一个渐近的两个样本的周期。中间的图是对应于 $\alpha = 0.5$ 的低通滤波器的结果,表明这个极限环有一个样本的周期,幅度为 1/8。最后,右图指出对于截尾处理,极限环消失。对于截尾处理的这一特性行为对低通滤波器也能展示出。

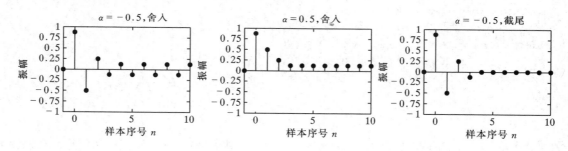

图 10.10　例题 10.6 中的颗粒型极限环

　　在二阶和高阶数字滤波器情况下,颗粒型极限环不仅存在,而且还具有各种不同类型。在二阶滤波器中的这些极限环可以对它们进行分析,死带以及振荡频率都能估计出。例如,如果递归全极点滤波器在乘法器中用舍入量化器为

$$\hat{y}(n) = \mathcal{Q}[a_1 \hat{y}(n-1)] + \mathcal{Q}[a_2 \hat{y}(n-2)] + x(n) \qquad (10.32)$$

式中 $\hat{y}(n)$ 是量化输出,那么利用类似于一阶情况的分析,死带区域给出为

$$\hat{y}(n-2) \leqslant \frac{\Delta}{2(1-|a_2|)} \qquad (10.33)$$

用 a_1 求出振荡频率。更详细的内容可参考文献[79]。现在用下面例子说明采用 3 位量化器时在二阶滤波器中的颗粒型极限环。

例题 10.7 考虑下面的二阶递归滤波器

$$y(n) = 0.875y(n-1) - 0.75y(n-2) + x(n) \tag{10.34}$$

初始条件为零。这个滤波器有一对复数共轭极点,因此是一个带通滤波器。设输入是 $x(n) = 0.375\delta(n)$,试用 3 位量化器分析极限环行为。

题解

在这个滤波器实现中,这个系数乘积要被量化,它产生

$$\hat{y}(n) = \mathcal{Q}[0.875\hat{y}(n-1)] - \mathcal{Q}[0.75\hat{y}(n-2)] + x(n) \tag{10.35}$$

式中 $\hat{y}(n)$ 是量化输出。用 MATLAB 在舍入和截尾处理下对(10.35)式进行仿真。

```
% Bandpass filter
a1 = 0.875; a2 = -0.75;
% Rounding operation in multipliers
yn1 = 0; yn2 = 0;
m = 0:20; y = [yn2,yn1,zeros(1,length(m))];
x = 0.375 * impseq(m(1),m(1)-2,m(end));
for n = m+3
    yn1 = y(n-1); yn2 = y(n-2);
    y(n) = QFix(a1*yn1,3,'round','satur') + QFix(a2*yn2,3,'round','satur') + x(n);
end
% Plotting commands follow
% Truncation operation in multipliers
yn1 = 0; yn2 = 0;
m = 0:20; y = [yn2,yn1,zeros(1,length(m))];
x = 0.375 * impseq(m(1),m(1)-2,m(end));
for n = m+3
    yn1 = y(n-1); yn2 = y(n-2);
    y(n) = QFix(a1*yn1,3,'trunc','satur') + QFix(a2*yn2,3,'trunc','satur') + x(n);
end
% Plotting commands follow
```

图 10.11 示出所得到的结果图。舍入极限环有一个 6 个样本的周期,幅度为 0.25,这与(10.33)式是相符的。不像在一阶滤波器的情况,甚至在量化器采用截尾处理时,二阶滤波器仍存在极限环。

10.2.3 溢出型极限环

这种类型的极限环也是一种零输入行为,它给出了某一振荡输出。它是由于在加法溢出

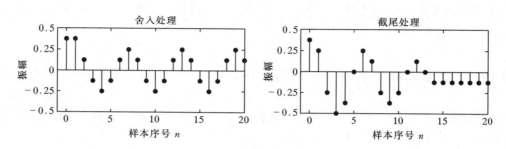

图 10.11　例题 10.7 的颗粒型极限环

中产生的,即使在滤波器实现中不顾及乘法或乘积量化都有可能出现。因为这种振荡能覆盖这个量化器的整个动态范围,所以是一种更加严峻的极限环。实际上,通过在量化器中采用饱和特性而不是溢出,可以避免发生这类极限环。在下面例子中,除了无限精度实现外,还对在二阶滤波器中的颗粒型极限环和溢出型极限环进行仿真。

例题 10.8　为了得到在加法中的溢出,将考虑具有大的系数值和初始条件值(绝对值大小)的二阶滤波器被零输入所激励:

$$y(n) = 0.875y(n-1) - 0.875y(n-1); \quad y(-1) = -0.875, y(-2) = 0.875$$

$$(10.36)$$

通过在相加以后放置这个量化器就得到相加中的溢出按

$$\hat{y}(n) = \mathcal{Q}[0.875\hat{y}(n-1) - 0.875\hat{y}(n-1)]; \quad \hat{y}(-1) = -0.875, \hat{y}(-2) = 0.875$$

$$(10.37)$$

式中 $\hat{y}(n)$ 是量化输出。首先对(10.36)式用无限精度运算仿真,并将它的输出与(10.35)式的颗粒型极限环实现和(10.37)式的溢出型极限环作比较。仿真采用舍入处理。详细的都在下面 MATLAB 脚本中。

```
M = 100; B = 3; A = 1 - 2^-B);
a1 = A; a2 = -A; yn1 = -A; yn2 = A;
m = 0:M; y = [yn2,yn1,zeros(1,length(m))];
% Infinite precision
for n = m + 3
    yn1 = y(n-1); yn2 = y(n-2);
    y(n) = a1 * yn1 + a2 * yn2;
end
% Plotting commands follow
% Granular limit cycle
for n = m + 3
    yn1 = y(n-1); yn2 = y(n-2);
    y(n) = QFix(a1 * yn1,B,'round','satur' + QFix(a2 * yn2,B,'ound','satur';
    y(n) = QFix(y(n),B,'round','satur';
end
% Plotting commands follow
```

```
% Overflow limit cycle
for n = m + 3
    yn1 = y(n-1); yn2 = y(n-2);
    y(n) = a1 * yn1 + a2 * yn2;
    y(n) = QFix(y(n),B,'round','twosc';
end
% Plotting commands follow
```

图 10.12 示出得到的结果图。正如所预期的,无限精度实现没有极限环现象。颗粒型极限环具有比较小的幅度。很显然,溢出型极限环有很大的幅度,它横跨了这个量化器的一1到1的范围。

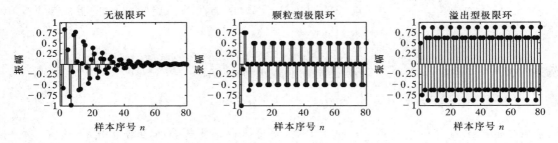

图 10.12 例题 10.8 中各种极限环比较

正如在这些例题中所表明的,利用 MATLAB 函数 QFix 可以对不同量化器特性的许多不同滤波器的极限环行为进行研究。

10.2.4 乘法量化误差

在滤波器实现中,一个乘法器单元是会引进额外的量化噪声的,这是由于两个 B 位小数的相乘产生 $2B$ 位的小数,并且又必须将它量化到 B 位小数的缘故。现考虑一个 $B=8$ 的定点运算乘法器。数 $1/\sqrt{3}$ 用十进制表示为 0.578125。0.578125 的平方舍入到 8 位是 0.3359375(不应该与 $1/3$ 舍入到 8 位相混淆,它是 0.33203125)。在平方运算中的附加误差是

$$0.3359375 - (0.578125)^2 = 0.001708984375$$

这个附加误差称为乘法量化误差。它在统计意义上的等效模型与 A/D 量化误差模型类似,如图 10.13 所示。

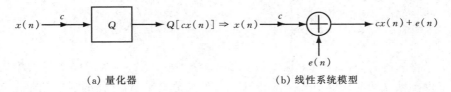

(a) 量化器 (b) 线性系统模型

图 10.13 乘法器量化误差的线性系统模型

统计模型 考虑紧跟乘法器单元的 B 位量化器方框,如图 10.13(a)所示。在相乘之前序列 $x(n)$ 和常数 c 是被量化到 B 位小数(在通常实现中都是这种情况),将相乘过的序列

$\{cx(n)\}$ 量化得到 $y(n)$。我们要将这个量化器用一种比较简单的线性系统模型代替,如图 10.13(b)所示。其中 $y(n)=cx(n)+e(n)$,$e(n)$ 是乘法量化误差。为了分析目的,假定关于 $e(n)$ 的条件是与 A/D 量化误差相类似的,即

1. 在量化器中对舍入处理(或补码截尾处理),随机信号 $e(n)$ 与序列 $x(n)$ <u>不相关</u>。
2. 信号 $e(n)$ 是一个独立过程(也即样本是互相独立的)。
3. $e(n)$ 的概率密度函数(pdf)$f_E(e)$ 对每个 n 在宽度为 $\Delta=2^{-B}$(量化器的分辨率)的区间上都是均匀分布的。

本节的剩下部分重点放在舍入处理。根据以上假设,由(10.7)式、(10.9)式和(10.10)式给出的结果对乘法量化误差 $e(n)$ 也是适用的。

现提供下面两个 MATLAB 例子阐明上述模型,这类误差的更全面研究能在参考文献 [83] 中找到。

例题 10.9 考虑在例题 10.1 中给出的序列,现重写如下:

$$x(n) = \frac{1}{3}\big[\sin(n/11) + \sin(n/31) + \cos(n/67)\big]$$

这个信号被量化到 B 位的系数 $c=1/\sqrt{2}$ 相乘,并将所得乘积用舍入处理量化到 B 位。利用 StatModelR 函数和 500000 个样本,计算并分析分别由(10.2)式和(10.3)式定义的归一化误差 $e_1(n)$ 和 $e_2(n)$。

题解

下面 MATLAB 脚本对 $B=6$ 位计算误差分布。

```
clear; close all;
% Example parameters
B = 6; N = 500000; n = [1:N]; bM = 7;
xn = (1/3) * (sin(n/11) + sin(n/31) + cos(n/67)); clear n;
c = 1/sqrt(2);
% Signal and Coefficient Quantization
xq = (round(xn * (2^B)))/(2^B); c = (round(c * (2^B)))/(2^B);
cxq = c * xq;                          % Multiplication of constant and signal
% Quantization error analysis
[H1,H2,Q,estat] = StatModelR(cxq,B,N);
H1max = max(H1); H1min = min(H1);      % Max and Min of H1
H2max = max(H2); H2min = min(H2);      % Max and Min of H2
```

图 10.14 示出得到的直方图。对于这个正弦信号,当 $B=6$ 位时,误差样本不是均匀分布的,而这些样本也不独立。$e(n)$ 和 $[e(n)+e(n-1)]/2$ 的均值是小的,它们的标准偏差是 0.0045105 和 0.0031059,这与(10.10)式不一致。图 10.15 示出对 $B=12$ 位时相应的图,从这些图可以看到对于 $B\geqslant12$ 位的来说,这个量化误差序列似乎是满足这个模型假设的。$e(n)$ 和 $[e(n)+e(n-1)]/2$ 的均值非常小,而它们的标准偏差与(10.10)式接近一致。

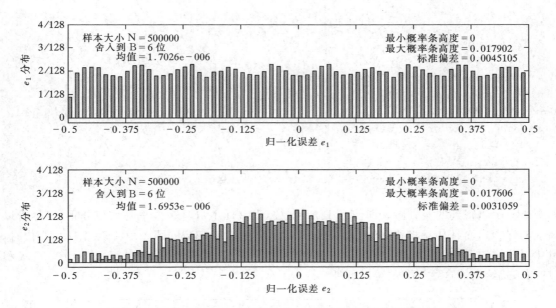

图 10.14 例题 10.9 正弦信号 $B=6$ 位时,乘法量化误差分布

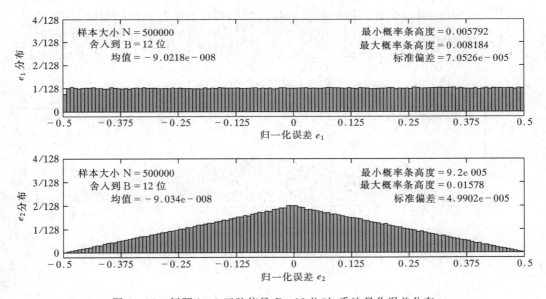

图 10.15 例题 10.9 正弦信号 $B=12$ 位时,乘法量化误差分布 ■

例题 10.10 设 $x(n)$ 是一个独立的且一致分布的随机序列,它的样本是均匀分布在区间 $[-1,1]$ 上。利用 500000 个样本以使任何统计波动最小来分析归一化误差。

题解

下面 MATLAB 脚本计算 $B=6$ 位时的分布。

```
clear; close all;
 % Example parameters
 B = 6; N = 500000; xn = (2 * rand(1,N) - 1); bM = 7; c = 1/sqrt(2);
 % Signal and Coefficient Quantization
 xq = (round(xn * (2^B)))/(2^B); c = (round(c * (2^B)))/(2^B);
 cxq = c * xq;                              % Multiplication of constant and signal
 % Quantization error analysis
 [H1,H2,Q,estat] = StatModelR(cxq,B,N);
 H1max = max(H1); H1min = min(H1);         % Max and Min of H1
 H2max = max(H2); H2min = min(H2);         % Max and Min of H2
```

图 10.16 示出得到的直方图。即使对于 $B=6$ 位,误差样本看起来似乎是均匀分布的(尽管以离散的样子),而且是互相独立的。图 10.17 示出 $B=12$ 时相应的图。很清楚当 $B=12$ 位时,量化误差样本是独立的并且是均匀分布的。读者应该验证一下由(10.7)式、(10.9)式和(10.10)式给出的这些误差的统计特性。

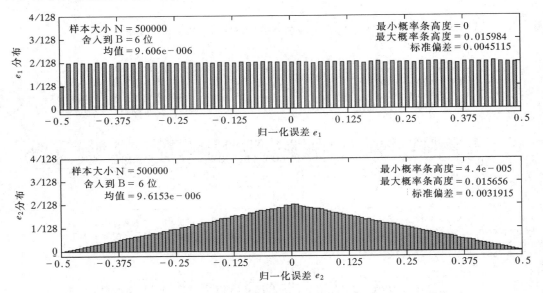

图 10.16　例题 10.10 随机信号 $B=6$ 时,乘法量化误差分布

从这两个例题可以得出结论:当在量化器中用的位数足够大时,正如假设所陈述的,对于乘法量化误差来说,统计模型是一个非常好的模型。

10.2.5　定点运算的统计舍入噪声

在这一节和下一节,要利用在前面一节建立的乘法量化误差模型讨论有关 IIR 滤波器的舍入效应。由于着重强调的是舍入处理,所以这个模型也称之为舍入噪声模型。因为在实际实现中涉及的都是一阶或二阶节,因此将范围限定在一阶和二阶滤波器上。

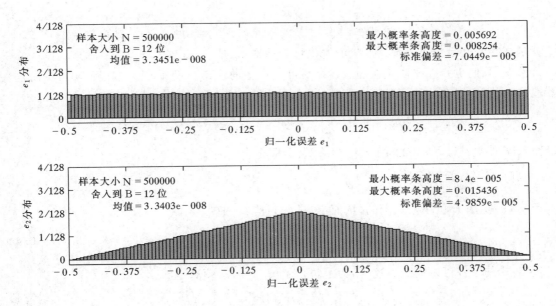

图 10.17 例题 10.10 随机信号 $B=12$ 时,乘法量化误差分布

一阶滤波器 现考虑图 10.18(a)的一阶滤波器。当在乘法器之后引入一个量化器$Q[\cdot]$时,得到的滤波器模型示于图 10.18(b),这是一个非线性系统。当$Q[\cdot]$是一个基于舍入特性的量化器时,那么它的效果就是在乘法器上加上一个零均值、平稳白噪声序列 $e(n)$,如图 10.18(c)所示。

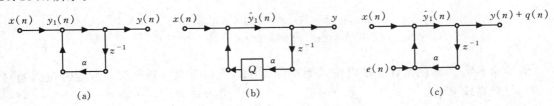

图 10.18 一阶 IIR 滤波器

(a) 结构;(b) 带有量化器的结构;(c) 舍入噪声模型

设 $q(n)$ 是由 $e(n)$ 引起的响应,并设 $h_e(n)$ 是噪声脉冲响应(也即,$e(n)$ 和 $q(n)$ 之间)。对于图 10.18(c)的系统

$$h_e(n) = h(n) = \alpha^n u(n) \tag{10.38}$$

利用(10.12)式和(10.7)式,$q(n)$ 的均值是

$$m_q = m_e \sum_0^\infty h_e(n) = 0 \tag{10.39}$$

类似地,利用(10.15)式,$q(n)$ 的方差是

$$\sigma_q^2 = \sigma_e^2 \Big(\sum_0^\infty |h_e(n)|^2 \Big) \tag{10.40}$$

对舍入代入 $\sigma_e^2 = 2^{-2B}/12$ 和从(10.38)式的 $h_e(n)$,得到

$$\sigma_q^2 = \frac{2^{-2B}}{12}\left(\sum_0^\infty |\alpha^n|^2\right) = \frac{2^{-2B}}{12}\sum_0^\infty (|\alpha|^2)^n = \frac{2^{-2B}}{12(1-|\alpha|^2)} \tag{10.41}$$

这就是在乘法之后的由于舍入产生的输出噪声功率。

然而,我们也必须要防止在加法器之后可能产生的溢出。设 $y_1(n)$ 是在图 10.18(a) 加法器输出端的信号,在这种情况下它等于 $y(n)$。现在,$y_1(n)$ 的上界是

$$|y_1(n)| = |y(n)| = \left|\sum_0^\infty h(k)x(n-k)\right| \leqslant \sum_0^\infty |h(k)||x(n-k)| \tag{10.42}$$

设输入序列界定到 $X_{\max}$(也即 $|x(n)| \leqslant X_{\max}$),那么

$$|y_1(n)| \leqslant X_{\max}\sum_0^\infty |h(k)| \tag{10.43}$$

由于 $y_1(n)$ 是用 B 位小数表示的,从而有 $|y_1(n)| \leqslant 1$。通过要求

$$X_{\max} = \frac{1}{\sum_0^\infty |h(k)|} = \frac{1}{1/(1-|\alpha|)} = 1-|\alpha| \tag{10.44}$$

(10.43)式的条件可以满足。这样,为了防止溢出,$x(n)$ 必须满足

$$-(1-|\alpha|) \leqslant x(n) \leqslant (1-|\alpha|) \tag{10.45}$$

从而,在输入加到这个滤波器之前必须要对输入加权,如图 10.19 所示。

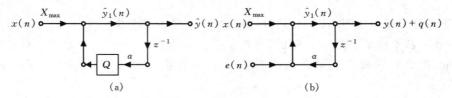

图 10.19 加权的一阶 IIR 滤波器
(a) 带有量化器的结构;(b) 舍入噪声模型

信号噪声比 现在计算在输出信号噪声比(SNR)上的有限字长效应。假定经过适当对 $x(n)$ 加权后在输出端没有溢出。设 $x(n)$ 是一个平稳白噪声序列,在 $[-(1-|\alpha|),(1-|\alpha|)]$ 之间均匀分布,那么

$$m_x = 0 \quad 和 \quad \sigma_x^2 = \frac{(1-|\alpha|)^2}{3} \tag{10.46}$$

因此,$y(n)$ 也是一个平稳随机序列,其均值 $m_y = 0$ 和方差

$$\sigma_y^2 = \sigma_x^2\sum_0^\infty |h(n)|^2 = \frac{(1-|\alpha|)^2}{3}\frac{1}{1-|\alpha|^2} = \frac{(1-|\alpha|)^2}{3(1-|\alpha|^2)} \tag{10.47}$$

利用(10.41)式和(10.47)式,输出 SNR 是

$$\text{SNR} \triangleq \frac{\sigma_y^2}{\sigma_q^2} = \frac{(1-|\alpha|)^2}{3(1-|\alpha|^2)}\frac{12(1-|\alpha|^2)}{2^{-2B}} = 4(2^{2B})(1-|\alpha|)^2 = 2^{2(B+1)}(1-|\alpha|)^2 \tag{10.48}$$

或者 SNR 以 dB 计是

$$\text{SNR}_{dB} \triangleq 10\log_{10}(\text{SNR}) = 6.02 + 6.02B + 20\log_{10}(1-|\alpha|) \tag{10.49}$$

令 $\delta = 1-|\alpha|$,它是极点至单位圆的距离,那么

$$\text{SNR}_{dB} = 6.02 + 6.02B + 20\log_{10}(\delta) \tag{10.50}$$

这是一个非常富有信息量的结果。首先它指出,SNR 是正比于 B 的,而且在字长上每添加一位增加约 6dB。其次,SNR 也正比于距离 δ。δ 越小(或极点离单位圆越近),SNR 越小,这是这种滤波器特性的一个直接结果。作为一个例子,若 $B=6$ 和 $\delta=0.05$,那么 SNR$=16.12$dB,而若 $B=12$ 和 $\delta=0.1$,那么 SNR$=58.26$dB。

10.2.6 利用 MATLAB 分析

为了分析在 IIR 滤波器中舍入误差的性质,将用 MATLAB 函数 QFix 在量化模式'round'和溢出模式'satur'下对它们进行仿真。如果进行适当的加权以避免产生溢出,那么仅是乘法器输出需要被量化而勿需担心溢出发生。然而,仍然要对最后的和进行饱和处理以免任何不可遇见的问题出现。在前面的仿真中,我们是能够按向量方式实行量化处理的(即实现并行处理)。由于 IIR 滤波器是递归滤波器,而且因为每个误差都被反馈到系统内,所以向量运算一般是不可能的。因此,滤波器输出从第 1 个样本到最后一个样本都将按序计算。对于大的样本数,这种实现要减慢 MATLAB 的执行速度,因为 MATLAB 对向量计算是最优的。然而,对于较新的快速处理器,执行时间也就在数秒之内。这些仿真步骤细列在下面例子中。

例题 10.11 考虑图 10.19(b)给出的模型。现用 MATLAB 对这个模型进行仿真并研究它的输出误差特性。设 $a=0.9$,将它量化到 B 位。输入信号在 $[-1,+1]$ 区间内均匀分布,并且在滤波之前也量化到 B 位。根据(10.44)式计算出加权因子 X_{max}。采用 100000 个信号样本和 $B=6$ 位,下面 MATLAB 脚本计算出理论输出值 $y(n)$、量化输出 $\hat{y}(n)$、输出误差 $q(n)$ 和输出信噪比 SNR。

```
close all; clc;

% Example Parameters
B = 6;                      % # of fractional bits
N = 100000;                 % # of samples
xn = (2 * rand(1,N) - 1);   % Input sequence-Uniform Distribution
a = 0.9;                    % Filter parameter
Xm = 1 - abs(a);            % Scaling factor

% Local variables
  bM = 7; DbM = 2^bM;       % bin parameter
  BB = 2^B;                 % useful factor in quantization
   M = round(DbM/2);        % Half number of bins
bins = [-M+0.5:1:M-0.5];    % Bin values from -M to M
   Q = bins/DbM;            % Normalized bins
 YTN = 2^(-bM);             % Ytick marks interval
 YLM = 4 * YTN;             % Yaxis limit
% Quantize the input and the filter coefficients
  xn = QFix(Xm * xn,B,'round','satur'); % Scaled Input quant to B bits
   a = QFix(a,B,'round','satur');       % a quantized to B bits
```

```
% Filter output without multiplication quantization
  yn = filter(1,[1,−a],xn);  % output using filter routine

% Filter output with multiplication quantization
  yq = zeros(1,N);              % Initialize quantized output array
yq(1) = xn(1);                  % Calculation of the first sample yq(1)
for I = 2:N;
    A1Y = QFix(a∗yq(I−1),B,'round','satur'); % Quantization of a∗y(n−1)
    yq(I) = QFix(A1Y + xn(I),B,'round','satur'); % I-th sample yq(I)
end

% Output Error Analysis
  en = yn − yq;                 % Output error sequence
varyn = var(yn); varen = var(en);   % Signal and noise power
eemax = max(en); eemin = min(en);   % Maximum and minimum of the error
enmax = max(abs([eemax,eemin]));    % Absolute maximum range of the error
enavg = mean(en); enstd = std(en);  % Mean and std dev of the error
  en = round(en∗(2^M)/(2∗enmax) + 0.5); % Normalized en (integer between −M & M)
  en = sort([en, −M:1:(M+1)]);    %
   H = diff(find(diff(en))) − 1;   % Error histogram
   H = H/N;                        % Normalized histogram
 Hmax = max(H); Hmin = min(H);     % Max and Min of the normalized histogram

% Output SNRs
SNR_C = 10∗log10(varyn/varen);  % Computed SNR
SNR_T = 6.02 + 6.02∗B + 20∗log10(Xm); % Theoretical SNR
```

以上脚本有一部分没有给出,它也计算并画出输出误差的归一化直方图,将这些统计值打印出的图如图 10.20 所示。这个误差看似有一种高斯型的分布,这是所预期的。输出 SNR 的理论

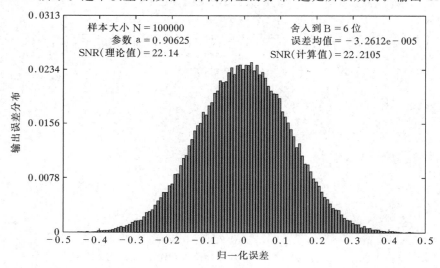

图 10.20　例题 10.11 B＝6 位时,一阶 IIR 滤波器的乘法量化效应

值是 22.14dB,这与计算值 22.21dB 是相符的。对于 $B=12$ 位的类似结构如图 10.21 所示,仿真结果与模型结果还是一致的。

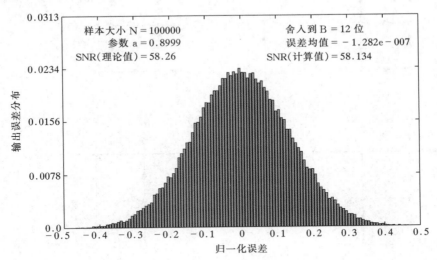

图 10.21 例题 10.11 $B=12$ 时,一阶 IIR 滤波器的乘法量化效应

二阶滤波器 对具有极点接近单位圆的二阶滤波器能完成类似的分析。设两个极点位于复数 $re^{j\theta}$ 和 $re^{-j\theta}$,那么这个滤波器的系统函数给出为

$$H(z) = \frac{1}{(1-re^{j\theta}z^{-1})(1-re^{-j\theta}z^{-1})} = \frac{1}{1-2r\cos(\theta)z^{-1}+r^2z^{-2}} \tag{10.51}$$

其单位脉冲响应为

$$h(n) = \frac{r^n \sin\{(n+1)\theta\}}{\sin(\theta)}u(n) \tag{10.52}$$

对应于(10.51)式的差分方程是

$$y(n) = x(n) - a_1 y(n-1) - a_2 y(n-2); \quad a_1 = -2r\cos(\theta), a_2 = r^2 \tag{10.53}$$

这都要求作两次乘法和两次加法,如图 10.22(a)所示。因此存在两个噪声源和两个可能发生溢出的地点。跟着两个乘法器之后的量化舍入噪声模型如图 10.22(b)所示,其中响应 $q_1(n)$ 和 $q_2(n)$ 分别由噪声源 $e_1(n)$ 和 $e_2(n)$ 产生。我们能将这两个噪声源组合成一个噪声源。不过,为了避免溢出,必须要在每个加法器的输入端对信号加权,这样就会使噪声源的合并复杂一些。

在现代 DSP 芯片中,相乘和相加的中间结果都存储在一个相乘累加或 MAC 的单元中,它具有一个双倍精度的寄存器以供将和累加。将最后的和[就是图 10.22(b)中顶部加法器的输出]量化以得到 $\hat{y}(n)$。这种实现不仅降低了总的乘法量化噪声,而且使得到的分析更容易些。假定就是这种现代实现,得出的简化模型如图 10.22(c)所示,这里 $e(n)$ 是单一噪声源,它在 $[-2^{-(B+1)}, 2^{-(B+1)}]$ 之间是均匀分布的,而 $q(n)$ 是对 $e(n)$ 的响应。值得注意的是 $e(n) \neq e_1(n) + e_2(n)$,而且 $q(n) \neq q_1(n) + q_2(n)$。必须担忧的唯一溢出是在顶部加法器的输出,这通过对输入序列 $x(n)$ 加权可以得到控制,如图 10.22(d)所示。现在,舍入噪声分析就能以一种与一阶滤波器相类似的形式进行。然而,更多的细节涉及到的是由于(10.52)式的单位脉冲响

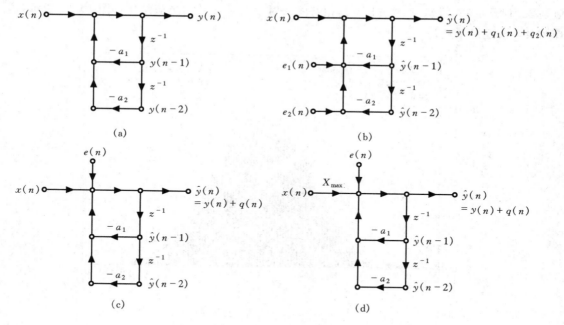

图 10.22 二阶 IIR 滤波器

(a) 结构;(b) 舍入噪声模型;(c) 简化模型;(d) 加权后的简化模型

应引起的。

信号噪声比 参照图 10.22(d),噪声脉冲响应 $h_e(n)$ 是等于 $h(n)$,因此,输出舍入噪声功率给出为

$$\sigma_q^2 = \sigma_e^2 \sum_{n=0}^{\infty} |h(n)|^2 = \frac{2^{-2B}}{12} \sum_{n=0}^{\infty} |h(n)|^2 \qquad (10.54)$$

由于 $x(n)$ 被量化,有 $|x(n)| \leqslant 1$,然后被 $X_{\max}$ 加权以免在加法器中产生溢出。所以,输出信号功率给出为

$$\sigma_y^2 = X_{\max}^2 \sigma_x^2 \sum_{n=0}^{\infty} |h(n)|^2 = \frac{X_{\max}^2}{3} \sum_{n=0}^{\infty} |h(n)|^2 \qquad (10.55)$$

假定 $x(n)$ 在 $[-1,+1]$ 内均匀分布。从而,输出信噪比 SNR 给出为

$$\text{SNR} = \frac{\sigma_y^2}{\sigma_q^2} = 4(2^{2B}) X_{\max}^2 = 2^{2(B+1)} X_{\max}^2 \qquad (10.56)$$

或者

$$\text{SNR}_{dB} = 6.02 + 6.02B + 20\log_{10} X_{\max} \qquad (10.57)$$

按照(10.43)式、(10.44)式和(10.45)式,加权因子 $X_{\max}$ 给出为

$$X_{\max} = \frac{1}{\sum_{n=0}^{\infty} |h(n)|} \qquad (10.58)$$

这个结果是很难计算的。然而,对于 $X_{\max}$ 的上界和下界还是容易求出的。根据(10.52)式,(10.58)式分母的上界给出为

$$\sum_{n=0}^{\infty} |h(n)| = \frac{1}{\sin\theta} \sum_{n=0}^{\infty} r^n |\sin[(n+1)\theta]| \leqslant \frac{1}{\sin\theta} \sum_{n=0}^{\infty} r^n = \frac{1}{(1-r)\sin\theta} \qquad (10.59)$$

或者说 $X_{\max}$ 的下界为

$$X_{\max} \geqslant (1-r)\sin\theta \qquad (10.60)$$

注意到

$$|H(\mathrm{e}^{\mathrm{j}\omega})| = \left| \sum_{n=0}^{\infty} h(n)\mathrm{e}^{-\mathrm{j}\omega} \right| \leqslant \sum_{n=0}^{\infty} |h(n)|$$

可以得到(10.58)式分母的下界。现在,由(10.51)式,幅度 $|H(\mathrm{e}^{\mathrm{j}\omega})|$ 给出为

$$|H(\mathrm{e}^{\mathrm{j}\omega})| = \left| \frac{1}{1 - 2r\cos(\theta)\mathrm{e}^{-\mathrm{j}\omega} + r^2\,\mathrm{e}^{-\mathrm{j}2\omega}} \right|$$

这在谐振频率 $\omega=\theta$ 处有最大值,这是容易求得的。所以有

$$\sum_{n=0}^{\infty} |h(n)| \geqslant |H(\mathrm{e}^{\mathrm{j}\theta})| = \frac{1}{(1-r)\sqrt{1+r^2-2r\cos(2\theta)}} \qquad (10.61)$$

或者 $X_{\max}$ 的上界给出为

$$X_{\max} \leqslant (1-r)\sqrt{1+r^2-2r\cos(2\theta)} \qquad (10.62)$$

将(10.60)式和(10.62)式代入(10.56)式,输出 SNR 上、下被界定到

$$2^{2(B+1)}(1-r)^2\sin^2\theta \leqslant \mathrm{SNR} \leqslant 2^{2(B+1)}(1-r)^2(1+r^2-2r\cos2\theta) \qquad (10.63)$$

将 $1-r=\delta \ll 1$ 代入并作简化后得到

$$2^{2(B+1)}\delta^2\sin^2\theta \leqslant \mathrm{SNR} \leqslant 4(2^{2(B+1)})\delta^2\sin^2\theta \qquad (10.64)$$

或者说 SNR 的上、下界之差大约为 6dB。输出 SNR 还是正比于 B 和 δ 的,再者它还与角度 θ 有关。在例题 10.12 中这些所观察到的结论都将被研究。

10.2.7 利用 MATLAB 分析

在量化模式'round'和溢出模式'satur'下,再次用 MATLAB 函数 QFix 对舍入误差进行仿真。由于已经假定有 MAC 结构,所以不必对中间结果进行量化并担心溢出问题,仅有最后的和要将它量化到饱和状态。这些处理也是以序贯的方式仿真的,它会在执行速度上有些影响。对于二阶滤波器的详细仿真步骤在下面例题中给出。

例题 10.12 现考虑由图 10.22(d)给出的模型。将这个模型用 MATLAB 仿真并研究它的输出误差特性。令 $r=0.9$ 和 $\theta=\pi/3$,根据这个计算出滤波器的参数并将它们量化到 B 位。输入信号在 $[-1, +1]$ 区间内是均匀分布的,并在滤波之前也已量化到 B 位。利用(10.58)式确定加权因子 $X_{\max}$,这个可以用 MATLAB 通过对一个足够大的样本数计算出单位脉冲响应来得到。采用 100000 个信号样本和 $B=6$ 位,下面 MATLAB 脚本计算出理论输出 SNR 值、计算出的 SNR 值、以及 SNR 的上界与下界。

```
close all; clc;

% Example Parameters
 B = 12;                    % # of fractional bits
 N = 100000;                % # of samples
xn = (2 * rand(1,N) - 1);   % Input sequence-Uniform
 r = 0.9; theta = pi/3;     % Pole locations
```

```
% Computed Parameters
  p1 = r * exp(j * theta);        % Poles
  p2 = conj(p1);                  %
   a = poly([p1,p2]);             % Filter parameters
  hn = filter(1,a,[1,zeros(1,1000)]); % Imp res
  Xm = 1/sum(abs(hn));            % Scaling factor
Xm_L = (1 - r) * sin(theta);      % Lower bound
Xm_U = (1 - r) * sqrt(1 + r * r - 2 * r * cos(2 * theta)); % Upper bound

% Local variables
  bM = 7; DbM = 2^bM;             % bin parameter
  BB = 2^B;                       % useful factor in quantization
   M = round(DbM/2);              % Half number of bins
bins = [-M + 0.5:1:M - 0.5];      % Bin values from -M to M
   Q = bins/DbM;                  % Normalized bins
 YTN = 2^(-bM);                   % Ytick marks interval
 YLM = 4 * YTN;                   % Yaxis limit

% Quantize the input and the filter coefficients
  xn = QFix(Xm * xn,B,'round','satur'); % Scaled Input quant B bits
   a = QFix(a,B,'round','satur');       % a quantized to B bits
  a1 = a(2); a2 = a(3);

% Filter output without multiplication quantization
  yn = filter(1,a,xn);            % output using filter routine

% Filter output with multiplication quantization
  yq = zeros(1,N); % Initialize quantized output array
yq(1) = xn(1);       % sample yq(1)
yq(2) = QFix((xn(2) - a1 * yq(1)),B,'round','satur'); % sample yq(2)
for I = 3:N;
    yq(I) = xn(I) - a1 * yq(I-1) - a2 * yq(I-2); % Unquantized sample
    yq(I) = QFix(yq(I),B,'round','satur'); % Quantized sample
end

% Output Error Analysis
   en = yn - yq;                  % Output error sequence
varyn = var(yn); varen = var(en); % Signal and noise power
eemax = max(en); eemin = min(en); % Maximum and minimum of the error
enmax = max(abs([eemax,eemin]));  % Absolute maximum range of the error
enavg = mean(en); enstd = std(en); % Mean and std dev of the error
   en = round(en * (2^bM)/(2 * enmax) + 0.5); % Normalized en (integer between -M & M)
   en = sort([en, -M:1:(M+1)]);   %
    H = diff(find(diff(en))) - 1; % Error histogram
    H = H/N;                      % Normalized histogram
 Hmax = max(H); Hmin = min(H);    % Max and Min of the normalized histogram

% Output SNRs
```

```
SNR_C = 10 * log10(varyn/varen);          % Computed SNR
SNR_T = 6.02 + 6.02 * B + 20 * log10(xm); % Theoretical SNR
SNR_L = 6.02 + 6.02 * B + 20 * log10(Xm_L); % Lower SNR bound
SNR_U = 6.02 + 6.02 * B + 20 * log10(Xm_U); % Upper SNR bound
```

以上脚本中有一部分没有给出,它也计算并画出输出误差的归一化直方图,并将这些统计值打印在图上,如图 10.23 所示。误差再次具有一个高斯型分布。输出 SNR 的理论值是 25.22dB,这与计算出的值 25.11dB 是相符的,而且位于下界 20.89dB 和上界 26.47dB 之间。对于 $B=12$ 位时所完成的类似结果示于图 10.24。这个仿真结果再次与这个模型的结果是一致的。

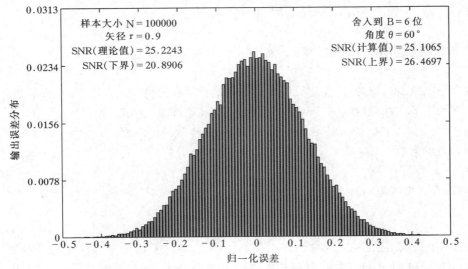

图 10.23 例题 10.12 $B=6$ 位时,二阶 IIR 滤波器的乘法量化效应 1

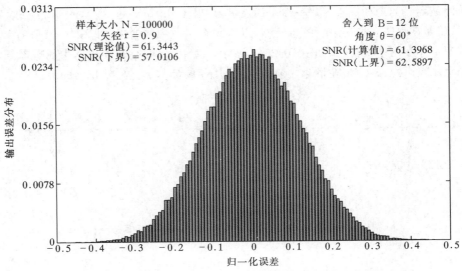

图 10.24 例题 10.12 $B=12$ 时,二阶 IIR 滤波器的乘法量化效应

10.2.8 高阶滤波器

二阶滤波器的量化效应分析可以直接应用到基于并联实现的高阶滤波器上去。在这种情形下,每个二阶滤波器节是独立于其他所有节的,因此在并联结构的输出端总的量化噪声功率就等于单个每节量化噪声功率的线性和。另一方面,级联实现分析要更困难一些,因为在任何二阶滤波器节所产生的噪声都被后续的节所过滤。为了在高阶滤波器输出端的总噪声功率最小,一种合理的策略是按最大频率增益递减的次序安排各节的先后。在这种情况下,由早先高增益节产生的噪声不会被后面的各节显著提升。利用在前面各节建立的 MATLAB 技术很容易对有限字长效应进行仿真,并对某一给定级联结构求出输出 SNR。

10.2.9 浮点运算的统计舍入噪声

正如在第 6 章所讨论的,浮点运算给出的误差是相对数的绝对大小而言的,而不是一个绝对误差。这就产生了一种乘性噪声而不是加性噪声,这就是从(6.61)式

$$\mathcal{Q}[x(n)] = x(n) + \varepsilon(n)x(n) = x(n)\{1 + \varepsilon(n)\} \tag{10.65}$$

对于$(B+1)$位的尾数

$$-2^{-B} < \varepsilon(n) \leqslant 2^{-B} \tag{10.66}$$

因此,相对误差的均值是 $m_\varepsilon = 0$,而它的方差是

$$\sigma_\varepsilon^2 = \frac{2^{-2B}}{3} \tag{10.67}$$

因为 MATLAB 是以 IEEE-754 标准的浮点运算实现的,所以实施的全部仿真都是 IEEE-754 的浮点计算。用 MATLAB 对任意浮点运算进行仿真是困难的(倘若不是不可能)。因此,仅给出理论上一些结果。

一阶滤波器 与前面一样考虑一个一阶滤波器如图 10.25(a)所示。对于用浮点运算的有限字长分析,需要在乘法和加法之后的量化器,以考虑在尾数中的舍入,如图 10.25(b)所示。所以在统计模型中存在两个噪声源,如图 10.25(c)所示。其中 $e_1(n)$ 是在乘法器中的噪声源,$e_2(n)$ 是在加法器中的噪声源,$\hat{g}(n)$ 是在量化之前的加法器序列,而 $\hat{y}(n)$ 是经量化后的输出。

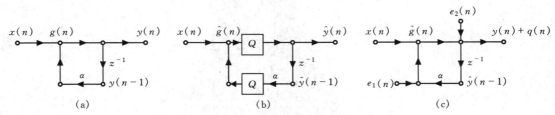

图 10.25 一阶 IIR 滤波器

(a) 结构;(b) 浮点运算的有限字长模型;(c) 浮点运算的统计模型

现在

$$e_1(n) = \varepsilon_1(n)\alpha\hat{y}(n-1) \tag{10.68a}$$

$$e_2(n) = \varepsilon_2(n)\hat{g}(n) \tag{10.68b}$$

式中 $\varepsilon_1(n)$ 和 $\varepsilon_2(n)$ 是相应乘法器的相对误差。即便是对于一阶的情况,精确的分析都是非常繁琐的,所以做几个实际上合理的近似。如果这些误差的绝对值都很小,那么有 $\hat{y}(n-1) \approx y(n-1)$ 和 $\hat{g}(n) \approx y(n)$,所以根据(10.68a)式得到

$$e_1(n) \approx \alpha \varepsilon_1(n) y(n-1) \tag{10.69a}$$

$$e_2(n) \approx \varepsilon_2(n) y(n) \tag{10.69b}$$

另外,关于噪声源作如下假设:

1. $\varepsilon_1(n)$ 和 $\varepsilon_2(n)$ 是白色噪声源;

2. $\varepsilon_1(n)$ 和 $\varepsilon_2(n)$ 互为不相关;

3. $\varepsilon_1(n)$ 和 $\varepsilon_2(n)$ 与输入 $x(n)$ 不相关;

4. $\varepsilon_1(n)$ 和 $\varepsilon_2(n)$ 在 -2^{-B} 和 2^{-B} 之间均匀分布。

设 $x(n)$ 是一个零均值、平稳随机序列,那么 $y(n)$ 也是一个零均值的平稳随机序列,因此由(10.69)式

$$\sigma_{e_1}^2 = |\alpha|^2 \sigma_{\varepsilon_1}^2 \sigma_y^2 \tag{10.70a}$$

$$\sigma_{e_2}^2 = \sigma_{\varepsilon_2}^2 \sigma_y^2 \tag{10.70b}$$

设在输出中由 $e_1(n)$ 引起的误差是 $q_1(n)$,而由 $e_2(n)$ 引起的误差是 $q_2(n)$,$h_1(n)$ 和 $h_2(n)$ 是相应的噪声脉冲响应。注意到 $h_1(n) = h_2(n) = h(n) = \alpha^n u(n)$。那么总误差 $q(n)$ 是

$$q(n) = q_1(n) + q_2(n) \tag{10.71}$$

并有

$$\sigma_q^2 = \sigma_{q_1}^2 + \sigma_{q_2}^2 \tag{10.72}$$

式中

$$\sigma_{q_1}^2 = \sigma_{e_1}^2 \sum_0^\infty |h_1(n)|^2 \quad \text{和} \quad \sigma_{q_2}^2 = \sigma_{e_2}^2 \sum_0^\infty |h_2(n)|^2 \tag{10.73}$$

因此,利用(10.72)式、(10.73)式和(10.70)式有

$$\sigma_q^2 = (\sigma_{e_1}^2 + \sigma_{e_2}^2)\left(\frac{1}{1-|\alpha|^2}\right) = \sigma_y^2\left(\frac{1}{1-|\alpha|^2}\right)(|\alpha|^2\sigma_{\varepsilon_1}^2 + \sigma_{\varepsilon_2}^2) \tag{10.74}$$

利用 $\sigma_{\varepsilon_1}^2 = \sigma_{\varepsilon_2}^2 = 2^{-2B}/3$,得到

$$\sigma_q^2 = \sigma_y^2\left(\frac{2^{-2B}}{3}\right)\left(\frac{1+|\alpha|^2}{1-|\alpha|^2}\right) \tag{10.75}$$

因此

$$\text{SNR} = \frac{\sigma_y^2}{\sigma_q^2} = 3(2^{2B})\left(\frac{1-|\alpha|^2}{1+|\alpha|^2}\right) \tag{10.76}$$

或者

$$\text{SNR}_{dB} = 4.77 + 6.02B + 10\log_{10}(1-|\alpha|^2) - 10\log_{10}(1+|\alpha|^2) \tag{10.77}$$

这也是一个非常富有信息量的结果。现依次对它作几点评论。

1. (10.76)式的 SNR 是在没有假设任何输入统计特性下导得的。因此,对于包括白噪声、窄带或宽带信号等一大类输入,这个结果都是成立的。浮点运算不必担心有关给输入值加权或限幅这类问题,因为它能应对一个大的动态范围。

2. 利用 $0 < \delta = 1 - |\alpha| \leqslant 1$,(10.77)式的 SNR 可表示成如下形式:

$$\text{SNR}_{dB} \approx 4.77 + 6.02B + 10\log_{10}(\delta) = O(\delta) \tag{10.78}$$

这个要与定点结果(10.50)式作比较,在定点时 SNR≈$O(\delta^2)$。因此,浮点的结果对于极点到单位圆的距离有较低的灵敏度。

3. 在浮点运算中,(10.75)式的输出噪声方差 σ_q^2 是正比于 σ_y^2 的,从而如果输入信号是向上加权,噪声分差也向上加权,因为 σ_y^2 也向上加权。所以 SNR 保持不变。还是要将这个结果与定点时的(10.41)式作比较。在定点中 σ_q^2 是与输入信号无关的。因此,如果信号电平增加,那么 σ_y^2 也增加,这就将 SNR 增大。

二阶滤波器 对于极点接近单位圆的二阶滤波器可以完成类似的分析。如果给出的极点为 $re^{\pm j\theta}$,那么可以证明(见参考文献[71])

$$\text{SNR} = \frac{\sigma_y^2}{\sigma_q^2} \approx 3(2^{2B}) \frac{4\delta\sin^{2\theta}}{3 + 4\cos\theta} \approx O(\delta) \tag{10.79}$$

式中 $\delta=1-r$。这还是一个近似结果,但实际中相当可行。在这个情况下,SNR 还是与 δ 有关,而不是在定点情况下与 δ^2 有关。

10.3 FIR 数字滤波器的舍入效应

现在要将注意力转向 FIR 数字滤波器中的有限字长效应。和以前一样,要分别考虑定点和浮点情况,然后用若干有代表性的例题结束这一节。

10.3.1 定点运算

将考虑对两种实现的有限字长效应:直接型和级联型。对于 FIR 滤波器因为没有一种部分分式展开的表示,所以不存在任何并联型实现,除非对于频率采样型实现,它能用 IIR 滤波器的一套方法进行分析。FIR 滤波器的分析要比 IIR 滤波器简单得多,因为它没有反馈路径。这样一个结果就是不存在极限环。

直接型实现 考虑一个长度为 M 的 FIR 滤波器(也即在单位脉冲响应中有 M 个样本),它用直接型实现如图 10.26(a)所示。该滤波器系数就是单位脉冲响应 $h(n)$ 的样本。在垂直支路中必须要引入量化器。如果采用的实现中每个乘法器的输出都被量化,那么得出的模型如图10.26(b)所示。另一方面,如果这个滤波器是用一块典型的 DSP 实现的,那么要对最后求和量化,如图 10.26(c)所示。将分开考虑舍入噪声效应和加权(避免溢出)效应。

舍入噪声 设图 10.26(b)的滤波器由舍入误差产生的输出是 $\hat{y}(n)=y(n)+q(n)$,那么

$$q(n) = \sum_{k=0}^{M-1} e_k(n) \tag{10.80}$$

式中 $e_k(n)$ 是计及舍入处理在每个垂直支路引入的噪声源。由于这些噪声源都是相同的,所以在 $q(n)$ 中的噪声功率给出为

$$\sigma_q^2 = \sum_0^{M-1} \sigma_{e_k}^2 = M\sigma_e^2 = M\left(\frac{2^{-2B}}{12}\right) = \frac{M}{3}2^{-2(B+1)} \tag{10.81}$$

在图 10.26(c)中,由于舍入处理产生的输出是 $\hat{y}(n)=y(n)+e(n)$,所以在这种情况下的噪声功率给出为

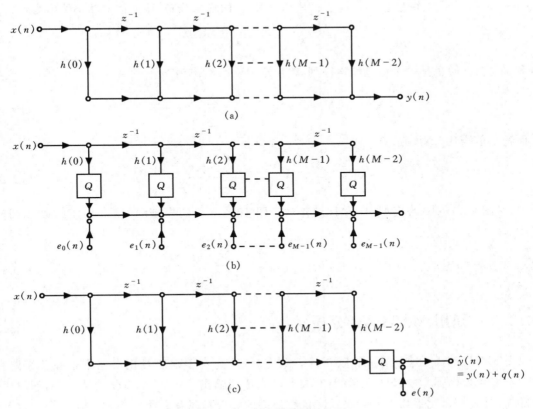

图 10.26   直接型 FIR 滤波器

（a）结构；（b）在每个乘法器之后带有量化器的舍入噪声模型；（c）最后求和之后带有一个量化器的
舍入噪声模型

$$\sigma_q^2 = \sigma_e^2 = \frac{1}{3}2^{-2(B+1)} \qquad (10.82)$$

与(10.81)式比较,它减小了 M 倍,这与预期的是一样的。

避免溢出的加权   假定这个定点数有补码表示,这是一个合理的假设,那么仅需要校核总
和的溢出。这样一来,这个分析对于图 10.26 的两种实现是相同的,而且类似于对 IIR 滤波器
中(10.42)式到(10.44)式的分析。得出在 $y(n)$ 的上界是

$$|y(n)| = \left|\sum h(k)x(n-k)\right| \leqslant X_{\max}\sum|h(n)| \qquad (10.83)$$

式中 $X_{\max}$ 是 $x(n)$ 的上界。为了确保 $|y(n)| \leqslant 1$,需要在 $x(n)$ 上的加权因子 $X_{\max}$ 为

$$X_{\max} \leqslant \frac{1}{\sum|h(n)|} \qquad (10.84)$$

这是最保守的加权因子。根据具体应用的不同,还有其他的加权因子。例如,窄带信号采用

$$X_{\max} \leqslant \frac{1}{\max|H(e^{j\omega})|}$$

而宽带随机信号则用

$$X_{\max} \leqslant \frac{1}{4\sigma_x\sqrt{\sum|h(n)|^2}}$$

利用(10.84)式并假定 $x(n)$ 在 $[-X_{max}, +X_{max}]$ 内均匀分布,输入信号功率给出为

$$\sigma_x^2 = \frac{X_{max}^2}{3} = \frac{1}{3(\sum |h(n)|)^2} \qquad (10.85)$$

再者,假定 $x(n)$ 也是一个白色噪声序列,输出信号功率给出为

$$\sigma_y^2 = \sigma_x^2 \sum |h(n)|^2 = \frac{1}{3} \frac{\sum |h(n)|^2}{(\sum |h(n)|)^2} \qquad (10.86)$$

从而输出信噪比 SNR 是

$$SNR = \frac{\sigma_y^2}{\sigma_q^2} = \frac{2^{2(B+1)}}{A} \left[\frac{\sum |h(n)|^2}{(\sum |h(n)|)^2} \right] \qquad (10.87)$$

式中,对图 10.26(b)的模型 $A=M$,或者对于图 10.26(c)的模型 $A=1$。相应的以 dB 计的 SNR 是

$$SNR_{dB} = 6.02 + 6.02B + 10\log_{10}\left[\frac{\sum |h(n)|^2}{(\sum |h(n)|)^2} \right] - 10\log_{10}A \qquad (10.88)$$

10.3.2 利用 MATLAB 分析

用 MATLAB 的这个仿真能以并行方式完成,因为对于乘法量化误差不存在反馈路径。利用采用'round'模式的 Qfix 函数,计算量化的乘法器输出。在 M 个量化器情况下,假设用补码格式,对每个量化器用'twosc'模式。仅有最终的和要被量化并将它限幅。在一个量化器的情况下需要用'satur'模式。下面例题将细述这些仿真步骤。

例题 10.13 设一个四阶($M=5$)FIR 滤波器给出为

$$H(z) = 0.1 + 0.2z^{-1} + 0.4z^{-2} + 0.2z^{-3} + 0.1z^{-4} \qquad (10.89)$$

用 $B=12$ 小数位的量化器以直接型实现。试对图 10.26(b)和图 10.26(c)的模型计算 SNR,并用 MATLAB 仿真验证它们。

题解

我们需要这两个量 $\sum |h(n)|^2$ 和 $(\sum |h(n)|)^2$。这些量利用 12 位的滤波器系数量化应该能计算出。利用已量化的系数这些值是 $\sum |h(n)|^2 = 0.2599$ 和 $(\sum |h(n)|)^2 = 1$。利用 (10.88)式,对于五个乘法器的输出 SNR 是 65.42dB,而对于一个乘法器的则是 72.41dB。下面的 MATLAB 脚本求出这些值和其他的量。

```
% Example Parameters
B = 12;                      % # of fractional bits
N = 100000;                  % # of samples
xn = (2 * rand(1,N) - 1);    % Input sequence - Uniform Distribution
H = [0.1,0.2,0.4,0.2,0.1];   % Filter parameters
```

```
M = length(h);

% Local variables
  bM = 7; DbM = 2^bM;        % bin parameter
  BB = 2^B;                  % useful factor in quantization
   K = round(DbM/2);         % Half number of bins
bins = [-K+0.5:1:K-0.5];     % Bin values from -K to K
   Q = bins/DbM;             % Normalized bins
 YTN = 2^(-bM);              % Ytick marks interval
 YLM = 4*YTN;                % Yaxis limit

% Quantize the input and the filter coefficients
 h = QFix(h,B,'round','satur');  % h quantized to B bits
Xm = 1/sum(abs(h));             % Scaling factor
xn = QFix(Xm*xn,B,'round','satur'); % Scaled Input quant to B bits

% Filter output without multiplication quantization
yn = filter(h,1,xn);            % output using filter routine

% Filter output with multi quant (5 multipliers)
x1 = [zeros(1,1),xn(1:N-1)]; x2 = [zeros(1,2),xn(1:N-2)];
x3 = [zeros(1,3),xn(1:N-3)]; x4 = [zeros(1,4),xn(1:N-4)];
h0x0 = QFix(h(1)*xn,B,'round','twosc');
h1x1 = QFix(h(2)*x1,B,'round','twosc');
h2x2 = QFix(h(3)*x2,B,'round','twosc');
h3x3 = QFix(h(4)*x3,B,'round','twosc');
h4x4 = QFix(h(5)*x4,B,'round','twosc');
yq = h0x0 + h1x1 + h2x2 + h3x3 + h4x4;
yq = QFix(yq,B,'round','satur')

% Output Error Analysis
   qn = yn - yq;                           % Outout error sequence
varyn = var(yn); varqn = var(qn);          % Signal and noise power
qqmax = max(qn); qqmin = min(qn);          % Maximun and minimum iof the error
qnmax = max(abs([qqmax,qqmin]));           % Absolute maximum range of the error
qnavg = mean(qn); qnstd = std(qn);         % Mean and std dev of the error
   qn = round(qn*(2^bM)/(2*qnmax)+0.5);    % Normalized en (interger between -K & K)
   qn = sort([qn,-K:1:(K+1)]);             %
    H = diff(find(diff(qn)))-1;            % Error histogram
    H = H/N;                               % Normalized histogram
 Hmax = max(H); Hmin = min(H);             % Max and Min of the normalized histogram

% Output SNRs
SNR_C = 10*log10(varyn/varqn); % Computed SNR
SNR_T = 6.02 + 6.02*B + 10*log10(sum(h.*h)/Xm^2) - 10*log10(M); % Theorectical SNR
```

```
% Filter output with multi quant (1 multiplier)
yq = QFix (yn,B,'round','satur');
% Qutput Error Analysis
   qn = yn - yq;                          % Outout error sequence
varyn = var(yn); varqn = var(qn);         % Signal and noise power
qqmax = max(qn); qqmin = min(qn);         % Maximun and minimum of the error
qnmax = max(abs([qqmax,qqmin]));          % Absolute maximum range of the error
qnavg = mean(qn); qnstd = std(qn);        % Mean and std dev of the error
   qn = round(qn * (2^bM)/(2 * qnmax) + 0.5); % Normalized en (interger between - K & K)
   qn = sort([qn, -K:1:(K + 1)]);         %
    H = diff(find(diff(qn))) - 1;         % Error histogram
    H = H/N;                              % Normalized histogram
 Hmax = max(H); Hmin = min(H);            % Max and Min of the normalized histogram

% Output SNRs
SNR_C = 10 * log10(varyn/varqn); % Computed SNR
SNR_T = 6.02 + 6.02 * B + 10 * log10(sum(h. * h)/Xm^2); % Theoretical SNR
```

图 10.27 示出这两个模型计算出的和理论上的 SNR 值,以及输出误差的直方图。上面这张图表示的是用五个乘法器时的直方图。输出误差有一个高斯型的分布,其 SNR 等于 65.42dB,这与理论值是一致的。下面的图表示的是用一个乘法器时的直方图。正如所预期的,这个误差是均匀分布的,其 SNR 等于 72.43dB,这也与理论上的结果一致。

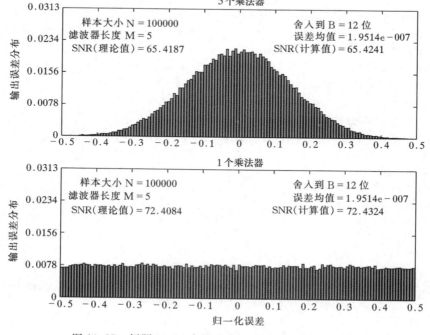

图 10.27 例题 10.13 直接型 FIR 滤波器的乘法量化效应

级联型实现　设这个滤波器用 K 个二阶($M=3$)节的级联实现,它给出为

$$H(z) = \sum_{i=1}^{K} H_i(z), \text{ 其中 } H_i(z) = \beta_{0i} + \beta_{1i}z^{-1} + \beta_{2i}z^{-2} \tag{10.90}$$

如图 10.28 所示。这个滤波器的总长度是 $M=2K+1$。图 10.28 中也示出了这个级联型的有限字长模型,图中将在每一节输出的量化噪声源 $e_i(n) 1 \leqslant i \leqslant K$ 合并起来。设 $y(n)$ 是由于输入 $x(n)$ 的输出,而 $q(n)$ 是由于所有噪声源产生的输出。现作如下合理假设:

1. 这些节都是利用 MAC(相乘-累加)结构实现的,使之在每一节仅有一个独立的噪声源,它供献给 $e_i(n)$。在每节三个乘法器的其他可能性都是直接明了的。

2. 这些噪声源是互为独立的,也即

$$e_i(n) \perp e_j(n), \quad i \neq j$$

3. 每个噪声源都是白色噪声,并有 $\sigma_{e_i}^2 = 2^{-2B}/12$。

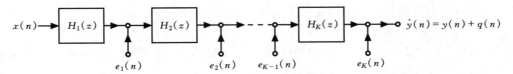

图 10.28　对于乘法量化插入噪声源的级联型 FIR 滤波器

现在讨论级联型实现时舍入噪声和加权(防止溢出)的问题。

舍入噪声　令从 $e_i(n)$ 节点在输出端的噪声脉冲响应记为 $g_i(n)$,那么 $g_i(n)$ 的长度等于 $(M-2i)$。令 $q_i(n)$ 是由于 $e_i(n)$ 引起的输出噪声,那么它的功率是

$$\sigma_{q_i}^2 = \sigma_{e_i}^2 \sum_0^{M-2i} |g_i(n)|^2 = \frac{2^{-2B}}{12} \sum_0^{M-2i} |g_i(n)|^2 \tag{10.91}$$

因为 $q(n) = \sum_{i=1}^{K} q_i(n)$,得到总的噪声功率为

$$\sigma_q^2 = \sum_{i=1}^{K} \sigma_{q_i}^2 = \frac{2^{-2B}}{12} \Big(\sum_{i=1}^{K} \sum_{n=1}^{M-2i} |g_i(n)|^2 \Big) \tag{10.92}$$

表达式 $\sum_{i=1}^{K} \sum_{n=1}^{M-2i} |g_i(n)|^2$ 表明:噪声功率与级联次序有关。已经证明,对于大多数的级联先后次序,噪声功率近似地都是相同的。

防止溢出的加权　根据图 10.28 注意到,在每个节点上都必须防止溢出。令 $h_k(n)$ 是在每个节点 k 上的单位脉冲响应,那么需要一个加权常数 $X_{\max}$ 为

$$X_{\max} = \frac{1}{\max_k \sum |h_k(n)|}$$

以使得 $|y(n)| \leqslant 1$。显然,这是一个非常保守的值。更好的办法是对所有节的单位脉冲响应 $\{h_i(n)\}$ 加权以使得对每个 i 的 $\sum |h_i| = 1$。因此,每节输出都限制在 -1 和 $+1$ 之间,如果输入 $x(n)$ 在同一区间内分布的话。假定 $x(n)$ 在 $[-1, +1]$ 内均匀分布而且是白色的,那么输出信号功率是

$$\sigma_y^2 = \sigma_x^2 \sum_0^{M-1} |h(n)|^2 = \frac{1}{3} \sum_0^{M-1} |h(n)|^2 \tag{10.93}$$

式中 $h(n)$ 是这个滤波器的总单位脉冲响应。令 $\hat{g}_i$ 是(10.92)式中对应的加权后的单位脉冲

响应。现在就能计算出输出 SNR 为

$$\mathrm{SRN} = \frac{\sigma_y^2}{\sigma_q^2} = 2^{2(B+1)} \frac{\sum_0^{M-1} |h(n)|^2}{\left(\sum_{i=1}^{K} \sum_{n=1}^{M-2i} |\hat{g}_i(n)|^2\right)} \tag{10.94}$$

或者为

$$\mathrm{SNR}_{dB} = 6.02(B+1) + 10\log_{10}\left(\sum_0^{M-1} |h(n)|^2\right) - 10\log_{10}\left(\sum_{i=1}^{K} \sum_{n=1}^{M-2i} |\hat{g}_i(n)|^2\right) \tag{10.95}$$

10.3.3 利用 MATLAB 分析

利用 casfiltr 函数能计算无限精度级联结构的输出。利用以上提出的加权办法,能对每个二阶节加权并用于量化输出的仿真中。再者,全部计算都能以向量形式完成,这改善了执行速度。这些以及其他的仿真步骤都在下面例题中细述。

例题 10.14 考虑在例题 10.13 给出的四阶 FIR 滤波器。它的级联型实现连同一个增益常数 b_0 一起有两节,它能利用 dir2cas 函数求出为

$$H_1(z) = 1 + 1.4859z^{-1} + 2.8901z^{-2}$$
$$H_2(z) = 1 + 0.5141z^{-1} + 0.3460z^{-2}, \text{ 以及 } b_0 = 0.1 \tag{10.96}$$

应该注意到,上面系数中有一些大于1,当仅用 B 位小数位进行量化时它会引起系数量化的一些问题。因此如同上面所说明的需要对每一节加权。加权的值是

$$\hat{H}_1(z) = 0.1860 + 0.2764z^{-1} + 0.5376z^{-2}$$
$$\hat{H}_2(z) = 0.5376 + 0.2764z^{-1} + 0.1860z^{-2} \tag{10.97}$$

和 $\hat{b}_0 = 1$。这样我们不需要对输入加权。现在,在(10.94)式中 $\hat{g}_1(n) = \hat{H}_2(n)$ 和 $\hat{g}_2(n) = 1$。于是由(10.95)式,输出 SNR 是 70.96dB,这与一个乘法器的直接型实现的结果(72.41dB)是可比较的。这些计算和误差直方图的作图都在下面 MATLAB 脚本中阐明。

```
% Example Parameters
B = 12;                        % # of fractional bits
N = 100000;                    % # of samples
xn = (2 * rand(1,N) - 1);      % Input sequence-Uniform Distribution
h = [0.1,0.2,0.4,0.2,0.1];     % Filter parameters
M = length(h);                 % filter length
[b0,Bh,Ah] = dir2cas(h,1);     % Cascade sections
h1 = Bh(1,:);                  % Section - 1
h2 = Bh(2,:);                  % Section - 2
h1 = h1/sum(h1);               % Scaled so Gain = 1
h2 = h2/sum(h2);               % Scaled so Gain = 1
% Local variables
bM = 7; DbM = 2^bM;            % bin parameter
BB = 2^B;                      % useful factor in quantization
 K = round(DbM/2);             % Half number of bins
```

```
bins = [−K+0.5:1:K−0.5];       % Bin values from −K to K
   Q = bins/DbM;               % Normalized bins
 YTN = 2^(−bM);                % Ytick marks interval
 YLB = 20 * YTN;               % Yaxis limit
 % Quantize the input and the filter coefficients
h1 = QFix(h1,B,'round','satur'); % h1 quantized to B bits
h2 = QFix(h2,B,'round','satur'); % h2 quantized to B bits
xn = QFix(xn,B,'round','satur'); % Input quantized to B bits

 % Filter output without multiplication quantization
yn = casfiltr(b0,Bh,Ah,xn); % output using Casfiltr routine
 % Filter output with multi quant (1 multiplier/section)
xq = QFix(xn,B,'round','satur'); % Section−1 scaled input
wn = filter(h1,1,xq);          % Sec−1 unquantized output
wq = QFix(wn,B,'round','satur'); % Sec−1 quantized output
wq = QFix(wq,B,'round','satur'); % Section−2 scaled input
yq = filter(h2,1,wq);          % Sec−2 unquantized output
yq = QFix(yq,B,'round','satur'); % Sec−2 quantized output
 % Output Error Analysis
   qn = yn − yq;               % Outout error sequence
varyn = var(yn); varqn = var(qn);   % Signal and noise power
qqmax = max(qn); qqmin = min(qn);   % Maximun and minimum of the error
qnmax = max(abs[qqmax,qqmin]));     % Absolute maximum range of the error
qnavg = mean(qn); qnstd = std(qn);  % Mean and std dev of the error
   qn = round(qn * (2^bM)/(2 * qnmax) + 0.5); % Normalized en (interger between −K & K)
   qn = sort([qn,−K:1:(K+1)]);      %
    H = diff(find(diff(qn)))−1;     % Error histogram
    H = H/N;                        % Normalized histogram
 Hamx = max(H); Hmin = min(H);      % Max and Min of the normalized histogram
 % Output SNRs
SNR_C = 10 * log10(varyn/varqn); % Computed SNR
SRN_T = 6.02 * (B+1) + 10 * log10(sum(h. * h))...
       − 10 * log10(1 + sum(h2. * h2)); % Theoretical SNR
```

图 10.29 示出了这个图。误差分布好像有一个高斯型的包络线,但是这个误差不是连续地分布的。这种特性行为表明输出误差仅取一组固定的值,这是由于一组特殊的系数值造成的。计算出的 SNR 是 70.85dB,这与上面的理论值是一致的。因此,我们的假设是合理的。　　■

10.3.4　浮点运算

浮点运算的分析要更为复杂和繁琐,因此只讨论在简化了的假设下的直接型实现。图 10.30 示出含有浮点运算模型的一种直接型实现。在这个实现中,$\{\eta_i(n)\}, 1 \leqslant i \leqslant M-1$ 是在加法器中的相对误差,而 $\{\varepsilon_i(n)\}, 0 \leqslant i \leqslant M-1$ 是在乘法器中的相对误差,并有 $|\eta_i| \leqslant 2^{-2B}$ 和

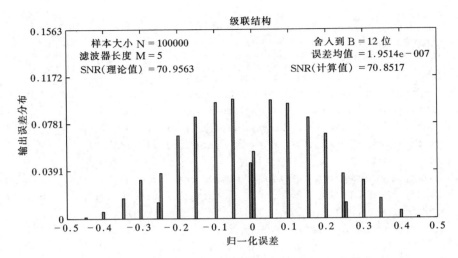

图 10.29 例题 10.14 级联型 FIR 滤波器乘法量化效应

$|\varepsilon_i| \leqslant 2^{-2B}$。

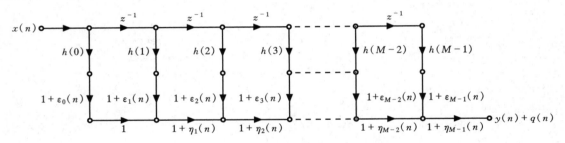

图 10.30 一个 FIR 滤波器直接型浮点实现的乘法量化模型

令 $A(n,k)$ 是从第 k 个乘法器到输出节点的增益,它给出为

$$A(n,k) = \begin{cases} (1+\varepsilon_k(n)) \prod_{r=k}^{M-1} (1+\eta_r(n)), & k \neq 0 \\ (1+\varepsilon_0(n)) \prod_{r=k}^{M-1} (1+\eta_r(n)), & k = 0 \end{cases} \tag{10.98}$$

令 $\hat{y}(n) \triangleq y(n) + q(n)$ 是总的输出,其中 $y(n)$ 是由 $x(n)$ 引起的输出,而 $q(n)$ 则是由噪声源引起的输出。那么

$$\hat{y}(n) = \sum_{k=0}^{M-1} A(n,k)h(k)x(n-k) \tag{10.99}$$

从(10.99)式减去 $y(n) = \sum_{k=0}^{M-1} h(k)x(n-k)$ 得到

$$q(n) = \sum_{k=0}^{M-1} \{A(n,k)-1\}h(k)x(n-k) \tag{10.100}$$

现在,根据(10.98)式,$A(n,k)$ 的平均值是 $E[A(n,k)]=1$,而 $A(n,k)$ 的平均功率是

$$E[A^2(n,k)] = \left(1 + \frac{1}{3}2^{-2B}\right)^{M+1-k}$$

$$\approx 1 + (M+1-k)\frac{2^{-2B}}{3} \quad \text{对于小 } 2^{-2B} \tag{10.101}$$

假定输入信号 $x(n)$ 也是一个方差为 σ_x^2 的白色序列,那么从(10.101)式,给出的噪声功率是

$$\sigma_q^2 = \frac{(M+1)2^{-2B}}{3}\sigma_x^2 \sum_{k=0}^{M-1}|h(k)|^2 \left(1 - \frac{k}{M+1}\right) \tag{10.102}$$

因为 $\left(1 - \dfrac{k}{M+1}\right) \leqslant 1$,并利用 $\sigma_y^2 = \sigma_x^2 \sum_{k=0}^{M-1}|h(k)|^2$,噪声功率 σ_q^2 的上界为

$$\sigma_q^2 \leqslant (M+1)\frac{2^{-2B}}{3}\sigma_y^2 \tag{10.103}$$

或者 SNR 的下界为

$$\text{SNR} \geqslant \frac{3}{M+1}2^{2B} \tag{10.104}$$

(10.104)式说明,依幅度大小增加为序计算乘积是最好的。

例题 10.15　再次考虑例题 10.13 给出的这个四阶 FIR 滤波器,其中 $M=5, B=12$ 和 $h(n) = \{0.1, 0.2, 0.4, 0.2, 0.1\}$。由(10.104)式,SNR 的下界为

$$\text{SNR}_{\text{dB}} \geqslant 10\log_{10}\left(\frac{3}{M+1}2^{24}\right) = 69.24\text{dB}$$

而由(10.102)式计算的近似值是 72dB。应该注意的是,在小于最优加权(比如,若信号幅度下降 10dB)之下,定点的结果会受损,而浮点 SNR 仍能保持不变。为了考验这一点,可以将一个可变的加权因子 A 置于定点系统中,然后将它逐渐向满浮点数接近予以验证。实际上,浮点就是具有可变加权的定点;这就是在每次乘法和加法采用一种 2 的幂的加权(或移位)。　■

10.4　习题

P10.1　令 $x(n) = 0.5[\cos(n/17) + \sin(n/23)]$。对于下列各部分利用 $x(n)$ 的 500000 个样本和 StatModelR 函数。

1. 将 $x(n)$ 量化到 $B=2$ 位,对误差信号 $e_1(n)$ 和 $e_2(n)$ 画出所得分布。讨论这些图。
2. 将 $x(n)$ 量化到 $B=4$ 位,对误差信号 $e_1(n)$ 和 $e_2(n)$ 画出所得分布。讨论这些图。
3. 将 $x(n)$ 量化到 $B=6$ 位,对误差信号 $e_1(n)$ 和 $e_2(n)$ 画出所得分布。讨论这些图。

P10.2　令 $x(n) = \dfrac{1}{3}[\cos(0.1\pi n) + \sin(0.2\pi n) + \sin(0.4\pi n)]$。对下列各部分利用 $x(n)$ 的 500000 个样本和 StatModelR 函数。

1. 将 $x(n)$ 量化到 $B=2$ 位,对误差信号 $e_1(n)$ 和 $e_2(n)$ 画出所得分布。讨论这些图。
2. 将 $x(n)$ 量化到 $B=4$ 位,对误差信号 $e_1(n)$ 和 $e_2(n)$ 画出所得分布。讨论这些图。
3. 将 $x(n)$ 量化到 $B=6$ 位,对误差信号 $e_1(n)$ 和 $e_2(n)$ 画出所得分布。讨论这些图。

P10.3　设一个实系数、因果和稳定的 IIR 滤波器给出为

$$H(z) = R_0 + \sum_{k=1}^{N-1}\frac{R_k}{z - p_k} \tag{10.105}$$

其中全部极点都为单阶简单极点。利用(10.16)式、(10.18a)式和(10.105)式证明

$$\frac{\sigma_q^2}{\sigma_e^2} = R_0^2 + \sum_{k=1}^{N-1} \sum_{l=1}^{N-1} \frac{R_k R_l^*}{1 - p_k p_l^*}$$

P10.4 考虑在习题 P6.39 设计的低通滤波器。这个滤波器的输入是一个零均值和方差为 0.1 的独立和一致分布的高斯序列。

1. 利用 VarGain 函数求这个滤波器输出过程的方差。

2. 用产生这个输入序列的 500000 个样本,数值上求这个输出过程的方差。对结果作讨论。

P10.5 设计一个椭圆型带通滤波器,它有下阻带为 0.3π,下通带为 0.4π,上通带为 0.5π 和上阻带为 0.65π。通带波纹为 0.1dB,阻带衰减是 50dB。输入信号是一个随机序列,它在 -1 和 1 之间是独立的和均匀分布的。

1. 利用 VarGain 函数求这个滤波器输出过程的方差。

2. 用产生这个输入序列的 500000 个样本,数值上求这个输出过程的方差。对结果作讨论。

P10.6 考虑初始条件为零的一阶递归系统 $y(n)=0.75y(n-1)+0.125\delta(n)$。这个滤波器用 4 位(含符号位)定点补码小数运算实现。所有乘积都舍入到 3 位。

1. 对加法采用饱和限幅器,求出并画出前 20 个输出样本。这个滤波器陷入一个极限环了吗?

2. 对加法采用补码溢出,求出并画出前 20 个输出样本。这个滤波器陷入一个极限环了吗?

P10.7 当乘积截尾到 3 位时,重做习题 P10.6。

P10.8 考虑初始条件为零的二阶递归系统 $y(n)=0.125\delta(n)-0.875y(n-2)$。这个滤波器用 5 位(含符号位)定点补码小数运算实现。所有乘积都舍入到 4 位。

1. 对加法采用饱和限幅器,求出并画出前 30 个输出样本。这个滤波器陷入一个极限环了吗?

2. 对加法采用补码溢出,求出并画出前 30 个输出样本。这个滤波器陷入一个极限环了吗?

P10.9 当乘积截尾到 4 位时,重做习题 P10.8。

P10.10 令 $x(n)=\dfrac{1}{4}[\sin(n/11)+\cos(n/13)+\sin(n/17)+\cos(n/19)]$ 和 $c=0.7777$。对下列各部分利用 $x(n)$ 的 500000 个样本和 StatModelR 函数。

1. 将 $c,x(n)$ 量化到 $B=4$ 位,对误差信号 $e_1(n)$ 和 $e_2(n)$ 画出所得分布。讨论这些图。

2. 将 $c,x(n)$ 量化到 $B=8$ 位,对误差信号 $e_1(n)$ 和 $e_2(n)$ 画出所得分布。讨论这些图。

3. 将 $c,x(n)$ 量化到 $B=12$ 位,对误差信号 $e_1(n)$ 和 $e_2(n)$ 画出所得分布。讨论这些图。

P10.11 令 $x(n)$ 是一个在 -1 和 1 之间均匀分布的随机序列,并令 $c=0.7777$。对下列各部分利用 $x(n)$ 的 500000 个样本和 StatModelR 函数。

1. 将 $c,x(n)$ 量化到 $B=4$ 位,对误差信号 $e_1(n)$ 和 $e_2(n)$ 画出所得分布。讨论这些图。

2. 将 $c,x(n)$ 量化到 $B=8$ 位,对误差信号 $e_1(n)$ 和 $e_2(n)$ 画出所得分布。讨论这些图。

3. 将 $c,x(n)$ 量化到 $B=12$ 位,对误差信号 $e_1(n)$ 和 $e_2(n)$ 画出所得分布。讨论这些图。

P10.12 考虑一个输入为 $x(n)$ 和输出为 $y(n)$ 的 LTI 系统

$$y(n) = b_0 x(n) + b_1 x(n-1) + a_1 y(n-1) \qquad (10.106)$$

1. 画出该系统的直接 I 型结构。
2. 令 $e_{b_0}(n)$、$e_{b_1}(n-1)$ 和 $e_{a_1}(n-1)$ 分别记为在这个直接 I 型实现中的乘积 $b_0 x(n)$、$b_1 x(n-1)$ 和 $a_1 y(n-1)$ 产生的乘法量化误差。试画出仅含一个噪声源的等效结构。
3. 画出能用于研究 (10.106) 式系统乘法量化误差的等效系统。这个系统的输入应该是本题第 2 部分的噪声源,而输出应该是总输出误差 $e(n)$。
4. 利用本题第 3 部分的模型,求输出噪声 $e(n)$ 的方差表达式。

P10.13 令给出的系统是 $y(n) = ay(n-1) + x(n)$,$a = 0.7$ 在这个滤波器实现中被量化到 B(小数)位。令输入序列是 $x(n) = \sin(n/11)$,它在加法器中被适当加权以防止溢出,而且在滤波以前被量化到 B 位。在滤波运算中的乘法也量化到 B 位。

    1. 令 $B = 5$。产生 $x(n)$ 的 100000 个样本并用乘法量化通过这个系统滤波。计算理论输出、量化输出、输出误差和输出 SNR。给出一个归一化的直方图并对结果进行讨论。

    2. 令 $B = 10$。产生 $x(n)$ 的 100000 个样本并用乘法量化通过这个系统滤波。计算理论输出、量化输出、输出误差和输出 SNR。给出一个归一化的直方图并对结果进行讨论。

P10.14 令给出的系统是 $y(n) = ay(n-1) + x(n)$,$a = 0.333$ 在这个滤波器实现中被量化到 B(小数)位。令输入序列是 $x(n) = \sin(n/11)$,它在加法器中被适当加权以防止溢出,而且在滤波以前被量化到 B 位。在滤波运算中的乘法也量化到 B 位。

    1. 令 $B = 5$。产生 $x(n)$ 的 100000 个样本并用乘法量化通过这个系统滤波。计算理论输出、量化输出、输出误差和输出 SNR。给出一个归一化的直方图并对结果进行讨论。

    2. 令 $B = 10$。产生 $x(n)$ 的 100000 个样本并用乘法量化通过这个系统滤波。计算理论输出、量化输出、输出误差和输出 SNR。给出一个归一化的直方图并对结果进行讨论。

P10.15 考虑由 (10.51) 式给出的二阶 IIR 滤波器,其中 $r = 0.8$ 和 $\theta = \pi/4$。这个滤波器的输入是 $x(n) = \sin(n/23)$。

    1. 研究 $B = 5$ 位时这个滤波器的乘法量化误差行为。求理论输出 SNR、计算的输出 SNR,以及 SNR 的上界和下界。画出归一化的输出误差直方图。

    2. 研究 $B = 10$ 位时这个滤波器的乘法量化误差行为。求理论输出 SNR、计算的输出 SNR,以及 SNR 的上界和下界。画出归一化输出误差直方图。

P10.16 考虑由 (10.51) 式给出的二阶 IIR 滤波器,其中 $r = 0.8$ 和 $\theta = 2\pi/3$。这个滤波器的输入是 $x(n) = \sin(n/23)$。

    1. 研究 $B = 5$ 位时这个滤波器的乘法量化误差行为。求理论输出 SNR、计算的输出 SNR,以及 SNR 的上界和下界。画出归一化的输出误差直方图。

    2. 研究 $B = 10$ 位时这个滤波器的乘法量化误差行为。求理论输出 SNR、计算的输出 SNR,以及 SNR 的上界和下界。画出归一化的输出误差直方图。

P10.17 考虑一个五阶的 FIR 系统给出为

$$H(z) = 0.1 + 0.2z^{-1} + 0.3z^{-2} + 0.3z^{-3} + 0.2z^{-4} + 0.1z^{-5}$$

它用 $B=10$ 位以直接型实现。滤波器的输入是一个样本间独立的,且在 $[-1,1]$ 内均匀分布的随机序列。

1. 研究在这个实现中全部 6 个乘法器都用时的乘法量化误差。给出输出误差的归一化直方图。

2. 研究在这个实现中用一个乘法器时的乘法量化误差。给出输出误差的归一化直方图。

P10.18 考虑一个四阶的 FIR 系统给出为

$$H(z) = 0.1 + 0.2z^{-1} + 0.3z^{-2} + 0.2z^{-3} + 0.1z^{-4}$$

它用含有二阶节的级联实现。滤波器的输入是一个样本间独立的,且在 $[-1,1]$ 内均匀分布的随机序列。

1. 研究在这个实现中 $B=6$ 时的乘法量化误差。给出输出误差的归一化直方图。

2. 研究在这个实现中 $B=12$ 位时的乘法量化误差。给出输出误差的归一化直方图。

关于自适应滤波的应用

11

在第 7 和第 8 章中,我们讨论了 FIR 和 IIR 滤波器设计的各种方法以满足某些期望的技术要求。其目标就是要求出满足这些期望要求的数字滤波器的系数。

与在那两章所考虑的滤波器设计方法形成对照的是在许多数字信号处理应用中,滤波器的系数是不能预先给出的。例如,考虑某一高速调制–解调器,它是专门为在电话信道中传输数据而设计的。这样一种调制–解调器为了补偿信道失真而使用了一种称为信道均衡器的滤波器。这种调制–解调器必须有效地在具有不同频率响应特性的通信信道上传输数据,因此会产生不同的失真效果。唯一可能的办法是如果这个信道均衡器具有可调节的系数,而在对信道特性完成测量的基础上,这些系数又能够做到在某种失真测度最小的准则下最优。具有可调节参数的这样一种滤波器称为自适应滤波器,在上述情况下就为自适应均衡器。

在文献中有关自适应滤波器的大量应用都已提到。其中更为值得注意的应用包括(1)自适应天线系统,其中自适应滤波器用作波束控制,并在波束图中提供零波束区用以消除不希望有的干扰[97];(2)数字通信接收机,其用自适应滤波器提供码间干扰均衡和用作信道辨识[81];(3)自适应噪声抵消技术,其中自适应滤波器用作估计并消除在某些所需信号中的某一噪声分量[96,34,15];以及(4)系统建模,其中自适应滤波器作为一种模型用以估计某一未知系统的特性。这些仅是自适应滤波器应用中最为著名的几个例子。

尽管对自适应滤波来说,IIR 和 FIR 滤波器都已经被考虑在内,但是迄今最为实际和应用最广的还是 FIR 滤波器。对于这一偏爱其理由是很简单的。FIR 滤波器仅有可调节的零点,因此它没有稳定性的问题,而与自适应 IIR 滤波器有关的则是既有可调节的极点,也有可调节的零点。不过我们也不应该得出这样的结论,自适应 FIR 滤波器总是稳定的。正相反,滤波器的稳定性关键还是要取决于调节它的系数的算法。

在各种可以使用的 FIR 滤波器的结构中,自适应滤波应用常常使用的还是直接型和格型结构。图 11.1 说明了具有可调节系数 $h(0), h(1), \cdots, h(N-1)$ 的直接型 FIR 滤波器结构。FIR 格型结构将在第 14 章中讨论,其具有可调节参数 K_n,称作反射系数,如图 14.15 所示。

在自适应滤波器应用中一个重要的考虑问题是使可调节滤波器参数最优的标准(或准则)。这种准则不仅仅必须要提供对滤波器性能一种有意义的度量,而且还必须形成一种实际上可以实现的算法。

在自适应滤波应用中提供的一种好的性能度量准则是最小二乘准则,而在一个统计问题表述中与它相配的则是均方误差(MSE)准则。最小二乘(和 MSE)准则产生一个二次性能指数作为滤波器系数的函数,从而具有单一的最小值。这个为调节滤波器系数所形成的算法相对来说比较容易实现。

这一章要讨论的一种基本算法称为最小均方(LMS)算法,用于自适应地调节一个 FIR 滤

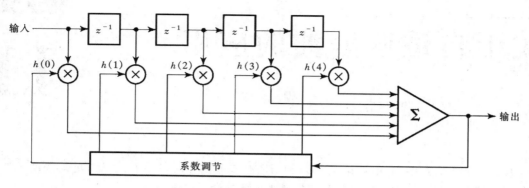

图 11.1　直接型自适应 FIR 滤波器

波器的系数。要被实现的自适应滤波器结构是具有可调节系数 $h(0), h(1), \cdots, h(N-1)$ 的直接型 FIR 滤波器结构,如图 11.1 所说明的。在讨论完 LMS 算法以后,再将它应用于几个实际的系统,其中都用到自适应滤波器。

11.1　用于系数调整的 LMS 算法

假设有一 FIR 滤波器,可调节的系数为 $\{h(k), 0 \leqslant k \leqslant N-1\}$。令 $\{x(n)\}$ 代表这个滤波器的输入序列,相应的输出是 $\{y(n)\}$,其中

$$y(n) = \sum_{k=0}^{N-1} h(k)x(n-k), \ n = 0, \cdots, M \tag{11.1}$$

假设还有某个期望的序列 $\{d(n)\}$,可以将它与这个 FIR 滤波器的输出作比较,然后取 $d(n)$ 和 $y(n)$ 之差形成误差序列 $\{e(n)\}$,也即

$$e(n) = d(n) - y(n), \ n = 0, \cdots, M \tag{11.2}$$

选择这个 FIR 滤波器的系数使平方误差之和最小。因此有

$$\mathcal{E} = \sum_{n=0}^{M} e^2(n) = \sum_{n=0}^{M} \left[d(n) - \sum_{k=0}^{N-1} h(k)x(n-k) \right]^2 \tag{11.3}$$

$$= \sum_{n=0}^{M} d^2(n) - 2 \sum_{k=0}^{N-1} h(k)r_{dx}(k) + \sum_{k=0}^{N-1} \sum_{l=0}^{N-1} h(k)h(l)r_{xx}(k-l)$$

式中,定义

$$r_{dx}(k) = \sum_{n=0}^{M} d(n)x(n-k), \ 0 \leqslant k \leqslant N-1 \tag{11.4}$$

$$r_{xx}(k) = \sum_{n=0}^{M} x(n)x(n+k), \ 0 \leqslant k \leqslant N-1 \tag{11.5}$$

称 $\{r_{dx}(k)\}$ 为期望输出序列 $\{d(n)\}$ 和输入序列 $\{x(n)\}$ 之间的互相关,$\{r_{xx}(k)\}$ 是序列 $\{x(n)\}$ 的自相关。

这个平方误差的和 $\mathcal{E}$ 是这个 FIR 滤波器系数的二次函数。因此,对于滤波器系数 $\{h(k)\}$ 的 $\mathcal{E}$ 最小化就会产生一组线性方程。通过 $\mathcal{E}$ 对每个滤波器系数微分,得到

$$\frac{\partial \mathcal{E}}{\partial h(m)} = 0, \ 0 \leqslant m \leqslant N-1 \tag{11.6}$$

因此有

$$\sum_{k=0}^{N-1} h(k) r_{xx}(k-m) = r_{dx}(m), \quad 0 \leqslant m \leqslant N-1 \tag{11.7}$$

这是一组能产生最优滤波器系数的线性方程组。

为了直接解出这组线性方程,必须首先计算出输入信号 $\{x(n)\}$ 的自相关 $\{r_{xx}(k)\}$ 和期望序列 $\{d(n)\}$ 与输入序列 $\{x(n)\}$ 之间的互相关 $\{r_{dx}(k)\}$。

LMS 算法给出了另一种计算方法,它不用明确地计算出相关序列 $\{r_{xx}(k)\}$ 和 $\{r_{dx}(k)\}$ 而确定出最优的滤波器系数 $\{h(k)\}$。这一算法基本上是一种递推的梯度(最陡下降)方法,它找到 $\mathcal{E}$ 的最小值,因此得出这组最优的滤波器系数。

用任意选择的 $\{h(k)\}$ 的初始值(比如说 $\{h_0(k)\}$)作为开始,例如开始用 $h_0(k)=0, 0 \leqslant k \leqslant N-1$,然后将每一新的输入样本 $\{x(n)\}$ 输入到这个自适应 FIR 滤波器,计算相应的输出 $\{y(n)\}$,形成误差信号 $e(n)=d(n)-y(n)$,并按方程

$$h_n(k) = h_{n-1}(k) + \Delta \cdot e(n) \cdot x(n-k), \quad 0 \leqslant k \leqslant N-1, \ n = 0,1,\cdots \tag{11.8}$$

更新滤波器系数,这里 Δ 称为步长参数,$x(n-k)$ 是输入信号在时间 n 位于滤波器第 k 个抽头上的样本,而 $e(n)x(n-k)$ 是对第 k 个滤波器系数的一个梯度负值的近似(估计)。这就是为自适应地调节滤波器系数而使平方误差 $\mathcal{E}$ 达到最小的 LMS 递推算法。

步长参数 Δ 控制了为到达最优解的算法收敛速率。大的 Δ 值会导致大的步长调节,从而加速收敛;而小的 Δ 值会产生较慢的收敛。然而,如果 Δ 取得太大,算法会变为不稳定。为了保证稳定性,Δ 必须选在下面范围内[81]

$$0 < \Delta < \frac{1}{10NP_x} \tag{11.9}$$

式中 N 是自适应 FIR 滤波器的长度,P_x 是输入信号的功率,它能近似为

$$P_x \approx \frac{1}{1+M} \sum_{n=0}^{M} x^2(n) = \frac{r_{xx}(0)}{M+1} \tag{11.10}$$

(11.9)式和(11.10)式数学上的合理性和 LMS 算法会导致最优滤波器系数解的证明都在有关自适应滤波器的更为深入的讨论中给出,有兴趣的读者可参考 Haykin[30] 和 Proakis[79] 的书。

11.1.1 MATLAB 实现

LMS 算法 (11.8) 式很容易能用 MATLAB 实现。已知输入序列 $\{x(n)\}$、期望序列 $\{d(n)\}$、步长 Δ 和期望的自适应 FIR 滤波器长度 N,能用递推方式利用(11.1)式、(11.2)式和(11.8)式确定自适应滤波器系数 $\{h(n), 0 \leqslant n \leqslant N-1\}$。这就如下面的函数 lms 所指出的。

```
function [h,y] = lms(x,d,delta,N)
% LMS Algorithm for Coefficient Adjustment
% -------------------------------------------
% [h,y] = lms(x,d,delta,N)
%     h = estimated FIR filter
```

```
%       y = output array y(n)
%       x = input array x(n)
%       d = desired array d(n), length must be same as x
% delta = step size
%       N = length of the FIR filter
%
M = length(x); y = zeros (1,M);
h = zeros (1,N);
for n = N:M
  x1 = x(n: -1:n-N+1);
  y = h * x1';
  e = d(n) - y;
  h = h + delta * e * x1;
end
```

另外,lms 函数还给出了这个自适应滤波器的输出$\{y(n)\}$。

下面将应用 LMS 算法于几个涉及自适应滤波的实际应用场合。

11.2　系统辨识或系统建模

为了构造这个问题,可参照图 11.2。现有一个未知的线性系统,我们想要识别它。这个未知系统可以是一个全零点(FIR)系统,或者是一个零极点(IIR)系统。该未知系统将用一个长度为 N 的 FIR 滤波器近似(建模)。未知系统和 FIR 模型并联连接,并由同一个输入序列$\{x(n)\}$激励。如果$\{y(n)\}$代表模型的输出,而$\{d(n)\}$代表未知系统的输出,误差序列就是$\{e(n)=d(n)-y(n)\}$。如果我们能将平方误差和减到最小,就得到像(11.7)式同样的一组线性方程。因此,由(11.8)式给出的 LMS 算法可以用来对 FIR 模型的系数自适应以使得它的输出近似为该未知系统的输出。

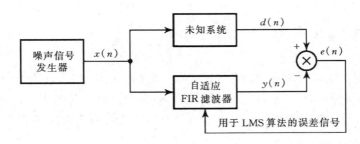

图 11.2　系统辨识或系统建模问题方框图

11.2.1 作业 11.1:系统辨识

需要有三个基本的模块来完成这个作业。

(1) 一个能产生零均值随机数序列的噪声信号发生器,例如,可以在范围$[-a,a]$上产生一个均匀分布的随机数序列。这样一个均匀分布的数值序列有一个零的平均值和方差为$a^2/3$。这个信号(称它为$\{x(n)\}$)将用作这个未知系统和自适应 FIR 模型的输入。在这种情况下,输入信号$\{x(n)\}$的功率是$P_x=a^2/3$。在 MATLAB 中,这可以用 rand 函数实现。

(2) 可以选择的一个未知系统的模块是一个 IIR 滤波器,并由它的差分方程实现。例如,可以选择一个由下面二阶差分方程表征的 IIR 滤波器

$$d(n) = a_1 d(n-1) + a_2 d(n-2) + x(n) + b_1 x(n-1) + b_2 x(n-2) \qquad (11.11)$$

其中,参数$\{a_1,a_2\}$决定滤波器极点的位置,$\{b_1,b_2\}$决定零点的位置。这些参数对于这个程序都是输入变量。这可以用 filter 函数实现。

(3) 一个自适应 FIR 模块,这里 FIR 滤波器有 N 个抽头系数,它们是用 LMS 算法来调节的。对于这个程序,滤波器长度 N 是一个输入变量。这可用前节给出的 lms 函数来实现。

这三个模块组合起来构成图 11.2。从这个作业中我们能够确定在 LMS 已经收敛之后,这个 FIR 模型的脉冲响应是如何接近这个未知系统的脉冲响应的。

为了监视这个 LMS 算法的收敛速率,可以计算一个平方误差 $e^2(n)$ 的短期平均并画出它。这就是说,可以计算

$$\text{ASE}(m) = \frac{1}{K}\sum_{k=n+1}^{n+K} e^2(k) \qquad (11.12)$$

式中 $m=n/K=1,2,\cdots$。求平均的区间 K 可以选为(近似)$K=10N$。通过监视 $\text{ASE}(m)$ 可以观察到步长参数 Δ 的选取在这个 LMS 算法收敛速率上的效果。

除了这个程序的主要部分之外,也应该包括如未知系统脉冲响应的计算,这可以用一个单位样本序列 $\delta(n)$ 激励这个系统来得到。实际的脉冲响应还能够与 LMS 算法收敛以后的 FIR 模型的脉冲响应作比较。为方便比较,这两个脉冲响应都可以画出来。

11.3 宽带信号中的窄带干扰抑制

假设有一信号序列$\{x(n)\}$,它由一个期望的宽带信号序列$\{w(n)\}$被一个加性窄带干扰序列$\{s(n)\}$所污损而组成。这两个序列是不相关的。这个问题在数字通信和信号检测中都会出现,在那里这个期望的信号序列$\{w(n)\}$是一个扩频信号,而窄带干扰代表来自频带内的另一个用户,或是从某个干扰台来的有意干扰,企图破坏通信或是侦察系统。

从滤波的观点来看,目的就是要设计一个滤波器抑制这个窄带干扰。实际上,这样一个滤波器应该在被干扰所占据的频带内放上某个陷波。然而,在实际中干扰的频带可能不知道,或者更甚者干扰的频带可以随时间慢变化。

干扰的窄带特性就有可能从序列 $x(n)=s(n)+w(n)$ 过去的样本中估计出 $s(n)$,并从 $x(n)$ 中减去这个估计。因为$\{s(n)\}$的带宽与$\{w(n)\}$的带宽相比要窄得多,所以$\{s(n)\}$的样本

是高度相关的。另一方面,宽带序列$\{w(n)\}$具有相对弱的相关。

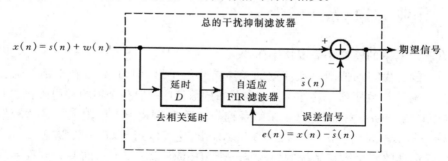

图 11.3 用于估计和抑制窄带干扰的自适应滤波器

干扰抑制系统的一般组成如图 11.3 所示。信号 $x(n)$ 被延时 D 个样本,这里延时 D 选得足够大,以使得宽带信号 $w(n)$ 和 $w(n-D)$(它们分别含有 $x(n)$ 和 $x(n-D)$)不相关。自适应 FIR 滤波器的输出是估计

$$\hat{s}(n) = \sum_{k=0}^{N-1} h(k)x(n-k-D) \tag{11.13}$$

用于优化这个 FIR 滤波器系数的误差信号是 $e(n)=x(n)-\hat{s}(n)$。这个平方误差和的最小化又将导致一组为确定最优系数的线性方程。由于延时 D 的关系,递推地调节系数的 LMS 算法现在变为

$$h_n(k) = h_{n-1}(k) + \Delta e(n)x(n-k-D), \begin{array}{l} k = 0,1,\cdots,N-1 \\ n = 1,2,\cdots \end{array} \tag{11.14}$$

11.3.1 作业 11.2:正弦干扰的抑制

需要有三种基本模块来完成这个作业。

(1)一个噪声信号发生器模块,它产生具有零均值随机数的宽带序列$\{w(n)\}$。特别是可以像前面系统辨识作业中那样,利用 rand 函数产生一个均匀分布的随机数序列。这个信号的功率用 P_w 表示。

(2)一个正弦信号发生器模块,它产生一个正弦信号 $s(n)=A\sin\omega_0 n$,其中 $0<\omega_0<\pi$,A 是信号振幅。这个正弦序列的功率用 P_s 表示。

(3)一个自适应 FIR 滤波器模块,它利用 lms 函数,其中 FIR 滤波器有 N 个抽头系数被 LMS 算法所调节。滤波器的长度 N 对这个程序是一个输入变量。

这三个模块组成图 11.4。在这个作业中延时 $D=1$ 就足够了,因为序列$\{w(n)\}$是一个白噪声序列(平坦的谱或不相关的谱)。目的是将这个 FIR 滤波器系数自适应,然后研究自适应滤波器的特性。

将干扰信号选择得比期望信号 $w(n)$ 强得多(如 $P_s=10P_w$)是很有意义的。值得注意的是,在 LMS 算法中选择步长参数需要的功率 P_x 是 $P_x=P_s+P_w$。具有系数$\{h(k)\}$的自适应 FIR 滤波器的频率响应特性 $H(e^{j\omega})$ 应该在干扰频率上呈现一个谐振峰。干扰抑制滤波器的频率响应是 $H_s(e^{j\omega})=1-H(e^{j\omega})$,它就应该在干扰频率上呈现一个凹陷。

画出序列$\{w(n)\}$、$\{s(n)\}$和$\{x(n)\}$的图是很有意义的。同样,在 LMS 算法已经收敛之后

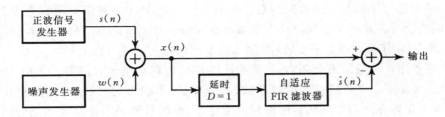

图 11.4 干扰抑制试验的模块组成

画出频率响应 $H(e^{j\omega})$ 和 $H_s(e^{j\omega})$ 的图也很有意义。用(11.12)式定义的短时平均平方误差 $ASE(m)$ 可用作监视 LMS 算法的收敛特性。应该研究自适应滤波器的长度对估计质量的影响。

这个作业可以一般化到再加上第 2 个不同频率的正弦干扰信号,只要这两个频率足够分开,那么 $H(e^{j\omega})$ 应该呈现两个谐振峰。试研究滤波器长度 N 对两个很靠近的正弦频率分辨率上的影响。

11.4 自适应谱线增强

在上一节讨论了从一个宽带信号中抑制一强窄带干扰的方法。自适应谱线增强器 (ALE)和图 11.3 的干扰抑制滤波器有相同的组成结构,只是目的不同而已。

在自适应谱线增强器中,$\{s(n)\}$ 是期望的信号,而 $\{w(n)\}$ 代表一个宽带噪声分量,它淹没了 $\{s(n)\}$。这个期望信号 $\{s(n)\}$ 可以是一根谱线(纯正弦),或者是一个相当窄带的信号。通常宽带信号中的功率大于窄带信号的功率,即 $P_w > P_s$。很清楚,这个 ALE 是一个自调谐滤波器,在它的频率响应中在输入正弦的频率上,或者在被这个窄带信号占据的频带内有一个峰值。通过具有一窄带带宽的 FIR 滤波器,位于这个信号频带外面的噪声被抑制,从而相对于在 $\{w(n)\}$ 中的噪声功率而言,信号谱线在幅度上得到增强。

11.4.1 作业 11.3:自适应谱线增强

这个作业要求的软件模块与在干扰抑制作业中是相同的,因此在前面一节所给出的描述可直接应用。一个变化是在 ALE 中,条件是 $P_w > P_s$。其次是在 ALE 中输出信号是 $\{s(n)\}$。在这些条件下重做在前一节描述过的作业。

11.5 自适应信道均衡

在电话信道上数据传输的速率通常是被信道失真所限制,这会引起码间干扰(ISI)。在数据率低于 2400 比特以下时,ISI 是相对比较小的,并且在调制-解调器运行中通常不是一个问题。然而,在高于 2400 比特以上的数据率时,就要在调制-解调器中使用自适应均衡器来补偿信道失真,从而进行可靠的高速数据传输。在电话信道中,整个系统都要用滤波器来分隔开在不同频带中的信号。这些滤波器都会产生幅度和相位失真。自适应均衡器基本上就是一个自适应 FIR 滤波器,其系数借助于 LMS 算法来调节用以校正信号失真。

图 11.5 示出在一条信道上调制-解调器传输数据的基本单元方框图。最初,用传输一短训练序列(通常小于 1s)来调节均衡器系数。在短的训练期之后,发送器开始传送数据序列 $\{a(n)\}$。为了跟踪在信道中可能有的慢时间变化,均衡器系数必须在接收数据的同时以自适应方式继续不断地被调节。如同在图 11.5 中所说明,通常这是通过下述过程来完成的:将判决装置输出端的判决当作校正信号,并利用这个判决代替参考信号 $\{d(n)\}$ 以产生误差信号。当判决误差偶尔出现时(如在 100 个数据符号内小于 1 个误差),这种办法工作得相当好。偶然的判决误差在均衡器系数上仅产生小的误调节。

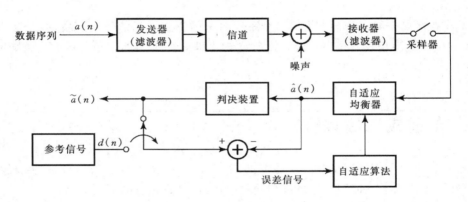

图 11.5 自适应滤波对自适应信道均衡中的应用

11.5.1 作业 11.4:自适应信道均衡

这个作业的目的是要研究用在一个会产生码间干扰的信道上进行数据传输时的自适应均衡器的性能。要仿真的系统基本组成如图 11.6 所示。如同所看到的,需要 5 种基本模块。要注意的是图中已经避开了载波调制和解调,而这个在一条电话信道的调制-解调器中是需要的。这样做是为了简化仿真程序。然而,全部处理均涉及复数算术运算。

这 5 个模块如下:

(1)数据发生器用于产生一个复值信息符号的序列 $\{a(n)\}$,特别是使用 4 个等概的符号 $s+js,s-js,-s+js$ 和 $-s-js$,这里 s 是一个标量因子,可以设置为 $s=1$,或者是一个输入参数。

(2)信道滤波器模块是一个系数为 $\{c(n),0 \leqslant n \leqslant K-1\}$ 的 FIR 滤波器,它仿真信道失真。对无失真传输,置 $c(0)=1$ 和 $c(n)=0,1 \leqslant n \leqslant K-1$。滤波器长度 K 是一个输入参数。

(3)噪声发生器模块用来产生加性噪声,它通常存在于任何数字通信系统中。如果正要仿真的噪声是由电子器件产生的,那么这个噪声分布应该是具有零均值的高斯噪声,利用 randu 函数。

(4)自适应均衡器模块是具有抽头系数为 $\{h(k),0<k<N-1\}$ 的 FIR 滤波器,这些系数

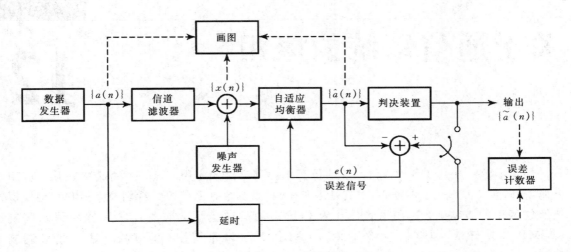

图 11.6 研究自适应均衡器性能的试验

用 LMS 算法调节。然而,由于复数运算的关系,在 LMS 算法中的递推方程要稍许修正为

$$h_n(k) = h_{n-1}(k) + \Delta e(n) x^*(n-k) \tag{11.15}$$

式中 * 号代表复数共轭。

(5) 判决装置模块提取估计值 $\hat{a}(n)$,并将它按下列判决规则量化到 4 种可能的信号点之一:

$$\mathrm{Re}[\hat{a}(n)] > 0 \text{ 和 } \mathrm{Im}[\hat{a}(n)] > 0 \to 1+j$$
$$\mathrm{Re}[\hat{a}(n)] > 0 \text{ 和 } \mathrm{Im}[\hat{a}(n)] < 0 \to 1-j$$
$$\mathrm{Re}[\hat{a}(n)] < 0 \text{ 和 } \mathrm{Im}[\hat{a}(n)] > 0 \to -1+j$$
$$\mathrm{Re}[\hat{a}(n)] < 0 \text{ 和 } \mathrm{Im}[\hat{a}(n)] < 0 \to -1-j$$

这个均衡器在抑制由信道滤波器引入的 ISI 的有效性可以用在一个二维(实部-虚部)展示图上画出下面有关序列图中看出。数据发生器输出 $\{a(n)\}$ 应该由具有 $\pm 1 \pm j$ 值的 4 个点组成。信道失真和加性噪声的影响可以用展示在这个均衡器输入端的序列 $\{x(n)\}$ 观察。这个均衡器的有效性可以根据它在系数收敛之后画出它的输出 $\{\hat{a}(n)\}$ 进行估价。短时平均平方误差 ASE(n) 也可以用作监视 LMS 算法的收敛特性。值得注意的是,在数据发生器的输出端必须要引入一个延时以补偿由于信道滤波器和自适应均衡器对信号造成的延时。例如,这个延时可以设置在最接近 $(N+K)/2$ 的最大整数值。最后,误差计数器可用来对在已接收数据序列中的符号误差进行计数,并且可将差错数对总符号数的比值(差错率)展示出来。通过改变 ISI 的大小和加性噪声的电平可以变化差错率。

建议对下面三种信道条件进行仿真:

a. 无 ISI:$c(0)=1, c(n)=0, 1 \leqslant n \leqslant K-1$

b. 适度 ISI:$c(0)=1, c(1)=0.2, c(2)=-0.2, c(n)=0, 3 \leqslant n \leqslant K-1$

c. 很强 ISI:$c(0)=1, c(1)=0.5, c(2)=0.5, c(n)=0, 3 \leqslant n \leqslant K-1$

测出的差错率可以作为在均衡器输入端信号噪声比(SNR)的函数画出来,这里 SNR 定义为 P_s/P_n,P_s 是信号功率由 $P_s = s^2$ 给出,P_n 是噪声发生器输出端序列的噪声功率。

关于通信系统的应用

12

今天,MATLAB 在各种通信系统的仿真中得到广泛的应用。这一章将集中在几个应用方面,它们涉及波形表示和编码,尤其是语音编码,以及数字通信等。特别要介绍几种将模拟波形数字化的方法,及其在语音编码和传输中的具体应用。这些方法是脉冲编码调制(PCM)、差分 PCM 和自适应差分 PCM(ADPCM)、增量调制(DM)和自适应增量调制(ADM),以及线性预测编码(LPC)。涉及这些波形编码的每一种都拟定了一个作业供用 MATLAB 仿真。

本章最后三个论题是涉及在信号检测方面的应用,这些通常在一个数字通信系统接收机的实现中会见到。对于这些论题中的每一个都给出了一个作业,涉及经由用 MATLAB 的检测方案的仿真实现。

12.1 脉冲编码调制

脉冲编码调制是为了以数字形式传输或存储信号而量化一个模拟信号的一种方法。PCM 广泛应用于在电话通信系统中的语音传输和使用无线电传输的遥测系统中。我们将把注意力集中在语音信号处理中 PCM 的应用上。

在电话信道上传输的语音信号在带宽上通常都限制到低于 4kHz 的频率范围,因此采样这样一个信号的奈奎斯特率小于 8kHz。在 PCM 中,模拟语音信号都在名义上的 8kHz 速率(每秒样本数)下采样,每个样本被量化到 2^b 个电平之一,并用一个 $b$bit(比特)的序列给予数字式表示。这样传输这个数字化的语音信号要求的比特率是每秒 8000$b$bit。

这个量化过程在数学上可以如下建模:

$$\tilde{s}(n) = s(n) + q(n) \tag{12.1}$$

式中 $\tilde{s}(n)$ 代表 $s(n)$ 的量化值,而 $q(n)$ 表示量化误差,我们将它当作加性噪声来对待。假设使用一种均匀量化器,并且量化的电平数足够大,那么量化噪声可以很好地用下面均匀概率密度函数在统计规律上予以表征:

$$p(q) = \frac{1}{\Delta}, \ -\frac{\Delta}{2} \leqslant q \leqslant \frac{\Delta}{2} \tag{12.2}$$

这里量化器的量化阶(步长)是 $\Delta = 2^{-b}$。这个量化误差的均方值是

$$E(q^2) = \frac{\Delta^2}{12} = \frac{2^{-2b}}{12} \tag{12.3}$$

用分贝(dB)计,噪声的均方值是

$$10\log\left(\frac{\Delta^2}{12}\right) = 10\log\left(\frac{2^{-2b}}{12}\right) = -6b - 10.8\text{dB} \tag{12.4}$$

可以看到,量化噪声随着在量化器中所用的比特数按 6dB/bit 减小。高质量的语音要求每个样本最少有 12bit,因此比特率为 96000b/s 或 96kbps。

语音信号具有这样的特性,即小的信号幅度出现得比大的信号幅度要频繁。然而,一个均匀量化器在横跨信号的整个动态范围上连续各电平之间提供同一个量化阶。一种比较好的办法是使用一种非均匀量化器,它在低信号幅度时给出更为稠密分隔的电平,而在大信号幅度时提供更加宽的分隔电平。对于具有 $b$bit 的非均匀量化器所得出的量化误差有一个比由(12.4)式给出的更小的均方值。非均匀量化器特性通常是利用将信号通过一个对信号幅度进行压缩的非线性器件,然后再紧跟着一个均匀量化器来得到的。例如在美国和加拿大的电信系统采用一种对数压缩器,称为 μ 律压缩器,它有如下形式的输入-输出幅度特性:

$$y = \frac{\ln(1+\mu\mid s\mid)}{\ln(1+\mu)}\text{sgn}(s); \quad \mid s\mid \leqslant 1, \mid y\mid \leqslant 1 \tag{12.5}$$

这里 s 是归一化输入,y 是归一化输出,$\text{sgn}(\cdot)$ 是符号函数,以及 μ 是一个供选择以给出所期望的压缩特性的参数。

对语音波形的编码中,美国和加拿大已将 $\mu=255$ 的值用作标准。这个值相对于均匀量化大约在量化噪声功率上产生 24dB 的减小,结果,一个 8bit 的量化器与 $\mu=255$ 的对数压缩器连用产生的语音质量与没有压缩的 12bit 的均匀量化器是相同的。因此,经压缩的 PCM 语音信号的比特率是 64kbps。

在欧洲电信系统中所用的对数压缩器标准称为 A 律,并定义为

$$y = \begin{cases} \dfrac{1+\ln(A\mid s\mid)}{1+\ln A}\text{sgn}(s), & \dfrac{1}{A} \leqslant \mid s\mid \leqslant 1 \\[2ex] \dfrac{A\mid s\mid}{1+\ln A}\text{sgn}(s), & 0 \leqslant \mid s\mid \leqslant \dfrac{1}{A} \end{cases} \tag{12.6}$$

式中 A 选为 87.56。尽管(12.5)式和(12.6)式是两种不同的非线性函数,但是两种压缩特性是非常相似的。图 12.1 说明了这两种压缩特性,可注意到它们之间有很大的相似性。

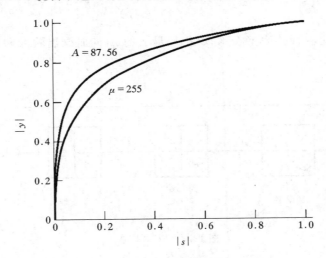

图 12.1　μ 律和 A 律非线性压缩

在从量化值重建信号中,解码器使用了一种逆对数关系用以扩展信号幅度。例如,在 μ 律中这个逆关系由下式给出:

$$|s| = \frac{(1+\mu)^{|y|}-1}{\mu}; \quad |y| \leqslant 1, \ |s| \leqslant 1 \tag{12.7}$$

这种组合的压缩器-扩展器对称为压扩器。

12.1.1 作业 12.1:PCM

这个作业的目的是为了对 PCM 压缩(线性-对数)和 PCM 扩展(对数-线性)加深理解。为这个作业写出下面三个 MATLAB 函数:

(1) 实现(12.5)式的一个 μ 律压缩器函数,它接收一个零均值的归一化($|s| \leqslant 1$)信号,并产生一个压缩了的零均值信号,这里 μ 作为一个自由参数可以标定。

(2) 一个量化器函数,它接收一个零均值的输入并在 b bit 量化之后产生某一整数输出,这里 b 可以标定。

(3) 一个实现(12.7)式的 μ 律扩展器,它接收一个整数输入产生对某一给定 μ 参数的一个零均值的输出。

为了仿真目的,要产生很大数目(10000 或更多)的下列序列:(a)锯齿波序列,(b)指数脉冲串序列,(c)正弦序列,以及(d)小方差的随机序列。在通过用选择归一化频率为无理数的办法来产生非周期序列时要特别小心(也就是样本值不应该重复)。例如,利用

$$s(n) = 0.5\sin(n/33), \quad 0 \leqslant n \leqslant 10000$$

可以产生一个正弦型序列。根据第 2 章的讨论这个序列是非周期的,但有一个周期的包络。其他的序列也能以类似方式产生。将这些信号经由以上 μ 律压缩器、量化器和扩展器等函数处理如图 12.2 所示,并按下式计算信号对量化噪声比(SQNR),以 dB 计为

$$\text{SQNR} = 10\log_{10}\left[\frac{\sum\limits_{n=1}^{N} s^2(n)}{\sum\limits_{n=1}^{N} (s(n)-s_q(n))^2}\right]$$

对于不同的 b bit 量化器,系统地确定使 SQNR 最大的 μ,同时画出输入和输出波形并对结果作讨论。

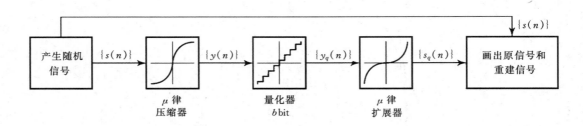

图 12.2 PCM 作业

12.2 差分 PCM(DPCM)

在 PCM 中,波形的每个样本都是独立于其他所有样本而单独编码的。然而,大多数信号(其中包括语音信号)在奈奎斯特率或更高的采样率下采样所得样本在相继样本之间都呈现有明显的相关性。换句话说,相继样本之间在幅度上的平均变化是相当小的。因此,利用样本中冗余度的一种编码方案将会产生对语音信号更低的比特率。

一种相对简单的解决办法是直接对前后相继样本幅度之差进行编码,而不是对样本本身编码。因为样本之间的差预期总是要小于实际已采样的幅度,所以为了表示这个差就会要求较少的比特数。这个办法的提炼推广就形成根据过去的 p 个样本来预测出当前的样本。为了具体一点,设 $s(n)$ 代表语音的当前样本,而 $\hat{s}(n)$ 代表 $s(n)$ 的预测值,定义为

$$\hat{s}(n) = \sum_{i=1}^{p} a(i)s(n-i) \tag{12.8}$$

这样,$\hat{s}(n)$ 是过去 p 个样本值的加权线性组合,$a(i)$ 是这个预测器(滤波器)的系数。$a(i)$ 被选为在 $s(n)$ 和 $\hat{s}(n)$ 之间的某个误差函数最小。

在数学上和实用上一种比较方便的误差函数是平方误差的和。利用这个作为预测器的性能指标,选取 $a(i)$ 使下式最小

$$\mathcal{E}_p \triangleq \sum_{n=1}^{N} e^2(n) = \sum_{n=1}^{N} \left[s(n) - \sum_{i=1}^{p} a(i)s(n-i) \right]^2 \tag{12.9}$$

$$= r_{ss}(0) - 2\sum_{i=1}^{p} a(i)r_{ss}(i) + \sum_{i=1}^{p}\sum_{j=1}^{p} a(i)a(j)r_{ss}(i-j)$$

式中 $r_{ss}(m)$ 是已采样信号序列 $s(n)$ 的自相关函数,定义为

$$r_{ss}(m) = \sum_{i=1}^{N} s(i)s(i+m) \tag{12.10}$$

对于预测器系数 $\{a_i(n)\}$ 的 $\mathcal{E}_p$ 的最小化产生如下线性方程组,称为正规方程:

$$\sum_{i=1}^{p} a(i)r_{ss}(i-j) = r_{ss}(j), \; j = 1,2,\cdots,p \tag{12.11}$$

或者写成矩阵形式

$$\boldsymbol{Ra} = \boldsymbol{r} \Rightarrow \boldsymbol{a} = \boldsymbol{R}^{-1}\boldsymbol{r} \tag{12.12}$$

式中 $\boldsymbol{R}$ 是自相关矩阵,$\boldsymbol{a}$ 是系数向量,而 $\boldsymbol{r}$ 是自相关向量。于是确立了预测器系数。

在叙述确定预测器系数的方法之后,现在考虑一个实际的 DPCM 系统方框图,如图 12.3 所示。在图中预测器是用环绕量化器的反馈回路来实现的。预测器的输入用 $\tilde{s}(n)$ 表示,它代表被量化过程修正后的信号样本 $s(n)$。预测器的输出是

$$\hat{\tilde{s}} = \sum_{i=1}^{p} a(i)\tilde{s}(n-i) \tag{12.13}$$

其差为

$$e(n) = s(n) - \hat{\tilde{s}}(n) \tag{12.14}$$

是量化器的输入,而 $\tilde{e}(n)$ 代表输出。将经量化的预测误差 $\tilde{e}(n)$ 的每个值编码成一个二进制数

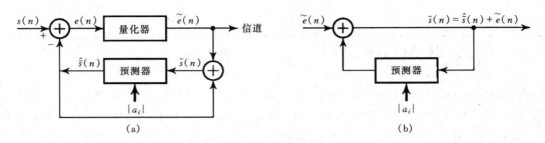

图 12.3　DPCM 代码转换器方框图

(a) DPCM 编码器；(b) DPCM 解码器

的序列并在信道上传输到接收端。量化误差 $\tilde{e}(n)$ 也被加到预测值 $\hat{s}$ 上产生 $\tilde{s}(n)$。

在接收端用于发送端的相同预测器被合成，它的输出 $\hat{s}$ 加到 $\tilde{e}(n)$ 上产生 $\tilde{s}(n)$。这个信号 $\tilde{s}(n)$ 就是这个预测器期望的激励，并且也是期望的输出序列，从它经过滤波可以得到重建信号 $\tilde{s}(t)$，如图 12.3(b) 所示。

环绕量化器应用反馈(如上所述)保证在 $\tilde{s}(n)$ 中的误差只是量化误差 $q(n) = \tilde{e}(n) - e(n)$，并且在解码器的实现中不存在过去量化误差的积累。这就是

$$q(n) = \tilde{e}(n) - e(n) = \tilde{e}(n) - s(n) + \hat{s}(n) = \tilde{s}(n) - s(n) \qquad (12.15)$$

因此 $\tilde{s}(n) = s(n) + q(n)$。这意味着量化样本 $\tilde{s}(n)$ 由于量化误差 $q(n)$ 而不同于输入 $s(n)$，而这又与使用的预测器无关。因此，量化误差不累加。

在图 12.3 所说明的 DPCM 系统中，信号样本 $s(n)$ 的估计或预测值 $\hat{s}(n)$ 按 (12.13) 式所指出的根据过去值 $\tilde{s}(n-k)$，$k = 1, 2, \cdots, p$ 的线性组合求得。通过包含线性过滤量化误差过去值的办法可以进一步改善估计的质量。具体地说，$s(n)$ 的估计可以表示成

$$\hat{s}(n) = \sum_{i=1}^{p} a(i)\tilde{s}(n-i) + \sum_{i=1}^{m} b(i)\tilde{e}(n-i) \qquad (12.16)$$

式中 $b(i)$ 是为量化误差序列 $\tilde{e}(n)$ 过滤的滤波器系数。在发送端编码器和接收端解码器的方框图如图 12.4 所示。$a(i)$ 和 $b(i)$ 这两组系数都按使误差 $e(n) = \tilde{s}(n) - s(n)$ 的某种函数(如平方误差和)最小选取。

通过对误差序列 $e(n)$ 利用一个对数压缩器和一个 4bit 的量化器，DPCM 在 32kbps 速率下得到高质量的语音，这个速率比对数 PCM 低两倍。

12.2.1　作业 12.2：DPCM

这个作业的目的是要对 DPCM 编码和解码运算得到理解。为了仿真目的，利用如下形式的零极点信号模型：

$$s(n) = a(1)s(n-1) + b_0 x(n) + b_1 x(n-1) \qquad (12.17)$$

产生相关随机序列，这里 $x(n)$ 是一个零均值单位方差的高斯序列。这可以利用 filter 函数来完成。在作业 12.1 中建立的序列也能用作仿真。为这个作业建立下面三个 MATLAB 模块：

(1) 已知输入信号 $s(n)$，实现 (12.12) 式的一个模型预测器函数。

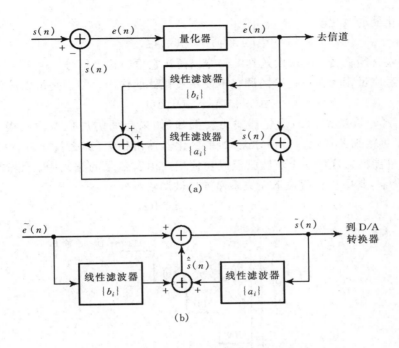

图 12.4 用线性过滤误差序列修正的 DPCM
(a) 编码器;(b) 解码器

(2) 实现图 12.3(a)方框图的一个 DPCM 编码器函数,它接受一个零均值的输入序列,并产生一个量化的 b bit 整数误差序列,这里 b 是一个自由参数。

(3) 一个图 12.3(b)的 DPCM 解码器函数,它从量化误差序列重建信号。

对某一给定信号用几个 p 阶预测模型进行试验并确定最优的阶次。将这个 DPCM 实现与作业 12.1 的 PCM 系统作比较,并讨论比较结果。将这个实现推广到如(12.16)式所指出的包括一个 m 阶的滑动平均滤波器中去。

12.3 自适应 PCM(ADPCM)和 DPCM

一般来说,语音信号的功率都是随时间缓慢变化的,而 PCM 和 DPCM 编码器都是针对语音信号功率是不变的基础上设计的,因此量化器是固定不变的。让编码器自适应于语音信号慢的时变功率电平,可以将这些编码器的效率和性能得到提高。

在 PCM 和 DPCM 中,由工作在慢变化功率电平输入信号上的一个均匀量化器产生的量化误差 $q(n)$ 会有一个时变的方差(量化噪声功率)。降低量化噪声动态范围的一种改进方法是使用自适应量化器。

自适应量化器能划分为前馈型和反馈型。前馈型自适应量化器根据对输入语音信号方差(功率)的测量,对每一信号样本调整它的量化阶。例如,基于某一滑动窗估计器估计的方差是

$$\hat{\sigma}_{n+1}^2 = \frac{1}{M} \sum_{k=n+1-M}^{n+1} s^2(k) \qquad (12.18)$$

那么对这个量化器的量化阶是

$$\Delta(n+1) = \Delta(n)\hat{\sigma}_{n+1} \tag{12.19}$$

在这种情况下就必须将 $\Delta(n+1)$ 发送到解码器以便让它重建这个信号。

反馈型自适应量化器在量化阶的调整中使用量化器的输出。特别是可以设置量化阶为

$$\Delta(n+1) = \alpha(n)\Delta(n) \tag{12.20}$$

这里标量因子 $\alpha(n)$ 取决前面的量化器输出。例如,如果前面的量化器输出很小,那么可选 $\alpha(n)<1$ 以提供更精细的量化。另一方面,如果量化器输出很大,那么量化阶就应该加大以降低信号嵌位的可能性。这样一个算法已经成功地用在语音信号的编码中。图 12.5 说明这样一个(3bit)量化器,其中量化阶按下面关系递推地被调整:

$$\Delta(n+1) = \Delta(n)M(n)$$

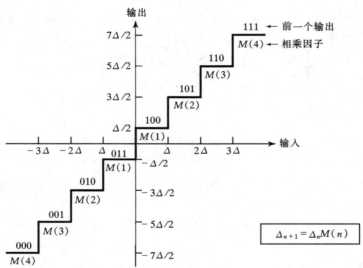

图 12.5 具有自适应量化阶的一个量化器例子[39]

这里 $M(n)$ 是一相乘因子,它的值由样本 $s(n)$ 的量化器电平决定,而 $\Delta(n)$ 是处理 $s(n)$ 的量化器的量化阶。对语音编码最优的相乘因子的值已经给出[39]。对于 PCM 和 DPCM,并在 2,3 和 4bit 量化时的这些值展示在表 12.1 上。

表 12.1 用于自适应量化阶调整的相乘因子[39]

	PCM			DPCM		
	2	3	4	2	3	4
$M(1)$	0.60	0.85	0.80	0.80	0.90	0.90
$M(2)$	2.20	1.00	0.80	1.60	0.90	0.90
$M(3)$		1.00	0.80		1.25	0.90
$M(4)$		1.50	0.80		1.70	0.90
$M(5)$			0.80			1.20
$M(6)$			0.80			1.60
$M(7)$			0.80			2.00
$M(8)$			0.80			2.40

在 DPCM 中预测器也能做成自适应的。因此,在 ADPCM 中预测器系数周期地变化以反映变化着的语音信号的统计特性。由(12.11)式给出的线性方程也能应用,但是 $s(n)$ 的短期自相关函数 $r_{ss}(m)$ 随时间变化。

12.3.1 ADPCM 标准

图 12.6 用方框图形式说明了一个 32kbps ADPCM 编码器和解码器,这个已经被采纳为在电话信道上用于语音传输的一种国际(CCITT)标准。ADPCM 编码器旨在设计为接受 8bit 的 PCM 在 64kbps 的压缩过的信号样本,并借助于自适应预测和自适应 4bit 的量化将在信道上的比特率降低到 32kbps。ADPCM 解码器接收 32kbps 的数据流,并以 8bit 压缩 PCM 的形式在 64kbps 上重建信号。据此,我们有一种如图 12.7 所示的结构图,其中 ADPCM 编码器/解码器是嵌入在一个 PCM 系统中的。虽然 ADPCM 编码器/解码器也能直接用在语音信号上,但是在电话网络中已广泛使用 PCM 系统,为了保持与已有的 PCM 系统的兼容性,在实用中与 PCM 系统接口是必要的。

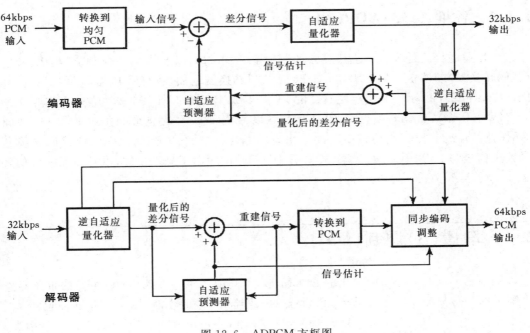

图 12.6　ADPCM 方框图

ADPCM 编码器接收 8bit PCM 经压缩的信号,并将它扩展为每样本 14bit 的线性表示以便处理。从这个 14bit 的线性值中减去预测值得到差分信号样本,将它送入量化器。自适应量化在这个差分信号上完成得到 4bit 的输入供在信道上传输。

编码器和解码器都只根据所产生的 ADPCM 数值更新它们内部变量。这样,包括一个逆自适应量化器的 ADPCM 解码器就被嵌入在编码器中以便全部内部变量都根据同一数据更新。这就确保了编码器和解码器都同步运行而勿需发送任何有关内部变量值的信息。

自适应预测器计算出最后 6 个已去量化的差分值的加权平均和最后 2 个预测值。因此,

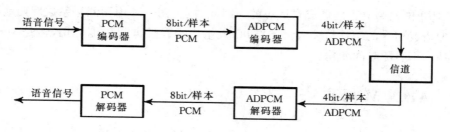

图 12.7 ADPCM 接入到 PCM 系统

这个预测器基本上是一个 2 个极点($p=2$)和 6 个零点($m=6$)的滤波器,它由(12.16)式给出的差分方程所制约。对每个新的输入样本,自适应地更新滤波器系数。

在接收方的解码器以及被嵌入在编码器中的解码器上,这个 4bit 发送的 ADPCM 值被用于更新这个逆自适应量化器,它的输出是差分信号的一个去量化的形式。将这个去量化的值加到由自适应预测器产生的值上产生重建的语音样本。这个信号是这个解码器的输出,在接收端它被转换到压缩的 PCM 格式。

12.3.2 作业 12.3:ADPCM

这个作业的目的是为进一步熟悉并加深理解 ADPCM,以及它与一个 PCM 编码器/解码器(代码转换器)的接口。如上所述,ADPCM 代码转换器是插在 PCM 压缩器和 PCM 扩展器之间的,如图 12.7 所示。利用已经建立的 MATLAB PCM 和 DPCM 模块做这个作业。

PCM-ADPCM 代码转换器系统的输入可以由内部产生的波形数据文件给出,如同在 PCM 作业的情况一样。代码转换器的输出也能画出。应将从 PCM-ADPCM 代码转换器得到的输出信号与 PCM 代码转换器(PCM 作业 12.1)的输出信号作比较,以及与原输入信号作比较。

12.4 增量(Δ)调制(DM)

增量调制可以看成是一种简化的 DPCM 形式,其中用了一个两电平(1bit)的量化器连同一个固定的一阶预测器。一种 DM 的编码器/解码器的方框图如图 12.8 所示。注意到

$$\hat{s} = \tilde{s}(n-1) = \hat{s}(n-1) + \tilde{e}(n-1) \qquad (12.21)$$

因为

$$q(n) = \tilde{e}(n) - e(n) = \tilde{e}(n) - [s(n) - \hat{s}(n)]$$

得出

$$\hat{s}(n) = s(n-1) + q(n-1) \qquad (12.22)$$

据此,$s(n)$ 的估计(预测)值实际上就是前一个样本 $s(n-1)$ 被量化噪声 $q(n-1)$ 修正的结果。同时还注意到,(12.21)式的差分方程代表了一个输入为 $\tilde{e}(n)$ 的积分器。因此,这个一步预测器的一种等效实现就是一个输入等于量化误差信号 $\tilde{e}(n)$ 的累加器。一般来说,这个量化误差信号是被某个值所加权的,比如说 Δ_1,这称之为步长。这个等效实现如图 12.9 所示。实际

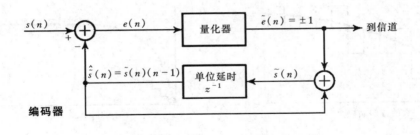

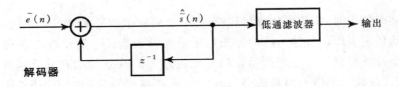

图 12.8　一种增量调制系统的方框图

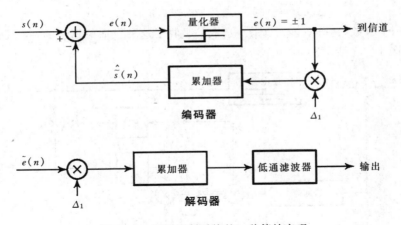

图 12.9　增量调制系统的一种等效实现

上,在图 12.9 中示出的编码器近似为用一个线性阶梯函数作用于波形 $s(t)$ 上。为了让这个近似相当的好,波形 $s(t)$ 相对于采样率必须变化相对的慢。这个要求意味着采样率必须是几倍(至少 5 倍)于奈奎斯特率。在解码器中通常都有一个低通滤波器用以平滑重建信号的不连续性。

12.4.1　自适应增益调制(ADM)

在任何给定的采样率下,DM 编码器性能被两种类型的失真所限制,如图 12.10 所示。一种称为斜率-过载失真,它是由于所用的步长 $Δ_1$ 太小而不能跟踪上具有陡峭斜率的波形部分造成的。第二种称为晶粒状噪声失真,它是由于在一段具有小斜率的波形部分使用的步长太大所形成的。需要将这两种失真类型最小就在步长 $Δ_1$ 的选择上产生了矛盾的要求。

另一种解决办法是使用一种可变的步长,它本身对源信号的短期特性自适应。这就是说,

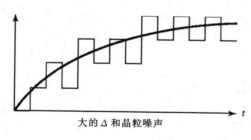
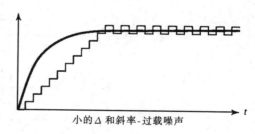

大的 Δ 和晶粒噪声　　　　　　　　　　小的 Δ 和斜率-过载噪声

图 12.10　在 DM 编码器中的两种失真类型

当波形有一个陡峭斜率时,步长增加,而当波形有一个相对小的斜率时,步长减小。

在每一次迭代中可以用各种不同的方法自适应地设置步长。量化误差序列 $\tilde{e}(n)$ 为正在编码的波形斜率特性提供一种好的指示。当量化误差 $\tilde{e}(n)$ 在连续的迭代之间正在改变符号时,这就表明在此处波形的斜率相对较小。另一方面,当波形有陡峭的斜率时,误差 $\tilde{e}(n)$ 的连续几个值应有相同的符号。根据这些观察,有可能依据连续的 $\tilde{e}(n)$ 值设计一种算法来减小或增加步长。由文献[38]设计的一种相对简单的规则是按照下面关系自适应地变化步长:

$$\Delta(n) = \Delta(n-1)K^{\tilde{e}(n)\tilde{e}(n-1)}, \quad n = 1, 2, \cdots \qquad (12.23)$$

这里 $K \geqslant 1$ 是一个常数,它按使总失真最小选取。吸收了这种自适应算法的一种 DM 编码器/解码器方框图如图 12.11 所示。

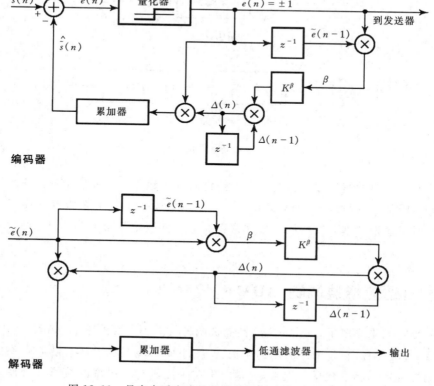

图 12.11　具有自适应步长的增量调制系统的一个例子

几个其他的自适应 DM 编码上的变化已经研究出并在有关技术文献中有报道。一种特别有效且很流行的技术首先是由文献[27]提出的,称之为连续可变斜率增量调制(CVSD)。在 CVSD 中,如果 $\tilde{e}(n),\tilde{e}(n-1)$ 和 $\tilde{e}(n-2)$ 有相同的符号,那么自适应步长参数可表示成

$$\Delta(n) = \alpha\Delta(n-1) + k_1 \tag{12.24}$$

否则就表示为

$$\Delta(n) = \alpha\Delta(n-1) + k_2 \tag{12.25}$$

参数 α,k_1 和 k_2 选择成使有 $0<\alpha<1$ 和 $k_1>k_2>0$。关于这个问题更多的讨论以及自适应 DM 上的其他变化,有兴趣的读者请参考文献 Jayant[39] 和 Flanagan[15] 的文章和在这些文章中包括的更广泛的参考资料。

12.4.2　作业 12.4:DM 和 ADM

这个作业的目的是为了在波形编码上对增量调制和自适应增量调制加深理解。这个作业涉及对如图 12.9 所示的 DM 编码器和解码器,以及对如图 12.11 所示的 ADM 编码器和解码器写出 MATLAB 函数。在解码器端的低通滤波器能够用一线性相位的 FIR 滤波器实现。例如,可以用具有脉冲响应为

$$h(n) = \frac{1}{2}\Big[1 - \cos\Big(\frac{2\pi n}{N-1}\Big)\Big], \quad 0 \leqslant n \leqslant N-1 \tag{12.26}$$

的 Hanning 滤波器,其中长度 N 可在 $5 \leqslant N \leqslant 15$ 范围内选取。

DM 和 ADM 系统的输入可由在作业 12.1 中产生的波形提供,唯采样率应提高 $5\sim10$ 倍。解码器的输出可以画出来。由 DM 和 ADM 解码器的输出之间应作比较,并且还应与原输入信号作比较。

12.5　语音的线性预测编码(LPC)

用于语音分析与合成的线性预测编码(LPC)方法是基于将声道按一线性全极点(IIR)滤波器建模得到的,这个滤波器具有系统函数为

$$H(z) = \frac{G}{1 + \sum_{k=1}^{p} a_p(k) z^{-k}} \tag{12.27}$$

式中 p 是极点个数,G 是滤波器增益,而 $\{a_p(k)\}$ 是确定极点的参数。有两种互为排斥的激励函数用于对浊音和清音的语音声音进行建模。在一个短时间的基础上,浊音语音是周期的,基波周期为 F_0,或者一个音调周期为 $1/F_0$,其高低决定于说话者。这样,浊音语音可以通过用一个周期等于期望的音调周期的周期冲激串激励这个全极点滤波器模型来产生。清音语音声音用一个随机噪声发生器的输出激励这个全极点的滤波器模型产生。这个模型如图 12.12 所示。

给出一语音信号的某一短时间段,通常大约为 20ms 或者在 8kHz 采样率下的 160 个样本,在发送端的语音编码器必须确定适当的激励函数、对浊音语音的音调周期、增益参数 G 和

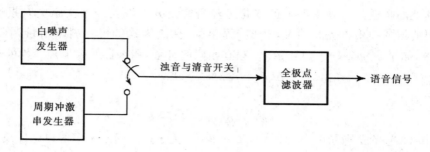

图 12.12　语音信号产生的方框图模型

系数 $a_p(k)$。说明语音编码系统的方框图如图 12.13 给出。这个模型的参数从数据中自适应地被确定,并编码成一个二进制序列传送到接收端。在接收端语音信号根据模型和激励信号被合成出来。

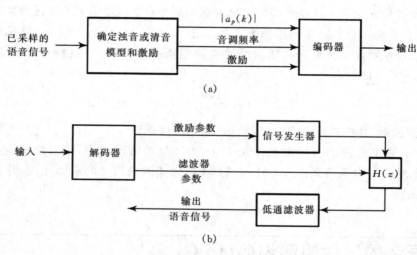

图 12.13　用于 LPC 的编码器和解码器

(a) 编码器;(b) 解码器

这个全极点滤波器模型的参数借助于线性预测很容易根据语音样本来确定。为了更具体一些,这个 FIR 线性预测滤波器的输出是

$$\hat{s}(n) = -\sum_{k=1}^{p} a_p(k)s(n-k) \tag{12.28}$$

观察到的样本 $s(n)$ 和预测值 $\hat{s}(n)$ 之间的相应误差是

$$e(n) = s(n) + \sum_{k=1}^{p} a_p(k)s(n-k) \tag{12.29}$$

利用平方误差之和最小,即

$$\mathcal{E} = \sum_{n=0}^{N} e^2(n) = \sum_{n=0}^{N} \left[s(n) + \sum_{k=1}^{p} a_p(k)s(n-k) \right]^2 \tag{12.30}$$

就能够确定这个模型的极点参数 $\{a_p(k)\}$。将 $\mathcal{E}$ 对每个参数微分并令这些结果等于零就是一个 p 个线性方程组为

$$\sum_{k=1}^{p} a_p(k) r_{ss}(m-k) = - r_{ss}(m), \quad m = 1, 2, \cdots, p \tag{12.31}$$

式中 $r_{ss}(m)$ 是序列 $s(n)$ 的自相关，定义为

$$r_{ss}(m) = \sum_{n=0}^{N} s(n) s(n+m) \tag{12.32}$$

可将线性方程组（12.31）式表示成下面矩阵形式：

$$\boldsymbol{R}_{ss} \boldsymbol{a} = - \boldsymbol{r}_{ss} \tag{12.33}$$

其中 $\boldsymbol{R}_{ss}$ 是 $p \times p$ 的自相关矩阵，$\boldsymbol{r}_{ss}$ 是 $p \times 1$ 的自相关向量，而 $\boldsymbol{a}$ 是 $p \times 1$ 的模型参数向量。因此

$$\boldsymbol{a} = - \boldsymbol{R}_{ss}^{-1} \boldsymbol{r}_{ss} \tag{12.34}$$

这些方程也能用递推的方式解出，并且最有效的是勿需求助于矩阵的逆，利用 Levinson-Durbin 算法[54]。然而，在 MATLAB 中利用矩阵的逆是很方便的。可以把这个全极点滤波器的参数 $\{a_p(k)\}$ 转换为全极点的格型参数 $\{K_i\}$（称为反射系数），这可以利用在第 6 章建立的 MATLAB 函数 dir2latc 完成。

根据这个滤波器的输入输出方程是

$$s(n) = - \sum_{k=1}^{p} a_p(k) s(n-k) + G x(n) \tag{12.35}$$

式中 $x(n)$ 是输入序列，可以求得滤波器的增益参数。很显然，

$$G x(n) = s(n) + \sum_{k=1}^{p} a_p(k) s(n-k) = e(n)$$

那么

$$G^2 \sum_{n=0}^{N-1} x^2(n) = \sum_{n=0}^{N-1} e^2(n) \tag{12.36}$$

如果在设计中这个输入激励被归一化到单位能量，那么

$$G^2 = \sum_{n=0}^{N-1} e^2(n) = r_{ss}(0) + \sum_{k=1}^{p} a_p(k) r_{ss}(k) \tag{12.37}$$

据此，G^2 被置在等于由最小二乘优化得到的剩余能量。

一旦计算出 LPC 系数，就能决定这个输入语音帧是否是浊音；若是，音调是什么。这可以通过计算序列

$$r_e(n) = \sum_{k=1}^{p} r_a(k) r_{ss}(n-k) \tag{12.38}$$

来完成，式中 $r_a(k)$ 定义为

$$r_a(k) = \sum_{i=1}^{p} a_p(i) a_p(i+k) \tag{12.39}$$

它就是预测系数的自相关序列。这个音调可以通过求这个归一化序列 $r_e(n)/r_e(0)$ 在 20ms 的采样帧内相应于 3～15ms 的时间段上的峰值检测到。如果这个峰值至少是 0.25，那么这帧语音就认为是浊音，其音调周期等于 $n = N_p$ 值，这里 $r_e(N_p)/r_e(0)$ 是一个最大值。如果峰值小于 0.25，这一帧语音就当作清音，音调是零。

LPC 系数值，音调周期和激励类型都发送到接收端，这里解码器利用适当的激励通过这个声道的全极点滤波器模型合成出这个语音信号。典型情况是，音调周期要求 6bit，在动态范围被对数压缩之后增益参数可由 5bit 表示。如果将预测系数编码，为了精确表示每个系数需

要 8~10bit。要求如此高精确度的理由是在预测系数上相当小的变化会导致在这个滤波器模型极点位置上的很大改变。这个精确度要求利用传送反射系数 $\{K_i\}$ 可以降低，因为它有比较小的动态范围，也即 $|K_i|<1$。这些是自适应地用每个系数 6bit 表示。据此，对于一个 10 阶的预测器来说，每帧安排到这些模型参数的总比特数是 72bit。如果这些模型参数每隔 20ms 改变一次，所得比特率是 3600b/s。因为通常都是用反射系数发送到接收端，因此在接收端这个合成滤波器都用全极点格型滤波器实现，如在第 6 章所讨论的。

12.5.1 作业 12.5：LPC

这个作业的目的是要通过一个 LPC 编码器分析一个语音信号，然后经由相应的 LPC 解码器合成它。利用几个 .wav 声音文件（在 8000 样本/s 采样率下采样），为本作业目的这些文件在 MATLAB 中都可获得。将这些语音信号分成若干短时段（每段长 120~150 个样本），将每一段进行处理以确定适当的激励函数（浊音或清音）、浊音的音调周期、系数 $\{a_p(k)\}$（$p \leq 10$），以及增益 G。执行合成任务的解码器是一个全极点的格型滤波器，它的参数是反射系数，能由 $\{a_p(k)\}$ 确定。这个作业的输出是一个合成的语音信号，它能与原语音信号作比较。由于 LPC 分析/合成的失真效果可以定性地估价出。

12.6 双音多频（DTMF）信号

DTMF 是按键式电话信令中的一般名称，它等效于在贝尔系统内部正在使用的按纽式拨号系统。DTMF 在电子邮件系统和电话银行系统中也得到广泛的应用；后者，用户可以从电话送出 DTMF 信号根据一个菜单来任选一项。

在 DTMF 信令系统中，一个高频单音和一个低频单音的组合代表某一特定的数字，或字符 * 和 #。8 个频率安排成如图 12.14，以能容纳下总数为 16 个字符，其中 12 个指定如图示，而其余 4 个留作将来使用。

DTMF 信号很容易用软件产生并用数字滤波器检测到，也能用软件来实现，做成是对 8 个频率单音调谐的。通常，DTMF 信号经由一个编/解码芯片或用线性 A/D 和 D/A 转换器与模拟环境接口。编解码芯片包含了一个双向数字/模拟接口全部必要的 A/D 和 D/A，采样和滤波电路。

DTMF 音可以用数学方法产生，也可以用查表方式产生。在一种硬件实现（例如在数字信号处理器）中，两个正弦波的数字样本用数学方法产生、加权并相加在一起。其和经对数压缩后送到编解码器转换到一模拟信号。在 8kHz 的采样率下，硬件必须每隔 125ms 输出一个样本。在这种情况下，不用正弦函数查表的办法，这是由于正弦波的值能很快计算出而勿需像查表那样要求占用大的数据存储量。在 MATLAB 中为了仿真和研究的目的，查表法可能是一个好的办法。

在接收端接收到这个来自编解码器的经对数压缩的 8bit 数字数据字后，将它们对数扩展到 16bit 的线性格式，然后检测到这些单音并判断出传递的数字。检测算法可以是利用 FFT 算法的一种 DFT 实现，或者是一种滤波器柜的实现。对于要检测的单音个数相对较少的话，

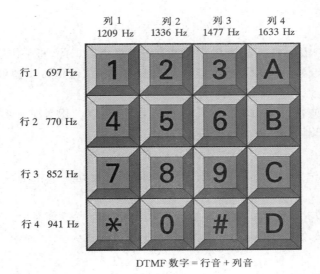

图 12.14　DTMF 数字

滤波器柜更为有效。下面介绍应用 Goertzel 算法实现这 8 个调谐滤波器。

从第 5 章的讨论回想到,一个 N 个数据序列 $\{x(n)\}$ 的 DFT 是

$$X(k) = \sum_{n=0}^{N-1} x(n) W_N^{nk}, \; k = 0, 1, \cdots, N-1 \tag{12.40}$$

如果用 FFT 算法执行这个 DFT 的计算,计算次数(复数乘法和加法)是 $N\log_2 N$。在这种情况下,立即得到 DFT 的全部 N 个值。然而,如果仅想计算 DFT 中的 M 个点,$M < \log_2 N$,那么直接计算 DFT 更为有效。下面介绍的 Goertzel 算法基本上是一种 DFT 计算的线性滤波途径,并提供了直接计算的另一种办法。

12.6.1　GOERTZEL 算法

Goertzel 算法利用相位因子 $\{W_N^k\}$ 的周期性并可以将 DFT 的计算表示为一种线性滤波运算。因为 $W_N^{-kN} = 1$,可以将 DFT 乘上这个因子,于是有

$$X(k) = W_N^{-kN} X(k) = \sum_{m=0}^{N-1} x(m) W_N^{-k(N-m)} \tag{12.41}$$

值得注意的是,(12.41)式是一种卷积的形式。的确如此,如果将序列 $y_k(n)$ 定义为

$$y_k(n) = \sum_{m=0}^{N-1} x(m) W_N^{-k(n-m)} \tag{12.42}$$

那么很明显,$y_k(n)$ 就是长度为 N 的有限长输入序列 $x(n)$ 与一个脉冲响应为

$$h_k(n) = W_N^{-kn} u(n) \tag{12.43}$$

的滤波器的卷积。这个滤波器在 $n = N$ 的输出得到 DFT 在频率 $\omega_k = 2\pi k/N$ 的值,这就是

$$X(k) = y_k(n) \big|_{n=N} \tag{12.44}$$

正如将(12.41)式和(12.42)式作一比较就能得到证实。

脉冲响应为 $h_k(n)$ 的滤波器有系统函数为

$$H_k(z) = \frac{1}{1 - W_N^{-k}z^{-1}} \tag{12.45}$$

这个滤波器在单位圆上的频率 $\omega_k = 2\pi k / N$ 处有一个极点。据此,将一组输入数据通过一个并联的 N 个单极点滤波器(谐振器)柜就能计算出全部 DFT,这里每个滤波器都有一个极点位于相应的 DFT 频率上。

不是按(12.42)式那样经由卷积计算出 DFT,而是可以利用对应于由(12.45)式给出的滤波器的差分方程递推地计算出 $y_k(n)$。这样有

$$y_k(n) = W_N^{-k}y_k(n-1) + x(n), \; y_k(-1) = 0 \tag{12.46}$$

期望的输出是 $X(k) = y_k(N)$。为了完成这个计算,可以计算一次相位因子 W_N^{-k},然后将它保存下来。

通过将具有复数共轭极点的谐振器组成一对就可以免去包含在(12.46)式中的一些复数乘法和加法。这就导致两个极点的滤波器,其系统函数形式为

$$H_k(z) = \frac{1 - W_N^k z^{-1}}{1 - 2\cos(2\pi k / N)z^{-1} + z^{-2}} \tag{12.47}$$

由图 12.15 说明的系统实现是用下面差分方程描述的:

$$v_k = 2\cos\frac{2\pi k}{N}v_k(n-1) - v_k(n-2) + x(n) \tag{12.48}$$

$$y_k = v_k(n) - W_N^k v_k(n-1) \tag{12.49}$$

初始条件为 $v_k(-1) = v_k(-2) = 0$。这就是 Goertzel 算法。

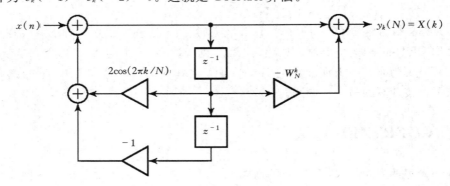

图 12.15 计算 DFT 的两个极点谐振器的实现

(12.48)式的递推关系对 $n = 0, 1, \cdots, N$ 进行迭代,但(12.49)式的计算仅有一次在 $n = N$。每次迭代需要做一次实数乘法和两次加法。这样一来,对于一个实输入序列 $x(n)$,这个算法要求有 $N+1$ 次实数乘法,得到的不仅仅是 $X(k)$,而且由于对称性还有 $X(N-k)$ 的值。

现在可以用 Goertzel 算法实现 DTMF 解码器。因为要被检测的有 8 种可能的单音,需要由(12.47)式给出的 8 个滤波器,其中每一个滤波器与 8 个频率之一调谐。在 DTMF 检测器中不需要计算复数值 $X(k)$,仅需要幅度 $|X(k)|$ 或幅度平方值 $|X(k)|^2$ 就是够了。结果,在涉及分子项(滤波器计算的前馈部分)的 DFT 值计算中的最后一步就能够简化。尤其有

$$|X(k)|^2 = |y_k(N)|^2 = |v_k(N) - W_N^k v_k(N-1)|^2 \tag{12.50}$$

$$= v_k^2(N) + v_k^2(N-1) - \left(2\cos\frac{2\pi k}{N}\right)v_k(N)v_k(N-1)$$

在 DTMF 检测器中完全消除了复数值的算术运算。

12.6.2 作业 12.6:DTMF 信令

这个作业的目的是要对 DTMF 音产生软件和 DTMF 的解码算法(Goertzel 算法)加深理解。设计下面 MATLAB 模块:

(1) 一个单音产生函数,它接受含有拨号数字的一个数组,并产生包含在 8kHz 采样频率下每个数字半秒持续期的适当单音信号(按图 12.14)。

(2) 一个拨号音发生器,它产生对某一给定的持续期内在 8kHz 采样间隔下(350+440)Hz 频率的样本。

(3) 实现(12.50)式的解码函数,它接受一个 DTMF 信号并产生含有拨号数字的一个数组。

产生含有数字和拨号音混合在一起的几种拨号目录表。用单音产生和检测模块进行试验并讨论你得到的观察结果。利用 MATLAB 声音产生能力去听这些单音并观察产生单音的频率分量。

12.7 二进制数字通信系统

经由 PCM,ADPCM,DM,和 LPC 编码的数字化语音信号通常是利用数字调制传送到解码器的。一种二进制数字通信系统采用两种信号波形(比如说 $s_1(t)=s(t)$ 和 $s_2(t)=-s(t)$)来传送代表语音信号的这个二进制序列。如果这个数据比特是 1,信号波形 $s(t)$(它在区间 $0 \leqslant t \leqslant T$ 上是非零值)被传送到接收端;而如果这个数据比特是一个 0 就传送信号波形 $-s(t)$,$0 \leqslant t \leqslant T$。时间间隔 T 称为信号区间,而在这条信道上的比特率是每秒 $R=1/T$ 比特。一种典型的信号波形 $s(t)$ 是一个矩形脉冲,也就是 $s(t)=A$,$0 \leqslant t \leqslant T$,它具有能量 A^2T。

实际中在信道上传递的信号波形要受到加性噪声和信道的其他类型失真所污损,这最终限制了通信系统的性能。作为性能的一种度量,通常都采用差错平均概率,这个一般就称为比特误码率。

12.7.1 作业 12.7:二进制数据通信系统

这个作业的目的就是要利用仿真研究在一个加性噪声信道上一个二进制数据通信系统的性能。要被仿真系统的基本组成如图 12.16 所示。需要 5 个 MATLAB 函数。

(1) 一个二进制数据发生器模块。它产生具有等概率的一个独立的二进制数字序列。

(2) 一个调制器模块。它将一个二进制数字 1 映射为 M 个连续 +1 的序列和将一个二进制数字 0 映射为 M 个连续 -1 的序列。据此,M 个连续的 +1 代表一个矩形脉冲的采样形式。

(3) 一个噪声发生器。它产生在范围 $(-a,a)$ 上均匀分布数的一个序列。每一噪声样本被加到对应的信号样本上。

(4) 一个解调器模块。它将来自信道接收到的这 M 个受到噪声污损的序列 +1 或 -1 相

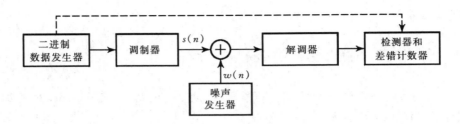

图 12.16 二进制数据通信系统模型

加。假定解调器是已经时间同步了的,它知道每个波形的开始和结束。

(5)一个检测器和差错计数模块。检测器将解调器的输出与零作比较,如果输出大于 0 就判决为 1;如果输出小于 0 就判为 0。如果检测器的输出与从发送器传送的比特不一致,就被计数器计为一个差错。差错率决定 M 的大小相对于加性噪声功率 $P_n = a^2/3$ 的比值(称为信号噪声比)。

通过改变 M 而保持 P_n 固定或相反,对不同的信号噪声比所测出的差错率可以画出来。

12.8 扩频通信系统

在由于受到故意干扰台的干扰,或者来自同一信道内其他用户的干扰(例如,在蜂窝电话和其他无线通信应用中)而受污损的通信信道上传输数字数据往往采用扩频信号。在非通信系统的应用中,为了得到准确的目标时延和速度测量,在雷达和导航系统中也用扩频信号。为了讨论简单起见,将把扩频信号应用的讨论局限在数字通信系统方面。这样的信号具有这样一个特性,它的带宽要比每秒的信息比特率大得多。

在对抗故意干扰(干扰台)上,对发信者来说重要的是让企图破坏通信的干扰台没有信号特征的先验知识。为了实现这一点,发信机在每个可能传送的信号波形上引入一种不可预知或随机性(伪随机性)的原理,而这个对于计划中的接收者又是知道的,但对干扰台不知道。结果是,干扰台必定是发送一种没有期望信号伪随机特性知识的干扰信号。

来自其他用户的干扰出现在多址通信系统中,在这里众多用户共用一条通信信道。在任意时间上这些用户中的某一用户都可能在一条共同信道上同时对相应的接收者发送信息。在这条共用信道上传送的信号可以通过在每一个传送信号上叠加一个不同的伪随机图案而互相区分开,这种图形称为多址码。据此,一个特定的接收者就能利用已知的伪随机图案恢复出传送的数据,也就是说事前知道了被对应的发送者所使用的"钥匙"。这种允许多个用户同时使用一条共用信道作为数据传输的通信技术类型称为码分多址(CDMA)。

图 12.17 的方框图说明了一个扩频数字通信系统的基本原理。它不同于通常的数字通信系统在于包含了两个完全一样的伪随机图案发生器,其中一个在发送端与调制器相接,另一个则在接收端与解调器相接。这两个发生器产生一种伪随机或伪噪声(PN)二值序列(±1),它在调制器端强加在传输的信号上,而在解调器端则从接收信号中将它除去。

为了对接收到的信号进行解调,在解调器端产生的 PN 序列要求与包含在到来的接收信号中的 PN 序列同步。最初,在传输数据之前,为了建立同步的目的先发送一个短的固定 PN

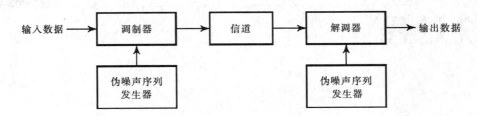

图 12.17 基本扩频数字通信系统

序列到接收端,以达到同步。在 PN 发生器建立时间同步以后才开始数据传输。

12.8.1 作业 12.8:二进制扩频通信系统

这个作业的目的是要说明一个 PN 扩频信号在抑制正弦干扰中的有效性。现考虑在作业 12.7 中介绍的二进制通信系统,并将调制器的输出乘上一个二进制(±1)PN 序列。同一个二进制 PN 序列用来与解调器的输入相乘,因此消除了这个 PN 序列在期望信号上的影响。信道将传送信号受到一宽带加性噪声序列$\{w(n)\}$和一正弦干扰序列 $i(n)=A\sin\omega_0 n,0<\omega_0<\pi$ 的污损。可以假定 $A\geqslant M$,这里 M 是来自调制器的每比特的样本数。这个基本的二进制扩频系统如图 12.18 所示。正如所看到的,这就是一个在图 12.16 所示出二进制数字通信系统,唯在其中附加上正弦干扰和两个 PN 序列发生器。这个 PN 序列可以用一个随机数发生器产生以产生一个等概的±1序列。

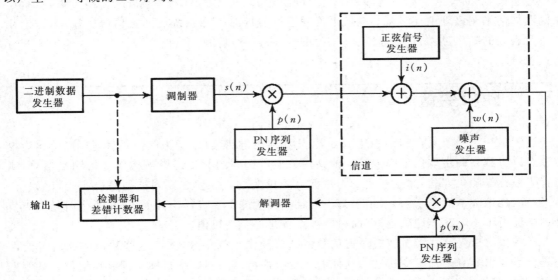

图 12.18 用于仿真试验的二进制 PN 扩频系统

用和不用 PN 序列执行这个仿真系统,并在条件 $A\geqslant M$ 下,对不同的 M 值(如 $M=50$, $100,500,1000$)测量差错率。说明这个 PN 序列对正弦干扰信号的效果。由此说明为什么 PN 扩频系统在正弦干扰信号存在下会优于常规的二进制通信系统。

随机过程

13

前 10 章主要集中介绍了确定信号的表征、处理和滤波，这些确定信号可以采用准确的数学表达式或通过它们的傅里叶频谱来定义。真实世界中，存在不能完全用确定信号描述或在已知波形上下随机波动（或变化）的信号。语音信号、音频信号和视频信号等属于前一类信号，而噪声信号、接收的雷达信号和通信信号则属于第二类信号。这第二类信号被称作随机信号或随机过程，它们可以看成是采用联合概率描述的样本信号的全体或集合。因此，需要采用统计方法来表征和处理它们。

第 14 和 15 章将探讨随机信号处理。针对随机过程的集合中一个样本波形的线性滤波类似于时域卷积操作或频域滤波，而这两章则将重点讨论由随机观测值估计参数、噪声环境中探测信号以及在给定的优化标准下设计最优滤波器等问题。

本章将概述各种用于定义测量信号或波形变化随机性的分析概念，并给出随机信号经过线性滤波器的响应的可行计算技术。首先通过定义概率函数和统计平均来介绍随机变量的有关概率理论，进一步讨论随机变量对。其次，将这些概念推广到随机信号，并采用二阶统计量来描述它们，然后深入探讨平稳和各态历经随机过程、自相关和功率谱概念。接下来，本章还将阐明如何采用该理论在时域和频域上处理通过线性时不变系统的随机信号。最后，讨论几个有代表性的随机过程，包括高斯、马尔可夫、白噪声和过滤噪声过程。

13.1 随机变量

当测量一个对象集合的某些随机变量，比如居民的身高（以米为单位）或体重（以公斤为单位），可以得到在一定取值范围内波动的某些数值。这样的测量结果被称作随机测量信号，测量行为被称作随机实验，而这些变量则被称为随机变量。假使重复同样的随机实验，比如，一次又一次地滚动六面骰子，每次结果都不同且不可预测。在进行信号处理时，每个时刻噪声信号的取值由于不能精准地确定，因而只能被看作是一个随机值。

即使每次重复这些随机实验所得的数值结果变化范围很大，获取这些数值的相对可能性还是会呈现出具有某种不变特性。这样的不变特性可以采用概率指标来理解和量化。举例来说，投掷均匀硬币，无法预知投掷结果是正面朝上或背面朝上。但是，如果投掷均匀硬币次数足够多，必将观察到投掷结果是正面朝上和背面朝上的总次数近似相等。

13.1.1 概率函数

假定有一个待测的随机变量，如噪声电压源。使用大写字母，如 X，表示一个随机变量，小写字母,如 x,表示它的测量值。于是 x 是在实数轴 R 上的一个取值。将该实数轴分成多个长为 Δx 的小区间,并计算电压值落在以 x 为中心的 Δx 区间的数量,比方说 N_x。如果 N 是测量随机电压 X 的总次数,那么 N_x/N 就是观测电压值 x 的近似概率,而 $(N_x/N)/\Delta x$ 则是随机变量 X 在 x 处的近似概率密度。这个概率密度函数(pdf)表示为 $f_X(x)$,正式定义该函数为

$$f_X(x) = \lim_{\substack{\Delta x \to 0 \\ N \to \infty}} \left(\frac{N_x}{N \Delta x} \right) \tag{13.1}$$

随机电压 X 在 $x_1 < X < x_2$ 范围内取值的概率由 $f_X(x)\mathrm{d}x$ 在区间上积分得到,或

$$Pr\{x_1 < X < x_2\} = \int_{x_1}^{x_2} f_X(x)\mathrm{d}x \tag{13.2}$$

有效的概率密度函数必须满足一些重要的性质。它不能是负的或虚的,且每个测量值必定对应实值,且满足

$$\int_{-\infty}^{\infty} f_X(x)\mathrm{d}x = 1 \tag{13.3}$$

另一个有用的概率函数是累积分布函数(CDF),它是随机变量 X 取值小于或等于某个特定数值 x 的概率。累积分布函数记作 $F_X(x)$,定义为

$$F_X(x) = \int_{-\infty}^{x} f_X(u)\mathrm{d}u \tag{13.4}$$

该函数也必须满足某些性质,比如由(13.4)和(13.3)式可知累积分布函数随着 x 增加具有非递减性,

$$F_X(-\infty) = 0, \quad F_X(\infty) = 1 \tag{13.5}$$

离散随机变量 至此,我们已经描述了在连续范围 R 上取值的连续随机变量。如果随机变量 X 以概率 $p_i, i=1,2,\cdots$ 在一组离散数值 $\{x_i\}$ 上取值,则该随机变量 X 称作离散随机变量。这种情形下,概率密度函数和累积分布函数可分别由冲激函数和阶跃函数得到:

$$f_X(x) = \sum_i p_i \delta(x - x_i) \tag{13.6a}$$

$$F_X(x) = \sum_i p_i u(x - x_i) \tag{13.6b}$$

最后,需要说明的是,一般情况下一个随机变量既能在一个连续数值范围内取值,又能在一组离散数值上取值,这样的随机变量称作混合随机变量。由冲激函数表示的概率密度函数足以描述任何类型的随机变量。

直方图近似概率密度函数 给定一个随机变量的 N 个观测值,将 X 的取值落在以 $x=x_i$ 为中心的 Δx 区间内的次数记作 N_x,则 N_x 关于 x 的绘图称作观测值直方图,而比值

$$P_X(x) = \frac{N_x}{N \Delta x} \tag{13.7}$$

关于 x 的绘图则称作归一化直方图,它是(13.1)式给出的概率密度函数 $f_X(x)$ 的较好近似。MATLAB 软件提供了一个函数,Nx = histc(x,edges),该函数在给定观测值 x 和直方图矩形边沿条件下能够对 Nx 计数。调用这个函数,可以设计一个称为 pdf1 的 MATLAB 函数,该函数用观测值对应的归一化直方图来计算概率密度函数。该函数的使用可参见下面的例题 13.1。

```
function [Px,xc] = pdf1(x,xmin,xmax,M)
% pdf1: Normalized Histogram as 1 - D Probability Density
%        Function (pdf)
%     [Px,xc] = pdf1(x,xmin,xmax,M)
%        Px: normalized histogram over the range [xmin, xmax]
%        xc: histogram bin centers
%         x: data (observation) values
%      xmin: minimun range value
%      xmax: maximum range value
%         M: number of bins
N = length(x);                              % Observation count
edges = linspace(xmin,xmax,M);              % Histogram boundaries
Dx = (xmax - xmin)/(M - 1);                 % Delta_x
xc = [xmin,edges(1:M - 1) + Dx/2,xmax];     % Bin centers
edges = [ - inf,edges,inf];                 % Augment boundaries
Nx = histc(x,edges); Nx = Nx(1:end - 1);    % Histogram
Px = Nx/(N * Dx);                           % Normalized Histogram
end
```

例题 13.1 13.1.3 节将要讨论一个正弦分布的随机变量的概率密度函数,该随机变量的观测值是在一个完整周期的正弦波形上取值。因而,为展示 pdf1 函数的使用,考虑下面的信号

$$x(t) = \sin(2\pi t), 0 \leqslant t \leqslant 1$$

在该波形上取大量的样值,并将它们看作观测值,用于计算和绘制归一化直方图。下面的 MATLAB 脚本程序说明了该方法。

```
>> N = 1000000; % Number of observations
>> n = 0:1:N; % Time index
>> x = sin(2 * pi * n/N); % Observations
>> [Px,xc] = pdf1(x, - 1,1,100); % Normalized Histogram
>> plot(xc(2:end - 1),Px(2:end - 1),'linewidth',1);
>> axis([ - 1.1,1.1,0,3.5]);
>> xlabel('Range of {\itx}','fontsize',9);
>> ylabel('Relative Histogram','fontsize',9);
>> set(gca,'xtick',[ - 1,0,1],'ytick',[0,1/pi,1,2,3,4]); grid;
>> title('Approximation of pdf by Normalized Histogram',...
    'fontsize',10,'fontweight','bold');
```

所得的直方图参见图 13.1,这个直方图与图 13.6 中所示的正弦分布概率密度函数一致,该概率密度函数将在后面推导。 ■

13.1.2 统计平均

正如针对式(13.1)的解释中所讨论的,概率密度函数从概率的角度全面地描述了随机变

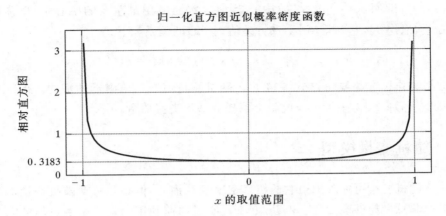

图 13.1　正弦分布样值的归一化直方图

量 X。然而,实际中当我们得到一个任意的随机变量的测量值时,并不是总能获得这样的函数。概率密度函数通常包含比实际需要更多的随机变量信息。随机变量也可以由称作矩的特征数值来描述。这些矩由统计平均方法计算得到,形成一个可数(或离散)的集合,但是概率密度函数则是不可数(或连续)的。

　　概率密度函数使得平均值的分析计算十分便利。假设我们想要由大量的测量值计算随机变量 X 的统计平均值。令该平均值记作 $E[X]$,表示"X 的期望"。再次将实数轴 R 分成宽度为 $\mathrm{d}x$ 的区间,那么对于大量的测量值而言,数量 $f_X(x)\mathrm{d}x$ 对应包含数值 x 的区间 $\mathrm{d}x$ 的概率。因而,从极限的角度,即当观测数目变得非常巨大时,X 的平均值由下式给出:

$$E[X] = \int_{-\infty}^{\infty} x f_X(x)\mathrm{d}x \tag{13.8}$$

类似地,可以由大量的测量值计算随机变量 X 的函数(如幂函数 X^n 或指数函数 $\exp(X)$)的平均值。令 $g(x)$ 是关于 x 的这样的函数,那么它的平均值由下式给出:

$$E[g(X)] = \int_{-\infty}^{\infty} g(x) f_X(x)\mathrm{d}x \tag{13.9}$$

　　正整数次幂函数的平均值,即 $g(X) = E[X^n]$,特别有用,这些均值就是上述的 X 的矩,将这些矩记作 $\xi_X(n)$,定义由下式给出:

$$\xi_X(n) = \int_{-\infty}^{\infty} x^n f_X(x)\mathrm{d}x \tag{13.10}$$

显然,$\xi_X(0) = 1$,而一阶矩

$$\xi_X(1) \triangleq \mu_X = \int_{-\infty}^{\infty} x f_X(x)\mathrm{d}x \tag{13.11}$$

则是 X 的统计平均值或样本平均值。二阶矩

$$\xi_X(2) = \int_{-\infty}^{\infty} x^2 f_X(x)\mathrm{d}x \tag{13.12}$$

是 X 的均方值。如果 X 代表一个随机电压,那么 μ_X 代表平均(或直流)值,而 $\xi_X(2)$ 则代表单位电阻上消耗的平均总功率。

　　另外一个有用的统计平均集合是 X 的中心矩集合,定义如下:

$$M_X(n) \triangleq E[(X - \mu_X)^n] = \int_{-\infty}^{\infty} (x - \mu_X)^n f_X(x)\mathrm{d}x \tag{13.13}$$

显然，$M_x(0)=1$ 和 $M_x(1)=0$。二阶中心矩 $M_x(2)$ 是其中最重要的中心矩，也称作随机变量分布的方差，记作 σ_x^2，它与均值 μ_x 和方差值 $\xi_x(2)$ 的关系如下式：

$$\sigma_x^2 = M_x(2) = \int_{-\infty}^{\infty}(x-\mu_x)^2 f_x(x)\mathrm{d}x = \xi_x(2) - \mu_x^2 \tag{13.14}$$

方差的平方根称作标准差或均方根，它给出了随机测量值在均值附近的平均扩展。再次假定 X 代表随机电压，那么 σ_x^2 表示单位电阻上消耗的平均交流功率。

13.1.3 随机变量模型

尽管一个随机变量可完整地由它的概率密度函数描述，但是与每个随机测量值对应的概率密度函数并非总是能够确知的。例题 13.1 说明了如何利用给定一组测量值的归一化直方图来近似概率密度函数。另一个方法是假定某种特定的形式（或形状）来近似概率密度函数，该假定是根据随机测量信号的产生方式做出的。这些特定形式称作模型，实际中已经有若干种这样的模型获得采用。下面将讨论三种模型，它们将在第 14 和 15 章中经常用到。

均匀分布

这个模型中，随机变量 X 在一个有限范围 $a \leqslant x \leqslant b$ 上均匀地（或等可能性地）分布，记作 $U(a,b)$。它的概率密度函数由下式给出：

$$f_x(x) = \begin{cases} \dfrac{1}{b-a}, & a \leqslant x \leqslant b \\ 0, & \text{其他} \end{cases} \sim U(a,b) \tag{13.15}$$

它的累积分布函数如下式：

$$F_x(x) = \begin{cases} 0, & x < a \\ \dfrac{x-a}{b-a}, & a \leqslant x \leqslant b \\ 0, & x > b \end{cases} \tag{13.16}$$

这些概率函数如图 13.2 所示。均匀分布的均值定义如下：

$$\mu_x = \int_a^b \frac{x}{b-a}\mathrm{d}x = \frac{a+b}{2} \tag{13.17}$$

而它的均方值由下式给出：

$$\xi_x(2) = \int_a^b \frac{x^2}{b-a}\mathrm{d}x = \frac{b^2+ab+a^2}{3} \tag{13.18}$$

因此，它的方差可由下式得到：

$$\sigma_x^2 = \xi_x(2) - \mu_x^2 = \frac{(b-a)^2}{12} \tag{13.19}$$

其中 $a=0$ 和 $b=1$ 的情形称作标准均匀分布，记作 $U(0,1)$。

MATLAB 实现　MATLAB 提供了函数 x = rand (N,1)，它产生一个包含 N 个标准均匀分布随机数的列向量，每个随机数在区间 $[0,1]$ 均匀取值。这些随机数相互独立，即它们中的每一个随机数的产生不影响另外一个随机数的产生（这个概念将在 13.2.1 节中讨论）。为按

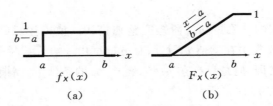

图 13.2 均匀分布

(a) 概率密度函数；(b) 累积分布函数

照(13.15)式得到均匀分布随机数，我们做一个简单变量变换 $X = (b-a)Y + a$，其中 Y 服从标准均匀分布 $U(0,1)$。

```
>> x = (b - a) * rand(N,1) + a;
```

均匀分布对于产生相位角均匀分布的随机正弦波形非常有用。

高斯分布

这是一个在许多应用中非常流行的分布。在该模型中，高斯分布有两个参数，μ 和 σ，记作 $N(\mu, \sigma^2)$。它的概率密度函数由下式给出：

$$f_X(x) = \frac{1}{\sigma\sqrt{2\pi}} e^{-(x-\mu)^2/2\sigma^2} \sim N(\mu, \sigma^2) \tag{13.20}$$

且累积分布函数具有如下形式：

$$F_X(x) = \frac{1}{2}\left[1 + \text{erf}\left(\frac{x-\mu}{\sqrt{2\sigma^2}}\right)\right] \tag{13.21}$$

式中

$$\text{erf}(x) = \frac{2}{\sqrt{\pi}}\int_0^x e^{-\lambda^2}\,d\lambda \tag{13.22}$$

被称作误差函数，鉴于上面的积分没有闭式表达式，该函数被广泛地制成表格形式。MAT-LAB 中，它以 erf(x) 函数形式存在。高斯概率函数如图 13.3 所示。

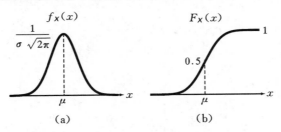

图 13.3 高斯分布

(a)概率密度函数；(b)累积分布函数

高斯分布的均值由参数 μ 给定，它的方差则由参数 σ^2 给定，即

$$\mu_X = \mu \quad \text{和} \quad \sigma_X^2 = \sigma^2 \tag{13.23}$$

于是,高斯分布可以由它的一阶矩和二阶矩完整地描述。值得注意的是,尽管 X 在整个实数轴 R 上取值,但样值主要集中在均值 μ 附近,且分散度由 σ 给定。尽管统计术语"高斯"和"正态"在文献中常用作同义词,但是只有在 $\mu=0$ 和 $\sigma^2=1$ 的条件下,高斯分布被称作标准化分布或正态分布,记作 $N(0,1)$。

    MATLAB 实现   MATLAB 提供了函数 $\texttt{x = randn(N,1)}$,它能够生成包含 N 个独立且服从正态分布的随机数的列向量,该正态分布均值为 0 方差为 1。为获得任意的均值为 μ 方差为 σ^2 的高斯分布随机数,我们做一个简单变量变换 $X = \sigma Y + \mu$,其中 Y 服从标准正态分布:

```
>> x = sigma * randn(N,1) + mu;
```

随机变量的变换

    在信号处理中,经常对随机信号进行运算处理。也就是说,把随机信号数值,即随机变量,通过一个函数或变换方法变换为另一组随机信号数值。简单的运算中,将一个具有已知概率密度函数的随机变量映射成为另一个随机变量,我们希望能计算变换后的随机变量的概率密度函数。令 X 是具有给定概率密度函数 $f_X(x)$ 的随机变量,Y 是通过函数 $Y = g(X)$ 变换得到的新随机变量,我们希望求解概率密度函数 $f_Y(y)$。如果变换函数 $g(\cdot)$ 可逆,那么可以得到 $x = g^{-1}(y) \triangleq h(y)$ 和 $f_Y(y)\mathrm{d}y = f_X(x)\mathrm{d}x$。通过直接代入,得到:

$$f_Y(y)\mathrm{d}y = f_X(x)\mathrm{d}x = f_X(h(y))h'(y)\mathrm{d}y \tag{13.24}$$

式中,$h'(y) = \mathrm{d}h(y)/\mathrm{d}y$ 是可逆函数的微分。因此

$$f_Y(y) = f_X(h(y))h'(y) \tag{13.25}$$

如果 $g(x)$ 不可逆,则 $h(y)$ 有多个取值,可对(13.25)式右边项在多个 $h(y)$ 取值上进行加和。另外一种利用均匀分布随机数的方法在下面的例题中阐明。

例题 13.2   取值范围为 $(0,1)$ 的均匀分布随机数可用于生成其他具有规定分布函数的随机数。假定有一个随机变量 Y,它具有如下线性概率密度函数:

$$f_Y(y) = \begin{cases} \dfrac{1}{2}y, & 0 \leqslant y \leqslant 2 \\[2mm] 0, & \text{其他} \end{cases} \tag{13.26}$$

且累积分布函数为

$$F_Y(y) = \begin{cases} 0, & y < 0 \\[2mm] \dfrac{1}{4}y^2, & 0 \leqslant y \leqslant 2 \\[2mm] 1, & y > 2 \end{cases} \tag{13.27}$$

这两个函数如图 13.4 所示。

    鉴于 $F_Y(y)$ 的取值范围是区间 $(0,1)$,我们先产生一个取值范围为 $(0,1)$ 的均匀分布随机变量 X,同时令

$$F_Y(y) = \frac{1}{4}y^2 = x \quad \Rightarrow \quad y = 2\sqrt{x} \tag{13.28}$$

于是,我们生成了一个随机变量 Y,该随机变量具有如图 13.4(a)所示的线性概率密度函数。上述过程可通过调用 pdf1 函数验证,如下面脚本所示。所得的概率密度函数图如图 13.5 所示。

```
>> N = 1000000; x = rand(N,1);      % Uniform distribution
>> y = 2 * sqrt(x);                  % Transformed random variable
>> [Py,yc] = pdf1(y,0,2,100);        % Normalized Histogram
>> plot(yc,Py,'linewidth',1);        axis([-0.1,2.1,0,1.1]);
>> % Plotting commands follow
```

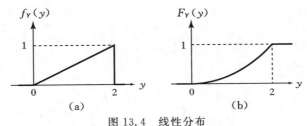

图 13.4 线性分布
(a)概率密度函数;(b)累积分布函数

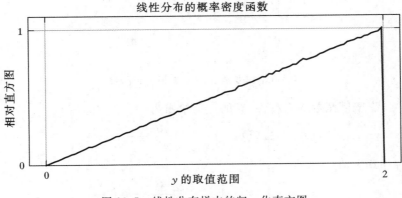

图 13.5 线性分布样本的归一化直方图

正弦分布

随机变量变换的应用之一是获得正弦分布,该分布在许多通信信号中非常有用,例题13.1中曾经提到过它。令

$$X = A\sin(\Theta) \tag{13.29}$$

式中,随机变量 Θ 是弧度为 0 到 2π 的均匀分布。那么,X 就是所说的幅度为 A 的正弦分布随机变量。Θ 的概率密度函数给出为

$$f_\Theta(\theta) = \begin{cases} \dfrac{1}{2\pi}, & 0 \leqslant \theta < 2\pi \\ 0, & \text{其他} \end{cases} \tag{13.30}$$

由(13.29)式中 $g(\Theta) = A\sin(\Theta)$,可得相应的逆函数给出为

$$\Theta = h(X) = \arcsin\left(\frac{X}{A}\right) \tag{13.31}$$

其中

$$h'(x) = \frac{1}{\sqrt{A^2 - x^2}} \tag{13.32}$$

$h(X)$ 函数也不是唯一的,对于 x 在范围 $-A \leqslant x \leqslant A$ 上的每个取值,θ 都有两个取值。因此,(13.25)式右边项需要对相应的两部分贡献进行加和,以得到概率密度函数

$$f_X(x) = \begin{cases} \dfrac{1}{\pi \sqrt{A^2 - x^2}}, & -A \leqslant x \leqslant A \\ 0, & \text{其他} \end{cases} \tag{13.33}$$

相应的累积分布函数给出为

$$F_X(x) = \int_{-A}^{x} \frac{\mathrm{d}\lambda}{\pi \sqrt{A^2 - \lambda^2}} = \frac{1}{\pi}\left[\frac{\pi}{2} + \arcsin\left(\frac{x}{A}\right)\right] \tag{13.34}$$

这两个函数如图 13.6 所示。

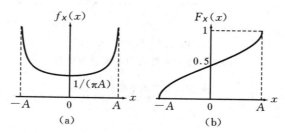

图 13.6 正弦分布

(a)概率密度函数;(b)累积分布函数

利用 X 的概率密度函数的对称性,它的均值给出为

$$\mu_X = \xi_X(1) = \int_{-A}^{A} \frac{x\,\mathrm{d}x}{\pi \sqrt{A^2 - x^2}} = 0 \tag{13.35}$$

以及方差(也称作均方值)给出为

$$\sigma_X^2 = \xi_X(2) = \int_{-A}^{A} \frac{x^2\,\mathrm{d}x}{\pi \sqrt{A^2 - x^2}} = \frac{A^2}{2} \tag{13.36}$$

MATLAB 实现 首先生成均匀分布随机数,然后采用(13.29)式对它们进行变换,这样可以容易地生成正弦分布随机数。沿用前面定义的 A 和 N,下面的 MATLAB 脚本段可用于生成正弦分布随机数。

```
>> theta = 2 * pi * rand(N,1);
>> x = A * sin(theta);
```

13.1.4 随机变量均值估计

假定有 N 个统计独立的随机变量 X 的观测值 $x_1, x_2, \cdots, x_N$,现在希望由这 N 个观测值

来估计 X 的均值。令 X 的均值估计表示为 $\hat{\mu}_X$,可以由下式计算:

$$\hat{\mu}_X = \frac{1}{N}\sum_{n=1}^{N} x_k \qquad (13.37)$$

因为 $\hat{\mu}_X$ 是多个随机变量之和,所以它也是一个随机变量。需要指出,均值估计 $\hat{\mu}_X$ 的期望值为

$$E[\hat{\mu}_X] = \frac{1}{N}\sum_{n=1}^{N} E[x_k] = \frac{1}{N}(\mu_X)N = \mu_X \qquad (13.38)$$

式中,μ_X 是 X 的真实均值。于是,可以说均值估计 $\hat{\mu}_X$ 是无偏的。

均值估计 $\hat{\mu}_X$ 的方差是衡量 $\hat{\mu}_X$ 相对于真实均值的扩展或弥散的指标。$\hat{\mu}_X$ 的方差记作 σ_μ^2,给出为

$$\sigma_\mu^2 = E[(\hat{\mu}_X - \mu_X)^2] = E[\hat{\mu}_X^2] - 2E[\hat{\mu}_X]\mu_X + \mu_X^2 = E[\hat{\mu}_X^2] - \mu_X^2 \qquad (13.39)$$

而 $E[\hat{\mu}_X^2]$ 给出为

$$E[\hat{\mu}_X^2] = \frac{1}{N^2}\sum_{n=1}^{N}\sum_{k=1}^{N} E[x_n x_k] = \frac{\sigma_X^2}{N} + \mu_X^2 \qquad (13.40)$$

式中,σ_X^2 是 X 的真实方差。因此,$\hat{\mu}_X$ 的方差为

$$\sigma_\mu^2 = \frac{\sigma_X^2}{N} \qquad (13.41)$$

需要指出的是,当 $N\rightarrow\infty$ 时,估计的方差趋近于零。因而,可以说均值估计 $\hat{\mu}_X$ 是一致的。

MATLAB 实现 MATLAB 的自带函数 mean(X) 可用于计算向量 X 中元素的统计均值或累加均值。如果 X 是一个矩阵,那么函数 mean(X) 的结果包含 X 每一列的均值。这个函数实现 (13.37) 式所给的估计。类似地,函数 var(X) 可用于计算 X 中元素的方差。

例题 13.3 生成随机变量 X 的 10 个样值,X 服从区间 $[0,2]$ 上的均匀分布。计算 X 的均值估计 $\hat{\mu}_X$,并对比结果和 X 的真实均值 $\mu_X=1$。重复该实验 100 次,计算估计结果,并画图。另外,计算估计的方差,以及对比计算结果和 X 的真实均值。

题解 下面的 MATLAB 脚本程序阐明了随机变量生成和基于 10 个样值的均值估计,并将估计结果显示出来。

```
>> a = 0; b = 2; % Uniform random variable parameters
>> mu_X = (a + b)/2; % True mean value
>> N = 10; % Number of values
>> x = (b - a) * rand(N,1) + a; % Random data values
>> mu_hat = mean(x); % Mean estimate
>> disp(['True Mean value of X is: ',num2str(mu_X,2)]);
True Mean value of X is: 1
>> disp(['      Estimated Mean is: ',num2str(mu_hat,2)]);
      Estimated Mean is: 0.94
```

上面的脚本表明,即使在 10 个样值下,估计的均值仍非常接近真实均值。下面的脚本重复上述实验 100 次,并计算结果和画图。

```
>> M = 100; % Number of experiments
>> x = (b - a) * rand(N,M) + a; % M experiments, each N values
>> mu_hat = mean(x); % Mean estimate of each column
>> mean_muhat = mean(mu_hat); % Mean of the estimates
>> var_muhat = var(mu_hat); % Variance of the estimates
>> disp(['          Mean value of the estimate is: ',...
         num2str(mean_muhat,2)]);
         Mean value of the estimate is: 1
>> disp(['Estimated variance of the estimate is: ',...
         num2str(var_muhat,2)]);
            Variance of the estimate is: 0.034
>> disp([' True variance of the estimate is: ',...
            num2str(var_mutrue,2)]);
      True variance of the estimate is: 0.033
>> % Plotting commands follow
```

实验表明,估计的均值等于真实均值,同时估计方差非常小且接近真实方差。估计结果如图 13.7 所示。∎

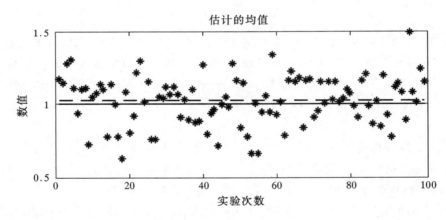

图 13.7 例题 13.3 中估计的均值标记为星形。水平虚线表示 $\hat{\mu}_X$ 的结果图,水平实线表示均匀随机变量的真实均值

13.2 随机变量对

  至此,我们已经讨论了单个随机变量的模型,该模型可用于描述某一随机信号中的单个变量(比方说,在某些固定的时间点)。这样的描述是从密度函数的角度展开,该密度函数给出了概率信息,如不同幅值的相对出现次数,以及从统计平均量(如均值和方差)的角度展开。后一种描述使得我们能够将平均信号功率量和矩联系起来。

  但是,我们也需要知道这些随机量在时域上变化多快或多慢,即变化频率。这对于频率选择性运算(如滤波)来说非常重要。由于单一随机变量不能提供这种时间(或频率)有关的信息,因此必须考虑两个间隔一定时间的随机变量。这就引出了一对随机变量的专题以及讨论一对随机变量所必备的统计知识。事实证明,这个额外的统计信息量足以应对许多实际应用。

13.2.1 联合概率函数

将单个随机变量推广到两个随机变量带来了一维实数线 R 到二维实数平面 R^2 的扩展。令 (X,Y) 表示一对随机变量。当 X 在 x 附近的 Δx 区间上取值,且 Y 在 y 附近的 Δy 区间上取值,显然,该变量对在 (X,Y) 附近的小区域 $\Delta x \Delta y$ 上取值。于是,与单一随机变量类似,联合概率密度函数 $f_{XY}(x,y)$ 定义为在 N 趋近于无穷大时相对出现次数 N_{xy}/N 的极限值,或

$$f_{XY}(x,y) \triangleq \lim_{\substack{\Delta x, \Delta y \to 0 \\ N \to \infty}} \left(\frac{N_{xy}}{N \Delta x \Delta y} \right) \tag{13.42}$$

联合累积分布函数则是半无限的四分之一平面域 $\{X \leqslant x, Y \leqslant y\}$ 的概率,给出为

$$F_{XY}(x,y) = \int_{\lambda=-\infty}^{x} \int_{\nu=-\infty}^{y} f_{XY} \mid (\lambda,\nu) \mathrm{d}\lambda \mathrm{d}\nu \tag{13.43}$$

或

$$f_{XY}(x,y) = \frac{\partial^2 F_{XY}(x,y)}{\partial x \partial y} \tag{13.44}$$

X 落在区间 $\{x_1 \leqslant X \leqslant x_2\}$ 且 Y 落在区间 $\{y_1 \leqslant Y \leqslant y_2\}$ 的概率给出为

$$Pr\{x_1 \leqslant X \leqslant x_2, y_1 \leqslant X \leqslant y_2\} = \int_{x_1}^{x_2} \int_{y_1}^{y_2} f_{XY} \mid (x,y) \mathrm{d}x \mathrm{d}y \tag{13.45}$$

再次重申,上述联合概率函数一定要满足一些公理性质,如非负性、单调非递减性(对于累积分布函数),以及

$$F_{XY}(-\infty, -\infty) = F_{XY}(-\infty, y) = F_{XY}(x, -\infty) = 0 \tag{13.46a}$$

$$F_{XY}(\infty, \infty) = \int_{-\infty}^{\infty} \int_{\infty}^{\infty} f_{XY}(x,y) \mathrm{d}x \mathrm{d}y = 1 \tag{13.46b}$$

边际概率函数

该函数定义一个随机变量不依赖于另外一个随机变量的概率,除了采用联合函数定义之外,该函数与单个随机变量的概率定义相同。于是,我们得到两个这样的边际分布:

$$F_X(x) = F_{XY}(x, \infty) = \int_{\lambda=-\infty}^{x} \left(\int_{-\infty}^{\infty} f_{XY}(\lambda, y) \mathrm{d}y \right) \mathrm{d}\lambda = \int_{-\infty}^{x} f_X(\lambda) \mathrm{d}\lambda \tag{13.47a}$$

$$F_X(y) = F_{XY}(\infty, y) = \int_{\nu=-\infty}^{y} \left(\int_{-\infty}^{\infty} f_{XY}(x, \nu) \mathrm{d}x \right) \mathrm{d}\nu = \int_{-\infty}^{y} f_Y(\nu) \mathrm{d}\nu \tag{13.47b}$$

根据(13.47)式,两个边际密度可以给出为

$$f_X(x) = \int_{-\infty}^{\infty} f_{XY}(x,y) \mathrm{d}y \tag{13.48a}$$

$$f_Y(y) = \int_{-\infty}^{\infty} f_{XY}(x,y) \mathrm{d}x \tag{13.48b}$$

条件概率函数

与边际函数相对,一个随机变量的条件概率函数基于另外一个随机变量的观测值或已知信息来定义,实际中该函数也非常有用。X 关于观测值 $Y = y$ 的条件概率密度函数记作 $f_{X|Y}(x|y)$,由下式定义:

$$f_{X|Y}(x \mid y) \triangleq \frac{f_{XY}(x,y)}{f_Y(y)} \tag{13.49}$$

类似地,给定 XX 条件下 Y 的条件概率密度函数定义为

$$f_{Y|X}(y \mid x) \triangleq \frac{f_{XY}(x,y)}{f_X(x)} \tag{13.50}$$

由(13.49)和(13.50)式,可以得到

$$f_{XY}(x,y) = f_{X|Y}(x \mid y)f_Y(y) = f_{Y|X}(y \mid x)f_X(x) \tag{13.51}$$

由(13.51)式,可以得到

$$f_{X|Y}(x \mid y) = \frac{f_{Y|X}(y \mid x)f_X(x)}{f_Y(y)} \tag{13.52a}$$

$$f_{Y|X}(y \mid x) \frac{f_{X|Y}(x \mid y)f_Y(y)}{f_X(x)} \tag{13.52b}$$

(13.52)式的结果被称作贝叶斯准则,它们在检测和估计理论中非常有用。

统计独立

虽然可以得到与 Y 无关的随机变量 X 的边际概率函数,但是 Y 的取值概率仍旧会影响 X 的取值概率。另外一方面,如果给定 Y 条件下 X 的条件概率密度函数与 Y 无关,并能简化成 X 的边际概率密度函数,反之亦然,那么我们可以称随机变量 X 和 Y 是统计(或相互)独立的,或简称独立。因而,当 X 和 Y 独立时,可以得到

$$f_{X|Y}(x \mid y) = f_X(x) \quad 和 \quad f_{Y|X}(y \mid x) = f_Y(y) \tag{13.53}$$

因此,由(13.49)或(13.50)式,可得

$$f_{XY}(x,y) = f_X(x)f_Y(y) \tag{13.54}$$

类似地,当 X 和 Y 独立时,对于累积分布函数可以得到类似的关系,如下式所示:

$$F_{XY}(x,y) = F_X(x)F_X(y) \tag{13.55}$$

联合概率密度函数的直方图近似 给定随机变量对 (XY) 的 N 个观测值,令 N_{xy} 表示该变量对观测值落在 (x,y) 附近的小区域 Δ_{xy} 的数量,则 N_{xy} 关于 (x,y) 的三位图是一个观测值的二变量直方图,以及下式中的比值:

$$P_{XY}(x,y) \triangleq \frac{N_{xy}}{N\Delta_{xy}} \tag{13.56}$$

关于 (x,y) 的三维图是归一化直方图,它是联合概率密度函数 $f_{XY}(x,y)$ 的较好近似。MATLAB 软件提供了函数 Nxy = hist3([x,y],nbins),该函数能够在给定变量对的观测值[x,y]和直方图网格矩形 nbins(1) × nbins(2) 的条件下计算 Nxy。调用这个函数,可以设计一个名为 pdf2 的 MATLAB 函数,该函数利用变量对观测值对应的归一化直方图来计算概率密度函数。

　　概率密度函数的散点图　采用散点图方式可以得到联合概率密度函数的另外一种直观描述,该散点图是一个二维图形,可通过将变量对观测值(x,y)绘制成平面的点得到。点密度表示概率密度函数的值,更高的密度表示更高的概率值,反之亦然。散点图形状还给出了概率密度函数的近似验证。例题 13.5 阐明了它的使用。

随机变量对变换

　　我们已经讨论了单个随机变量变换成另一个随机变量及其概率密度函数的计算。类似地,稍微复杂的信号处理运算可以将联合概率密度函数已知的两个随机变量变换成一个或两个新的随机变量。前一种运算处理的应用之一是加性噪声中的信号处理情形,后一种运算处理的应用之一是笛卡尔坐标到极坐标的转换情形。每种情形下,我们关心的是获得新随机变量的密度函数。

　　一个函数　令 $f_{XY}(x,y)$ 表示随机变量对 (X,Y) 的联合概率密度函数,令 $W=g(X,Y)$ 是新的随机变量。有好几种方法来求解 W 的概率密度函数。一个容易理解的方法是先利用函数 $g(\cdot,\cdot)$ 求解 W 的累积分布函数,然后对累积分布函数求微分得到它的概率密度函数。为此,W 的累积分布函数可以表示成 X 和 Y 的函数,如下式所示:

$$F_W(w)=Pr\{W\leqslant w\}=Pr\{g(X,Y)\leqslant w\}$$
$$=\iint\limits_{g(x,y)\leqslant w}f_{XY}(x,y)\mathrm{d}x\mathrm{d}y \tag{13.57}$$

式中,不等式 $g(X,Y)\leqslant w$ 在 (x,y) 平面定义一个区域作为积分区间。W 的概率密度函数给出为

$$f_W(w)=\frac{\mathrm{d}}{\mathrm{d}w}\Big(\iint\limits_{g(x,y)\leqslant w}f_{XY}(x,y)\mathrm{d}x\mathrm{d}y\Big) \tag{13.58}$$

尽管积分形式简洁优美,但是因其依赖于联合概率密度函数和函数 $g(\cdot,\cdot)$,该积分也许能或不能被解析地推导求出。

　　该方法有一个特别重要的应用就是,当变换是两个随机变量之和的情况,比方说信号加噪声的情况。令 $W=X+Y$,则由(13.57)式可得

$$F_W(w)=\iint\limits_{x+y\leqslant w}f_X(x,y)\mathrm{d}x\mathrm{d}y=\int_{y=-\infty}^{\infty}\int_{x=-\infty}^{w-y}f_{XY}(x,y)\mathrm{d}x\mathrm{d}y \tag{13.59}$$

对(13.59)式微分,并利用微积分学中莱布尼兹法则[1],可以得到

$$f_W(w)=\int_{y=-\infty}^{\infty}\frac{\mathrm{d}}{\mathrm{d}w}\Big(\int_{x=-\infty}^{w-y}f_{XY}(x,y)\mathrm{d}x\Big)\mathrm{d}y$$
$$=\int_{y=-\infty}^{\infty}f_{XY}(w-y,y)\mathrm{d}y \tag{13.60}$$

另外一个特殊情况是,当 X 和 Y 相互独立时,由(13.54)式可得

$$f_W(w)=\int_{y=-\infty}^{\infty}f_X(w-y)f_Y(y)\mathrm{d}y=f_X(w)*f_Y(w) \tag{13.61}$$

---

① 莱布尼兹法则给出
$$\frac{\partial}{\partial x}\int_{a(x)}^{b(x)}f(x,y)\mathrm{d}y=\frac{\partial b}{\partial x}f(x,b(x))-\frac{\partial a}{\partial x}f(a(x),x)+\int_{a(x)}^{b(x)}\frac{\partial}{\partial x}f(x,y)\mathrm{d}y$$

该式为卷积积分,它是一个非常重要的结论。

例题 13.4 令 $Y \sim U(0,1)$ 和 $Y \sim U(0,1)$ 是两个均匀分布且相互独立的随机变量,令 $W = X + Y$,则由(13.61)式可得 W 的概率密度函数为

$$f_W(w) = (u(w) - u(w-1)) * (u(w) - u(w-1))$$
$$= (1 - |w-1|)(u(w) - u(w-2)) \qquad (13.62)$$

该函数形如一个 0 到 2 之间的三角形。为验证(13.62)式,我们生成大量的 X 和 Y 的随机数,对它们加和得到相应的 W 的随机数,然后利用 pdf1 函数得到概率密度函数 $f_W(w)$。下面的 MATLAB 脚本程序示出了这些步骤。

```
>> N = 1000000;
>> x = rand(N,1); y = rand(N,1); >> w = x + y;
>> [Pw,wc] = pdf1(w,0,2,100);
>> % Plotting commands follow
```

得到的概率密度函数如图 13.8 所示。 ∎

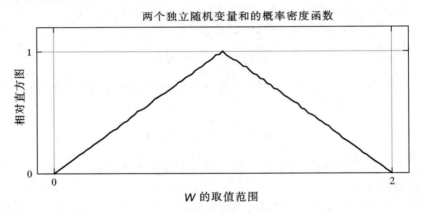

两个独立随机变量和的概率密度函数

图 13.8 两个均匀分布随机变量和的归一化直方图

两个函数 第二种变换情形是对(13.25)式中一个随机变量结果到二维的扩展。令两个随机变量 X 和 Y 的两个函数为

$$W = g_1(X,Y) \quad \text{和} \quad V = g_2(X,Y) \qquad (13.63)$$

并假定 2×2 映射是可逆的,那么可以得到其逆函数为

$$X = h_1(W,V) \quad \text{和} \quad Y = h_2(W,V) \qquad (13.64)$$

按照(13.64)式的映射,令 (w,v) 平面上的无穷小区域 $\mathrm{d}w\mathrm{d}v$ 映射为 (x,y) 平面上的区域 $A_{x,y}$,于是下面的概率等于

$$f_{WV}(w,v)\mathrm{d}w\mathrm{d}v = f_{XY}(h_1,h_2)A_{x,y} \qquad (13.65)$$

式中

$$A_{x,y} = \left| J\begin{pmatrix} x & y \\ w & v \end{pmatrix} \right| dwdv = \left| \det\begin{bmatrix} \frac{\partial x}{\partial w} & \frac{\partial x}{\partial v} \\ \frac{\partial y}{\partial w} & \frac{\partial y}{\partial v} \end{bmatrix} \right| dwdv \qquad (13.66)$$

上式中 $J(\cdot)$ 称作变换的<u>雅可比矩阵</u>,它表示二维斜率平面。将(13.66)式代入(13.65)式中,可以得到想要的结果

$$f_{WV}(w,v) = f_{XY}(h_1(W,V), h_2(W,V)) \times \left| \det\begin{bmatrix} \frac{\partial x}{\partial w} & \frac{\partial x}{\partial v} \\ \frac{\partial y}{\partial w} & \frac{\partial y}{\partial v} \end{bmatrix} \right| \qquad (13.67)$$

与单个随机变量情况一样,如果给定的 2×2 变换不可逆,则逆映射有多个根,每个根的贡献就应该被加和,从而得到完整的联合概率密度函数 $f_{WV}(w,v)$。

例题 13.5 令随机变量 X 和 Y 是独立同分布,该分布为均匀分布 $U(0,1)$。定义 $W = X + Y$ 和 $V = X - Y$,则有

$$X = \frac{W+V}{2} \triangleq h_1(W,V) \quad \text{和} \quad Y = \frac{W-V}{2} \triangleq h_2(W,V)$$

以及

$$\left| J\begin{pmatrix} x & y \\ w & v \end{pmatrix} \right| = \left| \det\begin{bmatrix} \frac{1}{2} & \frac{1}{2} \\ \frac{1}{2} & -\frac{1}{2} \end{bmatrix} \right| = \frac{1}{2}$$

因而,由独立性可以得到

$$f_{WV}(w,v) = \frac{1}{2} f_{XY}\left(\frac{w+v}{2}, \frac{w-v}{2}\right) = \frac{1}{2} f_X\left(\frac{w+v}{2}\right) f_Y\left(\frac{w-v}{2}\right) \qquad (13.68)$$

由于 X 和 Y 服从均匀分布 $U(0,1)$,(13.68)式中的联合概率密度函数 $f_{WV}(w,v)$ 在钻石形区域上也服从均值为 $\frac{1}{2}$ 的均匀分布,该钻石形区域由四条直线 $w+v=0, w-v=-2, w+v=2$ 和 $w-v=0$ 界定。上述分布特性可以通过下面 MATLAB 脚本程序所得的散点图来验证。

```
>> x = rand(10000,1); y = rand(10000,1);
>> w = x + y; v = x - y;
>> plot([-0.2,2.2],[0,0],'k','linewidth',0.75); hold on;
>> plot([0,0],[-1.1,1.1],'k','linewidth',0.75);
>> plot(w,v,'.','markersize',2); axis equal;
>> axis([-0.2,2.2,-1.1,1.2]);
>> set(gca,'xtick',[0,1,2],'ytick',[-1,0,1]); grid;
>> xlabel('Range of {\itw}','fontsize',9);
>> ylabel('Range of {\itv}','fontsize',9);
>> title('Scatter - Plot: W = X + Y, V = X - Y',...
>>      'fontsize',10,'fontweight','bold');
```

所得散点图如图 13.9 所示。

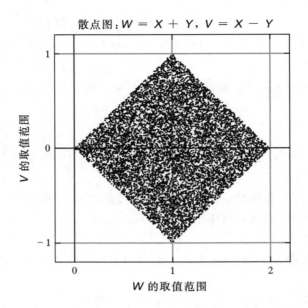

图 13.9 $X \sim U(0,1)$ 和 $Y \sim U(0,1)$ 时，$W = X + Y$ 和 $V = X - Y$ 的散点图对比

13.2.2 联合统计平均

这些均值或联合矩是二重可计算的，且需要已知两个自变量。它们由 X 和 Y 的整数次幂的积平均得到。

$$\xi_{XY}(m,n) \triangleq E[X^m Y^n] = \iint_{-\infty}^{\infty} x^m y^n f_{XY}(x,y)\mathrm{d}x\mathrm{d}y \tag{13.69}$$

显然，$\xi_{XY}(0,0)=1$，而正如我们在前面阐明过的，X 和 Y 的均值如下式所示：

$$\xi_{XY}(1,0) = \xi_X(1) = \mu_X = \iint_{-\infty}^{\infty} x f_{XY}(x,y)\mathrm{d}x\mathrm{d}y = \int_{-\infty}^{\infty} x f_X(x)\mathrm{d}x \tag{13.70}$$

和

$$\xi_{XY}(0,1) = \xi_Y(1) = \mu_Y = \iint_{-\infty}^{\infty} y f_{XY}(x,y)\mathrm{d}x\mathrm{d}y = \int_{-\infty}^{\infty} y f_Y(y)\mathrm{d}y \tag{13.71}$$

但是，$\xi_{XY}(1,1)$ 则定义一个新的联合矩，表示为

$$R_{XY} \triangleq \xi_{XY}(1,1) = E[XY] = \iint_{-\infty}^{\infty} xy f_{XY}(x,y)\mathrm{d}x\mathrm{d}y \tag{13.72}$$

该式也被称作 X 和 Y 的互相关。它是衡量两个随机变量的平均线性关系的指标。

与上述矩类似，可以通过先减去平均值再平均的方法定义联合中心矩，

$$M_{XY}(m,n) \triangleq E[(X - \mu_X)^m (Y - \mu_Y)^n]$$

$$= \iint_{-\infty}^{\infty} (x - \mu_X)^m (y - \mu_Y)^n f_{XY}(x,y)\mathrm{d}x\mathrm{d}y \tag{13.73}$$

同样也可得到，$M_{XY}(0,0)=1$ 和 $M_{XY}(1,0)=M_{XY}(0,1)=0$。正如在前面阐明过的，$X$ 和 Y 的方差给出为

$$M_{XY}(2,0)=M_X(2)=\sigma_X^2=\iint_{-\infty}^{\infty}(x-\mu_X)^2 f_{XY}(x,y)\mathrm{d}x\mathrm{d}y$$

$$=\int_{-\infty}^{\infty}(x-\mu_X)^2 f_X(x)\mathrm{d}x \tag{13.74}$$

和

$$M_{XY}(0,2)=M_Y(2)=\sigma_Y^2=\iint_{-\infty}^{\infty}(y-\mu_Y)^2 f_{XY}(x,y)\mathrm{d}x\mathrm{d}y$$

$$=\int_{-\infty}^{\infty}(y-\mu_Y)^2 f_Y(y)\mathrm{d}y \tag{13.75}$$

但是，$M_{XY}(1,1)$ 则定义一个新的联合中心矩，如下式：

$$C_{XY}\triangleq M_{XY}(1,1)=\iint_{-\infty}^{\infty}(x-\mu_X)(y-\mu_Y)f_{XY}(x,y)\mathrm{d}x\mathrm{d}y \tag{13.76}$$

该式称作 X 和 Y 的协方差。它是衡量两个随机变量在减去它们的均值后的平均线性关系的指标

$$C_{XY}=R_{XY}-\mu_X\mu_Y \tag{13.77}$$

重要概念

基于互相关和协方差等联合矩，现在来讨论两个随机变量之间新的重要关系。

不相关的随机变量 如果 X 和 Y 之间的协方差 C_{XY} 为零，那么由(13.77)式可以得到
$$R_{XY}=\mu_X^2\mu_Y^2 \quad \text{或} \quad E[XY]=E[X]E[Y] \tag{13.78}$$
我们可以说随机变量 X 和 Y 是相互不相关的。相比于(13.54)式中给出的 X 和 Y 之间相互独立，X 和 Y 之间不相关是一个更弱的条件。这是因为独立意味着 X 和 Y 之间零相关，但是反过来则不成立。在13.2.3节我们将阐明，对于高斯随机变量而言，零相关也就是独立。容易证明，对于不相关的随机变量 X 和 Y，两个随机变量和的方差就是它们方差的和，即
$$\sigma_{X+Y}^2=\sigma_X^2+\sigma_Y^2 \tag{13.79}$$

正交随机变量 考虑期望 $E[(X+Y)^2]$，鉴于求期望是线性运算，可以得到
$$E[(X+Y)^2]=E[X^2+Y^2+2XY]=E[X^2]+E[Y^2]+2E[XY]$$
$$=E[X^2]+E[Y^2]+2R_{XY} \tag{13.80}$$
如果互相关 $R_{XY}=0$，则由(13.80)式可得
$$E[(X+Y)^2]=E[X^2]+E[Y^2] \tag{13.81}$$
如果把 X 和 Y 看作笛卡尔空间的向量，则该式表示 X 和 Y 相互垂直。于是，我们可以说，如果互相关为零，那么 X 和 Y 相互正交。需要指出，当 X 和 Y 不相关，且 X 或 Y 或二者均具有零均值时，该条件成立。

相关系数 最后，为便于比较随机变量对之间的平均线性依赖关系，我们定义随机变量之间的归一化协方差。该归一化协方差称作相关系数，定义为

$$\rho_{XY} \triangleq \frac{C_{XY}}{\sigma_X \sigma_Y} \tag{13.82}$$

显然,如果 $\rho_{XY}=0$,那么协方差 $C_{XY}=0$ 以及 X 和 Y 不相关。如果 $\rho_{XY}=1$,则可以说在平均意义上 X 和 Y 完全相关且相互一致。但是,如果 $\rho_{XY}=-1$,则可以说在平均意义上 X 和 Y 完全相关但方向相反。

13.2.3 二元高斯分布

对于两个随机变量而言,一个广为熟知又经常用到的模型是二维联合高斯分布。它可由随机变量 X 和 Y 的前两阶联合矩完整地描述,最一般的形式下可由 5 个参数来表征,它的概率密度函数给出为

$$N(\mu_X,\mu_Y;\sigma_X,\sigma_Y;\rho_{XY}) \triangleq f_{XY}(x,y) = \frac{1}{2\pi\sigma_X\sigma_Y \sqrt{1-\rho_{XY}^2}} \times$$

$$\exp\left[\frac{-1}{2(1-\rho_{XY}^2)}\left\{\left(\frac{x-\mu_X}{\sigma_X}\right)^2 - 2\rho_{XY}\left(\frac{x-\mu_X}{\sigma_X}\right)\left(\frac{y-\mu_Y}{\sigma_Y}\right) + \left(\frac{y-\mu_Y}{\sigma_Y}\right)^2\right\}\right] \tag{13.83}$$

它形如一个单峰钟形表面,在 $\mu_X=\mu_Y=0$,以及 σ_X,σ_Y 和 ρ_{XY} 的不同取值条件下,该函数如图 13.10 所示。为简单明晰,恒定密度值对应的轮廓线也叠加到密度表面上。我们观测到图 13.10(a) 中轮廓线是环形的;图 13.10(b) 中轮廓线是椭圆形的,椭圆主轴由 x 轴旋转 45° 得到;图 13.10(c) 中等高线是椭圆形的,但椭圆主轴由 x 轴旋转大于 45° 得到;图 13.10(d) 中轮廓线是椭圆形的,但椭圆主轴由 x 轴顺时针旋转大于 45° 得到。密度平面关于旋转轴对称。非零均值仅仅将该表面中心移动到一个新的位置。

通过 (13.83) 式中关于 $f_{XY}(x,y)$ 的直接积分,边际密度可给出为

$$f_X(x) = \int_{-\infty}^{\infty} f_{XY}(x,y)\mathrm{d}y = \frac{1}{\sigma_X \sqrt{2\pi}}\exp\left[\frac{-1}{2}\left(\frac{x-\mu_X}{\sigma_X}\right)^2\right] = N(\mu_X,\sigma_X^2) \tag{13.84a}$$

$$f_Y(x) = \int_{-\infty}^{\infty} f_{XY}(x,y)\mathrm{d}x = \frac{1}{\sigma_Y \sqrt{2\pi}}\exp\left[\frac{-1}{2}\left(\frac{y-\mu_Y}{\sigma_Y}\right)^2\right] = N(\mu_Y,\sigma_Y^2) \tag{13.84b}$$

上式均为边际高斯随机变量。因而,(13.83) 式中 $f_{XY}(x,y)$ 称为联合高斯或二元高斯分布。

需要进一步指出,如果 $\rho_{XY}=0$ 或者说协方差为零,则有 X 和 Y 不相关,则由 (13.83) 式可得到

$$f_{XY} = \frac{1}{2\pi\sigma_X\sigma_Y}\exp\left[\frac{-1}{2}\left\{\left(\frac{x-\mu_X}{\sigma_X}\right)^2 + \left(\frac{y-\mu_Y}{\sigma_Y}\right)^2\right\}\right]$$

$$= \frac{1}{\sigma_X \sqrt{2\pi}}\exp\left[\frac{-1}{2}\left(\frac{x-\mu_X}{\sigma_X}\right)^2\right] \times \frac{1}{\sigma_Y \sqrt{2\pi}}\exp\left[\frac{-1}{2}\left(\frac{y-\mu_Y}{\sigma_Y}\right)^2\right]$$

$$= f_X(x)f_Y(y) \tag{13.85}$$

上式意味着 X 和 Y 之间独立。因而,只有在高斯分布情形时,X 和 Y 之间零相关意味着独立。

有用的性质 基于前面关于高斯随机变量的讨论,容易得出它们具有一些独特而重要性质。这些讨论过的性质与没有讨论过的性质一起列举如下:

1. 一个高斯随机变量可由它的前两阶矩完整地描述,也就是说它的高阶矩可以前两阶矩为元素构建得到。

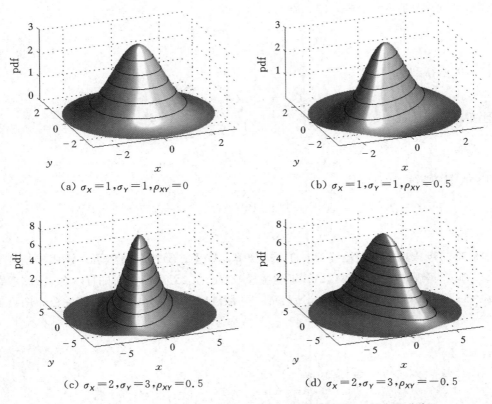

(a) $\sigma_X=1,\sigma_Y=1,\rho_{XY}=0$

(b) $\sigma_X=1,\sigma_Y=1,\rho_{XY}=0.5$

(c) $\sigma_X=2,\sigma_Y=3,\rho_{XY}=0.5$

(d) $\sigma_X=2,\sigma_Y=3,\rho_{XY}=-0.5$

图 13.10 $\mu_X=\mu_Y=0$，且 σ_X,σ_Y 和 ρ_{XY} 取不同值时的二元高斯分布

2. 两个高斯随机变量之和仍是高斯随机变量。

3. 事实上，若干高斯随机变量的任何线性组合仍然是高斯随机变量。

4. 两个高斯密度函数之积结果仍然是高斯密度函数。

5. 两个高斯函数的卷积结果仍然是高斯函数。

6. 一般条件下，多个独立随机变量的可数之和，无论它们的分布函数是什么，得到的结果都服从高斯分布。该结论被称为中心极限定理。因而，当均值和方差有限时，高斯分布也是一个稳定分布。

7. 如果高斯随机变量互不相关，则它们还互相独立。

其他的随机变量模型则不具有上述这些性质。

例题 13.6 生成二元高斯随机变量 X_1 和 X_2 的样本，该随机变量分别具有规定的均值 μ_1 和 μ_2 以及方差 σ_1^2 和 σ_2^2，且这两个随机变量之间的相关系数为 ρ。

题解

首先，通过在 13.1.3 节中描述的方法生成两个统计独立、均值为零且单位方差的高斯随机变量的样本。令该随机变量样本值记为向量形式

$$Y = \begin{bmatrix} y_1 \\ y_2 \end{bmatrix} \tag{13.86}$$

接下来,组合出所要的(2×2)协方差矩阵

$$C_X = \begin{bmatrix} \sigma_1^2 & \rho\sigma_1\sigma_2 \\ \rho\sigma_1\sigma_2 & \sigma_2^2 \end{bmatrix} \tag{13.87}$$

并把它作为因子得到

$$C_X = C_X^{\frac{1}{2}}(C_X^{\frac{1}{2}})^T \tag{13.88}$$

定义线性变换得到的(2×1)向量 X 为

$$X \triangleq \begin{bmatrix} X_1 \\ X_2 \end{bmatrix} = C_X^{\frac{1}{2}}Y + \mu_x, \quad \mu_x \triangleq \begin{bmatrix} \mu_1 \\ \mu_2 \end{bmatrix} \tag{13.89}$$

则 X 的协方差正是想要的结果

$$E[(X-\mu_x)(X-\mu_x)^T] = E[C_X^{\frac{1}{2}}YY^T(C_X^{\frac{1}{2}})^T] = C_X^{\frac{1}{2}}E[YY^T](C_X^{\frac{1}{2}})^T$$
$$= C_X^{\frac{1}{2}}I(C_X^{\frac{1}{2}})^T = C_X \tag{13.90}$$

该过程中最难的步骤是协方差矩阵 C_X 的因式分解,MATLAB 中该分解可以调用求矩阵平方根函数 sqrtm 来实现。下面 MATLAB 脚本生成 1000 个二元高斯分布的样本值,分布参数为 $\mu_1=2$,$\mu_2=1$,$\sigma_1=1$,$\sigma_2=2$ 和 $\rho=0.5$。所得样本的散点图如图 13.11 所示,图中分布中心标记为符号"+"。

```
mu1 = 1; mu2 = 2; % Mean parameters
sd1 = 2; sd2 = 1; % Standard deviations
var1 = sd1^2; var2 = sd2^2; % Variances
rho = 0.5; % Correlation coefficient
Cx = [var1, rho * sd1 * sd2; rho * sd1 * sd2, var2]; % Cov matrix
% Generate 1000 unit Gaussian random − 2 vectors
N = 10000; M = 2; Y = randn(N,M);
% Generate correlated non − zero mean Gaussian random − 2 vectors
X = sqrtm(Cx) * Y' [mu1;mu2] * ones(1,N); X = X'
% Plotting commands follow
```

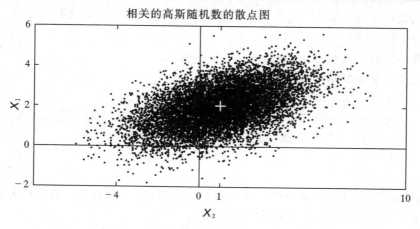

图 13.11 例题 13.6 中高斯随机数散点图

为生成多元高斯分布随机数,可将例题 13.6 的方法推广到任意维度(>2)的向量。下面的 MATLAB 函数 X=randnMV(N,mu,C),在 mu 和 C 中分别代入给定均值向量 μ 和协方差矩阵 C,可以生成 N 个多元高斯分布随机向量 X。

```
function X = randnMV(N,mu,C)
% randnMV: multivariate Gaussian random vector generator
%    Generates N vectors in X given mean mu and covariance matrix C
%    mu should be a Mx1 column vector; C should be MxM
%    Generated X is NxM
% X = randnMV(N,mu,C)
%
mu = mu(:); M = length(mu);
Y = randn(N,M);
X = sqrtm(C) * Y' + mu * ones(1,N); X = X';
end
```

13.3 随机信号

一个随机信号或过程可以被看作是具有指定概率的波形(或随时间改变的数值)。类似地,可以认为随机信号在每一个时刻是一个具有指定概率密度函数的随机变量。因而,一个随机信号既是随机变量在时域空间的集合,也是样本波形在样本空间的集合。在涉及到随机信号的概率(或统计)描述和通过线性系统处理时,这样理解至关重要。

一个随机过程可以是时间上连续的(随机信号)或离散的(随机序列)。虽然我们将主要讨论随机信号,但推导结果在经过直观的修正后可以应用到随机序列,我们也会说明这样的修正。为保持随机变量术语的一致性,令随机信号记作 $X(t)$,它的实现或样本波形记作 $x(t)$。于是,针对讨论的随机对象,我们得到新的时域变量。

如果一个时刻 t 固定(即,当给定一个已知时刻值),则 $X(t)$ 是一个随机变量,且该随机变量具有概率密度函数 $f_X(x;t)$ 或矩函数,如均值 $\mu_X(t)$、均方值和方差 $\sigma_X^2(t)$,这些函数给出为

$$\mu_X(t) = E[X(t)] = \int_{x=-\infty}^{\infty} x f_X(x;t) \mathrm{d}x \tag{13.91a}$$

$$E[X^2(t)] = \int_{x=-\infty}^{\infty} x^2 f_X(x;t) \mathrm{d}x \tag{13.91b}$$

$$\sigma_X^2(t) = E[(X(t) - \mu_X(t))^2] = E[X^2(t)] - \mu_X^2(t) \tag{13.91c}$$

然后,将 13.1 节中讨论的所有概念应用到 $X(t)$ 的每一个时刻。

如果我们有两个固定的时刻,比方说 t_1 和 t_2,那么 $X(t_1)$ 和 $X(t_2)$ 是一对随机变量,除了具有边际密度或矩,它们还具有联合概率密度函数 $f_X(x_1,x_2;t_1,t_2)$ 或联合矩函数,如互相关 $R_{XX}(t_1,t_2)$ 和协方差 $C_{XX}(t_1,t_2)$,给出为[①]

---

① 假定该随机信号为实值。对于复数值信号,则期望中的第二项需要用到复共轭。

$$R_{XX}(t_1,t_2) = E[X(t_1)X(t_2)] = \iint_{-\infty}^{\infty} x_1 x_2 f_X(x_1,x_2;t_1,t_2)\mathrm{d}x_1 \mathrm{d}x_2 \qquad (13.92\mathrm{a})$$

$$C_{XX}(t_1,t_2) = R_{XX}(t_1,t_2) - \mu_X(t_1)\mu_X(t_2) \qquad (13.92\mathrm{b})$$

鉴于该对随机变量 $X(t_1)$ 和 $X(t_2)$ 来自同一个随机过程 $X(t)$，今后称 $R_{XX}(t_1,t_2)$ 为自相关函数，称 $C_{XX}(t_1,t_2)$ 为自协方差函数。至此，13.2 节所讨论的概念可用于来自 $X(t)$ 的每一对这样的随机变量对。

例题 13.7 有一随机过程给出为

$$X(t) = A\mathrm{e}^{-t}u(t) \qquad (13.93)$$

该式是一个因果指数信号，该信号幅度是一个在 $(0,1)$ 上均匀分布的随机变量，$A \sim U(0,1)$。对于 $t \geqslant 0$，利用随机变量公式(13.25)的变换，$X(t)$ 的边际密度给出为

$$f_X(x;t) = f_A(x\mathrm{e}^t)\mathrm{e}^t \quad (因\ h(x) = x\mathrm{e}^t\ 且\ h'(x) = \mathrm{e}^t)$$

$$= \mathrm{e}^t(u(x) - u(x - \mathrm{e}^{-t})) \sim U(0,\mathrm{e}^{-t}) \qquad (13.94)$$

在每一个 $t \geqslant 0$ 时刻，该式为一个在 0 到 e^{-t} 之间的均匀分布。需要指出，当 $t \to \infty$，该概率密度函数变为一个幅度不断增加且更窄的脉冲，在极限情况下变为 $f_X(x;\infty) = \delta(x)$，这也就是说 $X(\infty)$ 是一个确定数零。利用(13.91)式和均匀分布的矩，$X(t)$ 的前两阶矩给出为

$$\mu_X(t) = E[A\mathrm{e}^{-t}u(t)] = E[A]\mathrm{e}^{-t}u(t) = \frac{1}{2}\mathrm{e}^{-t}u(t) \qquad (13.95\mathrm{a})$$

$$E[X^2(t)] = E[A^2]\mathrm{e}^{-2t}u(t) = \frac{1}{3}\mathrm{e}^{-2t}u(t) \qquad (13.95\mathrm{b})$$

$$\sigma_X(t) = E[X^2(t)] - \mu_X^2(t) = \frac{1}{12}\mathrm{e}^{-2t}u(t) \qquad (13.95\mathrm{c})$$

为了求解联合概率密度函数 $f_X(x_1,x_2;t_1,t_2)$，需要注意，由于随机变量 A 与时间独立，对于 $t_1,t_2 \geqslant 0$，随机变量 $X(t_1)$ 和 $X(t_2)$ 是线性相关的，即

$$X(t_2) = X(t_1)\mathrm{e}^{-(t_2-t_1)} \qquad (13.96)$$

这意味着联合概率密度函数 $f_X(x_1,x_2;t_1,t_2)$ 是奇异的，即它包含一个在 (x_1-x_2) 域上的脉冲平面。现在考虑

$$f_X(x_1,x_2;t_1,t_2) = f_X(x_2 \mid x_1;t_1,t_2)f_X(x_1;t_1) \qquad (13.97)$$

其中由(13.94)式得到 $f_X(x_1;t_1) \sim U(0,\mathrm{e}^{-t_1})$，以及由(13.96)式得到

$$f_X(x_2 \mid x_1;t_1,t_2) = \delta(x_2 - x_1\mathrm{e}^{-(t_2-t_1)}) \qquad (13.98)$$

该式是一个奇异函数，表示一个脉冲平面，该平面角度斜率由 $\mathrm{e}^{-(t_2-t_1)}$ 给出。将(13.98)式代入(13.97)式中，联合概率密度函数给出为

$$f_X(x_1,x_2;t_1,t_2) = \mathrm{e}^{t_1}(u(x_1) - u(x_1 - \mathrm{e}^{-t_1}))\delta(x_2 - x_1\mathrm{e}^{-(t_2-t_1)}), t_1,t_2 \geqslant 0 \quad (13.99)$$

由(13.92)和(13.95)式，自相关和自协方差函数给出为

$$R_{XX}(t_1,t_2) = E[A\mathrm{e}^{-t_1}A\mathrm{e}^{-t_2}] = E[A^2]\mathrm{e}^{-(t_1+t_2)} = \frac{1}{3}\mathrm{e}^{-(t_1+t_2)} \qquad (13.100\mathrm{a})$$

$$C_{XX}(t_1,t_2) = R_{XX}(t_1,t_2) - \mu_X(t_1)\mu_X(t_2) = \frac{1}{12}\mathrm{e}^{-(t_1+t_2)} \qquad (13.100\mathrm{b})$$

例题 13.8 考虑有一个正弦随机过程,给出为

$$X(t) = A\cos(\Omega_0 t + \Theta) \tag{13.101}$$

式中,Ω_0 为固定频率,幅度随机变量 A 服从线性分布,其概率密度函数为

$$f_A(a) = \begin{cases} 2a, & 0 \leqslant a \leqslant 1 \\ 0, & \text{其他} \end{cases} \tag{13.102}$$

以及相位随机变量满足 $\Theta \sim U(0, 2\pi)$,这两个随机变量统计独立。由于余弦波形在一个完整的周期上均值为零,则 $X(t)$ 的均值给出为

$$\mu_x(t) = E[X(t)] = E[A\cos(\Omega_0 t + \Theta)] = E[A]E[\cos(\Omega_0 t + \Theta)] = 0 \tag{13.103}$$

$X(t)$ 的自相关函数给出为

$$R_{XX}(t_1, t_2) = E[X(t_1)X(t_2)] = E[A\cos(\Omega_0 t_1 + \Theta) A\cos(\Omega_0 t_2 + \Theta)]$$

$$= E[A^2]E[\cos(\Omega_0 t_1 + \Theta)\cos(\Omega_0 t_2 + \Theta)] \tag{13.104}$$

计算(13.104)式右边的第一个期望,可得

$$E[A^2] = \int_0^1 a^2(2a)\,\mathrm{d}a = \frac{1}{2} \tag{13.105}$$

而第二个期望则由下式给出:

$$E[\cos(\Omega_0 t_1 + \Theta)\cos(\Omega_0 t_2 + \Theta)] = \frac{1}{2}\{E[\cos(\Omega_0(t_1 - t_2)) + \cos(\Omega_0(t_1 + t_2) + 2\Theta)]\}$$

$$= \frac{1}{2}\cos(\Omega_0(t_1 - t_2)) \tag{13.106}$$

式中,我们对两个余弦函数之积采用了三角恒等式变换。将(13.105)和(13.106)式代入(13.104)式,可以得到

$$R_{XX}(t_1, t_2) = \frac{1}{4}\cos(\Omega_0(t_1 - t_2)) \tag{13.107}$$

互相关函数 如果 $Y(t)$ 是在同一个实验中定义的另一个随机过程,那么它与 $X(t)$ 的线性相互关系可以采用联合概率密度函数 $f_{XY}(x, y; t_1, t_2)$ 或交叉矩,以及它自己的边际概率密度函数和自相关矩来描述。定义 $X(t)$ 和 $Y(t)$ 之间的互相关函数 $R_{XY}(t_1, t_2)$ 和互协方差函数 $C_{XY}(t_1, t_2)$ 为

$$R_{XY}(t_1, t_2) = E[X(t_1)Y(t_2)] = \iint_{-\infty}^{\infty} xy f_{XY}(x, y; t_1, t_2)\,\mathrm{d}x\mathrm{d}y \tag{13.108a}$$

$$C_{XY}(t_1, t_2) = R_{XY}(t_1, t_2) - \mu_X(t_1)\mu_Y(t_2) \tag{13.108b}$$

这些函数在后面计算线性系统输入/输出相关和协方差时非常有用。

13.3.1 平稳性

对于一般随机信号,就像例题 13.7 中一样,统计量(如密度或矩)随时间变化或改变。然而,对于一些随机信号,就像例题 13.8 中一样,也有可能得到这些统计量是时不变的。许多应用中,我们将随机信号建模为具有这样的时不变统计特性。这样就简化了存储和处理复杂度。我们将讨论随机信号的两种类型的时不变性质,它们总称为平稳性。

严格平稳性

这类平稳性中,所有各阶联合密度函数或各阶联合矩时不变,即一阶密度与时间独立

$$f_X(x;t) = f_X(x) \tag{13.109}$$

且联合密度与时间 t 独立,而取决于两个时刻之间的相对间隔 τ。

$$f_X = (x_1, x_2; t_1 = t+\tau, t_2 = t) = f_X(x_1, x_2; \tau = t_1 - t_2) \tag{13.110}$$

对于各阶密度,依此类推。这也意味着

$$\mu_X(t) = \mu_X, \quad E[X^2(t)] = \xi_X(2) \tag{13.111a}$$

$$R_{XX}(t_1, t_2) = R_{XX}(t_1 - t_2) \tag{13.111b}$$

$$C_{XX}(t_1, t_2) = C_{XX}(t_1 - t_2) \tag{13.111c}$$

对于各高阶矩,依此类推。由于它要求各阶概率密度函数及矩与时间独立,这是平稳性的最严格形式,因此被称作严格平稳性,该平稳性通常不容易获得。

广义平稳性

许多实际应用中,最多仅需要或用到随机信号的二阶统计量。因此,何不仅仅要求前二阶矩具有时不变性呢? 这就引入一个更弱但实用形式的平稳性,称作广义平稳性,或简称 WSS。如果随机信号满足下面三个条件,我们说这个随机信号是广义平稳的:

$$E[X^2(t)] = \xi_X(2) < \infty \qquad \text{(平均功率有限)} \tag{13.112a}$$

$$\mu_X(t) = \mu_X \qquad \text{(常数)} \tag{13.112b}$$

$$R_{XX}(t+\tau, t) = R_{XX}(\tau) \qquad \text{(只与 } \tau \text{ 有关的函数)} \tag{13.112c}$$

由于随机变量 $X(t)$ 在时间上比随机变量 $X(t+\tau)$ 滞后 τ 秒,因此变量 τ 称作时间间隔变量。显然,自协方差函数 $C_{XX}(t, t+\tau)$ 也展现出了与(13.112c)式相似的时不变性,

$$C_{XX}(t+\tau, t) = C_{XX}(\tau) \tag{13.113}$$

需要指出,例题 13.7 中的随机过程是非平稳的,因为它的一阶和二阶矩都是时间的函数,而例题 13.8 中的随机过程是广义平稳的,因为它的均值是常数,且它的自相关函数只依赖于 $(t_1 - t_2)$,由(13.107)式可知,该自相关函数可以表示为

$$R_{XX}(t+\tau, t) = R_{XX}(\tau) = \frac{1}{4}\cos(\Omega_0\tau) \tag{13.114}$$

本章的其余部分主要涉及到广义平稳随机信号。因此,如果我们声明一个随机信号有常数均值和仅依赖单个时间变量的自相关函数,那么读者可以将该随机信号看作是广义平稳的。

最后,如果 $X(t)$ 和 $Y(t)$ 是联合广义平稳的,则它们的互相关和互协方差函数只依赖于时间间隔变量 τ,即

$$R_{XY}(t+\tau, t) = R_{XY}(\tau) \quad \text{和} \quad C_{XY}(t+\tau, t) = C_{XY}(\tau) \tag{13.115}$$

13.3.2 遍历性

至此,我们将随机信号看作是在各时刻 t 的随机变量,并利用样本空间计算平均。因而,

假定能够得到大量的波形,则可以获得每个时刻 t 的平均值,如同(13.8)式中解释的那样在样本上(按概率密度函数)加权。然而,现实中我们只有一个时域样本波形 $x(t)$ 可用于测量和分析。利用时间积分表,如电压表、电流表或功率表,我们可以在足够长的时间段上求解平均值。此时,我们想知道时间平均是否与样本平均相同,如若相同,则我们可以采用时间积分代替样本期望。

经过郑重考虑可以断定,一般而言即使随机过程是平稳的,我们也不能声明上述两种计算统计平均的方法会得到相同的结果。因此,我们引入一个被称作遍历性的新概念,遍历性允许我们将一个样本波形在一长段时间上计算的统计平均量等同于在每个时刻 t 上样本值的统计平均量。这样的过程称作遍历过程,必然地,这些过程一定是平稳的。然而,不是所有的平稳过程都是遍历的。通过遍历性,基本可以认为,从任何一个样本波形上,可以观测到该随机过程所有可能的变化和波动,而这些变化和波动本来是体现在波形样本集合上的。

从考虑均值的计算着手,令 $X(t)$ 是广义平稳的,均值为 μ_X,$x(t)$ 是它的样本波形。$x(t)$ 的时间平均采用尖括号表示:

$$\langle x(t) \rangle \triangleq \lim_{T \to \infty} \frac{1}{2T} \int_{-T}^{T} x(t)\,dt \tag{13.116}$$

式中测量间隔为 $2T$。如果平均值等于 μ_X,我们说 $X(t)$ 的均值是遍历的[①]。

现在考虑给定一个任意样本波形 $x(t)$ 时,采用时域平均来计算其自相关函数 $R_{XX}(\tau)$:

$$\mathcal{R}_{xx}(\tau) \triangleq \langle x(t+\tau)x(t) \rangle \triangleq \lim_{T \to \infty} \frac{1}{2T} \int_{-T}^{T} x(t+\tau)x(t)\,dt \tag{13.117}$$

如果对于每个 τ 都有 $\mathcal{R}_{xx}(\tau) = R_{XX}(\tau)$,则我们说 $X(t)$ 的自相关是遍历的。如果 $\tau = 0$,则由(13.116)式知,$\mathcal{R}_{xx}(0)$ 为平均功率(单位为瓦特)。于是,$\mathcal{R}_{xx}(0) = R_{XX}(0)$,$X(t)$ 的平均功率是遍历的。

例题 13.9 考虑随机过程 $X(t) = A\cos(\Omega_0 t + \Theta)$,式中幅度 A 和频率 Ω_0 是常数,而 $\Theta \sim U(0, 2\pi)$ 是随机相位。按照推导(13.106)式的步骤,它的前两阶矩给出为

$$\mu_X(t) = E[A\cos(\Omega_0 t + \Theta)] = AE[\cos(\Omega_0 t + \Theta)] = 0 = \mu_X \tag{13.118a}$$

$$R_{XX}(t_1, t_2) = E[A\cos(\Omega_0 t_1 + \Theta)A\cos(\Omega_0 t_2 + \Theta)]$$

$$= A^2 E[\cos(\Omega_0 t_1 + \Theta)\cos(\Omega_0 t_2 + \Theta)]$$

$$= \frac{1}{2}A^2 \cos(\Omega_0(t_1 - t_2)) \tag{13.118b}$$

显然,$X(t)$ 是广义平稳的。考虑(13.116)式中的时间平均

$$\langle x(t) \rangle \triangleq \lim_{T \to \infty} \frac{1}{2T} \int_{-T}^{T} A\cos(\Omega_0 t_1 + \theta)\,dt = 0 = \mu_X \tag{13.119}$$

式中,选取 $T = 2\pi/\Omega_0$。于是,$X(t)$ 的均值是遍历的。现在考虑(13.117)式中的时间平均

$$\mathcal{R}_{xx}(\tau) = \lim_{T \to \infty} \frac{1}{2T} \int_{-T}^{T} A\cos(\Omega_0(t+\tau) + \theta)A\cos(\Omega_0 t + \theta)\,dt$$

$$= A^2 \lim_{T \to \infty} \frac{1}{2T} \int_{-T}^{T} \frac{1}{2}(\cos(\Omega_0 \tau) + \cos(\Omega_0 2t + \tau) + \theta))\,dt$$

[①] 该等号的成立要求满足自相关函数 $R_{XX}(\tau)$ 有关的某些条件,而自相关函数依赖于所采用的收敛概念。这些问题超出了本书的讨论范围。

$$= \frac{1}{2}A^2\cos(\Omega_0\tau) = R_{XX}(\tau) \tag{13.120}$$

因而，$X(t)$ 的每个 τ 对应的自相关也是遍历的。特别地，它的平均功率也是遍历的。　■

例题 13.10　考虑例题 13.8 给出的随机过程 $X(t) = A\cos(\Omega_0 t + \Theta)$，它是一个广义平稳过程。它的均值和自相关经过计算，得到 $\mu_x = 0$ 和 $R_{XX}(\tau) = \frac{1}{4}\cos(\Omega_0\tau)$。该过程的均值是遍历的，而自相关不是遍历的，因为对于任何随机变量 A 的观测值，它的时间平均给出为

$$\mathcal{R}_{xx}(\tau) = \lim_{T\to\infty}\frac{1}{2T}\int_{-T}^{T}a\cos(\Omega_0(t+\tau)+\theta)a\cos(\Omega_0 t+\theta)\mathrm{d}t$$

$$= a^2\lim_{T\to\infty}\frac{1}{2T}\int_{-T}^{T}\frac{1}{2}(\cos(\Omega_0\tau)+\cos(\Omega_0 2t+\tau)+\theta))\mathrm{d}t$$

$$= \frac{1}{2}a^2\cos(\Omega_0\tau)\neq R_{XX}(\tau) \tag{13.121}$$

■

13.3.3　随机序列

目前讨论过的有关随机信号的结果和概念也可以应用到随机序列，而随机序列是离散时间随机过程。随机序列记作 $X(n)$，n 是样本序号，假定它在时域上是均匀间隔的。则对于每个 n，样本值 $X(n)$ 是一个概率密度函数为 $f_X(x;n)$ 的随机变量，而其前两阶矩给出为

$$\mu_X(n) = E[X(n)] = \int_{-\infty}^{\infty}xf_X(x;n)\mathrm{d}x \tag{13.122a}$$

$$E[X^2(n)] = \int_{-\infty}^{\infty}x^2 f_X(x;n)\mathrm{d}x \tag{13.122b}$$

$$\sigma_X^2(n) = E[X^2(n)] - \mu_X^2(n) \tag{13.122c}$$

如果时间序号 m 和 n 固定，则样本值 $X(m)$ 和 $X(n)$ 表示一对随机变量，且它们的联合概率密度函数为 $f_X(x_1, x_2; m, n)$。此时，自相关和自协方差序列分别给出为

$$R_{XX}(m,n) = E[X(m)X(n)] = \iint_{-\infty}^{\infty}x_1 x_2 f_X(x_1,x_2;m,n)\mathrm{d}x_1\mathrm{d}x_2 \tag{13.123a}$$

$$C_{XX}(m,n) = R_{XX}(m,n) - \mu_X(m)\mu_X(n) \tag{13.123b}$$

如果 $Y(n)$ 是另一个与 $X(m)$ 一起定义的随机序列，且它们的联合概率密度函数为 $f_{XY}(x,y;m,n)$，则它们的互相关和互协方差序列分别给出为

$$R_{XY}(m,n) = E[X(m)Y(n)] = \iint_{-\infty}^{\infty}xy f_{XY}(x,y;m,n)\mathrm{d}x\mathrm{d}y \tag{13.124a}$$

$$C_{XY}(m,n) = R_{XY}(m,n) - \mu_X(m)\mu_Y(n) \tag{13.124b}$$

如果下式

$$E[X^2(n)] = \xi_X(2) < \infty \tag{13.125a}$$

$$\mu_X(n) = \mu_X \tag{13.125b}$$

$$R_{XX}(n+l,n) = R_{XX}(l) \quad \text{或} \quad C_{XX}(n+l,n) = C_{XX}(l) \tag{13.125c}$$

成立,随机过程 $X(n)$ 是广义平稳的,式中 l 被称作间隔序号变量。类似地,两个联合广义平稳的随机过程的互相关和互协方差序列为 l 的函数。

最后,对于一个遍历随机序列 $X(n)$,可采用一个样本波形 $x(n)$ 的时域算术平均值来计算它的统计平均值,如下式所示:

$$\mu_X = \langle x(t) \rangle \triangleq \lim_{N \to \infty} \frac{1}{2N+1} \sum_{n=-N}^{N} x(n) \tag{13.126a}$$

$$R_{XX}(l) = \langle x(n+l)x(n) \rangle \triangleq \lim_{N \to \infty} \frac{1}{2N+1} \sum_{n=-N}^{N} x(n+l)x(n) \tag{13.126b}$$

MATLAB 实现 SP 工具箱提供下面的函数

```
[Rxy,lags] = xcorr(x,y,maxlags,'option')
```

该函数可估计对应两个数据向量 x 和 y 之间对应不同间隔序号的互相关值 Rxy。利用四个可选情形:'none'(缺省设置),'biased','unbiased'和'coeff',可以计算出对应间隔序号不超过 maxlag 的互相关值,这些情形将在下面介绍。它还可以通过调用下面的语句计算自相关值

```
[Rxy,lags] = xcorr(x,maxlags,'option')
```

当 x 和 y 都是零均值序列(通过减去它们各自的均值获得),则 xcorr 函数可以计算协方差值。

在缺省情况下,xcorr 函数可以计算未经归一化的相关的估计,给出为

$$\hat{R}_{XY}(l) = \begin{cases} \sum_{n=0}^{N-l} x(n+l)y(n), & l \geqslant 0 \\ \hat{R}_{XY}(-l), & l < 0 \end{cases} \tag{13.127}$$

式中 N 是最大间隔序号。此时,输出向量 Rxy 的元素给出为

$$\text{Rxy}(m) = \hat{R}_{XY}(m-N-1), \quad m = 1,2,\cdots,2N+1 \tag{13.128}$$

参数'option'有以下几种选择:

• 'biased':互相关函数的有偏估计给出为

$$\hat{R}_{XY,\text{biased}}(l) = \left(\frac{1}{N}\right)\hat{R}_{XY}(l) \tag{13.129}$$

• 'unbiased':互相关函数的无偏估计给出为

$$\hat{R}_{XY,\text{unbiased}}(l) = \left(\frac{1}{N-|l|}\right)\hat{R}_{XY}(l) \tag{13.130}$$

• 'coeff':自相关序列经归一化处理,使得对应间隔序号为零的自相关恒等于1。
• 'none':使用原本的、未经比例化的互相关序列(缺省情况)。

例题 13.11 13.6.3 节和例题 13.22 将讨论如何生成一个自相关序列为 $\rho^{|l|}$ 的随机过程。该随机过程的样本值可以通过 MATLAB 数据文件 x.mat 得到。求解该随机过程间隔序号不超过 10 的自相关序列并绘图。

题解

采用下面的 MATLAB 脚本导入该数据文件,并调用 xcorr 函数计算自相关序列,然后绘

制随机序列及其自相关序列的图,如图 13.12 所示。由自相关序列图,可以推断相关系数 ρ 近似等于 0.7。

```
>> load x; maxlag = 10;
>> [Rx,lags] = xcorr(x,maxlag,'coeff');
>> % Plotting commands follow
```

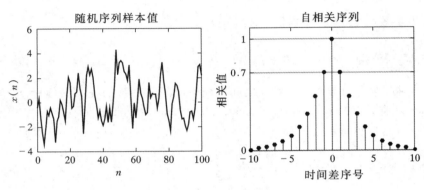

图 13.12　例题 13.11 中随机过程及其自相关图

13.4　功率谱密度

在前面 13.1.2 节的讨论中,我们将平稳随机信号的平均直流和交流功率比作在时刻 t 的随机变量的一阶和二阶矩。进一步,我们想知道平均交流功率在频率范围如何分布,以便设计合适的频率选择性滤波器或最优滤波器。正如在本节中的解释,功率分布可以籍由对随机变量对的分析获得,特别是由自相关函数获得。所得的结果为一个新术语,称作功率谱密度(或 PSD)。

为推导该结果,需要用到傅里叶分析。我们研究并采用前几章中连续和离散时间信号的傅里叶变换,而前几章中信号主要是确定信号且满足一定的收敛条件,如有限功率或绝对可积性。现在要推导得到随机信号也满足这样的条件是很困难的。为简化这个直观上困难的数学问题,考虑对随机信号经过截取,则截取信号的每一个样本波形的傅里叶变换必然存在。接下来,对集合平均以消除随机性,以及在时域上(到无穷大)求极限以消除截短效应,从而得到所要的结果。

令 $X_T(t)$ 表示有限长随机信号,该信号截取于广义平稳随机过程 $X(t)$

$$X_T(t) \triangleq \begin{cases} X(t), & -T \leqslant t \leqslant T \\ 0, & \text{其他} \end{cases} \tag{13.131}$$

并令 $X_T(j\Omega)$ 表示它的连续时间傅里叶变换(CTFT),该 $X_T(j\Omega)$ 一定存在。[1]　有关的 CTFT

---

[1]　不同字体表示的说明:无衬线字体 X 表示随机变量,而罗马斜体 X 表示连续时间傅里叶变换(CTFT)。

对给出为

$$X_T(j\Omega) = \int_{-\infty}^{\infty} X_T(t)e^{-j\Omega t}\,dt = \int_{-T}^{T} X(t)e^{-j\Omega t}\,dt \tag{13.132a}$$

$$X_T(t) = \frac{1}{2\pi}\int_{-\infty}^{\infty} X_T(j\Omega)e^{j\Omega t}\,d\Omega \tag{13.132b}$$

式中,Ω 是模拟角频率,单位为弧度/秒。需要说明,$X_T(j\Omega)$ 是一个随机变量。截取的随机信号 $X_T(t)$ 的能量给出为

$$E_{X_T} \triangleq \int_{-T}^{T} X^2(t)\,dt = \int_{-\infty}^{\infty} X_T^2(t)\,dt \tag{13.133}$$

则该信号在单位电阻上的时间平均功率给出为

$$P_{X_T} = \frac{1}{2T}\int_{-\infty}^{\infty} X_T^2(t)\,dt = \frac{1}{2T(2\pi)}\int_{-\infty}^{\infty} |X_T(j\Omega)|^2\,d\Omega \tag{13.134}$$

式中第二个等式用到了适用于连续时间傅里叶变换的帕塞瓦尔定理。显然,由于 P_{X_T} 项包含多个随机量,因而它是一个随机变量。因此,可以取集合平均来求得截取的随机过程的平均功率

$$\overline{P_{X_T}} \triangleq E[P_{X_T}] = \frac{1}{2T(2\pi)}\int_{-\infty}^{\infty} E|X_T(j\Omega)|^2\,d\Omega \tag{13.135}$$

最后,通过令 $T\to\infty$ 取极限得到原始未经截取的随机过程的平均功率。

$$\overline{P_X} \triangleq \lim_{T\to\infty}\left\{\frac{1}{2T(2\pi)}\int_{-\infty}^{\infty} E|X_T(j\Omega)|^2\,d\Omega\right\}$$

$$= \frac{1}{2\pi}\int_{-\infty}^{\infty} \lim_{T\to\infty}\frac{E[|X_T(j\Omega)|^2]}{2T}\,d\Omega \tag{13.136}$$

对上面(13.136)式中积分里面的项仔细分析可知,由于等式左边是平均功率,该项为功率谱密度项。将该项记作为

$$S_{XX} \triangleq \lim_{T\to\infty}\frac{E[|X_T(j\Omega)|^2]}{2T} \tag{13.137}$$

并将它称为功率谱密度(PSD),因为它是一个关于频率的功率密度函数。

现在还需要证明功率谱密度可以看作是自相关函数经过连续时间傅里叶变换得到。为此,考虑(13.137)式的分子,由式(13.132a)该项可以写为

$$E[|X_T(j\Omega)|^2] = E\left[\int_{-T}^{T}\int_{-T}^{T} X(t_1)X(t_2)e^{-j\Omega(t_1-t_2)}\,dt_1\,dt_2\right]$$

$$= \int_{-T}^{T}\int_{-T}^{T} E[X(t_1)X(t_2)]e^{-j\Omega(t_1-t_2)}\,dt_1\,dt_2$$

$$= \int_{-T}^{T}\int_{-T}^{T} R_{XX}(t_1-t_2)e^{-j\Omega(t_1-t_2)}\,dt_1\,dt_2 \tag{13.138}$$

式中,最后一个等号用到了 $X(t)$ 是广义平稳随机过程的性质。由于(13.138)式中积分项只依赖于 (t_1-t_2),我们可以采用变量代换 $\tau=t_1-t_2$ 和 $\lambda=t_1+t_2$,并对 λ 积分,从而将二重积分转换为一重积分

$$E[|X_T(j\Omega)|^2] = \int_{-2T}^{2T} R_{XX}(\tau)(2T-|\tau|)e^{-j\Omega\tau}\,d\tau \tag{13.139}$$

最后,将(13.139)式代入(13.137)式,并求极限,可以得到

$$S_{XX}(\Omega) = \lim_{T\to\infty}\int_{-2T}^{2T} R_{XX}(\tau)\left(1-\frac{|\tau|}{2T}\right)e^{-j\Omega\tau}\,d\tau = \int_{-\infty}^{\infty} R_{XX}(\tau)e^{-j\Omega\tau}\,d\tau \tag{13.140}$$

该式表明 PSD $S_{XX}(\Omega)$ 是自相关函数 $R_{XX}(\tau)$ 的连续时间傅里叶变换,这个重要的结论被称作维纳辛钦定理(Wiener-Khinchin theorem)。自相关函数可以通过对功率谱密度采用连续时间逆傅里叶变换得到。

$$R_{XX}(\tau) = \frac{1}{2\pi}\int_{-\infty}^{\infty} S_{XX}(\Omega)\mathrm{e}^{\mathrm{j}\Omega\tau}\mathrm{d}\Omega \tag{13.141}$$

需要指出,广义平稳随机过程 $X(t)$ 的总平均功率给出为

$$\overline{P_X} = \frac{1}{2\pi}\int_{-\infty}^{\infty} S_{XX}(\Omega)\mathrm{d}\Omega \tag{13.142}$$

由(13.141)式知,上式等于 $R_{XX}(0) = E[X^2(t)] = \mu_X^2 + \sigma_X^2$,它是直流功率和交流功率的总和。尽管人们容易下结论:直流功率等于 μ_X^2 和交流功率等于 σ_X^2,但该结论并非总是正确的,除非随机过程是遍历的。然而,如果随机过程含有直流功率,那么功率谱密度函数会在 $\Omega=0$ 处有一个脉冲,且该脉冲的面积等于直流功率。类似地,如果功率谱密度函数在多个非零频率处有脉冲,那么该随机过程称作谐波随机过程。

功率谱密度和自相关函数的性质

功率谱密度函数 $S_{XX}(\Omega)$ 具有几个重要性质:

1. $S_{XX}(\Omega)$ 是取值为实数的函数,即使随机过程是复数的。
2. 对于实数随机过程,$S_{XX}(\Omega)$ 是偶函数;对于复数随机过程,$S_{XX}(\Omega)$ 是共轭偶函数。
3. $S_{XX}(\Omega)$ 是一个非负函数。

通过连续时间傅里叶变换关系,自相关函数 $R_{XX}(\tau)$ 还具有下面的相应性质:

1. $R_{XX}(\tau)$ 是一个共轭对称函数。
2. 对于实随机过程,$R_{XX}(\tau)$ 是实偶函数。
3. $R_{XX}(\tau)$ 是一个非负定函数。

例题 13.12 令 $R_{XX}(\tau) = \mathrm{e}^{-\alpha|\tau|}$,$\alpha>0$,求其功率谱密度 $S_{XX}(\Omega)$。

题解

利用(13.140)式,可得

$$S_{XX}(\Omega) = \int_{-\infty}^{\infty} \mathrm{e}^{-\alpha|\tau|}\,\mathrm{e}^{-\mathrm{j}\Omega\tau}\mathrm{d}\tau = \int_{-\infty}^{0} \mathrm{e}^{\alpha\tau}\,\mathrm{e}^{-\mathrm{j}\Omega\tau}\mathrm{d}\tau + \int_{0}^{\infty} \mathrm{e}^{-\alpha\tau}\,\mathrm{e}^{-\mathrm{j}\Omega\tau}\mathrm{d}\tau$$

$$= \frac{1}{\alpha - \mathrm{j}\Omega} + \frac{1}{\alpha + \mathrm{j}\Omega} = \frac{2\alpha}{\alpha^2 + \Omega^2} \tag{13.143}$$

图 13.13 绘制了其自相关函数 $R_{XX}(\tau)$ 和功率谱密度 $S_{XX}(\Omega)$ 曲线。 ■

互谱密度函数

类似于功率谱密度(也称为自功率谱密度)函数,互谱密度函数定义为互相关函数的傅里叶变换。令 $X(t)$ 和 $Y(t)$ 是联合广义平稳随机信号,其互相关函数为 $R_{XY}(\tau)$,则互谱密度函

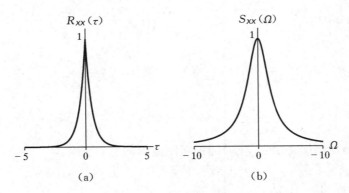

图 13.13　例题 13.12 中(a)自相关函数图和(b)功率谱密度图

数给出为

$$S_{XY}(\Omega) \triangleq \int_{-\infty}^{\infty} R_{XY}(\tau) e^{-j\Omega\tau} d\tau \tag{13.144}$$

该函数并没有隐含假定其为一个功率密度函数,通常它是一个复值函数。然而,它在分析中非常有用。

13.4.1　随机序列的功率谱密度

相似的讨论和分析可以适用于随机序列,广义平稳随机序列 $X[n]$ 的功率谱密度和它的自相关可以由离散时间傅里叶变换来相互联系。

$$S_{XX}(\omega) = \sum_{l=-\infty}^{\infty} R_{XX}(l) e^{-j\omega l} \tag{13.145a}$$

$$R_{XX}(l) = \frac{1}{2\pi} \int_{-\pi}^{\pi} S_{XX}(\omega) e^{j\omega l} d\omega \tag{13.145b}$$

式中 ω 是数字角频率,单位为弧度/采样。需要指出,这种情况下功率谱密度 $S_{XX}(\omega)$ 是在 ω 上以 2π 为周期的函数。$X[n]$ 的总平均功率给出为

$$\overline{P_X} = R_{XX}(0) = \frac{1}{2\pi} \int_{-\pi}^{\pi} S_{XX}(\omega) d\omega \tag{13.146}$$

还需指出,随机序列的功率谱密度和自相关函数具有上述随机信号类似的性质。最后,对于互相关为 $R_{XY}(l)$ 的联合广义平稳随机序列 $X(n)$ 和 $Y(n)$,定义互谱密度函数为

$$S_{XY}(\omega) \triangleq \sum_{l=-\infty}^{\infty} R_{XY}(l) e^{-j\omega l} \tag{13.147}$$

例题 13.13　令随机序列 $X(n)$ 的自相关给出为:对所有 $l, R_{XX}(l) = \left(\frac{1}{2}\right)^{|l|}$,求其功率谱密度 $S_{XX}(\omega)$。

题解

利用(13.125a)式可得

$$S_{XX}(\omega) = \sum_{l=-\infty}^{\infty}\left(\frac{1}{2}\right)^{|l|}\mathrm{e}^{-\mathrm{j}\omega l} = \sum_{l=-\infty}^{-1}\left(\frac{1}{2}\right)^{-l}\mathrm{e}^{-\mathrm{j}\omega l} + \sum_{l=0}^{\infty}\left(\frac{1}{2}\right)^{l}\mathrm{e}^{-\mathrm{j}\omega l}$$

$$= \sum_{l=1}^{\infty}\left(\frac{1}{2}\mathrm{e}^{\mathrm{j}\omega}\right)^{l} + \sum_{l=0}^{\infty}\left(\frac{1}{2}\mathrm{e}^{-\mathrm{j}\omega}\right)^{l} = \frac{\frac{1}{2}\mathrm{e}^{\mathrm{j}\omega}}{1-\frac{1}{2}\mathrm{e}^{\mathrm{j}\omega}} + \frac{1}{1-\frac{1}{2}\mathrm{e}^{-\mathrm{j}\omega}}$$

$$= \frac{3}{5-4\cos(\omega)} \tag{13.148}$$

其自相关 $R_{XX}(l)$ 和功率谱密度 $S_{XX}(\omega)$ 的平面图如图 13.14 所示。　∎

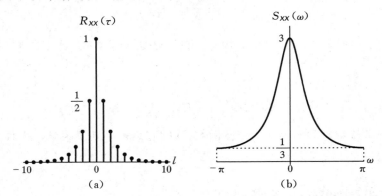

图 13.14　例题 13.13 中(a)自相关函数图和(b)功率谱密度图

例题 13.14　令随机序列 $X(n)$ 的功率谱密度给出为

$$S_{XX}(\omega) = \frac{16}{17+8\cos(\omega)}, \quad -\pi < \omega \leqslant \pi \tag{13.149}$$

求其自相关序列 $R_{XX}(l)$。

题解

由 (13.145b) 式可以得到

$$R_{XX}(l) = \frac{1}{2\pi}\int_{-\pi}^{\pi}\frac{16}{17+8\cos(\omega)}\mathrm{e}^{\mathrm{j}\omega l}\,\mathrm{d}\omega \tag{13.150}$$

而该式不容易求值。因此,采用逆 z 变换方法将 (13.149) 式中 $S_{XX}(\omega)$ 转换为一个等价的 z 域函数 $\widetilde{S}_{XX}(z)$,称其为<u>复功率谱密度</u>。该变换可采用下式实现:

$$\cos(\omega) = \frac{\mathrm{e}^{\mathrm{j}\omega}+\mathrm{e}^{-\mathrm{j}\omega}}{2} = \frac{z+z^{-1}}{2}\bigg|_{z=\mathrm{e}^{\mathrm{j}\omega}} \tag{13.151}$$

将 (13.151) 式代入 (13.149) 式,考虑到单位圆必须位于收敛域内,于是可以得到

$$\widetilde{S}_{XX}(z) = \frac{16}{17+8(z+z^{-1})/2} = \frac{16z}{4z^2+17z+4}$$

$$= \frac{4z}{\left(z+\frac{1}{4}\right)(z+4)}, \quad \text{ROC:} \frac{1}{4}<|z|<4 \tag{13.152}$$

现在采用先部分分式展开后查表 4.1(z 变换对) 的方法,可以得到 $R_{XX}(l)$。由 (13.152) 式进一步有

$$\widetilde{S}_{XX}(z) = \frac{4z}{\left(z + \dfrac{1}{4}\right)(z+4)} = \frac{16}{15}\left[\frac{z}{z + \dfrac{1}{4}} - \frac{z}{z+4}\right], \frac{1}{4} < |z| < 4 \qquad (13.153)$$

因而,可得

$$R_{XX}(l) = \frac{16}{15}\left(-\frac{1}{4}\right)^{l} u(l) + \frac{16}{15}(-4)^{l} u[-l-1]$$

$$= \frac{16}{15}\left(-\frac{1}{4}\right)^{|l|}, \text{对所有的 } l \qquad (13.154)$$

例题 13.14 中功率谱密度 $S_{XX}(\omega)$ 和自相关 $R_{XX}(l)$ 的绘图如图 13.15 所示。■

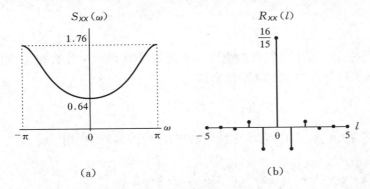

图 13.15　例题 13.14 中(a)功率谱密度和(b)自相关图

MATLAB 实现　　SP 工具箱提供了几个函数,如 pwelch 函数和 cpsd 函数,可以由数据向量分别估计功率谱密度和互谱密度函数。这些函数采用的技术方法源于谱估计理论,该专题超出本书知识范围。鉴于已经调用 xcorr 函数估计得到了自相关序列,我们可将针对大量经过适当补零的自相关序列采用 FFT 计算作为估计功率谱密度的优先实现方法。

由于自相关值的变换仍然是基于有限长度序列的(并非理论所要求的基于无限长序列的),该运算相当于对原始自相关序列经矩形窗加窗后的变换。这样的加窗运算可能会造成计算所得的一些功率谱密度变为负值,而违反功率谱密度性质之一。因此,我们将采用 DTFT 恒为非负的窗函数。这样的窗函数被称为滞后窗,而巴特莱特(或三角)窗就是这样的一种窗。需要指出,相关文献中还有其他的滞后窗方案可供选择。采用非矩形窗的副作用之一就是会造成一定的谱估计分辨率损失。然而,该损失可以通过大量的自相关序列来加以抑制。下面的功率谱密度函数涵盖了以上所讨论过的方法。

```
function [Sx,omega] = PSD(Rx,maxlag,Nfft)
% PSD Computation of PSD using Autocorrelation Lags
%    [Sx,omega] = PSD(Rx,lags,Nfft)
% Sx: Computed PSD values
% omega: digital frequency array in pi units from -1 to 1
% Rx: autocorrelations from -maxlag to +maxlag
% maxlag: maximum lag index (must be >= 10)
```

```
% Nfft: FFT size (must be >= 512)
Nfft2 = Nfft/2;
M = 2 * maxlag + 1; % Bartlett window length
Rx = bartlett(M). * Rx(:); % Windowed autocorrelations
Rxzp = [zeros(Nfft2 - maxlag,1);Rx;zeros(Nfft2 - maxlag - 1,1)];
Rxzp = ifftshift(Rxzp); % Zero - padding and circular shifting
Sx = fftshift(real(fft(Rxzp))); % PSD
Sx = [Sx;Sx(1)]; % Circular shifting
omega = linspace( - 1,1,Nfft + 1); % Frequencies in units of pi
end
```

例题 13.15　　例题 13.11 中我们由随机序列观测值计算得到了其自相关序列 $R_{xx}(l)$，$-10 \leqslant l \leqslant 10$。试用数值计算方法求其功率谱密度。

题解

　　我们将在下面的 MATLAB 脚本中阐明功率谱密度函数的使用。

```
>> load x; maxlag = 10; % Load random sequence data
>> [Rx,lags] = xcorr(x,maxlag,'coeff'); % Compute ACRS
>> [Sx,omega] = PSD(Rx,maxlag,512); % Compute PSD
>> % Plotting commands follow
```

所得的绘图如图 13.16 所示。

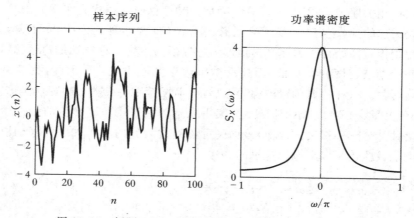

图 13.16　例题 13.15 中的样本序列及其功率谱密度绘图

13.5　平稳随机过程通过线性时不变系统

　　信号处理的一个重要方面是通过线性系统对信号进行滤波。前面几章研究了如何通过线性时不变系统过滤确定信号,以获得想要的时域和频域的输出响应。现在我们要考虑平稳随机过程的滤波处理。具体来说,即这种滤波处理指什么呢?

为了理解这个意思,我们需要借助于随机过程的集合描述,该描述中随机过程是样本波形的集合。当每一个输入样本波形通过系统,就会产生一个过滤的样本函数。于是,在输出端,我们也会得到一个样本波形的集合或一个输出随机过程。关于个体样本波形的滤波处理已经很好理解,并可采用第6章中滤波器结构实现。我们现在在真正关注的是如何采用二阶统计均值来表征该输出随机过程。这才是我们要寻求的本质。而采用联合密度来完整描述输出过程,即使对于简单系统也是困难的。

令输入随机信号为广义平稳过程 $X(t)$,其均值为 μ_X 和自相关函数为 $R_{XX}(\tau)$。该信号用作脉冲响应为 $h(t)$ 或频率响应函数为 $H(\mathrm{j}\Omega)$ 的线性时不变系统的输入。令输出过程为 $Y(t)$。系统设置如图 13.17 所示。输出过程可由如下卷积积分公式给出:

$$Y(t) = X(t) * h(t) = \int_{\lambda=-\infty}^{\infty} X(\lambda)h(t-\lambda)\mathrm{d}\lambda \qquad (13.155)$$

而频率响应函数 $H(\mathrm{j}\Omega)$ 给出为

$$H(\mathrm{j}\Omega) = \int_{-\infty}^{\infty} h(t)\mathrm{e}^{-\mathrm{j}\Omega t}\,\mathrm{d}t \qquad (13.156)$$

现在,我们来求解输出过程 $Y(t)$ 的均值和自相关函数,以及输出和输入过程之间的互相关函数,还要检验 $Y(t)$ 是否为一个平稳过程。

输出均值函数的计算　由(13.155)式可知,$Y(t)$ 的均值给出为

$$\mu_Y(t) = E[Y(t)] = \int_{\lambda=-\infty}^{\infty} E[X(\lambda)]h(t-\lambda)\mathrm{d}\lambda$$

$$= \int_{\lambda=-\infty}^{\infty} \mu_X h(t-\lambda)\mathrm{d}\lambda = \left(\int_{\lambda=-\infty}^{\infty} h(\lambda)\mathrm{d}\lambda\right)\mu_X \qquad (13.157)$$

需要说明的是,圆括号中的积分是一个常数,由(13.156)式知该常数等于 $H(\mathrm{j}0)$ 或直流增益值。因而,输出均值可由下式给出:

$$\mu_Y(t) = \left(\int_{\lambda=-\infty}^{\infty} h(\lambda)\mathrm{d}\lambda\right)\mu_X = H(\mathrm{j}0)\mu_X = \mu_Y \qquad (13.158)$$

上式也是一个常数。因而,输出均值是经过线性时不变系统的直流增益放大的输入均值,这一点非常重要。

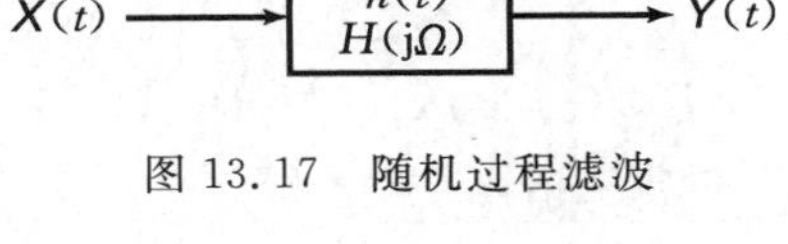

图 13.17　随机过程滤波

互相关和互谱密度函数的计算　下面将考虑输出 $Y(t+\tau)$ 与 $X(t)$ 之间的互相关。利用(13.155)式,可以得到

$$R_{YX}(t+\tau,t) = E[Y(t+\tau)X(t)] = E\left[\int_{\lambda=-\infty}^{\infty} h(\lambda)X(t+\tau-\lambda)X(t)\mathrm{d}\lambda\right]$$

$$= \int_{t_1=-\infty}^{\infty} h(\lambda)E[X(t+\tau-\lambda)X(t)]\mathrm{d}\lambda$$

$$= \int_{t_1=-\infty}^{\infty} h(\lambda) R_{XX}(\tau-\lambda) d\lambda \tag{13.159}$$

式中最后一个等式用到了 $X(t)$ 的平稳性。(13.159)式中的积分可以被认为是一个 $h(\tau)$ 和 $R_{XX}(\tau)$ 之间的卷积,即

$$R_{YX}(t+\tau,t) = h(\tau) * R_{XX}(\tau) = R_{YX}(\tau) \tag{13.160}$$

因而上式中互相关函数是时不变的。通过对(13.160)式采用傅里叶变换,输出与输入之间的互谱密度函数给出为

$$S_{YX}(\Omega) = H(j\Omega) S_{XX}(\Omega) \tag{13.161}$$

同理,可以计算输入和输出之间的互相关和互谱密度,得到下面的结果:

$$R_{XY}(\tau) = h(-\tau) * R_{XX}(\tau) \tag{13.162a}$$

$$S_{XY}(\Omega) = H^*(j\Omega) S_{XX}(\Omega) \tag{13.162b}$$

输出自相关和功率谱密度函数 现在来考虑输出 $Y(t)$ 的自相关函数。再次利用 (13.155)式,可以得到

$$R_{YY}(t+\tau,t) = E[Y(t+\tau)Y(t)] = E\left[\int_{\lambda=-\infty}^{\infty} Y(t+\tau)h(\lambda)X(t-\lambda)d\lambda\right]$$

$$= \int_{\lambda=-\infty}^{\infty} h(\lambda) E[Y(t+\tau)X(t-\lambda)]d\lambda$$

$$= \int_{\lambda=-\infty}^{\infty} h(\lambda) R_{YX}(\tau+\lambda) d\lambda = \int_{\lambda=-\infty}^{\infty} h(-\lambda) R_{YX}(\tau-\lambda) d\lambda \tag{13.163}$$

上式用到了互相关 $R_{YX}(\tau)$ 的时不变性质。(13.163)式中的积分可被认为是 $h(-\tau)$ 和 $R_{YX}(\tau)$ 之间的卷积,即

$$R_{YY}(t+\tau,t) = h(-\tau) * R_{YX}(\tau) = R_{YY}(\tau) \tag{13.164}$$

显然,自相关 $R_{YY}(\tau)$ 也是时不变的。将(13.160)式中的 $R_{YX}(\tau)$ 代入(13.164)式,可以得到

$$R_{YY}(\tau) = h(\tau) * h(-\tau) * R_{XX}(\tau) \tag{13.165}$$

通过对(13.165)式采用傅里叶变换,输出功率谱密度给出为

$$S_{YY}(\Omega) = |H(j\Omega)|^2 S_{XX}(\Omega) \tag{13.166}$$

上式也是一个实非负函数,这正说明它是一个有效的功率谱密度函数。

(13.165)式中的第一个卷积项对于线性时不变系统来说是唯一的,且可以预先计算得到。该项被称作系统的自相关函数,记作

$$R_h(\tau) \triangleq h(\tau) * h(-\tau) \tag{13.167}$$

上式说明

$$R_{YY}(\tau) = R_h(\tau) * R_{XX}(\tau) \tag{13.168}$$

$R_h(\tau)$ 的傅里叶变换被称为系统的功率谱函数,记作

$$S_H(\Omega) = |H(j\Omega)|^2 \tag{13.169}$$

上式说明

$$S_{YY}(\Omega) = S_H(\Omega) S_{XX}(\Omega) \tag{13.170}$$

由互相关函数 $R_{XY}(\tau)$ 着手,也可以得到与(13.165)式相同的结果。相应的表达式如下:

$$R_{YY}(\tau) = h(\tau) * R_{XY}(\tau) = h(\tau) * h(-\tau) * R_{XX}(\tau) \tag{13.171a}$$

$$S_{YY}(\Omega) = H(j\Omega) S_{XY}(\Omega) = |H(j\Omega)|^2 S_{XX}(\Omega) \tag{13.171b}$$

总之,由于均值 μ_Y 是常数且自相关 $R_{YY}(\tau)$ 时不变,输出过程 $Y(t)$ 也是一个广义平稳过程。

因而,一个广义平稳过程经过线性时不变滤波后,结果恒为一个广义平稳过程。

例题 13.16 一个广义平稳随机过程 $X(t)$,均值 $\mu_X = 2$ 且自协方差 $C_{XX}(\tau) = 4\delta(\tau)$,用作一个稳定的线性时不变系统的输入,该系统冲激响应为

$$h(t) = e^{-t}u(t) \tag{13.172}$$

该系统的输出为随机过程 $Y(t)$,求下面的统计量。

1. 均值 μ_Y。

题解

利用(13.158)式,$Y(t)$ 的均值给出为

$$\mu_Y = \mu_X \int_{-\infty}^{\infty} h(t)\mathrm{d}t = 2\int_0^{\infty} e^{-t}\mathrm{d}t = 2 \tag{13.173}$$

2. 互相关 $R_{XY}(\tau)$ 和互协方差 $C_{XY}(\tau)$。

题解

$X(t)$ 的自相关给出为

$$R_{XX}(\tau) = \mu_X^2 + C_{XX}(\tau) = 4 + 4\delta(\tau) \tag{13.174}$$

现在利用(13.162a)式,可以得到

$$R_{XY}(\tau) = h(-\tau) * R_{XX}(\tau) = e^{\tau}u(-\tau) * [4 + 4\delta(\tau)]$$

$$= 4\int_{-\infty}^{0} e^{\tau}\mathrm{d}\tau + 4e^{\tau}u(-\tau) = 4 + 4e^{\tau}u(-\tau) \tag{13.175}$$

鉴于 $R_{XY}(\tau) = \mu_X\mu_Y + C_{XY}(\tau)$,利用(13.175)式,互协方差 $C_{XY}(\tau)$ 可给出为

$$C_{XY}(\tau) = 4e^{\tau}u(-\tau) \tag{13.176}$$

3. 自相关 $R_{XX}(\tau)$ 和自协方差 $C_{XX}(\tau)$。

题解

由(13.167)式,系统自相关函数给出为

$$R_h(\tau) = h(\tau) * h(-\tau) = [e^{-\tau}u(\tau)] * [e^{\tau}u(-\tau)]$$

$$= \begin{cases} \int_{-\infty}^{T} e^{\lambda}e^{-(\tau-\lambda)}\mathrm{d}\lambda, & \tau < 0, \\ \int_{-\infty}^{0} e^{\lambda}e^{-(\tau-\lambda)}\mathrm{d}\lambda, & \tau \geq 0, \end{cases} = \begin{cases} \dfrac{1}{2}e^{\tau}, & \tau < 0, \\ \dfrac{1}{2}e^{-\tau}, & \tau \geq 0, \end{cases} = \frac{1}{2}e^{-|\tau|} \tag{13.177}$$

再由(13.168)、(13.174)和(13.177)式,输出自相关给出为

$$R_{YY}(\tau) = R_h(\tau) * R_{XX}(\tau) = \frac{1}{2}e^{-|\tau|} * [4 + 4\delta(\tau)]$$

$$= 2\int_{-\infty}^{\infty} e^{|\tau|}\mathrm{d}\tau + 2e^{-|\tau|} = 4 + 2e^{-|\tau|} \tag{13.178}$$

由于 $\mu_Y = 2$,自协方差 $C_{YY}(\tau)$ 给出为

$$C_{YY}(\tau) = R_{YY}(\tau) - \mu_Y^2 = 2e^{-|\tau|} \tag{13.179}$$

需要说明的是,从这些算式来看,互相关量要用到与自相关量相同的运算处理。 ∎

例题 13.17 用基于计算功率谱密度和互谱密度统计量的频域方法重做例题 13.16。

题解

频域响应函数给出为

$$H(\mathrm{j}\Omega) = \mathcal{F}[\mathrm{e}^{-t}u(t)] = \frac{1}{1+\mathrm{j}\Omega} \tag{13.180}$$

由(13.158)式,均值 μ_Y 为

$$\mu_Y = \mu_X H(\mathrm{j}0) = 2(1) = 2 \tag{13.181}$$

由(13.174)式,输入功率谱密度为

$$S_{XX}(\Omega) = \mathcal{F}[4+4\delta(\tau)] = 8\pi\delta(\Omega) + 4 \tag{13.182}$$

再由(13.162b)式,$X(t)$ 和 $Y(t)$ 之间的互谱密度给出为

$$S_{XY}(\Omega) = H^*(\mathrm{j}\Omega)S_{XX}(\Omega) = \frac{8\pi\delta(\Omega)+4}{1-\mathrm{j}\Omega}$$

$$= 8\pi\delta(\Omega) + \frac{4}{1-\mathrm{j}\Omega} \tag{13.183}$$

因此,经过逆傅里叶变换可以得到

$$R_{XY}(\tau) = 4 + 4\mathrm{e}^{\tau}u(-\tau) \tag{13.184}$$

上式结果与前面(13.175)式结果相同。由(13.169)和(13.170)式,功率谱密度 $S_{YY}(\Omega)$ 给出为

$$S_{YY}(\Omega) = |H(\mathrm{j}\Omega)|^2 S_{XX}(\Omega) = \frac{8\pi\delta(\Omega)+4}{1+\Omega^2}$$

$$= 8\pi\delta(\Omega) + \frac{4}{1+\Omega^2} \tag{13.185}$$

在例题 13.12 和(13.143)式中,我们得到了下面的傅里叶变换对

$$\mathrm{e}^{-\alpha|\tau|}, \alpha > 0 \overset{\mathcal{F}}{\leftrightarrow} \frac{2\alpha}{\alpha^2 + \Omega^2} \tag{13.186}$$

利用(13.186)式中 $a=1$,可以得到(13.186)式中第二项的逆傅里叶变换。因此

$$R_{YY}(\tau) = 4 + 2\mathrm{e}^{-|\tau|} \tag{13.187}$$

该结果与(13.178)式一致。 ■

13.5.1 离散时间线性时不变系统

类似的结论可以适用于以广义平稳随机序列为输入的离散时间线性时不变系统。令 $h(n)$ 表示系统的冲激响应,$H(\mathrm{e}^{\mathrm{j}\omega})$ 表示频率响应函数,即

$$H(\mathrm{e}^{\mathrm{j}\omega}) = \sum_{n=-\infty}^{\infty} h(n)\mathrm{e}^{-\mathrm{j}\omega n} \tag{13.188}$$

令 $X(n)$ 表示输入广义平稳过程,均值为 μ_X,自相关序列为 $R_{XX}(l)$ 和自功率谱密度 $S_{XX}(\omega)$。令 $Y(n)$ 表示得到的输出过程。那么 $Y(n)$ 也是广义平稳的,其统计量如下。

输出均值

$$\mu_Y = \left(\sum_{n=-\infty}^{\infty} h(n)\right)\mu_X = \underbrace{H(\mathrm{e}^{\mathrm{j}0})}_{\text{dc-gain}}\mu_X \tag{13.189}$$

输入与输出之间的互相关

$$R_{YX}(l) = h(l) * R_{XX}(l) \tag{13.190a}$$

$$R_{XY}(l) = h(-l) * R_{XX}(l) \tag{13.190b}$$

输入与输出之间的互谱密度函数

$$S_{YX}(\omega) = H(e^{j\omega})S_{XX}(\omega) \tag{13.191a}$$

$$S_{XY}(\omega) = H(e^{-j\omega})S_{XX}(\omega) \tag{13.191b}$$

输入自相关与输出自相关

$$R_{YY}(l) = h(-l) * R_{Y,x}(l) = h(l) * R_{XY}(l) \tag{13.192a}$$

$$= \underbrace{h(l) * h(-l)}_{\triangleq R_h(l)} * R_{XX}(l) = R_h(l) * R_{XX}(l) \tag{13.192b}$$

输入自功率谱密度函数与输出自功率谱密度函数

$$S_{YY}(\omega) = H(e^{-j\omega})S_{YX}(\omega) = H(e^{j\omega})S_{XY}(\omega) \tag{13.193a}$$

$$= \underbrace{|H(e^{j\omega})|^2}_{\triangleq S_H(\omega)} S_{XX}(\omega) = S_H(\omega)S_{XX}(\omega) \tag{13.193b}$$

输出平均功率

$$E\{X^2(n)\} = R_{XX}[0] = \frac{1}{2\pi}\int_{-\pi}^{\pi} S_{XX}(\omega)d\omega \tag{13.194}$$

例题 13.18 令 $X(n)$ 为一个广义平稳随机序列,其均值和自协方差序列给出为

$$\mu_X = 1 \quad 和 \quad C_{XX}(l) = \{1,2,\underset{\uparrow}{3},2,1\} \tag{13.195}$$

它用作一个稳定的线性时不变系统的输入,系统的冲激响应给出为

$$h(n) = \{\underset{\uparrow}{1},1,1,1\} \tag{13.196}$$

求下列统计量。

1.均值 μ_Y。

题解

由(13.189)式,可以得到

$$\mu_Y = \left(\sum_{l=-\infty}^{\infty} h(l)\right)\mu_X = (1+1+1+1)(1) = 4 \tag{13.197}$$

2.互协方差 $C_{YX}(l)$ 和互相关 $R_{Y,x}(l)$。

题解

互协方差序列可采用类似于(13.190)式中同样的运算处理得到。因而,$C_{Y,x}(l)$给出为

$$C_{YX}(l) = h(l) * C_{XX}(l) = \{\underset{\uparrow}{1},1,1,1\} * \{1,2,\underset{\uparrow}{3},2,1\}$$

$$= \{1,\underset{\uparrow}{3},6,8,8,6,3,1\} \tag{13.198}$$

上式可采用 MATLAB 方法实现,如下脚本所示。

```
>> h = [1,1,1,1]; nh = [0:3];
>> Cx = [1,2,3,2,1]; lCx = [-2:2];
>> [Cyx,lCyx] = conv_m(Cx,lCx,h,nh)
Cyx =
        1    3    6    8    8    6    3    1
lCyx =
       -2   -1    0    1    2    3    4    5
```

那么互相关 $R_{YX}(l)$ 可给出为

$$R_{YX}(l) = C_{YX}(l) + \mu_Y \mu_X = \{1,3,6,8,8,6,3,1\} + 4$$

$$= \{\cdots,4,4,5,7,10,12,12,10,7,5,4,4,\cdots\} \qquad (13.199)$$

3. 自协方差 $C_{YY}(l)$ 和自相关 $R_{YY}(l)$。

题解

自协方差序列也可采用类似于(13.192)式中同样的运算处理得到。因而，$C_{YY}(l)$ 给出为

$$C_{YY}(l) = h(-l) * C_{YX}(l) = \{1,1,1,1\} * \{1,3,6,8,8,6,3,1\}$$

$$= \{1,4,10,18,25,28,25,18,10,4,1\} \qquad (13.200)$$

上式也可采用 MATLAB 方法实现，如下脚本所示。

```
>> [Cy,lCy] = conv_m(Cyx,lCyx,h,-fliplr(nh))
Cy =
        1    4   10   18   25   28   25   18   10    4    1
lCy =
       -5   -4   -3   -2   -1    0    1    2    3    4    5
```

最后，自相关 $R_{YY}(l)$ 给出为

$$R_{YY}(l) = C_{YY}(l) + \mu_Y^2 = \{1,4,10,18,25,28,25,18,10,4,1\} + 16$$

$$= \{\cdots,16,16,17,20,26,34,41,44,41,34,26,20,17,16,16\cdots\} \qquad (13.201)$$

■

例题 13.19 一个零均值、功率谱密度 $S_{XX}(\omega)=1$ 的平稳随机过程通过一个线性滤波器，该滤波器的冲击响应为

$$h(n) = \begin{cases} (0.95)^n, & n \geqslant 0 \\ 0, & n < 0 \end{cases} \qquad (13.202)$$

求输出过程 $Y(n)$ 的功率谱密度 $S_{YY}(\omega)$ 和自相关 $R_{YY}(l)$。

题解

显而易见，可以得到

$$H(e^{j\omega}) = \sum_{n=0}^{\infty} h(n)e^{-j\omega n} = \sum_{n=0}^{\infty} (0.95e^{-j\omega})^n = \frac{1}{1-0.95e^{-j\omega}} \qquad (13.203)$$

由上式,可以得到

$$| H(e^{j\omega}) |^2 = \frac{1}{| 1 - 0.95e^{-j\omega} |^2} = \frac{1}{1.9025 - 1.9\cos(\omega)} \tag{13.204}$$

因此,输出的功率谱密度为

$$S_{YY}(\omega) = | H(e^{j\omega}) |^2 S_{XX}(\omega) = \frac{1}{1.9025 - 1.9\cos(\omega)} \tag{13.205}$$

需要指出的是,$S_{YY}(\omega)$是以 2π 为周期的函数。采用例题 13.14 中的逆 z 变换方法,可以求得自相关 $R_{YY}(l)$。然而,在本例题中,我们将采用 MATLAB 数值计算方法得到 $R_{YY}(l)$ 的样值。该计算方法类似于求功率谱密度函数时所采用的除加窗处理以外的由 $R_{XX}(l)$ 计算 $S_{XX}(\omega)$ 的方法。详细的计算在下面的 MATLAB 脚本中给出。

```
>> N = 1024; omega = linspace( -1,1,N+1)*pi; % Frequency samples
>> Sy = 1./(1.9025 - 1.9 * cos(omega));
>> % Autocorrelation sequence
>> Sy = fftshift(Sy(1:end-1));       % Circular shift; origin at the beginning
>> Ry = real(ifft(Sy));              % Autocorrelation samples
>> Ry = ifftshift(Ry);               % Circular shift; origin at the center
>> Ry = [Ry,Ry(1)];                  % Sample symmetry for plotting
>> Rymax = max(Ry);                  % Ry[0] value
>> fprintf(' Ry[0]  =  %7.4f\n',Rymax);
Ry[0]  =  10.2564
>> Ry = Ry/Rymax;                    % Normalized autocorrelation
>> fprintf(' rho  =  %4.2f\n',Ry(N/2));
  rho  =  0.95
```

从得到的结果可以看出,最大的自相关为 $R_{YY}(0)=10.2564$,而间隔 $l=\pm 1$ 时对应的归一化自相关等于 0.95。由于 $10.2564=1/(1-0.95^2)$,可以推测自相关为

$$R_{YY}(l) = \frac{\rho^{|l|}}{1-\rho^2}, \quad \rho = 0.95 \tag{13.206}$$

图 13.18 绘制了功率谱密度 $S_{YY}(\omega)$ 和对应间隔为 ± 10 以内的自相关 $R_{YY}(l)$ 的样值图,该图证实了(13.206)式中的推理。∎

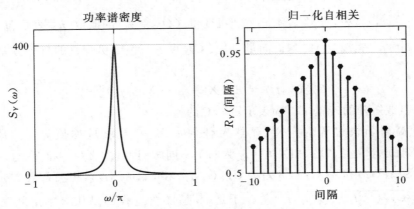

图 13.18　例题 13.19 中功率谱密度和对应间隔为 ± 10 以内的归一化 $R_{YY}(l)$ 样值图

13.6 常用随机过程

我们前面通过统计和谱描述,以及对线性时不变系统的输入输出特性分析研究了随机过程,现在考虑几个有代表性且常用的随机过程模型,这几个模型在第 14 章和第 15 章中需要用到。其中一个重要的模型就是高斯随机过程模型,该模型只需要二阶统计平均量就可以完整地描述它。另外一个重要的模型是理想化的噪声信号模型,称为白噪声过程。噪声这个术语通常用于描述不想要的信号,该信号容易造成传输和信号处理的干扰和失真,如通信系统中的噪声,且对该信号的控制有限。利用白噪声过程和设计合理的线性时不变系统可以产生其他类型的随机过程,如马尔可夫过程,以及低通和带通过程等。本章还会考虑几个离散时间过程。

13.6.1 高斯过程

高斯过程在许多应用中发挥重要作用,特别是在通信系统中。我们已经在 13.2.3 节中讨论了高斯分布的有用性质,这些性质使得高斯过程能够便于数学推导且易于处理。高斯分布必不可少的另一个重要原因是该分布存在于无时不有、无处不在的热噪声中,热噪声通常由电器设备中扰动电子的随机运动产生。

为理解高斯分布特性,考虑一个电阻,电阻中的自由电子随着热扰动而运动。这种运动随机且方向任意。然而,它们的速度正比于环境温度,温度越高,速度越快。该运动产生大小随机的电流,每个电子可以建模为一个微小的电流源,该电流是一个正值或负值的随机变量。产生的总电流(就是热噪声)是所有这些电流源的总和。量子力学表明电子运动(即电流源)是统计独立的。因而,热噪声是大量的统计独立同分布的随机源的总和。利用中心极限定理,可以推断总电流服从高斯分布。

如果对于所有 n 和所有的时刻 $(t_1, t_2, \cdots, t_n)$,一个随机过程 $X(t)$ 是一个高斯随机过程,那么 n 个随机变量 $\{X(t_i)\}_{i=1}^{n}$ 服从联合高斯分布,概率密度函数给出为

$$f_X(x) = \frac{1}{(2\pi)^{n/2}[\det(C_x)]^{1/2}} \exp\left[-\frac{1}{2}(x - \mu_x)^{\mathrm{T}} C_{XX}^{-1}(x - \mu_x)\right] \quad (13.207)$$

式中,向量 $x = [x_1, x_2, \cdots, x_n]^{\mathrm{T}}$ 表示 n 个随机变量 $X(t_i) \triangleq X_i$ 的取值,μ_x 表示包含随机变量 X_i 均值 $E[X_i] = \mu_i \triangleq \mu_X(t_i)$ 的均值向量,以及 C_{XX} 表示 n 个随机变量的自协方差矩阵,矩阵元素为

$$C_{XX}(t_k, t_l) = E[(X_k - \mu_k)(X_l - \mu_l)] \quad (13.208)$$

上标 ^{T} 表示向量或矩阵的转置,C^{-1} 项表示矩阵 C 的逆。

根据以上高斯随机过程的定义,显然对任何 t,$X(t)$ 是服从均值为 $\mu_X(t)$ 且方差为 $C_{XX}(t, t)$ 的高斯分布。类似地,如果 $t_1 \neq t_2$ 为两个不同时刻,那么 $X(t_1)$ 和 $X(t_2)$ 服从联合高斯分布,均值为 $\mu_X(t_1)$ 和 $\mu_X(t_2)$,方差为 $C_{XX}(t_1, t_1)$ 和 $C_{XX}(t_2, t_2)$,相关系数为 $\rho_X(t_1, t_2) = C_{XX}(t_1, t_2)/\sqrt{C_{XX}(t_1, t_1)C_{XX}(t_2, t_2)}$ 等。于是,高斯随机过程可以从概率角度完整地描述。不仅如此,如果它是一个平稳随机过程,则有 $\mu_X(t) = \mu_X$ 和 $C_{XX}(t + \tau, t) = C_{XX}(\tau)$。

最后,由于系统的高斯性经过线性变换保持不变,如果高斯过程 $X(t)$ 通过一个线性时不变系统,则输出也是一个高斯过程。系统运算处理的效果只是简单地改变均值函数 $\mu_X(t) \to \mu_Y(t)$ 和协方差函数 $C_{XX}(t_1, t_2) \to C_Y(t_1, t_2)$。

例题 13.20 令 $X(t)$ 为一个高斯随机过程,均值 $\mu_X(t) = 3$ 和自协方差 $C_{XX}(t_1, t_2) = 4e^{-0.2|t_1 - t_2|}$。

1. 求 $X(5) \leqslant 2$ 的概率。

题解

可以看出 $X(t)$ 是一个平稳随机过程,均值 $\mu_X = 3$ 和方差 $\sigma_X^2 = C_{XX}(t, t) = 4$。于是,由 (13.21) 和 (13.22) 式可以得到

$$Pr[X(5) \leqslant 2] = F_{X(5)}(2) = \frac{1}{2}\left[1 + \text{erf}\left(\frac{2 - 3}{\sqrt{2(4)}}\right)\right]$$

$$= \frac{1}{2}\left[1 + \text{erf}\left(\frac{-1}{2\sqrt{2}}\right)\right] = 0.3085 \qquad (13.209)$$

上式可由下面 MATLAB 脚本段计算得到。

```
>> Pr = 0.5 * (1 + erf(-1/sqrt(2 * 4)));
>> fprintf('Pr[X(5)<= 2] = %6.4f\n',Pr);
Pr[X(5)<= 2] = 0.3085
```

2. 求 $|X(8) - X(5)| \leqslant 1$ 的概率。

题解

令 $Y = X(8) - X(5)$ 为一个随机变量,则 Y 服从高斯分布,均值为 0 且方差为

$$\sigma_Y^2 = C_{XX}(8, 8) + C_{XX}(5, 5) - 2C_{XX}(5, 5) = 4 + 4 - 8e^{-0.6} = 3.608 \qquad (13.210)$$

因此,可以得到

$$Pr[|X(8) - X(5)| \leqslant 1] = Pr[|Y| \leqslant 1] = F_Y(1) - F_Y(-1)$$

$$= \frac{1}{2}\left[1 + \text{erf}\left(\frac{1}{\sqrt{2 \times 3.608}}\right)\right] - \frac{1}{2}\left[1 + \text{erf}\left(\frac{-1}{\sqrt{2 \times 3.608}}\right)\right]$$

$$(13.211)$$

上式也可采用如下所示的 MATLAB 脚本计算得到。

```
>> Pr = 0.5 * (1 + erf(1/sqrt(2 * 3.608))) ...
     - 0.5 * (1 + erf(-1/sqrt(2 * 3.608)));
>> fprintf('Pr[|X(8) - X(5)|<= 1] = %6.4f\n\n',Pr);
Pr[|X(8) - X(5)|<= 1] = 0.4014
```

13.6.2 白噪声过程

白噪声过程是电子设备中产生的热噪声的理想化模型,该模型极其便于分析。回顾前述

章节中有关高斯过程导入的讨论,利用量子力学分析,可以发现热噪声是一个<u>零均值平稳过</u><u>程</u>,功率谱密度给出为

$$S_{TN}(2\pi F) = \frac{\hbar F}{2(e^{\hbar F/kT} - 1)}, \quad F \text{ 单位:Hz} \tag{13.212}$$

式中,$\hbar$ 是普朗克常数(等于 6.6×10^{-34} J·s),k 是玻尔兹曼常数(等于 1.38×10^{-23} J/K),以及 T 是绝对温度(单位为开,简称 K)。其功率谱密度绘图如图 13.19 所示。$F=0$ 时,功率谱密度取得极大值 $kT/2$。$F \to \infty$ 时谱趋近于零,但下降速率非常慢。举例来说,在室温($T=$ 300K)条件下,功率谱密度 $S_{TN}(2\pi F)$ 在频率 2000GHz 处下降到只有峰值的 90%,该频率远超包括通信和雷达在内的常规系统使用的频率范围。

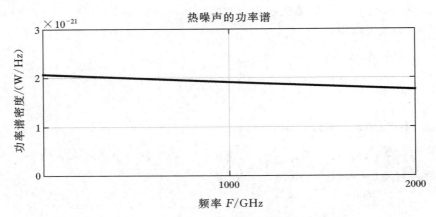

图 13.19 室温下(T=300K)热噪声的功率谱密度

由于热噪声过程的功率谱密度在很大频率范围内近似为常数,一个简单的近似方法就是将其看作为一个功率谱密度在整个频率范围内<u>精确为常数的理想过程</u>。这样的近似过程具有<u>无限功率</u>,因而它可能不是一个有实际意义的物理过程。

系统噪声分析通常基于理想化的噪声,称之为<u>白噪声</u>(WN),该噪声是均值为零的平稳过程。白光中含有等量的所有可见电磁频率成分,此处形容词"白"与白光的"白"意义相同。白噪声记作 $W(t)$,可按照功率谱密度形式定义为

$$S_{WW}(2\pi F) = \frac{N_0}{2}, \quad \text{单位:} \frac{W}{Hz} \quad \text{或} \quad S_{WW}(\Omega) = \frac{N_0}{4\pi}, \quad \text{单位:} \frac{W}{rad/s} \tag{13.213}$$

其功率谱密度如图 13.20 所示,该谱密度有时也被称为<u>双边功率谱密度</u>,强调该谱可向正和负频率方向延伸。参数 N_0 表示为

$$N_0 = kT, \quad \text{单位:W/Hz} \tag{13.214}$$

使得在 $F=0$ 处 $S_{WW}(2\pi F)$ 与热噪声功率谱密度匹配。$W(t)$ 的自相关函数给出为

$$R_{WW}(\tau) = \frac{N_0}{2}\delta(\tau) \tag{13.215}$$

上式突出了白噪声是一个非实际的过程这一事实。该自相关函数也可参见图 13.20。显然,对于 $t_1 \neq t_2$,白噪声 $W(t_1)$ 和 $W(t_2)$ 的样值是不相关的。如果 $W(t)$ 也是高斯的(由于热噪声是高斯的),则它可以被称为<u>高斯白噪声</u>(WGN)过程。这种情况下,该过程的各成分(即对应每个时刻 t 的随机变量)也是独立的。这样的过程称作<u>独立过程</u>。

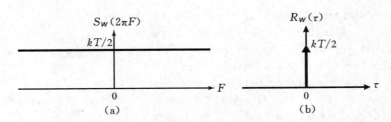

图 13.20 白噪声特性
(a) 功率谱密度；(b) 自相关函数

离散时间白噪声过程

同理，一个离散时间白噪声过程 $W(n)$ 定义为一个零均值平稳随机序列，且其功率谱密度为

$$S_{WW}(2\pi f) = \sigma_W^2 \quad \text{或} \quad S_{WW}(\omega) = \frac{\sigma_W^2}{2\pi}, \quad f = \frac{\omega}{2\pi} \tag{13.216}$$

式中，σ_W^2 是 $W(n)$ 的方差。进而，$W(n)$ 的自相关给出为

$$R_{WW}(l) = \sigma_W^2 \delta(l) \tag{13.217}$$

此外，如果 $W(n)$ 对于每个 n 也是高斯的，则称其为一个高斯白噪声过程，该过程还是一个独立过程。在 MATLAB 中，调用 randn 或 rand 函数可以方便地生成独立白噪声过程的采样序列。比如，

```
>> Wn = randn(N,1);
```

生成单位方差的高斯白噪声过程的 N 个样值，而

```
>> Wn = rand(N,1);
```

生成单位方差的独立白噪声过程的 N 个样值。

例题 13.21 生成方差 $\sigma_W^2 = 4$ 的高斯白噪声过程的 10000 个样值。试采用数值方法估计自相关序列值 $R_{WW}(l)$，$-20 \leqslant l \leqslant 20$，并用这些序列计算功率谱密度 $S_{WW}(2\pi f)$。为减少估计、平均 $R_{WW}(l)$ 和 $S_{WW}(2\pi f)$ 相对于这些采样函数的变化，针对 100 个样值重复上述过程，并绘制所得统计量的图。

题解

调用 randn 函数生成高斯白噪声样值，以及调用 xcorr 函数估计自相关序列值，并调用 PSD 函数计算功率谱密度。这些步骤和平均运算将在下面的 MATLAB 脚本中阐明。

```
>> M = 100; % Number of sample sequences to average over
>> N = 10000; % Number of samples in each sequence
>> varW = 4; % Variance of the process
>> sigW = sqrt(varW); % Standard deviation
>> maxlag = 20; % Maximum number of lag values
>> Nfft = 1024; Nfft2 = Nfft/2; % FFT size
>> Rwsum = zeros(2 * maxlag + 1,1)'; % Rw initialization
>> Swsum = zeros(Nfft + 1,1); % Sw initialization
>> ell = - maxlag:maxlag; % Lag indices for plotting
>> f = linspace( - 0.5,0.5,Nfft + 1); % Frequency grid for plotting
>> % Loop over M Sample Sequences
>> for k = 1:M
>>     % Generate 10000 samples of WGN Process
>>     wn = sigW * randn(N,1)';
>>     % Compute ACRS
>>     [Rw,lags] = xcorr(wn, maxlag,'unbiased');
>>     Rwsum = Rw + Rwsum; % Sum autocorrelations
>>     Sw = PSD(Rw',maxlag,Nfft); % Compute PSD
>>     Swsum = Sw + Swsum; % Sum PSD values
>> end
>> Rw = Rwsum/M;                % Average autocorrelations
>> Sw = Swsum                /M; % Average PSD
>> % Plotting commands follow
```

所得的 $R_{ww}(l)$ 和 $S_{ww}(2\pi f)$ 如图 13.21 所示。所生成的随机数的白噪声性质在图中表现得相当直观。 ■

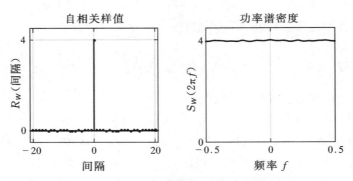

图 13.21 例题 13.21 中自相关 $R_{ww}(l)$ 和功率谱密度 $S_{ww}(2\pi f)$

13.6.3 马尔可夫过程

一些应用中,将一个随机过程建模为将来时刻的取值只依赖于当前时刻的取值,非常便利。这样可以减少存储以及处理复杂度。这样的过程称为马尔可夫过程,该过程在当前时刻状态给定时,其过去时刻状态对将来时刻状态没有影响,即如果 $t_n > t_{n-1}$,那么给定无限过去时

刻的状态,马尔可夫过程 $X(t)$ 的条件分布

$$Pr\{X(t_n) \leqslant x_n \mid X(t), t \leqslant t_{n-1}\} = Pr\{X(t_n) \leqslant x_n \mid X(t_{n-1})\} \qquad (13.218)$$

只依赖于其最近的过去时刻的状态。进一步,它还满足如果 $t_1 < t_2 < \cdots < t_n$,则

$$Pr\{X(t_n) \leqslant x_n \mid X(t_{n-1}), X(t_{n-2}), \cdots, X(t_1)\} = Pr\{X(t_n) \leqslant x_n \mid X(t_{n-1})\}$$

$$(13.219)$$

如果 $X(t)$ 是一个高斯过程,则其被称作高斯-马尔可夫过程。可以看出,由线性常系数差分方程描述的连续时间线性时不变系统,当输入为高斯白噪声过程时,其输出为高斯-马尔可夫过程。

离散时间马尔可夫过程

类似地,由线性常系数差分方程描述的离散时间线性时不变系统,输入为高斯白噪声序列时,输出为高斯-马尔可夫序列。因而,生成高斯-马尔可夫序列最简单的方法是采用一阶自回归系统

$$X(n) = \rho X(n-1) + W(n) \qquad (13.220)$$

式中,$W(n)$ 为独立零均值高斯白噪声序列,滤波器系数 ρ 表示 $X(n)$ 和 $X(n-1)$ 之间的相关系数,即

$$E[X(n)X(n-1)] = E[(\rho X(n-1) + W(n))X(n-1)]$$
$$= \rho E[X^2(n-1)] = \rho \sigma_x^2(n-1) \qquad (13.221)$$

因而,在这个过程中,只需要存储一个过去时刻状态值就可以生成相关的下一个时刻的状态值。

例题 13.22 试生成 10000 个高斯-马尔可夫过程 $X(n)$ 的样值,该过程相关系数 $\rho = 0.7$ 和平均功率为 100W。

题解

将 $\rho = 0.7$ 代入(13.220)式,可以由 $W(n)$ 生成 $X(n)$ 的样值。为生成高斯白噪声 $W(n)$,我们需要知道它的方差 σ_w^2。按照例题 13.14 中所采用的步骤,可以看出(13.220)式中 $X(n)$ 的自相关给出为

$$R_{xx}(l) = \left(\frac{\sigma_w^2}{1-\rho^2}\right)\rho^{|l|} = \left(\frac{\sigma_w^2}{0.51}\right)0.7^{|l|} \qquad (13.222)$$

进而,$X(n)$ 的平均功率给出为

$$R_{xx}[0] = \frac{\sigma_w^2}{0.51} \qquad (13.223)$$

因而,由 $R_{xx}[0] = 100$ 可以得到 $\sigma_w^2 = 51$。现在,我们调用 randn 函数将生成 $W(n)$ 的样值,并采用(13.220)式对这些样值滤波,从而得到 $X(n)$ 的样值。下面的 MATLAB 脚本给出了这些步骤。

```
>> N = 10000; varW = 51;
>> wn = sqrt(varW) * randn(N,1);
>> rho = 0.7; b = 1; a = [1, - rho];
>> xn = filter(b,a,wn);
```

所得的样值已经在例题 13.11 中使用过。这些样值和归一化自相关的曲线如图 13.12 所示。 ■

13.6.4 过滤噪声过程

即使将通信接收机输入端的热噪声建模为白噪声过程,该过程还是要经过接收机后续运算环节的处理,更确切地说是滤波处理。每个环节输出相关的噪声过程,称之为有色噪声过程或简称为有色过程。如果接收机的频率响应函数为 $H(j\Omega)$,输入是功率谱密度为 $S_{ww}(\Omega) = N_0/(4\pi)$ 的高斯白噪声 $W(t)$,则有色过程 $X(t)$ 也是零均值且功率谱密度为

$$S_{xx}(\Omega) = \frac{N_0}{4\pi} |H(j\Omega)|^2 \tag{13.224}$$

通常,接收机的各环节是带通系统,因而过滤噪声是一个带通过程。然而,信息信号通常具有低通功率分布特性。下面讨论两个过程。

低通过程

如果一个随机过程 $X(t)$ 的功率谱在 $F = 0$ Hz 的邻域频率上较大而在高频处较小(趋近于 0),则称该随机过程 $X(t)$ 为低通的。换句话说,一个低通随机过程的大部分功率集中在低频处。例题 13.22 生成的离散时间随机过程就是一个低通过程,其功率谱密度如图 13.16 所示。

如果一个低通随机过程 $X(t)$ 的功率谱给出为 $S_{xx}(j\Omega) = 0$,$|\Omega| > 2\pi B$,则该随机过程 $X(t)$ 是带限的。参数 B 被称作随机过程的带宽,单位为 Hz。该过程可以采用白噪声过程经过低通滤波器滤波的方法产生。类似地,一个理想的带限低通过程可以由白噪声过程经过理想滤波器滤波产生,该理想滤波器的频率响应函数为

$$H(j\Omega) = \begin{cases} 1, & |\Omega| \leqslant 2\pi B \\ 0, & |\Omega| > 2\pi B \end{cases} \tag{13.225}$$

它的功率谱密度(单位:W/rad)给出为

$$S_{xx}(\Omega) = \begin{cases} N_0/(4\pi), & |\Omega| \leqslant 2\pi B \\ 0, & |\Omega| > 2\pi B \end{cases} \tag{13.226}$$

上式如图 13.22(a)所示,由图可知,该过程的平均功率为 $\overline{P_x} = \dfrac{N_0}{4\pi}(4\pi B) = N_0 B$(单位:W)。

其自相关函数给出为

$$R_{xx}(\tau) = N_0 B \mathrm{sinc}(2B\tau) \tag{13.227}$$

该自相关函数也如图 13.22 所示。于是,由过零点可以推断,理想带限低通过程中每组相隔为 $\tau = 1/2B$ 采样间隔的随机变量对是不相关的(由于均值为零)。如果 $X(t)$ 是高斯,也可以说是独立的。

例题 13.23 考虑离散时间高斯白噪声过程经过适当设计的 IIR 椭圆滤波器而生成带限低通过程样值的问题,该滤波器具有近似(13.225)式中理想滤波器的性能。采用五阶椭圆滤波器,得到带宽为 3kHz 的低通过程 $X(t)$ 的样值 $X(n)$,选取采样速率为 20kHz。

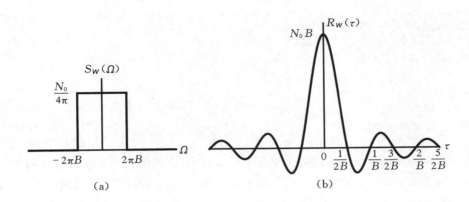

图 13.22　理想低通过程
(a) 功率谱密度；(b)自相关函数

题解

　　首先,设计一个五阶椭圆滤波器,设置通带的截止频率为 $\omega_p = (3/20)2\pi = 0.3\pi$。为近似地实现理想低通滤波器,选取通带波纹为 0.1dB 且阻带衰减为 50dB,这样设置较为合理。现在调用 ellip 函数得到所要的低通滤波器,对高斯白噪声样值滤波生成带限低通过程的样值。下面的 MATLAB 脚本给出了以上所有的必要细节。

```
M = 100; % Number of sample sequences to average over
N = 10000; % Number of samples in each sequence
varW = 4; % Variance of the input WGN process
sigW = sqrt(varW); % Standard deviation
maxlag = 50; % Maximum number of lag values
Nfft = 2048; Nfft2 = Nfft/2; % FFT size
Rxsum = zeros(2 * maxlag + 1,1)'; % Contains Autoc sum for averaging
Sxsum = zeros(Nfft + 1,1); % Contains PSD sum for averaging
ell = - maxlag:maxlag; % Lag indices
f = linspace( - 0.5,0.5,Nfft + 1); % Frequency grid
% Approximation to Ideal LPF using Elliptic Filter
omp = 0.3; % Passband cutoff in pi units
Rp = 0.1; % Passband ripple in dB
As = 50; % Stopband attenuation in dB
Nellip = 5; % Order of the elliptic filter
[b,a] = ellip(Nellip,Rp,As,omp); % Elliptic filter coefficients
% Loop over M Sample Sequences
for k = 1:M
    % Generate 10000 samples of WGN Process
    wn = sigW * randn(N,1)';
    xn = filter(b,a,wn); % Filtered WGN using lowpass filter
    % Compute ACRS
    [Rx,lags] = xcorr(xn, maxlag,'unbiased');
```

```
        Rxsum = Rx + Rxsum;
        Sx = PSD(Rx,maxlag,Nfft);  % Compute PSD
        Sxsum = Sx + Sxsum;
    end
    Rx = Rxsum/M;
    Sx = Sxsum/M;
    % Plotting commands follow
```

　　图 13.23 中顶部图显示了生成过程的若干样值序列,底部图分别展示了其自相关和功率谱密度函数。自相关函数图清晰地表明其具有 sinc 函数外形,而功率谱密度图中带限为 3kHz。

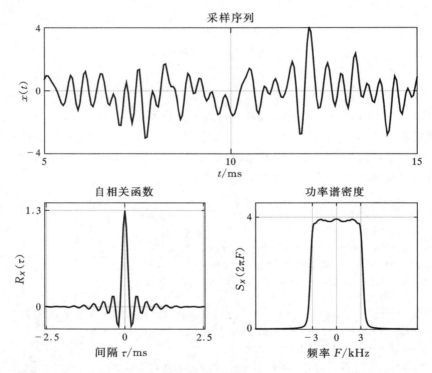

图 13.23　生成的带限低通过程的样值序列、自相关值和功率谱密度函数图

带通过程

　　如果随机过程的功率谱在中心频率±F_0的附近邻域上功率谱较大,而在该频带以外功率谱相对较小,则该随机过程也称作带通过程。如果一个随机过程的带宽 $B \ll F_0$,则称该随机过程为窄带带通的。

　　令 $X(t)$ 为理想带通滤波器 $H(j\Omega)$ 的输出,滤波器输入是功率谱密度为 $S_{WW}(\Omega) = N_0/(4\pi)$ 的高斯白噪声过程 $W(t)$。该理想带通滤波器带宽为 BHz,位于如图 13.24 所示的以 F_0Hz 为中心的附近频率处,该滤波器给出为

$$H(\mathrm{j}\Omega) = \begin{cases} 1, & \mid \Omega - \Omega_0 \mid \leqslant 2\pi B \\ 0, & \text{其他} \end{cases} \tag{13.228}$$

由于热噪声是高斯白噪声,滤波后的噪声 $X(t)$ 是有色高斯噪声。过滤噪声的功率谱密度给出为

$$S_{XX}(\Omega) = \mid H(\mathrm{j}\Omega) \mid^2 S_{WW}(\Omega)$$

$$= \frac{N_0}{4\pi} H(\mathrm{j}\Omega) = \begin{cases} \dfrac{N_0}{4\pi}, & \mid \Omega - \Omega_0 \mid \leqslant 2\pi B \\ 0, & \text{其他} \end{cases} \tag{13.229}$$

且过滤噪声 $X(t)$ 的平均功率给出为

$$\overline{P_X} = 2 \times \frac{N_0}{4\pi} \times 4\pi B = 2N_0 B, \quad \text{单位:W} \tag{13.230}$$

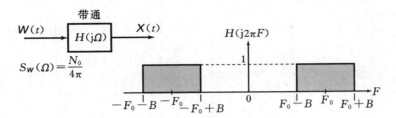

图 13.24   通过理想滤波器处理的白噪声

例题 13.24   本例题中,采用例题 13.23 的步骤得到一个近似带限的带通过程的样值。采用十阶带通椭圆滤波器生成通带介于 3kHz 和 6kHz 之间的带通过程 $X(t)$ 的样值 $X(n)$。选取采样频率为 20kHz。

题解

再次设计一个十阶带通椭圆滤波器,设置其通带截止频率为 $\omega_{P_1} = (3/20)2\pi = 0.3\pi$ 和 $\omega_{P_2} = (6/20)2\pi = 0.6\pi$。为近似地实现理想带通滤波器,选择通带波纹为 0.1dB 和阻带衰减为 50dB,这样设置较为合理。其阻带截止频率将由滤波器阶数决定。此时调用 ellip 函数得到所要求的带通滤波器,对高斯白噪声样值进行过滤,从而生成带限的带通过程样值。下面的MATLAB 脚本给出了所有的必要细节。一个带通过程的序列段示例,及其自相关和所得功率谱密度如图 13.25 所示。

```
M = 100; % Number of sample sequences to average over
N = 10000; % Number of samples in each sequence
varW = 1; % Variance of the input WGN process
sigW = sqrt(varW); % Standard deviation
maxlag = 50; % Maximum number of lag values
Nfft = 2048; Nfft2 = Nfft/2; % FFT size
Rxsum = zeros(2 * maxlag + 1,1)'; % Contains Autoc sum for averaging
Sxsum = zeros(Nfft + 1,1); % Contains PSD sum for averaging
```

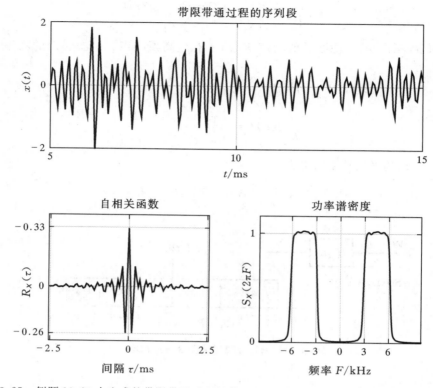

图 13.25 例题 13.24 中生成的带限带通过程的序列段及其自相关和所得的功率谱密度函数

```
ell = -maxlag:maxlag; % Lag indices
f = linspace(-0.5,0.5,Nfft+1); % Frequencies in cycles/sam
Fs = 20; % Sampling rate in Khz
F = f * Fs; % Frequencies in KHz
% Approximation to ideal BPF using elliptic filter
omp1 = 0.3; % Lower Passband cutoff in pi units
omp2 = 0.6; % Upper Passband cutoff in pi units
Rp = 0.1; % Passband ripple in dB
As = 50; % Stopband attenuation in dB
Nellip = 5; % Order of the resulting elliptic filter is 2*N
[b,a] = ellip(Nellip,Rp,As,[omp1,omp2]); % Elliptic filter coefficients % Loop
over M sample sequences
for k = 1:M
    % Generate 10000 samples of WGN Process
    wn = sigW * randn(N,1)';
    xn = filter(b,a,wn); % Filtered WGN using lowpass filter
    % Compute ACRS
    [Rx,lags] = xcorr(xn, maxlag,'unbiased');
    Rxsum = Rx + Rxsum;
    Sx = PSD(Rx,maxlag,Nfft); % Compute PSD
    Sxsum = Sx + Sxsum;
```

```
end
Rx = Rxsum/M;
Sx = Sxsum/M;
% Plotting commands follow
```

带通过程适合于表示调制信号。在通信系统中,承载信息的信号通常是一个低通随机过程,该信号调制载波上,并在带通(窄带)通信信道中传输。因而,调制信号是一个带通随机过程。一个带通随机过程 $X(t)$ 可由低通过程表示为

$$X(t) = X_C(t)\cos(2\pi F_0 t) - X_S(t)\sin(2\pi F_0 t) \qquad (13.231)$$

式中,$X_C(t)$ 和 $X_S(t)$ 分别称作 $X(t)$ 的同相和正交分量。随机过程 $X_C(t)$ 和 $X_S(t)$ 是低通过程。此外,随机过程 $X(t)$、$X_C(t)$ 和 $X_S(t)$ 还满足一个重要关系,下面不加证明地给出:

> **定理 1**　如果 $X(t)$ 是一个零均值的平稳随机过程,那么随机过程 $X_C(t)$ 和 $X_S(t)$ 也是零均值的联合平稳随机过程。

事实上,容易证明(参见文献[82])$X_C(t)$ 和 $X_S(t)$ 的自相关函数相同,可以表示为

$$R_{X_C}(\tau) = R_{X_S}(\tau) = R_{xx}(\tau)\cos(2\pi F_0 \tau) + \hat{R}_{xx}(\tau)\sin(2\pi F_0 \tau) \qquad (13.232)$$

式中,$R_{xx}(\tau)$ 是带通过程 $X(t)$ 的自相关函数,以及 $\hat{R}_{xx}(\tau)$ 是 $R_x(\tau)$ 的希尔伯特变换,定义如下:

$$\hat{R}_{xx}(\tau) = \frac{1}{\pi}\int_{-\infty}^{\infty} \frac{R_{xx}(\tau)}{\tau - t}\mathrm{d}t \qquad (13.233)$$

$X_C(t)$ 和 $X_S(t)$ 的互相关函数可以表示为

$$R_{X_{CS}}(\tau) = R_{xx}(\tau)\sin(2\pi F_0 \tau) - \hat{R}_{xx}(\tau)\cos(2\pi F_0 \tau) \qquad (13.234)$$

例题 13.25　生成高斯带通随机过程的样值:先生成两个统计独立的高斯随机过程 $X_C(t)$ 和 $X_S(t)$ 的样值,再用这两个过程的样值去调制相互正交的载波 $\cos(2\pi F_0 t)$ 和 $\sin(2\pi F_0 t)$,如图 13.26 所示。

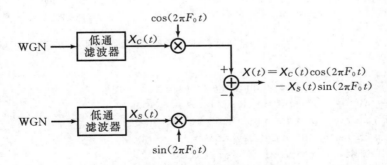

图 13.26　带通随机过程的生成

题解

在数字计算机上或 MATLAB 中,用两个相同的低通滤波器对两个独立的高斯白噪声序

列进行滤波,从而生成低通过程 $X_C(t)$ 和 $X_S(t)$ 的样值。于是,得到经过采样的 $X_C(t)$ 和 $X_S(t)$ 对应的样值序列 $X_C(n)$ 和 $X_S(n)$。然后,将 $X_C(n)$ 调制到经过采样的载波 $\cos(2\pi F_0 nT)$ 上,并将 $X_S(n)$ 调制到正交载波 $\sin(2\pi F_0 nT)$ 上,其中 T 是适当选取的采样间隔。

相应于该计算的 MATLAB 脚本程序给出如下。为阐明该过程,选取了具有如下系统函数的低通滤波器:

$$H(z) = \frac{1}{1 - 0.9z^{-1}} \tag{13.235}$$

此外,还选取了 $T = 0.001\text{s}$ 或采样速率为 1000 采样/s 和 $F_0 = 200\text{Hz}$。一个带通过程的样本序列段示例及其自相关和功率谱密度如图 13.27 所示。

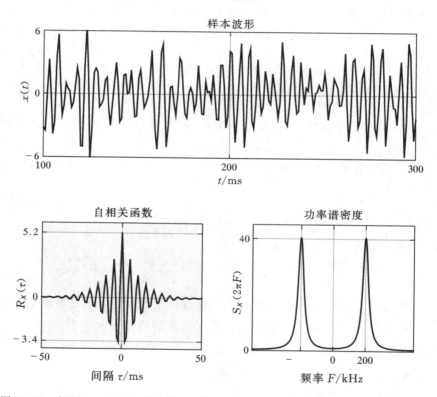

图 13.27　例题 13.25 中生成的带通过程序列段及其自相关和所得功率谱密度函数

```
M = 100; % Number of sample sequences to average over
N = 10000; % Number of samples in each sample sequence
varW = 1; % Variance of the input WGN process
sigW = sqrt(varW); % Standard deviation
maxlag = 50; % Maximum number of lag values
Nfft = 2048; Nfft2 = Nfft/2; % FFT size
Rxsum = zeros(2 * maxlag + 1,1)'; % Contains Autoc sum for averaging
Sxsum = zeros(Nfft + 1,1); % Contains PSD sum for averaging
ell = - maxlag:maxlag; % Lag indices
f = linspace( - 0.5,0.5,Nfft + 1); % Frequency grid
```

```
Fs = 1000; % Sampling rate in Khz
F = f * Fs; % Frequencies in KHz
F0 = 200; % Carrier frequency in Hz
T = 1/Fs; % Sampling interval
t = (0:N-1) * T; % Sampled time instances
% Lowpass filter for illustration
b = 1; a = [1, -0.9];
% Loop over M Sample Sequences
for k = 1:M
    % Generate 10000 samples of WGN process
    wcn = sigW * randn(N,1)'; % Input WGN for Xc(n)
    wsn = sigW * randn(N,1)'; % Input WGN for Xs(n)
    xcn = filter(b,a,wcn); % WGN ->lowpass filter ->Xc(n)
    xsn = filter(b,a,wsn); % WGN ->lowpass filter ->Xs(n)
    xn = xcn. * cos(2 * pi * F0 * t) - xsn. * sin(2 * pi * F0 * t); % BP process
    % Compute ACRS
    [Rx,lags] = xcorr(xn, maxlag,'unbiased');
    Rxsum = Rx + Rxsum;
    Sx = PSD(Rx,maxlag,Nfft); % Compute PSD
    Sxsum = Sx + Sxsum;
    end
Rx = Rxsum/M; Sx = Sxsum/M;
% Plotting commands follow
```

13.7　总结及参考资料

　　在本章,我们介绍了波形随机变化的信号的概率和统计描述,并给出了用于处理这些信号通过线性时不变系统的工具和技术。在 13.1 节中,我们从单个随机测量信号建模为随机变量的概念着手,采用概率函数来描述随机变量,其中最重要的概率函数是边际概率密度函数(pdf)。为采用归一化直方图仿真概率密度函数,我们开发了 MATLAB 函数 pdf1。为简单实用,我们重点介绍了使用均值和方差的统计平均量(或矩)来描述随机变量的方法,并给出利用多个观测测量值来估计其均值的工具。我们还讨论了包括均匀和高斯分布在内的几个常用随机变量模型。

　　在 13.2 节中,我们利用相关和协方差的联合概率密度函数和联合矩将这种处理方法推广到一对随机变量。我们展示了在 MATLAB 中使用散点图来模拟联合密度函数,还详细地讨论了有关随机变量对(也称作二元高斯分布)的重要模型,包括其特有的重要性质。

　　本章主要讨论随机信号或随机过程。为此,在 13.3 节中,我们将对应每个固定时刻 t 的随机信号 $X(t)$ 建模为随机变量,而将对应两个固定时刻 t_1 和 t_2 的两个随机测量信号 $(X(t_1), X(t_2))$ 建模为一对随机变量。该模型使得边际和联合密度、均值和方差、相关和协方差等概念能够直接推广和应用到随机过程。于是均值和方差成为时域函数,而自相关和自协方差成为联合时域函数。实际上,我们关注的是不随时间改变的统计量,为此,我们专门讨论了平稳过程,该过程均值为常数且自相关矩是时间间隔变量 $\tau = t_1 - t_2$ 的函数。不仅如此,为实际考虑,我们还讨论了可以由单个样本波形估计均值和自相关的遍历过程,并将这种思想推广到离散时间随机过程或随机序列。通过几个例题,我们阐明了 MATLAB 中 xcorr 函数的使用。

信号描述中最常用的参数之一是信号的平均功率。13.4 节中论述了维纳-辛钦定理,该定理建立了平稳随机过程的自相关函数与功率谱密度之间的傅里叶变换关系,使得我们可以获得频域信号平均功率。这个概念还可以推广到随机序列。13.5 节中讨论了平稳随机过程和序列通过线性时不变系统的滤波问题。我们推导了由时域冲击响应通过卷积计算输出均值及其自相关的公式。类似地,我们还推导了由频域冲击响应函数计算输出功率谱密度函数的公式。

在 13.6 节中,我们讨论了几个实际中常用的随机过程以及如何通过简单线性滤波生成其样值。高斯过程是二元高斯分布到对应多个任意时刻的多元分布的推广。我们讨论了用于描述电器元件热噪声的一种理想化模型的白噪声过程,该噪声过程进一步经过递归方程滤波处理可以得到马尔可夫过程,以及分别经过低通和带通滤波器可以得到低通和带通过程。最后,我们阐明了如何通过仔细设计椭圆滤波器过滤白噪声过程来生成带限低通和带通过程。

本章所介绍的资料在近 50 年来编写的许多优秀教材中都可以找到。其中,对于概率和随机过程见解深刻的最好资料之一是由 Papoulis 和 Pillai 合著的[73],现在已经印到第 4 版。对于研究生层次的阅读,Stark 和 Woods 合著的[90]和 Leon-Garcia 著的[53]都是不错的选择。对于本科生层次的阅读,Miller 和 Childers 合著的[67],以及 Yates 和 Goodman 合著的[99]就足够了。这些资料在包括 Proakis 和 Salehi 合著的[82],Oppenheim 和 Schafer 合著的[71],Manolakis 和 Ingle 合著的[60],以及 Manolakis、Ingle 和 Kogon 合著的[61]在内的许多书籍中作为一章或一章的一部分也可以找到。

线性预测和最优线性滤波器 $\boldsymbol{14}$

　　用于实现信号估计的滤波器设计是通信系统和控制系统设计、地球物理以及其他许多学科中经常遇到的问题。本章将从统计角度探讨最优滤波器设计问题,我们限定滤波器为线性的并且采用基于均方误差最小化的优化标准。因此,最优滤波器的求解只需要用到平稳过程的二阶统计特性(自相关和互相关函数)。

　　最优线性预测滤波器设计也属于本章讨论的内容。线性预测是数字信号处理中一个特别重要的专题,广泛应用于各领域,如语音信号处理、图像处理和通信系统的噪声抑制。我们将看到,最优线性预测滤波器的确定需要求解一组具有特殊对称性的线性方程组。为求解该线性方程组,我们介绍了两种算法,即 Levinson-Durbin 算法和 Schur 算法,这些算法利用对称性质,通过高效算法程序求解方程组。

　　本章最后一节将讨论一类重要的最优滤波器,称作维纳滤波器(Wiener filters),该滤波器在涉及被加性噪声污染的信号的估计问题中获得广泛的应用。

14.1　平稳随机过程的新息表示

　　本节中,我们将阐明广义平稳随机过程可以表示为某个因果且可逆的线性系统受到白噪声过程激励时的输出。该系统因果可逆条件使得我们可以采用对应逆系统的输出白噪声过程表示广义平稳随机过程。

　　考虑有一个广义平稳过程 $X(n)$,其自相关序列为 $\{R_{xx}(m)\}$,功率谱密度[1]为 $S_{xx}(f)$, $|f| \leqslant 1/2$。假定 $S_{xx}(f)$ 对于 $|f| \leqslant 1/2$ 是实连续的。该自相关序列 $\{R_{xx}(m)\}$ 的 z 变换被称作复功率谱密度,给出为[2]

$$S_{xx}(z) = \sum_{m=-\infty}^{\infty} R_{xx}(m)z^{-m} \tag{14.1}$$

利用上式求 $S_{xx}(z)$ 在单位圆上的取值,可以得到功率谱密度 $S_{xx}(f)$,即在上式中代入 $z = \exp(j2\pi f)$。

　　现在,假定 $\log S(z)$ 在 z 平面包含单位圆的环形区域上,即 $r_1 < |z| < r_2$ 且 $r_1 < 1, r_2 > 1$,是解析的(具有各阶导),则 $\log S_{xx}(z)$ 可以展开为劳伦级数形式

---

[1]　在本章,我们略微不规范地使用了第 13 章中的符号 $S_{xx}(2\pi f)$ 来表示功率谱密度,为简便,将它记作 $S_{xx}(f)$。

[2]　同样为了简便,我们用 $S_{xx}(z)$ 代替 $\tilde{S}_{xx}(z)$ 来表示复功率谱密度,就像在第 13 章中的用法一样。需要说明的是, $S_{xx}(\omega)$、$S_{xx}(f)$ 和 $S_{xx}(z)$ 都指的是同一个基本功率谱密度函数,只是频率自变量形式不同而已。具体的自变量形式结合上下文理解应该是清楚的。

$$\log S_{xx}(z) = \sum_{m=-\infty}^{\infty} v(m)z^{-m} \tag{14.2}$$

其中,$v(m)$表示级数展开中各系数。我们可将$\{v(m)\}$看作z变换为$V(z) = \log S_{xx}(z)$的序列。同样,我们可以求取$S_{xx}(z)$在单位圆上的值

$$\log S_{xx}(z)\Big|_{z=e^{j2\pi f}} = \log S_{xx}(f) = \sum_{m=-\infty}^{\infty} v(m)e^{-j2\pi fm} \tag{14.3}$$

于是,$v(m)$就是周期函数$\log S_{xx}(f)$的傅里叶级数展开式对应的傅里叶系数。因而

$$v(m) = \int_{-\frac{1}{2}}^{\frac{1}{2}} [\log S_{xx}(f)]e^{j2\pi fm}\,df, \quad m = 0, \pm 1, \cdots \tag{14.4}$$

我们注意到$v(m) = v(-m)$,这是因为$S_{xx}(f)$是关于f的实偶函数。

由(14.2)式,下式成立:

$$S_{xx}(z) = \exp\Big[\sum_{m=-\infty}^{\infty} v(m)z^{-m}\Big]$$
$$= \exp\Big[\sum_{m=-\infty}^{-1} v(m)z^{-m} + v(0) + \sum_{m=1}^{\infty} v(m)z^{-m}\Big]$$
$$\triangleq \sigma_W^2 H(z)H(z^{-1}) \tag{14.5}$$

其中,定义$\sigma_W^2 = \exp[v(0)]$和

$$H(z) = \exp\Big[\sum_{m=1}^{\infty} v(m)z^{-m}\Big], \quad |z| > r_1 \tag{14.6}$$

如果(14.5)式在单位圆上求值,可以得到功率谱密度的等效表达式为

$$S_{xx}(f) = \sigma_W^2 |H(f)|^2 \tag{14.7}$$

我们注意到

$$\log S_{xx}(f) = \log \sigma_W^2 + \log H(f) + \log H^*(f) = \sum_{m=-\infty}^{\infty} v(m)e^{-j2\pi fm}$$

按照(14.6)式所给的$H(z)$的定义,(14.3)式中傅里叶级数的因果部分与$H(z)$有关,而非因果部分与$H(z^{-1})$有关。

系统函数$H(z)$给出为(14.6)式的滤波器在$|z| > r_1 < 1$区域上是解析的。因此,在该区域上,它具有形如因果系统的泰勒级数展开式

$$H(z) = \sum_{n=0}^{\infty} h(n)z^{-n} \tag{14.8}$$

当输入是功率谱密度为σ_W^2的白噪声序列$W(n)$时,该滤波器输出是一个功率谱密度为$S_{xx}(f) = \sigma_W^2 |H(f)|^2$的平稳随机过程$X(n)$。反过来,功率谱密度为$S_{xx}(f)$的平稳随机过程$X(n)$也能通过一个系统函数为$1/H(z)$的线性滤波器变换为一个白噪声过程。我们称这种滤波器为噪声白化滤波器,其输出记为$W(n)$,被称作与平稳随机过程相联系的新息过程。这两种关系如图14.1所示,其中$x(n)$和$w(n)$分别表示平稳随机过程$X(n)$和$W(n)$的样值序列。

系统函数$H(z)$给出为(14.8)式的IIR滤波器受到白噪声序列$W(n)$激励,其输出的平稳随机过程$X(n)$的表达式称为渥得表达式(Wold representation)。

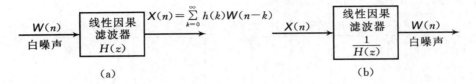

图 14.1 （a）由白噪声生成随机过程 $X(n)$ 的滤波器；（b）逆滤波器

例题 14.1 广义平稳随机过程的自相关函数给出为

$$R_{xx}(m) = 5\left(\frac{1}{2}\right)^{|m|}$$

a. 求(14.5)式所给出的 $S_{xx}(z)$ 及其因子 σ_W^2、$H(z)$ 和 $H(z^{-1})$。

b. 绘制 $R_{xx}(m)$ 和 $S_{xx}(f)$, $|f| \leqslant \frac{1}{2}$ 的平面图。需要说明的是

$$S_{xx}(f) = \sum_{m=-\infty}^{\infty} R_{xx}(m) e^{-j2\pi fm}$$

$$R_{xx}(m) = \int_{-\frac{1}{2}}^{\frac{1}{2}} S_{xx}(f) e^{j2\pi fm} \, df$$

c. 当输入序列 $w(n)$ 是均值为零、方差为 σ_W^2 的高斯白噪声序列时,采用滤波器 $H(z)$ 生成一个输出序列 $x(n)$, $0 \leqslant n \leqslant 10000$。计算输出序列 $x(n)$ 的自相关 $\hat{R}_{xx}(m)$, $|m| \leqslant 50$ 和功率谱密度 $\hat{S}_{xx}(f)$ 并绘图。试比较这些图和(b)中的解析结果并说明其异同。有偏估计 $\hat{R}_{xx}(m)$ 和 $\hat{S}_{xx}(f)$ 定义如下:

$$\hat{R}_{xx}(m) = \frac{1}{N} \sum_{n=0}^{N-m-1} x^*(n) x(n+m), \quad 0 \leqslant m \leqslant N-1$$

$$\hat{S}_{xx}(f) = \sum_{m=-(N-1)}^{N-1} R_{xx}(m) e^{-j2\pi fm}, \quad |f| \leqslant \frac{1}{2}$$

题解

需要说明的是,本例题与例题 13.13 类似。

a. $R_{xx}(m)$ 的 z 变换为

$$S_{xx}(z) = \sum_{m=-\infty}^{\infty} R_{xx}(m) z^{-m} = 5\left[\sum_{m=-\infty}^{-1}\left(\frac{1}{2}\right) z^{-m} + \sum_{m=0}^{\infty}\left(\frac{1}{2}\right)^m z^{-m}\right]$$

$$= \frac{15}{4}\left[\frac{1}{\left(1 - \frac{1}{2}z^{-1}\right)\left(1 - \frac{1}{2}z\right)}\right], \quad \frac{1}{2} < |z| < 2$$

因此,可以得到 $\sigma_W^2 = \frac{15}{4}$ 和 $H(z) = \dfrac{1}{1 - \frac{1}{2}z^{-1}}$。

b. 利用(13.148)式,功率谱密度 $S_{xx}(f)$ 给出为

$$S_{xx}(f) = \sum_{m=-\infty}^{\infty} R_{xx}(m) e^{-j2\pi fm} = 5\sum_{m=-\infty}^{\infty}\left(\frac{1}{2}\right)^{|m|} e^{-j2\pi fm}$$

$$= \frac{15}{5 - 4\cos(2\pi f)}$$

$R_{xx}(m)$ 和 $S_{xx}(f)$ 平面图如图 14.2 所示。

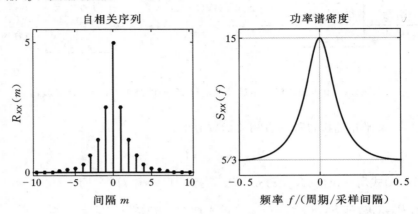

图 14.2 例题 14.1(b)中自相关 $R_{xx}(m)$ 和功率谱密度 $S_{xx}(f)$ 的绘图

c.滤波器 $H(z)$ 的差分方程为

$$x(n) = \frac{1}{2}x(n-1) + w(n)$$

式中,$w(n)$ 是方差为 $\sigma_w^2 = 15/4$ 的高斯白噪声过程的样值序列。估计得到的自相关 $\hat{R}_{xx}(m)$ 及其傅里叶变换 $\hat{S}_{xx}(f)$ 如图 14.3 所示,该估计是采用第 13 章中介绍过的步骤得到的。我们可以看出,这些图与(b)小题中图很相似。 ■

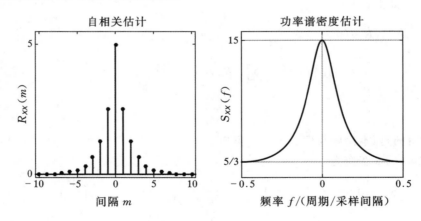

图 14.3 例题 14.1(c)中估计的自相关序列 $\hat{R}_{xx}(m)$ 和功率谱密度 $\hat{S}_{xx}(f)$ 绘图

14.1.1 有理功率谱

现在,我们来关注平稳随机过程 $X(n)$ 的功率谱密度为有理函数的情形,该有理函数表示为

$$S_{xx}(z) = \sigma_w^2 \frac{B(z)B(z^{-1})}{A(z)A(z^{-1})}, \quad r_1 < |Z| < r_2 \qquad (14.9)$$

式中,多项式 $B(z)$ 和 $A(z)$ 的根落在 z 平面单位圆内。于是,由白噪声序列 $W(n)$ 生成随机过程 $X(n)$ 的所用线性滤波器 $H(z)$ 也是有理的,可表示为

$$H(z) = \frac{B(z)}{A(z)} = \frac{\sum_{k=0}^{q} b_k z^{-k}}{1 + \sum_{k=1}^{p} a_k z^{-1}}, \qquad |z| > r_1 \tag{14.10}$$

式中,b_k 和 a_k 是滤波器系数,它们分别决定了 $H(z)$ 的零、极点位置。因而,$H(z)$ 是因果的、稳定的最小相位线性系统,其倒数 $1/H(z)$ 也是因果的、稳定的最小相位线性系统。因此,随机过程 $X(n)$ 唯一地表示了新息过程 $W(n)$ 的统计特性,反之亦然。

对于具有(14.10)式所给的有理系统函数 $H(z)$ 的线性系统,输出过程 $X(n)$ 与输入过程 $W(n)$ 之间的关系可由下面的差分方程表示:

$$X(n) + \sum_{k=1}^{p} a_k X(n-k) = \sum_{k=0}^{q} b_k W(n-k) \tag{14.11}$$

我们对三种具体情形加以区分:

自回归(AR)过程 在 $b_0 = 1, b_k = 0, k > 0$ 的情况下,线性滤波器 $H(z) = 1/A(z)$ 是一个全极点滤波器,表示其输入-输出关系的差分方程为

$$X(n) + \sum_{k=1}^{p} a_k X(n-k) = W(n) \tag{14.12}$$

反过来,生成新息过程的噪声白化滤波器则是一个全零点滤波器。

滑动平均(MA)过程 在 $a_k = 0, k \geqslant 1$ 的情况下,线性滤波器 $H(z) = B(z)$ 是一个全零点滤波器,表示其输入-输出关系的差分方程为

$$X(n) = \sum_{k=0}^{q} b_k W(n-k) \tag{14.13}$$

对于滑动平均(MA)过程,噪声白化滤波器是一个全极点滤波器。

自回归滑动平均(ARMA)过程 在这种情况下,线性滤波器 $H(z) = B(z)/A(z)$ 在 z 平面同时具有有限个极点和零点,与其对应的差分方程由(14.11)式给出。由 $X(n)$ 产生新息过程的逆系统也是一个极点-零点系统,系统函数形如 $1/H(z) = A(z)/B(z)$。

例题 14.2 考虑一个由下面差分方程生成的 ARMA 过程 $X(n)$:
$$X(n) = 1.6X(n-1) - 0.63X(n-2) + W(n) + 0.9W(n-1)$$
式中,$W(n)$ 是一个具有单位方差的白噪声序列。

a. 求系统函数为 $H(z)$ 和噪声白化滤波器的系统函数及其零点和极点。噪声白化滤波器稳定吗?

b. 求功率谱密度 $S_{XX}(f)$,$|f| \leqslant \frac{1}{2}$ 并绘图。

题解

a. 系统函数给出为

$$H(z) = \frac{1 + 0.9z^{-1}}{1 - 1.6z^{-1} + 0.63z^{-2}}$$

白化滤波器:

$$B(z) = H(z)^{-1} = \frac{1 - 1.6z^{-1} + 0.63z^{-2}}{1 + 0.9z^{-1}}$$

零点:

$$z_{1,2} = 0.7, 0.9$$

极点:

$$p_1 = -0.9$$

如前所述,由于 $|p_1| < 1$,噪声白化滤波器是稳定的。

b. 鉴于 $\sigma_W^2 = 1$,功率谱密度为

$$S_{XX}(f) = \sigma_W^2 |H(f)|^2 = \frac{|1 + 0.9 e^{-j2\pi f}|^2}{|1 - 1.6 e^{j2\pi f} + 0.63 e^{j4\pi f}|^2}$$

$S_{XX}(f)$ 平面图如图 14.4 所示。

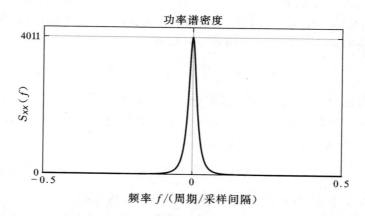

图 14.4 例题 14.2(b)中的功率谱密度 $\hat{S}_{XX}(f)$ 图

例题 14.3 一个 ARMA 过程自相关为 $R_{XX}(m)$,其 z 变换给出为

$$S_{XX}(z) = 9 \frac{\left(z - \dfrac{1}{3}\right)(z - 3)}{\left(z - \dfrac{1}{2}\right)(z - 2)}, \quad \frac{1}{2} < |z| < 2$$

a. 输入为一个白噪声样值序列 $w(n)$,求生成输出序列 $x(n)$ 的滤波器 $H(z)$。$H(z)$ 是唯一的吗?请解释。

b. 当输入序列 $w(n)$ 是均值为零的单位方差高斯白噪声样值序列时,采用滤波器 $H(z)$ 生成输出序列 $x(n)$,$0 \leqslant n \leqslant 10000$。由输出序列 $x(n)$ 计算自相关的估计 $\hat{R}_{XX}(m)$,$|m| \leqslant 50$ 和功率谱密度估计 $\hat{S}_{XX}(f)$,$|f| \leqslant 1/2$,并绘图。

c. 对(b)中生成的序列,试求得一个稳定的线性白化滤波器。将(b)中生成的序列 $x(n)$,$0 \leqslant n \leqslant 10000$ 经过噪声白化滤波器,计算其自相关 $\hat{R}_{YY}(m)$,$|m| \leqslant 50$ 和功率谱密度 $\hat{S}_{YY}(f)$,$|f| \leqslant 1/2$,其中 $y(n)$ 是噪声白化滤波器的输出。绘制 $\hat{R}_{YY}(m)$ 和 $\hat{S}_{YY}(f)$ 的平面图,并对仿真结果加以说明。

题解

a. 复功率谱密度可以表示为如下形式：

$$S_{xx}(z) = \frac{27}{2} \frac{\left(1 - \frac{1}{3}z^{-1}\right)\left(1 - \frac{1}{3}z\right)}{\left(1 - \frac{1}{2}z^{-1}\right)\left(1 - \frac{1}{2}z\right)}$$

对于稳定系统,分母必须选择 $\left(1 - \frac{1}{2}z^{-1}\right)$。但是,两个分子因子中任何一个都可以用作分子：

$$H(z) = \underbrace{\frac{\left(1 - \frac{1}{3}z^{-1}\right)}{\left(1 - \frac{1}{2}z^{-1}\right)}}_{\text{最小相位}} \quad \text{或} \quad H(z) = \frac{\left(1 - \frac{1}{3}z\right)}{\left(1 - \frac{1}{2}z^{-1}\right)}$$

b. 采用最小相位系统函数 $H(z)$ 生成序列

$$x(n) = \frac{1}{2}x(n-1) + w(n) - \frac{1}{3}w(n-1)$$

计算自相关序列的无偏估计

$$\hat{R}_{xx}(m) = \frac{1}{N-m}\sum_{n=0}^{N-1-m} x(n)x(n-m), \quad |m| \leqslant 50$$

由该自相关估计,可以得到功率谱密度估计为

$$\hat{S}_{xx}(f) = \sum_{m=-N}^{N} \hat{R}_{xx}(m)\mathrm{e}^{-\mathrm{j}2\pi fm}$$

$\hat{R}_{xx}(m)$ 和 $\hat{S}_{xx}(f)$ 图如图 14.5 所示。

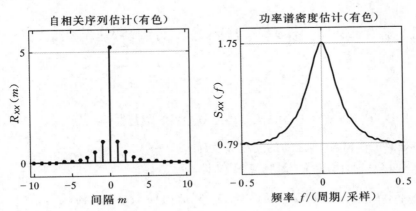

图 14.5　例题 14.3(b)中估计的自相关序列 $\hat{R}_{xx}(m)$ 和功率谱密度 $\hat{S}_{xx}(f)$

c. 稳定的白化滤波器是具有如下系统函数的最小相位系统：

$$A(z) = \frac{1 - \frac{1}{2}z^{-1}}{1 - \frac{1}{3}z^{-1}}$$

于是,可以生成下面的序列：

$$y(n) = \frac{1}{3}y(n-1) + x(n) - \frac{1}{2}x(n-1)$$

并计算其估计量 $\hat{R}_{YY}(m)$ 和 $\hat{S}_{YY}(f)$，该估计如图 14.6 所示。∎

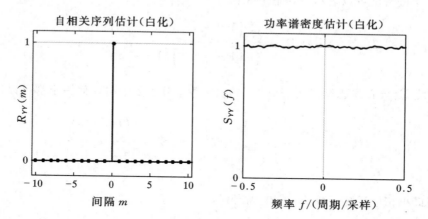

图 14.6　例题 14.3(c)中估计的自相关序列 $\hat{R}_{YY}(m)$ 和功率谱密度 $\hat{S}_{YY}(f)$

14.1.2　滤波器参数与自相关序列的关系

当平稳随机过程的功率谱密度是有理函数时，其自相关序列 $R_{XX}(m)$ 和由白噪声序列 $W(n)$ 过滤而生成该过程的线性滤波器 $H(z)$ 的参数 a_k 和 b_k 之间存在一个基本关系。这个关系可以通过(14.11)式中差分方程与 $X^*(n-m)$ 相乘并对所得等式两边求期望值而得到。于是，可以得到

$$E[X(n)X^*(n-m)] = -\sum_{k=1}^{p} a_k E[X(n-k)X^*(n-m)] + \sum_{k=0}^{q} b_k E[W(n-k)X^*(n-m)]$$

$$(14.14)$$

因而有

$$R_{XX}(m) = -\sum_{k=1}^{p} a_k R_{XX}(m-k) + \sum_{k=0}^{q} b_k R_{WX}(m-k) \tag{14.15}$$

式中，$R_{WX}(m)$ 是 $W(n)$ 和 $X(n)$ 之间的互相关序列。

该互相关 $R_{WX}(m)$ 与滤波器冲激响应相关，即

$$R_{WX} = E[X^*(n)W(n+m)] = E\left[\sum_{k=0}^{\infty} h(k)W^*(n-k)W(n+m)\right]$$

$$= \sigma_W^2 h(-m) \tag{14.16}$$

式中最后一步，我们利用了 $W(n)$ 是白序列这一事实。因而，可得

$$R_{WX}(m) = \begin{cases} 0, & m > 0 \\ \sigma_W^2 h(-m), & m \leqslant 0 \end{cases} \tag{14.17}$$

合并(14.17)式和(14.15)式，就可以得到所要的关系式，

$$R_{xx}(m) = \begin{cases} -\sum_{k=1}^{p} a_k R_{xx}(m-k), & m > q \\ -\sum_{k=1}^{p} a_k R_{xx}(m-k) + \sigma_W^2 \sum_{k=0}^{1-m} h(k) b_{k+m}, & 0 \leqslant m \leqslant q \\ R_{xx}^*(-m), & m < 0 \end{cases} \quad (14.18)$$

该式表示 $R_{xx}(m)$ 和 a_k, b_k 之间的非线性关系。通常，(14.18)式中的关系可适用于 ARMA 过程。对于 AR 过程，(14.18)式简化为

$$R_{xx}(m) = \begin{cases} -\sum_{k=1}^{p} a_k R_{xx}(m-k), & m > 0 \\ -\sum_{k=1}^{p} a_k R_{xx}(m-k) + \sigma_W^2, & m = 0 \\ R_{xx}^*(-m), & m < 0 \end{cases} \quad (14.19)$$

于是，我们得到 $R_{xx}(m)$ 和参数 a_k 的线性关系。这些方程也称作尤尔-沃克(Yule-Walker)方程，可以表示为矩阵形式

$$\begin{bmatrix} R_{xx}(0) & R_{xx}(-1) & R_{xx}(-2) & \cdots & R_{xx}(-p) \\ R_{xx}(1) & R_{xx}(0) & R_{xx}(-1) & \cdots & R_{xx}(-p+1) \\ \vdots & \vdots & \vdots & & \vdots \\ R_{xx}(p) & R_{xx}(p-1) & R_{xx}(p-2) & \cdots & R_{xx}(0) \end{bmatrix} \begin{bmatrix} 1 \\ a_1 \\ a_2 \\ \vdots \\ a_p \end{bmatrix} = \begin{bmatrix} \sigma_W^2 \\ 0 \\ 0 \\ \vdots \\ 0 \end{bmatrix} \quad (14.20)$$

该相关矩阵是托普利兹矩阵，因而可以采用 14.3 节中介绍的算法有效地对其求逆。

最后，令(14.18)式中 $a_k = 0, 1 \leqslant k \leqslant p$ 和 $h(k) = b_k, 0 \leqslant k \leqslant q$，可以得到滑动平均(MA)过程情况下自相关序列的关系式，即

$$R_{xx}(m) = \begin{cases} \sum_{k=0}^{q-m} b_k b_{k+m}, & 0 \leqslant m \leqslant q \\ 0, & m > q \\ R_{xx}^*(-m), & m < 0 \end{cases} \quad (14.21)$$

例题 14.4　一个滑动平均(MA)过程可描述为下面的差分方程：

$$X(n) = W(n) - 2W(n-1) + W(n-2) \quad (14.22)$$

式中，$W(n)$ 是一个方差为 $\sigma_W^2 = 1$ 的白噪声序列。

　　a. 求自相关序列 $R_{xx}(m)$ 和功率谱密度 $S_{xx}(f)$，并绘图。

　　b. 当 $w(n)$ 是一个零均值、单位方差的高斯白噪声序列时，生成输出序列 $x(n), 0 \leqslant n \leqslant 10000$。计算序列 $X(n), |m| \leqslant 50$ 的自相关估计 $\hat{R}_{xx}(m)$ 及其对应的功率谱密度 $\hat{S}_{xx}(f)$，$|f| \leqslant 1/2$，并绘图。试比较该图和(a)部分图，并说明其异同。

题解

　　a. 利用(14.22)式和 $E[W(n)] = 0$，可以得到 $E[X(n)] = 0$。因而，我们得到

$$R_{xx}(m) = \sigma_W^2 \sum_{k=0}^{q} b_k b_{k+m}, \quad 0 \leqslant m \leqslant q$$

给定 $q=2, b_0=1, b_1=-2, b_2=1$,由(14.21)式,自相关值给出为

$$R_{xx}(0) = \sigma_W^2 \sum_{k=0}^{2} b_k^2 = 6\sigma_W^2 = 6$$

$$R_{xx}(\pm 1) = \sigma_W^2 \sum_{k=0}^{1} b_k b_{k+1} = -4\sigma_W^2 = -4$$

$$R_{xx}(\pm 2) = \sigma_W^2 \sum_{k=0}^{0} b_k b_{k+2} = \sigma_W^2 = 1$$

$$R_{xx}(m) = 0, \quad |m| \geqslant 3$$

功率谱密度给出为

$$\begin{aligned}
S_{xx}(f) &= \sum_{m=-2}^{2} R_{xx}(m) e^{-j2\pi fm} \\
&= (1)e^{-j2\pi f(-2)} + (-4)e^{-j2\pi f(-1)} + (6)e^{-j2\pi f(0)} + (-4)e^{-j2\pi f(1)} + (1)e^{-j2\pi f(2)} \\
&= 6 - 8\cos(2\pi f) + 2\cos(4\pi f)
\end{aligned}$$

$R_{xx}(m)$ 和 $S_{xx}(f)$ 如图 14.7 所示。

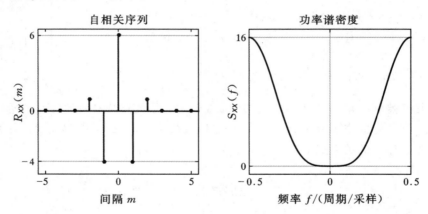

图 14.7 例题 14.4(a)中自相关 $R_{xx}(m)$ 和功率谱密度 $S_{xx}(f)$ 的曲线图

b.利用差分方程

$$x(n) = w(n) - 2w(n-1) + w(n-2)$$

计算 $x(n), 0 \leqslant n \leqslant 10000$,并估计自相关和功率谱密度。这些函数绘制在图 14.8 中。它们与 (a)部分中函数 $R_{xx}(m)$ 和 $S_{xx}(f)$ 非常相似。

例题 14.5 有一个 AR 过程可描述为下面的差分方程:

$$X(n) = X(n-1) - 0.6X(n-2) + W(n) \tag{14.23}$$

式中,$W(n)$ 是均值为零、方差为 σ_W^2 的噪声过程。

a. 利用尤尔-沃克方程求解自相关 $R_{xx}(m)$ 的值。

b. 求自相关 $R_{xx}(m)$ 的 z 变换,并绘制功率谱密度 $S_{xx}(f)$,$|f| \leqslant 1/2$ 的平面图。

c. 生成输出序列 $x(n), 0 \leqslant n \leqslant 10000$,当 $w(n)$ 是一个零均值、单位方差的高斯白噪声序

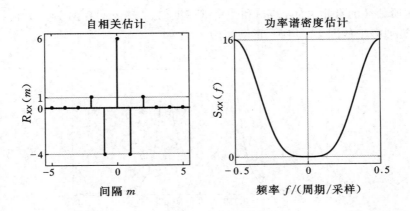

图 14.8　例题 14.4(b)中估计的自相关$\hat{R}_{xx}(m)$和功率谱密度$\hat{S}_{xx}(f)$的曲线图

列时,生成输出序列 $x(n)$,$0 \leqslant n \leqslant 10000$。计算序列 $x(n)$,$|m| \leqslant 50$ 的自相关估计$\hat{R}_{xx}(m)$及其对应的功率谱密度$\hat{S}_{xx}(f)$,$|f| \leqslant 1/2$,并绘图。试比较$\hat{S}_{xx}(f)$图和(b)部分的 $S_{xx}(f)$图。

题解

　　a. 尤尔-沃克方程组给出为

$$\begin{bmatrix} R_{xx}(0) & R_{xx}(1) & R_{xx}(2) \\ R_{xx}(1) & R_{xx}(0) & R_{xx}(1) \\ R_{xx}(2) & R_{xx}(1) & R_{xx}(0) \end{bmatrix} \begin{bmatrix} 1 \\ -1 \\ 0.6 \end{bmatrix} = \begin{bmatrix} 1 \\ 0 \\ 0 \end{bmatrix} \sigma_w^2$$

或

$$\begin{bmatrix} 1 & -1 & 0.6 \\ -1 & 1.6 & 0 \\ 0.6 & -1 & 1 \end{bmatrix} \begin{bmatrix} R_{xx}(0) \\ R_{xx}(1) \\ R_{xx}(2) \end{bmatrix} = \begin{bmatrix} 1 \\ 0 \\ 0 \end{bmatrix} \sigma_w^2$$

解得

$$R_{xx}(0) = 2.5461\,\sigma_w^2, \quad R_{xx}(1) = 1.6026\,\sigma_w^2, \quad R_{xx}(2) = 0.06416\,\sigma_w^2$$

对于 $m \geqslant 3$,可以有

$$R_{xx}(m) = R_{xx}(m-1) - 0.6 R_{xx}(m-2)$$

最后,对于 $m < 0$,我们得到

$$R_{xx}(m) = R_{xx}(-m)$$

　　b. 由(14.5)式,自相关 $R_{xx}(m)$ 的 z 变换为

$$S_{xx}(z) = \sum_{m=-\infty}^{\infty} R_{xx}(m) z^{-m} = \sigma_w^2 H(z) H(z^{-1})$$

$$= \sigma_w^2 \frac{1}{(1 - z^{-1} + 0.6 z^{-2})(1 - z + 0.6 z^2)}$$

以及 $S_{xx}(f)$ 为

$$S_{xx}(f) = \frac{\sigma_w^2}{|1 - e^{-j2\pi f} + 0.6 e^{-j4\pi f}|^2}$$

图 14.9 绘出了功率谱密度 $S_{xx}(f)$ 的平面图。

c.本小题所估计的自相关$\hat{R}_{xx}(m)$和功率谱密度$\hat{S}_{xx}(f)$绘制在图 14.10 中。功率谱密度估计$\hat{S}_{xx}(f)$近似等于如图 14.9 所示的$S_{xx}(f)$。

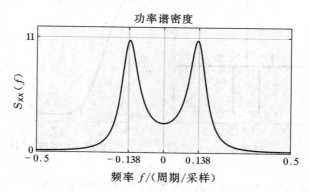

图 14.9 例题 14.5(b)中功率谱密度 $S_{xx}(f)$ 图

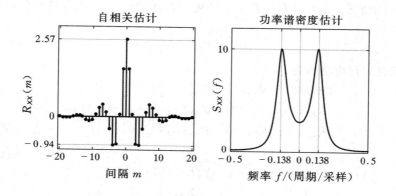

图 14.10 例题 14.5(c)中所估计的自相关$\hat{R}_{xx}(m)$和功率谱密度$\hat{S}_{xx}(f)$图

14.2 前向和后向线性预测

　　线性预测是数字信号处理中一个重要专题,具有许多实际应用。在本节,我们考虑一个平稳随机过程样值在时间上前向或后向的线性预测问题。该问题的建模引出了格型滤波器结构,以及与参数化信号模型的一些有意思的联系。

14.2.1 前向线性预测

　　我们从基于平稳随机过程 $X(n)$ 过去的观测样值来预测该过程将来样值的问题着手。令其观测样值表示为 $x(n)$。特别地,考虑一步前向线性预测器,该预测器可以通过对过去样值 $x(n-1),x(n-2),\cdots,x(n-p)$ 进行线性加权合并而产生样值 $x(n)$ 的预测。于是,$X(n)$ 的线性预测样值序列就是过程 $\hat{X}(n)$,其观测样值给出为

$$\hat{x}(n) = -\sum_{k=1}^{p} a_p(k)x(n-k) \qquad (14.24)$$

式中，$-a_p(k)$ 表示线性合并的权重。这些权重也被称作一步前向 p 阶线性预测器的预测系数。（$\hat{x}(n)$ 定义中的负号使用是出于数学上的方便，与技术文献中现有用法相一致。）

样值 $X(n)$ 与预测样值 $\hat{X}(n)$ 的差称作前向预测误差过程，记为 $F_p(n)$，其观测样值给出为

$$f_p(n) = x(n) - \hat{x}(n) = x(n) + \sum_{k=1}^{p} a_p(k)x(n-k) \qquad (14.25)$$

当预测器内嵌于线性滤波器时，可将线性预测等效看作线性滤波，如图 14.11 所示。这个滤波器称作预测误差滤波器，其输入序列为 $x(n)$ 和输出序列为 $f_p(n)$。线性预测误差滤波器的一个等效实现方式如图 14.12 所示。该实现方式是一个直接形式的 FIR 滤波器，其系统函数为

$$A_p(z) = \sum_{k=0}^{p} a_p(k)z^{-k} \qquad (14.26)$$

按照定义，上式中 $a_p(0) = 1$。

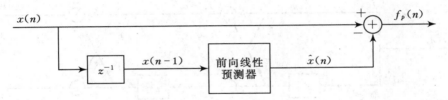

图 14.11 前向线性预测

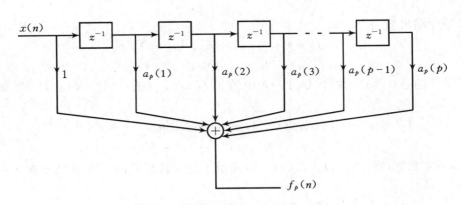

图 14.12 预测误差滤波器

另外一种 FIR 滤波器的实现方式是采用格型结构。为描述该结构并将其与直接形式 FIR 滤波器结构相联系，我们先从阶数 $p=1$ 的预测器着手。这样的滤波器的输出为

$$f_1(n) = x(n) + a_1(1)x(n-1) \qquad (14.27)$$

该输出可由单级格型滤波器得到，如图 14.13 所示 $x(n)$ 激励两个分支输入并选择上分支输出。于是，如果选择 $K_1 = a_1(1)$，则输出可准确地由(14.27)式表示。格型滤波器中参数 K 也称作反射系数。

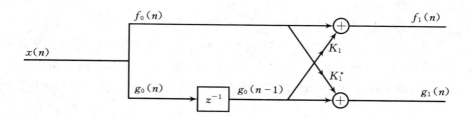

图 14.13 单级格型滤波器

接下来,我们考虑阶数 $p=2$ 的预测器。这种情形下,直接形式 FIR 滤波器输出为

$$f_2(n) = x(n) + a_2(1)x(n-1) + a_2(2)x(n-2) \qquad (14.28)$$

如图 14.14 所示,通过级联两个格型单元,可能获得同(14.28)式一样的输出。事实上,第一级的两个输出为

$$f_1(n) = x(n) + K_1 x(n-1)$$
$$g_1(n) = K_1^* x(n) + x(n-1) \qquad (14.29)$$

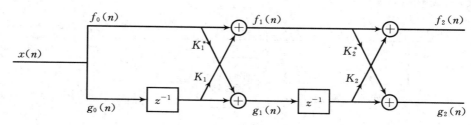

图 14.14 两级格型滤波器

第二级的两个输出为

$$f_2(n) = f_1(n) + K_2 g_1(n-1)$$
$$g_2(n) = K_2^* f_1(n) + g_1(n-1) \qquad (14.30)$$

如果我们关注的是 $f_2(n)$,并将(14.29)式中的 $f_1(n)$ 和 $g_1(n-1)$ 代入(14.30)式,则可以得到

$$f_2(n) = x(n) + K_1 x(n-1) + K_2[K_1^* x(n-1) + x(n-2)]$$
$$= x(n) + (K_1 + K_1^* K_2)x(n-1) + K_2 x(n-2) \qquad (14.31)$$

现在,如果系数相等,则(14.31)式与(14.28)式给出的直接形式的 FIR 滤波器输出相同。于是

$$a_2(2) = K_2, \quad a_2(1) = K_1 + K_1^* K_2 \qquad (14.32)$$

或等效地,

$$K_2 = a_2(2), \quad K_1 = a_1(1) \qquad (14.33)$$

继续这样的过程,可以容易地推导证明 m 阶直接形式的 FIR 滤波器和 m 阶或 m 级格型滤波器之间的等效关系。格型滤波器通常可以由下面的阶次递推方程组来描述。

$$f_0(n) = g_0(n) = x(n)$$
$$f_m(n) = f_{m-1}(n) + K_m g_{m-1}(n-1), \quad m = 1, 2, \cdots, p$$
$$g_m(n) = K_m^* f_{m-1}(n) + g_{m-1}(n-1), \quad m = 1, 2, \cdots, p \qquad (14.34)$$

进而,p 级格型滤波器的输出与 p 阶直接形式的 FIR 滤波器的输出相同。图 14.15 同时示出了一个 p 级格型滤波器框图和一个典型单级模块,该典型单级模块图示出了(14.34)式中所给出的计算。

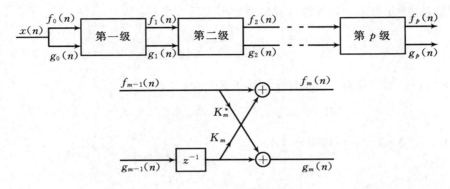

图 14.15 p 级格型滤波器

鉴于直接形式的预测误差 FIR 直接型滤波器和 FIR 格型滤波器之间的等效性,p 级格型滤波器的输出可以表示为

$$f_p(n) = \sum_{k=0}^{p} a_p(k)x(n-k), \quad a_p(0) = 1 \tag{14.35}$$

由于(14.35)式是一个卷积和,其 z 变换关系为

$$F_p(z) = A_p(z)X(z) \tag{14.36}$$

或等效地表示为

$$A_p(z) = \frac{F_p(z)}{X(z)} = \frac{F_p(z)}{F_0(z)} \tag{14.37}$$

前向线性预测误差过程 $F_p(n)$ 的均方误差为

$$\mathcal{E}_p^f = E\big[\,|\,F_p(n)\,|^2\,\big]$$

$$= R_{xx}(0) + 2\mathrm{Re}\Big[\sum_{k=1}^{p} a_p^*(k)R_{xx}(k)\Big] + \sum_{k=1}^{p}\sum_{l=1}^{p} a_p^*(l)a_p(k)R_{xx}(l-k) \tag{14.38}$$

$\mathcal{E}_p^f$ 是预测器系数的二次函数,对其最小化可以得到一组线性方程。

$$R_{xx}(l) = -\sum_{k=1}^{p} a_p(k)R_{xx}(l-k), \quad l = 1,2,\cdots,p \tag{14.39}$$

该方程组称作求解线性预测器系数的标准方程组。最小均方预测误差就是

$$\min[\mathcal{E}_p^f] \equiv E_p^f = R_{xx}(0) + \sum_{k=1}^{p} a_p(k)R_{xx}(-k) \tag{14.40}$$

下一节中,我们将上述讨论推广到相反方向时间序列样值的预测,即时间后向预测。

例题 14.6 考虑由下面方程生成的 AR(3)过程

$$x(n) = \frac{14}{24}x(n-1) + \frac{9}{24}x(n-2) - \frac{1}{24}x(n-3) + w(n)$$

式中,$w(n)$ 是一个方差为 σ_w^2 的白噪声序列的样值序列。

a. 求阶数为 $p=3$ 的最优线性滤波器的系数。

b. 求自相关序列 $R_{xx}(m), 0 \leqslant m \leqslant 5$。

题解

a. 阶数为 $p=3$ 的最优线性滤波器的系数可由下式得到:

$$A(z) = \frac{1}{1 - \frac{14}{24}z^{-1} - \frac{9}{24}z^{-2} + \frac{1}{24}z^{-3}}$$

于是最优 3 阶白化滤波器具有下面的 z 变换形式:

$$B(z) = 1 - \frac{14}{24}z^{-1} - \frac{9}{24}z^{-2} + \frac{1}{24}z^{-3}$$

b. 对于一个 AR 过程,可以得到

$$R_{xx}(m) = \begin{cases} -\sum_{k=1}^{p} a_k R_{xx}(m-k), & m > 0 \\ -\sum_{k=1}^{p} a_k R_{xx}(m-k) + \sigma_W^2, & m = 0 \\ R_{xx}^*(-m), & m < 0 \end{cases}$$

鉴于 $\{a_k\}$ 已知,我们可以求解得到 $R_{xx}, m=0,1,2,3$。进一步,由前面的递归可以得到 $R_{xx}(m), m>3$。从下面的方程组着手:

$$\begin{bmatrix} 1 & -\frac{14}{24} & -\frac{9}{24} & \frac{1}{24} \\ -\frac{14}{24} & \frac{15}{24} & \frac{1}{24} & 0 \\ -\frac{9}{24} & -\frac{13}{24} & 1 & 0 \\ \frac{1}{24} & -\frac{9}{24} & -\frac{14}{24} & 1 \end{bmatrix} \begin{bmatrix} R_{xx}(0) \\ R_{xx}(1) \\ R_{xx}(2) \\ R_{xx}(3) \end{bmatrix} = \begin{bmatrix} \sigma_W^2 \\ 0 \\ 0 \\ 0 \end{bmatrix}$$

该方程组给出

$$R_{xx}(0) = 4.9377\sigma_W^2, \qquad R_{xx}(1) = 4.3287\sigma_W^2$$
$$R_{xx}(2) = 4.1964\sigma_W^2, \qquad R_{xx}(3) = 3.8654\sigma_W^2$$

利用 $R_{xx}(m) = -\sum_{k=1}^{p} a_k R_{xx}(m-k), m>0$,可以得到 $R_{xx}(4) = 3.65\sigma_W^2$ 和 $R_{xx}(5) = 3.46\sigma_W^2$。 ■

14.2.2 后向线性预测

假定有来自平稳随机过程 $\boldsymbol{X}(n)$ 的数据序列 $x(n), x(n-1), \cdots, x(n-p+1)$,希望预测该过程的样值 $x(n-p)$。这种情况下,我们采用 p 阶一步后向线性预测器,于是可得

$$\hat{x}(n-p) = -\sum_{k=0}^{p-1} b_p(k) x(n-k) \tag{14.41}$$

样值 $x(n-p)$ 和其估计 $\hat{x}(n-p)$ 之差称作后向预测误差,记作 $g_p(n)$,

$$g_p(n) = x(n-p) + \sum_{k=0}^{p-1} b_p(k) x(n-k)$$

$$= \sum_{k=0}^{p} b_p(k) x(n-k), \quad b_p(p) = 1 \tag{14.42}$$

后向线性预测器可采用类似于图 14.11 中直接型 FIR 滤波器结构或格型结构实现。如图 14.15 所示的格型结构不仅给出了前向线性预测器,也给出了后向线性预测器。为证明这点, 考虑该格型滤波器下分支的输出,该输出给出为

$$g_1(n) = K_1^* x(n) + x(n-1) \tag{14.43}$$

因而后向预测器的权重系数为 $b_1(0) = K_1^*$ 。

在图 14.14 所示的两级格型滤波器中,来自下分支的第二级输出为

$$g_2(n) = K_2^* f_1(n) + g_1(n-1) \tag{14.44}$$

如果将(14.29)式中 $f_1(n)$ 和 $g_1(n-1)$ 代入上式,可以得到

$$g_2(n) = K_2^* x(n) + (K_1^* + K_1 K_2^*) x(n-1) + x(n-2) \tag{14.45}$$

因而后向线性预测器的权重系数与前向线性预测器的(复共轭)系数相同,但顺序相反。于是, 我们有

$$b_p(k) = a_p^*(p-k), \quad k = 0,1,\cdots,p \tag{14.46}$$

在 z 域,(14.42)式中的卷积和变为

$$G_p(z) = B_p(z) X(z) \tag{14.47}$$

或等价地,

$$B_p(z) = \frac{G_p(z)}{X(z)} = \frac{G_p(z)}{G_0(z)} \tag{14.48}$$

式中,$B_p(z)$ 表示系数为 $b_p(k)$ 的 FIR 滤波器的系统函数。

由于 $b_p(k) = a_p^*(p-k)$,$B_p(z)$ 与 $A_p(z)$ 之间关系如下:

$$B_p(z) = \sum_{k=0}^{p} b_p(k) z^{-k} = \sum_{k=0}^{p} a_p^*(p-k) z^{-k}$$

$$= z^{-p} \sum_{k=0}^{p} a_p^*(k) z^{k} = z^{-p} A_p^*(z^{-1}) \tag{14.49}$$

(14.49)式中关系式意味着具有系统函数 $B_p(z)$ 的 FIR 滤波器的零点与 $A_p(z)$ 的零点互为 (共轭)倒数。因此,$B_p(z)$ 称作 $A_p(z)$ 的倒数或逆多项式。

最后,考虑后向线性预测器的均方误差最小化。后向预测误差过程记作 $G_p(n)$,其样本 序列 $g_p(n)$ 给出为

$$g_p(n) = x(n-p) + \sum_{k=0}^{p-1} b_p(k) x(n-k)$$

$$= x(n-p) + \sum_{k=1}^{p} a_p^*(k) x(n-p+k) \tag{14.50}$$

以及它的均方值给出为

$$\mathcal{E}_p^b = E\left[| G_p(n) |^2 \right] \tag{14.51}$$

$\mathcal{E}_p^b$ 关于预测系数的最小化可以得到与(14.39)式同样的线性方程组。因而,最小均方误差为

$$\min[\mathcal{E}_p^b] \equiv E_p^b = E_p^f \tag{14.52}$$

上式由(14.40)式给出。

14.2.3 FIR 滤波器系数与格型反射系数之间的转换

至此,我们已经建立了直接型 FIR 滤波器与 FIR 格型滤波器之间的有趣关系式,让我们再回顾(14.34)式中的递归格型方程组,并将其转换到 z 域。于是,可以得到

$$F_0(z) = G_0(z) = X(z) \tag{14.53a}$$

$$F_m(z) = F_{m-1}(z) + K_m z^{-1} G_{m-1}(z), \quad m = 1, 2, \cdots, p \tag{14.53b}$$

$$G_m(z) = K_m^* F_{m-1}(z) + z^{-1} G_{m-1}(z), \quad m = 1, 2, \cdots, p \tag{14.53c}$$

如果把上面每个等式除以 $X(z)$,可以得到所要的结果,形式如下:

$$A_0(z) = B_0(z) = 1 \tag{14.54a}$$

$$A_m(z) = A_{m-1}(z) + K_m z^{-1} B_{m-1}(z), \quad m = 1, 2, \cdots, p \tag{14.54b}$$

$$B_m(z) = K_m^* A_{m-1}(z) + z^{-1} B_{m-1}(z), \quad m = 1, 2, \cdots, p \tag{14.54c}$$

于是,一个格型滤波器可以用下面的 z 域矩阵方程来描述。

$$\begin{bmatrix} A_m(z) \\ B_m(z) \end{bmatrix} = \begin{bmatrix} 1 & K_m z^{-1} \\ K_m^* & z^{-1} \end{bmatrix} \begin{bmatrix} A_{m-1}(z) \\ B_{m-1}(z) \end{bmatrix} \tag{14.55}$$

(14.54)式中 $A_m(z)$ 和 $B_m(z)$ 的关系使得我们能够由反射系数 K_m 得到直接型 FIR 滤波器系数 $a_m(k)$,反之亦然。在下面的例题中,我们将阐明该计算步骤。

例题 14.7 给定一个系数为 $K_1 = \frac{1}{4}, K_2 = \frac{1}{2}, K_3 = \frac{1}{3}$ 的三级格型滤波器,试求直接型结构中该 FIR 滤波器的系数。

题解

我们递归地求解该问题,从(14.54)式中取 $m=1$ 开始。于是,我们得到

$$A_1(z) = A_0(z) + K_1 z^{-1} B_0(z) = 1 + K_1 z^{-1} = 1 + \frac{1}{4} z^{-1}$$

因而,单级格型结构的 FIR 滤波的系数为 $a_1(0)=1, a_1(1)=K_1$。由于 $B_m(z)$ 是 $A_m(z)$ 的逆多项式,我们得到

$$B_1(z) = \frac{1}{4} + z^{-1}$$

接下来,我们给格型结构增加第二级。对于 $m=2$,由(14.54)式得到

$$A_2(z) = A_1(z) + K_2 z^{-1} B_1(z) = 1 + \frac{3}{8} z^{-1} + \frac{1}{2} z^{-2}$$

因而,两级格型结构的 FIR 滤波器参数为 $a_2(0)=1, a_2(1)=\frac{3}{8}, a_2(2)=\frac{1}{2}$。我们还可以得到

$$B_2(z) = \frac{1}{2} + \frac{3}{8} z^{-1} + z^{-2}$$

最后,格型结构增加到第三级得到下面的多项式:

$$A_3(z) = A_2(z) + K_3 z^{-1} B_2(z) = 1 + \frac{13}{24} z^{-1} + \frac{5}{8} z^{-2} + \frac{1}{3} z^{-3}$$

因此,所求的直接型 FIR 滤波器由下面的系数来表征:

$$a_3(0)=1, \qquad a_3(1)=\frac{13}{24}, \qquad a_3(2)=\frac{5}{8}, \qquad a_3(3)=\frac{1}{3}$$

　　正如这个例题所阐明的,参数为 $K_1,K_2,\cdots,K_p$ 的格型结构对应一类系统函数为 $A_1(z)$, $A_2(z),\cdots,A_p(z)$ 的 p 阶直接型 FIR 滤波器。有意思的是,p 阶直接型 FIR 滤波器的表征需要 $p(p+1)/2$ 个滤波器系数。与之形成对比的是,格型结构表征只需要 p 个反射系数 $\{K_i\}$。格型结构对于该类 p 阶 FIR 滤波器能够提供更紧凑的表示,其原因在于附加各级到格型结构并没有改变前一级的参数。另外一方面,增加第 p 级到 $(p-1)$ 级格型结构使得系统函数为 $A_p(z)$ 的 FIR 滤波器的系数完全不同于系统函数为 $A_{p-1}(z)$ 的较低阶 FIR 滤波器系数。

　　递归求解滤波器系数 $a_p(k),1\leqslant k\leqslant p$ 的公式可由(14.54)式中的多项式关系简单地推导得到。我们有

$$A_m(z)=A_{m-1}(z)+K_m z^{-1}B_{m-1}(z) \tag{14.56a}$$

$$\sum_{k=0}^{m}a_m(k)z^{-k}=\sum_{k=0}^{m-1}a_{m-1}(k)z^{-k}+K_m\sum_{k=0}^{m-1}a_{m-1}^*(m-1-k)z^{-(k+1)} \tag{14.56b}$$

通过代入与 z^{-1} 的幂阶次相同的阶次系数以及回想到 $a_m(0)=1,m=1,2,\cdots,p$,我们可以得到所求的 FIR 滤波器系数递归方程,形式如下:

$$a_m(0)=1$$
$$a_m(m)=K_m$$
$$\vdots \qquad \vdots$$
$$a_m(k)=a_{m-1}(k)+K_m a_{m-1}^*(m-k)$$
$$=a_{m-1}(k)+a_m(m)a_{m-1}^*(m-k), \quad 1\leqslant k\leqslant m-1, m=1,2,\cdots,p \tag{14.57}$$

　　MATLAB 实现　　下面的 MATLAB 函数 latc2fir 能够实现(14.56a)式中的计算。需要指出,其中的乘积项 $K_m z^{-1}B_{m-1}(z)$ 可以通过两个对应的数组之间的卷积得到,但是多项式 $B_m(z)$ 则可对 $A_m(z)$ 多项式采用 fliplr 操作得到。

```
function [a] = latc2fir(K,a0)
% Lattice form to FIR direct form conversion
% ----------------------------------------------------------
% [a] = latc2fir(K,b0)
% a = FIR direct form coefficients (prediction coefficients)
% K = lattice filter coefficients (reflection coefficients)
% a0 = overall gain if \ = 1 (optional)
%
if nargin == 1
    a0 = 1;
end
p = length(K);
B = 1; A = 1;
for m = 1:1:p
A = [A,0] + conv([0,K(m)],B);
```

```
B = fliplr(A);
end
a = a0 * A;
end
```

为验证 latc2fir 的功能,可考虑上述例题 14.7 中用到的格型反射系数:

```
>> K = [1/4,1/2,1/3];
>> a = latc2fir(K)
a =
        1        13/24        5/8        1/3
```

显然,我们可以得到同样的 FIR 滤波器系数。

从直接型 FIR 滤波器系数 $a_p(k)$ 到格型反射系数 K_i 的转换公式也非常简单。对于 p 级格型结构,我们可直接获得其反射系数 $K_p = a_p(p)$。为获得 $K_{p-1}, \cdots, K_1$,我们需要用到多项式 $A_m(z), m = p-1, \cdots, 1$。由(14.55)式,我们得到

$$A_{m-1}(z) = \frac{A_m(z) - K_m B_m(z)}{1 - |K_m|^2}, \quad m = p, \cdots, 1 \qquad (14.58)$$

上式只是一个阶次递减递归方法。于是,我们可以计算所有自 $A_{p-1}(z)$ 以下较低阶次的多项式 $A_m(z)$,并利用关系式 $K_m = a_m(m)$ 获得所求的格型反射系数。我们注意到,只要 $K_m \neq 1$, $m = 1, 2, \cdots, p-1$,该步骤就可以实施。按照该多项式阶次递减迭代方法,可以相对简单地得到递归和直接计算 K_m 的公式,$m = p-1, \cdots, 1$。对于 $m = p-1, \cdots, 1$,可以得到

$$K_m = a_m(m)$$
$$a_{m-1}(k) = \frac{a_m(k) - K_m b_m(k)}{1 - |K_m|^2}$$
$$= \frac{a_m(k) - a_m(m)a_m^*(m-k)}{1 - |a_m(m)|^2} \qquad (14.59)$$

该式只是用于多项式 $A_m(z)$ 的 Schur-Cohn 稳定性测试的递归算式。

MATLAB 实现 给定直接型 FIR 滤波器系数 $\{a_p(k)\}$,我们可以采用(14.58)式和(14.59)式得到格型滤波器的系数 $\{K_i\}$。这可以调用下面的 MATLAB 函数 fir2latc 实现。需要说明的是,计算(14.58)式中 $B_m(z)$ 的等式意味着多项式 $B_m(z)$ 是针对多项式 $A_m(z)$ 的 fliplr 操作。

```
function [K,a0] = fir2latc(a)
% FIR Direct form to All-Zero Lattice form Conversion
% ----------------------------------------------------------------
% [K,a0] = fir2latc(b)
%   K = lattice filter coefficients (reflection coefficients)
% a0 = first coefficient (or gain) of A(z), useful if \ = 1
%   a = FIR direct form coefficients (prediction coefficients)
p = length(a) - 1;
K = zeros(1,p);
```

```
a0 = a(1);
if a0 == 0
error('a(1) is equal to zero')
end
A = a/a0;
for m = p + 1: - 1:2
K(m - 1) = A(m);
B = fliplr(A);
A = (A - K(m - 1) * B)/(1 - K(m - 1) * K(m - 1));
A = A(1:m - 1);
end
end
```

最后,格型滤波器可以采用(14.34)式来实现,该式由函数 latcfilt 实现,如下脚本程序所示。

```
function [y] = latcfilter(K,x,a0)
% LATTICE form realization of FIR filters
% ------------------------------------------------
% y = latcfilter(K,x,a0)
% y = output sequence
% K = LATTICE filter (reflection) coefficient array
% x = input sequence
% a0 = Overall Gain (optional)
%
if nargin == 1
    a0 = 1;
end
Nx = length(x) - 1;
x = a0 * x;
p = length(K); %K = K(2:M + 1);
fg = [x; [0 x(1:Nx)]];
for m = 1:p
    fg = [1,K(m);K(m),1] * fg;
    fg(2,:) = [0 fg(2,1:Nx)];
end
y = fg(1,:);
end
```

信号处理工具箱提供了与本节所给的函数功能类似的多个函数。在给定经过 $a(1)=1$ 归一化的 FIR 滤波器(或预测)系数数组 a 的条件下,函数 K = tf2latc(a) 可以计算 FIR 格型反射系数数组 K。类似地,函数 a = latc2tf(K) 可以由 K 中格型反射系数生成通用的 FIR 滤波器系数数组 a,其中 a(1)=1。最后,函数[f,g] = latcfilt(K,x) 可实现如图 14.15 中的格型滤波器。它采用数组 K 中的 FIR 格型系数对输入数组 x 过滤。前向格型滤波器在数组 f 中输出(或前向预测误差),后向格型滤波器(后向预测误差)在数组 g 中输出。如果|K| ≤ 1,则 f 对应最小相位输出,而 g 则对应最大相位输出(参见 14.4 节)。

例题 14.8　有一 FIR 滤波器由如下系统函数表征：

$$H(z) \equiv A_3(z) = 1 + \frac{13}{24}z^{-1} + \frac{5}{8}z^{-2} + \frac{1}{3}z^{-3}$$

试求其格型系数，并绘制与该 FIR 滤波器对应的格型滤波器结构简图。

题解

我们采用(14.58)式给出的阶次递减步骤。

• $m=3$：

$$A_3(z) = 1 + \frac{13}{24}z^{-1} + \frac{5}{8}z^{-2} + \frac{1}{3}z^{-3}, \quad K_3 = \frac{1}{3}$$

$$B_3(z) = \frac{1}{3} + \frac{5}{8}z^{-1} + \frac{13}{24}z^{-2} + z^{-3}$$

• $m=2$：

$$A_2(z) = \frac{A_3(z) - K_3 B_3(z)}{1 - K_3^2} = 1 + \frac{3}{8}z^{-1} + \frac{1}{2}z^{-2}, \quad K_2 = \frac{1}{2}$$

$$B_2(z) = \frac{1}{2} + \frac{3}{8}z^{-1} + z^{-3}$$

• $m=1$：

$$A_1(z) = \frac{A_2(z) - K_2 B_2(z)}{1 - K_2^2} = 1 + \frac{1}{4}z^{-1}, \quad K_1 = \frac{1}{4}$$

我们也能调用函数 fir2latc 来实现：

```
>> a = [1,13/24,5/8,1/3];
>> [K] = fir2latc(a)
K =
            1/4           1/2           1/3
```

所得的格型滤波器结构如图 14.16 所示。　■

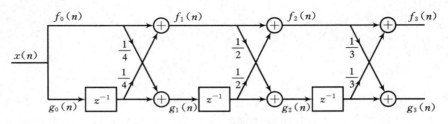

图 14.16　例题 14.8 中格型滤波器框图

例题 14.9　有一个 FIR 格型滤波器，其反射系数为

$$K_1 = \frac{1}{2}, \qquad K_2 = -\frac{1}{3}, \qquad K_3 = 1$$

a. 求该 FIR 滤波器的系统函数 $H(z)$。

b. 求该 FIR 滤波器的零点,并绘制其在 z 平面的位置图案。

c. 当 $K_3 = -1$ 时,重复上述步骤,并说明计算结果。

题解

a. 采用下面的步骤获取该系统函数:

$$A_1(z) = 1 + K_1 z^{-1} = 1 + \frac{1}{2} z^{-1}$$

$$B_1(z) = \frac{1}{2} + z^{-1}$$

$$A_2(z) = A_1(z) + K_2 B_1(z) z^{-1} = 1 + \frac{1}{3} z^{-1} - \frac{1}{3} z^{-2}$$

$$B_2(z) = -\frac{1}{3} + \frac{1}{3} z^{-1} + z^{-2}$$

$$H(z) = A_3(z) = A_2(z) + K_3 z^{-1} B_2(z) = 1 + z^{-3}$$

调用 `latc2fir` 函数,结果如下。

```
>> K = [1/2, -1/3, 1];
>> a = latc2fir(K)
a =
    1.0000    0.0000    0.0000    1.0000
```

b. 其零点位于 $z_1 = -1$ 和 $z_{2,3} = e^{\pm j\pi/3}$。其零极点图如图 14.17 所示。

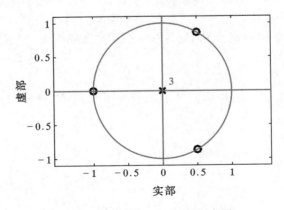

图 14.17 例题 14.9(b)零极点图

c. 如果 $K_3 = -1$,则可以得到

$$H(z) = A_2(z) - z^{-1} B_2(z) = 1 + \frac{2}{3} z^{-1} - \frac{2}{3} z^{-2} - z^{-3}$$

调用 `latc2fir` 函数,结果如下。

```
>> K = [1/2, -1/3, -1];
>> a = latc2fir(K)
a =
```

```
      1.0000      0.6667     - 0.6667     - 1.0000
>> zeros = roots(a)'; mag_zeros = abs(zeros)
mag_zeros =
      1.0000      1.0000      1.0000
>> pha_zeros = angle(zeros)/pi
pha_zeros =
           0     - 0.8136      0.8136
```

此时,其零点位于 $z_1=1, z_{2,3}=\mathrm{e}^{\pm\mathrm{j}0.8136\pi}$。其零极点图如图 14.18 所示。 ■

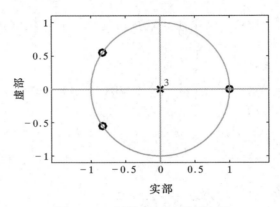

图 14.18 例题 14.9(c)零极点图

正如前面指出的,任何一个格型参数 $|K_m|=1$,则(14.59)式中的递归等式无法计算。如果出现该情形,则表明多项式 $A_{m-1}(z)$ 具有位于单位圆上的根。图 14.17 和图 14.18 清楚地显示了这种情形。这样的根可能是从 $A_{m-1}(z)$ 中因式分解而来,(14.59)式中的迭代过程对于降阶系统仍能够运行。

例题 14.10 试采用(14.59)式中递归等式求解例题 14.6 所给的 AR(3)过程对应的 FIR 格型滤波器参数。

题解

本题中,$p=3$ 和 $a_3(3)=\dfrac{1}{24}$,$a_3(2)=-\dfrac{9}{24}$,$a_3(1)=-\dfrac{14}{24}$。反射系数的递归等式为

$$a_{m-1}(k)=\frac{a_m(k)-a_m(m)a^*(m-k)}{1-|a_m(m)|^2}, \qquad m=p-1,\cdots,1$$

式中,$K_m=a_m(m)$。

由上述递归计算,我们可以得到反射系数 $K_3=0.0417$,$K_2=-0.3513$ 和 $K_1=-0.8767$。我们采用下面的程序进行验证。

```
>> a = [1,-14/24,-9/24,1/24];
>> K = dir2latc(a)
K =
    1.0000     - 0.8767     - 0.3513      0.0417
```

14.2.4　格型前向和后向预测器的最优反射系数

在 14.2.1 节和 14.2.2 节中,我们推导得到了线性方程组,该方程组能求得最小化预测均方误差的预测器系数。本节中,我们将考虑格型预测器的最优反射系数问题。

格型滤波器的前向预测误差过程表示为

$$F_m(n) = F_{m-1}(n) + K_m G_{m-1}(n-1) \tag{14.60}$$

$E[|F_m(n)|^2]$ 关于反射系数 K_m 的最小化可以得到下面的结果:

$$K_m = \frac{-E[F_{m-1}(n) G_{m-1}^*(n-1)]}{E[|G_{m-1}(n-1)|^2]} \tag{14.61}$$

或者等价地表示为

$$K_m = \frac{-E[F_{m-1}(n) G_{m-1}^*(n-1)]}{\sqrt{E_{m-1}^f E_{m-1}^b}} \tag{14.62}$$

其中

$$E_{m-1}^f = E_{m-1}^b = E[|G_{m-1}(n-1)|^2] = E[|F_{m-1}(n)|^2]$$

我们注意到,格型预测器的反射系数的最优选择就是前向和后向误差之间的(归一化)互相关系数的相反数。[①] 显然,由(14.61)式可得 $|K_m| \leqslant 1$,可以推导最小均方预测误差,该最小均方误差可以递归地表示为

$$E_m^f = (1 - |K_m|^2) E_{m-1}^f \tag{14.63}$$

该式是一个单调递减序列。

14.2.5　AR 过程与线性预测的关系

一个 AR(p) 过程的参数与该过程的 p 阶预测器紧密相关。为阐明该关系,我们回顾前面内容可知,一个 AR(p) 过程的自相关序列 $R_{xx}(m)$ 与(14.19)式或(14.20)式中尤尔-沃克方程组的参数 a_k 相关。相应地,p 阶预测器方程组由(14.39)式和(14.40)式给出。

直接比较上述两个方程组可以发现,AR(p) 过程的参数与 p 阶预测器的预测器系数 $a_p(k)$ 之间存在一一对应关系。事实上,如果基本过程 $x(n)$ 是 AR(p) 过程,p 阶预测器的预测系数等于 a_k。不仅如此,p 阶预测器 E_p^f 的最小均方误差等于白噪声过程的方差 σ_W^2。这种情形下,预测误差滤波器为噪声白化滤波器,该滤波器生成新息序列 $W(n)$。

例题 14.11　14.2.5节中,我们已经指出因果 AR(p) 过程的噪声白化滤波器 $A_p(z)$ 是一个 p 阶前向线性预测误差滤波器。试阐明 p 阶后向线性预测误差滤波器是对应反因果 AR(p) 过程的噪声白化滤波器。

题解

对于后向线性预测误差滤波器

---

① 格型滤波器(即 $-K_m$)的前向和后向误差之间的归一化互相关系数经常称为部分相关(PARCOR)系数。

590 第 14 章　线性预测和最优线性滤波器

$$\hat{x}(n-p) = -\sum_{k=0}^{p-1} b_p(k)x(n-k)$$

其中
$$b_p(k) = a_p^*(p-k), \qquad k = 0,\cdots,p$$

则有

$$\hat{x}(n-p) = -\sum_{k=0}^{p-1} a_p^*(p-k)x(n-k) \quad \diamondsuit \quad p-k = l$$

$$= -\sum_{l=1}^{p} a_p^*(l)x(n-p+l)$$

$$= \{x(n-p+1),\cdots,x(n)\} * \{a_p^*(-p),\cdots,a_p^*(-1)\}$$

上式也就是 $\{x(n)\}$ 与反因果序列 $\{a_p^*(-p),\cdots,a_p^*(-1)\}$ 的卷积。　　　　　　　■

14.3　标准方程组的解

前一节中,我们注意到,最小化前向预测误差均方值可以得到(14.39)式给出的求取预测器系数的线性方程组。该方程组称作标准方程组,可以表示为下面的紧凑形式:

$$\sum_{k=0}^{p} a_p(k)R_{xx}(l-k) = 0, \quad l = 1,2,\cdots,p, \quad a_p(0) = 1 \qquad (14.64)$$

所得的最小均方误差由(14.40)式给出。如果将(14.40)式扩展到(14.64)式所给的标准方程组中,我们可以得到扩展标准方程组,表示为

$$\sum_{k=0}^{p} a_p(k)R_{xx}(l-k) = \begin{cases} E_p^f, & l = 0 \\ 0, & l = 1,2,\cdots,p \end{cases} \qquad (14.65)$$

还要指出的是,如果随机过程是一个 AR(p)过程,则最小均方误差 $E_p^f = \sigma_w^2$。本节中,我们将介绍用于求解标准方程组的两种高效率算法。Levinson-Durbin 算法,由 Levinson 在文献[54]中首先提出并由 Durbin 在文献[14]改进得到,适合于串行处理且复杂度为 $o(p^2)$。第二种算法,由文献[88]提出,能够计算反射系数,计算复杂度也为 $o(p^2)$,但如果采用并行处理器,该算法的计算执行时间为 $o(p)$。这两种算法都利用了自相关矩阵内在的 Toeplitz 对称性质。下面,我们先介绍 Levinson-Durbin 算法。

14.3.1　Levinson-Durbin 算法

Levinson-Durbin 算法是一种通过求解(14.64)式中标准方程组得到预测系数的高效计算方法。该算法利用了自相关矩阵中的特殊对称性。

$$\boldsymbol{T}_p = \begin{bmatrix} R_{xx}(0) & R_{xx}^*(1) & \cdots & R_{xx}^*(p-1) \\ R_{xx}(1) & R_{xx}(0) & \cdots & R_{xx}^*(p-2) \\ \vdots & \vdots & & \vdots \\ R_{xx}(p-1) & R_{xx}(p-2) & \cdots & R_{xx}(0) \end{bmatrix} \qquad (14.66)$$

需要说明的是,由于 $\boldsymbol{T}_p(i,j) = \boldsymbol{T}_p(i-j)$,因而自相关矩阵是一个 Toeplitz 矩阵。又由于 $\boldsymbol{T}_p(i,j) = \boldsymbol{T}_p^*(j,i)$,该矩阵还是 Hermitian 矩阵。

利用矩阵的 Toeplitz 性质的 Levinson-Durbin 算法关键在于递归求解,从一个阶数 $m=1$ (一个系数)的预测器开始,递归地增加阶数,利用较低阶的解去获得相邻高阶的解。于是,一阶预测器的解可通过求解(14.64)式得到,即

$$a_1(1) = -\frac{R_{xx}(1)}{R_{xx}(0)} \tag{14.67}$$

且所得最小均方误差为

$$E_1^f = R_{xx}(0) + a_1(1)R_{xx}(-1)$$
$$= R_{xx}(0)[1 - |a_1(1)|^2] \tag{14.68}$$

回顾前述内容可知格型滤波器中一阶反射系数满足 $a_1(1)=K_1$。

接下来的步骤就是求解二阶预测器的系数 $a_2(1)$ 和 $a_2(2)$,所得的解将用 $a_1(1)$ 的函数形式来表示。由(14.64)式得到的两个方程为

$$a_2(1)R_{xx}(0) + a_2(2)R_{xx}^*(1) = -R_{xx}(1)$$
$$a_2(1)R_{xx}(1) + a_2(2)R_{xx}^*(0) = -R_{xx}(2) \tag{14.69}$$

利用(14.67)式中的解来消除 $R_{xx}(1)$,我们求得下面的解:

$$a_2(2) = -\frac{R_{xx}(2) + a_1(1)R_{xx}(1)}{R_{xx}(0)[1 - |a_1(1)|^2]}$$
$$= -\frac{R_{xx}(2) + a_1(1)R_{xx}(1)}{E_1^f}$$
$$a_2(1) = a_1(1) + a_2(2)a_1^*(1) \tag{14.70}$$

于是,我们得到了二阶预测器的系数。同样地,格型滤波器中二阶反射系数满足 $a_2(2)=K_2$。

照此方式递推,我们可以将 m 阶预测器系数表示为 $(m-1)$ 阶预测器系数的函数形式。从而,我们可以将系数向量 $\boldsymbol{a}_m$ 写为两个向量的和的形式,即

$$\boldsymbol{a}_m = \begin{bmatrix} a_m(1) \\ a_m(2) \\ \vdots \\ a_m(m) \end{bmatrix} = \begin{bmatrix} \boldsymbol{a}_{m-1} \\ \cdots \\ 0 \end{bmatrix} + \begin{bmatrix} \boldsymbol{d}_{m-1} \\ \cdots \\ K_m \end{bmatrix} \tag{14.71}$$

式中,$\boldsymbol{a}_{m-1}$ 是 $(m-1)$ 阶预测器系数向量,且向量 $\boldsymbol{d}_{m-1}$ 和标量 K_m 待定。我们也可以将 $m \times m$ 自相关矩阵 $\boldsymbol{T}_m$ 分为如下形式:

$$\boldsymbol{T}_m = \begin{bmatrix} \boldsymbol{T}_{m-1} & \boldsymbol{R}_{m-1}^{b*} \\ \boldsymbol{R}_{m-1}^{bt} & R_{xx}(0) \end{bmatrix} \tag{14.72}$$

式中,$\boldsymbol{R}_{m-1}^{bt} = [R_{xx}(m-1) R_{xx}(m-2) \cdots R_{xx}(1)] = (\boldsymbol{R}_{m-1}^b)^t$,星号($*$)表示复共轭,$\boldsymbol{R}_m^t$ 表示 $\boldsymbol{R}_m$ 的转置,以及 $\boldsymbol{R}_{m-1}$ 的上标 b 表示向量 $\boldsymbol{R}_{m-1}^t = [R_{xx}(1) R_{xx}(2) \cdots R_{xx}(m-1)]$ 中各元素采用颠倒顺序。

方程 $\boldsymbol{T}_m \boldsymbol{a}_m = -\boldsymbol{R}_m$ 的解可以表示为

$$\begin{bmatrix} \boldsymbol{T}_{m-1} & \boldsymbol{R}_{m-1}^{b*} \\ \boldsymbol{R}_{m-1}^{bt} & R_{xx}(0) \end{bmatrix} \left\{ \begin{bmatrix} \boldsymbol{a}_{m-1} \\ 0 \end{bmatrix} + \begin{bmatrix} \boldsymbol{d}_{m-1} \\ K_m \end{bmatrix} \right\} = - \begin{bmatrix} \boldsymbol{R}_{m-1} \\ R_{xx}(m) \end{bmatrix} \tag{14.73}$$

这是 Levinson-Durbin 算法中的关键步骤。由(14.73)式,我们可以得到两个方程:

$$\boldsymbol{T}_{m-1} \boldsymbol{a}_{m-1} + \boldsymbol{T}_{m-1} \boldsymbol{d}_{m-1} + K_m \boldsymbol{R}_{m-1}^{b*} = -\boldsymbol{R}_{m-1} \tag{14.74}$$

$$\boldsymbol{R}_{m-1}^{bt} \boldsymbol{a}_{m-1} + \boldsymbol{R}_{m-1}^{bt} \boldsymbol{d}_{m-1} + K_m R_{xx}(0) = -R_{xx}(m) \tag{14.75}$$

由于 $T_{m-1}a_{m-1}=-R_{m-1}$, (14.74)式可以得到下面的解：

$$d_{m-1}=-K_m T_{m-1}^{-1} R_{m-1}^{b*} \tag{14.76}$$

但 R_{m-1}^{b*} 只是对 R_{m-1} 中的元素顺序颠倒并取共轭得到,因此,(14.76)式的解就是

$$d_{m-1}=K_m a_{m-1}^{b*}=K_m \begin{bmatrix} a_{m-1}^*(m-1) \\ a_{m-1}^*(m-2) \\ \vdots \\ a_{m-1}^*(1) \end{bmatrix} \tag{14.77}$$

现在,标量方程(14.75)可用于求解 K_m。如果我们消去(14.75)式中的 d_{m-1},可以得到

$$K_m[R_{XX}(0)+R_{m-1}^{bt} a_{m-1}^{b*}]+R_{m-1}^{bt} a_{m-1}=-R_{XX}(m)$$

因而

$$K_m=-\frac{R_{XX}(m)+R_{m-1}^{bt} a_{m-1}}{R_{XX}(0)+R_{m-1}^{bt} a_{m-1}^{b*}} \tag{14.78}$$

因此,把(14.77)式和(14.78)式中的解代入(14.71)式中,我们可以得到 Levinson-Durbin 算法中所要求的预测器系数计算递归式。

$$a_m(m)=K_m=-\frac{R_{XX}(m)+R_{m-1}^{bt} a_{m-1}}{R_{XX}(0)+R_{m-1}^{bt} a_{m-1}^{b*}}=-\frac{R_{XX}(m)+R_{m-1}^{bt} a_{m-1}}{E_{m-1}^f} \tag{14.79}$$

$$a_m(k)=a_{m-1}(k)+K_m a_{m-1}^*(m-k)$$

$$=a_{m-1}(k)+a_m(m)a_{m-1}^*(m-k), \quad \begin{array}{l} k=1,2,\cdots,m-1 \\ m=1,2,\cdots,p \end{array} \tag{14.80}$$

需要指出,由于预测器系数是由多项式式 $A_m(z)$ 和 $B_m(z)$ 求得,(14.80)式中递归关系与(14.57)式中递归关系相同。此外, K_m 是格型预测器中第 m 级反射系数。上述推导清晰地阐明,Levinson-Durbin 算法可生成最优格型预测器的反射系数以及最优直接形式 FIR 预测器的系数。

最后,我们来求解最小均方误差的表达式。对于 m 阶预测器,我们可以得到

$$E_m^f=R_{XX}(0)+\sum_{k=1}^m a_m(k)R_{XX}(-k)$$

$$=R_{XX}(0)+\sum_{k=1}^m [a_{m-1}(k)+a_m(m)a_{m-1}^*(m-k)]R_{XX}(-k)$$

$$=E_{m-1}^f[1-|a_m(m)|^2]=E_{m-1}^f(1-|K_m|^2) \quad m=1,2,\cdots,p \tag{14.81}$$

式中, $E_0^f=R_{XX}(0)$。由于反射系数满足 $|K_m|\leqslant 1$ 的性质,预测器序列的最小均方误差满足下面的条件：

$$E_0^f \geqslant E_1^f \geqslant E_2^f \geqslant \cdots \geqslant E_p^f \tag{14.82}$$

这给出了求解线性方程组 $T_m a_m=-R_m, m=0,1,\cdots,p$ 的 Levinson-Durbin 算法的推导过程。我们注意到线性方程组具有特殊性质：右边向量也以向量形式出现在 T_m 项中。更一般的情况下,如果右边向量是其他向量,比如 c_m,则该线性方程组可以通过引入第二个递归方程递归地求解更一般的线性方程组 $T_m b_m=c_m$。这样的方法是广义 Levinson-Durbin 算法。

(14.80)式给定的 Levinson-Durbin 递归从第 m 级到第 $m+1$ 级递推需要 $o(m)$ 次乘法和加法(运算)。因此,对于 p 级递归,我们不利用相关矩阵的 Toeplitz 性质时需要 $o(p^3)$ 次运算,而采用 Levinson-Durbin 递归共需要 $1+2+3+\cdots+p(p+1)/2$ 数量级或 $o(p^2)$ 次运算来

实现预测或反射系数的求解。

如果 Levinson-Durbin 算法采用串行计算机或信号处理器,所需的计算时间为$o(p^2)$量级的时间单元。另外一方面,如果算法中采用并行处理机,利用尽可能多且必要的处理器来充分利用并行性,计算(14.80)式的乘法以及加法可以同时运行。这种情况下,计算需要$o(p)$量级的时间单元。然而,(14.79)式中的反射系数计算需要额外的时间。当然,涉及到向量$\boldsymbol{a}_{m-1}$和$\boldsymbol{R}_{m-1}^b$的内积可以采用并行处理器同时计算。但是,这些积的加和不能同时进行,而需要$o(\log p)$次时间单元。因此,当采用p个并行处理器时,Levinson-Durbin 算法的计算能够在$o(p\log p)$次时间单元内完成。

MATLAB 实现 SP 工具箱提供了实现 Levinson-Durbin 算法的 levinson 函数。它的用法如下:

```
[a,E,K] = levinson(Rx,p)
```

其中输入数组 Rx 包含对应从 0 开始的正整数间隔的自相关序列。p阶线性预测器系数与p阶预测误差一起经过计算,分别在数组 a 和 E 中给出,相应的反射系数在数组 K 中给出。

例题 14.12 一个随机过程的自相关序列为

$$R_{xx}(m) = \begin{cases} 1, & m=0 \\ -0.5, & m=\pm 1 \\ 0.625, & m=\pm 2 \\ -0.6875, & m=\pm 3 \\ 0, & 其他 \end{cases}$$

试调用 Levinson-Durbin 算法求解对应$m=1,2,3$时预测误差滤波器的系统函数$A_m(z)$,以及相应的平均序列预测误差。

题解

采用 Levinson-Durbin 算法:$m=1$时,我们得到

$$a_1(1) = -\frac{R_{xx}(1)}{R_{xx}(0)} = K_1 = \frac{1}{2}$$

因此,$A_1(z)=1+\frac{1}{2}z^{-1}$和$E_1=R_{xx}(0)(1-a_1^2(1))=\frac{3}{4}$。$m=2$时,

$$a_2(2) = -\frac{R_{xx}(2)+a_1(1)R_{xx}(1)}{E_1} = K_2 = -\frac{1}{2}$$

和

$$a_2(1) = a_1(1)+a_2(2)a_1(1) = \frac{1}{4}$$

因此,$A_2(z)=1+\frac{1}{4}z^{-1}-\frac{1}{2}z^{-2}$和$E_2=(1-a_2^2(2))E_1=\frac{9}{16}$。最后,$m=3$时,

$$a_3(3) = -\frac{R_{xx}(3)+a_2(1)R_{xx}(2)+a_2(2)R_{xx}(1)}{E_2} = K_3 = \frac{1}{2}$$

$$a_3(2) = a_2(2) + a_3(3)a_2(1) = -\frac{3}{8}$$

$$a_3(1) = a_2(1) + a_3(3)a_2(2) = 0$$

于是，

$$A_3(x) = 1 - \frac{3}{8}z^{-2} + \frac{1}{2}z^{-3} \quad E_3 = (1 - a_3^2(3))E_2 = \frac{27}{64} = 0.4219$$

我们将调用 levinson 函数验来证上述结果：

```
>> Rx = [1, -0.5, 0.625, -0.6875];
>> [a,E,K] = levinson(Rx)
a =
    1.0000         0        -0.3750      0.5000
E =
    0.4219
K =
    0.5000
   -0.5000
    0.5000
```

例题 14.13 针对一个具有如下自相关的 AR 过程，重做例题 14.12。

$$R_{xx}(m) = a^{|m|}\cos\frac{\pi m}{2}, \quad 0 < a < 1$$

题解

由给定的自相关 $R_{xx}(m)$，我们需要前四个自相关值：

$$R_{xx}(0) = a^{|0|}\cos(0) = 1 \qquad R_{xx}(1) = a^{|1|}\cos(\pi/2) = 0$$

$$R_{xx}(2) = a^{|2|}\cos(\pi) = -a^2 \qquad R_{xx}(3) = a^{|3|}\cos(3\pi/2) = 0$$

现在考虑递归方法。

• $m = 1$：

$$a_1(1) = -\frac{R_{xx}(1)}{R_{xx}(0)} = 0 \quad \Rightarrow \quad K_1 = 0;$$

$$A_1(z) = 1;$$

$$E_1 = R_{xx}(0)(1 - a_1^2(1)) = R_{xx}(0) = 1$$

• $m = 2$：

$$a_2(2) = -\frac{R_{xx}(2) + a_1(1)R_{xx}(1)}{E_1} = a^2$$

$$a_2(1) = a_1(1) + a_2(2)a_1(1) = 0 \quad \Rightarrow \quad K_2 = a^2;$$

$$A_2(z) = 1 + a^2 z^{-2}$$

$$E_2 = E_1(1 - a_2^2(2)) = E_1(1 - a^4)$$

$$= 1 - a^4$$

- $m=3$：

$$a_3(3) = -\frac{R_{xx}(3) + a_2(1)R_{xx}(2) + a_2(2)R_{xx}(1)}{E_2} = 0$$

$$a_3(2) = a_2(2) + a_3(3)a_2(1) = a^2$$

$$a_3(1) = a_2(1) + a_3(3)a_2(2) = 0 \qquad \Rightarrow \qquad K_3 = 0;$$

$$A_3(z) = 1 + a^2 z^{-2}$$

$$E_3 = E_2 = 1 - a^4$$

在下面一节,我们将介绍另外一个算法,该算法由 Schur 在文献[88]中提出,能够避免内积运算,因而更加适合反射系数的并行运算。

14.3.2　SCHUR 算法

Schur 算法与求解自相关矩阵正定性的递归判定检验密切相关。为具体地说明,我们考虑与(14.65)式所给的扩展标准方程组相联系的自相关矩阵 $\boldsymbol{T}_{p+1}$。由该矩阵的元素,我们可以构建下面的函数:

$$D_0(z) = \frac{R_{xx}(1)z^{-1} + R_{xx}(2)z^{-2} + \cdots + R_{xx}(p)z^{-p}}{R_{xx}(0) + R_{xx}(1)z^{-1} + \cdots + R_{xx}(p)z^{-p}} \tag{14.83}$$

并递归地定义函数 $D_m(z)$ 序列为

$$D_m(z) = \frac{D_{m-1}(z) - D_{m-1}(\infty)}{z^{-1}[1 - D_{m-1}^*(\infty)D_{m-1}(z)]}, \quad m = 1,2,\cdots \tag{14.84}$$

Schur 定理指出,自相关矩阵为正定的充要条件是对于 $m=0,1,\cdots,p$ 都有 $|D_m(\infty)| < 1$。

我们将阐明,自相关矩阵 $\boldsymbol{T}_{p+1}$ 正定的条件等价于等效格型滤波器反射系数满足条件 $|K_m| < 1, m=0,1,\cdots,p$ 的条件。

首先,需要指出 $D_0(\infty)=0$。由(14.84)式,则我们可以有

$$D_1(z) = \frac{R_{xx}(1) + R_{xx}(2)z^{-1} + \cdots + R_{xx}(p)z^{-p+1}}{R_{xx}(0) + R_{xx}(1)z^{-1} + \cdots + R_{xx}(p)z^{-p}} \tag{14.85}$$

因而有 $D_1(\infty)=R_{xx}(1)/R_{xx}(0)$。我们可以看出 $D_1(\infty)=-K_1$。

其次,按照(14.84)式可以计算 $D_2(z)$,并可求得对应 $z=\infty$ 处的值。于是,我们得到

$$D_2(\infty) = \frac{R_{xx}(2) + K_1 R_{xx}(1)}{R_{xx}(0)(1 - |K_1|^2)}$$

同样地,我们可以看出 $D_2(\infty)=-K_2$。照此继续,我们可以发现 $D_m(\infty)=-K_m, m=1,2,\cdots,p$。因此,对于 $m=1,2,\cdots,p|D_m(\infty)|$ 成立的条件等价于对于 $m=1,2,\cdots,p, |K_m|<1$ 的条件,该条件能够保证自相关矩阵 $\boldsymbol{T}_{p+1}$ 的正定性。

由于反射系数可以由函数 $D_m(z), m=1,2,\cdots,p$ 序列得到,我们可以采用另外一种方法求解标准方程组。我们称该方法为 Schur 算法。

Schur 算法推导　首先将 $D_m(z)$ 重新写为

$$D_m(z) = \frac{P_m(z)}{Q_m(z)}, \quad m = 0,1,\cdots,p \tag{14.86}$$

其中

$$P_0(z) = R_{xx}(1)z^{-1} + R_{xx}(2)z^{-2} + \cdots + R_{xx}(p)z^{-p} \tag{14.87a}$$

$$Q_0(z) = R_{xx}(0) + R_{xx}(1)z^{-1} + \cdots + R_{xx}(p)z^{-p} \tag{14.87b}$$

由于 $K_0 = 0$ 和 $K_m = -D_m(\infty)$, $m = 1, 2, \cdots, p$, 递归方程 (14.84) 意味着计算多项式 $P_m(z)$ 和 $Q_m(z)$ 的递归方程组满足

$$\begin{bmatrix} P_m(z) \\ Q_m(z) \end{bmatrix} = \begin{bmatrix} 1 & K_{m-1} \\ K_{m-1}^* z^{-1} & z^{-1} \end{bmatrix} \begin{bmatrix} P_{m-1}(z) \\ Q_{m-1}(z) \end{bmatrix}, \quad m = 1, 2, \cdots, p \tag{14.88}$$

于是,我们得到

$$P_1(z) = P_0(z) = R_{xx}(1)z^{-1} + R_{xx}(2)z^{-2} + \cdots + R_{xx}(p)z^{-p}$$

$$Q_1(z) = z^{-1}Q_0(z) = R_{xx}(0)z^{-1} + R_{xx}z^{-2} + \cdots + R_{xx}(p)z^{-p-1} \tag{14.89}$$

和

$$K_1 = -\frac{P_1(z)}{Q_1(z)}\bigg|_{z=\infty} = -\frac{R_{xx}(1)}{R_{xx}(0)} \tag{14.90}$$

接下来,反射系数 K_2 可以通过 (14.88) 式求解 $P_2(z)$ 和 $Q_2(z)$ 得到,即将 $P_2(z)$ 除以 $Q_2(z)$ 并求其对应 $z = \infty$ 处的结果。进而,我们发现

$$P_2(z) = P_1(z) + K_1 Q_1(z)$$

$$= [R_{xx}(2) + K_1 R_{xx}(1)]z^{-2} + \cdots + [R_{xx}(p) + K_1 R_{xx}(p-1)]z^{-p} + K_1 R_{xx}(p)z^{-p-1}$$

$$Q_2(z) = z^{-1}[Q_1(z) + K_1^* P_1(z)]$$

$$= [R_{xx}(0) + K_1^* R_{xx}(1)]z^{-2} + \cdots + [R_{xx}(p-1) + K_1^* R_{xx}(p)]z^{-p-1} + R_{xx}(p)z^{-p-2} \tag{14.91}$$

因而,我们可以看出 (14.88) 式中递归方程等价于 (14.84) 式。

基于上述关系,下面采用递归步骤来介绍 Schur 算法。

· 初始化:构建 $2 \times (p+1)$ 生成矩阵

$$G_0 = \begin{bmatrix} 0 & R_{xx}(1) & R_{xx}(2) & \cdots & R_{xx}(p) \\ R_{xx}(0) & R_{xx}(1) & R_{xx}(2) & \cdots & R_{xx}(p) \end{bmatrix} \tag{14.92}$$

其中第一行中的元素为 $P_0(Z)$ 的系数,第二行的元素为 $Q_0(z)$ 的系数。

· 步骤 1:将生成矩阵的第二行向右移动一个元素,去掉该行最后一个元素,并给最左边空元素补零,于是得到新的生成矩阵

$$G_1 = \begin{bmatrix} 0 & R_{xx}(1) & R_{xx}(2) & \cdots & R_{xx}(p) \\ 0 & R_{xx}(0) & R_{xx}(1) & \cdots & R_{xx}(p-1) \end{bmatrix} \tag{14.93}$$

由第二列中元素的比值(取负)求得反射系数 $K_1 = -R_{xx}(1)/R_{xx}(0)$。

· 步骤 2:将生成矩阵乘以下面 2×2 矩阵

$$V_1 = \begin{bmatrix} 1 & K_1 \\ K_1^* & 1 \end{bmatrix} \tag{14.94}$$

可以得到 $V_1 G_1$:

$$V_1 G_1 = \begin{bmatrix} 0 & 0 & R_{xx}(2) + K_1 R_{xx}(1) & \cdots & R_{xx}(p) + K_1 R_{xx}(p-1) \\ 0 & R_{xx}(0) + K_1^* R_{xx}(1) & \cdots & \cdots & R_{xx}(p-1) + K_1^* R_{xx}(p) \end{bmatrix} \tag{14.95}$$

· 步骤 3:将 $V_1 G_1$ 的第二行向右移一个元素,从而构建新的生成矩阵

$$G_2 = \begin{bmatrix} 0 & 0 & R_{xx}(2)+K_1R_{xx}(1) & \cdots & R_{xx}(p)+K_1R_{xx}(p-1) \\ 0 & 0 & R_{xx}(0)+K_1^*R_{xx}(1) & \cdots & R_{xx}(p-2)+K_1^*R_{xx}(p-1) \end{bmatrix} \quad (14.96)$$

由 G_2 的第三列中元素比值取负得到 K_2。

重复步骤 2 和步骤 3,直到求得所有 p 个反射系数。通常,第 m 步中 2×2 矩阵为

$$V_m = \begin{bmatrix} 1 & K_m \\ K_m^* & 1 \end{bmatrix} \quad (14.97)$$

且 V_m 与 G_m 相乘得到 V_mG_m。在步骤 3 中,我们将 V_mG_m 的第二行向右移一个元素,从而得到新生成矩阵 G_{m+1}。

可以看出,每次迭代中第二行的右移操作等价于将(14.88)式中第二个递归方程乘以延迟算符 z^{-1}。

此外,我们注意到多项式 $P_m(z)$ 除以多项式 $Q_m(z)$ 及其在 $z=\infty$ 处商的取值等效于 G_m 中第 $(m+1)$ 列中元素相除。p 个反射系数的计算可以采用并行处理器在 $o(p)$ 个时间单元内完成。下面我们介绍完成这些计算的流水线结构。

例题 14.14　有一个 AR(3)过程可以由如下自相关序列表征:

$$R_{xx}(0)=1, R_{xx}(1)=\frac{1}{2}, R_{xx}(2)=\frac{1}{8}, R_{xx}(3)=\frac{1}{64}$$

试用 Schur 算法求解其三个系数 K_1, K_2 和 K_3。

题解

按照上述 Schur 算法,我们可以得到下面的步骤:

- 初始化:

$$G_0 = \begin{bmatrix} 0 & \frac{1}{2} & \frac{1}{8} & \frac{1}{64} \\ 1 & \frac{1}{2} & \frac{1}{8} & \frac{1}{64} \end{bmatrix}$$

- 步骤 1:

$$G_1 = \begin{bmatrix} 0 & \frac{1}{2} & \frac{1}{8} & \frac{1}{64} \\ 0 & 1 & \frac{1}{2} & \frac{1}{8} \end{bmatrix} \Rightarrow K_1 = -\frac{1}{2},$$

$$V_1 = \begin{bmatrix} 1 & -\frac{1}{2} \\ -\frac{1}{2} & 1 \end{bmatrix}, \quad V_1G_1 = \begin{bmatrix} 0 & 0 & -\frac{1}{8} & -\frac{3}{64} \\ 0 & \frac{3}{4} & \frac{7}{16} & \frac{15}{128} \end{bmatrix}$$

- 步骤 2:

$$G_2 = \begin{bmatrix} 0 & 0 & -\frac{1}{8} & -\frac{3}{64} \\ 0 & 0 & \frac{3}{4} & \frac{7}{16} \end{bmatrix} \Rightarrow K_2 = \frac{2}{3},$$

$$V_2 = \begin{bmatrix} 1 & \dfrac{2}{3} \\[2mm] \dfrac{2}{3} & 1 \end{bmatrix}, \quad V_2 G_2 = \begin{bmatrix} 0 & 0 & 0 & \dfrac{47}{192} \\[2mm] 0 & 0 & \dfrac{2}{3} & \dfrac{13}{32} \end{bmatrix}$$

- 步骤 3:

$$G_3 = \begin{bmatrix} 0 & 0 & 0 & \dfrac{47}{192} \\[2mm] 0 & 0 & 0 & \dfrac{2}{3} \end{bmatrix} \;\Rightarrow\; K_3 = -\dfrac{47}{128}$$

因而,得到反射系数为

$$K_1 = -\dfrac{1}{2}, \quad K_2 = \dfrac{2}{3}, \quad K_3 = -\dfrac{47}{128}$$

例题 14.15 针对一个可以由如下自相关表征的 AR 过程,重做例题 14.14。

$$R_{xx}(m) = a^{|m|} \cos \dfrac{\pi m}{2}$$

题解

前四个自相关值为

$$R_{xx}(0) = 1, \quad R_{xx}(1) = 0, \quad R_{xx}(2) = -a^2, \quad R_{xx}(3) = 0$$

依然按照 Schur 算法的步骤,我们可以得到:

- 初始化:

$$G_0 = \begin{bmatrix} 0 & 0 & -a^2 & 0 \\ 1 & 0 & -a^2 & 0 \end{bmatrix}$$

- 步骤 1:

$$G_1 = \begin{bmatrix} 0 & 0 & -a^2 & 0 \\ 0 & 1 & 0 & -a^2 \end{bmatrix} \;\Rightarrow\; K_1 = -\dfrac{0}{1} = 0,$$

$$V_1 = \begin{bmatrix} 1 & 0 \\ 0 & 1 \end{bmatrix}, \quad V_1 G_1 = G_1 = \begin{bmatrix} 0 & 0 & -a^2 & 0 \\ 0 & 1 & 0 & -a^2 \end{bmatrix}$$

- 步骤 2:

$$G_2 = \begin{bmatrix} 0 & 0 & -a^2 & 0 \\ 0 & 0 & 1 & 0 \end{bmatrix} \;\Rightarrow\; K_2 = a^2,$$

$$V_2 = \begin{bmatrix} 1 & a^2 \\ a^2 & 1 \end{bmatrix}, \quad V_2 G_2 = \begin{bmatrix} 0 & 0 & 0 & 0 \\ 0 & 0 & 1-a^4 & 0 \end{bmatrix}$$

- 步骤 3:

$$G_3 = \begin{bmatrix} 0 & 0 & 0 & 0 \\ 0 & 0 & 0 & 1-a^4 \end{bmatrix} \;\Rightarrow\; K_3 = 0$$

因而,与例题 14.13 中一样,所得到反射系数为

$$K_1 = 0, \quad K_2 = a^2, \quad K_3 = 0$$

另外一种阐明 Schur 算法与 Levinson-Durbin 算法及相应的格型预测器之间关系的方法,是求解当输入序列为相关序列 $\{R_{xx}(m), m=0,1,\cdots\}$ 时格型滤波器的输出。因而,格型滤波器的第一个输入为 $R_{xx}(0)$,第二个输入为 $R_{xx}(1)$,等等,换句话说,$f_0(n)=R_{xx}(n)$。经过第一级的延迟,我们得到 $g_0(n-1)=R_{xx}(n-1)$。因此,对于 $n=1$,比值 $f_0(1)/g_0(0)=R_{xx}(1)/R_{xx}(0)$,正好是反射系数 K_1 的相反数。或者,我们可以将该关系表示为

$$f_0(1) + K_1 g_0(0) = R_{xx}(1) + K_1 R_{xx}(0) = 0$$

进而,$g_0(0)=R_{xx}(0)=E_0^f$。按照(14.34)式,在时刻 $n=2$ 第二级的输入为

$$f_1(2) = f_0(2) + K_1 g_1(1) = R_{xx}(2) + K_1 R_{xx}(1)$$

第二级经过延迟单元,我们可以得到

$$g_1(1) = K_1^* f_0(1) + g_0(0) = K_1^* R_{xx}(1) + R_{xx}(0)$$

现在,比值 $f_1(2)/g_1(1)$ 为

$$\frac{f_1(2)}{g_1(1)} = \frac{R_{xx}(2) + K_1 R_{xx}(1)}{R_{xx}(0) + K_1^* R_{xx}(1)} = \frac{R_{xx}(2) + K_1 R_{xx}(1)}{E_1^f} = -K_2$$

因此,

$$f_1(2) + K_2 g_1(1) = 0$$
$$g_1(1) = E_1^f$$

照此继续,我们能看出,第 m 级格型单元中比值 $f_{m-1}(m)/g_{m-1}(m-1) = -K_m$ 和 $g_{m-1}(m-1) = E_{m-1}^f$。因此,Levinson 算法得到的格型滤波器系数等于 Schur 算法得到的格型滤波器系数。不仅如此,格型滤波器结构为计算格型预测器反射系数提供了一种方法。

实现 Schur 算法的流水线结构 Kung 和 Hu 在文献[52]中给出了一个用于实现 Schur 算法的流水线格型处理器。这个处理器由 p 级格型单元级联组成,其中每一级包含两个处理单元(PEs),我们将其分别定名为上处理单元,记作 $A_1,A_2,\cdots,A_p$,以及下处理单元,记作 B_1, $B_2,\cdots,B_p$,如图 14.19 所示。

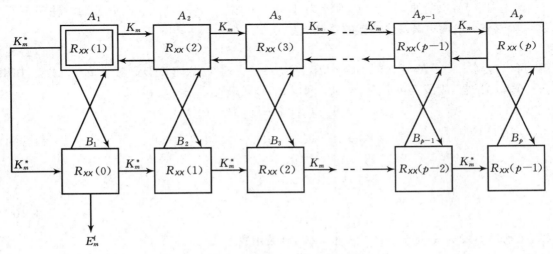

图 14.19 计算反射系数的流水线并行处理器

名为 A_1 的处理单元负责完成除法任务。其他的处理单元负责完成每次迭代中的一个乘法和一个加法(一个时钟周期)。最初,上处理单元加载生成矩阵 $\boldsymbol{G}_0$ 第一行的元素,如图

14.19所示。下处理单元加载生成矩阵 G_0 第二行的元素。计算过程从除法处理单元 A_1 开始,该单元计算第一个反射系数 $K_1 = -R_{xx}(1)/R_{xx}(0)$。$K_1$ 的值同时送到所有的上和下处理单元分支中。

计算的第二步同时要更新所有处理单元中的内容。上和下处理单元的内容更新如下:

$$\text{PE } A_m: \quad A_m \leftarrow A_m + K_1 B_m, \quad\quad m = 2, 3, \cdots, p$$

$$\text{PE } B_m: \quad B_m \leftarrow B_m + K_1^* A_m, \quad\quad m = 1, 2, \cdots, p$$

第三步涉及到上处理单元中内容向左移动一个元素的操作。于是,我们得到

$$\text{PE } A_m: \quad A_{m-1} \leftarrow A_m, \quad\quad m = 2, 3, \cdots, p$$

此时,处理单元 A_1 包含 $R_{xx}(2) + K_1 R_{xx}(1)$,而处理单元 B_1 则包含 $R_{xx}(0) + K_1^* R_{xx}(1)$。因而处理器 A_1 已准备好计算第二个反射系数 $K_2 = -A_1/B_1$,从而开始第二个处理周期。重复上述以除法 A_1/B_1 为起始的三个计算步骤,直到所有的 p 个反射系数全部计算得到。需要指出,处理单元 B_1 能够输出每次迭代的最小均方误差 E_m^f。

若 τ_d 表示处理单元 A_1 实现一次(复数)除法所需的时间和 τ_{ma} 表示实现一次(复数)乘法和一次加法所需的时间,则 Schur 算法计算所有 p 个反射系数所需时间为 $p(\tau_d + \tau_{ma})$ 量级。

14.4 线性预测误差滤波器的性质

线性预测误差滤波器具有若干重要性质,这些性质将在本节中介绍。我们先从阐明前向预测误差滤波器的最小相位性质着手。

前向预测误差滤波器的最小相位性质 我们已经阐明反射系数 K_i 为相关系数,因而对于所有的 i 都有 $|K_i| \leqslant 1$。该条件和关系式 $E_m^f = (1 - |K_m|^2) E_{m-1}^f$ 可以说明预测误差滤波器的零点或者全部在单位圆内或者全部在单位圆上。

首先,我们将说明如果 $E_p^f > 0$,那么对于每个 i,零点 $|z_i| < 1$。下面通过归纳法来证明。显然,对于 $p = 1$,预测误差滤波器的系统函数为

$$A_1(z) = 1 + K_1 z^{-1} \tag{14.98}$$

因而可以得到 $z_1 = -K_1$ 和 $E_1^f = (1 - |K_1|^2) E_0^f > 0$。现在,假定该假设对于 $p-1$ 成立,如果 z_i 是 $A_p(z)$ 的根,则我们可以由(14.49)和(14.54)式得到

$$A_p(z_i) = A_{p-1}(z_i) + K_p z_i^{-1} B_{p-1}(z_i)$$

$$= A_{p-1}(z_i) + K_p z_i^{-p} A_{p-1}^* \left(\frac{1}{z_i} \right) = 0 \tag{14.99}$$

因此

$$\frac{1}{K_p} = - \frac{z_i^{-p} A_{p-1}^* \left(\dfrac{1}{z_i} \right)}{A_{p-1}(z_i)} \equiv Q(z_i) \tag{14.100}$$

我们注意到函数 $Q(z)$ 是全通的。一般来说,全通函数形式

$$P(z) = \prod_{k=1}^{N} \frac{z z_k^* + 1}{z + z_k}, \quad |z_k| < 1 \tag{14.101}$$

满足性质:$|z| < 1$ 时 $|P(z)| > 1$,$|z| = 1$ 时 $|P(z)| = 1$,以及 $|z| > 1$ 时 $|P(z)| < 1$。由于 $Q(z) = -P(z)/z$,因而它满足 $|Q(z)| > 1$ 时 $|z_i| < 1$。显然,由于 $Q(z_i) = 1/K_p$ 和 $E_p^f > 0$,

情况确实是前面假设的那样。

另一方面,假定 $E_{p-1}^f > 0$ 和 $E_p^f = 0$。这种情形下,$|K_p| = 1$ 和 $|Q(z_i)| = 1$。由于最小均方误差为零,随机过程 $X(n)$ 称作是可预测的或确定的。特别地,一个纯正弦随机过程具有如下形式的样本函数:

$$x(n) = \sum_{k=1}^{M} \alpha_k e^{j(nw_k + \theta_k)} \tag{14.102}$$

式中,相位 θ_k 是统计独立且在 $(0, 2\pi)$ 区间上均匀分布,则该随机过程的自相关函数为

$$R_{xx}(m) = \sum_{k=1}^{M} \alpha_k^2 e^{jmw_k} \tag{14.103}$$

以及功率谱密度为

$$S_{xx}(f) = \sum_{k=1}^{M} \alpha_k^2 \delta(f - f_k), \qquad f_k = \frac{w_k}{2\pi} \tag{14.104}$$

该过程是可预测的,预测器阶数 $p \geq M$。

为阐明该结论的有效性,下面考虑将该过程通过一个阶数 $p > M$ 的预测误差滤波器。该滤波器的输出均方误差为

$$\begin{aligned}
\mathcal{E}_p^f &= \int_{-1/2}^{1/2} S_{xx}(f) |A_p(f)|^2 \, df \\
&= \int_{-1/2}^{1/2} \left[\sum_{k=1}^{M} \alpha_k^2 \delta(f - f_k) \right] |A_p(f)|^2 \, df \\
&= \sum_{k=1}^{M} \alpha_k^2 |A_p(f_k)|^2
\end{aligned} \tag{14.105}$$

通过选择预测误差滤波器的 p 个零点中的 M 个零点与频率 f_k 重合,均方误差 $\mathcal{E}_p^f$ 可以被强制为零。此时,其他的 $p - M$ 个零点可以在单位圆内任意选择。

最后,我们留给读者自行证明:如果一个随机过程由一个连续功率谱密度和一个离散谱组成,其预测误差滤波器必须满足所有的根都在单位圆内。

后向预测误差滤波器的最大相位性质 p 阶后向预测误差滤波器的系统函数为

$$B_p(z) = z^{-p} A_p^*(z^{-1}) \tag{14.106}$$

因而,$B_p(z)$ 的根就是系统函数为 $A_p(z)$ 的前向预测误差滤波器的根的倒数。于是,如果 $A_p(z)$ 是最小相位的,那么 $B_p(z)$ 就是最大相位的。然而,如果过程 $X(n)$ 是可预测的,则 $B_p(z)$ 的所有根都位于单位圆上。

白化性质 假定随机过程 $X(n)$ 是一个 AR(p) 平稳随机过程,该过程是方差为 σ_W^2 的白噪声经过一个具有如下系统函数的全极点滤波器生成的:

$$H(z) = \frac{1}{1 + \sum_{k=1}^{p} a_k z^{-1}} \tag{14.107}$$

则该 p 阶预测误差滤波器的系统函数为

$$A_p(z) = 1 + \sum_{k=1}^{p} a_p(k) z^{-k} \tag{14.108}$$

式中,预测系数 $a_p(k) = a_k$。预测误差滤波器的响应为白噪声过程 $W(n)$。这种情形下,预测误差滤波器将输入过程 $X(n)$ 白化,并被称作白化滤波器,这与前述 14.2 节中所指出的一样。

更一般来说,即使输入序列 $X(n)$ 不是一个 AR 过程,预测误差滤波器依然试图消除输入

过程信号样本之间的相关性。随着预测器阶数的增加,预测器输出 $\hat{X}(n)$ 越来越近似于 $X(n)$,因而差 $F(n)=\hat{X}(n)-X(n)$ 趋近于白噪声序列。

例题 14.16 有一 ARMA 过程的自相关 $R_{xx}(m)$ 的 z 变换,也即复功率谱密度 $S_{xx}(z)$,给出为

$$S_{xx}(z)=\sigma_W^2 H(z)H(z^{-1})=\frac{4\sigma_W^2}{9}\frac{5-2z-2z^{-1}}{10-3z^{-1}-3z}$$

(a)试求最小相位系统的系统函数 $H(z)$。

(b)试求混合相位稳定系统的系统函数 $H(z)$。

题解

(a)复功率谱密度可以因式分解为

$$S_{xx}(z)=\frac{4\sigma_W^2(5-2z-2z^{-1})}{9(10-3z-3z^{-1})}=\frac{4\sigma_W^2(2-z^{-1})(2-z)}{9(3-z^{-1})(3-z)}=\sigma_W^2 H(z)H(z^{-1})$$

最小相位系统 $H(z)$ 可以通过在单位圆内选择零极点的方式来获得,或

$$H(z)=\left(\frac{2}{3}\right)\frac{2-z^{-1}}{3-z^{-1}}=\left(\frac{4}{9}\right)\frac{1-\dfrac{1}{2}z^{-1}}{1-\dfrac{1}{3}z^{-1}}$$

(b)混合稳定系统可以通过在单位圆内选取极点和在单位圆外选取零点的方式得到,或

$$H(z)=\left(\frac{4}{3}\right)\frac{\dfrac{1}{2}-z^{-1}}{3-z^{-1}}=\left(\frac{2}{9}\right)\frac{1-2z^{-1}}{1-\dfrac{1}{3}z^{-1}}$$

∎

后向预测误差的正交性 FIR 格型滤波器中不同级单元的后向预测误差过程 $G_m(k)$ 是正交的,即

$$E[G_m(n)G_l^*(n)]=\begin{cases}0, & 0\leqslant l\leqslant m-1\\ E_m^b, & l=m\end{cases}\tag{14.109}$$

将 $G_m(n)$ 和 $G_l^*(n)$ 代入(14.109)式并求期望可以容易地证明该性质。于是

$$E[G_m(n)G_l^*(n)]=\sum_{k=0}^{m}b_m(k)\sum_{j=0}^{l}b_l^*(j)E[X(n-k)X^*(n-j)]$$

$$=\sum_{j=0}^{l}b_l^*(j)\sum_{k=0}^{m}b_m(k)R_{xx}(j-k)\tag{14.110}$$

但是,后向线性预测器对应的标准方程组必须满足:

$$\sum_{k=0}^{m}b_m(k)R_{xx}(j-k)=\begin{cases}0, & j=1,2,\cdots,m-1\\ E_m^b, & j=m\end{cases}\tag{14.111}$$

因此,可以得到

$$E[G_m(n)G_l^*(n)]=\begin{cases}E_m^b=E_m^f, & m=l\\ 0, & 0\leqslant l\leqslant m-1\end{cases}\tag{14.112}$$

14.5 AR 格型和 ARMA 格-梯型滤波器

在 14.2 节中,我们推导了全零 FIR 格型结构,并阐明了其与线性预测之间的关系。具有如下传输函数的线性预测器:

$$A_p(z) = 1 + \sum_{k=1}^{p} a_p(k) z^{-k} \tag{14.113}$$

受到输入随机过程 $X(n)$ 的激励时会生成随 $p \to \infty$ 而趋近于白噪声序列的输出。另一方面,如果输入过程是 AR(p) 过程,那么 $A_p(z)$ 的输出是白色过程。由于在受到白噪声序列激励时 $A_p(z)$ 生成 MA(p) 过程,全零格型结构有时也被称作 MA 格型结构。我们将讨论逆滤波器 $1/A_p(z)$ 的格型结构,我们称之为 AR 格型结构,以及对应 ARMA 过程的格-梯型结构。

14.5.1 格型结构

我们考虑一个具有如下系统函数的全极点系统:

$$H(z) = \frac{1}{1 + \sum_{k=1}^{p} a_p(k) z^{-k}} \tag{14.114}$$

对应该 IIR 系统的差分方程为

$$y(n) = -\sum_{k=1}^{p} a_p(k) y(n-k) + x(n) \tag{14.115}$$

现在,假设我们交换输入和输出,即,交换(14.115)式中 $x(n)$ 和 $y(n)$。于是,我们得到下面的差分方程:

$$x(n) = -\sum_{k=1}^{p} a_p(k) x(n-k) + y(n)$$

或等价地得到

$$y(n) = x(n) + \sum_{k=1}^{p} a_p(k) x(n-k) \tag{14.116}$$

我们发现,(14.116)式是具有系统函数为 $A_p(z)$ 的 FIR 系统对应的差分方程。进而,全极点 IIR 系统可以通过交换输入和输出变换为全零点系统。基于这个发现,我们通过交换输入和输出,能够由 MA(p) 格型结构得到 AR(p) 格型结构。由于 MA(p) 格型结构以 $y(n) = f_p(n)$ 为输出和以 $x(n) = f_0(n)$ 为输入,我们令

$$x(n) = f_p(n)$$
$$y(n) = f_0(n) \tag{14.117}$$

上述定义表明 $f_m(n)$ 量将按照降序计算得到。该计算可以通过重新整理(14.34)式中递归方程求取 $f_m(n)$,并以 $f_m(n)$ 为自变量来求解 $f_{m-1}(n)$。进而,我们可以得到

$$f_{m-1}(n) = f_m(n) - K_m g_{m-1}(n-1), \quad m = p, p-1, \cdots, 1$$

用于求解 $g_m(n)$ 的方程保持不变。综合上述变换,可以求得下面的方程组:

$$x(n) = f_p(n)$$

$$f_{m-1}(n) = f_m(n) - K_m g_{m-1}(n-1)$$
$$g_m(n) = K_m^* f_{m-1}(n) + g_{m-1}(n-1)$$
$$y(n) = f_0(n) = g_0(n) \qquad\qquad (14.118)$$

$AR(p)$ 格型对应的结构如图 14.20 所示。需要说明的是，全极点格型结构具有全零路径，其输入为 $g_0(n)$ 和输出为 $g_p(n)$，与 $MA(p)$ 格型结构的全零路径相同。考虑到两种格型结构中求解 $g_m(n)$ 的方程相同，故而出现这种情况也就不足为奇。

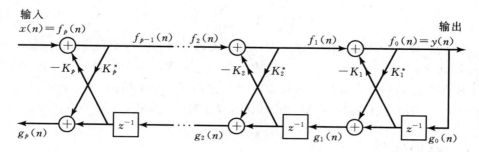

图 14.20 全极点 $AR(p)$ 系统的格型结构

MATLAB 实现 我们发现 $AR(p)$ 和 $MA(p)$ 格型结构可以由同样的参数（称作反射系数 K_i）表征。因此，为实现全零点系统 $A_p(z)$ 的直接型结构系统参数 $a_p(k)$ 与 $MA(p)$ 格型结构的格型参数 K_i 之间的转换，(14.57)式和(14.59)式给出的方程组也可以应用到全极点结构。因此，在 14.2.3 节中讨论过的可用于 $MA(p)$ 格型结构的 MATLAB 函数 fir2latc 和 latc2fir 或 tf2latc 和 latc2tf 也能应用于 $AR(p)$ 格型结构。对于使用函数 tf2latc 的情形，需要调用语句 K = tf2latc(1,a)。(14.118)式给出的 $AR(p)$ 格型结构的实现将在下一节中讨论。

例题 14.17 试画出例题 14.14 中由白噪声激励生成 $x(n)$ 的格型滤波器的草图。

题解

该格型结构如图 14.21 所示。

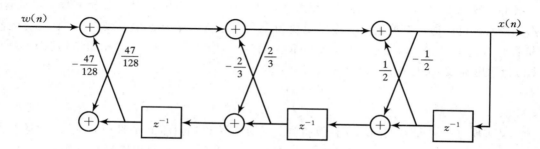

图 14.21 例题 14.17 中 $AR(3)$ 格型滤波器结构

14.5.2 ARMA 过程及其格-梯型滤波器

全极点格型提供了搭建实现同时包含零极点的 IIR 系统格型结构的基本模块。为构造合适的结构,我们考虑具有如下系统函数的 IIR 系统:

$$H(z) = \frac{\sum_{k=0}^{q} c_q(k) z^{-k}}{1 + \sum_{k=1}^{p} a_p(k) z^{-z}} = \frac{C_q(z)}{A_p(z)} \tag{14.119}$$

不失一般性,我们假设 $p \geqslant q$。该系统可以由下面的差分方程描述:

$$v(n) = -\sum_{k=0}^{p} a_p(k) v(n-k) + x(n)$$

$$y(n) = \sum_{k=0}^{q} c_q(k) v(n-k) \tag{14.120}$$

上式是将该系统看作一个全极点系统连接一个全零点系统的级联形式而得到的。由(14.120)式我们可以发现,输出 $y(n)$ 就是来自全极点系统输出的不同延迟副本的线性合并。

考虑到零点是由于构建前级输出的线性合并而产生,我们利用这个发现,采用全极点格型结构作为基本搭建模块来构造一个零极点系统。我们已经发现,全极点格型中的 $g_m(n)$ 可以表示为当前和过去输出的线性合并。事实上,系统

$$H_b(z) \equiv \frac{G_m(z)}{Y(z)} = B_m(z) \tag{14.121}$$

是一个全零点系统。因此,$g_m(n)$ 的任何线性合并也是一个全零点滤波器。

我们从系数为 K_m,$1 \leqslant m \leqslant p$ 的全极点格型滤波器着手,并附加一个梯型单元,将 $g_m(n)$ 的加权线性合并作为输出,从而得到一个零极点滤波器,该滤波器具有如图 14.22 所示的格-梯型结构。它的输出为

$$y(n) = \sum_{k=0}^{q} \beta_k g_k(n) \tag{14.122}$$

式中,β_k 是决定系统零点的参数。对应(14.122)式的系统函数为

$$H(z) = \frac{Y(z)}{X(z)} = \sum_{k=0}^{q} \beta_k \frac{G_k(z)}{X(z)} \tag{14.123}$$

由于 $X(z) = F_p(z)$ 和 $F_0(z) = G_0(z)$,(14.123)式可以表示为

$$H(z) = \sum_{k=0}^{q} \beta_k \frac{G_k(z) F_0(z)}{G_0(z) F_p(z)} = \frac{1}{A_p(z)} \sum_{k=0}^{q} \beta_k B_k(z) \tag{14.124}$$

因此有

$$C_q(z) = \sum_{k=0}^{q} \beta_k B_k(z) \tag{14.125}$$

上式正是期望得到的关系式,可用于求解权重系数 β_k。

给定多项式 $C_q(z)$ 和 $A_p(z)$,其中 $p \geqslant q$,反射系数 K_i 可以先由系数 $a_p(k)$ 求得。根据(14.58)式给出的降序递归关系式,我们还可以得到多项式 $B_k(z)$,$k = 1, 2, \cdots, p$。进一步,梯型参数可以由(14.125)式得到,相应的计算可以表示为

$$C_m(z) = \sum_{k=0}^{m-1} \beta_k B_k(z) + \beta_m B_m(z) = C_{m-1}(z) + \beta_m B_m(z) \tag{14.126}$$

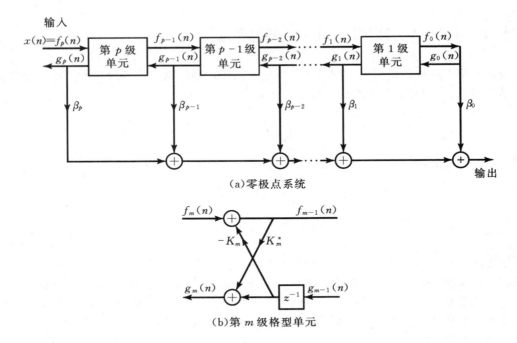

(a)零极点系统

(b)第 m 级格型单元

图 14.22 零极点系统的格梯型结构

或等价地表示为

$$C_{m-1}(z) = C_m(z) - \beta_m B_m(z), \quad m = p, p-1, \cdots, 1 \tag{14.127}$$

通过采用反向递归关系式,我们能生成所有的低次多项式 $C_m(z), m = p-1, \cdots, 1$。由于 $b_m(m) = 1$,令参数 β_m 设置如下式,则其可以由(14.127)式求得。

$$\beta_m = c_m(m), \quad m = p, p-1, \cdots, 1, 0 \tag{14.128}$$

格-梯型滤波器结构在受到白噪声序列激励时会生成 ARMA(p,q) 过程,其功率谱密度如下:

$$S_{xx}(f) = \sigma_W^2 \frac{|C_q(f)|^2}{|A_p(f)|^2} \tag{14.129}$$

且其自相关函数满足(14.18)式,其中 σ_W^2 是输入白噪声序列的方差。

MATLAB 实现 为得到一般的有理 IIR 系统的格-梯型结构,我们可以先由 $A_p(z)$ 采用 (14.58)和(14.59)式递归得到格型结构系数 $\{K_m\}$。然后,我们可以递归地求解(14.127)和 (14.128)式得到梯型结构系数 $\{\beta_m\}$ 来求取分子 $C_q(z)$。该计算处理可以调用 MATLAB 函数 iir2ladr 来完成。当数组 b 设置为 b=1 时,该计算处理也可以用来求解 AR(p) 格型参数。

```
function [K,beta] = iir2ladr(b,a)
% IIR Direct form to pole-zero Lattice/Ladder form Conversion
% ----------------------------------------------------------------------
% [K,beta] = iir2ladr(b,a)
%     K = lattice coefficients (reflection coefficients), [K1,...,KN]
%   beta = ladder coefficients, [C0,...,CN]
```

```
%      b = numerator polynomial coefficients (deg <= Num deg)
%      a = denominator polynomial coefficients
%
a1 = a(1); a = a/a1; b = b/a1;
q = length(b); p = length(a);
if q > p
    error(' *** length of b must be <= length of a ***')
end
b = [b, zeros(1,p-q)]; K = zeros(1,p-1);
A = zeros(p-1,p-1); beta = b;
for m = p-1:-1:1
    A(m,1:m) = -a(2:m+1) * beta(m+1);
    K(m) = a(m+1); J = fliplr(a);
    a = (a-K(m)*J)/(1-K(m)*K(m)); a = a(1:m);
    beta(m) = b(m) + sum(diag(A(m:p-1,1:p-m)));
end
```

应该指出,调用此函数需要满足 $p \geqslant q$。如果 $q > p$,应该采用函数 deconv 将分子 $A_p(z)$ 除以分母 $C_q(z)$,从而得到合适的有理分式部分和多项式部分。其中合适的有理分式部分可以采用格-梯型结构实现,而多项式部分则可以采用直接形式结构实现。

　　为将格-梯型结构转换为直接型结构,我们首先对 $\{K_m\}$ 系数采用(14.57)式中的递归步骤求得 $\{a_q(k)\}$,并递归地解(14.126)式来得到 $\{b_q(k)\}$。该计算处理可以调用下面的 MATLAB 函数 ladr2iir 来实现。

```
function [b,a] = ladr2iir(K,beta)
% Lattice/ladder form to IIR direct form conversion
% ------------------------------------------------------------------
% [b,a] = ladr2iir(K,beta)
% b = numerator polynomial coefficients
% a = denominator polymonial coefficients
% K = lattice coefficients (reflection coefficients)
% beta = ladder coefficients
%
p = length(K); q = length(beta);
beta = [beta, zeros(1,p-q+1)];
J = 1; a = 1; A = zeros(p,p);
for m = 1:1:p
    a = [a,0] + conv([0,K(m)],J);
    A(m,1:m) = -a(2:m+1); J = fliplr(a);
end
b(p+1) = beta(p+1);
for m = p:-1:1
    A(m,1:m) = A(m,1:m) * beta(m+1);
    b(m) = beta(m) - sum(diag(A(m:p,1:p-m+1)));
end
```

格-梯型滤波器可以采用(14.34)和(14.122)式来实现,MATLAB 函数 ladrfilter 完成该实现过程。需要指出的是,由于滤波器实现的递归性和反馈环,该 MATLAB 函数并非简练或高效的实现算法。该格-梯型结构的实现也无法利用 MATLAB 内嵌的并行处理能力。

```
function [y] = ladrfilter(K,beta,x)
% LATTICE/LADDER form realization of IIR filters
% ---------------------------------------------------------------
% [y] = ladrfilter(K,beta,x)
% y = output sequence
% K = LATTICE (reflection) coefficient array
% beta = LADDER coefficient array
%     x = input sequence
%
Nx = length(x); y = zeros(1,Nx);
p = length(beta); f = zeros(p,Nx); g = zeros(p,Nx+1);
f(p,:) = x;
for n = 2:1:Nx+1
    for m = p:-1:2
        f(m-1,n-1) = f(m,n-1) - K(m-1)*g(m-1,n-1);
        g(m,n) = K(m-1)*f(m-1,n-1) + g(m-1,n-1);
    end
    g(1,n) = f(1,n-1);
end
y = beta*g(:,2:Nx+1);
```

例题 14.18 试求具有如下系统函数的格-梯型滤波器结构的参数:

$$H(z) = \frac{1 + \frac{1}{4}z^{-1} - \frac{1}{8}z^{-2}}{1 + \frac{3}{8}z^{-1} - \frac{1}{2}z^{-2}}$$

题解

由 $H(z)$ 的分子,我们可以求得

$$B_2(z) = \frac{1}{2} + \frac{3}{8}z^{-1} + z^{-2}$$

$$B_1(z) = \frac{1}{4} + z^{-1}$$

且有反射系数为 $K_1 = \frac{1}{4}$ 和 $K_2 = \frac{1}{2}$。进一步由 $H(z)$ 的分母,可以得到

$$C(z) = \beta_0 B_0(z) + \beta_1 B_1(z) + \beta_2 B_2(z)$$

$$= \beta_0 + \beta_1 \left(\frac{1}{4} + z^{-1} \right) + \beta_2 \left(\frac{1}{2} + \frac{3}{8}z^{-1} + z^{-2} \right)$$

$$1 + \frac{3}{8}z^{-1} + \frac{1}{2}z^{-2} = \left(\beta_0 + \frac{1}{4}\beta_1 + \frac{1}{2}\beta_2 \right) + \left(\beta_1 + \frac{3}{8}\beta_2 \right) z^{-1} + \beta_2 z^{-2}$$

采用降序递归求解法,我们可以得到 $\beta_2 = -\dfrac{1}{8}$,$\beta_1 = \dfrac{19}{64}$ 和 $\beta_0 = \dfrac{253}{256}$。采用下面的 MATLAB 程序可以验证上述步骤。

```
>> b = [1,1/4, - 1/8]; a = [1,3/8,1/2];
>> [K,beta] = iir2ladr(b,a)
K =
    0.2500      0.5000
beta =
    0.9883      0.2969      - 0.1250
```

例题 14.19 试将下面零极点 IIR 系统转换成格-梯型结构:

$$H(z) = \frac{1 + 2z^{-1} + 2z^{-2} + z^{-3}}{1 + \dfrac{13}{24}z^{-1} + \dfrac{5}{8}z^{-2} + \dfrac{1}{3}z^{-3}}$$

题解

MATLAB 脚本程序如下:

```
>> b = [1,2,2,1] a = [1, 13/24, 5/8, 1/3];
>> [K,beta] = iir2ladr(b,a)
K =
    0.2500      0.5000      0.3333
beta =
  - 0.2695      0.8281      1.4583      1.0000
```

因而,可以得到

$$K_1 = \frac{1}{4}, \quad K_2 = \frac{1}{5}, \quad K_3 = \frac{1}{3}$$

和

$$\beta_0 = -0.2695, \quad \beta_1 = 0.8281, \quad \beta_2 = 1.4583, \quad \beta_3 = 1$$

所得的直接型和格-梯型结构如图 14.23 所示。为确认我们的格-梯型结构是正确的,下面我们计算两种结构下其冲激响应的前 8 个采样值。

```
>> [x,n] = impseq(0,0,7) format long; hdirect = filter(b,a,x)
hdirect =
  Columns 1 through 4
    1.00000000000000    1.45833333333333    0.58506944444444    - 0.56170428240741
  Columns 5 through 8
  - 0.54752302758488    0.45261700163162    0.28426911049255    - 0.25435705167494
hladder =
  Columns 1 through 4
    1.00000000000000    1.45833333333333    0.58506944444444    - 0.56170428240741
```

```
>> hladder = ladrfilter(K,C,x)
   Columns 5 through 8
    - 0.54752302758488    0.45261700163162    0.28426911049255    - 0.25435705167494
```

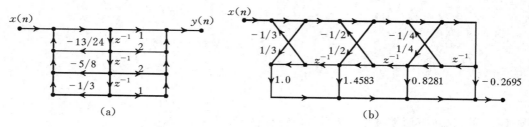

图 14.23　例题 14.19 中 IIR 系统结构图：(a) 直接型；(b) 格-梯型

需要指出，前面讨论过的 SP 工具箱函数也能用于计算得到 IIR（ARMA）格-梯型结构或实现其功能。调用[K,beta] = tf2latc(b,a)能计算格型参数和梯型参数并分别输出到数组 K 和 beta，所得参数均经过 a(1)归一化。值得指出，如果一个或多个格型参数精确等于 1，将会产生误差。类似地，调用[b,a] = latc2tf(K,beta)能根据输入参数 K 和 beta 计算系统函数的分子和分母多项式系数。

最后，调用[f,g] = latcfilt(K,v,x)可以利用 IIR 格型反射系数 K 和梯型系数 beta 对数组 x 中的输入进行过滤。前向格型滤波器输出（或前向预测误差）存放在数组 f 中，而后向格型滤波器输出（或后向预测误差）存放在在数组 g 中。如果$|K| \leqslant 1$，则 f 对应最小相位输出，而 g 则对应最大相位输出。

14.6　用于滤波和预测的维纳滤波器

许多实际应用中，给定输入信号 $x(n)$ 由想要的信号 $s(n)$ 和不想要的噪声或干扰 $w(n)$ 叠加组合而成，此时需要设计一个滤波器来抑制不需要的干扰成分。这种情况下，目标是设计一个系统能够滤除加性干扰，同时保留想要信号 $s(n)$ 的特性。我们假定这些信号分别为随机过程 $X(n)$、$S(n)$ 和 $W(n)$ 的样值序列。[①]

本节中，我们将讨论含有加性噪声干扰的信号估计问题。估计器限定为线性滤波器，其冲激响应为 $h(n)$，该滤波器经过设计满足：输出近似某个特定的期望得到的信号过程 $D(n)$，样值序列为 $d(n)$。图 14.24 阐明了该线性估计问题。

滤波器输入序列为 $x(n)=s(n)+w(n)$，其输出为 $y(n)$，即过程 $Y(n)$ 的样值序列。期望得到的信号与滤波器输出之差为误差序列 $e(n) \triangleq d(n)-y(n)$，记为隐过程 $E(n)$。我们区分下面三种特殊情形：

---

① 按照我们的标记规则，小写变量，如 $x(n)$，是样值序列；而大写变量，如 $X(n)$，则是随机过程。在一般的讨论和滤波方程中，我们将采用小写变量；对于求期望的情形，我们将采用大写变量。随机过程与其样值序列之间的区别应该在上下文中标记清晰。

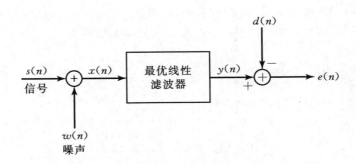

图 14.24　线性估计问题模型

(a)如果 $d(n)=s(n)$，线性估计问题称为滤波。

(b)如果 $d(n)=s(n+D)$，其中 $D>0$，线性估计问题称为信号预测。值得指出，该问题与前述章节中讨论的预测 $d(n)=x(n+D)$，$D\geqslant0$ 不同。

(c)如果 $d(n)=s(n-D)$，其中 $D>0$，线性估计问题称为信号平滑。

我们的讨论将主要集中在滤波和预测问题上。

我们选取均方误差最小化作为优化滤波器冲激响应 $h(n)$ 标准。该标准具有形式简洁且数学可推导的优点。优化采用的基本假设是过程 $S(n)$、$W(n)$ 和 $D(n)$ 为零均值的广义平稳过程，同时假定线性滤波器为 FIR 或 IIR 滤波器。针对线性滤波器为 IIR 滤波器的情形，我们假定输入数据 $x(n)$ 在无穷的过去时间上为已知的。接下来，我们从设计最优 FIR 滤波器着手。最小均方差意义下，该最优线性滤波器称作维纳滤波器。

14.6.1　FIR 维纳滤波器

假设滤波器限定长度为 M，其系数为 $h(k)$，$0\leqslant k\leqslant M-1$。因而，其输出 $y(n)$ 取决于有限数据记录 $x(n)$，$x(n-1)$，…，$x(n-M+1)$，

$$y(n) = \sum_{k=0}^{M-1} h(k)x(n-k) \tag{14.130}$$

期望得到的信号 $d(n)$ 和实际输出 $y(n)$ 之间的误差均方值为

$$\mathcal{E}_M = E[\,|\,E(n)\,|^2\,]$$

$$= E\left[\left|\,D(n) - \sum_{k=0}^{M-1} h(k)X(n-k)\,\right|^2\right] \tag{14.131}$$

考虑到上式为滤波器系数的二次函数，$\mathcal{E}_M$ 的最小化可以得到下列线性方程组：

$$\sum_{k=0}^{M-1} h(k)R_{xx}(l-k) = R_{DX}(l), \quad l=0,1,\cdots,M-1 \tag{14.132}$$

其中 $R_{DX}(k)=E[D(n)X^*(n-k)]$ 是期望得到的信号 $D(n)$ 与输入过程 $X(n)$，$0\leqslant n\leqslant M-1$ 之间的互相关，$R_{xx}(k)$ 是输入过程 $X(n)$ 的自相关。这组用于确定最优滤波器的线性方程称作维纳-霍普夫方程。（该方程组也称作标准方程组，我们在前述章节的一步线性预测中遇到过。）

一般情况下，(14.132)式中方程组可以表示为如下矩阵形式：

$$T_M h_M = R_D \tag{14.133}$$

其中 T_M 是一个 $M \times M$ (埃尔米特)托普利兹矩阵,其元素 $T_{lk} = R_{xx}(l-k)$,R_D 是 $M \times 1$ 互相关向量,向量元素 $R_{DX}(l)$,$l = 0, 1, \cdots M-1$。最优滤波器系数解为

$$h_{\text{opt}} = T_M^{-1} R_D \tag{14.134}$$

维纳滤波器所得最小均方误差为

$$\text{MMSE}_M = \min_{h_m} \mathcal{E}_M = \sigma_D^2 - \sum_{k=0}^{M-1} h_{\text{opt}}(k) R_{DX}^*(k) \tag{14.135}$$

或等价地表示为

$$\text{MMSE}_M = \sigma_D^2 - R_D^{*\prime} T_M^{-1} R_D \tag{14.136}$$

其中 $\sigma_D^2 = E[|D(n)|^2]$。

我们来考虑(14.132)式中的某些特殊情况。如果我们要处理滤波问题,那么令 $D(n) = S(n)$。进一步,如果 $S(n)$ 和 $W(n)$[1]是不相关的随机序列(实际中的情形通常如此),则有

$$R_{xx}(k) = R_{ss}(k) + R_{ww}(k)$$
$$R_{DX}(k) = R_{ss}(k) \tag{14.137}$$

以及(14.132)式中的标准方程组可表示为

$$\sum_{k=0}^{M-1} h(k)[R_{ss}(l-k) + R_{ww}(l-k)] = R_{ss}(l), \quad l = 0, 1, \cdots, M-1 \tag{14.138}$$

如果我们要处理预测问题,那么令 $D(n) = D(n+D)$,$D > 0$。假定 $S(n)$ 和 $W(n)$ 是不相关的随机序列,我们可以得到

$$R_{DX}(k) = R_{ss}(k+D) \tag{14.139}$$

于是,维纳预测滤波器方程组变为

$$\sum_{k=0}^{M-1} h(k)[R_{ss}(l-k) + R_{ww}(l-k)] = R_{ss}(l+D) \quad l = 0, 1, \cdots, M-1 \tag{14.140}$$

上述所有情形下,用来求逆的相关矩阵是托普利兹矩阵。因此,(广义)Levinson-Durbin 算法可以用于求解最优滤波器系数。

例题 14.20 我们考虑信号 $x(n) = s(n) + w(n)$,其中 $S(n)$ 是一个具有如下差分方程的 AR(1)过程的样值序列:

$$s(n) = 0.6s(n-1) + v(n)$$

其中 $v(n)$ 是方差为 $\sigma_V^2 = 0.64$ 的白噪声过程 $V(n)$ 的样值序列,$w(n)$ 是方差 $\sigma_w^2 = 1$ 的白噪声过程 $W(n)$ 的样值序列。

a. 试设计一个长度 $M=2$ 的维纳滤波器来估计期望得到的信号 $S(n)$。

b. 试用 MATLAB 设计长度 $M = 3, 4, 5$ 的最优 FIR 维纳滤波器,并求各情形下对应的最小均方误差。请说明最小均方误差随着 M 从 2 增加到 5 如何变化。

题解

由于 $S(n)$ 是单极点滤波器在受白噪声激励时得到的响应,其功率谱密度为

$$S_{ss}(f) = \sigma_V^2 |H(e^{j2\pi f})|^2 = \frac{0.64}{|1 - 0.6e^{-j2\pi f}|^2}$$

---

[1] 原书中为 $D(n)$,疑有误。——译者注

$$= \frac{0.64}{1.36 - 1.2\cos(2\pi f)}$$

采用例题 13.14 中给出的步骤，相应的自相关序列 $R_{ss}(m)$ 为

$$R_{ss}(m) = (0.6)^{|m|}$$

a. 求解滤波器系数的方程组为

$$2h(0) + 0.6h(1) = 1$$
$$0.6h(0) + 2h(1) = 0.6$$

求解该方程组得到

$$h(0) = 0.451 \qquad h(1) = 0.165$$

其对应的最小均方误差为

$$\mathrm{MMSE}_2 = 1 - h(0)R_{ss}(0) - h(1)R_{ss}(1)$$
$$= 1 - 0.451 - 0.165 \times 0.6 = 0.45$$

```
>> varW = 1; M = 2; m = 0:M-1;
>> Rss = 0.6.^m; TM = toeplitz(Rss) + varW * eye(M);
>> RD = Rss';
>> hopt2 = TM\RD
hopt 2 =
    0.4505
    0.1648
>> MMSE2 = Rss(1) - RD' * hopt2
MMSE2 =
    0.4505
```

b. 滤波器系数及其对应的最小均方误差值可以调用下面的 MATLAB 脚本程序得到。

```
>> M = 3; m = 0:M-1;
>> Rss = 0.6.^m; TM = toeplitz(Rss) + varW * eye(M); RD = Rss';
>> hopt3 = TM\RD; MMSE3 = Rss(1) - RD' * hopt3
MMSE3 =
    0.4451
>> M = 4; m = 0:M-1;
>> Rss = 0.6.^m; TM = toeplitz(Rss) + varW * eye(M); RD = Rss';
>> hopt4 = TM\RD; MMSE4 = Rss(1) - RD' * hopt4
MMSE4 =
    0.4445
>> M = 5; m = 0:M-1;
>> Rss = 0.6.^m; TM = toeplitz(Rss) + varW * eye(M); RD = Rss';
>> hopt5 = TM\RD; MMSE5 = Rss(1) - RD' * hopt5
MMSE 5 =
    0.4445
>> MMSE = [MMSE2,MMSE3,MMSE4,MMSE5];
>> % Plotting commands follow
```

所得的 MMSE 与滤波器阶数关系如图 14.25 所示。

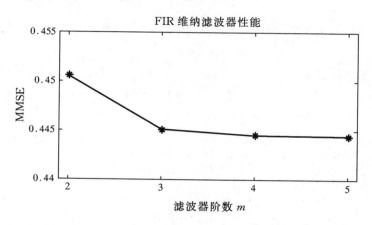

图 14.25　例题 14.20 中 MMSE 与滤波器阶数关系图

例题 14.21

a. 当 $V(n)$ 的方差为 $\sigma_V^2 = 0.64$ 和加性噪声 $W(n)$ 的方差为 $\sigma_W^2 = 0.1$ 时,试重新计算例题 14.20。

b. 生成 AR(1) 信号序列 $s(n)$ 及其相应的接收序列

$$x(n) = s(n) + w(n), \quad 0 \leqslant n \leqslant 1000$$

采用 $M = 2, 3, 4, 5$ 的维纳滤波器对序列 $x(n)$,$0 \leqslant n \leqslant 1000$ 进行滤波,并绘制输出 $y_2(n)$, $y_3(n)$,$y_4(n)$ 和 $y_5(n)$,以及求得的信号 $s(n)$ 的平面图。请说明维纳滤波器估计待求信号 $s(n)$ 的有效性。

题解

根据例题 14.20,$S(n)$ 的功率谱密度和自相关分别给出为

$$S_{ss}(f) = \frac{0.64}{1.36 - 1.2\cos 2\pi f}$$

$$R_{ss}(m) = (0.6)^{|m|}$$

a. 利用 $\sigma_W^2 = 0.1$,我们建立并求解新的维纳-霍普夫方程组,得到新的维纳滤波器及其相应的最小均方误差。下面的 MATLAB 脚本给出了该具体过程。

```
>> varW = 0.1; M = 2; m = 0:M−1;
>> Rss = 0.6.^m; TM = toeplitz(Rss) + varW * eye(M);
>> RD = Rss';
>> hopt2 = TM\RD;
>> MMSE2 = Rss(1) − RD' * hopt2
MMSE2 =
    0.0871
>> M = 3; m = 0:M−1;
>> Rss = 0.6.^m; TM = toeplitz(Rss) + varW * eye(M); RD = Rss';
```

```
>> hopt3 = TM\RD; MMSE3 = Rss(1) - RD' * hopt3
MMSE3 =
    0.0870
>> M = 4; m = 0:M-1;
>> Rss = 0.6.^m; TM = toeplitz(Rss) + varW * eye(M); RD = Rss';
>> hopt4 = TM\RD; MMSE4 = Rss(1) - RD' * hopt4
MMSE4 =
    0.0870
>> M = 5; m = 0:M-1;
>> Rss = 0.6.^m; TM = toeplitz(Rss) + varW * eye(M); RD = Rss';
>> hopt5 = TM\RD; MMSE5 = Rss(1) - RD' * hopt5
MMSE5 =
    0.0870
>> % Plotting commands follow
```

显然,MMSE 取值非常小,并快速地收敛进入稳态值 0.0807。对应的 MMSE 与滤波器阶数关系如图 14.26 所示。

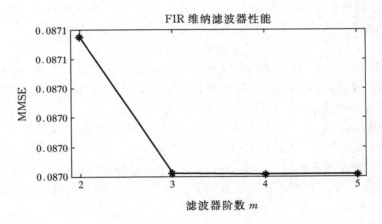

图 14.26 例题 14.21(a)中 MMSE 与滤波器阶数关系图

b.下面 MATLAB 脚本程序给出信号生成和维纳滤波处理。

```
>> n = 0:1000; varW = 0.1;
>> varV = 0.64; vn = sqrt(varV) * randn(1,length(n));
>> sn = filter(1,[1 - 0.6],vn);
>> wn = sqrt(varW) * randn(1,length(n));
>> xn = sn + wn;
>> yn2 = filter(hopt2,1,xn);
>> yn3 = filter(hopt3,1,xn);
>> yn4 = filter(hopt4,1,xn);
>> yn5 = filter(hopt5,1,xn);
```

包含对应序号从 $n=100$ 到 $n=150$ 的样值的信号估计曲线如图 14.27 所示。由图,我们可以

看出,所有的估计彼此非常接近,并且它们也与信号 $s(n)$ 非常接近。 ∎

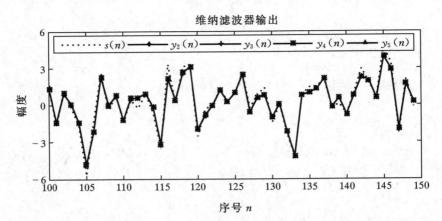

图 14.27 例题 14.21(b)中信号 $s(n)$ 与维纳滤波器估计 $\{y_k(n)\}_{k=2}^5$ 图

例题 14.22 考虑信号 $x(n)=s(n)+w(n)$,其中 $s(n)$ 是一个 AR 过程 $S(n)$ 的样本函数,该过程满足下面的差分方程:

$$s(n) = 0.8s(n-1) + v(n)$$

其中 $v(n)$ 是方差为 $\sigma_v^2 = 0.49$ 的高斯白噪声过程 $V(n)$ 的一个样本函数,而 $w(n)$ 是方差为 $\sigma_W^2 = 0.1$ 的高斯白噪声过程 $W(n)$ 的一个样本函数。过程 $V(n)$ 和 $W(n)$ 无关。

a. 试求自相关序列 $R_{ss}(m)$ 和 $R_{xx}(m)$。

b. 试用 MATLAB 设计一个长度 $M=2,3,4,5$ 的维纳滤波器,并求其最小均方误差。

c. 生成对应 $0 \leq n \leq 1000$ 的信号序列 $s(n)$ 和接收序列 $x(n)=s(n)+w(n)$。采用 $M=2,3,4,5$ 的维纳滤波器过滤序列 $x(n)$,$0 \leq n \leq 1000$,并绘制输出 $y_2(n)$,$y_3(n)$,$y_4(n)$ 和 $y_5(n)$ 以及求得的信号 $s(n)$ 的平面图。请说明维纳滤波器用于估计所求信号的有效性。

题解

鉴于 $S(n)$ 是由单极滤波器受白噪声激励而得到,则 $S(n)$ 的功率谱密度可以表示为

$$S_{ss}(f) = \sigma_v^2 \mid H(e^{j2\pi f}) \mid^2 = \frac{0.49}{\mid 1 - 0.8e^{-j2\pi f} \mid^2} = \frac{0.49}{1.64 - 1.6\cos(2\pi f)}$$

a. 采用例题 13.14 中所给的步骤,相应的自相关序列 $R_{ss}(m)$ 为

$$R_{ss}(m) = \left(\frac{7}{6}\right)^2 (0.8)^{|m|} = 1.3611(0.8)^{|m|}$$

$X(n)$ 的自相关序列给出为

$$R_{xx}(m) = R_{ss}(m) + R_{VV}(m) = 1.3611(0.8)^{|m|} + 0.1\delta(m)$$

b. 用于维纳滤波器设计的 MATLAB 脚本程序如下。

```
>> varW = 0.1; M = 2; m = 0:M-1;
>> Rss = 1.3611 * 0.8.^m; TM = toeplitz(Rss) + varW * eye(M);
>> RD = Rss';
```

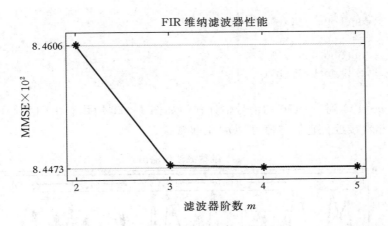

图 14.28 例题 14.22(a)中 MMSE 与滤波器阶数关系图

```
>> hopt2 = TM\RD;
>> MMSE2 = Rss(1) - RD' * hopt2
MMSE2 =
    0.084606379865379
>> M = 3; m = 0:M-1;
>> Rss = 1.3611 * 0.8.^m; TM = toeplitz(Rss) + varW * eye(M); RD = Rss';
>> hopt3 = TM\RD; MMSE3 = Rss(1) - RD' * hopt3
MMSE3 =
    0.084475619407793
>> M = 4; m = 0:M-1;
>> Rss = 1.3611 * 0.8.^m; TM = toeplitz(Rss) + varW * eye(M); RD = Rss';
>> hopt4 = TM\RD; MMSE4 = Rss(1) - RD' * hopt4
MMSE4 =
    0.084473602242929
>> M = 5; m = 0:M-1;
>> Rss = 1.3611 * 0.8.^m; TM = toeplitz(Rss) + varW * eye(M); RD = Rss';
>> hopt5 = TM\RD; MMSE5 = Rss(1) - RD' * hopt5
MMSE5 =
    0.084473571121205
>> % Plotting commands follow
```

同样地,MMSE 取值非常小,并快速地收敛进入稳态值 0.0845。其对应的 MMSE 与滤波器阶数关系如图 14.28 所示。

c. 信号生成与 FIR 维纳滤波处理由下面的 MATLAB 脚本程序给出。

```
>> n = 0:1000; varW = 0.1;
>> varV = 0.49; vn = sqrt(varV) * randn(1,length(n));
>> sn = filter(1,[1-0.8],vn);
>> wn = sqrt(varW) * randn(1,length(n));
>> xn = sn + wn;
```

```
>> yn2 = filter(hopt2,1,xn);
>> yn3 = filter(hopt3,1,xn);
>> yn4 = filter(hopt4,1,xn);
>> yn5 = filter(hopt5,1,xn);
```

包含对应序号 $n=100$ 到 $n=150$ 的信号估计样值如图 14.29 所示。由图我们可以看出,所有的估计值彼此非常接近且它们与信号 $s(n)$ 也非常接近。

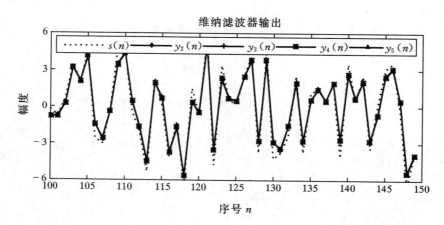

图 14.29 例题 14.22(b)中信号 $s(n)$ 及其维纳滤波估计 $\{y_k(n)\}_{k=2}^{5}$ 图

14.6.2 线性均方估计的正交性原理

由(14.132)式给出的用于求解最优滤波器系数的维纳-霍普夫方程可以直接应用线性均方估计的正交性原理得到。简单地说,如果滤波器系数 $h(k)$ 选择使得误差正交于每个估计的数据点,则(14.131)式中均方误差 E_M 是最小的

$$E[E(n)X^*(n-l)] = 0, \quad l = 0,1,\cdots,M-1 \tag{14.141}$$

其中

$$e(n) = d(n) - \sum_{k=0}^{M-1} h(k)x(n-k) \tag{14.142}$$

相反地,如果滤波器系数满足(14.141)式,则求得的均方误差是最小的。

从几何意义上来看,滤波器的输出,也即下面的估计

$$\hat{d}(n) = \sum_{k=0}^{M-1} h(k)x(n-k) \tag{14.143}$$

是由数据 $x(k),0 \leqslant k \leqslant M-1$ 张成的子空间的一个向量。误差 $e(n)$ 是由数据点 $d(n)$ 到 $\hat{d}(n)$ 的向量,即 $d(n)=e(n)+\hat{d}(n)$,如图 14.30 所示。正交性原理说明当 $e(n)$ 与数据子空间垂直时,长度 $\varepsilon_M=E[|E(n)|^2]$ 取得极小值,也即是 $e(n)$ 正交于每个数据点 $x(k),0 \leqslant k \leqslant M-1$。

需要指出的是,如果估计 $d(n)$ 中数据 $x(n)$ 线性独立的话,则由(14.132)式中的标准方程组求得的解是唯一的。这种情况下,相关矩阵 T_M 非奇异。另外一方面,如果数据线性相关,则矩阵 T_M 的秩小于 M,因而解不唯一。这种情况下,估计 $\hat{d}(n)$ 可以表示为一组数量减少的

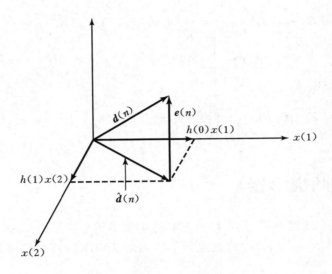

图 14.30 线性均方误差问题的几何意义

线性独立数据点的线性组合,该组数据点数量等于矩阵 T_M 的秩。

由于均方误差最小化是通过选择滤波器系数满足正交性原理来实现,则剩余最小均方误差可简单地表示为

$$\text{MMSE}_M = E[E(n)D^*(n)] \tag{14.144}$$

该式得到(14.135)式所给出的结果。

例题 14.23　试应用正交性原理推导(14.142)式中维纳-霍普夫方程和(14.136)式中的剩余最小均方误差。

题解

所求得的信号为 $d(n)$,$d(n)$ 的估计为

$$\hat{d}(n) = \sum_{k=0}^{\infty} h(k)x(n-k)$$

其中 $x(n)$ 是观测到的数据序列。误差序列定义为

$$e(n) = d(n) - \hat{d}(n)$$

$$= d(n) - \sum_{k=0}^{\infty} h(k)x(n-k)$$

当误差 $e(n)$ 正交于估计的数据时,就可以得到最小化均方误差意义上的最优滤波器的冲激响应 $\{h(k)\}$。于是有

$$E[E(n)X^*(n-l)] = 0 \quad , \quad l = 0,1,\cdots$$

因而,可以得到

$$E\Big[\Big\{D(n) - \sum_{k=0}^{\infty} h(k)X(n-k)\Big\}X^*(n-l)\Big] = 0, \quad l = 0,1,\cdots$$

$$E[\boldsymbol{D}(n)x^*(n-l)] = \sum_{k=0}^{\infty} h(k)E[\boldsymbol{X}(n-k)\boldsymbol{X}^*(n-l)]$$

$$R_{DX}(l) = \sum_{k=0}^{\infty} h(k)R_{XX}(l-k), \quad l \geqslant 0$$

最小均方误差（MMSE）为

$$E[\boldsymbol{E}(n)\boldsymbol{D}^*(n)] = E[|\boldsymbol{D}(n)|^2] - \sum_{k=0}^{\infty} h(k)E[\boldsymbol{D}^*(n)\boldsymbol{X}(n-k)] = \sigma_D^2 - \sum_{k=0}^{\infty} h(k)R_{DX}^*(k)$$

■

14.6.3　IIR 维纳滤波器

前一节中，我们限定滤波器为 FIR 滤波器，并得到了用来求解最优滤波器系数的方程组：M 个线性方程。本节中，我们将允许滤波器为无限时长（IIR），且数据序列也为无限长。因而，滤波器输出为

$$y(n) = \sum_{k=0}^{\infty} h(k)x(n-k) \tag{14.145}$$

我们选择滤波器系数使得所求输出 $d(n)$ 和 $y(n)$ 之间的均方误差最小化，即

$$\mathcal{E}_{\infty} = E[|\boldsymbol{E}(n)|^2] = E\left[\left|\boldsymbol{D}(n) - \sum_{k=0}^{\infty} h(k)\boldsymbol{X}(n-k)\right|^2\right] \tag{14.146}$$

采用正交性原理得到维纳-霍普夫方程

$$\sum_{k=0}^{\infty} h(k)R_{XX}(l-k) = R_{DX}(l), l \geqslant 0 \tag{14.147}$$

剩余最小均方误差可以通过应用（14.44）式所给出的条件直接得到。于是，我们得到

$$\text{MMSE}_{\infty} = \min_{\boldsymbol{h}} \mathcal{E}_{\infty} = \sigma_D^2 - \sum_{k=0}^{\infty} \boldsymbol{h}_{\text{opt}}(k)R_{DX}^*(k) \tag{14.148}$$

（14.147）式所给出的维纳-霍普夫方程不能直接采用 z 变换技术求解，因为该方程只有 $l \geqslant 0$ 时才成立。本节中，我们将基于平稳随机过程 $\boldsymbol{X}(n)$ 的新息表示来求解最优 IIR 维纳滤波器。

回顾前述章节中，一个自相关为 $R_{XX}(k)$ 且功率谱密度为 $S_{XX}(f)$ 的平稳随机过程 $\boldsymbol{X}(n)$ 可以表示为一个等价的新息过程：采用将 $\boldsymbol{X}(n)$ 通过一个系统函数为 $1/G(z)$ 的噪声白化滤波器的方法，其中 $G(z)$ 为由 $S_{XX}(z)$ 谱因式分解得到的最小相位部分，即

$$S_{XX}(z) = \sigma_i^2 G(z)G(z^{-1}) \tag{14.149}$$

因而，$G(z)$ 在 $|z| > r_1, r_1 < 1$ 区域内是解析的。

现在，最优维纳滤波器可以看成是白化滤波器 $1/G(z)$ 和第二级滤波器的级联，而第二级滤波器（比如 $Q(z)$）的输出 $y(n)$ 等于最优维纳滤波器的输出。由于

$$y(n) = \sum_{k=0}^{\infty} q(k)i(n-k) \tag{14.150}$$

其中 $i(n)$ 是新息过程 $I(n)$ 的样值序列和 $e(n) = d(n) - y(n)$，采用正交性原理求得下面新的维纳-霍普夫方程：

$$\sum_{k=0}^{\infty} q(k)R_{II}(l-k) = R_{DI}(l) \tag{14.151}$$

然而,由于 $I(n)$ 是白色过程,它满足 $R_{II}(l-k)=0,l\neq k$。于是,我们可以得到下面的解

$$q(l) = \frac{R_{DI}(l)}{R_{II}(0)} = \frac{R_{DI}(l)}{\sigma_i^2}, \quad l \geqslant 0 \tag{14.152}$$

因此,序列 $q(l)$ 的 z 变换可以表示为

$$Q(z) = \sum_{k=0}^{\infty} q(k)z^{-k} = \frac{1}{\sigma_i^2}\sum_{k=0}^{\infty} R_{DI}(k)z^{-k} \tag{14.153}$$

如果我们将双边互相关序列 $R_{DI}(k)$ 的 z 变换记作 $S_{DI}(z)$,

$$S_{DI}(z) = \sum_{k=-\infty}^{\infty} R_{DI}(k)z^{-k} \tag{14.154}$$

并定义 $[S_{DI}(z)]_+$ 为

$$[S_{DI}(z)]_+ = \sum_{k=0}^{\infty} R_{DI}(k)z^{-k} \tag{14.155}$$

则可以得到

$$Q(z) = \frac{1}{\sigma_i^2}[S_{DI}(z)]_+ \tag{14.156}$$

为求得 $[S_{DI}(z)]_+$,我们先从噪声白化滤波器的输出着手,该输出可以表示为

$$i(n) = \sum_{k=0}^{\infty} v(k)x(n-k) \tag{14.157}$$

其中 $v(k),k\geqslant0$ 是噪声白化滤波器的冲激响应,

$$\frac{1}{G(z)} \equiv V(z) = \sum_{k=0}^{\infty} v(k)z^{-k} \tag{14.158}$$

则可以得到

$$R_{DI}(k) = E[D(n)I^*(n-k)] = \sum_{m=0}^{\infty} v(m)E[d(n)x^*(n-m-k)]$$

$$= \sum_{m=0}^{\infty} v(m)R_{DX}(k+m) \tag{14.159}$$

互相关 $R_{DI}(k)$ 的 z 变换为

$$S_{DI}(z) = \sum_{k=-\infty}^{\infty} \Big[\sum_{m=0}^{\infty} v(m)R_{DX}(k+m)\Big]z^{-k} = \sum_{m=0}^{\infty} v(m)\sum_{k=-\infty}^{\infty} R_{DX}(k+m)z^{-k}$$

$$= \sum_{m=0}^{\infty} v(m)z^m \sum_{k=-\infty}^{\infty} R_{DX}(k)z^{-k} = V(z^{-1})S_{DX}(z) = \frac{S_{DX}(z)}{G(z^{-1})} \tag{14.160}$$

因此,

$$Q(z) = \frac{1}{\sigma_i^2}\Big[\frac{S_{DX}(z)}{G(z^{-1})}\Big]_+ \tag{14.161}$$

最后我们得到,最优 IIR 滤波器具有下面的系统函数:

$$H_{\mathrm{opt}}(z) = \frac{Q(z)}{G(z)} = \frac{1}{\sigma_i^2 G(z)}\Big[\frac{S_{DX}(z)}{G(z^{-1})}\Big]_+ \tag{14.162}$$

　　总之,求解最优 IIR 维纳滤波器需要先实现 $R_{XX}(z)$ 的谱因式分解,从而求得该因式分解的最小相位部分 $G(z)$,然后求解 $S_{DX}(z)/G(z^{-1})$ 的因果部分。下面的例题阐明了该步骤。

例题 14.24 我们要求取适用于例题 14.20 中所给信号的最优 IIR 滤波器。对于该信号，我们有

$$S_{XX}(z) = S_{SS}(z) + 1 = \frac{1.8\left(1 - \frac{1}{3}z^{-1}\right)\left(1 - \frac{1}{3}z\right)}{(1 - 0.6z^{-1})(1 - 0.6z)}$$

其中 $\sigma_I^2 = 1.8$ 和

$$G(z) = \frac{1 - \frac{1}{3}z^{-1}}{1 - 0.6z^{-1}}$$

该互相关 $R_{DX}(m)$ 的 z 变换为

$$S_{DX}(z) = S_{SS}(z) = \frac{0.64}{(1 - 0.6z^{-1})(1 - 0.6z)}$$

因而，可以得到

$$\left[\frac{S_{DX}(z)}{G(z^{-1})}\right]_+ = \left[\frac{0.64}{\left(1 - \frac{1}{3}z\right)(1 - 0.6z^{-1})}\right]_+ = \left[\frac{0.8}{1 - 0.6z^{-1}} + \frac{0.266z}{1 - \frac{1}{3}z}\right]_+ = \frac{0.8}{1 - 0.6z^{-1}}$$

因此，所求的最优 IIR 滤波器具有下面的系统函数：

$$H_{\text{opt}}(z) = \frac{1}{1.8}\left(\frac{1 - 0.6z^{-1}}{1 - \frac{1}{3}z^{-1}}\right)\left(\frac{0.8}{1 - 0.6z^{-1}}\right) = \frac{\frac{4}{9}}{1 - \frac{1}{3}z^{-1}}$$

和冲激响应

$$\boldsymbol{h}_{\text{opt}}(n) = \frac{4}{9}\left(\frac{1}{3}\right)^n, \quad n \geqslant 0$$

■

我们将使用滤波器的频域特性表示(14.148)式所给出的最小均方误差来对本节进行总结。首先，我们要指出 $\sigma_D^2 \equiv \{E[\,|\boldsymbol{D}(n)|^2\,]\}$ 就是自相关序列 $R_{DD}(k)$ 在 $k = 0$ 处的取值。由于

$$R_{DD}(k) = \frac{1}{2\pi\text{j}}\oint_C S_{DD}(z)z^{k-1}\mathrm{d}z \tag{14.163}$$

它满足

$$\sigma_D^2 = R_{DD}(0) = \frac{1}{2\pi\text{j}}\oint_C \frac{S_{DD}(z)}{z}\mathrm{d}z \tag{14.164}$$

其中闭合曲线积分沿着一条在 $S_{DD}(z)$ 的收敛区域内包围原点的封闭路径求得。

(14.148)式中第二项也容易采用帕斯瓦尔定理变换到频域。由于 $k < 0$ 时都有 $\boldsymbol{h}_{\text{opt}}(k) = 0$，我们可以得到

$$\sum_{k=-\infty}^{\infty} \boldsymbol{h}_{\text{opt}}(k)R_{DX}^*(k) = \frac{1}{2\pi\text{j}}\oint_C H_{\text{opt}}(z)S_{DX}(z^{-1})z^{-1}\mathrm{d}z \tag{14.165}$$

其中 C 是一个位于 $H_{\text{opt}}(z)S_{DX}(z^{-1})$ 的一般收敛区域内围绕原点的封闭曲线。合并(14.164)和(14.165)式，我们可以得到最小均方误差的待求表达式，形式如下：

$$\text{MMSE}_\infty = \frac{1}{2\pi\text{j}}\oint_C [S_{DD}(z) + H_{\text{opt}}(z)S_{DX}(z^{-1})]z^{-1}\mathrm{d}z \tag{14.166}$$

我们注意到，$S_{DD}(z) = S_{SS}(z)$ 和 $S_{DX}(z^{-1}) = S_{SS}(z^{-1})$。

例题 14.25 对于例题 14.24 中所求得的最优维纳滤波器,最小均方误差为

$$\text{MMSE}_\infty = \frac{1}{2\pi j}\oint_C \left[\frac{0.3555}{\left(z-\frac{1}{3}\right)(1-0.6z)}\right]dz$$

在单位圆内有一个单极点,$z=\frac{1}{3}$。通过求解极点处的留数,我们得到

$$\text{MMSE}_\infty = 0.444$$

我们注意到,该最小均方误差仅比例题 14.20 中的最优二抽头维纳滤波器的最小均方误差略小。◼

例题 14.26 试求用于估计下面信号的最优因果 IIR 维纳滤波器

$$s(n) = 0.8s(n-1) + v(n)$$

已知下面的观测值:

$$x(n) = s(n) + w(n)$$

其中 $v(n)$ 是方差为 $\sigma_v^2 = 0.49$ 的白噪声过程 $V(n)$ 的一个样值序列,$w(n)$ 是方差为 $\sigma_w^2 = 1$ 的白噪声过程 $W(n)$ 的一个样值序列。过程 $V(n)$ 和 $W(n)$ 不相关。

题解

复互功率谱密度和自功率谱密度给出为

$$S_{DX}(z) = S_{SS}(z) = \frac{0.49}{(1-0.8z^{-1})(1-0.8z)} \tag{14.167}$$

由该式,自功率谱密度可以表示为

$$S_{XX}(z) = S_{SS}(z) + 1 = \frac{1.78(1-0.45z^{-1})(1-0.45z)}{(1-0.8z^{-1})(1-0.8z)}$$

该式给出了白化滤波器

$$G(z) = \frac{(1-0.45z^{-1})}{(1-0.8z^{-1})}$$

其因果部分给出为

$$\left[\frac{S_{DX}(z)}{G(z^{-1})}\right]_+ = \left[\frac{0.49}{(1-0.8z^{-1})(1-0.45z)}\right]_+ = \left[\frac{0.766}{(1-0.8z^{-1})} + \frac{0.345z}{(1-0.45z)}\right]_+ = \frac{0.766}{(1-0.8z^{-1})}$$

至此,最优滤波器的系统函数可以表示为

$$H_{\text{opt}}(z) = \frac{1}{1.78}\left(\frac{1-0.8z^{-1}}{1-0.45z^{-1}}\right)\left(\frac{0.766}{1-0.8z^{-1}}\right) = \frac{0.43}{1-0.45z^{-1}}$$

其相应的冲激响应为

$$\boldsymbol{h}_{\text{opt}}(n) = 0.43(0.45)^n u(n)$$

最后,该 IIR 维纳滤波器的最小均方误差给出为

$$\text{MMSE}_\infty = \frac{1}{2\pi j}\oint_C \left[S_{SS}(z) - H_{\text{opt}}(z)S_{SS}(z^{-1})\right]z^{-1}dz = \frac{1}{2\pi j}\oint_C \frac{0.28}{(z-0.45)(1-0.8z)}dz$$

$$= \frac{0.28}{1-0.8z}\bigg|_{z=0.45} = 0.438$$

例题 14.27　考虑设计适用于例题 14.26 中给出的信号 $s(n)$ 的最优因果 IIR 维纳滤波器，其中加性噪声 $w(n)$ 的方差 $\sigma_W^2 = 0.1$。

　　a. 试求最优因果 IIR 滤波器的系统函数及其均方误差。

　　b. 生成对应序号 $0 \leqslant n \leqslant 1000$ 的信号序列 $s(n)$ 和接收序列 $x(n)$，其中

$$s(n) = 0.8s(n-1) + v(n)$$
$$x(n) = s(n) + w(n)$$

用 (a) 小题中求得的最优因果维纳滤波器对序列 $x(n)$，$0 \leqslant n \leqslant 1000$ 滤波，并绘制输出序列以及所求序列 $s(n)$ 的平面图。请说明因果维纳滤波器用来估计所求信号的有效性。

题解

　　由 (14.167) 式可以得到复功率谱密度 $S_{ss}(z)$ 为

$$S_{ss}(z) = \frac{0.49}{(1 - 0.8z^{-1})(1 - 0.8z)}$$

　　a.　对于 $\sigma_W^2 = 0.1$，$X(n)$ 的自功率谱密度为

$$S_{xx}(z) = S_{ss}(z) + 0.1 = \frac{0.6441(1 - 0.1242z^{-1})(1 - 0.1242z)}{(1 - 0.8z^{-1})(1 - 0.8z)} \tag{14.168}$$

该式给出了白化滤波器

$$G(z) = \frac{(1 - 0.1242z^{-1})}{(1 - 0.8z^{-1})}$$

则其因果部分给出为

$$\left[\frac{S_{DX}(z)}{G(z^{-1})} \right]_+ = \left[\frac{0.49}{(1 - 0.8z^{-1})(1 - 0.1242z)} \right]_+$$

$$= \left[\frac{0.5441}{(1 - 0.8z^{-1})} + \frac{0.0676z}{(1 - 0.1242z)} \right]_+ = \frac{0.5441}{(1 - 0.8z^{-1})}$$

至此，最优维纳滤波器的系统函数可以表示为

$$H_{\text{opt}}(z) = \frac{1}{0.6441} \left(\frac{1 - 0.8z^{-1}}{1 - 0.1242z^{-1}} \right) \left(\frac{0.5441}{1 - 0.8z^{-1}} \right) = \frac{0.8447}{1 - 0.1242z^{-1}}$$

其相应的冲激响应为

$$\boldsymbol{h}_{\text{opt}}(n) = 0.8447(0.1242)^n u(n)$$

最后，该因果 IIR 维纳滤波器的最小均方误差给出为

$$\text{MMSE}_\infty = \frac{1}{2\pi j} \oint_C \left[S_{ss}(z) - H_{\text{opt}}(z)S_{ss}(z^{-1}) \right] z^{-1} \, dz$$

$$= \frac{1}{2\pi j} \oint_C \frac{0.0761}{(z - 0.1242)(1 - 0.8z)} \, dz = \left. \frac{0.0761}{1 - 0.8z} \right|_{z = 0.1242}$$

$$= 0.08447$$

很明显，该误差小于例题 14.22 所给出的最小均方误差。上述计算可以通过下面的 MAT-LAB 脚本程序实现。

```
>> varW = 0.1; varV = 0.49; a = 0.8;
>> Ss_num = varV * [0, -1/a]; Ss_den = conv([1, -a],[1, -1/a]);
```

```
>> Sx_num = varW * Ss_den + [Ss_num,0]; Sx_den = Ss_den;
>> Sx_num0 = Sx_num(1);
>> Sx_num_roots = roots(Sx_num/Sx_num0);
>> Sx_den0 = Sx_den(1);
>> Sx_den_roots = roots(Sx_den/Sx_den0);
>> Sx_num_factor = [1, -1/Sx_num_roots(1); 1, - Sx_num_roots(2)];
>> Sx_den_factor = [1, -1/Sx_den_roots(1); 1, - Sx_den_roots(2)];
>> Sx_constant = (Sx_num0 * Sx_num_roots(1))/(Sx_den0 * Sx_den_roots(1));
>> G_num = Sx_num_factor(2,:); G_den = Sx_den_factor(2,:);
>> [R,p,C] = residuez(varV * [0, - Sx_num_roots(1)],···
     conv([1, - Sx_den_roots(2)],[1, ->> Sx_num_roots(1)]));
>> causal_part_num = R(2);
>> anticausal_part_num = R(1) * ( - Sx_num_roots(2));
>> Hopt_num = causal_part_num/Sx_constant;
>> Hopt_den = [1, - Sx_num_roots(2)];
>> DHopt_num = Hopt_den - [Hopt_num,0];
>> Int_num = conv(Ss_num,[0,DHopt_num]);
>> MMSEc = Int_num(end)/(1 - Sx_den_roots(2) * Sx_num_roots(2));
MMSEc =
    0.084473570633519
```

b. 信号生成和因果 IIR 维纳滤波处理在下面的 MATLAB 脚本程序中给出。

```
>> n = 0:1000; varW = 0.1;
>> varV = 0.49; vn = sqrt(varV) * randn(1,length(n));
>> sn = filter(1,[1 - 0.8],vn);
>> wn = sqrt(varW) * randn(1,length(n));
>> xn = sn + wn;
>> yn = filter(Hopt_num,Hopt_den,xn);
```

包含对应序号 $n=100$ 到 $n=150$ 的信号及其估计的样值如图 14.31 所示。由图,我们可以看出估计信号非常接近信号 $s(n)$。■

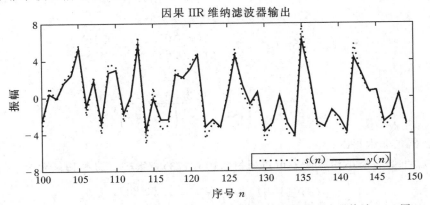

图 14.31　例题 14.27(b)中信号 $s(n)$ 及其因果 IIR 维纳滤波器估计 $y(n)$ 图

14.6.4 非因果维纳滤波器

在前一节,我们将最优滤波器限定为因果的,即对于 $n<0$ 都有 $\boldsymbol{h}_{opt}(n)=0$。本节中我们将摒弃该限定条件,允许滤波器对具有无限长过去时刻和无限长将来时刻的序列 $x(n)$ 进行滤波生成输出 $y(n)$,

$$y(n) = \sum_{k=-\infty}^{\infty} h(k)x(n-k) \tag{14.169}$$

上式所得的滤波器物理上不可实现。它也可以看成是一个平滑滤波器,该滤波器用无限长的将来时刻信号样值来平滑想要的信号 $d(n)$ 的估计 $\hat{d}(n)=y(n)$。

应用正交性原理得到对应如下形式非因果滤波器的维纳-霍普夫方程:

$$\sum_{k=-\infty}^{\infty} h(k)R_{xx}(l-k) = R_{DX}(l), \quad -\infty < l < \infty \tag{14.170}$$

且所得的最小均方误差为

$$\text{MMSE}_{nc} = \sigma_D^2 - \sum_{k=-\infty}^{\infty} h(k)R_{DX}^*(k) \tag{14.171}$$

由于(14.170)式对于 $-\infty<l<+\infty$ 都成立,该方程能直接变换产生如下最优非因果维纳滤波器:

$$H_{nc}(z) = \frac{S_{DX}(z)}{S_{XX}(z)} \tag{14.172}$$

该最小均方误差还可以直接在 z 域中表示为

$$\text{MMSE}_{nc} = \frac{1}{2\pi j}\oint_C \left[S_{DD}(z) - H_{nc}(z)S_{DX}(z^{-1})\right]z^{-1}\,dz \tag{14.173}$$

下面的例题专门用来比较最优非因果滤波器形式和前一节中得到的最优因果滤波器。

例题 14.28 适用于例题 14.20 中所给的信号特性的最优非因果维纳滤波器由(14.172)式给出,其中

$$S_{DX}(z) = S_{DX}(z) = \frac{0.64}{(1-0.6z^{-1})(1-0.6z)}$$

和

$$S_{XX}(z) = S_{SS}(z) + 1 = \frac{2(1-0.3z^{-1}-0.3z)}{(1-0.6z^{-1})(1-0.6z)}$$

则有

$$H_{nc}(z) = \frac{0.3556}{\left(1-\frac{1}{3}z^{-1}\right)\left(1-\frac{1}{3}z\right)}$$

显然,该滤波器是非因果的。

该滤波器所得的最小均方误差可以通过求(14.173)式得到。该被积函数为

$$\frac{1}{z}S_{SS}(z)[1-H_{nc}(z)] = \frac{0.3555}{\left(z-\frac{1}{3}\right)\left(z-\frac{1}{3}z\right)}$$

单位圆内唯一的极点是 $z=\dfrac{1}{3}$。因而,该留数为

$$\left.\frac{0.3555}{1-\dfrac{1}{3}z}\right|_{z=\frac{1}{3}} = \left.\frac{0.3555}{\dfrac{8}{9}}\right| = 0.40$$

因而,使用该最优非因果维纳滤波器得到的可达最小均方误差为

$$\mathrm{MMSE}_{nc} = 0.40$$

需要说明,这个结果正如预期的那样,比因果滤波器得到的最小均方误差要小。 ∎

例题 14.29

a. 试求适用于例题 14.27 中所给信号的非因果维纳滤波器的系统函数,其中 $\sigma_v^2 = 0.49$ 和 $\sigma_w^2 = 0.1$。

b. 试求该滤波器的最小均方误差,并比较该结果与例题 14.27 中最优 IIR 因果维纳滤波器的最小均方误差。

c. 生成对应序号 $0 \leqslant n \leqslant 1000$ 的信号序列 $s(n)$ 和接收序列 $x(n)$。采用(a)中所得到最优非因果维纳滤波器对 $x(n)$ 进行滤波,绘制输出序列 $y(n)$ 及想要的信号 $s(n)$ 的平面图。请说明该非因果滤波器用来估计待求信号的有效性。

题解

由(14.167)式,复功率谱密度 $S_{ss}(z)$ 可以表示为

$$S_{ss}(z) = \frac{0.49}{(1-0.8z^{-1})(1-0.8z)}$$

a. 由(14.168)式,复功率谱密度 $S_{xx}(z)$ 可以表示为

$$S_{xx}(z) = S_{ss}(z) + 0.1 = \frac{0.6441(1-0.1242z^{-1})(1-0.1242z)}{(1-0.8z^{-1})(1-0.8z)}$$

因而,最优非因果 IIR 维纳滤波器为

$$H_{nc}(z) = \frac{S_{ss}(z)}{S_{xx}(z)} = \frac{0.7608}{(1-0.1242z^{-1})(1-0.1242z)} \tag{14.174}$$

其冲激响应为

$$h_{nc}(n) = 0.7727(0.1242)^{|n|}$$

该滤波器是一个非因果滤波器。

b. 该滤波器得到的最小均方误差可以通过求(14.173)式来确定。该被积函数为

$$\frac{1}{z}S_{ss}(z)[1-H_{nc}(z)] = \frac{0.07608}{(z-0.1242)(1-0.1242z)}$$

单位圆内唯一的极点是 $z=0.1242$。因而,该留数为

$$\left.\frac{0.07608}{1-0.1242}\right|_{z=0.1242} = \left.\frac{0.07608}{0.9846}\right| = 0.0773$$

因此,采用该最优非因果维纳滤波器得到的可达最小均方误差为

$$\mathrm{MMSE}_{nc} = 0.0773$$

正如预料的一样,该最小均方误差小于因果滤波器得到的最小均方误差 0.08447。

c. 需要指出,(14.174)式中的非因果滤波器可以表示为一个因果和一个非因果滤波器的

乘积形式,即

$$H_{nc}(z) = H_c(z)H_c(z^{-1}) = \left(\frac{\sqrt{0.7608}}{1 - 0.1242z^{-1}} \right) \left(\frac{\sqrt{0.7608}}{1 - 0.1242z} \right) \tag{14.175}$$

于是,该因果滤波器部分为

$$H_c(z) = \frac{0.8722}{1 - 0.1242z^{-1}} \tag{14.176}$$

该滤波器将用于零相位数字滤波器函数,以实现非因果滤波器 $H_{nc}(z)$。该函数通过 $H_c(z)$ 对前向输入数据进行滤波器处理,然后将输出返回并将它再次通过 $H_c(z)$ 作为反向传递,然后将所得输出返回得到非因果滤波器的输出。与预料的一致,这也相当于零相位滤波。下面的MATLAB 脚本程序给出了信号生成和非因果 IIR 维纳滤波处理。

```
n = 0:1000; varW = 0.1;
varV = 0.49; vn = sqrt(varV) * randn(1,length(n));
sn = filter(1,[1 - 0.8],vn);
wn = sqrt(varW) * randn(1,length(n));
xn = sn + wn;
Hc_num = sqrt(0.7608); Hc_den = [1, - 0.1242];
yn = filtfilt(Hc_num,Hc_den,xn);
```

包含对应序号为 $n=100$ 到 $n=150$ 的信号及其估计样值如图 14.32 所示。由图可以看出,估计信号非常接近信号 $s(n)$。 ∎

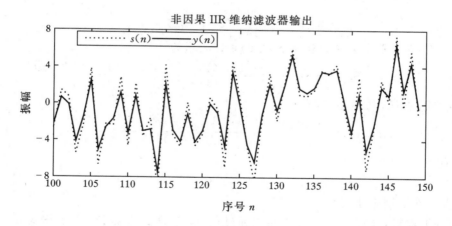

图 14.32 例题 14.29(c)中信号 $s(n)$ 及其非因果 IIR 维纳滤波估计 $y(n)$ 图

14.7 总结及参考资料

本章的主要焦点在于设计用于预测和滤波的最优线性系统,而最优准则就是指定期望得到的滤波器输出和实际滤波器输出之间的均方误差最小化。

线性预测的推导中,我们阐明了前向和后向预测误差方程组专门对应一个格型滤波器,该滤波器参数,即反射系数 K_m,直接与直接型 FIR 线性预测器及其关联预测误差滤波器的滤波器系数 $a_m(k)$ 相关。最优滤波器系数 K_m 和 $a_m(k)$ 可以由标准方程组的解直接得到。

我们介绍了用于求解标准方程组的两种计算高效的算法:Levinson-Durbin 算法和 Schur 算法。这两种算法都适合求解线性方程组的 Toeplitz 系统,并在单处理器中执行时具有 $o(p^2)$ 量级的计算复杂度。然而,采用完全并行处理方式,Schur 算法求解标准方程组需要 $o(p)$ 量级的时间单元,而 Levinson-Durbin 算法则需要 $o(p\log p)$ 量级的时间单元。

除了由线性预测求得的全零点格型滤波器之外,我们还推导了 AR 格型(全极点)滤波器结构和 ARMA 格-梯(零极点)滤波器结构。最后,我们介绍了一类称作维纳滤波器的最优线性滤波器的设计方法。

过去四十年来,线性估计理论经历了丰富的发展历程。文献[41]介绍了前三十年的历史记录。文献[98]针对关于统计平稳信号的最优线性滤波器的开创工作尤其重要。文献[46]以及文献[47]将维纳滤波器理论推广到具有随机输入的动态系统。而卡尔曼滤波器在文献[66]、[3]和[6]等文献中得到了研究。Kailath 的专题论文讨论了维纳和卡尔曼滤波器。

针对线性预测和格型滤波器,当前已经有大量的参考资料。有关这些内容的辅导资料已经在期刊论文[57,58,59]和[17,18]中出版。[30]、[63]和[92]等书籍则提供了这些内容的综合资料。有关线性预测在频谱分析方面的应用可以在[48]、[49]、[64]等书籍中查找,其在地球物理领域中的应用可以在文献[86,87]中查找,而其在自适应滤波方面的应用则可以查阅文献[30]。

关于递归求解标准方程组的 Levinson-Durbin 算法由 Levinson 在文献[54]给出,后经 Durbin 在文献[14]中改进。该经典算法的变种,称作Levinson 分裂算法,由 Delsarte 和 Genin 在文献[12]和 Krishna 在文献[51]中发展得到。这些算法利用 Toeplitz 相关矩阵的额外对称性并节省了一半的乘法运算。

Schur 算法最初由 Schur 在一篇德国发表的论文[88]中介绍。继而,该论文的英语翻译版本在文献 Gohberg[26]中出现。Schur 算法与多项式 $A_m(z)$ 紧密相关,该多项式可以表示为正交多项式。正交多项式资料在文献[91]、[28]和[22]中给出。Vieira 的毕业论文[94],以及文献[45]、[13]和[100]提供了更多有关正交多项式的研究成果。文献[43,44]提供了有关 Schur 算法及其与正交多项式和 Levinson-Durbin 算法关系的辅导资料。基于 Schur 算法计算反射系数的流水线并行处理结构,以及求解线性方程组的 Toeplitz 系统的有关问题在 Kung 和 Hu 的论文[52]中介绍。最后,我们应该指出,通过进一步利用 Toeplitz 矩阵的对称性,Schur 算法可以获得额外的计算效率。这就引出了所谓的 Schur 分裂算法,其与 Levinson 分裂算法类似。

自适应滤波器

15

第 14 章中介绍的滤波器设计技术是以信号的二阶统计特性已知为基础,与之形成对照的是,在许多数字信号处理应用中这些统计特性不能假定为已知的先验信息。这样的应用例子包括数据通信系统中的信道均衡和回声消除,以及控制系统中的系统辨识和系统建模。在这样的应用中,待设计的滤波器系数不能指定为先验信息已知的,因为它们取决于通信信道或控制系统的特性。这样参数可调的滤波器,通常称作自适应滤波器,特别是当它们包含有能根据信号统计特性变化而自适应调整滤波器系数的算法的情形。

过去 35 年来,自适应滤波器获得了研究者相当的关注。因而,许多运算高效的自适应滤波算法已经被提出来。本章中,我们将介绍两类基本算法:基于梯度优化求解系数的最小均方(LMS)算法和递归最小二乘类算法。在介绍这两类算法前,我们先给出几个实际应用,这些应用中自适应滤波器成功用于受噪声和其他干扰污染的信号的估计问题。

15.1 自适应滤波器的应用

自适应滤波器广泛用于通信系统、控制系统以及各类其他系统,这些系统中待滤波信号的统计特性先验信息未知或(某些情况下)慢时变(非平稳信号)。自适应滤波器的大量应用在文献中已有介绍。其中一些更值得注意的应用包括:(1)自适应天线系统,该系统中自适应滤波器用于控制波束和提供波束方向图的零空间,以消除不想要的干扰(参见文献[97]);(2)数字通信接收机,自适应滤波器用于提供符号间干扰均衡和信道辨识(参见文献[55],[80],[23],[21],[77],[78],[56],[75],[70]);(3)自适应噪声抵消技术,该技术采用自适应滤波器估计和抵消想要的信号中的噪声成分(参见文献[96],[34],[50]);(4)系统建模,这种情况下自适应滤波器用作估计未知系统的模型。这些只是自适应滤波器应用中最广为人知的几个例子而已。

虽然 IIR 滤波器和 FIR 滤波器都被采纳用于自适应滤波,目前 FIR 滤波器仍是最实际且应用最广泛的。这种偏好的原因非常简单:FIR 滤波器只有零点可调;因而它没有自适应 IIR 滤波器相关的稳定性问题,因为 IIR 滤波器同时具有可调的零点和极点。然而,我们不应该因此就下定论:自适应 FIR 滤波器总是稳定的。相反,滤波器的稳定性关键取决于调整系数的算法,这将在 15.2 节和 15.3 节中阐述。

各种可能的 FIR 滤波器结构中,直接型和格型结构常用于自适应滤波应用中。系数 $h(n)$ 可调的直接型 FIR 滤波器结构如图 15.1 所示。另一方面,FIR 格型结构中的可调参数是反射系数 K_n。本章中,我们只考虑直接型 FIR 滤波器的结构。

采用自适应滤波器时,一个重要的问题是可调滤波器参数的优化准则。该准则不仅能提供滤波器性能的重要衡量指标,而且它还必须最终得到实际可实现的算法。

举例来说,数字通信系统中的一个想要的性能指标是平均错误概率。因而,采用自适应均衡器时,我们需要考虑把选择均衡器系数使得平均错误概率最小化作为我们优化准则的基础。然而不幸的是,该准则的性能指标(平均错误概率)是一个关于滤波器系数和信号统计特性的高度非线性函数。结果是,优化这样性能指标的自适应滤波器实现起来复杂而不实际。

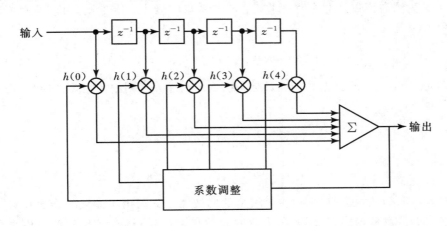

图 15.1　直接型自适应 FIR 滤波器

某些情况下,关于滤波器参数为非线性函数的性能指标具有许多相对极小值(或极大值),这样的话,我们就不能肯定该自适应滤波器是收敛到最优解还是收敛到一个相对极小值(或极大值)。出于这样的原因,某些想要的性能指标,比如数字通信系统中的平均错误概率,只能被弃之不用,因为该指标使用起来不切实际。

能够为自适应滤波应用提供好的性能指标的两条准则是最小二乘准则和与其在统计建模中地位相当的准则,称作均方误差准则。最小二乘(和均方误差)准则引入了关于滤波器系数的二次函数性能指标,因而它具有单极值点。所得的滤波器系数调整算法应用起来相对简单,这方面的内容将在 15.2 节中阐述。

本节中,我们介绍了几个自适应滤波器的应用,目的在于为 15.2 节推导得到的算法数学分析阐明实际需求。我们发现在这些应用例子中使用直接型 FIR 结构非常方便。尽管本节中我们并不打算讨论滤波器系数自适应调整递归算法,但是将滤波器系数优化问题建模为最小二乘优化问题仍然具有启发意义。这部分数学论述将专门为下两节中推导得到的算法建立统一框架。

15.1.1　系统辨识或系统建模

在系统辨识或系统建模问题中,我们有一个待辨识的未知系统,称作一个平台。将该系统建模为一个系数可调的 FIR 滤波器。该平台和模型都受到一个输入序列 $x(n)$ 的激励。如果 $y(n)$ 表示平台输出,$\hat{y}(n)$ 表示模型输出,

$$\hat{y}(n) = \sum_{k=0}^{M-1} h(k)x(n-k) \qquad (15.1)$$

我们可以构建误差序列

$$e(n) = y(n) - \hat{y}(n), \quad n = 0, 1, \cdots \tag{15.2}$$

并选择系数 $h(k)$ 使得误差平方和最小,即

$$\mathcal{E}_M = \sum_{n=0}^{N} \Big[y(n) - \sum_{k=0}^{M-1} h(k)x(n-k) \Big]^2 \tag{15.3}$$

式中,$N+1$ 是观测样值数。上式就是求解滤波器系数的最小二乘准则,由该准则可以得到一组线性方程

$$\sum_{k=0}^{M-1} h(k) r_{xx}(l-k) = r_{yx}(l), \quad l = 0, 1, \cdots, M-1 \tag{15.4}$$

式中,$r_{xx}(l)$ 是序列 $x(n)$ 的自相关,$r_{yx}(l)$ 是系统输出与输入序列的互相关(时间平均),定义如下[①]:

$$r_{xx}(l) = \sum_{n=0}^{N} x(n)x(n-l) \tag{15.5a}$$

$$r_{yx}(l) = \sum_{n=0}^{N} y(n)x(n-l) \tag{15.5b}$$

通过求解(15.4)式,我们得到对应该模型的滤波器系数。由于滤波器参数可以直接由系统输入和输出的测量数据得到,而无需平台的先验知识,我们称该 FIR 滤波器模型为一个自适应滤波器。

如果我们的唯一目标是采用 FIR 模型来辨识系统,(15.4)式的解即可满足要求。然而,在控制系统应用中,被建模的系统可能是时变的,随时间慢变,我们构建模型的最终目标是用它来设计一个能够控制该平台的控制器。此外,测量噪声通常存在于平台输出中。该噪声会给测量带来不确定性,并会污染模型的滤波器系数估计。这样的场景如图 15.2 所示。这种情况下,自适应滤波器必须在平台输出中存在测量噪声的条件下能识别并跟踪该平台的时变特性。15.2 节中要介绍的算法能够应用于这类系统辨识问题。

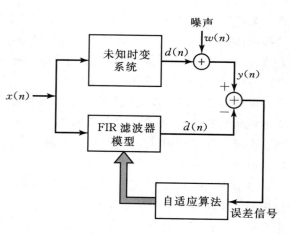

图 15.2 自适应滤波器在系统辨识中的应用

例题 15.1 系统辨识

考虑如图 15.2 所示的系统辨识问题。假定未知系统具有两个复共轭极点,系统函数为

$$H(z) = \frac{1}{1 - 2\mathrm{Re}(p)z^{-1} + |p|^2 z^{-2}}$$

式中,p 是其中的一个极点。加性噪声序列 $w(n)$ 是一个白色的零均值且方差为 $\sigma_w^2 = 0.02$ 的高斯过程 $W(n)$ 的样值序列。激励序列 $x(n)$ 也是一个白色的零均值且方差为 $\sigma_x^2 = 1$ 的高斯

---

① 本章中,我们用小写 $r_{xx}(l)$ 和 $r_{yx}(l)$ 表示直接由数据序列得到的时间平均自相关和互相关函数。

过程 $X(n)$ 的样值序列。过程 $W(n)$ 和 $X(n)$ 不相关。该 FIR 滤波器模型具有冲激响应 $h(n)$，$0 \leqslant n \leqslant M-1$。

a. 令 $p=0.8e^{j\pi/4}$ 和 $M=15$，试生成对应 $0 \leqslant n \leqslant 1000$ 的输出序列 $y(n)$ 及其对应期望序列 $d(n)$，$0 \leqslant n \leqslant 1000$。

b. 计算对应间隔序号为 $0 \leqslant m \leqslant M-1$ 的自相关序列 $r_{xx}(m)$ 和互相关序列 $r_{yx}(m)$。然后用(15.4)式中最小二乘方程计算 FIR 滤波器系数。

c. 绘制并比较未知系统与其对应 FIR 滤波器模型的冲激响应曲线。另外，绘制并比较未知系统与其对应 FIR 滤波器模型的频率响应曲线。

d. 当序列 $x(n)$ 是下面差分方程描述的一阶 AR 过程的输出时，重做(a)、(b)和(c)小题

$$x(n) = \frac{1}{2}x(n-1) + v(n)$$

式中，$v(n)$ 是方差为 $\sigma_V^2 = 1$ 的高斯白噪声的样值函数。

题解

使用 MATLAB 可以得到例题的解。

a. MATLAB 脚本程序：

```
>>varW = 0.02;                    % Additive noise variance
>>varX = 1;                       % Excitation seq Variance
>>N = 1000; n = 0:N;              % # of samples and indices
>>p = 0.8 * exp(1j * pi/4);       % Pole location
>>a = [1, -2 * real(p),abs(p)^2]; % Plant denominator coeff
>>M = 15;                         % FIR filter model order
>>xn = sqrt(varX) * randn(N+1,1); % Input sequence
>>wn = sqrt(varW) * randn(N+1,1); % Noise sequence
>>dn = filter(1,a,xn);            % Output of the plant
>>yn = dn + wn;                   % Noisy plant output
```

b. MATLAB 脚本程序：

```
>>[rxx,lags] = xcorr(xn,M-1);     % ACRS of x(n)
>>Rxx = toeplitz(rxx(M:end));     % ACRM of x(n)
>>ryx = xcorr(yn,xn,M-1);         % CCRS between y(n) and x(n)
>>ryx = ryx(M:end);               % CCRV between y(n) and x(n)
>>hm = Rxx\ryx;                   % Model coeff (or Imp resp)
>>hp = impz(1,a,M+5);             % Plant impulse response
```

c. MATLAB 脚本程序：

```
>>om = linspace(0,1,1001) * pi;
>>Hm = freqz(hm,1,om);
>>Hm_mag = abs(Hm);
>>Hm_pha = angle(Hm)/pi;
```

```
>>Hp = freqz(1,a,om);
>>Hp_mag = abs(Hp);
>>Hp_pha = angle(Hp)/pi;
>> % Plotting commands follow
```

所得的结果曲线如图 15.3 所示。通过比较冲激响应曲线,我们注意到对于前 $M=15$ 个样值而言,该模型的 FIR 冲激响应非常接近于平台 IIR 冲激响应。类似地,两个系统的频率响应彼此也非常接近。在这些图中,虚线代表相位响应。该模型频率响应中的轻微波纹是由 FIR 模型假设带来的加窗效应。

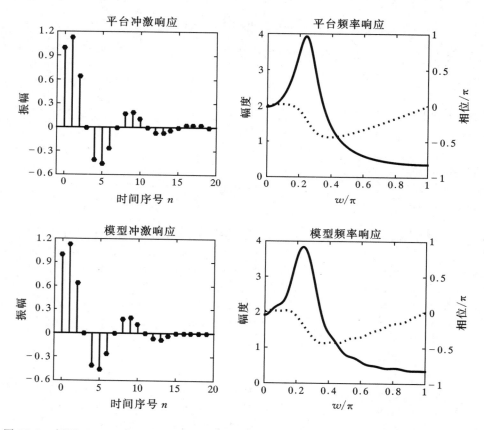

图 15.3 例题 15.1(c)中平台和 FIR 模型系统的冲激响应和频率响应。虚线表示相位响应

d. 本小题参数设置中唯一的变化在于采用一阶 AR 过程如何生成激励序列。

```
>> varW = 0.02;              % Additive noise variance
>>varV = 1;                  % Excitation seq Variance
>>N = 1000; n = 0:N;         % Number of samples and indices
>>p = 0.8 * exp(1j * pi/4);  % Pole location
>>a = [1, - 2 * real(p),abs(p)^2];  % Plant denominator coeff
>>M = 15;                    % FIR filter model order
```

```
>>vn = sqrt(varV) * randn(N + 1,1);    % Gaussian seq for Input x(n)
>>xn = filter(1,[1, - 1/2],vn);        % Input sequence x(n)
>>wn = sqrt(varW) * randn(N + 1,1);    % Noise sequence
>>dn = filter(1,a,xn);                 % Output of the plant
>>yn = dn + wn;                        % Noisy plant output
>>[rxx,lags] = xcorr(xn,M - 1);        % ACRS of x(n)
>>Rxx = toeplitz(rxx(M:end));          % ACRM of x(n)
>>ryx = xcorr(yn,xn,M - 1);            % CCRS between y(n) and x(n)
>>ryx = ryx(M:end);                    % CCRV
>>hm = Rxx\ryx;                        % Model coeff (or Imp resp)
>>hp = impz(1,a,M + 5);                % Plant impulse response
>>om = linspace(0,1,1001) * pi;
>>Hm = freqz(hm,1,om);
>>Hm_mag = abs(Hm); Hm_pha = angle(Hm)/pi;
>>Hp = freqz(1,a,om);
>>Hp_mag = abs(Hp); Hp_pha = angle(Hp)/pi;
```

所得的结果曲线如图 15.4 所示。冲激响应和频率响应曲线的比较与(c)小题中结果相似。此外,(c)小题和(d)小题所得的结果几乎相同。 ∎

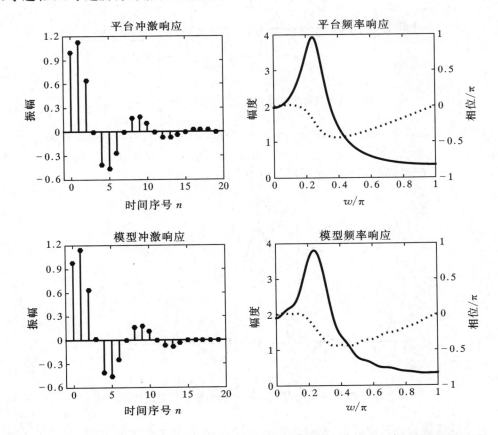

图 15.4　例题 15.1(d)中平台和 FIR 模型系统的冲激响应和频率响应。虚线表示相位响应

15.1.2 自适应信道均衡

图 15.5 显示了数字通信系统的模块图,该系统采用自适应均衡器来补偿传输媒介(信道)产生的失真。该系统中,信息符号的数字序列 $a(n)$ 输入到发送滤波器,其输出为

$$s(t) = \sum_{k=0}^{\infty} a(k) p(t - kT_s) \tag{15.6}$$

式中,$p(t)$ 是发送端滤波器的冲激响应,T_s 是信息符号间的时间间隔,即 $1/T_s$ 为符号速率。为方便讨论,我们可以假定 $a(n)$ 是从数值集合 $\pm 1, \pm 3, \pm 5, \cdots, \pm(K-1)$ 中取值的多电平序列,其中 K 是可能的符号取值个数。

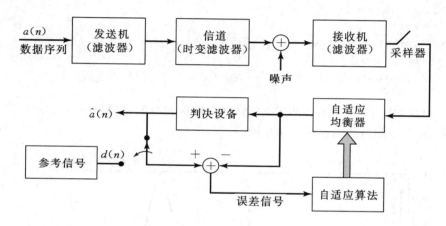

图 15.5 自适应滤波在自适应信道均衡上的应用

脉冲 $p(t)$ 通常被设计成具有如图 15.6 所示的特性。需要指出,$p(t)$ 的振幅满足 $p(0)=1$,$t=0$ 且 $p(nT_s)=0$,$t=nT_s$,$n=\pm 1, \pm 2, \cdots$。因此,间隔 T_s 秒顺序发送的连续脉冲在整数倍符号间隔处 $t=nT_s$ 采样时不会相互干扰。因而有 $a(n)=s(nT_s)$。

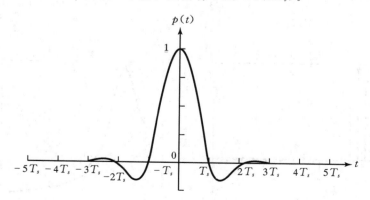

图 15.6 速率为 $1/T_s$(符号/秒)时符号数字传输的脉冲波形

信道通常建模为线性滤波器,它会造成脉冲变形,从而导致符号间干扰。比如说在电话信道中,为分离不同频率范围的信号,滤波器的使用遍及整个系统。这些滤波器会引入相位和幅

度失真。图 15.7 显示了可能出现在电话信道输出端口的脉冲 $p(t)$ 的信道失真效应。现在，我们可以看到，每隔 T_s 秒的采样值因受到几个相邻符号的干扰而失真。失真信号还受到加性噪声的污染，噪声通常为宽带噪声。

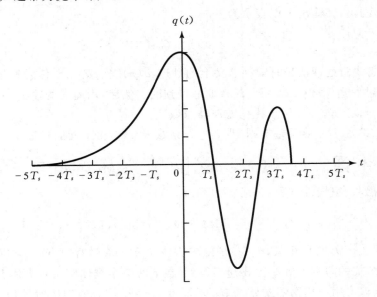

图 15.7　图 15.6 中信号脉冲的信道失真效应

在通信系统的接收端，信号先要通过一个以消除信号频带外噪声为主要目标而设计的滤波器。我们可以假设，该滤波器是一个线性相位 FIR 滤波器，它不仅可以限制噪声带宽，而且它给受信道影响而畸变的信号引入的额外失真可忽略不计。

该滤波器输出端的接收信号采样反映了加性噪声和符号间干扰的存在。如果先暂且忽略可能存在的信道时变性，我们可以将接收机的采样输出表示为

$$x(nT_s) = \sum_{k=0}^{\infty} a(k)q(nT_s - kT_s) + w(nT_s)$$

$$= a(n)q(0) + \sum_{\substack{k=0 \\ k \neq n}}^{\infty} a(k)q(nT_s - kT_s) + w(nT_s) \tag{15.7}$$

其中 $w(t)$ 表示加性噪声，$q(t)$ 表示接收机滤波器输出的失真脉冲。

为简化讨论，我们假设采样 $q(t)$ 已经采用接收机内部自动增益控制（AGC）归一化处理，则（15.7）式给出的采样信号可以表示为

$$x(n) = a(n) + \sum_{\substack{k=0 \\ k \neq n}}^{\infty} a(k)q(n-k) + w(n) \tag{15.8}$$

其中 $x(n) \equiv x(nT_s)$，$q(n) \equiv q(nT_s)$ 以及 $w(n) \equiv w(nT_s)$。（15.8）式中的 $a(n)$ 项为第 n 个采样时刻处的待求信号。第二项，

$$\sum_{\substack{k=0 \\ k \neq n}}^{\infty} a(k)q(n-k)$$

由信道失真导致的符号间干扰构成，$w(n)$ 表示系统中加性噪声。

一般而言,信道失真效应在采样值 $q(n)$ 上的具体体现是接收端未知的。此外,信道可能随时间缓慢变换,从而导致符号间干扰也是时变的。均衡器的目标就是补偿信道中信号的失真,使得经过补偿的信号能够被可靠地检测出来。我们假定均衡器是一个具有 M 个可调系数 $h(n)$ 的 FIR 滤波器。其输出可以表示为

$$\hat{a}(n) = \sum_{k=0}^{M-1} h(k)x(n+D-k) \tag{15.9}$$

其中 D 是通过滤波器处理信号时某种名义上的延迟,$\hat{a}(n)$ 表示第 n 个信息符号的估计。开始时,均衡器是通过发送已知数据序列 $d(n)$ 训练得到的。然后,均衡器的输出 $\hat{a}(n)$ 与 $d(n)$ 相比较并生成误差,该误差进一步用于优化滤波器系数。

如果再次采纳最小二乘误差准则,我们选择系数 $h(k)$ 使得下面的量最小化:

$$\mathcal{E}_M = \sum_{n=0}^{N}\left[d(n)-\hat{a}(n)\right]^2 = \sum_{n=0}^{N}\left[d(n)-\sum_{k=0}^{M-1}h(k)x(n+D-k)\right]^2 \tag{15.10}$$

优化上式可以得到一组线性方程组,形式如下:

$$\sum_{n=0}^{M-1} h(k)r_{xx}(l-k) = r_{dx}(l-D), \quad l=0,1,2,\cdots,M-1 \tag{15.11}$$

其中 $r_{xx}(l)$ 是序列 $x(n)$ 的自相关,$r_{dx}(l)$ 是待求信号 $d(n)$ 与接收序列 $x(n)$ 之间的互相关。

尽管(15.11)式的解在实际中需要递归得到(在下两节中具体阐明),大体上我们仍然能看出该方程组可以求得用于均衡器初始调节的系数值。经过较短的训练时间段,对于大多数信道而言该时段通常不超过 1 秒,发送机才开始发送信息序列 $a(n)$。为了跟踪可能的信道时变,均衡器系数必须能够连续地自适应调节。如图 15.5 所示,通过将输出端的判决值看作正确的序列,并用该判决代替参考信号 $d(n)$ 来生成误差信号,从而实现该自适应调节均衡器系数功能。当判决错误很少发生时(比如,每百个符号中少于一个判决错误),该方法工作相当可靠。偶尔的判决错误只会带来均衡器系数较小的失调。在 15.2 节和 15.3 节中,我们将介绍递归调整均衡器系数的自适应算法。

例题 15.2 信道均衡

考虑系统配置如图 15.8 所示,信道滤波器系统函数为

$$C(z) = 1 - 2\mathrm{Re}(z_0)z^{-1} + |z_0|^2 z^{-1}$$

且均衡器系统函数为

$$H(z) = \sum_{k=0}^{M-1} h(k)z^{-k}$$

$C(z)$ 的零点位于 $z_0 = 0.8\mathrm{e}^{\mathrm{j}\pi/4}$ 和 $z_0^* = 0.8\mathrm{e}^{-\mathrm{j}\pi/4}$。输入序列 $a(n)$ 是由 ± 1 构成的伪随机序列。加性噪声是方差为 $\sigma_W^2 = 0.1$ 的高斯白噪声的样值序列。

a. 生成对应序号 $0 \leqslant n \leqslant 1000$ 的序列 $a(n)$ 和 $x(n)$。

b. $M=7$ 和 $D=10$ 时,基于最小二乘解计算均衡器系数 $h(k)$,$0 \leqslant k \leqslant 6$:

$$\sum_{k=0}^{6} h(k)r_{xx}(l-k) = r_{dx}(l), \quad l=0,1,\cdots,6$$

其中 $d(n)=a(n)$,$0 \leqslant n \leqslant 1000$。

c. 绘制信道滤波器 $C(z)$、均衡器滤波器 $H(z)$ 和级联滤波器 $C(z)H(z)$ 的频率响应曲线,

并请说明绘图结果。

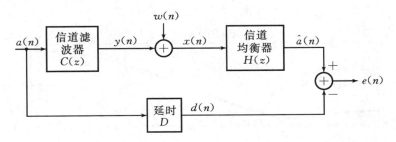

图 15.8 例题 15.2 中信道均衡

题解

本题采用 MATLAB 求解。

a. MATLAB 脚本程序如下：

```
>> z0 = 0.8 * exp(1j * pi/4);           % Zero of C(z)
>> Cb = [1, -2 * real(z0),abs(z0)^2];   % Numerator of C(z) or imp resp
>> N = 1000; n = 0:N;                    % Length and timing indices
>> varW = 0.1;                           % Additive noise variance
>> M = 7;                                % FIR Equalizer length
>> an = 2 * randi([0,1],N+1,1) - 1;      % Pseudorandom symbol sequence
>> yn = filter(Cb,1,an);                 % Distorted symbol sequence
>> wn = sqrt(varW) * randn(N+1,1);       % Additive noise sequence
>> xn = yn + wn;                         % Noisy distorted symbols
```

b. MATLAB 脚本程序如下：

```
>> [rxx,lags] = xcorr(xn,M-1);   % ACRS of x(n)
>> Rxx = toeplitz(rxx(M:end));   % ACRM of x(n)
>> rdx = xcorr(an,xn,M-1);       % CCRS between d(n) and x(n)
>> rdx = rdx(M:end);             % CCRV
>> heq = Rxx\rdx;                % Equalizer coeff (or imp resp)
```

c. 采用下面的 MATLAB 脚本程序计算信道、均衡器和级联滤波器的频率响应，结果如图 15.9 所示。

```
om = linspace(0,1,1001) * pi;
Heq = freqz(heq,1,om);
Heq_mag = abs(Heq); Heq_pha = angle(Heq)/pi;
Cz = freqz(Cb,1,om);
Cz_mag = abs(Cz); Cz_pha = angle(Cz)/pi;
CzHeq = Cz .* Heq;
CzHeq_mag = abs(CzHeq); CzHeq_pha = angle(CzHeq)/pi;
```

该级联滤波器的频率响应非常接近一个全通滤波器,这表明均衡器非常接近信道的逆滤波器。■

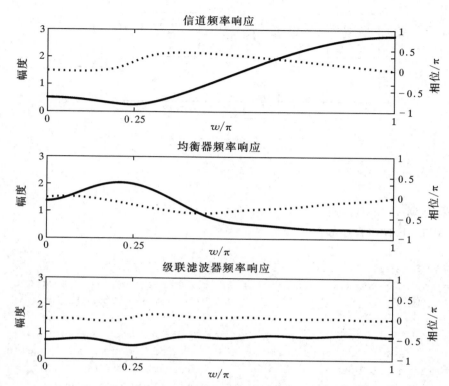

图 15.9 　例题 15.2(c)中信道、均衡器和级联滤波器的频率响应曲线。虚线表示相位响应

15.1.3 　电话信道数据传输中回声抵消

在电话信道数据传输中,调制解调器用于提供数字数据序列和模拟信道的接口。图15.10所示的是一个通信系统模块图,该系统中标记为 A 和 B 的两终端采用调制解调器 A 和 B 接口到电话信道,从而传输数据。如图,一个数字序列 $a(n)$ 由终端 A 传输到终端 B,而另一数字序列 $b(n)$ 由终端 B 传输到终端 A。这种双向同时传输称作全双工传输。

如前所述,两个传输信号可以表示为

$$s_A(t) = \sum_{k=0}^{\infty} a(k)p(t - kT_s) \tag{15.12}$$

$$s_B(t) = \sum_{k=0}^{\infty} b(k)p(t - kT_s) \tag{15.13}$$

其中 $p(t)$ 是脉冲,如图 15.6 所示。

当用户希望通过拨号交换电话网络传输数据时,用户与本地中心电话局之间的本地通信链路称作本地环路。在中心电话局,用户的两线连接到主四线电话信道,该四线电话信道通过一个叫做混合电路的设备互连至不同中心电话局,称作干线。通过变压器耦合,混合电路调谐以提供全双工传输中发送和接收信道的隔离。然而,由于混合电路和电话信道的阻抗不匹配,隔离级通常不够,因此一些发送端的信号会泄露回来干扰接收端的信号,从而导致在电话信道语音通信中经常听到"回声"。

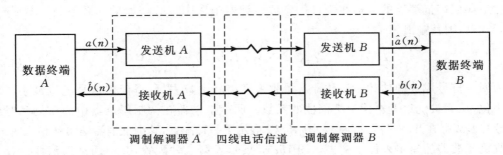

图 15.10 电话信道全双工数据传输

为抑制语音传输中的回声,电话公司使用了一种称作回声抑制器的设备。数据传输中,该解决方案在每个调制解调器中使用了一个回声抵消器。该回声抵消器采用类似横向(FIR)均衡器那样系数可以自动调整的自适应滤波器来实现。

通过采用混合电路来耦合两线到四线信道,以及每个调制解调器中的回声抵消器估计并减去回声,拨号交换网络中数据通信系统采用了如图 15.11 中的结构形式。每个调制解调器需要混合电路来隔离收发机和耦合到两线本地环路。混合电路 A 的物理位置在用户 A 所在的中心交换局,而混合电路 B 的物理位置则在用户 B 连接的中心交换局。两个中心交换局通过四线连接,其中一对线用于由 A 到 B 的传输,另一对线用于反向传输。终端 A 处由于混合电路 A 引起的回声称作近端回声,终端 A 处由于混合电路 B 引起的回声称作远端回声。数据传输中通常存在这两种类型的回声,必须采用回声抵消器予以消除。

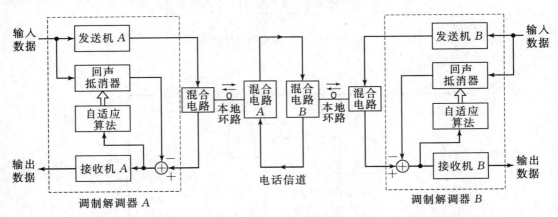

图 15.11 采用回声抵消器的调制解调器的数字通信系统模型框图

为方便讨论,假定我们先忽略信道失真而只考虑回声。调制解调器 A 的接收信号可以表示为

$$s_{RA}(t) = A_1 s_B(t) + A_2 s_A(t-d_1) + A_3 s_A(t-d_2) \qquad (15.14)$$

其中 $s_B(t)$ 是调制解调器 A 要解调的期望信号,$s_A(t-d_1)$ 是混合电路 A 产生的近端回声,$s_A(t-d_2)$ 是混合电路 B 产生的远端回声,$A_i, i=1,2,3$ 是这三个信号对应的振幅,d_1 和 d_2 是与回声成分相关的延迟。另外一种影响接收信号的干扰就是加性噪声,因而调制解调器接收到的信号为

$$r_A(t) = s_{RA}(t) + w(t) \tag{15.15}$$

其中 $w(t)$ 代表加性过程的采样函数。

自适应回声抵消器的目标在于自适应地估计两个回声成分。如果其系数是 $h(n), n = 0$, $1, \cdots, M-1$,则其输出为

$$\hat{s}_A(n) = \sum_{k=0}^{M-1} h(k)a(n-k) \tag{15.16}$$

上式为回声信号成分的估计。该估计从接收采样信号中减去,所得误差信号经过最小二乘准则最小化,从而最优地调整回声抵消器的系数。回声抵消器在调制解调器中的布局和对应误差信号的形成存在几种可能的配置。图 15.12 展示了一种配置,其中抵消器输出从输入为 $r_A(t)$ 的接收机滤波器的输出采样中减去。图 15.13 展示了第二种配置,其中回声抵消器以奈奎斯特速率而不是符号速率生成采样值。在这种配置中,用于调整系数的误差信号就是接收信号采样 $r_A(n)$ 与抵消器输出之差。最后,图 15.14 展示了与自适应均衡器组合工作的抵消器。

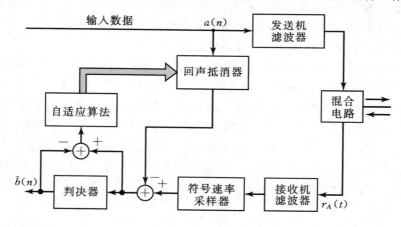

图 15.12 符号速率回声抵消器

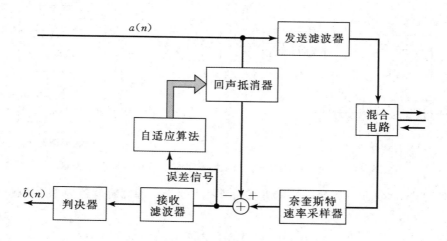

图 15.13 奈奎斯特速率回声抵消器

图 15.12 到图 15.14 所示的任一种配置中采用最小二乘准则均可以得到一组用于求解回

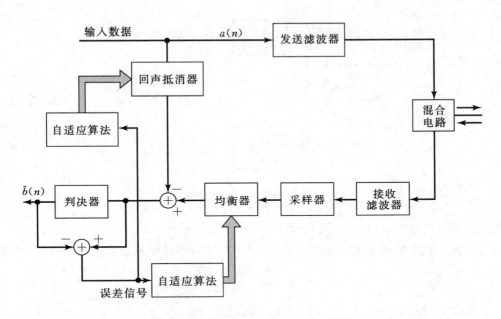

图 15.14 带有自适应均衡器和回声抵消器的调制解调器

声抵消器系数的线性方程。读者可以自行推导三种配置下的方程组。

例题 15.3 回声抵消

考虑如图 15.15 中的系统配置,其中回声抵消器用来抑制待求信号序列 $\{b(n)\}$ 的检测干扰。接收序列 $y(n)$ 可表示为

$$y(n) = b(n) + s_A(n) + w(n)$$

式中,$b(n)$ 表示待求的接收信息序列,$w(n)$ 表示加性噪声,以及 $s_A(n)$ 表示需要加以抑制的不想要的回声。待求序列 $b(n)$ 是一个取值为 ± 1 的伪随机序列。加性噪声采样序列 $w(n)$ 是方差为 $\sigma_W^2 = 0.1$ 的高斯白序列。回声信号序列可以表示为

$$s_A(n) = \sum_{l=0}^{4} c(l)a(n-l)$$

式中,回声系数可以表示为下面的向量:

$$c = [-0.25, -0.5, 0.75, 0.36, 0.25]$$

且序列 $a(n)$ 是取值为 ± 1 的伪随机序列。

该回声抵消器是一个系数为 $h(k), 0 \leq k \leq M-1$ 的 FIR 滤波器,其输出为不想要的回声信号的估计,即

$$\hat{s}_A(n) = \sum_{k=0}^{M-1} h(k)a(n-k)$$

a. 生成对应序号 $0 \leq n \leq 1000$ 的序列 $y(n)$ 和 $s_A(n)$,并用最小二乘准则最小化下面的平方和:

$$\sum_{n=0}^{N} [y(n) - s_A(n)]^2 = \sum_{n=0}^{N} \Big[y(n) - \sum_{k=0}^{M-1} h(k)a(n-k)\Big]^2 \qquad (15.17)$$

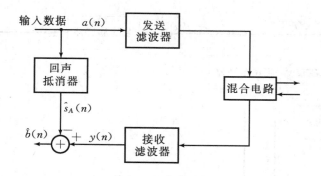

图 15.15 例题 15.3 中回声抵消

进而求解回声抵消器的系数 $h(k)$，$0 \leqslant k \leqslant M-1$。$M$ 选取为 $M=10$。

　　b. 比较回声抵消器的系数与回声系数 $c(k)$，$0 \leqslant k \leqslant 4$，并说明该结果。

题解

　　最小化(15.17)式中的平方和，可以得到下面的方程组：

$$\sum_{k=0}^{M-1} h(k) r_{aa}(l-k) = r_{ya}(l), \quad l=0,1,\cdots,M-1$$

其中 $r_{aa}(l)$ 是 $a(n)$ 的自相关序列估计，$r_{ya}(l)$ 是 $y(n)$ 和 $a(n)$ 之间的互相关估计。

　　a. 该回声抵消器系数可以采用下面的 MATLAB 脚本程序得到：

```
>> c = [-0.25,-0.5,0.75,0.36,0.25];    % Echo coefficients
>> N = 1000; n = 0:N;                   % Length and timing indices
>> varW = 0.1;                          % Additive noise variance
>> an = 2 * randi([0,1],N+1,1)-1;       % Pseudorandom symbol seq at Modem - A
>> bn = 2 * randi([0,1],N+1,1)-1;       % Pseudorandom symbol seq at Modem - B
>> sAn = filter(c,1,an);                % Echo signal sequence at modem - A
>> wn = sqrt(varW) * randn(N+1,1);      % Additive noise sequence
>> yn = bn + sAn + wn;                  % Received signal at Modem - A
>> M = 10;                              % FIR echo canceller order
>> [raa,lags] = xcorr(an,M-1);          % ACRS of a(n)
>> Raa = toeplitz(raa(M:end));          % ACRM of a(n)
>> rya = xcorr(yn,an,M-1);              % CCRS between y(n) and a(n)
>> rya = rya(M:end);                    % CCRV
>> hec = Raa\rya;                       % Echo canceller coeff (or Imp resp)
>> hec'
ans =
     -0.2540      -0.4982       0.7943       0.3285       0.2291
      0.0272       0.0139       0.0017      -0.0446       0.0319
```

　　b. 由(a)小题中的回声抵消器系数 $h(k)$，我们可以看出其前五个系数接近回声系数，而其他的系数非常小。

15.1.4 宽带信号中的窄带干扰抑制

现在,我们来讨论一个实际中经常遇到的问题,特别是在数字通信和信号检测中。假设我们有一个由期望得到的宽带信号序列 $w(n)$ 和加性窄带干扰序列 $x(n)$ 构成的信号序列 $v(n)$,对应的两个过程 $W(n)$ 和 $X(n)$ 不相关。这些序列是以宽带信号 $w(t)$ 的奈奎斯特速率采样模拟信号 $v(t)$ 得到的。图 15.16 阐明了 $w(n)$ 和 $x(n)$ 的频谱特性。通常,干扰在其所占的窄频带内 $|X(e^{j2\pi f})|$ 比 $|W(e^{j2\pi f})|$ 大得多。

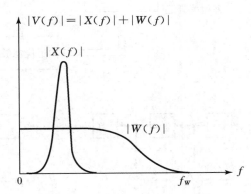

图 15.16 宽带信号 $W(e^{j2\pi f})$ 中的强窄带干扰 $X(e^{j2\pi f})$

适用于上述模型的数字通信和信号检测问题中,期望得到的信号序列经常为扩频信号,而窄带干扰表示来自频带内另一个用户的信号或来自企图中断通信或检测系统的干扰机的恶意干扰。

从滤波的角度来说,我们的目标就是采用一个滤波器来抑制窄带干扰。事实上,这样的滤波器将会在 $|X(e^{j2\pi f})|$ 所占的频带内形成凹陷,而实际中 $|X(e^{j2\pi f})|$ 所占的频带又常常未知。此外,如果干扰是非平稳的,则其占用频带情况可能是时变的。因而,我们需要一个自适应滤波器。

从另外一个角度来看,该干扰的窄带特性使得我们能够由序列 $v(n)$ 过去时刻的样值来估计 $x(n)$,并将其从 $v(n)$ 中减去。由于 $x(n)$ 的带宽比序列 $w(n)$ 的带宽窄,样值 $x(n)$ 因高采样速率而高度相关。另一方面,由于 $w(n)$ 的样值是按照其奈奎斯特速率采样得到的,样值 $w(n)$ 不是高度相关的。利用 $x(n)$ 与序列 $v(n)$ 过去时刻的样值的高度相关性可以获取 $x(n)$ 的估计,该估计可以从 $v(n)$ 中减去。

该自适应滤波器的一般配置如图 15.17 所示。信号 $v(n)$ 经过 D 采样间隔的延迟,通常选取足够大的 D 使得分别包含在 $v(n)$ 和 $v(n-D)$ 中的信号成分 $w(n)$ 和 $w(n-D)$ 不相关。一般来说,选择 $D=1$ 或 2 就足够了。延迟信号序列 $v(n-D)$ 通过一个 FIR 滤波器,该滤波器最适于表示为一个基于 M 个样值 $v(n-D-k)$,$k=0,1,\cdots,M-1$ 的关于样值 $x(n)$ 的线性预测器。该线性预测器的输出为

$$\hat{x}(n) = \sum_{k=0}^{M-1} h(k)v(n-D-k) \tag{15.18}$$

从 $v(n)$ 中减去 $x(n)$ 的预测值可以得到 $w(n)$ 的估计,如图 15.17 所示。显然,$x(n)$ 的估计质

量决定了窄带干扰抑制效果的好坏。同样显而易见的是,延迟 D 必须尽量小以获得 $x(n)$ 的较好估计,同时又必须足够大以使得 $w(n)$ 和 $w(n-D)$ 不相关。

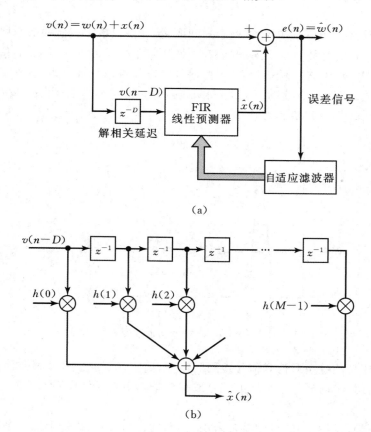

(a)

(b)

图 15.17 单边带信号中估计和抑制窄带干扰的自适应滤波器

我们定义误差序列如下:

$$e(n) = v(n) - \hat{x}(n)$$
$$= v(n) - \sum_{k=0}^{M-1} h(k)v(n-D-k) \qquad (15.19)$$

如果我们按照最小二乘准则来优化选择预测系数,可以得到如下的线性方程组:

$$\sum_{k=0}^{M-1} h(k)r_{vv}(l-k) = r_{vv}(l+D), \quad l=0,1,\cdots M-1 \qquad (15.20)$$

其中 $r_{vv}(l)$ 是 $v(n)$ 的自相关序列。然而,需要指出的是(15.20)式的右边可以表示为

$$r_{vv}(l+D) = \sum_{n=0}^{N} v(n)v(n-l-D)$$
$$= \sum_{n=0}^{N} [w(n)+x(n)][w(n-l-D)+x(n-l-D)]$$
$$= r_{ww}(l+D) + r_{xx}(l+D) + r_{wx}(l+D) + r_{xw}(l+D) \qquad (15.21)$$

(15.21)式中的相关是时间平均相关序列。因为 $w(n)$ 是宽带信号,而 D 足够大使得 $w(n)$

和 $w(n-D)$ 不相关，$r_{ww}(l+D)$ 的期望值可以表示为

$$E[r_{ww}(l+D)] = 0, \quad l = 0,1,\cdots,M-1 \tag{15.22}$$

同样地，由假设可以得到

$$E[r_{xw}(l+D)] = E[r_{ux}(l+D)] = 0 \tag{15.23}$$

最后可得

$$E[r_{xx}(l+D)] = R_X(l+D) \tag{15.24}$$

因此，$r_{vv}(l+D)$ 的期望值就是窄带过程 $X(n)$ 的统计自相关。不仅如此，如果宽带信号比干扰弱，(15.20)式的左边项自相关 $r_{vv}(l)$ 可以近似为 $r_{xx}(l)$。$w(n)$ 主要影响 $r_{vv}(l)$ 的对角元素。因此，由(15.20)式中线性方程组确定的滤波器系数值是干扰 $X(n)$ 统计特性的函数。

图 15.17 所示的整体滤波器结构是一个自适应 FIR 预测误差滤波器，其系数为

$$h'(k) = \begin{cases} 1, & k=0 \\ -h(k-D), & k=D,D+1,\cdots,D+M-1 \\ 0, & \text{其他} \end{cases} \tag{15.25}$$

其频率响应为

$$H(e^{jw}) = \sum_{k=0}^{D+M-1} h'(k) e^{-jwk} \tag{15.26}$$

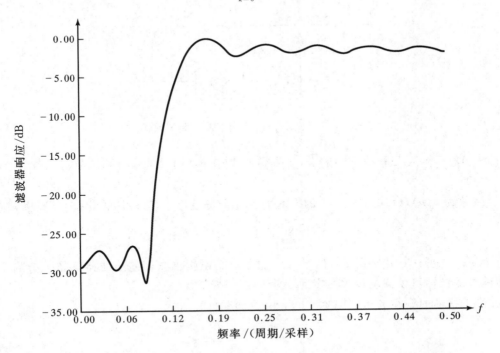

图 15.18　一个自适应陷波器的对数幅度响应特性

整个滤波器相当于一个针对干扰的陷波滤波器，举例来说，图 15.18 展示了一个具有 $M=15$ 个系数的自适应滤波器的频率响应幅度，该滤波器的目标在于抑制占用了有用扩频信号序列频带 20% 的窄带干扰。通过将由 100 个相位随机且振幅相等的正弦信号构成的窄带干扰与伪噪声扩频信号相加，从而生成伪随机数据。滤波器系数可以通过求解 $D=1$ 时(15.20)式中的方程组

而得到,其中相关 $r_w(l)$ 由数据计算得到。我们可以看出整个干扰抑制滤波器具有陷波滤波器特性。陷波滤波器凹陷深度取决于干扰与宽带信号的功率比。干扰越强,凹陷越深。

为跟踪非平稳窄带干扰信号,15.2 节中所提的算法可以用于连续估计预测器系数。

例题 15.4 窄带干扰抑制

考虑如图 15.19 中的系统配置。输入序列 $v(n)$ 为宽带信号序列 $w(n)$ 与窄带干扰序列之和。序列 $w(n)$ 是方差为 $\sigma_w^2=1$ 的高斯白噪声序列。窄带干扰序列由正弦信号之和构成,可以表示为

$$x(n) = A\sum_{i=0}^{100}\cos(2\pi f_i n + \theta_i)$$

其中 $f_i=0.1i/100, i=0,1,\cdots,99$,对于每个 i,θ_i 在区间 $(0,2\pi)$ 内均匀分布,比例因子 $A=1$。需要指出,$x(n)$ 的带宽为 0.1 周期/采样。线性预测器输出端的窄带干扰的估计为

$$\hat{x}(n) = \sum_{k=0}^{M-1} h(k)v(n-l-k)$$

误差序列 $e(n)=v(n)-\hat{x}(n)$ 可以生成宽带信号序列 $w(n)$ 的估计。应用最小二乘准则可以得到用于求解预测器系数的(15.20)式所给的线性方程组。

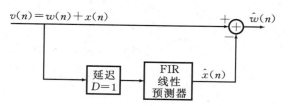

图 15.19 例题 15.4 中的窄带干扰抑制系统

a. 令 $M=15$,生成序列 $v(n)$ 的 2000 个样值,并求解(15.20)式得到预测器系数 $h(k),k=0,1,\cdots,14$。

b. 系数为 $h(k),k=0,1,\cdots,15$ 的 FIR 预测误差滤波器由(15.25)式定义,其频率响应为

$$H(e^{j2\pi f}) = \sum_{k=0}^{M} h'(k)e^{-j2\pi fk}, \quad |f|\leqslant\frac{1}{2}$$

计算 $H(e^{j2\pi f})$,进一步用 $20[|\log H(e^{j2\pi f})|]$ 的曲线图说明预测误差滤波器就是一个陷波滤波器,该陷波滤波器可以抑制包含在序列 $v(n)$ 中的窄带干扰。

c. 当干扰项的振幅 $A=1/10$ 时,重做小题(a)和(b)。

题解

该窄带干扰信号可以调用下面的 MATLAB 脚本程序求得:

```
>> i = (0:100)'; fi = 0.1 * i/100; thetai = 2 * pi * rand(length(i),1);
>> A = 1;
>> N = 2000; n = 0:N;
>> xn = sum(A * cos(2 * pi * fi * n + thetai * ones(1,N+1))); xn = xn';
```

a. 预测器系数可以调用下面的 MATLAB 脚本程序求得：

```
>> M = 15; D = 1;
>> varW = 1;
>> wn = sqrt(varW) * randn(N + 1,1);
>> vn = xn + wn;
>> [rvv,lags] = xcorr(vn,M - 1 + D);          % ACRS of v(n)
>> Rvv = toeplitz(rvv(M + D:2 * M + D - 1)); % ACRM of v(n)
>> rv = rvv(M + 2 * D:end);
>> h = Rvv\rv;
```

b. 由(15.25)式,我们能得到预测器误差系数及其对数幅度响应：

```
>> h1 = zeros(M + D,1);
>> h1(1) = 1;
>> h1(D + 1:D + M) = - h;
>> f = linspace(0,1,1001) * 0.5;
>> H1 = freqz(h1,1,2 * pi * f);
>> H1db = 20 * log10(abs(H1)/max(abs(H1)));
>> % Plotting commands follow
```

该对数幅度响应曲线如图 15.20 所示,由图可以看出,预测误差滤波器在窄带干扰信号所在频带内产生了大约 20dB 的凹陷。

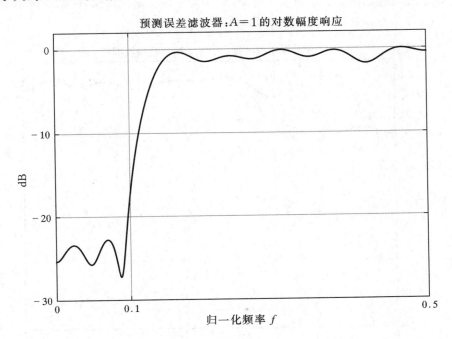

图 15.20　例题 15.4(b)中预测误差滤波器的对数幅度响应

c. 比例因子现在减少为 $A=1/10$,可以通过如下的 MATLAB 脚本程序求得新的结果。

```
>> i = (0:100)'; fi = 0.1 * i/100; thetai = 2 * pi * rand(length(i),1);
>> A = 1/10;
>> N = 2000; n = 0:N;
>> xn = sum(A * cos(2 * pi * fi * n + thetai * ones(1,N + 1))); xn = xn';
>> M = 15;
>> D = 1;
>> varW = 1;
>> wn = sqrt(varW) * randn(N + 1,1);
>> vn = xn + wn;
>> [rvv,lags] = xcorr(vn,M - 1 + D);        % ACRS of v(n)
>> Rvv = toeplitz(rvv(M + D:2 * M + D - 1)); % ACRM of v(n)
>> rv = rvv(M + 2 * D:end);
>> h = Rvv\rv;
>> h1 = zeros(M + D,1);
>> h1(1) = 1;
>> h1(D + 1:D + M) = - h;
>> f = linspace(0,1,1001) * 0.5;
>> H1 = freqz(h1,1,2 * pi * f);
>> H1db = 20 * log10(abs(H1)/max(abs(H1)));
>> % Plotting commands follow
```

所得的对数幅度响应如图 15.21 所示。此时,域响应中的凹陷浅得多,凹陷大约 5dB。 ∎

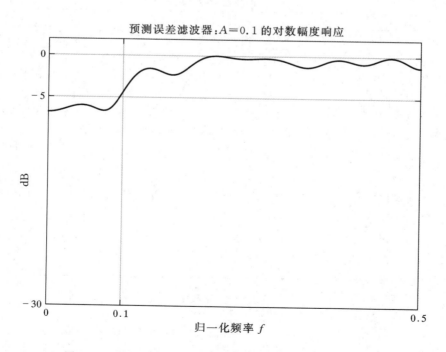

图 15.21 例题 15.4(c)中预测误差滤波器的对数幅度响应

15.1.5　自适应谱线增强器

前面的例题中,自适应线性预测器用于估计窄带干扰,旨在抑制输入序列 $v(n)$ 中的干扰。自适应谱线增强器(ALE)采用图 15.17 中干扰抑制滤波器同样的配置,只是目标不同。

自适应谱线增强器中,$x(n)$ 表示期望得到的信号,$w(n)$ 表示掩盖了 $x(n)$ 的宽带噪声成分。期望得到的信号 $x(n)$ 是一个单谱线或相对带宽较窄的信号。如图 15.17(b)所示的线性预测器以图 15.17(a)中预测器相同的机制运行,并提供窄带信号 $x(n)$ 的估计。显然,ALE(即 FIR 预测滤波器)是一个自调谐滤波器,它的频率响应在正弦信号频率处或对应地在窄带信号 $x(n)$ 的频带上存在一个谱峰。由于带宽较窄,带外噪声 $w(n)$ 被抑制,这样谱线幅度相对于 $w(n)$ 中的噪声功率就得到增强。这就是为什么 FIR 预测器被称作自适应谱线增强器(ALE)的原因。其系数由(15.20)式的解来确定。

例题 15.5　宽带噪声中的窄带信号估计

考虑例题 15.4 所给的系统配置,其中序列 $x(n)$ 由下式定义:

$$x(n) = A\cos(2\pi f_0 n + \theta_0)$$

试估计受宽带噪声序列 $w(n)$ 干扰的 $x(n)$。

a. 令 $M=15$,$A=1$,$f_0=0.2$ 和 $\theta_0=0$,生成序列 $v(n)$ 的 2000 个样值。试求解(15.20)式得到预测器系数 $h(k)$,$k=0,1,\cdots,14$。然后绘制对应序号 $50<n\leqslant150$ 的给定信号 $x(n)$,含噪信号 $v(n)$ 和估计信号 $\hat{x}(n)$ 的曲线。请说明信号估计的优劣。

b. 计算 FIR 预测滤波器的频率响应 $H(e^{j2\pi f})$,绘制 $20\log[\,|H(e^{j2\pi f})|\,]$,$|f|\leqslant1/2$ 的曲线。请说明滤波器的特性。

c. 当 $A=1/10$ 和 $A=10$ 时,重做小题(a)和(b)。

d. 当序列 $x(n)$ 包含下面两个频率成分时,重做小题(a)和(b)。

$$x(n) = A\cos(2\pi f_1 n + \theta_1) + B\cos(2\pi f_2 n + \theta_2)$$

其中 $f_1=0.1$,$f_2=0.3$,$\theta_1=0$,$\theta_2=\pi$ 和 $A=B=1$。请说明所得到的结果 $\hat{x}(n)$ 和 $H(e^{j2\pi f})$。

题解

调用下面的 MATLAB 脚本程序求得序列 $x(n)$。

```
>> N = 2000; n = (0:N-1)';
>> xn = A * cos(2 * pi * f0 * n + th0);
```

a. 调用下面的 MATLAB 脚本程序可以求得预测器系数及信号图。

```
>> M = 15; A = 1; f0 = 0.2; th0 = 0; D = 1;
>> varW = 1;
>> wn = sqrt(varW) * randn(N,1);
>> vn = xn + wn;
>> [rvv] = xcorr(vn,M-1+D);        % ACRS of v(n)
```

```
>> Rvv = toeplitz(rvv(M+D:2*M+D-1)); % ACRM of v(n)
>> rv = rvv(M+2*D:end);
>> h = Rvv\rv;
>> xhatn = filter(h,1,[zeros(D,1);vn]);
>> % Plotting commands follow
```

信号曲线如图 15.22 所示,为清晰起见,图中我们只展示了对应序号 $n=50$ 到 $n=150$ 的采样。无论信号中噪声大小,最优滤波器表现出了出色的性能。该单音频信号 $x(n)$ 获得了明显增强。

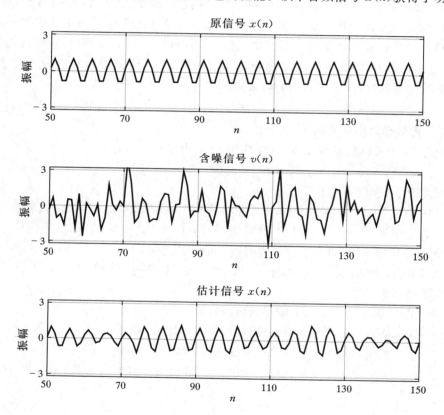

图 15.22　例题 15.5(a)中原信号、含噪信号和估计信号图

　b. MATLAB 脚本程序:

```
>> f = linspace(-0.5,0.5,1001);
>> Hf = freqz(h,1,2*pi*f);
>> Hfdb = 20*log10(abs(Hf)/max(abs(Hf)));
>> % Plotting commands follow
```

以分贝为单位表示的对数幅度曲线如图 15.23 所示。由图可以看出,频率响应在 $f=\pm0.2$ 处存在两个谱峰,且其他谱峰大约比这两个谱峰低 10dB。

　c. 除比例因子 A 的明显变化之外,MATLAB 脚本程序与前面几乎相似。

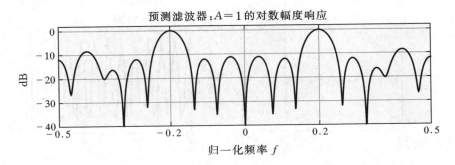

图 15.23 例题 15.5(b)中对数幅度图

```
>> % A = 1/10
>> M = 15; A = 1/10; f0 = 0.2; th = 0; D = 1;
>> N = 2000; n = (0:N-1)';
>> xn = A * cos(2 * pi * f0 * n + th);
>> varW = 1;
>> wn = sqrt(varW) * randn(N,1);
>> vn = xn + wn;
>> [rvv,lags] = xcorr(vn,M-1+D);          % ACRS of v(n)
>> Rvv = toeplitz(rvv(M+D:2*M+D-1));      % ACRM of v(n)
>> rv = rvv(M+2*D:end);
>> h = Rvv\rv;
>> xhatn = filter(h,1,[zeros(D,1);vn]);
>> f = linspace(-0.5,0.5,1001);
>> Hf = freqz(h,1,2*pi*f);
>> Hfdb = 20*log10(abs(Hf)/max(abs(Hf)));
>>
>> % A = 10
>> M = 15; A = 10; f0 = 0.2; th = 0; D = 1;
>> N = 2000; n = (0:N-1)';
>> xn = A * cos(2 * pi * f0 * n + th);
>> varW = 1;
>> wn = sqrt(varW) * randn(N,1);
>> vn = xn + wn;
>> [rvv,lags] = xcorr(vn,M-1+D);          % ACRS of v(n)
>> Rvv = toeplitz(rvv(M+D:2*M+D-1));      % ACRM of v(n)
>> rv = rvv(M+2*D:end);
>> h = Rvv\rv;
>> xhatn = filter(h,1,[zeros(D,1);vn]);
>> f = linspace(-0.5,0.5,1001);
>> Hf = freqz(h,1,2*pi*f);
>> Hfdb = 20*log10(abs(Hf)/max(abs(Hf)));
```

所得结果如图 15.24 所示。图中左列对应比例因子 $A=1/10$ 的情况。显然,这种情况下的噪声更强,因而 $x(n)$ 的估计受干扰影响更大。尽管大部分噪声被消除,信号还是失真了。这点

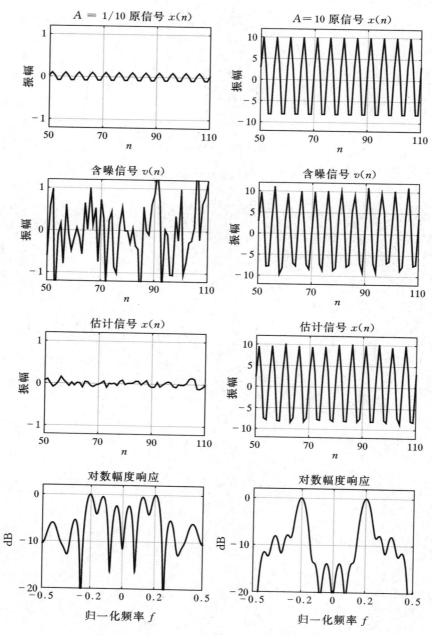

图 15.24　例题 15.5(c)中信号和对数幅度图

在滤波器的对数幅度图中表现得很明显。虽然在频点 $f=0.2$ 处存在一个谱峰,频率响应仍然存在其他几个重要的谱峰。图中右列对应比例因子 $A=10$ 的情况。在这种情况下,信号 $x(n)$ 比噪声强得多,因而 $x(n)$ 的估计几乎没有失真。滤波器的对数幅度图表明在频率 $f=0.2$ 处存在一个更强且更窄的谱峰,就是说大部分噪声得以消除。

　　d. 这种情况下,我们加入另一个正弦信号来改变 $x(n)$,然后执行前面的 MATLAB 脚本程序。

```
>> M = 15; D = 1;
>> A = 1; f1 = 0.1; th1 = 0;
>> B = 1; f2 = 0.3; th2 = pi;
>> N = 2000; n = (0:N-1)';
>> xn = A * cos(2 * pi * f1 * n + th1) + B * cos(2 * pi * f2 * n + th2);
>> varW = 1;
>> wn = sqrt(varW) * randn(N,1);
>> vn = xn + wn;
>> [rvv,lags] = xcorr(vn,M-1+D);          % ACRS of v(n)
>> Rvv = toeplitz(rvv(M+D:2*M+D-1));  % ACRM of v(n)
>> rv = rvv(M+2*D:end);
>> h = Rvv\rv;
>> xhatn = filter(h,1,[zeros(D,1);vn]);
>> f = linspace(-0.5,0.5,1001);
>> Hf = freqz(h,1,2*pi*f);
>> Hfdb = 20 * log10(abs(Hf)/max(abs(Hf)));
```

该信号和对数幅度响应如图 15.25 所示。滤波器的对数幅度图表明,尽管频率响应谱峰位于

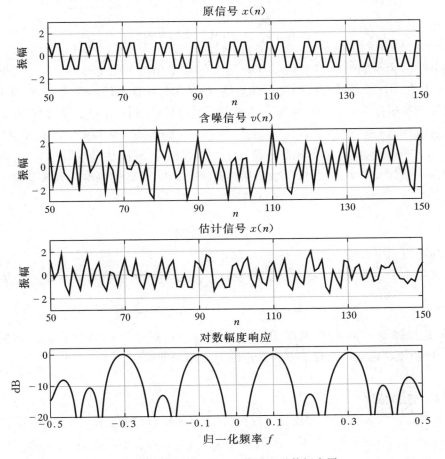

图 15.25　例题 15.5(d)中信号和对数幅度图

正确的位置，$f_1 = 0.1$ 和 $f_2 = 0.3$ 周期/采样，这些谱峰较宽，使得一些噪声功率得以进入。因此，两个正弦信号的估计不理想，波形受到了某种程度的失真。∎

15.1.6 自适应噪声抵消

回声抵消，宽带信号中的窄带干扰抑制和自适应谱线增强器（ALE）与另外一种形式的自适应滤波密切相关，这种自适应滤波称作自适应噪声抵消。自适应噪声抵消模型如图 15.26 所示。

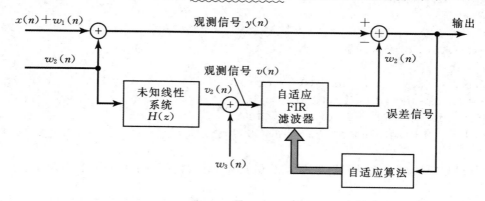

图 15.26　自适应噪声抵消系统实例

主输入信号由受加性噪声序列 $w_1(n)$ 污染的期望得到的信号 $x(n)$ 和加性干扰（噪声）$w_2(n)$ 构成。在加性干扰（噪声）经过生成 $v_2(n)$ 的某未知线性系统滤波之后，它也可以观测并进一步受加性噪声序列 $w_3(n)$ 的污染。这样，我们就可以得到一个替代信号序列，该替代信号序列可以表示为 $v(n) = v_2(n) + w_3(n)$。假定序列 $w_1(n)$、$w_2(n)$ 和 $w_3(n)$ 互不相关且均值为零。

如图 15.26 所示，自适应 FIR 滤波器用于由替代信号 $v(n)$ 估计干扰序列 $w_2(n)$，进而从主信号中减去估计 $\hat{w}_2(n)$。此时，代表期望得到信号 $x(n)$ 估计的输出序列就是误差信号：

$$e(n) = y(n) - \hat{w}_2(n)$$

$$= y(n) - \sum_{k=0}^{M-1} h(k)v(n-k) \tag{15.27}$$

该误差序列可以用于自适应调整 FIR 滤波器系数。

如果采用最小二乘准则来确定滤波器系数，这样的优化能够得到下面的线性方程组：

$$\sum_{k=0}^{M-1} h(k)r_{vv}(l-k) = r_{yv}(l), \quad l = 0, 1, \cdots, M-1 \tag{15.28}$$

其中 $r_{vv}(l)$ 是序列 $v(n)$ 的采样（时间平均）自相关，$r_{yv}(l)$ 是序列 $y(n)$ 和 $v(n)$ 之间的采样互相关。显然，噪声抵消问题与前述三个自适应滤波应用问题类似。

例题 15.6　噪声抵消

考虑如图 15.27 所示的系统配置。序列 $x(n)$ 是宽带信号的采样序列，该宽带信号可以建模为方差为 σ_x^2 的高斯白噪声过程。序列 $w_2(n)$ 和 $w_3(n)$ 是方差同为 σ_w^2 的高斯白噪声过程的样值序列。序列 $x(n)$、$w_2(n)$ 和 $w_3(n)$ 互不相关。线性系统具有如下系统函数：

$$H(z) = \frac{1}{1 - \frac{1}{2}z^{-1}}$$

我们旨在设计一个线性预测滤波器来估计并抵消掉噪声成分 $w_2(n)$。

　　a. 考虑下面的参数:预测器阶数 $M=10$,$\sigma_W^2=1$,$\sigma_X^2=2$。生成序列 $x(n)$、$w_2(n)$ 和 $w_3(n)$,以及序列 $y(n)$、$v_2(n)$ 和 $v(n)$ 的 2000 个采样。进一步,试求最小二乘意义下的最优预测器系数。

　　b. 在同一个图中绘制信号 $y(n)$、$x(n)$ 和 $\hat{x}(n)$ 的曲线,并请说明噪声抵消方案的优劣。

　　c. 当 $\sigma_X^2=5$ 和 $\sigma_X^2=0.5$ 时,重做小题(a)和(b),并请说明结果。

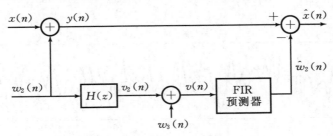

图 15.27　例题 15.6 中的噪声抵消

题解

未知线性系统的参数指定如下:

```
>> Hzb = 1; Hza = [1 - 0.5]; % Unknown LTI system parameters
```

　　a. 指定的信号和预测器系数可以调用下面的 MATLAB 脚本程序得到:

```
>> M = 10; varW = 1; varX = 2;
>> N = 2000; n = 0:N-1;
>> xn = sqrt(varX) * randn(N,1);
>> w2n = sqrt(varW) * randn(N,1);
>> w3n = sqrt(varW) * randn(N,1);
>> v2n = filter(Hzb,Hza,w2n);
>> yn = xn + w2n;
>> vn = v2n + w3n;
>> rvv = xcorr(vn,M-1);
>> Rvv = toeplitz(rvv(M:end));        % ACRM of v(n)
>> ryv = xcorr(yn,vn,M-1);            % CCRS between y(n) and v(n)
>> ryv = ryv(M:end);                  % CCRV
>> hnc = Rvv\ryv;                     % Noise canceller coeff (or Imp resp)
```

　　b. $\hat{x}(n)$ 可以调用下面的 MATLAB 脚本程序得到:

```
>> w2hatn = filter(hnc,1,vn);
>> xhatn = yn - w2hatn;
```

对应序号 $n=50$ 到 $n=150$ 的信号曲线如图 15.28 所示。从含噪观测信号可以看出，宽带信号 $x(n)$ 经过恢复与原信号接近，也就是说信号的噪声几乎得到抵消。

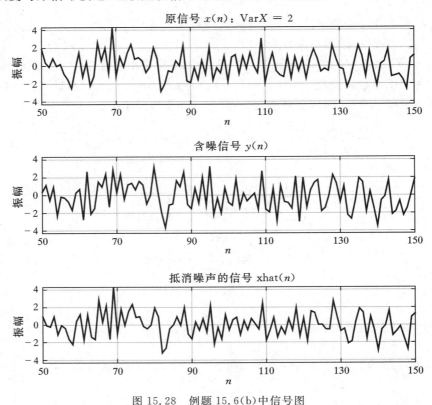

图 15.28 例题 15.6(b)中信号图

c. 现在，我们用不同的方差值 σ_x^2 来执行前面的 MATLAB 脚本程序。

```
>> % (c1) VarX = 5
>> M = 10; varW = 1; varX = 5;
>> N = 2000; n = 0:N-1;
>> xn = sqrt(varX) * randn(N,1);
>> w2n = sqrt(varW) * randn(N,1);
>> w3n = sqrt(varW) * randn(N,1);
>> v2n = filter(Hzb,Hza,w2n);
>> yn = xn + w2n;
>> vn = v2n + w3n;
>> rvv = xcorr(vn,M-1);
>> Rvv = toeplitz(rvv(M:end));      % ACRM of v(n)
>> ryv = xcorr(yn,vn,M-1);          % CCRS between y(n) and v(n)
>> ryv = ryv(M:end);                % CCRV
>> hnc = Rvv\ryv;                    % Noise canceller coeff (or Imp resp)
>> w2hatn = filter(hnc,1,vn);
>> xhatn = yn - w2hatn;
>> % Plotting commands follow
```

上面程序所得到的信号曲线如图 15.29 所示。这种情况下,信号功率比采样噪声功率要强得多。因此,信号及其估计波形几乎相同。

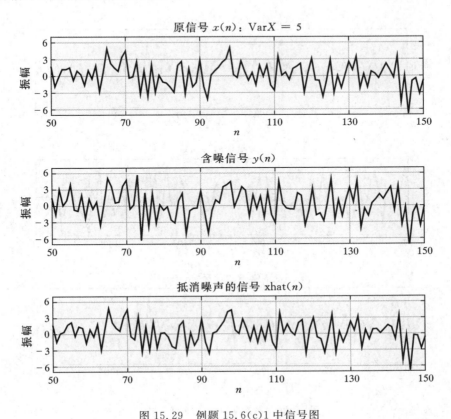

图 15.29 例题 15.6(c)1 中信号图

```
>> % (c2) VarX = 0.5
>> M = 10; varW = 1; varX = 0.5;
>> N = 2000; n = 0:N−1;
>> xn = sqrt(varX) * randn(N,1);
>> w2n = sqrt(varW) * randn(N,1);
>> w3n = sqrt(varW) * randn(N,1);
>> v2n = filter(Hzb,Hza,w2n);
>> yn = xn + w2n;
>> vn = v2n + w3n;
>> rvv = xcorr(vn,M−1);
>> Rvv = toeplitz(rvv(M:end));        % ACRM of v(n)
>> ryv = xcorr(yn,vn,M−1);            % CCRS between y(n) and v(n)
>> ryv = ryv(M:end);                  % CCRV
>> hnc = Rvv\ryv;                      % Noise canceller coeff (or Imp resp)
>> w2hatn = filter(hnc,1,vn);
>> xhatn = yn − w2hatn;
>> % Plotting commands follow
```

上面程序得到的信号曲线如图 15.30 所示。这种条件下,信号功率比噪声采样功率要弱得多,因而估计的信号波形相比于原信号有明显失真。

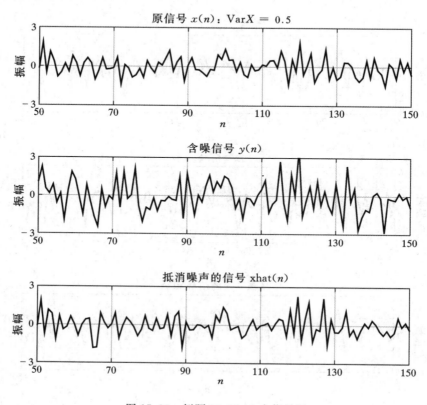

图 15.30 例题 15.6(c)2 中信号图

15.1.7 语音信号线性预测编码

过去四十年来,针对语音信号的数字编码技术已经提出了各种各样的方法。举例来说,在电话系统中,两种常用语音编码方法是脉冲编码调制(PCM)和差分脉冲编码调制(DPCM)。这些方法是波形编码方法的实例。也有其他的波形编码方法被提出,比如增量调制(DM)和自适应 DPCM。

由于数字语音信号最终是从信源传输到信宿,设计语音编码器的主要目标在于保持语音信号的可理解性的同时最小化表示语音信号的比特数。这个目标得到一类基于语音源模型构建和模型参数传输的低比特速率(不超过 10000 比特/秒)语音编码方法。自适应滤波在这些基于模型的语音编码系统中得到应用。下面,我们介绍其中一种非常高效的方法,称作线性预测编码(LPC)。

在 LPC 中,声道建模为一个具有如下系统函数的线性全极点滤波器:

$$H(z) = \frac{G}{1 - \sum_{k=1}^{p} a_k z^{-k}} \tag{15.29}$$

其中 p 是极点数,G 是滤波器增益,a_k 是确定极点的参数。系统中用两个互斥的激励函数来建模清音信号和浊音信号。在短时间内,浊音信号为基本频率为 F_0 的周期信号或基音周期为 $1/F_0$,该频率取决于说话者。于是,浊音信号由周期等于期望基音周期的脉冲串激励全极点滤波器模型生成。清音信号则是用随机噪声生成器的输出激励全极点滤波器模型生成。该模型如图 15.31 所示。

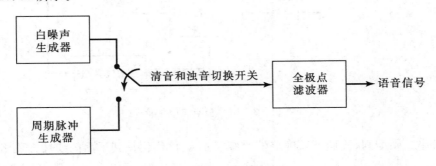

图 15.31 语音信号生成模型框图

给定一个短时间段内的一个语音信号,发送端语音编码器需要确定合适的激励函数、浊音信号的基音周期、增益参数 G 和系数 $\{a_k\}$。说明信源编码系统的模块结构如图 15.32 所示。该模型参数由数据自适应地确定。语音采样通过采用该模型合成,误差信号序列通过在实际序列和合成序列之间取差值得到(如图 15.32 所示)。误差信号和模型参数编码成二进制序列并发送到信宿。在接收端,语音信号由模型和误差信号合成得到。

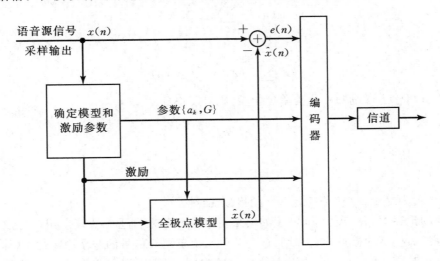

图 15.32 语音信号的信源编码器

全极点滤波器模型参数直接由语音采样通过线性预测来确定。具体地说,考虑如图15.33所示的系统,假定我们有 N 个信号采样。FIR 滤波器的输出为

$$\hat{x}(n) = \sum_{k=1}^{p} a_k x(n-k) \tag{15.30}$$

观测信号采样 $x(n)$ 及其估计 $\hat{x}(n)$ 之间的对应误差为

$$e(n) = x(n) - \sum_{k=1}^{p} a_k x(n-k) \tag{15.31}$$

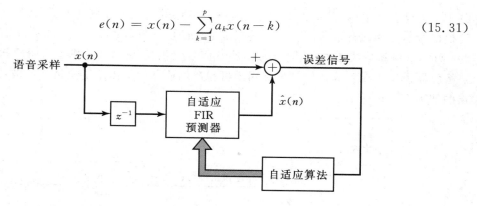

图 15.33　LPC 极点参数估计

按照最小二乘准则,我们可以确定模型参数 a_k。该优化得到下面的线性方程组:

$$\sum_{k=1}^{p} a_k r_{xx}(l-k) = r_{xx}(l), \quad l = 1,2,\cdots,p \tag{15.32}$$

其中 $r_{xx}(l)$ 是序列 $x(n)$ 的时间平均自相关。滤波器的增益参数可以通过下面的输入输出方程求得:

$$x(n) = \sum_{k=1}^{p} a_k x(n-k) + Gv(n) \tag{15.33}$$

其中 $v(n)$ 是输入序列。显然,

$$Gv(n) = x(n) - \sum_{k=1}^{p} a_k x(n-k) = e(n)$$

则有

$$G^2 \sum_{n=0}^{N-1} v^2(n) = \sum_{n=0}^{N-1} e^2(n) \tag{15.34}$$

如果通过设计将输入激励归一化为单位能量,则可以得到

$$G^2 = \sum_{n=0}^{N-1} e^2(n)$$

$$= r_{xx}(0) - \sum_{k=1}^{p} a_k r_{xx}(k) \tag{15.35}$$

于是 G^2 被设置为等于最小二乘优化所得的剩余能量。

在前面的论述中,我们已经介绍了如何采用线性预测来自适应地确定用于生成语音信号的全极点滤波器模型的极点参数和增益。实际中,由于语音信号的非平稳特性,这样的模型可应用到较短短时段(10~20ms)的语音信号。通常,每个短时段可以确定一组新的参数。但是,相邻时段的模型参数估计通常存在尖锐的不连续点,更好的做法是,采用前面时段的模型参数来平滑这些不连续点。虽然我们的讨论完全基于 FIR 滤波器结构,我们也要指出语音合成通常采用 FIR 格型结构和反射系数 K_i 来实现。由于 K_i 的动态范围比 a_k 的动态范围小得多,反射系数只需要很少的位数来表示。因而 K_i 可以通过信道传输。因此,信宿采用前面14.5.1 节中介绍过的全极点格型结构来合成语音就是理所当然的事情。

在线性预测语音编码的论述中,我们没有考虑激励和基音周期的估计算法。讨论这些模型参数的合适估计算法的选取将使我们偏离本章主题,所以我们略去相应的讨论。有兴趣的读者可以参阅文献[84]和[11]来了解语音分析与合成方法的详细介绍。

例题 15.7 全极点系统的极点估计

考虑一个由下面差分方程描述的自回归过程:

$$x(n) = 1.26x(n-1) - 0.81x(n-2) + w(n) \tag{15.36}$$

其中 $w(n)$ 是方差为 $\sigma_w^2 = 0.1$ 的高斯白噪声过程的样值序列。估计极点的系统配置如图 15.34所示。

a. 生成对应序号 $0 < n \leqslant 1000$ 的序列 $x(n)$,并按照最小二乘准则求二阶预测器的参数。

b. 试求预测误差滤波器的零点,并比较它们与生成 $x(n)$ 的系统极点。

c. 当 $\sigma_w^2 = 0.5$ 和 $\sigma_w^2 = 1$ 时,重做(a)和(b)小题。请说明所得到的结果。

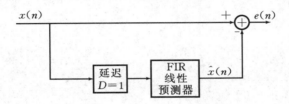

图 15.34 例题 15.7 中极点位置估计

题解

输入二阶 AR 模型的参数

```
>> b = 1; a = [1, -1.26, 0.81];  % Parameters of the AR model
```

a. 调用下面的 MATLAB 脚本程序生成序列和获取二阶预测器的参数:

```
>> varW = 0.1; M = 2;
>> N = 1000; n = 0:N-1;
>> wn = sqrt(varW) * randn(N,1);
>> xn = filter(b,a,wn);
>> [rxx] = xcorr(xn,M);              % ACRS of x(n)
>> Rxx = toeplitz(rxx(M+1:2*M));     % ACRM of x(n)
>> rdx = xcorr(xn,M-1);              % CCRS between d(n) and x(n)
>> rx = rxx(M+2:end);                % CCRV
>> hpr = Rxx\rx;                     % Predictor coeff (or Imp resp)
>> hpr'
ans =
    1.2416    -0.8206
```

b. MATLAB 脚本程序:

```
>> hpe = [1; - hpr]; % Prediction error imp response
>> hpe_zeros = roots(hpe);
>> fprintf('Zeros and Poles when varW = 0.1\n');
>> fprintf([' Zeros of the Prediction Error Filter are：',...
    '\n %6.4f + j%6.4f, %6.4f - j%6.4f\n\n'],...
    real(hpe_zeros(1)),imag(hpe_zeros(1)),...
    real(hpe_zeros(2)), - imag(hpe_zeros(2)));

>> AR_poles = roots(a);
>> fprintf([' Poles of the AR Model are：',...
    '\n %6.4f + j%6.4f, %6.4f - j%6.4f\n\n'],...
    real(AR_poles(1)),imag(AR_poles(1)),...
    real(AR_poles(2)), - imag(AR_poles(2)));
```

所得结果显示为

```
Zeros and Poles when varW = 0.1
    Zeros of the Prediction Error Filter are：
    0.6208 + j0.6597, 0.6208 - j0.6597

    Poles of the AR Model are：
    0.6300 + j0.6427, 0.6300 - j0.6427
```

显然,极点和零点互相接近。

c. 采用不同的方差值 σ_W^2 和相似的 MATLAB 脚本程序,得到相似的结果。

```
Zeros and Poles when varW = 0.5
    Zeros of the Prediction Error Filter are：
    0.6296 + j0.6345, 0.6296 - j0.6345

    Poles of the AR Model are：
    0.6300 + j0.6427, 0.6300 - j0.6427
Zeros and Poles when varW = 1.0
    Zeros of the Prediction Error Filter are：
    0.6309 + j0.6365, 0.6309 - j0.6365

    Poles of the AR Model are：
    0.6300 + j0.6427, 0.6300 - j0.6427
```

即使我们改变 AR 模型的输入方差值,预测器模型系数的估计仍然可以由自相关值之比求得,该比值在统计量变化时不受影响。 ∎

15.1.8 自适应阵列

在前面的例子中,我们考虑了针对单数据序列处理的自适应滤波。然而,自适应滤波也能被广泛地应用于来自天线、水诊器和地震检波器阵列中的多数据序列,这些应用中传感器(天线、水诊器和地震仪)按照某种空间布局放置。传感器阵列中的每个阵元输出一路信号序列。通过适当合并来自不同传感器的信号,我们能够改变阵列的方向图。举例来说,考虑如图 15.35(a)所示的一个由五个阵元构成的线性天线阵列。如果直接把信号线性加和,我们可以得到下面的序列:

$$x(n) = \sum_{k=1}^{5} x_k(n) \tag{15.37}$$

这样的线性加和可以得到如图 15.35(a)所示的天线方向图。现在,假定阵列接收到一个来自阵列旁瓣方向的干扰信号。通过赋予合并之前的各序列 $x_k(n)$ 合适的权重,我们能改变旁瓣方向图,使得阵列在干扰方向上具有零点增益,如图 15.35(b)所示。于是,我们得到

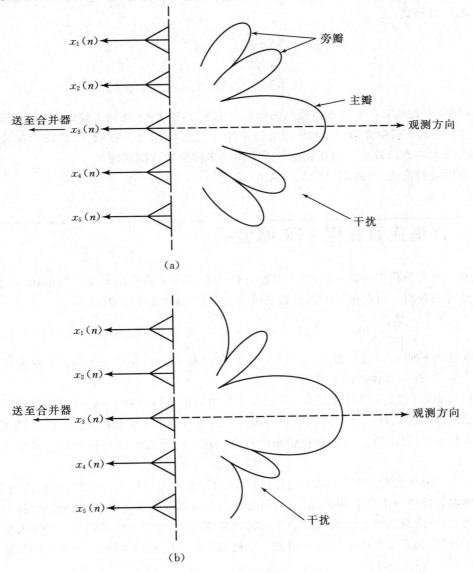

图 15.35 线性天线阵列:(a)线性天线阵列及其方向图;(b)干扰方向上零增益的线性天线阵列

$$x(n) = \sum_{k=1}^{5} h_k x_k(n) \tag{15.38}$$

其中 h_k 为权重值。

我们也可以通过直接在传感器信号合并之前引入延迟来改变或调节天线阵列主瓣方向。于是,我们得到来自 K 个传感器的合并信号,形式如下:

$$x(n) = \sum_{k=1}^{K} h_k x_k(n - n_k) \tag{15.39}$$

其中 h_k 是权重值,n_k 对应信号 $x(n)$ 的 n_k 个采样间隔延迟。权重值的选择用来实现在特定方向上增益置零。

更一般地,我们可以在合并之前直接对每个序列进行滤波处理。这种情况下,输出序列具有下面的一般形式:

$$\begin{aligned} y(n) &= \sum_{k=1}^{K} y_k(n) \\ &= \sum_{k=1}^{K} \sum_{l=0}^{M-1} h_k(l) x_k(n - n_k - l) \end{aligned} \tag{15.40}$$

其中 h_k 是用于处理第 k 个传感器输出的滤波器的冲激响应,n_k 是调节波束方向的延迟。

通常,15.2.2 节中介绍的 LMS 算法经常用于自适应地选择权重 h_k 或冲激响应 $h_k(l)$。前述更为强大的递归最小二乘算法也可以应用到多传感器数据问题。

本章所给的论述中,我们只涉及单通道(传感器)信号。

15.2 自适应直接型 FIR 滤波器

从前一节实例我们可以看出,所有的滤波应用存在一个通用的框架。我们所采用的最小二乘准则可以得出一组求解滤波器系数的线性方程组,该方程组可以表示为

$$\sum_{k=0}^{M-1} h(k) r_{xx}(l-k) = r_{dx}(l+D), \quad l = 0, 1, 2, \cdots, M-1 \tag{15.41}$$

其中 $r_{xx}(l)$ 是序列 $x(n)$ 的自相关,$r_{dx}(l)$ 是序列 $d(n)$ 和 $x(n)$ 的互相关序列。延迟参数 D 在一些情况下为零,而在其他情况下非零。

我们看到,自相关 $r_{xx}(l)$ 和互相关 $r_{dx}(l)$ 都是由数据获得,因而它们表示真实(统计)自相关和互相关序列的估计。故而,由(15.41)式得到的系数是真实系数的估计。估计的优劣取决于可用于估计 $r_{xx}(l)$ 和 $r_{dx}(l)$ 的数据记录的长度。这个问题需要在自适应滤波器实现中加以考虑。

第二个需要考虑的问题是,基本随机过程 $x(n)$ 通常是非平稳的。比如,在信道均衡中,信道的频率响应特性可能随时间改变。因而,统计自相关和互相关序列及其估计随时间而改变。这就意味着,自适应滤波器的系数也必须随时间改变,以便滤波器能够容纳信号的时变统计特性。这还说明,仅靠增加用于估计自相关和互相关序列的信号样值的数量,估计的精度并不能达到任意高。

自适应滤波器系数要能够跟踪信号的时变统计特性而时变,存在多种实现方法。其中最

流行的一种方法是,每当收到一个信号采样,滤波器就逐个采样递归地进行调整。第二种方法是,以分块的方式估计 $r_{xx}(l)$ 和 $r_{dx}(l)$,相邻分块之间并不要求保持滤波器系数值的连续性。这种方法中,分块大小必须要相对较小,以满足其所包含的时间间隔短于数据统计特性较大改变所对应的时间间隔。除了这种分块处理的方法之外,其他的分块处理方法也可以按照分块间滤波器系数具有一定的连续性来设计。

在自适应滤波算法的论述中,我们只考虑了基于逐个采样的方式更新滤波器系数的时间递归算法。特别地,我们考虑两种类型的算法,基于梯度类型的搜索实现时变信号特性跟踪的 LMS 算法和递归最小二乘类型的算法。尽管递归最小二乘类型的算法相比于 LMS 算法要复杂得多,但它在应对信号统计特性改变时却具有更快的收敛性。

15.2.1 最小均方误差准则

将 FIR 滤波器系数优化建模为基于均方误差最小化的估计问题,可以容易地得到前一小节中介绍的 LMS 算法。假定我们能够获得数据序列(可能是复数值),该数据序列由自相关序列已知的平稳随机过程 $X(n)$ 的样值构成。

$$R_{XX}(m) = E[X(n)X^*(n-m)] \tag{15.42}$$

将观测数据 $x(n)$ 通过一个系数为 $h(n)$,$0 \leqslant n \leqslant M-1$ 的 FIR 滤波器,我们可以由这些样值构建期望得到的序列 $D(n)$ 的估计。滤波器输出可以表示为

$$\hat{d}(n) = \sum_{k=0}^{M-1} h(k)x(n-k) \tag{15.43}$$

其中 $\hat{d}(n)$ 表示 $D(n)$ 的估计 $\hat{D}(n)$ 的样值。估计误差过程定义为

$$E(n) = D(n) - \hat{D}(n)$$
$$= D(n) - \sum_{k=0}^{M-1} h(k)X(n-k) \tag{15.44}$$

相应的均方误差可以表示为滤波器系数的函数,形式如下:

$$\mathcal{E}_M = E[|E(n)|^2]$$
$$= E\Big[\Big|D(n) - \sum_{k=0}^{M-1} h(k)X(n-k)\Big|^2\Big]$$
$$= E\Big\{|D(n)|^2 - 2\mathrm{Re}\Big[\sum_{k=0}^{M-1} h^*(l)D(n)X^*(n-l)\Big]$$
$$+ \sum_{k=0}^{M-1}\sum_{l=0}^{M-1} h^*(l)h(k)X^*(n-l)X(n-k)\Big\}$$
$$= \sigma_D^2 - 2\mathrm{Re}\Big[\sum_{l=0}^{M-1} h^*(l)R_{DX}(l)\Big] + \sum_{k=0}^{M-1}\sum_{l=0}^{M} h^*(l)h(k)R_{XX}(l-k) \tag{15.45}$$

其中,定义 $\sigma_D^2 = E[|D(n)|^2]$。

我们可以看出,均方误差是滤波器系数的二次函数。因此,$\mathcal{E}_M$ 关于系数的最小化可以得到下面 M 个线性方程组成的方程组:

$$\sum_{k=0}^{M-1} h(k)R_{XX}(l-k) = R_{DX}(l), \quad l=0,1,\cdots,M-1 \tag{15.46}$$

该式就是前面 14.6.1 节中得到的维纳-霍普夫方程,故以(15.46)式的解为系数的滤波器称作维纳滤波器。

比较(15.46)和(15.41)式,我们可以很容易看出这些方程组在形式上相似。在(15.41)式中我们采用自相关和互相关估计来确定滤波器系数,而在(15.46)式中我们则采用统计自相关和互相关。因此,(15.46)式可以得到最小均方误差意义下的最优(维纳)滤波器系数,而(15.41)式则得到最优系数的估计。

(15.46)式中的方程组可以表示为如下的矩阵形式:

$$\boldsymbol{T}_M \boldsymbol{h}_M = \boldsymbol{R}_D \qquad (15.47)$$

其中 $\boldsymbol{h}_M$ 表示系数向量,$\boldsymbol{T}_M$ 是 $M \times M$(埃尔米特矩阵)Toeplitz 矩阵,矩阵元素 $T_{lk} = R_{XX}(l-k)$,$\boldsymbol{R}_D$ 是元素为 $R_{DX}(l)$,$l = 0, 1, \cdots, M-1$ 的 $M \times 1$ 互相关向量。$\boldsymbol{h}_M$ 的复数共轭表示为 $\boldsymbol{h}_M^*$,其转置表示为 $\boldsymbol{h}_M^t$。最优滤波器系数的解为

$$\boldsymbol{h}_{\text{opt}} = \boldsymbol{T}_M^{-1} \boldsymbol{R}_D \qquad (15.48)$$

相应地,由(15.48)式给出的最优系数所得到的最小均方误差为

$$\begin{aligned}
\mathcal{E}_{M,\min} &= \sigma_D^2 - \sum_{k=0}^{M-1} h_{\text{opt}}(k) R_{DX}^*(k) \\
&= \sigma_D^2 - \boldsymbol{R}_D^{\mathrm{H}} \boldsymbol{T}_M^{-1} \boldsymbol{R}_D
\end{aligned} \qquad (15.49)$$

其中指数 H 表示共轭转置。

回顾前述章节可知,(15.46)式的线性方程组还可以通过应用均方估计中的正交性原理得到(参见 14.6.2 节)。根据正交性原理,在误差 $E(n)$ 统计意义上正交于估计 $\hat{D}(n)$ 时,均方估计误差最小,即

$$E[E(n)\hat{D}^*(n)] = 0 \qquad (15.50)$$

而(15.50)式中的条件又说明

$$E\left[\sum_{k=0}^{M-1} h(k)E(n)X^*(n-k)\right] = \sum_{k=0}^{M-1} h(k)E[E(n)X^*(n-k)] = 0$$

或等价地

$$E[E(n)X^*(n-l)] = 0, \quad l = 0, 1, \cdots, M-1 \qquad (15.51)$$

如果采用(15.44)式所给的 $E(n)$ 表达式代替(15.51)式中的 $E(n)$,并完成求期望操作,则我们可以得到(15.46)式所给出的方程组。

由于 $\hat{D}(n)$ 正交于 $E(n)$,剩余(最小)均方误差为

$$\begin{aligned}
\mathcal{E}_{M,\min} &= E[E(n)D^*(n)] \\
&= E[|D(n)|^2] - \sum_{k=0}^{M-1} h_{\text{opt}}(k) R_{DX}^*(k)
\end{aligned} \qquad (15.52)$$

上式就是(15.49)式所给出的结果。

(15.48)式所给定的最优滤波器系数可以采用 Levinson-Durbin 算法高效求解。但是,我们将考虑采用梯度方法迭代求解 $\boldsymbol{h}_{\text{opt}}$。该方法的采用可以导出自适应滤波 LMS 算法。

例题 15.8 基于均方误差准则的参数估计

考虑随机过程

$$X(n) = Gv(n) + W(n), \quad n = 0, 1, \cdots, M-1$$

其中 $v(n)$ 是已知序列,G 是均值 $E[G]=0$ 且 $E[G^2]=\sigma_G^2$ 的随机变量。序列 $W(n)$ 是方差为 σ_W^2 的白噪声序列。

a. G 的线性估计器给出为

$$\hat{G} = \sum_{n=0}^{M-1} h(n) X(n)$$

试求能够最小化均方误差的估计器系数

$$\mathcal{E} = E[(G-\hat{G})^2]$$

b. 当 $v(n)$ 是长度为 $M=11$ 的巴克序列 $\{v(n)\} = \{1,1,1,-1,-1,-1,1,-1,-1,1,-1\}$,$\sigma_G^2=1$ 和 $\sigma_W^2=0.1$ 时,试求 $h(n)$ 的值。

题解

a. 均方误差给出为

$$\mathcal{E} = E\Big[\Big(G-\sum_{n=0}^{M-1} h(n) X(n)\Big)\Big]$$

令下面的求导为零可以得到最小均方误差:

$$\frac{\partial \mathcal{E}}{\partial h(k)} = 0 \quad \Rightarrow \quad E\Big[2\Big(G-\sum_{n=0}^{M-1} h(n) X(n)\Big)X(k)\Big] = 0, \quad k=0,1,\cdots,M-1$$

于是有

$$E[G X(k)] = E\Big[\sum_{n=0}^{M-1} h(n) X(n) X(k)\Big], \quad k=0,1,\cdots,M-1 \tag{15.53}$$

至此,假定 G 和 $W(k)$ 不相关,就可以得到

$$E[G X(k)] = E[G\{G v(k) + W(k)\}] = \sigma_G^2 v(k), \quad k=0,1,\cdots,M-1 \tag{15.54}$$

此外,还可以得到

$$E\Big[\sum_{n=0}^{M-1} h(n) X(n) X(k)\Big] = \sum_{n=0}^{M-1} h(n) E[X(n) X(k)] \tag{15.55}$$

容易看出,

$$E[X(n) X(k)] = \sigma_G^2 v(k) v(n) + \sigma_W^2 \delta_{nk} \tag{15.56}$$

因此,将(15.54)—(15.56)式代入(15.53)式中,我们得到

$$\sigma_G^2 v(k) = \sigma_G^2 \sum_{n=0}^{M-1} h(n) v(k) v(n) + \sigma_W^2 h(k) \tag{15.57}$$

因而,滤波器系数就是下面线性方程组的解:

$$(\sigma_G^2 v v^t + \sigma_W^2 I) h = \sigma_G^2 v \tag{15.58}$$

其中

$$v = [v(0), v(1), \cdots, v(M-1)]^t, h = [h(0), h(1), \cdots, h(M-1)]^t$$

b. 当 $\{v(n)\} = \{1,1,1,-1,-1,-1,1,-1,-1,1,-1\}$,$\sigma_G^2=1$ 以及 $\sigma_W^2=0.1$ 时,求解线性方程组得到

$$\{h(n)\} = \{0.0901, 0.0901, 0.0901, -0.0901, -0.0901, -0.0901, 0.0901, \\ -0.0901, -0.0901, 0.0901, -0.0901\}$$

15.2.2　LMS 算法

有多种数值计算方法可以用来求解(15.46)或(15.47)式中线性方程组,得到最优 FIR 滤波器系数。下面,我们考虑为寻找多变量函数极小值而设计的递归方法。我们的问题中,性能指标是(15.45)式给定的均方误差,该误差为滤波器系数的二次函数。因而,该函数具有唯一的极小值,我们将通过迭代搜索来确定该值。

现在,我们假定自相关矩阵 T_M 和互相关向量 R_D 已知。于是,ε_M 是一个关于系数 $h(n)$,$0 \leqslant n \leqslant M-1$ 的已知函数。递归计算滤波器系数并进一步搜索最小 ε_M 的算法形式如下:

$$h_M(n+1) = h_M(n) + \frac{1}{2}\Delta(n)V(n), \quad n = 0,1,\cdots \tag{15.59}$$

其中 $h_M(n)$ 是第 n 次迭代中滤波器系数向量,$\Delta(n)$ 是第 n 次迭代中的步长,以及 $V(n)$ 是第 n 次迭代的方向向量。初始向量 $h_M(0)$ 为任意选择向量。在下面的介绍中,我们避免采用要求计算 T_M^{-1} 的方法,如牛顿方法,而只考虑基于使用梯度向量的搜索方法。

递归寻找 ε_M 最小值的最简单方法是基于最陡下降搜索的方法(参见文献[69])。在最陡下降搜索方法中,方向向量 $V(n) = -g(n)$,其中 $g(n)$ 是第 n 次迭代中的梯度向量,定义为

$$g(n) = \frac{d\varepsilon_M(n)}{dh_M(n)}$$
$$= 2[T_M h_M(n) - R_D], \quad n = 0,1,2,\cdots \tag{15.60}$$

因此,我们计算每次迭代中的梯度向量,并以梯度相反的方向改变 $h_M(n)$ 的值。于是,基于最陡下降的递归算法为

$$h_M(n+1) = h_M(n) - \frac{1}{2}\Delta(n)g(n) \tag{15.61}$$

或等价地表示为

$$h_M(n+1) = [I - \Delta(n)T_M]h_M(n) + \Delta(n)R_D \tag{15.62}$$

我们不加证明地指出,该算法可以得到 $h_M(n)$ 在 $n \to \infty$ 取极限时收敛于 h_{opt},假定步长 $\Delta(n)$ 序列绝对可和,即 $n \to \infty$ 时 $\Delta(n) \to 0$。它满足 $n \to \infty$,$g(n) \to 0$。

其他收敛更快的替代算法是共轭梯度算法和 Fletcher-Powell 算法。在共轭梯度算法中,方向向量给出为

$$V(n) = \beta(n-1)V(n-1) - g(n) \tag{15.63}$$

其中 $\beta(n)$ 是关于梯度向量的标量函数(参见文献[1])。Fletcher-Powell 算法中,方向向量给出为

$$V(n) = -H(n)g(n) \tag{15.64}$$

其中 $H(n)$ 是一个递归计算得到的 $M \times M$ 维正定矩阵,它收敛于 T_M 的逆矩阵(参见文献[16])。显然,这三种算法的方向向量的计算方式不同。这三种算法适合于 T_M 和 R_D 已知的场景。然而,正如我们在前面已经指出的,自适应滤波器应用中这种条件并不成立。T_M 和 R_D 未知时,我们可以用方向向量的估计 $\hat{V}(n)$ 替代真实向量 $V(n)$。我们考虑在最陡下降算法中采用这种方案。

首先,我们要指出,(15.60)式给出的梯度向量也可以表示为(15.50)式给出的正交性条件

形式。事实上,(15.50)式中的正交性条件等价于下面的形式:

$$E[E(n)\, \boldsymbol{X}_M^*(n)] = \boldsymbol{R}_D - \boldsymbol{T}_M \boldsymbol{h}_M(n) \tag{15.65}$$

其中 $\boldsymbol{X}_M(n)$ 式元素为 $X(n-l), l=0,1,\cdots,M-1$ 的向量。因此,梯度向量可以直接表示为

$$\boldsymbol{g}(n) = -2E[E(n)\, \boldsymbol{X}_M^*(n)] \tag{15.66}$$

显然,当误差正交于估计 $\hat{D}(n)$ 中的数据时,梯度向量 $\boldsymbol{g}(n) = \boldsymbol{0}$。

在第 n 次迭代中梯度向量的无偏估计可由(15.66)式直接得到

$$\hat{\boldsymbol{g}}(n) = -2E(n)\, \boldsymbol{X}_M^*(n) \tag{15.67}$$

其中 $E(n) = D(n) - \hat{D}(n)$ 和 $\boldsymbol{X}_M(n)$ 是第 n 次迭代中滤波器的 M 个信号采样数组。于是,用 $\hat{\boldsymbol{g}}$ 代替 $\boldsymbol{g}(n)$,我们得到下面的算法

$$\boldsymbol{h}_M(n+1) = \boldsymbol{h}_M(n) + \Delta(n) E(n)\, \boldsymbol{X}_M^*(n) \tag{15.68}$$

其中 $\boldsymbol{h}(n)$ 是一个向量随机过程,其向量样值序列由 $\boldsymbol{h}(n)$ 给定。该算法称作<u>随机梯度下降算法</u>。正如(15.68)式所表示的,该算法具有变化的步长。

在自适应滤波中采用固定步长算法成为惯例,有以下两个原因。第一个原因是固定步长算法容易在软件或硬件中应用。第二个原因是固定步长适合于跟踪时变信号统计特性,而如果随着 $n \to \infty$ 时 $\Delta(n) \to 0$,算法将失去针对信号变化的适应性。为此,(15.68)式被修正为下面的算法:

$$\boldsymbol{h}_M(n+1) = \boldsymbol{h}_M(n) + \Delta E(n)\, \boldsymbol{X}_M^*(n) \tag{15.69}$$

其中 Δ 是固定步长。该算法最先由 Widrow 和 Hoff 在文献[95]中提出,现在被广泛地称作<u>最小均方</u>(least-mean-squares,LMS)算法。显然,它是一个随机梯度算法。

LMS 算法实现起来相对简单。正因为如此,它被广泛地用于许多自适应滤波应用。其性质和局限性也已经得到了透彻的讨论分析。在下一节,我们将简要介绍其有关的收敛性、稳定性以及采用梯度向量估计而引入的噪声的重要性质。随后,我们将其性质与更复杂的递归最小二乘算法进行比较。

MATLAB 实现 尽管在通信系统工具箱和 DSP 系统工具箱中,LMS 算法以面向对象编程环境中对象的形式存在,而信号处理工具箱并没有提供实现 LMS 算法的任何函数。这方面的讨论超出了本书的范围。在 11.1 节中,我们给出了函数[h,y]=lms(x,d,delta,M),在给定输入序列 $\{x(n)\}$、有用信号序列 $\{d(n)\}$、步长 Δ、期望的自适应 FIR 滤波器的长度 M 的条件下,这些量分别以数组 x,d,delta 和 M 的形式输入,该函数能够计算自适应滤波系数 $\{h(n), 0 \leqslant n \leqslant M-1\}$,并以数组 h 的形式输出。此外,LMS 函数还在数组 y 中给出自适应滤波器的输出 $\{y(n)\}$。为便于参考,该脚本程序也在下面给出。

```
function [h,y] = lms(x,d,delta,M)
% LMS Algorithm for Coefficient Adjustment
% ------------------------------------------------
% [h,y] = lms(x,d,delta,N)
%      h = estimated FIR filter
%      y = output array y(n)
%      x = input array x(n)
%      d = desired array d(n), length must be same as x
% delta = step size
%      M = length of the FIR filter
```

```
%
N = length(x); y = zeros(1,N);
h = zeros(1,M);
for n = M:N
    x1 = x(n:-1:n-M+1);
    y = h * x1';
    e = d(n) - y;
    h = h + delta * e * x1;
end
```

基本 LMS 算法的几种变化形式已经有文献提出并在自适应滤波应用中得到实现。如果我们先平均几次迭代中的梯度向量,再调整滤波器系数的话,可以得到其中的一种变化形式。比如,K 个梯度向量的平均为

$$\overline{\boldsymbol{g}}(nK) = -\frac{2}{K} \sum_{k=0}^{K-1} \boldsymbol{E}(nK+k) \boldsymbol{X}_M^*(nK+k) \tag{15.70}$$

每隔 K 次迭代更新一次滤波器系数的对应递归方程为

$$\boldsymbol{h}_M(n+1)K) = \boldsymbol{h}_M(nK) - \frac{1}{2}\Delta \overline{\hat{\boldsymbol{g}}}(nK) \tag{15.71}$$

实际上,正如文献[20]所阐明的一样,(15.70)式完成的平均操作可以减少梯度向量估计中的噪声。

另外一种方法就是用低通滤波器对梯度向量进行过滤,并将滤波器输出作为梯度向量的估计。比如,一个简单的梯度低通滤波器得到的输出可以表示为

$$\hat{\boldsymbol{V}}(n) = \beta \hat{\boldsymbol{V}}(n-1) - \hat{\boldsymbol{g}}(n), \quad \boldsymbol{V}(0) = -\hat{\boldsymbol{g}}(0) \tag{15.72}$$

其中参数 $0 \leqslant \beta < 1$ 的选择决定了低通滤波器的带宽。当 β 接近于 1 时,滤波器带宽较小,此时相当于对多个梯度向量取平均。另一方面,当 β 较小时,低通滤波器带宽较大,因而,它几乎不能实现对梯度取平均。通过用(15.72)式给出的过滤梯度向量代替 $\hat{\boldsymbol{g}}(n)$,我们得到滤波处理版本的 LMS 算法,给出为

$$\boldsymbol{h}_M(n+1) = \boldsymbol{h}_M(n) + \frac{1}{2}\Delta \hat{\boldsymbol{V}}(n) \tag{15.73}$$

文献[78]给出了针对滤波梯度 LMS 算法的分析。

15.2.3 LMS 算法性质

本节将考虑(15.69)式给出的 LMS 算法的基本性质。具体来说,我们将专门讨论其收敛性质、稳定性,以及采用有噪梯度向量代替真实梯度向量而引入的剩余噪声。采用梯度向量的有噪估计意味着滤波器系数会随机波动,因而,我们需要从统计角度对算法特性进行分析。

收敛性及稳定性

LMS 算法的收敛性和稳定性可以通过判断 $\boldsymbol{h}_M(n)$ 的均值如何收敛到最优系数 $\boldsymbol{h}_{\text{opt}}$ 来分析。如果我们对(15.69)式求期望值,可以得到

$$\bar{h}_M(n+1) = \bar{h}_M(n) + \Delta E[E(n) \, \boldsymbol{X}_M^*(n)]$$
$$= \bar{h}_M(n) + \Delta[\boldsymbol{R}_D - \boldsymbol{T}_M \bar{h}_M(n)]$$
$$= (\boldsymbol{I} - \Delta \boldsymbol{T}_M) \, \boldsymbol{h}_M(n) + \Delta \boldsymbol{R}_D \tag{15.74}$$

其中 $\bar{h}_M(n) = E[\boldsymbol{h}_M(n)]$，$\boldsymbol{I}$ 是单位矩阵。

(15.74)式中的递归关系可以表示为一个闭环控制系统，如图 15.36 所示。这个闭环系统的收敛速率和稳定性取决于步长参数 Δ 的选择。为方便确定收敛性性能，我们针对系数向量均值 $\bar{h}_M(n)$ 采用线性变换来解耦(15.74)式所给的 M 个联立差分方程组。而该合适的线性变换是由 $\boldsymbol{T}_M$ 矩阵性质而得到的。注意到自相关矩阵 $\boldsymbol{T}_M$ 是埃尔米特矩阵，因而可以表示为(参见文献[19])

$$\boldsymbol{T}_M = \boldsymbol{U} \boldsymbol{\Lambda} \boldsymbol{U}^{\mathrm{H}} \tag{15.75}$$

其中 $\boldsymbol{U}$ 是 $\boldsymbol{T}_M$ 的归一化模态矩阵，$\boldsymbol{\Lambda}$ 是对角矩阵，其元素 λ_k，$0 \leqslant k \leqslant M-1$ 等于 $\boldsymbol{T}_M$ 的特征值。

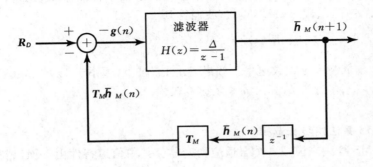

图 15.36　递归方程式(15.74)的闭环控制系统表示

将(15.75)式代入(15.74)式，后者可以表示为

$$\bar{h}_M^\circ(n+1) = (\boldsymbol{I} - \Delta \boldsymbol{\Lambda}) \, \bar{h}_M^\circ(n) + \Delta \boldsymbol{R}_D^\circ \tag{15.76}$$

其中变换(正交化)向量是 $\bar{h}_M^\circ(n) = \boldsymbol{U}^{\mathrm{H}} \bar{h}_M(n)$ 和 $\boldsymbol{R}_D^\circ(n) = \boldsymbol{U}^{\mathrm{H}} \boldsymbol{R}_D$。至此，(15.76)式中的 M 个一阶差分方程被解耦。它们的收敛性和稳定性可以由下面的齐次方程确定

$$\bar{h}_M^\circ(n+1) = (\boldsymbol{I} - \Delta \boldsymbol{\Lambda}) \, \bar{h}_M^\circ(n) \tag{15.77}$$

专门分析(15.77)式中第 k 个方程的解，我们可以看出

$$\bar{h}^\circ(k,n) = C(1 - \Delta \lambda_k)^n u(n), \quad k = 0,1,2,\cdots,M-1 \tag{15.78}$$

其中 C 是一个任意常数，$u(n)$ 是单位阶跃序列。显然，假定满足下面的条件则 $\bar{h}^\circ(k,n)$ 以指数方式收敛到 0，

$$|1 - \Delta \lambda_k| < 1$$

或等价条件

$$0 < \Delta < \frac{2}{\lambda_k}, \quad k = 0,1,\cdots,M-1 \tag{15.79}$$

当 $\Delta = 1/\lambda_k$ 时，算法可以得到最快收敛速率。

(15.79)式所给的相应于第 k 个归一化滤波器系数(闭环系统的第 k 个模式)的齐次差分方程的收敛条件必须对所有的 $k = 0,1,\cdots,M-1$ 都成立。因此，Δ 的取值范围必须要保证 LMS 算法中系数向量均值的收敛性

$$0 < \Delta < \frac{2}{\lambda_{\max}} \tag{15.80}$$

其中 $\lambda_{\max}$ 是矩阵 $\boldsymbol{T}_M$ 的最大特征值。

由于矩阵 $\boldsymbol{T}_M$ 是一个自相关矩阵,故其特征值非负。因而,$\lambda_{\max}$ 的上界是

$$\lambda_{\max} < \sum_{k=0}^{M-1} \lambda_k = \text{trace}\boldsymbol{T}_M = MR_{xx}(0) \tag{15.81}$$

其中 $R_{xx}(0)$ 是输入信号功率,由接收信号可以容易地估计该功率。因此,步长 Δ 的上界是 $2/MR_{xx}(0)$。

由(15.78)式,我们可以看出,当 $|1-\Delta\lambda_k|$ 较小时,即当如图 15.36 所示的闭环系统极点离单位圆较远时,LMS 算法可以实现快速收敛。然而,当最大特征值和最小特征值之差 $\boldsymbol{T}_M$ 很大时,我们不能既达到这种期望得到的条件又同时满足(15.79)式中的上界。换句话说,即使我们将 Δ 选为 $1/\lambda_{\max}$,LMS 算法的收敛速率将取决于最小特征值 $\lambda_{\min}$ 对应的衰减模式。对于这种模式,将 $\Delta=1/\lambda_{\max}$ 代入(15.78)式,我们得到

$$\bar{h}_M^{\circ}(k,n) = C\left(1 - \frac{\lambda_{\min}}{\lambda_{\max}}\right)^n u(n)$$

因此,比值 $\lambda_{\min}/\lambda_{\max}$ 最终决定收敛速率。如果 $\lambda_{\min}/\lambda_{\max}$ 较小(远小于 1),收敛将会较慢。另一方面,如果比值 $\lambda_{\min}/\lambda_{\max}$ 接近于 1,算法的收敛速度较快。

例题 15.9　LMS 算法的步长选择

我们基于 LMS 算法来模拟一个自适应均衡器。其中信道特性由下面以符号速率得到采样值给出:

$$x = [0.05, -0.063, 0.088, -0.126, -0.25, 0.9047, 0.25, 0, 0.126, 0.038, 0.088]$$

该信道的自相关矩阵的特征值扩展为 $\lambda_{\max}/\lambda_{\min}=11$。FIR 均衡器的抽头数选择为 $M=11$。接收信号与噪声的功率经过归一化。我们希望说明对应三个不同的步长值 $\Delta=0.045, 0.09, 0.115$ 条件下 LMS 算法的收敛特性。该算法稳定性的上界为 $\Delta=0.18$。

题解

图 15.37 展示了对应三个不同的步长值时 LMS 算法的收敛特性。这些图称作学习曲线,是经过 200 次仿真的估计均方误差平均得到。通过选取 $\Delta=0.09$(上界的一半),我们获得了衰减快速的收敛速率,如图 15.37 所示。如果将该步长除以 2 得到 0.045,收敛速度下降,而剩余均方误差也减小了,因而该算法在时变信号环境下具有更好性能,即估计的均衡器系数更接近于其最优值。本例题对应的 MATLAB 脚本程序给出如下。

```
N = 500;                          % length of the information sequence
K = 5;
actual_isi = [0.05 -0.063 0.088 -0.126 -0.25 0.9047 0.25 0 0.126 0.038 0.088];
sigma = 0.01;
delta = 0.115;
Num_of_realizations = 1000;
mse_av = zeros(1,N - 2 * K);
info = zeros(1,N);
```

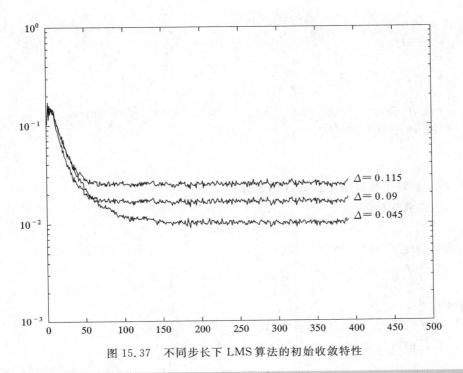

图 15.37 不同步长下 LMS 算法的初始收敛特性

```
noise = zeros(1,N);
mse = zeros(1,N);
for j = 1:Num_of_realizations,        % Compute the average over a number of
                                      % realizations.

    % The information sequence
    for i = 1:N,
        if (rand<0.5),
            info(i) = -1;
        else
            info(i) = 1;
        end
        echo off;
    end;
    % the channel output
    y = filter(actual_isi,1,info);
    for i = 1:2:N, [noise(i), noise(i+1)] = gngauss(sigma); end;
    y = y + noise;
    % Now the equalization part follows.
    estimated_c = [0 0 0 0 0 1 0 0 0 0 0];        % Initial estimate of ISI
    for k = 1:N - 2 * K,
        y_k = y(k:k + 2 * K);
        z_k = estimated_c * y_k.';
        e_k = info(k) - z_k;
        estimated_c = estimated_c + delta * e_k * y_k;
```

```
        mse(k) = e_k^2;
        echo off;
    end;
    mse_av = mse_av + mse;
end;
mse_av = mse_av/Num_of_realizations;    % mean - squared error versus iterations
 % Plotting commands follow
```

例题 15.10   最陡下降算法中步长 Δ 的选择

考虑二次性能指标

$$J = h^2 - 40h + 28$$

假设我们采用最陡下降算法搜索 J 的最小值

$$h(n+1) = h(n) - \frac{1}{2}\Delta g(n), \quad n = 0,1,\cdots$$

其中 $g(n)$ 是梯度。

a. 假定调整过程为一个过阻尼系统,试求步长 Δ 的取值范围。

b. 对于该范围内的 Δ 值,绘制关于 n 的函数 J 的曲线图。

题解

a. 性能指标梯度表示为

$$g(n) \frac{\partial J}{\partial h(n)} = 2h(n) - 40$$

因此,最陡下降算法表示为

$$h(n+1) = h(n) - \frac{1}{2}\Delta g(n) = (1-\Delta)h(n) + 20\Delta$$

对于过阻尼系统而言,

$$|1-\Delta| < 1 \Rightarrow 0 < \Delta < 2$$

b. 图 15.38(a)给出了 $J(n)$ 关于 n 的曲线。步长 Δ 设置为 0.5,h 的初始值设置为 0。图 15.38(b)中,我们绘制了 $J(h(n))$ 关于 $h(n)$ 的曲线。由图可以看出 J 在 5 次迭代之内达到其最小值 -372。

剩余噪声分析

LMS 算法另外的重要指标是采用梯度向量估计引入的剩余噪声。梯度向量估计中的噪声导致滤波器系数在其最优值附近波动,进而造成自适应滤波器输出的最小均方误差的增加。因此,总的均方误差为 $\mathcal{E}_{M,\min} + \mathcal{E}_\Delta$,其中 $\mathcal{E}_\Delta$ 称作剩余均方误差。

对于任意给定的滤波器系数 $\boldsymbol{h}_M(n)$,自适应滤波器输出的总均方误差可以表示为

$$\mathcal{E}_t(n) = \mathcal{E}_{M,\min} + (\boldsymbol{h}_M(n) - \boldsymbol{h}_{opt})^t \boldsymbol{T}_M (\boldsymbol{h}_M(n) - \boldsymbol{h}_{opt})^* \qquad (15.82)$$

其中 $\boldsymbol{h}_{opt}$ 表示(15.48)式定义的最优滤波器系数。$\mathcal{E}_t(n)$ 关于迭代次数的函数曲线称作学习曲

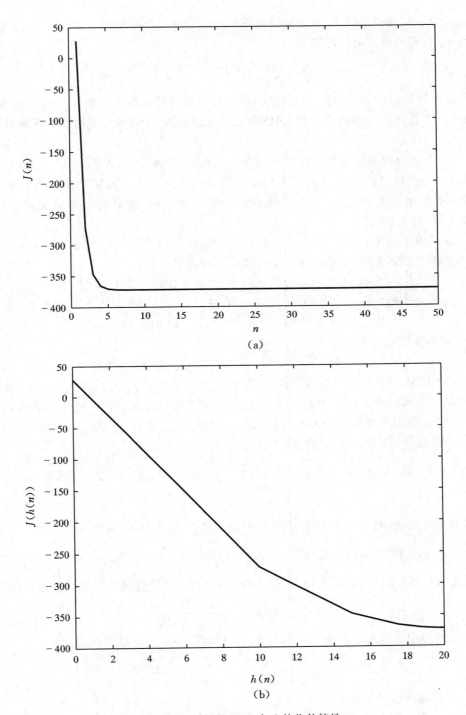

图 15.38 例题 15.10 中 J 的收敛特性

线。如果用(15.75)式代替 $\boldsymbol{T}_M$ 并采取前面使用过的线性正交变换,我们可以得到

$$\mathcal{E}_t(n) = \mathcal{E}_{M,\min} + \sum_{k=0}^{M-1} \lambda_k \mid h^\circ(k,n) - h^\circ_{\mathrm{opt}}(k) \mid^2 \qquad (15.83)$$

其中$(h^{\circ}(k,n)-h_{\text{opt}}^{\circ}(k))$表示第 k 个滤波器系数(在正交坐标系中)的误差。剩余均方误差定义为(15.83)式中第二项的期望值,

$$\mathcal{E}_{\Delta} = \sum_{k=0}^{M-1} \lambda_k E\big[\,|\,h^{\circ}(k,n)-h_{\text{opt}}^{\circ}(k)\,|^2\big] \tag{15.84}$$

为方便推导剩余均方误差$\mathcal{E}_{\Delta}$的表达式,我们假定滤波器系数的均值 $\boldsymbol{h}_M(n)$ 已经收敛到其最优值 $\boldsymbol{h}_{\text{opt}}$。于是,(15.69)式所给的 LMS 算法中 $\Delta E(n)\boldsymbol{X}_M^*(n)$ 项为零均值噪声向量,其方差为

$$\text{cov}\big[\Delta E(n)\,\boldsymbol{X}_M^*(n)\big] = \Delta^2 E\big[\,|\,E(n)\,|^2\big]\,\boldsymbol{X}_M(n)\,\boldsymbol{X}_M^{\text{H}}(n) \tag{15.85}$$

为求得第一个近似,我们假设 $|\,E(n)\,|^2$ 与信号向量不相关。虽然该假设并非严格成立,它却能简化推导并得到有用的结论。(有关该假设的进一步讨论,读者可以参看文献[65]、文献[40]以及文献[20]。)于是,

$$\text{cov}\big[\Delta E(n)\,\boldsymbol{X}_M^*(n)\big] = \Delta^2 E\big[\,|\,E(n)\,|^2\big]E\big[\boldsymbol{X}_M(n)\,\boldsymbol{X}_M^{\text{H}}(n)\big] = \Delta^2\,\mathcal{E}_{M,\min}\boldsymbol{T}_M \tag{15.86}$$

对于含有噪声的正交系数向量 $\boldsymbol{h}_M^{\circ}(n)$,我们可以得到以下方程:

$$\boldsymbol{h}_M^{\circ}(n+1) = (\boldsymbol{I}-\Delta\boldsymbol{\Lambda})\,\boldsymbol{h}_M^{\circ}(n) + \Delta\boldsymbol{R}_D^{\circ} + \boldsymbol{W}^{\circ}(n) \tag{15.87}$$

其中 $\boldsymbol{W}^{\circ}(n)$ 是加性噪声向量,该向量与噪声向量 $\Delta E(n)\boldsymbol{X}_M^*(n)$ 存在下面的变换关系:

$$\boldsymbol{W}^{\circ}(n) = \boldsymbol{U}^{\text{H}}\big[\Delta E(n)\,\boldsymbol{X}_M^*(n)\big] = \Delta E(n)\boldsymbol{U}^{\text{H}}\boldsymbol{X}_M^*(n) \tag{15.88}$$

容易看出,噪声向量的协方差矩阵为

$$\text{cov}\big[\boldsymbol{W}^{\circ}(n)\big] = \Delta^2\,\mathcal{E}_{M,\min}\boldsymbol{U}^{\text{H}}\boldsymbol{T}_M\boldsymbol{U} = \Delta^2\,\mathcal{E}_{M,\min}\boldsymbol{\Lambda} \tag{15.89}$$

因此,$\boldsymbol{W}^{\circ}(n)$ 的 M 个元素不相关,且每个元素的方差为 $\sigma_k^2=\Delta^2\,\mathcal{E}_{M,\min}\lambda_k$,$k=0,1,\cdots,M-1$。

由于 $\boldsymbol{W}^{\circ}(n)$ 的噪声元素不相关,我们可以分别地考虑(15.87)式中 M 个非耦合的差分方程。每个一阶差分方程代表一个冲激响应为 $(1-\Delta\lambda_k)^n$ 的滤波器。当这样的滤波器受到噪声序列 $W_k^{\circ}(n)$ 的激励时,滤波器输出的噪声方差为

$$E\big[\,|\,h^{\circ}(k,n)-h_{\text{opt}}^{\circ}(k)\,|^2\big] = \sum_{n=0}^{\infty}\sum_{m=0}^{\infty}(1-\Delta\lambda_k)^n(1-\Delta\lambda_k)^m E\big[W_k^{\circ}(n)W_k^{\circ*}(m)\big] \tag{15.90}$$

我们做如下简化假设:噪声序列 $W_k^{\circ}(n)$ 为白序列。那么,(15.90)式简化为

$$\mathcal{E}\big[\,|\,h^{\circ}(k,n)-h_{\text{opt}}^{\circ}(k)\,|^2\big] = \frac{\sigma_k^2}{1-(1-\Delta\lambda_k)^2} = \frac{\Delta^2\,\mathcal{E}_{M,\min}\lambda_k}{1-(1-\Delta\lambda_k)^2} \tag{15.91}$$

如果我们将(15.91)式的结果代入(15.84)式,我们可以得到剩余均方误差的表达式为

$$\mathcal{E}_{\Delta} = \Delta^2\,\mathcal{E}_{M,\min}\sum_{k=0}^{M-1}\frac{\lambda_k^2}{1-(1-\Delta\lambda_k)^2} \tag{15.92}$$

如果假设 Δ 选择能满足对于所有的 k 都有 $\Delta\lambda_k\leqslant 1$,则该表达式可以简化。此时,

$$\mathcal{E}_{\Delta} \approx \Delta^2\,\mathcal{E}_{M,\min}\sum_{k=0}^{M-1}\frac{\lambda_k^2}{2\Delta\lambda_k} \approx \frac{1}{2}\Delta\,\mathcal{E}_{M,\min}\sum_{k=0}^{M-1}\lambda_k \approx \frac{\Delta M\,\mathcal{E}_{M,\min}R_{xx}(0)}{2} \tag{15.93}$$

其中 $R_{xx}(0)$ 是输入信号的功率。

$\mathcal{E}_{\Delta}$ 的表达式表明,剩余均方误差正比于步长参数 Δ。因而,我们选择 Δ 时必须要在快速收敛和较小的剩余均方误差之间折衷。实际中,我们希望获得 $\mathcal{E}_{\Delta}<\mathcal{E}_{M,\min}$,于是有

$$\frac{\mathcal{E}_{\Delta}}{\mathcal{E}_{M,\min}} \approx \frac{\Delta M R_{xx}(0)}{2} < 1$$

或等价地有

$$\Delta < \frac{2}{MR_{xx}(0)} \tag{15.94}$$

但是,这只是我们在前面获得的对应 $\lambda_{\max}$ 的上界。稳态运行时,Δ 应该满足(15.94)式中的上界,否则相应的剩余均方误差会造成自适应滤波器性能的显著降低。

例题 15.11　LMS 算法在系统辨识中的应用

试用 LMS 算法估计例题 15.1 所给的两极点系统的冲激响应。首先,设置 $h(k)=0,k=0,1,\cdots,M-1$。$W(n)$ 的方差为 $\sigma_W^2=0.02$ 和 $X(n)$ 的方差为 $\sigma_x^2=1$。选择 LMS 算法的步长 Δ 以满足(15.94)式,对于 $0\leqslant n\leqslant 1000$ 运行仿真。

a. 经过 1000 次迭代后,绘制并比较两极点滤波器和 FIR 滤波器模型的冲激响应曲线。另外,绘制并比较未知系统和该模型的频率响应曲线。

b. 比较(a)小题与例题 15.1(c)小题的结果。

题解

由例题 15.1 可知,该自适应滤波器的阶数 $M=15$。由于 $\sigma_x^2=1$,信号功率也为 $R_{xx}(0)=1$。因而由(15.94)式可得,步长的上界为 $\Delta=0.1333$。我们选择步长为 $\Delta=0.05$,该参数能同时获得好的收敛性和稳定性。

a. MATLAB 脚本程序如下:

```
>> varW = 0.02; varX = 1;              % Noise and signal variances
>> N = 1000; n = 0:N;                  % Number of samples and indices
>> p = 0.8 * exp(1j * pi/4);           % Pole location
>> a = [1, -2 * real(p), abs(p)^2];    % Plant denominator coeff
>> M = 15;                             % FIR filter model order
>> xn = sqrt(varX) * randn(N+1,1);     % Input sequence
>> wn = sqrt(varW) * randn(N+1,1);     % Noise sequence
>> dn = filter(1,a,xn);                % Output of the plant
>> yn = dn + wn;                       % Noisy plant output
>> % FIR filter model coefficients using LMS algorithm
>> delta = 0.05; % 2/(M * varX) = 0.1333;
>> [hm,yhatn] = lms(xn.',yn,delta,M);
>> hp = impz(1,a,M+5);                 % Plant impulse response
>> % Plots of the impulse and frequency responses
>> om = linspace(0,1,1001) * pi;
>> Hm = freqz(hm,1,om); Hm_mag = abs(Hm); Hm_pha = angle(Hm)/pi;
>> Hp = freqz(1,a,om); Hp_mag = abs(Hp); Hp_pha = angle(Hp)/pi;
>> % Plotting commands follow
```

所求得的曲线如图 15.39 所示。经过 1000 次迭代后,该模型系数几乎收敛到平台系数,此时只含有很小的剩余噪声。频率响应曲线也证明了这个结果。模型幅度响应峰值位于正确的频点,但是总的响应表现出了 FIR 截断效应和剩余噪声。

b. 现在,我们比较采用 LS 方法和 LMS 算法得到的模型系数及其频率响应。

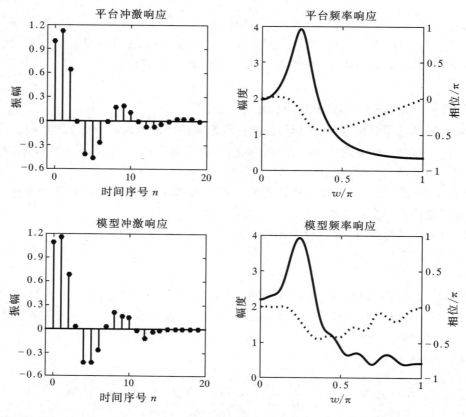

图 15.39 例题 15.11(a)中采用 LMS 算法得到平台及 FIR 模型冲激和频率响应曲线，
虚线表示相位响应

```
>> varW = 0.02; varX = 1;              % Noise and signal variances
>> N = 1000; n = 0:N;                  % Number of samples and indices
>> p = 0.8 * exp(1j * pi/4);           % Pole location
>> a = [1, -2 * real(p),abs(p)^2];     % Plant denominator coeff
>> M = 15;                             % FIR filter model order
>> xn = sqrt(varX) * randn(N + 1,1);   % Input sequence
>> wn = sqrt(varW) * randn(N + 1,1);   % Noise sequence
>> dn = filter(1,a,xn);                % Output of the plant
>> yn = dn + wn;                       % Noisy plant output
>> % FIR filter model coefficients using LS method
>> [rxx] = xcorr(xn,M - 1);            % ACRS of x(n)
>> Rxx = toeplitz(rxx(M:end));         % ACRM of x(n)
>> ryx = xcorr(yn,xn,M - 1);           % CCRS between y(n) and x(n)
>> ryx = ryx(M:end);                   % CCRV
>> hls = Rxx\ryx;                      % Model coeff (or Imp resp)
>> % Plots of the impulse and frequency responses
>> om = linspace(0,1,1001) * pi;
```

```
>> Hls = freqz(hls,1,om); Hls_mag = abs(Hls); Hls_pha = angle(Hls)/pi;
>> % Plotting commands follow
```

所得结果曲线如图 15.40 所示。由图可以看出,采用 LMS 算法获得冲激响应系数和频率响应表现出了剩余噪声效应,特别是在高频率处。 ■

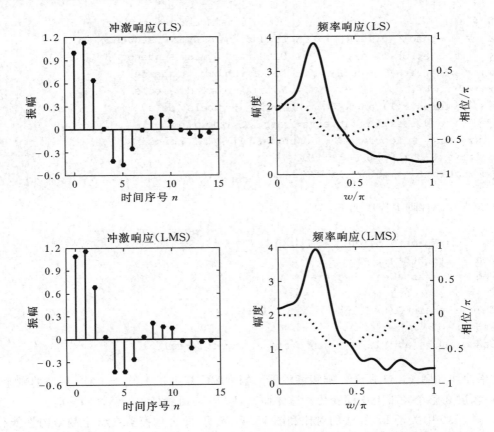

图 15.40　例题 15.11(b)中采用 LS 和 LMS 算法得到的 FIR 模型比较,虚线表示相位响应

例题 15.12　信道均衡中 LMS 算法的应用

考虑如图 15.2 所示的系统配置。对于 $M=7$ 和 $D=10$,生成输出序列 $\hat{a}(n)$ 并舍弃前 10 个输出样值以补偿系统中的暂态。于是,$\hat{a}(11)$ 对应 $a(1)$,$\hat{a}(12)$ 对应 $a(2)$,以此类推。采用 LMS 算法调整均衡器系数 $h(k)$,$0 \leqslant k \leqslant 6$。运行仿真得到 1000 个样值。

a. 绘制信道滤波器 $C(z)$ 和均衡滤波器 $H(z)$ 的频率响应曲线,以及级联滤波器 $C(z)H(z)$ 的频率响应。请说明所得结果。

b. 比较(a)小题结果与例题 15.2(c)小题采用最小二乘法准则求得的结果。

题解

通过下面的 MATLAB 脚本程序可以实现 LMS 算法,计算得到信号和模型系数的估计。

```
>> z0 = 0.8 * exp(1j * pi/4); % Zero of C(z)
>> Cb = [1, -2 * real(z0),abs(z0)^2]; % Numerator of C(z) or imp resp
>> N = 1000; n = 0:N-1; % Length and timing indices for sequences
>> varW = 0.1; % Variance of the additive noise
>> % Generation of Sequences a(n), x(n), and d(n)
>> M = 7;                      % FIR equalizer length
>> D = 10;                     % Overall delay in processing
>> an = 2 * randi([0,1],N,1) - 1 % Pseudorandom symbol sequence
>> yn = filter(Cb,1,an);        % Distorted symbol sequence
>> wn = sqrt(varW) * randn(N,1) % Additive noise sequence
>> xn = yn + wn;                % Noisy distorted symbols
>> dn = [zeros(D,1);an(1:N)]; % Desired symbols (delayed)
>> % FIR equalizer coefficients using LMS algorithm
>> [rxx,lags] = xcorr(xn,M-1,'unbiased'); % ACRS of x(n)
>> delta = 0.05; % 2/(M * rxx(M)) = 0.1012;
>> [heq,ahatn] = lms(xn.',dn(D+1:end),delta,M);
```

a. MATLAB 脚本程序如下：

```
>> om = linspace(0,1,1001) * pi;
>> Heq = freqz(heq,1,om);
>> Heq_mag = abs(Heq); Heq_pha = angle(Heq)/pi;
>> Cz = freqz(Cb,1,om);
>> Cz_mag = abs(Cz); Cz_pha = angle(Cz)/pi;
>> CzHeq = Cz. * Heq;
>> CzHeq_mag = abs(CzHeq); CzHeq_pha = angle(CzHeq)/pi;
```

所得结果曲线如图 15.41 所示。乘积滤波器的幅度响应接近于 1，由于 LMS 算法的剩余噪声特性，该幅度在整个频带上小幅变化。总体而言，LMS 均衡器具备足够好的性能。

b. 图 15.9 中关于 LS 算法的对比和图 15.41 表明，两个均衡器在整个频带内性能相似，而 LS 均衡器具有更平滑的频率响应。 ■

例题 15.13 回声抵消中 LMS 算法的应用

考虑例题 15.3 所给的回声抵消系统。使用与例题 15.3 中同样的系统参数，基于运行仿真得到 1000 个样值，采用 LMS 算法调节回声抵消器的系数。

a. 比较回声抵消器系数与回声系数 $c(k)$，$0 \leq k \leq 4$，并说明所得结果。

b. 比较采用 LMS 算法所得结果与采用例题 15.3 中最小二乘法所得结果。

题解

由例题 15.3，系统参数为

```
>> c = [-0.25, -0.5,0.75,0.36,0.25]; % Echo coefficients >>
>> N = 1000; n = 0:N; % Length and timing indices
```

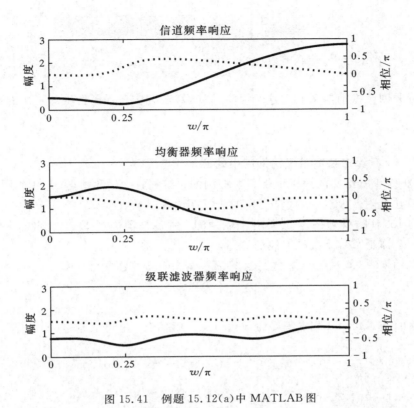

图 15.41 例题 15.12(a) 中 MATLAB 图

```
>> varW = 0.1;  % Additive noise variance
>> an = 2 * randi([0,1],N + 1,1) - 1;  % Pseudorandom symbol sequence at Modem - A
>> bn = 2 * randi([0,1],N + 1,1) - 1;  % Pseudorandom symbol sequence at Modem - B
```

a. 由(15.94)式,这种情形下步长的上界为 0.2。但是,采用步长 $\Delta = 0.01$ 时,算法获得了好的收敛性和稳定性。

```
>> sAn = filter(c,1,an);  % Echo signal sequence at modem - A
>> wn = sqrt(varW) * randn(N + 1,1);  % Additive noise sequence
>> yn = bn + sAn + wn;  % Received signal at Modem - A
>> M = 10;  % FIR echo canceller order
>> [raa,lags] = xcorr(an,M - 1,'unbiased');  % ACRS of a(n)
>> delta = 0.01;  % 2/(M * raa(M)) = 0.2;
>> [hec,Sahatn] = lms(an.',yn,delta,M);
>> hec(1:5)
hec =
    - 0.2988      - 0.5861       0.7469        0.3010        0.2272
```

经过 1000 次迭代之后,所得的回声抵消器系数是合理却含有噪声的。

b. 例题 15.3 采用 LS 算法得到的回声抵消器系数是

```
>> hec'
ans =
  - 0.2540 - 0.4982 0.7943 0.3285 0.2291
```

该结果更接近原回声抵消器系数。这又说明 LMS 算法确实获得了含噪却可用的结果。

例题 15.14　LMS 算法在窄带干扰抑制中的应用

考虑例题 15.4 所给出的用于窄带干扰抑制的系统配置。采用例题 15.4 中同样的系统参数，用 LMS 算法经过 1000 次迭代仿真来调节线性预测器系数。

a. 同例题 15.4(b)小题一样，计算并绘制预测误差滤波器的频率响应曲线，并进一步验证该滤波器为一个抑制窄带干扰的陷波滤波器。

b. 比较采用 LMS 算法的结果与例题 15.4 中采用 LS 算法的结果。

题解

调用下面的 MATLAB 脚本程序生成信号 $x(n)$ 和 $v(n)$。

```
>> i = (0:100)'; fi = 0.1 * i/100; thetai = 2 * pi * rand(length(i),1);
>> A = 1; N = 1000; n = 0:N;
>> xn = sum(A * cos(2 * pi * fi * n + thetai * ones(1,N + 1))); xn = xn';
>> varW = 1; wn = sqrt(varW) * randn(N + 1,1);
>> vn = xn + wn;
>> [rvv] = xcorr(vn,M - 1 + D,'unbiased');
```

利用 $r_{vv}(0)$ 由(15.94)式得到这种情形下的步长上界为 0.0025。但是，MATLAB 算法中步长值选为 $\Delta = 0.001$，预测器系数经过 1000 次迭代计算得到。

```
>> M = 15; D = 1;
>> delta = 0.001; % 2/(M * rvv(M)) = 0.0025;
>> [h,xhatn] = lms(vn(1:N - D).',vn(D:N),delta,M);
```

a. 预测误差滤波器系数及其频率响应采用下面的 MATLAB 脚本程序计算得到。

```
>> h1 = zeros(M + D,1); h1(1) = 1;
>> h1(D + 1:D + M) = - h;
>> f = linspace(0,1,1001) * 0.5;
>> H1 = freqz(h1,1,2 * pi * f);
>> H1db = 20 * log10(abs(H1)/max(abs(H1)));
>> % Plotting commands follow
```

所得的结果曲线如图 15.42 所示。尽管滤波器在干扰信号频带内生成了超过 15dB 衰减的凹陷，其在通带内依然有不想要的波纹。这种情况下，LMS 算法表现似乎差强人意。

b. 比较 LS 算法图 15.20 和 LMS 算法图 15.42,可以清楚地看出 LMS 算法能有效地抑制窄带干扰,但是其总体性能没有 LS 算法好。 ■

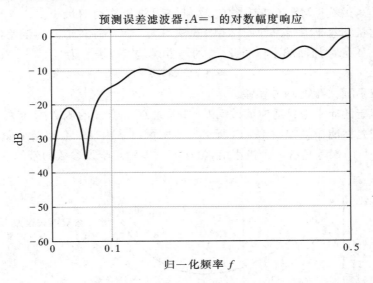

图 15.42 例题 15.14(a)中采用 LMS 算法的预测误差滤波器对数幅度响应

讨论

前面剩余均方误差的分析是基于滤波器系数均值收敛到最优解 h_{opt} 的假设而得到的。这种假设下,步长 Δ 应该满足(15.94)式中的范围。另一方面,我们已经推断得到均值系数向量的收敛性要求为 $\Delta < 2/\lambda_{max}$。当 Δ 接近上界会带来确定(已知的)梯度算法的初始收敛性问题,通常这样一个较大的 Δ 取值会导致随机梯度 LMS 算法的不稳定性。

LMS 算法的初始收敛性或瞬态特性得到了多位研究人员的关注。他们的研究结果清晰地表明步长必须减少到与自适应滤波器长度成正比,如(15.94)式所示。(15.94)式所给的上界是确保随机梯度 LMS 算法的初始收敛性的必要条件。实际中,通常选择 $\Delta < 1/MR_{xx}(0)$。文献[24]以及文献[93]中涵盖了 LMS 算法瞬态特性和收敛性质的分析。

LMS 算法的数字实现中,步长参数的选择更为关键。为减少剩余均方误差,我们可以一直减小步长参数,直到在该参数下对应的总输出均方误差有了实际增加。只有当估计的梯度元素 $e(n)x^*(n-l), l=0,1,\cdots,M-1$ 与较小的步长参数 Δ 的乘积小于滤波器系数的定点表示中最低位对应数值的一半时,该条件才满足。这样的情形下,自适应调整停止。因此,足够大的步长对于将滤波器系数进入 h_{opt} 的邻域非常重要。如果想要显著地减少步长,就必须增加滤波器系数的表示精度。一般而言,滤波器系数采用 16 位精度表示,其中高 12 位用于过滤数据的算术处理,而低 4 位提供自适应过程的必要精度表示。于是,经过比例相乘的梯度元素估计 $\Delta e(n)x^*(n-l)$ 通常只影响较低位。事实上,考虑到用于过滤数据算术处理的较高位出现任何变化前,较低位都需要进行几次增量变化,增加的精度表示还要考虑平均噪声的需求。关于 LMS 算法数字实现中的舍入误差分析,读者可以参考文献[24]、[25]和[4]。

最后,我们应该指出一点,LMS 算法适合于跟踪慢时变统计量。在这种情况下,最小均方误差及最优系数向量是时变的。换句话说,$\mathcal{E}_{M,\min}$ 是关于时间的函数,M 维误差曲面随时间序号 n 变化而移动。虽然 LMS 算法试图在 M 维空间跟随移动的最小 $\mathcal{E}_{M,\min}$,但是由于使用了(估计的)梯度向量它总是滞后。因而,LMS 算法引入了另外一种形式的误差,称作滞后误差,其均方值随步长 Δ 的增加而减小。至此,总的均方误差可以表示为

$$\mathcal{E}_{\text{total}} = \mathcal{E}_{M,\min} + \mathcal{E}_{\Delta} + \mathcal{E}_l \tag{15.95}$$

其中 $\mathcal{E}_l$ 表示因滞后而产生的均方误差。

对于任何给定的非平稳自适应滤波问题,如果绘制关于 Δ 的函数 $\mathcal{E}_{\Delta}$ 和 $\mathcal{E}_l$ 的曲线,我们可以预见到这些误差性能曲线如图 15.43 所示。由图可以看出,$\mathcal{E}_{\Delta}$ 随 Δ 增加而增加,而 $\mathcal{E}_l$ 则随 Δ 增加而减少。总的误差具有一个极小值,由该值可以确定步长参数的最优选择。

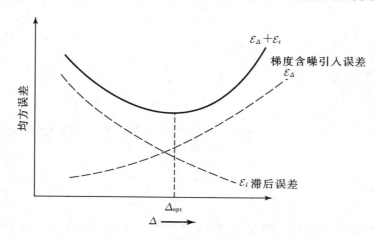

图 15.43 关于步长 Δ 的函数剩余均方误差 $\mathcal{E}_{\Delta}$ 和滞后误差 $\mathcal{E}_l$ 曲线

当信号的统计特性随时间迅速变化,滞后误差将主导自适应滤波器性能。在这种情形下,即使在 Δ 取最大可能值时,$\mathcal{E}_l \gg \mathcal{E}_{M,\min} + \mathcal{E}_{\Delta}$。当这种情形出现时,LMS 算法不适合该应用场景,我们必须采用 15.2.4 节中更复杂的递归最小二乘算法来获得更快速的收敛和跟踪性能。

15.2.4 用于直接型 FIR 滤波器的递归最小二乘算法

LMS 算法的主要优点在于其计算简便。然而,计算简便的代价是收敛速度慢,特别是当自相关矩阵 $\mathbf{T}_M$ 的特征值的扩展较大时,即 $\lambda_{\max}/\lambda_{\min} \gg 1$ 时。从另外一个角度看,LMS 算法只有一个可调节参数用于控制收敛速率,该参数称作步长。出于算法稳定性考虑,Δ 限制为小于 (15.94) 式的上界,因而对应较小特征值的模式收敛速度非常慢。

为获得更快速的收敛,有必要设计更为复杂的包含额外参数的算法。特别地,如果相关矩阵 $\mathbf{T}_M$ 具有不相等的特征值 $\lambda_0, \lambda_1, \cdots, \lambda_{M-1}$,我们应该采用包含 M 个参数的算法,其中每个参数对应一个特征值。为求得收敛更迅速的自适应滤波器算法,我们采用最小二乘准则,而不是基于均方误差准则的统计方法。这样,我们可以直接处理数据序列 $x(n)$,并由数据得到其统计相关的估计。

为便于简化公式,我们将最小二乘算法表示为矩阵形式。由于该算法在时间上是递归的,因而在滤波器系数向量和误差序列中引入时间序号也是必要的。因此,我们定义在时刻 n 处滤波器系数向量为

$$
\boldsymbol{h}_M(n) = \begin{bmatrix} h(0,n) \\ h(1,n) \\ h(2,n) \\ \vdots \\ h(M-1,n) \end{bmatrix} \tag{15.96}
$$

其中下标 M 表示滤波器长度。类似地,在时刻 n 滤波器的输入信号向量可以记作

$$
\boldsymbol{X}_M(n) = \begin{bmatrix} x(n) \\ x(n-1) \\ x(n-2) \\ \vdots \\ x(n-M+1) \end{bmatrix} \tag{15.97}
$$

假定对于 $n<0$ 都有 $x(n)=0$,该假定也称作输入数据的预加窗。

现在,该递归最小二乘问题可以构建为如下模型。假设我们观测到了向量 $\boldsymbol{X}_M(l), l=0, 1, \cdots, n$,希望求解使得误差幅度平方和最小的滤波器系数向量 $\boldsymbol{h}_M(n)$

$$
\mathcal{E}_M = \sum_{l=0}^n w^{n-l} \mid e_M(l,n) \mid^2 \tag{15.98}
$$

其中误差定义为期望序列 $d(l)$ 与其估计 $\hat{d}(l,n)$ 之差

$$
e_M(l,n) = d(l) - \hat{d}(l,n) = d(l) - \boldsymbol{h}_M^t(n)\boldsymbol{X}_M(l) \tag{15.99}
$$

w 是取值范围为 $0<w\leqslant1$ 的权重因子。

因子 w 的选取目标是赋予最近的数据点更大的权值,从而使得滤波器系数能根据数据的时变统计特性而自适应调节。我们可以通过对过去的数据采用指数型权重因子来达成这一目标。或者,我们也可以采用有限长度的滑动窗,窗内各处权重值相等。我们发现指数型权重因子在数学意义上和实际意义上更为方便。为便于比较,指数型权重窗序列具有如下的有效记忆长度:

$$
\bar{N} = \frac{\sum_{n=0}^\infty n w^n}{\sum_{n=0}^\infty w^n} = \frac{w}{1-w} \tag{15.100}
$$

因而,该窗应该近似等效于长度为 $\bar{N}$ 的滑动窗。

$\mathcal{E}_M$ 关于滤波器系数向量 $\boldsymbol{h}_M(n)$ 的最小化可以得到一组线性方程组

$$
\boldsymbol{R}_M(n)\boldsymbol{h}_M(n) = \boldsymbol{D}_M(n) \tag{15.101}
$$

其中 $\boldsymbol{R}_M(n)$ 是(估计的)信号相关矩阵,定义如下:

$$
\boldsymbol{R}_M(n) = \sum_{l=0}^n w^{n-l} \boldsymbol{X}_M^*(l)\boldsymbol{X}_M^t(l) \tag{15.102}
$$

$\boldsymbol{D}_M(n)$ 是(估计的)信号互相关向量

$$
\boldsymbol{D}_M(n) = \sum_{l=0}^n w^{n-l} \boldsymbol{X}_M^*(l)d(l) \tag{15.103}
$$

则(15.101)式的解为

$$\boldsymbol{h}_M(n) = \boldsymbol{R}_M^{-1}(n)\boldsymbol{D}_M(n) \tag{15.104}$$

显然,矩阵 $\boldsymbol{R}_M(n)$ 类似于前面定义的统计自相关矩阵 $\boldsymbol{T}_M$,而向量 $\boldsymbol{D}_M(n)$ 则类似于前面定义的互相关向量 $\boldsymbol{R}_d$。但是,我们要强调一点,$\boldsymbol{R}_M(n)$ 不是 Toeplitz 矩阵,而 $\boldsymbol{T}_M$ 则是的。我们还要指出,当 n 取较小值时,$\boldsymbol{R}_M(n)$ 可能为病态的,此时其逆矩阵无法计算。此时,通常的做法是将 $\delta\boldsymbol{I}_M$ 加到矩阵 $\boldsymbol{R}_M(n)$,其中 $\boldsymbol{I}_M$ 为单位矩阵,δ 为一个较小的正常数。随着针对过去数据的指数型加权,$\delta\boldsymbol{I}_M$ 的加和效应随着时间而逐渐消失。

现在,假定得到了(15.104)式在时刻 $(n-1)$ 处的解,也即得到了 $\boldsymbol{h}_M(n-1)$,我们希望计算 $\boldsymbol{h}_M(n)$。针对每个新的信号成分求解 M 个线性方程是低效的,因而也是不切实际的。取而代之的是,我们可以递归地计算矩阵和向量。首先,$\boldsymbol{R}_M(n)$ 可以递归计算如下:

$$\boldsymbol{R}_M(n) = w\boldsymbol{R}_M(n-1) + \boldsymbol{X}_M^*(n)\boldsymbol{X}_M^t(n) \tag{15.105}$$

我们称(15.105)式为 $\boldsymbol{R}_M(n)$ 的时间更新方程。

由于 $\boldsymbol{R}_M(n)$ 逆矩阵必不可少,我们采用下面的矩阵求逆公式(参见文献[32]):

$$\boldsymbol{R}_M^{-1}(n) = \frac{1}{w}\left[\boldsymbol{R}_M^{-1}(n-1) - \frac{\boldsymbol{R}_M^{-1}(n-1)\boldsymbol{X}_M^*(n)\boldsymbol{X}_M^t(n)\boldsymbol{R}_M^{-1}(n-1)}{w + \boldsymbol{X}_M^t(n)\boldsymbol{R}_M^{-1}(n-1)\boldsymbol{X}_M^*(n)}\right] \tag{15.106}$$

这样,$\boldsymbol{R}_M^{-1}(n)$ 可以递归地计算了。

为了方便,我们定义 $\boldsymbol{P}_M(n) = \boldsymbol{R}_M^{-1}(n)$。同样出于方便,我们还定义下面的 M 维向量 $\boldsymbol{K}_M(n)$,该向量称作卡尔曼增益向量,

$$\boldsymbol{K}_M(n) = \frac{1}{w + \mu_M(n)}\boldsymbol{P}_M(n-1)\boldsymbol{X}_M^*(n) \tag{15.107}$$

其中 $\mu_M(n)$ 是一个标量,定义如下:

$$\mu_M(n) = \boldsymbol{X}_M^t(n)\boldsymbol{P}_M(n-1)\boldsymbol{X}_M^*(n) \tag{15.108}$$

有了这些定义,(15.106)式可以表示为

$$\boldsymbol{P}_M(n) = \frac{1}{w}\left[\boldsymbol{P}_M(n-1) - \boldsymbol{K}_M(n)\boldsymbol{X}_M^t(n)\boldsymbol{P}_M(n-1)\right] \tag{15.109}$$

将(15.109)式右乘以 $\boldsymbol{X}_M^*(n)$,可以得到

$$\boldsymbol{P}_M(n)\boldsymbol{X}_M^*(n) = \frac{1}{w}\left[\boldsymbol{P}_M(n-1)\boldsymbol{X}_M^*(n) - \boldsymbol{K}_M(n)\boldsymbol{X}_M^t(n)\boldsymbol{P}_M(n-1)\boldsymbol{X}_M^*(n)\right]$$

$$= \frac{1}{w}\{[w + \mu_M(n)]\boldsymbol{K}_M(n) - \boldsymbol{K}_M(n)\mu_M(n)\} = \boldsymbol{K}_M(n) \tag{15.110}$$

因此,卡尔曼增益向量也可以定义为 $\boldsymbol{P}_M(n)\boldsymbol{X}_M^*(n)$。

现在,我们可以用矩阵求逆公式来推导计算滤波器系数的递归方程。由于

$$\boldsymbol{h}_M(n) = \boldsymbol{P}_M(n)\boldsymbol{D}_M(n) \tag{15.111}$$

和

$$\boldsymbol{D}_M(n) = w\boldsymbol{D}_M(n-1) + d(n)\boldsymbol{X}_M^*(n) \tag{15.112}$$

将(15.109)式和(15.112)式代入(15.104)式中,我们得到

$$\boldsymbol{h}_M(n) = \frac{1}{w}\left[\boldsymbol{P}_M(n-1) - \boldsymbol{K}_M(n)\boldsymbol{X}_M^t(n)\boldsymbol{P}_M(n-1)\right] \times \left[w\boldsymbol{D}_M(n-1) + d(n)\boldsymbol{X}_M^*(n)\right]$$

$$= \boldsymbol{P}_M(n-1)\boldsymbol{D}_M(n-1) + \frac{1}{w}d(n)\boldsymbol{P}_M(n-1)\boldsymbol{X}_M^*(n) - \boldsymbol{K}_M(n)\boldsymbol{X}_M^t(n)\boldsymbol{P}_M(n-1)\boldsymbol{D}_M(n-1)$$

$$- \frac{1}{w}d(n)\boldsymbol{K}_M(n)\boldsymbol{X}_M^t(n)\boldsymbol{P}_M(n-1)\boldsymbol{X}_M^*(n)$$

$$= \mathbf{h}_M(n-1) + \mathbf{K}_M(n)\big[d(n) - \mathbf{X}_M^t(n)\mathbf{h}_M(n-1)\big] \tag{15.113}$$

我们可以看出,$\mathbf{X}_M^t(n)\mathbf{h}_M(n-1)$是自适应滤波器利用时刻 $n-1$ 处的滤波器系数在时刻 n 处得到的输出。由于

$$\mathbf{X}_M^t(n)\mathbf{h}_M(n-1) = \hat{d}(n,n-1) \equiv \hat{d}(n) \tag{15.114}$$

和

$$e_M(n,n-1) = d(n) - \hat{d}(n,n-1) \equiv e_M(n) \tag{15.115}$$

于是,$\mathbf{h}_M(n)$的时序更新方程可以表示为

$$\mathbf{h}_M(n) = \mathbf{h}_M(n-1) + \mathbf{K}_M(n)e_M(n) \tag{15.116}$$

或等价地表示为

$$\mathbf{h}_M(n) = \mathbf{h}_M(n-1) + \mathbf{P}_M(n)\mathbf{X}_M^*(n)e_M(n) \tag{15.117}$$

简而言之,假定我们已知最优滤波器系数 $\mathbf{h}_M(n-1)$、矩阵 $\mathbf{P}_M(n-1)$ 和向量 $\mathbf{X}_M(n-1)$。当获得新的信号成分时,我们可以从向量中 $\mathbf{X}_M(n-1)$ 中去掉 $x(n-M)$ 项并加入 $x(n)$ 项作为第一个元素来构建向量 $\mathbf{X}_M(n)$。接下来,滤波器系数的递归计算可以按照如下步骤进行。

1. 计算滤波器输出

$$\hat{d} = \mathbf{X}_M^t(n)\mathbf{h}_M(n-1) \tag{15.118}$$

2. 计算误差

$$e_M(n) = d(n) - \hat{d}(n) \tag{15.119}$$

3. 计算卡尔曼增益

$$\mathbf{K}_M(n) = \frac{\mathbf{P}_M(n-1)\mathbf{X}_M^*(n)}{w + \mathbf{X}_M^t(n)\mathbf{P}_M(n-1)\mathbf{X}_M^*(n)} \tag{15.120}$$

4. 更新相关矩阵的逆矩阵

$$\mathbf{P}_M(n) = \frac{1}{w}\big[\mathbf{P}_M(n-1) - \mathbf{K}_M(n)\mathbf{X}_M^t(n)\mathbf{P}_M(n-1)\big] \tag{15.121}$$

5. 更新滤波器系数向量

$$\mathbf{h}_M(n) = \mathbf{h}_M(n-1) + \mathbf{K}_M(n)e_M(n) \tag{15.122}$$

上述由(15.118)式到(15.122)式所指定的递归算法称作直接型递归最小二乘(RLS)算法。该算法的初始化设置为 $\mathbf{h}_M(-1)=\mathbf{0}$ 和 $\mathbf{P}_M(-1)=1/\delta\mathbf{I}_M$,其中 δ 是一个较小的正数。

上述优化所得的剩余均方误差为

$$\mathcal{E}_{M,\min}(n) = \sum_{l=0}^{n} w^{n-l} \mid d(l) \mid^2 - \mathbf{h}_M^t(n)\mathbf{D}_M^*(n) \tag{15.123}$$

由(15.122)式,我们可以看出,滤波器系数随时间的改变量等于误差 $e_M(n)$ 乘以卡尔曼增益向量 $\mathbf{K}_M(n)$。由于 $\mathbf{K}_M(n)$ 是一个 M 维向量,每个滤波器系数由 $\mathbf{K}_M(n)$ 中的一个元素控制。如此,该算法的快速收敛得以实现。与之形成对比的是,采用 LMS 算法调节滤波器系数的时间更新方程为

$$\mathbf{h}_M(n) = \mathbf{h}_M(n-1) + \Delta\mathbf{X}^*(n)e_M(n) \tag{15.124}$$

上式只有一个参数 Δ 用于控制系数的调整速率。

例题 15.15　LMS 算法与 RLS 算法收敛特性比较

直接型 RLS 算法相对于 LMS 算法的主要优势在于其收敛速度更快。该性能优势如图

15.44 所示,该图显示了长度为 $M=11$ 的自适应 FIR 信道均衡器的 LMS 算法和直接型 RLS 算法的收敛速度。接收信号的统计自相关矩阵 T_M 的特征值之比为 $\lambda_{\max}/\lambda_{\min}=11$。所有的均衡器系数均初始化为零。LMS 算法的步长选取为 $\Delta=0.02$,该值表示收敛速度和剩余均方误差性能的较好折衷。

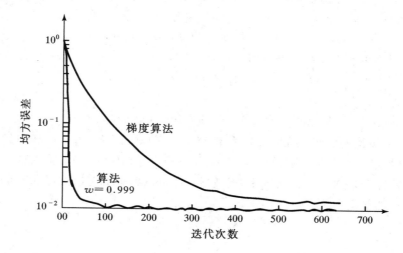

图 15.44 长度为 $M=11$ 的自适应均衡器的 RLS 算法和 LMS 算法的学习曲线。
信道的特征值扩展为 $\lambda_{\max}/\lambda_{\min}=11$,LMS 算法的步长为 $\Delta=0.02$

RLS 算法收敛更快的优势在图中清晰可见。该算法经过不超过 70 次迭代(70 个信号样值)就可以收敛,而 LMS 算法在超过 600 次迭代后仍然不能收敛。RLS 算法的这种快速收敛特性在信道统计特性随时间变化迅速的应用中极其重要。比如说,电离层的高频无线信道随时间变化太快,LMS 算法无法自适应地跟踪。但是,RLS 算法则自适应调节迅速,足以跟踪这样的快速变化[33]。

LDU 分解和平方根算法　采用有限精度实现算法时,RLS 算法非常容易受舍入噪声的影响。舍入误差的主要问题产生于更新 $P_M(n)$ 过程。为解决该问题,我们可以对相关矩阵 $R_M(n)$ 或其逆矩阵进行分解。可以用来降低舍入误差敏感性的分解方法有好几种。具体地,我们考虑对矩阵 $P_M(n)$ 进行 LDU 分解。该分解可以写为

$$P_M(n) = L_M(n)\bar{D}_M(n)L_M^H(n) \tag{15.125}$$

其中 $L_M(n)$ 是下三角矩阵,矩阵元素为 l_{ik};$\bar{D}_M(n)$ 是对角矩阵,元素为 δ_k;$L_M^H(n)$ 是上三角矩阵。$L_M(n)$ 的对角元素设置为 1(即 $l_{ii}=1$)。现在,不用递归地计算 $P_M(n)$,我们可以直接确定更新分解矩阵 $L_M(n)$ 和 $\bar{D}_M(n)$ 的公式,从而避免矩阵 $P_M(n)$ 的计算。

通过将矩阵 $P_M(n)$ 的分解形式代入(15.121)式,利用(15.107)式可以得到想要的更新公式。于是,我们得到

$$L_M(n)\bar{D}_M(n)L_M^H(n) = \frac{1}{w}L_M(n-1)\left[\bar{D}_M(n-1) - \frac{1}{w+\mu_M(n)}V_M(n-1)V_M^H(n-1)\right]L_M^H(n-1) \tag{15.126}$$

式中采用了如下定义:

$$V_M(n-1) = \bar{D}_M(n-1)L_M^H(n-1)X_M^*(n) \tag{15.127}$$

(15.126)式中括弧内的项是一个 Hermitian 矩阵,该矩阵可以表示为 LDU 分解形式

$$\hat{L}_M(n-1)\hat{D}_M(n-1)\hat{L}_M^H(n-1) = \bar{D}_M(n-1) - \frac{1}{w+\mu_M(n)}V_M(n-1)V_M^H(n-1)$$

(15.128)

将(15.128)式代入(15.126)式,则我们得到

$$L_M(n)\bar{D}_M(n)\hat{L}_M^H(n) = \frac{1}{w}[L_M(n-1)\hat{L}_M(n-1)\hat{D}_M(n-1)\hat{L}_M^H(n-1)L_M^H(n-1)]$$

(15.129)

因此,想要的更新关系式为

$$L_M(n) = L_M(n-1)\hat{L}_M(n-1)$$

$$\bar{D}_M(n) = \frac{1}{w}\hat{D}_M(n-1)$$

(15.130)

由(15.130)式中时序更新方程得到的算法直接取决于数据向量 $X_M(n)$,而不是数据向量的"平方"。这样就避免了针对数据向量的平方操作,因而舍入误差效应就被显著地降低。

由矩阵 $R_M(n)$ 或矩阵 $P_M(n)$ 的 LDU 分解得到的 RLS 算法称作平方根 RLS 算法。文献[2]、文献[5]和文献[33]讨论过这些类型的算法。上述基于矩阵 $P_M(n)$ 的 LDU 分解的平方根 RLS 算法如表 15.1 所示,其计算复杂度与 M^2 成正比。

表 15.1 平方根 RLS 算法的 LDU 分解实现形式

for $j = 1, \ldots, 2, \ldots, M$ do
    $f_j = x_j^*(n)$
end loop j

for $j = 1, 2, \ldots, M - 1$ do
    for $i = j+1, j+2, \ldots, M$ do
        $f_j = f_j + l_{ij}(n-1)f_i$
end loop j

for $j = 1, 2, \ldots, M$ do
    $\bar{d}_j(n) = d_j(n-1)/w$
    $v_j = \bar{d}_j(n)f_i$
end loop j

$\alpha_M = 1 + v_M f_M^*$
$d_M(n) = \bar{d}_M(n)/\alpha_M$
$\bar{k}_M = v_M$

for $j = M-1, M-2, \ldots, 1$ do
    $\bar{k}_j = v_j$
    $\alpha_j = \alpha_{j+1} + v_j f_j^*$
    $\lambda_j = f_j/\alpha_{j+1}$
    $d_j(n) = \bar{d}_j(n)\alpha_{j+1}/\alpha_1$
    for $i = M, M-1, \ldots, j+1$ do
        $l_{ij}(n) = l_{ij}(n-1) + \bar{k}_i^*\lambda_j$
        $\bar{k}_i = \bar{k}_i + v_j l_{ij}^*(n-1)$ down to $j = 2$)
    end loop i
end loop j

$\bar{K}_M(n) = [\bar{k}_1, \bar{k}_2, \ldots, \bar{k}_M]^t$
$e_M(n) = d(n) - \bar{d}(n)$
$\mathbf{h}_M(n) = \mathbf{h}_M(n-1) + [e_M(n)/\alpha_1]\bar{K}_M(n)$

15.3 总结及参考资料

我们介绍了用于直接型 FIR 滤波器结构的自适应算法。这些直接型 FIR 滤波器算法由 Widrow 和 Hoff 在文献[95]中提出的 LMS 算法和直接型时序递归最小二乘算法组成,其中递归最小二乘算法又包括(15.118)—(15.122)式给出的传统 RLS 形式和文献[2]、文献[5]和文献[33]介绍的平方根 RLS 形式。

在这些算法中,LMS 算法最简单。该算法在许多允许慢收敛性的场景下获得了应用。直接型 RLS 算法中,平方根算法在要求快收敛性场景下获得了应用。该算法具有良好的数值计算性质。

直接型 RLS 算法中,我们对过去数据采用了指数型权重,以减少自适应过程中的有效记忆长度。作为指数型权重的替代,我们也可以对过去数据采用有限长度均匀权重。该权重方案可以得到一类有限记忆长度的直接型算法,文献[7]和文献[62]介绍了这类方法。

参考文献

[1] F. S. Beckman. "The Solution of Linear Equations by the Conjugate Gradient Method," in *Mathematical Methods for Digital Computers*, A. Ralston and H. S. Wilf, eds., Wiley, New York, 1960.

[2] G. J. Bierman. *Factorization Methods for Discrete Sequential Estimation*, Academic Press, New York, 1977.

[3] R. C. Brown. *Introduction to Random Signal Analysis and Kalman Filtering*, Wiley, New York, 1983.

[4] C. Caraiscos and B. Liu. "A Roundoff Error Analysis of the LMS Adaptive Algorithm," *IEEE Trans. Acoustics, Speech, and Signal Processing*, vol. ASSP-32, pp. 34–41, January 1984.

[5] N. A. Carlson and A. F. Culmone. "Efficient Algorithms for On-Board Array Processing," *Record 1979 International Conference on Communications*, pp. 58.1.1–58.1.5, Boston, June 10–14, 1979.

[6] C. K. Chui and G. Chen. *Kalman Filtering*, Springer-Verlag, New York, 1987.

[7] J. M. Cioffi and T. Kailath. "Windowed Fast Transversal Filters Adaptive Algorithms with Normalization," *IEEE Trans. Acoustics, Speech, and Signal Processing*, vol. ASSP-33, pp. 607–625, June 1985.

[8] J. W. Cooley and J. W. Tukey. "An Algorithm for the Machine Computation of Complex Fourier Series," *Mathematical Computations*, vol. 19, pp. 297–301, April 1965.

[9] R. E. Crochiere and L. R. Rabiner. *Multirate Digital Signal Processing*, Prentice Hall, Englewood Cliffs, NJ, 1983.

[10] C. de Boor. *A Practical Guide to Splines*, Springer-Verlag, New York, 1978.

[11] J. R. Deller, J. H. L. Hansen, and J. G. Proakis. *Discrete-Time Processing of Speech Signals*, Wiley-IEEE Press, 2000.

[12] P. Delsarte and Y. Genin. "The Split Levinson Algorithm," *IEEE Trans. Acoustics, Speech, and Signal Processing*, vol. ASSP-34, pp. 470–478, June 1986.

[13] P. Delsarte, Y. Genin, and Y. Kamp. "Orthogonal Polynomial Matrices on the Unit Circle," *IEEE Trans. Circuits and Systems*, vol. CAS-25, pp. 149–160, January 1978.

[14] J. Durbin. "Efficient Estimation of Parameters in Moving-Average Models," *Biometrika*, vol. 46, pp. 306–316, 1959.

[15] J. L. Flanagan et al. "Speech Coding," *IEEE Transactions on Communications*, vol. COM-27, pp. 710–736, April 1979.

[16] R. Fletcher and M. J. D. Powell. "A Rapidly Convergent Descent Method for Minimization," *Comput. J.*, vol. 6, pp. 163–168, 1963.

[17] B. Friedlander. "Lattice Filters for Adaptive Processing," *Proc. IEEE*, vol. 70, pp. 829–867, August 1982.

[18] B. Friedlander. "Lattice Methods for Spectral Estimation," *Proc. IEEE*, vol. 70, pp. 990–1017, September 1982.

[19] F. R. Gantmacher. *The Theory of Matrices*, vol. I, Chelsea Publishing Company, Chelsea, NY, 1960.

[20] W. A. Gardner. "Learning Characteristics of Stochastic-Gradient-Descent Algorithms: A General Study, Analysis and Critique," *Signal Processing*, vol. 6, pp. 113–133, April 1984.

[21] D. A. George, R. R. Bowen, and J. R. Storey. "An Adaptive Decision-Feedback Equalizer," *IEEE Trans. Communication Technology*, vol. COM-19, pp. 281–293, June 1971.

[22] L. Y. Geronimus. *Orthogonal Polynomials* (in Russian) (English translation by Consultant's Bureau, New York, 1961), 1958.

[23] A. Gersho. "Adaptive Equalization of Highly Dispersive Channels for Data Transmission," *Bell Syst. Tech. J.*, vol. 48, pp. 55–70, January 1969.

[24] R. D. Gitlin and S. B. Weinstein. "On the Required Tap-Weight Precision for Digitally Implemented Mean-Squared Equalizers," *Bell Syst. Tech. J.*, vol. 58, pp. 301–321, February 1979.

[25] R. D. Gitlin, H. C. Meadors, and S. B. Weinstein. "The Tap-Leakage Algorithm: An Algorithm for the Stable Operation of a Digitally Implemented Fractionally Spaced, Adaptive Equalizer," *Bell Syst. Tech. J.*, vol. 61, pp. 1817–1839, October 1982.

[26] I. Gohberg, ed. *I. Schür Methods in Operator Theory and Signal Processing*, Birkhauser Verlag, Stuttgart, Germany, 1986.

[27] J. A. Greefties. "A Digitally Companded Delta Modulation Modem for Speech Transmission," In *Proceedings of IEEE International Conference on Communications*, pp. 7.33–7.48, June 1970.

[28] O. Grenander and G. Szegö. *Toeplitz Forms and Their Applications*, University of California Press, Berkeley, CA, 1958.

[29] D. Hanselman and B. Littlefield. *Mastering MATLAB 7*, Pearson/Prentice Hall, Englewood Cliffs, NJ, 2005.

[30] S. Haykin. *Adaptive Filter Theory*, 3rd ed., Prentice-Hall, Englewood Cliffs, NJ, 1996.

[31] A. S. Householder. "Unitary Triangularization of a Non-Symmetric Matrix," *J. Assoc. Comput. Math.*, vol. 5, pp. 204–243, 1958.

[32] A. S. Householder. *The Theory of Matrices in Numerical Analysis*, Blaisdell, Waltham, MA, 1964.

[33] F. M. Hsu. "Square-Root Kalman Filtering for High-Speed Data Received over Fading Dispersive HF Channels." *IEEE Trans. Information Theory*, vol. IT-28, pp. 753–763, September 1982.

[34] F. M. Hsu and A. A. Giordano. "Digital Whitening Techniques for Improving Spread Spectrum Communications Performance in the Presence of Narrowband Jamming and Interference," *IEEE Trans. Communications*, vol. COM-26, pp. 209–216, February 1978.

[35] B. R. Hunt, R. L. Lipsman, J. M. Rosenberg, and Kevin R. Coombes. *A Guide to MATLAB: For Beginners and Experienced Users*, Cambridge University Press, New York, NY, 2001.

[36] V. K. Ingle and J. G. Proakis. *Digital Signal Processing using the ADSP-2101*, Prentice Hall, Englewood Cliffs, NJ, 1991.

[37] L. B. Jackson. "An Analysis of Limit Cycles Due to Multiplicative Rounding in Recursive Digital Filters," *Proceedings of the 7th Allerton Conference on Circuits and System Theory*, pp. 69–78, 1969.

[38] N. S. Jayant. "Adaptive Delta Modulation with One-Bit Memory," *Bell System Technical Journal*, pp. 321–342, March 1970.

[39] N. S. Jayant. "Digital Coding of Speech Waveforms: PCM, DPCM, and DM Quantizers." *Proceedings of the IEEE*, vol. 62, pp. 611–632, May 1974.

[40] S. K. Jones, R. K. Cavin, and W. M. Reed. "Analysis of Error-Gradient Adaptive Linear Equalizers for a Class of Stationary-Dependent Processes," *IEEE Trans. Information Theory*, vol. IT-28, pp. 318–329, March 1982.

[41] T. Kailath. "A View of Three Decades of Linear Filter Theory," *IEEE Trans. Information Theory*, vol. IT-20, pp. 146–181, March 1974.

[42] T. Kailath. *Lectures on Wiener and Kalman Filtering*, Springer-Verlag, New York, 1981.

[43] T. Kailath. "Linear Estimation for Stationary and Near-Stationary Processes," in *Modern Signal Processing*, T. Kailath, ed., Hemisphere Publishing Corp., Washington, D.C., 1985.

[44] T. Kailath. "A Theorem of I. Schür and Its Impact on Modern Signal Processing," in [26].

[45] T. Kailath, A. C. G. Vieira, and M. Morf. "Inverses of Toeplitz Operators, Innovations, and Orthogonal Polynomials," *SIAM Rev.*, vol. 20, pp. 1006–1019, 1978.

[46] R. E. Kalman. "A New Approach to Linear Filtering and Prediction Problems,"

Trans. ASME, J. Basic Eng., vol. 82D, pp. 35–45, March 1960.

[47] R. E. Kalman and R. S. Bucy. "New Results in Linear Filtering Theory," *Trans. ASME, J. Basic Eng.*, vol. 83, pp. 95–108, 1961.

[48] S. M. Kay. *Modern Spectral Estimation*, Prentice-Hall, Englewood Cliffs, NJ, 1988.

[49] S. M. Kay and S. L. Marple, Jr. "Spectrum Analysis: A Modern Perspective," *Proc. IEEE*, vol. 69, pp. 1380–1419, November 1981.

[50] J. W. Ketchum and J. G. Proakis. "Adaptive Algorithms for Estimating and Suppressing Narrow-Band Interference in PN Spread-Spectrum Systems," *IEEE Trans. Communications*, vol. COM-30, pp. 913–923, May 1982.

[51] H. Krishna. "New Split Levinson, Schür, and Lattice Algorithms or Digital Signal Processing," *Proc. 1988 International Conference on Acoustics, Speech, and Signal Processing*, pp. 1640–1642, New York, April 1988.

[52] S. Y. Kung and Y. H. Hu. "A Highly Concurrent Algorithm and Pipelined Architecture for Solving Toeplitz Systems," *IEEE Trans. Acoustics, Speech, and Signal Processing*, vol. ASSP-31, pp. 66–76, January 1983.

[53] A. Leon-Garcia. *Probability, Statistics, and Random Processes for Electrical Engineering*, Pearson Prentice Hall, Upper Saddle River, NJ, third edition, 2008.

[54] N. Levinson. "The Wiener RMS Error Criterion in Filter Design and Prediction," *J. Math. Phys.*, vol. 25, pp. 261–278, 1947.

[55] R. W. Lucky. "Automatic Equalization for Digital Communications," *Bell Syst. Tech. J.*, vol. 44, pp. 547–588, April 1965.

[56] F. R. Magee and J. G. Proakis. "Adaptive Maximum-Likelihood Sequence Estimation for Digital Signaling in the Presence of Intersymbol Interference," *IEEE Trans. Information Theory*, vol. IT-19, pp. 120–124, January 1973.

[57] J. Makhoul. "Linear-Prediction: A Tutorial Review," *Proc. IEEE*, vol. 63, pp. 561–580, April 1975.

[58] J. Makhoul. "Stable and Efficient Lattice Methods for Linear Prediction," *IEEE Trans. Acoustics, Speech, and Signal Processing*, vol. ASSP-25, pp. 423–428, 1977.

[59] J. Makhoul. "A Class of All-Zero Lattice Digital Filters: Properties and Applications." *IEEE Trans. Acoustics, Speech, and Signal Processing*, vol. ASSP-26, pp. 304–314, August 1978.

[60] D. G. Manolakis and V. K. Ingle. *Applied Digital Signal Processing*, Cambridge University Press, Cambridge, UK, 2011.

[61] D. G. Manolakis, V. K. Ingle, and S. M. Kogon. *Statistical and Adaptive Signal Processing*, Artech House, Norwood, MA, 2005.

[62] D. G. Manolakis, F. Ling, and J. G. Proakis. "Efficient Time-Recursive Least-Squares Algorithms for Finite-Memory Adaptive Filtering," *IEEE Trans. Circuits and Systems*, vol. CAS-34, pp. 400–408, April 1987.

[63] J. D. Markel and A. H., Gray, Jr. *Linear Prediction of Speech*, Springer-Verlag, New York, 1976.

[64] S. L. Marple, Jr. *Digital Spectral Analysis with Applications*, Prentice-Hall, Englewood Cliffs, NJ, 1987.

[65] J. E. Mazo. "On the Independence Theory of Equalizer Convergence," *Bell Syst. Tech. J.*, vol. 58, pp. 963–993, May 1979.

[66] J. E. Meditch. *Stochastic Optimal Linear Estimation and Control*, McGraw-Hill, New York, 1969.

[67] S. L. Miller and D. G. Childers. *Probability and Random Processes*, Academic Press, Burlington, MA, second edition, 2012.

[68] S. K. Mitra. *Digital Signal Processing: A Computer-Based Approach*, McGraw-Hill, New York, NY, fourth edition, 2010.

[69] W. Murray, ed. *Numerical Methods of Unconstrained Minimization*, Academic Press, New York, 1972.

[70] H. E. Nichols, A. A. Giordano, and J. G. Proakis. "MLD and MSE Algorithms

for Adaptive Detection of Digital Signals in the Presence of Interchannel Interference," *IEEE Trans. Information Theory*, vol. IT-23, pp. 563–575, September 1977.

[71] A. V. Oppenheim and R. W. Schafer. *Discrete-Time Signal Processing*, Prentice Hall, Englewood Cliffs, NJ, third edition, 2010.

[72] S. J. Orfanidis. *Introduction to Signal Processing*, Prentice Hall, Englewood Cliffs, NJ, 1996, pp. 367–383.

[73] A. Papoulis and S. U. Pillai. *Probability, Random Variables, and Stochastic Processes*, McGraw-Hill, New York, NY, fourth edition, 2002.

[74] T. W. Parks and J. H. McClellan. "A Program for the Design of Linear-Phase Finite Impulse Response Digital Filters," *IEEE Transactions on Audio and Electroacoustics*, vol. AU-20, pp. 195–199, August 1972.

[75] B. Picinbono. "Adaptive Signal Processing for Detection and Communication," in *Communication Systems and Random Process Theory*, J. K. Skwirzynski, ed., Sijthoff en Noordhoff, Alphen aan den Rijn, The Netherlands, 1978.

[76] R. Pratap. *Getting Started with MATLAB7: A Quick Introduction for Scientists and Engineers*, Oxford University Press, USA, 2005.

[77] J. G. Proakis. "Adaptive Digital Filters for Equalization of Telephone Channels," *IEEE Trans. Audio and Electroacoustics*, vol. AU-18, pp. 195–200, June 1970.

[78] J. G. Proakis. "Advances in Equalization for Intersymbol Interference," in *Advances in Communication Systems*, vol. 4, A. J. Viterbi, ed., Academic Press, New York, 1975.

[79] J. G. Proakis and D. G. Manolakis. *Digital Signal Processing: Principles, Algorithms and Applications*, Prentice Hall, Upper Saddle River, NJ, third edition, 1996.

[80] J. G. Proakis and J. H. Miller. "Adaptive Receiver for Digital Signaling through Channels with Intersymbol Interference," *IEEE Trans. Information Theory*, vol. IT-15, pp. 484–497, July 1969.

[81] J. G. Proakis and M. Salehi. *Digital Communications*, McGraw-Hill, New York, NY, fifth edition, 2008.

[82] J. G. Proakis and M. Salehi. *Communication Systems Engineering*, Prentice Hall, Upper Saddle River, NJ, second edition, 2012.

[83] L. R. Rabiner and B. Gold. *Theory and Applications in Digital Signal Processing*, Prentice Hall, Englewood Cliffs, NJ, 1975.

[84] L. R. Rabiner and R. W. Schafer. *Digital Processing of Speech Signals*, Prentice Hall, Englewood Cliffs, NJ, 1978.

[85] L. R. Rabiner, R. W. Schafer, and C. A. McGonegal. "An Approach to the Approximation Problem for Nonrecursive Digital Filters," *IEEE Transactions on Audio and Electroacoustics*, vol. AU-18, pp. 83–106, June 1970.

[86] E. A. Robinson and S. Treitel. "Digital Signal Processing in Geophysics," in *Applications of Digital Signal Processing*, A. V. Oppenheim, ed., Prentice-Hall, Englewood Cliffs, NJ, 1978.

[87] E. A. Robinson and S. Treitel. *Geophysical Signal Analysis*, Prentice-Hall, Englewood Cliffs, NJ, 1980.

[88] Schur. "On Power Series Which Are Bounded in the Interior of the Unit Circle," (in German) *J. Reine Angew. Math.*, vol. 147, pp. 205–232, Berlin, 1917. (For an English translation of this paper, see [26]).

[89] M. Schetzen and V. K. Ingle. *Discrete Systems Laboratory Using MATLAB*, Brooks/Cole, Pacific Grove, CA, 2000.

[90] H. Stark and J. W. Woods. *Probability, Random Processes, and Estimation Theory for Engineers*, Prentice Hall, Upper Saddle River, NJ, fourth edition, 2012.

[91] G. Szegö. *Orthogonal Polynomials*, 3rd ed., Colloquium Publishers, no. 23, American Mathematical Society, Providence, RI, 1967.

[92] S. A. Tretter. *Introduction to Discrete-Time Signal Processing*, Wiley, New York, 1976.

[93] G. Ungerboeck. "Theory on the Speed of Convergence in Adaptive Equalizers for Digital Communication," *IBM J. Res. Devel.*, vol. 16, pp. 546–555, November 1972.

[94] A. C. G. Vieira. "Matrix Orthogonal Polynomials with Applications to Autoregressive Modeling and Ladder Forms," Ph.D. dissertation, Department of Electrical Engineering, Stanford University, Stanford, Calif., December 1977.

[95] B. Widrow and M. E. Hoff, Jr. "Adaptive Switching Circuits," *IRE WESCON Conv. Rec.*, pt. 4, pp. 96–104, 1960.

[96] B. Widrow et al. "Adaptive Noise Cancelling Principles and Applications," *Proc. IEEE*, vol. 63, pp. 1692–1716, December 1975.

[97] B. Widrow, P. Mantey, and L. J. Griffiths. "Adaptive Antenna Systems," *Proc. IEEE*, vol. 55, pp. 2143–2159, December 1967.

[98] N. Wiener. *Extrapolation, Interpolation and Smoothing of Stationary Time Series with Engineering Applications*, Wiley, New York, 1949.

[99] R. D. Yates and D. J. Goodman. *Probability and Stochastic Processes*, John Wiley & Sons, Hoboken, NJ, 2005.

[100] D. Youla and N. Kazanjian. "Bauer-Type Factorization of Positive Matrices and the Theory of Matrices Orthogonal on the Unit Circle," *IEEE Trans. Circuits and Systems*, vol. CAS-25, pp. 57–69, January 1978.

Supplements Request Form (教辅材料申请表)

Lecturer's Details（教师信息）

Name: (姓名)		Title: (职务)	
Department: (系科)		School/University: (学院/大学)	
Official E-mail: (学校邮箱)		Lecturer's Address / Post Code: (教师通讯地址/邮编)	
Tel: (电话)			
Mobile: (手机)			

Adoption Details（教材信息）　　原版□　　翻译版□　　影印版 □

Title: (英文书名) Edition: (版次) Author: (作者)	
Local Publisher: (中国出版社)	

Enrolment: (学生人数)		Semester: (学期起止日期时间)	

Contact Person & Phone/E-Mail/Subject:
(系科/学院教学负责人电话/邮件/研究方向)
（我公司要求在此处标明系科/学院教学负责人电话/传真及电话和传真号码并在此加盖公章.）

教材购买由 我□　我作为委员会的一部份□　其他人□[姓名：　　　　] 决定。

Please fax or post the complete form to（请将此表格传真至）:

CENGAGE LEARNING BEIJING
ATTN : Higher Education Division
TEL: (86) 10-83435000
FAX : (86) 10 82862089
EMAIL: asia.infochina@cengage.com
www.cengageasia.com
ADD: 北京市海淀区科学院南路 2 号
融科资讯中心 C 座南楼 707 室　100190

Note: Thomson Learning has changed its name to CENGAGE Learning

VERIFICATION FORM / CENGAGE LEARNING